TIERPSYCHOLOGIE

R. A. Stamm (Hrsg.)

Kindlers »Psychologie des 20. Jahrhunderts«

TIER-PSYCHOLOGIE

Die biologische Erforschung tierischen und menschlichen Verhaltens

Herausgegeben von Roger Alfred Stamm

Beltz Verlag
Weinheim und Basel

Redaktion der Originalausgabe:
Wolf Keienburg (München), Gerhard Strube (München)

CIP-Kurztitelaufnahme der Deutschen Bibliothek

Kindlers „Psychologie des 20. [zwanzigsten] Jahrhunderts". –
Weinheim ; Basel : Beltz
NE: Psychologie des zwanzigsten Jahrhunderts
→ Tierpsychologie

Tierpsychologie : d. biolog. Erforschung tier. u.
menschl. Verhaltens / hrsg. von Roger Alfred Stamm. –
Weinheim ; Basel : Beltz, 1984.
(Kindlers Psychologie des 20. Jahrhunderts)
ISBN 3-407-83064-5
NE: Stamm, Roger Alfred [Hrsg.]

Umschlaggestaltung: Eckard Warminski, Frankfurt/Main
Gesamtherstellung: Beltz Offsetdruck,
6944 Hemsbach über Weinheim
Printed in Germany

ISBN 3 407 **83064** 5

Vorbemerkung zur Lizenzausgabe

Die 1976 bis 1981 bei Kindler erschienene 15bändige Enzyklopädie
»Die Psychologie des 20. Jahrhunderts« war bislang nur als Gesamtwerk erhältlich.
Die vorliegende Lizenzausgabe in Einzelbänden sowie mehrbändigen Teilausgaben
zu geschlossenen Themenbereichen soll dieses Werk nunmehr
auch einem größeren Leserkreis zugänglich machen.
Die Originalausgabe wurde,
abgesehen von einigen unbedeutenden Weglassungen,
unverändert übernommen.
Um eine günstige Preisgestaltung zu ermöglichen, wurde auf Korrekturen verzichtet;
die im Text gegebenen Querverweise auf die Bände der Originalausgabe
blieben deshalb erhalten. Wir bitten die Leser hierfür um Verständnis.
Alle Register und die übrigen Teile des Anhangs wurden jedoch
für die Lizenzausgabe völlig neu bearbeitet.

Inhaltsverzeichnis

Anhang

Einleitung

In diesem Jahrhundert – auf breiter Front und mit großem Schwung seit den dreißiger Jahren – hat sich eine umfassende Tierverhaltensforschung entwickelt, als deren Begründer vor allem Konrad Lorenz und Nikolaas Tinbergen gelten. Diese Forschungsrichtung nennt sich Ethologie[1]; ihre wichtigsten Merkmale sind:

1. Das erste Ziel ist die Beschreibung des vollständigen Verhaltensinventars aller Tierarten. Die Besonderheit jeder Tierart wird in ihrem »Eigenwert« anerkannt, genau wie in der Morphologie oder Ökologie. Darum wird der Ethologe, auch wenn er Aussagen von allgemeinerer Geltung macht, kaum je »vom Tier« sprechen, wie es Psychologen so häufig tun, sondern immer von »den Tieren« (den Tierarten), wenn immer möglich unter genauer Angabe des gemeinten Formenkreises.

2. Das Verhalten einer Tierart wird zur Lebensweise dieser Tierart in Beziehung gesetzt: es ist wie morphologische und physiologische Merkmale an die jeweilige Umwelt angepaßt. Die Beobachtung im Freiland und unter naturnahen Bedingungen gilt als besonders wichtig. Die Betrachtungsweise der Ethologie ist also von Grund auf ökologisch, denn die Ökologie untersucht die Beziehungen zwischen Organismen und Umwelt als Prozesse dynamischer Anpassung an je besondere Komplexe von Existenzbedingungen.

3. Die Ethologie ist eine reine Verhaltensforschung. Das heißt, daß etwa eine Theorie über die Organisation und Verursachung des Verhaltens ausschließlich vom beobachtbaren Verhalten auszugehen hat – oder allenfalls von den ebenso beobachtbaren Körperfunktionen, die die Physiologie untersucht. Dies bedeutet die konsequente Abkehr von allen vermeintlichen Aussagen über das Erleben als einer steuernden Instanz. Konrad Lorenz vollzog sie mit Entschiedenheit in seiner Theorie des Instinktverhaltens. Wie recht er hatte, zeigte sich dadurch, daß sich seine Theorie als operativ ungewöhnlich fruchtbar erwies und mit der Erweiterung der Kenntnisse bruchlos weiterentwickelt werden und bis heute ihren

1 Der Ethologe möchte nicht als Tierpsychologe bezeichnet werden, weil er diesen Begriff durch die methodischen Mängel dieses Faches aus »vor-ethologischer Zeit« belastet sieht. Auch die von amerikanischen Psychologen der behavioristischen Schulen durchgeführten Untersuchungen an Labortieren, die von ihnen Tierpsychologie genannt wird, widerspricht im allgemeinen den Konzepten der Ethologie. Nun wird Psychologie definiert als die »Wissenschaft vom Erleben und Verhalten«. Die Ethologie als »Wissenschaft der biologischen Erforschung von Verhalten« sollte sich auch als ein Bereich der Psychologie verstehen können. Die Fachrichtung »Ethologie« ist also einerseits weniger als »Tierpsychologie«, nämlich nur eine ihrer Fachrichtungen, andererseits aber auch mehr, weil sie den Anspruch erhebt, auch Teil der Humanpsychologie zu sein oder jedenfalls werden zu können. Wenn man sich dieser Perspektiven bewußt ist, mag es gestattet sein, die Ethologie unter dem Begriff Tierpsychologie, der vom Verlag für diese Ausgabe als Titel vorgeschlagen wurde, darzustellen.

Wert für die Lenkung der Forschung behalten konnte. Lorenz erkannte aber auch klar, daß das Verhalten nicht nur von äußeren Reizen gesteuert wird, sondern Spontaneität besitzt. Sie wird im Begriff der Stimmung (Handlungsbereitschaft, Motivation) mitumfaßt. Damit setzte sich Lorenz in Gegensatz zu manchen Verhaltenslehren jener Zeit. Die Erforschung der Stimmungen und ihrer Ursachen wurde von da an eine wichtige Aufgabe der Ethologie, die deswegen auch oft Verhaltensphysiologie genannt worden ist. Die Bezeichnung »Tierpsychologie« wurde von den Ethologen, um allen Mißverständnissen vorzubeugen, solange sich in der Psychologie die Gleichrangigkeit des Verhaltens- und Erlebensaspekts nicht durchgesetzt hatte, im allgemeinen fallengelassen.

Die Ethologen haben sich seit etwa zehn Jahren in immer neuen und immer breiter angelegten Ansätzen auch der Erforschung des Menschen zugewandt, weil sie ihn – wie die Morphologen, Physiologen, Genetiker usw. – als eine Form neben anderen sehen. Die englische Umgangssprache drückt das ja bereits aus, indem der Mensch ganz ohne abwertenden Beiklang als »human animal« bezeichnet wird.

Die Ethologen stießen bei ihrem Vorgehen auf eine fühlbare Lücke in der Humanpsychologie: die Vernachlässigung des Verhaltensaspektes. Dieser war gegenüber der Beschreibung und Mitteilung von Erlebnissen sehr lange unterentwickelt geblieben. Die Ethologen entdeckten gewissermaßen einen Freiraum für die Anwendung ihrer eigenen, an Tieren entwickelten Fragestellungen und Beobachtungstechniken. Das gilt für die Methode der Verhaltenbeschreibung, wie etwa für die Erforschung der Ökologie und Evolution von Verhalten. Der Freiraum war in jenen Bereichen besonders weit, wo dem Verhalten sachlich eine hohe Bedeutung zukommt und der Erlebensaspekt zurücktritt, also in der Entwicklungspsychologie, Sozialpsychologie und Völkerpsychologie.

Es darf uns nicht wundern, daß das Eindringen der Zoologen in den Forschungsbereich der Humanpsychologie auf Mißtrauen und Widerstand stieß, genau wie das noch zu besprechende umgekehrte Vorgehen der Psychologen. Es ist auch verständlich, daß manche der ersten Versuche sich für die Eigentümlichkeiten des menschlichen Verhaltens zuwenig offen zeigten oder gar eine biologische Psychologie *neben* der Humanpsychologie treiben wollten. Es wäre zu früh, eine Geschichte dieses Forschungsprozesses zu schreiben – wir stehen seinem Anfang noch zu nahe. Wer aber die neueste Literatur studiert, wird den Eindruck haben, daß sich in den letzten Jahren eine Entwicklung vollzogen hat. Mehrere Autoren beider Seiten bezeugen gerade in diesem Band, daß sich heute immer mehr Forscher mit offenen Augen für die Anliegen der Gegenseite aufeinander zubewegen und die Diskussionen an der Forschungsfront immer mehr in einem kooperativen Sinne erfolgen, obwohl leider in der Populärliteratur und auch in einigen schuldidaktischen Werken Streitigkeiten und fruchtlose Polemik aus der ersten Zeit des Kontaktes weiterwirken.

Das Eindringen von Psychologen in Bereiche der Zoologie äußert sich darin, daß Psychologen nicht nur Experimente mit Tieren durchführen, sondern auch Methoden der Verhaltensbeobachtung und Verhaltensbeschreibung anwenden. Während sich der Ethologe aber primär für die Überlebensvorteile bzw. Funktionen von unter mehr oder weniger natürlichen Bedingungen beobachteten Verhaltensweisen interessiert, verwendet der Psychologe Tiere als Modelle, um damit spezifische, für die Humanpsychologie relevante Probleme zu untersuchen. Dieses Vorgehen impliziert nicht etwa eine Gleichschaltung von Mensch und Tieren, denn es wird jeweils nicht ein einziges Tier mit dem ganzen Menschen verglichen – wobei es den »Durchschnittsmenschen« so wenig gibt wie »das Tier« –, sondern spezifische

Prozesse, die beim Menschen und bestimmten, ausgewählten Tierarten ähnlich verlaufen. Ein Modell – sei es physikalisch, chemisch, biologisch oder mathematisch – für den ganzen Menschen mit all seinen individuellen und artspezifischen Eigenarten zu suchen, wäre zu vermessen. Deshalb muß die Wissenschaft bescheiden sein und sich mit dem Vergleich von Teilaspekten begnügen. Diese Beschränkung bedeutet aber keineswegs, man behandle den Organismus nicht mehr als ganzheitliches Wesen oder ignoriere, daß sowohl der Mensch wie auch die für einen bestimmten Funktionsvergleich ausgewählte Tierart neben den untersuchten Prozessen auch noch über weitere, für das tägliche Leben vielleicht relevantere Verhaltensleistungen verfügt.

Die im Bereich der Psychologie mit Tierversuchen arbeitenden Forschungsrichtungen lassen sich unter dem Begriff »Vergleichende Psychologie« zusammenfassen. Die Bezeichnung »Vergleichende Psychologie« setzte sich aber nicht durch, da ein ganzes Konglomerat von Forschungsrichtungen darunter fällt und man deshalb meist spezifische Bezeichnungen wie tierexperimentelle Lernforschung, physiologische Psychologie oder Psychophysiologie vorzieht.

Der vorliegende Band gibt keine umfassende Darstellung der Ethologie. Dies ist bereits ausgezeichnet im von Klaus Immelmann herausgegebenen Band »Verhaltensforschung« (Ergänzungsband zu »Grzimeks Tierleben«) geschehen. Die Beiträge sind so ausgewählt, daß die folgenden Aspekte zur Geltung kommen:

Erstens das zentrale Anliegen, daß Verhaltensforschung sich als Teil der Erforschung der gesamten Lebensform je besonderer Tierarten in ihrer jeweiligen Umwelt versteht. Daß diese Haltung dem psychologisch interessierten Leser in ihrem ganzen Gewicht deutlich werde, ist eine unerläßliche Voraussetzung für jedes Gespräch zwischen Ethologie und Psychologie oder zwischen Ethologie und physiologischer Psychologie. Zweitens soll die Bedeutung der Ethologie für die Humanpsychologie zur Sprache kommen, so wie sie Humanethologen und Beobachter der ersten Versuche einer Humanethologie sehen. Dagegen wird dem physiologischen und neuromorphologischen Aspekt der Ethologie nur in einigen Stichproben Rechnung getragen. Dies entspringt nicht der Mißachtung dieses wichtigen Forschungszweigs der Ethologie durch den Herausgeber. Der Raum zwang zur Beschränkung, und darum wurde die ethologische Verhaltensphysiologie zugunsten der anderen, dem Psychologen viel weniger vertrauten Aspekte zurückgedrängt.

Im Abschnitt »Zur Geschichte der Ethologie« liegt das Schwergewicht auf den monographischen Darstellungen der Arbeitsweise und Entdeckungen einiger Pioniere ethologischen Arbeitens. Jean-Henri Fabre wird von A. Portmann als einer der frühen Vertreter der Freilandbeobachtung vorgestellt. Dieser Beitrag mag uns auch daran erinnern, daß ein bedeutender Teil unserer Kenntnisse über das Leben gerade der niederen Tiere lange vor der Zeit der eigentlichen Ethologie – und gerade auch durch französische Forscher – erarbeitet worden ist. Jakob von Uexküll (dargestellt von H. Mislin) verband auf originelle Weise physiologische Analyse und Untersuchung der Umweltbeziehung, der er einen neuen, für die zukünftige Ethologie folgenreichen Sinn gab. Die drei Pioniere, die 1973 mit dem Nobelpreis ausgezeichnet worden sind, werden von bedeutenden Schülern dargestellt, Karl von Frisch durch M. Lindauer, Konrad Lorenz durch I. Eibl-Eibesfeldt und Niko Tinbergen durch C. G. Beer. Diese Beiträge erhalten dadurch einen zusätzlichen dokumentarischen Wert. Sie machen übrigens sehr deutlich, wie verschieden die Forschungshaltungen und Temperamente der Wissenschaftler sein können, die sich unter dem Dach der Ethologie vereinigen lassen. Dann referiert B. Hassenstein das Werk des bedeutenden Physiologen Erich von Holst, dem das Verdienst des frühen und dauerhaften Brückenschlags zwischen Ethologie und Physiologie zukommt.

Diesen Beiträgen geht eine Übersicht über die Entwicklung der Tierpsychologie und Ethologie im englischen Sprachraum durch G. M. Burghardt voraus, während die Berührungen zur Tierpsychologie in Mitteleuropa sehr lebendig von M. Meyer-Holzapfel, die als junge Forscherin die Geburt der Ethologie erlebt hat, geschildert werden. Am Schluß des Abschnitts berührt A. Froese die aktuelle Beziehung zwischen Ethologie und Vergleichender Psychologie in den Vereinigten Staaten.

Der Abschnitt schließt sich nicht zu einer umfassenden Geschichte der Ethologie. Vor allem die Forscherporträts machen aber vielleicht eindrücklicher als eine ausgewogene Ideengeschichte Grundhaltung und Zielsetzung der ersten Ethologen deutlich.

Die Darstellungstechnik der Kurzmonographie wird im Abschnitt »Verhaltensforschung an Tieren« noch einmal eingesetzt, indem einige bekannte Beobachtungsobjekte in ausgewählten Aspekten von Forschern dargestellt werden, die maßgeblich an ihrer Untersuchung mitgewirkt haben: der Dreistachlige Stichling durch P. Sevenster, die Lachmöwe durch R. A. Stamm, die Graugans durch W. Schmidt, die Ratten durch S. A. Barnett, der Mantelpavian durch H. Kummer und J.-J. Abegglen und die Sozialisation von Schimpansen durch H. van de Rijt-Plooij und F. X. Plooij. Es geht dabei wahrlich nicht um einen Ausdruck der selbstgefälligen Liebe der Ethologen zu ihren jeweiligen Forschungsobjekten, sondern um die Dokumentation der fundamentalen, unabdingbaren Forderung der Ethologie, daß jede Analyse von Aspekten des Verhaltens sich immer im Rahmen der ganzen Lebensform der jeweiligen Tierart sehen muß. Eine Untersuchung oder Darstellung, die diesen Bezugsrahmen mißachtet, mag ihren Beitrag zur Verhaltensanalyse oder Psychologie leisten; sie darf sich aber nicht ethologisch nennen und muß sich gefallen lassen, vom Ethologen in ihrer Bedeutsamkeit für das Verständnis der jeweiligen Lebensform kritisch hinterfragt zu werden.

Nach dieser Einstimmung auf die Sichtweise des Ethologen kann sich der Blick auf einige systematische Aspekte des Tierverhaltens richten. I. Scheurmann stellt eine Auswahl aus dem Begriffsinventar der Ethologie vor: Bausteine des Verhaltens. R. A. Stamm führt in die funktionale und ökologische Analyse ein: Aufgaben des Verhaltens. Und mit der Herkunft des Verhaltens befassen sich die Beiträge Vererbung und Verhalten (von J. Parzefall), Die Jugendentwicklung des Verhaltens (von J. P. Kruijt), Lernen (von Ch. Buchholtz) und Die Evolution des Verhaltens (von J. Alcock). Schließlich erinnert H. Hediger an ein wichtiges, von der Ethologie viel zuwenig beachtetes Problem: Zur Frage des Selbstbewußtseins beim Tier. Der Praktiker – Tiergärtner und Tierarzt – geht mit Tieren wie mit Wesen mit einem Eigenbewußtsein um. Ist diese Facette auch für den Ethologen als Verhaltensforscher und Verhaltensphysiologen legitimer Forschungsgegenstand. Es wird notwendig sein, sich dieser Frage in Zunkunft wieder vermehrt zuzuwenden.

Methodologische Fragen kommen in den nächsten Beiträgen zur Darstellung. C. G. Beer analysiert das Verfahren der Verhaltensbeobachtung, P. Ingold und O. Sieber stellen Probleme der experimentellen Untersuchung von Ursachen des Verhaltens dar, D. J. McFarland den Einsatz von Modellen und Analogien zur Erklärung von Verhalten, und schließlich weisen drei Stichproben auf Zusammenhänge zwischen Lebensweise, Verhalten und

Bau und Funktion des Nervensystems. Zuerst schildert F. Huber Beispiele aus der Welt der Insekten. Mit Absicht kommen dann zwei Morphologen zu Worte: D. G. Senn stellt die Beziehung her zwischen Verhalten und Merkmalen im Gehirn bei Reptilien, W. Stingelin zwischen Gehirnbau, Ökologie und Verhalten bei Vögeln. Weiter klafft eine große Lücke: Die ethologische Verhaltensphysiologie ist nicht ihrer Bedeutung entsprechend berücksichtigt.

Der Abschnitt »Ethologie des Menschen« ist in zwei Hauptteile gegliedert. Im ersten schildern Ethologen Resultate ihrer Beobachtung des Menschen, im zweiten drei Psychologen, ein Ethnologe und ein Psychiater ihre Erfahrungen mit der Humanethologie und die Perspektive für die Zukunft. Schließlich durfte die wohl wichtigste Facette der Wirkung der Ethologie auf den Menschen, nämlich ihre Berücksichtigung im Schulunterricht, nicht vernachlässigt werden.

In welch umfassender Perspektive der Biologe das Thema Ökologie des Menschen sieht, wird durch den Beitrag von R. Schenkel deutlich. Die folgenden Beiträge berücksichtigen alle vor allem die Technik der Verhaltensbeschreibung; die physiologischen Aspekte werden kaum berührt – die Begründung für diese Beschränkung wurde bereits gegeben. Vor allem kommen Themen aus dem Sozialleben zur Sprache: Die ethologische Untersuchung sozialer Beziehungen (R. A. Hinde), Das Gemeinschaftsleben (W. Schmidt), Die Ethologie von Säugling (M. Morath) und Kleinkind (B. Hassenstein), Territorialität und Aggressivität der Jäger- und Sammlervölker (I. Eibl-Eibesfeldt) und – vom gleichen Autor – Stammesgeschichtliche und kulturelle Anpassungen im menschlichen Verhalten, und schließlich Das Auge als biologische Wurzel kultureller Phänomene (O. Koenig).

Der Psychologe K. E. Grossmann, der als langjähriger Assistent von Bernhard Hassenstein eine nahe Kenntnis der Ethologie erwarb, analysiert die Rolle des Tiers als Modell des Menschen. W. Schmidbauer nimmt kurz Stellung zur Bedeutung der Ethologie für die Psychologie, R. Battegay zu der des Tierversuchs für die Psychiatrie. Die Perspektiven für eine Kooperation werden besonders positiv gezeichnet von W. Kalff (für die Analyse der menschlichen Aggression) und von M. Schuster (für die Ethnologie). Schließlich schildert K.-A. Belgardt die Probleme der Berücksichtigung der Ethologie im Schulunterricht in der Bundesrepublik Deutschland.

Lüneburg
Juni 1978

Roger Alfred Stamm

TIERPSYCHOLOGIE UND VERHALTENSFORSCHUNG

ZEITTAFEL
ZUR ENTWICKLUNG DER ETHOLOGIE

von Roger Alfred Stamm

1734–1743 René-Antoine Ferchault de Réaumur (1683–1757): »Mémoires pour servir à l'histoire naturelle des insectes« (sechs Bände). Réaumur ist der Begründer der modernen exakten Verhaltensbeobachtung im Freiland; er vermeidet Anthropomorphismen, hat ein umfassendes Interesse an allen Lebenserscheinungen, beobachtet fast alle Insektenordnungen. Besonders bekannt sind seine Beobachtungen an der Honigbiene, wofür er einen Beobachtungsstock mit Glaswänden erfand.

1760 Hermann Samuel Reimarus (1694–1768; deutscher protestantischer Theologe der Aufklärungszeit): »Allgemeine Betrachtungen über die Triebe der Thiere, hauptsächlich über ihre Kunsttriebe: Zum Erkenntniß des Zusammenhanges der Welt, des Schöpfers und unser selbst«. Reimarus berichtet sachlich über den Stand der Forschung, in echtem Bemühen, nur gesicherte Beobachtungen anzuerkennen. Hervorhebung des Zusammenhangs von Körperbau, Verhalten und Funktion für die Alltagsaufgaben. Die Verhaltensweisen werden nach ökologischen Funktionen geordnet.

1792–1814 François Huber aus Genf (1750–1831): »Nouvelles observations sur les abeilles« (zwei Bände). Huber setzt die Forschungen Réaumurs an den Bienen fort; ihn interessiert besonders das Fortpflanzungsgeschehen – und er entdeckt, daß die Bienen sich auf dem sogenannten Hochzeitsflug paaren.

1794 Lazzaro Spallanzani (1729–1799; Professor für Naturgeschichte in Pavia) weist durch Versuche mit blinden Fledermäusen deren Fähigkeit nach, völlig ungestört zwischen Hindernissen umherzufliegen. Er schließt experimentell die Beteiligung aller damals bekannten Sinne aus, die des Gehörsinns allerdings irrtümlich, wie Jurine 1798 nachweist. Erst 1938 weisen dann Pierce und Griffin die Abgabe von Ultraschallauten nach; 1940 Beweis der Echoortung durch Griffin und Galambos; 1953 Nachweis des Beutefangs durch Echoortung durch Griffin.

1859 Charles Darwin (1809–1882): »On the Origin of Species by Means of Natural Selection, or the Preservation of Favoured Races in the Struggle of Life«. Das Buch gilt als der kopernikanische Durchbruch für die moderne Biologie. Die Darwinsche Selektionstheorie ist eine der bedeutendsten einigenden Theorien der Biologie und dadurch auch der Verhaltensforschung; sie konnte ihre volle wissenschaftliche Wirkung allerdings erst mit der Entfaltung der Genetik nach 1900 und vor allem der Populationsgenetik nach 1930 erreichen.

1859 Erste Verwendung des Begriffs »Ethologie« für das Studium von Tieren in ihrem natürlichen Lebensraum durch den Franzosen Isidore Geoffroy-Saint-Hilaire. Nach 1870 wurde der Begriff von Alfred Giard, ebenfalls einem Franzosen, für alle Untersuchungen biologischer Fragestellungen im Freiland verwendet, etwa im Sinne des modernen Begriffs der »Ökologie« (dieser wurde 1866 von Ernst Haeckel für »die gesamte Wissenschaft von den Beziehungen des Organismus zur umgebenden Außenwelt, wohin wir im weiteren Sinne alle ›Existenz-Bedingungen‹ rechnen können« eingeführt). 1906 wurde die Bezeichnung »Ethologie« – im Sinne von »Ökologie« – durch Charles Bohn aufgegriffen und eng mit der physiologischen Fragestellung verknüpft, so daß die durchaus moderne Konzeption einer »ethologischen Psychophysiologie« entstand (z. B. Bohn 1911: »La nouvelle psychologie animale«; deutsch: 1912).

1864 Alfred Edmund Brehm (1829–1884), Direktor des Zoologischen Gartens Hamburg, veröffentlicht den ersten Band von »Brehms Tierleben«. Dieses Vorbild der populärwissenschaftlichen Literatur gab einen umfassenden allgemeinbildenden Überblick über die Biologie aller Tiere. Brehm, der selbst viele Reisen unternommen hatte (1855, Reiseskizzen aus Nordafrika [drei Bände]), benutzte zahlreiche Berichte von Forschungsreisenden und Großwildjägern; er selbst verfaßte die Abteilungen der Wirbeltiere.

1864–1944 Jakob Johann von Uexküll. Uexküll war Physiologe – am bekanntesten sind seine Forschungen an Seeigeln –, entwarf dann in seinem Hauptwerk »Umwelt und Innenwelt der Tiere« (1909) eine integrale Verhaltensphysiologie der Wirbellosen Tiere unter Berücksichtigung der Umweltbeziehung und gelangte endlich zu einer biologisch begründeten Weltanschauung (Die Lebenslehre, 1930). Siehe den Beitrag von H. Mislin über »J. J. v. Uexküll« in diesem Band.

1871–1945 Oskar Heinroth, in Deutschland oft »Vater der Ethologie« genannt. Feststellung der formbeständigen »arteigenen Triebhandlung«. Er nannte die Erforschung der stammesgeschichtlichen Entstehung solcher Bewegungsweisen und Lautäußerungen Ethologie, war jedoch kein Instinkttheoretiker (s. den Beitrag von M. Meyer-Holzapfel über »Die Geburt der Ethologie« in diesem Band).

1872 Charles Darwin (s. unter 1859): »The Expression of Emotions in Man and Animals«. Detaillierte Beschreibungen mimischen und gestischen Ausdrucks, vor allem bei Menschen. Beeinflußte die ausdruckstheoretische Diskussion bis in unsere Zeit.

1873 Douglas Spalding (1840–1877): »Instinct, with original observations on young animals«. Spalding fordert, daß der relative Umfang von angeborenem und erlerntem Verhalten durch genaue Beobachtung erforscht werde, und zwar für jede Tierart gesondert.

1874 Auguste Forel (1848–1931): »Les Fourmis de la Suisse. Notices anatomiques et physiologiques, architecture, distribution géographique, nouvelles expériences et observations de mœurs«. Der Waadtländer Psychiater und Sozialethiker Forel veröffentlichte hier eine der ersten umfassenden Monographien über eine engere Tiergruppe, die Körperbau, Physiologie, Verbreitung und Verhalten eingehend vergleichend beschreiben. Später (1921–1923) erschien noch ein fünfbändiges Werk »Le monde social des fourmis du globe comparé à celui des hommes«.

1879–1907 Jean-Henri Fabre (1823–1915): »Souvenirs entomologiques. Etudes sur l'instinct et les mœurs des insectes« (zehn Bände). Ein Meilenstein der vergleichenden Verhaltensforschung im Freiland (s. den Beitrag von A. Portmann über »J.-H. Fabre« in diesem Band).

1886 20. November in Wien: Karl von Frisch geboren. Vor allem bekannt für seine weitausgreifende beharrliche Untersuchung der Sinnesleistungen und des Verständigungssystems der Honigbiene. Seine Ergebnisse stellte er hervorragend auch in populärer Form vor: »Aus dem Leben der Bienen« (Bd. 1 von »Verständliche Wissenschaft«; zahlreiche Auflagen). Siehe den Beitrag von M. Lindauer über »K. v. Frisch« in diesem Band.

1889–1974 Otto Koehler. Promotion 1911 in München bei Richard Hertwig. Zuerst entwicklungsphysiologische Arbeiten; später Sinnesphysiologie von *Paramecium* (Pantoffeltierchen), *Daphnia* (Wasserfloh) und *Planaria* (Strudelwurm). Später Verhalten des Sandregenpfeifers. Für die Verhaltensforschung besonders bedeutsam seine Untersuchungen des Lernvermögens (u. a. Abhandeln von Anzahlen bei Vögeln und Säugetieren) und seine Tätigkeit als Herausgeber der »Zeitschrift für Tierpsychologie« (s. 1937); unermüdlicher, eigenwilliger Referent der aktuellen Literatur des Faches.

1896 C. Lloyd Morgan: »Habit and Instinct«. Morgan hat nach 1894 mehrere Bücher über Tierverhalten geschrieben, in denen er konsequent die anekdotische Methode ausschaltete, die die ältere Literatur weitgehend gekennzeichnet hatte. Eigene Versuche u. a. zur Nahrungsaufnahme bei Jungvögeln. Das Buch von 1896 ist auch in deutscher Übersetzung bekannt geworden (»Instinkt und Gewohnheit«, 1909).

1898 G. Peckham, E. Peckham: »On the instincts and habits of the solitary wasps«.

1903 7. November. Konrad Lorenz in Altenberg bei Wien geboren.

1906 H. S. Jennings: »The Behavior of the Lower Organisms«. Standardwerk zum Verhalten der einzelligen Organismen.

1907 15. April. Nikolaas Tinbergen in Den Haag geboren.

1908–1962 Erich von Holst, bedeutender Neurophysiologe. Seine Arbeiten über autonome Muster der Bewegungskoordination von Fischen beeinflußten das Lorenzsche Modell der Verursachung von Instinktverhalten. Er war der maßgebliche Anreger für die Gründung des Max-Planck-Instituts für Verhaltensphysiologie, an dem Konrad Lorenz nach 1950 seine wichtigste Forschungsstätte fand. Seine Arbeit über das Reafferenzprinzip (mit H. Mittelstaedt, 1950) gehört zu den ersten über Kybernetik des Verhaltens; seine letzte Untersuchung über die Auslösung von Verhalten durch elektrische Reizung im Zwischenhirn beim Haushuhn (mit Ursula von Saint-Paul, 1960) verband überzeugend ethologische und physiologische Fragestellung (s. den Beitrag von B. Hassenstein über »E. v. Holst« in diesem Band).

1910 William Morton Wheeler, Professor für wirtschaftliche Entomologie an der Harvard Universität: »Ants, their Structure, Development, and Behavior«. Monographische vergleichende Darstellung (s. auch 1874, Auguste Forel).

1911 Oskar Heinroth (s. auch 1871): »Beiträge zur Biologie, namentlich Ethologie und Psychologie der Anatiden«. Anwendung der Methoden der Vergleichenden Morphologie auf das Verhalten. Art-, gattungs- und familientypisches Verhalten (vgl. 1941).

1914 Sir Julian Sorell Huxley (1887–1975): »The courtship habits of the Great Crested Grebe *(Podiceps cristatus)*; with an addition to the theory of sexual selection«. Klassische Untersuchung des Balzverhaltens des Haubentauchers; Ziel: das Verständnis seiner Evolution durch die natürliche (und geschlechtliche) Zuchtwahl.

1916 Robert M. Yerkes: »The mental life of monkeys and apes«. Intelligenzversuche mit gefangenen Primaten, ähnlich denen von W. Köhler (s. 1921).

1918 Wallace Craig: »Appetites and aversions as constituents of instincts«. Auf diese Arbeit gehen die späteren ethologischen Begriffe des Appetenzverhaltens (Suchverhalten) und der Endhandlung (consummatory act) zurück.

1919 Charles Otis Whitman: »The Behavior of Pigeons«. Genaue vergleichende Untersuchung einfacher Verhaltensmuster. Von Konrad Lorenz und der Ethologie, zusammen mit Heinroth 1911 und Craig 1918, als eine der wesentlichen anregenden Arbeiten für die Entwicklung der Ethologie bezeichnet.

1920 Henry Eliot Howard: »Territory in Bird Life«. Einführung des Begriffs Territorium in die ornithologische Beobachtungsthematik. (Die Sache war schon früher bekannt, wurde aber erst nach dieser Arbeit konsequent beachtet.)

1921 Wolfgang Köhler: »Intelligenzprüfungen an Menschenaffen«. Bedeutende tierpsychologische Experimentalstudie.

1922 Th. Schjelderup-Ebbe: »Zur Sozialpsychologie des Haushuhnes«. Beschreibung des bei unnatürlich dichter Haltung auftretenden Rangordnungs-Phänomens bei Haushühnern und anderen Vögeln. Ausgangspunkt einer der am intensivsten verfolgten Fragestellungen der Tiersoziologie. Bis heute wird die Rangordnung von vielen Autoren als die einzige oder jedenfalls bedeutsamste Strukturkategorie des Tierverbandes betrachtet. Schjelderup-Ebbe selber wollte später das Prinzip zu einem universalen Gesetz der Verhaltenssteuerung selbst beim Menschen erheben. Erst die Forschungen der letzten Jahre – vor allem an Säugetieren im Freiland – haben zu einer korrekteren Bewertung des Phänomens (als eines von zahlreichen Ordnungskriterien) geführt.

1924–1933 Oskar Heinroth, Magdalena Heinroth: »Die Vögel Mitteleuropas« (vier Bände und Ergänzungsband). Aufzucht aller einheimischen Vogelarten, genaue Beschreibung und fotografische Dokumentation ihrer Entwicklung und Verhaltensäußerungen. Fortführung der vergleichenden Morphologie des Verhaltens (vgl. 1911).

1926 Friedrich Hempelmann, a.o. Prof. der Zoologie und Vergleichenden Anatomie in Leipzig: »Tierpsychologie vom Standpunkte des Biologen«. Beispiel für ein Lehrbuch der vorethologischen Tierpsychologie. Typisch dafür die Gliederung nach einer Rangfolge von Leistungen, von denen der Sinnesorgane bis zu den höheren psychischen Fähigkeiten. Hempelmann fordert die Beobachtung der Lebenstätigkeiten der Tiere unter natürlichen Bedingungen als Grundlage jeder tierpsychologischen Betrachtung. Er sieht das Bewußtsein als reines Epiphänomen physiologischer Prozesse an – ein später gelegentlich auch von Ethologen eingenommener Standpunkt. Der Aspekt der umfassenden Beschreibung von Verhaltenselementen jeder Tierart (später als Ethogramm bezeichnet) fehlt typischerweise noch völlig.

1928 Robert M. Yerkes: »The Mind of a Gorilla« (s. auch 1916). Während die Ethologen sich nach 1930 vorerst hauptsächlich mit Vögeln, Fischen und Insekten beschäftigen werden, führte die Initiative von Yerkes, dem Leiter der Yale Laboratories of Comparative Psychobiology, zur Organisation der ersten Freilandstudien an Menschenaffen und anderen Affen (vgl. 1931).

1931 Konrad Lorenz: »Beiträge zur Ethologie sozialer Corviden«. Die bekannte Dohlenarbeit, Lorenz' erste größere ethologische Veröffentlichung.

1931ff Erste Ergebnisberichte einer Reihe von den Yale Laboratories of Comparative Psychobiology (vgl. 1928) ausgesandter Expeditionen zum Studium von Verhalten und Ökologie von Primaten. Henry W. Nissen: »A field study of the chimpanzee«, 1931; Harold C. Bingham: »Gorillas in a native habitat«, 1932; C. Ray Carpenter: »A field study of the behavior and social relations of howling monkeys *(Alouatta palliata)*«, 1934. Vor allem Carpenter unternahm mehrere Reisen und sammelte wertvolles Material, besonders zur sozialen Organisation der Populationen.

1932 Niko Tinbergens Dissertation »Über die Orientierung des Bienenwolfes *(Philanthus triangulum)*« und erste einer Reihe von experimentellen Freilandstudien über diese Sandwespenart.

1935 Konrad Lorenz: »Der Kumpan in der Umwelt des Vogels« (vgl. 1937).

1937 Margaret Morse Nice: »Studies in the Life History of the Song Sparrow« (zweiter Band: 1943). Diese Studie an der amerikanischen Singammer, eine Vorstudie dazu erschien bereits 1933/34 auf deutsch im »Journal für Ornithologie«, ist eine der ersten umfassenden Verhaltensmonographien aufgrund von Freilandbeobachtungen. Ein bekanntes weiteres Beispiel ist das Buch von David Lack über das Rotkehlchen (»The Life of the Robin«, 1943).

J. J. Ter Pelkwijk, N. Tinbergen: »Eine reizbiologische Analyse einiger Verhaltensweisen von *Gasterosteus aculeatus* L.«. Diese Veröffentlichung über das Ergebnis von Experimenten am Dreistachligen Stichling ist die wohl bekannteste der frühen Arbeiten von Tinbergen. Tinbergen hatte mit dem Studium des Stichlings nach 1933 begonnen, als er günstige Objekte für praktische Übungen mit Studenten suchte. Der Dreistachlige Stichling war übrigens bereits von mehreren Forschern beobachtet worden, so von M. Leiner (1929, 1930) und W. Wunder (1930).

Konrad Lorenz: »Über die Bildung des Instinktbegriffs«. Zusammen mit der »Kumpan«-Arbeit von 1935 zu den wichtigen theoretischen Arbeiten von Lorenz gehörend, der hier zeigt, daß die Konzepte von Spencer, Morgan, McDougall und Ziegler nicht mit den neu erarbeiteten Fakten verträglich sind. In diesem Jahr erscheint auch der erste Band der »Zeitschrift für Tierpsychologie« (Berlin: Parey) als erste allgemeine Zeitschrift für die ethologischen Arbeiten; hier viele der bekannten ersten Arbeiten von Tinbergen (Balz des Stichlings, Eirollbewegung der Graugans [mit Lorenz], Balz des Samtfalters) und Lorenz' (s. 1943) und seiner Schüler. Als weitere bedeutende ethologische Fachzeitschriften begannen später zu erscheinen: »Behaviour« (Leiden: Brill; 1948: Bd. 1, 1978: Bd. 64), »The British Journal of Animal Behaviour« (Bde. 1–5: 1953–1957), fortgesetzt als »Animal Behaviour« (Bd. 6: 1958, 1978: Bd. 26), »Revue du Comportement Animal« (Paris: Crépin-Leblond; 1967–1975, Bände 1–9). Die »Zeitschrift für Tierpsychologie« und »Behaviour« haben wichtige Serien von Supplementheften. Ethologische Arbeiten erscheinen aber auch in vielen anderen zoologischen Zeitschriften, z. B. in ornithologischen Fachzeitschriften, in primatologischen Zeitschriften usw.

1939 J. Grohmann: »Modifikation oder Funktionsreifung?«. Nachweis der Reifung des Flugvermögens bei Tauben durch Haltung in engen Tonröhren. Auch junge Tauben, die sich nicht »üben« konnten, fliegen im entsprechenden Alter wie normal aufgezogene.

1940 J. A. Bierens de Haan: »Die tierischen Instinkte und ihr Umbau durch Erfahrung. Eine Einführung in die Allgemeine Tierpsychologie«. Eines der letzten Lehrbücher der vorethologischen Tierpsychologie. Deutlich der Aufbau nach Leistungsstufen (vgl. 1926) und der Nachteil eines unscharf formulierten Instinktbegriffs. Die damals vorliegenden ethologischen Forschungsergebnisse werden weitgehend ignoriert. (Über die Stellung Bierens de Haans zur Ethologie s. den Beitrag von M. Meyer-Holzapfel in diesem Band). Das Dilemma der Tierpsychologen »alter Schule« zeigt sich besonders kraß in der offensichtlich erlebenspsychologisch betonten Instinktdefinition von Bierens de Haan: »Unter dem ›Instinkt‹ verstehen wir bei den Tieren die charakteristische psychische Veranlagung, dank welcher bestimmten Empfindungen, Wahrnehmungen oder Erinnerungen bestimmte Gefühle und Emotionen folgen und diesem Erkennen und Fühlen wieder ein bestimmter Drang und bestimmte Strebungen, die sich in Handlungen verwirklichen; während umgekehrt auch bestimmte Wahrnehmungen und Gefühle wieder von den Strebungen erweckt und beeinflußt werden« (a.a.O., 34).

1941 Konrad Lorenz: »Vergleichende Bewegungsstudien an Anatinen«. Detaillierter Artenvergleich der Balzbewegungen bei Enten, in Fortführung der Untersuchung von Heinroth (1911, s. dort). Englische Übersetzung 1951–1953.

1942 Julian Huxley (s. auch 1914): »Evolution: the Modern Synthesis«. Dieses Buch markiert den Beginn der Breitenwirkung einer umfassenden Sicht der Evolution, die

die Ergebnisse der Darwinschen Selektionstheorie mit denen der Genetik und vor allem der seit den dreißiger Jahren entwickelten Populationsgenetik zu einer Einheit verbinden (sog. »Synthetische Evolutionstheorie«; manchmal mißverständlich als »Neo-Darwinismus« bezeichnet – dieser Begriff sollte besser für eine kurze Phase der Wiederbeachtung der Selektionstheorie vor der Synthese mit den populationsgenetischen Modellen von R. A. Fisher, 1930, und S. Wright, 1931, reserviert werden). Weitere Marksteine in der Diskussion der Evolution sind: George Gaylord Simpson: »The Major Features of Evolution« (1953), Ernst Mayr: »Animal Species and Evolution« (1963), Sol Tax (Ed.): »Evolution after Darwin. The University of Chicago Centennial« (drei Bände, 1960; unter den eingeladenen Gästen für die Podiumsdiskussionen befanden sich auch die Verhaltensforscher Niko Tinbergen, Sir Julian Huxley und Bernhard Rensch), Gerhard Heberer (Hg.): »Die Evolution der Organismen« (drei Bände, [3]1967–1974).

Heini Hediger: »Wildtiere in Gefangenschaft«. Begründung der Tiergartenbiologie unter Einbezug der Ergebnisse der modernen Verhaltensforschung. Durch die späteren Arbeiten Hedigers und seine Leitung der Zoologischen Gärten von Basel und dann Zürich und durch die Tätigkeit von Bernhard Grzimek, Direktor des Zoologischen Gartens in Frankfurt/Main, wurde die Verknüpfung zwischen ethologischer Grundlagenforschung in Gefangenschaft und Freiland und der Tierhaltung hergestellt. Das starke Engagement dieser beiden Zoodirektoren in der Öffentlichkeitsarbeit durch Radio, Fernsehen und Bücher trug im deutschen Sprachraum wesentlich zur Popularisierung der Verhaltensforschung bei.

1943 Konrad Lorenz: »Die angeborenen Formen möglicher Erfahrung«. Darf wohl als einer der frühesten Versuche einer Humanethologie bezeichnet werden (s. den Beitrag von I. Eibl-Eibesfeldt über »K. Lorenz« in diesem Band).

1949 James Fisher, Robert A. Hinde: »The opening of milk bottles by birds«. Meisen in der Gegend von Southampton hatten 1921 erstmals begonnen, die Pappdeckel von Milchflaschen zu öffnen. Diese Gewohnheit, die auch noch an anderen Orten entstand, breitete sich über England, Wales, Schottland und Irland aus. Diese Entwicklung wurde mit Hilfe einer Fragebogenaktion unter Ornithologen zu rekonstruieren versucht. Erster bekannter Fall einer natürlichen Traditionsbildung, die sich über mehrere Populationen ausbreitete. Nachweis des differentiellen Lernvermögens bei Individuen einer Art im Freiland.

Konrad Lorenz: »Er redete mit dem Vieh, den Vögeln und den Fischen«. Erstes Buch, das in populärer Form über die Ergebnisse der Ethologie berichtete. Es hatte im deutschen wie im englischen Sprachgebiet sofort einen durchschlagenden Erfolg und hat ungezählte Menschen, auch Wissenschaftler, auf die Ethologie aufmerksam gemacht und viele zum näheren Studium dieses Faches angeregt (s. auch den Beitrag von M. Meyer-Holzapfel über »Die Geburt der Ethologie« in diesem Band).

1950 Gustav Kramer (1910–1959) berichtet am zehnten Internationalen Ornithologen-Kongreß in Uppsala über seine Richtungsdressuren an Staren in einem von ihm genial konzipierten Beobachtungsrundkäfig. Er weist damit die Sonnennavigation bei einem Vogel erstmals eindeutig nach. Die jahrzehntelangen Spekulationen über die Orientierungsleistungen von Vögeln (bes. Zugvögeln und heimfindenden Brieftauben) sind mit einem Schlag durch eine operativ brauchbare Theorie und Beobachtungsmethode abgelöst. Die Orientierungsforschung wird zu einem der wichtigsten Forschungsfelder der ethologischen Verhaltensphysiologie. Eine gute Übersicht bietet K. Schmidt-Koenig: »Migration and Homing in Animals« (1975).

A. Daanje: »On locomotory movements in birds and the intention movements derived from them«. Die Intentionsbewegungen (Bewegungsinitien) der Fortbewegung sind ein wichtiger Ausgangspunkt zur Evolution von Ausdrucksbewegungen durch den Prozeß der Ritualisierung. Diese Arbeit ist die erste einer langen Serie von Arbeiten vor allem der Tinbergen-Schule zur Analyse der Entstehung von Ausdrucksbewegungen (engl.: displays).

Erste Internationale Ethologische Konferenz in Wilhelmshaven (Deutschland). Einladung durch Erich von Holst (vgl. 1908). Fünfzehn Teilnehmer, u. a. Lorenz, Tinbergen, Thorpe, Kramer, Koehler, Hassenstein, Mittelstaedt. Diese Konferenzen wurden später in zweijährigem Rhythmus fortgeführt. Zuletzt die XVth International Ethological Conference, 23.–31. August 1977 in Bielefeld, mit ca. 450 Teilnehmern.

Konrad Lorenz: »The comparative method in studying innate behaviour patterns«. Diese Arbeit machte Lorenz' Konzept des Instinktverhaltens in den Vereinigten Staaten bekannt. Sie erregte zuerst allerdings vor allem Kritik (vgl. 1953, 1954, 1956).

1951 Niko Tinbergen: »The Study of Instinct«. Erstes Lehrbuch der Ethologie. Durch die sehr übersichtliche Darstellung machte es die neue Wissenschaft in weiten Kreisen bekannt. Zusammenfassung des ersten Forschungsjahrzehnts. Darin die Darlegung der hierarchischen Theorie der Steuerung des Instinktverhaltens (s. den Beitrag von C. G. Beer über »Niko Tinbergen« in diesem Band). Deutsche Übersetzung: 1952, mit zahlreichen Nachdrucken.

1952 Niko Tinbergen: »Derived activities; their causation, biological significance, origin, and emancipation during evolution«. Dieser Aufsatz bildet einen Startpunkt für eine längere Arbeitsphase in der Erforschung der Entstehung und Funktion von Ausdrucksbewegungen in sozialen Auseinandersetzungen und Paarverhalten (vgl. auch Daanje 1950).

1953 Donald R. Griffin weist nach, daß Fledermäuse die von ihm (vgl. Spallanzani 1794) nachgewiesene Echolotung auch zum aktiven Beutefang benützen.

Daniel S. Lehrman: »A critique of Konrad Lorenz's theory of instinctive behaviour«. Lehrman macht sich zum Sprecher mancher amerikanischer Psychologen in der Kritik an der zu simplen Angeboren-erworben-Dichotomie in den bisherigen ethologischen Arbeiten. Er fordert eine genaue Analyse des Entwicklungsablaufs in der Jugendentwicklung. Nicht alle das Verhalten verändernden Einflüsse fallen unter den Begriff Lernen. Lehrman berücksichtigt die bereits vorliegenden ethologischen Studien zur Jugendentwicklung zuwenig und verfällt einer Überbetonung des Einflusses der Früherfahrung (s. auch die Beiträge von I. Eibl-Eibesfeldt über »Konrad Lorenz« und J. P. Kruijt über »Die Jugendentwicklung von Verhalten« in diesem Band).

1954 J. S. Kennedy: »Is modern Ethology objective?«. Kennedy kritisiert die physiologischen Aspekte der Theorie von Lorenz und bezweifelt, daß durch »Stauung und Aufbrauchen von Triebenergie«, »Zielstrebigkeit von Appetenzverhalten« u. a. Elemente des Lorenzschen Modells die objektive (physiologische) Untersuchung gefördert wird.

1956 T. C. Schneirla: »Interrelationships of the ›innate‹ and the ›acquired‹ in instinctive behavior«. Schneirla fordert wie Lehrman (1953) eine differenzierte Berücksichtigung der Vorgänge der Jugendentwicklung des Verhaltens, vor allem des Zusammenwirkens genetischer Information, der Erfahrung in allen ihren Formen und weiterer einwirkender Einflüsse. Die Begriffe »angeboren« und »erworben« sind abzulehnen; der Wert des Begriffs »instinktiv« ist zweifelhaft. Auf Rückkoppelungseffekte zwischen Verhaltensprozessen und ihren Auswirkungen sei besonders zu achten.

W. H. Thorpe: »Learning and Instinct in Animals«. Erster Versuch einer Synthese zwischen Ethologie und älterer Tierpsychologie. Der Aufbau des Buches gleicht dem früherer tierpsychologischer Lehrbücher (vgl. 1926); die Ethologie ist aber voll anerkannt. Zweite Auflage: 1963.

1957 Esther Cullen: »Adaptations to cliff-nesting in the Kittiwake«. Die Darstellung der Anpassungen der Dreizehenmöwe an das Brüten auf den engen Simsen steiler Vogelfelsen ist die erste Serie funktional-ethologischer Untersuchungen von Tinbergen und seinen Schülern (s. den Beitrag von J. Alcock in diesem Band).

R. Hoogland, D. Morris, N. Tinbergen: »The spines of sticklebacks (*Gasterosteus* and *Pygosteus*) as means of defence against predators (*Perca* and *Esox*)«. Funktionale Analyse der Bedeutung der Stacheln bei zwei Stichlingarten auf experimentellem Wege.

K. D. Roeder, A. E. Treat: »Ultrasonic reception by the tympanic organs of noctuid moths«. Nachweis, daß Nachtschmetterlinge die von jagenden Fledermäusen ausgestoßenen Ultraschallaute (s. Spallanzani 1794) wahrnehmen können. Sie reagieren darauf mit typischem Fluchtverhalten. Weitere Darstellung in Kenneth D. Roeder: »Nerve Cells and Insect Behavior« (1963).

1959 Niko Tinbergen: »Comparative studies of the behaviour of gulls (Laridae)«. Bedeutender Ergebnisbericht der Vergleichenden Verhaltensforschung: Die Möwen sind eines der wichtigsten Beispiele für die Analyse der Ausdrucksbewegungen. Das Referat bestimmt auch den Standort der Diskussion über Entstehung und Funktion von Ausdrucksbewegungen und leitet von einer vorwiegend deskriptiven zu einer mehr funktionsanalytischen und evolutionstheoretischen Forschungsphase über.

1961 Günter Tembrock: »Verhaltensforschung. Eine Einführung in die Tier-Ethologie«. Erstes deutsches Lehrbuch der Ethologie.

P. R. Wiepkema: »An ethological analysis of the reproductive behaviour of the Bitterling (*Rhodeus amarus* Bloch)«. Einführung der Faktorenanalyse in die Untersuchung der Motivation von Ausdrucksbewegungen.

1962 Adriaan Kortlandt berichtet in Vorträgen und einem Artikel in »Scientific American« über seine erstaunlichen Beobachtungen an Schimpansen im Freiland; er zeigt, daß sich Schimpansen dort viel differenzierter verhalten als in Gefangenschaft und sich bis ins Alter eine hohe Leistungsfähigkeit und Interesse an der Umgebung bewahren. Damit war die Aufmerksamkeit auf ein Forschungsgebiet gelenkt, das seit Ende der fünfziger Jahre durch japanische Forscher und durch Jane Goodall am Schimpansen, George B. Schaller am Gorilla und später durch zahlreiche Forscher an vielen anderen Affenarten intensiv bearbeitet wird. Erste ausführliche Kunde durch Schallers Buch »The Mountain Gorilla« (1963) und den Sammelband Irven DeVore (Ed.) »Primate Behavior« (1965).

Vero Copner Wynne-Edwards: »Animal Dispersion in relation to Social Behaviour«. Bezieht Sozialverhalten und Verbandstrukturen in die populationsgenetische Diskussion ein. Zentrale Thesen: Die Evolution hat zu einer zeitweiligen Beschränkung individueller Fortpflanzungspotenzen im Dienste einer besseren Überlebenschance der betreffenden Populationen geführt. Dadurch wird eine Übernutzung der Nahrungsreserven verhindert. Sozialverhalten ist ein Mittel der »konventionellen Konkurrenz«. Das Werk erregte sofort eine große Aufmerksamkeit und wurde, vor allem im britischen Bereich, sehr intensiv diskutiert. Kritiker bezweifeln, daß der konventionelle Wettbewerb eine Vermehrung bis an die Kapazitätsgrenzen des Lebensraums vermeiden könne und daß die Einheit für das Selektionsgeschehen die Gruppe sei (eine These, die ihren Ursprung in Modellen der Populationsgenetik hat); sie verteidigen dagegen die reine Individualselektion. Ein besonders engagierter Gegner war David Lack (vgl. 1966). Das von Wynne-Edwards zusammengetragene, umfassende Material bleibt aber ein Stachel für die Forschung; das letzte Wort dürfte auch in theoretischer Hinsicht nicht gesprochen sein.

E. S. E. Hafez: »The Behaviour of Domestic Animals«. Eines der frühen Beispiele für die Anwendung der Verhaltensforschung in der Praxis der Nutztierhaltung; ein Gegenstück zu Hedigers Buch für die Zootierhaltung (vgl. 1942). Die »Angewandte Ethologie« findet in den kommenden Jahren eine breitere Basis und einige darauf spezialisierte Forscher (in Deutschland vor allem Klaus Zeeb). Eine besondere Herausforderung liegt in der Notwendigkeit, Ethologie unter gewollt naturfernen, ja »naturwidrigen« Umweltbedingungen zu betreiben.

1963 Konrad Lorenz: »Das sogenannte Böse. Zur Naturgeschichte der Aggression«. Fesselnd geschriebene populäre Übersicht über die soziale Bedeutung der Aggression. Lorenz beginnt mit der Darstellung der tierischen Aggression und richtet den Blick dann auf die Aggressivität des Menschen und ihre mögliche Steuerung. Dieses Buch wurde von Psychologen und Philosophen sofort heftig angegriffen und löste einen längeren Streit aus. Die etwas salopp-populäre Darstellung nicht beachtend, wurde von diesen Lesern das Buch als eine kritisch-wissenschaftliche Arbeit mißverstanden und Vorwürfe einer oberflächlichen Behandlung der humanen Aggression gegen Lorenz und die gesamte Ethologie erhoben. Der Streit machte aber die Möglichkeit und Notwendigkeit einer kritischen Humanethologie deutlich und trug dadurch letztlich zu deren Entwicklung wesentlich bei.

John B. Calhoun: »The ecology and sociology of the Norway rat«. Bericht über eine bereits Ende der vierziger Jahre durchgeführte Erforschung des Verhaltensinventars und der Soziologie der Wanderratte unter weitgehend natürlichen Umständen (in einem großen Gehege). Diese Arbeit fand eigenartigerweise nicht das Interesse, das ihr angesichts der großen Bedeutung der Ratten als Versuchstiere für die physiologische und psychologische Grundlagenforschung und noch mehr für die angewandte (besonders medizinisch-pharmakologische) Forschung angemessen wäre. Calhoun berichtete auch über die Folgen der Übervölkerung in einer engen Gehegesituation und die verschiedenen Regulationsvorgänge (veröffentlicht in »Scientific American«); diese besonderen Ergebnisse werden häufig in der Diskussion der Bevölkerungskontrolle beim Menschen mitbenutzt.

Jerram L. Brown, Robert W. Hunsperger: »Neuroethology and the motivation of agonistic behaviour«. Auslösung von Angriffs- und Fluchtverhalten durch elektrische Hirnreizung bei der Katze. Diskussion der Ergebnisse in bezug auf die Konflikttheorie der Entstehung von Drohverhalten (s. den Beitrag von Ines Scheurmann »Bausteine des Verhaltens« in diesem Band).

1965 Erster Band einer neuen Buchserie des Verlags Academic Press (New York und London) über Verhaltensforschung: »Advances in the Study of Behavior«. Herausgeber: Daniel S. Lehrman, Robert A. Hinde, Evelyn Shaw; 1976: Band 7, herausgegeben von Jay S. Rosenblatt, R. A. Hinde, E. Shaw und Colin G. Beer.

Karl von Frisch (s. 1886, 1973): »Tanzsprache und Orientierung der Bienen«. Zusammenfassende Darstellung aller Forschungsergebnisse von von Frisch und seinen Schülern; hervorragend auch durch die ausführliche Darstellung der Forschungsplanung und -methodik.

M. Konishi: »The role of auditory feedback in the control of vocalisation in the White-crowned Sparrow«. Durch Anhören eines erfahrenen Sängers erwirbt der junge Dachsammerfink ein Grundmuster des Gesangs, an das er durch akustische Rückkoppelung seinen eigenen Gesang anpaßt. Eine bedeutende Untersuchung zur ethologischen Verhaltensphysiologie im Bereich der Angeboren-erworben-Diskussion.

Friedrich Schutz: »Sexuelle Prägung bei Anatiden«. Nach der Anregung durch Lorenz' frühe Arbeiten wurde das Prägungslernen meist an der Nachfolgereaktion von Nestflüchterküken studiert. Hier wird erstmals das für Lorenz (1935) besonders bedeutsame Prägen auf den artspezifischen Geschlechtspartner genauer analysiert.

1966 Robert A. Hinde: »Animal Behaviour. A Synthesis of Ethology and Comparative Psychology«. Zweites Lehrbuch in englischer Sprache (nach Tinbergen 1951). Besonders gründliche Behandlung der Verursachung des Verhaltens. Die zweite Auflage (1970) wurde auch ins Deutsche übersetzt.

Peter Marler, William J. Hamilton III: »Mechanisms of Animal Behavior«. Zusammenfassende Darstellung der Verhaltensphysiologie, mit besonderer Berücksichtigung der Sinnesleistungen, Orientierung und der Steuerung des Verhaltens.

David Lack (1910–1973), ein Pionier der ethologischen und ökologischen Ornithologie in England – er hat klassische Untersuchungen über das Verhalten des Rotkehlchens (»The Life of the Robin«, 1943) und die Darwinfinken (»Darwin's Finches«, 1947) durchgeführt –, veröffentlicht mehrere Bücher, in denen er das Wissen zur Ökologie des Brutverhaltens bei Vögeln zusammenfaßt: »Population Studies in Birds« (1966), »Ecological Adaptations for Breeding in Birds« (1968), »Ecological Isolation in Birds« (1971).

Robert Leo Smith: »Ecology and Field Biology«. Hochschullehrbuch für Eingangsklassen, das in origineller Form Ökologie, Verhaltensforschung und Evolutionsforschung vereinigt.

1967 Jerry Hirsch (Ed.): »Behavior – Genetic Analysis«. Wichtige Übersicht über die Ergebnisse der Verhaltensgenetik.

Niko Tinbergen: »Adaptive features of the Black-headed Gull, *Larus ridibundus* L.«. Zusammenfassung der Ergebnisse des ersten großen Forschungsprogramms über Ökologie und Evolution von Verhalten, das ausgedehnte Experimente im Freiland einschloß.

Irenäus Eibl-Eibesfeldt: »Grundriß der vergleichenden Verhaltensforschung«. Nach Tembrock (1961) das zweite deutsche Lehrbuch der Ethologie; erste Berücksichtigung humanethologischer Befunde. Besonders ausführliche Darstellung der von der Lorenz-Schule entwickelten Konzepte. In der Folge mehrere Auflagen.

Desmond Morris: »The naked ape«. Provozierend geschriebenes populäres Buch in der ersten Phase der Humanethologie, von einem ernsthaften Wissenschaftler. Trug wie das Buch von Lorenz (1963) viel dazu bei, die allgemeine Diskussion über Humanethologie zu entfachen.

1968 R. F. Ewer: »Ethology of Mammals«. Übersicht über den Stand der ethologischen Forschung an Säugetieren; trägt auch den vielen inzwischen durchgeführten und begonnenen Freilandstudien Rechnung (deutsch: »Ethologie der Säugetiere«, 1976).

Niko Tinbergen: »On war and peace in animals and man«. Beitrag zur Diskussion um Lorenz' Buch (vgl. 1963). Ethische Begründung, Tierverhalten zu studieren, um menschliches Verhalten besser zu verstehen, besonders in den Problembereichen Aggression und Erziehung. Diese Forderung stellt Tinbergen neben die nach Bevölkerungskontrolle und Umweltschutz.

1969 R. A. Gardner, B. T. Gardner (Universität Nevada) erzielen einen Durchbruch im Versuch, Schimpansen Sprache beizubringen. Sie verzichten auf die bisher immer erfolglos gebliebene Technik, Schimpansen das Sprechen beizubringen (z. B. Hayes 1951), und benutzen die Befähigung der Schimpansen zu differenzierter Gestik, indem sie ihnen die amerikanische Taubstummensprache andressieren. In einer Übungszeit von fünf Jahren lernte der Schimpanse »Washoe« etwa 130 Wort-Zeichen und kombinierte sie zu Zwei- und Dreiwortsätzen, in einer Weise, die sehr der ersten Grammatik eines Kindes ähnelt. Diese Arbeit ist auch eine Anregung dafür, daß die Ethologie in Zukunft sehr aufmerksam die *Potenzen* studieren muß, die die Tierarten zur Verhaltensäußerung und -anpassung besitzen, auch wenn sie im Freileben normalerweise nicht auftreten.

1971 Valerius Geist: »Mountain Sheep. A Study in Behavior and Evolution«. Vergleichende Beschreibung von Verhalten und Ökologie der wilden Bergschafe der Erde. Geist weist nach, daß die gemeinhin als Kommentkämpfe bezeichneten Auseinandersetzungen zumindest bei diesen Tieren eine hohe Todesquote zur Folge haben. Eine Überprüfung des Konzepts der Kommentkämpfe als Form konventionellen Wettbewerbs wird dadurch nahegelegt, jedenfalls bei Horn- und Geweihträgern.

1972 N. Blurton Jones (Ed.): »Ethological Studies of Child Behaviour«. Berichte über erste Ansätze zu einer Ethologie des Kindes, also der Beobachtung von Kind-Kind- und Mutter-Kind-Interaktionen mit ethologischen Methoden.

1973 Nobelpreis in Physiologie oder Medizin gemeinsam an Karl von Frisch, Konrad Lorenz und Nikolaas Tinbergen für ihre Entdeckungen betreffend die Organisation und Auslösung individueller und sozialer (Verhaltens-)Muster.

Bernhard Hassenstein: »Verhaltensbiologie des Kindes«. Versuch einer Synthese ethologischer und neurophysiologischer Konzepte mit entwicklungspsychologischen (besonders auch psychoanalytischen) Beobachtungen und Theorien. Versuch eines Zoologen, bei der Beobachtung des Menschen über den durch die Zoologie vorgegebenen Rahmen hinauszublicken.

1975 John Alcock: »Animal Behavior. An Evolutionary Approach«. Einführendes Lehrbuch mit starker Betonung der funktionalen und evolutiven Aspekte (s. auch den Beitrag von J. Alcock in diesem Band).

Edward O. Wilson: »Sociobiology. The New Synthesis«. Großangelegter Versuch einer umfassenden Übersicht über die sozialen Beziehungen von Tieren, mit besonderer Berücksichtigung der Funktion und Evolution. Treffendes Bild der derzeitigen Forschungssituation auf diesem Gebiet. Wilson hatte bereits 1971 eine hervorragende Übersicht über die Soziologie verbandbildender Insekten veröffentlicht (»The Insect Societies«).

1976 Eberhard Curio: »The Ethology of Predation«. Weitgreifende Analyse des Beutefangverhaltens, seiner Methoden und Steuerung.

(Eine Darstellung der sich über einen großen Zeitraum erstreckenden historischen Stationen der physiologisch orientierten Psychologie findet der Leser im Beitrag von H. Zeier »Entwicklung von physiologischer Psychologie und Psychophysiologie«.)

DIE GESCHICHTE DER TIERPSYCHOLOGIE

mit besonderer Berücksichtigung von England und Amerika

von Gordon M. Burghardt

Das Leben der Menschen und der Tiere stand immer in enger Beziehung. Tiere waren Jagdbeute, Raubfeinde, Parasiten und Konkurrenten. Häufig verändern sie einen Lebensraum; Biber und Elefanten sind davon nur besonders auffällige Beispiele. Dutzende von Arten haben uns und unsere Lasten getragen, Brieftauben unsere Nachrichten übermittelt. Tiere waren unsere Freunde, beschützten unser Leben und unsere Besitztümer, unterhielten uns zu Hause und im Zirkus. Aber Tiere sind mehr als nur verwertbar, hilfreich, angenehm und ergötzlich. Sie wurden tief in unser Erleben und Denken eingeschlossen. Sie dienten als Vorbilder (die »fleißige« Ameise), als Götter (Schlangen und Bären) und als Symbole in Kunst, Literatur und Mythologie. Und sie spielten eine sehr persönliche Rolle in den empfindsamsten, leidenschaftlichsten und tragischsten Seiten der menschlichen Existenz.

Es ist klar, daß der Mensch früh zum Umgang mit Tieren Techniken entwickelte, die auf Beobachtung, Induktion und Deduktion beruhten. Erfolgreiches Jagen genauso wie die Domestikation so vieler Arten (Hunde, Schafe, Ziegen, Hühner, Rinder und Pferde) setzten ein ausgedehntes Wissen vom tierischen Verhalten voraus. Aber die funktionelle Einheit des wirtschaftlichen, sozialen, religiösen und der Freizeit gewidmeten Lebens verhinderte offensichtlich die Entwicklung einer objektiven Wissenschaft vom Tierverhalten, ähnlich wie die der physikalischen und sozialen Wissenschaften. Animistische Glaubensvorstellungen verstärken gewiß die Meinung, daß Menschen und Tiere geistig gar nicht so verschieden seien: Tiere haben eine Seele und oft mehr Geschicklichkeit als Menschen. Aber Verhalten und Psyche der Tiere waren auch für die Intellektuellen der östlichen und westlichen Kulturen von Interesse, und Tiere dienten oft als Spiegel menschlichen Verhaltens für Moralphilosophen, Schriftsteller und Wissenschaftler. Erst mit der Anerkennung der Evolution und der Darwinschen natürlichen Zuchtwahl wurden wir wirklich gezwungen, Tiere in einem neuen Licht zu sehen. Denn die Anerkennung einer grundsätzlichen, nicht bloß oberflächlichen Ähnlichkeit zwischen Mensch und Tieren konnte nicht mehr erfolgreich als unwissenschaftlich oder sentimental bekämpft werden, obwohl die Ausweitung des Vergleichs auf Verhalten und psychische Vorgänge in gewissen Kreisen als moralisch und sozial tadelnswert betrachtet wurde (und wird). Religiöse und philosophische Auseinandersetzungen begleiten uns weiterhin; aber ich werde mich hier nicht mit ihnen beschäftigen.

Da nur Raum für eine sehr knappe Übersicht gegeben ist, wird eine Zusammenfassung von älteren Vorstellungen über Tierverhalten, wie denen von Aristoteles, Plinius, Galen und europäischen Schriftstellern bis zu Darwin nicht versucht. Zusammenfassungen sind u. a. erschienen von Diamond (1971), Heinroth u. Burghardt (1977), Hess (1962) und Warden (1927). Es ist wichtig festzuhalten, daß – in moderner Terminologie – die alten Autoren allgemein den Menschen als durch den Verstand, die Tiere als instinktiv handelnd ansahen, wobei diese Ansichten unlösbar mit philosophischen und theologischen Fragen über Seele, Erbsünde, Leib-Seele-Dualismus usw. verbunden waren. So war etwa die aristotelische Unterscheidung von Mensch und Tier darauf gegründet, daß der erstere eine vernünftige Seele besitzt. Während Aristoteles auch einige eigene Beobachtungen beitrug, wurde die meiste empirische Arbeit über Verhalten (und es gab gute Beobachtungen) bis zum 19. Jahrhundert von Personen geleistet, die außerhalb der Hauptströmung wissenschaftlichen und geistigen Bemühens standen. Die populären Tierbücher und Naturgeschichtskompendien von Aldrovanus, Gessner, Johnstonus und Topsell benutzten weitgehend unkritisch Sagen und Nachrichten von Forschungsreisenden aus zweiter und dritter Hand als Quellen für ihre Darstellung des Tierverhaltens. Darin zeigte sich teilweise ein wahrer Kern, viele der autoritativ vertretenen Schilderungen erwiesen sich aber als absurd. Selbst das prachtvolle Sammelwerk von Seba (1731–1763) aus Linnés Zeit, der die führenden Biologen und Künstler seiner Zeit beschäftigt hatte, vermischt atemraubende Genauigkeit mit Leichtgläubigkeit.

Ein typisches Beispiel der Art, wie Tierverhalten hundert Jahre vor Darwin vom gebildeten Publikum in England betrachtet wurde, erschien in einem Buch von Charles Owen (1742). Dieser »Versuch zu einer Naturgeschichte der Schlangen« vereinigte Informationen der führenden Biologen der Zeit (z. B. Hans Sloan) mit griechischen und mittelalterlichen Quellen zu einer Hors-d'œuvre-Mischung von Naturwissenschaft und Theologie. Nach der Schilderung zahlreicher, etwas anthropomorpher Beispiele vom wunderbaren Verhalten, das vor allem Insekten zeigen, fährt Owen fort: »Zu diesen könnte ich die *Wespen* hinzufügen, die ihre Winterschätze in unterirdischen Zellen verbergen, und die Feldmäuse, die die richtige Jahreszeit kennen, um Eicheln zu sammeln, die sie sorgfältig in Höhlungen (etwa Maulwurfsgängen) im Boden verstecken. Kein Wesen ist also so gering, als daß nicht ein Strahl der göttlichen Weisheit in seine Vorsorge und Findigkeit scheint. Wenn wir bedenken, wie wundervoll diese niederen Wesen in ihren Handlungen gelenkt werden, wie pünktlich sie den Gesetzen ihres Schöpfers folgen, wie besorgt jedes seine Art fortpflanzt und die richtige Vorsorge für seine Familie trifft: Sie erscheinen wie von einem Prinzip gelenkt, das vollkommener ist als der Verstand des Menschen. Jedoch besteht kein Zweifel, daß auch die höchsten und am weitesten entwickelten Tiere eben nur Tiere sind, d. h. ohne Verstand, und es ist gut für uns, daß dies so ist.

Dies wird *Instinkt* genannt: eine natürliche Veranlagung oder Weisheit, mit der die Tiere versehen sind, die sie befähigt, für sich selbst zu sorgen, zu wissen, was gut für sie ist, und sie bestimmt, ihre Art fortzupflanzen und zu erhalten. Der *Instinkt* besitzt eine gewisse Analogie zu Vernunft oder Verstand und ersetzt deren Fehlen bei den Tieren.«

Dieses Zitat berührt manche der Probleme, die die Erforscher des tierischen Verhaltens in späteren Jahren beschäftigen sollten, besonders das Verhältnis von tierischem zu menschlichem Verhalten. Dazu gehören:

1. Tiere scheinen den richtigen Weg zu kennen, um individuelles Überleben, Fortpflanzung und Arterhaltung zu sichern.
2. Die scheinbare Weisheit und Vernunft der Tiere ist nur dies – ein Schein. Tiere sind unvernünftig, sie handeln durch Instinkt (»eine natürliche Veranlagung«).
3. Menschen handeln durch ein unvollkommenes, aber trotzdem immer gegenwärtiges qualitativ verschiedenes Prinzip, genannt Verstand.
4. Tiere sind untergeordnete Lebewesen, obwohl der Instinkt, der ihnen zu überleben gestattet, ein göttlicher Mechanismus ist. Menschen brauchen ihn nicht; der bloße Gedanke daran würde die höhere sittliche Stellung des Menschen im Universum in Frage stellen.

5. In gewisser Weise wäre es gefährlich, den Tieren Überlegensfähigkeit und Verstand zuzugestehen.

So wurde mehr als in jedem anderen Feld der Naturwissenschaften, außer vielleicht in der Auseinandersetzung um das Kopernikanische Weltbild, der Versuch, objektiv auf das Tierverhalten zu blicken, zum Ausgangspunkt bitterer Streitigkeiten. Darwin war sich dessen bewußt, als er »The Origin of Species« (1859) schrieb. Er behandelte vorerst nur die Instinkte von Tieren; erst in späteren Schriften (1871, 1872) befaßte er sich mit Instinkten und höheren geistigen Fähigkeiten beim Menschen.

Ein kennzeichnendes Beispiel für die Ansichten des »Establishment« zur Zeit der Morgenröte vor der Darwinschen Revolution, fast hundert Jahre nach Owen, ist der berühmte »Bridgewater Treatise« von William Kirby (1835). Seit Owen hatten sich Genauigkeit und Menge sorgfältiger Naturbeschreibungen um ein Vielfaches vermehrt. Die Nomenklatur Linnés und seine Formalisierung des Vergleichens von Tierarten hatten sich durchgesetzt. Die biologische Illustration erreichte ihren Gipfel an Schönheit und Präzision. Verhalten war natürlich nicht so gut bedient. Kirbys Auftrag war es besonders, die »Lebensgeschichte, Gewohnheiten und Instinkte der Tiere« in Beziehung zur »Kraft, Weisheit und Güte Gottes« zu untersuchen. Obwohl gegen Lamarck, dem ersten großen Evolutionstheoretiker, sehr kritisch, versuchte er aufrichtig, wissenschaftliche Erkenntnisse über Verhalten in seine Betrachtung einzubeziehen. Dabei mußte er von früheren Grenzziehungen und Mystizismen abrücken, während er mit zweifellos aufrichtiger, aber einen tarnenden Nebel verursachender Rhetorik seinen Rückzug zu decken suchte. Kirby traf die folgenden Feststellungen:

1. Es bestehen zwischen Tieren eindeutige Unterschiede in Umfang und Aufgabe des Instinktes. Er nannte z. B. zahlreiche (anekdotische) Beispiele für die Intelligenz von Hunden und ihre Fähigkeit zur Treue und zur Rettung von Menschenleben. Tiere waren also nicht dauernd Maschinen, sondern fähig zu lernen, zu verstehen und Gemütsbewegungen auszudrücken. In der Tat, viele seiner Beispiele hätten in späteren Jahrzehnten von Darwin oder Romanes benutzt werden können, um die Kontinuität des psychischen Lebens zwischen Tieren und Mensch aufzuzeigen.

2. Kirby bewies, daß Instinkte nicht vollkommen sind, sondern Versager vorkommen. Er schilderte Versuche zur wechselseitigen Prägung zwischen Hühnern und Enten, um seine Auffassung zu untermauern und gegen die Ansicht zu halten, daß Instinkte metaphysisch direkt durch übernatürliche Kräfte wirken.

3. Kirby argumentierte, daß, obwohl der Verstand nicht das hinter dem Instinkt stehende Prinzip sei, »alle Tiere, die die üblichen Sinnesorgane besitzen, ihren Verstand mehr oder weniger beim ganzen Ablauf ihres instinktiven Verhaltens brauchen« (1835, 240). (Man bemerkt, daß die Dichotomie nicht mehr absolut ist!) Er bemerkte, wie später Darwin und Lorenz, daß das niederste Tier mit dem geringsten Intellekt auch die wenigsten Instinkte besitzt.

4. Kirby betonte, daß die meisten Instinkte auf der Wirksamkeit physikalischer Ursachen, von Körperbau, Sinnesleistungen, physiologischen Funktionen und Gehirn, beruhen. Ein zeitgenössisches Argument gegen eine materialistische Deutung der Instinkte stützte sich auf die vermeintliche »Tatsache«, daß in drei Insektenordnungen (z. B. bei den Geradflüglern, Orthoptera) das Nervensystem durch die Metamorphose von Larve zu Imago unverändert bleibt, während sich die Verhaltensweisen beträchtlich ändern. Kirby widerlegte diese Behauptung wirkungsvoll und besaß eindeutig eine entwicklungsbiologische Perspektive.

5. Er schloß den Menschen nicht vom Besitz von Instinkten aus. Er war sogar so modern, für seine Beweisführung Beobachtungen an Kindern zu benutzen. »Der neugeborene Säugling hat keinen anderen Lehrer, ihm zu erzählen, daß die Brust seiner Mutter ihn mit

der richtigen Nahrung versorgen wird; er weint danach, setzt seinen Mund spontan an sie und drückt sie unter dem Gebot seines Appetits, das seiner Organisation entstammt« (a. a. O., 256).

Aber Kirby konnte, wie fast jedermann zu seiner Zeit, nicht aus der theologischen Zwangsjacke ausbrechen, die folgerichtige und unbequeme Gedankengänge hemmte. So war die bemerkenswerte Intelligenz, das Gedächtnis und die Treue der Hunde zwar nicht einem mystisch arbeitenden Instinkt, aber der göttlichen Vorsehung zu danken: »Es kann angenommen werden, daß die Gottheit einige mit geheimer Hand lenkt, seinen Willen zu erfüllen, sie seinen Ratschluß, den sie zu erfüllen haben, lehrt, weil ihr unbeholfener Instinkt allein nicht helfen würde ...« (Kirby 1835, 227). Weil Instinkte nicht fehlerfrei sind, so folgert er, sind sie nicht unmittelbar übernatürlich gesteuert, denn wären sie dieses, müßten sie fehlerfrei sein.

Andererseits argumentiert er, daß die klügsten Tiere weniger komplexe und tiefgreifende Instinkte besitzen, während bei niederen Tieren die Instinkte unfehlbar arbeiten (wenn sie auch irregeleitet werden können, wie bei der Schmeißfliege, die ihre Eier an eine nach Aas riechende Pflanze statt in faulendes Fleisch legt). Obwohl also Instinkte eine aufweisbar materielle Grundlage haben, wird ihr Ursprung nicht materialistisch verstanden, denn »... jede Art von Instinkt hat ihren Ursprung im Willen Gottes, und daß ein Tier ihn darbietet, wurde von Ihm eigens für das Tier bei dessen Erschaffung eingerichtet« (229).

Und die Menschen, weit davon entfernt, mit anderen Säugetieren in einer Reihe zu stehen, sind die Herren der Erde, obwohl sie vor allem für eine geistige Welt geschaffen wurden. Entsetzt von Linnés Einordnung des Menschen unter die anderen Primaten erklärt er, daß ein Grund für die Erschaffung der Primaten »zu sein scheint, dem Menschen den Spiegel vorzuhalten, damit er sehen kann, welch garstiges und abscheuliches Wesen er werden würde, wenn er sich den Lastern und der Sklaverei seiner Leidenschaften hingäbe« (517).

Darwins Bedeutung für die Versachlichung der Untersuchung des Instinktes und die Hervorhebung des Verhaltens oder der Handlungen gegenüber den Anstößen und Kräften, die hinter ihnen stehen, wurde durchaus gewürdigt. Jedoch ist mit wenigen Ausnahmen (wie Spalding 1873; Peckham, Peckham 1898; Whitman 1898; Craig 1918; Heinroth 1911; Huxley 1914) eine Arbeitsweise, die eine der Natur angemessene Fragestellung, empirische Beobachtung, Experimentieren und einen in der Evolutionstheorie gegründeten Bezugsrahmen verschmilzt, nicht vor den Pionierleistungen von Lorenz und Tinbergen in den dreißiger Jahren entstanden. Und selbst dann brauchte es noch eine dreißigjährige Inkubationszeit, bis sich die internationale Anerkennung als eigene Fachrichtung innerhalb der Biologie zu entwickeln begann.

Lieber als nochmals den Weg zur modernen Ethologie im einzelnen zu schildern (s. dazu in diesem Band u. a. die Beiträge von M. Meyer-Holzapfel, von I. Eibl-Eibesfeldt über »Konrad Lorenz«, ferner den Beitrag von K. Heinroth in Bd. I dieser Enzyklopädie; im übrigen sei auf die genannten geschichtlichen Darstellungen verwiesen sowie auf Burghardt 1973, Klopfer ²1974, Eaton 1970), möchte ich einige allgemeine Gedanken über die Entwicklung der Tierpsychologie und Vergleichenden Psychologie in der englischsprechenden Welt formulieren.

Nun besteht kein Zweifel daran, daß die Ursprünge der Tierpsychologie wie der Ethologie auf Darwin zurückgehen. Für unsere Zwecke brauchen wir uns nur daran zu erinnern, daß er im Studium des Verhaltens die folgenden Tatbestände betont hat:

1. die sorgfältige Beobachtung und angemessenes Experimentieren,
2. den Wert des (art-)vergleichenden Zugangs,
3. daß Verhalten veränderlich, angepaßt, aber nicht unfehlbar ist,
4. daß die Vererbung das Verhalten und seine Variabilität beeinflußt – Verhalten kann im gleichen evolutiven Rahmen wie Körperbaumerkmale betrachtet werden –,

5. daß zwischen den geistigen Fähigkeiten des Menschen und der Tiere eine quantitative Kontinuität besteht – Mensch und Tiere besitzen Instinkte, Intelligenz, Einsicht und die höher entwickelten Gefühle wie Mutterliebe, Treue, Eifersucht usw.

In »The Origin of Species« (1859) erachtete es Darwin als entscheidend zu zeigen, daß das wunderbar komplexe Verhalten von Tieren als Ergebnis der natürlichen Zuchtwahl betrachtet werden könne, eher denn als das Zeichen göttlicher Schöpfung. Er ließ den Menschen aus der Diskussion bis zu »The Descent of Man« (1871) und »The Expression of the Emotions in Man and Animals« (1872). Dann erst begann die große Auseinandersetzung, denn bis dahin konnte man den Tieren ihre Instinkte und dem Menschen seinen Geist zuteilen und mit den Argumenten von Descartes und Thomas von Aquino streiten, auch wenn einige beunruhigende Gedanken, wie die von Kirby, in intellektuellen Kreisen aufgetaucht waren. Darwin bewies, daß etwas Tierisches noch im Menschen steckt, im Körperbau wie im Verhalten, und daß dies vererbte Merkmale sind. Und dann bewies er, daß etwas von dem, was wir als besonders kennzeichnend für den Menschen betrachten, bei Tieren gefunden wird: Das bedeutet, daß für fast jedes geistige und psychische menschliche Merkmal bei Tieren Vorläufer gefunden werden können. Dieses Fechten mit zwei Schwertern, das Tier im Menschen und den Menschen im Tier zeigend, war höchst geschickt. Aber die meisten Intellektuellen und Wissenschaftler seiner Zeit hatten genug Schwierigkeiten damit, die Evolution der Tiere und ihrer körperlichen Merkmale zu verstehen und anzuerkennen; die allgemeine wissenschaftliche Gemeinschaft war zur Diskussion von Instinkt, Intelligenz und Geist noch nicht bereit.

Viele hervorragende Tierbeobachter und Vorläufer der Ethologie wie Fabre und Uexküll (s. die Beiträge von A. Portmann und H. Mislin in diesem Band) waren, wie Kirby, und trotz ihrer weit umfassenderen Kenntnis des Tierverhaltens in der Zurückweisung der Evolution festgefahren. Aber die frühen Nachfolger Darwins, wie Romanes und Spencer, waren unermüdlich im Sammeln von Beweisen und im Bedenken der logischen Ausweitung des Evolutionsgedankens auf Verhalten, Geist und sogar Seele.

Herbert Spencer (^{2}1872) sah den Instinkt als Verbindung von Reflexhandlungen, wobei komplexe Reize komplexe Bewegungen bewirken. Der einflußreichste Aspekt seiner Ansichten betraf den Ursprung der Instinkte, von denen er annahm, sie hätten sich aus Reflexen durch die Einbeziehung erworbener Erfahrungen in das Erbgut entwickelt. Spencer war in diesem Punkt durch und durch Lamarckist, obwohl er ein früher Verteidiger des Darwinismus war. Spencer glaubte nicht nur, daß Instinkte aus vererbten Erfahrungen entstanden, sondern daß Intelligenz (die Fähigkeit, Erfahrungen zu verwerten) von Instinkten in einer fast zirkelschlüssigen Weise abgeleitet war. Spencer vertrat auch die Meinung, daß Instinkte von Bewußtsein begleitet seien. Obwohl er keine neuen empirischen Erkenntnisse beitrug, erarbeitete Spencer ein Modell für die Evolution des Instinkts, das durchdachter als alle früheren war.

Darwins Einfluß führte zu einer intensiveren und objektiveren Untersuchung des Instinktverhaltens. Der Amerikaner William James schrieb die langdauernd einflußreichen »Principles of Psychology« (1890) und benutzte viele Tierbeispiele, vor allem das Werk von Spalding. Mehr als Darwin betonte er, daß »jeder Instinkt ein Impuls ist« (James 1890, 385), und wies darauf hin, daß bei allen Tieren mit Gedächtnis alle instinktiven Akte »aufhören müssen, ›blind‹ zu sein, nachdem sie einmal wiederholt worden sind« (390). Er benutzte auch zwei Prinzipien des instinktiven Verhaltens, die kurz gesagt besagen, daß die frühkindliche Erfahrung bedeutende Wirkungen auf die sensorische Kontrolle des Verhaltens haben kann (z. B. durch Prägung) und daß Instinkte während des tierischen Lebens in einer gewissen zeitlichen Ordnung erscheinen. Er diskutierte das Saugen als ein Instinktverhalten bei menschlichen Babys und Kälbern, das innerhalb weniger Tage nach der Geburt ausgeführt werden muß oder sonst vielleicht überhaupt nicht mehr auftritt.

Aber Darwins Betonung der Kontinuität des psychischen Lebens zwischen Tieren und Mensch führte zu einer eingehenden Suche nach tierischen Vorstufen für komplexe geistige Prozesse beim Menschen. Die Forscher auf diesem Gebiet, deren berühmtester und vorzüglichster G. J. Romanes (1884, 1888, [5]1892) war, verließen sich, da ihnen experimentelle Verfahren nicht zu Gebote standen, auf anekdotische, von Laien gesammelte Angaben. Diese Schriftsteller hatten ein gutes Verständnis für instinktives Verhalten, aber in ihrer Eile, unterstützende Beweise für das Vorkommen intelligenter Tiere zu finden, deuteten sie häufig fragwürdige Geschichten zu lächerlichen Extremen aus und brachten damit das ganze Vorhaben in Mißkredit. Washburn (1908) und Whitman (1899) kritisierten beide das anekdotische Vorgehen, aber C. Lloyd Morgan (1894) wird das Verdienst zugesprochen, Anekdoten als *kritische* Quellen für Schlüsse über Tierverhalten ausgeschaltet zu haben.

»Lloyd Morgans Kanon« ist zu Recht berühmt und lautet so (1903, 53): »In keinem Fall soll man eine Handlung als das Ergebnis der Wirkung einer höheren psychischen Fähigkeit deuten, wenn sie als Ergebnis der Wirkung einer auf der psychologischen Skala tiefer stehenden Fähigkeit gedeutet werden kann.« Obwohl zweifellos vonnöten, entwickelte sich eine Überreaktion, die vermutlich weit von Morgans Absicht entfernt war. Denn Morgans Kanon wurde nun benutzt, um den Tieren psychische Komplexität abzusprechen und ihr Verhalten in eine Zwangsjacke von Tropismen, bedingten Reflexen und Versuch-und-Irrtum-Lernen zu pressen. Morgan selbst verlor nie seinen Glauben, daß entweder Instinkt oder Bewußtsein Begleiter tierischen Verhaltens seien. Seine eigenen Beobachtungen, vor allem an Küken und Haushunden, füllen einen großen Teil seiner Schriften, und viele heutige Ethologen würden sie anekdotisch nennen. Und tatsächlich enthalten sie höchst wenig quantitative Information und kaum Angaben über die Beobachtungsverfahren. Aber wir müssen gerecht bleiben. Morgan war außerordentlich vorsichtig in der Unterscheidung zwischen *beobachtetem* Verhalten und *erschlossenen* Hypothesen über die Mechanismen; er war sich der Notwendigkeit zu wiederholter Beobachtung bewußt, und schließlich unterstützte er die Forderung nach Durchführung von Versuchen zur systematischen Beantwortung von Fragen.

Obwohl Morgan, wie Romanes und Spencer, Bewußtsein als mit den meisten Instinkten verbunden betrachtete, definierte er instinktives Verhalten in einer operationalen und präzisen modernen Weise als »jene komplexen Gruppen koordinierter Aktionen umfassend, die bei ihrem ersten Erscheinen von Erfahrung unabhängig sind, die der Wohlfahrt der Art dienen, die vom Zusammenwirken äußerer und innerer Reize verursacht sind, die von allen Mitgliedern einer mehr oder weniger begrenzten Gruppe von Tieren in gleicher Weise ausgeführt werden, die aber verändert werden können und unter dem Einfluß von Erfahrung modifizierbar sind« ([2]1920, 71).

Einer von Morgans wichtigsten Beiträgen war seine wirkungsvolle Rückweisung der lamarckistischen Auffassungen von der Vererbbarkeit von Gewohnheiten, die in unterschiedlichem Umfang noch Darwin, Romanes, Wundt und viele andere vertreten hatten. Poulton, Weisman, Wallace, Groos und Whitman argumentierten alle gegen die Vererbbarkeit erworbener Gewohnheiten und für die entscheidende Rolle der natürlichen Zuchtwahl. Aber es war kein brauchbares Modell zur Integration der Rollen von ererbtem und erworbenem Verhalten vorgeschlagen worden. Morgan schlug hierzu den Begriff der *angeborenen Plastizität* vor. Tiere können viele ererbte Variationen haben, und diese können das Überleben in einer bestimmten Umgebung erleichtern oder erschweren. Hat das Tier ein Verhalten in seinem individuellen Leben erworben, das das Überleben erleichtert, und hat die ererbte Variation die gleiche Wirkung, dann hat dieses Tier einen deutlichen Vorteil gegenüber einem anderen, in dem erworbene und ererbte Reaktionsvarianten in Konflikt stehen. Also können sowohl angeborene Veranlagungen als auch die Flexibilität des Verhaltens gefördert werden, erstere in einer stabilen, letztere in einer variablen Umgebung.

Morgan machte eine begriffliche Unterscheidung zwischen jenen Instinkten, die von Geburt an wirksam sind, die er angeboren (connate), und jenen, die später erscheinen, wie Sexualverhalten, die er aufgeschoben (deferred) nannte. Obwohl er James nicht erwähnte, stimmte er mit ihm darin überein, daß ein Instinkt nur bei seinem ersten Auftreten rein ist. Er war sich zudem der Fallstricke sehr bewußt, in denen sich der Unvorsichtige fängt, indem er voreilig Verhalten entweder zum Instinkt oder zur Intelligenz zählt, und er forderte wiederholt experimentelle Untersuchungen. Intelligenz zeigte sich für Morgan und seine Zeitgenossen in jeder gelernten oder konditionierten Veränderung des Verhaltens. Alle Instinkte konnten durch Erfahrung vervollkommnet werden, vor allem bei höheren Tieren, und darum, »obwohl für die Instinkthandlung selbst Bewußtsein nur ein Epiphänomen darstellt, einen Zusatz, der die Aktion begleitet, ist für ihre intelligente Steuerung Bewußtsein wesentlich« (Morgan ²1903, 212). Nun haben wir gesehen, daß James begonnen hatte, die innere motivierende Seite des Instinktes gegenüber den beschreibbaren Verhaltensmerkmalen hervorzuheben. Morgan erkannte den Widerspruch und schrieb, »daß, während der Biologe die instinktive Aktion als den wesentlichen Tatbestand ins Auge faßt, wird der Psychologe mehr die zu den Handlungen führenden Antriebe als das zentrale und kennzeichnende Element betrachten. Wir streben hier eine Verbindung beider Gesichtspunkte an« (²1920, 103). Obwohl die Arbeiten von Craig (1918) und Woodworth (1919) den Grundstein für eine Vereinigung legten, die das dazumal in Mißkredit gefallene Studium des tierlichen Bewußtseins nicht mehr in Betracht zog, wurde Morgans hoffnungsvolle und umfassende Berücksichtigung von Lernen und Einsicht, ja Klugheit, übersehen und vergessen, als der Behaviorismus zur Macht gelangte.

Die Werke von McDougall und Freud waren sehr einflußreich in der Psychologie, aber weniger in der Vergleichenden Psychologie. Sie verfolgten die Entwicklungslinie, die von James vertreten worden war, und betonten zunehmend die anstoßgebenden, energetischen und motivierenden Aspekte des Instinktes. Aber währenddem waren Tierbeobachter, zu »Morgans Kanon« bekehrt, nicht nur gegenüber dem Studium der tierlichen Psyche und des Bewußtseins mißtrauisch geworden, sondern gegenüber allen »schwer greifbaren« inneren Determinanten des Verhaltens, besonders wenn als Tendenzen, Neigungen usw. bezeichnet.

Thorndike (1898) war der erste, der aus dem immer lauter werdenden Ruf nach Objektivität mit seinen vergleichenden »puzzle box«-Versuchen über Intelligenz Nutzen zog. Thorndike schrieb praktisch alle tierische Intelligenz und Urteilsfähigkeit dem Versuch-und-Irrtum-Lernen zu, das im Kern Reaktionen mit angenehmen Wirkungen (Belohnungen) sich einprägen ließ und solche mit unangenehmen (Bestrafungen) ausmerzte. Dieser Griff zu einer einfachen, leicht verständlichen Erklärung wurde manchenorts mit Begeisterung aufgenommen. Selbst Morgan anerkannte diesen Mechanismus als Erklärung für alle anderen sogenannten »Fähigkeiten einer höheren Ordnung« (²1920, 152). Dies erstaunt etwas, weil Morgan, nach einer unverhältnismäßig ausführlichen Darstellung von Thorndikes Methoden und Ergebnissen, einige treffende kritische Bemerkungen machte, nämlich: 1. die Versuchstiere waren so ausgehungert, daß sie alles andere als normal waren, und 2. die Versuchssituation schloß die Fähigkeit des Tieres zu »verständigem Urteilen« aus, weil es für das Tier keine Möglichkeit gab, die Beziehung zwischen einer zufälligen Antwort und der Flucht aus dem Käfig, die ihm Futter einbrachte, zu erkennen.

Die Pawlowsche Konditionierung erschien bald danach als einfache mechanistische Erklärung für tierische Intelligenz. Sie wurde verfochten durch Watson (1913, 1930), der bei seinen Versuchen, Subjektivismus und Introspektion aus der Psychologie auszuschalten, Instinkte, Geist, Bewußtsein und sogar Vererbung und Evolution als für die Psychologie maßgebende Forschungsgebiete verwarf. Vielleicht das extremste Mitglied der Anti-Instinkt-Revolte (Beach 1955) war Kuo (1921, 1924), der die Genetik verwarf, weil sie mit dem Instinkt verbunden, und den Instinkt, weil er mit den spekulativen Ansichten von McDougall und Freud verknüpft war, aber auch, weil sein Begriff von Instinkt im wesentlichen mit den vordarwinistischen Ansichten von Kirby von vor fast hundert Jahren identisch war.

Das Versagen der »Revolte« wurde angezeigt von Karl Lashley (1938), einem frühen Kollegen von Watson, der später mit dem strengen Behaviorismus brach und der einflußreichste physiologische Psychologe seiner Zeit wurde. Er war nicht bereit, Instinkt oder Genetik vom Studium des Verhaltens auszuschließen. Er schilderte eine Reihe verschiedener Verhaltensweisen, die mit sensorischer Organisation und motorischen Komponenten zu tun haben, den Reaktionen auf spezifische Reize. Dies sind *instinktive Verhaltensmuster* und schließen das Balzverhalten von Vögeln und den Netzbau bei Spinnen ein. Weiterhin sind es *Reaktionen auf einen Mangel*, die auftreten, wenn einem Tier gewisse Reize vorenthalten werden, z. B. »das rastlose Umherrennen einer Rattenmutter, der man ihre Jungen weggenommen hat«. Die Ähnlichkeit zu Craigs Appetenzverhalten ist beachtenswert, und doch schien Lashley unabhängig zu seiner Auffassung gekommen zu sein. Das dritte Problem, das Lashley der Analyse von Instinktverhalten aufgab, war die zyklische oder periodische Natur sowohl von instinktiven Verhaltensmustern wie von Defizitreaktionen. Diese Variationen in der Handlungsbereitschaft, z. B. beim jahreszeitlichen Nestbau von Vögeln oder den Wanderungen von Fischen, führte zu einer Beschäftigung mit der Aktivierung von Instinkten.

Während der dreißiger Jahre hatten die englischsprechenden experimentell arbeitenden Psychologen die Untersuchung von Geist und Bewußtsein und nahezu auch die des Instinktes aus der Psychologie eliminiert. Umweltbedingte Konzeptionen gewannen an Boden, und die verfeinerten Fortführungen von Thorndike, Pawlow und Watson durch Skinner (1938), Tolman (1932) und Hull (1943) wurden bald begeistert aufgenommen. Das Vertrauen auf eine klare Fachsprache, kontrollierte Versuche und eine systematische Behandlung des Verhaltens war wichtig, führte aber zu einer Vernachlässigung wichtiger Probleme. Und während nicht alle Psychologen überzeugt (z. B. Lashley) und gewisse angeborene und kognitive Aspekte des Verhaltens selbst von Hull oder Tolman anerkannt wurden, wurde erst mit den Arbeiten von Lorenz und Tinbergen das Studium des natürlichen Verhaltens und seiner Evolution wieder ein wichtiger Teil der Verhaltensforschung an Tieren. Diese Arbeiten, die in den dreißiger Jahren begonnen hatten, wirkten sich erst in den fünfziger Jahren aus. Entsprechend bemerken wir nun ein erneutes Interesse in den kognitiven Aspekten des Tierverhaltens, angeregt durch die Untersuchungen der Gardners zur Zeichensprache bei Schimpansen und von von Frisch an den Bienentänzen (Griffin 1976, Thinès 1977). Die begrifflichen Grundlagen waren durch die Forscher der Jahrhundertwende, die Gestaltpsychologen (besonders Wolfgang Köhler 1921) und die Ethologen selbst, besonders Otto Koehler und Lorenz gelegt worden. So gewann die Psychologie Instinkt und Psyche als Themen zurück. Für wie lange, werden wir abwarten müssen.

Aus dem Amerikanischen übertragen von Roger A. Stamm

LITERATUR

BEACH, F. A.: The descent of instinct. Psychological Review, 62, 1955, 401–410

BURGHARDT, G. M.: Instinct and innate behavior: toward an ethological psychology. In: J. A. Nevin (Ed.): The study of behavior. Glenview, Ill.: Scott, Foresman & Co. 1973, 322–400

CRAIG, W.: Appetites and aversions as constituents of instincts. Biological Bulletin, 34, 1918, 91–107

DARWIN, CH.: On the origin of species by means of natural selection. London 1859. Facsimile edition: New York: Atheneum 1967. Deutsch: Die Entstehung der Arten durch natürliche Zuchtwahl. Stuttgart: Reclam 1963; München: Kindler 1971

The descent of man and selection in relation to sex, I, II. London: Murray 1871. Deutsch: Die Abstammung des Menschen und die geschlechtliche Zuchtwahl. Stuttgart: Kröner 1966

The expression of the emotions in man and animals. London: Murray 1872. Deutsch: Der Ausdruck der Gemütsbewegungen bei den Menschen und den Tieren. Stuttgart 1872

DIAMOND, S.: Gestation of the instinct concept. Journal of the History of the Behavioral Sciences, 7, 1971, 323–336

EATON, R.: An historical look at ethology: a shot in the arm for comparative psychology. Journal of the History of the Behavioral Sciences, 6, 1970, 176–187

GRIFFIN, D. R.: The question of animal awareness: evolutionary continuity of mental experience. New York: Rockefeller Univ. Press 1976

HEINROTH, K., BURGHARDT, G. M.: History of ethology. In: K. Immelmann (Ed.): Grzimek's Encyclopedia of Ethology. New York: Van Nostrand Reinhold 1977, 1–22 (Einleitung zur amerik. Ausg. von K. Immelmann [Hg.]: Grzimeks Buch der Verhaltensforschung. Zürich: Kindler 1974)

HEINROTH, O.: Beiträge zur Biologie, namentlich Ethologie und Psychologie der Anatiden. Verhandlungen des V. Internationalen Ornithologen-Kongresses Berlin 1911, 589–702

HESS, E. H.: Ethology: an approach toward the complete analysis of behavior. In: R. Brown, E. Galanter, E. H. Hess, G. Mandler (Eds.): New Directions in Psychology. New York: Holt, Rinehart & Winston 1962, 157–266

HULL, C. L.: Principles of behavior. New York: Appleton-Century-Crofts 1943

HUXLEY, J.: The courtship habits of the great crested Grebe. Proceedings of the Zoological Society of London, 11, 1914, 491–562

JAMES, W.: Principles of psychology, II. New York: Holt 1890

KIRBY, W.: On the power, wisdom and goodness of God as manifested in the creation of animals and in their history, habits and instincts, I, II. London: William Pickering 1835

KLOPFER, P. H.: An introduction to animal behavior: ethology's first century. New York: Prentice-Hall ²1974

KÖHLER, W.: Intelligenzprüfungen an Menschenaffen (1921). Berlin, Heidelberg: Springer ²1963

KUO, Z. Y.: Giving up instincts in psychology. Journal of Philosophy, 17, 1921, 645–664

A psychology without heredity. Psychological Review, 31, 1924, 427–451

LASHLEY, K.: Experimental analysis of instinctive behavior. Psychological Review, 45, 1938, 445–471

MORGAN, C. L.: Introduction to comparative psychology (1894). London: Walter Scott Publ. Co. ²1903

Animal behaviour (1900). London: Edward Arnold ²1920. Deutsch: Instinkt und Gewohnheit. Leipzig: Teubner 1909

OWEN, CH.: An essay towards a natural history of serpents. Privatdruck. London 1742

PECKHAM, G. W., PECKHAM, E. G.: On the instincts and habits of the solitary wasps. Wisconsin Geological Natural History Survey Bulletin, 2, 1898

ROMANES, G. J.: Mental evolution in animals. London: Kegan Paul, Trench 1884

Mental evolution in man. London: Kegan Paul, Trench 1888

Animal intelligence. London: Kegan Paul, Trench ⁵1892

SEBA, A.: Locupletissimi Rerum Naturalium Thesauri. Amsterdam: Janssonio-Waesbergios, J. Wetstenium, Gul. Smith

SKINNER, B. F.: The behavior of organisms. New York: Appleton-Century-Crofts 1938

SPALDING, D. A.: Instinct with original observations on young animals. MacMillan's Magazine, 27, 1873, 282–293 (wiederveröff. in: British Journal of Animal Behaviour, 2, 1954, 2–11)

SPENCER, H.: The principles of psychology (1855). London: Williams & Norgate ²1872. Deutsch: Die Prinzipien der Psychologie. Stuttgart: Schweighardt 1882

THINÈS, G.: Phenomenology and the science of behaviour: an historical and epistemological approach. London: George Allen Unwin 1977

THORNDIKE, E. L.: Animal intelligence: an experimental study of the associative processes in animals. Psychological Review Monograph Supplement, 2, 1898

TOLMAN, E. C.: Purposive behavior in animals and men. New York: Appleton-Century-Crofts 1932

WARDEN, C. J.: The historical development of comparative psychology. Psychological Review, 34, 1927, 57–58; 135–168

WASHBURN, M. F.: The animal mind. New York: Macmillan 1908

WATSON, J. B.: Behaviorism. Chicago: University of Chicago Press 1930

Psychology as the behaviorist views it. Psychological Review, 20, 1913, 158–177

WHITMAN, C. O.: Animal behavior. Biological Lectures from the Marine Biological Laboratory of Woods Hole, 1898. 6, 1899, 285–338

Myths in animal psychology. The Monist, 9, 1899, 524–537

WOODWORTH, R. S.: Dynamic psychology. New York: Columbia University Press 1919

DIE GEBURT DER ETHOLOGIE

von Monika Meyer-Holzapfel

Im Jahre 1949 erschien ein Tiergeschichtenbuch von Konrad Lorenz, betitelt: »Er redete mit dem Vieh, den Vögeln und den Fischen«. Ein Jahr später folgte ein zweites: »So kam der Mensch auf den Hund«. In leicht faßlicher Form brachte der Verfasser einem breiten Leserkreis Ergebnisse der Verhaltensforschung nahe. Der Gelehrte aus Wien, der bis dahin nur wissenschaftliche Abhandlungen veröffentlicht hatte, hatte diese Bücher aus Zorn geschrieben – aus Zorn »über die vielen, unglaublich schlechten, verlogenen Tiergeschichten, die heute in allen Buchhandlungen angeboten werden; Zorn über die vielen Schreiberlinge, die vorgeben, vom Tier zu erzählen, es aber gar nicht kennen« (Lorenz 1949, 3).

Lorenz war als Tierschriftsteller bis dahin unbekannt, und seine Bücher erschienen in einem ebenso unbekannten Wiener Verlag; aber sie machten ihn mit einem Schlage berühmt. Da erzählte er etwa vom Gänsekind »Martina«, seiner kleinen Wildgans, für die er die Bedeutung der Mutter erhielt, weil er das erste Wesen war, das sie nach dem Schlüpfen erblickt hatte (Lorenz 1949, 139–159); oder von der Kolonie der zahmen Dohlen, die frei um die Giebel des Vaterhauses in Altenberg an der Donau umherflogen und um ihren Rang stritten, die hochrangigen oft »großmütig«, die tiefrangigen manchmal aggressiv gegen noch tieferstehende. Anhand solcher einprägsamen Beispiele lernte der Leser ohne Belastung durch schwierige Begriffe Gesetzmäßigkeiten der sozialen Verständigung unter Vögeln kennen.

Durch die Unmittelbarkeit der Schilderungen waren die mit persönlichen Namen bezeichneten Tiere bald in aller Munde. Und was besonders beeindruckte, waren die oft humorvollen Anspielungen auf den Menschen. Die Tiere wurden nicht in unzulässiger Weise – wie etwa in Brehms »Tierleben« – vermenschlicht, nein, die Vergleiche sollten vielmehr zeigen, daß auch der *Homo sapiens* allzuoft nicht mit seiner Vernunft, sondern wie Tiere mit »angeborenen Triebhandlungen« auf verschiedenste soziale Lagen reagiert. Das Aufzeigen gerade solcher Übereinstimmungen, das In-Beziehung-Setzen von Tier und Mensch hat zweifellos ungemein viel dazu beigetragen, die Verhaltensforschung international bekanntzumachen, namentlich auch das Interesse – manchmal auch den Widerspruch – von Psychologen und Psychiatern zu wecken.

Das ungeheure Echo, das die beiden Bücher (Lorenz 1949, 1950) auslösten, wurde durch die nun einsetzende Vortragstätigkeit des Verfassers noch verstärkt. Ich erinnere mich lebhaft an seine erste Tournee durch die Schweiz, bei der er zu achtzehn Vorträgen verpflichtet war, besonders an seinen Vortrag in Bern vor überfülltem Saal im Naturhistorischen Museum. Die Lebendigkeit, mit der er von zehn auf die wirkliche Gänsemutter und zehn auf ihn, den Elternersatz, »geprägten« Gänseküken erzählte oder mit der er die Bewegungen des »Imponiergehabens« beim werbenden Gänserich nachahmte, bleibt unvergeßlich. So anschaulich stellte er dar, was Ausdrucksverhalten (Verhalten mit Mitteilungsfunktion) ist, daß man nicht einmal des begleitenden Films bedurft hätte, um dies zu begreifen.

Kann man jene Zeit als die »Geburt der Ethologie« bezeichnen? Sicher nicht. Wohl wurde damals die weltweite Verbreitung eingeleitet, doch müssen wir eher von einer Wiedergeburt sprechen, denn der Zweite Weltkrieg und die Nachkriegsjahre haben zwangsläufig den Unterbruch der Forschungsarbeit auf diesem Gebiet zur Folge gehabt.

Die Anfänge lagen Jahrzehnte zurück. Lorenz selbst nennt seinen Lehrer und Freund Oskar Heinroth (1871–1945) den »Vater der Ethologie«, war er es doch, der bereits einen grundlegenden Wandel in der Instinktforschung herbeigeführt hatte (vgl. Katharina Heinroth 1971, 1974 sowie ihren Beitrag in Bd. I dieser Enzyklopädie). Das Studium der so ausdrucksreichen Gruppe der Gänse- und Entenvögel, die Feststellung formbeständiger »arteigener Triebhandlungen« geht auf ihn zurück. Wie später Lorenz, so machte auch er sich schon Gedanken über die stammesgeschichtliche Entstehung solcher Bewegungsweisen oder Lautäußerungen, mit denen sich die Artgenossen untereinander verständigen, und er wandte für diese Art der Forschung die Bezeichnung »Ethologie« an. In seinem monumentalen Hauptwerk »Die Vögel Mitteleuropas« (1924–1928), das er unter Mitwirkung seiner ersten Frau, Magdalena Heinroth, schuf, schilderte er die körperliche Entwicklung und die des Verhaltens auf Grund von zwanzigjähriger Aufzuchtarbeit und belegte sein umfassendes Beobachtungsmaterial mit zahllosen Aufnahmen: eine wahre Fundgrube für Verhaltensforscher.

Heinroth, den ich 1938 anläßlich seines Besuches der Zoologischen Anstalt Basel (Vorsteher: Prof. Portmann) persönlich kennenlernte und von dessen bescheidenem, freundlichen Auftreten ich sehr beeindruckt war, war jedoch kein eigentlicher Instinkttheoretiker. Er setzte sich nicht mit anderen Theorien über tierisches Verhalten auseinander und baute auch kein übergeordnetes Lehrgebäude auf. Er soll einmal gesagt haben: »Den Vers dazu soll sich der Leser selber machen.«

So gebührt denn Konrad Lorenz das Verdienst, die theoretische Grundlage für die vergleichende Verhaltensforschung geschaffen zu haben. Gewiß, er hatte Vorläufer, die bereits wichtige Gedanken ausgesprochen hatten; doch gehörte es gerade zu seiner Begabung, solche kaum beachteten Ideen im früheren Schrifttum aufzuspüren, ihre Bedeutung für die Verhaltensforschung zu erkennen und sie ins richtige Licht zu rücken (s. den Beitrag von I. Eibl-Eibesfeldt über K. Lorenz in diesem Band).

Blenden wir also zurück in die späten zwanziger und frühen dreißiger Jahre, als Lorenz seine Studien an soziallebenden Vögeln betrieb und die ersten Ergebnisse veröffentlichte (1931, 1932, 1935). Wie war die »Stimmung« jener Zeit, die Lage für junge Menschen, die sich für das Verhalten der Tiere, namentlich für deren Instinkthandlungen interessierten? Ich selbst gehöre zu jener kleinen Gruppe von Zoologen, welche die Entwicklung der Ethologie von ihren Anfängen an mitverfolgen konnten. Jene »Pionierzeit« ist mir noch unmittelbar gegenwärtig. Das neuerworbene Wissen gab ich später im Laufe einer dreißigjährigen Vorlesungstätigkeit in Bern an ethologisch interessierte Studenten weiter.

TIERPSYCHOLOGISCHE VORLESUNGEN

Wer sich in jenen Jahren für »Tierpsychologie« interessierte, gehörte unter den Zoologen zu den Außenseitern. Dieses Gebiet galt nicht als Forschungszweig der Zoologie und wurde in keinem Lehrbuch erwähnt; man zählte es halb und halb zu den Geisteswissenschaften. Blättert man in den alten Heften der »Revue Suisse de Zoologie«, dem Organ der Schweizerischen Zoologischen Gesellschaft, dann findet man z. B. in den Jahrgängen

1934–1936 zur Hauptsache systematische und morphologische Arbeiten. Die sogenannte »Tierpsychologie« – den Ausdruck »Verhaltensforschung« gab es damals nicht – beschäftigte sich vorwiegend mit dem Lernvermögen und dem »einsichtigen« Verhalten der Tiere. Sie bezog ihre Problemstellung zumeist aus der Humanpsychologie. Die Reflexforscher (Pawlow) und die Behavioristen (Watson) in Amerika übten auch auf die tierpsychologische Forschung Europas einen beherrschenden Einfluß aus. Es ging meist nicht um das Verständnis tierischen Verhaltens, sondern Ratten, Katzen, Hunde und Affen wurden stellvertretend für den Menschen untersucht (s. hierzu kritisch K. E. Grossmann in diesem Band). Allmählich entfernte sich jedoch die Tierpsychologie Europas von rein lernpsychologischen Fragen. Das Interesse verschob sich immer mehr zugunsten des »natürlichen«, des biologischen Verhaltens der Tiere (vgl. Hediger, z. B. 1934). Unter den vielfältigen damals bearbeiteten Problemen führten bereits manche Fäden unmittelbar zur späteren Verhaltensforschung.

Einen guten Überblick über die tierpsychologischen Arbeiten jener Zeit verdanken wir dem noch stark lernpsychologisch orientierten Werner Fischel in »Psyche und Leistung der Tiere« (1938) und David Katz (1948) in seinem ebenfalls noch heute durchaus lesenswerten Buch »Mensch und Tier«.

Ich selbst hatte mich unter dem Eindruck der Werke Jean-Henri Fabres, dem Begründer der experimentellen Instinktforschung (1823–1915, s. den Beitrag über J.-H. Fabre in diesem Band), schon früh für Lebensweise und Verhalten von Insekten und Spinnen interessiert, und es waren hauptsächlich seine – im deutschen Sprachgebiet leider noch heute zu wenig bekannten – Untersuchungen, die meine Studienrichtung bestimmten. Mein Lehrer an der Berner Universität war Prof. Fritz Baltzer, ein sehr kritischer Forscher, der sich mit der damals besonders aktuellen »Entwicklungsmechanik« und mit Fragen der Geschlechtsbestimmung befaßte. Seine Freundschaft mit dem nur zwei Jahre jüngeren Karl von Frisch ließ den vielseitigen Mann jedoch auch die Fortschritte auf dem Gebiet der Bienenforschung eifrig mitverfolgen; ebenso setzte er sich mit instinkttheoretischen Fragen auseinander. Während eines Sommerurlaubs hatte er 1923 Versuche mit verschiedenen Webespinnen über Sinnesleistungen, Gedächtnis und über »Automatismus und Plastizität« (Baltzer 1923) durchgeführt.

Als ich im Wintersemester 1927/28 erstmals Zoologie belegte, berichtete Prof. Baltzer im Rahmen der Hauptvorlesung bei Behandlung des Instinktverhaltens auch von seinen Spinnenversuchen. Ich besitze jenes alte Kollegheft noch, in das ich das Gehörte eintrug, und das Zeugnis ablegt von einem anschaulichen, auf Tatsachen aufgebauten Unterricht. Die Einleitung zum Kapitel war kurz: »Instinkt ist eine vererbte Handlung. Wie die Augenfarbe der *Drosophila* werden auch psychische Handlungskomplexe vererbt. Sie sind gleichförmig; doch wie die Augenfarbe eine gewisse Variabilität zeigt, so auch der Instinkt. Aber das Charakteristikum ist der *Automatismus.*«

Es folgt ein Beispiel von Fabre: Eine Mörtelbiene (*Chalicodoma*) mauert eine Nestwabe, trägt Honig ein und legt ihr Ei darauf. Fabre bohrte ein Loch in die Wabe. Tat er dies vor dem Honigeintragen, besserte sie es aus. Hatte sie aber mit dem Eintragen von Honig begonnen, verstopfte sie das Loch nicht, obwohl der Honig ausrann. 32mal kam sie mit dem Honig an, ohne sich um das Loch zu kümmern. Die Biene war also nicht imstande, sich auf einen früheren Abschnitt der Handlungskette umzustellen. Sie kann sich der neuen Lage nicht anpassen; ihr Verhalten ist starr (Fabre 1879–1910, II, 170 ff).

Und nun das Gegenbeispiel: Einer Kreuzspinne (*Aranea diadema* L.), die bekanntlich eine ins Netz geratene Fliege beißt und mit Fäden umwickelt, warf Baltzer mehrere schon von einer anderen Spinne umsponnene Fliegen ins Netz. Diese wurden nun nicht mehr umwickelt. Die Spinne läßt also eine Programmnummer ihrer Handlungsfolge aus. Ihr Verhalten ist plastisch. Dies zeigt sich auch beim Netzbau, der normalerweise automatisch abläuft.

Doch wenn eine Fliege ins noch unfertige Netz fällt, läuft sie zu ihr hin, unterbricht also den Netzbau, umwickelt die Fliege und saugt sie halb aus. Darauf baut sie weiter und beendet nachher das Aussaugen. Sie hat also die Fähigkeit, zwei Instinkthandlungen »durcheinander« auszuführen (Baltzer 1923, 5).

Von diesen und ähnlichen Beispielen ausgehend erläuterte uns Baltzer das Wesen der Instinkthandlung, die er als Reflexkette bezeichnete, offenbar in Anlehnung an Ziegler ([2]1910, 46)[1]. Echinodermen und Würmer zeigten nur Automatismen, bei Arthropoden stünden diese im Vordergrund, obwohl es auch plastisches Verhalten gebe; bei höheren Säugetieren schließlich überwiege das anpassungsfähige Verhalten gegenüber den Automatismen.

Jene Seiten aus dem alten Kollegheft spiegeln die Tendenz der damaligen Instinktforschung wider, vor allem der Frage der Regulationsfähigkeit von Instinkthandlungen nachzugehen, in der Meinung, eine solche lasse auf zunehmende Lernfähigkeit schließen. Nicht nur hat Lorenz später (1937 a, 25) auf das Irrige dieser Auffassung hingewiesen, sondern es blieb ihm vorbehalten, den Problemkreis ganz wesentlich zu erweitern und die Evolution der Instinkthandlungen in den Mittelpunkt der Instinktforschung zu stellen.

KONTROVERSEN UM »INSTINKT« UND »INSTINKTHANDLUNG«

Seit den klassischen instinkttheoretischen Werken von Morgan (1896, 1900), Ziegler (1904) und McDougall (1912, 1923) war kein Versuch mehr unternommen worden, ein Begriffssystem des Instinktverhaltens zu schaffen. Der in den dreißiger Jahren wohl bekannteste europäische Tierpsychologe, der Holländer Bierens de Haan, der die einseitige Lernpsychologie der Behavioristen kritisierte, wandte sein Interesse den tierischen Instinkten zu (Bierens de Haan 1935).

Der von Morgan und dem Psychologen McDougall stark beeinflußte Biologe war der Auffassung, das Wesen der Instinkte beruhe auf der festen Zuordnung von »Erkennen«, »Fühlen« und »Streben«. Er unterschied streng zwischen »Instinkt« und »Instinkthandlung«, die nur die objektiv erkennbare Folge des Instinktes sei, des »angeborenen Dranges«, in bestimmten Verhältnissen auf bestimmte Wahrnehmungen oder Empfindungen mit einer spezifisch bestimmten Handlung zu antworten. Der Instinkt sei es, der den Impuls zur Handlung gebe, und von diesem aus müsse die Handlung verstanden werden, deren Zweckmäßigkeit für die Arterhaltung wesentlich sei. Der Instinkt, »der Kern der tierischen Psyche und die Triebfeder alles seines Handelns« (Bierens de Haan, 1935, 25), lasse sich ebensowenig aus unserem Begriffsschatz streichen wie die Erblichkeit. Der Frage seines Ursprungs jedoch stehe der Biologe hilflos gegenüber. Weder lamarckistische noch darwinistische Evolutionshypothesen vermöchten zu befriedigen. Die Instinkte seien Grunderscheinungen, die nicht weiter analysiert werden könnten.

Unter dem Eindruck dieser und anderer Schriften von Bierens de Haan beschloß ich 1936, ihn anläßlich eines Forschungsurlaubes in Amsterdam aufzusuchen, wo ihm im Zoologischen Garten ein kleines Laboratorium zur Verfügung stand. Es konnte nicht ausbleiben, daß wir bei unseren Gesprächen auch auf Konrad Lorenz zu sprechen kamen. Meiner jugendlichen Begeisterung für dessen Arbeiten stellte der damals 53-jährige »alte Herr« jedoch Zurückhaltung, um nicht zu sagen Ablehnung gegenüber. »Sie werden sehen«, sagte er, »in vier Jahren spricht niemand mehr von Lorenz«. Ich weiß noch, wie betroffen und enttäuscht ich war.

Bierens de Haan und Lorenz gingen von entgegengesetzten Betrachtungsweisen aus. Ersterer suchte sich ein Bild von den subjektiven Erlebnissen zu machen, welche ein Tier zu seinen Verhaltensweisen veranlassen. Lorenz und später besonders auch Tinbergen waren dagegen der Auffassung, daß es hierzu keine naturwissenschaftliche Methode gebe; wohl könne man höheren Tieren ein subjektives Erleben zuschreiben, es sei aber nicht mit den Mitteln objektiver Forschung nachweisbar. Die »Instinktphysiologie« verzichtet auf subjektive Aussagen oder spricht von »Furcht«, »Drohen« und dergleichen nur als Abkürzung für objektiv beschreibbare Erscheinungen. So entwickelte sich ein immer tieferer Graben zwischen der »Tierpsychologie« und der »Verhaltensforschung«. Wir werden auf diesen Gegensatz noch näher eingehen.

Zu jener Zeit gab es auch in England einen sehr bekannten Tierpsychologen, E. S. Russell (vgl. Russell 1934), den ich 1938 in London aufsuchte. Die junge Zoologin war damals sehr stolz darauf, daß der schon bejahrte Gelehrte sie in seinen Club einlud und sich mit ihr über Fragen des tierischen Verhaltens unterhielt. Ihm erschien die überwiegend psychologische Betrachtungsweise von Bierens de Haan zwar nicht falsch, aber doch unvollständig. Es sei wesentlich, die enge Verbindung des Instinktverhaltens mit der Körperstruktur sowie mit der Frühentwicklung und Reifung zu behandeln. In dieser Hinsicht war Russell bereits ethologisch eingestellt.

Eine ganz ungewohnte Auffassung vertrat der belgische Tierpsychologe L. Verlaine, der zwar ungemein viel über »Instinktverhalten und Intelligenz« veröffentlichte, im deutschsprachigen Raum aber wenig Beachtung fand. In frühen Entwicklungsphasen der Tiere seien ihre sogenannten Instinkthandlungen durchaus variabel, sie würden erst durch rasch erworbene Gewohnheit zu *scheinbar* angeborenen Automatismen, so wie auch in späterem Alter oft ausgeführte Handlungen einen automatischen Charakter bekämen. Die Gegenüberstellung von Instinkt und Intelligenz sei deshalb irrig, es gebe nur eine einzige Art psychischer Aktivität, die bloß graduelle Unterschiede aufweise. So verwirft denn Verlaine grundsätzlich den Instinktbegriff: »L'instinct n'est rien« – »der Instinkt ist nichts« (1932/33, 55, 60; 1937).

Man kann sich keinen größeren Gegensatz denken als Verlaine und Lorenz, der gerade – wie vor ihm schon Fabre – die grundsätzliche Verschiedenheit zwischen Instinkthandlungen und individuell erworbenen Handlungen betont.

DIE GEBURT DER ETHOLOGIE ALS KLÄRENDES BEGRIFFSSYSTEM

Im Jahre 1936 lud die »Jan von der Hoeven-Stiftung für theoretische Biologie« die vier genannten Gelehrten – Bierens de Haan, Russell, Verlaine und Lorenz – zu einem Symposion über den Instinktbegriff nach Leiden ein. Die am 28. November gehaltenen Vorträge erschienen 1937 gemeinsam in einem Sonderheft »Instinctus« der »Folia Biotheoretica«. Kurz vorher war ein ausführlicher Artikel »Über die Bildung des Instinktbegriffes« von Konrad Lorenz veröffentlicht worden (Lorenz 1937 a, 1937 b).

Wir dürfen füglich sagen, daß diese zwei Publikationen die wirkliche Geburt der Ethologie bedeuteten, denn sie waren ein Markstein auf dem Weg der Instinktforschung. Als Assistentin am Zoologischen Institut der Universität Bern betreute ich damals auch die Institutsbibliothek und erinnere mich noch gut, wie ich den ersten Aufsatz in einem neuen Heft der »Naturwissenschaften« entdeckte und geradezu mit Heißhunger las. Ich spürte, daß sich hier eine echte Wende in der Erforschung tierischen Verhaltens anbahnte. ›Instinkt‹ ist ein bloßes Wort«, sagte Lorenz. »Das, worüber wir Aussagen machen können, ist nur die Instinkthandlung« (Lorenz 1937 b, 289). Nach den bisherigen oft allzu allgemeinen und manchmal verschwommenen Theorien erhielt man hier enggefaßte, scharfe, für eine experimentelle Untersuchung brauchbare Begriffsbestimmungen über Instinkthandlungen.

»Der irrige Glaube, daß man dem Problem der Instinkthandlungen anders als auf rein induktivem Wege näherkommen und ohne experimentelle Einzelforschung über ›den Instinkt‹ Aussagen machen könne, ist weiterhin der hauptsächlichste Grund für bestimmte, leicht zu widerlegende Aussagen, die von großen Theoretikern über den Instinkt gemacht wurden« (Lorenz 1937 b, 289).

So war denn auch die Fülle eigener, vor allem an Vögeln gemachter Beobachtungen beeindruckend, auf welche die eingehende kritische Auseinandersetzung mit den damals wichtigsten Instinkttheorien aufgebaut war. Man bekam eine klare Übersicht über das, was an einer Richtung positiv zu werten und was durch neue Tatsachen überholt war.

Lorenz stellte die starren, erblich koordinierten Instinkt*bewegungen* in den Mittelpunkt seiner Betrachtungen, wie dies vor ihm schon Whitman (1899) und Heinroth (1911) getan hatten. Wie diese Forscher kam er zur Überzeugung, daß sich die artspezifischen, formkonstanten Bewegungsfolgen (Erbkoordinationen) in ihrer stammesgeschichtlichen Veränderlichkeit durchaus wie Organe verhalten. Die Erforschung der Evolutiun des arteigenen Verhaltens stand für ihn im Zentrum. Er war und blieb überzeugter Darwinist. So schrieb er viel später einmal (1965 a, 68): »Je älter ich werde, desto mehr festigt sich in mir die Überzeugung, daß das gesamte stammesgeschichtliche Werden durch die beiden großen Konstrukteure des Artenwandels, Mutation und Selektion, verursacht ist.« Aus diesen Überlegungen ergab sich das wichtigste »Programm« für den Ethologen:

Zunächst muß bei einer Tierart ein Inventar der Instinktbewegungen, ein »Ethogramm« aufgestellt und dieses mit demjenigen nahverwandter Arten verglichen werden. Dann kann sich zeigen, ob und wieweit sich manche von gemeinsamen Vorfahren stammende (homologe) Ausdrucksbewegungen im Laufe der Stammesgeschichte gewandelt haben. Bewegungsfolgen, die bei einer Art keine soziale Bedeutung haben, erscheinen bei einer anderen, verwandten Art zu einem starren sozialen »Signal« zusammengeschweißt, »ritualisiert«. Wie der Sprachforscher dem Wandel der Wortbedeutungen nachgeht, so muß auch der Ethologe die stammesgeschichtliche Bedeutungswandlung der Instinktbewegungen erforschen (Lorenz 1951). Die bahnbrechende Erkenntnis von Lorenz war, daß dieselben Vergleichsmethoden auf Verhaltensmerkmale anwendbar sind wie auf morphologische Merkmale. Lorenz hat selbst in einer Arbeit über vergleichende Bewegungsstudien an Entenvögeln (1941, Nachdruck 1965 b) ein kaum zu übertreffendes Beispiel hierfür gegeben. So hat die Anwendung der Darwinschen Hypothesen über den Artenwandel »auf dem Gebiet der Erforschung des tierischen und menschlichen Verhaltens ... so manches verständlich gemacht, was bei anderer Fragestellung unerklärlich blieb, und hat so zur Entstehung eines neuen Wissenszweiges, der vergleichenden Verhaltensforschung oder Ethologie geführt« (1965 a, 74). Mit diesen Feststellungen ist freilich die Kennzeichnung des reichen begrifflichen Rüstzeugs, das Lorenz uns schon in jenen ersten instinkttheoretischen Abhandlungen gegeben hat, längst nicht erschöpft.

GRABEN ZWISCHEN »TIERPSYCHOLOGIE« UND »VERHALTENSFORSCHUNG«

Nichts könnte den Graben, der sich zwischen der »Tierpsychologie« älterer Prägung und der neuen »Verhaltensforschung« aufgetan hatte, besser veranschaulichen, als die wissenschaftliche Fehde zwischen Lorenz und Bierens de Haan. Anlaß hierzu gab ein umfangreiches theoretisches Werk des letzteren, betitelt: »Die tierischen Instinkte und ihr Umbau durch Erfahrung« (1940).

Eingeleitet wurde die Fehde mit der Besprechung dieses Buches durch Otto Koehler (1889–1974), damals Ordinarius für Zoologie an der Universität Königsberg und seit der Frühzeit der Ethologie eifriger Verfechter der Lorenzschen Auffassungen. Obwohl er Bierens de Haan die Anerkennung für die Fülle des beigebrachten Materials nicht versagte, übte er scharfe Kritik an dessen theoretischer Verarbeitung: »Sein Instinktbegriff in all seiner unanalysierten Komplexität als angeblich letzte unanalysierbare Einheit ist ein bares Forschungsverbot, über das die Forschung, nachdem sie angetreten ist, hinwegschreiten wird« (Koehler 1940, 520). »Die Zukunft aber gehört jener jungen Forschung, die anstatt nur das Ganze zu betrachten und auf seiner Stufe zu verharren, vielmehr von ihm zu seinen Elementen und damit auf tiefere Stufen hinabsteigt, um aus ihnen das Ganze unter stetiger experimenteller Kontrolle nach dem Grundsatz der sparsamsten Deutung wieder aufzubauen« (a. a. O.).

Bierens de Haan setzte sich zur Wehr (1942, 98): »Daß es früher oder später einmal zwischen der ›Gruppe um Lorenz‹ und mir zu einer Auseinandersetzung über den Instinktbegriff kommen mußte, war mir schon längst klar. Für einen ewigen Frieden waren unsere Anschauungen zu verschieden!« Und er unterzieht nun einige der wesentlichen neuen Begriffe einer eingehenden Kritik.

Diese blieb nicht unbeantwortet. Lorenz trat zum Gegenangriff an (1942, Nachdruck 1965 b). Knapp und klar nannte er die Tatsachen, die ihn zu einer Neufassung des Instinktbegriffes gezwungen hätten. Es sei nicht damit getan, warf er Bierens de Haan vor, die arterhaltende Zweckmäßigkeit einer Instinkthandlung nachzuweisen und auf eine Untersuchung der Ursachen zu verzichten. Zu Unrecht wolle Bierens de Haan rein psychologisch vorgehen, denn die psychologische Forschung hänge von bestimmten physiologischen Grundlagen ab. »So wenig eine Finalität eine Lücke in den Ursachenketten zu überbrücken vermag, aus denen sich die Funktion einer Maschine zusammensetzt, so wenig befreit sie irgendeine Organfunktion von ihrer Bindung an die Gesetze natürlicher Verursachung« (Lorenz 1942, 136).

Lorenz begründet die von Bierens de Haan kritisierte scharfe Trennung von angeborenen und erworbenen Anteilen einer Bewegungsweise und die Bezeichnung »Instinkt-Dressur-Verschränkung« bei deren Zusammenspiel. »Dem jungen Neuntöter[2] ist die Bewegungsweise, mit der Beutetiere auf Dornen gespießt werden, nachweisbar angeboren. Ebenso nachweisbar ist es, daß er die ›Kenntnis‹ des hierzu verwendeten Dorns, ebenso die zweckdienliche Ausnutzung der ihm ebenfalls angeborenen Taxien zum Aufsuchen des Dornes und zur richtigen Orientierung der angeborenen Aufspießbewegung durch *Eigendressur* erwerben muß ... Der Versuch, das Vorhandensein der durch Dressur zu füllenden ›Lücke‹ im angeborenen Verhalten aus deduktiven Gründen leugnen zu wollen, ist gelinde gesagt unwissenschaftlich« (Lorenz 1942, 138).

Derartige Verschränkungen kämen nie zustande, wenn das Tier nicht irgendwie aktiv nach dem Ablauf seiner angeborenen Bewegungsweisen strebte. Für dieses aktive Suchen verwendet Lorenz den von Craig (1918) geschaffenen Begriff der »Appetenzhandlung«. Das Tier hat gleichsam »Appetit« auf seine Instinkthandlung. »Das richtige Ablaufen der Bewegung muß subjektiv als »Belohnung« empfunden werden, denn es *dressiert* den Neuntöter in grundsätzlich gleicher Weise auf die Aufsuchung des Dorns, in der das vom Dompteur als Belohnung gereichte Fleischstückchen den Zirkuslöwen zu gewissen Dressurleistungen veranlaßt« (Lorenz a. a. O.).

Und Lorenz geht zu einem weiteren von Bierens de Haan mißverstandenen Problem über, dem des *spontanen* Hervorbrechens einer Instinkthandlung; war doch bisher die Meinung verbreitet, diese sei eine Reflexkette, die nur durch Außenreize ausgelöst würde. »In dieses Stadium unseres Wissens platzt nun auf einmal die Bombe der von Holstschen Ergebnisse: »Der ›Reflex‹ ist nicht das einzige ›Element‹ neuraler Vorgänge, es gehört zu den wichtigsten Leistungen des ZNS, *Reize selbst zu erzeugen*« (Lorenz 1942, 139). »Je längere Zeit seit der letzten Auslösung vergangen ist, desto leichter geht die Bewegungsweise los, d. h. desto weniger braucht die Reizsituation der biologisch adäquaten zu entsprechen. Im Grenzfall läuft die Reaktion *ohne* einen äußeren Reiz ab« (a. a. O.). Beispiele für solche »Leerläufe« sind z. B. die Nestbaubewegungen von Schwänen und Gänsen oder das Grubenausheben und das Steinputzen mancher Maulbrüterfische.

Von Holsts nervenphysiologische Versuche über die von Außenreizen unabhängige, selbsttätige Reizerzeugung des Zentralnervensystems (v. Holst 1969/70) »lassen mit einem

Jean-Henri Fabre (1823–1915) arbeitete fern von den Laboratorien und Hörsälen der akademischen Forschung und Lehre und war durchdrungen von der Idee der unveränderlichen Einheit von Gestalt und Verhalten der einzelnen Insektenarten.

Jakob Johann von Uexküll (1864–1944) (rechts; an seiner Seite ein Mitarbeiter) war einer der ersten Physiologen, die zeigten, daß das Verhalten auf einem äußerst verwickelten Zusammenspiel der einzelnen Organfunktionen mit dem Ganzen beruht.

Karl von Frisch (* 1886) hat in einem Alleingang die Bienensprache als hochorganisiertes Verständigungssystem entdeckt, lange bevor Soziobiologie und Biokybernetik sich als eigenständige Zweige innerhalb der Biologie entwikkelten.

Erich von Holst (1908–1962) (hier mit der Rekonstruktion eines »Flugsauriers«) schlug die Brücke zwischen der Physiologie und der wissenschaftlichen Verhaltensforschung und wurde zum Begründer und führenden Gestalter der Verhaltensphysiologie.

onrad Lorenz (* 1903) (linke Seite und oben links) leistete mit
ɛinen frühen instinkttheoretischen Arbeiten den grundlegenden
eitrag zur Geburt der Ethologie. Sein Wirken hinterläßt tiefe
puren in der geistigen Landschaft unserer Zeit, und zahlreiche
issenschaftliche Disziplinen fühlen sich zur Auseinanderset-
ing mit seinen Gedanken herausgefordert. – Sein freundschaft-
cher Kontakt zu Niko Tinbergen (* 1907) (rechts) hatte bereits
938 zu der bahnbrechenden gemeinsamen experimentellen Un-
ersuchung über die Eirollbewegung der Graugans geführt. Un-
er obiges Bild zeigt die beiden Nobelpreisträger vierzig Jahre
päter in Lorenz' heutigem Wohnsitz Altenberg. – Freilandbe-
bachtung, kennzeichnend für die ethologische Forschung,
immt oft einen längeren Zeitraum in Anspruch. Das untere Bild
eigt das Lager eines Teams unter Leitung von N. Tinbergen.

Schlage alles verständlich werden, was eben noch rätselhaft, weil mit der Reflextheorie unvereinbar war: Wir verstehen auf einmal, warum die Instinktbewegung nicht wie ein Reflex unbegrenzt lange ungebraucht auf die auslösenden Reize wartet, sondern sich sozusagen selbst zu Wort meldet und nicht nur den Schwellenwert der auslösenden Reize herabsetzt, sondern selbst zum unspezifischen Reiz, zum *Drang* wird, warum es also zum Appetenzverhalten kommt, wir verstehen, wieso die Leerlaufreaktion von steuernden Reizen unabhängig ist, wie es kommt, daß ein gefangener Star[3] nichtvorhandene Fliegen mit photographisch getreu gleichen Bewegungen fängt und frißt wie wirkliche. Alle Erscheinungen, die eben noch unverständliche Paradoxa waren, werden schlagartig zu selbstverständlichen, ja theoretisch zu fordernden Folgen eines einzigen klar erkannten Grundvorganges« (Lorenz 1942, 139).

Dies sind einige Proben, wie Lorenz die kritischen Ausführungen Bierens de Haans widerlegte, und zugleich Beispiele einiger zentraler ethologischer Begriffe. Mit diesen engeren begrifflichen Fassungen schuf Lorenz ganz neue Möglichkeiten für das Fortschreiten der analytischen Erforschung des Verhaltens.

DIE WIRKUNG DES NEUEN FORSCHUNGSZWEIGES

Von der neuen »Lehre« von Lorenz gingen intensive Anregungen aus und bestimmten die weitere wissenschaftliche Laufbahn vorerst einer kleineren Gruppe von Verhaltensforschern. Die Zusammenarbeit mit dem genialen Nervenphysiologen Erich von Holst (1908–1962) hatte sich bereits angebahnt (s. den Beitrag von B. Hassenstein über v. Holst in diesem Band). Niko Tinbergen reiste zu Lorenz nach Wien, und Theoretiker und Experimentator ergänzten sich aufs trefflichste. Von da an standen Tinbergens experimentelle und theoretische Arbeiten in unmittelbarem Zusammenhang mit dem Lorenzschen Gedankengut (vgl. Tinbergen 1969), das er durch eigene Entdeckungen ergänzte (wie z. B. die »Übersprungbewegung«; Tinbergen 1940). Er war es, der die Methode der Attrappenversuche ausarbeitete, um die Auslösung einer Instinktbewegung durch »Schlüsselreize« nachzuweisen. Ihm verdanken wir auch die besonders starke Betonung der Analyse des Arterhaltungswertes. Man soll nicht nur die *Ursachen* eines bestimmten Verhaltens untersuchen (äußere und innere Reize), sondern auch die *Wirkung* desselben auf das Überleben der Art (Tinbergen 1963). Er verfaßte das erste Lehrbuch der Instinktforschung (Tinbergen 1951).

Ein Schüler Tinbergens, Gerard P. Baerends, baute anhand einer umfangreichen Arbeit über das Fortpflanzungsverhalten der Sandwespe (*Ammophila campestris* Jur.) mancherlei Hypothesen von Lorenz modifizierend aus (Baerends 1941). So stellte er z. B. fest, daß das einleitende plastische Such- oder Appetenzverhalten nicht immer unmittelbar zum Ablaufen einer Erbkoordination (artspezifische Bewegungsfolge) führt, sondern oft beim Eintreten einer neuen, untergeordneten »Stimmung« (Handlungsbereitschaft, Motivation) in neues, dieser Bereitschaft zugeordnetes Appetenzverhalten übergeht. Auch die Autorin dieses Beitrags lieferte eine Arbeit zum Begriff des Appetenzverhaltens, indem sie nachwies, daß dieses nicht nur auf Instinkt*handlungen*, sondern auch auf Ruhezustände (z. B. Schlaf) gerichtet sein kann (Holzapfel 1940). Alfred Seitz, ein Schüler von Lorenz, entdeckte 1940 bei Untersuchung der Paarbildung einiger Maulbrüter die wichtige »Reizsummenregel«, derzufolge sich einzelne Merkmale in ihrer auslösenden Wirkung gegenseitig vertreten können.

Das angefachte Interesse für das arteigene (»angeborene«) Verhalten der Tiere führte am 10. Januar 1936 in Berlin zur Gründung der Deutschen Gesellschaft für Tierpsychologie und zur Herausgabe der Zeitschrift für Tierpsychologie durch C. Kronacher, Otto Koehler und Konrad Lorenz. Das von 1937 an erscheinende Organ schuf eine Verbindung der vorher isolierten Forscher und förderte in hohem Maße die Verbreitung der vergleichenden Verhaltensforschung; nicht zuletzt durch das lebhafte Interesse, das ihr Schriftführer, Prof. Otto Koehler, dem neuen Forschungszweig entgegenbrachte. Die ethologische Entdeckerfreude griff immer weiter um sich, die »Geburt« war vollzogen, die Voraussetzung für die nach dem Kriege einsetzende explosive Entwicklung auf internationaler Ebene geschaffen.

ANMERKUNGEN

1

Nach Ziegler unterscheiden sich Reflexe und Instinkte nur durch die größere Kompliziertheit der letzteren, insbesondere dadurch, daß die Instinkte nicht nur eine Tätigkeit eines Organs, sondern Handlungen des ganzen Individuums bedingen. Die Reflexe und Instinkte beruhten auf ererbten Bahnen des Nervensystems, das Gedächtnis und der Verstand auf individuell erworbenen Bahnen.

2

Neuntöter *Lanius collurio* L. (Aves, Laniidae).

3

Star *Sturnus vulgaris* L. (Aves, Sturnidae).

LITERATUR

Baerends, G. P.: Fortpflanzungsverhalten und Orientierung der Grabwespe *Ammophila campestris*. Jur. Tijdschr. Entom., 84, 1941, 68–275

Baltzer, F.: Beiträge zur Sinnesphysiologie und Psychologie der Webespinnen. Mitt. Naturforsch. Ges. Bern, 1923, 3–25

Bierens de Haan, J. A.: Probleme des tierischen Instinktes. Die Naturwiss., 23, 1935, 711–717; 733–737

Über den Begriff des Instinktes in der Tierpsychologie. Folia Biotheor. Ser. B., No. II: Instinctus, 1937, 1–16; Leiden: E. J. Brill 1937

Die tierischen Instinkte und ihr Umbau durch Erfahrung. Leiden: E. J. Brill 1940

Der Kampf um den Begriff des tierischen Instinktes. Die Naturwiss., 30, 1942, 98–104

Brehms Tierleben, I–XIII. Hg. Otto zur Strassen. Leipzig, Wien: Bibliograph. Institut [4]1918

Craig, W.: Appetites and Aversions as Constituents of Instincts. Biol. Bull. Woods Hole, 2, 1918, 91–107

Fabre, J.-H.: Souvenirs entomologiques, I–X. Paris: Ch. Delagrave 1879–1910

Fischel, W.: Psyche und Leistung der Tiere. Berlin: Walter de Gruyter 1938

Hediger, H.: Zur Biologie und Psychologie der Flucht bei Tieren. Biol. Zbl., 54, 1934, 21–40

Heinroth, K.: Oskar Heinroth, Vater der Verhaltensforschung, 1871–1945. Reihe Große Naturforscher, 35. Stuttgart: Wiss. Verlagsanstalt 1971

Die Geschichte der Verhaltensforschung. In: K. Immelmann (Hg): Grzimeks Tierleben, Ergänzungsband Verhaltensforschung. Zürich: Kindler 1974

Heinroth, O.: Beiträge zur Biologie, namentlich Ethologie und Psychologie der Anatiden. Ber. über d. V. Internat. Orn. Kongr. Berlin 1910; 1911, 589–702

Heinroth, O., Heinroth, M.: Die Vögel Mitteleuropas. Berlin-Lichterfelde: Hugo Bermühler 1924–1928

Holst, E. v.: Zur Verhaltensphysiologie bei Tieren und Menschen. Gesammelte Abhandlungen, I, II. München: Piper & Co. 1969/70

Holzapfel, M.: Appetenzhandlungen nach Ruhezuständen. Die Naturwiss., 28, 1940, 273–280

Katz, D.: Mensch und Tier. Zürich: Morgarten Verlag Conzett & Huber 1948

Koehler, O.: Zwei neue Lehrbücher der Tierpsychologie. Die Naturwiss., 28, 1939, 518–520

Lorenz, K.: Beiträge zur Ethologie sozialer Corviden. J. Orn., 79, 1931, 67–127

Betrachtungen über das Erkennen arteigener Triebhandlungen der Vögel. J. Orn., 80, 1932, 50–98

Der Kumpan in der Umwelt des Vogels. Der Artgenosse als auslösendes Moment sozialer Verhaltungsweisen. J. Orn., 83, 1935, 137–214; 289–413

Über den Begriff der Instinkthandlung. Folia Biotheor., Ser. B., No. II: Instinctus, 1937 a, 17–50. Leiden: E. J. Brill 1937 a

Über die Bildung des Instinktbegriffes. Die Naturwiss., 25, 1937 b, 289–300; 307–318; 324–331

Vergleichende Verhaltensforschung. Zool. Anz., 1939, Supp. 12, 69–102

Die angeborenen Formen möglicher Erfahrung. Z. Tierpsychol., 5, 1940, 235–409

Vergleichende Bewegungsstudien an Anatinen. J. Orn. 89, 1941, (Ergänz. Bd. III), 194–294

Induktive und teleologische Psychologie. Die Naturwiss., 30, 1942, 133–143

Er redete mit dem Vieh, den Vögeln und den Fischen. Wien: Borotha-Schoeler 1949

So kam der Mensch auf den Hund. Wien: Borotha-Schoeler 1950

Ausdrucksbewegungen höherer Tiere. Die Naturwiss., 38, 1951, 113–116

Darwin hat recht gesehen. Opuscula aus Wissenschaft und Dichtung, 20. Pfullingen: Günther Neske 1965 a

Über tierisches und menschliches Verhalten. Aus dem Werdegang der Verhaltenslehre. Gesammelte Abhandlungen, I, II. München: Piper & Co. 1965 b

McDougall, W.: Psychology, the Study of Behaviour. London: The Home University Library, Oxford Univ. Press 1912. Deutsch: Psychologie. Die Wissenschaft von den Verhaltensweisen. Sammlung Dalp, 27. Bern: A. Francke 1948

An outline of Psychology. London: Methuen 1923

Morgan, C. L.: Habit and Instinct. London: Edward Arnold 1896. Deutsch: Instinkt und Gewohnheit. Leipzig, Berlin: Teubner 1909

Animal Behaviour. London: Edward Arnold 1900

Russell, E. S.: The Behaviour of Animals. An Introduction to its Study. London: Edward Arnold 1934

Instinctive Behaviour and Bodily Development. Folia Biotheor., Ser. B., No. II: Instinctus, 1937, 67–76. Leiden: E. J. Brill 1937

Seitz, A.: Die Paarbildung bei einigen Cichliden, I: Die Paarbildung bei *Astatotilapia strigigena* Pfeffer. Z. Tierpsychol., 4, 1940, 40–84

Tinbergen, N.: Die Übersprungbewegung. Z. Tierpsychol., 4, 1940, 1–40

The Study of Instinct. Oxford: Clarendon Press 1951. Deutsch: Instinktlehre. Berlin, Hamburg: Paul Parey 1966

On aims and methods of Ethology. Z. Tierpsychol., 20, 1963, 410–433

Ethology. In: R. Harré (Ed.): Scientific Thought 1900–1960. Oxford: Clarendon Press 1969

Verlaine, L.: L'Instinct n'est rien. Recherches philos., 1932–1933, 48–61

Qu'est-ceque l'Instinct? Folia Biotheor., Ser. B., No. II: Instinctus, 1937, 51–66

Whitman, C. O.: Animal Behaviour. Biol. Lectures of the Marine Biological Laboratory. Woods Hole, Mass. 1899

Ziegler, H.: Der Begriff des Instinktes einst und jetzt. Eine Studie über die Geschichte und die Grundlagen der Tierpsychologie (1904). Jena: G. Fischer [2]1910

JEAN-HENRI FABRE (1823–1915)

von Adolf Portmann

In Sérignan, einem kleinen provenzalischen Orte am Fuß des Mont Ventoux, wird heute pietätvoll die Arbeitsstätte gehütet, wo Jean-Henri Fabre dreißig Jahre lang das Leben der Insekten und Spinnen erforscht und seine »Souvenirs Entomologiques« geschrieben hat. Der Garten dieses schlichten Hauses war sein Forschungsfeld, und in den Räumen zeugen noch immer reiche Sammlungen von der umfassenden Kenntnis des Naturlebens seiner engeren Heimat, von jenem inneren Reichtum der Anschauungen, der aus den »Souvenirs« so eindrücklich zu uns spricht.

Doch erst der 55jährige Fabre hat nach jahrzehntelanger Schularbeit sich diese stille Einsiedelei begründen können. Nur unter steten Kämpfen und in großer Dürftigkeit hat er sich dieses Heim erhalten; denn erst der Greis fand die öffentliche Anerkennung seiner Leistungen und einige sorgenfreie Jahre.

Fabre entstammte einer Bauernfamilie aus den rauhen Bergen der Cevennen, wo er seine früheste Jugend verbrachte. Später wanderte die Familie nach Toulouse aus, und er mußte als Jüngling sich mehrere Jahre mühsam mit den niedrigsten Arbeiten durchschlagen, bis es ihm gelang, mit einer Staatsunterstützung dem elementarsten Schulunterricht zu folgen. Mit zäher Willenskraft brachte er es zum Volksschullehrer und unterrichtete später lange Jahre auf mathematisch-physikalischem Gebiete.

Obwohl ihn ein innerster Drang schon als Kind mit Pflanzen und Tieren verband, konnte er bis zum dreißigsten Jahr nur in Ferien und Freizeit seine eigenste Begabung betätigen. Völlig auf sich selbst gestellt, fern von den Laboratorien und Hörsälen der akademischen Forschung und Lehre, hat er sein Wissen gesammelt und seine Beobachtungsgabe geübt.

Von großem Einfluß war ein vierjähriger Aufenthalt als Lehrer in Ajaccio, wo Korsikas üppige Pflanzenwelt und die Fauna des Mittelmeers ihm völlig neue Eindrücke schenkten. Besonders tief aber wirkte in diesen Jahren die Freundschaft mit dem Naturforscher Moquin-Tandon, der Fabre aus dem Stadium des Sammelns und Benennens hinausführte und die Neigung zur biologischen Beobachtung ihm recht eigentlich erst bewußt machte.

Noch einige Jahre mußten indessen vergehen, bis nach allerhand zoologischen Versuchen zufällig 1854 eine Arbeit des Entomologen Léon Dufour Fabre tief ergriff. Die Rätsel des Daseins der Kleinwelt der Insekten drängten ihn von nun an in sein eigenstes Arbeitsfeld.

Es hat nicht an einflußreichen Menschen gefehlt, die Fabres erzieherischer und wissenschaftlicher Kraft eine sichtbarere Wirkungsstätte verschaffen wollten. Aber sie sahen alle nur irgendeine akademische Tätigkeit oder die Stellung eines Erziehers als Möglichkeit der

Förderung, eine Art der Hilfe, die Fabre ablehnen mußte, wenn er seine besten Gaben entfalten wollte.

Die Beachtung, die der großzügige Unterrichtsminister Victor Duruy der ungewöhnlichen Darstellungskunst Fabres schenkte, ermöglichte es diesem, während Jahren durch Verfassen von Unterrichtswerken seinen Unterhalt zu verdienen, als er, der Schullast überdrüssig und von Frömmlern als Freigeist verschrien, sich losriß und es wagte, in der Einsamkeit seiner Forschung nachzugehen. Dieser Zeit verdanken wir unter anderm Fabres schöne Himmelskunde (»Le Ciel«), seine »Chimie de L'Oncle Paul« und andere noch heute wertvolle, an Anschaulichkeit und Einfachheit unübertroffene Einführungen in die Naturwissenschaften.

1879 aber erschien das Werk, das bereits erwähnt worden ist und das alle Bücher Fabres vergessen ließ. In 25 arbeitsreichen Jahren ist der Stoff zusammengetragen worden zum ersten Band der »Souvenirs Entomologiques« (1879). Soviel auch die Werke Swammerdams, Réaumurs, François und Pierre Hubers bereits aufgeschlossen hatten – erst die zehn Bände der »Souvenirs Entomologiques« haben das Dasein der Insekten dem geistigen Leben der Gegenwart so recht nähergebracht und in seinem Reichtum dargestellt.

Entgegen einer der damaligen Zeittendenzen, die im Laboratorium die wichtigste Forschungsstätte sehen wollte, hat Fabre das »Freie« zu seiner Arbeitsstätte gemacht, in der Erwartung, daß uns die fremde Lebensform hier mehr und Richtigeres über ihre Lebensweise aussage, als wenn sie völlig isoliert und desorientiert auf unsere Fragen in einer künstlichen Umgebung Antwort geben soll. Daß Fabre, den Darwin selbst einen unvergleichlichen Beobachter genannt hat, sehr einsam geblieben ist, das hat seinen Grund nicht nur in seiner erklärten Gegnerschaft zum Darwinismus, den er in seiner extremsten Angriffswucht und in der Blütezeit seiner politischen Wirkungen erlebt hat; diese lebenslange Einsamkeit entspricht auch seiner ganzen Persönlichkeit. Er war ein Frondeur, der die unmittelbare eigene Dokumentation so sehr zu einem Kult erhoben hat, daß er kaum von dem Kenntnis nehmen mochte, was andere, besonders die Zeitgenossen, auf ähnlichen Gebieten erfahren hatten. Dieser Vorwurf ist im einzelnen voll berechtigt, besonders wenn man die heutige Arbeitsart der Biologen betrachtet. Man mag entschuldigend auf seine Isolation hinweisen, mag die Unmöglichkeit des Beziehens von Büchern und Zeitschriften hervorheben; man mag manchen Größen seiner Zeit vorwerfen, sie hätten einen genialen Forscher der Vereinsamung preisgegeben. Man hat auch versucht, Fabres Leben zu dem eines großen Verkannten zu dramatisieren. Aber wir müssen auch die starre Eigenwilligkeit, den Stolz des Einsiedlers hervorheben, sein Ausweichen vor öffentlicher Geltung – dann ist vor uns nicht so sehr das Bild des Verkannten, sondern das eines großen Einzelnen, dessen ganze Struktur von Grund auf mancher sozialen Arbeitsform unserer eigenen Zeit zuwiderläuft und den zu verstehen den Willen zum Verstehen einer genialen Ausnahme, aber auch der Eigenart der Zeitverhältnisse verlangt. Sein Werk darf auch nicht allein mit dem Maßstab unserer Forderungen an das biologische Experiment beurteilt werden; es bewahrt als die ungewöhnliche Leistung eines genialen Einzelnen dauernde Frische und einmalige Größe vor allem auch in seiner Formung. Durchdrungen von der Idee der unveränderlichen Einheit von Gestalt und Verhalten der einzelnen Arten, gibt Fabre in mühevollen Untersuchungen, die sich über einen großen Teil seines Lebens hinziehen, eine großartige Darstellung der für die einzelnen Gattungen und Arten charakteristischen Eigenart.

Weit gestreut ist Fabres Aufmerksamkeit; unermüdlich nimmt er auf, was die Natur ihn sehen läßt. Zur langen Liste der von ihm untersuchten Formen gehören: der Heilige Pillendreher (*Scarabaeus sacer,* ein Mistkäfer), die Heuschreckensandwespe *(Sphex),* die Mörtelbiene *(Chalicodoma),* verschiedene Ölkäfer (Meloidae), die Kiefernprozessionsspinner, deren Raupen gesellig leben und die berühmten Wanderzüge durchführen, die bereits R.-A. Réaumur erforscht hatte (heutiger wissenschaftlicher Name *Thaumetopoea pini-*

vora), Heuschrecken und Grillen, die Blaue Fleischfliege *(Calliphora vomitoria)*, verschiedene Spinnen, und als typische Vertreter der wärmeliebenden Tierwelt seiner Heimat Zikade *(Cicada plebeja)*, Gottesanbeterin *(Mantis religiosa)*, Skorpion und eine Tarantel (eine Wolfspinne der Gattung *Lycosa*).

Am häufigsten kehren seine Berichte aber zurück zu den erstaunlichen Lebensgewohnheiten der Hautflügler (Hymenoptera) mit ihrem Beutefang, ihrer hoch entwickelten Brutpflege, ihrem Parasitismus und Hyperparasitismus (eine Parasitenart parasitiert auf einer anderen).

Aus der Fülle der Arbeiten wollen wir nur eine herausgreifen, seine Studien über die Sandwespen der Gattung *Ammophila*, einer jener Grabwespen, die durch mehrere Stiche andere Insekten oder deren Larven, zuweilen auch etwa Spinnen, als Beutetiere lähmen, sie in eine selbstgegrabene Bruthöhle tragen und dort auf die Beute ein Ei legen. Die Grabwespenlarve, eine fußlose Made, die diesem Ei entschlüpft, findet so bereits ihre Nahrung vor, wie etwa die solitär lebende Larve mancher wilder Bienen in ihrer Brutwabe bereits von der Mutter mit Honig versorgt ist.

Was Fabre an der Sandwespe besonders fesselte, war ihre Fähigkeit, ihre Beute durch gezielte Stiche in die einzelnen Körpersegmente zu lähmen. In einer ersten Phase wird in die Brust gestochen, besonders in das erste Segment. Die Raupe krümmt sich jetzt zwar noch heftig, kann aber nicht mehr fortlaufen. Nach einer Pause werden dann, eines nach dem anderen, die Segmente des Hinterleibes durch Stiche gelähmt, die immer von der Bauchseite her erfolgen, während die Wespe ihre Beute vom Rücken her mit den Kiefern festhält. Nach einer weiteren Pause folgt ein längeres Kauen des Hinterkopfes der Raupe in der Nähe des Gehirnes, wodurch die kräftigen Mandibeln ausgeschaltet werden. Fabre hat auch erkannt, daß der normale Ablauf Abwandlungen und Anpassungen an besondere Umstände zuläßt, auf die er zukünftige Beobachter ausdrücklich hinweist. Trotzdem ist für ihn die Präzision des Geschehens das hervorstechende Merkmal. Er kann sich nicht vorstellen, wie die Sandwespen einmal dieses Verhalten erworben haben sollten, das nach der damals auch von Darwin vertretenen (lamarckistischen) Ansicht, die inzwischen als irrig erkannt worden ist, durch Vererbung einer vorteilhaften Erfahrung instinktiv geworden sein soll. Immer wieder kommt er, bei der Sandwespe und anderen beutegreifenden Hautflüglern, auf dieses Grundproblem der Entstehung der Instinkte zurück. Er wußte, daß seine Beobachtungen Darwin selbst besonders interessiert und zum Nachdenken veranlaßt haben, und daß Darwin am 16. April 1881 G. J. Romanes, der gerade sein Buch über die Intelligenz bei Tieren vorbereitete, in einem Brief auf die Beobachtungen von Fabre hingewiesen und ihm empfohlen hatte, sie zu diskutieren. Darwin regte an, durch Vergleich zwischen verwandten Arten vielleicht Stufen der Perfektion in der Ausbildung solcher Instinkte zu finden, mangels der ja nicht erhaltenen fossilen Spuren aus der Zeit ihrer Entstehung.

In der Tat hat Fabre zwischen verschiedenen *Ammophila*-Arten, allein vier davon konnte er beobachten, Unterschiede des Verhaltens beschrieben, etwa beim Nestbau. Ein Teil der Arten verschließt das Nest provisorisch, wenn sie Beute eintragen, ein anderer Teil läßt es offen. Auch in der Art der Verproviantierung fand er Unterschiede; teils fand er das Eintragen eines großen, teils von mehreren kleinen Beutetieren. Fabre machte sich auch Gedanken über den Orientierungssinn und das Gedächtnis der Sandwespen, die, beim Nestbau von der Nacht überrascht, zum Ruhen wegflogen und dann am nächsten Tag wieder genau die Stelle des provisorisch verschlossenen Nestes wiederfanden.

Trotz der Fülle von Anregungen, die die Beobachtungen Fabres auch den heutigen Biologen noch bieten können, trotz vieler Experimente und Anstrengungen, in Volieren oder Terrarien günstigere Bedingungen für die Beobachtung aus der Nähe zu schaffen, bleibt seine Technik der Darstellung in der Form eines Journals – ähnlich dem der großen Weltreisenden des letzten Jahrhunderts, von A. v. Humboldt bis A. R. Wallace – der Einzelbeobachtung und zufälligen Begegnung verhaftet, erreicht nicht den Stil der systematisch weitergeführten und abgewandelten Fragestellung, der präzisen quantitativen Unterscheidung zwischen typischem Ablauf und Varianten, die heute vom Ethologen gefordert wird. Diese Charakterisierung tut seiner Leistung keinen Abbruch, die im Rahmen der Bedingungen seiner Zeit gesehen werden muß und in ihrer Betonung der konsequenten Freilandarbeit der modernen Ethologie um Jahrzehnte vorgriff.

Fabres Studie über die Sandwespe hat in weiten Kreisen ganz besondere Beachtung gefunden. Vor allem aber ist diese Art im Abstand von mehr als einem halben Jahrhundert, in der Geburtszeit der modernen Ethologie, durch G. P. Baerends (1941) hervorragend weiter erforscht worden. Die Gegenüberstellung der Schilderung Fabres mit dieser modernen Untersuchung vermag ein wenig einen der Unterschiede in der Forschungsweise zwischen Fabre und der modernen ethologischen Feldarbeit zu verdeutlichen. (Wobei allerdings damit nur einer der methodischen Wege der Ethologie erfaßt sein wird; denn die moderne Verhaltensforschung kennt zahlreiche andere ebenso wichtige Arbeitstechniken.)

Fabres Arbeiten orientieren über die Jagdmethoden der verschiedenen Arten: da sind Heuschreckentöter, Spinnenjäger, Käfersammler und Raupenfänger, jede Art an bestimmte Beutetiere streng gebunden. Er untersucht auch die von Art zu Art wechselnde Taktik der Lähmung dieser Beutetiere; er weist in der artgemäßen Verwendung des Stachels wichtige Beziehungen zur Struktur des Opfers nach. Fabre hat auch das Bauen und Verschließen der Bruträume und viele andere Einzelheiten dieses so außerordentlichen Gebarens genau untersucht.

Viele oft mühsam über die Jahre gesammelte Einzelbeobachtungen im Felde, zuweilen ergänzt durch solche im Terrarium, werden zur »Naturgeschichte« einer Tierart zusammengefügt, welche im Falle unserer Sandwespe vor allem zur Feststellung eines auffällig starren Ablaufs von ererbten Verhaltensweisen geführt hat. Leitend war bei Fabre der Wille, den ganzen Reichtum der Lebensweise in das Bild der Arterscheinung einzugliedern, die Darstellung einer Art aus der Erstarrung der rein nomenklatorischen Ordnung der Systematiker herauszulösen und sie zu einem lebensvolleren Bilde zu formen.

Wie völlig anders ist die Zeitsignatur in den Jahren kurz vor dem Zweiten Weltkrieg, als der holländische Biologe G. P. Baerends dasselbe Grabwespenproblem in Angriff nahm. Er braucht ja nun die großen Züge des artgemäßen Lebensbildes nicht mehr zu ermitteln. Seine Aufmerksamkeit kann sich den einzelnen Teilfragen mit größerer Eindringlichkeit zuwenden.

So ist denn auch die Arbeitsweise von G. P. Baerends in wichtigen Zügen ganz anders als die J.-H. Fabres. Baerends beobachtet seine Grabwespen nicht auf vielen langen Streifzügen in einem weiten Exkursionsgebiet. Er wählt einen beschränkten Ausschnitt holländischen Heidelandes – etwa hundert Meter eines sandigen Heideweges, wo viele Sandwespen nisten. Einzeltiere will er zunächst genau kennenlernen – nicht »die« Sandwespe im allgemeinen strebt er zu erforschen, sondern zunächst die vielen Individuen in ihrem Eigenwert, aus deren Verhalten sich das Artgemäße sowohl wie das Individuelle ergeben muß. So muß eine Markierung gefunden werden, für welche die Bienenexperimente von Frischs (s. auch den Beitrag von M. Lindauer in diesem Band) das Vorbild liefern: Farbtupfen in verschiedener Lage am Brustteil des Insekts ermöglichen eine große Zahl von Kennzeichnungen. Diese Marken erlauben es, während Tagen und Wochen dem Treiben einer Wespe genau zu folgen, in den Alltag eines solchen unserem Wesen fernen Insekts in bisher unerhörter Weise einzudringen. Ferner wollte Baerends auch die Sandnester einzeln genau kennenlernen; um die Reihenfolge der Ereignisse in ihrem Innern zu verfolgen, erfand er ein künstliches Gipsnest, das er der Wespe an Stelle des eigenen in vielen Fällen unterschob – und das auch fast immer angenommen wurde. Solche Kunstnester erleichterten die häufigere Kontrolle durch die Beobachter und erlaubten mancherlei Experimente, die am leichter verletzlichen Sandnest nicht möglich gewesen wären. Etwa 120 Wespen, jede als Individuum gekennzeichnet und erkannt, an die 400 Nester, deren Geschichte genau ermittelt worden ist, liefern das Material für die Lebensdarstellung.

Prüfen wir die Ergebnisse, so wird deutlich, wie ganz anders der Aufschluß ist und wieviel sicherer das Gewisse, wieviel reicher die Einzelheiten, welche diese verfeinerten, erweiterten Methoden erschließen. Leider ist es hier nicht möglich, die vielen Ergebnisse darzustellen, die wir Baerends' Arbeit verdanken.

Baerends konnte zunächst feststellen, daß entgegen der Annahme eines geschlossenen direkten Arbeitsganges für jedes Nest jede weibliche Sandwespe gleichzeitig an mehreren Nestern arbeitet. Sie stattet den bereits verproviantierten Gruben Besuche ab, ohne dabei etwas einzuschleppen; solche »raupenlose« Besuche sind einwandfrei Inspektionen, bei denen die Wespe ein Bild vom Zustand der Entwicklung gewinnt. Je nach Bedarf schleppt sie keine oder eine bis drei oder drei bis sieben Raupen als Nahrung für ihre Larve ein.

Auf diesen raupenlosen Inspektionsbesuchen, und nur dann, erweist sich *Ammophila* als fähig, experimentelle Eingriffe, den Austausch der Larve durch eine ältere oder jüngere, das Zusetzen oder Wegnehmen von Beutetieren auszugleichen. Hier ist in der Folge des Verhaltensablaufs eine »offene Stelle«, die Variationen in Anpassung an die besonderen Umstände ermöglicht. Bei den Besuchen, die dem Eintragen von Raupen dienen, nimmt die Sandwespe keine Kenntnis vom Zustand des Nestinhaltes – sie würde einen kurz davor erfolgten Eingriff völlig übersehen. Nun bietet sie das Bild des keiner Regelung fähigen, starren Instinktes, das Fabre so sehr aufgefallen war.

Ich sprach schon von der Isolation, in der Fabre seine wichtigsten Arbeiten durchgeführt hat, und erinnerte daran, daß sich seit jener Zeit wichtige Wandlungen in der Auffassung wissenschaftlicher Arbeit und in ihrer öffentlichen Geltung vollzogen haben. In der Tat muß eine gerechtere Beurteilung von Fabre und seinem Werk davon ausgehen, daß erst in seinen entscheidenden Mannesjahren die heutige Arbeitsform der Laboratorien groß geworden ist. Wer sich einmal an unseren Universitäten die Gründungsjahre der »Institute« notieren würde, dem müßte deutlich werden, wie jung das alles ist, was heute bereits der Gymnasialstufe als Arbeitstechnik eingegliedert ist.

Das große, wichtigste Werkzeug der neuen Epoche, das biologische Experiment, hat auch Fabre in souveräner Art gehandhabt – ja er ist seiner Zeit hierin vorangegangen. Dagegen war ihm eine andere wesentliche Seite, die Organisation der Wissenschaft durch Ausbau alles Instrumentalen, gänzlich fremd geblieben. Neben dem Experiment als Methode ist die neue Form des Forschens durch den »Betrieb« gekennzeichnet. Erst wenn sie institutsfähig geworden ist, zählt eine Forschungsart als Wissenschaft.

Die Institutsgründungen der zweiten Hälfte des 19. Jahrhunderts betrafen auch Stationen zur Arbeit im Felde; in Frankreich entstanden damals etwa die meeresbiologischen Laboratorien in Roscoff (in der Bretagne) und am Mittelmeer in Banyuls, in der Nähe der spanischen Grenze. Dem Zuge der Zeit folgend, arbeitete man aber dort nicht über Verhalten – sondern über Morphologie und Embryologie. Nicht ohne ätzende Kritik nimmt Fabre zu diesen Gründungen Stellung:

»Mit großen Kosten gründet man an unseren atlantischen und Mittelmeerküsten Laboratorien zum Studium der Meeresfauna, in denen man die kleinen Meertiere seziert, die doch für uns nur von beschränktem Interesse sind. Man spart nicht an starken Mikroskopen, feinen Apparaturen, um Schnitte herzustellen, Fanggeräten, Schiffen, Fischereipersonal, Aquarien, um schließlich herauszufinden, wie der Eidotter eines Ringelwurmes sich unterteilt ..., und man verschmäht die kleinen Landtiere, die mit uns in einer ununterbrochenen Gemeinschaft leben, die der allgemeinen Psychologie Material von unschätzbarem Werte liefern, die aber auch oft solche Verheerungen anrichten können, daß sie zu einem Schaden für das ganze Land werden. Wann endlich werden wir ein entomologisches Laboratorium erhalten, wo man nicht das tote, im Alkohol aufgeweichte, sondern das lebende Insekt studiert, ein Laboratorium, dessen Forschungsgegenstand die Instinkte, die Gewohnheiten, die Lebensweise, die Arbeit, die Kämpfe und die Fortpflanzung dieser kleinen Gesellschaft sind? Durch Versuche, die Grenze zwischen Instinkt und Intelligenz festzustellen, durch Vergleiche von Tatsachen in der zoologischen Reihenfolge herauszufinden und darzutun, ob die menschliche Vernunft ein völlig eigenständiges Merkmal ist oder nicht, alles das scheint mir wichtiger als die Zahl der Ringe am Fühler eines Krebstieres. Um diese großen Fragen zu beantworten, bedürfte es einer Armee von Arbeitern, und niemand ist da« (zit. nach: Fabre 1961, 21–22).

Es muß vielleicht doch ein Wort zu der Kritik gesagt werden, die Fabre hier an der zoologischen Forschung seiner Zeit übt. Denn dieses bissige Herausheben seiner Eigenart ist ja nicht allein Mißstimmung eines Verkannten; Fabres Auflehnung gegen die »Werkstatt der Folter und der Zerstückelung« ist das Bekenntnis zu einer Naturforschung, die aus innersten Gründen im Gegensatz zu der heute dominierenden Naturwissenschaft steht.

Wer dächte nicht an die Haltung Goethes, an seinen Zwist mit Newton, an seine Scheu vor dem Eingriff in das Geschehen. Es ist dem Geiste Fabres zuwider, etwa Monstrositäten und Chimären zusammenzusetzen, wie sie die experimentelle Biologie heute erzeugt, um in das verborgenere Kräftespiel des Lebendigen einzudringen. Die ganze moderne Arbeitsweise, auch die Biotechnik der Chemiker, die große Möglichkeit des heilenden Eingriffs, beruhen auf einer Einstellung, welcher die Macht über die Vorgänge das Ziel der Forschung ist, Macht – beim einen um des reinen Wissens, beim anderen um des helfenden Eingriffs, beim Dritten um der puren Ausübung von Herrschaft willen.

Wir dürfen den Gegensatz, an den Fabres heftiger Ausfall rührt, nicht etwa als harmlos ansehen und verwischen. Wir dürfen auch nicht den einen Forschertyp als rein und gut, den andern als böse bezeichnen. Wenn wir aber von den großen Männern der experimentellen Forschung mit Ehrfurcht sprechen, zu ihnen als zu begnadeten Geistern aufblicken, so müssen wir auch in der Haltung eines Fabre das Außerordentliche und Große erfassen: die Haltung, die dem intakten Ganzen des lebendigen Wesens in höchstem Respekt begegnet, die in der lebendigen Natur dieses Heile, Ganze sichtbar zu machen trachtet.

Fabre hat in der großen Tradition der französischen Entomologie vielleicht die größte Wirkung in die Breite ausgeübt. Das Wissen um das Erstaunliche des Insektenlebens ist im französischen Sprachbereich durch die zehn Bände der »Souvenirs« weit verbreitet worden und hat Gestaltende und Denker in Frankreich tief beeindruckt, noch bevor diese außerordentlichen Bücher langsam über die Sprachgrenze hinaus zu wirken begannen. Dichter wie Maurice Maeterlinck und Edmond Rostand haben diesen Einfluß bezeugt.

Der hohe Rang der Lebensordnungen, die Fabre erforschte, die Strenge, mit der das instinktive Verhalten und die ihm dienenden Gestaltungen von einer Generation zur anderen sich vererben, die sinnvolle Fügung aller Geschehnisse des Insektenlebens, das wie von einem tieferen, von einem unbewußten Wissen gelenkt wird – das war der große Gegenstand seines Forschens. Für Fabre waren alle die erstaunlichen Äußerungen des Insektenlebens das sichtbare, das offenbare Werk einer Schöpfermacht, deren Wirken unsere Vorstellung nicht zu fassen vermag. So groß war das Wunder, das er jeden Tag seines Lebens erforscht hat, daß er jeder Versuchung entrückt war, sich die Entstehung solcher hohen Ordnungsweisen als das Zusammenspiel zufälliger erblicher Varianten im Erbgeschehen mit der Auslese zu erklären.

Für ihn war aber auch nicht ein »Unbewußtes« in den Organismen am Werk, das die hohe Ordnung dieses Tierlebens bewirkte – dieses Wirken war ihm ein Geheimnis, dessen faßbare Teile er immer genauer darzustellen gesucht hat.

Eine solche Auffassung der lebendigen Gestalten war bereits zu seiner Zeit für Ungezählte von einer anderen verdrängt worden. Und viele Naturforscher ganz besonders arbeiteten in der Überzeugung, die im Lebendigen wirkenden Mächte seien dem Verstande zugängliche Wirkweisen. Dieser Gesinnung verdanken wir bewundernswerte Leistungen des Geistes in den modernen Wissenschaften. Aber mehren sich nicht jeden Tag die Stimmen derer, denen mit Schrecken die Möglichkeit vor Augen steht, daß wir daran sind, uns selber zugrunde zu richten? Angesichts der Bedrohung durch die schrankenlose, auf Herrschaft gerichtete Auswertung der Einsicht in Naturvorgänge erleben wir vielleicht die Größe der Gesinnung tiefer und befreiender, die aus der Naturansicht J.-H. Fabres spricht und von der seine ehrfürchtige Art des Umgangs mit dem Lebendigen zeugt. Nur wer redlich dem Walten dieser Gesinnung im Leben des großen Insektenforschers nachspürt, wird begreifen, aus welcher Grundstimmung seine Ablehnung der Laboratorien und vieler ihrer technischen Möglichkeiten der Naturforschung stammt. Wir werden in dieser Haltung die Größe gewahr, statt in ihr Schrullen eines verärgerten Einsiedlers, eines Abwegigen sehen zu wollen. Und wir Naturforscher werden dem Entomologen aus der Provence auch dann wahre Größe zuerkennen, wenn wir selbst uns für andere Wege im Umgang mit der Natur entschieden haben.

LITERATUR

BAERENDS, G. P.: Fortpflanzungsverhalten und Orientierung der Grabwespe *Ammophila campestris* Jur. Tijdschrift Entomolog. 84, 1941, 68–275

FABRE, J.-H.: Souvenirs Entomologiques. Études sur l'Instinct et les Moeurs des Insectes, I–X. Paris: Delagrave 1879–1907. Deutsche Einzelausgaben: Bilder aus der Insektenwelt. Stuttgart: Frankh'sche Verlagshandlung 1914. Ein Blick ins Käferleben. Stuttgart: Kosmos o.J. Aus der Wunderwelt der Instinkte. Meisenheim/Glan: Hain 1950.

Das offenbare Geheimnis. Aus dem Lebenswerk des Insektenforschers. Herausgegeben von Kurt Guggenheim und Adolf Portmann. Zürich, Stuttgart: Artemis 1961

ROMANES, G. J.: Animal Intelligence. New York 1883. Deutsch: Die geistige Entwicklung im Tierreich. Leipzig: Günther 1885

JAKOB JOHANN VON UEXKÜLL (1864–1944)

Pionier des verhaltensphysiologischen Experiments

von Hans Mislin

Jakob v. Uexküll (1864–1944)[1], der Begründer einer biologischen Umweltlehre, war wohl einer der ersten Physiologen, die zeigten, daß das Verhalten stets auf einem äußerst verwikkelten Zusammenspiel neuro-muskulärer Systeme beruht und daß man infolgedessen in erster Linie Koordinierungsfragen untersuchen müsse. Während die klassische Physiologie die Leistungen der einzelnen Organe in den Vordergrund stellte, hat von Uexküll schon früh in seinem »Leitfaden in das Studium der experimentellen Biologie der Wassertiere« (1905 a) die Kooperation der einzelnen Organfunktionen und den Zusammenhang mit dem Ganzen betont.

Uexküll hat zeitlebens eine biologische Dreifelderwirtschaft betrieben: Physiologie, Umweltbiologie und Theoretische Biologie. Er hat grundlegende Arbeiten zur Erforschung der tierischen Umwelten geleistet, wobei seine konkreten biologischen Analysen, besonders geistreiche Tierexperimente, die physiologischen Wissenschaften fast noch mehr befruchtet haben als seine genialen theoretischen Darlegungen. Die Uexküllschen Studien über die Beziehungen zwischen Umwelt, Körperbau, Struktur der Sinnesorgane und Erfolgsorgane, sowie über die Instinkte bei Tieren, bedeuten wesentliche Bausteine zu einer biologisch durchdachten Physiologie (1909) und einer von ihm beabsichtigten biologischen Weltanschauung als einer »Welt-*Anschauung*« (1930); wobei dem Arbeiten mit Bildern bei seinen Forschungen eine besonders wichtige Rolle zukam. Die Biologie bedürfe, da sie mechanische Zusammenhänge aufsuche, der möglichst anschaulichen mechanischen Bilder, die sich den beobachteten Vorgängen entsprechend nahe anpassen sollen. Bei der Nervenerregung spricht er von »Fluidum«, »Reservoir«, »Druck«, bei gewissen Tierformen von »Kraftmaschinen« oder »Bremsmaschinen«, um bestimmte Eigenschaften zu charakterisieren und, jeweils mit Hilfe eines anschaulichen Bildes, gewisse Ordnungszusammenhänge herauszuheben. Ebenfalls ist ihm die Arbeit am Begriffsapparat ein wesentlich biologisches Anliegen. Er will den statischen Begriff »Zelle« durch einen dynamischeren, der dem spezifischen Lebensmerkmal adäquater ist, ersetzen: »Autonom« betont die Eigengesetzlichkeit und Abhängigkeit der Zelle von einer eigenen Regel.

Die bestimmende Regel werde von einer »spezifischen Lebensenergie« diktiert, was sich in einem Merken der rezeptorischen oder in einem Wirken der effektorischen Zellen der Muskeln oder Drüsen äußere. Man könne daher die rezeptorische Zelle als ein Merkautonom und die effektorische Zelle als ein Wirkautonom bezeichnen. Als erster unterscheidet er »Funktionskreise«, »Leistungspläne« und »Planmäßigkeit«. Wenn sich auch der Begriff »Autonom« in der modernen Biologie nicht durchgesetzt hat, so enthält er doch einen ausgesprochen kybernetischen Denkansatz und gibt bereits ein erstes Gefühl für die Bedeutung rückgekoppelter Regelkreise und kybernetischer Wechselwirkungen. Andere Begriffe sind zeitbefangener, wie etwa »Psychoid«, sie müssen im Rahmen der Auseinandersetzung von Vitalismus und Mechanismus gesehen werden. Sämtliche voranstehenden Begriffe entstammen dem Lehrbuch »Theoretische Biologie« (Uexküll 1928).

Der temperamentvolle Streitartikel »Im Kampf um die Tierseele« (1902) entstand im Anschluß an die Lektüre der »Kritik der reinen Vernunft« (Kant 1781). Er führte zur Wiederentdeckung Kants für die Biologie. In seinem Hauptwerk »Theoretische Biologie« (1928) überträgt Uexküll den Kantschen Begriff der Apperzeption auf die Biologie, um dadurch in sie einen Begriff einzuführen, der in der Tat die damaligen Auffassungen von dem Verhältnis des Lebewesens zu seiner Umwelt revolutionierte. Nach Uexkülls eigener Theorie muß nämlich jeder Organismus von vornherein, wenn er überhaupt lebensfähig sein will, genauestens auf seine Umwelt als auf seine »Merkwelt« abgestimmt sein (Begriff der »Einpassung« anstatt Anpassung). In jedem einzelnen Falle ist jeder Organismus immer nur von derjenigen Welt umgeben, die er durch seine spezifische Wahrnehmungstätigkeit = Apperzeption aus zugeleiteten Eindrücken, Reizen und Zeichen aufbaut. Wenn man auch mit Uexküll der Auffassung sein kann, daß die »Einpassung« immer vollkommen ist, soweit die dem Tier zur Verfügung stehenden Mittel reichen, so ist doch nicht zu verkennen, daß auch diese Theorie eine Lücke aufweist, wo der Begriff der Anpassung nur scheinbar widerlegt ist. Umwelten und Merkwelten, welchen das Lebewesen auf Grund seiner apperzipierenden Organe vollkommen eingepaßt erscheint, stellen ja ihrerseits keineswegs einen konstanten Wert dar, sie bleiben dem Wechsel selber unterworfen. Klimata, Höhenlagen, Luftdruck, Ernährungsbedingungen, Strahlungsverhältnisse und dergleichen wechseln und zwingen den Organismus, sich diesem Wechsel »anzupassen«.

Uexkülls Umweltlehre bzw. »Lehre von der Einpassung« (Uexküll 1927) bedeutet die Einführung des »Subjektes« in die Biologie, wobei jeglicher Subjektivismus vermieden werden soll. Sie geht von der Kantschen Feststellung aus: Zeit und Raum sind subjektive Anschauungsformen.

Uexküll folgert: Jedes Lebewesen besitzt seinen eigenen subjektiven Raum und seine eigene subjektive Zeit, und darum ist das Verhalten der Tiere nur aus den Vorgängen zu erklären, die sich in ihren subjektiven Umwelten abspielen. Das Tier wird als Subjekt gesehen und wird im Zusammenhang mit seiner Umwelt – unter Zugrundelegung der Planmäßigkeit – dargestellt (Uexküll, Kriszat 1934). Die alte Auffassung der Lebewesen als »Reflexmaschinen« beruht aber auf der objektivierenden Absicht des reinen Objektivismus, die zu untersuchende Außenwelt tunlichst von allen »subjektiven Zutaten« zu reinigen und die Welt als reinen Mechanismus zu verstehen. Trotz seiner eminenten theoretischen Begabung bleibt Jakob von Uexküll allem bloßen Spekulieren und Theoretisieren abgeneigt. Zwei Grundeinsichten leiten ihn und führen ihn weg von der deskriptiven Zoologie und hin zur experimentellen Physiologie:

1. In der Natur ist alles gewiß, in der Wissenschaft ist alles problematisch.
2. Der Naturforscher muß vor allem die Kunst der Fragestellung erwerben; sie bildet die Pforte zu aller naturwissenschaftlichen Erkenntnis.

DIE PRAKTISCHE PHYSIOLOGIE

Nach Abschluß des Zoologiestudiums in Dorpat arbeitet er ab 1890 zusammen mit A. Bethe, O. Cohnheim-Kestner und R. Magnus in Heidelberg (G. v. Uexküll 1964) bei dem Physiologen Willy Kühne, der ihn als ein Meister der Muskelphysiologie ins wissenschaftliche Experimentieren einführt. Hier lernt er »mit dem Froschschenkel umgehen, dessen Muskeln und Nerven lebend herauspräparieren, sie elektrisch reizen und ihre Bewegungen auf dem Myographion zu registrieren« (G. v. Uexküll 1964, 39). Während Kühne ihm einige kleinere selbständige physiologische Aufgaben stellt, die er jeweils rasch löst, konstruiert er bereits einen einfachen Versuchsapparat zur mechanischen Reizung der Nerven und nennt ihn den »Neurokineten« (J. v. Uexküll 1908). Apparatebau und Versuchsanordnungen interessieren Uexküll besonders im Hinblick auf die Registrierung der Lokomotionsbewegungen. Im Pariser Laboratorium für Physiologie, das der erfolgreiche E. J. Marey errichtete, hatte er Gelegenheit zahlreiche neuartige Registriermethoden kennenzulernen. Die Photographie bewegter Objekte, die von Marey entdeckte und entwickelte Chronophotographie hat er in die marine Biologie eingeführt.

Mit der kinematographischen Aufnahme der aktiven Flugbewegungen des Kohlweißlings *Pieris* hat er eine wichtige Pionierarbeit für die späteren flugphysiologischen Untersuchungen Erich von Holsts geleistet (s. den Beitrag von B. Hassenstein über E. v. Holst in diesem Band). Er hat sich auch dafür eingesetzt, daß alle physiologischen Registrierapparate der Humanphysiologen für die Biologie in Betracht kommen, wobei die sehr wechselnden Ansprüche der biologischen Objekte durch ein konstruktives Herummodeln an den Übertragungen und Schreibvorrichtungen zu realisieren sind. Zur Beobachtung des freibeweglichen Tieres benutzte er in der Regel kleinere Bassins, die allseitig Glaswände trugen. Er hat einen eigenen Typ von Beobachtungsaquarien entwickelt, die auf hohen Füßen standen und an denen oben, unten und an beiden Seiten in Scharnieren bewegliche Spiegel angebracht waren. In seinem späteren Institut für Umweltforschung, das dem Hamburger Aquarium angegliedert war (1926–1933), spielten diese Beobachtungsbassins eine fruchtbare Rolle. Auf die Frage, welches das erste Erfordernis für eine erfolgreiche biologische Forschung sei, gab es für Jakob von Uexküll jeweils nur eine Antwort: »Die andauernde und eingehende Beobachtung des lebenden Tieres in seinem Milieu« (1947, 40).

EXPERIMENTALPHYSIOLOGIE

Das »Uexküllsche Gesetz«

Auf Grund einer Reihe von Untersuchungen hat Uexküll das Gesetz aufgestellt, daß die Erregung immer zum gedehnten Muskel fließt (1929). Er konnte nämlich zeigen, daß der Dehnungszustand des Muskels über den Lauf der Erregung innerhalb des Nervennetzes oder des Nervensystems entscheidet. Die Erregung fließt dem gedehnten Muskel zu, als folge sie einem »Gefälle«. Das Vorhandensein dieser »Regel« wurde ihm am Bewegungsapparat einer Reihe von Tieren besonders bewußt, deren Muskeln antagonistisch um Skelettelemente angeordnet sind. Diese Skelettelemente können zum Beispiel ein festes Hebelsystem sein, wie bei vielen Echinodermen, bei Arthropoden und Wirbeltieren. Es muß also in diesen Fällen eine Ursache dafür gefunden werden, daß die Erregung einmal dem Beugemuskel, dann aber dem Streckmuskel in regelmäßiger Folge zufließt, und nicht beiden gleichzeitig. Es existiert ein Problem, welches zu demjenigen des Bewegungsrhythmus hinzukommt, das Problem des Antagonismus. Mit den Versuchen an Schlangensternen (*Ophioglypha albida*) versucht Uexküll das Problem zu lösen (1905 b):

Bei der Lokomotion von *Ophioglypha* werden stets nur vier der fünf Arme verwandt. Der unpaare Arm ist entweder vorn (»Unpaar voran«) oder hinten (»Unpaar hinten«). Die arbeitenden Arme sind stets seitlich zu zwei Paaren geordnet, die »wie die Ruder eines Ruderbootes das Tier vorwärts treiben«. Der nach rückwärts gerichtete Schlag drückt den Schlangenstern vom Boden ab, während beim frei in die Ausgangslage zurückgeführten Schlage, der Arm den Boden nicht berührt. Jeder Arm besteht aus zahlreichen, geldrollenartig hintereinander liegenden Skelettelementen, die miteinander durch Muskeln verbunden sind. Für den folgenden Grundversuch beschränken wir uns ausschließlich auf die Bewegung von vorn nach hinten und umgekehrt. Der Bewegungsrhythmus der uns jetzt interessiert, betrifft darum nur eine alternierende Innervation antagonistischer Muskelelemente (Jordan 1929). Bei einem Schlangenstern wurden für den Grundversuch vier Arme entfernt und ein einziger untersucht. Die Innervation des Armes steht durch einen Radialnerv mit dem Ringnerv um die Speiseröhre in Verbindung. Der Ringnerv ist gegenüber der Eintrittstelle des Radialnervs in den Untersuchungsarm durchschnitten. Der Schlangenstern wird am Stativ so aufgehängt, daß der Restarm sich unten befindet und daher symmetrisch herabhängt. Man kann nun den Ringnerv rechts oder links vom Arm reizen und die Schlagreaktion prüfen: Der erregte Arm wird stets dem Reizorte zuschlagen. Es ist somit dem Dekrement zuzuschreiben, daß die Erregung denjenigen Muskel trifft, zu welchem der kürzeste Weg führt. Nun wird der Versuch variiert und der Schlangenstern so aufgehängt, daß sein Arm mit der Vertikalen einen rechten Winkel bildet. Der Arm hängt infolge seines Eigengewichtes herab. Wenn jetzt rechts oder links vom Arm gereizt wird, schlägt der Arm immer nur nach oben. Man kann dabei zwar eine ausgiebigere Bewegung feststellen, wenn oben gereizt wird, jedoch »die Erregung fließt, wo immer wir reizen, dem durch Beugung gedehnten Muskel zu«.

Bei diesen Versuchen entsteht der Eindruck, über die Ausbreitung der Erregung entscheide lediglich der Muskelzustand und zwar auf direktem Wege. Vergleichsversuche an Wirbeltieren von J. ten Cate (1927) am Schwanz des Molchs (*Triton cristatus*) und von R. Magnus am Katzenschwanz (1929) haben die Uexküllsche Dehnungsregel (Reaktion des gedehnten Muskels) im Prinzip bestätigt. Das Verhalten des Säugetiers sei hier kurz besprochen, um vor falscher Analogie zu schützen und um gleichzeitig die Tragweite der Pionierarbeit am Schlangenstern zu verdeutlichen.

Zur Zeit, als v. Uexküll seine experimentelle Physiologie an wirbellosen marinen Tieren ausbaute, beschäftigte ihn immer wieder die Frage: »Was ist ein höheres Zentrum?« Er untersuchte die Art und Weise, wie übergeordnete Zentra auf die primären Reflexe einwirken. Allgemein bekannt war bereits durch die Untersuchungen über den Abfegereflex (Wischreflex) des Frosches, daß komplizierte Koordinationen neben einfachen, segmentalen Reflexen beim Rückenmarkstier auftreten können. Gleichzeitig untersuchte Magnus vor allem die höheren Reflexe und Reflexkombinationen, die beim Stand und Gang der Säugetiere eine Rolle spielen. Bei der sogenannten »Rückenmarkskatze« handelt es sich um eine Katze ohne Kopf (Querschnitt unterhalb der Medulla oblongata). Das Tier vermag noch, Laufbewegungen, Kratzreflex und Schwanzreflex sowie Übergänge von einem Reflex in den andern auszuführen. Die Rückenmarkskatze kann aber nicht mehr stehen, da der Beinstreckertonus nicht mehr vorhanden ist.

Entsprechend dem Grundversuch v. Uexkülls wird die Rückenmarkskatze so auf den Bauch gelegt, daß der Schwanz in der Medianebene vertikal, also symmetrisch herabhängt. Kneifen in den Schwanz veranlaßt eine reflektorische Bewegung, deren Richtung unvoraussagbar ist. Wird im nächsten Experiment die Katze auf die Seite gelegt, so daß der Schwanz nach einer Seite gebogen, senkrecht zur Medianebene, herabhängt, so schlägt der Schwanz bei jedem beliebigen Kneifreiz mit absoluter Sicherheit nach oben. Zerstört man aber bei einer solchen dezerebrierten Katze die Hinterwurzeln, welche die sensiblen Nerven der gebogenen Schwanzstrecke dem Rückenmark zuleiten, jedoch so, daß die Schwanzspitze, in die man kneift, sensibel mit dem Rückenmark verbunden bleibt, dann unterbleibt die Erscheinung, und von jener strengen im ersten Versuch beobachteten Schlagrichtung ist nichts mehr zu sehen. Resultat: Auch hier ist zwar die Dehnung der oberen Muskelgruppen für den Effekt ausschlaggebend; die Steuerung kommt aber so zustande, daß ein Sinnesorgan (Muskelspindeln) der gebogenen Schwanzstrecke reflektorisch die Muskeln für die Erregung einschaltet. Auch beim Säugetier fließt also die Erregung dem gedehnten Muskel zu, aber sie tut das nur, weil durch zentripetale Einflüsse die gedehnten Muskeln selber den Weg, der zu ihnen hinleitet, öffnen.

Die hiermit durch Uexküll angeregte vergleichende Physiologie liefert uns ein gutes Beispiel, das zeigt, wie bei verschiedenen Tiergruppen die Leistungen zwar äußerlich einander gleichen können, jedoch durch sehr andersartige Mechanismen zuwege gebracht werden.

Die Analyse des Scheinantagonismus beim Seeigelstachel

An seinem Lieblingsversuchstier, dem Seeigel, hat Uexküll die meisten Experimente ausgeführt, mit denen er eine objektive Verhaltensforschung anstrebte, welche für ihn nur eine »Bedeutungslehre« sein konnte. Es ist bekannt, daß die Seeigel infolge ihrer den Körper umschließenden starren Kalkpanzer, Bewegungen nur mit den zahlreichen Anhangsgebilden ausführen können: Stacheln (1900), Pedicellarien (1899) und Saugfüßchen. Damit hängt zusammen, daß das außerhalb des Panzers gelegene periphere Nervensystem, der autonome Nervenplexus, der die genannten Anhangsorgane innerviert, von größter funktioneller Bedeutung geworden ist. Die Pedicellarien sind völlig autonom, während die Stacheln und Füßchen nur mittelbar vom Zentralnervensystem abhängig sind. Charakteristisch ist nun für Uexkülls Fragestellung – prüfe er das »spontane« oder »reaktive« Verhalten auf äußere Reize oder die dafür verantwortlichen Innenfaktoren – der prinzipiell ethologische Denk- und Forschungsansatz. Immer fragt er nach der reaktionsauslösenden *Gesamtsituation* und dem Grad des *Komplexcharakters* der sogenannten Reaktion.

Für die Seeigel ist das Fehlen eines obligatorischen Muskelantagonismus bei ihren allseitig beweglichen Stacheln typisch. Man sieht somit, daß auch da, wo Muskeln an einem Hebelsystem arbeiten, ein präformierter Antagonismus fehlen kann. Es befindet sich zwischen Stachel und Panzer des Seeigels eine Art Muskelmanschette, so daß bei jeder Bewegung sehr komplizierte Gruppierungen von Muskeln auftreten, die sich stets mehr oder weniger ausgiebig zusammenziehen und die übrigen Muskeln ebenfalls zwingen, sich entsprechend mehr oder weniger zu dehnen. An einem einzigen Seeigelstachel hat v. Uexküll dreißig Muskelstränge gezählt. Das Problem war nun die Frage: Wie kann man auf einfachste physiologische Weise die rhythmische Stachelbewegung in Gang bringen? Ein Versuch mit der Glasperle scheint zunächst gekünstelt zu sein, ahmt aber in Wirklichkeit normale Umstände nach: Auf die Stacheln wird eine Glasperle gelegt und in einer gewissen Entfernung von diesem Stachel wird gereizt. Die Glasperle hat indessen eine der Muskelpartien gedehnt. Der Stachel selber ist, dem Gewicht der Perle nachgebend, etwas vom Reizorte weg, ausgewichen. Und nun ergibt sich das Folgende: Die durch die Glasperle gedehnten und dem Reizorte zunächst liegenden Muskelgruppen reagieren und antworten auf die künstlichen Reize. Dadurch wird die Last der Glasperle auf den jeweils benachbarten Stachel gedrückt und zwar in der Richtung zum Reizorte. Der so gedrückte Stachel weicht ebenfalls aus und wird dabei der Erregung zugänglich, die ihm vom Reizort zufließt. Resultat: Die Glasperle wandert von Stachel zu Stachel dem Reizort zu. Bei diesem Glasperlenversuch drückt also die Perle auf einzelne Stacheln und wird so dem Reizorte zubewegt. Wird aber bei diesem Verhalten nun die Normalsituation beachtet, so sieht die Reaktionsfolge anders aus: In Wirklichkeit nämlich drückt die Last des Seeigelkörpers die Stacheln gegen den Boden, und nun wird, wenn das Tier ein Reiz trifft, der Boden dem Reizorte zubewegt! Das Tier entfernt sich dadurch von dem Reizorte. Mit anderen Worten, es flieht. Während bei vielen Stachelreflexen nur der periphere Nervenplexus innerviert wird, greift beim Stachelgang das Zentralnervensystem entscheidend ein. Besonders deutlich wird das bei den charakteristischen Umdrehbewegungen des Herzigels *Echinocardium* (v. Uexküll 1907). Beim folgenden Experiment reizt Uexküll einen Punkt auf der Ventralseite des Herzigels und findet kein konzentrisches Neigen der Stacheln zum Reizort hin, sondern eine koordinierte Bewegung parallel zur Linie, welche den Reizort mit dem Mittelfeld des Mundfeldes verbindet. Ebenso verhalten sich die distal vom Reizort liegenden Stacheln, die sich jetzt vom Reizort wegwenden. Diese experimentell ausgelöste und auffallende Bewegungskoordination hat zur Voraussetzung eine vorgängige Erregungszuleitung zum übergeordneten Nervenzentrum. Das einfache periphere Nervennetz könnte eine solche Bewegungskoordination von sich aus keinesfalls leisten. Die Zusammenarbeit der Stachelmuskeln ist das Ergebnis eines relativ hohen Integrationsgrades. Mit diesen fundamentalen Seeigelversuchen zeigt v. Uexküll, daß schon auf dieser relativ niedrigen Organisationsstufe das hierarchische Prinzip auch in der Seeigel-»Reflexrepublik« gilt.

Nachweis der Zentrenhierarchie bei den Tintenfischen

Das Zentralnervensystem der Cephalopoden liegt dicht konzentriert im Kopf und ist von einem schützenden Kopfknorpel umgeben. Es gliedert sich moluskentypisch in drei Regionen: Zerebrallobi, Pedallobi und Viszerallobi. Die Zerebrallobi liegen dorsal vom Schlund, während die anderen Teile sich ventral finden. Der pedale Hirnteil ist in zwei Teile getrennt, der die Arme versorgende Bachiallobus und der den Trichter innervierende Infundibularlobus. Die ersten Lokalisationsexperimente hat Uexküll (1895) in der Neapler Zoologischen Station ausgeführt (1891, 1894). Nach ihm sind die gesamten Unterschlundlobi die Reflexzentren der von ihnen innervierten Körperregionen (1895). Sie entsprechen nach moderner Nomenklatur den folgendenTeilen: Lobus brachialis, Lobus lateralis, Lobus accessorius, Lobus viszeralis und Lobus buccalis (Thore 1939). Die Zerebrallobi (Lobus occipitalis, Lobus centralis und Lobus frontalis) fassen die Reflexbewegungen der einzelnen Körperteile zu einheitlichen Handlungen zusammen (koordinatorisch wirkende Zentren).

Uexküll kommt bei der Analyse des Schwimmvorganges auf das Problem der Subordination der Zentren im Gehirn. Das Schwimmen besteht bei den Oktopoden im wesentlichen in einer verstärkten Atembewegung: das aus der Mantelhöhle durch Kontraktion der Mantelmuskulatur ausgestoßene Atemwasser entweicht durch den Trichter und führt zum Rückstoß des Tieres. Bei diesem fluchtartigen Rückwärtsschwimmen werden die acht Arme nach vorne gestreckt und zu einem Bündel zusammengelegt, wodurch eine ideale Torpedoform erreicht wird. Zunächst prüfte Uexküll die Atmungsreflexe: Druck auf die Kiemen, durch den Mantel hindurch bedingt Inspiration, Dehnung des Mantelrandes hingegen ist der reflektorische Reiz für eine Exspiration. Da nun physiologischerweise bei der Ausatmung durch die Mantelmuskulatur ein Druck auf die Kiemen ausgeübt wird, so ist die Ausatmung zugleich der reflektorische Reiz für die folgende Einatmung, während das einströmende Wasser bei der Inspiration zugleich reflektorisch die folgende Ausatmungsbewegung durch Dehnung des Mantelrandes, zuwege bringt. Reizte Uexküll das in der Mantelhöhle liegende Stellarganglion (oder die aus dem Viszerallobus eintretende Mantelkonnektive), so erzielte er lange kräftige rhythmische Bewegungen der gesamten Muskulatur, die mit den normalen Schwimmbewegungen vollkommen übereinstimmten. Reizte er aber einzelne Stellarnerven, die vom Ganglion stellare zum Mantel führen, so kam es zu einer Dauerkontraktion der innervierten Mantelteile. Endlich hat Uexküll mit seinen Reizelektroden Punkt für Punkt des Viszerallobus abgetastet und feststellen können, daß sich dabei stets entsprechende Mantelzonen bewegen. Trotz der Verteilung der Nervenelemente durch das Ganglion stellare, ist im Viszerallobus jeder Teil des Mantels streng lokalisiert. So konnte Uexküll eine Lokalisation ermitteln, die er mit den Tasten eines Klaviers verglich. Die weitere funktionelle Analyse der Viszerallobi führte zum Nachweis eines Inspirationszentrums vorn unten und eines Exspirationszentrums hinten oben in der Viszeralmasse. Das Einatmungszentrum beeinflußt regulierend sämtliche bei der Einatmung arbeitenden Muskeln, das Ausatmungszentrum alle bei der Ausatmung arbeitenden Muskeln und zwar je als Ganzes. Was nun all diesen Versuchen ihre für die spätere Forschung allgemeine Bedeutung verleiht, ist die Tatsache, daß es Uexküll gelungen ist, ein übergeordnetes Atmungszentrum zu ermitteln. Im zerebralen Lobus (3) findet er Stellen, die auf Reiz eine Gesamtphase der Atmung hervorrufen, oder diese verändern können. So kann aus der Atmungsbewegung direkt die Schwimmbewegung entstehen (Reizung des Bodens von Zentrallobus 3 und den benachbarten Teilen von Zentrallobus 2). Nun kommt dazu, daß sich ebenso für die Armbewegungen ganz ähnliche übergeordnete Zentren fanden. Auch dabei werden ganz bestimmte Bewegungsgruppen sozusagen ausgewählt und an die jeweiligen Umstände angepaßt. Das Zentrum zum Loslassen der Saugnäpfe liegt im Buccallobus, das zum Zusammenlegen der Arme im Brachiallobus. Durch entsprechende Gruppierung der Arm- und Saugnapfbewegungen können die Arme z. B. zur Verteidigung, zum Beutefang oder eben zur Lokomotion, in unserem Fall zum Schwimmen, verwandt werden. Uexküll folgert: »Verschiedene Zentra benutzen also nicht nur das gleiche Organ, sondern auch die gleichen Bewegungen des einzelnen Organs, nur in verschiedener Zusammenstellung mit den Bewegungen seiner Nachbarn, um ihre speziellen Leistungen durchzusetzen« (1905 b, 241). Die von Uexküll experimentell begründete Auffassung, daß sich im Zentralnervensystem der Tintenfische drei übergeordnete nervöse Stationen unterscheiden lassen, wobei die Zentrallobi als höchste Koordinationszentren wirken, in den Unterschlundlobi die primären motorischen Zentren für sämtliche Muskeln liegen, wurde von Sereni (1931) pharmakologisch bestätigt, auch der aktive Puls der autonomen Armschirmhaut-Gefäße wird direkt vom Zentralnervensystem (suboesophageales Vasomotorenzentrum) kontrolliert (Mislin 1950). Der Nachweis der direkten Abhängigkeit des Erregungszustandes der motorischen Zentren vom Kräftespiel der höheren Zentren ist für die Verhaltensforschung von größter Bedeutung und hat auch die grundlegenden Forschungen der in Neapel an Oktopoden arbeitenden Hirn- und Verhaltensforscher J. Z. Young, B. B. Boycott, M. J. Wells und J. Wells mitangeregt (s. M. J. Wells 1962). Wenn auch die Ethologen den hierarchischen Aufbau angeborenen Verhaltens unabhängig von den Schlüssen Uexkülls entdeckt haben, so wollen wir doch festhalten: Paul Weiss entwickelte eine Theorie der zentralnervösen Hierarchie, E. von Holst eine Lehre der zentralnervösen Koordination und W. R. Hess eine Lehre der Leistung als Ordnungsprinzip. Diese Forschungen fußen alle auf der Grundeinsicht J. v. Uexkülls, daß der funktionelle Aufbau des Zentralnervensystems erst »im Hinblick auf die Einheit des Gesamtorganismus und seiner Eingliederung in die artspezifische Umwelt voll begriffen wird« (s. auch Hess 1948, 204).

Da ich mich auf wenige der wichtigsten Uexküllschen Experimente und Versuchsergebnisse beschränken mußte, sind viele grundlegende Arbeiten (Tonus: *Sipunculus*, Echinodermen, Blutegel; Sinnesphysiologie: *Sipunculus*, div. Echinodermen, Crustaceen, *Pecten* u. a.) unberücksichtigt geblieben.

Eines hat Jakob von Uexküll überzeugend bewiesen, daß nämlich das Verhaltensstudium einer Tierart bei ihren Sinnen beginnen muß und daß es, wenn man genau zusieht, keine zwei Tierarten mit denselben Sinnesfähigkeiten gibt. Das war gemeint, wenn er sagte, jede Art habe ihre eigene »Merkwelt« und diese sei verschieden von der Umgebung der Tierart, so wie wir diese sehen, d. h. von unserer Merkwelt. Die Überlegungen über »Reizregel« und »Bewegungsregel« führten ihn auf bestimmte Vorstellungen und Begriffe wie »Impulsmelodie«, »Wirkplan«, »Wirkmuster« und »Leistungsschemata«. Es sind dies Vorstellungen, die mit einem Mechanismus zu tun haben, der eine Reaktion zur Auslösung durch Außenreize freigibt. Konrad Lorenz nannte die strenge Abhängigkeit einer jeden angeborenen Reaktion von einer Anzahl bestimmter Schlüsselreize, die zwingend an einen neurosensorischen Mechanismus denken lassen, im Anschluß an die von Uexküll ursprünglich entwickelten Gedankengänge: angeborener Auslösemechanismus (AAM).

Abschließend sei darauf hingewiesen, daß Uexkülls Forschungen der Anthropologie, Psychologie und Psychiatrie starke Denkimpulse gaben. Erwähnt sei u. a. das Werk des

Psychologen Hans Kunz »Die anthropologische Bedeutung der Phantasie« (1946). Dort heißt es u. a.: »Die grundlegenden Arbeiten zur Erforschung der tierischen Umwelten hat von Uexküll geleistet ... Das Tier trägt die Umweltstruktur, wie sich von Uexküll ausdrückt, gleichsam mit sich oder ›in sich‹, d. h. es muß das ihm in der Umgebung Begegnende auf seine Lebensbedürfnisse notwendig ›zurückbeziehen‹, weil es gar nicht anders kann« (218 ff). Insbesondere bekennt sich der Psychiater Rudolf Bilz zu Uexkülls Bedeutungslehre.

Für die psychologischen Wissenschaften kann gefolgert werden: Nicht die ganze Umgebung besitzt also für eine Art, als Subjekt betrachtet, Bedeutung. Solche erhalten nur jene Teile, die den Lebensfunktionen der Art direkt zugeordnet sind. In eingeschränktem Maße gilt das natürlich auch für den Menschen, wenn dieser auch als Art sicher nicht an eine einzige spezifische Umwelt gebunden ist. Die von Uexküllsche Umweltlehre spricht von Funktionskreisen, wobei es sich um bestimmte Lebensbereiche mit einer festen Zuordnung von Organen der Funktionen des Tieres auf der einen Seite und bestimmten Teilen seiner Umwelt auf der andern handelt (Funktionskreise der Ernährung, des Feindes, der Geschlechtsbeziehungen). Auch beim Menschen sind solche Funktionskreise zu unterscheiden, wobei diese allerdings durch Zwischenglieder, die nicht mehr der Naturumwelt, sondern der vom Menschen selbst geschaffenen »künstlichen« Umwelten (Zivilisationsumwelt) entstammen. Wie sehr sich also der Mensch von der übrigen Lebenswelt absetzt, kann besonders durch eine Auseinandersetzung mit der biologischen Umweltlehre Jakob von Uexkülls klargemacht werden. Die von Uexküllschen Gedankengänge wurden schon vielfach auf den Menschen angewandt, so daß die vergleichende Verhaltensforschung wichtige Forschungsimpulse erhalten hat (vgl. Schwidetzky 1959, 40–45).

ANMERKUNG

1

Jakob Johann von Uexküll wurde am 8. 9. 1864 im Gutshaus Keblas in Estland/Baltikum geboren. Der Vater Alexander von Uexküll stand in russischem Staatsdienst und hatte die Aufsicht über eine große Fläche Landbesitz. Die Mutter, eine Geborene Sophie von Hahn aus Schloß Wahnen an der Düna, teilte mit ihrem Gemahl die Leidenschaft für Naturforschung. Jakob war das dritte von vier Kindern. Er hatte zwei ältere Brüder und eine jüngere Schwester. In Reval besuchten die Söhne die Domschule; 1875 übersiedelten sie nach Coburg, dort Eintritt ins Gymnasium. Mit sechzehn Jahren war Jakob von Uexküll ein überzeugter Determinist und Materialist. Beim Abitur vertrat er die Meinung: »Jedwelche Tat geschieht nach dem Naturgesetz. Der Satz, ich sei der Täter meiner Tat, ist bloß ein selbstgefälliges Geschwätz.« Es folgte das Studium der Naturwissenschaft in Dorpat, zunächst Zoologie. Schon bald war er Assistent seines Lehrers Prof. Braun. Während eines halbjährigen Forschungsaufenthalts auf der dalmatinischen Insel Lesina begann das Studium der marinen Tiere. Durch Prof. Kennel Einführung in Gewebekunde und mikroskopische Anatomie, bei Prof. Rosenberg Vorlesungen über Entwicklungslehre. Zunächst starke Beeinflussung durch das darwinistische und deszendenztheoretische Denken seiner Lehrer, umso stärker nach zwei Jahren aber deren Ablehnung und das Verlassen der Disziplin Zoologie zugunsten der Physiologie. In dieser Zeit betrachtete er die »wissenschaftliche Wahrheit« und Theorien mit äußerster Skepsis. Ab 1888 Schüler des bekannten Experimentalphysiologen Willy Kühne, der ihm zahlreiche kleinere Aufgaben stellte, welche die Muskel- und Nervenphysiologie betrafen. Verschiedene Aufenthalte an der Zoologischen Station Neapel ermöglichten v. Uexküll, dort an Seetieren die bei Kühne erworbenen Kenntnisse zu verwerten. Sein Hauptziel war, das planmäßige Zusammenwirken der Organe im Tierkörper zu erforschen. Immer erneut versuchte er, humanphysiologische Versuchsanordnungen an die besonderen Verhältnisse bei marinen Tieren zu adaptieren. In diesem Zusammenhang gelang auch erfolgreiche Einführung des Filmens zur Registrierung und Analyse der Bewegungen der Schlangensterne und später auch der Flugbewegungen des Kohlweißlings. 1895 Arbeiten am Physiologischen Institut von Prof. Zwaardemaker in Utrecht über den Stoffwechsel des belasteten und unbelasteten Muskels beim Blutegel. Dort auch Zusammenarbeit mit Prof. Noyons. Forschungsaufenthalt in Daressalam. 1903 Verheiratung Jakob Baron von Uexkülls mit Contesse Gudrun Schwerin auf Schloß Schwerinsburg in Pommern. Entwicklung mehrerer Reizgeräte und Beobachtungsaquarien. 1907 Verleihung der Ehrendoktorwürde der Medizinischen Fakultät an der Universität Heidelberg. Die Ehrung erfolgte »auf Grund genauer und scharfsinniger Experimente über Nerven- und Muskelreizungen«. Es folgen später zwei weitere Ehrungen der Universitäten Kiel und Utrecht. Während des Ersten Weltkriegs Konzentration auf theoretische Arbeiten: Erstauflage der »Theoretischen Biologie« 1920. Von Uexküll, bisher Privatgelehrter, erhält 1925 Anstellung als »wissenschaftlicher Hilfsarbeiter« mit Aussicht auf eine außerordentliche Professur an der Universität Hamburg. Er beginnt an bescheidenem Arbeitsplatz im alten Hamburger Zoo, baut das dortige Aquarium aus und entwickelt daraus das spätere Institut für Umweltforschung. Im September 1934 vollendet J. v. Uexküll sein siebzigstes Lebensjahr, und sein Institut ist auf dem Höhepunkt seiner Wirksamkeit angelangt. Viele Experimentalarbeiten und viele Experimentalphysiologen sind aus diesem ersten Zentrum für »Umweltforschung« hervorgegangen. Die wichtigste Veröffentlichung mit starker Wirkung auf die junge biologische Generation von damals ist die mit G. Kriszat: »Streifzüge durch die Umwelten von Tieren und Menschen« (1934). Bekannte Schüler, die aus dem Hamburger Institut hervorgingen, sind F. Brock, G. Kriszat, E. Sarris, A. Kühl und E. Kiep-Altenloh. Der Internist und Freund Prof. Bergmann rät dem unter Herzbeschwerden leidenden Jakob von Uexküll 1939 zu einer Reise nach Capri. Die Mittelmeerinsel wird sein Refugium. Im Schatten der Pergola von San Michele, beim Freund Axel Munthe in Anacapri, erlebt er noch die Landung der Alliierten auf der Insel. Im Juli 1944 beschließt Jakob Johann von Uexküll, achtzigjährig, als ein Gelehrter und Weiser sein Leben. Sein letztes Gespräch noch kurz vor dem Ende galt dem »Bauplan«, dem Bau einer Blume.

DIE WICHTIGSTEN VERÖFFENTLICHUNGEN VON J. J. v. UEXKÜLL IN CHRONOLOGISCHER REIHENFOLGE

1891: Physiologische Untersuchungen an *Eledona moschata*, I. Z. Biol. (N. F. 10), 28

1894: Physiologische Untersuchungen an *Eledona moschata*, II. Z. Biol. (N. F. 12), 30

1895: Zur Analyse des Zentralnervensystems (*Eledona moschata*). Z. Biol., 31

1899: Zur Physiologie der Pedicellarien. Z. Biol., 37

1900: Die Physiologie des Seeigelstachels. Z. Biol., 39

1902: Im Kampf um die Tierseele. Ergebn. Physiol., 1

1905 a: Leitfaden in das Studium der experimentellen Biologie der Wassertiere. Wiesbaden: Bergmann

1905 b: Die Bewegungen der Schlangensterne. Z. Biol., 46

1907: Die Herzigel. Z. Biol., 49

1908: Studien über den Tonus. Z. f. Biol., 50

1909: Umwelt und Innenwelt der Tiere. Berlin: J. Springer

1927: Die Einpassung. In: Handbuch norm. and pathol. Physiol., I. Berlin: Springer, 693

1928: Theoretische Biologie. Berlin: J. Springer

1929: Das Gesetz des gedehnten Muskels. In: Handb. norm. und pathol. Physiol., IX. Berlin: J. Springer, 741

1930: Die Lebenslehre. Potsdam, Zürich: Müller, Kiepenheuer

1934: (mit G. Kriszat) Streifzüge durch die Umwelten von Tieren und Menschen. Verständliche Wissenschaft, 21. Berlin: J. Springer

1939: Tier und Umwelt. Zeitschr. Tierpsychol., 101–114

1947: Der Sinn des Lebens. Hg. Thure v. Uexküll. Godesberg: Küpper

LITERATUR

Bilz, R.: Paläoanthropologie. Frankfurt/M.: Suhrkamp 1971

Cate, J. ten: Schwanzreflexe bei Triton cristatus. Arch. Néerland. Physiol., 12, 1927, 213

Hess, W. R.: Die funktionelle Organisation des vegetativen Nervensystems. Basel: Schwabe 1948

Jordan, H. J.: Allgemeine Vergleichende Physiologie der Tiere. Berlin: de Gruyter 1929, 497

Kant, I.: Kritik der reinen Vernunft (1781). In: Berliner Akademie der Wissenschaften (Hg.): Immanuel Kant, Gesammelte Schriften, I–IV. Berlin 1900 ff

Kunz, H.: Die anthropologische Bedeutung der Phantasie. Basel: Verlag für Recht und Gesellschaft 1946

Magnus, R.: Versuch am Katzenschwanz. Ergebn. Physiol., 29, 1929, 646

Mislin, H.: Nachweis einer reflektorischen Regulation des peripheren Kreislaufs bei den Cephalopoden. Experientia, 6, 1950

Schwidetzky, I.: Das Menschenbild der Biologie. Stuttgart: G. Fischer 1959

Sereni, E.: Sull'analisi fisiologica del sistema nervoso nei cefalopodi. Arch. zool. ital., 16, 1931

Thore, S.: Beiträge zur Kenntnis der vergleichenden Anatomie des Zentralnervensystems der dibranchiaten Cephalopoden. Pb. Staz. Zool. Napoli, 17, 1939

Uexküll, G. v.: Jakob von Uexküll, seine Welt und Umwelt. Hamburg: Ch. Wegner 1964

Uexküll, T. H. v. (Hg.): Der Sinn des Lebens. Godesberg: Küpper 1947

Wells, M. J.: Brain and Behaviour in Cephalopods. London: Heinemann 1962

KARL VON FRISCH (*1886)

von Martin Lindauer

FARBWECHSEL BEI FISCHEN

Vor nunmehr 68 Jahren legte der junge Karl von Frisch (*1886) seinem Doktorvater, dem damaligen Ordinarius der Zoologie in Wien, Karl Grobben, seine Dissertation (v. Frisch 1910) über den Farbwechsel der Fische vor. Das Thema hatte ganz und gar nicht dem Vorschlag des Doktorvaters entsprochen, aber Grobben erkannte sehr wohl die Pionierleistung der Arbeit. Diese lag weniger in dem Ergebnis, als vielmehr in der damals ungewohnten Forderung, Beobachtungen über das Verhalten der Tiere nicht nur zu beschreiben, sondern *kausal zu analysieren.* Es war ein Aufbruch von der deskriptiven zur kausalanalytischen Wissenschaft innerhalb der Biologie. Um bei unserem Beispiel zu bleiben: Die längst bekannte Beobachtung war, daß Elritzen (*Phoxinus phoxinus*) auf dunklem Untergrund durch Expansion der Melanophoren sich schwarz färben, auf hellem Untergrund durch Konzentration der Pigmentgranula hell werden. Von Frisch fragte sich, wie denn dieser Farbwechsel gesteuert wird. Es gelang ihm ein klassisches physiologisches Experiment: nach Durchtrennung des Nervus lateralis in der mittleren Körperregion färbt sich der Fisch hinter der Operationsstelle irreversibel schwarz. Daraus mußte man zwingend folgern, daß der Farbwechsel der Fische nervös gesteuert wird.

Dies war aber nur der Ausgangspunkt weiterer Analyse: Sind die Augen allein die Melder über die Helligkeit der Umgebung? Erste Überraschung war: Blinde Elritzen wurden bei Belichtung hell, im Dunkeln schwarz. Mit Punktlicht wurden jetzt mühsam die einzelnen Körperpartien abgetastet, bis sich herausstellte, daß das Parietalorgan im Zwischenhirn, das dem Stirnauge der Echsen entspricht, lichtempfindlich ist.

In diesem Stadium der Untersuchung trifft nun Karl von Frisch eine Entscheidung, die charakteristisch für seine gesamte Forschungsplanung werden sollte: Die Idee war gesät, die Methode war ausgearbeitet, durch die ersten Befunde war ein Fundament gelegt, jetzt sollten Schüler und Mitarbeiter auf der gewiesenen Spur weitersuchen. Ernst Scharrer hat mit Hilfe einer Futterdressur die ersten Hinweise unterbaut, daß das Zwischenhirn der Elritze tatsächlich lichtempfindlich ist (1928), und sein positiver Befund wurde fünfzig Jahre später mit den modernen Methoden der Elektrophysiologie durch E. Dodt und Y. Morita sowie mit dem Elektronenmikroskop durch A. Oksche (1967) bestätigt. De la Motte konnte 1964 an einer gut dressierten Elritze schließlich nachweisen, daß die betreffende Zwischenhirnregion für Grün besonders empfindlich ist und daß die Empfindlichkeitskurven nach den höheren und tieferen Wellenlängen des Lichtes abfallen.

Als Doktorvater muß man stets gewärtig sein, daß hie und da einer der Schüler einen Seitensprung macht. Als überzeugter Anhänger der Darwinschen Theorie hat von Frisch sie immer wohlwollend gelten lassen, in der Erwartung, daß der Selektionsprozeß solche Seitensprünge schon nach ihrer Tauglichkeit testen würde. So hatte Scharrer im Zuge seiner Doktorarbeit (1928) im Zwischenhirn Nervenzellen gefunden, die merkwürdige Sekrettröpfchen ausbildeten. Sekrettröpfchen in Nervenzellen? Ein solcher Befund mußte damals auf Skepsis stoßen. Aber rückschauend wissen wir – dies war die Geburtsstunde der Neuroendokrinologie, die sich in den letzten vierzig Jahren, angeführt durch Ernst Scharrer (1928) und seine Frau Berta (Scharrer, Scharrer 1963), zu einem der aktuellsten Gebiete nicht nur der Zoologie, sondern auch der Medizin ausgeweitet hat.

FARBENSEHEN BEI FISCHEN UND INSEKTEN

Im Zuge der geschilderten Untersuchungen kamen von Frisch die Veröffentlichungen eines Ophthalmologen, des Direktors der Münchener Augenklinik, Geheimrat von Hess (1913), in die Hände; sie reizten den jungen Assistenten aus der Zoologie zum Widerspruch: Fische und alle wirbellosen Tiere sollten farbenblind sein. Von Hess schloß dies aus der Tatsache, daß der normale farbtüchtige Mensch im Farbspektrum die hellste Bande im *Gelbbereich* sieht; für den Farbblinden verschiebt sich das subjektive Helligkeitsmaximum ins Grün. Bei Fischen und allen wirbellosen Tieren fand von Hess aufgrund der phototaktischen Reaktion das Helligkeitsmaximum ebenfalls im Grünbereich; Folgerung: Sie sind alle farbenblind. Der Zoologe fragte sich, wozu dann diese prächtigen Hochzeitskleider und Warntrachten der Fische und wozu die Farbenpracht unserer blühenden Wiesen, wenn sie nicht ein farbiges Imponiergewand für das Weibchen und für den Rivalen darstellen und wenn sie nicht ein Aushängeschild sein sollen, das den Bienen die Nektar- und Pollenquellen anzeigt? Wo solche aufwendigen Farbzeichen über Jahrmillionen Bestand haben, muß ihnen auch Selektionswert zukommen. Aber wenn man mit dem Herrn Geheimrat die Klinge kreuzen wollte, mußte man mit handfesten Beweisen kommen.

Vielleicht war es gerade diese spannungsgeladene Atmosphäre, die von Frisch einen neuen Zugang zu einer vergleichenden Sinnes- und Verhaltensphysiologie eröffnete: Es gibt prinzipiell zwei Möglichkeiten, eine bestimmte Leistung eines Sinnesorganes zu prüfen, erstens die direkte Methode, d. h. Ableitung der Rezeptorpotentiale durch Mikroelektroden. Diese Methode war erst dreißig Jahre später so weit ausgebaut, daß sie brauchbare Aussagen erbrachte. Zweitens kann man das Tier im Verhaltensexperiment befragen. Da mußte man sich freilich einen Versuch ausdenken, der eine eindeutige Antwort vom Tier verlangt. Dies gelang durch die klassische Futterdressur. Heute hat man für diese Methode wohlklingende Namen: »Konditionierung«, »Reinforcement«, »Operant Conditioning«, »Reversal Learning«, »Lernstrategie« usw. (s. Bd. IV dieser Enzyklopädie). Im Grunde handelt es sich immer um das gleiche, was damals schon vor fünfzig Jahren Karl von Frisch mit denkbar einfachen Mitteln gemacht hatte: Ein Fisch erhält einige Tage lang in einem gelben Napf Futter; am Testtag wird dieser gelbe Napf gemeinsam mit andersfarbigen zur Wahl geboten. Damit nicht vom Futter selber zusätzliche Signale ausgehen, sind sämtliche Futternäpfe leer und die Fische wählen eindeutig den gelben Napf. Jeder Schwarz-Weiß-Fotograf würde natürlich sofort einwenden, das Gelb hätte man auch an der charakteristischen Helligkeitsstufe erkennen können. Um dieser Kritik zu begegnen, hatte von Frisch neben Gelb sechzig Grau-Abstufungen angeboten, die alle Übergänge von weiß bis zu schwarz aufwiesen. Eine dieser Graustufen mußte den Helligkeitston von jenem Gelb haben, das als Futterzeichen angeboten worden war, und ein farbblinder Fisch mußte es mit dem betreffenden Grau verwechseln. Eindeutig wählten aber auch jetzt die Fische die gelbe Farbe. Damit war ein echter Farbsinn nachgewiesen (s. v. Frisch 1911 d, 1912 c, 1913 b, 1913 c, 1914).

Im Prinzip die gleichen Versuche wurden dann auch mit Bienen ausgeführt. Auch die Bienen zeigten sich als farbentüchtig; allerdings stellte sich heraus, daß sie rotblind waren. Diese Arbeiten waren wiederum ein Startsignal für eine umfangreiche vergleichende Physiologie des Farbensehens, die bis in unsere Tage ergiebig geblieben ist. Alfred Kühn (1927) mit seinen Schülern, die die Dressuren mit Spektralfarben fortsetzten (Kühn, Pohl 1921), erkannten, daß das sichtbare Spektrum des Bienenauges in den kurzwelligen Bereich verschoben ist; die Bienen sind rotblind, aber das Ultraviolett ist für sie eine deutlich wahrnehmbare Farbqualität, sogar die reizwirksamste. In einem Punkt allerdings ist das Farbensehen des Bienenauges dem menschlichen weit unterlegen. Während der Mensch Millionen verschiedener Farbnuancen unterscheiden kann – man hat zirka sieben Millionen errechnet – existieren für das Bienenauge bestenfalls ein Dutzend Farbabstufungen.

Die Physiologie des Farbensehens, verbunden mit dem zugehörigen Orientierungsverhalten, hat von Frisch bis in die späten Jahre gefesselt. Bei Insekten ist es heute noch ein Zentralgebiet der vergleichenden Tierphysiologie. Ich möchte wenigstens auf die Arbeiten seines Schülers Daumer hinweisen, der 1956 in seiner Doktorarbeit nachgewiesen hat, daß für das Bienenauge – genauso wie für den Menschen – eine Mischung aller sichtbaren Spektralfarben bzw. der entsprechenden Komplementärfarben subjektiv neue Farbempfindungen ergibt. Daumer hat dann gefragt, wie denn wohl die Blüten auf den Feldern für das Bienenauge ausschauen, wenn sie nicht den Rotton, dafür aber reflektierendes Ultraviolett sehen. Viele für unser Auge weiße Blüten erscheinen den Bienen bunt, mit farbigen Saftmalen. Auch das einförmig gelbe Fingerkraut *(Potentilla spec.)* hat für das Bienenauge einen Purpurrand, nur das Zentrum ist gelb und weist dabei auf den Eingang zu den Nektarien. Der Echte Eibisch *(Althaea officinalis)*, den wir einförmig blau sehen, erscheint den Bienen als eine »bienenviolette« Blume mit blauem Saftmal im Zentrum.

Heute sind alle diese verhaltensphysiologischen Befunde von den Elektrophysiologen bestätigt und ergänzt (Autrum 1962, Langer 1965, u. a.). Vor allem können wir die wichtige Aussage machen, daß im Prinzip die physiologischen Grundlagen des Farbensehens bei der Biene und beim Menschen die gleichen sind, zumindest soweit es die Elementarprozesse im Rezeptor angeht. Im Formensehen freilich und im zeitlichen Auflösungsvermögen ergeben sich erhebliche Unterschiede aufgrund des morphologischen Baues und der nervösen Verschaltungen. Zum Nervensystem der Insekten s. auch den Beitrag von F. Huber in diesem Band.

GERUCHSSINN DER BIENEN

Eine Pionierarbeit der vergleichenden Verhaltensphysiologie war auch die anschließende Untersuchung über die Leistung des Geruchssinnes der Bienen (v. Frisch 1915 b, 1918 c, 1919 b, 1919 c, 1921 b, 1925 c). Wiederum hat sich dabei die Dressurmethode bewährt, neue grundlegende Erkenntnisse erbracht und alte irrige Anschauungen beseitigt. Ich will nur drei der wesentlichen Ergebnisse anführen:

1. Sitz des Geruchssinnes sind ausschließlich die Antennen der Bienen; dieser Beweis beschwor eine scharfe Kontroverse mit dem Amerikaner Mc Indoo herauf, der forderte, daß Riechrezeptoren am ganzen Körper der Biene verteilt sind (Mc Indoo 1914). Aber von Frisch erbrachte durchschlagende Beweise: Bienen, denen die Antennen amputiert waren, konnten nicht mehr riechen; waren sie gleichzeitig auf Farben dressiert, dann machte ihnen die Farbunterscheidung keine Schwierigkeit.

2. Die Riechschärfe und Unterscheidungsfähigkeit von verschiedenen Düften entspricht bei der Biene etwa der Riechleistung des Menschen.

3. Für bestimmte Düfte, die spezifische biologische Bedeutung haben, ist die Biene besonders empfindlich, z. B. für viele Blumendüfte, für den Sterzelduft[1] und vor allem

für den Duft der Königinsubstanz[2], der für die menschliche Nase nicht wahrnehmbar ist.

In den folgenden Jahrzehnten ist auch dieses Gebiet der Chemorezeption weiter ausgebaut worden. Das Elektronenmikroskop hat viele Einzelheiten über die Feinstruktur der Riechrezeptoren erbracht; die Elektrophysiologen, unter ihnen Lacher, Kaissling und Schneider, haben fünfzig Jahre später die alten Befunde von Karl von Frisch bis ins Detail bestätigt (Schneider, Lacher, Kaissling 1964). H. Martin hat auch die Dressurversuche weiter ausgebaut und konnte die alte These des sogenannten »plastischen Riechens« im Experiment bestätigen, indem er den Dressurduft mit einem taktilen Muster kombinierte (1964, 1965).

GEHÖR DER FISCHE

Wie breit Karl von Frisch seine Thematik angelegt hatte, bezeugen die Beiträge zur Hörphysiologie der Fische. Wieder forderte ihn ein Mediziner, diesmal Geheimrat Körner, Direktor der Ohrenklinik in Rostock, zum Widerspruch heraus: Otto Körner hatte einem Zwergwels *(Ameiurus nebulosus)* allerlei Töne vorgespielt, mit dem Mund, mit den Fingern, mit künstlichem Pfeifen, hatte sogar eine gefeierte Sängerin kommen lassen, die Tonleitern und Triller vorsang, aber der Wels blieb ungerührt. Schlußfolgerung: Fische sind taub. Hier muß man den Gedankengang, den von Frisch seinen Versuchen voransetzte, wörtlich zitieren, denn er weist genau den Weg zur Verhaltensphysiologie, wie wir sie auch heute noch betreiben: »Ich verschaffte mir einen Zwergwels und stellte folgende Überlegung an: Wenn ich ein Zwergwels wäre, würde ich mich für Regenwürmer und dergleichen Leckerbissen interessieren, aber schwerlich für die Triller einer gefeierten Sängerin. Man kann von einem Fisch nicht erwarten, daß er auf Töne anspricht, die in seinem Leben überhaupt keine Bedeutung haben. Aber vielleicht ließe sich sein musikalisches Interesse wecken, wenn man die in anderen Fragen bereits so gut bewährte Dressurmethode anwandte? Ich setzte einen Wels, der geblendet war, in ein Aquarium, bot ihm eine behagliche Wohnröhre an, in der er stundenlang still sich aufhielt. Mehrmals am Tage pfiff ich ihm mit dem Munde einige Töne vor und bot gleich darauf seinem breiten Maul, das an dem Ende des Rohres sichtbar war, ein Bröckchen Fleisch an einem Futterstab. Es wurde gierig aufgeschnappt. Am sechsten Tag meiner Erziehungsversuche erlebte ich die Freude, daß der Wels sofort auf meinen Pfiff einen Ruck nach vorne machte und dann suchend herausschwamm, noch bevor ich den Futterstab ins Wasser getaucht hatte. Ich lud Körner ein, sich die Versuche anzusehen. Anders als von Hess, kam er bereitwillig ins Institut; da saß nun der freundliche, graubärtige Geheimrat vor dem Aquarium in Erwartung des Experimentes, das nach seiner Überzeugung bestimmt nicht gelingen würde. Ich begab mich in die entfernteste Ecke des Raumes und pfiff leise mit dem Munde. Prompt schwamm der Wels aus seinem Rohr heraus, gleichzeitig sank der Geheimrat in sich zusammen, und dann kam es zögernd über seine Lippen: ›Kein Zweifel, er kommt, wenn man ihm pfeift‹« (1973, 72).

Diese Beobachtung war wiederum Ausgangspunkt für eine gründliche analytische Hörphysiologie der Fische (z. B. v. Frisch 1923 d, 1930 b, 1931 b, 1933 a, 1938 c). Dijkgraaf, Wohlfahrt und Stetter haben die Versuche fortgesetzt (Dijkgraaf 1962; Wohlfahrt 1936 a, 1936 b, 1937, 1939; Stetter 1929). Heute kennen wir auch lauterzeugende Apparate bei Fischen (z. B. die Schwimmblase beim »Trommler«), so daß ein gutes Gehör durchaus seine Aufgabe bei der gegenseitigen Verständigung hat.

BIORHYTHMIK, INNERE UHR

In unserer Zeit versucht man wie auf so vielen anderen Gebieten auch der Forschung eine praxisbezogene Reglementierung aufzuzwingen. Daß der andere Weg, der individuellen Ideen die Freiheit läßt, fruchtbarer ist, beweist der Anstoß, den Karl von Frisch der Wissenschaft in der Biorhythmik gegeben hat.

Mit bewundernswertem Fingerspitzengefühl hat er schon 1928 eine Untersuchung angeregt, die ein präzises Zeitgedächtnis der Bienen nachwies: Seit diesen Arbeiten von Beling und Wahl (Beling 1929; Wahl 1932, 1933) hat sich das Gebiet der Biorhythmik mächtig entfaltet, es stellt heute eine der aktuellsten Fragen der Biologie: Fragen nach der Natur der inneren Uhr der Organismen, nach der Rolle exogener Zeitgeber; Fragen, wie sich Tiere mit Hilfe dieser Uhr nach Sonnen- und Sternenkompaß orientieren.

SOZIALE FUNKTION EINES SCHRECKSTOFFES

Auch auf einem anderen Gebiet der Verhaltensbiologie hat Karl von Frisch eine Initialzündung gesetzt: Die Frage nach der Signalwirkung von Warndüften im Tierreich ist heute zu einem weiten Arbeitsgebiet in der Zoologie geworden. Es ist von den Fischen und Säugern vor allem auf die Insekten ausgedehnt worden. Thomas Eisner (1971) an der Cornell-Universität und Hermann Schildknecht in Heidelberg haben daraus die Wehrstoffchemie aufgebaut. Die Grundlage hat aber vor vierzig Jahren Karl von Frisch gelegt:
In den Sommerferien hatte er am Wolfgangsee an einer flachen Uferstelle mit Elritzen experimentiert – es war immer noch eine Frage zur Physiologie des Gehörsinnes zu klären. Dabei war es wichtig, einzelne Fische zu markieren, um sie nach der Operation von den anderen Tieren im Schwarm unterscheiden zu können. Unter Anwendung der Befunde seiner Doktorarbeit (1910) ließ sich dies am einfachsten mit Hilfe einer Durchtrennung des Nervus lateralis erreichen: Hinter der Operationsstelle färbte sich nämlich die Haut schwarz und damit ließ sich dieser Fisch leicht unter den anderen erkennen.

Gedacht, getan; ein Fischlein wurde mit dem Netz herausgefangen, der Nervus lateralis durchtrennt und nachdem der Markierungseffekt eingetreten war, wurde der Fisch wieder an der gleichen Stelle ins Wasser geworfen. Aber da gab es einen großen Schreck: Der vorher so zutrauliche Schwarm, der schon auf Futter wartete, stob wie wild auseinander und war für die nächsten Wochen völlig verschreckt. Durch die Verletzung der Haut bei der Nervendurchtrennung war ein Schreckstoff freigesetzt worden, der als soziales Warnsignal die noch unverletzten Artgenossen vor einem Räuber schützen sollte (v. Frisch 1941 c). In Fortsetzung dieser Untersuchungen hatte dann später sein Schüler Pfeiffer in der Haut große Kolbenstellen entdeckt, die bei Verletzung den Schreckstoff freigeben (Pfeiffer 1966). Es folgten wichtige Untersuchungen über die Artspezifität des Schreckstoffes, wobei eine taxonomische Umstellung einiger Arten – aufgrund ihrer »chemischen« Verwandtschaft erforderlich wurde; heute ist man nahe daran, die chemische Struktur dieses Schreckstoffes endgültig aufzuklären.

DER BIENENTANZ ALS VERSTÄNDIGUNGSSYSTEM

Die Krönung der Arbeiten Karl von Frischs geschah durch seine Untersuchungen über den Bienentanz. Lange bevor die Soziobiologie und Biokybernetik sich als eigenständige Zweige innerhalb der Biologie entwickelten und zwanzig Jahre ehe die Informationstheorie die Begriffe Signal, Information, Nachricht, Kommunikation usw. streng definierte, hatte K. v. Frisch in einem wahrhaft waghalsigen Alleingang die Bienensprache als ein hochorganisiertes Verständigungssystem entdeckt und in seinem Informationsgehalt aufgeklärt (s.

z. B. 1946 a, 1948, 1951 a, 1953 b, 1954 a, 1954 c, 1956 c, 1957 c, 1961 a, 1961 b, 1965 a, 1968 a). Es ist ein Verständigungssystem, das bis heute neben der menschlichen Sprache als einzigartig gilt, einzigartig

1. in seinem hohen Informationsgehalt,
2. durch seine symbolisierte Nachrichtenübermittlung,
3. dadurch, daß es unabhängig vom Ort des Geschehens informiert,
4. durch seinen unübertroffenen Erfolg, andere Artgenossen zu einer bestimmten Handlung aufzufordern.

Es war nicht allzu überraschend, daß eine Gruppe von Bienenforschern in den USA (Wenner u. Mitarb. 1969) dieser Entdeckung Skepsis entgegenbrachten. Sie versuchten mehrere Jahre lang durch Kontrollversuche die von ihnen so benannte »Bee-language-theory« zu Fall zu bringen. Sie gaben zwar zu, daß im Bienentanz eine Mitteilung über die Lage des Zieles steckt, aber sie meinten, die Nachtänzerinnen würden diese Information nicht verstehen und daher auch nicht befolgen.

Abb. 1 a Der Rundtanz, der in geschlossenen Rundbögen nahe Futterstellen ankündigt.

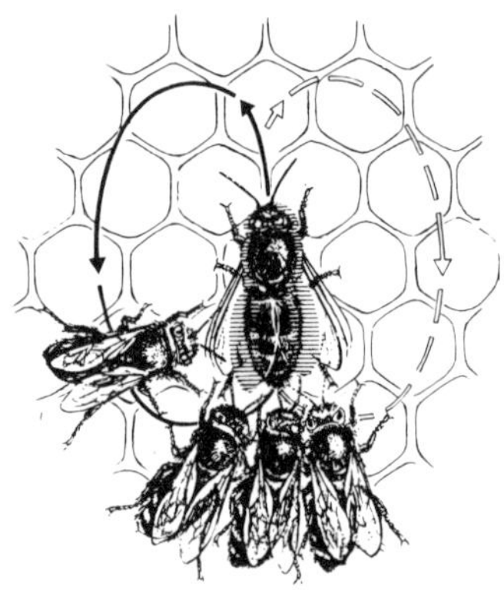

Abb. 1 b Im Schwänzeltanz wird zwischen zwei Kreisbögen ein Schwänzellauf eingeschaltet, mit dessen Rhythmik und dessen Winkelstellung zum Schwerelot Entfernung und Richtung des Zieles angezeigt werden.

Handfeste Gegenargumente von Karl von Frisch (1968 a, 1968 b) blieben unbeachtet, aber neuerdings sind von amerikanischer Seite selbst, vor allem durch Gould (1972), Belege dafür erbracht worden, daß von Frisch in seiner Deutung des Bienentanzes recht hatte. Hier wird der dornenvolle Weg des Wissenschaftlers offenkundig. Vor allem im biologischen Bereich haben wir ja derart komplexe Systeme zu untersuchen, die nicht ohne weiteres auf eine erste Analyse hin voll durchschaut werden können.

Für die Aufklärung dessen, was alles an Informationen im Bienentanz steckt, hat Karl von Frisch selbst 35 Jahre gebraucht. Zunächst hatte er den Rundtanz (Abb. 1 a) als Tanz der Nektarsammler, den Schwänzeltanz (Abb. 1 b) als den Tanz der Pollensammler gedeutet. Das war im Jahre 1919. In den Jahren 1944/45 kam dann die sensationelle Entdeckung, daß der Rundtanz eine *nahe* Futterstelle, der Schwänzeltanz *ferne* Ziele vermeldet, und daß im Schwänzeltanz durch die Dauer der Schwänzelphase die Entfernung, durch die Lage der Schwänzelachse zum Schwerelot die Richtung zum Ziel angezeigt werden (v. Frisch 1946 b) (s. Abb. 2).

Wir können demnach fünf detaillierte Informationen im Bienentanz entdecken:

1. Er gibt die Art der besuchten Blüten bekannt. Dies geschieht durch den Duft, der im Haarkleid mit in den Stock genommen wird. Die Nachtänzerinnen erfahren dieses Signal durch Betasten mit den Antennen.

2. Die Qualität und Rentabilität der Futterquelle wird mitgeteilt. Die Lebhaftigkeit und absolute Dauer des Tanzes informieren darüber. Besonders hochwertige Futterquellen werden außerdem durch einen Schnarrlaut während des Schwänzellaufes angekündigt.

3. Die Richtung zum Ziel wird durch die Winkelstellung des Schwänzellaufes (s. Abb. 1 b, Abb. 2) angezeigt. Dabei wird im finstern Stock der Winkel zwischen Sonne und Flugbahn, also zwischen Sonnenazimut und Zielazimut winkeltreu dem Schwerelot zugeordnet. Dies geschieht nach einem festen Code: Schwänzellauf nach oben bedeutet: Richtung zur Sonne. Schwänzellauf nach unten: Das Futter liegt entgegengesetzt zur Sonne; bei einem Schwänzellauf 60 Grad nach links oben liegt dementsprechend der Futterplatz 60 Grad links von der Sonne.

4. Rein symbolisch wird schließlich die Entfernung zum Ziel bekannt gemacht. Diese Information steckt im Rhythmus des Tanzes: Je schneller die Schwänzelläufe aufeinander folgen, um so näher liegt das Ziel; langsame Tänze zeigen ferne Futterstellen an. Zehn Schwänzelläufe in der Viertelminute gelten beispielsweise für hundert Meter, sechs für fünfhundert Meter, vier für tausend Meter usw. (s. Abb. 2). Dabei gibt es merkwürdigerweise rassenspezifische Unterschiede; unsere Carnica-Biene, die in Österreich beheimatet ist, hat einen schnelleren Tanzrhythmus als die Italienerbiene oder die ägyptische Rasse.

5. Die wichtigste Information liegt natürlich in der Aufforderung an die Nachtänzerinnen, auszufliegen und die angekündigte Futterstelle zu suchen.

Es ist wiederum bezeichnend für den Genius dieses Forschers, daß er diese erste Entdekkung zum Ausgangspunkt einer mit unwahrscheinlicher Treffsicherheit geführten Analyse über die sinnesphysiologischen Grundlagen dieser Verständigungsform machte.

So ist erstmalig in Verbindung mit der Entfernungsweisung die Frage aufgetaucht, wie denn Tiere eigentlich Entfernungen messen können. Bei den Bienen war es naheliegend, an die Flugzeit als Meßparameter zu denken. Aber diese Idee führte in die falsche Richtung. Der *Energieaufwand* während des Fluges ist Grundlage für die Entfernungsmessung. Die Tänzerinnen zeigen nämlich eine größere Entfernung an, wenn sie beim Flug zum Ziel Gegenwind haben; bei Rückenwind schätzen sie bei gleichbleibendem Futterort die Entfernung zu kurz. Entsprechend weisen sie im Tanz nach einem Bergaufflug zu weit, bergab zu kurz. Da die Flugzeit in den genannten Fällen weitgehend kompensiert wird – bei Gegenwind fliegen die Bienen, was ihre »Eigenfluggeschwindigkeit« betrifft schneller als bei Windstille und bei Rückenwind langsamer –, kann nur der Energieaufwand als Kilometerzähler in Frage kommen. In Graz und in Würzburg sind derzeit Arbeitsgruppen damit beschäftigt, die physiologischen Prozesse zu erforschen, die den Energieaufwand genau quantitativ erfassen können.

Eine Reihe neuer und grundlegender Probleme ergeben sich durch die Richtungsweisung:

1. Wer die Sonne als echten Kompaß benützt – wie das die Richtungsweisung beim Tanz erfordert – muß ihre scheinbare Wanderung gemäß der Tageszeit und gemäß dem geographischen Ort mit einkalkulieren. Eine solche Leistung schien Karl von Frisch selbst kaum vorstellbar. Aber in seinem klassischen Versetzungsexperiment hat er sie eindeutig bestätigt: Eine Bienenschar wird am Nachmittag an ein Futtertischchen im Süden dressiert. Über Nacht wird das Volk in eine fremde Gegend verfrachtet. Die süddressierten Bienen suchen am nächsten Morgen genau im Süden nach Futter – obwohl keine vertrauten Landmarken ihnen den Weg weisen und obwohl die Sonne jetzt links anstatt rechts über dem Ziel steht. Mit Hilfe ihres Zeitsinnes mußten sie die Wanderung der Sonne über Nacht bei

ihrer Kompaßorientierung mit einberechnet haben. Im gleichen Jahr konnte damals unabhängig Gustav Kramer diese Sonnenkompaßorientierung bei Vögeln nachweisen (Kramer 1952 a, b).

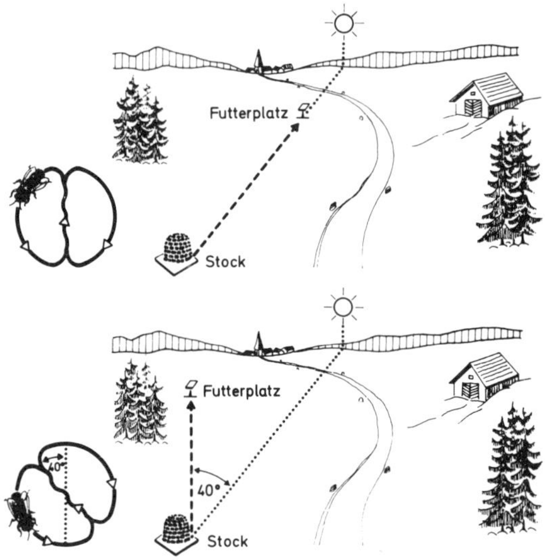

Abb. 2 Schematische Darstellung der Richtungs- und Entfernungsweisung im Schwänzeltanz.

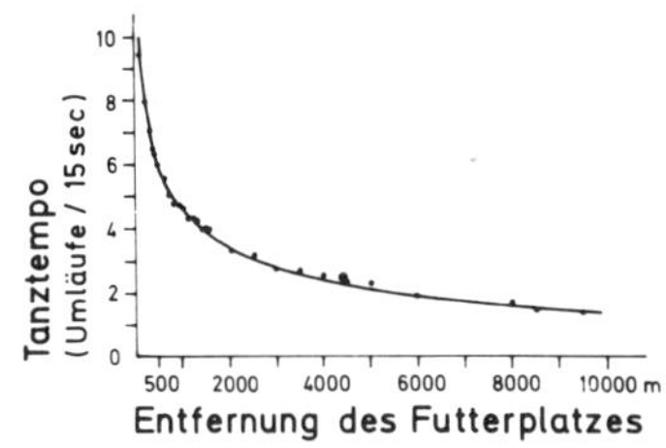

2. Es war eine große Überraschung, als Karl von Frisch feststellte, daß seine Bienen auch orientiert tanzten, wenn beim vorausgehenden Flug die Sonne verdeckt war, oder wenn er bei horizontal gestelltem Stock durch ein Ofenrohr nur einen kleinen Ausschnitt des blauen Himmels zeigte. Die Bienen konnten aus diesem kleinen Stück blauen Himmels den Sonnenstand errechnen. Sie nahmen dabei Bezug auf die Schwingungsrichtung des polarisierten Lichtes; alles Licht, das vom blauen Himmel auf die Erde reflektiert wird, ist teilweise polarisiert und gemäß seiner Schwingungsrichtung und gemäß der Intensität der Polarisation gesetzmäßig in einem Muster um die Sonne angeordnet (Abb. 3). Wenn man also einen Analysator für polarisiertes Licht besitzt und voraussetzt, daß man die Musteranordnung um die Sonne kennt und die Uhrzeit weiß, sollte man nach diesem Polarisationsmuster navigieren können. Karl von Frisch selbst hat den Analysator in den Rhabdomeren des Bienenauges nachgewiesen, und heute ist man noch an mehreren Instituten fieberhaft damit beschäftigt, herauszufinden, wie die zentralnervöse Auswertung jener Meldungen erfolgt, die die vielen tausend Rhabdomeren als Analysatoren anbieten.

3. Die Sammelbienen müssen aber nicht nur den Winkel zwischen Sonne und Futterquelle genau vermessen, es muß anschließend beim Tanz dieser Winkel auf der senkrechten Wabe ebenso exakt ins Schwerelot transponiert werden.

Mit meinem Schüler Nedel hatte ich mir selbst dieses Problem vorgenommen: Wir haben im Nacken der Biene und an der Eingelenkung des Hinterleibes hochdifferenzierte Haarpolster gefunden, die als Schweresinnesorgane dienen. Je nach der Laufrichtung auf der senkrechten Wand werden diese Borstenfelder durch die Gewichtsverlagerung des Kopfes und des Hinterleibes verschieden beansprucht und geben damit die Grundlage für eine physiologische Winkelmessung im Schwerefeld (Lindauer, Nedel 1959).

4. Der Bienentanz war auch Ausgangspunkt für unsere jüngsten Untersuchungen über die Orientierung der Bienen im Erdmagnetfeld (Lindauer, Martin 1973). Von Frisch hatte aufgrund genauester Messungen gefunden, daß die Richtungsweisung bei den Tänzerinnen regelmäßig kleine Fehler aufweist. Diese »Mißweisung« streut aber nicht beliebig um den

Sollwert, sondern zeigt einen tagesperiodischen Gang. Er entspricht der täglichen Schwankung der Intensität des Erdmagnetfeldes sowie der Winkelstellung des Schwänzellaufes zur Inklination. In jüngster Zeit haben wir gefunden, daß diese tagesperiodischen

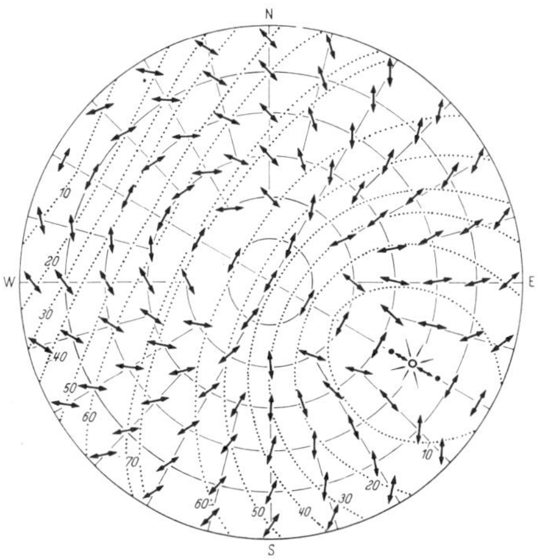

Abb. 3 Das Polarisationsmuster des blauen Himmels, das gesetzmäßig um die Sonne angeordnet ist und mit der Sonne wandert.

Schwankungen des Erdmagnetfeldes von den Bienen auch als Zeitmarke benutzt werden können (s. Abb. 4). So ergibt sich ein Problem aus dem andern; es ist ein unermeßliches Feld für künftige Forschungen, dessen Saat Karl von Frisch gesät hat.

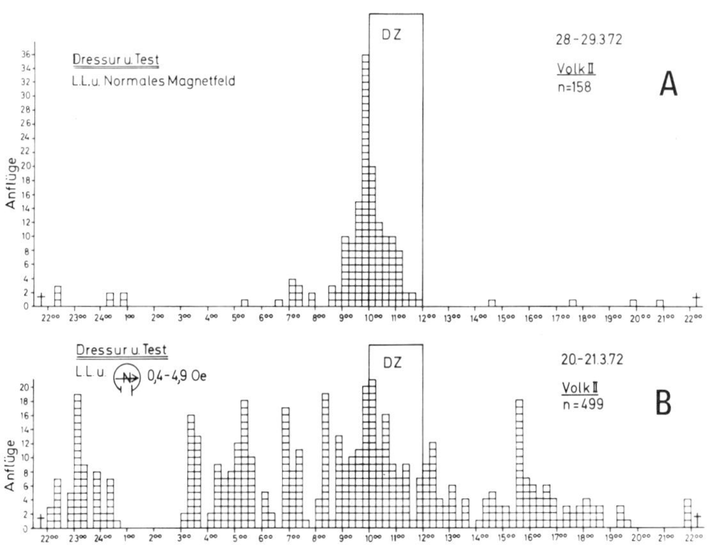

Abb. 4 A Unter normalen Magnetfeldbedingungen lassen sich Bienen auch bei Dauerlicht in einer abgeschlossenen Flugkabine auf eine bestimmte Futterzeit (10–12 Uhr) dressieren. Am Testtag, wo kein Futter geboten wird, halten sie nur zur Futterzeit Nachschau. Jedes Quadrat zeigt einen spontanen Anflug einer markierten Biene an.

Abb. 4 B Im gestörten und verstärkten Magnetfeld sind die Bienen unter sonst gleichen Bedingungen in der Zeit desorientiert.

SCHLUSSBEMERKUNG

Ich hatte persönlich das große Glück, fünfzehn Jahre hindurch in Graz, in München und in St. Gilgen bei den geschilderten Bienenversuchen mitmachen zu dürfen. Drei Grundforderungen, die Karl von Frisch an sich selbst und an seine Arbeit gestellt hat, haben sich mir nachhaltig eingegraben. Sie könnten, wie ich meine, auch den nachfolgenden Generationen von Verhaltensforschern eine Richtschnur sein.

1. Aus dem Umgang mit Tieren erwuchs die Ehrfurcht vor dem Leben, die Bewunderung des Werdens und der Leistungen der Lebewesen. Unvergeßlich bleibt mir folgendes Erlebnis: An einem kühlen Oktobertag, als wir eben die Versuche abbrechen wollten, kam verspätet noch eine Biene an den Futterplatz, aber sie erstarrte in der Kälte und konnte nicht mehr auffliegen. Karl von Frisch wärmte sie durch Anhauchen wieder auf und trug sie in den Stock zurück.

2. »Auch kleine Dinge können wichtig sein«, so mahnte Karl von Frisch uns Schüler stets mit erhobenem Finger. Wie anders wären so bedeutende Entdeckungen, wie die Schreckstoffreaktion der Fische oder die Wahrnehmung des polarisierten Lichtes durch das Bienenauge möglich gewesen?

3. Forschung kann man nicht mit materiellen Mitteln abgleichen. Es war der unzähmbare Drang ins Unbekannte und die Freude am Neuentdeckten, die Karl von Frisch als Belohnung für seine Arbeit bis ins hohe Alter nahm.

ANMERKUNGEN

1

Sterzelduft wird aus einer Drüse am Abdomenende freigegeben, wenn sich ein Schwarm um die Königin sammelt oder wenn die Jungbienen bei ihren ersten Orientierungsflügen zum Stock zurückgelotst werden.

2

Die Königinsubstanz stammt aus der Oberkieferdrüse der Königin und lockt beim Hochzeitsflug die Drohnen an.

DIE WICHTIGSTEN VERÖFFENTLICHUNGEN VON KARL VON FRISCH IN CHRONOLOGISCHER REIHENFOLGE

1908: Studien über die Pigmentverschiebung im Facettenauge. Biol. Zbl., 28, 662–671; 698–704

1910: Über die Beziehung der Pigmentzellen in der Fischhaut zum sympathischen Nervensystem. Dissertation. Jena

1911 a: Über das Parietalorgan der Fische als funktionierendes Organ. Sitzungsbericht der Ges. f. Morph. u. Physiol. München

1911 b: Beiträge zur Physiologie der Pigmentzellen in der Fischhaut. Arch. f. Physiol., 138, 319–387

1911 c: Über den Einfluß der Temperatur auf die schwarzen Pigmentzellen der Fischhaut. Biol. Zbl., 31, 236–248

1911 d: Über den Farbensinn der Fische. Verh. Dtsch. zool. Ges., 220–225

1912 a: Über farbige Anpassung bei Fischen. Habilitationsschrift. Zool. Jahrb. (Phys.), 32, 171–230

1912 b: Über Färbung und Farbensinn der Tiere. Sitzungsbericht der Ges. f. Morph. u. Physiol. München

1912 c: Sind die Fische farbenblind? Zool. Jahrb. (Phys.), 33, 107–126

1912 d: Über die Farbanpassung des Crenilabrus. Zool. Jahrb. (Phys.), 33, 151–164

1913 a: Über den Farbensinn der Bienen und die Blumenfarben. Münch. med. Wschr., 1

1913 b: Zur Frage nach dem Farbensinn der Tiere. Verh. Ges. dtsch. Naturforscher u. Ärzte.

1913 c: Weitere Untersuchungen über den Farbensinn der Fische. Zool. Jahrb. (Phys.), 34, 43–68

1914: Demonstration von Versuchen zum Nachweis des Farbensinnes bei angeblich total farbenblinden Tieren. Verh. dtsch. zool. Ges., 50–58

1915 a: Der Farbensinn und Formensinn der Biene. Zool. Jahrb. (Phys.), 35, 1–188

1915 b: Über den Geruchssinn der Biene und seine Bedeutung für den Blumenbesuch. Verh. zool.-bot. Ges. Wien

1918 a: Zur Kenntnis sozialer Instinkte bei solitären Bienen. Biol. Zbl., 38, 183–188

1918 b: Sechs Vorträge über Bakteriologie für Krankenschwestern. Wien, Leipzig

1918 c: Über den Geruchssinn der Biene und seine Bedeutung für den Blumenbesuch, II. Verh. zool.-bot. Ges. Wien

1918 d (mit O. v. Frisch): Über die Behandlung difform verheilter Schußbrüche des Oberschenkels. Arch. klin. Chir., 109, 4

1919 a: Zur Streitfrage nach dem Farbensinn der Bienen. Biol. Zbl., 39, 122–139

1919 b: Zur alten Frage nach dem Sitz des Geruchssinnes bei Insekten. Verh. zool.-bot. Ges. Wien, 17–26

1919 c: Über den Geruchssinn der Biene und seine blütenbiologische Bedeutung. Zool. Jahrb. (Phys.), 37, 1–238

1920 a: Über den Einfluß der Bodenfarbe auf die Fleckenzeichnung des Feuersalamanders. Biol. Zbl., 40, 390–414

1920 b: Über die »Sprache« der Bienen, I. Münch. med. Wschr., 566–569

1921 a: Über die »Sprache« der Bienen, II. Münch. med. Wschr., 509–511

1921 b: Über den Sitz des Geruchssinnes bei Insekten. Zool. Jahrb. (Phys.), 38, 1–68

1922 a: Über die »Sprache« der Bienen, III. Münch. med. Wschr., 781–782

1922 b: Methoden sinnesphysiologischer und psychologischer Untersuchungen an Bienen. In: Handbuch der biologischen Arbeitsmethoden, VI, 121–178

1923 a: Über die »Sprache« der Bienen. Eine tierpsychologische Untersuchung. Zool. Jahrb. (Phys.), 40, 1–186

1923 b: Das Problem des tierischen Farbensinnes. Naturwiss. 11, 24

1923 c: Über die Verdauung bei Hydra. Verh. zool.-bot. Ges. Wien, 73, 37–43

1923 d: Ein Zwergwels, der kommt, wenn man ihm pfeift. Biol. Zbl., 43, 439–446

1924 a: Versuche und Bemerkungen zu Schnurmanns Hypothese von der Farbenanpassung »total farbenblinder« Fische. Z. Biol., 80, 223–230

1924 b: Sinnesphysiologie der Wassertiere. Verh. dtsch. zool. Ges., 29, 21–42

1924 c: Sinnesphysiologie und »Sprache« der Bienen. Naturwiss., 12

1925 a: Prof. Dr. Franz Dofleinϯ. Ostdtsch. Naturwart, 1

1925 b: Farbensinn der Fische und Duplizitätstheorie. Z. Physiol., 2, 393–452

1925 c: Vergleichende Physiologie des Geruchs- und Geschmacksinnes. In: Handbuch der normalen und pathologischen Physiologie, II, 203–239

1927 a: Aus dem Leben der Bienen. Verständl. Wissenschaft, I. Berlin: Springer

1927 b: Versuche über den Geschmackssinn der Bienen. Naturwiss., 15, 14

1927 c: Ein Vorschlag für die Wanderimker. Bienenzucht u. Bienenforschung in Bayern

1927 d: Die Sinnesphysiologie der Bienen. Naturwiss., 15, 48/49

1928 a: Versuche über den Geschmackssinn der Bienen, II. Naturwiss., 16, 307–315

1928 b: Eröffnungsansprache. 32. Jahresvers. Verh. dtsch. zool. Ges.

1928 c: Die biologische Bedeutung von Blumenfarbe und Blütenduft. Natur u. Museum, 537–544

1929: Über die Labyrinth-Funktionen bei Fischen. Verh. dtsch. zool. Ges., 104–112

1930 a: Versuche über den Geschmackssinn der Bienen, III. Naturwiss., 18, 169–174

1930 b: The sense of hearing in fishes. Science, 71, 515

1931 a: Über den Gehörsinn der Tiere. Natur u. Museum, 235–237

1931 b: Über den Sitz des Gehörsinnes bei Fischen. Verh. dtsch. zool. Ges., 99–108

1933 a: Die Erforschung des Gehörsinnes bei Fischen. Wien. klin. Wschr., 20

1933 b: Das neue zoologische Institut in München. Biologe, 2, 10

1934 a: Einige Versuche und Modelle für den zoologischen Schulunterricht. Unterrichtsbl. Math. u. Naturwiss., 40, 1

1934 b: Über eine Scheinfunktion des Fischlabyrinthes. Naturwiss., 22, 332/34

1934 c: Über den Geschmackssinn der Biene. Z. Physiol., 21, 1–156

1935 a (mit Th. Kollmann): Der Neubau des Zoologischen Institutes der Universität München. München: Huber

1935 b: Riechen und Schmecken bei Menschen und bei Tieren. Natur u. Volk, 65, 269–283

1936 a: Du und das Leben. Eine moderne Biologie für jedermann. Berlin: Ullstein

1936 b: Über den Gehörsinn der Fische. Biolog. Reviews, 11, 210–246

1937 a: Psychologie der Bienen. Z. Tierpsychol., 1, 9–21

1937 b: Der Beobachtungsstock in der Schule. Biologe, 6, 171/172

1937 c: Vom Sinnesleben und Geistesleben der Bienen. Dtsch. Imkerführer, 11, 6

1937 d: Richard von Hertwigϯ. Münch. med. Wschr., 45

1938 a: The sense of hearing in fish. Nature (London), 141, 8

1938 b: Richard von Hertwig. Gedächtnisrede. Verl. d. Bayr. Akad. d. Wiss.

1938 c: Über die Bedeutung des Sacculus und der Lagena für den Gehörsinn der Fische. Z. Physiol. 25, 703–747

1938 d: Zur Psychologie des Fisch-Schwarmes. Naturwiss., 26, 601–606

1940 a: Die Tänze und das Zeitgedächtnis der Bienen im Widerspruch. Naturwiss., 28, 65–69

1940 b: 10 kleine Hausgenossen. München: Heimeran

1940 c: Nervöse und hormonale Regelung des tierischen Farbwechsels. Sitzgsber. der Ges. f. Morph. u. Physiol. München, 49

1941 a: Die Bedeutung des Geruchssinnes im Leben der Fische. Naturwiss., 29

1941 b: Karl Escherich zum 70. Geburtstage. Naturw., 29, 561–563

1941 c: Über einen Schreckstoff der Fischhaut und seine biologische Bedeutung. Z. Physiol., 29, 46–145

1942 a: Die Werbetänze der Bienen und ihre Auslösung. Naturwiss., 30, 269–277

1942 b: Der Farbwechsel der Fische. Umschau, 17

1942 c: Die Bedeutung von Sprengels blütenbiologischer Entdekkung. Dtsch. Imkerführer, 16, 9

1943 a: Christian Konrad Sprengels Blumentheorie vor 150 Jahren und heute. Naturwiss., 31, 223–229

1943 b: Die Lenkung des Bienenfluges durch Duftstoffe. Dtsch. Imkerführer, 17, 1

1943 c: Bericht über die am Münchner Zool. Institut eingeleiteten Nosemaarbeiten zur Frage der Vorbeugungsmittel, der chemotherapeutischen Bekämpfung und des Beobachtungsdienstes. Dtsch. Imkerführer, 16, 12

1943 d: Versuche über die Lenkung des Bienenfluges durch Duftstoffe. Naturwiss., 31, 454–459

1944 a: Kurzer Bericht über die im Jahre 1943 durchgeführten Versuche über die Lenkung des Bienenvolkes durch Duftstoffe. Dtsch. Imkerführer, 18, 1

1944 b: Kurzer Bericht über die im Jahre 1943 durchgeführten Versuche zur Bekämpfung der Nosemaseuche der Bienen. Dtsch. Imkerführer, 18, 2

1944 c: Du und das Leben. Eine moderne Biologie für jedermann. Berlin: Wegweiser, Frankfurt/M., Berlin, Wien: Ullstein [19]1974

1946 a: Die »Sprache« der Bienen und ihre Nutzanwendung in der Landwirtschaft. Experientia (Basel), 2, 10

1946 b: Die Tänze der Bienen. Österr. zool. Z., 1, 1–48

1947 a: Medizinstudium und Biologieunterricht. Graz: J. A. Kienreich

1947 b: Duftgelenkte Bienen im Dienst der Landwirtschaft und Imkerei. Wien: Springer

1947 c: Richard Hesse, Nachruf. Almanach österr. Akad. Wiss. für 1945, 95

1948: Gelöste und ungelöste Rätsel der Bienensprache. Naturwiss., 35, 1 u. 2

1949: Die Polarisation des Himmelslichtes als orientierender Faktor bei den Tänzen der Bienen. Experientia (Basel), 5, 142–148

1950: Die Sonne als Kompaß im Leben der Bienen. Experientia (Basel), 6, 210–221

1951 a: Orientierungsvermögen und Sprache der Bienen. Naturwiss., 38, 105–112

1951 b: Spitzenleistungen tierischer Sinnesorgane und ihre biologische Bedeutung. Vjschr. naturforsch. Ges. Zürich, 96, 176–178

1952 a: Hummeln als unfreiwillige Transportflieger. Natur u. Volk, 82, 171–174

1952 b: Biologie für höhere Lehranstalten, I. München: Bayer. Schulbuchverlag

1953 a: Biologie für höhere Lehranstalten, II. München: Bayer. Schulbuchverlag

1953 b: »Sprache« oder »Kommunikation« der Bienen? Psychol. Rdsch., 4, 235–236

1953 c: Eine eigenartige Räuberbande. Z. Bienenforsch., 2

1953 d: Die Richtungsorientierung der Bienen. Verh. dtsch. zool. Ges. Freiburg (1952). Leipzig, 58–72

1953 e: Die Fähigkeit der Bienen, die Sonne durch die Wolken wahrzunehmen. Bayr. Akad. Wiss., Math.-Naturwiss. Kl., Sitzgsber.

1954 a: Bienenfibel. München: Bruckmann

1954 b (mit M. Lindauer): Himmel und Erde in Konkurrenz bei der Orientierung der Bienen. Naturwiss., 41, 245–253

1954 c: Symbolik im Reich der Tiere. Münchner Universitätsreden, Heft 7. München: Hueber

1955 a: Sprechende Tänze im Bienenvolk. Festrede am 11. 12. 54. Verlag der Bayr. Akad. d. Wiss.

1955 b (mit M. Lindauer): Über die Fluggeschwindigkeit der Bienen und über ihre Richtungsweisung bei Seitenwind. Naturwiss., 42, 377–385

1955 c: Beobachtungen und Versuche M. Lindauers an indischen Bienen. Sitzgsber. Bayr. Akad. Wiss., Math.-Naturwiss.

1956 a: Eugen Korschelt, Nachruf. Almanach österr. Akad. Wiss., 105

1956 b (mit M. Lindauer): The »language« and orientation of the honey bee. Annual Rev. Entomol., 1, 45–58

1956 c: Die Sinne der Bienen im Dienst ihrer sozialen Gemeinschaft. Nova Acta Leopoldina N. F. 17, 122

1956 d: The »language« and orientation of the bees. Proc. Amer. Philos. Soc., 100, 515–519

1957 a: Wie Insekten in die Welt schauen. Studium gen., 10, 204–210

1957 b: Erinnerungen eines Biologen. Berlin, Göttingen, Heidelberg: Springer

1957 c: Neues von der »Sprache« und Orientierung der Bienen. Vierteljahresschrift d. Naturforschenden Gesellschaft in Zürich, 102, 361–363

1958 a: Die Bienen und ihr Himmelskompaß. Orden pour le mérite f. Wissenschaft u. Künste. Reden u. Gedenkworte, 2, 1956/7, 135–161

1958 b: Die Erforschung der Sinnesleistungen bei Insekten. Mitt. d. Schweizer. Entomolog. Gesellsch., 31, 139–145

1958 c: Über Zeichnungsmuster auf Schmetterlingsflügeln. Sitzungsbericht Bayer. Akad. d. Wissensch. 157–165

1959 a: Insekten – die Herren der Erde. Naturw. Rundsch., 369–375

1959 b: Bestrafte Gefräßigkeit. Z. Tierpsych., 16, 647–650

1960 a (mit M. Lindauer u. F. Schmeidler): Wie erkennt die Biene den Sonnenstand bei geschlossener Wolkendecke? Naturwissensch. Rundsch., 169–172

1960 b: Wunder der Insektenwelt. Triangel, 4, 206–218

1960 c (mit M. Lindauer u. K. Daumer): Über die Wahrnehmung polarisierten Lichtes durch das Bienenauge. Experientia (Basel), 16, 289–301

1961 a: »Sprache« und Orientierung der Bienen. Dr. Albert Wander-Gedenkvorlesung. Bern, Stuttgart

1961 b (mit M. Lindauer): Über die »Mißweisung« bei den richtungsweisenden Tänzen der Bienen. Die Naturwissenschaften, 48, 585–594

1962 a: Über die durch Licht bedingte »Mißweisung« bei den Tänzen im Bienenstock. Experientia (Basel), 18, 49–53

1962 b: Gedenkworte für Otto Renner. Orden pour le mérite f. Wissensch. u. Künste. Reden und Gedenkworte, 4, 1960/61, 129–137

1962 c (mit O. Kratky): Über die Beziehungen zwischen Flugweite und Tanztempo bei der Entfernungsweisung der Bienen. Die Naturwissenschaften, 49, 409–417

1963 a: Bienen und Blumen. Kosmos, 59, 279–283

1963 b: Bienenuhr und Blumenuhr. Z. Tierpsych., 20, 441–445

1964: Gedenkworte für Max Hartmann. Orden pour le mérite f. Wissensch. u. Künste. Reden und Gedenkworte, 6, 1963/64, 109–115

1965 a: Tanzsprache und Orientierung der Bienen. Berlin, Göttingen, Heidelberg, New York: Springer

1965 b: Spitzenleistungen im Sinnesleben der Bienen. Ber. 24. Kongr. D. Ges. für Psych., 10–23. Göttingen

1967: Honeybees. Do they use direction and distance information provided by their dancers? Science, 158, 1072–1076

1968 a: Verstehen die Bienen wirklich ihre eigene Sprache nicht? Allg. Deutsche Imkerzeitung, 2

1968 b: The role of dances in recruiting bees to familiar sites. Animal Behaviour, 16, 531–533

1969: Die Biene auf Trachtflug. Vortrag auf dem 22. Internat. Bienenzüchterkongreß in München 1969. Allg. D. Imkerztg., 12

1970: Ausgewählte Vorträge 1911–1969. München: BLV

1972: Mißglückter Nestverschluß einer Blattschneiderbiene. Rev. Suisse Zool., 79, Festschrift f. E. Hadorn, 85–88

1973: Erinnerungen eines Biologen. Berlin, Heidelberg: Springer 3. Aufl.

1974: (mit O. v. Frisch): Tiere als Baumeister. Frankfurt/M., Berlin, Wien: Ullstein

LITERATUR

Autrum, H., Zwehl, V. v.: Zur spektralen Empfindlichkeit einzelner Sehzellen der Drohne *(Apis mellifica o)*. Z. vergl. Physiol., 46, 1962, 8–12

Ein Grünrezeptor im Drohnenauge *(Apis mellifica o)*. Naturwissenschaften, 50, 1963, 698

Die spektrale Empfindlichkeit einzelner Sehzellen des Bienenauges. Z. vergl. Physiol., 48, 1964, 357–384

Beling, I.: Über das Zeitgedächtnis der Bienen. Z. vergl. Physiol., 9, 1929, 259–338

Daumer, K.: Reizmetrische Untersuchung des Farbensehens der Biene. Z. vergl. Physiol., 38, 1956, 413–478

De la Motte, I.: Untersuchungen zur vergleichenden Physiologie der Lichtempfindlichkeit geblendeter Fische. Z. vergl. Physiol., 49, 1964, 58–90

Dijkgraaf, S.: Über die Schallwahrnehmung bei Meeresfischen. Z. vergl. Physiol., 34, 1962, 104–122

Dijkgraaf, S., Verheijen, T. J.: Neue Versuche über das Tonunterscheidungsvermögen der Elritze. Z. vergl. Physiol., 32, 1950, 248–256

Dodt, E.: Photosensitivity of the pineal organ in the teleost *Salmo irideus.* Experientia (Basel), 19, 1963, 642

Physiologie des Pinealorgans anurer Amphibien. Vision Res., 4, 1964, 23–31 (Pergamon Press)

Dodt, E., Scherer, E.: Photic responses from the parietal eye of the lizard *Lacerta sicula campestris.* Vision Res., 8, 1968, 61–72 (Pergamon Press)

Eisner, Th.: Chemical Ecology: On Arthropods and how they live as Chemists. Verhdl. DZG, 65. Jahresversammlung. Stuttgart: Gustav Fischer 1971

Frisch, K. v., Dijkgraaf, S.: Können Fische die Schallrichtung wahrnehmen? Z. vergl. Physiol., 22, 1935, 641–655

Frisch, K. v., Lindauer, M.: Himmel und Erde in Konkurrenz bei der Orientierung der Bienen. Naturwiss., 41, 1954, 245–253

Über die Fluggeschwindigkeit der Bienen und über ihre Richtungsweisung bei Seitenwind. Naturwiss., 42, 1955, 377–385

Über die »Mißweisung« bei den richtungsweisenden Tänzen der Bienen. Die Naturwissenschaften, 48, 1961, 585–594

Frisch, K. v., Lindauer, M., Daumer, K.: Über die Wahrnehmung polarisierten Lichtes durch das Bienenauge. Experientia (Basel) 16, 1960, 289–301

Frisch, K. v., Stettner, H.: Untersuchungen über den Sitz des Gehörsinnes bei der Elritze. Z. vergl. Physiol., 17, 1932, 686–801

Gould, J. L., u. a.: Communication of direction by the honey bee. Science, 169, 1972, 544–554

Hamdorf, K., Paulsen, R., Schwemer, J.: Photoregeneration and sensitivity control of photoreceptors of invertebrates. In: H. Langer (Ed.): Biochemistry and Physiology of Visual Pigments. Berlin, Heidelberg, New York: Springer 1973, 155–166

Hamdorf, K., Schwemer, J.: Photoregeneration and the adaptation process in insect photoreceptors. In: A. W. Snyder, R. Menzel (Eds.): Photoreceptor Optics. Berlin, Heidelberg, New York: Springer 1975, 263–289

Hess, C. v.: Experimentelle Untersuchungen über den angeblichen Farbensinn der Bienen: Zool. Jb. (Physiol.), 34, 1913, 81–106

Kaissling, K.-E.: Sensorische Transduktion bei Riechzellen von Insekten. Verh. Dtsch. Zool. Ges. 1974. Stuttgart 1975, 1–11

Kramer, G.: Die Dressur von Brieftauben auf Kompaßrichtung im Wahlkäfig. Z. Tierpsychol., 9, 1952 a, 245–251

Die Sonnenorientierung der Vögel. Verh. Dtsch. Zool. Ges. in Freiburg 1952 b, Leipzig 1953, 72–84

Kühn, A.: Über den Farbensinn der Bienen: Z. vergl. Physiol., 5, 1927, 762–800

Kühn, A., Pohl, R.: Dressurfähigkeit der Bienen auf Spektrallinien. Naturwissenschaften, 9, 1921, 738–740

Langer, H.: Nachweis dichroitischer Absorption des Sehfarbstoffes in den Rhabdomeren des Insektenauges. Z. vergl. Physiol., 51, 1965, 258–263

Langer, H., Thorell, B.: Microspectorphotometry of single rhabdomeres in the insect eye. Exp. Cell Res., 41, 1966, 673–677

Lindauer, M., Martin, H.: Orientierung im Erdmagnetfeld. Fortsch. Zool., 21, 1973, 211–226

Lindauer, M., Nedel, O.: Ein Schweresinnesorgan der Honigbiene. Z. vergl. Physiol., 42, 1959, 334–364

Mc Indoo, N. E.: The olfactory sense of the honeybee. J. exp. Zool., 16, 1914, 265–346

Martin, H.: Zur Nahorientierung der Biene im Duftfeld, zugleich ein Nachweis für die Osmotropotaxis bei Insekten. Z. vergl. Physiol., 48, 1964, 481–533

Leistungen des topochemischen Sinnes bei der Honigbiene. Z. vergl. Physiol., 50, 1965, 254–292

Morita, Y.: Entladungsmuster pinealer Neurone der Regenbogenforelle *(Salmo irideus)* bei Belichtung des Zwischenhirns. Pflügers Archiv, 289, 1966, 155–167

Nedel, J. O.: Morphologie und Physiologie der Mandibeldrüse einiger Bienen-Arten (Apidae). Z. Morphol. u. Ökol. d. Tiere, 49, 1960, 139–183

Oksche, A., Kirschstein, H.: Zur Ultrastruktur der Sinneszellen im Pinealorgan von *Phoxinus laevis* L. Z. f. Zellforschung, 78, 1967, 151–166

Pfeiffer, W.: Die Verbreitung der Schreckreaktion bei Kaulquappen und die Herkunft des Schreckstoffes. Z. vergl. Physiol., 52, 1966, 79–98

Scharrer, E.: Die Lichtempfindlichkeit blinder Elritzen. Z. vergl. Physiol., 7, 1928, 1–38

Scharrer, E., Scharrer, B.: Neuroendocrinology. New York 1963

Schneider, D., Lacher, V., Kaissling, K.-E.: Die Reaktionsweise und das Reaktionspektrum von Riechzellen bei *Antheraea pernyi* (Leptidoptera, Saturniidae): Z. vergl. Physiol., 48, 1964, 632–662

Stetter, H.: Untersuchungen über den Gehörsinn der Fische, besonders von *Phoxinus laevis* und *Amiurus nebulosus.* Z. vergl. Physiol., 9, 1929, 339–477

Wahl, O.: Neue Untersuchungen über das Zeitgedächtnis der Bienen. Z. vergl. Physiol., 16, 1932, 529–589

Beitrag zur Frage der biologischen Bedeutung des Zeitgedächtnisses der Bienen. Z. vergl. Physiol., 18, 1933, 709–717

Wenner, A. M.: Honey bees: do they use the distance information contained in their dance meneuver? Science, 155, 1967, 847–849

Wenner, A. M., Wells, P. H., Johnson, D. L.: Honey bees recruitment to food sources: olfaction or language? Science, 164, 1969, 84–86

Wohlfahrt, Th. A.: Ein neuer Versuch über das Tonunterscheidungsvermögen der Fische. Verhandl. D. Zool. Ges., 1936 a, 135–140

Das Ohrlabyrinth der Sardine *(Clupea pilchardus* Walb.) und seine Beziehungen zur Schwimmblase und Seitenlinie. Z. Morphol. u. Ökol. d. Tiere, 31, 1936 b, 371–410

Anatomische Untersuchungen über die Seitenkanäle der Sardine *(Clupea pilchardus* Walb.). Z. Morphol. u. Ökol. d. Tiere, 33, 1937, 381–412

Untersuchungen über das Tonunterscheidungsvermögen der Elritze *(Phoxinus laevis* Ag.). Z. vergl. Physiol., 26, 1939, 570–604

KONRAD LORENZ (*1903)

von Irenäus Eibl-Eibesfeldt

»Es gibt keine Erkenntnis der Naturwissenschaft, die nicht von der Gestaltwahrnehmung eines Genies erschaut worden wäre, ehe ihre Richtigkeit nachgewiesen wurde – sei es durch das Genie selbst oder, was oft vorkommt, durch seine vielleicht weniger genialen, aber scharf denkenden Schüler und Mitarbeiter. Schon in dem allgemein gebräuchlichen Wort ›Nachweis‹ steckt ja sprachlogisch das Geständnis, daß man das Nachzuweisende in irgendeiner Form bereits vorher gewußt hat ... Da es leider modern geworden ist, die Quantifikation als die einzige wissenschaftlich legitime Erkenntnisleistung zu betrachten und alle anderen geringzuschätzen, so wollen es alle von dieser Geisteskrankheit befallenen Wissenschaftler nicht wahrhaben, daß in ihren eigenen Erkenntnisfunktionen neben der quantifizierenden Ratio noch andere und noch dazu so ›unexakte‹ Vorgänge wie ›Intuition‹ und ähnliches überhaupt eine Rolle spielen« (Lorenz 1976).

Konrad Lorenz (*1903) hat die große Bedeutung der Gestaltwahrnehmung, des künstlerisch intuitiven Erfassens von Zusammenhängen für den wissenschaftlichen Fortschritt immer wieder betont. Beim Künstler wie beim Wissenschaftler gehe das durch die Gestaltwahrnehmung vermittelte Wissen weit über das hinaus, was unsere Vernunft – das »kühle Denken« – uns zugänglich mache.

Das Bekenntnis zur Intuition vermittelt einen Schlüssel zum Verständnis der Forscherpersönlichkeit. Konrad Lorenz ist eine durchaus künstlerische Natur; seine Gabe war es, im Bereich der Verhaltensforschung Zusammenhänge zu erschauen, die der Forschung neue Wege wiesen. Geboren am 3. 11. 1903 in Wien, begann er dem Wunsche seines Vaters (des Orthopäden Adolf Lorenz) entsprechend, seine Laufbahn als Mediziner. Sein Interesse allerdings galt stets in erster Linie der Zoologie. In seinem Altenberger Kinderzimmer bastelte er an Aquarien und Vogelbauern, und früh verwandelte er den Altenberger Garten mit Teichen und Tiergehegen in einen kleinen Zoo. »Da er an dem Prinzip der Dressur im Freien festhielt«, so berichtet sein Bruder, »und in Freiheit gezähmte Tiere zwar die Angst, aber damit zugleich meist auch den Respekt vor den Menschen verlieren, konnte es dem im Altenberger Garten Lustwandelnden leicht passieren, daß eine Zibethkatze unversehens aus einem Busch heraus seine Waden attackierte, ein Kakadu sich ihm im Nacken festkrallte oder, wenn er seine Jause im Freien einnehmen wollte, zwei große Kolkraben, die Vögel Wotans, sich aus den Lüften auf das glitzernde Silberbesteck stürzten und einen Löffel oder eine Zuckerzange auf Nimmerwiedersehen entführten« (Albert Lorenz 1952, 187).

Lorenz führte über seine Pfleglinge genaue Tagebücher, und noch während seines Medizinstudiums veröffentlichte er (1927) seine erste Arbeit über Dohlen. 1928 promovierte er an der Wiener Universität zum Dr. med. Dann nahm er, seiner frühen Neigung entsprechend, das Studium der Zoologie auf und promovierte 1933, ebenfalls in Wien, zum Dr. phil.

Während seiner medizinischen Ausbildung arbeitete Lorenz als Assistent des von ihm hochverehrten Anatomen Ferdinand Hochstetter. Diese Tätigkeit vermittelte ihm eine umfassende Kenntnis auf dem Gebiet der vergleichenden und funktionellen Anatomie. Lorenz hat den großen Einfluß, den Ferdinand Hochstetter auf ihn ausgeübt hat, stets besonders hoch eingeschätzt. Dazu kam als wegweisend noch der persönliche Kontakt mit Oskar Heinroth. Im Vorwort zu dem Sammelband I »Über tierisches und menschliches Verhalten« (1965) schreibt er: »Das besondere Glück in meinem eigenen Forscherleben war es, daß ich, als junger Anatom von meinem Lehrer Ferdinand Hochstetter gründlichst in Fragestellung und Methodik vergleichend-morphologischer Untersuchungsweisen geschult, in nahen persönlichen Kontakt mit Oskar Heinroth kam, der zu meinem zweiten großen Lehrer wurde. Seine klassische Schrift ›Beiträge zur Biologie, insbesondere Psychologie und Ethologie der Anatiden‹ wurde bestimmend für meinen ferneren Lebensweg« (10). Seine parallel laufenden Tierbeobachtungen lehrten ihn zur gleichen Zeit, daß es im Verhaltensrepertoire der Tiere stereotypisierte, formkonstante Bewegungsabläufe gibt, die genauso wie körperliche Strukturen zur Artkennzeichnung herangezogen werden können – die Instinkthandlungen. Man kann diese Bewegungen daher wie körperliche Strukturen bei verschiedenen Tierarten vergleichen und, unter Zugrundelegung der Homologiekriterien der vergleichenden Morphologie, Homologien aufdecken und die Evolution mancher Verhaltensweisen rekonstruieren. Die Einsicht, daß Verhaltensweisen wie körperliche Strukturen betrachtet werden können, bildet sicher einen Eckpfeiler der vergleichenden Verhaltensforschung. Lorenz hebt in seinen Schriften immer wieder hervor, daß wir diese Entdeckung eigentlich O. Heinroth und Ch. O. Whitman verdanken. Das stimmt, doch ist Lorenz unabhängig daraufgekommen, und es ist sein Verdienst, die Bedeutung dieses Fundes in seiner ganzen Tragweite klar erkannt zu haben. In den Arbeiten »Beiträge zur Ethologie sozialer Corviden« (1931) und »Betrachtungen über das Erkennen der arteigenen Triebhandlungen bei Vögeln« (1932) wird bereits das Konzept einer vergleichenden Verhaltensforschung (Verhaltensmorphologie) umrissen, und in »Der Kumpan in der Umwelt des Vogels« (1935) stellt Lorenz den ersten gründlichen Entwurf einer biologischen Verhaltensforschung vor.

»DER KUMPAN IN DER UMWELT DES VOGELS«

In dieser grundlegenden Arbeit diskutiert Lorenz zunächst den Begriff der *Instinkthandlung*. Sie unterscheide sich von allen erworbenen Verhaltensweisen durch die Tatsache, daß sie im Laufe der Embryonal- und Jugendentwicklung »erfahrungsunabhängig« heranreife[1]. Die *Dichotomie* von »angeboren« und »erworben« wird ausdrücklich betont. Allerdings wird der Begriff des Angeborenen hier noch eher negativ als »nicht erlernt« definiert.

Die Instinkthandlungen deutete er zunächst als *Kettenreflexe*. Lorenz weist aber bereits auf die Feststellung von Wallace Craig hin, daß sich die Bereitschaft zu einer bestimmten Instinkthandlung erhöhe, wenn diese längere Zeit nicht ausgelöst worden sei. Ein Tier sucht dann im Appetenzverhalten nach auslösenden Reizsituationen und spricht dabei immer leichter auf immer unspezifischere Reize an. Die Erniedrigung der Reizschwelle kann im Extremfall zur Leerlaufhandlung führen. Es kann im Extremfall sogar zur Leerlaufreaktion ohne äußeren Anstoß kommen, was nicht zum klassischen Reflexkonzept paßt. Instinkthandlungen zeigen eine gewisse Spontaneität. Die Bereitschaft eines Tieres, eine bestimmte Handlung auszuüben, sinkt vorübergehend nach Ablauf dieser Handlung. Lorenz spricht von aktionsspezifischer Ermüdbarkeit einer Instinkthandlung. Zum Unterschied zu den einfachen Reflexen sind den instinktiven Verhaltensweisen Gefühle und Affekte als subjektive Erscheinungen beigeordnet. Das sei zwar streng nicht zu beweisen, aber kein wirklicher Tierkenner könne die Homologien übersehen , die in diesem Punkt zwischen Mensch und Tier bestünden.

Lorenz betont den stereotyp automatischen Charakter der Instinkthandlungen und die Tatsache, daß das instinktiv handelnde Tier sich keineswegs von Absichten leiten lasse, sondern blind reagiere, was insbesondere Fehlleistungen der in Gefangenschaft gehaltenen Tiere zeigten, etwa der Hund, der auf festem Boden einen Knochen verscharrt und mit der Schnauze zuletzt noch nicht vorhandenes Erdreich über den abgelegten Knochen schiebt.

Instinkthandlungen werden durch Reize und Reizkombinationen ausgelöst, die in einfacher, aber unmißverständlicher Weise die natürliche auslösende Reizsituation kennzeichnen – die *Signalreize* (auch: »Schlüsselreize«). Jene Verhaltensweisen, die sich eigens im Dienste der Signalgebung zu Signalreizen entwickelten, bezeichnet Lorenz als *Auslöser,* ein Begriff, den man bis heute beibehalten hat (beachte den Bedeutungsunterschied zwischen »Signalreiz« und »Auslöser«!).

Auf die auslösenden Reize spricht ein *angeborenes Schema* als rezeptives Korrelat des Reizempfängers an. Es handelt sich um eine Art Reizfilter, der wie ein Schloß erst auf bestimmte Reizschlüssel anspricht. Der Reizempfänger verfügt, so könnte man auch sagen, über ein schematisiertes (vereinfachtes) Bild seines Kumpans, der in verschiedenen Funktionskreisen getrennt auftreten kann, etwa als Kindkumpan, Geschlechtskumpan, Elternkumpan und anderes mehr. Der Artgenosse wird also nicht in seiner Ganzheit wahrgenommen. Er ist vielmehr Sender von Signalen in verschiedenen Funktionsbereichen, und diese Funktionskreise sind trennbar. Eine Türkenente *(Cairina)* wird vom Notruf eines Stockententenkükens durchaus alarmiert und wird versuchen, dieses aus der Hand des Experimentators zu retten. Sobald es sich aber danach unter die eigene Kükenschar mischt, wird sie das eben gerettete Stockentenjunge töten, da sie es an anderen Signalen als artfremd erkennt.

Lorenz weist im »Kumpan« schließlich auf das Phänomen der Prägung hin. Er fand, daß bei manchen Arten das angeborene Schema etwa des Geschlechts- oder des Elternkumpans sehr wenig selektiv ist. In diesem Fall lernt das Tier in einer sensiblen Periode meist am Anblick des betreuenden Elterntieres, wem es zu folgen habe, und gelegentlich auch, wie sein künftiger Geschlechtspartner aussieht. Enten- und Gänsejunge folgen kurz nach dem Schlüpfen praktisch jedermann, auch dem sie führenden Menschen. Wurden sie aber während einer relativ kurzen Periode auf den Menschen festgelegt, dann bleiben sie dabei und sind nicht mehr bereit, einer Ente oder Gans nachzulaufen. Handaufgezogene Dohlenmännchen erweisen sich auch in ihren geschlechtlichen Reaktionen als auf den Menschen geprägt, auch wenn sie sich zum Ausfliegen mit ihresgleichen im Schwarm zusammentun. Bei Eintritt der Geschlechtsreife balzen sie Menschen an, und diese Prägung scheint irreversibel zu sein.

DIE BEGEGNUNG MIT ERICH VON HOLST

Gegenüber dem klassischen Reflexkonzept, demzufolge alles Verhalten Reaktion auf Reize ist, ergaben sich aus der Tatsache der aktionsspezifischen Ermüdung, der Schwellenerniedrigung, der Intentionsbewegung und der Leerlaufreaktion Unstimmigkeiten, die Lorenz zunächst nicht zu lösen wußte. Das entscheidende »Aha-Erlebnis« kam ihm erst 1937, als er in Berlin einen Vortrag hielt und dabei Erich von Holst kennenlernte. Von Holst hatte in einer Reihe von Arbeiten nachgewiesen, daß Bewegungen nicht immer eines reflektorischen Anstoßes bedürfen und daß ferner die Koordination der Muskelbewegungen bereits zentral ohne Mitwirkung von äußeren und inneren Sinnesreizen erfolgen kann

(s. den Beitrag von B. Hassenstein über E. v. Holst in diesem Band). Eines der klassischen Experimente, das den Sachverhalt gut illustriert, betraf die Schwimmbewegungen des Aales. Der klassischen Reflextheorie zufolge sollte die einmal durch eine Wahrnehmung ausgelöste motorische Aktion über Propriozeptoren koordiniert werden: Man nahm an, daß innere Sinnesreize die Kontraktion eines Muskelsegmentes dem nächsten Segment mitteilen und dieses seinerseits zur Kontraktion veranlassen würden. So würde die Bewegungswelle über den Organismus laufen.

Von Holst durchtrennte nun durch Einstich Hirn und Rückenmark beim Aal. Das Rükkenmarkpräparat hielt er durch künstliche Beatmung am Leben. Des weiteren durchschnitt er alle dorsalen Rückenmarkswurzeln, jene Nervenleitungen also, über die dem Zentralnervensystem Meldungen von den Sinnesorganen (einschließlich jener, die über die eigene Muskelkontraktion informieren) zufließen. Die motorischen, ventralen Wurzeln, über die das Zentralnervensystem normalerweise Impulse zur Muskulatur schickt, blieben dagegen intakt. Als die Rückenmarkpräparate aus dem Operationsschock erwachten, begannen sie wohlkoordiniert zu schlängeln, und sie schwammen so ungehemmt bis zum Tode.

Damit war der Nachweis erbracht, daß der Schlängelbewegung der Aale spontan aktive (automatische), motorische Zellgruppen zugrunde liegen (Automatismen) und daß diese ihre Impulse zentral so koordinieren, daß ein wohlgeordnetes Impulsmuster an die Muskulatur geschickt wird, was zu koordinierter Bewegung führt. Das Phänomen der zentralen motorischen Erregungsproduktion und zentralen Koordination hat man mittlerweile von Wirbellosen bis zu den Primaten hin nachgewiesen.

Die Entdeckung der zentralen Erregungsproduktion durch Erich von Holst hat die Vorstellungen von der Funktion des Zentralnervensystems grundlegend geändert. Verhalten ist nicht nur Antwort auf Außenreize, es gibt im Zentralnervensystem spontan aktive Neuronengruppen, deren Koordination ebenfalls ohne sensorische Rückmeldung erfolgen kann! Verhalten wird also zentral angetrieben, und die dauernd spontan tätigen Zellgruppen müssen durch hemmende Instanzen an einer Dauerentladung in Bewegung gehindert werden. Entfallen diese Hemmungen, dann kommt es zu einer Dauerentladung: Der spinale Aal schwimmt ungehemmt bis zum Tode. Es bedarf nicht der Reize, um einen Organismus anzutreiben, sein innerer Antrieb muß vielmehr gebremst werden.

Lorenz erkannte sofort die große Bedeutung dieser Entdeckung. Sie war geeignet, die Phänomene Schwellenerniedrigung, Leerlauf und aktionsspezifische Ermüdung zu erklären. Man brauchte bloß anzunehmen, daß nicht nur die Lokomotionsbewegungen, sondern Instinkthandlungen ganz allgemein von motorischen Neuronengruppen angetrieben werden. Lorenz postulierte eine den Verhaltensweisen zugrundeliegende, *aktionsspezifische Erregung* und meinte, diese würde durch den Ablauf der Erregung verbraucht, was die aktionsspezifische Ermüdung erkläre. Der Begriff aktionsspezifische Erregung implizierte keineswegs, daß jeder Bewegung qualitativ unterschiedliche, biochemische Prozesse zugrunde liegen müßten. Er bezog sich wohl mehr auf die Spezifität der aktiven Neuronengruppen. Die Vorstellung einer ständigen Erregungsproduktion implizierte ferner, daß es hemmende Instanzen geben müßte, die eine Dauerentladung der ständig kreierten Impulse verhindern. Der Block wird erst beim Eintreffen der adäquaten auslösenden Reize über einen angeborenen Auslösemechanismus beseitigt. Lorenz nahm nun als Zusatzhypothese an, daß diese reflektorische Hemmung zu einem Aufstau der aktionsspezifischen Erregung führen würde. Er konnte sich dabei auf Beobachtungen von Sherrington stützen, der im »spinalen Kontrast« ein Phänomen reflektorischen Erregungsstaus beschrieben hatte. – Dieser Aufstau würde das Tier dazu drängen, im sogenannten Appetenzverhalten nach auslösenden Reizsituationen aktiv zu suchen. Es würde dabei zunehmend bereiter auf Reize, und zwar immer unselektiver, reagieren. Schließlich könnte der innere Antriebsdruck so stark werden, daß es zu einer Leerlaufreaktion komme.

Die Stärke einer Reaktion würde demnach nicht allein durch die Qualität der auslösenden Reize, sondern auch von den zentralen Antrieben bestimmt.

Bereits im gleichen Jahr, in dem Lorenz von den Befunden Erich von Holsts erfahren hatte, veröffentlichte er diese Synthese in Folia Biotheoretica (1937 a). Das Jahr 1937 brachte der Ethologie mit diesem neuen Konzept der neurogenen Motivation einen ganz entscheidenden Fortschritt.

ZUSAMMENARBEIT MIT NIKO TINBERGEN

Um die gleiche Zeit entwickelte Lorenz enge freundschaftliche Kontakte mit N. Tinbergen, der in Holland biologische Verhaltensforschung betrieb (s. C. G. Beers Beitrag über ihn in diesem Band). Als Experimentator untersuchte er die auslösenden und steuernden Reize sowie bestimmte Verhaltensweisen, die in Konfliktsituationen auftreten und die er nach dem neuen ethologischen Modell durch zentralen Übersprung einer im normalen Ablauf gehinderten zentralen Erregung deutete (»Übersprungbewegung«). Die Freundschaft der beiden Forscher führte zu einer experimentellen Untersuchung der Eirollbewegung der Graugans (Lorenz, Tinbergen 1938). Es wurde nachgewiesen, daß sich Instinkthandlungen aus einem starren Bewegungsanteil, der *Erbkoordination*, und einem weniger starren, von Außenreizen gesteuerten *Taxis*-Anteil (»Orientierungsbewegung«) zusammensetzen. Die Untersuchungen von Tinbergen ergaben ferner in der Folge, daß das einfache Lorenz-Craigsche Schema: Appetenzverhalten, auslösende Reizsituation, erregungsverbrauchende Endhandlung, zu einfach war. Bis zur Endhandlung konnte eine Kette von Appetenzhandlungen, die vom Allgemeineren zum Spezielleren führte, vorgeschaltet sein. »Instinkte« sind hierarchisch aufgebaut (Tinbergen 1950).

»DIE ANGEBORENEN FORMEN MÖGLICHER ERFAHRUNG«

In den Jahren nach der Entdeckung der Spontaneität der Instinkthandlung befaßte sich Lorenz in zunehmendem Maße mit dem Verhalten des *Menschen*. Zwar erschien 1941 noch die Arbeit »Vergleichende Bewegungsstudien an Anatiden« (1941 b), die nur von Enten handelt. Sie ist heute ein Klassiker der vergleichenden Verhaltensmorphologie, aber insofern ein Schlußstein, als in allen weiteren Arbeiten der Mensch im Vordergrund der Betrachtung steht, auch wenn Tierbeobachtungen weiterhin die Basis für die Schlußfolgerungen abgeben.

Sowohl das neue Triebkonzept als auch das Konzept von Erbkoordination, Auslöser, Schlüsselreiz und angeborenem Schema schienen in vorzüglicher Weise geeignet, bestimmte Eigentümlichkeiten menschlichen Verhaltens zu erklären. Vor allem die Tatsache, daß wir Menschen beim Handeln im sozialen Bereich doch recht schablonenhaft reagieren, legte den Gedanken nahe, daß hier angeborene Zwänge unseren Verhaltensspielraum einengen. Der Gegensatz zu unseren so erstaunlichen Leistungen bei der Bewältigung aller jener Probleme, die uns die außerartliche Natur stellt, ist in der Tat ungeheuerlich. In der 1943 in der Zeitschrift für Tierpsychologie abgedruckten Arbeit »Die angeborenen Formen möglicher Erfahrung« macht Lorenz darauf aufmerksam, daß wahrscheinlich auch wir Menschen Reize vor aller Erfahrung aufgrund angeborener Schemata verarbeiten und in arterhaltend sinnvoller Weise beantworten. Das gilt sowohl für gewisse elementare Anschauungsformen von Raum und Zeit als auch für gewisse Reaktionen unseren Mitmenschen gegenüber. Auch hier reagieren wir auf sehr einfache Signale, die wir im Experiment leicht nachahmen können. So beweisen Attrappenversuche, daß wir auf sehr vereinfachte Merkmale des Kleinkindes mit stark emotionell getönten Zuwendungsreaktionen antworten. Wir empfinden Objekte, die diese Merkmale tragen, als herzig, wobei sich bereits im

Worte das Bedürfnis ausdrückt, sie an unser Herz zu drücken, also mit einer Brutfürsorgehandlung zu reagieren. Das Kindchenschema setzt sich aus mehreren Merkmalen zusammen, die einzeln geboten werden können. Sie können übertrieben werden, und bietet man mehrere, dann addiert sich die Wirksamkeit. Säuglinge haben zum Beispiel einen im Verhältnis zum Rumpf ziemlich großen Kopf, aber nur kurze dickliche Extremitäten. Die Industrie stellt niedliche Püppchen und Zeichnungen für illustrierte Heftchen her, in denen oft nur die Kopf-Rumpf-Proportionen als Beziehungsmerkmal in übertriebener Weise ausgespielt werden. Die Tier- und Menschendarstellungen mit großen runden Köpfen und winzigen Körpern wirken ausgesprochen herzig. Weitere Merkmale des Niedlichen sind die Pausbacken und der im Verhältnis zum Gesichtsschädel große Hirnschädel mit der vorgewölbten Stirn, ebenfalls Merkmale, die man in der Attrappe übertreiben kann. Die Augen erscheinen dabei im kleinen Gesicht relativ groß. Auch diese Merkmale werden im Attrappenversuch der Industrie ausgespielt. In ähnlicher Weise sprechen wir auf Reizschlüssel an, die von unserem Geschlechtspartner ausgehen. Wir reagieren ferner ebenfalls angeborenermaßen auf bestimmte Merkmale des Mienenspiels unserer Mitmenschen, die wir ebenfalls mit wenigen Strichen charakterisieren können. Und wir bewerten blindlings auch Tierphysiognomien als »freundlich«, »traurig«, »mutig« und »edel«, wenn sie Merkmale unserer Mimik zeigen. Lorenz entwickelt ferner die Hypothese, daß wir unsere Mitmenschen generell nach ganz bestimmten Kriterien als ebenmäßig und schön beurteilen und jene, die unserem angeborenen ästhetischen Empfinden entsprechen, sympathisch finden. Wir würden diese Bewertung auch in den außerartlichen Bereich projizieren, dann zum Beispiel, wenn wir die schlanke Gazelle als edel und das plumpe Nilpferd als garstig empfinden.

Neben diesen *ästhetischen* Beziehungsschemata vermutet Lorenz auch die Existenz *ethischer Beziehungsschemata.* Sie legen gewissermaßen als Schablonen unser soziales Handeln fest, indem sie uns ein Vorwissen darüber, was gutes und was böses Verhalten sei, vermitteln. Daß man etwa einem Freunde beisteht, geschieht nicht aufgrund rationaler Überlegung über die Folgen solchen Handelns, sondern weil wir unüberlegt einem inneren Zwang gehorchen.

Lorenz hatte zu dieser Zeit Haustiere und Wildtiere vergleichend studiert und festgestellt, daß die *Domestikation* bei Haustieren zu einer Reihe von Veränderungen im Körperbau und Verhalten geführt hatte, die bei Säugern und Vögeln gleichsinnig verlaufen. Da bei der Haustierhaltung darauf Wert gelegt wird, daß die Tiere sich schnell fortpflanzen, kommt es zu einem Abbau jener feinen Differenzierungen des Sozialverhaltens, die die wildlebende Ausgangsform auszeichnen. Wildgänse sind monogam und verpaaren sich erst nach kompliziertem Werben. Haustiere sind promisk und werben kaum. Da der selektionierende Feinddruck entfällt, wird nicht mehr auf rasche Reaktion gezüchtet. Sinne, Muskulatur, ja auch Leistungen der Intelligenz verkümmern. Es kommt ferner zur Bindegewebsschwäche, Muskelatrophie und zum Fettansatz. Dieser Differenzierungsverlust ist adaptiv, wenn man das Haustier als Symbionten des Menschen sieht. Wir bewerten ihn interessanterweise dennoch subjektiv als Verfallserscheinung. Warum wohl? Lorenz sieht den Grund in der Tatsache, daß auch wir Zivilisationsmenschen Selektionsbedingungen unterliegen, die eine Selbstdomestikation bewirken. Sie führen zu analogen Änderungen im Körperbau und Verhalten wie bei den Haustieren. Nur unser angeborenes Werturteil würde diesem Verfall entgegenwirken, da wir bei der Partnerwahl von Domestikationsmerkmalen abgestoßen würden.

Lorenz spekuliert schließlich darüber, daß Kulturen nicht, wie Spengler annimmt, quasiphysiologischen Alterungsprozessen unterliegen würden, die zwangsläufig zum Untergang führten. Vielmehr vermutet er den Grund in den domestikationsbedingten Verfallserscheinungen. Dabei würden sich die Störungen im Sozialverhalten besonders verderblich auswirken. Menschen, die gegen ihre Mitmenschen weniger Skrupel haben, die bereit sind, ihre Ellbogen bedenkenlos gegen ihre Mitmenschen zu gebrauchen, gewinnen in den Zivilisationen zunächst Vorteile. Die Zunahme wertblinder Menschentypen, die keiner Bindung an Mitmenschen fähig sind, die sich nicht emotionell für die Gemeinschaft, in der sie leben einsetzen können, weil sie gefühlsbar sind und es ihnen an Mut gebricht, würde dazu führen, daß eine Zivilisation schließlich zusammenbricht und unverbrauchten Völkern Platz macht. Das sei aber nicht notwendig Schicksal der zivilisierten Völker, denn über Einsicht in diese Zusammenhänge könne der Mensch sein Schicksal steuern. Lorenz plädierte für eine Eugenik über Erziehung.

Kritiker haben ihm in diesem Zusammenhang bis in die jüngste Zeit rassistische Gedankengänge vorgeworfen. Der Vorwurf ist unbegründet, da Lorenz von Domestikationserscheinungen sprach, die in jeder Zivilisation, gleich welcher Rasse ihre Träger seien, auftreten würden. Im übrigen hat jeder, der ein Problem dieser Art sieht, die Pflicht, es zur Diskussion zu stellen. Die genetische Degeneration der zivilisierten Menschheit ist eine heute vielfach diskutierte Erscheinung, die man angesichts der Zunahme verschiedener Erbkrankheiten auch nicht wegleugnen kann. Durch die moderne medizinische Fürsorge kommen heute Personen in die generative Phase und werden als Heiratspartner akzeptabel, die sich früher ganz gewiß nicht fortgepflanzt hätten. Natürlich ist sich der Schreiber dieser Zeilen sofort der Brisanz solcher Sätze bewußt, darum sei versichert, daß er ebenso wie seinerzeit Lorenz die Erziehung als Regulativ sieht; eine Erziehung, die zu richtiger Partnerwahl und zur Selbstbeschränkung im Bereich der Fortpflanzung bei jenen führt, denen es aus Gründen der Erbgesundheit anzuraten ist. Sollten die Domestikationserscheinungen Ausdruck genetischer Degeneration sein, dann ist es sicher gut, darum zu wissen.

Lorenz weist in dieser Arbeit (1943) auch auf *funktionelle Analoga moralischen Verhaltens* bei Tieren hin. Er zeigt, daß wehrhafte Tiere Hemmungen besitzen, ihre Waffen gegen Artgenossen beschädigend einzusetzen. Sie kämpfen ritualisiert und vermögen es, sich durch Demutstellungen dem Sieger zu unterwerfen. Beim Menschen habe die neue Erfindung der Waffe dazu geführt, daß die ihm angeborenen Hemmungen nicht immer ihre Wirksamkeit entfalten. Ausgestattet mit einem Aggressionstrieb, der den Menschen kampfbereit mache, und ausgerüstet mit Waffen, die so schnell töten, daß der Gegner sich gar nicht mehr mit beschwichtigenden Appellen unterwerfen könne, müsse der Mensch über die kategorische Frage der Selbstgefährdung entgegenwirken, zum Beispiel durch die Entwicklung kultureller Umgangsformen der Ritterlichkeit.

Als Lorenz diese Arbeit schrieb, war er Inhaber des Lehrstuhls für Philosophie an der Universität Königsberg und damit eingereiht in die Reihe der Nachfolger von Immanuel Kant, mit dessen Gedanken er sich damals eingehend auseinandersetzte.

Der Krieg unterbrach die Forschertätigkeit. 1942 bis 1944 wirkte Lorenz als Feldarzt, dann geriet er in russische Kriegsgefangenschaft. Erst 1948 wurde er in seine niederösterreichische Heimat entlassen. Er kam mit einem selbstgebastelten Vogelkäfig zurück, in dem er seinen zahmen Star hielt – und mit einem dicken, auf dem Papier von Zementsäcken geschriebenen Manuskript. Er hielt uns daraus noch im gleichen Jahr auf der biologischen Station Wilhelminenberg eine Vorlesung von unübertroffenem Einfallsreichtum.

Lorenz griff in seinen Nachkriegspublikationen zunächst die bereits 1943 publizierten Thesen auf und sorgte für deren Verbreitung und Diskussion, unter anderem auch in einem populären Buch, mit dem Titel »Er redete mit dem Vieh, den Vögeln und den Fischen« (1949). Es ist nach Form und Inhalt wahrscheinlich das beste Tierbuch, das bis dahin veröffentlicht wurde. Wilhelm Bölsche hat an Tiefe, Informationsgehalt und Verständlichkeit Vergleichbares geschaffen. Hier kam noch das reiche Wissen um tierisches Verhalten hinzu und die Gabe, uns im Spiegel anderer Arten selbst sehen zu lernen.

Nach einer Periode der äußeren Unsicherheit erfolgte 1951 die Berufung von Lorenz durch die Max-Planck-Gesellschaft zuerst an eine in Buldern vorläufig untergebrachte

Forschungsstelle, die schließlich 1957 zum selbständigen Max-Planck-Institut für Verhaltensphysiologie avancierte. Zusammen mit Erich von Holst übersiedelte Lorenz nach Seewiesen. Beide führten damals je eine Abteilung des gemeinsamen Instituts. Erich von Holst, seit seiner Begegnung im Jahre 1937 freundschaftlich mit Lorenz verbunden, war die treibende Kraft dieser Entwicklung.

In Europa hatte sich bereits vor dem Kriege eine europäische Schule der Verhaltensforscher mit Lorenz als Kristallisationspunkt ausgebildet. Sie hatte ihre Schwerpunkte zunächst mit Tinbergen, Kortlandt und Baerends in Holland.

In Deutschland hatte sich 1936 eine Gesellschaft für Tierpsychologie konstituiert, die im wesentlichen unter der Führung von Otto Koehler die »Zeitschrift für Tierpsychologie« herausgab. Lorenz hatte in Altenberg eine kleine Gruppe von Schülern um sich gesammelt.

Nach dem Kriege war es insbesondere der Initiative von N. Tinbergen zu verdanken, daß die Thesen der kontinental-europäischen Verhaltensforscher im englischsprachigen Raum Gehör fanden. In seinem 1951 veröffentlichten Buch »The Study of Instinct« verband Tinbergen Verhaltensmorphologie und Verhaltensphysiologie in einer Instinktlehre oder Ethologie. Mit Tinbergens Übersiedlung nach England bildete sich ein weiterer Schwerpunkt der ethologischen Forschung aus.

AUSEINANDERSETZUNG MIT AMERIKANISCHEN PSYCHOLOGEN

Bald standen die Thesen von Konrad Lorenz im Brennpunkt der internationalen Diskussion. Manche der Thesen wirkten auf gewisse amerikanische Behavioristen provozierend. Die Milieutheorie hatte seit J. B. Watson einen sehr starken Einfluß auf die amerikanischen Verhaltensforscher ausgeübt. Die Lehre, daß der Mensch ausschließlich durch seine Umwelt geformt würde und als unbeschriebenes Blatt zur Welt komme, galt für eine Zeitlang als die öffentliche wissenschaftliche Meinung der Psychologie, Soziologie und Anthropologie. Lorenz' Thesen waren ihr entgegengesetzt: Nicht allein das Tier, auch der Mensch werde in seinem Verhalten durch das Erbe geprägt. Des weiteren hatte die klassische Reflexlehre in den Vereinigten Staaten noch starke Anhänger. Wer tierisches Verhalten durch die verschiedenen Techniken des Konditionierens erforscht, wird auch nicht so leicht deren Spontaneität wahrnehmen. Außerdem mangelt es bestimmten amerikanischen Verhaltensforschern an vergleichenden Kenntnissen. Es gab zwar eine »comparative psychology« und auch ein gleichbenanntes Journal, aber was man im wesentlichen verglich, war das Verhalten von Laborratten. Die amerikanischen Zoologen dagegen hatten mit den Thesen von Lorenz kaum Schwierigkeiten, da sie mit der vergleichenden Morphologie und dem Verhalten vieler Tierarten durchaus vertraut waren.

Die amerikanischen Psychologen standen jedoch der Lorenz-Tinbergenschen Ethologie eher kritisch bis ablehnend gegenüber. Es gab Ausnahmen wie Eckhard H. Hess, der, wie er mir einmal erzählte, ebenfalls zunächst als klassischer Behaviorist seine Versuche an Hühnern begann, dabei aber schnell erkannte, daß die Thesen von Lorenz doch einen hohen Erklärungswert besaßen. Aus der Fülle der kritisch ablehnenden Arbeiten ragte die von D. Lehrman (1953) hervor. Sie ist scharf formuliert, aber überaus anregend. Kernpunkt des Lehrmanschen Arguments ist die Aussage, daß die Angeboren-Erworben-Dichotomie keinen heuristischen Wert besitze, da man das Angeborensein einer Verhaltensweise nie nachweisen könne. Vielmehr würden sich Verhaltensweisen immer entwickeln, man könne keinen Embryo – und stecke er auch in einem Ei – von allen Umwelteinflüssen isolieren. Eine Aufzucht unter völligem Erfahrungsentzug sei unmöglich. Der heranwachsende Organismus könne auf jeder Stufe seiner Entwicklungen von Umweltreizen beeinflußt werden und damit »Erfahrungen« sammeln. Der Lorenzsche Begriff des Angeborenen sei negativ als »nicht erlernt« definiert, und da man Lernerfahrungen nun einmal nicht ausschließen könne, sei er hinfällig.

Die Kritik legte einen Finger auf einen wunden Punkt des ethologischen Konzeptes. In der Tat wußte zwar jeder der Biologen, was man unter dem Begriff »angeboren« zu verstehen habe, aber eine klare Begriffsbestimmung lag nicht vor. Angespornt durch diese Kritik überdachte Lorenz den gesamten Komplex. 1961 antwortete er seinen Meinungsgegnern in der Arbeit »Phylogenetische Anpassung und adaptive Modifikation des Verhaltens«. In dieser Arbeit definierte er den Begriff »angeboren« positiv nach der *Herkunft der Angepaßtheit.* Was heißt dies?

Lorenz geht in seiner Erwiderung (1961) davon aus, daß Verhaltensweisen so wie Organe gewisse Eigenschaften der Umwelt als Anpassung widerspiegeln. Eine solche Abbildung einer Vorlage, und sei es auch mit noch so grobem Raster, setzt voraus, daß das angepaßte System zu irgendeinem Zeitpunkt Information über die Umweltsituation, die es als Anpassung kopiert, erwarb. Ein solcher »Informationserwerb« kann im Laufe der Stammesgeschichte über den Mutations-Selektions-Mechanismus erfolgen. Dann werden die bewährten Erfahrungen im Genom bewahrt und in der Ontogenese entschlüsselt. Informationen können jedoch auch im Laufe der kulturellen und individuellen Entwicklung durch Lernprozesse erworben werden. In diesem Fall sind das Zentralnervensystem, beim Menschen auch das Schrifttum und technische Mittel die Informationsspeicher. Auf welchem Wege nun das angepaßte System die Information, ihre spezifische Passung betreffend, erwarb, das kann man durch die Aufzucht unter Erfahrungsentzug feststellen. Man braucht nämlich dazu keineswegs einem Tier während seines Heranwachsens alle Informationen vorzuenthalten – eine völlige Isolation von allen Außenreizen wäre sogar höchst unzweckmäßig. Vielmehr kommt es darauf an, den Versuch so aufzubauen, daß nur die zur Frage stehende Passung gestört wird. Will ich zum Beispiel feststellen, ob ein Stichling auf den roten Bauch des Artgenossen angeborenermaßen reagiert, dann genügt es eben, diese spezifische Reizsituation dem Tier vorzuenthalten. Eine Aufzucht im Dauerdunkel wäre völlig verfehlt, da ein solches Vorgehen zur Degeneration der Netzhaut führen und damit Störungen auf einem ganz anderen Niveau der Passung als auf dem zur Diskussion stehenden bewirken würde.

Ebenso braucht jemand, der im motorischen Bereich etwa prüfen will, ob einem Vogel sein Gesang als stammesgeschichtliche Anpassung angeboren ist oder nicht, keineswegs den Vogel in völliger Reizisolation aufwachsen zu lassen. Es genügt vielmehr, wenn er schallisoliert aufwächst. Dann ist ihm das spezifische Reizmuster des Artgesangs vorenthalten. Singt der Vogel dennoch bei Eintritt der Geschlechtsreife die artspezifischen Revier- oder Balzgesänge, dann ist damit der Nachweis erbracht, daß die Information, das Gesangsmuster betreffend, im Genom gespeichert sein muß. Das ist einfach logisch zu fordern, ganz gleich wie dann im einzelnen die genetische Information im Laufe der Entwicklung dekodiert wird.

Lehrman hat die Gültigkeit dieser Argumentationsweise in einer seiner letzten Schriften durchaus anerkannt, er meint nur, man möge doch auch die Entwicklung als Prozeß untersuchen, wogegen Lorenz nichts einzuwenden hat. In der Tat ist die Klärung der Frage, ob eine Verhaltensweise ihre spezifische Angepaßtheit einem stammesgeschichtlichen, kulturellen oder individuellen Anpassungsprozeß verdankt, der erste entscheidende Schritt in diese Richtung. Das hat bis heute auch keiner mit sachlichen und logischen Argumenten zu widerlegen vermocht. Dagegen fehlt es nicht an der mit gummistempelhafter Monotonie immer wieder abgedruckten Bemerkung, daß die Auseinandersetzung um die Frage »Angeboren/Erworben« überholt sei.

Lorenz hat mit der Klärung des Begriffes der stammesgeschichtlichen Anpassung einen entscheidenden Beitrag zur Konsolidierung seines Faches geleistet. Er lieferte damit eine positive Bestimmung des Begriffes »angeboren«, die man akzeptieren muß.

»DAS SOGENANNTE BÖSE«

In den Jahren nach dem Krieg hatte Lorenz in erster Linie Entenvögel, Gänse und verschiedene Buntbarscharten untersucht. In Seewiesen bezog er in zunehmendem Maße auch Korallenfische mit in seine Untersuchungen ein. Ihn interessierten dabei unter anderem auch Fragen der *innerartlichen Aggression.* Die diesbezüglichen Beobachtungen faßte er 1963 in dem Buch »Das sogenannte Böse« zusammen. Schon der wirklich treffend gewählte Titel weist darauf hin, daß Lorenz als Biologe an die Untersuchung der Aggression herantritt. Er fragt unbeirrt von jeder Wertung zunächst einmal, wozu dieses Verhalten diene, wobei er wie immer nach dem Selektionsdruck forscht, der ein bestimmtes Verhalten hervorbrachte. Es geht ihm wie allen Biologen darum, festzustellen, welche Aufgabe im Dienste der Arterhaltung ein Verhalten erfülle, und nicht um eine teleologische Sinndeutung. Des weiteren forschte er nach den Erscheinungsformen aggressiven Verhaltens. Seine Thesen lassen sich vereinfacht in folgender Aussage zusammenfassen:

1. Das innerartliche Aggressionsverhalten entwickelte sich als Mittel der Verdrängung (»Spacing«) im Dienste verschiedener Funktionskreise. Nahrungsreviere und Brutreviere werden erobert und behauptet, Rivalen ausgestochen und damit vorübergehend von der Fortpflanzung ausgeschaltet, Rangordnungen hergestellt, oft mit dem gleichen Effekt und anderes mehr.

2. Das innerartliche Kampfverhalten ist von wenigen Ausnahmen abgesehen so in seinem Ablauf gesteuert, daß der Artgenosse im allgemeinen nicht zu Schaden kommt. Wehrhafte Tiere kämpfen im allgemeinen turnierhaft. Wo nicht, sind doch Sicherungen vorgesehen, die die Vernichtung oder ernsthafte Beschädigung des Artgenossen verhindern. So können viele Tiere mittels sogenannter Demutstellungen weitere Angriffe abblocken.

3. Diese Abläufe sind durch stammesgeschichtliche Anpassungen im motorischen und rezeptorischen Bereich weitgehend vorgezeichnet.

4. Darüber hinaus werden die meisten höheren Wirbeltiere durch einen Aggressionstrieb zum Angreifen motiviert. Er ist jedoch nur ein Antrieb unter vielen im »Parlament der Instinkte«.

5. Das Band, das über persönliche Bekanntschaft Individuen verbindet, entwickelte sich stammesgeschichtlich über die Verteidigungsgemeinschaft. Die Liebe ist gewissermaßen ein Kind der Aggression.

6. Der Mensch ist ebenfalls mit einem Aggressionstrieb ausgerüstet. Dieser bewirkt eine zunehmende Aggressionsbereitschaft, wenn der Trieb nicht im aggressiven Handeln ausgelebt wird.

7. Der Mensch ist zwar analog den höheren Wirbeltieren mit Tötungshemmungen ausgerüstet, doch hat bereits die Erfindung der ersten Waffe das bisher vorhandene Gleichgewicht zwischen Tötungsfähigkeit und angeborener Tötungshemmung gestört. Noch mehr schirmt ihn die moderne Waffentechnik (Fernwaffen) gegen die mitleidserregenden Reizsituationen ab.

8. Wir sind für ein Leben in individualisierten Verbänden geschaffen. Die anonyme Massengesellschaft überfordert uns. »Der Mensch ist gar nicht so böse von Jugend auf, er ist nur nicht ganz gut genug für die Anforderungen des modernen Gesellschaftslebens« (Lorenz 1963, 372).

9. »Die Begeisterung ist ein echter autonomer Instinkt des Menschen. ... Sie hat ihr eigenes Appetenzverhalten, ihre eigenen Auslösemechanismen und stellt, wie jedermann aus eigener Erfahrung weiß, ein so außerordentlich befriedigendes Erlebnis dar, daß seine (a. a. O.). Der Trieb zum begeisterten kämpferischen Einsatz bestimme den gesellschaftlichen und politischen Aufbau der Menschheit, die nicht kampfbereit und aggressiv sei, weil sie in Parteien zerfalle, sondern eben in dieser Weise strukturiert sei, weil dies die Reizsituation darstelle, die für das Abreagieren sozialer Aggression erforderlich sei.

»Das ist der Januskopf des Menschen: Das Wesen, das allein imstande ist, sich begeistert dem Dienste des Höchsten zu weihen, bedarf dazu einer verhaltensphysiologischen Organisation, deren tierische Eigenschaften die Gefahr mit sich bringen, daß es seine Brüder totschlägt, und zwar in der Überzeugung, dies im Dienste eben dieses Höchsten tun zu müssen. Ecce homo!« (Lorenz 1963, 389).

10. Persönliche Bekanntschaft und die einigende Wirkung der Begeisterung für dieselben Ideale seien dazu angetan, dem Aggressionstrieb »die Spitze« zu nehmen. Ferner seien ritualisierte Kampfformen wie jene des Sports geeignet, sozietätsschädigende Wirkungen der Aggression zu verhindern.

11. Dennoch: »Das volle und warme Gefühl von Liebe und Freundschaft können wir nur für Einzelmenschen empfinden, daran kann der beste und stärkste Wille nichts ändern! Doch die großen Konstrukteure können es. Ich glaube, daß sie es tun werden, denn ich glaube an die Macht der menschlichen Vernunft, ich glaube an die Macht der Selektion und ich glaube, daß die Vernunft vernünftige Selektion treibt. Ich glaube, daß dies unseren Nachkommen in einer nicht allzu fernen Zukunft die Fähigkeit verleihen wird, jene größte und schönste Forderung wahren Menschtums zu erfüllen« (Lorenz 1963, 413).

Das Echo auf dieses Buch war stark. Kritik kam von den verschiedensten Seiten. Psychologen und Soziologen, aber auch milieutheoretisch orientierte Anthropologen fühlten sich angesprochen.

Liest man die Stellungnahmen, dann fällt einem zunächst das stark emotionell getönte Engagement auf.

Die Kritiker werfen Konrad Lorenz vor, daß der Hinweis auf das Angeborene im menschlichen Verhalten jenen zur Entschuldigung dienen könnte, die die Unveränderlichkeit der menschlichen Gesellschaft propagieren. Ferner taucht immer wieder das Argument auf, daß die Thesen von Lorenz Aggression der Vergangenheit (und der Zukunft) entschuldigen würden. So schreibt E. Fromm 1974: »Was könnte für Menschen ..., die sich fürchten und die sich unfähig fühlen, den zur Zerstörung führenden Lauf der Dinge zu ändern, willkommener sein, als die Theorie von Konrad Lorenz, daß die Gewalt aus unserer tierischen Natur kommt und einem unzähmbaren Trieb zur Aggression entspringt« (53).

Die Vorwürfe, Lorenz verteidige die Aggression und seine Haltung sei fatalistisch in dem Sinne, daß Angeborenes nun einmal nicht zu ändern sei, läßt sich jedoch an Hand seiner Aussagen leicht widerlegen. Lorenz sprach nie von einem »unbezähmbaren« Trieb zur Aggression. Vielmehr wies er darauf hin, daß man ihn steuern müsse, wozu es der Erforschung des Phänomens bedürfe.

»Wir haben guten Grund, die intraspezifische Aggression in der gegenwärtigen kulturhistorischen und technologischen Situation der Menschheit für die *schwerste aller Gefahren* zu halten. Aber wir werden *unsere Aussichten, ihr zu begegnen, gewiß nicht dadurch verbessern, daß wir sie als etwas Metaphysisches und Unabwendbares* hinnehmen; vielleicht aber dadurch, daß wir die Kette ihrer natürlichen Verursachung verfolgen. Wo immer der Mensch die Macht erlangt hat, ein Naturgeschehen willkürlich in bestimmter Richtung zu lenken, verdankt er sie seiner Einsicht in die Verkettung der Ursachen, die es bewirken. Die Lehre von normalen, eine arterhaltende Leistung erfüllenden Lebensvorgang, die sogenannte Physiologie, bildet die unentbehrliche Grundlage für die Lehre von seiner Störung, für die Pathologie« (Lorenz 1963, 47; Hervorhebungen vom Ref.).

Ich glaube, daß es sich angesichts dieser Aussage erübrigt, auf den mit Monotonie von den Lorenz-Gegnern vorgebrachten Vorwurf einer apologetischen Haltung noch weiter einzugehen. Man muß sich nur wundern, wie wenig sorgfältig gewisse Kritiker die Werke lesen, die sie kritisieren, denn jeder eben zitierte Absatz von Lorenz stammt aus dem zur Diskussion stehenden Werk.

Lorenz wies allerdings darauf hin, daß die Bändigung der Aggression nicht einfach in ihrer Unterdrückung bestehen könne, dazu sei der ständig wirkende Antrieb zu stark. Man müsse daher Ventile schaffen, damit sich der Aggressionstrieb auf harmlose oder gar nützliche Weise abreagiere.

Des weiteren wird Lorenz vorgeworfen, er ziehe falsche Analogieschlüsse. Dazu haben wir uns bereits geäußert. Es wäre hier nur nachzutragen, daß Lorenz seinen Aussagen den Menschen betreffend durchaus eine selbstkritische Passage voranstellt, in der er ausdrücklich erklärt, daß er nunmehr den Boden gesicherten Wissens verlasse, wenn er sich der Frage zuwende, ob man aus dem über das tierische Aggressionsverhalten zutage geförderten Wissen auch etwas für uns Menschen Nützliches lernen könne. Es belegt nur die Schwäche der Meinungsgegner – sowohl im intellektuellen als auch im menschlichen Bereich –, wenn sie bloß mit der Methode des Verschweigens von Tatsachen ihren Fall aufbauen können.

Es ist wirklich schade, daß in diesem Punkt die Kritiker eher versagt als zur Weiterentwicklung der Aggressionsforschung beigetragen haben, denn es gibt durchaus eine Reihe von Punkten in dem Lorenzschen Thesengebäude, die eine sachliche Diskussion erfordern. Und Konrad Lorenz wäre einer der letzten, dem eine solche Kritik ungelegen käme. Wir erinnern daran, daß die Kritik an dem Begriff »Angeboren« letzten Endes den Ansporn zur Arbeit über den Begriff der stammesgeschichtlichen Anpassung darstellte. In diesem Zusammenhang ist es sicher nicht uninteressant zu erfahren, daß die beiden Hauptgegner der Auseinandersetzung – Lorenz und Lehrman – zuletzt freundschaftlich verbunden waren. Lorenz hat gegenteilige Ansichten nie übelgenommen, sofern sie sachlich und fair vorgetragen wurden, ja er prägte seinen Schülern stets von neuem ein, daß man als Naturwissenschaftler immer bereit sein müsse, geliebte Hypothesen über Bord zu werfen, wenn sie sich als nicht tragfähig erwiesen.

Will man an dem Werk Kritik üben, dann wäre zunächst auf die ungenügend klare Unterscheidung von individualisierter Innergruppenaggression und der Zwischengruppenaggression hinzuweisen. In einem Interview, das Lorenz 1974 im »Psychology today« gab, legt er selbst den Finger auf diesen wunden Punkt: »Wenn ich heute ›Das sogenannte Böse‹ neu schreiben würde, dann würde ich eine schärfere Unterscheidung zwischen individueller Aggression innerhalb einer Gruppe und kollektiver Aggression einer ethnischen Gruppe gegen die andere vornehmen. Hier könnte es sich wohl um zwei verschiedene Programme handeln.« Das ist in der Tat der Fall, und ich habe das auch ausführlich in meinem Buch »Krieg und Frieden aus der Sicht der Verhaltensforschung« (Eibl-Eibesfeldt 1975) diskutiert. Etwas zu sehr verallgemeinert war auch die Aussage, daß die Liebe ein Kind der Aggression sei und daß ferner der Mensch seiner ganzen Anlage nach nicht gut genug für die moderne Massengesellschaft sei, so daß man auf den »neuen Menschen« warten müsse. – Zwar ist die Aggression ein wichtiger Gruppenkitt, aber es lassen sich gute Gründe dafür ins Feld führen, daß das individualisierte Band seinen Ursprung in der Mutter-Kind-Beziehung hat. Die Verhaltensweisen der Gruppenbindung sind in der überwiegenden Mehrzahl abgeleitete Brutfürsorgehandlungen und infantile Verhaltensweisen. Und bezüglich der zuletzt genannten These kann man erwidern, daß der Mensch sehr wohl in der Lage ist, sich über Symbolidentifikation mit ihm zunächst fremden Menschen zu verbrüdern, man also nicht erst auf den neuen Menschen warten müsse.

Zielpunkt zahlreicher Angriffe war das Konzept des Aggressionstriebes, das Lorenz entwickelt hatte. Man weiß mittlerweile, daß nicht allen Tieren ein solcher Aggressionstrieb angeboren ist. Man weiß aber ebenso, daß es Tiere mit einem solchen Antrieb gibt. Wie sich eine Tierart verhält, das wechselt offenbar mit ihrer speziellen Ökologie. Selbst innerhalb der Buntbarsche gibt es da erhebliche Unterschiede von Art zu Art. Deshalb ist es unzulässig, zu sagen, man habe Lorenz' Thesen über die menschliche Aggression widerlegt, weil man bei einer Fischart fand, daß deren Aggressivität rein reaktiv ist.

Und nimmt man sich den Menschen vor, so findet man doch sehr viele Indizien, die für die Annahme eines Aggressionstriebes sprechen (Lit. bei Eibl-Eibesfeldt 1975). Man hat in zahlreichen Versuchen herausgefunden, daß Verärgerte ihren Ärger über aggressives Verhalten abreagieren können, man weiß, daß in vielen Völkern Ventilsitten entwickelt wurden, die der Aggressionsabfuhr dienen (s. auch meinen Beitrag hierzu in diesem Band), und schließlich hat uns auch die Hirnphysiologie wertvolle Hinweise in dieser Richtung gegeben. Im Schläfenlappen- und im Mandelkerngebiet gibt es Neuronenkreise, die dem aggressiven Verhalten des Menschen zugrunde liegen. Ihre elektrische Reizung führt zu Wutanfällen. Zu spontanen Wutanfällen kommt es bei Schläfenlappenepilepsie, und dann leitet man von den gleichen Regionen auch eine verstärkte elektrische Aktivität ab. Grundsätzlich gilt, daß Neuronen spontan aktiv sind, wohl weil kontinuierlich Überträgersubstanzen produziert werden und akkumulieren, was zunächst ihre Reaktionsbereitschaft erhöht. Wir verweisen in diesem Zusammenhang noch einmal auf die Entdeckungen Erich von Holsts. Es wurde die Aggression betreffend der Einwand erhoben, eine neurogene spontane Motivation des Aggressionsverhaltens sei unzweckmäßig, da dann ein Lebewesen sogar dazu getrieben werden könnte, sein Revier zu verlassen, um einen Kampfpartner zu finden; es würde ihn ja dauernd zum Kämpfen drängen. Das ist aber nicht notwendige Folge. Die Bindung ans Revier könnte zum Beispiel stärker sein und das verhindern. Grundsätzlich gilt, daß auch spontanes Verhalten Kontrollen unterworfen ist. Schließlich schwimmt *nur* der desafferenzierte spinale Aal ungehemmt bis zum Tode. Interessant ist in diesem Zusammenhang, daß aggressives Verhalten in gewissem Sinne Werkzeughandlung ist. Sie wird in verschiedenen Funktionskreisen eingesetzt, wenn es Hindernisse zu überwinden gilt, ähnlich wie Lokomotionsbewegungen zu verschiedenen Zwecken eingesetzt werden. Vielleicht erklärt dies ihren ähnlichen neurogenen Antrieb.

Ganz unabhängig von den theoretischen Interpretationen muß man anerkennen, daß Lorenz auf die Notwendigkeit hinwies, die Aggression sei zunächst einmal auf ihre arterhaltende Leistung hin zu untersuchen, um von daher ihre heute bei uns Menschen zweifellos spürbaren Fehlleistungen zu verstehen und unter Kontrolle zu bringen. Und zum Verständnis des Phänomens hat Lorenz selbst in ganz entscheidender Weise beigetragen. Die meisten der eingangs aufgelisteten Thesen halten einer kritischen Prüfung durchaus stand.

LORENZ UND DIE PSYCHOANALYSE

Lorenz hat in den letzten beiden Dezennien viele Kontakte mit psychoanalytisch orientierten Medizinern und Verhaltensforschern gehabt. John Bowlby legte seinen Untersuchungen über die Mutter-Kind-Beziehung die ethologische Theorie zugrunde, und auch E. H. Erikson (s. über ihn den Beitrag von E. C. Adams in Bd. III dieser Enzyklopädie) bediente sich ethologischer Theorien. Es kam zu wechselseitiger Anregung.

Mit der Freudschen Psychoanalyse (s. hierzu Bd. II dieser Enzyklopädie) hat die Ethologie im energetischen Triebmodell eine wichtige Gemeinsamkeit. Freud hat die Dynamik sicherlich als erster erkannt. Lorenz hat, auf v. Holst aufbauend, eine physiologische Interpretation geliefert. Außerdem deutete er den Aggressionstrieb evolutionistisch als Anpassung, während Freud in ihm einen quasi mystischen Trieb zur Selbstzerstörung sah. Freud kannte ferner neben diesem Todestrieb nur noch die Libido. Alle lustvollen Äußerungen, Saugen wie die Erwachsenensexualität, wurden auf diesen einen Antrieb zurückgeführt.

Die viel zitierte Aussage Freuds, daß eine Mutter erschrecken würde, wenn man ihr klarmache, daß sie ihren Säugling unentwegt mit sexuellen Handlungen bedenke, zum Beispiel, wenn sie ihn herze und küsse, ist falsch. Freud sah hier zwar zu Recht gewisse Zusammenhänge, er las aber die Entwicklungsrichtung falsch. Hier handelt es sich um genuine Brutpflegehandlungen, die sekundär, im Rahmen des Repertoires bandstiftender

Verhaltensweisen, auch in den sexuellen Bereich übernommen wurden (Eibl-Eibesfeldt 1970).

Man weiß heute, daß es für die Annahme nur eines lustvollen Urtriebes keine physiologische Grundlage gibt. Lorenz spricht von einem »Parlament der Instinkte«.

Berührungspunkte ergeben sich zur Psychoanalyse ferner aus dem ethologischen Konzept der Prägung. Freud hat zweifellos bereits auf sensible Perioden der Entwicklung hingewiesen, ferner auf die Gesetzmäßigkeit der Entwicklungsschritte, die man quasi als ablaufendes Programm interpretieren könnte. An den Einzelheiten sind die Vorstellungen über die Entwicklung des Menschenkindes heute über die Freudsche Theorie weit hinausgewachsen.

Der Psychoanalytiker Bowlby hat, wie erwähnt, die ethologische Theorie zur Deutung der Mutter-Kind-Beziehung übernommen (Bowlby 1969). Er zeigte, daß die Partnerschaft zwischen Mutter und Kind primär als stammesgeschichtliche Anpassung (Instinkt) angelegt ist und nicht, wie Freud annahm, über eine Futterdressur zustande kommt. Die Bindung wird durch Lernprozesse individualisiert. Auch wir sind mit gewissen Interpretationen Freuds nicht ganz einverstanden. So deuten wir die ödipale Phase anders als die klassische Psychoanalyse. In dieser Phase erleben Kinder sicher Rangkonflikte, die Buben insbesondere mit ihrem Vater. Aber deshalb anzunehmen, daß jedes Buben-Kind latent befürchte, von seinem Vater kastriert zu werden, um seine ödipalen Wünsche zu bestrafen, dies ist sicher weit hergeholt, zumal wir heute wissen, daß es wohl eine angeborene Inzestbarriere gibt. Menschen scheinen ähnlich wie einige andere lange im Familienverband lebende Tiere eine Hemmung zu besitzen, sich in einen andersgeschlechtlichen Partner, mit dem sie in einer bestimmten sensiblen Periode aufwuchsen, zu verlieben (Bischof 1972). Ein Mädchen mag in dieser Entwicklungsphase erleben, daß Buben in patriarchalisch ausgerichteten Gesellschaften vorgezogen werden. Das kann bei sensiblen Naturen zu Konflikten führen, aber daß es deshalb ausgerechnet ihm den Penis neide, ist wohl eher aus der Pathologie als aus der Normalentwicklung abgeleitet. Das gilt wohl auch für manch andere Interpretation aus dieser Schule und hat sich in nicht ganz glücklicher Weise auch in einer Terminologie niedergeschlagen, die auf viele abstoßend und herabsetzend wirkt. So sprechen Psychoanalytiker von einer anal-sadistischen Phase. Mit dieser allegorischen Terminologie soll die Phase der Entwicklung charakterisiert werden, in der das Kind einerseits seinen Schließmuskel beherrschen lernt, andererseits seinen Explorationsdrang auch zerstörerisch einsetzt, indem es etwa Papier zerreißt, Spielzeug zerlegt usw. Die Akzente sind mit einer solchen Terminologie kaum balanciert gesetzt. Weder ist der der Pathologie entnommene Begriff »sadistisch« angemessen, um die explorative Aktivität des Kindes zu beschreiben, noch ist die Beherrschung des Schließmuskels das Um und Auf dieser Periode. Immerhin handelt es sich um die Phase erster Verselbständigung des Kindes im aktiven Erkunden der Umwelt. Neugier, Spiel und Sprechenlernen sind wohl besser geeignet, die Phase zu kennzeichnen (s. Hassenstein 1973 und seinen Beitrag über die Ethologie der Kindheit in diesem Band).

Ein weiterer wichtiger Punkt, in dem die ethologische und die psychoanalytische Theorie verschiedene Ansichten vertreten, betrifft die Ethik. Nach Freud handeln wir uneigennützig, weil wir Furcht vor dem übermächtigen Vater haben. Nach Lorenz sind uns gewisse ethische Normen angeboren. Gewissen und die Sympathie, mit deren Hilfe wir uns die Situation eines Partners vergegenwärtigen können, beruhen zum Teil auf stammesgeschichtlichen Anpassungen.

»DIE RÜCKSEITE DES SPIEGELS«

Das bisher letzte Buch von Konrad Lorenz »Die Rückseite des Spiegels« (1973) hat eine Naturgeschichte der erkennenden Leistungen zum Ziel. Es handelt sich bestimmt um sein ausgereiftestes und tiefschürfendstes Werk. Ausgehend von einem »hypothetischen« Realismus stellt Lorenz dar, daß jede Anpassung eine außersubjektive Realität widerspiegele, und sei das Raster auch noch so grob. »Das Leben ist nicht Gleichnis von irgend etwas, es ist selbst die wissende Wirklichkeit« (326). Mit zunehmender Differenzierung, man spricht von Höherentwicklung, wird auch das Abbild der Welt in den Organismen differenzierter; das trifft für körperliche Anpassungen ebenso wie für die Sinnesleistungen und die Leistungen des Zentralnervensystems zu. »Anpassung ist ein Anwachsen der zwischen dem Organismus und seiner Umwelt bestehenden Transformation«, wobei das Genom in einer Art teleonomischen Probierens aus den Erfolgen »lernt«, der forschende Mensch auch – und gerade durch seine Irrtümer. Man kann beides als Erkenntnisvorgang im Sinne eines Abbildens einer außersubjektiven Realität auffassen.

Allerdings spiegelt die Anpassung oft in gewisser Weise verzerrt. Das lehren uns eindringlich die Fehlleistungen der visuellen Wahrnehmung, die als optische Illusionen genügsam bekannt sind. Es gibt Vorurteile in der Wahrnehmung ebenso wie in unseren Denkprozessen, die man kennen muß – will man sich vor üblen Folgen (Fehlleistungen) schützen. Lorenz verfolgt dazu die Evolution der kognitiven Leistung durch Stammes- und Kulturgeschichte und zeigt deren Leistung und Leistungsbeschränkungen auf. Nach Lorenz soll dieses Werk Grundlage für eine noch folgende gesellschaftskritische Untersuchung sein. Was immer sie auch bieten mag, wir dürfen sie mit Spannung erwarten, denn eines ist gewiß: Auch dieses angekündigte Werk wird durch unkonventionelle Denkweise provozieren, Diskussionen entfachen und damit unserem Bestreben nach Selbsterkenntnis neue Impulse geben. Insbesondere aber dürfte diese biologische Erkenntnistheorie der Philosophie neue Wege eröffnen.

SCHLUSSBEMERKUNG

Lorenz' Wirken hat tiefe unvergängliche Spuren in der geistigen Landschaft unserer Zeit hinterlassen. Es gibt kaum ein neueres Werk über uns Menschen, das sich nicht mit seinen Gedanken auseinandersetzt. Die von ihm, Tinbergen und von Holst begründete Forschungsrichtung ist längst allgemein anerkannt. 1973 wurde ihm gemeinsam mit N. Tinbergen und K. v. Frisch der Nobelpreis für Medizin verliehen. Im gleichen Jahr emeritierte er nach Erreichung der Altersgrenze und kehrte nach Altenberg zurück, wo er eine Zweigstelle des Instituts für Vergleichende Verhaltensforschung der Österreichischen Akademie der Wissenschaften aufbaute. Den Nobelpreis investierte er in den Aufbau einer großen Seewasseranlage, die neben vielen kleinen Aquarien ein 32 000 Liter fassendes Becken enthält. Hier setzt Lorenz seine ethologischen Untersuchungen an Korallenfischen fort. Tintenfische nahm er neu in sein Repertoire auf. Eine weitere Zweigstelle in Grünau (Oberösterreich) gestattet es ihm, seine Beobachtungen an Gänsen unter natürlichen Bedingungen weiterzuführen. So dürfen wir von diesem unermüdlich neugierig forschenden Geist noch viele interessante Beiträge erwarten. Daneben ist eine Monographie über Graugänse in Vorbereitung, und eine Einführung in die Vergleichende Verhaltensforschung liegt bereits als Manuskript vor. In seiner ehemaligen von ihm und E. v. Holst begründeten Wirkungsstätte, dem Max-Planck-Institut für Verhaltensphysiologie in Seewiesen wird seine Arbeit in verschiedenen Richtungen weitergeführt. Zu den bereits zu seiner Zeit aufgebauten Abteilungen Aschoff (circadiane Rhythmen), Mittelstaedt (Kybernetik, Systemforschung) und Schneider (Rezeptorenphysiologie) wurden nach seinem Ausscheiden die

Abteilungen Huber (Neuroethologie) und Wickler (klassische Tierethologie mit Schwerpunkt Ethoökologie) aufgebaut. 1976 wurde dem Institut schließlich eine selbständige Forschungsstelle für Humanethologie unter Leitung des Referenten angegliedert. Damit ist auch das, was Lorenz als »die wichtigste Aufgabe« der Verhaltensforschung nennt, nämlich die biologische Erforschung menschlichen Verhaltens, systematisch in Angriff genommen worden. Psychologen, Psychiater, Psychoanalytiker, Anthropologen und Pädagogen haben sich mit seinem Gedankengut auseinandergesetzt und praktisch mit biologischer Verhaltensforschung am Menschen begonnen. Eine »Humanethologie« beginnt sich als neues Fach zu etablieren (Eibl-Eibesfeldt, Hass 1966).

ANMERKUNG

1

Lorenz betont in seinen Arbeiten immer wieder, daß Vorgänger ähnliche Gedanken entwickelt hätten. Er nennt Darwin, Heinroth, Whitman, Uexküll und andere. Entscheidend ist jedoch, daß er die verstreuten Daten in einem neuen Gedankengebäude zusammenfaßt.

DIE WICHTIGSTEN VERÖFFENTLICHUNGEN VON KONRAD LORENZ IN CHRONOLOGISCHER REIHENFOLGE

1927: Beobachtungen an Dohlen. Journal für Ornithologie, 75, 511–519

1931: Beiträge zur Ethologie sozialer Corviden. Journal für Ornithologie, 79, 67–127

1932: Betrachtungen über das Erkennen der arteigenen Triebhandlungen bei Vögeln. Journal für Ornithologie, 80, 50–98

1935: Der Kumpan in der Umwelt des Vogels. Journal für Ornithologie, 83, 137–215; 289–413

1937 a: Über den Begriff der Instinkthandlung. Folia biotheoretica, Serie B 2. Instinctus, 17–50

1937 b: Über die Bildung des Instinktbegriffes. Die Naturwissenschaften, 25, 289–300; 307–308; 324–331

1938: (mit N. Tinbergen) Taxis und Instinkthandlung in der Eirollbewegung der Graugans. Zeitschrift für Tierpsychologie, 2, 1–29

1939: Vergleichende Verhaltensforschung. Verh. der deutschen Zool. Gesellsch., 1939, 69–102

1940: Durch Domestikation verursachte Störungen arteigenen Verhaltens. Zeitschrift für angewandte Psychologie und Charakterkunde, 59, 1–81

1941 a: Kants Lehre vom Apriorischen im Lichte gegenwärtiger Biologie. Blätter für Deutsche Philosophie, 15

1941 b: Vergleichende Bewegungsstudien an Anatiden. Festschrift O. Heinroth. Journal für Ornithologie, 89, Ergänzungsband 3, 194–293

1942: Induktive und teleologische Psychologie. Die Naturwiss., 30, 133–143

1943: Die angeborenen Formen möglicher Erfahrung. Zeitschrift für Tierpsychologie, 5, 235–409

1949: Er redete mit dem Vieh, den Vögeln und den Fischen. Wien: Borotha-Schoeler

1950 a: Ganzheit und Teil in der tierischen und menschlichen Gemeinschaft. Studium Generale, 9, 455–499

1950 b: So kam der Mensch auf den Hund. Wien: Borotha-Schoeler

1951: Ausdrucksbewegungen höherer Tiere. Die Naturwiss., 38, 113–116

1953 a: Psychologie und Stammesgeschichte. In: G. Heberer (Hg.): Die Evolution der Organismen. Stuttgart: G. Fischer, 131–172

1953 b: Verständigung unter Tieren. Das internat. Forum. Zürich: Fontana

1954: Morphology and behaviour patterns in closely alleed species. In: Group processes, first conference. New York: Columbia Univ., 168–220

1955: Über das Töten von Artgenossen. Jahrbuch 1955 der Max-Planck-Gesellschaft, 105–140.

1959: Gestaltwahrnehmung als Quelle wissenschaftlicher Erkenntnis. Zeitschrift für experimentelle und angewandte Psychologie, 6, 1, 118–165

1961: Phylogenetische Anpassung und adaptive Modifikation des Verhaltens. Zeitschrift für Tierpsychologie, 18, 139–187

1963: Das sogenannte Böse. Zur Naturgeschichte der Aggression. Wien: Borotha-Schoeler

1965 a: Über tierisches und menschliches Verhalten. Aus dem Werdegang der Verhaltenslehre. Gesammelte Abhandlungen, I, II. München: Piper & Co.

1965 b: Darwin hat recht gesehen. Opuscula aus Wissenschaft und Dichtung, 20. Pfullingen: Günther Neske

1965 c: Evolution and Modification of Behaviour. Chicago: University Press

1973 a: Die Rückseite des Spiegels. München: Piper & Co.

1973 b: Die acht Todsünden der zivilisierten Menschheit. München: Piper

1976: Das Kunstwerk darf predigen. Carl Zuckmayer zum 80. Geburtstag. Süddeutsche Zeitung. Weihnachten

1978: Gespräche mit Richard Evans. Berlin, Frankfurt/M., Wien: Ullstein

LITERATUR

BISCHOF, N.: Die biologischen Grundlagen des Inzesttabus. In: G. Reinert (Hg.): Bericht über den 27. Kongreß der Deutschen Ges. für Psychologie, Kiel 1970. Göttingen: Hogrefe 1972

BOWLBY, J.: Attachment. London: Hogarth 1969. Deutsch: Bindung. München: Kindler 1975

EIBL-EIBESFELDT, I.: Grundriß der vergleichenden Verhaltensforschung. München: Piper & Co. 1967, [5]1978

Liebe und Haß. Zur Naturgeschichte elementarer Verhaltensweisen. München: Piper & Co. 1970.

Der vorprogrammierte Mensch. Das Ererbte als bestimmender Faktor im menschlichen Verhalten. Wien: Molden 1973

Krieg und Frieden aus der Sicht der Verhaltensforschung. München: Piper & Co. 1975

Menschenforschung auf neuen Wegen. Eine naturwissenschaftliche Betrachtung kultureller Verhaltensweisen. Wien: Molden 1976

EIBL-EIBESFELDT, I., HASS, H.: Zum Projekt einer ethologisch orientierten Untersuchung menschlichen Verhaltens. Mitt. Max-Planck-Ges., 6, 1966, 383–396

FROMM, E.: Lieber Fliehen als Kämpfen. Bild der Wissenschaft, 11, 1974, 52–58

HASSENSTEIN, B.: Verhaltensbiologie des Kindes. München: Piper & Co. 1973

LEHRMAN, D. S.: A Critique of Konrad Lorenz's Theory of Instinctive Behavior. Quart. Rev. Biol., 28, 1953, 337–363

LORENZ, A.: Wenn der Vater mit dem Sohne. Wien: Deuticke 1952

LORENZ, K., TINBERGEN, N.: Taxis und Instinkthandlung in der Eirollbewegung der Graugans. Zeitschrift für Tierpsychologie, 2, 1938, 1–29

TINBERGEN, N.: The Study of Instinct. Oxford: Clarendon Press 1950. Deutsch: Instinktlehre. Berlin, Hamburg: Paul Parey 1951

NIKO TINBERGEN (*1907)

von Colin G. Beer

Professor Niko Tinbergen sagte einmal, wenn er die Wahl gehabt hätte, wäre er Jäger geworden. Die Berufsaussichten für Jäger waren aber im Holland seiner Jugendjahre nicht gut, und dafür sollte die Welt dankbar sein. Denn hätte er sich der Jagd zugewandt, anstatt Verhalten zu beobachten, so würde der Ethologie ihre beredteste Stimme fehlen.

Indem er aber die Beobachtung des Verhaltens als »Ersatztätigkeit« wählte, konnte Tinbergen im wesentlichen das gleiche tun, was er auch als Jäger getan haben würde. Das gibt seiner Verhaltensforschung ihre eigene Prägung: Er ist der Naturgeschichtler des tierischen Verhaltens *par excellence.* Sein Thema ist das Tier in seiner Welt – seiner natürlichen Welt –, die er betritt und in der er sich aufhält, ohne bemerkt zu werden. Seine »Jagdbeute« ist das natürliche Tun des Tieres, dem er mit Feldstecher und Kamera statt mit Gewehr und Schlinge nachpirscht.

Im Gegensatz zu dem Wild, das man verfolgt, um es zu töten, ist aber das um der Beobachtung willen verfolgte, auch wenn es schon gestellt ist, oft schwer zu fassen. Selbst durch Beschreibung »festgehalten« oder auf den Film gebannt, kann sich doch das Verhalten eines Tieres dem endgültigen Verständnis entziehen. Erkennt man, *was* vorgeht, so stellt sich die Frage nach dem Wie und Warum. Tinbergen nannte sich selbst scherzhaft einen »neugierigen Naturforscher«. Sein Drang zu wissen, wie sich Tiere verhalten und warum so und nicht anders, ist so groß, daß man sich fragt, ob die entschiedenere, aber oberflächlichere Macht, die der erfolgreiche Jäger über das Tier ausübt, jemals genügt hätte, ihn zu befriedigen. Schon von früher Kindheit an bewies er den Instinkt des Wissenschaftlers.

Nikolaas Tinbergen wurde 1907 in Den Haag, Holland, geboren. Er war der zweitälteste Sohn unter fünf Geschwistern, die alle geistig begabt waren und zusammen einen bemerkenswerten Grad von Erfolg und Auszeichnung in ihren verschiedenen Berufen erlangten. Die häusliche Umgebung, in der sie aufwuchsen, förderte Neugier und Phantasie, Entdekkungsfreude und geistige Unabhängigkeit, und sie erzog zu klarem Denken. Der Vater war Gymnasiallehrer und schärfte seinen Kindern ein, wie wichtig es ist, klar und einfach zu sprechen und zu schreiben. Sie lernten es in den täglichen Gesprächen und Diskussionen in der Familie. Der Kreis der Gesprächsthemen war weit gezogen. Wissenschaftliche Fragen herrschten vor, aber man sprach auch über aktuelle Ereignisse, Kunst und Literatur, Sport und Steckenpferde. Ein Lieblingsthema war die Naturkunde. Das Interesse an ihr wurde durch Bücher wie die sehr beliebte Reihe von E. Heimans und P. Thijse bestärkt. Mehrere Generationen holländischer Kinder wuchsen mit diesen Büchern auf, die nicht nur Tatsachen aus dem Reich der Natur berichteten, sondern den Leser auch dazu anregten, selbst hinauszugehen und die Natur zu beobachten. Durch Beobachtungs- und Versuchsanleitungen führten diese Bücher junge Menschen zu eigenen Erfahrungen auf dem Gebiet der wissenschaftlichen Entdeckungen. Den jungen Tinbergen fesselten diese Erfahrungen so sehr, daß er sie ständig wiederholen und mit anderen teilen mußte. Ein Rätsel in einer natürlichen Erscheinung entdecken, dann eine Möglichkeit finden, es als Problem wissenschaftlicher Untersuchung zu formulieren, und endlich beobachten oder experimentieren, bis das Rätsel gelöst ist – all das nahm Wahrnehmungsvermögen, Verstand und Findigkeit in einer so befriedigenden Weise in Anspruch, daß es zusammen mit der Neugier und der Liebe zum Leben im Freien den angehenden Jäger in einen neugierigen Naturforscher verwandelte, aus dem der berühmte Verhaltensforscher wurde.

Den Ruhm verdankt er seiner Forschung und den Begriffen vom tierischen Verhalten, die diese Forschung leiteten und aus ihr erwuchsen. Ebenso wichtig, zumindest für Tinbergen selbst und für die vielen, die das Glück hatten, seine Schüler und Kollegen zu sein, war jedoch seine Arbeit als Lehrer. Wie er selbst einst geführt worden war, so versuchte er andere zum Erlebnis der naturwissenschaftlichen Entdeckung hinzuführen, indem er sie lehrte, *selbst zu sehen.*

Dieses gemeinsame Forschen hatte er zum erstenmal mit seinen Kameraden in der Naturkundlichen Gesellschaft der holländischen Jugend genossen. Vorträge, Ausflüge, Zeltlager und das Erlebnis der Mitarbeit und Hilfe bei der Organisation der Tätigkeiten der Gesellschaft trugen dazu bei, aus der Neigung eine Berufung zu machen. Als Gymnasiast und später als Student an der Universität Leiden gehörte Tinbergen auch einem kleinen Klub von Vogelbeobachtern (dem Club van Haagse trekwaarnemers) an, der sich mit dem Vogelzug beschäftigte, und in seinen frühen Zwanzigerjahren arbeitete er mit befreundeten Ornithologen (G. van Beusekom, F. Kooymans und M. G. Rutten) an einem Vogelbuch. Es erschien unter dem Titel »Het Vogeleiland« und beschrieb mit Worten und Fotografien eine kleine Insel in der Nähe von Den Haag, die ein beliebter Ort für die Vogelbeobachtung war.

Vögel und Fotografie, diese Interessen spiegeln einen ästhetischen Aspekt in Tinbergens Naturbetrachtung wider. Im Laufe seiner ganzen Karriere verband er immer das scharfe Auge und den unbestechlichen Verstand des Naturwissenschaftlers mit dem schöpferischen Blick und dem empfindsamen Geist des Künstlers. Die Vögel zogen ihn durch ihre Schönheit und ihr Geheimnis an; die Fotografie war für ihn stets gleichermaßen eine Methode, Bilder zu gestalten, wie eine Methode, Tatsachen zu registrieren. Im Jahre 1931 veröffentlichte er seine erste wissenschaftliche Arbeit. Sie befaßte sich mit dem Brutverhalten von Seeschwalben, die zu den elegantesten Seevögeln zählen.

Vorher lagen jedoch Schule und Universität. Wie er selbst zugab, war Niko Tinbergen alles andere als ein Musterschüler, jedenfalls nach den Maßstäben der Zeit und des Ortes. Zum Teil lag das an seiner Vielseitigkeit. Er war ein begabter und erfolgreicher Sportler, im Hockey vertrat er sogar sein Land bei internationalen Wettkämpfen. Der Sport nahm daher einen großen Teil seiner Zeit in Anspruch, und das Studium kam dabei so oft zu kurz, daß einige seiner Lehrer zur Ansicht kamen, er sei faul und es fehle ihm am nötigen Ernst. Was noch schlimmer war: Er verabscheute manche Fächer und gab sich in ihnen nur wenig Mühe. Dagegen arbeitete er hart in den Fächern, die ihm zusagten, besonders wenn sie seine Phantasie ansprachen und frei von starren Forderungen waren. Wieder kam es ihm darauf an, *selbst zu entdecken*, und die Lektionen, die er am besten lernte, waren die, in denen seine eigenen Bemühungen und Erfahrungen den Ausschlag gaben. Das spiegelt sich noch heute in seinen Anschauungen über Erziehung. Er lehnt jede Art von Unterricht ab, der kaum mehr tut als Fakten und Formeln weiterzugeben, der vom Schüler kaum mehr verlangt als mechanisches Auswendiglernen und Leistungen fast ausschließlich danach benotet, wieviel auswendig gelernt wurde. Ein solcher Unterricht, meint er, bringt im günstigsten Falle Durchschnittsgeister hervor, und im schlimmsten Falle erstickt er den Wissensdrang, verstümmelt er die Originalität und macht er das akademische Leben zu einem Gefängnis, aus dem man bei erstbester Gelegenheit ausbrechen muß. Er teilt die Ansicht George Bernard Shaws: »Die Menschen zwingen, Dinge zu lernen, die sie nicht wissen wollen, ist ebenso ungesund und verhängnisvoll, wie wenn man sie mit Sägemehl ernährte.« In einer Rundfunksendung, in der er über die Erlebnisse eines Holländers sprach, der sich der britischen Lebensweise anpaßt, sagte er:

»Was wir in England so erfrischend finden, ist, daß man hier nicht versucht, so viel Tatsachenwissen wie möglich in ein Kind hineinzustopfen – ein Brauch, der in manchen Ländern auf dem Kontinent üblich ist und tödlich wäre, wenn es sich nicht so verhielte, daß es eben doch nicht so leicht ist, die Vitalität eines Kindes zu zerstören.« (On Turning Native, B. B. C., Februar 1961.)

Um sich richtig entfalten zu können, braucht der Geist ebenso wie der Körper Raum, in dem er sich frei bewegen, Herausforderungen, an denen er seine Kräfte messen kann, und Abenteuer, die die Initiative wecken und den Mut auf die Probe stellen.

Zweifel an dem Unterrichtsbetrieb, wie er ihn an der Schule kennengelernt hatte, ließen Tinbergen zögern, auf die Universität zu gehen. Er entschied sich dafür erst auf Grund seiner Erlebnisse an der Vogelwarte Rossitten, einer ornithologischen Beobachtungsstation auf der Kurischen Nehrung. Die Freude, Vögel in freier Natur zu studieren, ließ in ihm den Entschluß reifen, Biologe zu werden. Durch seinen Aufenthalt in Rossitten versäumte er den Semesterbeginn an der Universität Leiden, aber sein verspäteter Eintritt brachte einen Vorteil mit sich. Jan Verwey, ein junges Mitglied des Lehrkörpers der Biologischen Fakultät, bekam den Auftrag, dem Neuen zu helfen, das Versäumte nachzuholen. Die beiden fanden Gefallen aneinander und schlossen eine enge Freundschaft, die noch heute besteht.

Verwey war ungefähr sieben Jahre älter als Tinbergen und bereits ein Pionier der Ethologie in Holland. Er regte viele seiner Studenten dazu an, das tierische Verhalten zu studieren. Dadurch wurde Leiden zum Zentrum der holländischen Verhaltensforschung. Verwey gab ein schönes Beispiel dafür, wie man im Freiland methodisch und sorgfältig beobachtet. Seine veröffentlichten Studien, zum Beispiel über das Verhalten von Kiebitzen und Reihern, und eine lange Abhandlung über die ostindischen Mangrovekrabben gelten noch heute als wichtige Beiträge zur einschlägigen Literatur. Tinbergen begleitete Verwey auf vielen Exkursionen, und die beiden diskutierten oft miteinander. Tinbergen spricht mit Wärme davon, wie ihm Verwey die Bedeutung der Arbeit der britischen Ornithologen wie Eliot Howard, Edmund Selous und Julian Huxley klarmachte. Verwey seinerseits war beeindruckt von Tinbergens Begeisterung für die Naturbeobachtung und die Beredsamkeit, mit der er ihr Ausdruck verlieh. Er hielt ihn für einen vielversprechenden jungen Mann, der Ermutigung verdiente.

Die bereits erwähnte Studie über die Flußseeschwalbe (Tinbergen 1931) bildete, zusammen mit einer Studie über die Futtersuche der Eulen (Tinbergen 1933), Tinbergens Magisterarbeit. Für sein Doktorat studierte er das Verhalten der Grabwespe *Philanthus triangulum.* Im ersten Kapitel seines Buches »Curious Naturalists« (1958 a) berichtet er, wie er dazu kam, sich mit diesem Thema zu beschäftigen. Wieder ging es ihm darum, selbst etwas zu entdecken. Er hatte die Vorschläge seines Beraters abgelehnt, andererseits aber selbst noch kein Thema gefunden, das er hätte vorschlagen können, und wanderte unschlüssig in der schönen Dünenlandschaft in der Nähe von Hulshorst umher, wo die Familie ihren Sommerurlaub verbrachte. Da wurde er auf eine Wespe aufmerksam, die eine Höhle grub. Er setzte sich und sah zu, wie sie ihre Arbeit beendete, den Eingang der Höhle verschloß und davonflog. Dann wartete er darauf, daß die Wespe zurückkehrte, um ihre Beute in die Höhle zu legen. Während er wartete, entdeckte er, daß er sich mitten in einer Kolonie von Grabwespen befand. Als die erste, die er beobachtet hatte, zurückkehrte, beeindruckte ihn die offensichtliche Leichtigkeit, mit der sie ihre eigene Höhle unter all den anderen wiederfand. Damit hatte er ein Thema für seine Studien gefunden:

»Während ich die Wespen beobachtete, begann mir klar zu werden, daß ich hier eine wunderbare Gelegenheit hatte, die Art von Freilandforschung zu leisten, die mir vorschwebte. Da gab es Hunderte von Grabwespen – die genaue Spezies war mir noch nicht bekannt, aber sie würde sich unschwer feststellen lassen. Ich zweifelte kaum daran, daß jede Grabwespe regelmäßig zu ihrer eigenen Höhle zurückkehrte. Aber wie fand sie den Weg zurück zur eigenen Höhle?« (Tinbergen 1958 a, 21).

Kreisförmige Flüge über der Höhle vor dem Abflug zur Beutesuche deuteten darauf hin, daß sich die Wespe Geländemerkmale einprägte und sich bei der Rückkehr nach ihnen orientierte. Eine Reihe von Versuchen, bei denen die Geländemerkmale verändert wurden, bestätigte die Richtigkeit dieser Annahme. Das Studium von *Philanthus* ging mehrere Sommer lang weiter, wie es begonnen hatte: sorgfältige und genaue Beobachtung warf Fragen auf, die zu Versuchen führten, deren Ergebnisse wiederum neue Beobachtungen mit weiteren Fragen nach sich zogen. Der Schauplatz, der Gegenstand, die Zugangsrichtung, die Methode und die Deutung, die für Tinbergens reife Arbeit typisch sind, waren in dieser frühen Studie alle schon vorhanden. Und typisch war auch, daß die Studie nicht mit der Niederschrift der Dissertation endete, als deren Thema sie ursprünglich gewählt worden war. Da die Arbeit wirklich um ihrer selbst willen und nicht nur als Mittel zum Zweck getan wurde, kehrte Tinbergen immer wieder zu ihr zurück, und als er sie schließlich aufgeben mußte, wurde sie von anderen fortgesetzt, die früher seine Schüler gewesen waren.

Das erste Kapitel der Grabwespenstudie war jedoch kurz. Bei der Rückkehr von seiner ersten Beobachtungssaison wurde Tinbergen eingeladen, sich einer kleinen Expedition holländischer Meteorologen anzuschließen, die nach Ostgrönland ging. Er und sein Berater waren übereinstimmend der Meinung, daß er eine so günstige Gelegenheit nicht versäumen dürfe. Eine ungewöhnlich kurze Dissertation und besondere Fürsprache genügten, um dem jungen Wissenschaftler sein Doktorat innerhalb einer Frist zu verschaffen, die mehr oder weniger ein Rekord gewesen sein muß. Die bereits geplante Hochzeit wurde vorverlegt; seine Frau wurde ihm zum Kameraden, der am Abenteuer in der Arktis mit gleicher Begeisterung teilnahm wie er. Mit einer oberflächlichen Kenntnis des Dänischen – der Sprache, die in Grönland gesprochen wird – und einiger Übung im Gebrauch von Dingen wie Faltbooten traten sie mitten im Sommer die Reise an.

Die Tinbergens hielten sich beinahe anderthalb Jahre in Grönland auf. Einen großen Teil dieser Zeit verbrachten sie bei den Eskimos – sie lebten wie sie, lernten ihre Sprache und legten im Auftrag eines holländischen Museums eine ethnographische Sammlung an. Die Eskimohunde boten Gelegenheit für ethologische Beobachtungen. Tinbergen studierte die sozialen Wechselbeziehungen innerhalb der einzelnen Rudel und zwischen den Rudeln und damit die Frage, wie sich soziale Rangordnung und Territorialität bei einer Säugetierart manifestieren. Außerdem interessierte ihn das Verhalten der Tiere und ihrer Herren zueinander. Tinbergens Hauptziel war jedoch eine Freilandstudie einiger Aspekte des Vogellebens der Arktis. Er beschloß, sich auf die Schneeammer (*Plectrophenax nivalis*) zu konzentrieren und widmete daneben auch dem Odinshühnchen (*Phalaropus lobatus*) einige Aufmerksamkeit. Da man die Lebensgewohnheiten beider Arten kaum kannte, mußte er praktisch bei Null beginnen, um ein Bild der einander im Laufe der Brutzeit folgenden Ereignisse zu entwerfen. Er beobachtete besonders genau das Verhalten bei der Revierverteidigung und Paarbildung, unterschied die dazugehörigen Ausdrucksbewegungen und hielt in möglichst vielen Einzelheiten fest, wann und mit welcher augenscheinlichen Wirkung sie vollzogen wurden. Auf diese Weise stellte er für die Schneeammer und das Odinshühnchen etwas zusammen, was sein Landsmann Makkink später (1936) ein »Ethogramm« genannt hat, als er eine ähnliche Beschreibung des Verhaltens des Säbelschnäblers veröffentlichte.

Wie Lorenz immer wieder mit Nachdruck sagte, ist eine solche vorbereitende Katalogisierung notwendig, bevor man versuchen kann, das Wie und Warum der Verhaltensweisen einer Art zu verstehen (z. B. Lorenz 1950). Man kann aber nicht beobachten und beschreiben ohne Arbeitshypothesen, nach denen man entscheidet, was zur näheren Betrachtung ausgewählt werden soll – ja genaugenommen, was wahrgenommen werden wird, denn die Wahrnehmung ist kein passiver Vorgang (s. auch meinen Beitrag über »Beobachtung« in diesem Band). Ebenso ist es sehr schwierig, Beobachtungen anzustellen, ohne gleichzeitig zu fragen, zu spekulieren und Theorien darüber zu entwerfen, was sie bedeuten mögen, wie sie einen Sinn ergeben könnten und ob sie in ein zusammenhängendes System passen. Was Tinbergen für die Aufnahme in seine Berichte über die Tätigkeiten seiner Vögel auswählte, und zwar besonders in die detaillierte Beschreibung von Ausdrucksverhalten und sozialen Wechselbeziehungen, läßt die Interessen, die sich durch vorausgegangene Erfahrungen und Lektüre entwickelt hatten, ebenso erkennen wie die Techniken der Beobachtung und Analyse, die ihm zur Verfügung standen. Da er das tragbare Tonbandgerät, das heute zur Standardausrüstung des Ethologen gehört, nicht hatte, mußte er mit Worten beschreiben, wie die Vogelrufe für sein Ohr klangen. Und da er die Techniken der Messung und statistischen Analyse nicht kannte, die erst später Mode wurden, konnte er beschreiben, ohne alles – wie es diese Mode dann verlangen wird – quantifizieren zu müssen. Doch auch so wiesen seine Beobachtungen und Beschreibungen voraus auf zukünftige Entwicklungen in der symbiotischen Partnerschaft von ethologischer Theorie und Methode. So stellte er beispielsweise individuelle Unterschiede und Dialekte im Gesang der Schneeammermännchen fest; er rätselte darüber, warum sich ein Schneeammermännchen gegenüber einem Weibchen, das sich als zukünftige Partnerin nähert, ebenso verhält wie gegenüber einem Männchen, das als territorialer Rivale naht; er bemerkte erstaunt das, was später »Übersprungbewegung« genannt werden sollte, und er gewann die Überzeugung, daß das territoriale Verhalten dazu dient, Abstände zwischen den Paaren herzustellen und somit die Populationsdichte in Übereinstimmung mit irgendeinem natürlichen Selektionsdruck wie der Verfügbarkeit von Nahrung zu regeln (Tinbergen 1935b, 1939a). Er achtete aufmerksam auf den ungewöhnlichen Vorfall oder Umstand, der ein »natürliches Experiment« darstellen konnte und eine seiner Fragen beantwortete oder seine Aufmerksamkeit auf etwas lenkte, was er noch nicht bemerkt hatte. Wie Darwin konnte er kaum eine Tatsache feststellen, ohne sich zu fragen, was sie bedeutete oder wie sie sich erklären ließe. Im Gegensatz zu vielen anderen Wissenschaftlern war er sich der Rolle voll bewußt, die Erwartung und vorab gefaßte These bei der Beobachtung spielen. Über eine seiner Beobachtungen sagte er: »Es freute mich so sehr, das zu sehen, weil es gewissermaßen die allgemeine biologische ›Philosophie‹ bestätigte, die hinter so vielen Beobachtungen eines Naturforschers steckt« (1958a, 64).

Bei seiner Rückkehr nach Holland wurde Tinbergen Mitglied der Zoologischen Fakultät in Leiden. Das gab ihm die Gelegenheit, Studenten anzuleiten und zu beraten, die sich dazu entschlossen hatten, ihre Dissertationsthemen auf dem Gebiet des tierischen Verhaltens zu suchen, und er konnte seine Gabe, andere zu inspirieren, darauf verwenden, junge Menschen zur Naturkunde und Verhaltensforschung hinzuführen und zugleich die Erforschung der Fragen und Phänomene zu fördern, auf die er in immer größerer Zahl stieß, als seine eigenen Studien an Umfang und Tiefe der Auffassung gewannen. Er nahm die Arbeit an der Grabwespe wieder auf und ließ sie durch seine Studenten in neuen Richtungen weiterführen und auf andere Arten ausdehnen. Und er begann Studien über eine Vielfalt anderer Tiere und anderer Verhaltensweisen oder regte zu solchen Studien an, zum Beispiel über die Balz bei Schmetterlingen (Tinbergen, Meeuse, Boerema, Varossieau 1942), das Sperren von Singvogelnestlingen (Tinbergen, Kuenen 1939) und das Futterbetteln der Silbermöwenküken (Tinbergen, Perdeck 1950). Diese Studien unterschieden sich von der Arbeit in Grönland dadurch, daß sie üblicherweise Experimente mit einschlossen.

Die Fragen, auf die viele Versuche ausgerichtet wurden, hingen mit den Reizen zusammen, die ein Verhalten auslösen. Beim Studium der Balz des Samtfalters (*Hipparchia* [= *Eumenis*] *semele*) entwarfen Tinbergen und seine Studenten Tests, um festzustellen, welche Merkmale eines fliegenden Weibchens den Verfolgungsflug des Männchens auslösen, und als sie diese Frage beantwortet hatten, untersuchten sie, wie die verschiedenen als wirksam erkannten Merkmale sich zu einer Reizsumme vereinen. Sie bedienten sich der Versuchstechnik, das Weibchen und seinen Flug durch Papierattrappen nachzuahmen, die an Ruten aufgehängt waren. Diese »Angeln« wurden über ein sitzendes Männchen hinwegbewegt, so daß man sehen konnte, ob die Attrappe und ihre Bewegung zur Verfolgung verlockten. Dabei wurden Größe, Form und Farbe der Attrappen und ihre Kontrastwirkung vor dem Hintergrund ebenso systematisch variiert wie die Entferung vom Männchen und die Art der Flugbewegung (wellenförmig oder gerade und in gleicher Höhe). Die Ergebnisse zeigten, daß einige der Merkmale, wie z. B. Form und Farbe, ohne Bedeutung waren. Andere, wie Größe, Abstand und Flugbewegung waren insofern von Bedeutung, als ihre Variation die Stärke der Reaktion des Männchens beeinflußten. Die kombinierte Wirkung dieser verschiedenen Reize erwies sich als die Summe ihrer einzelnen Wirkungen. Der gleiche Reaktionsgrad konnte durch verschiedene Kombinationen erreicht werden, wobei die Schwäche eines Merkmals durch die Stärke eines anderen kompensiert wurde und umgekehrt. Das Prinzip wurde verallgemeinert als »Phänomen der heterogenen Summation« (Tinbergen 1951a, 81) oder Reizsummenphänomen (Seitz 1940/41, 79; später Reizsummenregel genannt).

Die Verwendung von Attrappen ermöglichte es auch, die Auslösung des Futterbettelns bei jungen Drosseln und Silbermöwen zu untersuchen. Im letzteren Falle lag dem Versuch die Vermutung zugrunde, daß der rote Fleck nahe der Spitze des Unterschnabels einer erwachsenen Silbermöwe den Reiz darstellt, auf den das Futterbetteln der Jungen abgestimmt ist. Versuche mit Attrappen bestätigten das und führten zu einer genaueren Spezifizierung der Reizfilterung, die die Reaktion bestimmt. Und sie beantworteten die Frage, wozu der rote Fleck auf dem Schnabel der erwachsenen Silbermöwe dient.

Eine solche Fragestellung geht von der Annahme aus, daß die meisten Merkmale eines Tieres aus funktionellen Gründen vorhanden sind. Diese Annahme ist für einen Biologen, der mit Darwinschen Prinzipien aufgewachsen ist, selbstverständlich. So war es für Tinbergen selbstverständlich, Versuche zu ersinnen, um den Gedanken des arterhaltenden Werts zu testen. Besonders interessierte ihn die Tarnung als Schutz gegen Feinde (s. hierzu auch Abb. 2 des Beitrags von H. Hediger in diesem Band), und er ließ einige seiner Studenten dieses Problem untersuchen, wie z. B. L. de Ruiter, der die Wirksamkeit der umgekehrten Gegenschattierung von Raupen gewisser Falter als Schutztarnung studierte. Normalerweise hängen diese Raupen umgekehrt an der Unterseite von Zweigen (s. Tinbergen 1951a, fig. 117). In dieser Stellung sind ihre dunkleren Unterseiten dem Licht zugekehrt und die helleren Rückenflächen vom Licht abgewandt. Sie stellen damit einen Ausnahmefall dar, der die Regel bestätigt, daß die Gegenschattierung den Gradienten von Licht und Schatten aufhebt, die auf einen von oben beleuchteten Gegenstand fallen. Die daraus resultierende Flachheit des Aussehens bewirkt, daß die Raupen schwer vom Untergrund zu unterscheiden sind. Um festzustellen, ob dies die Auffindung durch Räuber erschwert, klebte de Ruiter tote Raupen auf Zweige und verteilte sie im Laubwerk von Sträuchern in einer Voliere mit hungrigen Eichelhähern. Dabei brachte er die Hälfte der Raupen in die übliche umgekehrte Position, und die andere Hälfte präsentierte er mit dem Rücken nach oben, das heißt dem Licht zugekehrt, so daß sie doppelt auffällig waren, da nun Farb- und Lichtgradient in dieselbe Richtung wiesen. Die Häher fanden und fraßen mehr von den atypisch orientierten Beutetieren. Um zu bestätigen, daß der Unterschied auf die Gegenschattierung zurückging, bemalte de Ruiter in einem Kontrollversuch Raupen so, daß der Gradient der Körperfarbe ausgeschaltet war. Die Eichelhäher fraßen daraufhin gleich viele Raupen in beiden Orientierungen (de Ruiter 1956). Diese Methode, eine einzige einfache Veränderung in einer sonst natürlichen Situation vorzunehmen, um die vermutete biologische Funktion eines Form- oder Verhaltensmerkmals zu testen, ist eine bevorzugte Arbeitsweise Tinbergens. Er und andere, deren Forschungsarbeit er leitete oder inspirierte, haben solche Versuche dazu verwendet, zahllose Variationen zum Thema »arterhaltender Wert« in einem Stil zu komponieren, der unverkennbar der seine ist.

Die Versuche bezogen sich gewöhnlich auf Fragen, die sich aus der Beobachtung von in der Natur auftretendem Verhalten ergaben. Aber auch wenn er mit Tieren im Labor arbeitete, versuchte Tinbergen stets, ihnen eine Umwelt zu geben, die der natürlichen so nahe wie möglich kam. Kleine Fische eignen sich besonders gut für solche Studien, denn ihre Lebensräume können in Aquarien, die wenig Platz einnehmen und eine leichte Beobachtung und Hantierung bei Versuchen gestatten, sehr naturnah dargestellt werden. Tinbergens Laborstudie über das Paarungsverhalten des Dreistachligen Stichlings (*Gasterosteus aculeatus*) gehört heute zu den »Klassikern« der ethologischen Literatur (Ter Pelkwijk, Tinbergen 1937; s. auch den Beitrag von P. Sevenster in diesem Band). Wieder beobachtete er mit dem Wissen, wie sich diese Fische in der Natur verhalten, ihr Territorial-, Nestbau-, Paarungs- und Brutverhalten in Aquarien. Und dann prüfte er Schritt für Schritt die Ideen, die ihm bei diesen Beobachtungen einfielen, durch die Anwendung von Attrappen und anderer Versuchstechniken und erhielt damit Ergebnisse, die zu einer allgemeinen Vorstellung davon führten, wie Verhalten verursacht und gesteuert wird.

Auf dem Wege zu einer solchen Theorie ging es einen entscheidenden Schritt vorwärts, als Tinbergen die Ideen von Konrad Lorenz bekannt wurden, vor allem durch dessen Abhandlung »Der Kumpan in der Umwelt des Vogels« (1935). Tinbergen hatte Lorenz in einigen Punkten schon vorweggenommen, aber er stellte fest, daß der ältere Wissenschaftler eine Reihe neuer Begriffe entwickelt hatte, die das Nötige boten, einen sinnvollen Zusammenhang herzustellen und vielem, was in der Verhaltensforschung noch fragmentarisch und unzusammenhängend war, eine theoretische Struktur zu verleihen. Die beiden lernten einander kennen, als Konrad Lorenz 1936 nach Leiden kam. Im Jahr darauf verbrachte Tinbergen drei Monate bei Lorenz in Altenberg an der Donau, wo sie gemeinsam an zwei bekannten Studien arbeiteten: einer Versuchsreihe mit Silhouetten-Attrappen einschließlich der berühmten »Greifvogel-Gans«, um die Reizmerkmale zu bestimmen, die die Flucht von Vögeln wie Hühner, Gänse und Enten vor fliegenden Greifvögeln auslösen (Lorenz 1939), und der experimentellen Analyse der »Eirollbewegung« der Graugans (Lorenz u. Tinbergen 1938; s. auch den Beitrag von W. Schmidt über die Graugans in diesem Band). Dieser Bericht enthielt eine Anzahl wichtiger theoretischer Klarstellungen, so etwa die Unterscheidung zwischen einer »Instinkthandlung« (Lorenz) und einer Taxis (reizabhängige Orientierungsreaktion). Bei beiden Studien leistete Lorenz hauptsächlich den theoretischen und Tinbergen den experimentellen Beitrag.

Lorenz ging nicht sehr weit als experimenteller Wissenschaftler; Tinbergen dagegen begann sich nun auch einen Namen als Autor ethologischer Theorien zu machen. Inspiriert von der fruchtbaren Phantasie von Lorenz und ausgerüstet mit den Lorenzschen Begriffen wie »Auslöser«, »angeborener Auslösemechanismus«, »Leerlaufhandlung«, »Endhandlung«, »reaktionsspezifische Energie« und so fort kehrte Tinbergen nach Holland zurück, um seine eigenen Begriffe auszuarbeiten, mit denen sich Verhalten am besten erklären ließe. Die erste einer Reihe von eigenständigen theoretischen Abhandlungen erschien 1939.

Kurz zuvor hatte Tinbergen als Gast der Universität Yale drei Monate in den Vereinigten Staaten verbracht. Er lernte viele der Amerikaner kennen, die sich mit tierischem Verhalten beschäftigten, und freundete sich mit einigen von ihnen an. Wie Lorenz kritisierte er jedoch das Übergewicht der behavioristischen Lerntheorie und das Fehlen einer Grundlage in der

Beobachtung des Normalverhaltens in der natürlichen oder einer naturnahen Umgebung bei einem großen Teil der amerikanischen Arbeiten über tierisches Verhalten. Er spottete über eine Forschung, die Tiere in geschlossene Kästen sperrte und von ihrem Verhalten nicht mehr registrierte als das Drücken eines Hebels (s. hierzu auch K. E. Grossmann in diesem Band).

Mit dem Ausbruch des Krieges und der deutschen Besetzung Hollands kam die ethologische Forschung praktisch zum Stillstand. Tinbergen und einige seiner Kollegen von der Leidener Fakultät wurden in Geiselhaft genommen. Im Lager entwarf er das kleine Buch, das später unter dem Titel »Social Behaviour of Animals« (1953b) erschien. Es ist immer noch eine ausgezeichnete Einführung in das Studium des tierischen Verhaltens. Seine Klarheit und Beredsamkeit geben die Vorzüge einer möglichst einfachen Ausdrucksweise wieder, die Tinbergen als Kind bei den Diskussionen im Familienkreis gelernt hatte. Inzwischen hatte er selbst Kinder, an die er sein Wissen weitergeben konnte. Als er während der Internierung von ihnen getrennt war, schrieb er für sie Geschichten, in denen er von dem Treiben der Tiere erzählte, die er beobachtet hatte. Zwei davon wurden schließlich veröffentlicht: »Kleew« (1948a), die von einer Silbermöwe handelt, und »The Tale of John Stickle« (1954c), die Geschichte eines Stichlings. Sie sind kleine Meisterwerke der Kunst, für Kinder über Naturstudien zu schreiben – würdige Nachfolger der Bücher von Heimans und Thijse.

Nach dem Krieg kehrte Tinbergen auf seinen Posten in Leiden zurück und übernahm wieder wie früher die Leitung der ethologischen Arbeiten. Seine Ideen waren jedoch inzwischen einer umfassenden Verhaltenstheorie entgegengereift, die nicht mehr lange auf sich warten ließ. Im Jahre 1947 besuchte er noch einmal die Vereinigten Staaten, diesmal auf Einladung der Columbia University und des American Museum of Natural History. Er bereitete eine Reihe von Vorlesungen vor, die in New York gehalten werden sollten, und aus ihnen wurde »The Study of Instinct« (1951a).

Dieses Buch kann nicht nur als Höhepunkt des theoretischen Denkens Tinbergens betrachtet werden, sondern auch als die Krönung der ersten oder »klassischen« Phase in der Geschichte der Ethologie. Die Neudefinition des Instinkts als »hierarchisch organisierter nervöser Mechanismus« (a. a. O., 112) ging über Lorenz' atomistische Vorstellung eines ungeschichteten Mosaiks von »Instinkthandlungen«, deren jede ihren angeborenen Auslösemechanismus und ihre eigene Quelle von »reaktionsspezifischer Energie« hat, hinaus zu einer ganzheitlicheren Auffassung, nach der die funktionelle Ordnung des Verhaltens als abhängig von der integrierenden Wirkung eines Motivationssystems dargestellt wurde (s. die dazugehörige Darstellung im Beitrag von I. Scheurmann). Wo Lorenz bei »Als-ob«-Analogien zu hydraulischen oder pneumatischen Maschinen stehengeblieben war, versuchte Tinbergen eine »So-wie«-Erklärung im Sinne einer hypothetischen neuralen Maschinerie (vgl. Hinde 1960). Wo Lorenz eine Vorstellung von der Subjektivität des Tieres beibehalten hatte in seiner Lehre, daß die Ausführung der Endhandlung »angestrebt« wird (Lorenz 1937, 329), und in der weniger ausdrücklichen Andeutung einer im instinktiven Trieb vorhandenen Vorsätzlichkeit, versuchte Tinbergen konsequent objektiv und mechanistisch zu sein, indem er alle Erscheinungen einer Zielgerichtetheit des Verhaltens dadurch erklärte, daß er zeigte, wie sie sich aus streng kausalen Wechselbeziehungen zwischen inneren Stimmungen und äußeren Reizen ergeben könnten. Verglichen mit vielen zeitgenössischen Theoretikern der Ethologie, war Tinbergen immer der Nüchternere. Er sprach lieber von Ursachen als von Motiven und sah im Verhalten lieber eine Bewegung als eine Handlung. In dem Sinne, in dem die Physik das ideale Vorbild für die exakten Naturwissenschaften ist, verlieh Tinbergens Buch (1951a) der Verhaltensforschung einen neuen Rang als Wissenschaft durch die Vermeidung einer geistig-seelischen Sprache und die Bevorzugung einer physiologischen Sprache ebenso wie durch die Tatsache, daß es so viel von dem gegenständlichen Material des tierischen Verhaltens zu einer zusammenhängenden Synthese brachte.

Die Theorie hatte jedoch ihre Schwächen, und diese boten Ansatzpunkte für die Kritiker innerhalb und außerhalb der Ethologie, die den nächsten Abschnitt der Geschichte der Ethologie beherrschten. Tinbergen war mit seiner Ausbildung und Erfahrung nicht so versiert auf dem Gebiet der Physiologie, wie es seine kausalen Begriffe anzudeuten schienen. Manche Kritiker griffen die Theorie an, weil sie Eigenschaften postulierte, von denen man bereits wußte, daß neurale Systeme sie nicht besitzen. Die hydraulische Analogie hatte den Übergang zur quasi physiologischen Sprache überlebt und war zu einer noch heimtückischeren Quelle von Mißverständnissen dadurch geworden, daß sie in die Redeweise des »So-wie« aufgenommen worden war (vgl. Hinde 1960). Von den »Motivationsimpulsen« wurde gesagt, daß sie durch die Kanäle des hierarchischen Mechanismus »fließen«, »gestaut werden« und sich an den angeborenen Auslösemechanismen »kumulieren«, worauf sie bei ihrer Auslösung weiterfließen oder durch die Ausführung von Endhandlungen »aufgebraucht« oder »zerstreut« werden. Keiner dieser Ausdrücke ist eine präzise Beschreibung von Nervenimpulsen, aber wenn man sich die »Motivationsimpulse« als etwas anderes als Nervenimpulse vorstellen soll, geht die physiologische Plausibilität, die sie zu haben schienen, verloren, und es bleibt etwas Geheimnisvolles, was erst noch entdeckt werden muß – eine andere Art von neuraler Währung, über deren Wechselkurs gegenüber der Währung, deren Wert wir kennen, man lediglich Vermutungen anstellen kann. Bei näherem Hinsehen entdeckt man schließlich, daß die Grundzüge des Systems mehr aus den Verhaltensweisen, die es erst erklären sollte, abgeleitet wurden als aus dem, was von der einschlägigen Physiologie her bekannt war. Die kausale Hierarchie spiegelt die Rangordnung funktionaler Kategorien, in die Verhaltensweisen eingeordnet, ja nach deren Begriffen Verhaltensweisen differenziert werden können (vgl. den Beitrag von R. A. Stamm über »Aufgaben des Verhaltens«). Als er seine Theorie aufstellte, war sich Tinbergen der Tatsache nicht voll bewußt, daß Verhalten auf viele verschiedene Arten beschrieben und in Kategorien eingeteilt werden kann, die einander nicht notwendigerweise genau entsprechen. Das zeigte sich, als er eine Bestätigung seiner Theorie aus dem hierarchischen Schema ableiten wollte, das P. Weiss (1941) für die Koordination der Motorik aufstellte:

». . . die höchste Ebene seines [Weiss'] Systems von sechs Ebenen, die von ihm die Ebene des Verhaltens des Tieres als Ganzes genannt wird, entspricht dem ganzen Komplex von Zentren, den wir hier behandelt haben. Mit anderen Worten, seine höchste Ebene ist wiederum ein Komplex vor mehreren Ebenen, und unser System, das eine Analyse dessen ist, was Weiss als höchste Ebene betrachtet, kann unschwer in sein System eingepaßt werden« (Tinbergen 1950a, 311).

Nach Tinbergen bezieht sich also das System von Weiss auf die Ebenen der Endhandlung und sein eigenes auf die Ebenen des Appetenzverhaltens. Das Appetenzverhalten ist aber ebensogut eine koordinierte Motorik wie die Endhandlung. Das Schema von Weiss müßte jedoch auf alle Ebenen des Tinbergenschen Schemas anwendbar sein und nicht nur als Rüsche unten daranhängen. Der springende Punkt ist, daß Weiss Verhalten im Sinne von Bewegungsabläufen definiert sah und daher beschreibbar als Muskelkontraktionen, Beugungen, Streckungen und Veränderungen der Stellung von Körperteilen zueinander, während Tinbergen Verhalten in funktionalen Kategorien sah und daher als Nestbau, Füttern, Kämpfen, Drohen, Vertreiben usw. beschrieb. Die beiden Systeme ergänzen sich daher nicht so, wie Tinbergen es sich vorstellte, sie überschneiden einander vielmehr in der Weise, daß etwas, was man in dem einen Schema als zwei Beispiele für dieselbe Art von Verhalten betrachten kann, in dem anderen als Beispiele für zwei verschiedene Arten von Verhalten gelten könnte. Die Fragen, um die es ging, waren dementsprechend verschieden: Weiss befaßte sich mit den Steuerungsmechanismen bei der Ausführung von Bewegungen; Tinbergen dagegen fragte sich, was die Wahl eines Tieres zwischen alternativen Handlungsweisen bestimmt (s. dazu Tinbergen 1951a, fig. 98 der engl. Ausgabe; in der deutschen Ausgabe wurde durch Änderung des Bildtextes der Vergleich der beiden Modelle erschwert).

Später unterstrich Tinbergen die Wichtigkeit einer klaren Unterscheidung zwischen Fragestellungen verschiedener Art, um Verwirrungen zu vermeiden, wie sie ihm selbst in diesem Falle unterlaufen waren. Schon in »The Study of Instinct« hatte er sein Thema gemäß den vier Arten von Fragen angeordnet, die er später (1963a) in seine Definition der Ethologie aufgenommen hat: unmittelbare Ursache, Jugendentwicklung, biologische Funktion oder arterhaltender Wert und Evolution. Der Versuch, die erste dieser Fragen zu behandeln, nahm mehr als die Hälfte des Buches in Anspruch. Die hierarchische Theorie, die er vorschlug (und die Tinbergen bescheiden als »Versuch einer Synthese« anbot), bedeutete für viele die Ethologie schlechthin. Sie wurde in Lehrbücher der Biologie und Psychologie aufgenommen und sowohl in wissenschaftlichen als auch in populärwissenschaftlichen Veröffentlichungen auf vielen Gebieten zitiert, oft als handelte es sich um eine erwiesene Tatsache. Und sie inspiriert noch einen Teil der gegenwärtigen Literatur, vor allem überall dort, wo Anschauungen über tierisches Verhalten auf den Menschen übertragen werden, obwohl sie Tinbergen selbst – zumindest in der Form, in der er sie seinerzeit veröffentlichte – schon vor zwanzig Jahren wieder aufgab.

So wichtig diese Theorie als Brennpunkt für das ethologische Denken und die Motivationsforschung war – sie bildete auch den Teil des Buches, der am leichtesten durch neue Tatsachen und andere Modelle widerlegbar war. Diese ließen auch nicht lange auf sich warten, und Tinbergen erkannte und akzeptierte die Kraft der neuen Argumente. Was er jedoch – in kürzerer Form als bei der Behandlung der Verursachung – über die Anpassungsfähigkeit und die Evolution des Verhaltens gesagt hatte, stand auf festeren Füßen. Das waren Fragen, für deren Behandlung Tinbergen und viele andere »klassische« Ethologen hervorragend geeignet waren. Diese Ethologen stellten sich die gleichen kausalen Fragen wie andere Verhaltenswissenschaftler, z. B. physiologische und experimentelle Psychologen, von denen zumindest einige sowohl in technischer als auch in begrifflicher Hinsicht weiter waren als die Ethologen. Aber als Zoologen, geschult in der alten Tradition der vergleichenden Morphologie, die nun im Lichte der Evolutionstheorie gesehen wurde, brachten sie für das tierische Verhalten eine Betrachtungsweise mit, die nirgends sonst zu finden war und ein Feld eröffnete, das praktisch ihnen allein gehörte.

Nach seiner Übersiedlung nach Oxford, die kurz vor der Veröffentlichung von »The Study of Instinct« erfolgte, überließ Tinbergen die Entwicklung der Motivationstheorie im großen ganzen anderen – auch einigen seiner eigenen Studenten –, die die Techniken und Begriffe kannten und zu meistern vermochten, die er für nötig hielt und die er selbst zu erwerben nicht mehr die Neigung verspürte und auch nicht mehr die Fähigkeit zu besitzen glaubte. Es kann allerdings gesagt werden, und ist gesagt worden, daß die Art und Weise, wie er durch Beobachtungen und Versuche mit Tieren in ihrem natürlichen Lebensraum zu seiner hierarchischen Theorie gelangte, nach wie vor einen brauchbaren Weg darstellt, die Verursachung des Verhaltens zu erforschen. Andere Ethologen haben in diesem Sinne weitergearbeitet. In einem Buch zu Ehren Tinbergens schrieb Baerends (1975) ein Kapitel, in dem er überzeugend den Begriff des Motivationskonflikts verteidigte, dessen Argument linear von der in »The Study of Instinct« aufgestellten Theorie abstammt. Das Kapitel enthält sogar ein Diagramm mit einer neuen Version der hierarchischen Organisation, eines Modells, an dem Baerends Urheberrecht beanspruchen darf, da seine unter Tinbergens Leitung entstandene Dissertation über die Sandwespe *Ammophila* die ersten Beweise für ein solches Motivationssystem geliefert hatte.

Tinbergen fühlte sich jedoch mehr und mehr zur Untersuchung der evolutionären und funktionalen Aspekte des Verhaltens hingezogen. Was ihn unter anderem nach Oxford lockte, war der Umstand, daß sich dort einige führende Fachleute auf dem Gebiet der Evolutionsforschung und Ökologie befanden. Männer wie David Lack, Charles Elton, E. B. Ford und Arthur Cain ermutigten und bestärkten Tinbergens Neigung zum Studium des Verhaltens im Sinne der Evolution und Ökologie. Außerdem war 1950 in Oxford noch ein Rest des einst dominierenden Einflusses von Leuten wie Goodrich und Garstang, d. h. der Herrschaft der vergleichenden Morphologie, zu spüren. Bis J. S. W. Pringle, der aus Cambridge kam, 1961 die Leitung übernahm, hieß das Institut in Oxford »Abteilung für Zoologie und Vergleichende Anatomie«. Tinbergen veröffentlichte 1952 einen Aufsatz mit dem Titel »Derived Activities: their causation, biological significance, origin, and emancipation during evolution«, in dem er Beweismaterial, Argumente und Methoden für die Anwendung einer vergleichend-morphologischen Arbeitsweise beim Studium des Verhaltens untersuchte.

In dieser und anderen Schriften beschäftigte er sich mit der Frage: Woraus und in welchen Stufen entwickelt sich dieses oder jenes Verhalten? Die rätselhaftesten und erstaunlichsten Formen des Verhaltens sind in dieser Hinsicht die der sozialen Verständigung dienenden, vor allem die Stellungen und Bewegungen des Ausdrucksverhaltens, die oft eigenartig und bizarr anmuten (zur folgenden Darstellung mehr Angaben im Beitrag von I. Scheurmann). Ethologen haben gezeigt, daß der Vergleich der Formen solchen Verhaltens innerhalb einer Art und zwischen eng verwandten Arten zur Erkennung von Verhaltenshomologien führen kann und damit zur Identifizierung des Ursprungs eines Ausdrucksverhaltens in »Gebrauchsaktionen« und zur Rekonstruktion der eingetretenen evolutionären Veränderungen der Form, die die Änderung der Funktion begleitet haben müssen. Der Prozeß, der typischerweise kommunikationswirksame Veränderungen wie erhöhte Auffälligkeit, Übertreibung und Stereotypie einschließt, ist als »Ritualisierung« bekannt, ein Ausdruck, der von Julian Huxley stammt und somit ebenfalls auf Oxford hinweist.

Die nichtritualisierten Ursprünge des Ausdrucksverhaltens wurden in den meisten von Tinbergen behandelten Fällen in Verhaltensweisen gefunden, die in den sozialen Interaktionen auftreten, mit denen die Kommunikation gekoppelt ist. Drohbewegungen z. B. können zusammengesetzt sein aus den Bewegungsinitien (sog. Intentionsbewegungen) des Angreifens und Fliehens, das heißt derjenigen Aktionen, die im Laufe eines Kampfes miteinander abwechseln. »Intentionsbewegungen«, ambivalentes Verhalten, »Übersprungbewegungen«, umorientierter Angriff (auf ein anderes Objekt gerichtet) und anderes, was einer Verhaltensschwankung oder einem Motivationskonflikt entspricht, sind die üblichen Ursprünge, aus denen sich Ausdrucksverhalten ableiten läßt. Tinbergen schloß daher Information über die Situation und die Abfolge des Auftretens zusätzlich zu Details der Form in seine vergleichende Methode zum Verständnis von Ausdrucksverhalten im Sinne der Ritualisierung mit ein; er beschrieb seine Methode als eine Kombination von Form-, Situations- und Ablaufanalyse (Tinbergen 1959b).

Wie sein Bericht über die vergleichende Ethologie von Möwen (1959b) zeigt, kann die Methode auf das Verhalten innerhalb einer Art und auf das Verhalten nahe verwandter Arten angewandt werden. Er weist jedoch darauf hin, daß sie nicht mehr umfassen kann als nahe Verwandte und eine in evolutionärer Hinsicht kurze Zeitspanne:

»Diese Beschränkung auf nahe verwandte Formen ist notwendig, weil nur so Schlüsse in bezug auf Homologie (d. h. gemeinsame Abstammung) mit einem gewissen Wahrscheinlichkeitsgrad gezogen werden können. Dank dieser Beschränkung läßt sich, was wir an Beweisen besitzen, anwenden auf die Mikroevolution, insbesondere auf die adaptive Radiation relativ jungen Ursprungs« (Tinbergen 1963a, 428).

In diesem Zusammenhang ist der Ausdruck Homologie problematisch. Er stammt aus der vergleichenden Morphologie, bedeutet dort ursprünglich Entsprechung zwischen Körperteilen verschiedener Gestalt, die das gleiche Organisationsschema oder den gleichen Archetyp haben (Russell 1916), und hatte keine evolutionäre Nebenbedeutung. Die Evolutionstheorie erklärte das Vorhandensein von Homologien und Archetypen durch die Abstammung. In diesem Sinne wird heute der Begriff Homologie in den meisten Lehrbüchern der Biologie aufgefaßt; aber die alte Bedeutung lebt noch fort, wo von Beobachtungen morphologischer Verwandtschaft auf eine phyletische Verwandtschaft geschlossen wird (z. B. Karten 1969). Der vergleichend-ethologische Begriff der Verhaltenshomologie ist eine analoge Erweiterung des morphologischen, noch anfälliger für Zirkelschlüsse als dieser, da noch weniger mit Kriterien für seine Anwendung ausgestattet. Man müßte eine theoretische Bedeutung, im Sinne des gemeinsamen evolutionären Ursprungs, von den beobachtungsmäßigen Gründen für seine konkrete Verwendung unterscheiden. Offensichtlich gibt es aber keine eindeutigen beobachtungsmäßigen Kriterien, die für alle Fälle mutmaßlicher Verhaltenshomologie gelten. Der Ethologe beginnt mit einem auf Wahrnehmung beruhenden Urteil und setzt dann die erhältlichen Beweise so zusammen, daß sie die plausibelste Argumentation ergeben (Beer 1977b). Für manche Kritiker sowohl innerhalb als auch außerhalb der Ethologie (z. B. Atz 1970; Hailman 1976; Klopfer 1973, 1976) ist wegen der Schwierigkeiten mit dem Begriff der Verhaltenshomologie die vergleichende morphologische Betrachtung des Verhaltens zu wenig exakt, um ernsthaft als Wissenschaft angesehen zu werden.

Tinbergen hat sich nie wirklich mit dem Definitionsproblem auseinandergesetzt, das die Verhaltenshomologie stellt, aber seine vergleichenden Studien über die Ritualisierung zeigen, daß der Begriff, nach seiner »Logik im Gebrauch« (Kaplan 1964) beurteilt, Gültigkeit und heuristischen Wert besitzt. Dennoch neigte Tinbergen, wie die Ethologie im allgemeinen, dazu, Fragen über den *Verlauf* der Verhaltensevolution beiseite zu schieben zugunsten von Fragen darüber, wie die natürliche Auslese eine Verhaltensevolution zustande brachte.

Diese Art der Fragestellung unterscheidet zwischen der Untersuchung der Genetik der Verhaltensevolution und der Untersuchung ihres arterhaltenden Wertes. Tinbergen befaßte sich hauptsächlich mit letzterem. Wie bei der Arbeit über die Tarnung kann das Problem des arterhaltenden Wertes manchmal experimentell untersucht werden. Tinbergen setzte solche Untersuchungen in Oxford fort und erweiterte sie. So testete er beispielsweise zusammen mit einer Reihe von Mitarbeitern experimentell die Annahme, daß das Wegtragen der Eischalen durch die Lachmöwe (*Larus ridibundus*) eine Anpassung zum Schutz gegen Raubfeinde ist. Er ging von der Überlegung aus, daß zerbrochene Eischalen in einem Nest die Aufmerksamkeit von Raubfeinden wecken können. Die Innenseite der Schalen ist visuell auffällig, und Eiräuber wie die Krähen gebrauchen bei der Nahrungssuche den Gesichtssinn. Tinbergen und seine Mitarbeiter bauten in der Nähe einer Möwenkolonie künstliche Nester und versahen jedes mit einem Gelege. Die eine Hälfte der Nester enthielt außerdem je einen auffälligen schalenähnlichen Gegenstand, die andere Hälfte nicht. Bezeichnenderweise wurden von den Nestern mit dem auffälligen Gegenstand mehr ausgeraubt als von denen der anderen Gruppe (Tinbergen, Broekhuysen, Feekes, Houghton, Kruuk, Szulc 1962).

Während dieses Versuchs bemerkte Tinbergen, daß eine Möwe die Schalen nicht sofort nach dem Ausschlüpfen eines Jungen wegtrug, sondern wartete, bis das Junge trocken war. Weitere Beobachtungen deuteten darauf hin, daß der Grund darin zu sehen ist, daß ein nasses Junges leichter verschlungen werden kann als ein trockenes, vor allem von einem der hauptsächlichen Nesträuber – kannibalischen Artgenossen. Die Wahl des Zeitpunkts für das Wegtragen der Eischalen ist daher ein Kompromiß zwischen dem arterhaltenden Wert der möglichst raschen Beseitigung der Schalen und dem Risiko, das sich durch das Alleinlassen des Jungen ergibt. Spätere Beobachtungen und Versuche lieferten weitere Beweise für Kompromisse zwischen konkurrierenden intra- und interspezifischen Selektionsdrucken im Fortpflanzungsverhalten dieser Möwen (z. B. Patterson 1965, Kruuk 1964; s. den Beitrag von R. A. Stamm über die Lachmöwe in diesem Band). Sowohl in der Konzentration auf den arterhaltenden Wert als auch in der gegenseitigen Ergänzung von Beobachtung und Versuch sehen wir eine kontinuierliche Fortsetzung des Forschungsstils, den Tinbergen in Holland praktiziert und gelehrt hatte.

Nicht alle Fragen bezüglich des arterhaltenden Wertes lassen sich allerdings experimentell untersuchen. Die Alternative, der sich Tinbergen und andere zuwandten, ist eine Methode vergleichender Untersuchung, die »adaptive Korrelation« genannt wurde (Beer 1973). Der Ausdruck adaptive Korrelation beschreibt sowohl die Methode als auch das, was sie sucht. Wenn man vergleicht, was Tiere zu verschiedenen Zeiten und in verschiedenen Situationen tun, sucht man nach Korrelationen zwischen Verhalten und ökologischen Gegebenheiten in der Erwartung, daß sie adaptiv sinnvoll sein werden. Die heute schon klassische Studie dieser Art ist die von Esther Cullen (1957), einer Schülerin Tinbergens. Sie studierte das Fortpflanzungsverhalten der auf Felssimsen nistenden Dreizehenmöwe (*Larus* [*Rissa*] *tridactylus*) und verglich es mit dem von typischeren Möwen wie den Lachmöwen, die auf ebenem Boden nisten. Es zeigte sich, daß die Unterschiede zwischen den beiden Typen entweder damit zusammenhängen, daß die auf dem Boden nistenden Möwen mit Raubfeinden zu rechnen haben, was bei auf Felsen nistenden nicht der Fall ist, oder damit, daß die Felssimse besondere Probleme stellen, die auf dem Boden nicht gegeben sind, zum Beispiel beschränkter Bewegungsraum und die Gefahr der Vernichtung für aus dem Nest fallende Eier und Junge (s. den Beitrag von J. Alcock in diesem Band).

In dem Maße, in dem die Arbeit über den arterhaltenden Wert des Verhaltens fortschritt, brachte sie die Ethologie ihrer Schwesterwissenschaft, der Ökologie, näher. Für Tinbergen hatten immer enge Bindungen, buchstäblich Familienbande, zwischen den beiden bestanden. Sein jüngerer Bruder Lukas war ein Ökologe, der wertvolle Arbeit über die Futtersuche von Vögeln leistete (z. B.: L. Tinbergen 1960). Sie führte unter anderem auch zur Prägung des Begriffs »Suchbild«[1], der von Oxforder Ökologen unter David Lack und Charles Elton aufgenommen wurde und eine zentrale Stellung in ihren umfassenden Studien über die Ökologie der Ernährung erhielt. In den sechziger Jahren begannen Tinbergen und seine Gruppe mit Verhaltensstudien zur Frage des Suchbildes, die zur Arbeit über das umfassendere Thema der Ernährungsstrategien im allgemeinen überleiteten. Heute, zehn Jahre später, dehnt sich diese Arbeit immer noch weiter aus und konvergiert mit Arbeiten auf Nachbargebieten. Neue Entwicklungen in Theorie und Praxis, z. B. die Anwendung von Optimierungsmodellen und der Kosten-Nutzen-Analyse, schufen neue Aufgaben, und die meisten Probleme sind nach wie vor aktuell (Krebs 1973). Aber der Trend zu einer engen Verflechtung von Ethologie und Ökologie einschließlich der Populationsgenetik ist heute weltweit. Ein »Zeitgeist« scheint am Werk zu sein, der seinen vollsten Ausdruck in E. O. Wilsons »Sociobiology« (1975) findet.

Tinbergen leistete wenige aktive oder direkte Beiträge zu den späteren Stadien dieser Entwicklung, aber sie lassen einen Zusammenhang und eine Übereinstimmung mit der Art von Arbeit erkennen, mit der man seinen Namen in Verbindung bringt, und er betrachtet sie zum größten Teil zweifellos mit Interesse und Zustimmung. In einer Frage allerdings würde er vermutlich einen entgegengesetzten Standpunkt einnehmen. Im ersten Kapitel seines Buches meint Wilson, es sei das Schicksal der Ethologie, so gut wie völlig verschlungen (Wilson: kannibalisiert) zu werden von der Neurophysiologie auf der einen und der Kombination von Soziobiologie und Verhaltensökologie auf der anderen Seite. Damit soll offenbar gesagt werden, daß sich alle Probleme, die das Verhalten aufwirft, entweder auf Fragen der unmittelbaren Ursache oder auf solche der Populationsgenetik und Evolution reduzieren lassen. Tinbergen würde das einen »Nichts-als-ismus« nennen – eine Engstirnigkeit, die in den Verhaltenswissenschaften ständig Mißverständnisse und Verwirrung verursacht hat. Die mangelnde Unterscheidung zwischen verschiedenen Kategorien von Fragen wie

z. B. solchen, die die Vererbung und solchen, die die Ontogenese betreffen, hat wiederholt zu verworrenen Auseinandersetzungen geführt wie etwa die über die Angeboren-Erworben-Dichotomie in der Instinktdiskussion (s. hierzu auch die Beiträge von I. Eibl-Eibesfeldt und J. P. Kruijt in diesem Band). Für Tinbergen gibt es, wie erwähnt, vier Hauptfragen an das Verhalten: nach Ursache, arterhaltendem Wert, Evolution und Ontogenese. Man könnte einwenden, daß es ebensogut noch andere gebe oder daß man besser andere Unterscheidungen vornehmen solle. Aber sofern ein hinlänglich umfassender Komplex von Fragen gegeben ist, trifft Tinbergen eben die entscheidende Feststellung, »... daß es nützlich ist, sowohl zwischen ihnen zu unterscheiden als auch darauf zu bestehen, daß eine umfassende, zusammenhängende Ethologie jeder einzelnen von ihnen ebenso wie ihrer Gesamtheit die gleiche Aufmerksamkeit zu widmen hat« (Tinbergen 1963a, 411). Im letzten Kapitel seines Buches gerät Wilson in das alte Angeboren-Erworben-Dilemma durch die gleiche Verwechslung der Pfade, der so viele seiner Vorgänger erlagen. Das führte zu einer lauten, gehässigen Kontroverse, die von der Presse aufgenommen wurde und damit die Soziobiologie zum allgemeinen Gesprächsthema machte. Zu einem wesentlichen Teil rührte dieses öffentliche Interesse an einem sonst fachlich so speziellen und komplexen Thema daher, daß Wilson sein Argument im letzten Kapitel seines Buches auf den Menschen übertrug.

Der Ehrgeiz, etwas über Dinge auszusagen, die den Menschen betreffen, ist der Verhaltensforschung auch nicht fremd. Nur wenige Ethologen begnügten sich damit, bei den Fischen oder Vögeln zu bleiben, mit denen sie gewöhnlich begannen; die meisten gehen wenigstens zu den Primaten und viele zum Menschen weiter. Tinbergen ist keine Ausnahme. Mindestens schon in »The Study of Instinct« sehen wir, daß er den Menschen mit einbezieht. In jüngster Zeit wurde die Anwendung der Ethologie auf den Menschen zu einer Hauptbeschäftigung. So entwickelten Tinbergen und seine Frau eine These über den menschlichen Autismus, derzufolge Autismus ein Mittel sein kann, sich mit einem Übermaß an sozialen Reizen auseinanderzusetzen. Zur Begründung wird auch auf Analogien verwiesen, wie manche Tiere, z. B. Möwen, Motivationskonflikte ausdrücken und durch ihr Verhalten zu lösen versuchen (Tinbergen, Tinbergen 1972). Die Parallelen werden überzeugend dargelegt und durch Beobachtungen und Versuche bekräftigt, die veranschaulichen, wie das Sozialverhalten des Menschen Gegenstand naturwissenschaftlicher Studien sein kann, in einer Weise, wie sie Tinbergen schon als Kind begonnen hatte. Bereits wird aber auch ein neuer, drängender Ton angeschlagen, der in den jüngsten Schriften (z. B. Tinbergen 1972b, 1976) noch deutlicher zu vernehmen ist. Tinbergen gelangte zu der Überzeugung, daß der Ernst der Probleme, vor denen die Welt steht – Übervölkerung, Umweltverschmutzung, die Gefahr eines Atomkrieges – die Wissenschaft um der Wissenschaft willen zu einem Luxus macht, den wir uns nicht mehr leisten können. Wenn die Probleme gelöst werden sollen, bevor es zu spät ist, muß die Wissenschaft verantwortungsbewußt handeln und sich ihnen widmen. Das betrifft auch die Ethologie, die nach Tinbergens Ansicht schon jetzt viel zu bieten hat und für die Zukunft noch mehr verspricht.

Diese Überzeugung hat eine beachtliche Zustimmung gefunden, die sich am deutlichsten in der Verleihung des Nobelpreises an K. Lorenz, K. v. Frisch und N. Tinbergen im Jahre 1973 gezeigt hat, bei der ausdrücklich auf die Bedeutung der Ethologie für das Verständnis des Verhaltens des Menschen hingewiesen wurde. Die Angewandte Ethologie wurde sogar zu einer populären Literaturgattung. Unglücklicherweise ist ein großer Teil dieser Literatur durch mangelhaftes Wissen, Oberflächlichkeit und naive Spekulation gekennzeichnet. Verglichen damit sind Tinbergens Darstellungen und Forderungen, auch wenn er für ein Laienpublikum schreibt, immer klar, überzeugend, wohl ausgewogen und tatsachengetreu. Er bewahrt den objektiven Geist des Wissenschaftlers, auch wenn er als Evangelist der Verhaltensforschung auftritt.

Der Ruhestand, die Auszeichnung mit dem Nobelpreis und andere Ehrungen scheinen Tinbergen nicht die Befriedigung und Zufriedenheit gebracht zu haben, die er, wie man meinen sollte, nach einer so fruchtbaren und erfolgreichen Laufbahn empfinden müßte. Seine Kollegen und Studenten kennen seine ansteckende Begeisterung für das Studium des Verhaltens im Freiland und seinen festen Glauben an dessen Wert. Sie wissen aber auch, daß dieser Glaube mit Zweifeln, Enttäuschung und sogar Schuldgefühlen abwechselt, die sich in den letzten Jahren immer stärker bemerkbar machten. Zum Teil ist daran sicherlich der Zustand unserer heutigen Welt schuld. Vielleicht wurde aber auch die Ruhelosigkeit des Jägers in dieser Laufbahn eines »neugierigen Naturforschers« nicht hinlänglich sublimiert. Er schrieb einmal davon, daß er »gelegentliche Zweifel am Wert seines Tuns« habe, und verglich diese Gefühle mit den Sticheleien eines Teufelchens, das ihm über die Schulter blicke (1958a, 267). Seine Antwort auf diesen Plagegeist war damals, daß »der sich schärfende Blick für die unendliche Vielfalt tierischen Lebens, für all die ungezählten Möglichkeiten, mit den Widrigkeiten dieser Welt fertig zu werden und sich ihnen zum Trotz zu behaupten«, ebenso wie besondere, aus speziellen und allgemeinen Beobachtungen, geplanten und ungewollten Experimenten gewonnene Einsichten einen eigenen Wert darstellen – eine Bereicherung für jeden Geist, der das Glück hat, sie erleben zu dürfen. Er gab zu, daß diese Antwort das Teufelchen des Zweifels nicht endgültig verbannte. Aber für alle, die durch ihn dieser Bereicherung teilhaftig wurden, kann es keinen Zweifel am Wert seines forschenden Strebens geben. Seine Gabe der Neugier eines Naturforschers stellt das Schauen und Staunen der Kindheit wieder her, bereichert es mit den Verfeinerungen geübter Wahrnehmung und reifen Denkens und enthüllt eine Welt von so köstlichem Reichtum, daß Worte nicht genügen, die Dankbarkeit dafür auszudrücken.

Aus dem Englischen übertragen von Joachim A. Frank und Roger A. Stamm

ANMERKUNG

1

Ein nur kurzfristig wirkender erworbener Auslösemechanismus, der ständiger Verstärkung bedarf. Der Begriff wurde bislang hauptsächlich auf den Funktionskreis der Nahrungssuche bezogen. So können z. B. manche Vögel eine kurzfristige Vorliebe für eine bestimmte Nahrung entwickeln, die gerade besonders häufig oder besonders wohlschmeckend ist. Sie prägen sich dann sozusagen deren Bild als Suchbild ein und konzentrieren während der Nahrungssuche ihre Aufmerksamkeit auf diese eine Beuteart. Erst wenn die bevorzugte Nahrung seltener wird, halten sie wieder vermehrt nach möglichen anderen Beuteobjekten Ausschau, um ein neues Suchbild zu entwickeln. Suchbilder tragen durch die Konzentration des Lernvermögens auf die gerade häufigste Beute zum besseren Erkennen und damit zur optimalen Ausnutzung einer günstigen Nahrungsquelle bei (Immelmann 1975).

DIE WICHTIGSTEN VERÖFFENTLICHUNGEN VON NIKO TINBERGEN IN CHRONOLOGISCHER REIHENFOLGE

1931: Zur Paarungsbiologie der Flußseeschwalbe (*Sterna h. hirundo L.*). Ardea 20, 1–17

1932 a: Ethologische Beobachtungen am Baumfalken, *Falco subbuteo*. J. Ornithol., 80, 40–52

1932 b: Über die Orientierung des Bienenwolfes (*Philanthus triangulum* Fabr.). Z. vergl. Physiol., 16, 305–334

1933: Die ernährungsökologischen Beziehungen zwischen *Asio otus otus* L. und ihren Beutetieren, insbesondere den *Microtus*-Arten. Ecol. Monogr., 3, 443–492

1934: Eskimoland. Rotterdam

1935 a: Über die Orientierung des Bienenwolfes (*Philanthus triangulum* Fabr.), II: Die Bienenjagd. Z. vergl. Physiol., 21, 699–716

1935 b: Field observations of East Greenland birds, I: The behaviour of the Red-necked Phalarope (*Phalaropus lobatus* L.) in spring. Ardea, 24, 1–42

1936 a: The function of sexual fighting in birds; and the problem of the origin of »territory«. Bird Banding, 7, 1–8

1936 b: Zur Soziologie der Silbermöwe (*Larus a. argentatus* Pontopp). Beitr. Fortpflanzungsbiol. Vögel, 12, 89–96

1936 c: Eenvoudige proeven over de zintuigfuncties van larve en imago van de geelgerande watertor. De Levende Natuur, 41, 225–236

1937 a: Über das Verhalten kämpfender Kohlmeisen (*Parus m. major* L.). Ardea, 26, 222–223

1937 b: (mit H. L. Booy) Nieuwe feiten over de sociologie van de zilvermeeuwen. De Levende Natuur, 41, 325–344

1937 c: (mit J. J. Ter Pelkwijk) Eine reizbiologische Analyse einiger Verhaltensweisen von *Gasterosteus aculeatus* L. Z. Tierpsychol., 1, 193–204

1938 a: (mit W. Kruyt) Über die Orientierung des Bienenwolfes (*Philanthus triangulum* Fabr.), III: Die Bevorzugung bestimmter Wegmarken. Z. vergl. Physiol., 25, 292–334

1938 b: (mit R. J. van der Linde) Über die Orientierung des Bienenwolfes (*Philanthus triangulum* Fabr.), IV: Heimflug aus unbekanntem Gebiet. Biol. Zentralbl., 58, 425–435

1938 c: (mit K. Lorenz) Taxis und Instinkthandlung in der Eirollbewegung der Graugans I. Z. Tierpsych. 2, 1939, 1–29

1939 a: Field observations of East Greenland birds, II: The behaviour of the Snow Bunting (*Plectrophenax nivalis subnivalis* A. E. Brehm) in spring. Trans. Linn. Soc. N. Y., 5, 1–92

1939 b: On the analysis of social organization among vertebrates, with special reference to birds. Amer. Midl. Natural., 21, 210–234

1939 c: (mit D. J. Kuenen) Über die auslösenden und die richtunggebenden Reizsituationen der Sperrbewegung von jungen Drosseln. Z. Tierpsychol., 3, 37–60

1940: Die Übersprungbewegung. Z. Tierpsychol., 4, 1–40

1941: Ethologische Beobachtungen am Samtfalter (*Satyrus semele*). Festschrift für O. Heinroth. Journal f. Ornithol. Erg.-Bd. III, 132–144

1942 a: An objectivistic study of the innate behaviour of animals. Biblioth. biotheor., 1, 39–98

1942 b: (mit B. J. D. Meeuse, I. K. Boerema, W. W. Varossieau) Die Balz des Samtfalters, *Eumenis* [= *Satyrus*] *semele* (L.). Z. Tierpsychol., 5, 182–226

1946: Die Struktur der Wirbeltiergemeinschaften. Rev. suisse Zool., 53, 427–431

1947 a: Waarvoor gebruikt de geelgerande watertor zijn ogen? De Levende Natuur, 50, 71–73

1947 b: (mit J. J. A. van Iersel) »Displacement reactions« in the Three-spined Stickleback. Behaviour, 1, 56–63

1948 a: Kleew. New York: Oxford University Press

1948 b: Physiologische Instinktforschung. Experientia, 4, 121–133

1948 c: Social releasers and the experimental method required for their study. Wilson Bull., 60, 6–52

1948 d: Dierkundeles in het meeuwenduin. De Levende Natuur, 51, 49–56

1949: De functie van de rode vlek op de snavel van de zilvermeeuw. Bijdragen tot de Dierkunde, 28, 453–465

1950 a: The hierarchical organisation of nervous mechanisms underlying instinctive behaviour. Symp. Soc. exp. Biol., 4, 305–312

1950 b: Einige Beobachtungen über das Brutverhalten der Silbermöwe (*Larus argentatus*). In: Ornithologie als biologische Wissenschaft. Festschrift für E. Stresemann, 162–167

1950 c: (mit A. C. Perdeck) On the stimulus situation releasing the begging response in the newly hatched Herring Gull chick (*Larus a. argentatus* Pont.). Behaviour, 3, 1–39

1951 a: The study of instinct. Oxford: Clarendon. Deutsch: Instinktlehre. Berlin, Hamburg: Paul Parey 1952

1951 b: On the significance of territory in the Herring Gull. The Ibis, 94, 158–159

1951 c: A note on the origin and evolution of threat display. The Ibis, 94, 160–162

1951 d: Recent advances in the study of bird behaviour. Xth Int. Ornith. Cgr. 1950, 360–374

1952 a: When instinct fails. Country Life, 15, 412–414

1952 b: On the significance of territory in the Herring Gull. Ibis, 94, 158–159

1952 c: »Derived« activities; their causation, biological significance, origin, and emancipation during evolution. Quart. Rev. Biol., 27, 1–32

1952 d: (mit M. Moynihan) »Head-flagging« in the Black-headed Gull; its function and origin. Brit. Birds, 45, 19–22

1952 e: A note on the origin and evolution of threat displays. Ibis, 94, 160–161

1953 a: The Herring Gull's world. London: Collins. Deutsch: Die Welt der Silbermöwe. Göttingen 1958

1953 b: Social behaviour in animals, with special reference to vertebrates. London: Methuen. New York: Wiley. Deutsch: Tiere untereinander. Berlin: Paul Parey 1955, [3]1975

1953 c: Fighting and threat in animals. New Biology, 14, 9–24

1954 a: The origin and evolution of courtship and threat display. In: J. Huxley, A. C. Hardy, E. B. Ford (Eds.): Evolution as a Process. London: Allen & Unwin, 233–251

1954 b: (mit G. J. Broekhuysen) On the threat and courtship behaviour of Hartlaub's Gull (*Hydrocoloeus novae-hollandiae hartlaubi* [Bruch]). Ostrich, 25, 50–61

1954 c: The tale of John Stickle. London: Methuen

1955: Psychology and ethology as supplementary parts of a science of behaviour. In: Group processes, Macy Found., First conference. New York: Columbia Univ., 75–167

1956: On the functions of territory in Gulls. Ibis, 98, 401–411

1957: The functions of territory. Bird Study, 4, 14–27

1958 a: Curious naturalists London: Country Life. Deutsch: Wo die Bienenwölfe jagen . . . Berlin, Hamburg: Parey 1961

1958 b: (mit R. A. Hinde) The comparative study of species-specific behavior. In: Roe, A., Simpson, G. G. (Eds.): Behavior and Evolution. New Haven: Yale Univ. Pr., 251–268

1958 c: Bauplanethologische Beobachtungen an Möwen. Arch. néerl. Zool., 13, 369–382

1959 a: Einige Gedanken über »Beschwichtigungsgebärden«. Z. Tierpsychol., 16, 651–665

1959 b: Comparative studies of the behaviour of gulls (Laridae): a progress report. Behaviour, 15, 1–70

1959 c: Behaviour, systematics, and natural selection. Ibis, 101, 318–330

1960: Kampf und Balz der Lachmöwe. J. Ornithol., 101, 238–241

1962 a: (mit G. J. Broeckhuysen, F. Feekes, J. C. W. Houghton, H. Kruuk, E. Szulc) Egg shell removal by the Black-headed Gull (*Larus r. ridibundus* L.), I: A behaviour component of camouflage. Behaviour, 19, 74–117

1962 b: (mit H. Kruuk, M. Paillette) Egg shell removal by the Black-headed Gull (*Larus r. ridibundus* L.), II: The effects of experience on the response to colour. Bird Study, 9, 123–131

1962 c: (mit H. Kruuk, M. Paillette, R. A. Stamm) How do Black-headed Gulls distinguish between eggs and egg-shells? British Birds, 55, 120–129

1962 d: The evolution of animal communication – a critical examination of methods. Symp. zool. Soc. London, 8, 1–8

1963 a: On aims and methods of ethology. Z. Tierpsychol., 20, 410–433

1963 b: The shell menace. Natural History, 72, August, 28–35

1964 a: On adaptive radiation in gulls (Tribe Larini). Zool. Meded. Leiden, 34, 209–223

1964 b: Aggression and fear in the normal behaviour of some animals. In: I. Rosen (Ed.): The Pathology and Treatment of Sexual Deviation. Oxford: Univ. Press, 3–23

1964 c: (mit M. Norton-Griffiths) Oystercatchers and mussels. Brit. Birds, 57, 64–70

1965 a: Behaviour and natural selection. In: J. A. Moore (Ed.): Ideas in modern biology. Proc. XVI Int. Zool. congr. in Washington. New York, 521–542

1965 b: Von den Vorratskammern des Rotfuchses (*Vulpes vulpes* L.). Z. Tierpsychol., 22, 119–149

1965 c: Animal Behavior. New York: Life Nature Library. Deutsch: Tiere und ihr Verhalten. Time-Life Internat. (Nederland) 1966

1967 a: (mit M. Impekoven, D. Franck) An experiment on spacingout as a defense against predation. Behaviour, 28, 307–321

1967 b: Adaptive features of the Black-headed Gull *Larus ridibundus* L. Proc. XIV Intern. Ornith. Congr., 43–59

1967 c: (mit E. A. R. Ennion) Tracks. Oxford: Clarendon

1968: On war and peace in animals and man. Science, 160, 1411, 1418

1969 a: Ethology. In: R. Harré (Ed.): Scientific Thought 1900–1960. Oxford: Clarendon, 238–268

1969 b: Von Krieg und Frieden bei Tier und Mensch. In: G. Altner (Hrg.): Kreatur Mensch. München: Moos, 163–178

1970 a: Umweltbezogene Verhaltensanalyse – Tier und Mensch. Experientia, 26, 447–456

1970 b: (mit H. Falkus und E. A. R. Ennion) Signals for Survival. Oxford: Clarendon

1972 a: The animal in its world. Explorations of an ethologist 1932–1972. I. Field Studies. London: Allen & Unwin. Deutsch: Das Tier in seiner Welt. München, Zürich: Piper 1977

1972 b: The Croonian Lecture. Functional ethology and the human sciences. Proc. R. Soc. B., 182, 385–410

1972 c: (mit E. A. Tinbergen) Early childhood autism – an ethological approach. Z. Tierpsychol., Suppl. 10

1973: The animal in its world. Explorations of an ethologist 1932–1972. II: Laboratory experiments and general papers. Deutsch: Das Tier in seiner Welt, II. München, Zürich: Piper 1977

1974: Ethology and stress diseases. In: Les Prix Nobel en 1973. Stockholm: The Nobel Foundation, 197–218

1976: Ethology in a changing world. In: P. P. G. Bateson, R. A. Hinde (Eds.): Growing points in ethology. Cambridge: Cambridge University Press

LITERATUR

Atz, J. W.: The application of the idea of homology to behavior. In: L. Aronson, E. Tobach, D. S. Lehrman, J. S. Rosenblatt (Eds.): Development and evolution of behavior. San Francisco: Freeman 1970

Baerends, G. P.: An evaluation of the conflict hypothesis as an explanatory principle for the evolution of displays. In: G. Baerends, C. Beer, A. Manning (Eds.): Function and evolution in behaviour; essays in honour of Professor Niko Tinbergen. Oxford: The Clarendon Press 1975

Becker-Carus, Ch., Buchholtz, Ch., Etienne, A., Franck, D., Medioni, J., Schöne, H., Sevenster, P., Stamm, R. A., Tschanz, B.: Motivation, Handlungsbereitschaft, Trieb. Z. Tierpsychol., 30, 1972, 321–326

Beer, C. G.: Species-typical behavior and ethology. In: D. A. Dewsbury, D. A. Rethlingshafer (Eds.): Comparative psychology – a modern survey. New York: McGraw-Hill 1973

What is a display? Amer. Zool., 17, 1977a, 155–165

Animal behavior perspectives. In: M. H. Bornstein (Ed.): The comparative method in psychology. Hillsdale, N. J.: Lawrence Erlbaum 1977b

Cullen, E.: Adaptations in the kittiwake to cliff-nesting. Ibis, 99, 1957, 275–302

Hailman, J. P.: Homology: logic, information and efficiency. In: R. B. Masterton, W. Hodos, H. Jerison (Eds.): Evolution, brain, and behavior: persistent problems. Hillsdale, N. J.: Lawrence Erlbaum 1976

Hinde, R. A.: Energy models of motivation. Symp. Soc. exp. Biol., 14, 1960, 199–213

Illies, J., Klausewitz, W. (Hg.): Unsere Umwelt als Lebensraum. Grzimeks Buch der Ökologie. Zürich: Kindler 1973

Immelmann, K. (Hg.): Verhaltensforschung. Sonderband Grzimeks Tierleben. Zürich: Kindler 1974

Wörterbuch der Verhaltensforschung. Sonderausgabe »Geist und Psyche«. München: Kindler 1975

Kaplan, A.: The conduct of inquiry. San Francisco: Chandler 1964

Karten, H. J.: The organization of the avian telencephalon and some speculations on the phylogeny of the amniote telencephalon. Ann. N. Y. Acad. Sci., 167, 1969, 164–179

Klopfer, P. H.: Does behavior evolve? Ann. N. Y. Acad. Sci., 223, 1973, 113–119

Evolution, behavior and language. In: M. E. Hahn, E. C. Simmel (Eds.): Communicative behavior and evolution. New York: Academic Press 1976

Krebs, J. R.: Behavioral aspects of predation. In: P. P. G. Bateson, P. H. Klopfer (Eds.): Perspectives in ethology. New York: Plenum 1973

Kruuk, H.: Predators and anti-predator behaviour of the Black-headed Gull *Larus ridibundus*. Behaviour, Suppl. 11, 1964, 1–129

Lorenz, K.: Der Kumpan in der Umwelt des Vogels. J. f. Ornithol., 83, 1935, 137–213; 289–413

Über die Bildung des Instinktbegriffes. Die Naturwissenschaften, 25, 1937, 289–300; 307–318; 324–331

Vergleichende Verhaltensforschung. Zool. Anz., Suppl. 12, 1939, 69–102

The comparative method in studying innate behaviour patterns. Symp. Soc. exp. Biol., 4, 1950, 221–268

Lorenz, K., Tinbergen, N.: Taxis und Instinkthandlung in der Eirollbewegung der Graugans. Z. Tierpsychol., 2, 1938/39, 1–29

Makkink, G. F.: An attempt at an ethogram of the European avocet (*Recurvirostra avosetta* L.) with ethological and psychological remarks. Ardea, 25, 1936, 1–60

Patterson, I. J.: Timing and spacing of broods in the Black-headed Gull, *Larus ridibundus*. Ibis, 107, 1965, 433–459

Pelkwijk, J. J. Ter, Tinbergen, N.: Eine reizbiologische Analyse einiger Verhaltensweisen von *Gasterosteus aculeatus* L. Z. Tierpsychol., 1, 1937, 193–204

Ruiter, L. de: Countershading in caterpillars. An analysis of its adaptive significance. Arch. néerl. Zool., 11, 1956, 285–342

Russell, E. S.: Form and function. London: John Murray 1916

Schleidt, W.: Die historische Entwicklung der Begriffe »Angeborenes auslösendes Schema« und »Angeborener Auslösemechanismus« in der Ethologie. Z. Tierpsychol., 19, 1962, 697–722

Seitz, A.: Die Paarbildung bei einigen Cichliden, I: Die Paarbildung bei *Astatotilapia strigigena* Pfeffer. Z. Tierpsychol., 4, 1940/41, 40–84

Tinbergen, E. A., Tinbergen, N.: Early childhood autism – an ethological approach. Advances in ethology. Z. Tierpsychol., Suppl. 10, 1972, 1–53

Tinbergen, L.: The natural control of insects in pine woods, I: Factors influencing the intensity of predation by songbirds. Arch. néerl. Zool., 13, 1960, 265–343

Tinbergen, N., Broekhuysen, G. J., Feekes, F., Houghton, J. C. W., Kruuk, H., Szulc, E.: Egg shell removal by the Black-headed Gull *Larus ridibundus* L.: a behaviour component of camouflage. Behaviour, 19, 1962, 74–117

TINBERGEN, N., KUENEN, D. J.: Über die auslösenden und die richtunggebenden Reizsituationen der Sperrbewegung von jungen Drosseln. Z. Tierpsychol., 3, 1939, 37–60

TINBERGEN, N., MEEUSE, B. J. D., BOEREMA, L. K., VAROSSIEAU, W. W.: Die Balz des Samtfalters. Z. Tierpsychol., 5, 1942, 182–226

TINBERGEN, N., PERDECK, A. C.: On the stimulus situation releasing the begging response in the newly hatched Herring Gull chick (*Larus argentatus argentatus* Pont.). Behaviour, 3, 1950, 1–39

VERWEY, J.: Einiges über die Biologie ostindischer Mangrovekrabben. Treubia, 12, 1930a, 169–261

Die Paarungsbiologie des Fischreihers. Zool. Jb. Allg. Zool. Physiol., 48, 1930b, 1–120

WEISS, P.: Self-differentiation of the basic patterns of coordination. Comp. Psychol. Monogr., 17, 1941, 1–96

WICKLER, W.: Stammesgeschichte und Ritualisierung. Zur Entstehung tierischer und menschlicher Verhaltensmuster. München: Piper 1970

WILSON, E. O.: Sociobiology. Cambridge, Mass.: Harvard University Press 1975

ERICH VON HOLST (1908–1962)

von Bernhard Hassenstein

Die *Verhaltensphysiologie* fragt nach den physiologischen Grundlagen von beobachteten Verhaltensweisen der Tiere und des Menschen; sie schlägt die Brücke zwischen der deskriptiven Verhaltensforschung und der Physiologie. Der bahnbrechende Gestalter dieser Forschungsrichtung war Erich von Holst.

Ein erster methodischer Schritt der verhaltenphysiologischen Forschung besteht vielfach darin, bestimmte Verhaltensweisen *meßbar zu machen* und sie in Abhängigkeit von kontrollierter Reizgebung quantitativ zu erfassen. Im begleitenden oder anschließenden *theoretischen* Arbeitsgang wird dann versucht, die Meßergebnisse logisch und mathematisch zu interpretieren. Dabei können Untersuchungen an *Modellen* eine besondere Rolle spielen (s. den Beitrag von D. McFarland in diesem Band). Ist die theoretische Formulierung der funktionellen Zusammenhänge gelungen, so eröffnet sich vielfach ein Schluß auf zugrundeliegende Ordnungsleistungen des Systems der Sinnes-, Nerven- und Ausführungsorgane. In all diesen Forschungsschritten verdanken wir Erich von Holst entscheidende und beispielgebende Fortschritte.

Erich von Holst wurde am 28. November 1908 in Riga als Sohn des Psychiaters Dr. Walther von Holst geboren. Seine Schulzeit verbrachte er in Danzig. Er studierte in Kiel, Wien und Berlin. Für seine Doktorarbeit (v. Holst 1932) erhielt er von seinem Lehrer Richard Hesse die Aufgabe, die Bewegungsweisen des Regenwurms zu analysieren. Nach der damaligen Lehrmeinung beruhten die von vorn nach hinten über den Körper dieser Tiere laufenden peristaltischen Wellen auf einer Kette von Reflexen; die mechanischen Veränderungen jedes Segmentes sollten jeweils diejenigen des darauffolgenden Gliedes auslösen. Beim Zutreffen dieser Annahme hätte die Ausschaltung allen Gewebes eines oder mehrerer Segmente bei Schonung des Bauchmarks die Fortleitung von Kontraktionswellen über den Körper unterbrechen müssen; die Experimente zeigten jedoch das Gegenteil: Die Kontraktionswellen wurden durch den erhalten gebliebenen Bauchmarkstrang auch über Segmentlücken fortgeleitet. Dies legte die Vermutung nahe, das Bewegungsmuster komme auch im Normalfall nicht durch Reflexketten, sondern durch eine ordnende Eigenleistung des Zentralnervensystems zustande. Zwar hielt von Holst diesen Schluß noch nicht für zwingend, weil der bindegewebig umhüllte Bauchmarkstrang Muskeln enthält, die man nicht entfernen kann und die womöglich für die Erregungsfortleitung hätten mitverantwortlich sein können; doch verschrieb er sich mit seiner Vermutung bereits damals dem Leitmotiv fast aller seiner späteren Forschungen: dem Versuch, die spontane Erregungsbildung und funktionelle Autonomie des Zentralnervensystems nachzuweisen und damit die Vorstellung zu widerlegen, alle zentralnervösen Funktionen seien aus dem Zusammenspiel von Reflexen zu erklären.

Es entsprach dieser Leitidee, daß sich E. von Holst nach seiner Promotion zu dem Frankfurter Humanphysiologen Albrecht Bethe hingezogen fühlte, dessen »Plastizitätslehre« des Zentralnervensystems gleichfalls im Widerspruch zur Reflexlehre stand. In ihm fand er, wie er selbst sagte, seinen eigentlichen wissenschaftlichen Lehrer. Während er in Frankfurt als Stipendiat arbeitete, übernahm er Bethes experimentelle Methodik zur Analyse der Bewegungen von Tieren und kombinierte sie mit dem, was er in seiner Doktorarbeit selbständig entwickelt hatte. Bethe verkörperte für ihn das Ideal des biologischen Experimentalforschers, wie es auch seiner eigenen Veranlagung entsprach. Daher ist, was E. von Holst in einer 1955 in der Zeitschrift »Die Naturwissenschaften« veröffentlichten Festrede über Bethes wissenschaftliche Prinzipien sagte, weitgehend auch sein eigenes Bekenntnis – so zum Beispiel der Appell, »daß man das Große und Allgemeine stets im Auge behalten und doch zugleich im Kleinen, im Technischen penibel bis zur Kleinlichkeit sein kann, ja sein muß, wenn die Ergebnisse Dauer haben sollen« (v. Holst 1955 b).

Durch einen Vortrag wurde Reinhard Dohrn auf Erich von Holst aufmerksam und bot ihm eine Assistentenstelle an der Zoologischen Station Neapel an, die er 1934 bis 1936 innehatte. Sein Lebensweg führte ihn von dort über Berlin (1936–1938), Göttingen (1938–1946, Habilitation 1938), Heidelberg (1946–1948 als ordentlicher Professor für Zoologie) und Wilhelmshaven (1948–1957, Max-Planck-Institut für Meeresbiologie, später für Verhaltensphysiologie) nach Seewiesen bei München (1957–1962 als Direktor des Max-Planck-Institutes für Verhaltensphysiologie).

EXPERIMENTELLE ANALYSEN

Eine erste, bis etwa 1948 reichende Phase der von Holstschen wissenschaftlichen Arbeit ist gekennzeichnet durch drei große experimentelle Analysen, welche durch die Begriffe »relative Koordination«, »Vogelflug« und »Statolithenfunktion« zu kennzeichnen sind. An diesen Forschungsthemen brachte E. von Holst die ganze Vielseitigkeit seiner wissenschaftlichen Persönlichkeit zum Einsatz, um auf eine faszinierende, ihm wesensgemäße Weise zum Erfolg zu kommen. Kennzeichnend für ihn war es vor allem, mechanische Funktionsmodelle zu entwickeln, um durch deren Studium unübersichtliche funktionelle Zusammenhänge verstehen zu lernen. Diese Methode entsprach seinem Erfindergeist und seiner handwerklichen Geschicklichkeit. Die notwendigen prinzipiellen Überlegungen darüber, was durch Modellversuche an biologischer Einsicht gewonnen werden kann und was nicht, machten einem Intellekt wie dem seinen keine Schwierigkeiten.

Das Prinzip der »relativen Koordination«

Ein erstes Beispiel für Funktionsmodelle, und zwar aus dem Themenbereich der »relativen Koordination« war das folgende: Stehen am Fischrückenmark drei oder vier rhythmisch tätige Instanzen miteinander in jeweils zweiseitigen Wechselbeziehungen nach dem Prinzip der »relativen Koordination«, so zeigt das aus allen beteiligten Rhythmen verkoppelte Gesamtsystem eine verstärkte Tendenz zur absoluten Koordination, also zu ganzzahligen Frequenzverhältnissen. Wird in einem solchen System ein Parameter fließend geändert, so verändern sich die Frequenzverhältnisse vorübergehend gar nicht, dann aber sprunghaft zu neuen, wiederum ganzzahligen Koordinationsmustern: Das Zusammenschalten mehrerer autorhythmischer Elemente führt zu einer systembedingten Stabilität bei ganzzahligen Frequenzverhältnissen. Um im Verständnis dieses zunächst undurchschaubaren Phänomens voranzukommen, versuchte von Holst, es durch das Verhalten eines mechanischen Funktionsmodells zu reproduzieren, was auch gelang. Die Elemente des Modells waren durch Gewichte angetriebene, langsam rotierende Achsen, die durch Reibung in einer zähen Flüssigkeit gebremst wurden; ihre Rotation wurde als Kurvenzug durch Schreibhebel auf einem Kymographen registriert. An den Enden der rotierenden Achsen waren Querhebel angebracht. Die Koppelung zwischen zwei in Achsenrichtung aufeinanderfolgenden Elementen geschah durch Spiralzugfedern, welche die Enden der Querhebel miteinander verbanden; zusätzliche starre Übertragungen sorgten dafür, daß von den drei vorhandenen Elementen jedes mit jedem auf die beschriebene Weise verkoppelt werden konnte. Dieses Modell gab die am Tier beobachteten Systemeigenschaften »relativ koordinierter« autorhythmischer Zentren tatsächlich in fast allen Einzelheiten wieder (vgl. v. Holst 1935 b, 1935 e, 1936 a, 1936 d, 1938 a, 1939 d).

Damals ließ sich das Verhalten des Modells wegen der in ihm enthaltenen funktionellen Nichtlinearitäten nicht mathematisch formulieren; die oben genannte Tendenz zu ganzzahligen Koordinationsmustern blieb daher unverstanden. Erst viel später hat Meineke (1973) eine in sich widerspruchsfreie, hinreichende und notwendige Theorie entwickelt, die diesem und allen sonstigen experimentellen Befunden E. von Holsts über die relative Koordination gerecht wird. Die zugehörigen neurophysiologischen Vorgänge sind jedoch auch heute noch nicht identifiziert worden.

Die Untersuchungen der relativen Koordination und andere Arbeiten über die Leistungen des Fischrückenmarks hatten zweierlei unwiderleglich nachgewiesen: Das Zentralnervensystem schließt funktionsordnende Teilsysteme in sich, die sich nicht auf Reflexbögen oder auf Ketten aus diesen zurückführen lassen; und es kann ohne äußere Anregungen spontan aktiv werden. Im Bewußtsein dieser beiden Tatsachen traf Erich von Holst 1938 zum ersten Mal Konrad Lorenz (aus Anlaß eines Vortrags im Berliner Harnackhaus) und überzeugte ihn im persönlichen Gespräch, daß »spontane Schwellensenkungen« für die Auslösung instinktiven Verhaltens und daß ein »Aufstauen« von Erregung, das bis zum Verhalten im Leerlauf führen kann, ebenfalls nicht durch Reflexketten zu verstehen sei, sondern auf spontane Aktivität des Zentralnervensystems schließen lasse. Bisher hatten Gedanken, die in diese Richtung tendierten, allgemein als unvereinbar mit dem Kausalprinzip, als vitalistisch und damit als unwissenschaftlich gegolten. Von nun an konnte die Ethologie ohne die Befürchtung, damit etwas physiologisch Unmögliches vorauszusetzen, mit der spontanen Erregungsbildung im Zentralnervensystem rechnen. Somit kann E. v. Holst als derjenige gelten, der zu der *Re*aktivität die zweite entscheidende Komponente der Verhaltenssteuerung, die *spontane Aktivität* in die ethologische Theorienbildung einbrachte. Dieser Beitrag führte zu einer außerordentlichen Befreiung und Klärung der ethologischen Gedankenwelt und ist bis heute eine ihrer entscheidenden theoretischen Grundlagen.

Der Vogelflug

Die zweite große Folge von Experimentalarbeiten widmete Erich v. Holst dem Fluge der Vögel und Insekten. Hier spielten die Konstruktion und der Bau von Funktionsmodellen sogar eine *zentrale* Rolle in der wissenschaftlichen Analyse: v. Holst versuchte, seinen Flugmodellen durch sinnvolles Probieren diejenigen Flugeigenschaften der »nachgeahmten« Tiere zu verleihen, deren Zustandekommen und Wirksamkeit er verstehen lernen wollte (vgl. hierzu 1940 a, 1941 a bis 1943 b, 1948 a). War ihm die Konstruktion geglückt, so schloß er aus den erfolgreichen Bauprinzipien auf die biologische Funktion zurück. – Der »Triebflügel« demonstrierte darüber hinaus ein aus dem Libellenflug neu entwickeltes, auch der Flugtechnik bis dato unbekanntes Flugprinzip, das inzwischen an amerikanischen Flugzeugen verwirklicht wurde. Ein weiteres Modell, der »Flugsaurier«, sollte zeigen, wie ein Vertreter dieser Gruppe (*Rhamphorhynchus*) entsprechend seiner durch Fossilien überlieferten Anatomie und auf Grund der aerodynamischen Gesetzmäßigkeiten einst geflogen sein muß (v. Holst 1957 b und c).

Die Statolithenfunktion

In einer dritten Serie von Experimenten – über die Statolithenfunktion – entschied von Holst in einem klassischen verhaltensphysiologischen Versuchsgang die jahrzehntelange Diskussion um den adäquaten Reiz der Schwere-Rezeptoren. Auch hierbei spielten Modelle eine Rolle, wenn auch nicht als prinzipiell notwendige Forschungsmittel, sondern als Analogmodelle für an sich auch rechnerisch zugängliche Arbeitshypothesen bzw. Funktionszusammenhänge. Hier wie in allen anderen Arbeiten trugen außer den Modellen auch andere Aspekte die unverkennbare von Holstsche Prägung: geistreich ersonnene Versuchsanordnungen, sinnvolles Wechselspiel zwischen Experimenten und theoretischen Überlegungen, einprägsame zeichnerische und schriftliche Darstellung. Nach dem Abschluß der genannten Untersuchungsreihen ließ sich E. von Holst jeweils nicht von den Problemen und Methoden, in die er sich eingearbeitet hatte, festhalten, sondern ging zu ganz neuen Themen über, sobald ihm die selbstgestellten Fragen im früheren Forschungsfeld gelöst erschienen (vgl. v. Holst 1950 a und b).

THEORETISCHE ENTWÜRFE

Auf die drei großen experimentellen Arbeiten folgte ein zweiter Lebensabschnitt, in dem Experimente zwar auch eine Rolle spielten, der aber vorwiegend durch theoretische Entwürfe bestimmt war. Marksteine dieser Epoche waren die Aufstellung des »Reafferenzprinzips« (1950 e), die Deutung des Muskelspindelsystems als Folgeregelkreis (1956 a) und eine Serie von Befunden und Hypothesen zu psychologischen Konstanz-Phänomenen und optischen Täuschungen des Menschen (1957 a).

Das Reafferenzprinzip

Das *Reafferenzprinzip* wurde während der Vorbereitung zu einem Symposium, in dem verhaltensphysiologische Begriffe besprochen werden sollten, formuliert, und zwar auf Grund folgender Überlegung: Vollführt ein Organismus eine motorische Aktion, so können hierdurch Sinnesreize und folglich afferente Meldungen ans Zentralnervensystem hervorgerufen werden. Beispielsweise führen aktive Blickbewegungen zu Bildbewegungen auf der Netzhaut. E. von Holst nannte solche auf eigene Aktivität zurückgehende Sinnesmeldungen »Reafferenz« und postulierte: Das Zentralnervensystem muß Reafferenz anders beantworten als Meldungen, die von unabhängigen Umweltereignissen herrühren. Diese Andersbewertung muß logischerweise darin bestehen, daß die jeweilige Reafferenz durch eine »Kopie« der Kommandos der Eigenaktionen (durch eine »Efferenzkopie«) ausgelöscht wird; denn es wäre sinnwidrig, wenn durch Reafferenz Reaktionen wie durch unabhängige Ereignisse (durch »Exafferenz«) ausgelöst würden. – Den im Ansatz logischen, also nicht induktiven Charakter dieses Gedankenganges unterstrich von Holst, wohl unbewußt, damit, daß er ihn als Reafferenz-»Prinzip« und nicht als Arbeitshypothese in die Wissenschaft einführte. Als Mitautor trat Horst Mittelstaedt auf, der durch frühere Experimente und Überlegungen bereits nahe an die Formulierung des Reafferenzprinzips herangekommen war und wichtige experimentelle Belege beisteuerte.

Das Muskelspindelsystem als Folgekreis

Beim Sprung von einer Düne auf vermeintlich lockeren, in Wirklichkeit aber harten feuchten Sand zog sich von Holst 1954 eine Fußverletzung zu, weil er die Bein- und Fußmuskeln für den Aufsprung nicht richtig eingestellt hatte. Die aufgezwungene Ruhe benutzte er zum Studium der vorliegenden, vor allem elektrophysiologischen Literatur über das Muskelspindelsystem; Richard Jung hatte ihm dazu den betreffenden Teil seiner Sonderdrucksammlung nach Wilhelmshaven gesandt. v. Holst erkannte damals als erster, in welcher Weise die Alpha- und Gamma-Fasern sowie die Muskelspindeln als Funktionsglieder eines Folgeregelkreises zusammenwirken. Seine Überlegungen wurden in den »Fortschritten der Zoologie« veröffentlicht, ohne daß der Charakter der Arbeit im Titel zum Ausdruck kam (1956 a).

Aktive Leistungen der menschlichen Gesichtswahrnehmung

Im Ansatz deduktiv waren auch E. von Holsts Überlegungen über Konstanzphänomene und optische Täuschungen. Er betrachtete altbekannte Phänomene wie die Farbadaptation und die Müller-Lyersche Täuschung (s. hierzu den Beitrag von J. Vonèche in Bd. VII dieser Enzyklopädie) unter dem Gesichtspunkt: Für welche Konstanzleistungen würde ein Ingenieur diese Mechanismen einsetzen? – und kam zu neuen überraschenden Deutungen. Ein faszinierendes Theoriengebäude entstand. Die Überschrift »Aktive Leistungen der menschlichen Gesichtswahrnehmung« (1957 a) weist auf das alte Leitmotiv der Eigenaktivität des Zentralnervensystems hin, das vielfach in den Gedankengängen anklingt.

ELEKTRISCHE GEHIRNREIZUNG

Es war eine unerwartete Wende, als E. von Holst in den letzten Jahren seines Lebens die von W. R. Hess an der Katze eingeführte Methode der lokalisierten elektrischen Gehirnreizung übernahm. Er übertrug sie auf ein in höherem Maße instinktgebundenes Wirbeltier, das Haushuhn, und eröffnete damit ganz neue Möglichkeiten für das Studium angeborener Verhaltensweisen (1957 f, 1958 a, 1960, 1961 b). Jetzt konnten Instinkthandlungen zu beliebigen Zeiten unter variierenden äußeren und inneren Bedingungen ausgelöst werden; durch wiederholte Auslösung ließ sich ihre Erschöpfbarkeit untersuchen, durch Kombination verschiedener Instinkthandlungen die Situation des Triebkonflikts experimentell reproduzieren. In wenigen Jahren erwuchs auch dieses Arbeitsgebiet zu einem imponierenden Gebäude wissenschaftlicher Entdeckungen. Als Beispiel sei hier nur eines genannt: Werden von zwei verschiedenen Reizpunkten her gleichzeitig sowohl »Aggressivität gegen Rangniedere« wie »Flucht vor dem Feind« ausgelöst, so ergibt sich keine Überlagerung der Motorik beider Handlungen, sondern etwas qualitativ Neues: drohendes Verteidigen der Jungen. Dieser Befund ist ein Beleg für die zuvor aus Verhaltensbeobachtungen hergeleitete These, das Drohen beruhe auf gleichzeitiger Aktivierung von Angriffs- und Fluchttendenzen (1960).

SCHLUSSGEDANKEN

In seinen Untersuchungen am Menschen war es für Erich von Holst selbstverständlich, daß die subjektiven Empfindungen – vor allem wenn sie quantitativ zu erfassen waren – genauso wichtige wissenschaftliche Information liefern können wie objektive Meßdaten; auch hierdurch befreite er sich und andere von bisherigen Vorurteilen. Er war unter den deutschen Biologen auch der erste, der – mit dem Reafferenzprinzip – die regeltheoretische oder allgemeiner: die systemtheoretische Methodik in die Verhaltensphysiologie einführte. Einen tiefen Eindruck machte er auf seine Fachgenossen schließlich durch die unglaubliche Exaktheit und Reproduzierbarkeit seiner Verhaltensmessungen, obgleich die Versuchstiere zum Teil frei beweglich waren. In einer Zeit, die dazu neigte, die Elektrophysiologie als einzige erfolgversprechende Forschungsmethode für die Aufklärung von Systemleistungen des Zentralnervensystems zu betrachten, demonstrierte er an eindrucksvollen Beispielen die Gleichwertigkeit, ja Überlegenheit der »messenden Verhaltensforschung« – besonders für die Analyse übergeordneter Funktionsprinzipien.

Erich von Holst hat durch seine Forschungen, seine Denkweise und auch durch seine Persönlichkeit einen entscheidenden Anteil an der Entwicklung der wissenschaftlichen Verhaltensforschung. Er schlug die Brücke zwischen ihr und der Physiologie. Er wurde zum Begründer und, solange ihm zu wirken vergönnt war, zum führenden Gestalter einer ihrer wichtigsten Teilgebiete, der Verhaltensphysiologie.

DIE WICHTIGSTEN VERÖFFENTLICHUNGEN VON ERICH VON HOLST IN CHRONOLOGISCHER REIHENFOLGE

1932: Untersuchungen über die Funktionen des Zentralnervensystems beim Regenwurm. Dissertation. Zool. Jahrbücher, 51, 547—588

1933: Weitere Versuche zum nervösen Mechanismus der Bewegung beim Regenwurm. Zool. Jahrbücher, 53, 67–100

1934 a: Über das Laufen der Hundertfüßer. Zool. Jahrbücher, 54, 157–179

1934 b: Über die Ordnung und Umordnung der Beinbewegungen bei Hundertfüßern. Pflüg. Arch., 234, 101–113

1934 c: Zwei Versuche zum Hirnproblem bei Arthropoden. Pflüg. Arch., 234, 113–123

1934 d: Motorische und tonische Erregung und ihr Bahnverlauf bei Lepidopterenlarven. Z. vergl. Physiol., 21, 395–414

1934 e: Reflex und Rhythmus im Goldfischrückenmark. Verh. Dt. Zool. Ges., 87–89

1934 f: Studien über Reflexe und Rhythmen beim Goldfisch. Z. vergl. Physiol., 20, 582–599

1934 g: Weitere Reflexstudien an spinalen Fischen. Z. vergl. Physiol., 21, 658–665

1935 a: Die Gleichgewichtsorientierung bei Fischen. Forsch. u. Fortschr., 11, 437–438

1935 b: Die Koordination der Bewegung bei den Arthropoden in Abhängigkeit von zentralen und peripheren Bedingungen. Biol. Review, 10, 234

1935 c: (mit A. Bethe und E. Hut) Die Bedeutung des mechanischen Innendrucks für die Anpassung gepanzerter Seetiere an Änderungen des osmotischen Außendrucks. Pflüg. Arch., 235, 330–344

1935 d: Erregungsbildung und Erregungsleitung im Fischrückenmark. Pflüg. Arch., 235, 345–359

1935 e: Über den Prozeß der zentralnervösen Koordination. Pflüg. Arch., 236, 149–158

1935 f: Alles oder Nichts, Block, Alternans, Bigemini und verwandte Phänomene als Eigenschaften des Rückenmarks. Pflüg. Arch., 236, 515–532

1935 g: Die Gleichgewichtssinne der Fische. Verh. Dt. Zool. Ges., 108–114. Auch in: Zur Verhaltensphysiologie bei Tieren und Menschen, II. München: Piper 1970

1935 h: Über den Lichtrückenreflex bei Fischen. Pubbl. Staz. Zool. Napoli, 15, 143–158

1935 i: Zentralnervensystem. Fortschr. d. Zool., 1, 364–383

1936 a: Versuche zur Theorie der relativen Koordination. Pflüg. Arch., 237, 93–121

1936 b: Vom Dualismus der motorischen und der automatisch-rhythmischen Funktion im Rückenmark und vom Wesen des automatischen Rhythmus. Pflüg. Arch., 237, 356–378

1936 c: Über den »Magnet-Effekt« als koordinierendes Prinzip im Rückenmark. Pflüg. Arch., 237, 655–682

1936 d: Die relative Koordination. Forsch. u. Fortsch., 12, 294–296

1936 e: Zentralnervensystem. Fortschr. d. Zool., 2, 445–468

1936 f: (mit D. W. Le Mare): Bausteine zu einer vergleichenden Physiologie der lokomotorischen Reflexe bei Fischen, I. Z. vergl. Physiol., 23, 223–236

1937 a: Bausteine zu einer vergleichenden Physiologie der lokomotorischen Reflexe bei Fischen, II. Z. vergl. Physiol., 24, 532–562

1937 b: Vom Wesen der Ordnung im Zentralnervensystem. Naturwiss., 25, 625–631; 641–647. Auch in: Zur Verhaltensphysiologie bei Tieren und Menschen, I. München: Piper 1969

1937 c: Ein neues Instrument für Feinoperationen. Zool. Anz., 119, 328–331

1938 a: Neue Versuche zur Deutung der relativen Koordination bei Fischen. Pflüg. Arch., 240, 1–43

1938 b: Über relative Koordination bei Säugern und beim Menschen. Pflüg. Arch., 240, 44–49

1938 b: Vom ordnenden Prinzip im zentralen Nervensystem. Forsch. u. Fortschr., 14, 68–70

1939 a: Über die nervöse Funktionsstruktur des rhythmisch tätigen Fischrückenmarks. Pflüg. Arch., 241, 569–611

1939 b: (mit K. Eberhard und M. Fabricius) Bausteine zu einer vergleichenden Physiologie der lokomotorischen Reflexe bei Fischen, III. Z. vergl. Physiol., 26, 467–480

1939 c: Entwurf eines Systems der lokomotorischen Periodenbildung bei Fischen. Habilitationsschrift. Z. vergl. Physiol., 26, 481–528

1939 d: Die relative Koordination als Phänomen und als Methode zentralnervöser Funktionsanalyse. Erg. Physiol., 42, 228–306. Auch in: Zur Verhaltensphysiologie bei Tieren und Menschen, I. München: Piper 1969

1940 a: Tierflug und Modellflug. Sinn und Bedeutung des Vollschwingen-Flugmodellbaues. Luftfahrt und Schule, 3, 24–27

1940 b: Neue Anschauungen über die Tätigkeit des Zentralnervensystems. Naturwiss., 28, 803–807. Auch in: Zur Verhaltensphysiologie bei Tieren und Menschen, II. München: Piper 1970

1940 c: Zentralnervensystem. Fortschr. d. Zool., 6, 161–177. Mit dem Titel »Fortschritte der Tierpsychologie« in: Zur Verhaltensphysiologie bei Tieren und Menschen, II. München: Piper 1970

1941 a: (mit D. Küchemann) Biologische und aerodynamische Probleme des Tierflugs. Naturwiss., 29, 348–362. Auch in: Zur Verhaltensphysiologie bei Tieren und Menschen, II. München: Piper 1970

1941 b: Der rotierende Flügel als Mittel zur Hochauftriebserzeugung. Jahrbuch der deutschen Luftfahrtforschung, 372–376

1941 c: (mit D. Küchemann) Zur Aerodynamik des Tierflugs. Luftwissen, 8, 1–6

1942: (mit D. Küchemann und K. Solf) Der Triebflügel. Eine Vereinigung von Vortriebs- und Auftriebsorgan. Jahrbuch der deutschen Luftfahrtforschung, 435–443

1943 a: Über »künstliche Vögel« als Mittel zum Studium des Vogelflugs. Journ. Ornith., 91, 406–447. Auch in: Zur Verhaltensphysiologie bei Tieren und Menschen, II. München: Piper 1970

1943 b: Untersuchungen über Flugbiophysik, I. Messungen zur Aerodynamik kleiner schwingender Flügel. Biol. Zentralblatt, 63, 289–326. Auch in: Zur Verhaltensphysiologie bei Tieren und Menschen, II. München: Piper 1970

1943 c: Über relative Koordination bei Arthropoden. Pflüg. Arch., 246, 847–865

1947 a: Die Gleichgewichtssinne der Fische. Kosmos, 47–49

1947 b: Vom Wesen des tierischen Lebens. Kosmos, 77–80. Auch in: Zur Verhaltensphysiologie bei Tieren und Menschen, I. München: Piper 1969

1948 a: Vom Flug der Tiere und vom Menschenflug der Zukunft. Aus der Arbeit der Universität 1946/47. Schriften der Universität Heidelberg, 3, 95–112. Auch in: Zur Verhaltensphysiologie bei Tieren und Menschen, II. München: Piper 1970

1948 b: Von der Mathematik der nervösen Ordnungsleistungen. Experientia, 4, 374–381

1948 c: Quantitative Untersuchungen über Umstimmungsvorgänge im Zentralnervensystem, I: Der Einfluß des »Appetits« auf das Gleichgewichtsverhalten bei Pterophyllum. Z. vergl. Physiol., 31, 134–148. Auch in: Zur Verhaltensphysiologie bei Tieren und Menschen, II. München: Piper 1970

1950 a: Die Arbeitsweise des Statolithenapparates bei Fischen. Z. vergl. Physiol., 32, 60–120

1950 b: Die Tätigkeit des Statolithenapparates im Wirbeltierlabyrinth. Naturwiss., 37, 265–272. Auch in: Verhaltensphysiologie bei Tieren und Menschen, II. München: Piper 1970

1950 c: (mit L. Schoen) Das Zusammenspiel von Lagena und Utriculus bei der Lageorientierung der Knochenfische. Z. vergl. Physiol., 32, 512–571

1950 d: Quantitative Messung von Stimmungen im Verhalten der Fische. Symp. Soc. Exp. Biol., 4, 143–172

1950 e: (mit H. Mittelstaedt) Das Reafferenzprinzip. Wechselwirkungen zwischen Zentralnervensystem und Peripherie. Naturwiss., 17, 464–476. Auch in: Verhaltensphysiologie bei Tieren und Menschen, I. München: Piper 1969

1951 a: Tierflug und Menschenflug. Physikalische Blätter, 7, 534–542

1951 b: Prinzipien des Tierflugs und ihre technische Bedeutung. Fra Fysikkens Verden, 53–68

1951 c: Die Rolle des Modells in verschiedenen Gebieten der Physiologie. Verh. Dt. Zool. Ges. 273–275

1951 d: (mit E. Grisebach) Einfluß des Bogengangsystems auf die »subjektive Lotrechte« beim Menschen. Naturwiss., 38, 67–68. Auch in: Zur Verhaltensphysiologie bei Tieren und Menschen, II. München: Piper 1970

1951 e: (mit G. v. Romberg und W. Doden) Über Zusammenhänge zwischen Wahrnehmung und objektivem Geschehen bei Wechselstromreizung des Vestibularapparates und optokinetischer Pendelreizung der Retina. Pflüg. Arch., 254, 98–106

1952: Menschliche Umwelt und Technik. Gas- und Wasserfach, 93, 1–5. Auch in: Zur Verhaltensphysiologie bei Tieren und Menschen, I. München: Piper 1969

1953 a: (mit G. Göldner) Eine Vorrichtung zum schnellen Wechsel von Filmszenen in beliebiger Folge. Experientia, 9, 470–472

1953 b: Tierflug und menschliche Flugtechnik. Lebendiges Wissen, Sammlung Dieterich, Wiesbaden, 193–200

1953 c: Der Physiologe und sein Versuchstier. Lebendiges Wissen, Sammlung Dieterich, Wiesbaden, 201–208. Auch in: Zur Verhaltensphysiologie bei Tieren und Menschen, II. München: Piper 1970

1953 d: Von der Kunst des Geigenbaues. Lebendiges Wissen, Sammlung Dieterich, Wiesbaden, 209–215. Auch in: Zur Verhaltensphysiologie bei Tieren und Menschen, II. München: Piper 1970

1953 e: Ein neuer Vorschlag zur Lösung des Bratschenproblems. Instrumentenbau-Zeitschrift, 8, 46–48. Auch in: Zur Verhaltensphysiologie bei Tieren und Menschen, II. München: Piper 1970

1953 f: (mit H. Mittelstaedt) Reafferenzprinzip und Optomotorik. Eine Erwiderung. Zool. Anz., 151, 253–259

1954 a: (mit L. Schoen) Der Einfluß mechanisch veränderter Augenstellungen auf die Richtungslokalisation bei Fischen. Z. vergl. Physiol., 36, 433–442

1954 b: Einfluß der nichtbelichteten Retina auf das Gleichgewichtsverhalten von Fischen. Naturwiss., 41, 507–508. Auch in: D. Rajewsky, G. Schreiber (Hg.): Aus der deutschen Forschung der letzten Dezennien. E. Telschow zum 65. Geburtstag. Stuttgart 1956

1954 c: Physiologie des Verhaltens. Mitt. der Max-Planck-Ges., 5, 270–275

1955 a: Was können Biologie und Technik heute noch voneinander lernen? Wissenschaftliche Vorträge, gehalten anläßlich der Akademischen Jahresfeier der Techn. Hochschule und bei der Tagung des Bundes der Freunde der TH München im Dezember 1954. Selbstverl. Freunde der Techn. Hochschule München

1955 b: Albrecht Bethe †. Naturwiss., 42, 165–167. Auch in: Zur Verhaltensphysiologie bei Tieren und Menschen, II. München: Piper 1970

1955 c: Die Beteiligung von Konvergenz und Akkommodation an der wahrgenommenen Größenkonstanz. Naturwiss. 42, 444–445

1955 d: Ist der Einfluß der Akkommodation auf die gesehene Dinggröße ein »reflektorischer« Vorgang? Naturwiss., 42, 445–446

1955 e: Neue Gedanken und Versuche zur Sensomobilität. Acta Neurovegetativa, 12, 337–345

1955 f: Regelvorgänge in der optischen Wahrnehmung. 5. Conf. Soc. Biol. Rhythm., 26–34, Stockholm

1955 g: Periodisch-rhythmische Vorgänge in der Motorik. 5. Conf. Soc. Biol. Rhythm., 7–15, Stockholm

1955 h: Zur Grundlagenproblematik der Biologie. Universitas, 10, 1065–1069

1956 a: Zentralnervensystem. Das Muskelspindelsystem der Säuger. Fortschr. d. Zool., 10, 381–390. Auch in: Verhaltensphysiologie bei Tieren und Menschen. München: Piper 1969

1956 b: (mit W. Jeschorek) Fernreizung freibeweglicher Tiere. Naturwiss., 43, 455

1956 c: Optische Wahrnehmungen, die wir selbst erzeugen und ihre Bedeutung für unser Dasein. Jahrb. der Max-Planck-Ges., 121–149

1956 d: Die physischen Grundlagen des seelischen Erlebens. Universitas, 11, 941–949

1957 a: Aktive Leistungen der menschlichen Gesichtswahrnehmung. Studium Generale, 10, 231–243. Auch in: Zur Verhaltensphysiologie bei Tieren und Menschen, I. München: Piper 1969

1957 b: Der Saurierflug. Paläont. Z., 31, 15–22

1957 c: Wie flog Rhamphorhynchus? Natur und Volk, 87, 81–87. Auch in: Zur Verhaltensphysiologie bei Tieren und Menschen, II. München: Piper 1970

1957 d: Gemeinsames und Trennendes im Verhalten von Mensch und Tier. Stahl und Eisen, 77, 1657–1660

1957 e: Zentralnervensystem. Die Funktionstruktur des Zwischenhirns. Fortschr. d. Zool., 11, 245–275, 1957/58

1957 f: Die Auslösung von Stimmungen bei Wirbeltieren durch »punktförmige« elektrische Erregung des Stammhirns. Naturwiss., 44, 549–551

1958 a: (mit U. v. St.Paul) Das Mischen von Trieben (Instinktbewegungen) durch mehrfache Stammhirnreizung beim Huhn. Naturwiss., 45, 579

1958 b: Glaube, Macht und physikalisches Weltbild. Merkur, 12, 401–405. Auch in: Zur Verhaltensphysiologie bei Tieren und Menschen, I. München: Piper 1969

1960: (mit U. v. St. Paul) Vom Wirkungsgefüge der Triebe. Naturwiss., 47, 409–422. Auch in: Zur Verhaltensphysiologie bei Tieren und Menschen, I. München: Piper 1969

1961 a: Moderne Instinktforschung. Schriftenreihe zur Förderung der Wissenschaft, 2, 3–5

1961 b: Zur »Psycho«-Physiologie des Hühnerstammhirns. In: J. D. Achelis, H. v. Dithfurth (Hg.): Befinden und Verhalten. Stuttgart, 55–67

1961 c: Probleme der modernen Instinktforschung. Merkur, 15, 913–924. Auch in: Zur Verhaltensphysiologie bei Tieren und Menschen, I. München: Piper 1969

1961 d: Über Freiheit. Vortrag für Radio Bremen. Auch in: Zur Verhaltensphysiologie bei Tieren und Menschen, I. München: Piper 1969

1961 e: Biologische Regelung. Eine kritische Betrachtung. In: H. Mittelstaedt (Hg.): Regelungsvorgänge in lebenden Wesen. München, 21–31

1962: (mit L. Kühme) Taktile Täuschungen bei Dickenschätzungen durch Betasten. Pflüg. Arch., 275, 588–593. Auch in: Zur Verhaltensphysiologie bei Tieren und Menschen, I. München: Piper 1969

1963: Halbbildung und Bildung in den Naturwissenschaften. Ein Brief. Neue Sammlung, 4, 313–316

1969: Zur Verhaltensphysiologie bei Tieren und Menschen. Gesammelte Abhandlungen, I. München: Piper

1970: Zur Verhaltensphysiologie bei Tieren und Menschen. Gesammelte Abhandlungen, II. München: Piper

LITERATUR

Bethe, A.: Experimentelle Erzeugung von Störungen der Erregungsleitung und von Alternans- und Periodenbildungen bei Medusen im Vergleich zu ähnlichen Erscheinungen am Wirbeltierherzen. Z. vergl. Physiol., 24, 1937 a, 613–637

Rhythmik und Periodik, besonders im Hinblick auf die Bewegungen des Herzens und der Meduse. Pflüg. Arch., 239, 1937 b, 41–73

Die biologischen Rhythmusphänomene als selbständige bzw. erzwungene Kippvorgänge betrachtet. Pflüg. Arch., 244, 1940, 1–42

Bethe, A., Fischer, E.: Plastizität und Zentrenlehre. In: Handbuch der normalen und pathologischen Physiologie, Bd. 15. Berlin, 1931, 1175–1220

Bethe, A., Kast, H.: Synergische und reziproke Innervation antagonistischer Muskeln nach Versuchen am Menschen nebst Beobachtungen über ihre Reaktionszeit. Pflüg. Arch., 194, 1922, 77–101

Bethe, A., Thorner, H.: Koordinationsstudien an vielbeinigen Tieren (Myriapoden). Pflüg. Arch., 232, 1933, 409–431

Eccles, J. C., Fatt, P., Landgren, S., Winsbury, G. J.: Spinal Cord Potentials Generated by Rolleys in the large Muscle Afferenz. J. Physiol., 125, 1954, 590–606

Hassenstein, B.: Nachruf auf Erich von Holst. Verh. Dtsch. Zool. Ges., 1963, 676–682

Hess, W. R.: Die funktionelle Organisation des vegetativen Nervensystems. Basel: Schwabe 1948

Hesse, R(ichard): Abstammungslehre und Darwinismus. Leipzig: Teubner 1902

Die Überlegenheit der Wirbeltiere. Berlin: Verl. d. Akad. Wiss. 1933

Hesse, R(ichard), Doflein, F.: Tierbau und Tierleben in ihrem Zusammenhang betrachtet, I, II. Leipzig: Teubner 1910

Jung, R.: Epilepsie und vasomotorische Reaktionen: Elektroencephalogramm, vegetative Vorgänge und Liquordruck beim kleinen epileptischen Anfall. Z. Neurol., 167, 1939, 601–605

Lorenz, K.: Zum Gedenken an die Erkenntnisse Erich von Holsts. In: K. Immelmann (Hg.): Verhaltensforschung. Zürich: Kindler 1974

Meineke, H.: Mathematische Theorie der Gangarten der Wirbeltiere. Dissertation Universität Freiburg/Br. 1973

Mittelstaedt, H.: Telotaxis und Optomotorik von Eristalis bei Augeninversion. Naturwiss., 36, 1949, 90–91

Physiologie des Gleichgewichtssinnes bei fliegenden Libellen. Z. vergl. Physiol., 32, 1950, 422–463

(Hg.): Regelungsvorgänge in der Biologie. Tagungsvorträge. München: Oldenbourg 1956

ETHOLOGIE UND VERGLEICHENDE PSYCHOLOGIE HEUTE

von Arnold Froese

DIE ENTWICKLUNG DER VERGLEICHENDEN PSYCHOLOGIE

Die vergleichende Psychologie untersucht die Unterschiede und Übereinstimmungen im Verhalten verschiedener Tierarten. Der historische Weg zu dieser breiten Aufgabenstellung war indirekt; es ergaben sich dabei einige Schwierigkeiten, die vergleichende Psychologie und die Ethologie miteinander zu vereinbaren. Deshalb ist es wichtig, die Entwicklung der vergleichenden Psychologie in Amerika (wo sie eine besondere Tradition besitzt) zu verstehen.

Der Anthropomorphismus beim Vergleichen von Verhalten erreichte seinen Höhepunkt nach der Veröffentlichung von Darwins »Die Abstammung des Menschen« (1871). Dieser Anthropomorphismus wurde von den »Vätern« der modernen vergleichenden Psychologie, Jacques Loeb und C. Lloyd Morgan, angegriffen. E. L. Thorndike und J. B. Watson verschärften die Kritik, und schließlich wurde die amerikanische Psychologie von einer objektiven, empirischen Einstellung zum Verhalten beherrscht (eine ausführliche Erörterung dieser geschichtlichen Tendenzen gibt Warden 1927; s. dazu auch den Beitrag von G. Burghardt in diesem Band und den von J. Brožek u. S. Diamond in Bd. I dieser Enzyklopädie).

Um die Jahrhundertwende wurden in den USA mehrere Laboratorien für vergleichende Psychologie eingerichtet (Warden, Warner 1927). Zwei Ziele wurden der Laborforschung allgemein gesetzt (Waters 1934, 35). Das erste Ziel war der Wunsch, das Verhalten der Tiere zu verstehen. Das zweite Ziel war, Grundsätze zur Erklärung des menschlichen Verhaltens zu entdecken. Dies letztere Ziel läßt einen typisch anthropozentrischen Zug in der vergleichenden Psychologie deutlich werden. Trotzdem stellten diese Laboratorien den Höhepunkt des Versuches dar, Subjektivismus und Anthropomorphismus aus der psychologischen Forschung auszuschalten. Der große Wert, den man Labormethoden beimaß, wurde als ein bedeutsamer Fortschritt auf dem Weg, die Fähigkeiten von Tieren zu vergleichen, betrachtet. In diesen ersten Labors wurde ein weiter Bereich von Verhaltensweisen untersucht, einschließlich der Entwicklung des Verhaltens, des »instinktiven« Verhaltens, der Motivation, der Vorgänge in den Sinnesorganen, des Lernens und des Sozialverhaltens.

In den Laboratorien benötigten die Forscher Apparate, die systematisch bei einer großen Zahl von Arten angewendet werden konnten. E. L. Thorndike entwickelte einen »Problemkäfig« (puzzle box), um den Lernverlauf bei Tieren zu untersuchen. Dieser Käfig öffnete sich und ließ das Tier frei, wenn es die richtige Antwort gezeigt hatte. W. S. Small entwickelte ein Labyrinth, um das Lernen zu untersuchen. Mit zunehmender Verfeinerung dieser Laborausrüstung wurden die Psychologen oft von den Apparaten abhängig und daher blind gegenüber einem großen Teil des natürlichen Verhaltens der Tiere. Diese Hinwendung zu den Laborapparaten war ein charakteristischer Zug der frühen vergleichenden Psychologie.

Ein weiteres Merkmal der vergleichenden Psychologie, besonders nach den zwanziger Jahren, war die objektivistische, empiristische Deutung des Verhaltens, wie sie von John B. Watson gefordert wurde. Verhalten wurde aus der Verknüpfung von Reizen und Reaktionen erklärt. In Amerika fand die behavioristische »Revolution« weite Anerkennung, und Begriffe wie Instinkt wurden scharf kritisiert. Diese Entwicklung, zusammen mit dem Trend zum Laborexperiment, führte die vergleichende Psychologie zur Erforschung der jeweiligen Fähigkeiten der Tierarten im Sinne von »intelligentem« Verhalten (Lernen).

In den Vereinigten Staaten gab es eine Vielzahl von Schwierigkeiten beim Vergleichen, da viele Psychologen, obwohl sie von Darwin beeinflußt waren, die Begriffe der modernen Evolutionstheorie nicht auf ihre Probleme anwenden konnten. So wiesen z. B. Hodos u. Campbell (1969) darauf hin, daß viele »vergleichende Psychologen« eher mit den naiven Vorstellungen einer aristotelischen Stufenleiter arbeiteten als mit einem die biologische Verwandtschaft berücksichtigenden Stammbaum. Forscher auf dem Gebiet der vergleichenden Psychologie rückten oft keineswegs verwandte Arten aufgrund einzelner Fähigkeiten zum Menschen an die Spitze der Rangskala. Dieses Konzept der phylogenetischen Stufenleiter paßte genau zu der erwähnten anthropozentrischen Ausrichtung der amerikanischen Psychologie.

Diese Kennzeichnung gilt nicht für alle, die sich »vergleichende Psychologen« nannten. Kleine Gruppen bewahrten sich ein über das Lernvermögen hinausgehendes Interesse am Verhalten, und viele arbeiteten von einem scharfsinnigen neodarwinistischen Standpunkt aus. Andere führten bemerkenswerte Freilandstudien durch, wie C. R. Carpenter über Primaten (s. den Sammelband Carpenter 1964) und T. C. Schneirla über Ameisen (1929, 1944). Aber obwohl die vergleichenden Psychologen ausgezeichnet mit dem analytischen Untersuchungswerkzeug umgehen konnten, waren der Spielraum ihrer Fragen eng begrenzt und ihre Theorie schwach.

In den vierziger Jahren, als die Ethologie in Europa an Einfluß gewann, verlor die vergleichende Psychologie in Amerika ihren Zusammenhalt (Scott 1967). Themen wie z. B. Lernen und Physiologie, die die Psychologen vorher untersucht hatten, wurden nun getrennte Forschungsgebiete, und oft lag das Gewicht nicht wirklich auf dem Vergleich. Die meisten Untersuchungen wurden an einigen wenigen, im Laboratorium gezüchteten Versuchstieren, wie Ratten, Tauben und Katzen, durchgeführt. Der Zweite Weltkrieg lenkte die Forschung noch weiter von der vergleichenden Psychologie ab und verhinderte die internationale Zusammenarbeit. In dieser Zeit vereinigte sich die »American Psychological Association's Division of Comparative and Physiological Psychology« mit der »Division of Experimental Psychology« (s. Scott 1967, 1973). Nach dieser Latenzphase griff die Ethologie in Amerika allmählich auf die Erforschung tierischen Verhaltens über. Zur Zeit wird der Begriff »vergleichende Psychologie« nicht mehr im bisherigen Umfang verwendet. Viele moderne amerikanische Forscher betrachten sich selbst eher als Ethologen oder Tierverhaltensforscher.

DER EINFLUSS DER ETHOLOGIE AUF DIE VERGLEICHENDE PSYCHOLOGIE

Methoden

Einer der Hauptkritikpunkte an den Laboruntersuchungen der vergleichenden Psychologie war von Anfang an, daß die kontrollierten Experimente unnatürlich und belanglos wären. Die Versuche mit Thorndikes Problemkäfig wurden kritisiert, weil mit der künstlichen Umgebung und der willkürlichen Problemstellung die Fähigkeiten der Tiere nicht wirklich erforscht und kein Interesse für das normale Verhalten der Art geweckt werden könne (s. Warden 1927).

Diese Kritik an den naturfremden Methoden wurde immer wieder von Ethologen wie auch von Forschern im Bereich der amerikanischen Psychologie erhoben. T. C. Schneirla (1946) faßte einige der frühen, von Wolfgang Köhler und Niko Tinbergen vorgebrachten Einwände zusammen. Beide Forscher hatten gewarnt, daß die Betonung der Apparate und der Methode vom Untersuchungsgegenstand – dem Tier – ablenken könnte (s. Tinbergen 1951, 12). Schneirla, ein amerikanischer vergleichender Psychologe, setzte dann den Angriff auf die methodenzentrierte Betrachtung des Tierverhaltens nachdrücklich fort.

Als nach dem Zweiten Weltkrieg die Kontakte zwischen den in Europa und Amerika tätigen Forschern häufiger wurden, fand die ethologische Arbeit in den USA mehr Beachtung. Tinbergens »The Study of Instinct« (1951) und »Er redete mit dem Vieh, den Vögeln und den Fischen« von Lorenz (1949; engl. Ausg. 1952) bezeugten die Bedeutung der Freilanduntersuchung. Seit Beginn der fünfziger Jahre wird in der amerikanischen psychologischen Literatur immer wieder darauf hingewiesen, wie wichtig die Beobachtung der Tiere im Freiland ist (Breland, Breland 1961; Lockard 1971; Scott 1955).

Während die Beobachtung im Freiland ein wesentlicher Gesichtspunkt bei der Verhaltensforschung zu sein scheint, werden immer noch viele »unnatürliche« Labormethoden verwendet. »Aggression« wird oft durch elektrische Schläge oder andere Reize, die der Versuchsleiter genau kontrollieren kann, ausgelöst. Diese Techniken mögen vergleichbares Verhalten hervorrufen; aber die Beziehung zwischen diesem Verhalten und dem normalen Leben des Tieres ist unklar.

Obwohl die vergleichenden Psychologen immer noch in großem Umfang Labormethoden anwenden, werden Freilanduntersuchungen immer mehr geschätzt. Mason (1968) beschrieb in Arbeiten über das Sozialverhalten von Primaten, wie sich Labor- und Freilanduntersuchungen ergänzen könnten. Die Laboruntersuchungen können sich auf typische Aspekte des Tierverhaltens konzentrieren, wenn sie sich auf Beobachtungen im Freiland stützen. Genauso kann sich die Freilanduntersuchung entwickeln, indem Daten zahlenmäßig erfaßt und Variablen experimentell verändert werden.

D. B. Miller (1977) faßte verschiedene Funktionen der Freilandbeobachtung für die vergleichende Psychologie zusammen. Dazu zählt die wechselseitige Ergänzung von Labor- und Freilandtechniken. Miller beschrieb Untersuchungen zum Erkennen der Rufe der Mutter durch Entenküken; dabei lieferten Freilanduntersuchungen die ersten Anhaltspunkte, die dann im Labor untersucht und schließlich im Freiland nochmals überprüft wurden (s. auch den Beitrag von C. G. Beer über »Beobachtung und Beschreibung« in diesem Band).

Verplanck wies (1958) darauf hin, daß die Ethologen aufgrund amerikanischer Kritiken an der frühen ethologischen Theorie experimentelle Verfahren häufiger anzuwenden begannen. Ethologie *und* vergleichende Psychologie haben durch die Wiederannäherung von Labor- und Freilandtechniken gewonnen, wie Schneirla 1946 vorausgesagt hatte.

Zusätzlich zu dem Einfluß, den sie auf die Freilandversuche ausübten, forderten die Ethologen die vergleichenden Psychologen dazu heraus, ihre Art des Vergleichens zu überdenken. Wie vorher erwähnt, waren die amerikanischen Psychologen anthropozentrisch ausgerichtet und suchten nach menschlichen Merkmalen bei »niederen« Organismen. Sobald man Ähnlichkeiten entdeckt hatte, nahm man sie als Hinweise für eine gemeinsame Abstammung (Homologie) und die phyletische Verwandtschaft des Menschen zum Rest des Tierreiches. Die quer durch die Arten häufig gemessene Größe war »Intelligenz« oder Lernvermögen. Dieses naive Vergleichsschema hatte dadurch entstehen können, daß die Psychologen moderne biologische Grundsätze ignorierten (Hodos, Campbell 1969; Miller 1977).

Da die vergleichende Psychologie nach der Intelligenz subhumaner Organismen suchte, engte sie das Untersuchungsfeld auf das Lernvermögen einiger weniger ausgewählter Lebewesen ein und verlor so den Charakter einer echten vergleichenden Wissenschaft (Schneirla 1946). Auszählungen der Anzahl Arten, über die in Fachzeitschriften der USA von 1940 bis heute Arbeiten veröffentlicht wurden, zeigen, daß die Ratte das bevorzugte Versuchstier war (Schneirla 1946; Beach 1950; Dukes 1960; Lown 1975). Die Zahl der untersuchten Arten mag zwar ein wenig bedeutsamer Hinweis auf die Lage des Faches sein (Gottlieb 1976); doch ist nicht bedeutungslos, wie wenige Arten berücksichtigt worden waren. Jedenfalls ist nur eine begrenzte Anzahl von Arten untersucht worden.

Die Ethologen erhielten sich traditionellerweise ein Interesse an einem größeren Spektrum von Arten[1]. Außerdem besaßen sie eine gute theoretische Grundlage für Vergleiche: die moderne synthetische Theorie der Evolution. Ähnlichkeiten zwischen nahe verwandten Arten können auf gemeinsamer Abstammung, Unterschiede auf der artspezifischen Anpassung beruhen. Funktionale Ähnlichkeiten zwischen entfernt verwandten Arten könnten ähnlichen Selektionsprozessen zuzuschreiben sein (Analogien). Diese ethologischen Vergleichsprinzipien warfen ernsthafte Zweifel an den üblichen psychologischen Vergleichen zwischen verschiedenen phyletischen Ebenen auf.

Die Arbeiten von M. E. Bitterman (1965, 1975) bieten ein Beispiel für die Probleme, mit denen die Psychologen bei ihren Vergleichen konfrontiert wurden. Bittermans Arbeit ist anthropozentrisch, da der Mensch der Maßstab für seine Vergleiche ist. Untersucht wurden qualitative Unterschiede des Lernvermögens bei einer Vielzahl von Wirbeltieren und auch bei einigen wirbellosen Tieren. Bitterman verwendete typischerweise eine Art (häufig eine domestizierte) jeder Tierklasse (z. B. der Fische, Reptilien, Säuger) und unterwarf diese Art einer Reihe von Lernaufgaben im Laboratorium. Die Motivationsmerkmale der Aufgabe wurden verändert: Bei den Wirbeltieren wurden Hunger und ein Suchverhalten angewandt, bei den Wirbellosen dagegen elektrische Schläge und eine Vermeidungsaufgabe. Er klassifizierte die Leistung jeder Art als höher oder niedriger auf der »phyletischen Skala«. Bitterman wies zwar darauf hin, daß seine Auswahl der Arten begrenzt war, aber trotzdem setzte er eine Beziehung zwischen Lernvermögen und Stammesgeschichte voraus und nahm kaum Rücksicht auf die besonderen Anpassungsmerkmale einer gegebenen Art oder auf Konvergenzen durch Anpassung. Vielleicht machte Bitterman auch jeden sinnvollen Vergleich unmöglich, weil sein Maßstab für die Reaktionen so unspezifisch war.

Im Gegensatz zu den oberflächlich angelegten Vergleichen Bittermans haben andere Forscher Beiträge geliefert, die die Verschiedenartigkeit der Arten und die ökologischen Faktoren berücksichtigten. Burghardt (1969) zeigte z. B. Unterschiede in der Reaktion auf chemische Extrakte bei Schlangenarten, die zu einer Gattung gehören. Er zeigte auch, daß aus verschiedenen Gebieten stammende neugeborene Schlangen einer Art auf eine Reihe chemischer Extrakte verschieden reagieren (Burghardt 1970). Barash (1973) beschrieb Abweichungen im Aufbau der Verbände bei drei nordamerikanischen Arten von Murmeltieren, die mit der Länge der sommerlichen Vegetationsperiode korreliert sind. Eine kürzere Vegetationsperiode scheint eine höhere soziale Integration zu fördern. Bei diesen beiden Beispielen wurden Vergleiche zwischen nahe verwandten Arten gezogen und dabei die ökologischen Faktoren berücksichtigt. Sie veranschaulichen eine eindeutig ethologische Einstellung.

Fragestellungen

Seit den zwanziger Jahren legte die vergleichende Psychologie das Gewicht auf die Erforschung des Lernens. Dieser eng begrenzte Trend steht im Gegensatz zu dem umfassenden ethologischen Interesse an evolutionären Faktoren bezüglich des Verhaltens. Die Ethologen betrachteten Lernen als einen Anpassungsprozeß neben anderen (Lorenz 1969).

Arbeiten der vergleichenden Psychologie über Lernen konzentrierten sich auf allgemeine Prozesse, die bei vielen Arten abzulaufen schienen. Die Prinzipien der Verstärkung wurden bei Ratten, Tauben, Menschen und Plattwürmern aufgezeigt. Vor kurzem wurden allerdings selbst diese allgemeinen Lernprozesse in Frage gestellt. Breland u. Breland (1961) stellten dar, wie gelernte Reaktionen bei vielen Tieren zu arttypischem Verhalten zu führen schienen. Garcia u. Koelling (1966) beschrieben rasches Vermeidungslernen, wenn ein bestimmter Geschmack mit Krankheit gepaart war oder wenn »helles, lautes Wasser« mit elektrischen Schlägen verbunden war. Im Gegensatz dazu erfolgte kein Lernen, wenn der Geschmack mit elektrischen Schlägen oder das bestimmte Wasser mit Krankheit gepaart war. Die Tiere schienen arttypische Beschränkungen ihres Lernvermögens aufzuweisen. Vor kurzem haben sich die Untersuchungen über solche Beschränkungen des Lernens vervielfacht (Seligman, Hager 1972). Lerntheoretiker schließen heute häufig angeborene Prädispositionen in ihre Betrachtungen mit ein (Bolles 1975). Obwohl Lernen immer noch ein populäres Thema ist, scheinen die Untersuchungen jedoch nun innerhalb einer umfassenderen biologischen Perspektive zu erfolgen.

Ein anderes Gebiet, das einige vergleichende Psychologen eingehend untersucht haben, ist die Entwicklung des Verhaltens. Lehrmans Arbeit über die wechselseitige Beeinflussung der Partner bei der Fortpflanzung von Lachtauben (*Streptopelia risoria*) veranschaulicht die Steuerung der Entwicklung des Verhaltens. Lehrman verfolgte das Fortpflanzungsverhalten von der Balz über den Nestbau bis zum Brüten und zur Pflege der Jungen. Jeder der aufeinanderfolgenden Schritte verlangte genaue hormonelle Anpassungen, die durch äußere Reize und Verhaltensweisen des Partners hervorgerufen wurden (Lehrman 1964).

Gottlieb (1973) beschrieb das Gebiet der Verhaltensembryologie als logische Erweiterung jeder Forschung über Entwicklung. Die Arbeiten über die Verhaltensentwicklung bei Embryos haben sich auf das Wachstum von Nervenbahnen konzentriert, das mit der Entwicklung der Bewegungen und Sinnesleistungen zusammenhängt (s. hierzu auch den Beitrag von A. Riesen in diesem Band).

Theorie

Die Kritik von Hodos u. Campbell (1969), daß die vergleichenden Psychologen keine theoretische Grundlage hätten, rief in Fachkreisen einige Auseinandersetzungen hervor. Forscher wie Bitterman (1975) bestanden weiterhin darauf, daß die Vergleiche, die sie zwischen willkürlich gewählten Arten angestellt hatten, Gültigkeit besäßen, da die Verhaltensmerkmale, die sie gemessen hatten, so komplex waren, daß man sicher sein kann, daß sie nicht unabhängig voneinander viele Male entstanden sein konnten. Ratner (1972) andererseits versuchte, den Inhalt der vergleichenden Psychologie zu revidieren und ein neues theoretisches Gebäude zu errichten. Er meinte, es wäre wichtiger, Vergleiche nicht zwischen Arten, sondern zwischen Verhaltensweisen anzustellen. Psychologen sollten ihre eigene Taxonomie nicht auf Verwandtschaft der Arten, sondern auf Verhalten aufbauen. Solch eine Methode stellt Vergleiche weniger auf einer begrifflichen als auf einer rein methodologischen Grundlage an. In Ratners System wird die vergleichende Methode von der Biologie getrennt und auf eine Gruppe von Beobachtungen angewandt, ohne den Tatbestand der Evolution und Stammesgeschichte der Organismen mit aufzunehmen. Die meisten Psychologen, die das Verhalten der Tiere untersuchen, würden zustimmen, daß wir die Evolution als theoretisches Fundament nicht übergehen dürfen.

ETHOLOGIE UND MENSCHLICHES VERHALTEN

Während die vergleichende Psychologie mit einer anthropozentrischen Ausrichtung begann und bei »niederen« Lebewesen nach menschlichen Eigenschaften suchte, änderte sich dies teilweise als Reaktion auf die Haltung der Ethologen, daß es einen Wert habe, die Tiere um ihrer selbst willen zu untersuchen. Naturalistische Techniken gewannen für die Untersuchung des Tieres in Beziehung zu seiner Umwelt an Bedeutung. Bei der bestehenden anthropozentrischen Ausrichtung der amerikanischen Psychologie schien es angebracht, diese naturalistischen Techniken ihrerseits auf die Erforschung des menschlichen Verhaltens anzuwenden. Das menschliche Verhalten ist schließlich ein Teil des ethologischen Bildes.

Der Wert einer sorgfältigen Beschreibung des Verhaltens, wie es in der natürlichen Umgebung vorkommt, wurde schon lange von einer Gruppe von »ökologischen Psychologen« betont, die mit der »Midwest Psychological Field Station« in Oskaloosa, Kansas, verbunden waren. Sie waren so vorgegangen, daß sie einzelne Einheiten der Umwelt beschrieben. Bestimmte Verhaltensweisen entsprachen bestimmten Umweltbedingungen, so daß man feste Beziehungen zwischen Verhalten und Umwelt ermitteln konnte. Ihre Forschung stellt einen Versuch dar, einen Ausgleich zwischen künstlichen Laboruntersuchungen und den Beschreibungen psychologischer Phänomene, ihrer Verbreitung in der Natur und ihrer Beziehung zu den Umweltbedingungen herzustellen (Barker 1968). Ihre Methode ergab sich nicht direkt aus dem ethologischen Denken; es gibt aber einige auffallende Parallelen zwischen ökologischer Psychologie und besonders der Untersuchung der Analogien in der Ethologie. Beide Richtungen versuchen, die Beziehungen von Verhalten und Umwelt zu erhellen (s. auch den Beitrag von R. Schenkel in diesem Band).

Eine unmittelbarere Anwendung der ethologischen Methoden auf das menschliche Verhalten besteht auf dem Gebiet der Verhaltensgenetik. Daniel Freedman (1965) behauptete, daß auch eine Vielzahl verschiedener phänotypischer Analysen ohne theoretischen Leitfaden kaum brauchbar ist. Evolutionäres Denken, wie es für die Ethologie charakteristisch ist, bietet diesen Leitfaden. Freedman untersuchte zweieiige und eineiige Zwillinge und fand in Lächelreaktionen und Angst vor Fremden bei eineiigen Zwillingen im Vergleich zu den Reaktionen von zweieiigen Zwillingen eine bedeutend größere Übereinstimmung. Dies läßt darauf schließen, daß diese Reaktionen zumindest teilweise durch die Gene vermittelt wurden. Diese Verhaltensweisen dienen wahrscheinlich dazu, die soziale Bindung zwischen dem noch sehr abhängigen Kind und seinen Eltern zu verstärken.

Kürzlich wurden die Entwicklungspsychologen aufgefordert, ihre Untersuchung des Normalverhaltens zu verstärken (McCall, 1977). Tracy, Lamb u. Ainsworth (1976) verwendeten naturalistische Techniken, um das Anhänglichkeitsverhalten zu untersuchen. Sie beobachteten das Verhalten von Kleinkindern in ihrem eigenen Zuhause. Wenn die Kleinkinder weinten oder Zeichen gaben, daß sie hochgenommen werden wollten, näherten sie sich fast ausschließlich der Bezugsperson (der Mutter). Sonst näherten sich dieselben Kinder entweder der Mutter oder dem Beobachter, allerdings waren die Annäherungen an die Mutter häufiger.

Freedman (1965) gab ein weiteres Beispiel für angeborene Elemente bei der Entwicklung des Verhaltens. Er beschrieb die Lächelreaktionen bei blindgeborenen Kindern und verglich den Verlauf der Entwicklung dieser Reaktion mit dem bei normalen Kindern. Bei Kindern, die sehen konnten, trat ein Lächeln oft in Situationen auf, in denen keine visuelle Beeinflussung möglich war (z. B. wenn die Augen des Kindes geschlossen waren). Blinde Kinder lächelten ebenso wie sehende Kinder und begannen auf Reize in anderen Sinnesmodalitäten mit Lächeln zu reagieren (s. die dazugehörenden Beobachtungen von I. Eibl-Eibesfeldt, die sein Beitrag »Stammesgeschichtliche und kulturelle Anpassungen ...« in diesem Band schildert).

Einige ethologische Vermutungen, die sich auf Entwicklungsprozesse beziehen, werden auch in Laborsituationen überprüft. Fullard u. Reiling (1976) untersuchten bei verschiedenen Altersgruppen, ob sie Bilder von Babys oder Erwachsenen bevorzugten. Die Forscher fanden, daß die Vorliebe für »Babyhaftes« erst nach der 6. Klasse auftrat und daß sie bei Mädchen viel stärker war als bei Knaben. Der Wechsel zur Vorliebe für »Babyhaftes« schien mit dem Einsetzen der Pubertät verbunden zu sein. Arbeiten wie diese regen weitere Forschungen an, um den Ursprung der Veränderung der »Auslöserwirksamkeit« zu erhellen.

Die ethologische Methode hat auch eine Diskussion über die Funktion menschlicher Verhaltensmuster angeregt. Scheflen (1965) beschrieb z. B. werbungsähnliches Verhalten, das in vielen Situationen, in denen keine Werbung erfolgte, auftrat. Diese Verhaltensweisen erleichterten die Interaktionen zwischen zwei Menschen auf einer nichtverbalen Ebene. Bei diesen »Als-ob-Werbungsabläufen« wurden bestimmte Zeichen verwendet, um diese Verhaltensweisen von echter Werbung zu unterscheiden.

Ein letztes Beispiel zeigt, wie die ethologische Theorie auf andere Aspekte des menschlichen Verhaltens angewendet wurde. Barash (1974, 947–949) beobachtete Menschen im Wartezimmer eines Zahnarztes. Einige waren Patienten, andere nicht. Barash zeichnete die Häufigkeit von Verhaltensweisen auf, die auf einen Konflikt hinweisen könnten, den die Patienten erlebten, und er fand, daß es bemerkenswerte Unterschiede zwischen Patienten und Nichtpatienten gab. Die Verhaltensweisen, die die Patienten zeigten, wurden mit Hilfe des ethologischen Begriffes der »Übersprunghandlung« erklärt. Barash schloß seinen Aufsatz mit der Hoffnung, daß »... die Anwendung ethologischer Prinzipien weiterhin ohne Schwierigkeiten andere Lücken in unserem Wissen vom menschlichen Verhalten schließen wird« (949).

SCHLUSSFOLGERUNG

Als Ergebnis ihres Kontaktes mit den Ethologen haben viele Psychologen ihre Methoden und Theorien nochmals durchdacht. Die Verhaltensforschung an Tieren nimmt in Amerika zu, und die Humanethologie ist ein Teil dieses sich entwickelnden Gebietes. Viele methodologische und theoretische Kritiken an der traditionellen vergleichenden Psychologie kamen aus dem Fachgebiet selbst. Ethologische Schriften lenkten jedoch die Aufmerksamkeit vieler Gelehrter auf wesentliche Probleme im Rahmen der traditionellen vergleichenden Psychologie. Die Synthese von Ethologie und vergleichender Psychologie war ein wichtiger Schritt vorwärts auf unserer Suche nach den Grundlagen des Verhaltens.

Aus dem Amerikanischen übertragen von Delia Boettler und Roger A. Stamm

ANMERKUNG

1

Es ist interessant, daß vor kurzem Ethologen gebeten wurden, ihre Untersuchungen auszudehnen, um mehr als nur Wirbeltiere und Gliederfüßer zu erfassen (Wickler 1976).

LITERATUR

BARASH, D. P.: The social biology of the olympic marmot. Animal Behaviour Monographs, 6, 1973, 171–245

Human ethology: Displacement activities in a dental office. Psychological Reports, 34, 1974, 947–949

BARKER, R. G.: Ecological psychology. Stanford: Stanford University Press 1968

BEACH, F. A.: The snark was a boojum. American Psychologist, 5, 1950, 115–124

BITTERMAN, M. E.: Phyletic differences in learning. American Psychologist, 20, 1965, 396–410

The comparative analysis of learning: Are the laws of learning the same in all animals? Science, 188, 1975, 699–709

BOLLES, R. C.: Learning theory. New York: Holt, Rinehart & Winston 1975

BRELAND, K., BRELAND, M.: The misbehavior of organisms. American Psychologist, 16, 1961, 681–684

BURGHARDT, G. M.: Comparative prey-attack studies in newborn snakes of the genus *Thamnophis*. Behaviour, 33, 1969, 77–114

Intraspecific geographical variation in chemical food cue preferences of newborn garter snakes (*Thamnophis sirtalis*). Behaviour, 36, 1970, 246–257

CARPENTER, C. R.: Naturalistic Behavior of Nonhuman Primates. University Park, Pennsylvania: The Pennsylvania State University Press 1964

DARWIN, Ch.: The descent of man, and selection in relation to sex. London 1871. Deutsch: Die Abstammung des Menschen und die geschlechtliche Zuchtwahl. Stuttgart: Kröner 1966

DUKES, W. F.: The snark revisited. American Psychologist, 15, 1960, 157

FREEDMAN, D.: An ethological approach to the genetical study of human behavior. In: S. G. Vandenberg (Ed.): Methods and goals in human behavior genetics. New York: Academic Press 1965, 141–161

FULLARD, W., REILING, A. M.: An investigation of Lorenz's »Babyness«. Child Development, 47, 1976, 1191–1193

GARCIA, J., KOELLING, R. A.: Relation of cue to consequence in avoidance learning. Psychonomic Science, 4, 1966, 123–124

GOTTLIEB, G.: Introduction to behavioral embryology. In: G. Gottlieb (Ed.): Behavioral Embryology: Studies on the development of behavior and the nervous system, I. New York: Academic Press 1973, 3–45

Comparative psychology. American Psychologist, 31, 1976, 295–297

HODOS, W., CAMPBELL, C. B. G.: Scala naturae: Why there is no theory in comparative psychology. Psychological Review, 76, 1969, 337–350

LEHRMAN, D. S.: The reproductive behavior of ring doves. Scientific American, 211, 1964, (November) 48–54

LOCKARD, R. B.: Reflections of the fall of comparative psychology: Is there a message for us all? American Psychologist, 26, 1971, 168–179

LORENZ, K.: Er redete mit dem Vieh, den Vögeln und den Fischen. Wien: Borotha-Schoeler 1949 (englisch: King Solomon's Ring. London: Methuen 1952)

Innate bases of learning. In: K. H. Pribram (Ed.): On the biology of learning. New York: Harcourt, Brace & World 1969

LOWN, B. A.: Comparative psychology 25 years after. American psychologist, 30, 1975, 858–859

MASON, W. A.: Naturalistic and experimental investigations of the social behavior of monkeys and apes. In: P. C. Jay (Ed.): Primates: Studies in adaptation and variability. New York: Holt, Rinehart & Winston 1968

MCCALL, R. B.: Challenges to a science of developmental psychology. Child Development, 48, 1977, 333–344

MILLER, D. B.: Roles of naturalistic observation in comparative psychology. American Psychologist, 32, 1977, 211–219

RATNER, S. C.: Comparative psychology: Some distinctions from animal behavior. Psychological Record, 22, 1972, 433–440

SCHEFLEN, A. E.: Quasi-courtship behavior in psychotherapy. Psychiatry, 28, 1965, 245–257

SCHNEIRLA, T. C.: Learning and orientation in ants. Comp. Psychol. Monogr. 6, 1929, 1–143

A unique case of circular milling in ants, considered in relation to trail following and the general problem of orientation. Amer. Museum Novitates No. 1253, 1944

Contemporary animal psychology in perspective. In: P. L. Harriman (Ed.): Twentieth Century Psychology. New York: Philosophical Library 1946

SCOTT, J. P.: The place of observation in biological and psychological science. American Psychologist, 10, 1955, 61–64

Comparative psychology and ethology. Annual Review of Psychology, 18, 1967, 65–86

The organization of comparative psychology. Annals of the New York Academy of Sciences, 223, 1973, 7–40

SELIGMAN, M. E. P., HAGER, J. L. (Eds.): The biological boundaries of learning. New York: Appleton-Century-Crofts 1972

TINBERGEN, N.: The study of instinct. New York: Oxford University Press 1951. Deutsch: Instinktlehre. Hamburg: Parey 1952

TRACY, R. L., LAMB, M. E., AINSWORTH, M. D. S.: Infant approach behavior as related to attachment. Child Development, 47, 1976, 571–578

VERPLANCK, W. S.: Comparative psychology, Annual Review of Psychology, 9, 1958, 99–118

WARDEN, C. J.: The historical development of comparative psychology. Psychological Review, 34, 1927, 57–85; 135–168

WARDEN, C. J., WARNER, L. H.: The development of animal psychology in the United States during the past three decades. Psychological Review, 34, 1927, 196–205

WATERS, R. H.: The historical background of comparative psychology. In: F. A. Moss (Ed.): Comparative psychology. New York: Prentice-Hall 1934

WICKLER, W.: Evolution-oriented ethology, kin selection, and altruistic parasites. Zeitschrift für Tierpsychologie, 42, 1976, 206–214

DER DREISTACHLIGE STICHLING

von Piet Sevenster

In der Entwicklung der Verhaltensforschung spielte der Dreistachlige Stichling (*Gasterosteus aculeatus*) eine bedeutende Rolle. Zwar hatten ganz am Beginn dieser Entwicklung Heinroth und Lorenz die meisten ihrer Ideen aus dem Studium von Vögeln gewonnen; aber Tinbergen führte bald darauf den Stichling als Beobachtungsobjekt in die ethologische Forschung ein. Dieser Fisch war leicht zu beschaffen und billig in der Haltung, so daß er sich gut für die sehr beschränkten Hilfsmittel und Budgets jener Zeit eignete. Auch hatten schon vorausgegangene Untersuchungen von Leiner (1929), Craig-Bennett (1931), Wunder (1930) und anderen, die nicht dem eigentlichen Kreis der Ethologen angehörten, gezeigt, was für einen interessanten Fortpflanzungszyklus diese Spezies hat und was für interessante Fragen hinsichtlich der Organisation ihres Verhaltens gestellt werden konnten. Und bei welcher anderen Art wäre es gleichermaßen möglich, den vollständigen Reproduktionszyklus in einem verhältnismäßig kleinen Aquarium mit einer so geringen Verzerrung des natürlichen Ablaufs zu studieren? Wegen dieser Vorteile blieb der Stichling bis heute Gegenstand der Verhaltensforschung, und die Zahl der Wissenschaftler, die sich auf sein Verhalten konzentrieren, nimmt ständig zu. Die Methoden wurden verfeinert, und Verbindungen mit Forschern auf anderen Gebieten wurden hergestellt, so etwa mit Physiologen und vor allem Endokrinologen, die sich ihrerseits auf den Stichling spezialisiert hatten. In Zukunft wird dies zweifellos zu einer allgemeineren biologischen Darstellung führen, in der die speziellen Erkenntnisse der verschiedenen Disziplinen zu einer Synthese zusammengefaßt und die ökologischen Freilanduntersuchungen und der Vergleich mit verwandten Arten wahrscheinlich einige Einblicke in die Evolution der besonderen Lebensweise des Stichlings liefern werden. Aber wenn auch tastende Versuche einer solchen Synthese immer als Orientierung für die weitere Forschung nützlich sind, so wäre doch beim gegenwärtigen Stand des Wissens jede definitive Schlußfolgerung im höchsten Grade voreilig.

Das Ziel dieser kurzen Übersicht ist selbstverständlich ein anderes, bescheideneres: sie will einiges von den Arbeiten über den Stichling zu den Ursprüngen und der frühen Entwicklung ethologischer Begriffe in Beziehung setzen. Seit einer 1937 erschienenen Abhandlung von Ter Pelkwijk und Tinbergen dient das Verhalten des Dreistachligen Stichlings als Fundgrube neuer Prinzipien, als ein Mittel, gewisse ethologische Hypothesen zu testen, und zur Veranschaulichung allgemeiner ethologischer Begriffe. Vor allem Tinbergen bediente sich sowohl in seinen wissenschaftlichen Schriften als auch in seinen erfolgreichen populärwissenschaftlichen Publikationen häufig des Stichlings, um seine Theorien zu veranschaulichen, und auch bei seiner ersten zusammenfassenden Darstellung der Arbeitsweise der Verhaltensforschung in englischer Sprache (Tinbergen 1942) stützte er sich weitgehend auf seine Arbeit mit dem Dreistachligen Stichling. Eine kurze Skizze des Fortpflanzungszyklus soll die Bedeutung dieses Fisches für die Bildung ethologischer Begriffe verdeutlichen. Um unnötige Details zu vermeiden, beschränken wir uns auf die Küstenpopulationen Nordwesteuropas.

DER FORTPFLANZUNGSZYKLUS

Die Wanderung

Bei diesen Populationen wandern alljährlich die jungen Fische in die Flußmündungen an der Küste und ins Meer und überwintern dort. Im Frühjahr kehren sie ins Süßwasser zurück. Sie schwimmen die Flüsse und Kanäle hinauf und dringen nach und nach in die zugänglichen seichten Abschnitte von Seen, Gräben und Teichen vor. Hier nehmen die Männchen rasch eine leuchtende Färbung mit roter Unterseite und blauen Augen an, während sich das grünlich-graue Tarnmuster des Rückens in ein auffällig blasses, weißliches Blau verwandelt. Diese Farbveränderungen gehen Hand in Hand mit einer drastischen Änderung des Verhaltens, denn die Männchen trennen sich von dem Schwarm, mit dem sie wanderten, und lassen sich einzeln in eng begrenzten Gebieten auf dem Grund des Gewässers nieder.

Die Territorialität

Von nun an vertreiben sie andere Männchen oder auch ähnliche Fische, die zufällig vorbeikommen. Sie errichten ein »Territorium«. Da die geeigneten Gebiete bald von revierbesitzenden Männchen überfüllt sein können, kommt es oft zu heftigen Kämpfen. Zum aggressiven Verhalten gehört der »Rammstoß« gegen den Gegner, das »Beißen« und das »Drohen«. Beim Drohen senkt das Männchen den Kopf, bis es mehr oder weniger senkrecht steht, wobei es die Bauch- und Rückenstacheln aufstellt und dem Gegner eine Flanke darbietet. Diese Haltungen können in Einzelheiten variieren, aber allen gemeinsam ist, daß sie besonders an den Grenzen des Territoriums eingenommen werden. Nach einigen Kämpfen sind diese Grenzen bemerkenswert stabil. Innerhalb seines Reviers greift das Männchen einen eindringenden Fisch an, außerhalb des Reviers flieht es, wenn es angegriffen wird, aber *an der Grenze droht es* einen sich nähernden Nachbarn an. Da dies für beide betroffene Individuen gilt, beobachtet man an den Grenzen gewöhnlich ein gegenseitiges Androhen. Im Laufe der Zeit ersetzt dann das Drohen beinahe vollständig den Kampf.

Die Nestbauphase

Innerhalb des so errichteten Reviers wird Sand oder Schlamm mit dem Maul aufgenommen und in einiger Entfernung wieder fallen gelassen. Da sich dieses »Graben« mehr und mehr auf eine bestimmte Stelle beschränkt, entsteht eine Grube. Nun werden alle Arten von kleinem Material, gewöhnlich Algenfäden oder Pflanzenteile, in der Umgebung »gesammelt« und zur Grube getragen. Das Männchen senkt in regelmäßigen Abständen plötzlich seinen Hinterkörper auf den Haufen angesammelten Materials und gleitet darüber hin, indem es die Analpartie niederdrückt, so daß ein Faden eines klebrigen Stoffs aus den Nieren über die Oberfläche des Nestes gezogen wird, der die Baustoffe »verleimt«. Außerdem »stampft« das Männchen das Material zusammen, indem es mit der Schnauze von oben dagegendrückt. So wird aus dem Nest ein zusammenhängendes Gebilde, an dessen einem

Ende das Männchen wiederholt seine Schnauze horizontal in das Material »bohrt«. Es entsteht ein Eingang, der immer tiefer hineingetrieben wird. Wenn er sich zurückzieht, »fächelt« der Fisch oft einige Sekunden vor dem Eingang stehend. Diese Bewegung wird weiter unten ausführlicher beschrieben. Schließlich zieht sich aber das bohrende Männchen nicht wieder zurück, sondern windet sich durch das Nest und verläßt es am anderen Ende. Mit diesem »Durchschlüpfen« wurde das Nest zum Tunnel, und es ist nun bereit, die Eier eines Weibchens aufzunehmen.

Die geschlechtliche Phase

Nach Fertigstellung des Nesttunnels ändert sich das Verhalten des Männchens insofern, als es nun bereit ist, ein reifes Weibchen zu umwerben, das es zuvor verjagt haben würde. Solange jedoch kein solches Weibchen erscheint, werden die beschriebenen Tätigkeiten der Nestbauphase unaufhörlich wiederholt. Das Graben wird sehr selten, aber Material wird noch gesammelt und dem Nest hinzugefügt, und geleimt wird häufig. Das Bohren und Fächeln nimmt zu, und ab und zu wird auch das Durchschlüpfen wiederholt. All das gewährleistet, daß Nest und Tunnel in gutem Zustand erhalten werden. Das Verhalten in der geschlechtlichen Phase kann als eine ständige Wiederholung des Endes der Nestbauphase betrachtet werden, denn die erwähnten Tätigkeiten (und einige andere) treten in ziemlich regelmäßigen Folgen auf, die mit dem wiederholten Durchschlüpfen eng verbunden sind. Das Intervall zwischen zwei solchen Schlüpfbewegungen kann eine bis mehrere Stunden betragen. Typischerweise geht dem Durchschlüpfen wie am Ende der Nestbauphase das Materialsammeln und dann eine graduelle Zunahme des Bohrens und Fächelns voraus. Sobald der Fisch aber durchgeschlüpft ist, setzen diese Tätigkeiten eine Weile aus. Das Stoßen gegen das Nest wird zunächst sehr intensiv, aber zwischen den Nestbesuchen schießt das Männchen in seinem Territorium umher und verbringt einen großen Teil der Zeit nahe der Oberfläche. Nach etwa zehn oder fünfzehn Minuten erscheint dieses Verhalten weniger ausgeprägt, das Sammeln, Bohren und Fächeln ist wieder zu beobachten und nimmt bis zum nächsten Durchschlüpfen zu. Dieser Verhaltenszyklus kann mehrere Tage oder sogar Wochen lang wiederholt werden, solange noch keine Eier ins Nest gelegt wurden. Während dieser Zeit ist das Männchen stets bereit, ein vorüberkommendes Weibchen anzubalzen, vor allem wenn es nach dem Durchschlüpfen ruckartig an der Wasseroberfläche über seinem Revier hin und her schießt und dann mit äußerster Wachsamkeit alles beobachtet, was sich bewegt: Luftblasen, Schnecken und vor allem glänzende, silbrige Objekte, die einem Weibchen ähneln. Während dieser Zeit werden eindringende Männchen oder andere Fische von ähnlicher Größe (oder sogar völlig andere Tiere) angegriffen und verjagt wie zuvor. Es können jedoch auch eindringende Männchen zunächst umworben und andererseits reife Weibchen angegriffen werden, bevor es zur Balz kommt.

Die Balz

Die Balz ist eine komplizierte Folge von Interaktionen zwischen Männchen und Weibchen, und man könnte eine ganze Anzahl Abweichungen vom Hauptthema anführen. Für unsere Zwecke scheint es aber nicht angebracht, auf Einzelheiten einzugehen, und wir beschränken uns auf die kurze Darstellung einer ziemlich typischen Sequenz. Wie schon gesagt, wird im allgemeinen ein reifes Weibchen, das in das Territorium eines Männchens eindringt, von dessen Besitzer zunächst angegriffen. Ein Weibchen, das zum Ablaichen bereit ist, flieht jedoch nicht wie ein eindringendes Männchen oder unreifes Weibchen. Selbst wenn es kräftig gebissen wird, wendet sich ein reifes Weibchen dem Männchen zu und nimmt eine schräge Haltung mit erhobenem Kopf (»Präsentieren«, head-up posture) ein, worauf das Männchen gewöhnlich seinen Angriff abbricht und ihm buchstäblich den Rükken zuwendet. Dabei sind die Stacheln aufgestellt und zeigen gegen den Bauch des Weibchens. Da sie das Weibchen tatsächlich berühren können, wird diese Bewegung »Stachelreizung« genannt. Sie ist dann besonders auffällig und kann ziemlich lange dauern, wenn das Männchen sehr aggressiv ist und das Weibchen ihm präsentierend nahe bleibt. Nur wenn das Weibchen zurückbleibt oder auf andere Weise den Kontakt verliert, nähert sich das Männchen langsam dem Nest, wo es einige der schon bekannten Handlungen ausführen und bohren oder fächeln, leimen und gegen das Dach stoßen oder (recht oft) durchschlüpfen kann. Nach diesem Nestbesuch nähert sich das Männchen wieder dem Weibchen, und die ganze Folge kann wiederholt werden. Aber besonders nach dem Leimen oder Durchschlüpfen ändert sich die Annäherungsweise des Männchens. Anstatt wie beim Angriff in gerader Linie zu schwimmen, nähert es sich dem Weibchen in einer Reihe von seitlichen Wendungen, die »Zickzacktanz« genannt werden. Dieser Zickzacktanz kann ausgeprägt sein, mit starken seitlichen Wendungen, oder aber nur geringe Abweichungen von der Geraden aufweisen. Wenn das Weibchen in seiner schrägen Haltung verharrte oder diese beim Herankommen des Männchens wieder einnimmt, beißt das Männchen gewöhnlich nicht mehr und kehrt in jedem Falle zum Nest zurück. Solange das Weibchen seine Stellung beibehält, kann das Männchen von jetzt an zwischen ihm und dem Nest hin- und herpendeln. Die Rückkehr zum Nest geschieht schließlich blitzschnell (das Männchen »führt«), und beim Nest können einige der erwähnten Tätigkeiten ausgeführt werden, vor allem das Bohren, Fächeln und Leimen. Ein reifes Weibchen folgt dem Männchen aber bald zum Nest und kommt so vor dem Eingang an. Das Männchen neigt daraufhin, wie bei der Stachelreizung, den Rücken mit den aufgerichteten Stacheln wieder dem Weibchen zu und richtet, auf der Seite liegend, den Kopf gegen den Eingang. Diese auffällige Haltung wird »Nestzeigen« genannt, und sie wird mit kurzen Unterbrechungen und Wechseln der Seiten beibehalten, bis das Weibchen in der Öffnung verschwindet und sich mit kräftigen Schwanzschlägen durch den Tunnel windet. Auf halbem Wege hält es an, so daß sein Kopf aus dem Ausgang und der Schwanz noch aus dem Eingang hervorsieht. Das Männchen beginnt daraufhin den Schwanz des Weibchens sanft zu massieren, indem es ihn rhythmisch mit der Schnauze stößt, während es sich vom Schwanz zum Körper hinbewegt und immer wieder am Schwanz beginnt. Diese Bewegung wird »Schnauzentriller« genannt, und sie dauert, bis das Weibchen abgelaicht hat und das Nest wieder verlassen will. Beim Laichen hebt das Weibchen den Schwanz und faltet die Schwanzflosse zusammen. Das Männchen schlüpft in den Tunnel und besamt die (200–400) Eier, während das Weibchen noch im Nest ist oder auch erst, nachdem es das Nest durch den Ausgang verlassen hat. Das Weibchen wird nun angegriffen und verjagt. Nicht selten verjagt das Männchen auch zuerst das Weibchen und kehrt dann erst zum Nest zurück, um das Gelege zu besamen.

Sollte nun ein anderes reifes Weibchen erscheinen, so würde es heftig angegriffen und gebissen, denn das Männchen ist etwa 30 Minuten bis eine Stunde nicht bereit, erneut zu balzen. Während dieser Zeit werden die Eier fest auf den Boden des Nestes gedrückt (durch Stoßen und »Bohrfächeln«), und es folgt eine Periode des Materialsammelns und häufigen Leimens. Nach einer Weile beginnt wieder das Fächeln, das sich steigert, bis das Männchen wieder durch das Nest schlüpft. Die übliche Folge von Verhaltenszyklen wie vor dem Laichen wird wiederaufgenommen, und das Männchen ist von neuem bereit, ein vorbeikommendes Weibchen zu umwerben und es zu stimulieren, über das erste Gelege abzulaichen. Auf diese Weise kann ein Männchen in wenigen Tagen mehrere Gelege (drei bis fünf oder sogar sieben) sammeln. Nach dem Erscheinen des ersten Geleges treten jedoch Änderungen in seinem Verhalten ein, die mit der Zeit stark auffallen.

Die Brutpflegephase

Das Männchen bringt, während sich die Eier entwickeln, immer mehr Zeit mit dem Fächeln zu. Es bleibt näher beim Nest und ist immer weniger bereit zu balzen. Schließlich wird sein Verhalten sehr monoton, und wenn die Zeit des Ausschlüpfens naht (bei Zimmertemperatur nach sechs oder sieben Tagen), verbringt das Männchen nahezu seine gesamte Zeit beim Nest und – je nach der Zahl der Eier – einen großen Teil davon (50 Prozent oder mehr) mit Fächeln. Die auffällige Färbung ist mittlerweile weitgehend verschwunden, und der Fisch ist viel dunkler geworden. In dieser Phase dient das Fächeln fraglos dazu, die sich entwickelnden Eier zu belüften. Die Bewegung ist dieser Funktion gut angepaßt. Während der Fisch vor dem Nest steht und seine Schnauze auf den Eingang (genauer gesagt ein wenig darüber) zeigt, schlagen die beiden Brustflossen abwechselnd nach vorn und schaffen so eine ständige Strömung durch das Nest hindurch und darüber hinweg. Die Schwanzflosse schlägt hin und her und gleicht den nach hinten gehenden Schub der Brustflossen aus. Die genaue Koordination der Flossenbewegungen ermöglicht es dem Fisch, seine Stellung genau beizubehalten und die Luft zuführende Strömung von einigen Sekunden bis zu mehr als zwei Minuten lang ständig durch das Nest zu treiben. In dem Maße, in dem sich die Eier entwickeln, mehr Sauerstoff verbrauchen und mehr Abfallstoffe erzeugen, werden die Fächelperioden häufiger und länger. Gleichzeitig macht das Männchen das Nest durchlässiger, indem es zusätzliche Löcher in das Dach bohrt und »saugt« und damit die Belüftung verbessert. Nachdem die Jungen ausgeschlüpft sind, läßt das Fächeln rasch nach und hört nach einigen Tagen ganz auf. Währenddessen werden die Jungen immer beweglicher, und sie können das Nest verlassen und sich verirren. Eine Zeitlang packt das Männchen sie noch mit dem Maul und trägt sie zurück; aber sobald die Jungen ihre Schwimmblase gefüllt haben, indem sie an der Wasseroberfläche über dem Nest Luft schluckten, wird das immer schwieriger und nutzloser, und das Männchen stellt seine Bemühungen ein. Früher oder später nimmt es wieder seine Prachtfärbung an, und ein neuer Fortpflanzungszyklus kann beginnen.

NATÜRLICHE POPULATIONEN

Im Spätsommer oder Frühherbst scheinen praktisch alle erwachsenen Fische der hier beschriebenen Küstenpopulationen zu sterben. Die Jungen dagegen sammeln sich in riesiger Zahl, so daß schließlich die großen wandernden Züge im Herbst beinahe ausschließlich aus in diesem Jahr geschlüpften Jungen bestehen.

Unsere Kenntnisse von den Vorgängen in natürlichen Populationen sind jedoch noch bruchstückhaft und an wenigen Orten gesammelt worden, so daß anderswo beträchtliche Abweichungen von dem hier Beschriebenen auftreten können. So scheint beispielsweise bei manchen Populationen die Lebensdauer länger zu sein, und es kann zu einer zweiten Fortpflanzungsperiode kommen. Ebenso stellt die Ökologie der Spezies, wie zum Beispiel die Wechselbeziehungen zwischen Individuen unter natürlichen Bedingungen, noch viele Fragen, die auf Antwort warten. Man weiß sehr gut, daß die Stichlinge in freier Natur oft in großer Zahl recht eng beisammen ihre Nester bauen (d. h. mit Abständen von einem Meter oder jedenfalls nur wenigen Metern). Über die Interaktionen und ihre ökologische Bedeutung unter solchen Umständen wissen wir noch sehr wenig. Stichlinge rauben sich, wenn sie eng beisammen sind, oft gegenseitig die Nester, und sie zeigen einige bemerkenswerte, gut angepaßte Verhaltensweisen, die dazu angetan sind, die Balz ihrer Nachbarn zu beeinträchtigen. Van den Assem (1967) zeigte in einer quantitativen Studie einer halb natürlichen Situation, daß diese Einwirkungen einen erheblichen Einfluß auf den Fortpflanzungserfolg haben müssen. Aber begreiflicherweise hat man bisher weniger dichten Populationen, bei denen die Individuen mehr solitär nisten, wenig Aufmerksamkeit gewidmet, und es ist nicht klar, welche Situation die typischere ist. Da uns hier jedoch die Rolle des Stichlings in der frühen Entwicklung der Ethologie und bei der Bildung ihrer Konzepte und Methoden interessiert, wollen wir uns nicht weiter mit diesen neueren Studien über eher ökologische Probleme beschäftigen.

DIE ONTOGENESE

In der Jugendentwicklung des Fortpflanzungsverhaltens des Stichlings scheint die soziale Erfahrung eine sehr unbedeutende Rolle zu spielen. Hinsichtlich aller hier beschriebenen Aspekte können in völliger Isolation aufgezogene Stichlinge nicht von Individuen unterschieden werden, die in Schwärmen heranwuchsen und während ihres kurzen Aufenthalts in Nestnähe von ihren Vätern bewacht wurden. Die isolierten Tiere verfügen nicht nur über das vollständige Repertoire von Verhaltensweisen, sondern reagieren auch richtig auf Männchen und Weibchen der eigenen Art. Tinbergen beschrieb 1946 ein Männchen, das als frisch gelegtes Ei isoliert worden war und sein erstes Lebensjahr unter Bitterlingen (*Rhodeus amarus*) verbracht hatte. Auch dieses Männchen baute ein normales Nest, balzte mit dem Zickzacktanz, sobald ihm ein Stichlingsweibchen gezeigt wurde, und war durch nichts von normalen Individuen zu unterscheiden. Ähnliche Beobachtungen haben seither wiederholt (vor allem Cullen 1960) diese hochgradige »genetische Programmierung« in der Ontogenese des Stichlings bestätigt. Diese in der ethologischen Literatur oft zitierten Daten haben zweifellos erheblich zu der starken Betonung des »Angeborenseins« eines großen Teils des tierischen Verhaltens beigetragen – eine Hervorhebung, die für die Ethologie im Vergleich mit anderen Disziplinen charakteristisch war und noch ist. Und vielleicht hat man noch nicht klar genug erkannt, daß der Stichling in dieser Hinsicht (auch unter den Fischen) außergewöhnlich sein könnte.

AUSLÖSER

Ein verwandtes Thema, zu dem die Stichlingsforschung einen wichtigen Beitrag leistete, ist das des »angeborenen Auslösemechanismus« und der damit verbundenen Begriffe wie Schlüsselreize und soziale Auslöser. Diese Begriffe beziehen sich auf die Tatsache, daß Tiere ohne vorausgegangene Erfahrung oft auf ganz spezifische Reize oder Reizgestalten reagieren, die für die betreffende Art charakteristisch sind. Dies wurde immer wieder veranschaulicht durch das Verhalten des Stichlings, z. B. durch die Aggressivität des Männchens bei der Verteidigung des Territoriums. Experimente mit Attrappen zeigten, daß die Angriffe des Männchens spezifisch ausgelöst werden durch Gegenstände, die eine rote Unterseite haben (wie der Rivale der eigenen Art). Das heißt nicht, daß andere Gegenstände nicht angegriffen werden, aber die rote Unterseite erweist sich als eine außergewöhnlich wirksame Reizgestalt, um den Angriff eines revierbesitzenden Männchens auszulösen. Bei dem verwandten Neunstachligen Stichling (*Pygosteus pungitius*) sind schwarze Gegenstände am wirksamsten, und bei dieser Art sind die Männchen im fortpflanzungsfähigen Zustand auch tatsächlich schwarz (Sevenster 1949). Solche Korrelationen zwischen morphologischen Merkmalen und Verhalten einer Art werden durch den Begriff des »angeborenen Auslösemechanismus« erklärt: Die Tiere sind programmiert, auf den entsprechenden Gegenstand angemessen zu reagieren, und der Ethologe nimmt natürlich weiter an, daß sich das morphologische Merkmal (sei es Farbe, Form, Körperhaltung oder sogar eine typische Bewegung) und die Bereitschaft, darauf zu reagieren, in der Phylogenese zusammen zu enger Übereinstimmung entwickelt haben. Der perzeptorische Filterapparat, der für die besondere Ansprechbarkeit durch den »Auslöser« verantwortlich gemacht wird, wurde »angeborener Auslösemechanismus« genannt.

DIE REAKTIONSKETTE

Oft sind solche Auslöser das Mittel, durch welches das Verhalten von zwei oder mehr Individuen koordiniert werden kann, und sie können daher als Signale in einem Kommunikationssystem betrachtet werden. Besonders augenfällig wird das bei den »Balzritualen«, und die Balz des Stichlings lieferte viele klassische Illustrationen dieses Prinzips. Die typische schräge Körperhaltung des reifen Weibchens, das seinen geschwollenen Bauch dem Männchen zuwendet, ist höchst wirksam, um das Männchen vom Angriff abzuhalten und es zu veranlassen, das Weibchen zum Nest zu führen. Vor dem Nest zeigt das Männchen, auf der Seite liegend, den Eingang und veranlaßt damit das Weibchen hineinzuschlüpfen. Dessen hervorstehender Schwanz löst beim Männchen den Schnauzentriller aus, dieser wiederum das Ablaichen und so fort. Verschiedene Glieder dieser Kommunikationsfolge wurden durch künstliche Mittel ersetzt, um den wesentlichen Auslösefaktor zu bestimmen. Wird das Männchen zum Beispiel weggefangen, während das Weibchen im Nest liegt, so laicht es nicht ab, solange nicht sein Schwanz mit einem Glasstab gestoßen wird, was den Schnauzentriller des Männchens ersetzt. Andererseits kann jeder längliche Gegenstand, der aus dem Nesteingang hervorsteht, beim Männchen den Schnauzentriller auslösen (oft sogar ohne vorausgegangene Balz oder Anwesenheit eines Weibchens). Daher ist das Muster der Balz als Ganzes oft als ein Ablauf von Signalen und Reaktionen oder als »Reaktionskette« formuliert worden: Die Reaktion des Männchens ist der Auslöser der nächsten Reaktion des Weibchens, die wiederum die nächste Reaktion des Männchens auslöst usw. (s. Abb. 1 des Beitrags von R. Hinde in diesem Band). Diese schematische Darstellung sollte allerdings, so brauchbar sie ist, nicht allzu wörtlich genommen werden. Zu oft wird behauptet, Tiere müßten noch einmal ganz von vorn beginnen, wenn eine solche »Kette« unterbrochen wird. Zum richtigen Verständnis ist aber zu beachten, daß bestimmte Stufen des Ablaufs übersprungen und daß Tätigkeiten ausgeführt werden können, ohne daß ihnen der entsprechende Signalreiz vorausgeht. So kann beispielsweise ein sehr reifes Weibchen spontan ablaichen, ohne daß ein Männchen und ein Nest vorhanden sind, oder es kann gelegentlich in ein Nest schlüpfen, ohne daß das Männchen »zeigt«. Dies ist jedoch nicht der Ort, bestimmte Formulierungen zu kritisieren oder zu bewerten. Ich möchte nur verständlich machen, wie gewisse Erscheinungen des Verhaltens der Stichlinge zu einer Reihe von klassischen ethologischen Begriffen beitrugen oder sie erst entstehen ließen. Gleichzeitig hat meine Darstellung gezeigt, daß ethologische Methoden, wie z. B die Verwendung von Attrappen, in der Stichlingsforschung ausgebildet und erprobt worden sind.

MOTIVATIONSANALYSE

Bald zeigte es sich, daß Reaktionen auf Attrappen oft höchst unterschiedlich sind und daß für einen zuverlässigen Vergleich der Wirksamkeit verschiedener Attrappen die Situation und vor allem der Zustand des Tieres hochgradig standardisiert werden müssen. Kurz gesagt, das Stichlingsmännchen greift nicht immer und überall eine Attrappe mit roter Unterseite an. Im Gegenteil, außerhalb seines Reviers flieht es vor einem solchen Gegenstand, und im Winter kann es ihn unbeachtet lassen, auch wenn die Situation (mit Pflanzen besetztes Aquarium) ganz dieselbe ist. Das bedeutet, daß die Reaktion auf die unmittelbare Reizsituation vom Zustand des Tieres bestimmt wird (der seinerseits von bestimmten vorausgegangenen Reizen determiniert wird). Das führt uns zu einem weiteren wichtigen Gegenstand der Stichlingsforschung, der sogenannten »Motivationsanalyse«. Sie untersucht die Faktoren, die zur Bereitschaft des Tieres beitragen, in einer gegebenen Situation bestimmte Tätigkeiten auszuführen. Für das Fortpflanzungsverhalten des Stichlings sind gewisse Hormone unerläßlich, und ihr Einfluß wurde von Endokrinologen wie Hoar (1962) und Baggerman (1957, 1972) gründlich untersucht. Es zeigte sich, daß hormonale Vorgänge für die langfristige Entwicklung der Phasen des Fortpflanzungszyklus entscheidend sind. Hier ist eine kurze und selbstverständlich vereinfachte Skizze vonnöten: Der Zyklus als Ganzes wird in Gang gesetzt durch die Aktivierung der Hypophyse als Folge der zunehmenden Tageslänge im Frühjahr. Wenn auch die Temperatur eine zusätzliche Rolle spielt, so ist die Dauer der Tageshelligkeit, wie sie durch das Kalenderdatum gegeben ist, der entscheidende Auslösefaktor für das Fortpflanzungsverhalten des Fisches. Die erste Wirkung der Hypophysenanregung ist die Sekretion des thyreotropen Hormons, das die Schilddrüse zur Produktion von Thyroxin anregt, und dieses Hormon führt, wie Baggerman im Labor zeigte, zur Bevorzugung von Süßwasser und bewirkt daher die Wanderung zu den Laichplätzen. Gleichzeitig sondert die Hypophyse auch gonadotrope Hormone ab, die die Keimdrüsen zur Reife bringen und dazu anregen, Geschlechtshormone, wie das Testosteron beim Männchen, zu produzieren. Sorgfältige Untersuchungen mit endokrinologischen Techniken zeigten, daß das Testosteron für den Nestbau und die nachfolgende geschlechtliche Phase unerläßlich ist: Kastrierte Männchen bauen und balzen nicht, sofern sie nicht künstlich mit Testosteron behandelt werden (s. auch den Beitrag von C. W. Malsbury in diesem Band). Die Tätigkeit der Hypophyse allein genügt offenbar nicht. Kastrierte Männchen können jedoch mit zunehmender Tageslänge aggressiv werden und zeigen somit, daß Aggressivität *direkt* durch die Hypophyse ausgelöst werden kann. Sobald sich der Fisch dann in der Brutphase befindet, unterbricht eine Kastration das Brutpflegeverhalten des Männchens nicht, und es gibt starke Anzeichen dafür, daß das intensive Fächeln in dieser Phase durch Prolaktin oder ein verwandtes, direkt von der Hypophyse abgesondertes Hormon beeinflußt wird (Molenda, Fiedler 1971). Zweifellos sind dies nur die wichtigsten Stadien eines höchst komplizierten Prozesses, aber sie zeigen, daß hormonale Entwicklungen eine enge Parallele zu dem Ablauf der Phasen im Verhalten des Männchens bilden. Die Abfolge der Vorgänge in der Hypophyse, die durch die zunehmende Tageslänge im Frühjahr ausgelöst wird, führt direkt oder indirekt zur sukzessiven Anregung des Verhaltens der Wanderung, der Aggressivität innerhalb des Territoriums, des Nestbaus und der Balz und Brutpflege.

DIE HIERARCHISCHE ORGANISATION DES VERHALTENS

Doch obwohl diese Verhaltensphasen von hormonalen Zuständen abhängen, wird der genaue Zeitpunkt der Übergänge selbstverständlich von spezifischeren Faktoren bestimmt. Die Wanderung endet vermutlich, wenn der Fisch in einem geeigneten Biotop ankommt, wo er bauen kann. Das Vorhandensein eines fertigen Nestes ist eine Voraussetzung für die Verhaltenszyklen der geschlechtlichen Phase, und sich entwickelnde Eier leiten die Brutphase ein. Innerhalb der Phasen bestimmen noch spezifischere Faktoren, welches besondere Verhalten bei einem besonderen Anlaß gezeigt wird: das Erscheinen eines reifen Weibchens bietet den Anlaß dafür, daß die Balz als Ausdruck des entsprechenden hormonalen Zustands vollzogen wird, das Erscheinen eines roten Männchens führt zu einem Kampf usw. Darüber hinaus entscheiden besondere, vom Weibchen ausgehende augenblickliche Reize wie etwa die Einnahme oder Nichteinnahme der schrägen Körperhaltung darüber, ob es vom balzenden Männchen gebissen oder zum Nest geführt wird, und ähnliche Einzelheiten auf seiten eines männlichen Rivalen bestimmen, ob die entsprechende Reaktion Beißen, Verfolgen oder Drohen sein wird. Dieses komplizierte Wechselspiel interner physiologischer Zustände und äußerer Reize diente dazu, die hierarchische Organisation des Verhaltens zu veranschaulichen, die besonders von Tinbergen (1942, 1951) herausgearbeitet und betont wurde. Nach dieser Betrachtungsweise können die kausalen Mechanismen, die den Verhaltensweisen des Stichlingsmännchens zugrunde liegen, in einem System mit verschiedenen

Integrationsniveaus hierarchisch angeordnet werden. Im vorliegenden Fall wäre das höchste Integrationsniveau das Fortpflanzungssystem als Ganzes (in dem die Hypophysentätigkeit einen wesentlichen Faktor darstellt). Auf dem nächstniederen Niveau liegen die Systeme der Wanderung, der Aggression, des Nestbaus, der geschlechtlichen Phase und der Brutpflege, jedes mit seinem entsprechenden physiologischen Zustand und jedes auf dem nächstniederen Niveau vertreten durch eine Anzahl untergeordneter Systeme, die spezifischere Verhaltensweisen begründen, durch spezifische äußere Situationen ausgelöst werden usw., bis hinunter zum Niveau der motorischen Zentren der Muskeltätigkeit. Ferner wurde gefolgert, daß die Systeme eines jeden Niveaus gewöhnlich einander hemmen: wurde z. B. die Aggressivität aktiviert, so ist die Aktivierung eines anderen Systems auf demselben Niveau, wie etwa der Balz, weniger wahrscheinlich. Ursprünglich war diese Rangordnung kausaler Mechanismen als neurophysiologisches Modell gedacht. Heute fassen es viele Verhaltensforscher unbestimmter in einem beschreibenden Sinne auf, und die Vernachlässigung von Rückkoppelungsmechanismen und möglichen Querverbindungen in der Rangordnung wurde wiederholt als unrealistisch kritisiert. Andere finden das Modell jedoch weiterhin brauchbar und entwickelten realistischere und verfeinerte Fassungen.

VERHALTENSABFOLGEN

Ursprünglich nahm man oft an, daß Rückkopplungsmechanismen (wenn man auch nicht diesen Ausdruck gebrauchte) im Tier, oder genauer gesagt in seinem Nervensystem, wirksam seien: die Ausführung einer Tätigkeit (nicht ihre Wirkung) verringert die Motivation für diese Tätigkeit; mit anderen Worten: nach der Ausführung verringert sich die Wahrscheinlichkeit eines weiteren Auftretens dieser Tätigkeit, weil die Ausführung als solche einen Teil der spezifischen Motivation aufbraucht (sogenanntes »psycho-hydraulisches Verhaltensmodell« von Lorenz [1953, 39]). Wird dagegen die Ausführung irgendwie verhindert (»Frustration«), so nimmt man bei dieser Betrachtungsweise an, daß sich die spezifische Motivation »staut«, so daß die betreffende Tätigkeit nach der Frustration mit um so größerer Wahrscheinlichkeit ausgeführt wird. In manchen Fällen stimmt dieses Modell sehr gut mit den Versuchsergebnissen überein. Wenn das Fächeln eines Stichlingsmännchens in der Brutphase für einige Minuten unterbrochen wird, ist danach ein stärkeres Fächeln zu beobachten, auch wenn die äußere Situation vollkommen konstant bleibt (van Iersel 1953, Sevenster 1961): postinhibitorische Erleichterung. In anderen Fällen jedoch hat die Stichlingsforschung Rückkopplungsmechanismen ans Licht gebracht, bei denen die Wirkungen des Verhaltens auf die Umgebung (nicht die Ausführung der Tätigkeit als solche) die Motivation verringern und das Tier zu anderen Verhaltensweisen übergehen lassen. Guiton (1960) und van Iersel (1973) studierten die Tätigkeitsabfolge in der Nestbauphase. Es zeigte sich, daß das Graben mit dem Erscheinen einer Grube aufhört. Wird aber diese Grube im Laufe des Experiments immer wieder durch den Beobachter aufgefüllt, so wird viel länger weitergegraben, und wird die Grube gleich zu Beginn vertieft, so hört das Graben viel früher auf, und das Männchen geht vorzeitig zum Nistmaterialsammeln über. Ebenso veranlaßt der Austausch eines begonnenen Nestes gegen ein fertiges (eines anderen Männchens) ein bauendes Männchen, sich plötzlich auf Verhalten umzustellen, das der geschlechtlichen Phase entspricht. Normalerweise scheint daher die Verhaltensabfolge von der äußeren Situation bestimmt zu werden, die sich als Folge des Verhaltens ändert. (Es muß jedoch betont werden, daß das Männchen, wenn die äußere Situation konstant gehalten wird, auf die Dauer dennoch dazu neigt, zu den nächsten Stadien der Abfolge überzugehen.)

Der Übergang von der geschlechtlichen zur Brutphase wurde besonders aufmerksam untersucht. Er beinhaltet zwei Wirkungen – eine kurzfristige und eine langfristige – des Ablaichens. Wie erwähnt, balzt das Männchen während einer Periode von 30 bis 60 Minuten nach der Besamung des Geleges nicht. Es wird vielmehr auch gegenüber reifen Weibchen aggressiv. Sevenster-Bol (1962) konnte jedoch nachweisen, daß diese unmittelbaren Wirkungen auf das Erscheinen eines neuen Geleges im Nest zurückgehen und daß der Akt der Besamung als solcher nicht wesentlich ist. So führt also die Balz des Männchens zu einer Änderung der äußeren Situation (neue Eier im Nest), die durch Rückkopplung die Bereitschaft zur Balz herabsetzt. Diese Studie wird daher oft als Beispiel für eine »Endsituation« (consummatory situation; im Gegensatz zu einer »Endhandlung«) zitiert: eine äußere Situation schaltet das Verhalten ab, durch das sie herbeigeführt wurde, so wie die Nestgrube das Graben abschaltet. Die langfristigen Wirkungen des Laichens wurden von van Iersel (1953) in einer detaillierten und umfassenden Experimentalstudie der Entwicklung des Brutverhaltens und vor allem des Fächelns im Laufe von etwa zehn Tagen nach dem Laichen untersucht. Indem er alle Arten von beteiligten Faktoren variierte, stellte er fest, daß die Eier eine zweifache Wirkung ausüben. Zunächst lösen sie das Fächeln aus, vor allem wahrscheinlich durch die Erzeugung von CO_2 und den Verbrauch von O_2, und da diese Faktoren mit der Entwicklung der Eier stärker werden, erklärt dies wohl die Zunahme des Fächelns in der Brutphase. Doch das Vorhandensein von Eiern verstärkt auch irgendeinen inneren Faktor, so daß das Fächeln auch stärker wird, wenn man die auslösende Situation vollkommen konstant hält. Äußere und innere Faktoren wirken also zusammen, um die erhöhte Fächeltätigkeit hervorzubringen. Dieser zunehmenden Aktivität des Fächel- oder Brutsystems wirkt das System entgegen, das dem Balzverhalten zugrundeliegt und dazu neigt, das Fächeln zu hemmen. Diese Hemmung wird aber geschwächt durch die Besamungen, so daß das Männchen mit zunehmender Zahl von Besamungen indirekt seine Fächeltätigkeit fördert. Daher kam van Iersel zu dem Schluß, daß in der Brutphase zwei getrennte Systeme durch gegenseitige Hemmung miteinander konkurrieren. Diese und viele andere Schlußfolgerungen veranschaulichten ethologische Prinzipien. Da es sich um eine der ersten gründlichen quantitativen und experimentellen Studien der Ethologie handelte, war ihre Wirkung ohne Zweifel von entscheidender Bedeutung für die weitere Entwicklung der ethologischen Methode.

AMBIVALENZ UND KONFLIKT

Das letzte »klassische Thema«, das ich noch kurz streifen möchte, ist die Analyse von Situationen, in denen mehr als ein Verhaltenssystem aktiviert wird. Wir haben gerade ein Beispiel für einen langfristigen Wettstreit zweier Systeme gesehen; aber es gibt andere Fälle, in denen ein momentaner Konflikt vorliegt, der sich in besonderen Verhaltensweisen ausdrückt. Beim Stichling tritt eine solche Situation beispielsweise an der Grenze zwischen zwei Territorien ein, wo jedes Männchen dazu neigt, das andere Männchen anzugreifen, gleichzeitig aber auch vor ihm zu fliehen. Die Folge davon ist, daß beide die Drohhaltung mit dem Kopf nach unten einnehmen, die als eine »ambivalente« Haltung gedeutet wurde, das heißt als ein Verhalten, bei dem beide Tendenzen gleichzeitig ausgedrückt werden. Das Aufrichten der Stacheln würde beispielsweise die aggressive Tendenz anzeigen, die auch an den raschen, stoßweisen Ausfällen gegen den Rivalen erkennbar ist, während die Drehung der Flanke gegen den Rivalen den Beginn einer Fluchtbewegung darstellt (eine sog. Fluchtintentionsbewegung). Das Senken des Kopfes dagegen wurde als »Übersprunggraben« gedeutet (Tinbergen, van Iersel 1947), u. a. weil der Fisch beim Drohen tatsächlich den Sand berühren kann und die Haltung gelegentlich auch allmählich in wirkliches Graben übergeht. Der Gedanke, der dem Begriff der »Übersprungbewegung« zugrundelag, war der, daß, wenn sich die beiden aktivierten, nicht zu vereinbarenden Systeme nicht offen im Verhalten ausdrücken können (da sie sich im Gleichgewicht befinden!), ein drittes

System wirksam wird, um die Erregung des Tieres abzuleiten. Im Falle der Drohstellung des Stichlings, die oft angeführt wurde, um diesen Begriff zu veranschaulichen, und die gewiß auch zu seiner Formulierung beitrug, kann der Fisch nicht gleichzeitig den Gegner angreifen und vor ihm fliehen, daher benutzt er das Graben als »Ventil«.

Noch weitere Beispiele für ambivalentes Verhalten und Übersprungbewegungen sind aus dem Verhalten des Stichlings abgeleitet worden. So interpretierte van Iersel (1958) die Balz als Konflikt der Tendenzen, das eindringende Weibchen anzugreifen und es zum Nest zu führen, und in diesem Zusammenhang äußerte er die Ansicht, daß auch die einzelne Zickzackbewegung als Kombination einer Angriffsintentionsbewegung gegen das Weibchen und einer Intentionsbewegung des Führens zum Nest aufgefaßt werden könnte. Das Fächeln, das bei der Balz auftritt, wäre, so betrachtet, ein Übersprungfächeln.

Eine ausführlichere Diskussion dieses Themas würde uns jedoch zu weit führen. Besonders der Begriff der Übersprungbewegung hat viele Ethologen beschäftigt und ist oft kritisiert worden (einen kurzen Überblick bietet Sevenster 1974). Auch bei dieser späteren Entwicklung war der Dreistachlige Stichling oft Gegenstand von Experimenten, um neue Ideen zu testen (Tugendhat 1960; Sevenster 1961; Wilz 1970, 1972).

JÜNGSTE ENTWICKLUNGEN

Mein kurzer Überblick behandelt die Geschichte der Stichlingsforschung bis etwa 1960 und ist selbstverständlich auch hinsichtlich dieser Periode unvollständig. Wie in der Einleitung angekündigt, habe ich nur einige theoretische Themen ausgewählt, zu denen die Arbeit mit den Stichlingen meiner Meinung nach am wesentlichsten beigetragen hat. Mittlerweile hat sich das Feld der Stichlingsforschung beträchtlich erweitert, und man widmet funktionellen, ökologischen und evolutionären Fragen weit mehr Aufmerksamkeit. Auch genetische Untersuchungen sind im Gange. Die kausale Verhaltensanalyse wird jedoch in einem so großen Maßstab betrieben, daß jede Übersicht den Rahmen dieses Beitrags sprengen würde. Glücklicherweise bietet Wootton (1976) einen ausgezeichneten Überblick über die Stichlingsforschung einschließlich der Verhaltensforschung und eine auf den neuesten Stand gebrachten Bibliographie.

Aus dem Englischen übertragen von Joachim A. Frank und Roger A. Stamm

LITERATUR

Assem, J. v. d.: Territory in the three-spined stickleback *Gasterosteus aculeatus* L., an experimental study in intra-specific competition. Behaviour, Suppl. 16, 1967

Baggerman, B.: An experimental study on the timing of breeding and migration in the three-spined stickleback. Arch. néerl. Zool., 12, 1957, 105–317

Photoperiodic responses in the stickleback and their control by a daily rhythm of photo-sensitivity. Gen. Comp. Endocrinol., Suppl. 3, 1972, 466–476

Craig-Bennett, A.: The reproductive cycle of the three-spined stickleback, *Gasterosteus aculeatus* L. Phil. Trans. Roy. Soc. London B 219, 1931, 197–279

Cullen, E.: Experiment on the effect of social isolation on reproductive behaviour in the three-spined stickleback. Animal Behaviour, 8, 1960, 235

Guiton, P.: On the control of behaviour during the reproductive cycle of *Gasterosteus aculeatus*. Behaviour, 15, 1960, 163–184

Hoar, W. S.: Hormones and the reproductive behaviour of the male three-spined stickleback (*Gasterosteus aculeatus*). Anim. Behav., 10, 1962, 247–266

Iersel, J. J. A. van: An analysis of the parental behaviour of the male three-spined stickleback (*Gasterosteus aculeatus* L.). Behaviour, Suppl. 3, 1953, 1–159

Some aspects of territorial behaviour of the male three-spined stickleback (*Gasterosteus aculeatus* L.) Arch. néerl. Zool., 13, Suppl. 1, 1958, 381–400

In: G. P. Baerends (Ed.): Ethologie, de biologie van gedrag. Wageningen: Pudoc 1973

Leiner, M.: Ökologische Studien an *Gasterosteus aculeatus*. Z. Morph. Ökol. Tiere 14, 1929, 360–399

Lorenz, K.: Die Entwicklung der vergleichenden Verhaltensforschung in den letzten 12 Jahren. Verh. Dtsch. Zool. Ges. 1952 in Freiburg. Zool. Anzeiger, Suppl. 17, 1953, 36–58

Molenda, E., Fiedler, K.: Die Wirkung von Prolaktin auf das Verhalten von Stichlingsmännchen (*Gasterosteus aculeatus* L.). Z. f. Tierpsychol., 28, 1971, 463–474

Pelkwijk, J. J. ter, Tinbergen, N.: Eine reizbiologische Analyse einiger Verhaltensweisen von *Gasterosteus aculeatus* L. Z. f. Tierpsychol., 1, 1937, 193–200

SEVENSTER, P.: Modderbaarsjes. De Levende Natuur, 52, 1949, 161–189

A causal analysis of a displacement activity (Fanning in *Gasterosteus aculeatus* L.). Behaviour, Suppl. 9, 1961, 1–170

Die Übersprungbewegung. In: K. Immelmann (Hg.): Verhaltensforschung. Sonderband Grzimeks Tierleben. Zürich: Kindler 1974

SEVENSTER-BOL, A. C. A.: On the causation of drive reduction after a consummatory act (in *Gasterosteus aculeatus*). Arch. néerl. Zool., 15, 1962, 175–236

TINBERGEN, N.: An objectivistic study of the innate behaviour of animals. Bibliotheca biotheoretica, 1, 1942, 39–98

Inleiding tot de diersociologie. Gorinchem: Noorduyn 1946

The study of instinct. Oxford: Clarendon Press 1951. Deutsch: Instinktlehre. Berlin, Hamburg: Parey 1952, [5]1972

TINBERGEN, N., IERSEL, J. J. A. VAN: Displacement reactions in the three-spined stickleback. Behaviour, 1, 1947, 56–63

TUGENDHAT, B.: The disturbed feeding behaviour of the three-spined stickleback: Electric shock is administered in the food area. Behaviour, 16, 1960, 159–187

WILZ, K. J.: The disinhibition interpretation of the »displacement« activities during courtship in the three-spined stickleback *Gasterosteus aculeatus*. Anim. Behav., 18, 1970, 682–687

Causal relationships between aggression and the sexual and nest behaviours in the three-spined stickleback (*Gasterosteus aculeatus*). Anim. Behav., 20, 1972, 335–340

WOOTTON, R. J.: The biology of the sticklebacks. London: Academic Press 1976

WUNDER, W.: Experimentelle Untersuchungen am Dreistachligen Stichling (*Gasterosteus aculeatus* L.) während der Laichzeit. Z. Morph. Ökol. Tiere 16, 1930, 453–498

DIE LACHMÖWE

von Roger Alfred Stamm

Dem Bewohner europäischer Städte sind die Lachmöwen *(Larus ridibundus)* als Wintergäste vertraut, die sich auf Sportplätzen, an Klärwerken, Fluß- und Seeufern aufhalten und die im Flug ungemein geschickt nach ihnen zugeworfenen Brotstücken haschen. Im Frühling und Frühsommer begegnen wir den eleganten weißen Vögeln mit dem schokoladebraunen Kopf – der im Winter weiß gefärbt war – in der Nähe größerer und kleinerer Seen. Auch an der Küste kann man sie antreffen; allerdings sind hier die größeren Möwenarten, vor allem die Silbermöwe (*Larus argentatus*), häufiger.

Die Möwen sind ethologisch recht gut untersucht. Die meisten Erkenntnisse verdanken wir Forschungen, die von Niko Tinbergen angeregt worden waren (s. den Beitrag von C. Beer über Niko Tinbergen in diesem Band). Ihn interessierten vor allem zwei Fragen: »Wie verständigen sich die Möwen?« und »Wie schützen sich diese auffällig gefärbten Vögel vor Raubfeinden?« Beides sind Fragen nach der Funktion von Verhalten. Die Untersuchung der Möwen hat die Wissenschaft der Verhaltensökologie wesentlich befruchtet. Wir wollen in diesem Beitrag über Arbeiten berichten, die sich besonders mit der Lachmöwe beschäftigten.

Die Lachmöwe brütete ursprünglich ausschließlich im Binsen- und Schilfsaum von Seen oder auf überschwemmten Wiesen. Erst seit wenigen Jahrzehnten hat sie als sekundären Brutbiotop auch das meeresnahe Dünengelände zu besiedeln begonnen, nachdem sie ihr Verbreitungsareal weit nach Nordwesten ausgedehnt hatte (Voous 1962). Wir betrachten nacheinander die Organisation einer Brutkolonie, die Geschehnisse von der Territoriumsbesetzung bis zur Brut und die Maßnahmen zur Verteidigung gegen Raubfeinde.

DIE ORGANISATION EINER BRUTKOLONIE

Die Lachmöwen nähern sich dem Brutgebiet im Frühling zuerst mit großer Vorsicht. Mehrere Tage lang sieht man sie erst einmal stundenlang in großer Höhe kreisen. Schließlich landen sie für kurze Zeit, vor allem am frühen Morgen oder gegen Abend. Immer wieder fliegen sie bei der geringsten Störung wieder auf. Erst nach zwei bis drei Wochen, wenn ihre Bruttendenz stärker geworden ist und ihre Schar sich vergrößert hat, fassen sie endgültig Fuß und halten sich nun tagsüber ständig im Brutgebiet auf. Die anfängliche Vorsicht und Scheu deutet darauf hin, daß das Brutgebiet Gefahren enthält, denen sich die Möwen zum Brüten nur ungern aussetzen.

Die Nester werden im Brutgebiet dicht beieinander in etwa einem Meter Abstand angelegt. Sie bestehen aus zusammengetragenen Pflanzenstengeln, die auf Bulten von Pfeifengras oder Binsen, im Schilf oder auf dem festen Boden, selten auf Bäumen, lose aufgehäuft werden.

Das Nest und seine unmittelbare Umgebung wird durch das Möwenpaar verteidigt (Nestterritorium). Zwischen den Gruppen von Nestern bilden Strecken offenen Geländes oder Wasserflächen ein neutrales Gebiet, auf dem sich nichtbrütende Möwen aufhalten können. An geeigneten Orten dieses neutralen Bereiches versammeln sich oft zahlreiche Individuen zum Baden. Eine größere zusammenhängende Wasserfläche möglichst nahe beim Brutbezirk dient allen Möwen einer Kolonie als Schlafplatz. Hier treffen am Abend auch nichtbrütende einjährige Möwen aus weitem Umkreis ein, die sich während des Tages höchstens kurz und selten im Brutgebiet zeigten. Nur die auf Eiern sitzenden oder Junge betreuenden Möwen müssen auch nachts auf den Nestern bleiben.

Das Gebiet der Brutkolonie ist zur Nahrungssuche nicht geeignet. Es ist zu klein, und Nahrung ist nur wenig zu finden. Die Lachmöwen ziehen darum einzeln oder in kleinen Trupps auf umliegende Felder, an Gewässer und auf Müllablageplätze, oft mehrere Kilometer weit, zur Nahrungssuche. Sie fressen Insekten, Samen, Würmer und Abfälle, sind also Allesfresser. Während der Brutperiode überwiegen die Regenwürmer in der Diät, vermutlich weil sie relativ zum Aufwand ihrer Erbeutung ein Maximum an Kalorien und Eiweißen liefern. Auf Wiesen sieht man dann auch Gruppen von Möwen gemeinschaftlich ruhen oder sich putzen. Auf Freß- und Ruheplätzen sind die Möwen friedlich, gesellig, aber ohne differenziertere Formen des sozialen Kontaktes. Auch Paare kann man nicht deutlich unterscheiden. Ganz anders ist das am Brutplatz.

BESETZUNG DES NESTTERRITORIUMS, PAARBILDUNG UND VORBEREITUNG ZUR BRUT

Die vielen Tausende von Lachmöwen, die sich an einem Brutplatz einfinden können, bilden keine ungeordnete Masse, sondern ein mehrschichtiges soziales Gefüge: Paare, Nachbarschaften, Bezirke. Soziale Organisation setzt Verständigung voraus. Von ihren Formen müssen wir nun sprechen.

Drohverhalten

In einer ersten Phase versuchen die Männchen, ein relativ großes Gebiet als Territorium zu behaupten, etwa ein Ar. Zu diesem Gebiet gehören, im Wasser verteilt, mehrere als mögliche Nistplätze geeignete Stellen, z. B. Bulten von Binsen. Das Männchen schwimmt in seinem Territorium herum und läßt dabei immer wieder eine längere Serie krächzender Rufe ertönen, den Langen Ruf, vor allem beim Anflug und bei Landungen anderer Lachmöwen. Landet ein Artgenosse nahebei, dann geht der Platzhalter drohend auf ihn zu und versucht, ihn zu verscheuchen. Er droht mit der zum Langen Ruf gehörenden Schräghaltung (Kopf schräg nach vorn hochgereckt, Schnabel horizontal gehalten) oder in der Vorwärtshaltung (Kopf waagrecht vorgestreckt), der Aufrechthaltung (Kopf senkrecht erhoben, während die Schnabelspitze gesenkt ist), manchmal auch in der Kopf-zu-Boden-Haltung (bei der die Möwe sich bückt und den Boden mit der Schnabelspitze berührt). Im Streit werden diese Haltungen von beiden Gegnern eingenommen. Die Haltungen wechseln in rascher Folge ab, z. B. Langer Ruf – Vorwärts – Langer Ruf mehrfach abwechselnd, oder Langer Ruf – Aufrecht – Angriffssprung (bzw. Zurückweichen) – Langer Ruf – Vorwärts – Langer Ruf – Kopf-zu-Boden-Haltung. Bei einem Streit von geringer Intensität beobachtet man auch oft das Wegsehen, ein betontes Wegblicken vom Gegner durch Wegdrehen des Gesichts, das meist in Aufrecht ausgeführt wird.

Diese Vorgänge stellen ein artspezifisches Ritual dar, wie wir es von vielen sozial lebenden Tierarten kennen. Uns fällt auf, daß es nicht bloß eine einzige Drohgebärde gibt, sondern eine ganze Batterie von Haltungen. Was ist der Grund für diese Vielfalt? Hier setzt das Forschen mit Hypothesen an, die die Beobachtungen modellhaft zu deuten versuchen und deren Prüfung eine sich ständig verfeinernde Beobachtung verlangt.

Der erste Deutungsversuch von Moynihan (1955) benützte eine motivationstheoretische Erklärung auf der Basis der sogenannten Tendenzenstreittheorie: Drohen entspringt dem Konflikt von Angriffs- und Fluchttendenz im drohenden Tier, während reine Erregung der Angriffstendenz den ungehemmten Angriff, Fluchttendenz allein die ungehemmte Flucht bewirken. Die Hypothese lautet dann etwa: In den verschiedenen Haltungen drücken sich unterschiedliche absolute und relative Intensitäten der beiden Tendenzen aus.

Diese Hypothese erlaubte eine schlüssige Deutung von Varianten, die in der Aufrechthaltung auftreten und bei denen unter anderem die Schnabelspitze entweder gesenkt oder erhoben ist. Es zeigte sich, daß die Form mit der gesenkten Schnabelspitze einem Übergewicht der Angriffstendenz zugeordnet werden kann, die andere Form einer Dominanz der Fluchttendenz. Die erste Form geht oft in Angriff über, die zweite in Flucht (zur Begründung und weiteren methodologischen Diskussion s. Tinbergen 1959 b, Stamm 1965 a, 1965 b). Es wurde dann von Moynihan versucht, der Aufrechthaltung insgesamt einen niedrigen absoluten Wert beider Tendenzen zuzuordnen, dem Langen Ruf und dem Vorwärts einen mittleren (wobei der Lange Ruf angriffsbetont, das Vorwärts fluchtbetont sei), schließlich dem Kopf-zu-Boden den höchsten. Die spätere Überprüfung dieser Deutung hat dann aber diese weiteren Annahmen nicht bestätigt (Manley 1960 b; Stamm 1965 b). Es ist nötig, wesentlich differenziertere Deutungen aufzustellen.

Die neueren Hypothesen entfernen sich in ihren Formulierungen von einer rein motivationstheoretischen Darstellung und heben mehr die Funktion des Verhaltens und die Einordnung in die Anforderungen der alltäglichen Lebenssicherung hervor. Sie sind also ökologisch formuliert. Das widerspricht natürlich nicht einer motivationstheoretischen Deutung, erweist sich aber als technisch einfacher.

Manley (1960 b) hielt zuerst einmal fest, daß die meisten Haltungen nur während der Brutzeit auftreten, genau wie die dunkelbraun gefärbte Gesichtsmaske. Das heißt, die physiologischen Umstimmungen, die auch das Farbkleid beeinflussen, aktivieren die Ausdrucksbewegungen.

Dann aber stellte Manley weiter fest, daß manche Drohformen so gut wie nie außerhalb des Territoriums auftreten. Dazu gehört die Kopf-zu-Boden-Haltung. Ist die Lachmöwe auf ihrem Territorium, dann hat sie eine Handlungsbereitschaft zur Kopf-zu-Boden-Haltung, ist sie auf fremdem oder neutralem Gelände (Freßplatz, Ruheplatz, Bade- oder Schlafplatz), dann hat sie sie nicht. Diese Haltung gibt gewissermaßen die Meldung wieder: »Hier ist mein Territorium!« Sie ist also nicht bloß ein unqualifizierter Ausdruck von Angriffstendenz, sondern eine präzise Meldung in einem wohl definierten Funktionszusammenhang. Das Verständnis der Kopf-zu-Boden-Haltung wird weiter gefördert, wenn wir feststellen, daß sie vor allem dann auftritt, wenn zwei Nachbarn um den Verlauf der gemeinsamen Territoriumsgrenze streiten. Sie wird nicht gegen zufällige Eindringlinge eingesetzt. Diese fliehen bereits auf eine Annäherung in Aufrecht oder Vorwärts. Der Nachbar aber flieht überhaupt nicht, denn er will sich ja behaupten, besitzt gleichen Anspruch aufs Bleiben wie sein Gegner. Auch er teilt mit: »Hier ist mein Territorium!« Die beiden Nachbarn müssen nebeneinander auskommen, jeder sich behaupten. Nur schränken sie sich beide ein, wobei die ursprünglichen Territorien schließlich soweit schrumpfen, bis eine artspezifisch fixierte Nestdistanz von einem Meter erreicht ist. Durch den Streit zwischen Nachbarn, der immer in wechselseitigem und oft lang hingezogenem Kopf-zu-Boden-Drohen endet, wird aber etwas zustande gebracht, das nicht von Anfang an feststand: Nur wirklich kampfkräftige, weil auch wirklich zur Brut motivierte Individuen können nebeneinander bestehen. Die Auseinandersetzung führt zu einer Auswahl, bei der zu wenig motivierte, keinen Beitrag zum Fortpflanzungserfolg der Population liefernde Individuen vom beschränkten Brutraum ferngehalten werden.

Einen besonderen Erfolg erzielte die funktional-ökologische Interpretation beim Vergleich von Aufrecht und Vorwärts. Dieser hatte den ersten Untersuchern viel Schwierigkeiten bereitet. Beide Haltungen gehen Angriffen häufig unmittelbar voraus. Vermutungen, daß Aufrecht häufiger bei Männchen, Vorwärts häufiger bei Weibchen auftrete, ließen sich nicht bestätigen. Auch die Interpretation des Aufrecht als einer offensiven, des Vorwärts als einer defensiven Drohgeste (Tinbergen 1959 b) half nicht weiter.

Nun muß man berücksichtigen, daß die Forschergruppe um Tinbergen auf den Dünen bei Ravenglass in Nordwest-England gearbeitet hat. Sie beobachtete also Lachmöwen, die ihr Verhalten auf dem Trockenen sehen ließen. Unser Problem erschien in neuem Licht, als die Forschungen an Lachmöwen fortgeführt wurden, die in ihrem primären Brutbiotop, also am Wasser, brüteten (Stamm, unveröffentlicht).

Hier stellte sich heraus, daß die Lachmöwen ihr Drohverhalten typischerweise zuerst auf dem Wasser äußern, während sie in ihrem anfänglich noch großen Territorium umherschwimmen. Und auf dem Wasser erscheint die Vorwärtshaltung, nie die Aufrechthaltung. In Vorwärtshaltung schwimmt der Verteidiger auf einen Eindringling zu und aus dem Vorwärts setzt er zum eventuell nötigen Angriffs-Flugsprung an. Erst auf festem Boden tritt dann neben die Vorwärtshaltung auch die Aufrechthaltung, genauso wie in der Kolonie von Ravenglass. Wir versuchen eine Deutung. Bei einer Drohbewegung sind zwei Bedingungen zu erfüllen: Sie muß sich deutlich von anderen Ausdrucksbewegungen und von neutralem Verhalten abheben, und sie sollte den Übergang zum Angriff nicht erschweren. Das Vorwärts hebt sich bei der auf dem Wasser schwimmenden Möwe prägnant von der normalen Schwimmhaltung ab, was das Aufrecht nicht tun würde. Das Vorwärts erlaubt das rasche Zuschwimmen auf den Gegner, ja erscheint geradezu als Übertreibung der beim raschen Schwimmen eingenommenen nach vorn gestreckten Haltung. Diese Argumentation kann durch ein weiteres Indiz gestützt werden: Die Vorwärtshaltung kommt nämlich nur bei der Lachmöwe und ihren nächsten Verwandten vor, die alle direkt am Wasser brüten, nicht aber bei den Großmöwen (Silbermöwe, Mantelmöwe usw.), die primär auf dem trockenen Land brüten und ihren Drohkomment nicht im Wasser äußern. Die Vorwärtshaltung ist eine Anpassung an besondere Lebensumstände.

Die Paarbildung

Mit der Besetzung eines Territoriums beginnen für noch unverpaarte Männchen die Kontakte zu den Weibchen. Der Lange Ruf, der andere Männchen vom Betreten eines besetzten Gebietes abhält, lockt unverpaarte Weibchen geradezu an. Er besitzt eine ähnliche Doppelfunktion wie der Gesang der Singvögel: Abweisung von Rivalen, Anlockung potentieller Partner. Wie dieser dient er auch dem Erkennen von Ehepartnern und Nachbarn anhand individueller stimmlicher Differenzierung. Auch das Weibchen äußert den Langen Ruf, wie es übrigens im Falle der nötigen Territoriumsverteidigung, wenn es einmal an das Gebiet eines Männchens gebunden ist, alle anderen Drohverhalten ebenfalls äußert. Alle Funktionen des Langen Rufes, die wir soeben erwähnt haben, lassen sich mit dem Informationswert »Ich bin hier!« wiedergeben.

Das anfliegende Weibchen unterscheidet nicht, ob das Männchen bereits verpaart ist oder nicht. Auch ist ein bereits verpaartes Männchen meistens geneigt, das fremde Weibchen mindestens zu begrüßen. Ist die Gattin anwesend, muß darum sie das zugeflogene Weibchen vertreiben.

Kontakte zwischen Männchen und Weibchen sind in der frühen Brutsaison eine sehr formelle Angelegenheit und durchlaufen ein komplexes *Begrüßungsritual.* Die Annäherung des Weibchens löst den Langen Ruf des Männchens aus. Nach der Landung steht das Weibchen in Aufrechthaltung auf dem Platz, und zwar in der Form mit dem erhobenen Schnabel, die Unsicherheit ausdrückt. Ist es im Wasser gelandet, sieht man ihm diese Unsicherheit ebenfalls an, wenn sich auch die Aufrechthaltung hier weniger von einer normalen Schwimmhaltung abhebt. Das Männchen nähert sich dem Weibchen nun in Vorwärtshaltung, und zwar in einer besonderen Variante, bei der der Schnabel stark nach oben zeigt. Unmittelbar vor dem Weibchen dreht das Männchen zudem bei und zeigt sich von der Seite. Das Weibchen stimmt in die Vorwärtshaltung ein, und beide stehen kurz starr in Vorwärts nebeneinander oder schwimmen ein kurzes Stück, dann hebt der eine und gleich darauf der andere rasch den Kopf in Aufrecht und dreht ihn gleichzeitig zu starkem Wegsehen auf die Seite. Der Schnabel ist maximal gesenkt. Dadurch wird für den Partner die braune Kopfmaske ganz unsichtbar, die ein wichtiges Signal der Angriffsbereitschaft ist und vom Empfänger als drohend empfunden wird (Versuche von Mash 1966). Das Senken des Schnabels in diesem Aufrecht-Wegsehen ist also nicht Zeichen der Aggressivität wie bei Auseinandersetzungen, sondern vielmehr des Freundlichseins. Das Wegsehen ist übrigens nicht eine starre Haltung, denn nach kurzem Wegschauen wird zurückgeblickt und der Partner betrachtet, aber nur »getarnt«, d. h. wenn er nicht seinerseits schaut. Indem nun beide Partner eine Zeitlang versuchen, einander unbemerkt zu betrachten, den direkten Blickkontakt meidend, entsteht ein rascher Wechsel von Hinschauen und Wegblicken, ein Hin- und Herpendeln der beiden Köpfe.

Noch ist der Ausgang der Begegnung offen: Das Männchen kann das Weibchen immer noch vertreiben. Stellt sich das Männchen positiv zu seinem neuen Partner ein, dann folgt als nächste Stufe das *Ablösungszeremoniell.* Das Männchen fliegt nach der Begrüßung, immer nach einem Wegsehen, rasch auf und landet nach einem kurzen Rundflug wieder beim Partner. Während des Rundfluges wird in der Regel demonstrativ eine gerade in der Nähe durchfliegende Lachmöwe angegriffen. Der Angriff erfolgt unter lautem Kreischen in raschem Sturzflug und endet nach höchstens ganz kurzer Verfolgung mit einem betonten Hochsegeln. Zwei Deutungen erscheinen möglich: Entweder imponiert das Männchen für seine neue Partnerin, oder es wird Aggressivität, die durch die starke Annäherung des fremden Weibchens im Männchen erregt wurde, nach außen umorientiert. Die Begegnung mit dem Geschlechtspartner wäre am Anfang also ambivalent. Dem »Weibchen« wird freundlich begegnet, dem »Eindringling« aufs Territorium aber mit Aggressivität. Da beide Motivationen einander widerstreiten und die Angriffshaltung nicht gut gegen das Weibchen gerichtet werden kann, dem freundlich begegnet werden soll, wird sie nach außen gelenkt. Die nach außen gerichtete Aggression könnte zudem gegenüber dem zukünftigen Sozialpartner als Zeichen dafür dienen, daß man bereit ist, den gemeinsamen Besitz gegen Feinde und Konkurrenten zu verteidigen. Die Wirkung auf das Weibchen ist positiv, da es sich gewissermaßen auf dem Territorium aufgenommen sieht.

Nach dem Landen wird die Begrüßung wiederholt: Vorwärts beider Tiere und beidseitiges Wegsehen und Anschauen. Dann fliegt das Männchen erneut zu einem Scheinangriff und einer Platzrunde auf, begrüßt das Weibchen, fliegt wieder auf ... und so noch viele Male. Manchmal macht auch das Weibchen einen Rundflug, so daß die Partner sich gewissermaßen »in der Bewachung des Territoriums ablösen«.

Um die Funktion dieses Ablösungszeremoniells zu verstehen, müssen wir in die Zukunft der Paarbeziehung blicken. Ist ein Paar fest gebunden und soll die Brut beginnen, dann muß ein fester Nistplatz behauptet werden. Er muß dauernd bewacht bleiben, weil sonst Artgenossen eindringen, Nistmaterial stehlen, Eier beschädigen oder gar den Platz für sich beanspruchen würden. Da die Lachmöwen sehr dicht beieinander brüten, gibt es in der Nähe des Nestes keine Nahrung; die Möwen müssen zur Nahrungssuche die Brutkolonie verlassen. Nun muß sichergestellt werden, daß immer einer der Gatten auf dem Nistplatz bleibt, wenn der andere sich entfernt. Dessen Wegfliegen muß unbedingt das Bleiben seines Gatten auslösen. Und natürlich muß der Weggeflogene nach angemessener Zeit zurückkommen, um den Gatten in der Nestbewachung abzulösen. Dieses Verhalten funktioniert normalerweise tadellos. Aber es gibt doch manche Individuen, die sich nicht richtig verhalten, z. B. wenn sie noch nicht genügend zur Brut motiviert sind. Mir scheint es möglich, daß das Ablösungszeremoniell einen Test darstellt zur wechselseitigen Prüfung, ob der Partner bereit ist, »seinen Pflichten am Nest nachzukommen«. Aus den kurzen Rundflügen von weniger als einer Minute Dauer, bei denen der Zurückgebliebene seinen Partner mit den Augen verfolgen kann, entwickeln sich nämlich längere Absenzen. Dann gilt es auszuharren. Schwierig ist das, wenn erst einer der Gatten nestgebunden ist. Dann kann es Stunden dauern oder fast einen ganzen Tag, bis das Paar wieder zusammenkommt. Manche einsam auf dem Platz wartende Lachmöwe bleibt still, putzt sich von Zeit zu Zeit, schaut kaum umher; manche aber lassen andere Artgenossen herankommen und flirten mit ihnen. Es kann vorübergehend zu Mehrfachbeziehungen kommen. Treffen später alle drei zusammen, dann gibt es eine kurze Auseinandersetzung zwischen den beiden gleichgeschlechtigen Möwen. Da so etwas nur möglich ist, wenn ein deutlicher Unterschied in der Nest- und Partnerbindung besteht, ist anzunehmen, daß der stärker Gebundene siegt (wie beim Kampf um die Plätze). Das wäre noch eine Sicherung, die schließlich zu fester monogamer Paarbindung und korrektem Brüten führt. Derart dienen viele Elemente des Paarbildungsgeschehens ökologischen Aufgaben, die über die unmittelbare Paarbeziehung auf die spätere Hauptaufgabe der Partnerschaft, die Aufzucht der Jungen, hinweisen. (Unsere Deutung erweitert hier diejenigen von Manley 1960 b und Hutson 1977.)

Nächster Schritt der Paarbildung ist die Suche des Nistplatzes. Sie setzt bald nach den ersten Begrüßungen ein. Das Territorium ist anfänglich sehr groß. In der Regel enthält es mehrere mögliche Neststandorte. Die Nistplatzwahl beginnt damit, daß das Männchen seine Gattin zu einem günstigen Platz zu locken sucht, indem es in der Kopf-zu-Boden-Haltung auf diesen Platz zeigt. Die Haltung bedeutet »Hier ist mein Nistplatz!« Während diese Haltung (und Nachricht) auf einen Gegner als Drohung wirkt und ihn in Distanz hält, wird also das Weibchen dadurch angelockt. Es folgt dem Männchen und schaut sich den Platz an. Ist es nicht zufrieden, dann geht es auf einen anderen Platz. Oder das Männchen führt es zu einer anderen Stelle. Nach einiger Zeit werden sich die Gatten einigen. Lag das Paarbildungsterritorium in einer zum Brüten wenig geeigneten Region am Rande der Brutkolonie, dann wird das Paar eine bessere Stelle mehr im Zentrum zu finden trachten und dazu gemeinsam auf Suche fliegen. Denn es besteht ein deutliches Bestreben, möglichst im Zentrum der Kolonie und möglichst nahe bei Artgenossen zu brüten. Durch die stärkere Annäherung brutbereiter Paare entstehen neue Auseinandersetzungen zwischen Nachbarn, die in langen Drohauftritten ausgetragen werden, bei denen Kopf-zu-Boden-Haltung und Langer Ruf abwechseln. Nach einiger Zeit beruhigt sich die Lage, indem jedes Paar seine Ansprüche begrenzt, bis aus ursprünglich einem Ar des Paarbildungsterritoriums noch ein Quadratmeter als endgültiges Nistplatzterritorium geblieben ist. Haben sich die nachbarschaftlichen Verhältnisse auf diesen Zustand eingependelt, dann hört der Streit schließlich auf. Die einander inzwischen individuell kennenden Nachbarn dulden einander nun; jeder bleibt aber möglichst auf seinem eigenen Gebiet.

Die Begattung

Bezug der Brutkolonie, Besetzen eines Territoriums, Paarbildung und Suche des Nistplatzes sind Voraussetzungen für die erfolgreiche Fortpflanzung. Eine weitere Voraussetzung ist der erfolgreiche Ablauf des Begattungszeremoniells.

Es ist ja wirklich nicht so, daß eine Paarung unter Tieren etwas Primitives und Strukturloses ist, wie wir so gern implizieren, wenn wir von »tierischen Trieben« sprechen. Bei keinem Tier, vom Einzeller bis zum Menschenaffen, ist die Paarung strukturlos. Allein schon die Sicherungen, die dafür sorgen, daß nur Vertreter der gleichen Art sich zu paaren versuchen, verlangen umfangreiche Maßnahmen (Stamm 1974 b). Bei der Lachmöwe sorgt das Zusammenleben in Gesellschaft von Artgenossen dafür, daß diese besondere Aufgabe bereits gelöst ist, wenn Begattungsversuche einsetzen. Das Paarungszeremoniell wird hier von anderen ökologischen Anforderungen geprägt. Vor allem gilt: Fortpflanzen soll sich nur, wer auch fähig ist, seine Jungen großzuziehen. Der Besitz des Nistplatzes und die Fähigkeit, ihn zu verteidigen, gehören dazu. Aber auch, daß man die Jungen später ernähren kann. Denn die Küken sind in ihren ersten Lebenswochen ans Nest gebunden. Nun geht der Begattung der Lachmöwen eine Fütterung des Weibchens durch das Männchen voraus. Man kann sich vorstellen, daß ein Männchen, das die Gattin füttert, später auch bereit sein wird, die Jungen zu ernähren. Da das Weibchen sich erst begatten läßt, nachdem es gefüttert worden ist, wird sichergestellt, daß die Jungen später auch vom Männchen gepflegt werden. Die Partnerfütterung hat aber noch einen weiteren Nutzen. Das Weibchen braucht zur Bildung der Eier ziemlich viel Nährstoffe, vor allem Eiweiß und Kalk. Die Fütterung durch das Männchen verschafft ihm diese Nährstoffe und erlaubt ihm gleichzeitig, auf dem Nistplatz zu bleiben und so Energie zu sparen.

Das Begattungszeremoniell beginnt mit dem Betteln des Weibchens. Das Männchen ist zuerst gar nicht bereit zu füttern. Es weicht aus, wird ärgerlich, greift aber nicht die bettelnde Gattin, sondern wieder zufällig vorbeifliegende Artgenossen an, oder es geht und sucht Nistmaterial. Aber da auch das Männchen bereits an das Nestterritorium gebunden ist, kann es dem Weibchen nicht dauernd ausweichen. Es gibt schließlich nach und füttert. Jetzt beginnt es, sich der Gattin mit der gleichen Lautäußerung zu nähern, die sie beim Futterbetteln geäußert hatte. Das Männchen bettelt aber damit nicht um Futter, sondern gewissermaßen um die Erlaubnis zur Begattung (Stamm 1974 a). Nach anfänglichem Ausweichen wird das Weibchen, wenn ausreichend gefüttert, stillhalten und das Männchen aufsteigen lassen.

Störungen der Begattung von außen sind selten. Die Bewohner der umliegenden Territorien kennen das Paar, beachten das Territorium und finden das Verhalten »normal«. Etwas anderes ist es, wenn ein fremdes Männchen ein allein auf dem Nest stehendes Weibchen zu vergewaltigen sucht. Das kommt gelegentlich vor. In diesem Fall greifen die Nachbarn ein und vertreiben den ungebetenen Liebhaber.

Aus dem Begattungsnachspiel ist nur eine Einzelheit für uns interessant: Sehr häufig tritt Wegsehen ein; und zwar schaut das Männchen um so häufiger weg, je erfolgreicher die Begattung war (je mehr Kloakalkontakte möglich waren). Das Wegsehen zwischen den Gatten haben wir bereits als einen Ausdruck von Freundlichsein kennengelernt. Beachtenswert ist die folgende Beobachtung: Wenn die Gatten einander einige Zeit kennen, dann besteht allgemein eine Tendenz, den Display zu vereinfachen. Das sieht man besonders gut im Begrüßungszeremoniell, das immer mehr abgebaut wird und schließlich ganz unterbleibt. Das Wegsehen nach erfolglosen Begattungen wird ebenfalls abgebaut. Man könnte sagen: »Der Mißerfolg wird nicht mehr so ernst genommen, daß man sich wieder besonders befrieden müßte.« Nach erfolgreichen Begattungen aber ist das Wegsehen immer gleich häufig. Hier also wird die Aussage »Ich bin dir freundlich gesinnt!« weiterhin gemacht. Dies ist eine Beobachtung, über die wir staunen. Wir stellen fest. Wir durchschauen nicht. Denn was letztlich in den Köpfen der Lachmöwen vor sich geht, was ihnen möglicherweise bewußt sein könnte, können wir nicht erfahren (Stamm 1969).

Nestbau

Das Nest der Lachmöwen ist einfach. Halme werden herbeigetragen, auf einen Haufen gelegt und im Sitzen durch Scharren mit den Füßen (wobei auch eine kleine Mulde entsteht), Seitwärtslegen mit dem Schnabel und Pressen mit der Brust zu einem einfachen Bau geformt. Meist beginnt das Männchen mit dem Bauen; es leistet wohl auch den Hauptanteil. Offenbar gibt es keine Bedingung, daß erst bei einem bestimmten Ausbaugrad mit der Eiablage begonnen werden darf. Die Paare unterscheiden sich da sehr stark. Einige tragen so gut wie kein Nistmaterial herbei, andere bringen eindrucksvolle Bauten zustande. Wahrscheinlich ist es, daß Bodenfeuchte das Bauen fördert, so daß auf jeden Fall danach getrachtet wird, die Eier auf eine trockene Unterlage zu legen. Das Bauen wird übrigens während des Brütens fortgesetzt.

Brüten und Aufzucht der Jungen

Die Bereitschaft zum Brüten ist bereits einige Tage vor Ablage des ersten Eies vorhanden. Man kann das leicht feststellen, wenn man einem Paar ein fremdes Ei ins Nest legt. Je näher der Versuch am Termin der Eiablage liegt, desto eher wird es angenommen und desto ausdauernder wird es bebrütet (Beer 1961 ff). Auch in der Brutbereitschaft, wie beim Nestbau, besitzt das Männchen einen zeitlichen Vorsprung. Damit ist auf jeden Fall gesichert, daß auch das Männchen sich am Brüten beteiligt, sobald das erste Ei gelegt worden ist.

Das Gelege besteht aus drei Eiern. Die brutbereite Möwe besitzt am Bauch drei federfreie Regionen, die Brutflecke, die beim Brüten mit den Eiern in Kontakt kommen und die Körperwärme der brütenden Möwe auf die Eier zu übertragen erlauben. Dreiergelege werden regelmäßiger bebrütet als kleinere und größere (letztere kommen natürlicherweise kaum vor). Wenn es weniger oder mehr als drei Eier sind, dann ist ein Teil der Brutflecke unbedeckt. Der Möwe ist das unbequem, sie steht häufig auf und sucht eine bessere Stellung. Die Eier bleiben immer wieder unbedeckt, und das verzögert die Entwicklung.

Beide Gatten brüten und lösen sich regelmäßig ab. Auch hier ist gesichert, daß das Gelege unter keinen Umständen allein gelassen wird – es würde sofort von streunenden Artgenossen ausgeraubt. Eher kommt es vor, daß beide Gatten zur gleichen Zeit brüten wollen und der eine seinen Partner bei der fälligen Ablösung vom Nest drängen muß.

Ist die Mehrzahl der Möwen einer Brutkolonie am Brüten, dann bietet die Kolonie ein stilles Bild. Man sieht die Tiere kaum in der bereits hohen Vegetation. Auseinandersetzungen, Begrüßungen und Begattungen sind kaum noch zu sehen. Die Brütenden liegen still auf ihren Nestern, ihre Partner sind irgendwo unterwegs bei der Nahrungssuche oder ruhen sich auf den außerhalb der Brutregion gelegenen Putz- und Ruheplätzen aus. Nur das Zu- und Wegfliegen der Ablösenden deutet darauf hin, daß hier vielleicht Tausende von Vögeln beisammen sind. Der Lärm des dauernden Rufens, der zu Beginn der Brutzeit die Kolonie so auffällig machte, ist verstummt.

Die Szene belebt sich wieder, wenn die Jungen zu schlüpfen anfangen. Der während des Brütens kaum je geäußerte Lange Ruf erklingt wieder. Die Beziehung zu den Nachbarn bleibt weiterhin freundlich. Die Sicherung gegen Fremde und Feinde wird aber verstärkt. Noch feuchte Küken können von sich herumtreibenden Lachmöwen geschluckt werden. Man muß also aufpassen. Die Eischalen werden weggetragen; dadurch verraten sie das Nest nicht den Raubfeinden (Tinbergen, Kruuk, Paillette, Stamm 1962; s. Abb. 1 im Beitrag von J. Alcock in diesem Band). Und große neue Aufgabe ist natürlich das Herantragen der Nahrung für die Küken. Beide Eltern teilen sich auch in diese Aufgabe.

Leider sind wir über diese Phase im Möwenleben erst ungenügend informiert; sie wurde bei den bisherigen Forschungen vernachlässigt. Über die Entwicklung der Jungen und ihre

Beziehung zu Eltern, Nachbarn und Fremden kann man sich noch kein genaues Bild machen.

Die Küken sind, morphologisch bewertet, als Nestflüchter einzustufen. Sobald ihr Dunenkleid trocken ist, können sie umhergehen und auch schwimmen. Aber sie bleiben noch einige Wochen lang auf dem Nest und seiner nächsten Umgebung. Da es hier kein Futter gibt, müssen sie von den Eltern gefüttert werden. Sie betteln mit einem bestimmten Bettellaut und indem sie nach dem Schnabel der Eltern picken. Am ersten Tag warten die Eltern aber nicht, bis die Jungen betteln, sondern halten ihnen spontan Futter vor, das sie aus dem Kropf aufgewürgt haben. Die Futterübergabe ist von beiden Seiten her gesichert, vom Jungen her durch das Betteln, vom Elter her durch das spontane Vorsetzen.

Die Jungen sind mit fünf bis sechs Wochen flugfähig. Möglicherweise verlassen sie teilweise das Nest schon früher und wandern, von den Eltern geführt und zusammengehalten, auf ein Gebiet, wo sie geschützt sind und auf dem sich viele andere Familien vereinigen. Noch werden sie gefüttert. Die Familie hält also zusammen. Ob dies auch dann noch der Fall ist, wenn die Jungen selbständig werden und sich selber ernähren und wenn dann im Herbst der Wegzug ins Winterquartier einsetzt, ist nicht bekannt, weil man noch keine Beringungsprogramme zur Erforschung dieser Fragen durchgeführt hat. Unmöglich ist es nicht, denn wir kennen langes Zusammenbleiben der Familien bei anderen Vögeln.

VERTEIDIGUNG GEGEN RAUBFEINDE

Zum Abschluß dieser Übersicht über die Brutökologie der Lachmöwe will ich schildern, wie sich die Lachmöwen ihrer Feinde erwehren. Wir werden sehen, daß der Feindabwehr nicht nur Verhaltensweisen dienen, sondern auch viele Eigentümlichkeiten im Körperbau und in der Physiologie. Wir werden aber auch feststellen, daß zwischen den Aufgaben der Feindabwehr und anderen Lebensaufgaben Konflikte auftreten, die zu Kompromissen nötigen.

Die Feinde können wir den folgenden Typen zuordnen (Kruuk 1964): a) Feinde, die fliegende erwachsene Möwen erbeuten können: Wanderfalke (*Falco peregrinus*); b) Feinde, die erwachsene Möwen am Boden greifen können: Rohrweihe (*Circus aeruginosus*), Fuchs (*Vulpes vulpes*); c) Feinde, die von der Luft her gegen Gelege und Küken vorgehen: Rabenkrähe (*Corvus corone*), Silbermöwe, Rohrweihe; d) Feinde, die vom Boden aus Gelege und Küken erbeuten können: Fuchs, Hermelin (*Mustela erminea*), Igel (*Erinaceus europaeus*), (Austernfischer (*Haematopus ostralegus*)), Wanderratte (*Rattus norvegicus*).

Allgemein kennen wir als Methoden der Feindabwehr: Flucht, Verbergen, Ausnützung von natürlichen Hindernissen, aktive Abwehr im Kampf.

Die erwachsene Lachmöwe kann sich selber relativ gut schützen. Als guter Flieger kann sie sich am Tage den meisten Feinden durch die Flucht entziehen. Gegenüber ihrem ernsthaftesten Feind, dem Wanderfalken, kommt ihr zugute, daß sie gesellig lebt. Wird eine Gruppe Möwen vom Falken überrascht, dann schließt sie dicht zusammen und sucht ihm durch reißenden Formationsflug mit raschen Wendungen zu entkommen. Während der Nacht vermeiden die Lachmöwen Gefahren, indem sie geschützte Orte als Schlafplätze benützen: offene Gewässer oder dicht bewachsene sumpfige Ufer, über die sich ihre Bodenfeinde nur schwer annähern können.

Kritischer wird die Lage während der Brutzeit. Denn Gelege und Küken sind ans Nest gebunden und relativ leicht zu entdecken. Eine ganze Reihe von Eigenschaften dienen der Verminderung der Gefahr:

a) geschützter Nistplatz an Seeufern (Wasser als Barriere gegen Bodenfeinde);
b) Tarnfärbung der Eier und Küken;
c) aktive Verteidigung durch das Verhalten der Altvögel: Auffliegen, Überkreisen der

Brutstätten (schafft Hindernis gegenüber Luftfeinden), Sturzflüge gegen auf dem Boden stehende Feinde (Abwehr durch Angriff);

d) dauernde Nestbewachung;

e) Wegtragen der Eischalen nach dem Schlüpfen der Jungen (das weiße Innere kann die Brut verraten);

f) Küken rennen in Deckung und ducken sich;

g) Synchronisierung der Bruten in der Kolonie erleichtert gemeinsame Abwehr;

h) geringe Nestdistanz erleichtert gemeinsame Abwehr, da durch einen Feindangriff immer mehrere Möwen betroffen werden und gemeinsam abwehren.

Die Wirksamkeit dieser Faktoren ist durch genaue Beobachtung und Experimente bewiesen. Dies gilt besonders für die Tarnfärbung der Eier, das Wegtragen der Eischalen (Tinbergen, Broekhuysen, Feekes, Houghton, Kruuk, Szulc 1962), Synchronisierung der Brut und geringe Nestdistanz (Patterson 1965) und die Angriffe gegen sich nähernde Feinde (Kruuk 1964). Es zeigt sich allgemein, daß die Bruten im Zentrum der Kolonie, die gut synchronisiert sind, am besten geschützt sind und die höchste Lebenserwartung besitzen. Möwen, die am Rande der Kolonie oder einzeln zu brüten versuchen, oder die mit der Brut zu früh oder zu spät beginnen, haben eine viel geringere oder gar keine Chance, eine Brut großzuziehen. Das hat zwei Gründe. Erstens haben es Feinde leichter, sich isolierten Nestern anzunähern (gemeinsame Verteidigung fehlt). Zweitens sind die Möwen selber viel ängstlicher, da sie sich zum Sichern nicht auf die Mithilfe ihrer Nachbarn verlassen können und ständig hoch aufmerksam sein sollten. Darum sind sie sehr unruhig, erheben sich auch, wenn es noch gar nicht nötig wäre, und kehren nach Störungen erst spät zum Nest zurück. Die Eier erhalten auf diese Weise nicht die nötige ständige Erwärmung.

Eine Einzelheit müssen wir noch etwas genauer besprechen: die geringe Nestdistanz von nur einem Meter. Man könnte ja denken, daß gerade die große Nähe die Gefahr erhöht, indem die Auffälligkeit erhöht wird. Und das ist ja auch der Fall. Und nur weil durch die dichte Ballung auch die gemeinschaftliche Sicherung und Abwehr verbessert wird, wird der Nachteil aufgehoben.

Eine Bewertung des gesamten Abwehrsystems ist am leichtesten, wenn wir mit anderen Vögeln vergleichen, mit Arten, die andere Lösungen gefunden haben. Nehmen wir unsere Enten. Die größeren Arten sind etwa gleich groß wie die Möwen. Bei den Enten finden wir, daß die Bruten weit verstreut an versteckten Plätzen liegen. Also ganz anders als bei den Möwen. Daß dies möglich ist, hängt offensichtlich damit zusammen, daß das Entenweibchen eine Tarnfärbung besitzt und sich nicht von der Umgebung abhebt. Bezeichnend ist, daß der auffallend gefärbte Erpel nie in die Nähe des Nestes kommt. Die Ente brütet allein. Sie muß zum Fressen das Nest verlassen und deckt währenddessen die Eier mit Dunenfedern zu, so daß sie nicht stark abkühlen. Warum aber ist die Möwe nicht auch tarnfarben? Das ist die entscheidende Frage. Jede Eigenschaft eines Organismus muß sich im Alltag bewähren. Sonst wäre sie nicht entstanden und würde sich nicht erhalten. Wir kennen das Stichwort, das diesen Tatbestand am kürzesten ausdrückt: Selektion – Auswahl des an die Forderungen des Alltags Angepaßten, Ausmerzung des Nichtpassenden. Wir wollen diese Selektion hier voraussetzen. Ich sagte bereits, daß verschiedene Eigenschaften auch wissenschaftlich daraufhin getestet wurden, ob sie einer Selektion unterliegen. In diesen Fällen wurde das auch bestätigt.

Unsere Frage muß nun lauten: Was ist der Vorteil, den die weiße Färbung der Lachmöwe bietet? Ich benütze zur Antwort zuerst das Ergebnis von Versuchen, die an der Silbermöwe durchgeführt worden sind (Phillips 1962). Bei jener Art hat man in Experimenten nachgewiesen, daß die Weißfärbung der Unterseite eine Tarnung bedeutet – und zwar gegenüber den Fischen, die die Silbermöwe jagt. Die Silbermöwe ist ja ein Fischfresser. Fische können gegen den hellen Himmel einen unten weiß gefärbten Vogel aber viel schlechter erkennen als einen dunkel gefärbten. Damit scheint zusammenzuhängen, daß fast alle Fischjäger unter den Vögeln an der Unterseite weiß gefärbt sind: Pinguine, Möwen und Seeschwalben, Pelikane, Fischadler, Tauchenten; nicht aber Seeadler, Milan und Kormoran.

Nun ist aber gerade die Lachmöwe nur noch nebenbei ein Fischjäger. Ihre Hauptnahrung sind Insekten und Würmer. Also hätte sie doch ein Tarnkleid erwerben können. Warum tat sie es nicht? Wir wissen die Antwort nicht. Vielleicht hat die weiße Färbung eben noch einen anderen Vorteil. Wenn die Möwen einmal gesellig leben, was sowohl zur besseren Ausnützung lokalisierten Nahrungsangebotes als auch zur gemeinsamen Verteidigung vorteilhaft ist, so ist die weiße Färbung (von der Luft aus gesehen) ein gutes Mittel, sich auf große Distanz zu erkennen. Sie sichert also den Zusammenhalt zwischen den Möwen. Es kann durchaus sein, daß hier ein auch heute noch wirksamer Faktor liegt.

Unsere Antwort ist nicht endgültig. Dazu hätte man dabei sein sollen, während sich die heutige Situation entwickelte: das Brüten im Binnenland an geschützten Plätzen, der Wechsel in der Ernährung von Fisch auf Insekten, das Entstehen der vielseitigen Abwehreinrichtungen. Ist der Wechsel im Speisezettel erst vor kurzem erfolgt, dann kann er sich noch nicht ausgewirkt haben. Wir kennen ja auch nicht die Potenzen zur Veränderung, die das genetische System besitzt. Es kann ein Wechsel auch von der genetischen Struktur her schwierig sein.

Aus Kenntnis der aktuellen Lage müssen wir schließen: Die Weißfärbung besitzt vermutlich Vorteile für den sozialen Zusammenhalt und sicher Nachteile gegenüber Feinden. Zur Kompensation der Nachteile werden eine Reihe anderer Mittel eingesetzt, vor allem die gemeinschaftliche Verteidigung durch Zusammenrücken der Nester und Synchronisieren des Brütens.

Eine solche Argumentation, die Vor- und Nachteile gegeneinander aufwägt, ist noch bei anderen Komponenten der Feindabwehr möglich. Der Bau eines Nestes schützt vor Nässe, aber macht das Gelege auffälliger. Das Wegtragen der Eischalen verhindert, daß weiße Flecke das Nest verraten; aber während des Wegtragens bleibt das Nest unbewacht und die kleinen Küken werden einer großen Gefahr ausgesetzt. Diese Gefahr ist tatsächlich vorhanden: es kommt immer wieder vor, daß frisch geschlüpfte, noch nasse Küken von Lachmöwen aufgefressen werden. Aus alledem können wir eines lernen: Anpassungen scheinen kaum je vollkommen zu sein, häufig sind Merkmale gleichzeitig vor- und nachteilig gegenüber verschiedenen Außenfaktoren. Der gegenwärtige Zustand des Eigenschaftengefüges ist ein Kompromiß zwischen verschiedenen Anforderungen, die der Alltag an das Tier stellt. Die Selektion geht weiter. Die Evolution ist ein Geschehen, das nicht abgeschlossen ist, sondern in voller Dynamik weitergeht. Das sieht man gut, wenn die Außenumstände sich ändern. So scheint bei starkem Feinddruck die Synchronisation des Brütens besser als in Kolonien, die wegen ihrer besonders guten Lage besser geschützt sind. Bei Silbermöwen, die immer auf dem Trockenen brüten, ist die Nestdistanz viel größer als bei Lachmöwen, die normalerweise an geschützten Stellen brüten. Zudem scheint unter großem Feinddruck bei den Silbermöwen die Nestdistanz größer zu werden. Die Lachmöwe allerdings erhöht die Nestdistanz nicht, wenn sie auf dem Trockenen brütet. Es zeigt sich, daß dies bei ihr von Nachteil wäre, weil einzelne Paare, die dies versuchen, in größerer Gefahr sind und weniger Junge großziehen.

Unsere Hinweise auf die Methoden der Feindabwehr lehren uns nicht nur, wie komplex die Verhältnisse sind, sondern zeigen gerade mit dem zuletzt angestellten Vergleich der Nestdistanzen bei Silber- und Lachmöwen, daß verschiedene Arten ganz verschieden reagieren können. Eigentlich müßte man jede einzelne Art, Eigenschaft für Eigenschaft und Situation nach Situation, genau durchbeobachten. Es ist leicht einzusehen, wie wenig bisher von diesem riesenhaften Programm durchgeführt werden konnte. Die Lachmöwe ist schon eines der am besten erforschten Tiere. Aber wie weit sind wir noch von einem wirklich umfassenden Verständnis entfernt!

Man kann bezüglich der Möglichkeiten, die uns Forschern in der Aufklärung des Naturgeschehens gegeben sind, Pessimist oder Optimist sein. Pessimistisch werden Perfektionisten sein, die sich erst mit abgeschlossenen Analysen zufrieden geben würden. Sie werden nie ans Ziel gelangen. Optimisten aber sind dankbar für jede Einzelheit, die wir schon kennen. Sie weisen mit Recht darauf hin, daß wir durch genaue Beobachtung und Experiment schon manches als Tatsache erwiesen haben.

LITERATUR

BEER, C. G.: Incubation and nest-building behaviour of Black-headed Gulls. Behaviour, 18, 1961, 62–106; 19, 1962, 283–304; 21, 1963 a, 13–77; 21, 1963 b, 155–176; 26, 1966, 189–214

CREUTZ, G.: Ernährungsweise und Aktionsradius der Lachmöve (*Larus ridibundus* L.). Beitr. Vogelkunde, 9, 1963, 3–58

FRANCK, D.: Zum Drohverhalten der Lachmöwe (*Larus ridibundus*) außerhalb der Brutzeit. Die Vogelwarte, 20, 1959, 137–144

GOETHE, F.: Fuchs, *Vulpes vulpes* (Linné, 1758), reibt Schlafgesellschaft von etwa sechzig jugendlichen Silbermöwen (*Larus argentatus* Pontopp) auf. Säugetierkundl. Mitt., 4, 1956, 58–60

HELBIG, L., NEUMANN, J.: Beobachtungen an einem Schlafplatz von Lachmöwen (*Larus ridibundus*). Vogelwarte 22, 1964, 161–168

HUTSON, G. D.: Observations on the swoop and soar display of the Black-headed Gull, *Larus ridibundus*. Ibis, 119, 1977, 67–73

KIRKMAN, F. B.: Bird Behaviour. London, Edinburgh: Nelson 1937

KRUUK, H.: Predators and anti-predator behaviour of the Black-headed Gull (*Larus ridibundes* L.). Behaviour, Suppl. '11, 1964

MANLEY, G. H.: The swoop and soar performance of the Black-headed Gull, *Larus ridibundus* L. Ardea, 48, 1960 a, 37–51

The agonistic behaviour of the Black-headed Gull. Unveröffentlichte D. Phil. Thesis. Oxford University 1960 b

MASH, R. F.: Experiments on the function of Facing Away in Black-headed Gulls. Animal Behaviour, 14, 1966, 189

MOYNIHAN, M.: Some aspects of reproductive behavior in the Black-headed Gull (*Larus ridibundus ridibundus* L.) and related species. Behaviour, Suppl. 4, 1955

NOLL, H.: Brutvögel des Kaltbrunnerriedes, I: Die Lachmöwe (*Larus ridibundus* L.). St. Gall. Naturw. Ges., 53, 1913, 147–160

PATTERSON, I. J.: Timing and spacing of broods in the Black-headed Gull, *Larus ridibundus*. Ibis, 107, 1965, 433–459

PHILLIPS, G. C.: Survival value of the white colouration of gulls and other sea birds. D. Phil. Thesis, Oxford University 1962

STAMM, R. A.: Perspektiven zu einer Vergleichenden Ausdrucksforschung. In: Hb. Psychol., V: Ausdruckspsychologie. Göttingen: Hogrefe 1965 a

Motivationsanalyse im Verhaltensaspekt. Verh. Schweiz. Naturf. Ges. in Zürich 1964, 1965 b, 220–228

Zum Begattungsverhalten der Lachmöwe (*Larus ridibundus* Linnaeus, 1766). Verh. Dtsch. Zool. Ges. in Innsbruck 1968, 1969, 318–324

Ein Codon für »Bitte!« im Verständigungssystem der Lachmöwe (*Larus ridibundus* Linnaeus). Revue Suisse Zool., 81, 1974 a, 722–728

Formen und Aufgaben der Balz. In: K. Immelmann (Hg.): Verhaltensforschung. Zürich: Kindler 1974 b

TINBERGEN, N.: Einige Gedanken über »Beschwichtigungsgebärden«. Z. Tierpsych., 16, 1959 a, 651–665

Comparative studies of the behaviour of gulls (Laridae): a progress report. Behaviour, 15, 1959 b, 1–70

Kampf und Balz der Lachmöwe. J. Ornith., 101, 1960, 238–241

Adaptive features of the Black-headed Gull *Larus ridibundus* L. Proc. XIV Internat. Ornith. Congr., 1967, 43–59

TINBERGEN, N., BROEKHUYSEN, G. J., FEEKES, F., HOUGHTON, J. C. W., KRUUK, H., SZULC, E.: Egg shell removal by the Black-headed Gull, *Larus ridibundus* L.; a behaviour component of camouflage. Behaviour, 19, 1962, 74–117

TINBERGEN, N., IMPEKOVEN, M., FRANCK, D.: An experiment on spacing-out as a defence against predation. Behaviour, 28, 1967, 307–321

TINBERGEN, N., KRUUK, H., PAILLETTE, M., STAMM, R.: How do Black-headed Gulls distinguish between eggs and egg-shells? Brit. Birds, 55, 1962, 120–129

VOOUS, K. H.: Die Vogelwelt Europas und ihre Verbreitung. Hamburg, Berlin: Parey 1962

WEIDMANN, R.: The social behaviour of the Black-headed Gull with special reference to incubation and food-begging behaviour. Unveröffentl. D. Phil. Thesis. Oxford University 1956

YTREBERG, N.-J.: Contribution to the breeding biology of the Black-headed Gull (*Larus ridibundus* L.) in Norway. NYTT Magasin for Zoologi, 4, 1956, 5–106

DIE GRAUGANS

von Werner Schmidt

Die Graugans *Anser anser* L. ist eine der acht Arten der Gattung Anser. Mit ihrem aschbraunen, am Rücken und Bürzel aschgrauen Gefieder ist sie die bekannteste europäische Wildgans und zudem die größte: Das Gewicht ausgewachsener Graugänse liegt zwischen 2.000 und 4.850 g.

Ihr Brutareal erstreckt sich von Island quer über die nördlichen Teile Eurasiens bis zur Insel Sachalin nördlich Japans. Mit Ausnahme der schottischen Population sind die Graugänse Zugvögel. Mitte August bis September beginnen sie in wärmere Gegenden zu ziehen, im Februar oder März geht es dann wieder zurück in die Brutgebiete.

Den Brutbiotop der Graugänse bilden seichte Gewässer mit genügend Schutz: Flußniederungen, Deltas, Sümpfe, Seen, aber auch Inseln im Meer. Ihre Nahrung suchen die Graugänse auf Wiesen und Feldern, wo sie Gräser und Kräuter abweiden, seltener im Wasser durch Gründeln.

Graugänse sind gesellige Vögel. Die Paare mit den frischgeschlüpften Gösseln[1] suchen die Gesellschaft anderer Paare mit Jungen. So wachsen die kleinen Graugänse von Anfang an nicht nur mit Vater und Mutter, sondern auch im Kontakt mit weiteren Artgenossen auf.

In der Zeit der Jungenaufzucht, also von Anfang Mai bis Mitte August, schließen sich einjährige Gänse, unverpaarte Alttiere und Paare ohne Gössel zu »Nicht-Brüter-Scharen« zusammen.

Für den Zug in die Winterstandorte bilden die Graugänse große Herden, in denen die Familien Untereinheiten darstellen. Erst im Frühjahr, wenn die Graugänse ihr Brutgebiet wieder erreicht haben, verlassen die Junggänse ihre Eltern und beginnen mit der Partnersuche.

Die brutbereiten Gänse wählen einen Nistplatz, manchmal für sich allein, manchmal nahe bei anderen Gänsepaaren. Mit dem Schlupf der Gössel beginnt ein neues Gänsejahr.

Der Gänsetag unterteilt sich in mehrere Aktivitäts- und Ruheperioden. Im Frühjahr sieht das etwa folgendermaßen aus: Nachdem die Gänse rund eine halbe bis eine Stunde stehend oder sitzend geschlafen haben, machen sie sich auf und beginnen mit der Nahrungsaufnahme, dem Weideknabbern oder Gründeln in einem flachen Gewässer. »Triumphgeschrei« und »Winkelhals«, zwei wichtige soziale Verhaltensweisen, die im zweiten Teil dieses Beitrags erläutert werden, treten in dieser Phase oft auf. Sind die Gänse satt, so schwimmen sie umher und knabbern hier und dort an Gegenständen. Die Ganter (Gänsemännchen) schwimmen oft in »Koggenhaltung«[2] in der Nähe ihres Weibchens und beginnen mit dem Halseintauchen, dem Kopulationsvorspiel, worauf Kopulation und Kopulationsnachspiel folgen. Anschließend baden und putzen sich Ganter und Gans. Das Ende der Aktivitätsperiode kündigt sich an, wenn die Ruhehaltung immer häufiger das Putzen unterbricht. Schließlich schauen die Gänse ungefähr eine halbe bis zwei Minuten umher, stecken schließlich den Kopf unter einen Flügel und beginnen zu schlafen, bis nach einer bis eineinhalb Stunden eine neue Aktivitätsphase beginnt. Einen durchgehenden Nachtschlaf kennen Gänse nicht. Dieser Ablauf schält sich als Regel für den Beobachter heraus, der viele hundert Male Gänse in ihrem Tagesablauf beobachtet hat. Natürlich sind Abweichungen davon ziemlich häufig.

Während einer solchen Aktivitätsperiode stellt man also Verhaltenseinheiten fest, die immer wieder auftreten und relativ formkonstant sind. Die einzelnen Einheiten dienen unterschiedlichen Funktionen und wurden zum Teil im Hinblick auf diese Funktionen benannt. Die Beschreibung aller Verhaltenseinheiten ergibt das *Verhaltensinventar (Ethogramm)* der Graugans.

Da dieses viele Seiten füllt, folgt hier nur eine Auswahl von Verhaltensweisen, wobei dem überaus interessanten Sozialverhalten der Graugänse mehr Raum gegeben wird.

INDIVIDUALVERHALTEN

Bewegungen

Sitzen: Die Graugans liegt mit Brust und Bauch auf dem Boden. Bei kaltem Wetter birgt sie die Füße unter dem Bauchgefieder, bei wärmerem Wetter hängen manchmal ein oder beide Flügel seitlich herunter. Sitzend kann die Gans knabbern, fressen, sich putzen, schauen, ruhen, schlafen, drohen, grüßen und »Distanz rufen« – Verhaltensweisen, die wir im folgenden erläutern werden.

Laufen: Das allbekannte »Watscheln« der Gänse entsteht, weil die Tiere den Körperschwerpunkt bei jedem Schritt auf das Stützbein verlagern müssen, was durch Drehen des Körpers im Kniegelenk geschieht. Dabei verdreht die Gans den Körper nach links, wenn sie sich aufs rechte Bein stützt und umgekehrt. Während des Laufens können die Gänse drohen, weideknabbern, »Winkelhals« machen, um nur einige Verhaltensweisen zu erwähnen.

Neben dem Watscheln verfügt die Graugans noch über eine schnelle Laufart in zwei verschiedenen Abwandlungen, a) als »Anlauf« zum Wegflug (mit vorgestrecktem Kopf und ausgebreiteten Flügeln), b) beim Fliehen vor einem drohenden Rivalen (mit hocherhobenem Kopf und angelegten Flügeln).

Fliegen: Die Gänse fliegen mit kräftigen Flügelschlägen, beim Landen segeln sie auch manchmal, und es kommt sogar vor, daß sie sich dabei im Flug umdrehen: Während der Rücken nach unten weist, ist der Hals so verdreht, daß der Kopf seine normale Stellung behält. Die Fluggeschwindigkeit beträgt achtzig bis neunzig km pro Stunde. Von der Erde erheben sie sich leicht und fliegen bevorzugt gegen den Wind auf (Hudec, Rooth 1970). Beim Landen schlagen sie die nach vorne gedrehten Flügel nach unten und breiten den Schwanz aus.

Exploratives Knabbern: Die Gans beknabbert mit schnellen Schnabelbewegungen alle möglichen Gegenstände wie Holzstückchen, dicke Halme, herabhängende Schnüre usw., ohne dabei fest zuzubeißen und sie abzureißen.

Weideknabbern: Der Schnabel faßt Gras seitlich und rupft es durch Zurückziehen des Kopfes ab. Zwischen zwei Rupfbewegungen öffnet und schließt die Gans den Schnabel mehrere Male. Wenn sie nur kleine Grashalme oder Kleeblätter abrupft, packt sie mit der Schnabelspitze zu. Die Endhandlung des Weideknabberns ist das Schlucken.

Putzen: Die Graugänse verfügen über eine Reihe von Verhaltensweisen, die das Federkleid funktionsfähig und dicht halten. Sie wechseln einander während einer Putzphase ab. Mit dem Schnabel stochert die Gans im Gefieder, zieht langsam oder schnell die Federn durch den Schnabel, und beknabbert sie. Mit der Mittelzehe des Fußes kratzen sich die Graugänse am Kopf bzw. am Hals, mit abrollenden Bewegungen reiben sie den Kopf über das gesamte Gefieder, womit sie beim Baden Wasser und beim Putzen Fett verteilen.

Baden: Die Gans schwimmt zum Baden in der Regel auf eine größere Wasserfläche und zeigt dabei alle Putzverhaltensweisen. Darüber hinaus schöpft sie mit schnellen Rückwärtsbewegungen des Halses und Kopfes Wasser auf ihren Rücken, manchmal schlägt sie dabei noch mit den Flügeln, die im Arm- und Handgelenk angewinkelt bleiben. Intensiv badende Gänse kippen unter Umständen nach vorne über, oder sie beginnen plötzlich, mit ausgebreiteten Flügeln schlagend über die Wasseroberfläche zu laufen und tauchen unversehens weg.

Sichern: Das Sichern tritt in fünf verschiedenen Formen auf. Es gibt kurzes Sichern, Dauersichern, Nestsichern, Imponiersichern und Luftsichern. Bei allen Formen außer dem kurzen Sichern, nimmt die Gans ihren Kopf hoch, beim Imponiersichern wird sogar noch die Schnabelspitze leicht nach aufwärts getragen. Beim Luftsichern legt die Graugans den Kopf zur Seite und fixiert mit dem nach oben gerichteten Auge das Aufmerksamkeit erregende Objekt am Himmel.

Laute

Die Gössel verfügen über vier Lautarten: 1. den Weinlaut, das »Pfeifen des Verlassenseins« (Lorenz 1935), einen hohen, lauten, scharfen, einsilbigen Laut, den Gössel bei störenden Einflüssen (Kälte, Schreck) ausstoßen, sowie wenn sie ihre Eltern verloren haben; 2. den Jammerlaut (Fischer 1969), einen langgezogenen, fibrierenden Ruf; 3. den Schlaflaut (Heinroth 1911, Fischer 1965), einen weichen, leisen Trillerlaut; 4. den Wi-Laut, einen zwei- bis mehrsilbigen Laut mit wechselnder Lautstärke, wobei das Gössel den Hals vorstreckt, wenn es Familienangehörige begrüßt. Den Wi-Laut ohne Halsvorstrecken benutzen die Gössel als Stimmfühlungslaut, der den Gruppenmitgliedern anzeigt, daß das Gössel in der Nähe ist und keine Störung oder Gefahr es beunruhigt. Stimmfühlungslaute werden in entspannten, sozialen Situationen, z. B. beim gemeinsamen Weideknabbern 10–130 Laute pro Minute, geäußert.

Ausgewachsene Gänse haben andere und mehr Laute als die Jungtiere, so den Distanzlaut (Fischer 1965), einen hohen, sehr lauten, meist zwei- bis dreisilbigen Schrei, den jede Gans in der für sie charakteristischen Weise äußert. Der Fortgehlaut ist ein modifizierter Stimmfühlungslaut; der Auffliegelaut besteht aus einer langen Serie von scharfen, kurzen Einzellauten. Der Warnlaut ist ein kurzer, abgehackter und hoher einsilbiger Laut. Das Schnattern, eine schnelle Folge von kurzen Lauten, löst in der Ontogenese den Wi-Laut mit Halsvorstrecken ab. Den Verhaltensablauf des Triumphgeschreis begleiten zwei Lautkomponenten: Lautes, langgezogenes und obertonreiches Geschrei, das Rollen, und darauf folgend das Schnattern.

Auf dem Nest gestörte Weibchen stoßen das Nestgeschrei aus, in dem neben Stimmfühlungs- und Fortgehlauten vor allem Distanz- und Warnlaute vorkommen.

INTRASPEZIFISCHES KAMPFVERHALTEN

Drohen, Beißen und Flügelbugkampf sind Kampfverhaltensweisen. Drohen und Beißen tritt bei Gantern und Gänseweibchen auf, Flügelbugkampf fast nur bei Gantern, bei Weibchen höchstens andeutungsweise.

Eine drohende Gans streckt ihren Hals zum Gegner hin. Je nach dem betreffenden Rangordnungsverhältnis zwischen zwei Graugänsen und je nach augenblicklicher Situation drohen sie mit unterschiedlich gekrümmtem Hals. Auf Drohen kann Beißen folgen, bei Gantern auch der Flügelbugkampf: die Gegner beißen einander seitlich in den Hals oder den Flügelansatz und schlagen mit den Flügelbugen heftig aufeinander ein, wobei sie sich, Brust gegen Brust, aneinander aufrichten. Hinter den Schlägen steckt eine unglaubliche Kraft. Selbst ein leichter Flügelbugschlag gegen das Bein erscheint dem Menschen wie ein ungebremster Stockhieb.

Demutsverhalten und defensives Verhalten: Richtet eine überlegene Gans ihr Droh- oder Beißverhalten gegen Weibchen oder Jungtiere, so gibt es manchmal Situationen, in denen diese nicht fliehen oder nicht fliehen können, weil die beißende Gans sie festhält oder die angegriffene Gans brütet oder kleine Junge hat, die der Mutter nicht schnell genug folgen: Die angegriffene Gans streckt dann den Hals vor, ähnlich wie eine drohende Gans, nur biegt sie ihn gleichzeitig zur Seite, vom Angreifer weg. Eine Gans, die auf dem Nest attakkiert wird, legt den Kopf seitlich nach vorne auf den Nestrand. Ein Weibchen stellte sich schlafend, solange der Angreifer vor dem Nistkasten stand.

Oft – jedoch nicht immer – dämpfen diese Bewegungsweisen die Angriffsintensität des Stärkeren.

BINDUNGSVERHALTEN

Das Triumphgeschrei und der ihm zugrunde liegende Bindungstrieb ist von ausschlaggebender Bedeutung für das Gesellschaftsleben der Graugänse (Fischer 1965), Heinroth hat es für Graugänse als erster beschrieben: »Ein Gänsepaar mit Jungen oder ohne Junge kommt in die Nähe eines fremden Artgenossen, der Gansert rennt oder schwimmt mit vorgestrecktem Hals auf den fremden Vogel los, und dieser nimmt dann gewöhnlich Reißaus. Sofort kehrt sich der Angreifer um, eilt schleunigst zu seiner Gattin zurück, und nun stoßen beide ein lautes Triumphgeschrei aus: ein Schmettern, dem ein leiseres Schnattern – etwa durch ein nasales, fortlaufendes ›gangganggang‹ wiederzugeben – folgt. Die Tiere sehen dabei aus, als wollten sie jeden Augenblick übereinander herfallen und schreien sich ihre Rufe gewöhnlich direkt in die Ohren, immer den Hals dabei vorgestreckt und den Kopf nur wenig über den Erdboden haltend. In dieses Triumphgeschrei stimmen bereits die kleinen Dunenjungen mit ein, sie nehmen dabei schon ganz die Haltung der Alten ein« (Heinroth 1911, 617).

Bei allen Gänsepaaren, also nicht nur bei solchen, die Junge führen, können wir das Triumpfgeschrei in dieser Form beobachten. Es gewährleistet den Zusammenhalt der Paarpartner und ist damit ein wesentlicher Faktor der Sozialstruktur.

Gruppenrollen ist eine interessante, kaum untersuchte Verhaltensweise von Gänsen in der Gruppe: Die feindlichen Gruppen stehen einander gegenüber und stoßen mit vorgestrecktem oder hoch aufgerichtetem Hals Rollen aus, dazwischen treten immer wieder Distanz- und Warnlaute sowie lange Passagen von Stimmfühlungs- und Fortgehlauten auf. Gruppenrollen klingt meist mit gepreßtem Schnattern aus.

SEXUALVERHALTEN

Paarung

Vom Herbst bis zum Frühjahr kommt es zu Kopulationen zwischen Paarpartnern, aber auch zwischen ledigen Graugänsen, vereinzelt auch zu außerehelichen Kopulationen verpaarter Graugänse. Die Kopulation wird eingeleitet durch das Halseintauchen, welches der Ganter in »Koggenhaltung« ausführt; bei der weiblichen Graugans ist die Koggenhaltung beim Halseintauchen weit weniger ausgeprägt. Dann macht sich die Gans flach, indem sie die Flügel etwas seitlich vom Körper abstellt und den Hals vorstreckt. Der Ganter fährt mit seinem Schnabel in das Rückengefieder des Gänseweibchens, nahe dem Hals. Während er sie besteigt, beißt er sich in ihrem Nackengefieder fest. Damit das Weibchen durch sein Aufsteigen nicht weggedrückt wird, rudert sie seitlich auf ihn zu. Beim Kopulieren selbst drückt der Ganter seinen Schwanz mehrere Male hintereinander unter den seitlich aufgestellten Schwanz des Gänseweibchens, bis er sich beim geglückten Einführen des Penis mit der Brust aufbäumt und von der Gans heruntersinkt. Die Kopulation der Gänse wird in der Umgangssprache als »Treten« bezeichnet. Im Anschluß an die Kopulation zeigt der Ganter ein Kopulationsnachspiel, wobei er den Hals und Kopf nach oben reckt, die Flügel anhebt und laut schreit. Beim Gänseweibchen ist diese Verhaltensweise – wenn sie überhaupt auf die Kopulation folgt – viel weniger intensiv.

Verhalten am Nest

Im März bzw. April beginnen verpaarte Graugansweibchen mit dem Bau eines Nestes und dem Eierlegen auf Halbinseln und Inseln, oder im Schilfbestand eines Teich- oder Seeufers. Zum Nestbau holen sie sich mit weit vorgestrecktem Hals Nistmaterial heran und bauen es zu einem Nestwall auf.

Rollt einmal ein Ei aus der Nestmulde heraus, steht die Gans im Nest auf, faßt mit ihrem Unterschnabel über das Ei hinweg und zieht den Kopf zum Körper hin, wodurch das Ei an sie heran und in die Nestmulde zurückrollt. Lorenz u. Tinbergen (1939) konnten nachweisen, daß diese »Eirollbewegung« aus einer Instinktbewegung und einer Taxis (Orientierungsbewegung) besteht: Das Einkrümmen des Halses läuft endogen gesteuert ab, während die Gans das Ei balanciert, indem sie auf die Bewegungsreize, die vom Ei ausgehen, reagiert. Die brütende Gans steht von Zeit zu Zeit im Nest auf und rollt mit dem gleichen Bewegungsablauf wie beim Ei-Einrollen die Eier im Nest herum.

Bevor die Gans ihr Nest verläßt, zieht sie mit dem Schnabel Nistmaterial über die Eier.

Nähert sich ein artfremdes, größeres Tier dem Nest, legt das Graugansweibchen den Kopf seitlich nach unten, wodurch es die Kopfoberseite, die nicht so leicht zu entdecken ist wie die Augen, dem Freßfeind zuwendet.

Störenfriede, vor denen sich die brütende Gans nicht genug fürchtet, um zu fliehen, zischt sie mit halb geöffnetem Schnabel an. Der Ganter verteidigt Nest und Weibchen mit drohendem Anzischen, Beißen und Flügelbugschlägen.

SOZIALLEBEN

Im Gemeinschaftsleben der Graugänse spielen eine ganze Reihe von Verhaltenssystemen eine Rolle, die in dieser Komplexität nur bei wenigen Tierarten anzutreffen sind.

Die im April oder Mai schlüpfenden Gössel werden in einen komplizierten Sozialverband aufgenommen. Mutter und Vater kümmern sich um die Aufzucht der Kleinen. Da das rechtzeitige Entdecken von Freßfeinden zu dieser Jahreszeit von entscheidender Bedeutung ist, sichert der Ganter viel mehr als zu anderen Zeiten des Jahres.

Die Gänsefamilien bilden zusammen eine Schar, deren Mitglieder einander persönlich kennen. Treffen zwei Familien mit kleinen Gösseln aufeinander, so beginnen die Ganter mit Imponierverhalten oder greifen an, wie es oben bereits beschrieben wurde.

S. Kalas (1970) zeigte, daß sich auch bereits in einer Gösselschar, im Gegensatz zu früheren Annahmen, eine Rangordnung etabliert. Dies geschieht schon in den ersten Lebenstagen, in dem Augenblick, in dem bei den Gösseln die Fähigkeit zum persönlichen Kennen reift. Vor allem aus Situationen heraus, in denen die Gössel Wi-Laute mit Halsvorstrecken aufeinander richten, entspinnen sich regelrechte Kämpfe. Die Gössel verbeißen sich gegenseitig an der Brust und schlagen mit den Flügeln »aufeinander ein«. Da jedoch bei Gösseln im Alter von wenigen Tagen die Flügel nur kleine Stummel sind, ist dieses Flügelschlagen, das bei alten Gänsen so wirksam ist, bei Gösseln natürlich ohne jede Wirkung. Sie erreichen mit den Flügeln ja gar nicht den Körper des Gegners. Hier ist die Verhaltensweise früher ausgebildet, als das zugehörige Organ. Ein weiteres Beispiel: Man kann bereits bei wenige Tage alten Gänseküken die Kopulationsbewegung auslösen, zu einem Zeitpunkt also, wo der Penis nur als winziges Organ vorhanden ist.

In der Regel genügt schon ein einziger Kampf, um die Rangordnung in einer Gösselschar festzulegen. Manchmal jedoch bildet sich die Rangordnung auch ohne Kampf, nur als Folge von Beißintention und Drohen. Steht die Rangordnung zwischen Gösseln erst einmal fest, so bleiben die aggressiven Verhaltensweisen in der Schar weitgehend aus. Nur noch an der Art und Weise des Grüßens – ob »offensiv« auf den Partner zu, d. h. der Grüßende ist ranghöher, oder vom Partner weggerichtet, d. h. der Grüßende ist rangniedriger – ist die Rangordnung feststellbar.

Erst wenn man die Ontogenese einer Gösselschar verfolgt – und dazu gehört 24stündige Dauerbeobachtung während der ersten Lebenstage (!) – und wenn man genau genug beobachtet, wie ein Gänschen grüßt und nicht nur, ob es grüßt, kann man eine Rangordnung in der Schar nachweisen.

Erstaunlich schnell – innerhalb von acht Wochen – wird aus dem kleinen graugrünen Daunenball ein eleganter, großer, grauer Vogel, der sich mit imposanten Flügelschlägen in die Luft erhebt. Aber er bleibt im Familienverband bis ins darauffolgende Frühjahr. Erst mit dem Beginn der neuen Balzsaison trennen sich Kinder und Eltern. Einsam in »Duckmäuserhaltung« laufen die Kinder dann in der Schar umher. Die jungen Ganter nähern sich immer wieder mit Winkelhals, d. h. stark gekrümmtem Hals, und zaghaften Schnatteranträgen anderen alleinstehenden Gänsen. Wenn diese daraufhin weder angreifen noch ausweichen, ändert sich das Verhalten des jungen Ganters in auffälliger Weise. Er läuft mit hocherhobenem Kopf und herausgedrückter Brust nahe bei dieser Gans und greift alle möglichen übrigen Gänse an. Ob dies nun mit Sieg oder Niederlage endet, jedesmal rennt er mit Triumphgeschrei zu seiner Gans zurück. Antwortet diese mit Schnattern, so ist die Paarbildung abgeschlossen. In dieser Phase seines Lebens neigt der Ganter dazu, sich mit allen Gänsen anzulegen und erwirbt dadurch seinen Platz in der Rangordnung der Schar.

Wenn ihnen kein Unglück zustößt, d. h. keiner der beiden Paarpartner von einem Fuchs gefressen wird, keiner sich verfliegt, keiner an Parasiten eingeht usw., dann dauert die so geschlossene *Ehe* ein ganzes Gänseleben, nämlich bis zu fünfzig Jahre, und ist auch sexuell monogam. Dies ist als Regel anzusehen, von der es natürlich alle möglichen Ausnahmen gibt, wie schon erwähnt wurde.

Am Futterplatz habe ich gemessen, welche Entfernungen die Partner eines Graugansspaares zueinander einhalten (Schmidt 1975). Die durchschnittliche Entfernung ergibt für jedes Grauganspaar einen charakteristischen Wert. Zwei Gänse stimmen ihr Putz- und Freßverhalten um so besser aufeinander ab, je geringer ihr durchschnittlicher Abstand am Futterplatz ist. Die Bindungsstärke bewirkt also die durchschnittliche Entfernung zwischen den Paarpartnern *und* sie bewirkt auch, wie weitgehend sie ihr Verhalten synchronisieren.

Während einer Aktivitätsperiode wirken auf die einzelnen Gänse unterschiedliche Reize ein, und außerdem ist ihre Antriebslage sicherlich nicht stets synchron. Was bewirkt also, daß Paarpartner nicht auseinander streben? Es sind vor allem die Ganter, die ihrer Partnerin immer wieder nachlaufen, wenn sie sich entschließt, den Ort zu wechseln. Die Gänseweibchen folgen ihren Gantern viel seltener. Beim Auszählen von Verhaltensweisen bzw. Entfernungsmessungen käme man so leicht zu dem Schluß, daß bei Grauganspaaren allein die Ganter die Bindung aufrechterhalten. Diese Auffassung könnte durch die Beobachtung altverpaarter Grauganswelbchen bestärkt werden, die auf das feurige Triumphgeschrei ihres Ganters überhaupt nicht mehr antworten, sondern einfach in ihrer Beschäftigung fortfahren; sie fressen oder schauen oder putzen sich usw., wenn er mit lautem Rollen und intensivem Schnattern auf sie zueilt.

Besondere soziale Situationen zeigen jedoch ein anderes Bild. Man kann diese Situationen im Experiment herbeiführen, aber sie ereignen sich bereits in einer Schar von zwanzig Gänsen immer wieder, so daß man sie durchaus häufig genug registrieren kann, wenn man nur ausdauernd genug beobachtet:

1. Verschwindet ein Partner eines Gänsepaares, so ruft ihn der Übriggebliebene – auch wenn es das Weibchen ist – mit lauten Distanzrufen und sucht immer wieder an den Orten, wo sie sich häufig gemeinsam aufgehalten haben. Bleibt dies erfolglos, so wird die vereinsamte Gans meist ausgesprochen teilnahmslos, sinkt tief in der Rangordnung der Schar ab, und es dauert oft Jahre, bis sie sich wieder verpaart.

2. Manchmal kommt es vor, daß ein Gänseweibchen von zwei Gantern umworben wird. In einem Fall, den ich gerade eingehend studiere, gilt ihr Interesse dem Schwächeren der beiden Ganter. Ihm läuft sie regelrecht hinterher, wenn er vor seinem stärkeren Rivalen das Feld räumen muß.

3. In einer großen Gänsepopulation balzen Ganter manchmal auch verpaarte Gänseweibchen an, und manchmal reagieren diese darauf positiv, indem sie von ihrem bisherigen Ganter weg zu dem Werbenden hinstreben, um mit ihm eine neue Bindung einzugehen. Der verschmähte Ganter versucht immer wieder, sein Weibchen vom Rivalen wegzudrängen. Er grüßt sie sehr viel häufiger als es ein Ganter eines ungestörten Gänsepaares gegenüber seinem Weibchen tut. Zwischendurch läuft er immer wieder auf den Fremden zu, vertreibt ihn und kehrt schleunigst zu seinem Weibchen zurück.

Zwischen Gänsen einer Schar herrscht in dem Sinne »Freundschaft«, daß sie häufig gemeinsam das Gleiche tun, daß sie zusammen fremde Gänse attackieren und daß kaum Aggression zwischen ihnen vorkommt. Die ausgewachsenen Gänse einer Schar bilden eine Rangordnung, und diese Rangordnung dient ebenso wie die Rangordnung innerhalb einer Geschwistergruppe von Gösseln dazu, die Aggression innerhalb der Schar so niedrig wie möglich zu halten. Gerade ihr Rangordnungsverhalten zeigt, wie hoch das Sozialverhalten der Graugänse evoluiert ist. Nur von einigen wenigen, als sehr klug anerkannten Tierarten, nämlich von Primaten (s. auch die Beiträge über Mantelpaviane und Schimpansen in diesem Band) und Elefanten, kennen wir ähnlich komplexe Rangordnungsverhältnisse wie bei Graugänsen: Es kommt nicht selten vor, daß sich ein schwächerer Ganter gegen einen stärkeren mit Hilfe eines zweiten Artgenossen durchsetzt. Ist dieser Artgenosse in der Nähe, so vertreibt der Schwächere den Stärkeren, und dieser weicht auch ohne Widerstand aus. Treffen die beiden Rivalen alleine zusammen, so weicht der schwächere Ganter aus.

Auch weibliche Graugänse setzen andere Artgenossen für die eigenen Zwecke ein. Die Gans läuft mit Erregungsrufen auf den stärkeren Artgenossen zu, der vertrieben werden soll, den sie selbst aber nicht zu vertreiben wagt. Daraufhin »rafft« sich dann ihr Ganter auf und vertreibt den Störenfried.

Die Analogien zum Sozialverhalten des Menschen[3], die von Heinroth (1911) und Lorenz (1963) bei der Graugans gefunden wurden, machen sie zu einem wertvollen Objekt der vergleichenden Verhaltensforschung.

ANMERKUNGEN

1

»Gössel« wird die Junggans während des Zeitraums vom Schlüpfen bis zum Alter von zwei Monaten genannt.

2

Koggenhaltung: Der Ganter taucht die Brust etwas tiefer als bei normaler Schwimmhaltung ins Wasser, während der Hinterkörper weit aus dem Wasser herausragt. Die Flügel hebt er an und krümmt den Hals nach vorne.

3

Vgl. auch den Beitrag von W. Schmidt über das Sozialverhalten des Menschen in diesem Band.

LITERATUR

FISCHER, H.: Das Triumpfgeschrei der Graugans. Z. f. Tierpsychologie, 22, 1965, 247–304

HEINROTH, O.: Beiträge zur Biologie, namentlich Ethologie und Psychologie der Anatiden. In: H. Schalow (Ed.): Verhandlungen des 5. Internationalen Ornithologenkongresses in Berlin 1910. Berlin, Dtsch. Ornithol. Ges., 1911, 598–702

HUDEC, K., ROOTH, J.: Die Graugans. Die neue Brehm-Bücherei 429. Wittenberg, Lutherstadt: A. Ziemsen Verlag 1970

KALAS, S.: Ontogenie und Funktion der Rangordnung innerhalb der Geschwisterschar bei Graugänsen (*Anser a.* L.). Z. f. Tierpsychologie, 45, 1977, 174–198

LORENZ, K.: Der Kumpan in der Umwelt des Vogels. J. Ornithol., 83, 1935, 137–213; 289–413

Das sogenannte Böse. Wien: Borotha-Schoeler 1963

LORENZ, K., TINBERGEN, N.: Taxis und Instinkthandlung in der Eirollbewegung der Graugans. Z. f. Tierpsychologie, 2, 1939, 1–29

SCHMIDT, W.: Qualitative und quantitative Untersuchungen am Verhalten von Haus- und Graugänsen. Diss. Univers. Düsseldorf 1975

RATTEN

von S. Anthony Barnett

»Ratten« heißen die Arten der Eigentlichen Ratten (Gattung *Rattus*) und einiger anderer Gattungen der Familie der Langschwanzmäuse (Muridae). Es gibt zweihundert Arten; aber fast unser ganzes Wissen vom Verhalten von Ratten bezieht sich auf die Wanderratte (*Rattus norvegicus;* s. Abb. 1). Sofern nicht andere Arten genannt werden, schildert unser Bericht das Verhalten der Wanderratte.

FRESSVERHALTEN

Ratten sind omnivor: sie können bei ganz unterschiedlicher Ernährung gedeihen und sich fortpflanzen. Nagetiere sind primär Pflanzenfresser, spezialisiert auf das Benagen harter Nahrung, etwa von Samen. Aber Ratten sind auch Räuber: sie fangen und fressen Mäuse, Vögel und sogar Fische. Ratten regeln ihre Nahrungsaufnahme so, daß sie zeitlebens (wenn auch immer langsamer) wachsen. Sie passen Häufigkeit und Umfang ihrer Mahlzeiten ihren Bedürfnissen an. Sie fressen hauptsächlich nachts, in Abständen von einigen Stunden. Experimentell kann man eine Ratte eine Zeitlang dazu zwingen, sich zu überfressen und dadurch sehr fettleibig zu werden. Hört der Zwang auf, frißt sie solange nur wenig, bis sie wieder das normale Körpergewicht erreicht hat. Ähnlich wird nach einer Zeit des Hungerns der Gewichtsverlust wieder wettgemacht. In kalter Umgebung, wenn außergewöhnlich viel Körperwärme erzeugt werden muß, frißt die Ratte mehr als in warmer Umgebung und paßt sich damit dem erhöhten Energiebedarf an.

Ratten horten manchmal Futter. Die Indische Maulwurfsratte (*Bandicota bengalensis*) legt in ihrem Bau oft große Reisvorräte an. Dieses Verhalten variiert jedoch stark, selbst innerhalb einer einzigen Art.

Die Nahrungswahl und -menge richtet sich nicht nur nach dem Energiegehalt, sondern auch nach dem Wassergehalt, den besonderen physiologischen Wirkungen und dem Geschmack der Nahrung. Wasser oder nasses Futter ist lebenswichtig; wildlebende Ratten sind am zahlreichsten, wo es reichlich Wasser gibt. Andere physiologische Wirkungen der Nahrung können günstig oder ungünstig sein. Ein Allesfresser wie die Ratte ist dann begünstigt, wenn er unter der in der Umgebung vorhandenen Nahrung die mit dem höchsten Nährwert aussucht. Wenn man einer Ratte zuwenig Thiamin (Vitamin B_1) verabreicht und sie dann zwischen thiaminreicher und thiaminarmer Kost wählen läßt, lernt sie bald, sich für erstere zu entscheiden. Man kann sie beim Lernen unterstützen, indem man den beiden Futtersorten eine unterschiedliche Geschmacksrichtung gibt. Genauso ziehen Ratten bei Kochsalzmangel salzhaltiges Futter (und Wasser) einer salzlosen Kost vor.

Diese Auswahl findet nicht bei allen Nährstoffen statt. Ratten, die an Protein- oder Aminosäurenmangel litten, waren in den meisten Experimenten nicht imstande, sich das passende Futter auszusuchen; allerdings haben kürzlich Versuche eine gewisse Fähigkeit dazu nachgewiesen. Es gibt keinen Beweis dafür, daß Ratten Futter auswählen können, das Vitamin A oder D enthält, wie groß auch immer ihr Bedarf ist. Diese fettlöslichen Vitamine wirken nach der Einnahme langsamer als die wasserlöslichen Vitamine B_1 und C. Zweifelsohne hängt die Wahl einer günstigen Nahrung von der Assoziation des Futters mit seiner physiologischen Wirkung ab.

Ratten können auch lernen, schädliches Futter abzulehnen. Wenn wildlebenden Ratten ein neuartiges Futter zugänglich gemacht wird, können sie es zuerst ganz meiden (Neophobie); später nehmen sie es in kleinen Mengen. Enthält das Futter einen Giftstoff, so führt er wegen der geringen aufgenommenen Menge nur zu einer Erkrankung. Die Ratte frißt

Abb. 1 Zwei Männchen der Wanderratte (*Rattus norvegicus*) während einer Auseinandersetzung (Foto: W. E. Hocking).

einige Zeit lang nicht mehr; nachdem sie sich erholt hat und wieder frißt, verweigert sie die Mischung, die das Gift enthielt, und wählt statt dessen anderes Futter.

Mit solchen erworbenen Aversionen schützen sich die Ratten vor unseren Versuchen, sie zu vergiften. Man kann diese Schwierigkeit allerdings überwinden. Eine Methode besteht darin, drei bis vier Nächte lang kleine Mengen unvergifteten Futters in den Bau oder auf die Wechsel der Ratten zu legen. Dabei überwinden die Ratten ihre ursprüngliche Zurückhaltung. Wird nun dem Futter Gift beigemischt, wird es von den Ratten in großen Mengen eingenommen und tötet sie. Eine andere Methode ist es, Gifte zu verwenden, die sehr langsam wirken und keine Aversion erzeugen. Zur Zeit sind die wichtigsten die Antikoagulantien; sie sammeln sich im Körper allmählich an und verhindern die Blutgerinnung; schließlich sterben die Ratten an inneren Blutungen. Leider werden aber Rattenpopulationen, die lange Antikoagulantien ausgesetzt gewesen sind, resistent, indem Genotypen selektioniert werden, bei denen die Antikoagulantien keine Wirkung zeigen.

Diese Ergebnisse veranschaulichen zwei Aspekte der Anpassungsfähigkeit. Die Entstehung einer Aversion ist das Ergebnis einer *individuellen*, physiologischen Anpassung, eine *Änderung des Verhaltens* aufgrund einer besonderen Erfahrung. Die Widerstandsfähigkeit gegen Antikoagulantien beruht auf *erblich* bestimmten Unterschieden in der Reaktion auf diese Stoffe. Diese Unterschiede befähigen die Populationen, sich an Veränderungen ihrer Umwelt genetisch anzupassen.

Ein weiteres Beispiel für den Einfluß der Umgebung auf die Futterwahl ist sozial bedingt. Wenn junge Ratten erstmals ihr Nest verlassen, neigen sie dazu, anderen Ratten zu folgen. Was die alten Ratten fressen, fressen die jungen auch. Dieses Verhalten bringt junge Ratten zumindest zeitweise dazu, das Futter vorzuziehen, das andere zu sich nehmen.

ERKUNDUNGSVERHALTEN

Wenn eine wilde oder zahme Ratte in eine ihr fremde Umgebung versetzt wird, schnuppert sie überall herum. Dies geschieht auch, wenn ein Hindernis entfernt wird, so daß sie ein neues Gebiet betreten kann. Dieses Erkunden ist ein wichtiges Verhaltensmerkmal aller Rattenarten, wahrscheinlich sogar aller Säugetiere. Ratten erkunden auch ihren vertrauten Wohnraum dauernd (»Patrouillieren«).

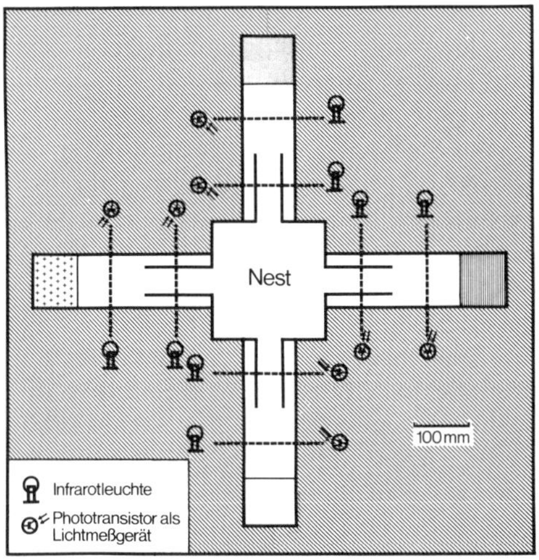

Abb. 2 Das Kreuzlabyrinth, eine kombinierte Wohn- und Versuchsanlage, in der das Erkundungs- und Freßverhalten kontinuierlich über viele Tage aufgezeichnet werden kann. Vom zentralen Nestkasten aus kann das Versuchstier jeden der vier Arme betreten, an deren Ende Futter, Wasser oder keine Belohnung zu finden sind. Die Infrarot-Lichtschranken dienen der Registrierung von Anzahl und Dauer der Aufenthalte in jedem Arm.

Dieses Verhalten kann von den Bewegungen unterschieden werden, die von einem Bedürfnis (z. B. nach Futter) veranlaßt werden. Nach einer Zeit des Hungerns wird eine Ratte aktiv; aber dann läuft sie gewöhnlich direkt zu einem Platz, wo sie früher Futter gefunden hatte. Findet sie dort kein Futter, dann sucht sie einen weiteren Umkreis ab. Sobald sie Futter entdeckt hat, hält sie an und frißt. Das Erkunden und Patrouillieren erfolgt jedoch auch, wenn kein Bedürfnis zu befriedigen ist. Eine Versuchssituation zur Untersuchung dieser Zusammenhänge ist das Kreuzlabyrinth (Abb. 2), in dem man die Ratte während längerer Zeit halten kann.

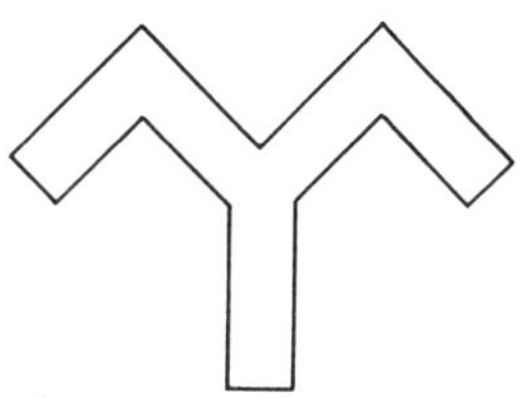

Abb. 3 Ein einfaches Labyrinth mit nur einem Entscheidungspunkt. Jeder Arm ist etwa 30 cm lang (aus: Barnett 1975).

Ein Sonderfall von Erkundungsverhalten kann in einem »Labyrinth« beobachtet werden, in dem es nur einen Entscheidungspunkt gibt (Abb. 3). Wird eine domestizierte Ratte an den Startplatz gesetzt, läuft sie gewöhnlich sofort zur Verzweigung und wendet sich dort nach links oder nach rechts. Wird sie dann an den Startpunkt zurückgesetzt, wählt sie beim zweiten Lauf in der Regel die andere Seite als beim erstenmal. Dieser »spontane Wechsel« ist ein Beispiel für die Neigung, die neue bzw. weniger vertraute Situation aufzusuchen.

Das Umherstreifen eines satten Tieres scheint auf den ersten Blick funktionslos zu sein; in Wirklichkeit verschafft sich das Tier aber dadurch Informationen, die es später verwenden kann. Laborratten, die man ohne besonderen Anreiz oder Belohnung in einem Labyrinth umherlaufen ließ, kann man später schneller dressieren, das Labyrinth auf der Futtersuche zu durchlaufen, als Kontrolltiere ohne diese Erfahrung. Man hat die unsichtbare Veränderung, die während des Erkundens vor sich geht, »latentes Lernen« oder »Erkundungslernen« genannt. Es scheint dabei im Gehirn unbemerkt Information gespeichert worden zu sein, die nach Bedarf abrufbar ist. Diese Art des Lernens ist für wildlebende Ratten bestimmt wichtig: In einer vertrauten Umgebung kann eine Ratte Raubfeinden wie Greifvögeln oder Raubtieren leicht entkommen, weil sie schnell einen Unterschlupf findet; in fremder Umgebung ist sie ständig in Gefahr. Und was noch wichtiger ist: Wenn die Ratte eine neue Futterquelle entdeckt, so erinnert sie sich daran und sucht sie später wieder auf.

Eine Ratte patrouilliert auch unter konstanten Bedingungen regelmäßig durch ihr Wohngebiet; zusätzliches Erkunden wird durch Änderungen der Umgebung angeregt. Auf ein unbekanntes Objekt an einem den Ratten vertrauten Platz reagieren Laborratten durch Annäherung und Untersuchung. Um dieses Verhalten zu analysieren, muß man ein verläßliches Maß für »Aktivität« haben: dies kann die in einer Zeiteinheit zurückgelegte Distanz sein, die Anzahl der Quadrate, die auf einer gerasterten Fläche betreten werden, die Anzahl der Umdrehungen eines Laufrades oder die Schwankungen eines gefedert aufgestellten Käfigs. Die jeweilige Methode kann die Art der erzielten Ergebnisse beeinflussen. Ein im Käfig gehaltenes Tier legt größere Strecken zurück, wenn es Zugang zu einem Laufrad besitzt, als in einem gewöhnlichen Käfig.

Im allgemeinen suchen satte Laborratten aktiv nach Neuem; sie nähern sich, beschnuppern und prüfen nicht nur neue Objekte, sondern bevorzugen einen weiten Raum mit verschiedenartigen Objekten gegenüber einem engen, an Gegenständen armen Raum. Vermenschlichend würde man sagen, Ratten zeigen »Neugierde«; man nennt sie darum neophil.

Wenn wildlebende Ratten sich wie Laborratten verhalten würden, könnte man sie leicht töten; in Wirklichkeit ist es jedoch schwierig, sie zu fangen oder zu vergiften. In einer gleichbleibenden Umgebung benützen wildlebende Ratten jede Nacht die gleichen Wechsel zur Futtersuche. Wird ein fremder Gegenstand – sei er auch noch so harmlos – *in diese vertraute Umgebung* gesetzt, so meiden ihn die Ratten. Dies ist ein Beispiel der Neophobie, des Gegenteils von Neophilie. Nicht nur die Wanderratte (*Rattus norvegicus*), auch die Hausratte (*Rattus rattus*), ist neophob. Beide Arten sind fast völlig vom Menschen abhängig und überleben die meisten unserer Versuche, sie zu töten. Andere Ratten, wie etwa die australischen Arten *Rattus villosissimus* (Abb. 4) und *Rattus fuscipes*, die keine Kulturfolger sind, zeigen keine Neophobie. Obwohl man es noch nicht beweisen kann, nimmt man an, daß die ausgeprägte Neophobie der kulturfolgenden Arten eine Folge der natürlichen Auslese in einer vom Menschen geschaffenen Umgebung ist, in der Fallen oder Giftköder jederzeit vorkommen können.

Die Neophobie ist von den erwähnten Aversionen gegen Futtersorten deutlich zu unterscheiden. Eine Aversion ist das Resultat der Erfahrung, daß ein bestimmtes Futter eine Krankheit zur Folge hatte; sie ist eine Erscheinung im Verhalten eines Individuums. Die Neophobie dagegen ist ein allgemeines Kennzeichen bestimmter Arten; sie besteht im Meiden *jeden* unbekannten Objektes in vertrauter Umgebung.

Unsere Schilderung beruht auf genauen Beobachtungen und sorgfältigen Versuchen; sie unterscheidet sich dadurch von Berichten, wie sie früher gang und gäbe waren. Man hielt wildlebende Ratten für hochintelligent, weil sie Fallen und Gift meiden. Einige dieser Legenden sind noch heute in Umlauf, z. B. die, daß ältere Ratten jüngere vor der Gefahr giftiger Köder warnen. Solche Geschichten sind Beispiele von Anthropomorphismus, also der

Art und Weise, andere Arten so zu schildern, als wären sie Menschen. Dies führte fast immer zu ernsthaften Fehlern.

Abb. 4 Die australische Langhaarratte *Rattus villosissimus*. Zwei Männchen bei einer Auseinandersetzung. Das Tier rechts hat die Drohhaltung mit gekrümmtem Rükken und gestreckten Beinen teilweise eingenommen (Haare gesträubt!). Das linke Tier ist der Eindringling in das Territorium des anderen und steht in der sogenannten defensiven Haltung (Foto: I. A. Fox).

»INTELLIGENZ«

Ratten besitzen natürlich die Fähigkeit, ihr Verhalten aufgrund von Erfahrungen anzupassen; dies entspricht *einer* der Definitionen von »Intelligenz« (s. hierzu Band V dieser Enzyklopädie). Wir haben gesehen, wie die Nahrungsaufnahme teilweise von den Folgen abhängt, die das Fressen bestimmter Futtersorten hat: Ratten können lernen, ihnen zuträgliches Futter zu fressen und giftige Mischungen zu vermeiden. Ihre Fähigkeit, neue Gewohnheiten zu entwickeln, läßt sich auch gut beobachten, wenn sie gezwungen werden, sich in einer fremden Umgebung zurechtzufinden.

Mit Ratten wurden viele Labyrinthversuche durchgeführt (s. hierzu Buchholtz 1973). Man kann eine Ratte z. B. zwölf Stunden hungern lassen und dann an den Startplatz eines Labyrinthes setzen (z. B. wie in Abb. 5). Ihr Erkunden führt sie schließlich zum Futter. Nach einigen Wiederholungen des Versuchs läuft die Ratte rasch und fehlerfrei zum Ziel, wo sie das Futter frißt. Das Erlernen einer neuen Handlungsfolge hängt dabei von zwei Faktoren ab: dem inneren Zustand (der »Motivation«) und der Belohnung, in diesem Fall also vom zwölfstündigen Hungern und der Fütterung am Ziel.

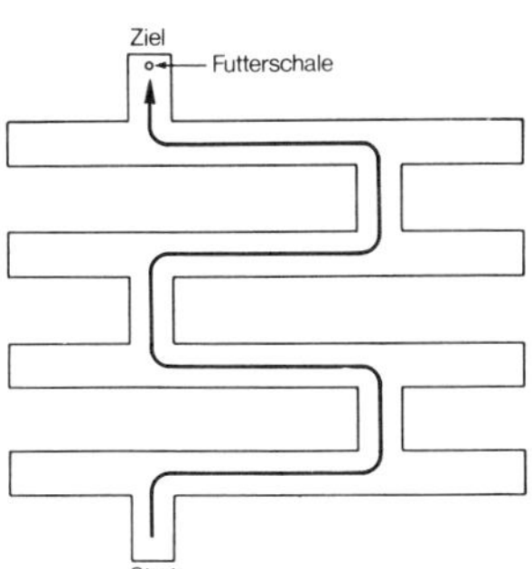

Abb. 5 Ein Labyrinth mit acht Entscheidungspunkten (aus: Barnett 1975).

Um den Weg durch ein Labyrinth zu lernen, muß die Ratte zwischen richtigen und falschen Wendungen unterscheiden. Die Abb. 6 zeigt eine andere Methode, mit der man die

Fähigkeit zur Unterscheidung optischer Reize prüfen kann: den Musterwahlversuch (vgl. dazu Rensch 1973). Eine Laborratte kann dazu abgerichtet werden, zum Quadrat und nicht zum Dreieck zu springen; die angebotenen Muster werden in ungeordneter Folge vertauscht, so daß das Tier nicht bloß lernt, auf die eine Seite zu springen (Vermeiden von »Seitenstetigkeit«). Hat die Ratte die Aufgabe gelernt, dann kann man die Situation umkehren: anstatt den Sprung zum Quadrat zu belohnen, legt der Versuchsleiter die Belohnung nun hinter das Dreieck. Die Ratte lernt diese Umkehrung bald, und eine weitere noch rascher. Diese Beobachtungen verdeutlichen einen Aspekt der Anpassungsfähigkeit des Verhaltens der Ratten.

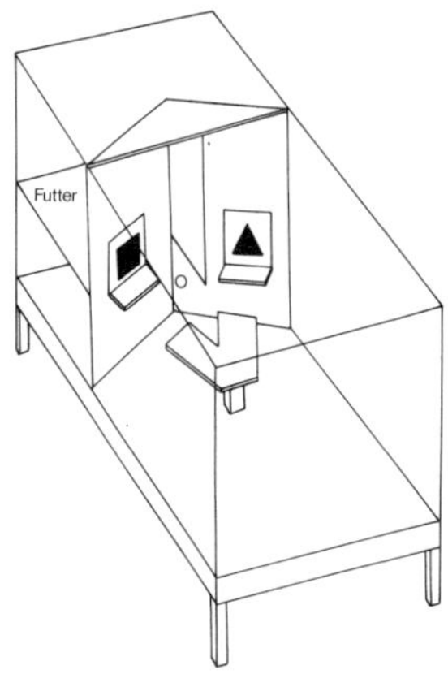

Abb. 6 Musterwahlapparat nach Lashley. Die Ratte kann dressiert werden, zwischen den Mustern (hier: Rechteck und Dreieck) zu unterscheiden, indem man sie nach dem Sprung zum einen Muster mit Futter belohnt (aus: Barnett 1975).

Ein weiterer »Intelligenztest« ist das Problem der »Doppelalternierung«: Das Tier muß dabei lernen, zweimal links, dann zweimal rechts usw. zu gehen. Ratten können auch dies lernen. Eine dritte Aufgabe, die ein Affe ganz leicht lösen kann, ist das Erfassen der »Ungleichheit«: Drei Muster werden angeboten, zwei gleiche und ein davon verschiedenes. Die Lösung besteht darin, sich immer dem einen unterschiedlichen Muster zu nähern, unabhängig davon, worum es sich handelt (s. auch Rensch 1973, 154 ff). In den meisten Experimenten dieses Typs haben die Ratten die Lösung nicht gefunden.

Eine weitere Frage ist die nach den zum Lernen benützten Sinnesorganen. Die Unterscheidungen müssen nicht optisch erfolgen. Wenn eine Ratte sich zu orientieren lernt, kann sie auf Geräusche, auf die Beschaffenheit des Untergrundes, ja sogar auf die eigenen Körperbewegungen (kinästhetischer Sinn) reagieren. Bevor diese Fähigkeiten bekannt waren, erschienen manche Leistungen von Ratten in Labyrinthen geheimnisvoll.

Gewisse Verhaltensgewohnheiten bilden sich nicht nach einer Belohnung, sondern aufgrund abschreckender Reize, die das Tier zu vermeiden sucht. Dazu gehören nicht nur schmerzende Reize, wie der Biß eines Raubfeindes, sondern z. B. auch manche Geräusche und Kälte. Es kann abschreckend wirken, wenn die Ratte vom Versuchsleiter festgehalten wird. Dies muß bei gewissen Versuchen beachtet werden, denn es kann den Fortgang des Lernens in der Versuchsapparatur beeinflussen.

Ein anderes Beispiel dafür, wie man Verhalten durch abschreckende Reize steuern kann, liefern die Versuche mit der »Skinner-Box«, einem Käfig, in dem an einer Wand eine Taste vorsteht. In manchen Versuchen gibt es auf das Niederdrücken der Taste eine Belohnung: es wird z. B. ein Futterwürfel ausgeworfen. In anderen verwendet der Experimentator abschreckende Reize, etwa einen leichten elektrischen Schlag gegen die Fußsohlen. Die Versuchsanordnung kann so programmiert sein, daß die Schläge in Abständen (z. B. von je 20

Sekunden) folgen, sofern die Ratte nicht auf die Taste drückt. Das Tier lernt bald, unmittelbar bevor der nächste Schlag fällig ist, auf die Taste zu drücken. So beweist es nicht nur eine Fähigkeit zur Anpassung an ganz unnatürliche Bedingungen, sondern auch ein bemerkenswertes Zeitgefühl.

Individuelle Unterschiede in den Fähigkeiten

Es gibt individuelle Unterschiede in den verschiedenen Geschicklichkeiten. Wie alle andere Variabilität können sie genetisch oder durch Unterschiede in der Umgebung verursacht sein; oft wirken beide Faktoren zusammen (s. hierzu die Beiträge von Ch. Buchholtz und J. Parzefall in diesem Band). Genetische Unterschiede zwischen verschiedenen Stämmen von Laborratten können durch Auslese erzeugt werden; dabei kreuzt man über viele Generationen die Individuen, die eine bestimmte Eigenschaft zeigen. So hat man einmal einen Stamm »labyrinth-kluger« Ratten erhalten, die Labyrinthe besonders schnell erlernten, daneben aus der gleichen Ursprungspopulation »labyrinth-dumme« Ratten, die die gleiche Aufgabe besonders langsam lösten.

Für Verhaltensunterschiede ist die frühe Erfahrung eines Tieres ein bedeutender Einfluß der Umwelt. Werden Laborratten in einem großen Gehege mit vielen Gegenständen aufgezogen, dann sind sie als Erwachsene »intelligenter« als Ratten, die in kleinen, monotonen Käfigen aufgezogen wurden; »Intelligenz« wird hierbei gewöhnlich durch eine Reihe von Labyrinthversuchen geprüft. Eine Auswirkung der frühkindlichen Umgebung hat man bei den oben erwähnten Ratten beobachtet: Wenn »labyrinth-kluge« Ratten in einer sehr eingeschränkten Umgebung aufgezogen wurden, ist ihre Fähigkeit zum Erlernen von Labyrinthen begrenzt und entspricht etwa der von »labyrinth-dummen« Ratten; werden umgekehrt diese in einer ungewöhnlich anregenden Umwelt großgezogen, sind ihre Leistungen besser. Die phänotypischen Unterschiede in der »Intelligenz« sind also das Ergebnis einer Interaktion zwischen Genwirkungen und Umwelteinflüssen während der Jugendentwicklung.

SOZIALES VERHALTEN: FORTPFLANZUNG

Unter »sozialem Verhalten« verstehen wir hier alles Verhalten, das einen direkten Einfluß auf das Verhalten von Artgenossen hat. Paarungsverhalten und die Interaktionen zwischen Eltern und Jungen gehören also dazu.

In der Beziehung zwischen den Geschlechtern zeigen die Ratten Promiskuität: sie bilden keine Paare, auch nicht vorübergehend. Beziehungen zwischen den Geschlechtern kommen nur vor, wenn ein Weibchen brünstig ist; sie läßt dann in rascher Folge Begattungen mit mehreren Männchen zu. Die Männchen kämpfen nicht um Weibchen, in der Regel behindern sie einander auch nicht bei der Paarung. Die Paarung verläuft immer nach dem gleichen Muster. Das paarungsbereite Weibchen kann sich einem Männchen nähern und es mit der Schnauze anstoßen. Dann läuft das Weibchen eine kurze Strecke und hält inne. Das Männchen folgt und besteigt es; der Druck seiner Vorderbeine auf die Flanken des Weibchens löst bei diesem das Einnehmen der Paarungshaltung (Hohlkreuzhaltung mit erhobenem Hinterkörper) aus. Sie ermöglicht das Eindringen des Penis. Der Samenerguß erfolgt erst nach mehreren solcher Besteigungen (s. Abb. 7). Nach einer Besteigung macht das Weibchen aus bislang nicht bekannten Gründen ein charakteristisches kurzes Kopfschütteln. Das Männchen läßt sich zurückfallen und leckt seinen Penis. Diese ganze Abfolge wurde übereinstimmend bei wilden und domestizierten Ratten beobachtet: ein gutes Beispiel für ein artspezifisches Verhaltensmuster.

Vor dem Werfen baut das Weibchen ein größeres Nest als gewöhnlich. Sobald jedes

Junge geboren ist, durchbeißt das Weibchen dessen Nabelschnur und verzehrt die Plazenta. Es beleckt die Neugeborenen sorgfältig und kauert sich dann über sie, um ihnen das Saugen zu ermöglichen. Später trägt es die Jungen ins Nest zurück, wenn sie hinausklettern. Ein wildlebendes Weibchen hält andere Ratten, auch die der gleichen Kolonie, vom Nest fern, indem es bei deren Annäherung quiekend ruft. Nach ein bis zwei derartigen Erfahrungen halten sich die anderen Ratten auch ohne weitere Warnung vom Nest fern. Auch das sind Beispiele für artspezifisches Verhalten.

Ratten können wie Babys künstlich mit der Flasche aufgezogen werden. Bei den ersten Versuchen dieser Art starben die Jungen, weil sie ihren Urin und Kot nicht abgeben konn-

Abb. 7 *Rattus norvegicus* in coitu: Das Weibchen in Lordosis, einer Stellung, die die Einführung des Penis erlaubt; s. hierzu auch den Beitrag von C. W. Malsbury in diesem Band.

ten. Diese Reflexe entwickeln sich erst, wenn die Mutter das Junge leckt oder der Experimentator es entsprechend streichelt. Dies ist ein gutes Beispiel dafür, daß die Jugendentwicklung vom Zusammenspiel mit der Umgebung abhängt. Selbst scheinbar unveränderbare artspezifische Verhaltensweisen machen eine solche Entwicklung durch.

Junge Ratten werden mit etwa siebzehn Tagen aktiv. Sie entfernen sich bei ihren Ausflügen immer weiter vom Nest und lernen offenbar so zurechtzukommen; insbesondere lernen sie, Futter zu finden. In der Gefangenschaft läßt man wilde Ratten am besten bei der Mutter, bis sie achtundzwanzig Tage alt sind. Laborratten werden gewöhnlich schon nach drei Wochen entwöhnt.

Wenn Rattennestlinge kalt haben, etwa außerhalb des Nestes, dann rufen sie mit hohem Quieken; das hilft der Mutter, sie zu finden. Aber junge Ratten können sich auch selbständig zurechtfinden. Das säugende Weibchen gibt einen Duft ab, der junge Ratten anlockt: Wenn ihnen kein Hindernis im Wege steht, bewegen sie sich auf diesen Duft zu. Dies sind Beispiele für soziale Signale, auf denen die Interaktion zwischen der Rattenmutter und ihren Jungen beruht.

SOZIALES VERHALTEN: VERBANDBILDUNG UND AUSBREITUNG

Die Familie, die aus einem Weibchen und seinen Jungen besteht, bleibt nur bis zur Entwöhnung der Jungen zusammen; erwachsene Ratten bilden jedoch größere Verbände. Im Freiland können sich die Ratten überall dort zu großen Kolonien versammeln, wo es reichlich Nahrung und Schutz gibt. Gibt es zum Graben geeigneten Boden, können sie ein System miteinander verbundener Gänge ausheben; die Nester werden in Blindgängen angelegt[1].

Obwohl Artgenossen unter den Ratten sich anziehen, sind sie unter bestimmten Umständen gegeneinander intolerant. Wilde Wanderrattenmännchen bedrohen fremde Männchen gewöhnlich oder greifen sie sogar an. (Solches Verhalten wird manchmal »aggressiv« genannt; aber das Wort »Aggression« hat so viele Bedeutungen und wird oft so ungenau gebraucht, daß es im wissenschaftlichen Sprachgebrauch besser vermieden wird. In der Umgangssprache heißt das territoriale Verhalten Revier-»Verteidigung« – also das Gegenteil von »Angreifen«[2].) Die Weibchen einiger anderer *Rattus*-Arten greifen auch Fremde an, besonders fremde Weibchen; das wurde für die Hausratte *Rattus rattus* und die australischen Arten *Rattus villosissimus* und *Rattus fuscipes* beschrieben. Jungtiere werden nie bedroht; aber wenn ein junges Männchen geschlechtsreif wird, kann es vorkommen, daß es von älteren Männchen vertrieben wird.

Ratten verfügen darum über artspezifische Signale, die eine Annäherung bzw. einen Rückzug erleichtern. Wenn eine Ratte unter eine andere »unterkriecht« (Abb. 8), ist es

Abb. 8 Unterkriechen bei der Hausratte (*Rattus rattus*). Dies ist eine »freundschaftliche« Verhaltensweise (aus: Barnett 1975).

höchst unwahrscheinlich, daß sie angreifen wird; vermenschlichend würde man sagen, dieses Verhalten sei ein Zeichen für eine freundschaftliche Einstellung. Dagegen zeigt die Abb. 4 eine »Drohhaltung«: sie wird gewöhnlich von einem Männchen eingenommen, das sich in seinem eigenen Territorium einem fremden Eindringling gegenübersieht; ihr kann ein Angriff folgen – Ansprung und rascher Biß (Abb. 9).

Abb. 9 Angriffssprung. Das Tier links greift einen Eindringling in sein Territorium an. Der Eindringling wehrt sich nicht. Obwohl solche Angriffe heftig sind, führen sie nicht oder nur zu geringfügigen Verletzungen (aus: Barnett 1975).

Einige Signale sind weniger leicht zu deuten. Eine Ratte kann eine andere kraulen, d. h. an ihrem Fell nippeln[3]. Solche soziale Körperpflege kann bei friedlichen Begegnungen zwischen Gruppenmitgliedern, aber auch in Drohpausen während einer Auseinandersetzung auftreten.

Erwachsene Ratten äußern während ihren Begegnungen auch Laute, u. a. ein einfaches Pfeifen, ein Kreischen und Zwischenformen von beiden. Solche Laute wurden während Auseinandersetzungen von *Rattus fuscipes* aufgenommen. Wenn ein Individuum dieser Art einem anderen droht, äußert nur das bedrohte Tier Laute; im Kontakt aber pfeifen und kreischen beide Gegner. Ähnliche Lautäußerungen kennt man von anderen Arten der Gattung. Die Abb. 1 zeigt eine Situation, in der beide Tiere in einer Art Duett Laute von sich geben können.

Die letzte Kategorie von Signalen sind Düfte. Die Mitglieder einer Gruppe, selbst erwachsene Männchen, greifen einander in der Regel nicht an; dies beruht wahrscheinlich auf einem gemeinsamen Gruppenduft. Wenn Ratten regelmäßig über eine Fläche laufen, beschmieren sie sie mit Duftstoffen, die von der Bauchhaut abgegeben werden. Urin und genitale Duftstoffe tragen ebenfalls zu solchen Duftspuren bei. Andere Ratten folgen diesen markierten Pfaden. Der Geruch einer Spur ist vermutlich je nach dem Zustand der Ratte verschieden. Eine Ratte, die gerade am gewohnten Platz Futter gefunden hat, riecht vermutlich anders als eine Ratte, der dies nicht gelang. Dies mag die Bewegungen einer der Spur folgenden anderen Ratte beeinflussen. Es gibt jedoch noch viel über die Informationen zu erforschen, die solche Spuren unter natürlichen Bedingungen enthalten.

AUSEINANDERSETZUNGEN: DICHTUNG UND WAHRHEIT

In Gefangenschaft hat man Auseinandersetzungen zwischen wilden Ratten genau beobachtet. Dabei konnte man auch bei durch die Versuchsbedingungen ausgelösten heftigen Kämpfen feststellen, daß Bisse sehr oft nur geringfügige Wunden verursachen. Trotzdem sterben wilde Ratten manchmal, nachdem sie angegriffen worden sind, selbst wenn sie völlig unverletzt sind. Dieses seltsame Phänomen kann noch nicht erklärt werden; aber man weiß einiges über die inneren Veränderungen, die es begleiten. Der Hormonausstoß der Nebennieren, insbesondere der Nebennierenrinde, steigt, und die Nebennieren werden größer. Die gleichen Veränderungen treten auch auf, wenn ein Säugetier sehr ungünstigen Bedingungen, wie strenger Kälte oder starkem Blutverlust nach einer Verwundung ausgesetzt ist. Offensichtlich ruft der »soziale Streß« (auch in der gewöhnlich »rein psychisch« genannten Form) starke körperliche Veränderungen hervor. Die Ratten fressen dann auch weniger als üblich und verlieren deshalb an Gewicht. Es kann zu Verätzungen der Magenschleimhaut kommen, wie sie beim Menschen der Bildung von Magengeschwüren vorausgehen. Manchmal kommt es auch zu krankhaften Veränderungen der Nieren. Dies wurde bei freilebenden Populationen beobachtet. Außerdem hat man ähnliche Veränderungen auch bei Tupajas (*Tupaia belangeri*) beobachtet.

Das Ausmaß von Auseinandersetzungen zwischen Ratten unter natürlichen Bedingungen ist nicht bekannt. Vermutlich häufen sich Konflikte mit steigender Populationsdichte, d. h. der Anzahl (erwachsener) Ratten einer Art pro Flächeneinheit. Aber auch wenn dies so ist, hindert das die Ratten nicht, in manchmal sehr dichten Ansammlungen zu leben. Dichte Populationen entstehen nur, wenn die Nahrungs- und Wasserzufuhr über einen längeren Zeitraum unverändert groß bleibt und reichlich Unterschlupfmöglichkeiten vorhanden sind. (Auch darf es keine wirksame Bekämpfung durch den Menschen geben). Solche Bedingungen finden sich in manchen Lebensmittelspeichern und anderen anthropogenen Lebensräumen wie Leimfabriken. Wahrscheinlich bestehen an solchen Orten komplexe Wechselwirkungen der Menge und Verteilung von Nahrung und geschützten Plätzen mit der Rattenpopulation.

Trotz der Zunahme an verläßlichen Kenntnissen über das Verhalten dieser Nagetiere, gibt es noch immer viele Legenden über die sozialen Interaktionen von Ratten. Auf der einen Seite wurden die Ratten als hochgradig kooperativ beschrieben. Ein Schriftsteller des vorigen Jahrhunderts meinte gesehen zu haben, wie eine alte, blinde Ratte von einer jüngeren an einem mit dem Maul gepackten Zweig geführt wurde. Andererseits schrieb ein moderner Autor, daß bei Ratten »blutige Massenkämpfe« vorkommen. Diese Geschichten sind weitere Beispiele von Anthropomorphismen. In Wirklichkeit sind die Ratten weder hochgradig kooperativ, noch haben sie etwas, was menschlichen Kriegen vergleichbar wäre. Wenn Ratten streiten, sind – soweit man weiß – immer nur zwei Individuen in eine Auseinandersetzung verwickelt.

DOMESTIKATION UND »INSTINKT«

Domestizierte Laborratten kämpfen nur selten; bei ihren »Ringkämpfen« verletzen sie einander normalerweise nicht. Durch eine besondere Behandlung können sie manchmal so angriffslustig wie wilde Ratten werden. Wahrscheinlich erfolgt dies bei gewissen Zuchtstämmen leichter als bei anderen.

Laborratten sind das Ergebnis generationenlanger Züchtung in Gefangenschaft. Bereits in der sechsten Generation gefangener Wildratten können große Verhaltensänderungen auftreten. Insbesondere greift ein Männchen ein anderes, das sein Territorium betritt, kaum mehr an. Die Änderung des Verhaltens beruht offensichtlich teilweise auf genetischen Unterschieden: Nur gewisse Ratten lassen sich in Fallen fangen, und von diesen pflanzen sich wieder nur einige in Gefangenschaft fort. In der Folge werden vermutlich dadurch unbeabsichtigt gewisse Genotypen ausgelesen, andere ausgemerzt; die Nachkommen mehrerer Gefangenschaftsgenerationen entsprechen daher genetisch nicht mehr der Ausgangspopulation.

Die Änderungen durch die Domestikation können jedoch teilweise auch durch Umwelteinflüsse verursacht worden sein. In engen Käfigen gehaltene Laborratten werden vermutlich friedfertiger sein als frei umherlaufende. Sogar Laborratten reagieren heftig, wenn man sie anfaßt, sofern sie in Freiheit gelebt haben.

Die Annahme eines Zusammenspiels zwischen der genetischen Konstitution (Genotyp) und der Umwelt ist nun im allgemeinen an die Stelle der traditionellen Auffassung des »Instinktes« getreten. In früheren Berichten kann man lesen, daß Ratten »Instinkte« zum Herdenleben, zur Territorialität und vielem anderen besäßen. Von solchen »Instinkten« wurde erklärt, sie seien das Ergebnis der natürlichen Auslese, andere, weniger leicht voraussagbare Verhaltensweisen nicht. Formulierungen wie »genetisch fixiert« oder »phylogenetisch programmiert« tauchen immer noch in einzelnen Arbeiten auf. In Wirklichkeit muß man von allen Merkmalen eines Organismus annehmen, daß sie das Ergebnis der natürlichen Auslese sind. Ebenso sind alle, wie wir gesehen haben, von der Umwelt beeinflußt. Es gibt keinen Grund, warum man einige genetisch oder phylogenetisch nennen müßte, andere dagegen nicht. Das Verhalten, das wir beobachten können (der Phänotyp), ist das Ergebnis des Zusammenwirkens des Genotyps und der Umwelt während der Jugendentwicklung des Tieres. Diese schwierige Konzeption wird durch den Vergleich zwischen domestizierten und wilden Ratten veranschaulicht.

Vom Verhalten, das man »instinktiv« oder später »angeboren« nannte, begreift man heute, daß es eine *Entwicklung* (Ontogenese) durchmacht, die sich von der stärker variabler Verhaltensweisen unterscheidet. Beispielsweise ist das Paarungsverhalten nicht nur arttypisch, es ist auch schwer durch unnatürliche Aufzuchtbedingungen zu verändern. Im Gegensatz dazu ist die Entwicklung einiger Futterpräferenzen sehr labil; die Nahrungsaufnahme wird sehr stark von Umweltfaktoren beeinflußt. Das sind extreme Beispiele für die unterschiedlichen Grade und Arten der Labilität in der Verhaltensentwicklung.

Aus dem Englischen übertragen von Roger A. Stamm

ANMERKUNGEN

1

Genauere, z. T. abweichende Angaben bei Steiniger (1950) und Calhoun (1963) (Anm. d. Hg.).

2

Die Unklarheiten über die Bedeutung von »Aggression« betreffen vor allem die Unterscheidung zwischen »sozialer Aggression«, im Sinne von Auseinandersetzungen zwischen (meist) Artgenossen im Verband oder zwischen sozialen Einheiten – diese Auseinandersetzungen führen oft zu einer sozialen Organisation der Population durch Territorien oder (innerhalb eines Verbandes) zu einer sozialen Rangordnung –, und der feindlichen Beziehung zwischen Raubtier und Beute. Die letztere wird von Ethologen so gut wie nie als Aggression bezeichnet, hingegen häufig von amerikanischen Psychologen (die Untersuchung des Mäusetötens von Ratten ist hier eine beliebte Versuchssituation). Innerhalb der sozialen Aggression kann man sinnvoll zwischen offensiver und defensiver Aggression unterscheiden: Offensiv ist z. B. der Eindringling in ein fremdes Territorium, defensiv der verteidigende Besitzer. Zudem faßt man aus praktischen Gründen alle Verhaltensweisen bei sozialen Auseinandersetzungen (Angreifen, Drohen, Beschwichtigen, Fliehen) unter dem Begriff »agonistisches Verhalten« zusammen (Anm. d. Hg.).

3

Nippeln = eine rasch wiederholte Nippbewegung der Lippen oder des Schnabels; entsprechend dem englischen Verb »to nibble« (Anm. d. Hg.).

LITERATUR

Barnett, S. A.: The Rat: A Study in Behavior. Chicago: Chicago University Press 1975

Barnett, S. A., Cowan, P. E.: Activity, exploration, curiosity and fear: an ethological study. Interdisciplinary Science Reviews, 1, 1976, 43 – 62

Bell, Th.: A History of British Quadrupeds. London: Van Voorst 1837

Buchholtz, Ch.: Das Lernen bei Tieren. Stuttgart: Fischer 1973

Calhoun, J. B.: The Ecology and Sociology of the Norway Rat. Bethesda, Maryland: U. S. Department of Health, Education, and Welfare 1963

Galef, B. G., Heiber, L.: Role of residual olfactory cues in the determination of feeding site selection and exploration patterns of domestic rats. Journal of Comparative and Physiological Psychology, 90, 1976, 727 – 739

Garcia, J., Hankins, W. G., Rusiniak, K. W.: Behavioral regulation of the milieu interne in man and rat. Science, 185, 1974, 824 – 831

Lorenz, K.: Das sogenannte Böse. Wien: Borotha-Schoeler 1963

Rensch, B.: Gedächtnis, Begriffsbildung und Planhandlungen bei Tieren. Berlin, Hamburg: Parey 1973

Steiniger, F.: Beiträge zur Soziologie und sonstigen Biologie der Wanderratte. Z. Tierpsych., 7, 1950, 356 – 379

Telle, H. J.: Beitrag zur Kenntnis der Verhaltensweise von Ratten vergleichend dargestellt bei *Rattus norvegicus* und *Rattus rattus*. Zeitschrift für angewandte Zoologie, 53, 1966, 129 – 196

GESELLSCHAFTSORDNUNG BEI MANTELPAVIANEN

von Hans Kummer und Jean-Jacques Abegglen

Der Mantelpavian (*Papio hamadryas*) bewohnt die heißen und trockenen Küstengebiete des Roten Meeres: Ostäthiopien, Somalia und die Südwestspitze der arabischen Halbinsel. Die Beobachtungen, welche dem vorliegenden Bericht zugrunde liegen, stammen von den Hochebenen zwischen den Ahmarbergen und der Danakilwüste, westlich von Diredaua in der äthiopischen Provinz Harar.[1] Die steinigen Plateaus und Hügel dieser Gegend sind mit schütterem Gras und dornigen Akazienbüschen bewachsen. In der Trockenzeit beleben nur einige immergrüne Sisalpflanzen und Doberabäumchen das Grau der laublosen Akazien und die blendende Helle des dürren Grases. Sandige Flußbetten winden sich von den Bergen zur Wüste hin. Die meisten von ihnen führen nur in der Regenzeit Wasser; dann grünt das Land, und die Somali-Nomaden hüten auf den grasreichen Hügeln Rinder, Dromedare, Schafe und Ziegen.

Wo die Flußläufe Hügelzüge durchschneiden, sind da und dort kleine Felswände entstanden; dies sind die Schlafstätten der Mantelpaviane. In der Morgendämmerung sehen wir eine *Herde* von etwa 200 Affen verstreut auf den schmalen Gesimsen eines senkrechten Felsens ruhen. Sie dösen im Sitzen und halten sich dabei an den Unebenheiten des Gesteins fest. Die Felswand bietet ihnen vor nächtlichen Raubtieren jenen Schutz, den Waldprimaten in den Baumkronen finden (s. auch den Beitrag von H. v. d. Rijt-Plooij und F. X. Plooij in diesem Band). Gegen sieben Uhr klettern die Paviane in den bereits besonnten Geröllhang über dem Schlaffelsen; hier finden wir die beste Gelegenheit, ihr Sozialleben näher zu beobachten: Jungtiere versammeln sich zum Raufen und Tollen. Braunbehaarte Weibchen pflegen die eindrucksvollen grauen Haarmäntel der fast doppelt so großen Männer, für die sich das zoologische Diminutiv »Männchen« denkbar schlecht eignet. Wenn sich ein Mann verschiebt, folgen ihm meist einige Weibchen und Jungtiere zum neuen Platz; die schwarzbehaarten Säuglinge klammern sich dabei an den Bauch der Mutter. Diese Familien sind die kleinsten sozialen Einheiten der Herde und zählen meist etwa fünf Tiere. Wir bezeichnen sie als *Einmanngruppen.* Ab und zu beobachtet man ein Weibchen, das den Abstand zum vorangehenden Mann auf zehn und mehr Meter anwachsen läßt. Der Mann antwortet darauf, indem er die Säumige anstarrt und dazu die Brauen hochzieht (vgl. Abb. 1 b), worauf das Weibchen keckernd zu ihm eilt. Bei manchen Einmanngruppen sitzen halberwachsene, aber schon geschlechtsreife Männer mit noch nicht voll entwickeltem Mantel. Das sind die *Mitläufer*, die sich einer bestimmten Familie angeschlossen haben, aber meist etwa zwei Meter Abstand von ihr wahren.

Gegen 8 Uhr werden die Verschiebungen in der Herde häufiger und lassen bestimmte

Richtungen erkennen: Der Aufbruch zum Tagesmarsch wird vorbereitet. Gelegentlich nähert sich ein Mann einem andern und präsentiert ihm in rascher Wendung das leuchtend rote Gesäß (Abb. 1a); der Empfänger blickt darauf dem Präsentierenden aufmerksam nach oder folgt ihm sogar nach. Die Herde bildet Ausläufer wie eine unschlüssige Amöbe, bis sie schließlich in eines der Pseudopodien einströmt und in dessen Richtung loszieht. Ungefähr eine halbe Stunde lang zieht die Herde meist gemeinsam und in zügigem Tempo. Dann wird der Marsch gemächlicher, und die Kolonne beginnt sich aufzulösen. Die Paviane beginnen zu fressen; je nach Standort und Jahreszeit raufen sie Grasähren, pflücken Blüten oder Schoten in den Akazienkronen oder graben auf ebenen Erdflächen nach kleinen, ret-

Abb. 1a Melden. Die Definition lautet: Der Ausführende nähert sich dem Empfänger, präsentiert ihm höchstens 1 Sek. das Analfeld und entfernt sich rasch.

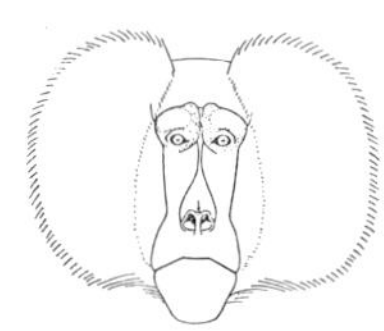

Abb. 1b Brauenziehen; Definition: Der Ausführende blickt den Empfänger an und zieht dazu die Brauenhaut zurück, so daß die hellen Oberlidflecke sichtbar werden.

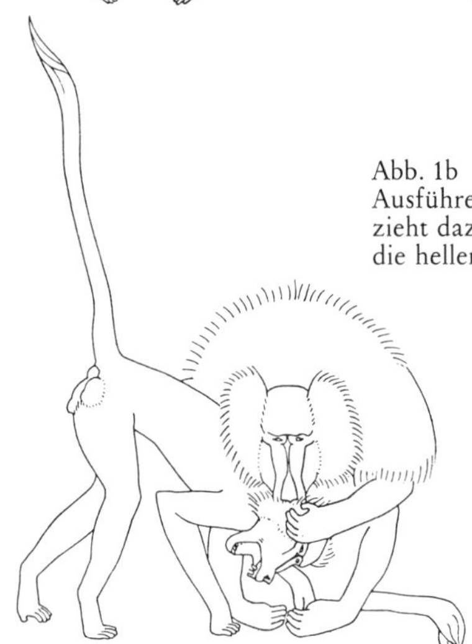

Abb. 1c Nackenbiß; Definition: Der Ausführende beißt den Empfänger in den Nacken oder in den Rücken (Zeichnungen: V. Gaston-Bärlocher).

tichartigen Wurzeln. Immer deutlicher teilt sich die Herde in Untereinheiten von vierzig bis sechzig Tieren auf, in die sogenannten *Banden*. Die Banden schwenken in verschiedene Richtungen ab und verlieren den Sichtkontakt zueinander.

In der Trockenzeit suchen die Banden über die Mittagszeit eine der selten gewordenen Wasserstellen in den ausgetrockneten Flußläufen auf. Manchmal graben sie im Flußbettsand, bis das Wasser sich in den Löchern sammelt. Dem Trinken folgt eine ausgiebige Mittagsrast mit sozialer Hautpflege und Spiel. Danach ziehen die Paviane pflückend und fressend zum Schlaffelsen zurück, wo sie am späten Nachmittag eintreffen. Es folgt eine Phase ausgiebigen Sozialverhaltens, bis schließlich mit einbrechender Dämmerung Gruppe um Gruppe ihr Schlafgesimse erklimmt.

Die eben geschilderten Beobachtungen vom Anfang unserer ersten Feldstudie im Jahre 1961 vermittelten den Eindruck einer dreischichtigen Sozialstruktur: Herden gliedern sich in Banden und Banden in Einmanngruppen (Kummer 1968). Spätere Beobachtungen bestätigen: Banden und Einmanngruppen haben einen festen Mitgliederbestand, Herden variieren als wechselnde Versammlung einander bekannter Banden stärker. 1972 entdeckten wir, daß mindestens eine Bande im Untersuchungsgebiet noch eine vierte Organisationsebene kennt, nämlich den *Klan*. Er umfaßt etwa zwanzig Individuen und ist zwischen der Einmanngruppe und der Bande einzustufen (Abegglen 1976).[2] Abb. 2 zeigt die vierstufige Struktur der bisher am besten untersuchten sogenannten Kegelfelsherde.

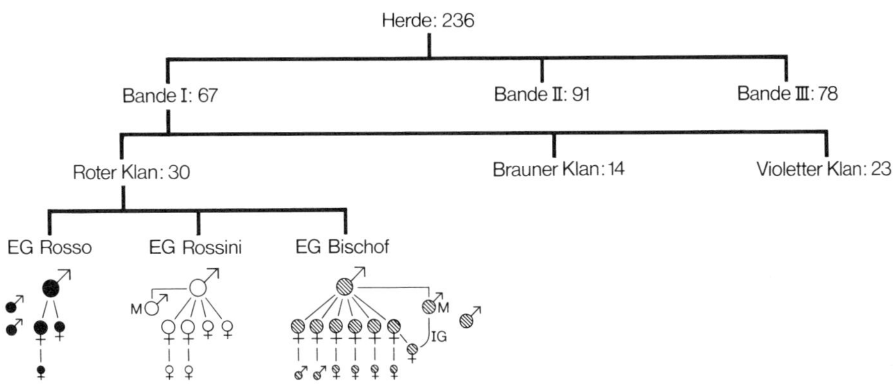

Abb. 2 Aufbau der Kegelfelsherde im Mai 1974. Die Zahlen geben den Individuenbestand an. Weiter aufgeteilt ist hier nur die äußerste Einheit links. EG = Einmanngruppe, IG = Initialgruppe, M = Mitläufer (nach: Abegglen, Sigg und Stolba, unveröffentlicht).

WAS CHARAKTERISIERT EINE GRUPPE?

Um diese geschachtelte Sozialorganisation auch nur zu beschreiben, brauchten wir zunächst eine Definition der Gruppe oder sozialen Einheit. Bei Affen – außer vielleicht beim Schimpansen – ist eine Gruppe wenigstens operational viel einfacher zu definieren als beim Menschen. Eine Anzahl Affen, die man intuitiv als Gruppe anspricht, erfüllt fast immer zwei Kriterien: Ihre Mitglieder halten sich signifikant näher beieinander auf als Individuen verschiedener Gruppen, und sie tauschen in gleichen Zeitabschnitten signifikant mehr gezielte, mitteilende Gebärden (Interaktionen) aus. Den räumlichen Zusammenhalt in Einmanngruppen bestimmten wir, indem wir alle fünf Minuten die Abstände von zehn Weibchen zu ihrem Mann schätzten. 256 derartige Schätzungen während der Rastzeiten am Schlaffelsen ergaben einen Mittelwert von 0,65 Metern. Bei einer zufälligen Verteilung der Weibchen über den ganzen Felsen ergäbe sich eine mittlere Entfernung von mindestens zehn Metern. Wollen wir das zweite Kriterium anwenden, die signifikant häufigere Interaktion in der Gruppe, dann müssen wir die Interaktionen genau definieren und so zählbar machen. Für den Mantelpavian lassen sich je nach Forschungsfrage etwa siebzig verschiedene Gebärden definieren, die in ihrer Gesamtheit als *Ethogramm* bezeichnet werden. Zum Ethogramm gehören beispielsweise das schon erwähnte Brauenziehen und das Melden mit Präsentieren des Gesäßes (Abb. 1a und b). Die Männer von sechs ausgewählten, typischen Einmanngruppen richteten ihre Gebärden in 97.8 Prozent der überhaupt mit Interaktionen belegten Beobachtungsminuten an die Mitglieder ihrer eigenen Einmanngruppe und nur in 2.2 Prozent an die viel zahlreicheren übrigen Mitglieder der rastenden Herde. Ihre erwachsenen Weibchen wandten sich in 94.6 Prozent der Minuten an die eigene Gruppe. Abb. 3 zeigt die Interaktionsverteilung (*Soziogramm*) einer typischen Einmanngruppe. Die nach Zeitanteil weitaus häufigste Interaktion in der Einmanngruppe ist das soziale Lausen; es dient nicht nur der Hautpflege, es ist auch Ausdruck einer vertrauten und unaggressiven Beziehung.

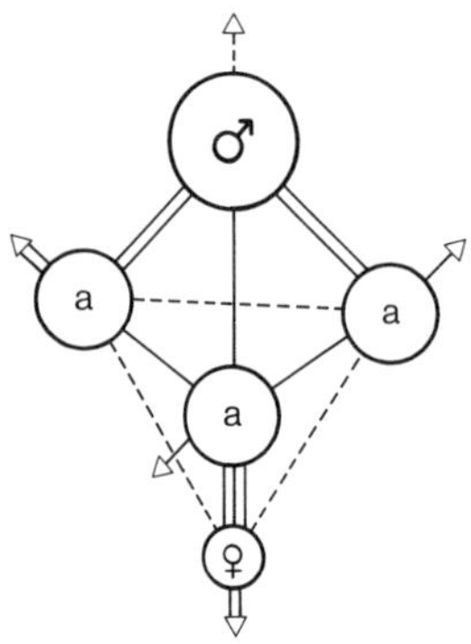

Abb. 3 Soziogramm einer Einmanngruppe. Zeichenerklärung: ♂ = erwachsener Mann; a = erwachsene Weibchen; ♀ = juveniles Weibchen. Die Verbindungslinien zeigen Interaktionsraten an; punktiert: 1–3 Prozent Beobachtungsminuten enthalten Interaktionen; einfache Linie: 4–10 Prozent; doppelte Linie: 11–20 Prozent; dreifache Linie: 21–30 Prozent.

Auch der Klan erfüllt die beiden Kriterien einer sozialen Einheit: Er hält am Schlaffelsen und auf dem Tagesmarsch räumlich zusammen, und die Klanmitglieder lausen mehr als zehnmal so häufig einen Klangenossen wie eines der doppelt so zahlreichen klanfremden Bandenmitglieder.

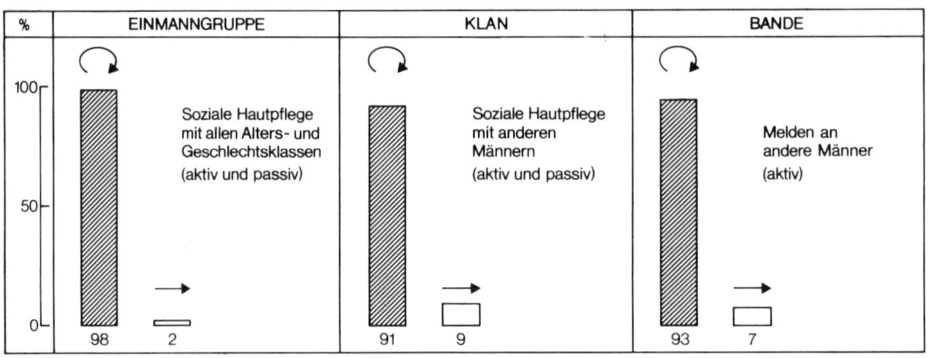

Abb. 4 Prozentuale Verteilung der Interaktionen erwachsener Männer als Maß der Abgrenzung zwischen sozialen Einheiten. Interaktionen mit Mitgliedern der eigenen Einheit (schraffiert) sind häufiger als Interaktionen über die Einheitsgrenze hinweg (weiß) (nach: Abegglen, Sigg und Stolba, unveröffentlicht).

Ähnliches gilt schließlich auch für die Bande: Soziales Lausen kommt zwischen den Banden höchstens noch unter Halbwüchsigen vor. Unter Männern tritt dafür das schon erwähnte Gesäßpräsentieren auf, das wir als Melden bezeichnen. Diese Besänftigungsgeste charakterisiert die Beziehung zwischen Männern, deren Verträglichkeit nicht zum Lausen ausreicht. Auch Melden erscheint rund zehnmal häufiger innerhalb als zwischen den Banden. Abb. 4 zeigt den ausgeprägten »Partikularismus« der sozialen Einheiten in der Herde am Beispiel der Interaktionen erwachsener Männer. Auf allen drei Stufen verkehren die Männer vorwiegend mit Mitgliedern der eigenen Einheit.

Räumlicher Zusammenhalt und Interaktionshäufigkeit lassen also die Einmanngruppe, Klane und Banden als wohlabgegrenzte und recht selbstbezogene Untergruppen erscheinen. Und damit erheben sich die Fragen: Was hält diese Einheiten zusammen? Über welche Zeiträume hinweg bestehen sie? Existieren sie länger als eine Generation? Wenn ja, wie scheiden die Alten aus den Einheiten aus, und wie werden die Jungen eingegliedert? Und – am schwierigsten zu beantworten –: Welche Leistungen erbringt diese komplizierte vierschichtige Organisation für ihre Mitglieder? Die letzte Frage ist eine typische Biologenfrage. Soziales Verhalten muß den Umweltanforderungen angepaßt und auf die »Wirtschaftsform« der Art abgestimmt sein. Dem hochzivilisierten Städter ist diese Forderung kaum mehr gegenwärtig; für den Verhaltensforscher hingegen bedeutet sie eine zentrale Forschungshypothese. Zu ihrer Prüfung sind wir beim Mantelpavian noch nicht vorgedrungen. Wir fragen vorläufig erst: Durch welche Verhaltensweisen werden die verschiedenen Merkmale der beobachteten Gesellschaftsform erzeugt?

Wir wollen die obigen Fragen in geraffter Form für die Einmanngruppe beantworten. Dem Leser aus anderen Disziplinen zuliebe halten wir uns weiterhin an die Alltagssprache.

DIE EINMANNGRUPPE

1961 bestanden die 68 Einmanngruppen unserer Stichprobe im Mittel aus einem erwachsenen Mann und 1.9 erwachsenen Weibchen. Die größte Gruppe enthielt sieben erwachsene Weibchen. Ein Viertel der erwachsenen Männer hatte kein Weibchen. Langzeitbeobachtungen haben seither gezeigt: Diese Ledigen sind entweder alte Männer, die ihre Weibchen verloren oder aber junge Männer, die noch keine Familie gegründet haben. Ein Hamadryasmann wird mit etwa sechs Jahren geschlechtsreif, erwirbt aber erst mit etwa zehn Jahren sein erstes erwachsenes Weibchen. Die weibliche Geschlechtsreife fällt ins vierte oder fünfte Lebensjahr, aber etwa die Hälfte der Weibchen wird schon mit zwei oder drei Jahren Gattin eines jungen Mannes. Unsere Stichprobe enthielt 13 derartige Initialgruppen, die aus einem acht- bis zehnjährigen Mann und einem noch nicht geschlechtsreifen Weibchen bestanden. Das höhere »Heiratsalter« der Männer und die Beobachtung, daß es wohl ledige Männer, aber keine ledigen Weibchen gibt, erklären, wieso der Hamadryasmann trotz ausgeglichenen Geschlechterverhältnisses (46 Prozent Männchen) zur Zeit seiner Vollkraft meist mehrere Weibchen besitzt.

Affenweibchen durchlaufen Menstrualzyklen, sind aber nur in den Tagen um die Ovulation begattungsfähig. Der Östrus läßt sich bei Pavianinnen an einer Schwellung der Genitalregion erkennen. Mit Ausnahme des Mantel- und möglicherweise des Guineapavians (*Papio papio*) gehen Paviane nur während der Ovulationstage kurze, oft von Rivalen gestörte Paarbindungen ein. Dagegen kennt der Mensch eine anhaltendere sexuelle Bereitschaft und dauerhafte Paarbindungen.

Anthropologen haben vermutet, daß erst die Verlängerung der sexuellen Bereitschaft eine dauerhafte Paarbindung ermöglicht hat. Für den Mantelpavian trifft dies offensichtlich nicht zu: Wie die Pavianinnen anderer Arten ist das Hamadryasweibchen nur wenige Tage im Monat begattungsbereit und während der Schwangerschaft und Stillzeit überhaupt nicht. Trotzdem halten ihre Ehebeziehungen über Jahre fest zusammen. 30 von 38 Mann-Weibchen-Paaren in der Bande I am Kegelfels bestehen bereits seit mehr als zweieinhalb Jahren.

Dieser Zusammenhalt der Ehepartner geht anscheinend einseitig vom Mann aus. Wenn sich ein Weibchen von ihm weg in die Herde verliert, bedroht er sie, indem er die Brauen hochzieht und mit den Händen auf den Boden schlägt. Meist läuft dann das Weibchen sofort zu ihm hin. Andernfalls versetzt er dem Weibchen nach einem rasanten Angriff einen Nackenbiß (Abb. 1c). Obwohl er dabei statt der gefährlichen Eckzähne nur die Schneidezähne einsetzt, folgt ihm darauf das Weibchen mit Sicherheit und beginnt ihn meist auch zu lausen. Seine Jungen bindet der Mann nicht oder weniger durch Drohung an sich, entsprechend verkehren sie häufig mit Gruppenfremden.

Ist dieses sogenannte Hüteverhalten des männlichen Besitzers wirklich die Ursache des Paar-Zusammenhaltes? Wie kommt die Mantelpavianin zu der paradoxen Reaktion, einem drohenden Partner entgegenzulaufen, statt wie andere Affen vor ihm zu fliehen? Zur Klärung dieser Fragen wandten wir uns den ebenfalls in Äthiopien vorkommenden Anubispavianen (*Papio anubis*)[3] zu. Der Anubismann hütet seine Partnerin selbst während der kurzen sexuellen Bindung nicht, sondern folgt ihr hinterher. Angriffe beantwortet das Anubisweibchen »normal« mit Flucht. Wenn männliches Hüteverhalten eine hinreichende Ursache für die Dauerehen der Mantelpaviane ist, dann muß ein Hamadryasmann auch ein Anubisweibchen zum Folgen veranlassen und dauernd an sich binden können. Aufgrund der sehr ähnlichen Ethogramme erwarteten wir keine Kommunikationsschwierigkeiten zwischen den beiden Arten, und so beschlossen wir 1967 eine Serie von Experimenten (Kummer, Götz, Angst 1972). Wir fingen acht erwachsene Anubisweibchen und stellten sie drei Stunden lang in durchsichtigen Käfigen vor den Felsen verschiedener Hamadryasherden aus. Jedes Weibchen wurde sofort von je einem ansässigen Hamadryasmann gehütet. Als wir die Weibchen freiließen, liefen die Männer sofort zu ihnen hin. Die Weibchen versuchten zunächst zu fliehen, aber nach dreißig Stunden intensiven Hütens folgten sie dem Hamadryasmann im Mittel fast ebenso verläßlich wie die fremden Hamadryas-Kontrollweibchen, die wir in gleicher Weise in dieselben Herden transplantiert hatten. In umgekehrten Versuchen paßten sich Hamadryasweibchen ebenso rasch der ehelosen Organisation der Anubisherden an.

Einige Monate später entdeckten wir zufällig, daß Hamadryasmänner unser Transplantationsexperiment spontan in freier Natur ausführen, nämlich an der Artgrenze zwischen Anubis und Hamadryas im Auaschtal. In der grenznahen Hamadryasherde tauchten mehrfach Anubisweibchen als Begleiterinnen junger erwachsener Mantelpavian-Männer auf. Einen solchen Mann beobachteten wir in flagranti, wie er jenseits der Artgrenze ein Anubisweibchen gegen den Widerstand eines ansässigen Anubismannes hütete und am nächsten Tag allein mit ihr ins Hamadryasgebiet zurückwanderte. Offenbar betreiben grenznahe Hamadryasmänner gelegentlich Frauenraub auf Kosten der zwar stärkeren, aber nicht mit dem Hüteverhalten ausgerüsteten Anubisnachbarn.

Aus diesen Experimenten schlossen wir, daß die Männer vorwiegende Träger der Familienbildung beim Mantelpavian sind und daß das weibliche Verhalten plastisch genug ist, um sich wenigstens kurzfristig der fremden Sozialorganisation lernend anzupassen. Auf die Dauer allerdings konnten die meisten Mantelpavianmänner ihre Anubisweibchen nicht halten, weder in unseren Versuchsherden noch an der Artgrenze. Obwohl die Weibchen die Folgereaktion anscheinend vollständig erlernt hatten, entflohen sie früher oder später ihren Besitzern und den Gastherden. Diese Beobachtung zeigt eindrücklich, daß starke Motivationen nur begrenzt und vorübergehend durch anpassendes Lernen unterdrückt werden können. Nicht die Lernfähigkeit setzt hier die Grenze, sondern die vorgegebene Motivationsstärke. Die dauerhafte Paarbindung des Hamadryas ist ohne Bereitschaft des Weibchens nicht möglich, trotz des Hüteverhaltens und der körperlichen Überlegenheit des Mannes.

Dennoch tragen die Hamadryasmänner mehr zum Familiensystem bei als ihre Weibchen. Bei der monatelangen Beobachtung des Alltagslebens in den Einmanngruppen haben wir nie einen erwachsenen Gruppenführer beobachtet, der offen oder heimlich das Weibchen eines andern begattet hätte. Im Gegensatz zum Anubismann interessiert sich der Hamadryasmann nur für den dauernden Besitz eines Weibchens. Dagegen schlagen Mantelpavianinnen keineswegs die Gelegenheit aus, sich heimlich von einem Halbwüchsigen besteigen zu lassen. Werden die beiden ertappt, so züchtigt der Familienführer das Weibchen, wie das folgende Beispiel veranschaulicht:

Ein Mann geht seinen Weibchen beim Aufbruch vom Felsen voran. Eines der Weibchen ist im Östrus und präsentiert sich hinter seinem Rücken einem subadulten Mitläufer, der es rasch besteigt. Während der Begattung blickt der Familienführer zurück. Der Subadulte flieht sofort, während der Mann das Weibchen in den Nacken beißt und es dann seinerseits besteigt.

Nicht nur der räumliche Zusammenhalt, auch die Beschränkung des weiblichen Sozialverkehrs auf die eigene Gruppe ist also vorwiegend den Männern zuzuschreiben.

Was aber hält die Männer selbst zurück? Was beschützt die Weibchen einer Einmanngruppe vor dem Zugriff anderer Gruppenführer? Kämpfe um Weibchen sind im Hamadryasalltag außerordentlich selten. Mangelndes Interesse der Männer an fremden Weibchen ist bestimmt nicht die Ursache hierfür: Alle 38 fremden Weibchen, die wir im Transplantationsversuch ausgestellt hatten, fanden innerhalb weniger Minuten eifrige Bewerber. In einer andern Versuchsreihe haben wir einzelne Männer eingefangen und aus ihrer Herde entfernt; ihre Weibchen wurden sofort von andern Herdengenossen übernommen. Schon nach wenigen Stunden gaben die neuen Besitzer die Weibchen nicht mehr ohne heftigen Kampf her, wenn der frühere Gruppenführer zurückkehrte. Nach halbstündiger Abwesenheit eroberten die alten Besitzer in allen sechs beobachteten Fällen ihre Weibchen zurück, nach zwölfstündiger Abwesenheit aber nur noch in vier von neun Fällen. Aus diesen Beobachtungen gewinnen wir eine Antwort und zugleich eine neue Frage: Anscheinend vermag Kampf über den Besitz eines Weibchens zu entscheiden. Wenn aber der neue Besitzer sich als stärker erweist, warum hat er dem ursprünglichen Besitzer die Weibchen nicht schon früher geraubt? Kampfkraft allein ist also nicht die ganze Lösung des Problems. Anderenfalls müßte die Anzahl der Weibchen in einer Einmanngruppe mit dem Kampfrang des Führers korreliert sein, und das trifft nicht zu.

Diese Tatsachen ließen uns 1967 einen Faktor annehmen, welcher dem Einfluß der Kampfkraft entgegenwirkt. Wir stellten die Hypothese auf: Ein Mann erhebt dann keinen Anspruch auf ein Weibchen, wenn er es als Besitz eines andern Mannes erkannt hat; in diesem Fall wird seine Kampfneigung gleichsam unter Hemmung gesetzt. Diese Hemmungshypothese haben wir in einer Versuchsreihe der »Kampfranghypothese« gegenübergestellt, welche den ungeschmälerten Einfluß des Kampfrangs postuliert: Wir fingen erwachsene Mantelpaviane ein und gewöhnten sie in unserem Lager an ein Freigehege, das außerhalb ihres Wohngebietes lag. Der neutrale Boden wurde gewählt, damit die Erfolgschancen der Männer nicht durch Kenntnis des Geländes oder der Herdengenossen beeinflußt werden konnten. Im Hauptversuch wurde jeweils ein Mann und ein Weibchen ins Gehege gegeben, während ein zweiter Mann das Paar aus einem zehn Meter entfernten Käfig beobachten konnte. Zu Beginn war das Weibchen beiden Männern fremd; die Männer dagegen stammten aus derselben Herde, und wir durften daher annehmen, daß sie sich kannten. Im Gehege bestieg der Mann das Weibchen und begann sich mit ihm zu lausen. Der zuschauende Mann konnte somit feststellen, daß sein Herdengenosse ein neues Weibchen besaß. Nach einer Viertelstunde wurde er zum Paar ins Gehege gegeben.

Das Experiment wurde mit vier Männerpaaren aus vier Herden je zweimal mit jeweils neuen Weibchen durchgeführt. In allen acht Fällen unternahm der Zuschauer keinen Versuch, um das Weibchen zu kämpfen. Er vermied es, überhaupt mit dem Paar in Kontakt zu kommen oder es auch nur anzusehen. Statt dessen setzte er sich in die entfernteste Ecke und inspizierte die ihm inzwischen wohlvertraute Landschaft; häufig kratzte er sich oder fingerte ziellos im Boden. Für menschliche Augen wirkte er ausgesprochen verlegen. Der Vergleich mit Kontrollversuchen ergab, daß der Anblick des interagierenden Paares nicht nur sein Kampfverhalten, sondern sein ganzes übriges Sozialverhalten gehemmt hatte.

Dieses Ergebnis hätten wir immer noch damit erklären können, daß wir zufällig in jedem Paar den ranghöheren und kampfstärkeren Mann zum Besitzer gemacht hatten. Daher führten wir weitere acht Versuche durch, in welchen dieselben Männerpaare in vertauschten Rollen auftraten. Nach der Kampfranghypothese müßte nun in jedem Männerpaar stets der gleiche, nämlich ranghöhere Mann das Weibchen übernehmen, und zwar unabhängig von der ihm aufgedrängten Rolle als Besitzer oder Zuschauer. Die Ergebnisse der sechzehn Versuche sprachen indessen ausnahmslos für die Hemmungshypothese: In jedem Fall behielt der jeweilige Besitzer das Weibchen. Die Kampfranghypothese wurde für Männer derselben Herde mit $p < 0.01$ verworfen (Kummer, Götz, Angst 1974). In einer weiteren Serie von fünfzehn Versuchen kamen jeweils Männer aus verschiedenen Herden zusammen. In vier von diesen Versuchen griffen die Rivalen besonders rangtiefe Besitzer an und raubten ihnen in zwei Fällen das Weibchen. Aufgrund der Versuchseinzelheiten gelangten wir zur Vermutung, daß bei sehr überlegenen Rivalen der Rang die Hemmung durchbricht.

Nach unserer Deutung des Gesamtversuchs ist der Harem eines Mantelpavianmannes in der eigenen Herde ein Besitz, der selbst von ranghöheren Rivalen respektiert wird. Die Rivalenhemmung verhindert endlose Kämpfe um Weibchen und verleiht so der Herdenorganisation Stabilität. Inzwischen haben Laborversuche von Falett u. Sigg (in Vorbereitung) gezeigt, daß Mantelpaviane auch den Besitz von Gegenständen achten; interessanterweise ist die Hemmung unter Weibchen weniger deutlich ausgeprägt als unter Männern.

Familienbildung

Jede Antwort führt zu neuen Fragen. Wie kommt es, daß alte Männer keine Weibchen mehr haben? Wie können junge Männer Weibchen erwerben, wenn die Rivalenhemmung den Weibchenbesitz der etablierten Gruppenführer schützt? Die Beantwortung dieser Fragen führt uns zur Lebensgeschichte der Einmanngruppe.

Schon 1961 fanden wir in unseren Stichproben die sogenannten Initialgruppen, in denen ein nahezu ausgewachsener Mann ein ein- bis zweijähriges Weibchen führt. Das Hüteverhalten des Mannes und die Folgereaktion des Weibchens sind in der Initialgruppe bereits entwickelt, aber sexuelle Beziehungen kann der Mann mit dem nicht geschlechtsreifen Weibchen noch nicht aufnehmen. Er vertritt an ihm die Stelle der Mutter: Nachts schläft es wie ein Säugling in seinen Armen, und über schwierige Kletterstellen trägt er es auf dem Rücken. Die eingehende Beobachtung dreier Initialgruppen unserer damaligen Studienherde am Weißfelsen ergab keine Hinweise auf die Herkunft des Weibchens. Weder Vater noch Mutter traten je in Erscheinung, obschon in einer der beobachteten Gruppen das Weibchen immer wieder zu entwischen suchte, seinen Mann dadurch zu Hütejagden über den Felsen veranlaßte und wir dabei Interventionen der Eltern erwartet hätten. Nach den Beobachtungen am Weißfelsen und später, 1972, an der Bande III der Kegelfelsherde können Initialgruppen entstehen, indem ein junger erwachsener Mann ein kleines Weibchen plötzlich aus der elterlichen Familie entführt.

In der Bande I am Kegelfelsen beobachteten wir eine subtilere Variante der Initialgruppenbildung (Abegglen 1976). Die Beobachtung von sieben der acht subadulten Männer, die alle Mitläufer von Einmanngruppen waren, ergab einen zweistufigen Verlauf der Initialgruppenbildung: In einer ersten Phase benutzten die jungen Männer ihre Stellung als Mitläufer, um Beziehungen zu weiblichen Säuglingen ihrer Einmanngruppe anzuknüpfen. Ein

Säugling interagiert noch vorwiegend mit seiner Mutter und lebt mitten in der Familie. Dahin wagt ihm der Mitläufer nicht zu folgen. Verläßt aber der weibliche Säugling einmal den Gruppenkern, so ergreift ihn der Mitläufer und bemuttert ihn während einiger Minuten. Mehr als vier Fünftel seiner Sozialbeziehungen zu juvenilen Weibchen gelten den weiblichen Säuglingen seiner Anschlußgruppe. In dieser Phase erscheint der junge Mann in seinen Beziehungen zu juvenilen Weibchen leicht gehemmt; auch zeigt er eine erhöhte Rate von Konfliktverhalten, wie wir sie im Hemmungsversuch bei den Rivalen fanden: Kratzen, Selbstlausen und Schnauzenwischen. Die Spannung ist verständlich: Die Entführung des Weibchens kann dessen Vater zu einem Angriff auf den Mitläufer verleiten, wozu Drohungen der Mutter oft das Vorspiel liefern. Väter versuchten ihre kleinen Töchter, nicht aber ihre Söhne zu befreien, wenn wir sie zu Markierzwecken in Fallen fingen. Der Mitläufer hat also den Besitzanspruch des Gruppenführers zu überwinden, der jedoch weit weniger ausgeprägt ist als der Besitzanspruch auf erwachsene Weibchen. Männer interagieren etwa zehnmal weniger häufig mit ihren kleinen Töchtern als mit ihren erwachsenen Weibchen. Wir wissen nicht, ob diese geringe Interaktionsrate nur eine abgeschwächte Hemmung beim Mitläufer auszulösen vermag oder ob halbwüchsige Männer allgemein weniger hemmbar sind. Jedenfalls ist die Hemmung des Mitläufers nicht vollständig. Indem also der junge Hamadryasmann juvenile statt erwachsene Weibchen zu erwerben sucht, kann er die Hemmungsschranke gegenüber dem Gruppenführer überwinden. Monate später, in der zweiten Phase, beginnt der Mitläufer das Weibchen sachte aus seiner Familie zu lösen: Er geht unmittelbar vor ihm her, wenn es seiner Mutter zum Schlafplatz folgt; er setzt sich immer wieder gezielt zwischen Weibchen und Gruppe und fordert das Weibchen mit charakteristischer Haltung zum Lausen auf. Später versucht er es unter stetigem Zurückblicken von der Gruppe wegzuführen. Dieser in fünf Fällen beobachtete Vorgang dauert in der Bande I wiederum Monate und kann bei unvorsichtigem Vorgehen des Mitläufers leicht zu Angriffen des Gruppenführers und damit zu Rückschlägen führen. In einem Fall war der Rückschlag vollständig und ging mit einer erneuten Zunahme des Konfliktverhaltens beim Mitläufer einher. Im erfolgreichen Fall wird die Initialgruppe schließlich autonom.

Mit der Bildung der Initialgruppe hat sich der junge, bereits geschlechtsreife Mann ein Weibchen für die Zukunft gesichert. Ließe er es dabei bewenden, so verlöre er bis zur Geschlechtsreife des Weibchens drei bis vier Jahre seiner fortpflanzungsfähigen Lebensperiode. Um diesen Zeitverlust zu vermeiden, müßte er die Rivalenhemmung überwinden und ältere Gruppenführer im offenen Kampf besiegen und deren erwachsene Weibchen übernehmen. Bereits die Gehegeversuche hatten vermuten lassen, daß die Rivalenhemmung bei starker Überlegenheit des Rivalen durchbrochen werden kann, und so ein mögliches Wirkungsgefüge zur Erfüllung unseres Postulates angedeutet. Dennoch waren wir überrascht zu beobachten, daß das Postulat in freilebenden Banden tatsächlich verwirklicht wird. 1972 registrierten wir innerhalb von neun Monaten den Sturz aller drei alten Gruppenführer der Bande I. Ein Fall wurde unmittelbar beobachtet, die andern aus Kampfwunden und der Neuverteilung der Weibchen rekonstruiert. Eines Abends kehrte der alte Gruppenführer und Klanälteste, Padorn, schwer verwundet und ohne seine zwei erwachsenen Weibchen vom Tagesmarsch zurück. Angegriffen und besiegt hatte ihn sein ältester Mitläufer Spot, der bereits mit Padorns Tochter Elsbeth eine Initialgruppe gebildet hatte. Eines von Padorns erwachsenen Weibchen folgte jetzt Spot, und am Ende der Umsturzphase erwarb Spot auch das zweite, das zunächst ein anderer Initialgruppenführer erobert hatte. Einige Monate später wurden auch die zwei übrigen klanältesten Gruppenführer, Admiral und Rosso, ihrer Weibchen ganz oder teilweise beraubt (Abegglen 1976).

Im Verlauf des Umsturzes wurden vierzehn erwachsene und zwölf noch nicht geschlechtsreife Weibchen der drei alten Führer neu verteilt (Tab. 1). Die vier ledigen, jüngeren Mitläufer und die Alten selber gingen leer aus. Ausschließliche Erben waren die vier autonomen Initialgruppenführer und ehemaligen ältesten Mitläufer der Alten und ein junger Gruppenführer aus Rossos Klan. Fast der gesamte Weibchenbestand ging also an die nächst jüngere Männerklasse über ($p < 0.001$), wobei die Initialgruppenführer vor allem ihren *eigenen* alten Gruppenführer beraubten ($p < 0.001$).

Im Licht der Hemmungsexperimente müssen wir annehmen, daß der Kampfrang der heranwachsenden Männer zunahm und derjenige der alten Führer abnahm, bis die Hemmung der jüngeren Männer zusammenbrach. Daß die drei alten Führer nach den Kämpfen schwerer verwundet waren als ihre Angreifer, scheint die Deutung zu stützen.

Es ist für unser Gefühl zunächst befremdend, daß der junge Mann ausgerechnet denjenigen Führer beraubt, dem er als Mitläufer besonders nahe stand und mit dessen Tochter er seine Initialgruppe gebildet hat. Dagegen erlaubt der gegenwärtige Stand soziobiologischer Theorie, uns ein Bild darüber zu machen, was die Vorgänge der Familienbildung für die Hamadryasgesellschaft leisten: Nach der Optimierungstheorie von Orians (1969) verhält sich das Mitglied einer Sozietät so, daß es mit möglichst geringem Risiko und Energieaufwand möglichst viele erwachsene Nachkommen hinterläßt. Im Einklang mit biologischen Evolutionsvorstellungen werden die heutigen Artvertreter als Nachkommen und Gen-Erben von Vorfahren verstanden, die dieses Ziel mit überdurchschnittlichem Erfolg erreicht haben. Wenden wir die Optimierungstheorie auf die Mantelpaviane an, so erscheint es sinnvoll, wenn der Intitialgruppenführer versucht, möglichst schnell geschlechtsreife Weibchen zu erwerben. Nach der Theorie müssen wir aber auch annehmen, daß der alte Führer seine Weibchen möglichst lange zu behalten sucht. Das tut er tatsächlich, indem er sie vor Rivalen verteidigt. Wenn er sie aber verliert, liegt es, wiederum nach der Theorie,

Status der Empfänger	Empfänger gehört zu: Klan des Beraubten	anderem Klan derselben Bande	anderer Bande oder Herde	Verteilung in der Bande nach Status: Total	Erwartung
Alte Gruppenführer				0	5,1
Junge Gruppenführer	●	●●●●		5	3,4
Initial-gruppenführer	●●●●● ○○○○○○○○	●● ○○○	●● ○	17	6,8
Ledige Mitläufer				0	6,8
Total	14	9	3		
Erwartung	2,7	4,9	17,4		

Tab. 1 Verteilung der Weibchen der alten Gruppenführer nach dem Umsturz, aufgegliedert nach sozialem Status und nach Klanzugehörigkeit der Empfänger. Schwarze Punkte: erwachsene Weibchen; weiße Punkte: juvenile Weibchen. Die Erwartungswerte wurden unter der Annahme berechnet, daß alle vorhandenen Männer dieselbe Erwerbschance haben und daß ein Mann ein verlorenes Weibchen zurückgewinnen kann. Klan und Bande neigen dazu, ihr »Weibchen-Kapital« auch im Umsturz beisammenzuhalten. Haupterben sind die nächstältesten Männer im Klan des Beraubten selbst.

in »seinem« Interesse, daß ihn ein Verwandter beerbt, ein Mann also, der Träger ähnlicher Erbanlagen ist und diese Anlagen an die Nachkommen weitergibt. Erst wenn der Alte seine Weibchen an einen völlig fremden Mann abgibt, verliert er ihr Fortpflanzungspotential ganz. Schon vor dem Umsturz fiel auf, daß sich die Männer eines Klans körperlich auffallend ähnlich sahen. Sollte die Langzeitstudie ergeben, daß sie tatsächlich nahe Blutsverwandte sind, so wird die im Umsturz beobachtete »Erbfolge« von der Optimierungstheorie her verständlich. Für den abgesetzten Führer, der seine Weibchen nicht mehr selbst zu halten vermag, erscheint die Entthronung durch einen Klanverwandten als zweitbeste Lösung.

Eine merkwürdige Einzelheit aus der Zeit vor dem Umsturz sei noch erwähnt. Abegglen hatte regelmäßig das Melden unter den Männern der Bande I protokolliert. Diese Besänftigungsgeste hatten im Hemmungsversuch die Weibchenbesitzer häufig gegenüber dem gehemmten Rivalen ausgeführt, rund dreißigmal so häufig wie die Rivalen es ihnen gegenüber taten ($p < 0.02$). Vor und nur vor dem Umsturz meldeten die drei alten Führer vorwiegend den Initialgruppenführern ihrer Bande und unter diesen wiederum vorwiegend den Initialgruppenführern des eigenen Klans. Nach dem Umsturz begannen die Erben gehäuft den nächst jüngeren Mitläufern der Bande zu melden. Das Melden wird also von Weibchenbesitzern an ihre gefährlichsten Rivalen gerichtet, die sie offenbar schon Monate im voraus kennen.

GIBT ES ERERBTE UNTERSCHIEDE DES SOZIALEN VERHALTENS?

1968 entdeckte unser Mitarbeiter Nagel (1973) an der Artgrenze zwischen Mantel- und Anubispavianen eine 20 km breite Zone, in der sich die beiden Arten kreuzen. Es war ein weiterer Glücksfall, daß die Biotopgrenze zwischen dem Galeriewald auf der Anubisseite und dem nahrungsärmeren, felsigen Canyon auf der Hamadryasseite mit keiner der beiden genetischen Grenzen zusammenfiel, sondern im Gebiet der reinen Anubispaviane verlief.

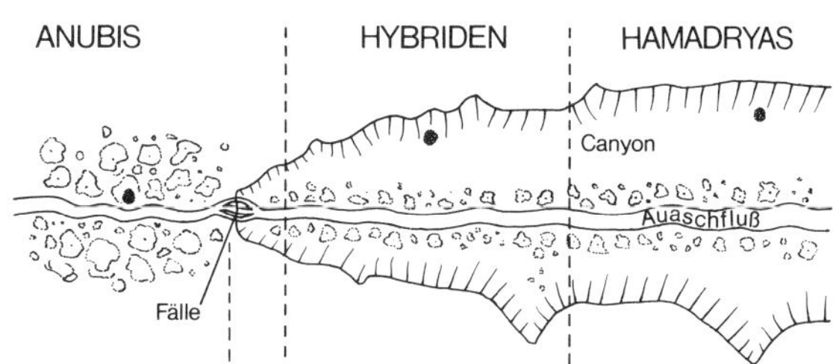

		Anubis		Hybriden		Hamadryas
1.	Genotyp	Anubis		Hybriden		Hamadryas
2.	Einmanngruppen	keine		unstabile		stabile
3.	Schlafstätten	Bäume		Felsen		
4.	Zahl Schlafstätten pro Herde	eine, Herde geschlossen		mehrere, Herde spaltet sich auf		
5.	Rastzeit im Wald	77%	⟷	53%	⟷	22%
6.	Fresszeit im Wald	45%	⟷	25%	⟷	26%

Abb. 5 Schema der Artgrenze im Auaschtal, Äthiopien. Ob sich ein Verhaltensmerkmal an der ökologischen Grenze bei den Auaschfällen oder an den genetischen Grenzen zwischen reinen Anubis, Hybriden und reinen Hamadryas ändert, erlaubt Schlüsse über die genetische oder Umweltbestimmtheit der Unterschiede. Senkrechte Bälkchen bezeichnen gesicherte, aber hier nur qualitativ bezeichnete Unterschiede, Doppelpfeile gesicherte Unterschiede zwischen Werten aus drei, mit schwarzen Punkten markierten Intensivstudienherden (nach: Nagel 1971, 1973).

Diese selten günstige Gelegenheit erlaubte Nagel zu entscheiden, welche Verhaltensmerkmale genetisch festgelegt[5] und welche Merkmale als modifikatorische Anpassung an die örtliche Umwelt aufzufassen sind. Umweltabhängige Merkmale ändern sich an der Biotopgrenze, wo der reiche, ebene Galeriewald in den steilen Canyon übergeht. Derartige Merkmale sind beispielsweise die Art und das Belegungsmuster der Schlafplätze, ferner der Zeitanteil für Nahrungssuche im Wald (Abb. 5). Genetisch festgelegte Merkmale werden vom ökologischen Übergang nicht beeinflußt, sondern ändern sich in Übereinstimmung mit dem Genotyp. Dazu gehören etwa die mittlere Rastzeit im Wald und vor allem die Organisation in Einmanngruppen. Die Familienorganisation des Mantelpavians ist demnach ein weitgehend genetisch bestimmtes, umweltstabiles Merkmal. Erst in naturfernen Umwelten bildet sich diese Anlage nicht mehr verläßlich aus: Einige Zookolonien kennen keine Einmanngruppen und ähneln in ihrem Paarungsmuster dem Anubispavian.

WOZU EINE PAVIANFORSCHUNG?

Können unsere Untersuchungen zu einem anwendbaren Verständnis des Menschen beitragen? Solange wir nur *isolierte Merkmale* von Primaten-Gesellschaften zu verwerten suchen, werden wir oberflächliche und wertlose Einsichten gewinnen. »Sind Primaten manchmal sozial frustriert?« werden wir etwa gefragt. Die – in diesem Fall bejahende – Antwort wird dann gern als Teilargument für oder gegen die »Natürlichkeit« und damit Berechtigung eines Phänomens in der menschlichen Gesellschaft eingesetzt. Derartige Folgerungen sind nicht zwingend. Daß auch Affen frustriert sein können, lehrt uns als Einzelergebnis weiter nichts; zudem ist Natürlichkeit für menschliche Gesellschaften kein unbedingter Wert. Erst wenn wir versuchen, *ganze Organisationspläne* und deren »Wirkungsgefüge« (von Holst, St. Paul 1960; s. auch den Beitrag von B. Hassenstein über E. von Holst in diesem Band) zu verstehen, können wir ernsthaft zum Verständnis des Menschen beitragen. Wir haben uns daran gewöhnt, soziale Verhaltensweisen isoliert zu betrachten und ethisch zu bewerten. Die Vertreter der neuen Soziobiologie (Wilson 1975) fordern uns zu einer anderen Sicht heraus: Sie fassen altvertraute Begriffe wie »Egoismus«, »Kooperation« oder »Altruismus«[4] ohne ethischen Bezug in rein biologische Definitionen und untersuchen, unter welchen Bedingungen sich diese Verhaltensweisen stammesgeschichtlich entwickeln konnten. Das wechselseitige Zusammenspiel sozialer Verhaltensweisen kann bei Tieren an Hunderten von Gesellschaftsvarianten erforscht werden und verläuft nach recht genau faßbaren Grundsätzen. Mit dieser biologischen Blickrichtung versuchen wir, Phänomene anzugehen, die letztlich älter sind als unsere Begriffe für sie. Erscheinungen wie Rang, Adoption, Verwandtschaft oder Altruismus werden in ihrer vorkulturellen Funktion verständlich. Aus diesem weiteren, oft überraschenden Blickwinkel wird manche menschliche Verhaltensweise, die wir bisher nur nach den Maßstäben der eigenen Kultur beurteilt haben, besser zu verstehen sein.

Eine ernsthafte Bemühung um die Sinnfrage der Pavianforschung sollte sich nicht damit begnügen, die angebliche Nützlichkeit primatologischer Ergebnisse herauszustreichen; die Teflonpfanne rechtfertigt die Weltraumforschung ebenso wenig wie die üblichen Tier-Mensch-Vergleiche die gesamte Verhaltensforschung. Eine umfassendere Antwort könnte aus folgendem Ansatz gewonnen werden: Pavianforschung ist der Versuch, mit menschlichen Erlebenswerten und Vorstellungsgrößen uns unsere Erfahrung bezüglich einer andersartigen Gesellschaft bewußt zu machen. Forschen ist ein Vorgang der Bewußtwerdung, stellt einen Gebrauch menschlicher Vorstellungen dar und ist damit Bestandteil unserer Kultur. Diese banale Feststellung hat Folgen:

1. Sie erweitert die Frage »Wozu Pavianforschung?« zu »Wozu eine Kultur, in der es eine Pavianforschung gibt?«. Die Frage verliert nichts an Schärfe, schließt jetzt aber den Frager ebenso ein wie den Gefragten.

2. Ein wesentlicher Sinn des Forschens liegt im Vorgang selbst und nicht einfach in den Ergebnissen. In der Physik hat eine konsequente Erforschung der »unbelebten Natur« den

Forschungsvorgang selbst bewußt gemacht, nämlich das Beobachten und Messen. Das hat zu einer bewußten Durchdringung grundlegender Begriffe geführt: Raum, Zeit, Energie, Materie, Ordnung. Wir müssen gestehen, bisher haben wir noch nicht gelernt, diese Entwicklung für die Theoriebildung in unserem Fach nutzbar zu machen. Möglicherweise wird eine zukünftige Primatenforschung zu einer ähnlichen Erhellung anderer Begriffe beitragen: Individuum, Gesellschaft, Beziehung, Entwicklung. Wenn wir unsere Untersuchungen auf den Vorgang des Forschens zurückführen, können wir eine tragfähigere Brücke für Tier-Mensch-Vergleiche finden: Wir vergleichen dann nicht mehr verschiedene Objekte, sondern unsere gemeinsamen Vorstellungen darüber.

3. Eine Regel ist nur aufgrund ihrer Ausnahme erkennbar (Whorf). Wenn Bewußtwerdung an Objektivierung gebunden ist, dann bedürfen wir des Andersartigen, das uns vorgelegt (obiectus) wird. Für den Psychologen mag es der kranke Mensch sein, für den Völkerkundler der Mensch einer anderen Kultur, für uns ist es der Pavian. Der Sinn der Bewußtwerdung liegt nicht in der Wahl des Objektes, sondern in dem, was man sich daran bewußt macht. Also nicht: »Wozu *Pavian*-Forschung?«, sondern: »Wozu Pavian-*Forschung*?«.

ANMERKUNGEN

1

Die vorliegenden Untersuchungen verdanken wir der großzügigen Unterstützung durch den Schweizerischen Nationalfonds, die US National Science Foundation und die Wenner-Gren Foundation for Anthropological Research. Folgende Mitarbeiter haben uns unveröffentlichte Ergebnisse freundlichst zur Verfügung gestellt: H. Abegglen, H. Sigg, A. Stolba und J. Falett.

2

Wo keine andere Quelle angeführt wird, sind die Ergebnisse den Arbeiten von H. Kummer (1968) und J.-J. Abegglen (1976) entnommen.

3

Im weiteren Sinn ist der Begriff »Pavian« ein Sammelname für einige Gattungen niederer Altweltaffen, die am Boden leben, zum Teil sogar von Bäumen unabhängig sind und einen deutlichen Geschlechtsunterschied zeigen. Im engeren Sinn bezeichnet er die Gattung Papio, die mehrere Arten umfaßt. Unter den Papio-Arten lebt, *Papio papio* vermutlich ausgenommen, nur *Papio hamadryas* in dauerhaften, polygynen Familien (Fachausdruck: Einmanngruppen). Die übrigen Papio-Arten haben einschichtig organisierte Gruppen mit Promiskuität: Die Weibchen verpaaren sich in jeder monatlichen Ovulationsperiode neu und vielfach mit verschiedenen Männchen. Einmanngruppen finden sich noch beim Dscheladapavian (*Theropithecus gelada*) der alpinen Wiesen Hochäthiopiens. Eine bestimmte Sozialstruktur kann also bei einzelnen, aber nicht notwendig bei allen Arten verschiedener Gattungen auftreten, vermutlich als Anpassung an ähnliche Umweltansprüche.

4

Wir halten die inzwischen eingebürgerte Heranziehung dieser bereits belegten Ausdrücke für irreführend.

5

In präziser Fassung müßte dies heißen: Die *Unterschiede* in diesen Merkmalen sind unter den vorliegenden Umweltsbedingungen auf *Unterschiede* zwischen den drei Gen-Pools zurückzuführen.

LITERATUR

Abegglen, J.-J.: On socialization in hamadryas baboons. Dissertation Universität Zürich 1976

Holst, E. v., St. Paul, U. v.: Vom Wirkungsgefüge der Triebe (1060). In: Zur Verhaltensphysiologie bei Tieren und Menschen. Gesammelte Abhandlungen, I. München: Piper 1969

Kummer, H.: Social organization of hamadryas baboons. A field study. Bibiotheca primatologica, 6, 1968 1–189. Chicago: Chicago University Press 1968

Kummer, H., Götz, W., Angst, W.: Anpassung eines Anubis-Weibchens an das Haremssystem der Mantelpaviane (Freilandexperimente). Begleittext zu Film D 1095. IWF Göttingen 1972

Triadic differentiation: An inhibitory mechanism protecting pair bonds in babonns. Behavior, 49, 1974, 62–87

Markl, H.: Vom Eigennutz der Uneigennützigen. Die Evolution hochentwickelter Sozialsysteme im Tierreich. Naturw. Rundschau, 7, 1971, 281–289

NAGEL, U.: Social organization in a baboon hybrid zone. Proc. 3rd Int. Congr. Primat., Zürich 1970, III. Basel: Karger 1971, 48–57

A comparison of anubis baboons, hamadryas baboons, and their hybrids at a species border in Ethiopia. Folia primat. 19, 1973, 104–165

ORIANS, G. H.: On the evolution of mating systems in birds and mammals. American Naturalist, 103, 1969, 589–603

WILSON, E. O.: Social Behavior: Introduction. In: T. E. Eisner, E. O. Wilson (Eds.): Animal Behavior. Readings from Scientific American. San Francisco: Freeman & Co. 1975, 258–263

SCHIMPANSEN

von Hedwig van de Rijt-Plooij und Frans X. Plooij

EINLEITUNG

Unsere Bekanntschaft mit »Primaten« ist so alt wie die Menschheit selbst. Primaten ist der zoologische Name für die Säugetierordnung, die die Halbaffen, Affen und Menschenaffen umfaßt[1]. Im Gegensatz zu den beiden ersteren haben die Menschenaffen als einzige keinen Schwanz. Deshalb ist der Schimpanse genauso wie der Mensch ein zu den Menschenaffen gehörender Primate.

Einige Völkerstämme, in deren Umgebung noch andere Menschenaffen leben, erklären, mit diesen verwandt zu sein. Sie bezeichnen sie als besondere Formen menschlicher Wesen. Obwohl die ersten lebenden Schimpansen etwa um 1640 nach Europa gelangt waren, kam hier erst viel später die Überlegung auf, daß eine Beziehung zu unserer Art bestehen könne. Um die Mitte des 19. Jahrhunderts konfrontierten Thomas Huxley und Charles Darwin die westliche Welt mit ihren Ideen. Sie betonten, wie wichtig es sei, daß es noch andere Menschenaffen gebe, weil sich so möglicherweise die biologische Herkunft der heutigen Menschheit erklären und begreifen lasse.

Seitdem und vor allem in unserem Jahrhundert haben sich unsere Kenntnisse der Anatomie und des Verhaltens der Schimpansen stark vermehrt. Biochemische, physiologische und anatomische Laboruntersuchungen an Schimpansen zeigen, daß dieser Menschenaffe der uns am nächsten verwandte Primate ist und sich deshalb außerordentlich gut für eine vergleichende medizinische und psychologische Forschung zugunsten des Menschen eignet.

FREILANDSTUDIEN

An der Ostküste des Tanganjikasees begann man 1961 an zwei 170 Kilometer voneinander entfernten Stellen das Verhalten von Schimpansen in ihrer natürlichen Umgebung zu beobachten. Zweckbestimmung beider Untersuchungszentren ist, bestimmte Gemeinschaften auszuwählen und sie jahrzehntelang sehr eingehend zu studieren. Eine derart lange Zeit ist erforderlich, um ein Bild von dem komplizierten, durch die individuelle Lebensgeschichte stark beeinflußten Verhalten der Schimpansen zu bekommen.

Japanische Wissenschaftler gründeten in den fast unzugänglichen Mahalibergen eines dieser Forschungslager. Das andere, nördlich davon gelegene, wurde etwa um die gleiche Zeit von der englischen Forscherin Jane Goodall gegründet. Später wurde ein großes, diese Stelle mit einbeziehendes Gebiet zum Gombe-Strom-Nationalpark erklärt.

Seinen internationalen Ruf verdankt dieser Ort den Büchern und Filmen Jane Goodalls und des Naturfilmers Hugo van Lawick (van Lawick-Goodall 1967, 1971). Wissenschaftler und Studenten aus Tansania, Europa und Amerika kamen, um hier sowohl Schimpansen als auch Paviane zu beobachten. Den durch jahrelange Gewöhnung zutraulich gewordenen Tieren konnte man sich so weit nähern, daß sich sogar der Gesichtsausdruck gerade eben geborener Jungtiere beobachten ließ.

GEMEINSCHAFTEN

Wechselnde Untergruppen

Die Forscher im Gombe-Strom-Nationalpark glaubten anfangs, Schimpansen lebten in losen, sich immer wieder verändernden kleinen Gruppen und seien dadurch von anderen Primaten unterschieden (Goodall 1965; s. auch Reynolds, Reynolds 1965, die im Budongo-Urwald beobachtet hatten). Später stellte man aber fest, daß bestimmte Individuen andere mieden, und so bildete sich allmählich die Überzeugung, daß auch die Schimpansen im Gombe-Strom-Nationalpark feste Gruppen kennen, die man als »Gemeinschaften« bezeichnet.

Das Studiengebiet umfaßt mindestens zwei Gemeinschaften. Jedes Individuum ist deutlich von den anderen unterscheidbar, verhält sich anders und sieht auch anders aus. Die Anzahl der Mitglieder einer solchen Gemeinschaft bleibt ziemlich konstant; die Größe der verschiedenen Gemeinschaften hingegen kann sehr verschieden sein. Zu der Zeit, als wir unsere Studien in Gombe abschlossen, zählten die beiden uns bekannten Gemeinschaften einundvierzig bzw. neun Mitglieder. Diese ziehen allein oder in kleinen Gruppen innerhalb des Gebietes ihrer Gemeinschaft umher.

Es wandern aber nicht immer die gleichen Tiere miteinander. Vielmehr können sich Gruppen in allen möglichen Größen und Zusammensetzungen bilden, deren Mitglieder von einigen Minuten bis zu mehreren Tagen zusammenbleiben.

Freundschaften und zeitweilige Bevorzugungen

Obwohl es zu Anfang schwerfiel, in den Gruppenbildungen innerhalb der Gemeinschaft eine Regel zu erkennen, fiel es nach und nach doch auf, daß meistens zwei bis drei Tiere zusammen sind. Persönliche Bevorzugungen und Freundschaften vorübergehender oder dauernder Art spielen hierbei eine große Rolle. Familienmitglieder sind häufig langfristig zusammen. Zwischen ihnen besteht eine Bindung, die offenbar das ganze Leben anhält. Mütter, die Kinder des gleichen Alters haben, ziehen regelmäßig gemeinsam umher. Sie geben dadurch ihren Kindern Gelegenheit, miteinander zu spielen. Männliche Tiere können lang dauernde Freundschaften entwickeln. Man sieht daher häufig die gleichen Männchen beieinander.

Anfänglich glaubte man, Schimpansen hätten keine ausgeprägte Partnerschaftsneigung. Neuere Untersuchungen von Caroline Tutin zeigen jedoch, daß zwischen bestimmten Männchen und Weibchen eine subtile Bindung besteht (s. van Lawick-Goodall 1971). Manchmal geht so ein Pärchen wochenlang »auf Safari«. Die beiden verlassen ihre Gruppe und wandern zur Grenze ihres Gebietes.

Absonderung

Ein Schimpanse sucht nicht immer die Gesellschaft anderer. Hört oder sieht er andere und will selbst nicht bemerkt werden, dann versucht er eine Begegnung zu vermeiden. Ist es zu spät, um sich noch davonzuschleichen, dann versteckt er sich hinter einem Baum. Wird er doch bemerkt, dann begrüßt er den anderen oft geradezu überschwenglich und geht dann wieder so schnell wie möglich seines Weges. Warum der Schimpanse allein sein will, wird nicht immer sofort deutlich. Manchmal kann ein mehrere Stunden oder sogar Wochen zurückliegendes Ereignis Aufklärung über die Gründe geben, die er haben könnte, den anderen nicht treffen zu wollen.

Begegnung mit Nachbargemeinschaften

Manchmal kommt es vor, daß sich eine große Anzahl Individuen versammelt und zur äußersten Grenze des Gemeinschaftsgebietes wandert, als ob sie an der Grenze Patrouille gehen wollten. Dies können gemischte Gruppen sein, in denen sowohl Männchen als auch Weibchen mit und ohne Kinder vorkommen. Bemerkt eine solche Patrouille in der Ferne fremde Schimpansen einer Nachbargemeinschaft, dann können sich verschiedene Dinge ereignen. Meistens hören die Gruppen einander, ohne sich zu sehen, und man geht sich aus dem Wege. Das kann von langdauerndem und lärmendem Imponiergehabe begleitet sein. Ist eine Gruppe aber klar in der Minderheit, dann wird sie sich lautlos aus dem Staub machen und erst an einer Stelle, wo sie von der fremden Gruppe nicht mehr gehört werden kann, in ein ohrenbetäubendes Geschrei ausbrechen. Und das tut sie nicht ohne Grund. In den letzten Jahren hat sich herausgestellt, daß es bei einer unerwarteten Begegnung eines einzelnen mit einer großen Gruppe fremder Schimpansen sehr gut möglich ist, daß er getötet wird. Der Mitverfasser dieser Zeilen hat zusammen mit David Bygott dabei sogar einen Fall von Kannibalismus beobachtet! Es ist, als ob ein fremder Schimpanse überhaupt kein Schimpanse sei.

Bei unserem Aufenthalt in Gombe konnten wir miterleben, daß die von uns beobachtete Gemeinschaft sich langsam in zwei aufspaltete. Angehörige beider Teilgruppen kannten einander daher gut, aber sahen einander immer seltener, da die eine Teilgruppe sich in ein Nachbargebiet verzogen hatte. Je weniger sie sich sahen, desto heftiger und gewalttätiger fielen die Begegnungen aus. So konnte es vorkommen, daß eine Gruppe aus der einen Subgemeinschaft eine Gruppe aus der anderen »überfiel«, indem sie unerwartet in geschlossener Reihe einen Hang hinab auf die nichts Ahnenden einstürmte. Noch nie sah ich eine Mutter mit ihrem Baby so schnell und ausdauernd flüchten. Sie rannte und rannte, bis selbst in der fernsten Ferne nichts mehr zu hören war. Erst dann blieb sie keuchend sitzen und lauschte, ehe sie vorsichtig weiterzog, fort von dem Ort des Unheils. Nach ein paar Jahren trafen sich die Angehörigen der beiden Subgemeinschaften überhaupt nicht mehr, und es bestand eine Zeitlang sogar eine Art Niemandsland zwischen den beiden Gebieten. Nicht lange darauf fand man die erste Leiche, und sie blieb nicht die einzige ...

Vaterwahl, Vaterrolle

Ein junges geschlechtsreifes Weibchen zieht aus der Gemeinschaft, in der es aufgewachsen ist, fort und wird von einer anderen Gemeinschaft mit gemischten Gefühlen aufgenommen. Die Männchen schätzen seine Gesellschaft; die Weibchen benehmen sich jedoch oft »eifersüchtig«. Dieses Verhalten verschwindet aber, sobald die Neue ein Baby hat und damit voll in die Gemeinschaft aufgenommen ist. Manchmal ist die Umsiedlung nur vorübergehend. Die Bindungen zu der ursprünglichen Gemeinschaft sind dann wohl so stark, daß das Weibchen wieder zurückkehrt, sobald es trächtig ist.

Der genaue Anlaß zu dieser manchmal zeitweiligen, oft auch endgültigen Auswanderung ist noch nicht bekannt. Es kann wohl angenommen werden, daß Kinder außerhalb der Gemeinschaft, in der die Mutter aufgezogen wurde, gezeugt werden.

Auch wenn ein Weibchen einen bestimmten Partner bevorzugt hat, blieb er oft nicht der einzige, der sich mit ihm gepaart hat. Die Folge ist, daß der Vater zumeist nicht bekannt ist. Bei der Aufzucht der Jungen erfüllt jedenfalls kein bestimmtes Männchen eine ausgesprochene Vaterrolle.

DIE GEBURT

Die Geburt eines Schimpansen in der Wildnis konnte bisher noch nie von Menschen beobachtet werden. Während unseres Aufenthaltes in Gombe bekam »Winkle«, ein gerade erst erwachsenes Weibchen, ihr erstes Kind. Einen Tag vor dem Einsetzen der ersten Wehen sonderte Winkle sich von den übrigen Tieren ihrer Gemeinschaft ab. Sie ruhte sehr viel und beschränkte ihre Spaziergänge immer mehr auf ein kleines Gebiet rings um die Stelle, an der sie schließlich ihr »Wochenbett« baute. In diesem besonders großen Nest wurde dann nachts ihr Sohn »Wilky« geboren. Durch Beobachtung von Schimpansen in der Gefangenschaft wußten wir, daß eine Mutter ihr Baby nach der Geburt sofort gegen den Leib hält und die Nabelschnur selbst durchbeißt. In den frühen Morgenstunden fraß Winkle die Nachgeburt und biß und leckte dann an der Nabelschnur. Fast den ganzen ersten Tag verbrachte Winkle auf diesem Lager. Es regnete heftig, und sie sammelte das Wasser aus ihrem Fell in der hohlen Hand, um es dann daraus zu trinken. Während sie stundenlang das Junge betrachtete, betastete und untersuchte, schlief Wilky fast ununterbrochen in den Armen seiner Mutter. Sein Gesicht hatte eine dunkelbraunrote Färbung, die Innenseiten seiner Arme und der Bauch waren kahl und sein Hodensack im Verhältnis zu seinem Körperchen übermäßig groß.

Ein neugeborener freilebender Schimpanse kann über vierzig Lebensjahre vor sich haben. Die meisten sterben jedoch früher, viele bereits in der Kindheit.

UNERFAHRENE MÜTTER

Eine Mutter, die ihr erstes Kind bekommt, ist oft sehr unbeholfen. Sie muß dann erst lernen, wie sie Futter sammelt, läuft, klettert und springt, während sie das Baby trägt. Als Winkle zum ersten Mal ihr Lager verlassen wollte, hielt sie wie alle Mütter das Baby gegen den Leib. So glückte es ihr aber nicht, über einen Ast zu laufen. Sie wechselte die Hand und hielt Wilky nun mit der anderen fest, aber wieder ohne Erfolg. Nun versuchte sie, das andere Ende des Astes auf zwei Beinen balancierend zu erreichen. Als auch dies mißglückte, packte sie Wilky mit der rechten Hand, so daß er mit dem Rücken auf ihrer Handfläche lag. So lag er mit bloßem Bauch an der Luft, während sich Winkle über den Ast schob. Binnen weniger Tage hat aber noch jede Mutter gelernt, ihre Bewegungen mit dem Tragen des Babys in Einklang zu bringen. Aber nun will das Kleine auch nicht mehr anders getragen werden. Hat es keine Bauchfühlung mehr mit der Mutter, protestiert es durch Strampeln, Wimmern und manchmal sogar Kreischen. Darauf reagiert jede Mutter unverzüglich und schiebt das Baby wieder an seinen Platz.

DAS BABY WIRD VORGESTELLT

Schimpansen »rufen« regelmäßig durch das Tal. Andere, die sie hören, erfahren dadurch, wer da gerufen hat, wo er sich befindet und wahrscheinlich sogar auch, was er da gerade tut.

Den ersten Tag, an dem die Mutter mit dem Baby noch allein ist, verhält sie sich ganz still. Sie lauscht zwar aufmerksam, aber antwortet auf keinen einzigen »Ruf«. Nach einem oder zwei Tagen folgt sie einer Gruppe von weitem. Diese sieht alsbald die Mutter und ihr

Kleines. Nun sind beide Mittelpunkt des Interesses. Weibchen und auch Männchen kommen heran, um das Baby zu betrachten, und pflegen der Mutter länger und intensiver als sonst üblich das Fell. Allgemeines aufgeregtes Geschrei weckt auch die Aufmerksamkeit der nicht Anwesenden. Halbwüchsige und Kinder versuchen immer wieder, das Baby anzufassen, und die Mutter ist ebensooft bestrebt, dies zu verhindern. Nachdem sie ein bis zwei Tage mit den anderen verbracht hat, sondert sie sich wieder ab. Es ist klar, daß jeder ein besonderes Interesse für eine Mutter mit ihrem neuen Baby hat. Diese Neugier und das gelegentliche »Sich-Sehen-lassen« der Mutter dürften recht wichtig sein. Es ist möglich, daß das Baby »gesehen werden« muß, damit jeder es in Zukunft erkennt und als Angehörigen der Gemeinschaft behandelt.

ENTWICKLUNG DES BABYS

Alle Babys sehen verschieden aus und benehmen sich auch unterschiedlich. Nach der Geburt scheint das eine Baby stärker zu sein als das andere: es bewegt sich kraftvoller, ist aktiver und hat eine lautere Stimme.

Jede Mutter verhält sich ihrem Baby gegenüber anders. Die eine reagiert schnell, verhütet Ungemach, läßt sich von dem Baby in ihrer Handlungsweise beeinflussen, während eine andere weniger darauf zu reagieren scheint. Ein viel Aufmerksamkeit heischendes Baby kann eine schnell oder eine langsam reagierende Mutter haben. Manche Mütter und Kinder scheinen besser zueinander zu passen als andere.

Doch wie groß oder klein der Unterschied in den Beziehungen von Mutter und Kind oder der Kinder untereinander auch sein mag, so machen diese doch alle die gleiche Entwicklung durch.

Hilflosigkeit

Ein Menschenbaby ist auf die Liebe und Fürsorge angewiesen, die ihm jemand geben kann. Ohne das eine oder das andere ist es zum Tode verurteilt. Adolf Portmann bezeichnet das menschliche Baby als »physiologische Frühgeburt«, die bereits außerhalb der Gebärmutter lebt, aber eigentlich noch nicht hätte geboren werden dürfen. Hierin unterscheidet sich der Mensch von anderen höheren Säugetieren (Portmann 1969).

Ein Schimpansenbaby ist ebenfalls stark auf jemand anderen angewiesen, nämlich auf seine Mutter. Ohne Betreuung und ohne Liebe muß auch der kleine Schimpanse sterben. Er ist darauf angewiesen, daß die Mutter mit ihm spielt, ihn beaufsichtigt, ihn säugt, sein Fell pflegt und ihn, mit der Hand gegen ihren Bauch gehalten, herumträgt. Vor allem ein neugeborenes Baby kann sich noch nicht genügend an den Bauchhaaren seiner Mutter festhalten, und es ist lebenswichtig, daß sie ihm dabei hilft.

1966 starben viele Schimpansen durch eine Polio-Epidemie. Einige wurden weniger hart getroffen, so »Madame Bee«. Sie büßte den Gebrauch eines ihrer Arme ein, als das jüngste ihrer beiden Kinder gerade selbständig geworden war. Später bekam Madame Bee noch verschiedene Male ein Kind, aber innerhalb von Wochen oder Monaten wurden alle diese Babys tot aufgefunden. Als einer von uns Madame Bee und ihrer Tochter »Bee-Hinde« nachging, wurde es klar, warum diese Kinder nicht überlebten. Bee-Hindes kleiner Körper war voller Dreckkrusten, und sie schrie auffallend mehr als andere Babys, besonders wenn sich ihre Mutter bewegte. Obwohl Madame Bee wirklich ihr Bestes tat und das Kleine trug, wenn sie nur konnte, geschah dies doch recht selten, gemessen daran, wie häufig andere Mütter dies taten. Besonders wenn das Tragen am wichtigsten gewesen wäre, mußte Madame Bee ihren gesunden Arm für ihre sonstigen Tätigkeiten brauchen.

Erkennen der Artgenossen

In den ersten vier Monaten lernt ein Baby so ganz allmählich einen Schimpansen erkennen. Im Alter von zwei Wochen läßt es zum ersten Mal das »Stakkato« hören. Dies ist eine Reihe schnell aufeinanderfolgender Laute, die entweder keuchend oder laut ausgestoßen werden. In den ersten Wochen reagiert der kleine Schimpanse damit auf alles, was ihn erregt. Dies geschieht vor allem, wenn er etwas hört oder sieht oder ihn jemand anfaßt oder festhält. Ist das Baby vier Monate alt, begrüßt es mit dem Stakkato nur noch Schimpansen. Es behandelt sie aber alle gleich: es schaut nach ihnen, streckt die Hand nach ihnen aus und bewegt den Körper, so weit es kann, in ihre Richtung, denn es kann noch nicht laufen. Erst im Alter von fünf oder sechs Monaten bekundet ein Kind eine Vorliebe. Etwa gleichaltrige Kinder erwecken sein Interesse am stärksten. Zum ersten Mal läßt es erkennen, daß es sich fürchtet. Nähern sich Erwachsene und vor allem Männchen, dann klammert es sich schnell an seine Mutter und schaut, Bauch an Bauch mit ihr, zunächst einmal in die entgegengesetzte Richtung. Erst dann beobachtet es den Hinzugekommenen, manchmal sogar recht lang.

Lernen, mit anderen umzugehen

Nicht bevor ein Schimpansenkind fünf Monate alt ist, beginnt es, sich mit anderen zu beschäftigen, d. h. mit ihnen zu spielen. Auch dann noch könnte ihm dies freilich zu derb vorkommen, wenn es nicht darauf vorbereitet wäre. Diese Vorbereitung geschieht durch das Spiel mit der Mutter während der ersten fünf Lebensmonate. Die Initiative zum ersten Mutter-Baby-Spiel geht dabei aber vom Kind aus. Mit anderthalb Monaten schneidet es schon alle möglichen Grimassen und beißt auch bald in alles, was es mit Gesicht und Mund berührt. Da es so dicht bei der Mutter liegt, wählt es häufig als Beißobjekte ihre Hände und Arme, ihr Gesicht und ihren Bauch. Sie blickt dann zu ihm und provoziert es von neuem. Sie streichelt ihm das Gesicht, und wenn ihre Hand sacht an seinem Mund entlangfährt, beißt das Kind rasch hinein.

Bald entwickelt das Baby das typische »Spielgesicht«. Das Interesse der Mutter für ihr Kleines nimmt immer mehr zu. Unablässig liebkost sie das Baby, und dieses reagiert jedesmal. Es lernt, wie es von selbst die Hand der Mutter fassen und an den Mund bringen kann, um dann hineinzubeißen. Es lernt auch stehen, indem es sich an Mutters Fell hochzieht. Nun steht es zum ersten Mal dicht an Mutters Gesicht und schaut es lange an. Langsam bringt es sein Gesicht ganz dicht an das ihre und untersucht es mit seinem Mund. Trifft dann Mund auf Mund, küssen[2] sie sich, und die Mutter schlingt die Arme um das Baby.

Die Mutter paßt ihr Spiel dem Baby an. Wenn es älter wird, streichelt, stößt, beißt und kitzelt sie es kräftiger. Wenn sie ihr Baby reizt, daß es gerade noch erträglich ist, belohnt sie das Kind mit seinem »Spielgesicht«, mit Lachen und mit Sichwinden unter ihren Händen und an ihrem Gesicht.

In dieser Zeit darf außer den Geschwistern niemand mit dem Baby spielen. Erst wenn das Kind fünf Monate alt ist, läßt die Mutter auch andere mit ihm spielen, und erst jetzt mag das Baby auch selbst mit diesen oft recht derben Artgenossen spielen.

Suchen lernen

Ist das Baby vier bis fünf Monate alt, läuft es zum ersten Mal ohne fremde Hilfe. Bis dahin hat es sich bei seiner Mutter angelehnt oder hielt sich mit einer oder beiden Händen an ihr fest. Häufig entspringt der erste »Alleingang« gar nicht der eigenen Initiative. Dadurch, daß es um die Mutter herumläuft oder diese sich bewegt, verliert es sie vielmehr aus dem Blick.

Kaum ist es sich dessen bewußt geworden, ist die Mutter für das Kleine auch schon verschwunden. Es läuft einfach geradeaus, entfernt sich immer weiter von ihr und jammert dazu lauter und lauter. Die Mutter schaut eine Weile zu, folgt ihm aber dann eiligst und nimmt es hoch. War das Kleine recht fassungslos, dann umarmt und küßt die Mutter auch oft ihr Baby oder Kind. Bereits wenige Tage später verliert das Kleine seine Mutter nicht mehr: es schaut um sich und findet sie. Und schon bald prüft die Mutter, ob ihr das Baby folgen kann. Ist es gerade in sein Spiel vertieft, steht sie auf und entfernt sich von ihm. Sobald das Baby spürt, daß die Mutter den Kontakt unterbricht, hört es zu spielen auf und schaut ihr nach. Während sie um es herumläuft, dreht das Kleine den Körper mit. Die Mutter bleibt auf einige Meter Abstand stehen und schaut ihr Kind an. Es läuft dann auf sie zu, und sie nimmt es in die Arme. Steht die Mutter aber zu weit entfernt, dann bleibt das Baby jammernd sitzen und schaut manchmal sogar in eine andere Richtung. Dann muß die Mutter auf das Kind zukommen und es hochnehmen.

DAS GLEICHGEWICHT ZWISCHEN GEWÄHREN UND VERSAGEN

Von einem Neugeborenen duldet die Mutter alles, was es will oder tut. Es uriniert oder defäkiert auf Mutters Fell, greift ihr an die Brust und behindert sie, wann immer es ihm paßt. Es klammert sich ständig an ihren Bauch und hält sich an ihren Haaren, was ihr vor allem bei einem schwereren Kind weh tut. Schon vom ersten Tag an beginnt die Mutter, ganz allmählich und über Jahre hin, weniger hinzunehmen und mehr zu verlangen. So wird sie das Baby immer weniger tragen, und das Kleine muß sich, sobald es dazu imstande ist, auch wirklich selbst festhalten. Trägt eine Mutter das Baby dennoch, dann läßt dieses sie sofort los und ruht frei in ihrer Hand.

Für einen Schimpansen ist es wichtig, daß er früh selbständig wird, und das um so mehr, weil so manche Mutter stirbt, ehe ihr Kind erwachsen ist. Andere Artgenossen dulden noch lange nicht, was eine Mutter sich ohne weiteres gefallen läßt.

In der Art, wie Mütter ihre Kinder aufziehen, gibt es riesige Unterschiede. Die Zeit und die Art, in der eine Mutter ihr Kind noch toleriert oder schon ablehnt, kann auf dessen Entwicklung großen Einfluß haben.

Sauberkeit

Mit vier Monaten ist ein Baby sauber. Das heißt, es beschmutzt tagsüber nicht mehr das Fell seiner Mutter, sondern läßt seine Ausscheidungen neben ihr fallen. Manchmal hält es dabei nicht genug Abstand, und dann passiert halt ein kleines Unglück. Die Mutter springt dann auf, um das Kleine von sich abzuschütteln.

Freilebende Schimpansen beschmutzen niemals ihr eigenes Nest. Nachts und früh am Morgen hängen sie mit dem Gesäß über den Rand ihres Nestes und verrichten so ihre Notdurft.

In einem bestimmten Alter zeigen Babys und Kleinkinder ein lebhaftes Interesse für ihre eigenen Ausscheidungen. Manchmal spielen sie damit, aber meistens verhindert die Mutter dies. Sie lenkt die Kleinen dann ab oder nimmt sie mit.

Erziehung

Schon ehe ein Baby vier Monate alt ist, läßt die Mutter das Bauch-zu-Bauch-Sitzen nicht mehr zu. Manchmal versucht sie, das Kleine auf ihrem Rücken zu tragen, auch wenn es erst ein paar Tage alt ist. In diesem Alter kann sich das Baby aber dort noch nicht selbst festhalten, und so nimmt die Mutter es schnell wieder an ihren Bauch. Später kann und muß ein Baby dann wenigstens eine kurze Zeit sich auf dem Rücken der Mutter halten. Sobald es eine Gelegenheit sieht, um wieder an ihren Bauch zu rutschen, wird es das auch tun. Zunächst vereitelt die Mutter dies, indem sie die Arme dicht vor den Leib hält, so daß das Baby nicht durchschlüpfen kann, oder bewegt sich so, daß das Kleine wieder auf seinen Platz auf dem Rücken geschoben wird. Ist das Kind schon älter, wird es von der Mutter gestraft, indem sie es schlägt oder schmerzhaft beißt, wenn es immer wieder versucht, auf den Platz am mütterlichen Bauch zu gelangen.

Mutter »Fifi« machte die »Rückenstellung« für ihr Baby »Freud« dadurch anziehend, daß sie es nicht etwa immer wieder hinaufschob, sondern ihm beibrachte, selbst hinaufzuklettern. Um dies zu erreichen, setzte sie Freud auf einen Stein, drehte sich dann um und neigte den Rücken, stupste das Kleine an und schaute zu ihm hin. Mit unendlicher Geduld wartete sie, bis es auf ihrem Rücken saß. Dann machte sie ein paar Schritte und kehrte wieder zum gleichen Stein zurück. Mehrere Male wiederholte sie die Lektion, und immer behender kletterte ihr das Kleine auf den Rücken. Noch am gleichen Tag nutzte Fifi jede Gelegenheit, um Freud selbständig auf ihren Rücken klettern zu lassen. Von da ab hatte diese Schimpansenmutter nicht die geringste Mühe mehr, ihr Kind auf dem Rücken zu tragen.

ENTWICKLUNG DES KINDES

Solange sie noch klein sind, befinden sich die Jungen und Mädchen ständig in Mutters Gesellschaft. Kann ein Kind erst einmal laufen, dann läßt sein Interesse für die Mutter nach, und die anderen Artgenossen beginnen für seine weitere Entwicklung eine wichtigere Rolle zu spielen. Das Kind lernt durch den Umgang mit ihnen, aber auch schon durch das bloße Zuschauen. Diese Periode endet, wenn das Kind etwa fünf Jahre alt ist.

Spielverhalten

Ein Schimpansenkind, das mit anderen spielen möchte, wählt vorzugsweise einen etwas älteren Partner. Ist kein solcher in der Nähe, dann gibt sich das Kind mit einem gleichaltrigen oder etwas jüngeren zufrieden. Das jüngere Kind bestimmt jeweils, wie es spielen möchte: es macht deutlich, ob es den anderen nachlaufen möchte oder ob diese ihm nachlaufen sollen oder ob es kitzeln oder gekitzelt werden möchte usw. Das ältere Kind beherrscht sich und paßt sich an. Es tut alles, um die Wünsche des Jüngeren zu erfüllen, damit das Spiel weitergeht. Erblickt nun das ältere Kind ein noch älteres, dann unterbricht es das Spiel und nähert sich seinem neuen Partner. In dem nun sich entwickelnden Spiel ist es nun an der Reihe zu bestimmen, wie und was gespielt wird.

Kinder beobachten andere Kinder und ahmen deren Verhalten nach, wenn sie irgendwelche Gegenstände wie Steine, Äste, Zweige, Blätter, Grashalme usw. betrachten, betasten, schütteln, schlagen oder zerbrechen. Auch schauen sie den Erwachsenen zu und ahmen sie im Spiel nach. »Gremlin«, ein knapp zweijähriges Schimpansenmädchen, beobachtete, wie eine Mutter beim Laufen ein Baby gegen den Bauch hielt. Darauf stand Gremlin auf, packte einen Stein und hielt ihn in gleicher Weise an sich gedrückt, wobei sie die Mutter weiter beobachtete.

Sexuelles Verhalten

Mit dem Tag, an dem Schimpansenjungen und -mädchen laufen können, interessieren sie sich auch für den Körper eines jeden, zu dem sie hinlaufen können. Erwachsene Männchen und Weibchen sind gegenüber einem solchen Kind, das Brustwarzen, Penisse, Schamlippen und Gesäßschwellungen untersucht und vergleicht, besonders tolerant. Die Gesäßschwellungen sind das Anzeichen der Brunst bei geschlechtsreifen Weibchen; nur dann paart es sich. Jungen und Mädchen interessieren sich ungemein für ein kopulierendes Paar und ahmen es bisweilen nach. Im Alter von zwei Jahren ist ein junges Männchen imstande, sich zu paaren. Beim Anblick eines brünstigen Weibchens bekommt es eine Erektion; aber oft ist das Objekt seines Interesses zu weit entfernt, und das Männchen wagt es nicht, seine Mutter zu verlassen. Bemerkt ein solches Weibchen, daß er sie betrachtet, nähert sie sich dem Schimpansenjüngling.

Die Weibchen bekommen die ersten Schwellungen und paaren sich erstmals, wenn sie etwa zehn Jahre alt sind.

Gebrauch von Werkzeug

Schimpansen verwenden Werkzeuge verschiedenster Art. Sie benutzen zerknüllte Blätter wie einen Schwamm, um daraus zu trinken, und stockartige Äste, um damit in Bienennestern zu stochern. Grashalme oder dünne Ästchen stecken sie vorsichtig in die kleinen Öffnungen eines Termitenhügels, um auf diese Weise nach Termiten zu angeln.

Es dauert lang, ehe ein junger Schimpanse sich aufs Angeln versteht. Ist er noch kein Jahr alt, dann frißt er fürs erste die Termiten, die dem Fanggerät der Mutter entkommen. Monatelang probiert er mit Grashalmen und Ästchen herum. Er stößt sein Werkzeug so oft gegen den Boden, bis es sich verbiegt und unmöglich noch zu gebrauchen ist. Die Mutter gibt ihm niemals etwas von ihrem Futter ab, aber ab und zu gestattet sie ihm, etwas zu nehmen. Erst wenn er ungefähr drei Jahre alt ist, angelt er sich seine ersten Termiten aus den Löchern der Termitenhügel.

Nestbau

Schimpansen schlafen nachts in einem Nest, das sie sich jeden Abend aufs neue in einem anderen Baum bauen. Manchmal kehren sie zu ihrem eigenen Lager zurück oder finden ein gebrauchtes Nest, das sie reparieren und als Schlafplatz benutzen. Kleine Kinder schlafen bei der Mutter. Über drei Jahre lang üben sie, bis sie sich endlich ihr eigenes Schlaflager bauen können. Im Alter von acht Monaten drapieren sie zum ersten Mal Blätter um sich herum und biegen sich Äste herunter, um sich daraufzuhocken; doch sobald sie aufstehen, federt das Laubwerk wieder zurück. Sind sie schon etwas älter, beobachten und imitieren sie Artgenossen und flechten jeweils mehrere Zweige ineinander. Im Alter von vier Jahren kann das Kind bereits ein brauchbares Nest bauen. Viele Schimpansenmütter bekommen um diese Zeit ein weiteres Baby, und dann muß das ältere Kind im selbstgebauten Nest schlafen. Dies verläßt es in der ersten Zeit frühmorgens und kriecht zur Mutter und dem Baby. Oft folgt auf diese Vereinigung ein gemeinsames Spiel.

Imponierverhalten

Alle Schimpansen, starke, schwache, junge und alte, versuchen regelmäßig, anderen zu imponieren. Sie schütteln Äste, werfen oder rollen Steine und brechen stampfend und mit den Händen auf den Boden schlagend durch die Vegetation. Manchmal trampeln oder schlagen sie auf bestimmte Baumstämme, so daß es hohl und laut durch das Tal dröhnt[3]. Wenn ein Schimpanse »imponiert«, ist er durchaus nicht immer anderen Tieren gegenüber aggressiv. David Bygott hat nachgewiesen, wie ungemein wenig echte Aggression es zwischen Individuen innerhalb der gleichen Gemeinschaft gibt.

Ein Schimpansenkind stampft erst, wenn es mindestens sieben Monate alt ist. In diesem

Alter ist sein Imponierverhalten unter anderem auch eine Reaktion auf die Ablehnung seiner Wünsche durch die Mutter. Später reagiert es damit auch auf Gegenstände, Paviane und Artgenossen, aber niemand nimmt davon Notiz. Man scheint den Kleinen nicht ernst zu nehmen.

LERNEN IN DER PUBERTÄT UND ADOLESZENZ

In dieser Zeit verfeinern Männchen und Weibchen ihre Kenntnisse und erworbenen Fertigkeiten. Weibchen können bis zum zehnten Jahr bei der Mutter bleiben, während Männchen sie nach und nach zu verlassen beginnen, wenn sie etwa fünf Jahre alt sind. Junge Männchen interessieren sich besonders für erwachsene Männchen. Sie folgen ihnen in einer gewissen Entfernung und beobachten sie stunden-, ja zuweilen tagelang.

Trennung von Mutter und Sohn

Ist ein in der Pubertät befindlicher junger Schimpanse ganz mit dem Verhalten des erwachsenen Artgenossen beschäftigt, dann folgt er diesem und trennt sich dabei von seiner Mutter. Diese zeigt zunächst Unentschlossenheit: Soll sie ihm nachgehen oder nicht? Schließlich läßt sie ihn ziehen. Der Pubertierende merkt freilich bald, daß die Mutter fort ist, und ruft nach ihr. Beide rennen aufeinander zu und fallen sich beim Wiedersehen in die Arme. Wir sahen oft eine Wiedervereinigung zwischen Müttern und heranwachsenden oder auch schon erwachsenen Söhnen, die sich länger nicht gesehen hatten. Meist wurden beide sehr aufgeregt, sobald sie einander sahen. (Dabei konnte es vorkommen, daß eines von ihnen aufsprang und einen nichtsahnenden, gerade neben ihm sitzenden Artgenossen küßte und herzte.) Dann nahmen sie aber ihre vorherige Tätigkeit wieder auf, und nichts verriet mehr, daß sich alte Bekannte getroffen hatten. Häufig folgte später eine normale Begrüßung, manchmal passierte auch gar nichts. Auch in Fällen, wo zwei einander nicht grüßten, konnten wir sie bald nach dem Wiedersehen beieinandersitzen und sich gegenseitig lang und intensiv das Fell pflegen sehen.

Der Benjamin

Als das fünfte Kind der alten Mutter »Flo« starb, war »Flint« wieder das jüngste. Flo war nicht mehr fruchtbar, und ihre drei ältesten Kinder waren wie ihre übrigen Altersgenossen schon selbständig.

Ein paar Jahre später begann Flint Interesse für Männchen zu zeigen; und sich damit abzufinden, fiel Flo recht schwer. Als sie dies kommen sah, tat sie alles, um das »Bei-ihr-Bleiben« so anziehend zu machen, daß er die Männchen vergessen würde. Sie spielte mit ihm und trug ihn sogar an ihrem Bauch aus der verführerischen Umgebung fort. Flo ließ ihren pubertierenden Sohn sogar noch regelmäßig nachts bei ihr in ihrem Nest schlafen. Vielleicht wollte sie ihn deshalb bei sich behalten, weil sie keine Kinder mehr bekommen konnte. Sie ließ ihm manches durchgehen und gab sich ungeheure Mühe, damit er sie nicht verließ. Für ein Jungtier seines Alters zeigte er sich sehr abhängig von seiner Mutter.

Als Flint achteinhalb Jahre alt war, starb seine betagte Mutter. Margaretha Thorndahl beobachtete seine anhaltende Lethargie und Bekümmernis in den drei Wochen vor seinem eigenen Tod. Er war meistens allein, und wenn er schon einmal umherlief, dann nur ein paar Schritte, nach denen er sich wieder zusammengesunken hinsetzte. Viele Male kehrte er zu der Stelle zurück, wo seine tote Mutter lag und wo er schließlich selbst starb.

Sexuell anziehende Weibchen

Wenn ein Weibchen ungefähr zehn Jahre alt ist, bekommt es seine erste Schwellung. In dieser Zeit lenkt es besonders gerne die Aufmerksamkeit erwachsener Männchen auf sich und verläßt seine Mutter, um mit diesen herumzuziehen. Diese Männchen sind freilich nicht daran interessiert, sich mit einem Weibchen, das gerade seine ersten Schwellungen hat, zu paaren. Immer wieder versucht es, die Männchen dazu zu veranlassen, indem es seine Scheidenöffnung gegen deren Penis drückt, hat aber damit keinen Erfolg. Schließlich nähert es sich den Adoleszenten und Pubertierenden, und diese zeigen sich hoch erfreut.

Ein paar Monate später erwacht auch bei den erwachsenen Männchen das Interesse am jungen Weibchen, obwohl die ersten Paarungen nicht immer ohne Schwierigkeiten verlaufen. Das Weibchen möchte zwar, daß das Männchen es deckt; aber wenn dieses dann schließlich kommt, wird es abgewehrt. Ein derart ambivalentes Verhalten des Weibchens kann ein Männchen recht verärgern.

DAS ERWACHSENSEIN

Ein erwachsener Schimpanse hat gelernt, wie er sich zu verhalten hat und wie er Werkzeuge gebrauchen muß. Dennoch ist jedes Individuum anders und wendet seine Kenntnisse unterschiedlich an. Manche sind ausgezeichnete Jäger oder Vogelfänger, andere wiederum erfolgreiche Bettler. Manche vermeiden Streit, andere suchen ihn.

Diese qualitativen Verschiedenheiten unter Artgenossen spielen eine große Rolle, wenn es darum geht, sich innerhalb der Gemeinschaft einen bestimmten Platz zu erobern. Ein Individuum, das im großen und ganzen am meisten Eindruck macht, wenn es imponiert, und dadurch einen hohen Status erwirbt, braucht nicht zugleich als Anführer anerkannt zu werden, wenn man umherzieht, jagt usw. Ein kräftiger Körper eröffnet allein noch lange nicht den Zugang zu einem hohen Status. Öfter beeindruckt gerade der pfiffige Artgenosse zur rechten Zeit am rechten Ort und verdient deswegen diesen Status. Ein solches Individuum beobachtet die anderen oft stundenlang, ehe es handelt.

Um eine bestimmte Stellung zu behalten, muß ein erwachsener Schimpanse ständig auf der Hut sein. Junge Artgenossen möchten nur zu gern höher hinauf, was ihnen schließlich auch gelingt.

DAS ALTER

Junge Schimpansen erwecken den Eindruck, als ob sie die Alten als solche erkennen und daß »alt sein« diesen ein bestimmtes Ansehen verleiht, das von anderen respektiert wird. Die Alten selbst wirken auch verändert. Sie sind ruhiger und duldsamer geworden. Ihr ganzer Tagesablauf erscheint friedlicher als früher.

Aus dem Holländischen übertragen von Hans Th. Asbeck, L. N. van de Rijt und R. A. Stamm

ANMERKUNGEN

1

In deutsch wird unterschieden zwischen Halbaffen und Affen; die Menschenaffen werden zu den Affen gerechnet. In englisch dagegen verläuft die Trennung zwischen »monkeys« (geschwänzte Primaten) und »apes« (Menschenaffen). Die wissenschaftliche Systematik, die die stammesgeschichtliche Verwandtschaft – soweit diese erschließbar ist – als Kriterium für die Gliederung benutzt, teilt die Ordnung der Primates wie folgt:

1. Unterordnung: Prosimiae – Halbaffen
(mit drei Überfamilien, die oft als eigene Unterordnungen eingestuft werden)
2. Unterordnung: Simiae – Affen
 1. Überfamilie:
 Ceboidea – Neuweltaffen, Breitnasen
 2. Überfamilie:
 Cercopithecoidea – Altweltaffen, Schmalnasen
 3. Überfamilie:
 Hominoidea – Menschenaffen und Mensch
 (Innerhalb dieser Überfamilie gehört der Schimpanse [Gattung *Pan* mit zwei Arten; von den Verfassern beobachtet: *Pan satyrus*] zur Familie Pongidae, der Mensch zur Familie Hominidae [zu der auch verschiedene ausgestorbene Arten gehören].)

Die Unsicherheiten in der Bewertung der stammesgeschichtlichen Verwandtschaft sind die Ursache davon, daß die Einteilung auch bei modernen Autoren noch geringen Schwankungen unterliegt. Die genannte Zusammenstellung nach: J. R. Napier, P. H. Napier: A Handbook of Living Primates. London: Acedemic 1967; und nach A. Remane, V. Storch, U. Welsch: Systematische Zoologie. Stuttgart: Fischer 1976.

2

Die Verfasser und der Herausgeber haben sich sorgfältig bemüht, Anthropomorphismen zu vermeiden. Bezeichnungen wie Küssen, Lachen, Kitzeln, Baby, Verärgern usw. entsprechen der korrekten fachwissenschaftlichen Terminologie und kritischem Sprachgebrauch.

3

Siehe hierzu Abb. 1 des Beitrages »Territorialität und Aggressivität der Jäger- und Sammlervölker« von I. Eibl-Eibesfeldt in diesem Band.

LITERATUR

Bygott, J. D.: Cannibalism among wild chimpanzees. Nature, 238, 1972, 410–411

Goodall, J.: Chimpanzees of the Gombe Stream Reserve. In: I. DeVore (Ed.): Primate Behavior. New York: Holt, Rinehart & Winston 1965

Hamburg, D. A., Lawick-Goodall, J. van: Perspectives on Human Evolution, vol. IV: The Behaviour of Great Apes. New York: Holt, Rinehart & Winston (im Druck)

Hofer, H., Schultz, A. H., Starck, D.: Primatologia. Handbuch der Primatenkunde. Basel, New York: Karger 1956

Kortlandt, A.: Schimpansen. In: B. Grzimek u. a. (Hg.): Grzimeks Tierleben, XI: Säugetiere 2. Zürich: Kindler 1968

New Perspectives on Ape and Human Evolution. Amsterdam: Stichting Psychobiologie 1972

Lawick-Goodall, J. van: My Friends The Wild Chimpanzees. Washington, D. C.: National Geographic Society 1967

The behaviour of free-living chimpanzees in the Gombe Stream Reserve. Animal Behaviour Monographs 1 (3), 1968, 161–311

In the Shadow of Man. London: Collins 1971. Deutsch: Wilde Schimpansen. 10 Jahre Verhaltensforschung am Gombe-Strom. Reinbek: Rowohlt 1971

Plooij, F. X.: How wild chimpanzee babies trigger the onset of mother – infant play and what the mother makes of it. In: Before Speech: The Beginnings of Human Communication. London: Cambridge Univ. Press 1978 a

Some basic traits of language in wild chimpanzees? In: Action, Gesture and Symbol: The Emergence of Language. London, New York: Academic Press 1978 b

Portmann, A.: Biologische Fragmente zu einer Lehre vom Menschen (1944). Basel, Stuttgart: Schwabe [3]1969

Reynolds, V., Reynolds, F.: Chimpanzees of the Budongo Forest. In: I. DeVore (Ed.): Primate Behavior. New York: Holt, Rinehart & Winston 1965

Teleki, G.: The Predatory Behaviour of Wild Chimpanzees. Lewisburg: Bucknell University Press 1973

BAUSTEINE DES VERHALTENS

von Ines Scheurmann

Die Verhaltensforschung oder Ethologie analysiert auf biologischer Grundlage diejenigen Lebensvorgänge bei Tieren und Menschen, die von außen beobachtet, gemessen und unter gleichen Bedingungen reproduziert werden können. Sie arbeitet mit naturwissenschaftlichen Methoden; subjektive Phänomene wie Gedanken und Emotionen können nur dann erfaßt werden, wenn sich aus ihnen Verhaltensänderungen oder mit physiologischen Methoden erfaßbare Änderungen der Organfunktionen ergeben.

Der Ethologe versucht, Gesetzmäßigkeiten zwischen den einzelnen Verhaltensäußerungen und meßbaren Änderungen der Umwelt und des inneren Zustands der Lebewesen zu finden. Die Analyse solcher Gesetzmäßigkeiten hat das Ziel, die Mechanismen des Verhaltens zu ergründen und Hinweise auf dessen Entstehung in der Individual- und Stammesgeschichte zu geben. Dadurch wird es z. B. möglich, das Verhalten eines Lebewesens oder sogar einer ganzen Gruppe in einer bestimmten Situation mit hoher Wahrscheinlichkeit vorauszusagen.

Das Verhalten eines Lebewesens setzt sich aus allen reversiblen Veränderungen – Bewegungen, Körperstellungen, Farbmustern, Lautäußerungen und chemischen und taktilen Signalen – zusammen, die ein Beobachter wahrnehmen kann. Es ist aus Einzelelementen, den Verhaltensweisen, aufgebaut. Die Größe dieser Bausteine und die Art ihrer Abgrenzung gegeneinander hängt davon ab, auf welcher Ebene das Verhalten gerade untersucht wird. Wollte man z. B. die Tages- oder Jahresperiodik der Katze erforschen, so könnte man es als eine einzige Verhaltensweise betrachten, wenn die Katze eine Maus fängt. Interessierte jedoch das Jagdverhalten der Katze, so müßte man kleinere Untereinheiten wählen, z. B. »anschleichen«, »lauern«, »springen«, »totbeißen« usw., während man bei der Untersuchung des Anschleichverhaltens der Katze jedes einzelne Bewegungsmuster, das von anderen unterschieden werden kann, als ein Element ansehen müßte.

BENENNEN UND ORDNEN DER VERHALTENSWEISEN

Häufig muß vor der Erforschung spezieller Fragestellungen an einer bestimmten Tierart zuerst deren Aktionskatalog, das sog. *Ethogramm*, zusammengestellt werden, in dem das gesamte Verhaltensinventar der Art qualitativ und quantitativ erfaßt wird. Dazu ist es nötig, die Verhaltensweisen in den zur Fragestellung passenden Größen abzugrenzen und sie in ihrem räumlichen und zeitlichen Ablauf zu beschreiben, ihnen Namen zu geben, die ihre charakteristischen Eigenschaften hervorheben, und sie dann nach irgendwelchen Gesichtspunkten zu ordnen und zusammenzufassen, sie zu klassifizieren.

Ein Verhaltenselement kann durch seine *Form* definiert sein, d. h. sein Name gibt in Kurzfassung noch einmal seine Beschreibung wieder. Beispiele dafür sind: »Würfelzeichnung« bei Buntbarschen (Cichlidae), »Zick-zack-Tanz« beim Stichling (*Gasterosteus aculeatus*), »Winkelhals« bei der Graugans (*Anser anser*) usw. Häufig werden Verhaltensweisen auch nach ihrer *Funktion* benannt, d. h. nach der Wirkung, die sie auf das Tier selbst oder auf dessen Umwelt, z. B. seine Artgenossen haben. »Fressen«, »Fliegen«, »Flucht«, »Drohen«, »Totschütteln« sind Beispiele für dieses Vorgehen.

Oft müssen Verhaltensweisen, die ja an sich Zeitstrukturen sind, konserviert werden. Bei optisch erfaßbaren Elementen erfolgt das durch Film-, bei akustisch erfaßbaren durch Tonbandaufnahmen. Die Lautäußerungen können dann im Klangspektrogramm sichtbar gemacht werden. Bis jetzt gibt es jedoch noch keine zufriedenstellende Methode, chemische oder taktile Eindrücke aufzuzeichnen, obwohl gerade chemische Signale in der Kommunikation mancher Tiere eine bedeutende Rolle spielen.

Eine der am häufigsten benutzten Methoden der Klassifikation ist die Vereinigung der Verhaltensweisen zu funktionellen Gruppen, wobei alle Handlungen, die einen ähnlichen Effekt haben, unabhängig von ihrem Aussehen und ihrer Herkunft zu sog. *Funktionskreisen* zusammengefaßt werden. Zum Funktionskreis der Fortbewegung gehören z. B. bei Wasservögeln Laufen, Schwimmen und Fliegen, zum Funktionskreis der Fortpflanzung alle Tätigkeiten der Verteidigung von Balz- und Brutterritorien, der Balz, der Kopulation und der Jungenaufzucht.

Eine andere Möglichkeit der Katalogisierung ist die Zusammenfassung aller Verhaltensweisen, die sich auf *gemeinsame physiologische Ursachen* zurückführen lassen. Bei männlichen Wirbeltieren z. B. treten häufig verstärkte Territorialität und Aggressivität gegen männliche Artgenossen sowie Balz und Kopulationen mit Weibchen sowohl zur Fortpflanzungszeit als auch nach Testosterongaben auf. Diese Verhaltensweisen kann man also als testosteronabhängiges Verhalten oder männliches Fortpflanzungsverhalten bezeichnen.

Der Nachteil beider Methoden ist es, daß die Verhaltensweisen oft in verschiedenem Zusammenhang auftreten können. Beißen z. B. kommt sowohl bei der Nahrungsaufnahme als auch in aggressiven Interaktionen vor, und die Elemente der Fortbewegung erscheinen in fast allen anderen Bereichen des Verhaltens. Lorenz bezeichnet solche Verhaltenselemente, die zu verschiedenen Zwecken eingesetzt werden können, als Werkzeughandlungen. Dennoch läßt sich mit beiden Verfahren das Verhaltenssystem einer Tierart sinnvoll gliedern.

BASALE EINHEITEN DES VERHALTENS

Die Erbkoordinationen oder Instinktbewegungen

Elementare Bausteine des Verhaltens sind die sog. Instinktbewegungen. Diesen Begriff prägten K. Lorenz und N. Tinbergen 1938, als sie die Eirollbewegung der Graugans untersuchten. Liegt ein Ei außerhalb des Nestes einer brütenden Gans, so streckt sie Kopf und Hals nach vorn, greift mit dem Schnabel über das Ei und rollt es durch Einkrümmen des Halses, mit der Schnabelunterseite schiebend, ins Nest zurück. Dabei bewegt sie den Schnabel schnell nach rechts und links, um das Ei auf geradem Kurs zu halten. Nimmt man ihr währenddessen das Ei fort, so führt sie die Bewegung zu Ende, unterläßt jedoch die seitlichen Korrekturbewegungen. Gibt man ihr statt des Eies einen Pappzylinder, der nicht die Tendenz hat, seitlich wegzurutschen, so entfallen die Balancierbewegungen ebenfalls. Lorenz und Tinbergen sahen in diesem Bewegungsablauf zwei grundsätzlich verschiedene

Komponenten: die eigentliche Instinktbewegung (Ausstrecken und Einkrümmen des Halses) und die sog. *Taxis- oder Orientierungskomponente* (seitliche Korrekturbewegung). Für den Begriff »Instinktbewegung« führte Lorenz später den Terminus »Erbkoordination« ein.

Eine Instinktbewegung (Erbkoordination) ist durch eine Reihe von Eigenschaften charakterisiert:

1. Ihre Bewegungsfolge ist relativ stereotyp, sie zeigt also sowohl bei einem Individuum als auch zwischen Individuen einer Art eine sehr geringe Variabilität. Man bezeichnet sie darum auch als formstarres oder formkonstantes Verhalten. Besonders viele solche stereotypen Bewegungsfolgen finden sich im Putzverhalten.
2. Sie ist artspezifisch, kann also ebenso wie ein morphologisches Merkmal zur Artkennzeichnung herangezogen werden.
3. Sie wird nahezu immer von Außenreizen ausgelöst, läuft aber dann unabhängig von ihnen und offenbar ohne Einsicht des Tieres in den Zweck der Bewegung zu Ende.
4. Sie hat eine Orientierungskomponente, die ständig von den Außen- oder Innenreizen abhängig ist und erlischt, wenn diese aufhören. Die Taxis bewirkt eine mehr oder minder starke Variabilität im Ablauf der Erbkoordination.
5. Lorenz hob außerdem ihre Spontaneität hervor. Eine Erbkoordination kann manchmal auch auftreten, wenn der Beobachter keinen auslösenden Reiz dafür wahrnehmen kann, sozusagen »im Leerlauf«.

G. W. Barlow schlug 1968 vor, den Begriff »Erbkoordination« (im englischen Sprachraum »fixed action pattern«) durch den Terminus *modaler Bewegungsablauf* (modal action pattern) zu ersetzen, da viele Erbkoordinationen nicht alle Kriterien der Definition erfüllen, besonders nicht die der Stereotypie und der Unabhängigkeit von steuernden Außenreizen. Auch die Trennung von Erbkoordination und Taxis ist oft nicht so einfach wie bei der Eirollbewegung. Manche Verhaltensweisen sind allein an ihrer Orientierungskomponente erkennbar. Wenn z. B. ein Stichlingmännchen kopfabwärts vor einem Rivalen steht und diesen dadurch androht, so ist das Charakteristikum dieser Bewegung hauptsächlich die Orientierung des Fisches zum Untergrund. Barlow nimmt deshalb an, daß es fließende Übergänge gibt von den sehr stereotypen, leicht charakterisierbaren Elementen zu den extrem variablen, die kaum noch als Einheit erkannt werden können. »Modaler Bewegungsablauf« ist nicht so eng definiert wie »Erbkoordination«. Der Terminus bezeichnet ein artspezifisches, räumlich und zeitlich geordnetes Bewegungsmuster, das an seinem typischen Ablauf identifiziert werden kann. Der Grad seiner Variabilität und der Grad der Beeinflussung durch Außenreize muß für jeden modalen Bewegungsablauf gemessen werden. Immelmann benutzte 1975 den Ausdruck »modaler Bewegungsablauf« synonym zu »Instinkthandlung«, definiert aber damit auf dem nächsthöheren Integrationsniveau eine Bewegungsfolge aus einzelnen Erbkoordinationen.

Lorenz nahm an, daß der Bewegungsablauf der Erbkoordination als Ganzes im Zentralnervensystem (ZNS) vorprogrammiert sei, so daß weder äußere noch innere Faktoren nach der Auslösung noch einen Einfluß auf ihn haben könnten. Im Gegensatz dazu setzte die Reflexkettentheorie voraus, daß die Konsequenz jeder vollendeten Teilbewegung der auslösende Reiz für die nächste Teilbewegung sei, der Ablauf der Bewegung also unter dauernder propriozeptiver Kontrolle stünde. Propriozeptoren sind Sinneszellen im Körperinnern, die für die Einstellung und Überwachung des Muskeltonus verantwortlich sind, bei Säugetieren z. B. die Muskel- und Sehnenspindeln.

Eine zentralnervöse Koordination hatte E. von Holst 1935 für die Schwimmbewegungen einiger Fische nachgewiesen. Sie scheint jedoch nur für relativ einfache Bewegungsmuster zu gelten, so ist z. B. der Schluckreflex der Säugetiere zentral koordiniert, ebenso wie einige Verhaltensweisen wirbelloser Tiere, u. a. die Flugbewegung der Heuschrecken. Für die Feinregulation komplizierterer Bewegungsabläufe besonders bei Wirbeltieren scheint jedoch die propriozeptive Kontrolle unerläßlich zu sein. Säugetiere, denen man an einer Extremität die afferenten Nerven, die die Informationen der Sinnesorgane in das ZNS weiterleiten, zerstört, können mit dieser Extremität nur noch ganz einfache Bewegungen ausführen.

Orientierungshandlungen

Die meisten Erbkoordinationen haben eine Orientierungskomponente, d. h. die Bewegungen sind an etwas und auf etwas hin ausgerichtet. Die Lebewesen sind also in der Lage, ihr Verhalten in Raum und Zeit zu ordnen. Sie können Beute fangen, Versteckplätze aufsuchen, sie können auch über große Entfernungen zur richtigen Jahreszeit ihre Laich- oder Brutgebiete ansteuern. Die Orientierung kann über verschiedene Sinne erfolgen, oft über mehrere zugleich. Viele Tiere orientieren sich optisch, Bienen können sogar polarisiertes und ultraviolettes Licht sehen. Fledermäuse stoßen Ultraschall-Laute aus und finden sich durch Echoortung zurecht, Lachse erkennen ihr Heimatgewässer am Geruch, manche Fische (Mormyriden u. a.) senden elektrische Impulse aus und »sehen« ihre Umwelt aufgrund von Potentialdifferenzen, Grubenottern orten Infrarotstrahlung, also Wärmequellen, und finden auf diese Weise ihre Beute. Man unterscheidet zwischen Orientierung im Raum und Orientierung in der Zeit.

Die *Orientierung im Raum* kann entweder den ganzen Körper des Tieres betreffen, z. B. beim Sprung des Räubers auf die Beute, es können auch nur einzelne Körperteile – wie der Hals der Graugans beim Einrollen der Eier – orientiert bewegt werden oder auch körperfremde Gegenstände wie Nistmaterial oder Futterbrocken. Über Lage, Stellung und aktive oder passive Bewegung der einzelnen Körperteile zueinander wird das Tier durch seine Propriozeptoren informiert. Man spricht in diesem Zusammenhang von *körperbezogener Orientierung*. Innerhalb der *raumbezogenen Orientierungsvorgänge* unterscheidet man zwischen Orientierung im raumfesten Bezugssystem – wobei der richtende Reiz nur die Koordinaten für die Bewegung liefert – und Objektorientierung – wobei der richtende Reiz gleichzeitig das Zielobjekt der Orientierungshandlung ist.

Jede Orientierung im Raum kann man entweder auf Richtungs- oder auf Distanzänderungen zurückführen. Daher spricht man von Richtungsorientierung und von Distanzorientierung.

Bei der *Richtungsorientierung*, auch Winkel- oder Rotationsorientierung genannt, kann das Tier entweder die Änderung des Winkels zur Ausgangsrichtung oder die Änderung des Winkels zu einer raumfesten Bezugsrichtung, z. B. zur Sonne, messen. Die Änderung des Winkels zur Ausgangsrichtung messen viele Wassertiere bei der sog. »Lichtrückenreaktion«. Normalerweise richten sie den Rücken nach oben, was durch die Richtung des einfallenden Lichtes und die Schwerkraft bestimmt wird. Beleuchtet man nun einen Fisch im Aquarium von der Seite, so neigt er sich mit dem Rücken zum Licht hin. Gleichzeitig versucht er jedoch, seine Lage zur Schwerkraft aufrechtzuerhalten: Sein Neigungswinkel zur Senkrechten stellt schließlich die Resultierende aus beiden Reizen dar. Beleuchtet man den Fisch stärker, so neigt er sich weiter zum Licht hin, zentrifugiert man die ganze Versuchsapparatur und verstärkt dadurch die Schwerkraft, so stellt sich der Fisch wieder aufrechter. Zerstört man sein Gleichgewichtsorgan, so kann er sich nur noch am einfallenden Licht orientieren und schwimmt bei seitlicher Beleuchtung völlig auf der Seite.

Mißt ein Tier bei einer Richtungsorientierung die Änderung des Winkels zu einer raumfesten Bezugsrichtung, so spricht man auch von Kompaß-Orientierung. Die Bezugsreize für die Kompaß-Orientierung sind meist die Gestirne, besonders häufig die Sonne. Sonnenkompaß-Orientierung ist bei verschiedenen Tiergruppen – vielen Vögeln, Insekten, Fischen, manchen Reptilien u. a. – nachgewiesen. Am besten untersucht ist die Sonnenkompaß-Orientierung der Bienen, da sie von ihnen nicht nur zur Richtungsfindung, sondern auch zur gegenseitigen Verständigung eingesetzt wird. Nächtlich ziehende Vögel richten sich nach den Sternen, Rotkehlchen und einige andere Vögel können sich – zumindest im Experiment – auch nach dem Erdmagnetfeld orientieren.

Bewegt sich ein Lebewesen fort, so ändert es ständig seine Distanz zu irgendwelchen Bezugspunkten. Es kann sich dabei sowohl über die Änderungen der Entfernung (*Distanzorientierung*) als auch über die Richtungsänderungen (Richtungsorientierung) informieren. Berücksichtigt ein Tier bei einer Ortsveränderung außer der Richtung auch die Entfernung, so spricht man von Vektor-Orientierung. Sie erfolgt bei der Ansteuerung von Fernzielen, z. B. beim Vogelzug. Die Richtung der Fortbewegung wird dabei anhand einer äußeren Bezugsrichtung kontrolliert (Kompaßkursorientierung), die zurückgelegte Entfernung wird wahrscheinlich durch Messen des Energieverbrauchs berechnet.

Damit aber ein Zielort von einem beliebigen Punkt aus gerichtet aufgesucht werden kann – wie das Brieftauben tun –, muß das Tier die Fähigkeit zur *Navigation* besitzen, d. h. es muß sein Ziel und auch seinen gegenwärtigen Standort und ihre räumliche Beziehung zueinander erkennen können. Wie es dabei die Ortskoordinaten bestimmt, ist jedoch noch weitgehend unbekannt.

Die Leistungen von Vektor-Orientierung und Navigation lassen sich gut am Beispiel der Stare vergleichen: Die Stare, die an der Ostsee ihre Brutgebiete haben, überwintern im Gebiet des Ärmelkanals. Auf dem Zug ins Winterquartier wurde mehrere Jahre lang in Holland ein Teil der Vögel abgefangen, beringt und in der Schweiz, also quer zur ursprünglichen Flugrichtung, wieder freigelassen. Die Altvögel, die schon mindestens eine Zugperiode erlebt hatten, konnten navigieren und fanden ins normale Überwinterungsgebiet der Population zurück. Die Jungvögel jedoch flogen parallel zur vorherigen Zugrichtung weiter und überwinterten in Spanien. Sie konnten die Verfrachtung nicht ausgleichen, da sie offenbar nur die Information über die Richtung besaßen und die Fähigkeit, diese einzuhalten.

In unmittelbarer Nähe des Zielortes scheint bei den meisten Tieren dann die Ortskenntnis eine überragende Rolle zu spielen. Dabei finden sie sich anhand vertrauter Merkmale ihrer Umgebung zurecht. Orientierung an Landmarken ist bei vielen Lebewesen nachgewiesen. Grabwespen prägen sich auf einem einzigen Rundflug die Umgebung ihres Nestes ein und suchen es an der falschen Stelle, wenn die auffälligsten Marken versetzt werden. Ameisen setzen Duftmarken ab, produzieren also selbst Landmarken und finden auf ihrer eigenen Duftspur zu ihrem Volk zurück.

Bei den objektorientierten Verhaltensweisen handelt es sich meist um Bewegungen, mit denen auf geringe Entfernung Gegenstände oder Beutetiere erreicht werden. Die Katze packt die Maus mit den Pfoten und den Zähnen, das Chamäleon fängt Fliegen mit der Zunge, der Vogel landet auf einem bestimmten Ast usw.

Die Kontrolle der Orientierungsprozesse kann auf verschiedene Weise erfolgen: Hat die orientierte Handlung eines Tieres keinen Einfluß mehr auf den Orientierungsvorgang selbst, läuft also die Bewegungsfolge ohne Rückkoppelung über Außenreize ab, so spricht man von »Steuerung« einer Bewegung. Schnelle Beutefanghandlungen über kurze Entfernung, etwa der Fangschlag der Gottesanbeterin, werden gesteuert. Korrigiert dagegen ein Tier während der Bewegung laufend die Abweichungen von der angestrebten Richtung, so folgt der Orientierungsvorgang dem Prinzip eines geschlossenen Regelkreises. So kann z. B. ein Vogel eine Verdriftung durch Wind sofort ausgleichen. Der Kurs wird »geregelt«.

Die *Orientiertheit in der Zeit* bewirkt, daß Lebewesen zur richtigen Jahreszeit in Fortpflanzungsstimmung kommen, daß sie zur richtigen Tageszeit auf Nahrungssuche gehen und auch daß sie die Wanderung der Gestirne, die sie als Bezugsgrößen der Kompaß-Orientierung nehmen, berechnen können.

Fliegt eine Biene vom Stock zu einer Futterquelle, so hält sie dabei einen bestimmten Winkel zum Sonnenstand ein. In den Stock zurückgekehrt, teilt sie durch den »Bienentanz« den anderen Arbeiterinnen Ort und Beschaffenheit der Futterstelle mit. Sie gibt dabei den Winkel zwischen dem derzeitigen Sonnenstand und der Flugrichtung an, rechnet also die scheinbare Wanderung der Sonne mit ein. Den richtigen Winkel zur Sonne berechnet sie mit Hilfe der »inneren Uhr«. Solch »*innere Uhren*« äußern sich auch in den Biorhythmen. Das sind regelmäßige, immer wiederkehrende Schwankungen bestimmter Lebensvorgänge. Beispiele dafür sind die tageszeitlichen Schwankungen der Körpertemperatur und der motorischen Aktivität bei Säugetieren sowie die jahreszeitlichen Schwankungen der Fortpflanzungsaktivität der meisten Tiere. Sie sind endogen, laufen also auch dann weiter, wenn man äußere Zeitgeber wie den Wechsel von Tag und Nacht oder den der Jahreszeiten ausschaltet. Dann gehen sie allerdings meistens nicht mehr vollständig mit dem Rhythmus der äußeren Zeitgeber parallel, sondern laufen ihnen voraus oder bleiben etwas zurück. Die tagesrhythmischen Aktivitätsschwankungen erfolgen offenbar in jeder einzelnen Körperzelle, denn sie können auch in isoliertem Gewebe nachgewiesen werden. Über ihre genaue Natur ist jedoch noch nichts bekannt.

Die Biorhythmen befähigen zu einer Zeitbestimmung, die unabhängig von äußeren Zeitgebern funktioniert.

Eine circadiane (circa = ungefähr; dies = Tag; annus = Jahr) Periodik läßt sich bei fast allen Lebewesen nachweisen. Viele Lebensvorgänge zeigen auch jahresperiodische Schwankungen, denen eine innere, circannuale Periodik zugrunde liegt. Viele Tiere, die in der Gezeitenzone leben, sind auch den Mondrhythmen und dem Rhythmus von Ebbe und Flut unterworfen (circalunare und circatidale Periodik).

AUSLÖSUNG VON VERHALTENSWEISEN

Im folgenden sollen die Auslösung von Verhaltensweisen durch Umweltreize, die Mechanismen der Reizfilterung und die Verständigung zwischen Individuen genauer besprochen werden.

Ruft ein Umweltreiz bei einem Tier eine ganz bestimmte Reaktion hervor, so bezeichnet man ihn als *Schlüsselreiz* für diese Verhaltensweise; Kombinationen mehrerer Schlüsselreize bilden auslösende Reizsituationen. Die Eigenschaften der Schlüsselreize und ihre Wirkung können durch Attrappenversuche ermittelt werden.

Ein klassisches Beispiel für einen solchen Versuch bildet N. Tinbergens Analyse der Bettelreaktion junger Silbermöwen (Tinbergen, Perdeck 1951). Fliegt ein Altvogel mit Futter ans Nest, so betteln ihn die Jungen an, indem sie gegen dessen Schnabel picken. Im Experiment wurden den Küken mehr oder weniger naturgetreue Nachbildungen (Attrappen) des Kopfes von Silbermöwen gezeigt, auf denen jeweils ein Merkmal – wie Form, Größe, Farbe des Schnabels usw. – variiert worden war. Als Maß für den auslösenden Wert der Attrappe wurde die Anzahl der Pickbewegungen der Jungen in einer bestimmten Zeiteinheit genommen. Als Ergebnis vieler Versuchsreihen zeigte sich, daß die Bettelbewegung allein durch den Schnabel des Elters ausgelöst wird. Seine wichtigsten Merkmale sind die Bewegung, eine längliche, schlanke Form, eine nach unten zeigende Spitze, die sich dem Küken nähert, und ein möglichst großer Kontrast des Schnabelfleckes zur Farbe des Schnabels. Nicht alle diese Merkmale sind beim Schnabel der Silbermöwe maximal ausgeprägt, denn er muß neben der Auslösung der Bettelreaktion auch noch viele andere Aufgaben erfüllen. Kombiniert man die wichtigsten Schlüsselreize in extremer Ausprägung auf einer einzigen Attrappe, erhält man eine »übernormale« Attrappe. Sie besteht aus einem dünnen roten Stab mit drei weißen Ringen an der Spitze.

Schlüsselreize können sich also in ihrer Wirkung gegenseitig fördern. Seitz stellte 1940 bei Attrappenversuchen an Cichliden fest, daß die Reaktion auf eine Attrappe, die mehrere Schlüsselreize kombiniert enthält, meist ebenso stark ist wie die Summe der Reaktionen auf Attrappen, die jeweils einen dieser Reize bieten. Er nannte diese Erscheinung das *Reizsummenphänomen.* Später stellte man fest, daß die Wirkung der Reize nur in seltenen Fällen genau addiert wird, vielmehr fördern sie einander meist nur in ihrer Wirkung, ohne daß der gesamte Reizwert einer Situation tatsächlich der genauen Summe der Einzelreize entspricht. Man spricht daher heute eher von »wechselseitiger Reizverstärkung«.

Das Reizsummenphänomen stand zunächst im Widerspruch zur Hypothese der Gestaltwahrnehmung, die besagt, daß ein Muster nur am geschlossenen Ganzen erkannt wird und das Ganze daher mehr ist als die Summe seiner Einzelteile. Klopfer nimmt an, daß eine phylogenetische Entwicklung von der Reizsummation bei niedrigeren Organisationsstufen zu einer wachsenden Bedeutung der Gestaltwahrnehmung bei höher entwickelten Organismen stattgefunden habe. Einen Hinweis darauf, daß wechselseitige Reizverstärkung auch bei höher organisierten Tieren eine Rolle spielen kann, geben die Befunde von Bower (1966), die bei menschlichen Säuglingen einen ontogenetischen Übergang von einer Reizsummation zur Gestaltwahrnehmung andeuten. Babys wurden darauf trainiert, auf die Darbietung eines stilisierten Gesichts hin den Kopf zu drehen. Sobald sie die Aufgabe beherrschten, wurden ihnen sowohl das ganze Gesicht als auch seine Einzelteile gezeigt. Acht bis zwölf Wochen alte Säuglinge reagierten etwa der Reizsummenregel entsprechend. Die Summe ihrer Antworten auf die Einzelteile stimmte mit der Anzahl der Reaktionen auf das ganze Gesicht überein. Sechzehn bis zwanzig Wochen alte Kinder reagierten jedoch auf das ganze Gesicht stärker als auf die Summe seiner Teile.

Jedes Lebewesen beantwortet nur einen kleinen Teil der Reize, denen es ständig ausgesetzt ist und die es aufgrund seiner sensorischen Ausstattung wahrnehmen kann. Die Mechanismen, die aus den eintreffenden Reizen die Schlüsselreize für bestimmte Verhaltensweisen herausfiltern und gewährleisten, daß nur das ihnen zugeordnete Verhalten in Gang gesetzt wird, nennt man *Auslöse-Mechanismen* (AM). Die Reizfilterung ist kein einheitlicher Vorgang. Sie beginnt schon im Sinnesorgan. Lichtsinnesorgane z. B. sind nur für einen bestimmten Bereich des Wellenspektrums empfindlich. Beim Leopardfrosch (*Rana pipiens*) wurde 1960 von Maturana u. a. eine periphere Reizfilterung nachgewiesen. Die Netzhaut seines Auges besitzt verschiedene Gruppen von Ganglienzellen mit verschiedenen Aufgaben. Eine davon umfaßt die sogenannten Käfer-Detektoren, die nur auf Objekte, die in Größe, Form und Bewegung kleinen Insekten gleichen, ansprechen. Auch die Augen von Katzen und Kaninchen sind nachweislich in der Lage, Information auszuwerten und zusammengefaßt weiterzuleiten. Der Filterungsprozeß setzt sich dann in den sensorischen Bahnen bis ins Gehirn hinein fort.

Je nachdem, ob das Erkennen der Schlüsselreize und die Reaktion darauf angeboren, durch Erfahrung spezifiziert oder völlig erlernt ist, spricht man von AAM (angeborener Auslösemechanismus), EAAM (durch Erfahrung ergänzter angeborener Auslösemechanismus) oder EAM (erworbener Auslösemechanismus). Ein Beispiel dafür finden wir bei der Nachlaufprägung von Entenküken. Frisch geschlüpfte Stockenten (*Anas platyrhynchos*) laufen hinter bewegten Objekten her, die entenähnliche Laute von sich geben. Ihr AAM für die Nachfolgereaktion spricht also auf sehr einfache optische und akustische Reize an, bewirkt aber, daß die Küken sich im Normalfall ihrer Mutter anschließen. In kürzester Zeit lernen sie jedoch so viele spezielle Merkmale ihrer Mutter hinzu, daß die Nachfolgereaktion mit dem einfachen Objekt viel schlechter auslösbar ist. Es liegt also jetzt ein EAAM vor. Haben die Küken noch mehr Einzelheiten dazugelernt, so folgen sie nur noch ihrer Mutter, man spricht dann von einem EAM. Da es oft nicht möglich ist, AAM, EAAM und EAM eindeutig zu identifizieren, ist es günstiger, die neutrale Bezeichnung AM zu verwenden.

Viele Verhaltensweisen dienen der *Verständigung zwischen Individuen.* Während der Evolution wurde oft ihr Informationswert dadurch verstärkt, daß die Bewegung immer mehr übertrieben oder immer einfacher und dann rhythmisch wiederholt wurde. Es entstanden manchmal auch besondere morphologische Strukturen, die die Auffälligkeit noch unterstützten. Diese stammesgeschichtlichen Vorgänge, die die Verhaltensweisen der Verständigung deutlicher machten und die Möglichkeit von Mißverständnissen verringerten, nennt man *Ritualisierungen.* Die Verhaltenseinheiten und morphologischen Strukturen, die sich aus diesen Anpassungen entwickelt haben, bezeichnet man als *Auslöser* oder Signale.

Die Balz des männlichen Pfaus (*Pavo cristatus*) zeigt die Ritualisierung einer Verhaltensweise besonders deutlich. R. Schenkel wies 1956 durch Untersuchung der Zwischenformen bei anderen Hühnervögeln nach, daß es sich dabei um ein ritualisiertes Futterlocken handelt: Das Haushuhn (*Gallus domesticus*) zeigt die einfachste Form dieses Verhaltens. Der Hahn scharrt und pickt unter Lockrufen auf den Boden. Die Henne läuft herbei, sucht vor dem Hahn nach Futter und frißt, wenn sie welches findet. Der Jagdfasan (*Phasianus colchicus*) lockt sehr ähnlich. Der Glanzfasan (*Lophophorus impejanus*) verbeugt sich tief mit leicht gefächertem Schwanz vor der Henne und hackt in den Boden. Wenn die Henne herbeigelaufen ist und vor ihm nach Futter sucht, spreizt er Flügel- und Schwanzfedern und bleibt ruhig stehen. Der Pfaufasan (*Polyplectron bicalcaratum*) kratzt am Boden und verbeugt sich unter Flügelanheben und Schwanzfächern. Kommt das Weibchen heran, so bewegt er den Kopf schnell zu ihr hin und wieder zurück, und wenn man ihm Futter gibt, so zeigt er es ihr. Die ursprüngliche Zuordnung der Verhaltensweise ist also noch erkennbar. Der Pfau spreizt die Schwanzfedern, schüttelt sie und geht einige Schritte zurück. Dann biegt er den Schwanzfächer nach vorne und zeigt bei aufgerichtetem Hals mit dem Schnabel nach unten. Die Henne läuft zu ihm hin und pickt vor ihm am Boden. Junge Pfauhähne scharren und picken noch beim Radschlagen, was darauf zurückzuführen ist, daß sich in der Ontogenese der Individuen die Phylogenese widerspiegelt.

Die Passung zwischen Schlüsselreizen oder Auslösern und den Reizfiltern der darauf ansprechenden Auslöse-Mechanismen kann in der Stammes- oder Individualgeschichte auf verschiedene Weise zustande kommen.

Ein Raubtier entwickelt einen Reizfilter, der ihm ermöglicht, seine sich tarnende Beute trotzdem zu finden. Die Anpassung erfolgt vom Empfänger der Reize aus. Anders etwa bei der Geierschildkröte *(Macroclemys temminckii)*: Sie liegt, durch Algen getarnt, mit offenem Maul reglos im Wasser und bewegt nur ihre zweizipfelige Zungenspitze, die den Eindruck von zappelnden Würmern erweckt. Fische, die diese Würmer fressen wollen, schwimmen ihr geradewegs ins Maul. Hier hat der Sender ein Merkmal an einen bereits bestehenden Reizfilter des Empfängers angepaßt und täuscht ihn damit. Eine solche Fälschung von Merkmalen nennt man *Mimikry.*

In vielen anderen Fällen bringt die Passung zwischen Reiz und Auslöse-Mechanismus dem Sender sowie dem Empfänger Vorteile. Sie kommt daher in der Regel durch sender- wie durch empfängerseitige Anpassungsvorgänge zustande. Beispiele für wechselseitige Anpassungen findet man besonders häufig bei der innerartlichen Verständigung, z. B. zwischen Mutter und Kind und in der Balz. Sie können auch zwischen verschiedenen Arten auftreten. Ein Beispiel dafür ist die Putzer-Symbiose: Der Putzerfisch *Labroides dimidiatus,* ein auffallend blau-schwarz gestreifter Riffbewohner, ernährt sich, indem er Parasiten und Pilze von anderen Fischen abliest. Die Putzerkunden erkennen ihn an seiner Färbung und dem »Putzertanz«, einem rhythmischen Auf- und Niederschwimmen. Die Kunden ihrerseits stellen sich in charakteristischer »Putzhaltung« auf, indem sie sich schräglegen, die Flossen spreizen und das Maul öffnen. Beide Seiten profitieren von dieser Anpassung, und jeder beantwortet das Verhalten des Partners sinngemäß. Zu dieser Symbiose gibt es jedoch auch noch eine einseitige Anpassung: Der Schleimfisch *Aspidontus taeniatus* imitiert in Färbung und Verhalten den Putzer (Mimikry), reißt aber den ahnungslos heranschwimmenden Putzerkunden Stücke aus Haut und Flossen heraus.

Reagiert ein Lebewesen auf einen Reiz, so verändert es damit die auslösende Situation in irgendeiner Weise. Stellt diese durch das Tier geschaffene neue Situation gleichzeitig einen Schlüsselreiz für eine andere Verhaltensweise dar, so entstehen sog. Handlungs- oder Reaktionsketten. Die Balz des Dreistacheligen Stichlings besteht z. B. aus einer Folge von Einzelhandlungen, die jede für sich von der vorherigen des Geschlechtspartners ausgelöst werden. Bleibt ein Reiz aus, wird die Kette an dieser Stelle unterbrochen.

Im Gegensatz dazu ist der Kokonbau der Spinne *Cupiennius salei* im ganzen vorprogrammiert; sein Ablauf wird von der jeweiligen Situation nicht beeinflußt. Diese Spinne baut den Kokon mit einer bestimmten Anzahl von Spinnbewegungen. Gibt man ihr ein halbfertiges Nest, so baut sie daran ein neues, und wenn ihre Spinnwarzen verklebt sind, macht sie die erforderliche Anzahl von Spinnbewegungen und legt dann ihre Eier in das nicht existierende Nest.

HANDLUNGSBEREITSCHAFTEN

Ein und derselbe Außenreiz kann zu verschiedenen Zeiten ganz unterschiedlich beantwortet werden. Hungrige Buntbarsche fressen die angebotenen *Tubifex*, satte lassen sie zu Boden fallen und brutpflegende tragen sie manchmal in die Grube zu ihren Larven und pflegen sie mit.

Die innere Variable, von der die Wahrscheinlichkeit für das Auftreten einer Verhaltensweise in einer bestimmten Situation abhängt, nennt man *Handlungsbereitschaft* oder *Motivation* für dieses Verhalten. Sie wird auch als Stimmung, manchmal als Drang und, hauptsächlich in älterer Literatur, als Trieb bezeichnet. Da aber besonders der Begriff »Trieb« in Ethologie und Psychologie von verschiedenen Autoren in verschiedenen Bedeutungen benutzt wurde und auch in der Umgangssprache nicht wertfrei ist, geht man in der Ethologie mehr und mehr dazu über, die neutrale Bezeichnung Handlungsbereitschaft zu verwenden. Man versteht darunter eine innere, hypothetische, variable Größe, die von inneren Faktoren wie dem Hormonzustand, den endogenen Rhythmen, der bisherigen Erfahrung usw. beeinflußt wird und mit der sich Verhaltensänderungen erklären lassen, die nicht auf simultane Umweltänderungen zurückzuführen sind. Die Problematik der Handlungsbereitschaft oder Motivation wurde 1972 von Becker-Carus u. a. ausführlich dargestellt.

Die Handlungsbereitschaft selbst kann nicht direkt gemessen werden, es ist nur möglich, aus Intensität und Häufigkeit des Auftretens einer Verhaltensweise Rückschlüsse auf jene zu ziehen. Die Arbeitsrichtung, die hauptsächlich die Handlungsbereitschaften erforscht, ist die Motivationsanalyse.

Man nimmt an, daß jeder Verhaltensweise eine eigene Handlungsbereitschaft zugeordnet ist, die zu jedem Zeitpunkt einen bestimmten Wert hat. Mit der Zunahme der Bereitschaft für ein bestimmtes Verhalten geht oft eine Zunahme der lokomotorischen Aktivität einher. Das Tier wartet also nicht passiv auf das Eintreffen auslösender Reize, sondern es erhöht durch seine größere Aktivität die Wahrscheinlichkeit, auf solche zu treffen. Da es aktiv nach einer auslösenden Reizsituation zu suchen scheint, bezeichnet man dieses Verhalten als *Appetenz-* oder *Suchverhalten* und die Verhaltensweise, deren Ablauf das Tier anstrebt, als *Endhandlung*. W. Craig hat 1918 diese beiden Begriffe eingeführt. Von ihm übernahm sie später K. Lorenz.

Im Gegensatz zu Endhandlungen, die relativ formstarr und nach Lorenz Erbkoordinationen sind, ist das Appetenzverhalten sehr flexibel und variabel. Es setzt sich aus Erbkoordinationen, orientierten, erlernten und sogar einsichtigen Verhaltenselementen – manche

Tiere können Werkzeuge gebrauchen – zusammen. Es wird zielstrebig dazu eingesetzt, eine Situation herbeizuführen, die die Gelegenheit zur Endhandlung gibt.

R. Hinde wies jedoch darauf hin, daß Appetenzverhalten und Endhandlung nicht scharf getrennt werden könnten, da jede Endhandlung der Beginn eines neuen Appetenzverhaltens sein kann. Er erläuterte das am Beispiel eines Hundes, der versucht, zu einer läufigen Hündin zu gelangen. Der Hund läuft umher, unterwühlt oder überspringt Zäune, beendet dieses Appetenzverhalten aber sofort, wenn er bei der Hündin angekommen ist. Die sogenannte Endhandlung ist jedoch der Anfang einer langen Folge von Verhaltensweisen, deren Endhandlung wiederum die Kopulation mit der Hündin ist.

Ist die Handlungsbereitschaft für eine Verhaltensweise sehr hoch, so spricht deren AM schon auf einen schwachen oder sogar einen nicht adäquaten Reiz an, der dann das Verhalten in voller Intensität in Gang setzen kann. Dieses Phänomen wird als Reizschwellensenkung oder Schwellenerniedrigung bezeichnet. Eine sehr starke Schwellensenkung kann dazu führen, daß das Verhalten auch ohne erkennbaren Außenreiz abläuft. Man spricht dann von einer *Leerlaufhandlung*. Eine solche nachzuweisen ist jedoch sehr schwierig, da es nicht möglich ist, im Versuch alle Außenreize auszuschließen, denn auf ein sehr stark schwellenerniedrigtes Tier können viele unspezifische Reize als Schlüsselreize wirken. Die Beobachtung einer Leerlaufhandlung – ein Star, der lange Zeit keine Gelegenheit gehabt hatte, Insekten zu fangen, fing und fraß plötzlich nicht vorhandene Fliegen – regte K. Lorenz zur Konstruktion seines bekannten psychohydraulischen Modells an (s. den Beitrag von D. McFarland in diesem Band).

Ist eine Endhandlung ein- oder mehrmals auf den gleichen Reiz hin abgelaufen, so kann sie eine Zeitlang schlechter oder gar nicht mehr auslösbar sein, ihre Reizschwelle ist also erhöht. Ist sie durch andere Reize aber noch auszulösen und kann nachgewiesen werden, daß der gleiche Reiz vom Tier noch wahrgenommen und nur anders beantwortet wird, so spricht man von *Habituation* oder *Adaptation* an diesen Reiz.

Außerdem können der Ablauf der Endhandlung selbst oder auch die Situation, die das Tier dadurch schafft, reizschwellenerhöhend wirken. Gibt man einem Stichling Gelegenheit, mit mehreren Weibchen abzulaichen, so reduziert die Situation »Eier im Nest« und der Kohlendioxydgehalt, der mit der Anzahl der Eier zunimmt, die Balzbereitschaft. Dafür wird die Brutpflegebereitschaft mit zunehmender Eizahl aktiviert. Man spricht daher häufig nicht mehr von Endhandlung, sondern von Endsituation. Sozialpartner, die einander aus den Augen verloren haben, suchen und folgen einander; dieses Appetenzverhalten hört auf, wenn der Kontakt wieder hergestellt ist, ohne daß eine besondere Endhandlung (hier etwa ein Begrüßungszeremoniell) ablaufen muß. Die Nähe der Partner ist die Endsituation.

KONFLIKTVERHALTEN

Sind bei einem Lebewesen zwei Bereitschaften, deren Handlungen miteinander unvereinbar sind, aktiviert, z. B. im Kampf Angriffsbereitschaft und Fluchtbereitschaft, so ist es in einem Konflikt. Die Bereitschaften können einander in unterschiedlicher Weise beeinflussen.

Es kann ambivalentes Verhalten auftreten, bei dem sich die beiden Handlungen überlagern oder in schneller Folge abwechseln. Drohbewegungen enthalten häufig Elemente aus Angriffs- und Fluchtverhalten, Balzbewegungen Elemente aus sexuellem und aggressivem Verhalten. Eine andere Form des Konfliktverhaltens ist die umorientierte Bewegung. Bei Kämpfen zwischen Buntbarschen kann man häufig beobachten, daß einer der Fische in den Sand zu beißen, d. h. zu graben, beginnt, und in Primatengruppen verjagt oft ein Tier, das von einem Ranghöheren angegriffen wurde, seinerseits ein rangniedrigeres. Das aggressive Verhalten wird hier statt auf den Opponenten auf ein ungefährliches Objekt gerichtet. Umorientierte Aggression auf unbeteiligte Artgenossen bezeichnete Grzimek 1949 als »Radfahrer-Reaktion«.

Manchmal treten im Konflikt auch Verhaltensweisen auf, die mit keiner der beiden aktivierten Bereitschaften etwas zu tun zu haben scheinen. Kämpfende Hähne picken manchmal auf den Boden wie bei der Futtersuche, Stare putzen sich in Kampfpausen wie nach dem Baden usw. Die Verhaltensweisen, die in einer solchen Situation biologisch sinnlos wirken, hat man *Übersprungbewegungen* genannt. Man stellte sich vor, daß eine hypothetische Erregung in einem blockierten Instinktzentrum gestaut würde und dann zentral auf ein anderes überspränge. Heute gilt jedoch die sog. »Enthemmungshypothese« als die wahrscheinlichere: Wenn zwei Handlungsbereitschaften »A« und »B« miteinander in Konflikt stehen, die beide gleichzeitig eine dritte »C« hemmen, so verlieren sie dadurch ihre hemmende Wirkung auf C, so daß dieses Verhalten ablaufen kann. Einen solchen Mechanismus machte Sevenster 1961 für das Übersprungfächeln des Stichlings verantwortlich (s. auch seinen Beitrag in diesem Band). Es muß jedoch in jedem einzelnen Fall geprüft werden, ob die Übersprungbewegung in der Situation, in der sie auftritt, »sinnlos« ist. Im Kampf z. B. werden Federn oder Haare gesträubt, was den adäquaten Reiz fürs Putzen bietet, und das Fächeln des Stichlings könnte vielleicht dem Gegner zeigen, daß der Revierbesitzer ein Nest mit Eiern bewacht und entsprechend viel in einem Kampf zu riskieren bereit ist.

Künstliche Konfliktsituationen erzeugten E. von Holst und U. von St. Paul (1960), indem sie im Stammhirn von Haushühnern über Elektroden verschiedene Punkte gleichzeitig reizten. Dabei beeinflussen jeweils zwei Handlungsbereitschaften einander wie in der natürlichen Situation. In manchen Fällen resultierte daraus ambivalentes Verhalten, in anderen unterdrückten oder überlagerten die aktivierten Bereitschaften einander, oder es traten Verhaltensweisen aus anderen Bereichen auf, was dem Übersprungverhalten intakter Tiere entspricht.

ORGANISATION DES VERHALTENS

Die Tatsache, daß manche Verhaltensweisen zeitlich enger miteinander benachbart auftreten als mit anderen, z. B. die verschiedenen Putzbewegungen oder die Beutefanghandlungen, führte zu der Annahme zentraler Koordinationsmechanismen auf verschiedenen Ebenen des Verhaltenssystems, die für die beobachtete Ordnung verantwortlich sind. Diese bezeichnete man als *Instinkte.*

Tinbergen definierte 1951 einen Instinkt als »einen hierarchisch organisierten, nervösen Mechanismus, der auf bestimmte vorwarnende, auslösende und richtende Impulse, sowohl innere wie äußere, anspricht und sie mit wohlkoordinierten, lebens- und arterhaltenden Funktionen beantwortet« (1951, dt. Ausg. 104). Er schrieb jedem Funktionskreis einen eigenen übergeordneten und mehrere untergeordnete Instinkte zu und stellte die Instinkthierarchie am Fortpflanzungsverhalten des Stichlings dar:

Im Frühjahr aktiviert die zunehmende Tageslänge ein Instinktzentrum erster Ordnung, das sogenannte »Wanderzentrum« der Männchen. Sie ziehen in Schwärmen aus den tieferen Überwinterungsgewässern in flache, warme Uferzonen. Finden sie dort Pflanzen vor, so senden diese den Schlüsselreiz, der das nächstuntergeordnete Zentrum (zweiter Ordnung) aktiviert, die Fische werden territorial. Besitzt ein Männchen ein Territorium, so werden die Zentren dritter Ordnung, von denen Kampf, Nestbau, Balz und Brutpflege abhängen, erregt. Diese Zentren sind so lange blockiert, bis ein geeigneter Schlüsselreiz eintrifft, für das Kampfverhalten z. B. ein Männchen im Prachtkleid. Dabei treten die Endhandlungen (vierter Ordnung) auf, im Kampf z. B. drohen, beißen usw. Damit jede dieser Verhaltensweisen geordnet ablaufen kann, müssen Flossen und Körper koordiniert bewegt werden. Diese Koordination leistet ein Zentrum fünfter Ordnung, die Bewegungen der einzelnen Flossenstrahlen hängen von einem Zentrum sechster Ordnung ab, die Muskelfaserbündel jedes Strahls von einem Zentrum siebenter Ordnung und die motorischen Neuronen jedes Muskelfaserbündels von einem Zentrum achter Ordnung.

In diesem Modell aktiviert jedes übergeordnete Instinktzentrum ein oder mehrere untergeordnete, die einander hemmen. Das am stärksten aktivierte setzt sich den anderen gegenüber durch. So kommt die Vorstellung eines streng linearen hierarchischen Aufbaus des Instinktsystems zustande. G. P. Baerends wies jedoch schon 1956 darauf hin, daß nicht jedes untergeordnete Zentrum unter der Kontrolle nur eines höheren stehen könne, da die Funktionskreise einander überschneiden und viele Verhaltensweisen in verschiedenen Zusammenhängen auftreten können, also von mehreren übergeordneten abhängig seien (Werkzeughandlungen).

Moderne Modelle des Verhaltenssystems eines Lebewesens sind deshalb stark vernetzte Darstellungen der Beziehungen zwischen hypothetischen Koordinationsmechanismen auf verschiedenen Integrationsebenen, die einander fördern oder hemmen können, und den vielfältigen Einflüssen äußerer und innerer Faktoren. Aus solchen Wirkungsgefügen lassen sich zutreffende Voraussagen für das Verhalten des Tieres ableiten, für das das Modell konstruiert wurde.

Die Beziehungen zwischen den Faktoren, die das Verhalten beeinflussen, sind jedoch von Tierart zu Tierart und in Einzelheiten sogar von Individuum zu Individuum so verschieden, daß man immer mit unliebsamen Überraschungen rechnen muß, wenn man versucht, aus Ergebnissen, die man an einer Tierart gewonnen hat, Voraussagen für das Verhalten anderer zu machen.

LITERATUR

Baerends, G. P.: Aufbau tierischen Verhaltens. In: Kükenthal (Hg.): Handbuch der Zoologie, 8, 10 (3), 1956, 1–32

Barlow, G. W.: Ethological Units of Behavior. In: D. Ingle (Ed.): The Central Nervous System and Fish Behavior. Chicago, London: The University of Chicago Press 1968, 217–232

Becker-Carus, Ch., Buchholtz, Ch., Etienne, A., Franck, D., Medioni, J., Schöne, H., Sevenster, P., Stamm, R. A., Tschanz, B.: Motivation, Handlungsbereitschaft, Trieb. Z. Tierpsychol., 30, 1972, 321–326

Bower, T. G. R.: Heterogeneous summation in human infants. Anim. Behav., 14, 1966, 395–398

Craig, W.: Appetites and aversions as constituents of instincts. Biol. Bull. Woods Hole, 34, 1918, 91–107

Grzimek, B.: Die »Radfahrer-Reaktion«. Z. Tierpsychol., 6, 1949, 41–44

Holst, E. v.: Über den Prozeß der zentralen Koordination. Pflüg. Arch., 236, 1935, 149–158

Holst, E. v., Saint Paul, U. v.: Vom Wirkungsgefüge der Triebe. Die Naturwiss., 18, 1960, 409–422

Immelmann, K.: Wörterbuch der Verhaltensforschung. München: Kindler 1975, 63–64

Lorenz, K., Tinbergen, N.: Taxis und Instinkthandlung in der Eirollbewegung der Graugans. Z. Tierpsychol., 2, 1938, 1–29

Maturana, H. R., Lettvin, J. Y., McCulloch, W. S., Pitts, W. H.: Anatomy and Physiology of Vision in the Frog (*Rana pipiens*). J. General. Physiol., 43, Suppl. 6, 1960, 129–175

Schenkel, R.: Zur Deutung der Balzleistungen einiger Phasianide und Tetraoniden. Ornith. Beobacht., 53, 1956, 182–201

Seitz, A.: Die Paarbildung bei einigen Cichliden, I. Z. Tierpsychol., 4, 1940, 40–84

Sevenster, P.: A Causal Analysis of a Displacement Activity: Fanning in *Gasterosteus aculeatus*. Behaviour, Suppl. 9, 1961

Tinbergen, N.: The Study of Instinct. London: Oxford University Press 1951. Deutsch: Instinktlehre. Berlin, Hamburg: Parey [6]1972

Tinbergen, N., Perdeck, A. C.: On the Stimulus Situation Releasing the Begging Response in the Newly-Hatched Herring Gull Chick (*Larus argentatus*). Behaviour, 3, 1951, 1–38

Monographien zur Verhaltensforschung

Bateson, P. P. G., Hinde, R. A. (Eds.): Growing points in ethology. Cambridge: Cambridge University Press 1976

Brown, J. L.: The Evolution of Behavior. New York: W. W. Norton & Comp. 1975

Eibl-Eibesfeldt, I.: Grundriß der vergleichenden Verhaltensforschung. München: Piper 1967

Hassenstein, B.: Verhaltensbiologie des Kindes. München: Piper 1973

Hinde, R. A.: Animal Behavior. New York: McGraw-Hill 1970. Deutsch: Das Verhalten der Tiere, I, II. Frankfurt: Suhrkamp 1972

Holst, E. v.: Zur Verhaltensphysiologie bei Tieren und Menschen, I, II. München: Piper 1969 u. 1970

Immelmann, K. (Hg.): Verhaltensforschung. Sonderband zu »Grzimeks Tierleben«. Zürich: Kindler 1974

Wörterbuch der Verhaltensforschung. München: Kindler 1975

Einführung in die Verhaltensforschung. Berlin, Hamburg: Parey 1976

KLOPFER, P.: Ökologie und Verhalten. Stuttgart: G. Fischer 1968

LAMPRECHT, J.: Verhalten. Grundlagen, Erkenntnisse, Entwicklungen der Ethologie. Freiburg: Herder 1972

LEYHAUSEN, P., LORENZ, K.: Antriebe tierischen und menschlichen Verhaltens. München: Piper 1969

LORENZ, K.: Über tierisches und menschliches Verhalten. Gesammelte Abhandlungen, I, II. München: Piper 1965

MANNING, A.: An Introduction to Animal Behaviour. London: Edward Arnold [2]1972

MARLER, P., HAMILTON, W. J.: Tierisches Verhalten. München: BLV 1972

TEMBROCK, G.: Grundriß der Verhaltenswissenschaften. Stuttgart: G. Fischer 1968

TINBERGEN, N.: The Study of Instinct. London: Oxford University Pr. 1951. Deutsch: Instinktlehre. Berlin, Hamburg: Parey [6]1972

WICKLER, W., SEIBT, U. (Hg.): Vergleichende Verhaltensforschung. Hamburg: Hoffmann & Campe 1973

Das Prinzip Eigennutz. Hamburg: Hoffmann & Campe 1977

WILSON, E. O.: Sociobiology. The New Synthesis. Cambridge, Mass.: The Belknap Press of Harvard University Press 1975

AUFGABEN DES VERHALTENS

von Roger Alfred Stamm

In seinem für die weitere Entwicklung der Ethologie wegweisenden Lehrbuch »The Study of Instinct« unterschied Tinbergen (1951) fünf Grundfragestellungen der Verhaltensanalyse: die Beschreibung von Geschehnissen, die Analyse der Ursachen (kausale Analyse), die der Aufgaben oder Funktionen, die der Jugendentwicklung, und schließlich die der Evolution des Verhaltens.

Jede Erforschung von Verhalten soll mit der schlichten Beschreibung von Geschehnissen beginnen. Ein Organismus tut etwas, agiert oder reagiert. Man könnte erwarten, daß bei vorurteilsfreier Darstellung zuerst die genaue Geometrie von Bewegungen in ihrer Aufeinanderfolge festgehalten werden müßte. Bei Lautäußerungen wäre entsprechend auf den zeitlichen Ablauf von durch Lautstärke, Tonhöhe, Obertonkennzeichen objektiv darzustellenden Elementen zu achten. Gerüche müßten mit bekannten Gerüchen verglichen werden. Alle Schwierigkeiten, komplexe Geschehnisse auf diese Art genau festzuhalten, dürften uns von diesem Ansatz nicht abhalten. Daß diese Arbeitstechnik der erste Schritt der Analyse sein muß, wurde wiederholt gefordert. Tinbergen (1951, 7): »The description of the observed phenomena has to precede their causal study ... It is our task to analyse behaviour as co-ordinated muscle activity« (weitere Diskussion bei Tinbergen a. a. O.; Tembrock 1964, 21 ff; Hinde 1970, 10 ff).

Trotzdem protokollieren Forscher so gut wie nie als erstes die genaue räumlich-zeitliche Geometrie von Bewegungen und aufgeschlüsselte Laut- und Geruchsäußerungen. Sie sprechen vielmehr von Schlafen, Körperpflege, Fliehen, Imponieren, Gesang und Markieren. Diese Bezeichnungen bilden in Kurzform Scharen mehr oder weniger unterschiedlicher Varianten von Geschehnissen ab und erscheinen dem Leser anschaulich und genau. Doch wird das Verhalten hierbei nicht nach seiner Gestalt beschrieben, sondern nach seiner Aufgabe. Die funktionale Betrachtung ist in die vermeintlich »reine Beschreibung« eingedrungen.

Man hat das Erfassen der Funktion Deutung genannt. Und im Vergleich zur Darstellung bloßer Ablaufsgeometrie ist es das auch. Also wurde im Protokoll Beschreibung und Deutung vermengt. Ist das nicht ein Fehler? Demjenigen, dem an der reinlichen Sonderung der Bezugssysteme liegt, kann es so erscheinen.

Analysiert man jedoch das unmittelbare Auffassen einer gesehenen Verhaltensweise – man kann dies beim naiven wie beim wissenschaftlich geschulten Beobachter tun –, dann wird man bemerken, daß wir in der Tat bei jeder unvermittelten, nicht durch eine bewußt festgehaltene Anweisung gesteuerten Beobachtung Verhalten in funktionalen Kategorien auffassen. *Das Erfassen reiner Abläufe ist nicht die primäre Art des Erkennens.*

Diese Gesetzmäßigkeit unseres Beobachtens gibt uns zu denken. Man kann für sie selber eine biologische Funktion suchen. Es mag sein, daß auf diese Weise raschere Antworten auf Situationen in unserem Leben möglich werden, die eine unmittelbare Reaktion verlangen, z. B. alle Formen der Bedrohung, das mitmenschliche Gespräch und die Beeinflussung des Verhaltens kleiner Kinder. Rasches Handeln erfolgt hierbei unbewußt und darum viel schneller als nach bewußter Reflexion. Und auch dem Bewußtsein werden die Vorgänge in der Außenwelt zuerst einmal als Zusammenhänge und Bedeutungen, nicht als geometrisch erfaßte Eindrücke zugänglich.

Wenn die naive Art der funktionalen Deutung im ersten Arbeitsschritt auch für die wissenschaftliche Analyse unumgänglich und darum nicht abzuwehren ist, darf sie doch nur eine Durchgangsphase sein. Die reine Ablaufsbeschreibung ohne jede funktionale Zuordnung, und die damit verbundene rein deskriptive Benennung des Verhaltens, ist eine erste methodische Forderung für den *zweiten Blick* auf die Sache, für das Bewußtmachen und Begründen der primären Darstellung. Gleichzeitig soll deutlich gemacht werden, wie die dabei herausgearbeiteten Abläufe durch kausale und funktionale Beziehungen verknüpft sind. Die Frage nach der Funktion ist jetzt, genau wie die anderen von Tinbergen aufgestellten Fragekategorien, zu einem eigenen Thema der Verhaltensanalyse geworden. Der Arbeitsbereich »Funktionsanalyse« kann mehrfach gegliedert werden, indem wir hintereinander liegende Horizonte oder übereinander liegende Ebenen der Fragestellung unterscheiden.

UNMITTELBARE FUNKTIONALE KLASSIFIKATION DES VERHALTENS

Bewegungen, Lautäußerungen, Abgabe von Duftstoffen usw. lassen sich zu Systemen ordnen, z. B. Gehen, Laufen, Schwimmen und Fliegen, die dann wieder zusammengefaßt werden durch den Oberbegriff Fortbewegung. Andere Systeme dieser Art sind z. B. die Formen der Einvernahme von Dingen durch Ergreifen, Zubeißen, Abbeißen, Schlürfen und Einsaugen, die Bezugnahmen auf die Umgebung durch Zuwendung zu oder Abwendung von Reizquellen mit folgender Annäherung oder Entfernung, also die Vorgänge der Orientierung im weitesten Sinne (als ausführliches Beispiel s. Tembrock 1968, 37 ff).

Das Zusammenfassen von Abläufen ist eine Ordnungshilfe. Funktionale Bezeichnungen sind auf dieser Ebene in der Regel unbedenklich vollziehbar. So ist der Begriff Fortbewegung allgemein ohne weiteres verwendbar und nicht mißverständlich, obwohl sich darin eine Unmenge von Details verbergen, die nicht bereits im einzelnen analysiert sein müssen, z. B. die besondere Art, wie sich ein Säugetier laufend fortbewegt, etwa nach den Schrittarten Paßgang, Galopp, Schleichen. Die kritische Verwendung der funktionalen Bezeichnung dieser Stufe verlangt nur, daß diese Aufschlüsselung prinzipiell möglich sei und bei Bedarf auch durchgeführt werde. Unvorsichtige funktionale Deutung hat besonders in der Frühzeit der Verhaltensforschung zu Anthropomorphismen geführt. Doch ist im funktionalen Bereich weniger mit unerlaubten Grenzüberschreitungen in Unerforschbares zu rechnen als etwa bei der Kausalanalyse, in der die Grenze von der Zustandsbeschreibung auf Grund von Verhaltensäußerungen oder der Erfassung physiologischer Vorgänge zu dem bei Tieren grundsätzlich unzugänglichen Erlebensaspekt (im Sinne der Eigenerfahrung bewußter Prozesse) bei fehlender Vorsicht rasch einmal überschritten ist. Es macht keinerlei Schwierigkeiten, Verhaltensweisen funktional zu benennen, die der Mensch nicht selber vollziehen kann, z. B. Fliegen oder Brüten.

Der Übergang von der reinen Ablaufsbeschreibung zur Funktionsanalyse erfolgt auf dieser ersten Ebene völlig nahtlos und wird darum trotz der großen methodologischen Bedeutung, die dem Wechsel der Bezugssysteme zukommt, meistens gar nicht bemerkt.

Von hier aus geht es dann ebenso nahtlos zur nächsten Abstraktionsstufe, die wir dort sehen wollen, wo wir ausdrücklich berücksichtigen, daß das Verhalten eines Tieres immer *auf eine Situation bezogen* ist, in der es sich vollzieht.

KLASSIFIKATION VON AKTIONEN AUF GRUND IHRES STELLENWERTES IN SITUATIONEN

»Das Verhalten ist die Erscheinungsweise eines sinnvollen *Verhältnisses* zwischen einem Menschen und einem Tier und der jeweiligen Umgebung. Der Beobachter versteht das Verhalten immer nur *aus* der Situation. Wenn ich z. B. wahrnehme, daß ein Tier eine Beute ergreift, so sind die Bewegungen der Pfote, das Öffnen und Schließen des Kiefers ›an sich‹ sinnlos. Diese Bewegungen erhalten erst eine in unserer Wahrnehmung gegebene Bedeutung durch ihre Beziehung zur Situation« (Buytendijk 1958, 14).

Die konkreten Situationen, die natürlich ungemein differenziert aufgeschlüsselt werden können, ordnen wir zu Gruppen, den Funktionskreisen (Uexküll). Auf dieser Ebene sprechen wir von Ernährung, Komfortverhalten (als Zusammenfassung von Ruhen, Schlafen und Körperpflege), Erkunden, Verteidigung, Fortpflanzung usw. Interessiert das Sozialverhalten mit seinen Formen der Verständigung, dann hebt man etwa die Ausdrucksbewegungen (und -laute, -gerüche; engl. zusammengefaßt als »display«), die durch den Vorgang der Ritualisation im Laufe der Evolution besonders prägnant geworden sind, um wirksam als Signale eingesetzt werden zu können, von den nicht derart spezialisierten Verhaltensformen ab, die man dann etwa Gebrauchsaktionen (engl.: functional acts) nennt.

Die Bestimmung des Funktionswertes von Gebrauchsaktionen kann in der Regel mühelos auf Grund eines gewissermaßen mit-organismischen menschlichen Verständnisses für die wesentlichen Lebenssituationen von Tieren erfolgen. Fellpflege, Nahrungsaufnahme, Angreifen und Fliehen, Ruhen und Wandern sind ohne weiteres deutbar. Hingegen ist die Funktionsanalyse von ritualisierten Signalen schwieriger. Man nimmt zwar an, daß sie immer aus Gebrauchsaktionen entwickelt worden sind, deren Form sie bloß im Dienste höherer Prägnanz abwandeln. Oft erscheinen sie aber in ausgesprochenen Konfliktsituationen, in denen man aus der Wirkung, aus der Form und aus dem eventuellen Alternieren mit den reinen Gebrauchsaktionen, aus denen sie entstanden sein können, nicht immer ohne weiteres auf ihre Bedeutung schließen kann, sei diese funktional aus der Beziehung der sich begegnenden Tiere oder kausal als Ausdruck eines bestimmten Zustandes des Senders gesucht. Die Funktionsanalyse von Ausdrucksaktionen ist darum eines der reizvollsten Themen der Ethologie (zur allgemeinen Diskussion auch der Entstehung und der Kausalanalyse von Ausdrucksverhalten s. Stamm 1965).

Nur ein Beispiel sei angeführt. Beobachten wir im Herbst eine Gruppe von Stockenten (*Anas platyrhynchos*) auf einem Gewässer, dann sehen wir oft, wie ein Weibchen neben einem Männchen herschwimmt und dabei eine ruckende Kopfbewegung zur Seite macht: der Kopf wird mehrmals etwas vorgestreckt und wieder angezogen – und zwar immer von der Seite abgewandt, auf der das Männchen schwimmt, dem das Weibchen folgt. Die genaue Beobachtung des Umfeldes und der Vorgeschichte und Konsequenzen dieses Verhaltens über Wochen hinweg führt zur Klärung: Es handelt sich um einen Paarbildungsantrag des Weibchens gegenüber dem Männchen. Das Weibchen zeigt an, daß es sich mit dem Männchen verpaaren möchte. Der Ursprung der Bewegung wird klarer, wenn wir die entsprechende Verhaltensweise bei der Brandgans (*Tadorna tadorna*) beobachten (Lorenz 1960, 269 f). Hier ist die Bewegung nicht einfach stereotyp vom Männchen weggerichtet, sondern immer gegen ein anderes Weibchen, das damit bedroht und aus der Nähe des umworbenen Männchens weggescheucht wird. Diese Drohung »nach außen« im Sinne einer Revierverteidigung, wobei das umworbene Männchen »ins Innen« einbezogen wird, muß

»aus der Sicht des Männchens« als positiv-soziales Verhalten erscheinen und die Bindungsbereitschaft des Weibchens ihm gegenüber verraten. Das Männchen könnte jetzt den Antrag annehmen, indem es in die Revierverteidigung einstimmt. Das ist bei der Stockente wohl nicht so deutlich der Fall, kommt aber bei anderen Arten vor – ein solches Beispiel für die Graugans (*Anser anser*) findet sich bei Fischer 1967. Die Verhaltensweise des Weibchens wird folgerichtig als Hetzen bezeichnet (Lorenz 1941). Daß eine solche funktionale Bezeichnung im allgemeinen problematisch ist und besser durch eine deskriptive ersetzt werden sollte, könnte in diesem Beispiel geltend gemacht werden, weil »Hetzen« nur die eine Funktion ausdrückt, das Drohen und Zum-Mitdrohen-Reizen, nicht die andere, die Paarbildungsaufforderung. Diese zweite Funktion ist im Fall der Stockente gegenüber der ersten als Folge der Ritualisation betont; die Verhaltensweise ist stärker ritualisiert als bei der Brandgans. Zwar ist auch hier immer ein Tier auszumachen, dem gegenüber das Hetzen als Drohung gilt, aber die Bewegung wird immerhin schon immer so orientiert, daß sie auf keinen Fall gegen das Männchen gerichtet und also als Drohung »gegenüber dem Männchen« erscheinen kann. Das Zeichen des Freundlichseins ist so betont, daß die Verhaltensweise von der ursprünglichen aggressiven Rolle nahezu völlig emanzipiert ist. – Unser Beispiel zeigt die bei der Untersuchung angewandte vielfältige Methodik der Aufklärung von Bewegung und Situation, bis hin zum Vergleich mit nahe verwandten Arten und damit unter Berücksichtigung des Evolutionsaspektes. Wir sehen deutlich, daß die schließlich einleuchtende Funktionsbezeichnung von uns selbst *aus der Situation* heraus, das heißt in einem bestimmten Stellenwert in der Beziehung zwischen verschiedenen Tieren gesehen wird, und keineswegs eine Aussage über den Zustand des signalisierenden Tieres oder über seine Intention im Sinne des Erlebens (schon gar nicht des bewußten) bedeuten muß. Somit beleuchtet das Beispiel auch, wie sehr sich die Formulierungsweise der Ethologen von derjenigen vorethologischer Tierpsychologen entfernt hat, die in der gleichen Aufgabe große Schwierigkeiten hatten, zwischen Verhaltens- und Erlebensanalyse scharf zu trennen und sich von letzterer zu distanzieren.

Funktionale Analysen von Verhalten auf der Ebene seines Stellenwertes in Situationen haben eine bedeutende Ordnungskraft. Ihr gegenüber wäre die erschöpfende Analyse auf der oben genannten ersten Ebene zwar wesentlich konkreter, aber für Übersichten auch bereits zu unhandlich, und sie wird darum nur dort unternommen, wo das direkte Interesse zum genauen Fragen nötigt. Die Weiterführung des Fragens auf die höheren Ebenen aber erhöht zwar den Grad der Überschau, verlangt dafür jedoch immer mehr die Benützung spekulativer theoretischer Deutungen und ist zur Abbildung der Realität oft weniger kraftvoll, häufig stärker umstritten und wird nur bedingt Inhalt des zwingend gewissen, als allgemeingültig anerkannten Wissens. Die Notwendigkeit einer Analyse auf allen Ebenen ist dadurch nicht bestritten.

Aus der Darstellung von Verhalten in seinem Funktionswert in Lebenssituationen erwachsen auch kausale Fragestellungen. Denn nun, wenn Verhalten mit einer Bedeutung erscheint und man weiß, daß die Funktion (das »Funktionieren«) das Entstehen und Überleben des betreffenden Verhaltens in der Evolution ermöglicht hat, wird man wissen wollen, *wie* dies alles entstanden ist und gesteuert wird.

ZUORDNUNG DER FUNKTIONSKREISE ZU ALLGEMEINSTEN KATEGORIEN DER LEBENSERHALTUNG VON INDIVIDUEN

Das Verhalten kann immer auch als Antwort auf die Aufgabe, allen Lebensanforderungen des Alltags zu begegnen, verstanden werden. Diese Lebensanforderungen sind Funktionen im *ökologischen* Sinne; sie werden betrachtet im Rahmen der Untersuchung des Haushalts der Natur im ganzen. Wir nennen diese Ebene, zusammen mit der folgenden, die ökologische Analyse der Funktion.

Wir finden hier Themen, die sich für jedes Tier stellen, allerdings inhaltlich je nach der Lebensweise verschieden konkretisiert sind und von jeder Tierart auf eine besondere Weise gelöst werden. Der Blick auf diese Themen schafft die ideale Basis für den Vergleich zwischen den Lebensformen der Tiere.

Soweit ich sehe, gibt es noch keine allgemein anerkannte Kategorientafel dieser Lebensaufgaben. Ich meine, daß der Verhaltensökologe bei allen Tierarten prüfen soll, wie sich das beobachtete Tier a) im Raum zurechtfindet und einrichtet, b) vor ungünstiger Witterung und ähnlichen Gefahren schützt, c) seiner Feinde erwehrt, d) ernährt und e) fortpflanzt.

Jede dieser Lebensaufgaben läßt sich in viele Einzelprobleme zerlegen. Wir wollen dies nur am Beispiel der Fortpflanzung verdeutlichen.

Daß es sich dabei um ein universelles Thema handelt, ist klar. Das individuelle Leben ist grundsätzlich endlich und zudem in ständiger Gefahr, durch äußere Einwirkungen ausgelöscht zu werden. Eine Tierart kann nur bestehen, wenn sie als Art, d. h. als Gesamtheit aller untereinander fortpflanzungsfähigen Individuen, durch Fortpflanzung die ständigen Verluste auszugleichen vermag. Diese Aufgabe stellt sich auch jedem einzelnen Individuum. Nur bei wenigen Arten, z. B. bei den in Großverbänden lebenden Insekten oder bei einigen Primaten, können Individuen durch besondere Regelungen zeitlebens von der Fortpflanzung ausgeschlossen bleiben und trotzdem, im Rahmen eines Verbandes, in dem sie leben, dem Fortbestand der Art dienen (s. den Beitrag von J. Alcock in diesem Band). Daß die Fortpflanzung im übrigen nicht in dem Sinne ein universales Phänomen ist, daß die Tiere ununterbrochen nichts anderes tun müßten, als sich fortzupflanzen, ist auch klar. Nicht nur die Jugendzeit, die der Geschlechtsreife vorangeht und im allgemeinen keinen direkten Fortpflanzungsbezug aufweist, während alle anderen Lebensaufgaben bereits hier gestellt sind und dann durch das ganze Leben wirklich Alltagsaufgaben bleiben, ist ausgespart, sondern auch bestimmte Jahreszeiten, in denen wegen widriger äußerer Umstände der Aufwand nicht in günstigem Verhältnis zum Erfolg stehen würde. Ferner ist die Zeit der Fürsorge für Nachkommen meistens eine Zeit der Sperre für eine weitere Zeugung, was bei gewissen Säugetieren oder Vögeln immerhin eine Pause von mehreren Jahren bedeuten kann. Schließlich bleibt die Periode des Überlebens über die Fortpflanzungsfähigkeit hinaus ein interessantes Problem für die Forschung, wobei manche Fragen hier noch offen sind, z. B. die, ob nicht das Überleben alter Tiere dem Schutz noch fortpflanzungsfähiger auch insofern dienen kann, als die alten Tiere das Interesse von Feinden auf sich lenken und auch Nahrungsreservoir für sie sind, wodurch sich die Wahrscheinlichkeit, daß fortpflanzungsfähige Individuen von den Feinden gestört oder getötet werden, vermindern könnte.

Nun ein Blick auf die verschiedenen Dimensionen, die die allgemeine »Fortpflanzungspflicht« für die Organismen haben kann.

Da ist einmal die individuelle Vorbereitung der Fortpflanzung durch den Aufbau von Fortpflanzungsorganen. Dies kann zuerst einmal als morphologisches und entwicklungsgeschichtliches Forschungsthema gesehen werden. Aber auch Ökologie und Ethologie müssen das Jugendleben danach bewerten, wie es für den Erwerb der Fortpflanzungsbefähigung genutzt wird. So erfolgt die Fortpflanzung oft erst, wie wir vor allem für Vögel und Säugetiere wissen, wenn die Einpassung in den Lebensraum – auch durch Lernprozesse – so perfekt geworden ist, daß das Individuum Ernährung, Raumorientierung und Schutz nicht nur für sich, sondern auch für seine von ihm gepflegten Nachkommen sichern kann. Das Hinausschieben der Fortpflanzung kann auch zusammenhängen mit der Populationsdichte im Wohngebiet. Aus diesen Gründen kann bei manchen Arten und unter ungünstigen Bedingungen der Beginn der Fortpflanzung gegenüber dem Erreichen der Geschlechtsreife im Extrem um Jahre verzögert sein. Morphologische und physiologische Geschlechtsreife ist dann nicht mehr auch Fortpflanzungsfähigkeit.

Kommen wir zum Zeitpunkt erreichter Fortpflanzungsfähigkeit, dann stellen sich eine ganze Reihe von Problemen, die durch Verhalten gelöst werden müssen. Die Aufgaben hängen z. T. damit zusammen, daß Fortpflanzung mit wenigen Ausnahmen mit der Sexualität gekoppelt ist und also das Zusammenwirken zweier Partner voraussetzt. Es stellen sich damit die Aufgaben, den Geschlechtspartner zu suchen und nach Artzugehörigkeit, Geschlecht und Fortpflanzungsfähigkeit zu erkennen und zu bewerten, Konkurrenten fernzuhalten, den Geschlechtspartner und sich selbst zu stimulieren und für den Paarungsakt sich mit dem Geschlechtspartner zu synchronisieren und den Vorgang bewegungsmäßig zu koordinieren. Eine Wiederholung des Fortpflanzungsaktes erlaubt eine Streuung der Eiablagezeit, ist dadurch energetisch einfacher und schützt vor zufälligem Verlust von Nachkommen. Die mehrfache Paarung immer mit dem gleichen Partner durchzuführen, bedeutet zudem eine Ersparnis an Aufwand zur Partnerfindung; sie führt zu ehelichem Zusammenleben.

Die Begattung oder ihr entsprechendes Verhalten der Zusammenarbeit zweier Partner zum Zwecke der Zeugung (bei Übergabe von Spermatophoren oder Besamung bereits abgelegter Eier) ist aber so gut wie nie die einzige ethologisch bedeutsame Aufgabe der Fortpflanzung.

Denn der Besamung schließen sich meist verschiedene Maßnahmen der Brutfürsorge an. Wir sollten alle Maßnahmen bis zur Ablage der Eier als Brutvorsorge bezeichnen; alle sich dann anschließenden Tätigkeiten nennt man Brutpflege.

Zur Brutvorsorge können gehören: Zuerst an inneren Vorgängen die Versorgung der Eizellen mit Nährstoffen für die erste Entwicklung und mit Schutzhüllen gegen Austrocknung und Beschädigung. Auch diese scheinbar rein morphologisch-physiologischen Vorgänge können sich auf das Verhalten auswirken: Tiere, die nur wenige dotterreiche Eier legen, neigen eher zu komplizierteren Formen der Brutfürsorge (z. B. Tintenfische, Insekten, Fische, Vögel). Dann werden die Eier nicht einfach zu beliebiger Stunde und an beliebigem Ort fallengelassen, sondern oft in einem geordneten Gelege im späteren Lebensraum der Jungtiere abgesetzt, von Insekten also etwa in feuchte Erde, in Pflanzen (bei holzbewohnenden, gallenbildenden oder in Blättern minierenden Käfern, Hautflüglern, Zweiflüglern usw.), ins Wasser (Stechmücken und Libellen sind hier die bekanntesten Beispiele). Oft wird vorsorglich Nahrung beschafft, denken wir an die Kotkugeln der »pillendrehenden« Mistkäfer, oder an die Beutelager der Grabwespen (s. den Beitrag von A. Portmann über J.-H. Fabre in diesem Band). Eier werden immer wieder auch in Nester gelegt, in einen Kokon oder Blattwickel eingesponnen oder am Körper mitgetragen.

Damit sind wir bei der Betreuung der sich entwickelnden Eier. Die ins Nest gelegten oder am Körper getragenen Gelege werden vor Feinden, vor Austrocknung und Überschwemmung geschützt, vielleicht bebrütet (wenn die Tiere zur Produktion einer gegenüber der Umgebung erhöhten, möglichst konstanten Temperatur befähigt sind: Bienen, Pythonschlangen, Vögel), gereinigt, unfruchtbare oder schimmelnde Eier entfernt (Groppe *Cottus gobio* [Morris 1955], Wellensittich [Stamm unveröffentlicht]). Vögel bebrüten ihre Gelege nach Programmen, die auf artspezifisch unterschiedliche Weise dem Überleben dienen: z. B. Brut vom zuletzt gelegten Ei an sichert gleichzeitiges Schlüpfen der Jungen (bei Enten und anderen Nestflüchtern), Brut vom ersten Ei an erleichtert nachträgliche Verminderung der Jungenzahl bei Nahrungsmangel (Greifvögel, Wellensittich). Oft wird das brütende Tier vom Gatten gefüttert. Nester und Gelege werden verteidigt, manchmal gemeinsam durch eine ganze Population (sog. »Hassen« der Singvögel auf Greifvögel).

Sind dann die Nachkommen geboren, warten auf viele Eltern neue Aufgaben der Brutpflege, die wie das Brüten zu Änderungen der normalen Lebensweise zwingen können. Beim Kaiserpinguin, der nur zur Fortpflanzung Land – das antarktische Eis – betritt, bebrütet das Männchen ein einziges Ei, das er im Stehen auf den Füßen trägt, während 62–63

Tagen ganz allein und ohne je Nahrung zu sich zu nehmen; zur Zeit des Schlüpfens löst ihn das Weibchen ab, bleibt seinerseits bis zu 20–25 Tagen beim Jungen und füttert dieses aus dem Kropf; erst dann kommt das Männchen wieder zurück und nun erst folgt eine raschere Brutablösung und vom 35.–45. Tag an auch das gleichzeitige Füttern durch beide Eltern (Prévost 1955). Jedes beliebige andere Beispiel würde ebenfalls zeigen, daß die Brutpflege eine wesentliche Arbeitsbelastung und oft eine verstärkte Gefährdung bedeutet. Die Jungen müssen gefüttert, geführt und verteidigt, weglaufende Junge zurückgeholt, das Nest gereinigt werden. Die Verteidigung gegen Raubfeinde kann passiv erfolgen, durch Verstecken oder durch Warnen – das Verstummen und Erstarren der Jungen auslöst –, oder aktiv durch Verleiten (Ablenken des Feindes durch scheinbar behindertes Herumstolpern vor seinen Augen [Hinken, Hängenlassen der Flügel]) oder durch Bedrohen des Feindes oder gar Aufnahme des Kampfes mit ihm.

Die Bilanz all dieser Mühen und Anstrengungen ist ohne Zweifel positiv. Das muß man der Tatsache entnehmen, daß eine intensive Brutpflege treibende Arten gegenüber verwandten Arten ohne Brutpflege weniger Nachkommen produzieren müssen, um ihr Überleben zu sichern.

Soweit ging es um die Leistungen der Brutpflege zur *unmittelbaren Lebenserhaltung* der Jungtiere in ihren ersten Entwicklungsphasen. Die Brutpflege erlaubt manchen Arten, auch extreme Lebensräume zu besiedeln. So sind Wolfspinnen (Lycosidae) mit ihrer besonders entwickelten Brutpflege in der Lage, höher ins Gebirge und weiter in die Arktis vorzudringen als die meisten anderen Spinnen und im Frühjahr früher als andere Arten ihre Jungen zu bekommen (Graefe 1964). Die Wale können dank besonderer Instinkte bei der Geburt des Jungen (Hochtragen zur Wasseroberfläche für das erste Atmen) das gesamte Leben im Wasser verbringen und brauchen nicht, wie die Robben, zur Aufzucht das Land aufzusuchen. Brutpflege verbessert die Ernährung der Jungen, beschleunigt dadurch ihre Entwicklung und verkürzt so die Zeit besonderer Gefährdung.

Zu diesen generellen Leistungen beobachtet man nun besonders bei höher evoluierten Vögeln und Säugetieren eine Tendenz, die Zeit der Fürsorge oder jedenfalls des Zusammenlebens von Eltern und Jungtieren über diese engere Abhängigkeit hinaus zu verlängern, oft über die nächste Fortpflanzungsperiode hinaus, während der die Eltern neue Nachkommen großziehen (wobei die Kinder der früheren Brut mithelfen können). Das längere Beisammenbleiben ermöglicht Lernen und erhöht damit die Lebenstüchtigkeit, wobei immer die Eltern noch Beschützer und »Ratgeber« (wenn ihr Verhalten, etwa ihre Nahrungswahl, nachgeahmt wird) sind.

Obwohl wir bisher vom Individuum her argumentiert haben, das sein Leben fristen muß, sind wir bereits mit den letzten Aussagen in den Bereich der Interaktionen zwischen verschiedenen Individuen gekommen. Vorerst als Hilfe zwischen Individuen.

Ein wichtiges Thema ist nun aber, daß beim individuellen Verfolgen ihrer Lebensziele und mit der Fortpflanzung, die zuerst durchaus Vermehrung ist, verschiedene Individuen einer Art oder verschiedener Arten miteinander in Konflikt kommen.

Jedes Individuum braucht zu seinem Lebensunterhalt bestimmte Lebensgüter. Brauchen heißt hier: räumliches Beanspruchen oder Verzehr (von Nahrung, Wasser, Nistmaterial, Nistplätzen). Wir nennen diese Güter allgemein die »*Requisiten*« für die individuelle Lebenserhaltung. Der Lebensraum stellt diese Requisiten zur Verfügung; ihre Menge ist aber auf jeden Fall begrenzt. Und Individuen mit gleichen Ansprüchen geraten zueinander in *Konkurrenz*, sobald mehr Lebensgüter gebraucht werden als angeboten sind. Was geschieht in dieser Situation? Wir müssen jedenfalls für die weitere Betrachtung die Ebene des Individuums verlassen und uns mit dem Naturhaushalt ganzer Ökosysteme beschäftigen.

FUNKTIONALE ANALYSE DES VERHALTENS VON TIEREN ALS GLIEDERN VON ÖKOSYSTEMEN

Wir wollen das Thema der Auseinandersetzung um Requisiten der Lebenserhaltung hier ganz allgemein diskutieren. Spezialfälle werden nicht behandelt, z. B. das Raubtier-Beute-Verhältnis oder der Parasitismus, wobei andere Tierarten zum Requisit von Feindarten werden.

Welche Formen nimmt die Konkurrenz um bestimmte Requisiten an, und welches sind die Ergebnisse dieser Interaktion?

Zuerst sei ein geeignetes Beispiel betrachtet. Nehmen wir als Requisit die Insekten und als Konsumenten die Vögel und verfolgen wir, welche Nahrungsbeziehungen zwischen diesen beiden Faktoren in einem Laubwald der mittleren geographischen Breiten bestehen, wo im Winter die Bäume ihr Laub verlieren und der größte Teil der Krautschicht das aktive Leben einstellt.

Im Sommer sehen wir zuerst einmal, daß das Nahrungspotential Insekten in mehrere Untermengen gegliedert ist. Es gibt Insekten, die wir fliegend in der Luft antreffen; andere bewegen sich auf den Pflanzen, wobei die einzelnen Arten ganz verschiedene Nahrungspflanzen und auf ihnen wieder bestimmte Regionen bevorzugen; dann gibt es Insekten, die im Innern von Pflanzen leben, und schließlich solche, die auf dem Boden, und solche, die im Boden leben. Die einzelnen Arten können im Laufe eines Tages oder im Laufe ihres Lebens verschiedene Stelle bevorzugen.

An allen diesen Stellen werden Insekten von Vögeln gejagt und erfolgreich erbeutet, also auch im Innern eines Baumes lebende (z. B. durch Spechte) oder im Boden lebende (z. B. durch die Waldschnepfe). Aber die Vogelarten, von denen in einem Laubwald in Europa vielleicht fünfzig Arten leben, zehren von diesem Reservoir nicht einheitlich. Schon die Beispiele Specht und Schnepfe zeigen, daß Spezialisierungen auftreten: der Specht mit seinem Meißelschnabel ist besonders befähigt, die im harten Holze lebenden Insekten zu erbeuten, die Schnepfe mit ihrem langen, an der Spitze sich öffnenden Schnabel die in tieferen Bodenschichten. Bei nahe verwandten, also fast gleich gebauten Vögeln erwarten wir, daß die Ansprüche sehr ähnlich sind. Die Meisen sind ein gutes Beispiel: sie lesen mit ihrem kurzen, feinen Schnabel Insekten hauptsächlich von der Vegetation ab. In einem europäischen Laubwald gibt es mehrere Meisenarten. Ein einfaches Protokoll zeigt weitere Einzelheiten: Gliedern wir alle Beobachtungen fressender Meisen nach einfachen Kategorien, dann verteilen sich die Meisen in der Vegetation wie in Tab. 1.

Im Sommer werden von allen aufgeführten drei Arten Blätter als Nahrungsplätze bevorzugt – hier ist die Nahrung am reichsten und am leichtesten zugänglich: Zweiflügler, Schmetterlinge, Hautflügler, Blattläuse, unzählige Raupen, in den Blättern minierende Maden usw., die an den hellen, warmen Stellen ihrerseits Nahrung (vor allem das nährstoffreiche Gewebe der assimilierenden Blätter) oder Geschlechtspartner oder Eiablageplätze suchen. Nur die Weidenmeise ist oft auf dickeren Zweigen und an totem Holz zu beobachten.

Im Winter, wenn die Nahrung knapp geworden ist, das Laub der Bäume abgefallen, verteilen sich die Meisen über einen weiteren Bereich. Vor allem fallen uns aber Unterschiede in den Verteilungsspektren der drei Arten auf. Die Blaumeise hält sich noch am häufigsten in den Kronen auf, die Weidenmeise an ihrem früheren Standort, während die Kohlmeise auf den Boden kommt und hier weitgehend nicht mehr nach Insekten, sondern nach Samen (vor allem Bucheckern) sucht. Wir können dies als Folge der durch ein knapperes Nahrungsangebot verstärkten Konkurrenz deuten. Und jetzt kommt voll zum Tragen, daß die Blaumeise leichter ist und einen feineren Schnabel besitzt, also sich auf feinsten Zweigen besonders gut festhalten und aus feinsten Ritzen ihre dort versteckte Beute herauspicken kann. Die Kohlmeise im anderen Extrem als schwerste Meise mit kräftigerem Schnabel ist auch am besten geeignet, die zu Boden gefallenen Bucheckern und anderen harten Baumfrüchte aufzuhacken. Es zeigt sich eine gewisse *Spezialisierung* unter den Meisen.

	BLAUMEISE *(Parus caeruleus)*	KOHLMEISE *(P.major)*	WEIDENMEISE *(P.montanus)*
IM SOMMER			
Blätter	**90**	**84**	50
Zweige, Knospen	2	2	6
Äste, Stamm	2	4	22
totes Holz	5	1	17
Boden	0	2	0
sonstwo	1	7	5
IM WINTER			
Blätter	3	4	4
Zweige, Knospen	**34**	5	27
Äste, Stamm	8	16	**50**
totes Holz	16	6	12
Boden	7	**50**	0
sonstwo	32	19	7

Tab. 1 Freßorte dreier Meisenarten im Laubwald (nach: Gibb 1954, aus: Lack 1971) (Aufenthaltswahrscheinlichkeiten in Prozenten).

Das Thema Insektennahrung für Vögel läßt sich natürlich über die geschilderten Beispiele hinaus verfolgen. Gerade im Winter zeigen sich hier die Unterschiede in der Lebensweise – und damit auch im Verhalten – besonders deutlich. Diejenigen Vögel, die ganz extrem an das Erbeuten fliegender Insekten angepaßt sind (Schwalben, Segler, Ziegenmelker, Fliegenschnäpper), müssen uns im Herbst rechtzeitig verlassen – sie sind Zugvögel. In den Süden ziehen auch jene Vögel, die ausschließlich von Insekten leben und nicht auf Knospen- oder Samennahrung umstellen können, etwa die Gruppe der Grasmücken und Laubsänger. Kaum beeinflußt sind die Arten, wie Spechte und Waldschnepfe, deren Nahrung das ganze Jahr in gleicher Weise zugänglich bleibt. Da viele Insekten im Winter als Eier, Larven, Puppen oder Imagines im Boden überwintern, erwarten wir eine verstärkte Aufmerksamkeit der Vögel auf diese Zone des Ökosystems. Die bodennahe Nahrungssuche der Kohlmeise hängt auch damit zusammen. Wir haben hier aber auch ausgesprochene Spezialisten, die das ganze Jahr in der Bodennähe nach Insekten suchen, z. B. Amsel, Rotkehlchen und Zaunkönig.

Die Beobachtung zeigt eine Spezialisierung auch zwischen diesen in ihren Ansprüchen ähnlichen Arten. Der Zaunkönig sucht seine Nahrung im Wurzelwerk, im Brombeergestrüpp und auf Stauden; er wird auch durch strenge Winter kaum beeinflußt, da unter Überhängen und unter der Vegetation genügend schneefreie Räume bleiben. Das Rotkehlchen fängt von einer niederen Warte aus Insekten, die es auf dem Boden oder direkt über dem Boden fliegend entdeckt; bei Schneebedeckung und Gefrornis wird diese Nahrungsquelle unzugänglich und das Rotkehlchen gezwungen, aus dem Wald wegzuziehen. Das ist die Zeit, wenn wir ihm im Dorf und in den Gärten der Städte begegnen. Die Amsel sucht unter Laub und in den obersten Bodenschichten, vor allem durch eine besondere Technik des Laubumwendens und gleichzeitigen Scharrens mit den Füßen; sie findet in milden Wintern reichlich Nahrung, muß allerdings bei tieferem Schnee und länger dauernder Gefrornis wegziehen. An den Amseln in unseren Gärten können wir beobachten, wie sie die letzten schneefreien Stellen noch auszunützen suchen.

Aus dieser Darstellung folgt eine wichtige allgemeine Einsicht. Obwohl es bei den soeben geschilderten Tatbeständen eindeutig um Eigentümlichkeiten des Verhaltens geht, scheinen wir weitab von den gewohnten Fragestellungen der Ethologen: Inventar an artspezifischen Verhaltensabläufen, Verursachung durch Schlüsselreize und Hormonspiegel, durch Vererbung und Erfahrung und ähnlichem. Darum sind solche Probleme auch seltener von Ethologen zuerst aufgegriffen worden, sondern eher von Ökologen oder nicht besonders fachgebundenen Ornithologen. Der Ethologe erkennt aber, daß sich ihm hier ein großes Aufgabenfeld erschließt, das bereits bei der einfachen Beschreibung von Verhaltenselementen beginnt: Während er vielleicht vorerst geneigt war, alle Meisen bezüglich ihres Bewegungsinventars »in einen Topf« zu werfen – sie können alle auf feinen Zweigen, oft kopfunter, sich halten, sie picken alle in geradem Zustoß nach feinsten Insekten, können in der Rinde stochern, haben typische Bewegungen zum Töten und Verzehren der Beute, können aber auch Nüsse aufhämmern usw., so wird er jetzt auf die Feinheiten zu achten beginnen, wodurch sich eine Art, die sich häufiger auf dem Boden oder auf dicken Ästen aufhält, von einer anderen unterscheiden könnte, die die feinsten Zweigspitzen bevorzugt, Feinheiten der Bewegung, der Nahrungswahl, aber auch andere Lösungen beim Sichern gegen Feinde usw. Solche Unterschiede werden oft nur *quantitativ* sein, aber gerade das erlaubt den Einsatz besonders präziser und aufschlußreicher Protokollverfahren. Entsprechend ergeben sich neue Fragestellungen für alle anderen Grundfragestellungen der Ethologie, die noch relativ wenig beachtet und verfolgt worden sind.

Bereits dieses relativ einfache Beispiel zeigt, wie komplex die Verhältnisse sind. Und dabei haben wir nur eine sehr spezielle Beziehung unter unzähligen herausgegriffen, die gleichzeitig in jedem einzelnen Lebensraum bestehen. Wir haben von der Nahrung gesprochen, wir hätten auch die Konkurrenz um Nistplätze erwähnen können (Löhrl 1970, Cody 1974).

Obwohl nur ein verschwindender Bruchteil der realen Zusammenhänge analysiert worden ist, fühlen die Forscher zuversichtlich, daß sie allgemeinen Prinzipien auf der Spur sind.

1. Die Anzahl der Lebewesen wird durch die Menge der zur Verfügung stehenden Requisiten begrenzt – von der Populationsdichte abhängige begrenzende Faktoren. Auch Faktoren, die unabhängig von der Dichte wirken, können zu begrenzenden Faktoren werden, wenn sie mit einem begrenzten Angebot gekoppelt sind: so das Wetter über die Anzahl zur Verfügung stehender Schutzplätze.

2. Zwischen verschiedenen Anwärtern auf Requisiten entsteht darum Konkurrenz. Wie gut das Requisitangebot ausgeschöpft werden kann (besonders unter erschwerten Bedingungen, z. B. im Winter), entscheidet über besseres Überleben und höhere Fortpflanzungsrate, beeinflußt dadurch die Selektion und Evolution neuer Formen.

3. Arten spezialisieren sich auf »ökologische Nischen«, passen sich in Verhalten und Körperbau an diese Spezialisierung an und können dadurch den ihnen besonders gut zugänglichen Anteil an Requisiten wirkungsvoller als jede andere Art erfassen.

4. Durch die Spezialisierung wird es möglich, daß verschiedene Arten auch in Zeiten des Mangels nebeneinander im gleichen Gebiet existieren, auch Arten des gleichen Lebensformtyps, die sich nur graduell voneinander unterscheiden.

Außer einer Fülle (der Mehrzahl) konkreter Fälle bleiben durchaus noch Grundfragen zu bearbeiten. Eine ist z. B., inwiefern man hier Angehörige verschiedener Arten vorübergehend wie Mitglieder einer einzigen Artpopulation behandeln darf, oder anders: Auch bei Einnischung deckt sich der Requisitbedarf nahe verwandter Arten in großem Umfang. Beide Arten beeinträchtigen also wechselseitig ihre Individuenzahl. Warum fand noch keine Ausmerzung der einen Art statt? Solche Fragen können durch einfache mathematische Modelle, wie sie in der evolutionstheoretischen Diskussion bis heute ganz überwiegend gebraucht werden, nicht erschöpfend analysiert werden. Hier müssen die besonderen

Bedingungen des Spezialfalls aus der sehr detaillierten ökologischen und ethologischen Analyse erst festgestellt werden (s. auch Wright 1968–1977, Cody 1968, Smith 1966, Krebs 1972, Ricklefs 1973).

Ein weiteres Problem ist, wie denn die langfristige Dynamik der Konkurrenz zwischen Artgenossen im Vergleich zur Konkurrenz zwischen Artfremden ist, vermindert, gleich oder verstärkt. Verstärkt vielleicht, weil die Individuen nicht durch Spezialisierung voneinander abgesetzt sind; vermindert vielleicht, weil die Konkurrenten verwandt sind und jede Beeinträchtigung eines Artgenossen auch eine Verminderung der Überlebensrate der eigenen Gene wäre.

Und das dritte Hauptproblem schließlich ist, wie denn die Übernutzung eines Requisits vermieden wird. Denn Insekten, Pflanzen, überhaupt jedes Lebewesen, das als Nahrungsbasis dient, kann nur solange Nahrungsquelle bleiben, als es sich selbst genügend häufig fortpflanzt. Das Problem der Übernutzung, das uns in der menschlichen Wirtschaft (vor allem in Jagd und Fischerei) gerade in unserer Zeit so schmerzlich bewußt geworden ist, ist in der Natur irgendwie gelöst. Die allgemeine Antwort, daß eben die Erhaltung des Lebens und der Fortpflanzungsfähigkeit einer bestimmten Nutzerart nur möglich ist, wenn eine bestimmte Schwelle in der Häufigkeit der Requisitenart, die dieser zur eigenen Selbsterhaltung genügt, nicht unterschritten wird, muß noch an vielen Beispielen konkretisiert werden. Eine wirklich endgültige Einsicht in diese Zusammenhänge besteht noch nicht. Zwischen Forschern, die hierzu unterschiedliche Hypothesen vertreten, war in den letzten fünfzehn Jahren ein heftiger Streit ausgebrochen, der noch keineswegs durch konkrete Forschung gelöst ist (Wynne-Edwards 1962, Lack 1966).

Sozialstrukturen als ökologische Anpassung

Die Frage, ob auch die Verbandformen der Tiere ökologischen Aufgaben dienen, ist in den letzten Jahren intensiv erforscht worden, vor allem an Vögeln (Crook 1964, 1965; Lack 1968) und an Primaten (Crook 1970; Kummer 1971; Eisenberg, Muckenhirn, Rudran 1972). Interessant sind vor allem die Vergleiche, die man entweder innerhalb größerer systematischer Kategorien (Lack 1968; Stamm 1972; Crook, Ellis, Goss-Custard 1976; Eisenberg 1977) oder innerhalb eines engen systematischen Rahmens einer systematischen Familie (Crook 1964) oder gar einer Art (Horn 1968) zieht. Unterschiede in der Sozialform lassen sich mit Unterschieden der Lebensweise korrelieren.

Um zu zeigen, wie eng auch hier die Zusammenhänge zwischen Lebensweise, Verhalten und überhaupt allen biologischen Funktionen ist, sei das besonders gut untersuchte Beispiel der Vögel nochmals zur Veranschaulichung herangezogen.

Das zentrale Element in der Verbandstruktur ist die Aufzuchtgruppe als Folge der Brutpflege. Während diese bei den Säugetieren in der Mehrzahl der Fälle eine Mutter-Kinder-Gruppe ist (Mutterfamilie) und das Männchen als Vater gar keine oder eine mehr periphere (wenn auch dann keineswegs unwichtige) Rolle spielt, ziehen 90 Prozent der Vogelarten ihre Jungen in einer Elternfamilie groß, bei der Vater und Mutter gleichwertige, wenn auch durch Spezialisierung oft sehr verschiedene Anteile übernehmen. Warum dieser Unterschied? Betrachten wir zuerst die Vögel.

Infolge der Warmblütigkeit und der dadurch geschaffenen Möglichkeit, die Eier zu bebrüten, haben die Vögel die Periode der im Ei durchlaufenen Entwicklung (Embryonalphase) gegenüber ihren Vorfahren, den Reptilien, ganz erheblich verkürzen können. Bei den Reptilien dauert die Embryonalphase zwei bis drei Monate; die Jungen sind beim Schlüpfen selbständig lebensfähig und wachsen dann langsam, meist bis ans Lebensende. Bei einem dem ursprünglichen Typ noch relativ nahestehenden Vogel (Hühner, Enten) schlüpfen die Jungen bereits nach drei bis vier Wochen; das Junge ist nach dem Schlüpfen prinzipiell selbständig lebensfähig, wird aber meistens noch von der Mutter geführt und beschützt. Im Unterschied zu den Reptilien ist die postembryonale Entwicklung ebenfalls stark beschleunigt und verkürzt, das Endgewicht wird nach zwei bis drei Monaten erreicht; in dieser Zeit oder kurz danach wird der Vogel auch flugfähig und geschlechtsreif.

Beim höher entwickelten Vogeltyp ist die Embryonalentwicklung bis zu einem Extrem von 14 Tagen verkürzt (z. B. Star, Blaumeise); das Junge ist allerdings vorerst nicht selbständig lebensfähig, oft noch blind (die Entwicklung des Nervensystems ist viel weniger beschleunigt als die des Verdauungs- und Kreislaufsystems); es wird von den Eltern intensiv gefüttert, wodurch sein Wachstum weiter extrem beschleunigt bleibt und das Endgewicht nach wenigen Wochen (Star: am 28. Lebenstag), die Flugfähigkeit sogar noch vorher (Star: am 16. Lebenstag) erreicht wird (Portmann 1938).

Die verschiedenen Aufgaben der Brutpflege wurden bereits genannt. Die besondere Rolle des Vaters ergibt sich aus mehreren Funktionsanforderungen. 1. Der Vogel ist tagaktiv und seine wichtigste Weise der Feindabwehr ist die Flucht im Fluge. Will der Vogel seine Flugfähigkeit behalten, dann kann er nicht ein ganzes Gelege von Eiern gleichzeitig in seinem Körper bilden wie ein Reptil, noch die Embryonen in seinem Körper ernähren wie die Säuger. Das zusätzliche Gewicht würde ihn behindern. 2. Die Brutzeit bedeutet aber auch eine Vergrößerung der ständig drohenden Gefahr durch Raubfeinde; darum werden die Eier rasch hintereinander gebildet und etwa im Abstand je eines Tages gelegt. Da das gesamte in wenigen Tagen produzierte Gelege das Gewicht des Weibchens überschreiten kann, ist die energetische und stoffwechselphysiologische Anforderung sehr groß und damit der Vogel gezwungen, viel mehr als normal zu fressen. Hier kommt nun der Vater ins Spiel: In der Zeit der Eiproduktion unterstützt er das Weibchen, entweder direkt, indem er es füttert (Lachmöwe), unter Umständen so ausgiebig, daß das Weibchen auf eigene kraftraubende Nahrungsexkursionen verzichten kann (z. B.: Papageien, s. Stamm 1962), oder indirekt, indem er durch Verteidigung eines Territoriums dem Weibchen die ungestörte Nahrungssuche in Nestnähe ermöglicht. In der Brutphase dann kann das Männchen das Weibchen weiterhin füttern, so daß dieses allein brütet (Papageien, Greifvögel), oder es löst sich mit dem Weibchen im Brüten und Fressen ab (Strauß, Pinguine, Singvögel usw., die Mehrheit der Fälle). Durch das ständige Warmhalten der Eier werden Entwicklungsverzögerungen verhindert und die Zeit der Gefährdung verkürzt. Das setzt sich dann fort in der Nestlingsphase, wo das Männchen durch Füttern oder Beschützen der Jungen ebenfalls zu einer raschen und ungestörten Entwicklung beiträgt. Das Männchen hat schon vor der Ablage des ersten Eies, unter Umständen schon vor seiner Verpaarung, durch Besetzen eines Territoriums, Suche geeigneter Nistplätze, durch den Bau eines Nestes vieles getan, um das Brutgeschäft zu erleichtern und zu beschleunigen (eine gute Übersicht über Brutpflege bei Vögeln gibt Skutch 1976).

Die Säugetiere, die ja wie die Vögel ebenfalls von Reptilien abstammen, sind in ihrer ganzen Lebensweise einen anderen Weg gegangen. Die primären Formen führten alle eine nächtliche Lebensweise, die einen relativ guten Schutz vor vielen Feinden bot. Sie blieben Bodentiere, also spielt das Gewichtsproblem nicht die gleiche Rolle wie bei Vögeln. Hierzu paßt die Viviparie, die ja auch sonst im Tierreich als Anpassung an ungünstige Lebensräume entstanden ist (Blattläuse unter den Insekten, Alpensalamander und Bergmolch unter den Amphibien usw.). Und die Viviparie steht bei den Säugetieren viel weniger als bei den Vögeln in Konflikt mit dem Schutzbedürfnis und anderen ökologischen Aufgaben; sie verschafft der Mutter von vorneherein eine besondere, von der des Männchens abweichende Rolle. Waren bei den Vögeln die Geschlechter nach der kurzen Zeit der Eiproduktion funktionell absolut gleichwertig, so gilt das für die Säugetiere nicht mehr, um so mehr, als hier die »Erfindung« des Säugens noch einmal die Mutter auszeichnet. In diesem Unterschied muß letztlich die Grundlage für die Bevorzugung der Mutterfamilie gesucht werden, wenn auch noch lange nicht erklärt ist, warum nicht das Männchen als Miternährer der Mutter eine ähnliche Hilfe bringen kann wie viele Vogelmännchen. Die Mutterfamilie ist der Grundtyp der sozialen Gemeinschaft bei allen Ordnungen der Säugetiere, und die eigentliche Brutpflege und das Führen der Jungen bleibt fast immer (nur einige Raubtiere bilden eine Ausnahme) ihr vorbehalten (s. auch den Beitrag von H. van de Rijt-Plooij und F. X. Plooij über Schimpansen in diesem Band).

Während in der Brutpflege zwischen Vögeln und Säugetieren ein grundsätzlicher Unterschied besteht, der den Unterschied der Lebensform widerspiegelt, zeigen sich in anderen Formen des Soziallebens erstaunliche Übereinstimmungen, die gleichartige ökologische »Anpassungszwänge« widerspiegeln. Davon nur einige Beispiele.

Zuerst einmal das Verhältnis zwischen benachbarten Aufzuchteinheiten. Diese können entweder voneinander Abstand halten, evtl. durch Aufbau verteidigter Territorien, oder mehr oder weniger zusammenrücken bis zur Bildung von Kolonien, im Extrem sogar gemeinschaftliche Aufzuchtverbände errichten, bei der mehrere Mütter (bzw. Eltern) mit ihren Jungen zusammenleben und sich eventuell sogar an der Aufzucht gemeinsam beteiligen. Wenn bei verwandten Arten solche Unterschiede vorkommen, dann sind sie bei Vögeln wie bei Säugetieren in der Regel mit folgenden ökologischen Unterschieden korreliert: Die Tendenz zum Koloniebrüten verstärkt sich parallel mit der Verteilung des artspezifisch benötigten Futters auf einige wenige oder an (nach Ort oder Zeit) unvorhersehbar wechselnden Stellen oder mit dem besonderen Schutz, den die gemeinsame Verteidigung gegen Raubfeinde bietet, oder vielleicht auch, weil gleichmäßig verteiltes Futter wirkungsvoller gemeinsam gesucht wird, wenn die ungeordnete individuelle Futtersuche zu einer wechselseitigen Störung führen würde (z. B. beim Kormoran, der Fischschwärme bejagt, oder bei insektenfressenden Kleinvögeln, die die Bäume absuchen, von denen sich Insekten bei Annäherung oft fallen lassen). Das Koloniebrüten ist allerdings nur möglich, wo die Art genügend groß und wehrhaft ist oder an geschützten Orten (auf Felsen, in Höhlen, auf einsamen Inseln, auf feinen Baumästen, im Dorngestrüpp) brütet, und so dem durch die Auffälligkeit einer Kolonie bewirkten erhöhten Feinddruck passiv oder aktiv widerstehen kann. Das gilt natürlich für Säugetiere und Vögel.

Verschiedentlich ist bei Säugetieren im Laufe der Evolution wenigstens eine gewisse Beziehung der Männchen zum Brutpflegeverband entstanden. Das Männchen kann durch Errichten eines Territoriums die Populationsdichte niedrig halten, vor allem Störungen durch andere Männchen verhindern. Innerhalb eines Männchenterritoriums liegt eines oder mehrere Wohngebiete von Weibchen. Auch wenn zum Männchen, außer zur Begattung, kein direkter sozialer Kontakt besteht, bewirkt das Freihalten des Gebietes von anderen Männchen und von fremden Jungtieren eine Sicherung der Nahrungsgrundlage und einen Schutz für das Weibchen. Dieser Fall ist bei vielen Raubtieren verwirklicht (Ewer 1973). Oder mehrere Weibchen haben sich zu Verbänden zusammengeschlossen, bzw. solche Verbände ergeben sich aus dem Zusammenbleiben von Mutter und Töchtern – und ein oder mehrere Männchen bleiben bei diesem Verband, beschützen ihn vor Konkurrenten (gewisse Nagetiere und Huftiere) oder in seltenen Fällen auch vor Raubfeinden (hauptsächlich bei Primaten).

Wenn gemeinsame Futtersuche oder Feindabwehr für eine Art einen Vorteil bieten, dann wohl auch außerhalb der Brutzeit, ja sogar ganz besonders in Zeiten schlechter Klimabedingungen oder in unbekanntem Gelände. Es wundert uns darum nicht, daß gerade bei Zugvögeln während des Zuges oder im Winterquartier das in der Brutzeit territorial-»solitäre« Leben durch eine Verbandbildung ersetzt wird. Bei Arten, die in kühleren Regionen überwintern (Kleinvögel und Kleinsäuger), kann nächtliches Zusammenrücken zur Warmhaltung ein entscheidender Faktor fürs Überleben sein (weitere Einzelheiten zur Sozialstruktur bei Säugetieren z. B. in Ewer 1968; Schaller 1972; Jolly 1972; Poirier 1972; Michael, Crook 1973).

Derartige Zusammenhänge bilden ein noch wenig erschlossenes, hoch bedeutsames Forschungsfeld für die ökologische Verhaltensforschung. Viele Sozialstrukturen lassen erkennen, daß sie ökologischen Anforderungen genügen müssen. Innerhalb der Säugetiere, die in dieser Beziehung auch weniger untersucht sind als Vögel, gibt es aber Unterschiede der Sozialstruktur, die vielleicht nach anderen Erklärungen verlangen werden. So gibt es unter den Huftieren eine erstaunliche Vielfalt von Sozialstrukturen; man kann sie zu etwa siebzehn Typen ordnen, die nur teilweise ökologisch deutbar und entsprechend der in dieser Ordnung ungewöhnlich vielseitigen Ausbildung von gestaltlichen Merkmalen (Färbung, Geweih, Gehörn) und Verhaltenszeremoniellen (zur Regelung sozialer Auseinandersetzung und zur Paarungsvorbereitung) in Gesetzmäßigkeiten der sozialen Interaktion selbst zu suchen und wohl Folgen der geschlechtlichen Zuchtwahl sind. Auch die unterschiedlichen Sozialstrukturen der Primaten, die uns ja besonders interessieren müssen, sind nur teilweise vordergründig als ökologische Anpassungen zu verstehen (Kummer 1971, 117). Wie alle biologischen Erscheinungen sind auch Sozialstrukturen das Ergebnis von *Kompromissen in der Anpassung auf zahlreiche und oft gleichzeitig wirkende Funktionsanforderungen.*

Der Leser, der diesen Forschungsaufgaben noch wenig begegnet ist, darf vom heutigen Forschungsstand etwa diesen Eindruck mitnehmen: Die Ökologen unter den Verhaltensforschern sind zur Zeit im allgemeinen optimistisch, daß sie die geschilderten Zusammenhänge im Prinzip richtig erfaßt haben, weil alle ziemlich genau untersuchten Fälle sich zu einem einheitlichen Bild zusammenfügen lassen. Dieses Bild darf vom Laien akzeptiert werden. Andererseits muß er wissen, daß manche Forscher in der Freude über die Leistung der letzten Jahrzehnte gelegentlich die Tatbestände so darstellen, als seien sie ausreichend erforscht, das gewonnene Bild eindeutig gesichert und endgültig bewiesen. Solchen abschließenden Urteilen begegnen andere Forscher mit skeptischer Aufmerksamkeit. Sie fragen nach den Beweisen für die Aussagen und bitten, auch die auf den ersten Blick nicht in das so vollkommen erscheinende Bild passenden Beispiele genau zu prüfen. Kurz, die Freude über die Ergebnisse soll nicht daran hindern, die Forschung weiterzuführen.

FUNKTION DES VERHALTENS UND EVOLUTION DER ORGANISMEN

Im Gange unserer Darstellung haben wir immer weitere Kreise gezogen und sind schließlich auf allgemeinste Probleme gestoßen, die im Interesse der Ordnung unserer gedanklichen Räume als eigene Analyseebene abgetrennt werden können. Nach der Betrachtung des individuellen Verhaltensaktes, seiner Eingliederung in eine Situation, dann in allgemeine Lebensaufgaben für das Individuum, weiter in Wechselbeziehungen zwischen Organismen, kommen wir zur Frage: Wie konnte die heutige Realität der natürlichen Vielfalt entstehen? Welches sind die evolutiven Prozesse und Gesetzmäßigkeiten, die das gesteuert und bewirkt haben?

Im Verfolgen dieser Frage treten Verhaltensforschung und Ökologie endgültig in den weitesten Rahmen biologischer Fragestellung. Wir müssen uns eine Darstellung der modernen Evolutionstheorie versagen (für eine erste Einführung s. Osche 1972). Viele Forscher haben ausgesprochen, daß ihr für die Biologie eine umfassende Funktion zukomme, wie in der Physik den großen Leistungen von Newton, Maxwell, Planck und Einstein, die wir als Marksteine der Wissenschaftsgeschichte betrachten. Diese Theorie gründet in der gedanklichen Leistung von Charles Darwin (1809–1882) und hat in einer nun über ein Jahrhundert langen Prüfung und Auseinandersetzung ihre Richtigkeit bewiesen. In unserem Jahrhundert ist sie wesentlich erweitert worden durch die Berücksichtigung der Populationsgenetik (s. Wright 1968–1977).

Die Bedeutung der Verhaltensforschung und ihres funktionalen Forschungsaspektes für die Evolutionsforschung ist aus den Erörterungen klar geworden. Sie läßt sich zusammenfassen in die Aussagen: Evolution geschieht an dem in ökologisch zu erforschenden Situationen eingesetzten Verhalten im weitesten Sinne. Die heutigen Funktionsbeziehungen sind das Ergebnis der Evolution, d. h. der ständigen Bewährung im ökologischen Feld durch die Jahrmillionen.

SCHLUSSBEMERKUNG

Als Beispiele dienten uns vor allem die Vögel, weil sie in all den verhaltensökologischen Fragen gut untersucht sind; denn als kleine taglebende Tiere lassen sie sich sehr gut beobachten. Allgemeine Prinzipien der Verhaltensökologie, die auch für den Menschen wichtig sind, können durchaus an Tieren gewonnen werden, die mit uns nur entfernt verwandt sind. Die Feldornithologie, die zuerst eine reine Liebhaberbeschäftigung war, wird damit zu einer Grundlage der Ökologie des Menschen.

Genauso wie die kausalanalytische Fragestellung in der Verhaltensforschung über die Physiologie zu Aussagen kommt, die für das Verständnis der menschlichen Lebensform und viele praktische Probleme der Medizin, Friedensforschung usw. bedeutsam sind und in unserer Zeit immer wichtiger werden, genauso ist auch die verhaltensökologische Arbeit von einer großen, wenn auch außerhalb des Faches erst wenig gewürdigten Rolle für die angewandten Probleme, die heute unter den Stichworten »Lebensqualität« und »Umweltplanung« in der Öffentlichkeit diskutiert werden. Auf die Bedeutung, die die Verhaltensforschung gerade als ein Teil der Ökologie hat, hat Tinbergen, der mit seinen Forschungen an Möwen zum Begründer der experimentellen Verhaltensökologie geworden ist, mahnend hingewiesen:

»Solange sich ein Mensch gesund und glücklich fühlt, neigt er dazu, seine Lage für gesichert zu halten. Der Gedanke kommt ihm nicht, daß das Leben dem Akt eines Seiltänzers gleicht, daß es viel mehr Wege des Scheiterns gibt als den einen schmalen Pfad zum Erfolg.

Wenn er nun aber ein Biologe ist, der Tiere in ihrem eigenen natürlichen Lebensraum beobachtet, erkennt er nur zu deutlich, daß ihr Leben gewissermaßen ein multidimensionaler Seiltänzerakt ist; er zieht dauernd, wie ihr Erfolg davon abhängt, daß sie mit einer verblüffenden Vielzahl von Hindernissen in ihrer Umgebung, von Umweltdrücken, fertig werden.

Wir alle sind aufgewachsen in einer Zeit rasch steigender Leistungsfähigkeit, zunehmender Meisterung unserer Umwelt und dadurch von erhöhter Sicherheit. Jetzt fangen wir aber an zu merken, daß dieser Zustand nicht selbstverständlich ist, daß wir uns einschläfern ließen in eine Haltung der Selbstzufriedenheit, ja Arroganz, und wir bekommen ein unbehagliches Gefühl des Zweifels ... Dieses Bewußtsein des Unbehagens ist um so beunruhigender, als wir – anders als der Seiltänzer – die Art der Bedrohung nicht kennen.

Es ist deshalb nicht verwunderlich, daß viele Biologen das Bedürfnis zu einem genaueren Studium nicht nur der einzelnen Lebensfunktionen, sondern der Beziehung zwischen den Tieren, als Trägern dieser Lebensfunktionen, und ihrer Umgebung verspüren, jener besonderen Beziehung, die wir Anpassung nennen« (Tinbergen 1972, 385).[1]

ANMERKUNG

1

»As long as a man feels healthy and happy he tends to take his condition for granted. It does not occur to him that living is like a tightrope act – that there are infinitely more ways in which one can fail than the one narrow road that leads to success.

Yet when he happens to be a field biologist who observes animals in their natural habitat, he realizes only too clearly that their life is so to speak a multi-dimensional tightrope act; he sees all the time that their success depends on coping with a bewildering variety of obstacles in the environment, of environmental pressures.

We all have grown up in times of rapidly increasing efficiency, of growing mastery over our environment, and so of increasing security. But now we begin to see that this security cannot be taken

for granted – that we have been lulled into an attitude of complacency, and even of arrogance – and we are feeling an uneasy sense of doubt ... This feeling of unease is the more disconcerting because, unlike a tightrope walker, we do not know the nature of the threats.
It is therefore not astonishing that many biologists begin to feel the need for a closer study, not just of living mechanisms as such, but of the relationship of whole animals, the carriers of these mechanisms, with their enviroment – that particular relationship we call adaptedness.« (Tinbergen 1972, 385)

LITERATUR

BUYTENDIJK, F. J. J.: Mensch und Tier. Ein Beitrag zur vergleichenden Psychologie. Hamburg: Rowohlt 1958

CODY, M. L.: On the methods of resource division in grassland bird communities. The American Naturalist, 102, 1968, 107–147

Competition and the Structure of Bird Communities. Princeton, N. J.: Princeton Univ. Press 1974

CROOK, J. H.: The evolution of social organisation and visual communication in the Weaver Birds (Ploceinae). Behaviour, Suppl. 10, 1964

The adaptive significance of avian social organizations. In: P. E. Ellis (Ed.): Social Organization of Animal Communities. London: Academic 1965, 181–218

Social organization and the environment: aspects of contemporary social ethology. Anim. Behav., 18, 1970, 197–209

CROOK, J. H., ELLIS, J. E., GOSS-CUSTARD, J. D.: Mammalian social systems: structure and function. Anim. Behav., 24, 1976, 261–274

EISENBERG, J. F.: The evolution of the reproductive unit in the class Mammalia. In: J. S. Rosenblatt, B. R. Komisaruk (Eds.): Reproductive Behavior and Evolution. Plenum Publ. Corp. 1977, 39–71

EISENBERG, J. F., MUCKENHIRN, N., RUDRAN, R.: The relationship between ecology and social structure in Primates. Science, 176, 1972, 863–874

EWER, R. F.: Ethology of Mammals. London: Logos Press 1968. Deutsch: Ethologie der Säugetiere. Berlin, Hamburg: Parey 1976

The Carnivores. London: Weidenfeld, Nicolson 1973

FISCHER, H.: Soziales Verhalten der Graugans: Paarbildung. Wissenschaftlicher Film D 975/1967. Göttingen: Institut für den Wissenschaftlichen Film 1967

GIBB, J.: Feeding ecology of tits, with notes on Treecreeper and Goldcrest. Ibis, 96, 1954, 513–543

GRAEFE, G.: Die Brutfürsorge bei *Pardosa lugubris* (Walckenaer, 1802). (Araneae, Lycosidae). Dissertation. Universität München 1964

HINDE, R.A.: Animal Behaviour. A synthesis of ethology and comparative psychology (1966). London: McGraw-Hill ²1970. Deutsch: Das Verhalten der Tiere. Eine Synthese aus Ethologie und vergleichender Psychologie, I, II. Frankfurt/M.: Suhrkamp 1972

HORN, H. S.: The adaptive significance of colonial nesting in the Brewer's Blackbird (*Euphagus cyanocephalus*). Ecology, 49, 1968, 682–694

JOLLY, A.: The Evolution of Primate Behavior. New York: Macmillan, London: Collier-Macmillan 1972. Deutsch: Die Entwicklung des Primatenverhaltens. Stuttgart: Fischer 1975

KREBS, Ch. J.: Ecology. The experimental analysis of distribution and abundance. New York, London: Harper & Row 1972

KUMMER, H.: Primate Societies. Group techniques of ecological adaptation. Chicago: Aldine 1971

LACK, D.: Population Studies of Birds. Oxford: Clarendon 1966

Ecological Adaptations for Breeding in Birds. London: Chapman & Hall 1968

Ecological Isolation in Birds. Oxford: Blackwell 1971

LÖHRL, H.: Unterschiedliche Bruthöhlenansprüche von Meisenarten und Kleibern als Beitrag zum Nischenproblem (*Parus major, P. caeruleus, P. ater* und *Sitta europaea*). Verh. Deutsch. Zool. Ges. 1970 in Köln, 314–317. Stuttgart: Fischer 1970

LORENZ, K.: Vergleichende Bewegungsstudien an Anatinen. J. Ornithol., 89, Suppl., 1941, 194–293

Prinzipien der vergleichenden Verhaltensforschung. Fortschritte der Zoologie, 12, 1960, 265–294

MICHAEL, R. P., CROOK, J. H. (Eds.): Comparative Ecology and Behaviour of Primates. London, New York: Academic 1973

MORRIS, D.: The reproductive behaviour of the River Bullhead (*Cottus gobio* L.), with special reference to the fanning activity. Behaviour, 7, 1955, 1–32

OSCHE, G.: Evolution. Grundlagen – Erkenntnisse – Entwicklungen der Abstammungslehre. Freiburg, Basel, Wien: Herder 1972

POIRIER, F. E. (Ed.): Primate Socialization. New York: Random House 1972

PORTMANN, A.: Beiträge zur Kenntnis der postembryonalen Entwicklung der Vögel, I: Vergleichende Untersuchungen über die Ontogenese der Hühner und Sperlingvögel. Revue Suisse Zool., 45, 1938, 273–348. Nachdruck in: Zoologie aus vier Jahrzehnten. München: Piper 1967

PRÉVOST, J.: Observations écologiques sur le Manchot empereur (*Aptenodytes forsteri*). Acta XI Congr. Intern. Ornithol. 1954 in Basel, 248–251. Basel: Birkhäuser 1955

RICKLEFS, R. E.: Ecology. London: Nelson 1973

SCHALLER, G. B.: The Serengeti Lion. A study of predator-prey relations. Chicago, London: Univ. Chicago Press 1972

SKUTCH, A. F.: Parent Birds and Their Young. Austin, London: Univ. Texas Press 1976

SMITH, R. L.: Ecology and Field Biology. New York, London: Harper & Row 1966

STAMM, R. A.: Aspekte des Paarverhaltens von *Agapornis personata* Reichenow (Aves, Psittacidae). Behaviour, 19, 1962, 1–56

Perspektiven zu einer Vergleichenden Ausdrucksforschung. Handbuch der Psychologie, V: Ausdruckspsych. Göttingen: Hogrefe 1965, 255–288

Soziales Leben und Struktur der Verbände bei Tieren. Handbuch der Psychologie, VII/2: Sozialps. Göttingen: Hogrefe 1972, 1891–1954

TEMBROCK, G.: Verhaltensforschung. Eine Einführung in die Tier-Ethologie (1961). Jena: Fischer ²1964

Grundriß der Verhaltenswissenschaften. Jena: Fischer 1968

TINBERGEN, N.: The Study of Instinct. Oxford: Clarendon 1951. Deutsch: Instinktlehre. Vergleichende Erforschung angeborenen Verhaltens. Berlin, Hamburg: Parey 1952, ⁵1972

Functional ethology and the human sciences. Proc. Roy. Soc. London B, 182, 1972, 385–410. Nachdruck in: The Animal in its World, II. London: Allen & Unwin 1973, 200–231. Deutsch: Das Tier in seiner Welt, II. München: Piper 1977

UEXKÜLL, J. V.: Umwelt und Innenwelt der Tiere (1909). Berlin: Springer ²1921

WRIGHT, S.: Evolution and the Genetics of Populations, I–III. Chicago: Univ. Chicago Press 1968–1977

WYNNE-EDWARDS, V. C.: Animal Dispersion in Relation to Social Behaviour. Edinburgh, London: Oliver & Boyd 1962

VERERBUNG UND VERHALTEN

von Jakob Parzefall

Im Vergleich zu anderen Zweigen der Verhaltensforschung hat sich die Verhaltensgenetik bisher nur sehr langsam entwickelt. Der Grund für diese langsame Entwicklung dürfte in den methodischen Schwierigkeiten liegen, die mit der Untersuchung der Vererbung von Verhaltensweisen verbunden sind. Vor allem sind viele in ihrem Verhalten gut analysierte Tiere für die von der Vererbungsforschung entwickelten Untersuchungsmethoden gar nicht oder nur bedingt geeignet. Von daher sind der Erforschung deutliche Grenzen gesetzt.

Trotz alledem liegt uns heute ein weites Kenntnisspektrum auf dem Gebiet der Verhaltensgenetik vor. Hierbei werden die von Zoologen im Tierexperiment gewonnenen Ergebnisse durch die von Medizinern und Psychologen beim Menschen erarbeiteten Daten ergänzt. Das Untersuchungsfeld spannt sich von Elementen des Kampf- und Fortpflanzungsverhaltens bis zu Lern- und Intelligenzleistungen. Der erste gemeinsame Schritt aller dieser Untersuchungen ist die Frage, ob das zu analysierende Verhaltensmerkmal in seiner Ausbildung überhaupt vom Erbgut her kontrolliert wird. Ist die erbliche Bedingtheit nachgewiesen, so folgt darauf die Frage nach der Zahl der hierbei beteiligten Erbfaktoren (Gene). Da aber nicht allein die Erbfaktoren die Ausbildung eines Merkmals bewirken, sondern auch die jeweilige Umwelt, in der ein Tier aufwächst und lebt, daran mitbeteiligt ist, kann die Fragestellung sich nicht auf die erbliche Bedingtheit und die Zahl der beteiligten Gene alleine beschränken. Es muß in allen Fällen versucht werden, den jeweiligen Grad der Umweltbeeinflussung für die Ausbildung eines Verhaltensmerkmals festzustellen. Während für die ersten beiden Fragen zahlreiche Ergebnisse vorliegen, ist der jeweilige Anteil an Umweltbeeinflussung nur sehr spärlich belegt.

Neben diesen primär auftretenden Fragestellungen steht ein Komplex, der sich mit dem Problem der Wirkung der gefundenen Erbfaktoren im Organismus beschäftigt. Wir müssen uns vorstellen, daß die in den Genen festgelegten geordneten Verhaltensimpulse zu ihrer Verwirklichung der ebenfalls erblich mitbestimmten Struktur und Funktionsfähigkeit von Sinnesorganen, Nervensystem, Skelettmuskelsystem, hormonproduzierenden Organen sowie der Kreislauf- und Stoffwechselorgane bedürfen. Die Aussage, daß ein oder mehrere Gene ein bestimmtes verändertes Verhalten hervorrufen, läßt sich also noch weiter präzisieren. Daneben gibt es die Möglichkeit, daß ein Erbfaktor auf mehrere unterschiedliche Merkmale einwirkt. Man bezeichnet dieses Phänomen als pleiotrope Genwirkung.

Die geschilderten Fragestellungen sind bei den verschiedenen Verhaltensuntersuchungen an allen möglichen Tieren mit mehr oder weniger Erfolg in unterschiedlicher Weise geprüft worden, wobei die Untersucher oft so weit voneinander getrennte Wege beschritten, daß für den Außenstehenden ein etwas unübersichtliches Bild der Verhaltensgenetik entstehen mag.

Es gibt verschiedene Wege, in dieses breit gestreute Gebiet einzudringen. Einer davon ist der, sich zuerst mit der relativ geringen Zahl von Methoden vertraut zu machen, mit denen bei den unterschiedlichen Untersuchungsobjekten Daten gewonnen wurden.

UNTERSUCHUNGSMETHODEN

Die Verhaltensgenetik geht – wie auch sonst die Genetik – vom Erscheinungsbild (Phänotyp) aus. Aus dem beobachtbaren Verhalten schließt der Untersucher auf den Genotyp d. h. das, was im Tier an erblicher (genetischer) Information vorliegt. Hierbei muß er berücksichtigen, daß die Ausprägung jedes Genotyps in einem gewissen Maß durch die Umwelt beeinflußt wird. Deshalb dürfen Untersuchungen nur unter genau definierten Umweltbedingungen durchgeführt werden, um eine künftige Vergleichbarkeit der gewonnenen Daten zu ermöglichen. Auf diese Weise kann dann das Verhaltensrepertoire einer größeren Individuenzahl derselben Art untersucht werden. Mit der Kenntnis der größeren Individuenzahl hat man die Möglichkeit festzustellen, in welchem Umfang eine Verhaltensweise variiert. Man wird hierbei ein Spektrum finden von sehr starren Verhaltensweisen, die fast gar nicht variieren, bis zu hoch variablen Elementen. Für eine Analyse eignen sich am besten klar definierbare Verhaltensweisen mit sehr geringer Variationsbreite. Für diese Analyse ist das *Kreuzungsexperiment* die klassische Methode. Es müssen dazu Individuengruppen gefunden werden mit einer entsprechenden klar abgegrenzten Verhaltensweise, die sich deutlich von der Vergleichsgruppe unterscheidet. Die entscheidende Voraussetzung aber ist, daß die beiden Gruppen sich verbastardieren lassen und die Nachkommen auch fruchtbar sind. Es genügt also nicht, eine Bastardgeneration (1. Filialgeneration = F_1) zwischen den beiden Ausgangsgruppen (Parentalgeneration = P) herzustellen. Die F_1-Bastarde müssen untereinander zur F_2-Generation weiter züchtbar sein und auch noch jeweils eine Rückkreuzung (= F_2R) zu den beiden Parentalgenerationen erlauben. Erst auf Grund der Untersuchung der F_1- und F_2-Generation sowie der beiden Rückkreuzungsgenerationen ist eine genetische Analyse möglich, allerdings auch nur dann in idealer Weise, wenn das Elternpaar eine größere Zahl von Nachkommen erzeugt. Aus der Häufigkeit, mit der das Untersuchungsmerkmal des einen Elternteiles in den Bastardgenerationen auftritt, kann dann die Anzahl der beteiligten Gene berechnet werden. Das geschieht in einfachen Fällen unter Anwendung der Mendelschen Regeln oder in komplizierteren unter Einsatz von Methoden, die die Quantitative Genetik entwickelt hat (Jinks u. Broadhurst 1974).

Auf diese Weise lassen sich zum einen *verschiedene* Arten untersuchen. Dabei sind die Verhaltensunterschiede in der Regel qualitativer Natur und demzufolge ethologisch auch leichter erfaßbar. Da aber die Artkreuzung in der Natur normalerweise durch eine Reihe von Kreuzungsbarrieren[1] verhindert wird, ist es selbst im Labor nur in wenigen Fällen überhaupt möglich, Artbastarde zu züchten. Deshalb sind solche zwischenartlichen Verhaltensunterschiede nur selten der genetischen Analyse zugänglich.

Etwas leichter ist es, natürliche Populationen *einer* Art zu finden, die sich uneingeschränkt miteinander verbastardieren lassen. Allerdings sind in solchen Fällen die Verhaltensunterschiede normalerweise nur quantitativer Natur. Ferner sind die Variationsbreiten der einzelnen Verhaltensweisen oft sehr groß, so daß sie sich in den beiden Ausgangsformen überschneiden. In solchen Fällen kann man vor Beginn der eigentlichen Analyse die Extreme der beiden Populationen auswählen und durch mehrmalige Auslese (Selektion) der jeweiligen Extreme die Variationsbreite einengen. Mit Hilfe dieser *Selektionsmethode* lassen sich aber auch aus der Gesamtvariabilität einer einzigen Art oder Population Extreme im Verhalten herauszüchten, die sich schon nach wenigen Generationen statistisch gesichert voneinander unterscheiden. Die Selektionierbarkeit für ein Merkmal zeigt an, daß es genetisch bedingt sein muß, und die Extreme können wieder der Kreuzungsanalyse zugänglich gemacht werden. Schließlich stehen auch die in genetischen Laboratorien seit Jahren gezüchteten Tierstämme zur Verfügung, deren genetische Konstitution im Hinblick auf morphologische Merkmale bereits genau erforscht ist. Bei solchen Laborstämmen handelt es sich auf Grund der jahrelangen Inzucht um genetisch sehr einheitliche Stämme. Solche Stämme bringen also gute Voraussetzungen für die Untersuchung der Vererbung von Verhaltensweisen. Allerdings lassen sich die Ergebnisse nicht mehr in Beziehung setzen zum ursprünglichen natürlichen Lebensraum der Tiere. Sie eignen sich also nicht für eine weiterführende Betrachtung, die eine ökologische Anpassung und die stammesgeschichtliche Entwicklung von Verhaltensweisen zum Ziele hat.

Bei solchen Laborstämmen können auch spontane Änderungen des Erbgutes (= Mutationen), die sich in der Veränderung körperlicher Merkmale ausdrücken auf ihre Wirkung hinsichtlich des Verhaltens überprüft werden. Es ist auch möglich, Tiere mit solchen Erbänderungen planmäßig aus den Untersuchungsstämmen zu isolieren oder auch künstlich zu erzeugen und auf Verhaltensänderungen hin zu überprüfen.

Es versteht sich von selbst, daß alle die geschilderten Methoden nur im Tierexperiment anwendbar sind. Beim Menschen sind der Untersuchung der Vererbung von Verhaltensweisen deshalb von vornherein Grenzen gesetzt. Die erfolgreichste Methode beim Menschen ist die *Zwillings-* und *Verwandtschaftsforschung.* An getrennt aufgewachsenen Zwillingspartnern oder Geschwistern überprüft man z. B., inwieweit trotz verändertem Umwelteinfluß noch Gemeinsamkeiten im Verhalten vorliegen. Diese Ergebnisse kann man dann mit Adoptivgeschwistern und ihren Pflegeeltern vergleichen. Solche Untersuchungen werden in anderen Teilen dieser Enzyklopädie (vgl. den Beitrag von G. Strube in Band V und den von H. Skowronek in Band VII) zusammenhängend dargestellt.

In einigen Fällen hat die Untersuchung eineiiger Zwillinge auch schon im Tierexperiment Eingang gefunden, da man mit solchen erbgleichen Partnern bei getrennter Aufzucht unter veränderten Umweltbedingungen am besten Aussagen über den durch Umwelteinflüsse hervorgerufenen Anteil an Verhaltensänderungen machen kann.

Um der Wirkung einzelner Gene im Einzelindividuum auf die Spur zu kommen, sind diffizile Untersuchungstechniken entwickelt worden. Der Untersuchungsstand und die methodischen Möglichkeiten zu dieser Problematik sind von Gould (1974) zusammengefaßt worden. So ist es möglich, bei der Fruchtfliege *Drosophila* durch die systematische Verwendung von *Mosaiks*[2] festzustellen, in welchem Teil des Tieres die Mutationen liegen müssen, die verändertes Verhalten verursachen (Hotta u. Benzer 1972).

UNTERSUCHUNGSERGEBNISSE

Kreuzungsanalysen

Die genetisch am besten bekannten Tiere sind wohl die Fruchtfliegen der Gattung *Drosophila.* In langwierigen Kreuzungsanalysen ist die Vererbung von Gestaltmerkmalen und auch von Verhaltensweisen (Parsons 1973) verschiedener Drosophilaarten sowie ihrer zahlreichen Mutanten untersucht worden. Bei der vergleichenden Untersuchung des Fortpflanzungsverhaltens wurde festgestellt, daß die Männchen vieler Arten bei der Werbung um das Weibchen durch Flügelbewegungen arttypische Töne erzeugen. Diese Werbegesänge sind an den Geschwisterarten *Drosophila persimilis* und *D. pseudobscura*[3] untersucht worden

(Ewing 1969, Bennet-Clark 1975). Im Labor gelang die Züchtung einer F_1-Generation und der beiden F_2R-Generationen. Eine genaue Gesangsanalyse dieser Tiere machte deutlich, daß das Muster der beiden Artgesänge exakt im Erbgut fixiert ist. Da sich in der F_1-Generation immer der Gesang des müttlichen Erbgutes durchsetzte, muß man annehmen, daß die den Gesang bestimmenden Erbfaktoren auf dem Kernfaden (Chromosom) liegen, der das weibliche Geschlecht bestimmt[4]. Die Mütter geben also an ihre Söhne den arteigenen Gesangstyp weiter.

Bei einer anderen Insektengruppe, den Grillen, deren Laute für unser Ohr eher der Vorstellung von Gesang entsprechen, wurde durch Kreuzung der einheimischen Feldgrille *Gryllus campestris* mit der südlicher lebenden Art *G. bimaculatus* eine Analyse mehrerer Verhaltensweisen möglich (v. Hörmann-Heck 1957). Es wurden aus einer Reihe von Verhaltensweisen, in denen sich beide Arten voneinander unterscheiden, vier Elemente ausgesucht und ihr Auftreten in der F_1-, der F_2- und den beiden F_2R-Generationen überprüft. Das erste Element, das Fühlerzittern bei der an die Kopulation anschließenden Nachbalz ist bei den beiden Arten nur quantitativ zu unterscheiden. In der F_1 setzt sich das häufige Fühlerzittern der Art *Gryllus campestris* durch. Man kann deshalb von der Dominanz dieses Merkmals sprechen. In der F_2 zeigen 73,8 Prozent aller Tiere das häufige Fühlerzittern von *G. campestris* und die restlichen 26,8 Prozent das für die zweite Art typische Fühlerzittern. Die Zahlen entsprechen statistisch sicherbar einem Verhältnis 1 : 3 und lassen den Schluß zu, daß diesem Merkmal *ein* Erbfaktor zugrunde liegt. Man spricht von einem monofaktoriellen Erbgang. Die Rückkreuzung der F_1 mit *bimaculatus* – der Art mit dem Merkmal »geringes Zittern« – bestätigt diese Annahme. Das zweite untersuchte Merkmal »Larvenkampf«, das ebenfalls nur einen quantitativen Unterschied – starke Kampflust bzw. geringe Kampflust – bei den beiden Arten ergibt, läßt aufgrund der Ergebnisse bei den Bastardgenerationen ebenfalls auf einen monofaktoriellen Erbgang schließen. Dasselbe gilt für die sogenannten Anstreichlaute, die das Männchen bei der Art *G. bimaculatus* vor Balzbeginn hören läßt. Dagegen lassen sich die Pendelbewegungen des Vorderkörpers, die nur das Männchen von *G. campestris* bei der Paarung ausführt, nicht nur auf einen Erbfaktor (Gen) zurückführen. Hier deuten die Zahlen in den Bastardgenerationen auf eine dem Merkmal zugrunde liegende größere Zahl von Erbfaktoren[5].

Es sind aber nicht nur bei Wirbellosen Artkreuzungen mit Erfolg durchgeführt worden, sondern auch bei Wirbeltieren. So hat Franck (1970) das Balzverhalten in der Fischgattung *Xiphophorus* untersucht und eine Reihe von Verhaltensweisen einer genetischen Analyse unterzogen. Diese Fische aus Mexiko sind unter dem Namen »Schwertträger«, der auf die schwertförmig verlängerte Schwanzflosse der Männchen zurückgeht, bei Aquarienliebhabern wohl bekannt. Für die Erbanalyse wurden eine Reihe kleinster Verhaltensweisen ausgewählt und ihr Auftreten innerhalb der einzelnen Bastardgenerationen geprüft. Das Schwertabbiegen, das für das Männchen der Art *Xiphophorus montezumae* bei der Balz typisch ist, wurde nach Verbastardierung mit *X. helleri* untersucht, einer Art, die dieses Merkmal nicht besitzt. Es ist bei der F_1-Generation in der Intensität etwas variabel, aber immer vorhanden (Abb. 1). In der F_2 zeigen es von 37 Tieren 2 Tiere nicht. Die Intensität variierte noch stärker als in der F_1. Die Rückkreuzung zeigte zur Art *X. montezumae* hin eine deutliche Verstärkung des Schwertabbiegens und zur Art *X. helleri* eine deutliche Abschwächung. Im Gegensatz zu den Grillenuntersuchungen lassen sich diese Ergebnisse nicht mit einem monofaktoriellen Erbgang erklären. Hier müssen eine ganze Reihe von Genen an der Ausbildung dieses Merkmals beteiligt sein. Die Betrachtung eines weiteren Balzmerkmals, der sogenannten Frontalposition des Männchens von *X. montezumae* vor dem Weibchen, ergibt interessanterweise eine unabhängige Vererbung dieses Merkmals vom Schwertabbiegen. In der F_1-Generation wird Frontalposition durch das Erbgut von *X. helleri* völlig unterdrückt (rezessives Merkmal), in der F_2-Generation tritt das Merkmal bei einem einzigen Männchen von 37 untersuchten Tieren auf und erst durch Rückkreuzung nach *X. montezumae* kommt es wieder zum Tragen. Insgesamt machen diese zwei Beispiele deutlich, daß selbst kleinste Einheiten des Balzverhaltens jeweils unabhänig durch eine größere Zahl von Erbfaktoren (Polygene) im Erbgut verankert sind. Einmal setzt sich ein Balzmerkmal gegen das fremde Erbgut durch, im zweiten Fall dagegen nicht.

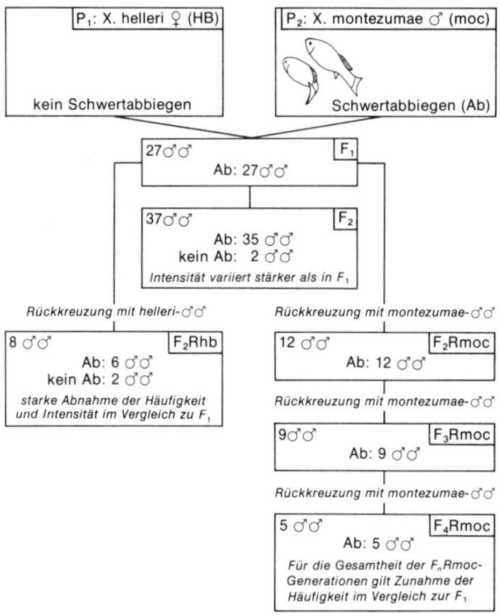

Abb. 1 Erbgang des Merkmals »Schwertabbiegen« aus der Balz des *Xiphophorus montezumae* nach Kreuzung mit *Xiphophorus helleri* (aus: Franck 1970).

Unter den Vögeln sind vor allem bei den Schwimmenten (Anatiden) eine große Zahl von Arten verbastardiert worden (Kaltenhäuser 1971). Die bei den jeweiligen Eltern gefundenen Balzelemente treten in unterschiedlichem Maße bei den Mischlingen wieder auf. Bei der Kreuzung zwischen Stock- und Spießenten ergab sich erstaunlicherweise eine statistisch sicherbare Verknüpfung (Korrelation) in der Vererbung von Gefiedermerkmalen und dem entsprechenden Balzverhalten bei den Individuen der F_2-Generation, d. h. spießentenähnlich aussehende Tiere balzten auch wie Spießenten und stockentenähnliche wie Stockenten (Sharpe, Johnsgard 1966). Es traten in der F_2-Generation keine Balzbewegungen auf, die nicht typisch für eine oder beide Elternarten waren. Neben solchen eng mit der Fortpflanzung verbundenen Verhaltensmerkmalen, die zu einer Synchronisation von Männchen und Weibchen mit dem Ziel einer erfolgreichen Fortpflanzung führen, sind aber auch solche von – wie man meinen möchte – offensichtlich untergeordneter Bedeutung erblich fixiert. So wurde von Dilger (1959, 1962) das Verhalten des Nestmaterialtransports bei den Weibchen der Papageienarten *Agapornis roseicollis* und *A. fischeri* untersucht. Das Nestmaterial besteht aus Streifen, die sich der Vogel aus Blättern oder Papier mit dem Schnabel zurechtbeißt. *A. fischeri* trägt diese Streifen im Schnabel ein. *A. roseicollis* dagegen steckt das Nestmaterial unter die Rückenfedern und transportiert auf diese Weise jeweils mehrere Streifen zur Nisthöhle. Die F_1-Bastarde der beiden Arten beißen sich wie die Eltern die Nistmaterialstreifen zurecht. Anschließend versuchen die Tiere die Streifen unter die Federn zu stecken. Dann lassen sie die Streifen aber nach dem Darunterschieben nicht los, meist versuchen sie es auch noch an der falschen Körperstelle, oder die Einsteckbewegung wird begonnen und geht dann in Gefiederputzen über. Die Bastarde schaffen es schließlich nur, einzelne Streifen im Schnabel zu transportieren. Selbst nach zwei Jahren haben sie es auch in Anwesenheit der beiden Elternarten nicht gelernt, das Material im Gefieder zu transportieren. Dies ist um so erstaunlicher, als die Tiere in anderem Zusammenhang ein sehr gutes Lernvermögen aufweisen. Alle F_1-Weibchen verhalten sich einheitlich in ihrem Bestreben, das Material im Gefieder zu transportieren. Leider läßt sich keine weitergehende Erbanalyse durchführen, weil alle F_1-Mischlinge unfruchtbar sind.

Wendet man sich den höchst entwickelten Wirbeltieren, den Säugern zu, so liegt der Schwerpunkt der Arbeiten beim Vergleich verschiedener ingezüchteter Stämme einer Art. So wurde das Fortpflanzungsverhalten zwei verschiedener Meerschweinchenstämme und ihrer Bastarde auf seine Erblichkeit hin überprüft (Goy, Jakway 1959; Jakway 1959). Hierzu wurden die verschiedenen Komponenten dieses Verhaltens getrennt untersucht. So ließen sich bei den Weibchen drei unabhängige erbliche Faktoren nachweisen, die den Charakter der Brunft (Östrus) bestimmen. Ein vollständig unabhängiger genetischer Mechanismus bestimmte die Dauer der maximalen Rückgratkrümmung als Kopulationsaufforderung. Bei den Männchen fand sich kein einheitliches Dominieren aller sexuellen Elemente eines Stammes. So setzte sich das für den einen typische Aufreiten getrennt von der Intromissionsrate und der Ejakulationsfrequenz des anderen Stammes durch. Es müssen den einzelnen Elementen demnach getrennte genetische Mechanismen zugrunde liegen.

Beim Vergleich von Kaninchenstämmen wurden erhebliche Unterschiede beim Nestbau und Versorgen der Jungen festgestellt (Sawin, Crary 1953). Am besten bekannt im Hinblick auf genetische Unterschiede im Verhalten dürften wohl die zahlreichen Stämme der Hausmaus, *Mus musculus*, sein. Es wurden hochaggressive und weniger aggressive gefunden (Thomson 1953). Für viele Elemente sind eine Reihe quantitativer Unterschiede bei der Untersuchung der verschiedenen Rassen festgestellt worden. Für qualitative Unterschiede gibt es nur einige klare Beispiele bei Wirbellosen (s. z. B. Rothenbuhler 1964, Osche 1952).

Ausleseexperimente

Eine Züchtung auf bestimmte Verhaltenseigenschaften wurde schon durchgeführt, lange bevor sich die Verhaltensforscher dafür interessierten. So wurden in Spanien besonders angriffslustige Stiere gezielt für die Stierkämpfe weitergezüchtet. In Ostasien wird seit langer Zeit beim Siamesischen Kampffisch, *Betta splendens*, eine Auslese auf besonders gutes Kampfvermögen durchgeführt (Innes 1935).

Für wissenschaftliche Untersuchungen wurden vor allem Ratten und Mäuse unter den Wirbeltieren und die Taufliege *Drosophila* unter den Wirbellosen herangezogen. Die künstliche Weiterzucht wurde für die verschiedensten Verhaltenscharaktere durchgeführt wie Aggressivität, Fortpflanzungsaktivität und Lernverhalten.

So haben Lagerspetz u. Lagerspetz (1974), ausgehend von einem Labormausstamm mit relativ normaler Verteilung des Aggressionsverhaltens, die aggressivsten und weniger aggressiven Individuen getrennt weitergezüchtet. Die Unterschiede im Aggressionsverhalten zwischen den beiden Zuchtlinien waren schon in der zweiten Generation statistisch gegeneinander sicherbar. Die beiden Autoren haben in ihren Untersuchungen auch die Beziehung der Aggressivität zu anderen Verhaltenselementen geprüft und eine positive Korrelation zwischen Aggressivität und Bewegungsaktivität sowie Lernvermögen in Labyrinthversuchen gefunden. Auch die Beziehung zwischen Aggressivität und Sexualverhalten wurde geprüft. Entgegen einer weitverbreiteten Meinung hatte die nichtaggressive Zuchtlinie im Mittel die höheren Werte im Sexualverhalten.

Auch das Lernverhalten im Labyrinth läßt sich selektionieren, wie schon Tryon (1940) zeigen konnte. Er züchtete einen gutlernenden und einen schlechtlernenden Rattenstamm. Unter den vielen einzelnen Elementen, die das Labyrinthlernen bedingen, erwies sich die Aufmerksamkeit als das wichtigste.

Bignami u. Bovet (1965) brachten Ratten bei, beim Aufleuchten einer Lampe einen elektrischen Schlag durch Überwechseln in die andere Hälfte einer zweigeteilten Kammer zu vermeiden. Aus ihrer Untersuchungsgruppe wählten sie die Tiere aus, die sich schnell bzw. langsam auf das Vermeiden des elektrischen Schlages dressieren ließen. Schon in der ersten von fünf Generationen des anschließenden Selektionsexperimentes zeigten die beiden weitergezüchteten Stämme einen statistisch sichtbaren Unterschied in der Geschwindigkeit, mit der sie sich auf das Vermeiden dressieren ließen (Abb. 2).

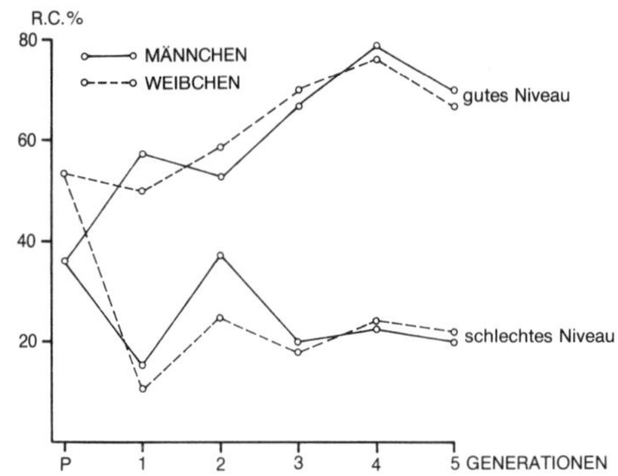

Abb. 2 Selektionsversuch über fünf Generationen von Ratten auf ein gutes bzw. schlechtes Lernniveau. Getestet wurde die Vermeidereaktion eines elektrischen Schlages nach Präsentation eines Lichtreizes (aus: Bignami u. Bovet 1965).

Diese und viele andere Versuche (Fuller u. Thomson 1960) machen deutlich, daß auch dem Lernverhalten eine gewisse erbliche Disposition zugrunde liegen muß.

Bei der Fruchtfliege *Drosophila* wurden Selektionsexperimente für zahlreiche Verhaltensmerkmale durchgeführt. Manning (1961, 1963) hat die Geschwindigkeit, mit der der Sexualtrieb bei *D. melanogaster* aktiviert werden kann, untersucht. Nach sieben Generationen fand er einen Unterschied der beim langsam aktivierbaren (»slow mating«) Stamm im Mittel bei achtzig Minuten und beim schnell aktivierbaren (»fast mating«) bei drei Minuten lag. Im Gegensatz zu vielen anderen Selektionsexperimenten wurden hier die beiden Auslesestämme miteinander gekreuzt. Erwartungsgemäß bekam man in der F_1 eine Aktivierungsgeschwindigkeit, die das Mittel zwischen den Werten der beiden Stämme darstellte.

Insgesamt zeigen die wenigen angeführten Ausleseversuche, daß innerhalb einer Art eine beträchtliche Vielfalt an Erbfaktoren vorliegt, die eine jeweilige Anpassung des Verhaltens an eine veränderte Umweltsituation erlauben und damit Ausgangsbasis künftiger Entwicklungsprozesse für Verhaltensweisen sein kann. Bisher wurden nur an Tieren erarbeitete Ergebnisse vorgestellt. Will man auch beim Menschen Aussagen über die Vererbung von Verhaltensweisen machen, so ist man auf die Untersuchungen von Zwillingen und verwandten Personen im Vergleich mit nichtverwandten Personen angewiesen.

Zwillings- und Verwandtschaftsforschung

Neben einigen allgemeinen Merkmalen, wie der Verbreitung der Linkshändigkeit oder unterschiedlichem Geschmacksleistungsvermögen (Fuller u. Thomson 1960), hat diese Methode sich auch der Untersuchung von krankhaft verändertem menschlichen Verhalten zugewandt. Ein besonderes zentrales Problem aber ist in diesem Zusammenhang die Frage nach der Erblichkeit der menschlichen Intelligenz (vgl. hierzu den Beitrag von H. Skowronek in Band VII und den von G. Strube in Band V dieser Enzyklopädie).

In einer älteren Arbeit wurde das Vermögen, den Bitterstoff PTC (Phenylthiocarbamid) zu schmecken, bei 800 Ehepaaren und ihren Kindern getestet (Snyder 1931, 1932). Aufgrund von Vorversuchen wurde jeweils der Erwartungswert errechnet, mit dem in den Ehen zwischen Partnern mit diesem speziellen Geschmacksvermögen, Partnern ohne dieses Geschmacksvermögen und gemischten Partnern dieses unter den Kindern verteilt sein mußte, wenn man Erblichkeit auf der Basis eines einzigen Erbfaktors zugrunde legte. Von

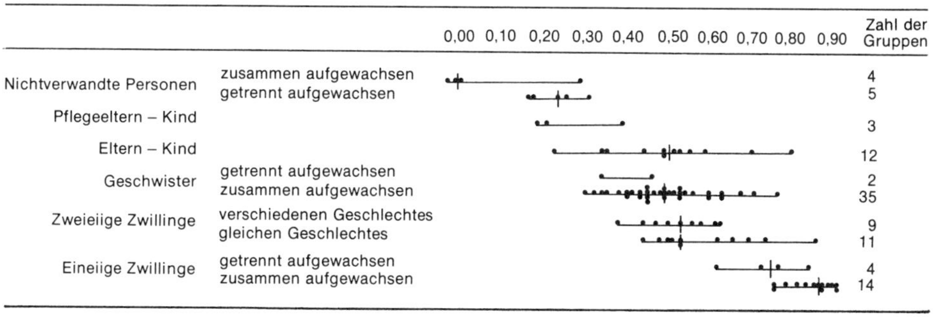

Abb. 3 Zusammenstellung der Korrelationskoeffizienten für »Intelligenzhöhe« aus 52 Untersuchungen. Die schwarzen Punkte bezeichnen die in den einzelnen Arbeiten mitgeteilten Korrelationskoeffizienten, die Vertikalstriche die aus sämtlichen Arbeiten errechneten Mittelwerte (aus: Zerbin-Rüdin 1975).

den möglichen Konstellationen wurde fehlendes Geschmacksvermögen dem reinerbigen rezessiven Erbfaktorenpaar (tt) und das Geschmacksvermögen den mischerbigen (Tt) sowie reinerbigen dominanten (TT) Paaren zugesprochen. Ein Vergleich der Erwartungswerte mit den tatsächlichen Befunden läßt eine gute Übereinstimmung erkennen. Das Unvermögen, PTC zu schmecken, dürfte demnach durch ein rezessives Genpaar bedingt sein.

Fulker (1974) hat sich mit der Geisteskrankheit der Schizophrenie befaßt und eigene Daten sowie die Daten anderer Autoren mit Methoden der quantitativen Erbanalyse zusammenfassend überprüft. Die Berechnung der Zahl der diese Krankheit kontrollierenden Erbfaktoren deutet auf die Beteiligung von mindestens 4 Genorten hin. Sobald man sich sehr viel komplexeren psychischen Phänomenen des menschlichen Verhaltens zuwendet, werden die Probleme einer exakten und objektiven Messung schwieriger. Die menschliche Intelligenz mißt man durch bestimmte Tests, deren Ergebnisse man dann im – vielzitierten – Intelligenzquotienten, dem IQ, ausdrückt (vgl. hierzu den Beitrag von F. Süllwold in Band V dieser Enzyklopädie). Auf diese Weise werden die Resultate untereinander vergleichbar. Der IQ bezeichnet den relativen Leistungsstandard eines getesteten Menschen im Vergleich zur Gesamtpopulation Gleichaltriger. Stellt man die IQ-Werte von Personen verschiedenen Verwandtschaftsgrades bis hin zu eineiigen Zwillingen zusammen und vergleicht hierbei in gleicher Umwelt aufgewachsene mit getrennt aufgewachsenen Individuen, so zeigt sich in der Zusammenstellung der Korrelationskoeffizienten (Abb. 3) eine steigende Ähnlichkeit parallel zur Nähe der Blutsverwandtschaft. Der Einfluß von Erbfaktoren wird besonders dadurch demonstriert, daß eineiige Zwillinge sich weit ähnlicher sind als zweieiige. Auch getrennt aufgewachsene eineiige Zwillinge sind sich noch viel ähnlicher als zusammen aufgewachsene zweieiige Zwillinge (Zerbin-Rüdin 1975). Doch ist eine deutliche Abnahme der Korrelation bei getrenntem Aufwachsen auch zwischen den eineiigen Zwillingen unübersehbar. Der Einfluß der Umwelt, der im folgenden noch behandelt wird, ist damit klar dokumentiert. Bei der Frage nach der erblichen Grundlage der Intelligenz legen viele Untersucher (Burt 1966, Zerbin-Rüdin 1975) ein Modell mit vielen Erbfaktoren (Polygenie) zugrunde.

Bane (1954) verglich bei Rinderzwillingen die einzelnen Elemente des männlichen Sexualverhaltens gegenüber einer Kuhattrappe. Während der achtzehn Monate dauernden Aufzuchtperiode bekamen die einzelnen Zwillingsgeschwister ein individuell unterschiedliches Nahrungsangebot. Hierbei wurde zwischen niedrigem, mittlerem und hohem Angebot unterschieden. Nach dieser Aufzuchtperiode wurden die Tiere an einer Kuhattrappe getestet. Hierbei wurden folgende Elemente geprüft: Die Anzahl vollständiger Paarungen mit Samenerguß (Ejakulation), Aufreiten mit erigiertem Penis ohne Kontakt mit der künstlichen Vagina, Aufreiten mit nicht erigiertem Penis und schließlich Paarungsverweigerung. Die Ergebnisse zeigen innerhalb der sechs untersuchten Zwillingspaare eine große Übereinstimmung, aber eine starke Streuung im Vergleich der Paare untereinander. Das Nahrungsangebot bei der Aufzucht beeinflußte die Werte nicht erkennbar. Damit wird eine erbliche Kontrolle der unterschiedlichen Charakteristika des männlichen Sexualverhaltens deutlich.

Einfluß von Mutationen einzelner Erbfaktoren auf das Verhalten

Für solche Untersuchungen eignen sich am besten Tiere, bei denen eine Änderung (Mutation) auf einem Erbfaktor in ihrer Wirkung auf Körpermerkmale bekannt ist. Solche als Mutanten bezeichneten Tiere stehen uns nur bei wenigen genetisch gut untersuchten Laborobjekten zur Verfügung.

Bastock (1956) untersuchte das Verhalten der Fruchtfliegenmutante »gelb«, die sich vom normalen grau gefärbten Wildtyp *Drosophila melanogaster* durch Gelbfärbung unterscheidet. Dabei fand die Autorin, daß der Paarungserfolg der »gelb«-Männchen mit normalen Weibchen wesentlich geringer ist als der der Wildtyp-Männchen. Dies ist nicht damit zu erklären, daß die Weibchen vielleicht diese Männchen wegen ihrer gelben Färbung ablehnen, sondern mit einer Veränderung im Muster des Werbegesanges der »gelb«-Männchen. Die Strophen dieser eingangs schon erwähnten und durch Flügelvibration erzeugten Laute sind bei den Mutanten kürzer. Durch die Veränderung dieses speziellen Erbfaktors im Wildtyp von *Drosophila melanogaster* scheint also sowohl die Körperfarbe wie auch das Balzverhalten beim Männchen verändert zu sein. Einen ähnlichen Fall entdeckte Cotter (1963, 1967) bei einer Mutante der Mehlmotte *Ephestia kühniella*.

Fuller (1967) überprüfte bei einem Mäusestamm die Wirkung einer unter kontrollierten Bedingungen aufgetretenen Änderung eines Erbfaktors, die Albinismus (Fehlen des Körperpigmentes) hervorruft, auf das Verhalten. Schlechtere Lernleistungen, geringere Aktivität im »Offen Feld«-Test[6] und verminderter Widerstand gegen Streß im Verlaufe der Versuche deuten auf eine herabgesetzte Tauglichkeit der Albinomutante für das Leben im Freiland hin.

In den geschilderten Fällen zeigt sich eine pleiotrope Genwirkung, indem bei den Mutanten neben einer Veränderung morphologischer Merkmale auch noch Verhaltensänderungen auftreten. Man möchte aber etwas von der direkten Wirkung der veränderten Erbfaktoren in der Mutante selber erfahren, d. h. wo genau auf dem Wege vom Gen zum Verhalten sich etwas verändert hat.

Zur Lösung dieser Fragestellung verwendet man Mosaiktiere der Taufliegengattung *Drosophila*, die dadurch entstehen, daß bei der ersten Teilung der befruchteten Eizelle (Zygote) eines weiblichen Embryos, ein nicht stabiles weibliches Geschlechtschromosom verlorengeht. Auf diese Weise entstehen – zufällig je nach Lage der ersten Teilungsachse – mit der fortschreitenden Zellteilung zwei Typen von Zellen im Embryo: Solche mit zwei weiblichen Geschlechtschromosomen (XX) und solche mit einem. Die XX-Zellen sind weiblich determiniert, die XO-Zellen männlich. Trägt das stabile X-Chromosom nun überdeckte (rezessive) Gene z. B. für bestimmte Körpermerkmale oder Verhaltenscharaktere, die untersucht werden sollen, so finden wir sie später am fertigen zwittrigen Tier in allen Zellen der XO-Linie wieder. In dem XX tragenden weiblichen Körperteil werden die rezessiven Charaktere durch das zweite X-Chromosom unterdrückt. Die Verteilungslinie der beiden Zelltypen folgt, bedingt durch den Bildungsmechanismus des Außenskeletts, beim erwachsenen Tier meist entlang einer längsverlaufenden Mittellinie und den Zwischensegmentgrenzen. Jeder Teil des Tieres ist unabhängig gebildet und auf ein spezifisches Areal der einschichtigen Zelloberfläche des Keimes (Blastula) zurückzuführen. Sturtevant (1929) erkannte, daß es auf diese Weise möglich sein mußte, auf einem Keim wie auf einer Landkarte die Punkte (foci), die die zukünftigen Merkmale des adulten Tieres bestimmen, festzulegen. Für die Konstruktion einer solchen Karte ist aber eine Untersuchung von einigen hundert Mosaiktieren nötig. Die Methode kann man in gleicher Weise für verschiedene Verhaltensweisen durchführen. Durch eine langwierige systematische Untersuchung ist dann zu überprüfen, ob die Änderung eines bestimmten Verhaltens durch eine Mutation auf dem Keim im Bildungsbereich der Sinneszellen in einer wichtigen Region des Zentralnervensystems oder einem ausführenden Organ zu lokalisieren ist. Bisher sind mit dieser Methode erst einzelne Verhaltensmutanten untersucht (Hotta und Benzer 1972). So wurde eine Mutante isoliert, die im Gegensatz zu den normalen Tieren beide Flügel permanent vertikal hält (Mutante A). A kann nicht fliegen, verhält sich aber sonst normal. Das Merkmal ist überdeckt (rezessiv) auf dem stabilen X-Chromosom. Bei mischerbigen (heterozygoten) Tieren ist Haltung und Flug normal. Bei einer zweiten Flügelmutante B, die A in der Erscheinung gleicht, ist ein anderes Gen auf dem X-Chromosom verändert. Bei Mischerbigkeit für B ist die Flügelhaltung normal, die Tiere fliegen aber nicht. Das durch dies Gen verursachte Verhalten ist also überdeckend (dominant) während die abnormale Flügelhaltung überdeckt (rezessiv) ist. Durch Überprüfung von hunderten von Mosaiks konnte festgestellt werden, daß die abnormale Flügelhaltung der Mutante A weder durch einen Defekt in den Flügeln selbst, noch in einer Gelenkverbindung oder im Zentralnervensystem, sondern in der Flugmuskulatur bedingt ist. Bei der Mutante A sind die Muskeln verkümmert, bei der Mutante B sind nur einige Muskelfasern defekt. Bei einer anderen Mutante, bei der man unter bestimmten Bedingungen Schüttelbewegungen der Beine beobachtete (Shaker), konnte auf diese Weise belegt werden, daß einzelne Nervenzellen (Neuronen) im Nervenknoten (Ganglion) des Brustteiles (Thorax) das veränderte Verhalten verursachen (Hotta und Benzer 1972).

Die Mosaikmethode ist sicher ein aussichtsreiches Werkzeug; um aber aus den bisher vorliegenden winzigen »Mosaiksteinchen« ein Gesamtbild zu gestalten, ist noch eine große Arbeit zu bewältigen.

Zusammenspiel von Erb- und Umweltfaktoren

Mit jedem Ergebnis, das zu der Aussage führt, daß ein Verhaltensmerkmal erblich bedingt ist und von einer bestimmten Zahl von Erbfaktoren abhängt, taucht sofort die Frage auf, bis zu welchem Grad noch eine Umweltbeeinflussung möglich ist. Hierzu liegen zwar eine Reihe von Untersuchungen vor, die einen mehr oder weniger deutlichen Einfluß von Umweltfaktoren bei den verschiedensten Verhaltensweisen in verschiedenen Tiergruppen deutlich machen, es fehlen aber planmäßige Untersuchungen. Beim Menschen wurde in einigen Fällen versucht, die Beteiligung von Umweltfaktoren zu berechnen. Soweit es sich hierbei um Untersuchungen zur menschlichen Intelligenz handelt, sind die Ansichten sehr kontrovers. Eine Klärung der Standpunkte wird zum Teil dadurch erschwert, daß sowohl Kritiker wie auch Untersucher mit Emotionen und Ideologien zu kämpfen haben, deren Extreme sich im Postulat der Gleichheit aller Menschen auf der einen wie in dem von genetischer Überlegenheit einer bestimmten Rasse auf der anderen Seite sind. So kommt Jensen

(1969) zu dem Ergebnis, die Intelligenz, gemessen durch IQ-Tests, sei zu etwa achtzig Prozent genetisch bedingt, Zerbin-Rüdin (1975) gibt ebenfalls einen Wert von 70 bis 80 Prozent wieder. Während letztere ausführt, daß extreme Umweltbedingungen den IQ um 20 bis 25 Punkte verschieben können und man noch nicht wisse, welche Komponenten der Intelligenz durch die Umwelt veränderbar sind, schreibt Jensen (1970, 1971), die Unterschiede in der Intelligenz seien primär erblich bedingt und infolgedessen durch Umweltmanipulationen in signifikanter Größe nicht veränderbar. Jensen hat sowohl renommierte Kritiker (Hirsch 1975), die in sonst nicht üblicher Härte seine Wissenschaftlichkeit überhaupt in Zweifel ziehen, aber auch Befürworter (Denniston 1975).

In einer Zusammenstellung der Ergebnisse verschiedener Autoren über den Grad, mit dem unterschiedliche Umweltfaktoren das Aggressionsverhalten von Mäusen und Ratten beeinflussen (Lagerspetz und Lagerspetz 1974), wird eine starke Beeinflussung dieses Verhaltens durch die Umwelt deutlich. So scheint die Aufzucht von Jungen aggressiver Stämme durch Mütter weniger aggressiver Stämme und umgekehrt die Höhe des Aggressionsverhaltens bei den Pflegekindern zwar nicht zu verändern. Dagegen beeinflußt aber die Erfahrung in früheren Kämpfen das Kampfverhalten sehr deutlich. Es werden hochaggressive Tiere, die laufend im Kampf anderen Partnern gegenüber unterliegen, deutlich weniger aggressiv. Auf der anderen Seite nimmt bei weniger aggressiven Tieren, die in Kämpfen dauernd siegen, die Höhe des Aggressionsverhaltens zu (s. auch den Beitrag »Experimentelle Analyse ...« von J. P. Huston in diesem Band). Soziale Isolierung steigert die Aggression, während die Haltung der Tiere in Gruppen sie herabsetzt. Auch sobald unerfahrene Mäuse, selbst Nachkommen eines aggressiven Stammes, sexuelle Erfahrung bekommen, wird das Kampfverhalten erniedrigt. Insgesamt wird deutlich, daß das Aggressionsverhalten bei Ratten und Mäusen durch Außeneinflüsse unterschiedlichster Art so stark in seiner Ausprägung verändert werden kann, daß dieselben Extreme für hohe und niedrige Aggression erzielt werden können, wie durch planmäßige Auslese über verschiedene Generationen. Solchen komplexen und durch die Umwelt stark veränderbaren Verhaltenselementen stehen auf der anderen Seite sehr umweltstabile Verhaltensmuster gegenüber, wie die spezifischen Balzgesänge der verschiedenen Fruchtfliegenarten, bei denen eine leichte Veränderung schon zu einer Verminderung des Paarungserfolges führen kann (Bastock 1956).

Insgesamt ist unser Wissen über das Zusammenspiel von Erbgut und Umweltfaktoren bei den verschiedenen Verhaltensweisen noch spärlich. Hier erscheint vor allem die Zwillingsforschung an Tieren erfolgversprechend.

ZUSAMMENFASSUNG

Es gibt heute wohl keinen Zweifel mehr, daß all die komplexen Lebensäußerungen, die man mit »Verhalten« bezeichnet, durch das Erbgut bestimmt werden. Aus allen Tiergruppen und auch beim Menschen ist dies durch eine unterschiedliche Zahl von Beispielen belegt. Es ist aber ebenso unstrittig, daß die Ausprägung der Verhaltensweisen durch Umweltfaktoren in unterschiedlichem Grade verändert werden kann. Auf der erblichen Basis des Verhaltens ist überhaupt erst eine Evolution (Weiterentwicklung) des Verhaltens möglich, indem im Wechselspiel mit dem durch die Umwelt ausgeübten Selektionsdruck die jeweils besser angepaßten Individuen aus der Gesamtvariabilität einer Population eine größere Fortpflanzungschance haben.

Aus den vorliegenden Daten geht hervor, daß auch kleinste Verhaltenseinheiten meist von einer größeren Zahl von Erbfaktoren kontrolliert werden. Ferner werden offenbar die Einzelelemente aus großen Verhaltensblöcken wie dem Sexualverhalten von jeweils voneinander unabhängigen Erbfaktoren gesteuert, wie man aus Ergebnissen bei Wirbellosen, Fischen und Säugern ablesen kann.

Diesem Ergebniskomplex, der die Erblichkeit und die daran beteiligten Erbfaktoren belegt, stehen noch relativ wenige Daten gegenüber, die zum einen den Grad der Umweltbeeinflussung für einzelne Verhaltensweisen und zum anderen die Funktionskette vom Erbgut über die verschiedenen Zwischenstationen im Organismus bis hin zu einer bestimmten Verhaltensweise aufzuzeigen versuchen. Für beide Aspekte sind die methodischen Voraussetzungen vorhanden und die ersten erfolgversprechenden Schritte getan.

ANMERKUNGEN

1

Kreuzungsbarrieren oder Isolationsmechanismen können zum einen, z. B. durch Verhaltensunterschiede, eine Paarung überhaupt oder zum andern, nach erfolgter Paarung, die Entwicklung von lebensfähigen Nachkommen verhindern.

2

Mosaiks sind Individuen, bei denen jeweils eine unterschiedliche Zahl von Körperzellen im Erbgut verändert (mutiert) ist, während der Rest unmutiertes Erbgut trägt.

3

Drosophila persimilis und *D. pseudobscura* sind morphologisch nicht unterscheidbare Arten, die den gleichen Lebensraum bewohnen, ohne sich zu verbastardieren.

4

Das Geschlecht wird bei *Drosophila* wie bei den meisten Tieren durch Geschlechtschromosomen bestimmt. Das Weibchen hat ein gleiches Paar, die sogenannten X-Chromosomen, das Männchen ein ungleiches Paar, nämlich ein X- und ein Y-Chromosom. In die Keimzellen (Sperma bzw. Ei) kommt jeweils ein Geschlechschromosom. Das X der F_1-Männchen muß demnach von der Mutter stammen.

5

Polygenie liegt vor, wenn ein Merkmal von mehreren oder vielen zusammenwirkenden Genen kontrolliert wird.

6

Beim »Offen Feld«-Test wird die Häufigkeit, mit der ein Tier in einer hell erleuchteten Versuchsarena Verhaltensweisen wie z. B. Urinieren und Kotabgabe zeigt, als Maßstab für allgemeine Aktivität oder Emotionalität verwendet.

LITERATUR

Bane, A.: Studies on monozygous cattle twins, XV. Sexual functions of bulls in relation to heredity, rearing intensity and somatic conditions. Acta Agric. Scand., 4, 1954, 95–208

Bastock, M.: A gene mutation which changes a behaviour pattern. Evolution, 10, 1956, 421–439

Bennet-Clark, H. C.: Acoustics and the behaviour of *Drosophila*. Verh. Dtsch. Zool. Ges., 1975, 18–28

Bignami, G., Bovet, D.: Expérience de selection par rapport à une reaction conditionée d'évitement chez le rat. C. R. Acad. Sci. Paris, 260, 1965, 1239–1244

Burt, C.: The genetic determination of differences in intelligence. A study of monozygotic twins reared together and apart. Brit. J. Psychol., 57, 1966, 137–153

Cotter, W. B.: Population genetic studies of alleles at the a+ locus in *Ephestia kühniella*. Evolution, 17, 1963, 233–248

Mating behavior and fitness as a function of single allele differences in *Ephestia kühniella*. Evolution, 21, 1967, 275–284

Denniston, C.: Accounting for differences in mean IQ. Science, 187, 1975, 161–162

Dilger, W. C.: Nest material carrying behavior of F_1-hybrids between *Agapornis fischeri* and *A. roseicollis*. Anat. Rec., 134, 1959, 554

The behavior of lovebirds. Sci. Amer., 206, 1962, 88–98

Ewing, A. W.: The genetic basis of sound production in *Drosophila pseudoobscura* and *D. persimilis*. Anim. Behav., 17, 1969, 555–560

Franck, D.: Verhaltensgenetische Untersuchungen an Artbastarden der Gattung *Xiphophorus* (Pisces). Z. Tierpsychol., 27, 1970, 1–34

Fulker, D. W.: Applications of biometrical genetics to human behaviour. In: J. H. F. Van Abeelen (Ed.): The genetics of behaviour. Amsterdam: North-Holland 1974, 91–117

Fuller, J. L.: Effects of the albino gene upon behavior of mice. Anim. Behav., 15, 1967, 467–470

Fuller, J. L., Thomson, W. R.: Behavior genetics. New York: Wiley & Sons 1960

Gould, J. L.: Genetics and molecular ethology. Z. Tierpsychol., 36, 1974, 267–292

Goy, R. W., Jakway, J. S.: The inheritance of patterns in sexual behaviour in female guinea pigs. Anim. Behav., 7, 1959, 142–149

HIRSCH, J.: Jensenism: The bankruptcy of »science« without scholarship. Educational Theory, 25, 1975, 3–27

HÖRMANN-HECK, S. von: Untersuchungen über den Erbgang einiger Verhaltensweisen bei Grillenbastarden (*Gryllus campestris* x *G. bimaculatus*). Z. Tierpsychol., 14, 1957, 137–183

HOTTA, Y., BENZER, S.: Mapping of behaviour in *Drosophila* mosaics. Nature, 240, 1972, 527–535

INNES, T. W.: Exotic aquarium fishes. Philadelphia: Innes Pub. Comp. 1935

JAKWAY, J. S.: The inheritance of patterns of mating behavior in the male guinea pig. Anim. Behav., 7, 1959, 150–162

JENSEN, A. R.: How much can we boost I. Q. and scholastic achievement? Harvard Educat. Rev. 39, 1969, 1–123

Selection of minority students in higher education. Univ. Toledo Law Rev., 1970, 445. (Zit. nach Hirsch 1975)

A two-factor theory of familial mental retardation. In: J. De Grouchy, F. J. Ebeling, I. W. Herderson (Eds.): Human genetics, Proc. 4. Int. Congr. Human Genetics, Paris 1971. Exc. Med., Amsterdam 1972

JINKS, J. L., BROADHURST, P. L.: How to analyse the inheritance of behaviour in animals – the biometrical approach. In: J. H. F. Van Abeelen (Ed.): The genetics of behaviour. Amsterdam: North-Holland 1974, 1–39

KALTENHÄUSER, D.: Über Evolutionsvorgänge in der Schwimmentenbalz. Z. Tierpsychol., 29, 1971, 481–540

LAGERSPETZ, K. M. J., LAGERSPETZ, K. Y. H.: Genetic determination of aggressive behaviour. In: J. H. F. Van Abeelen (Ed.): The genetics of behaviour. Amsterdam: North-Holland 1974, 321–346

MANNING, A.: The effects of artificial selection for mating speed in *Drosophila melanogaster*. Anim. Behav., 9, 1961, 82–92

Selection for mating speed in *Drosophila melanogaster* based on the behaviour of one sex. Anim. Behav., 11, 1963, 116–120

OSCHE, G.: Die Bedeutung der Osmoregulation und das Winkverhalten für freilebende Nematoden. Z. Morph. Ökol. Tiere, 41, 1952, 54–77

PARSONS, P. A.: Behavioural and ecological genetics. A study in *Drosophila*. Oxford: Clarendon Press 1973

ROTHENBUHLER, C. W.: Behaviour genetics of nest cleaning in honey bees: IV. Responses of F_1 and backgross generations to discease-killed brood. Amer. Zool., 4, 1964, 111–123

SAWIN, P., CRARY, D.: Genetic and physiological background of reproduction in the rabbit, II: Some racial differences in the pattern of maternal behavior. Behaviour, 6, 1953, 128–146

SHARPE, R. S., JOHNSGARD, P. A.: Inheritance of behavioral characters in F_2-Mallard x Pintail (*Anas platyrhynchos* x *Anas acuta*) hybrids. Behaviour, 27, 1966, 259–272

SNYDER, L. H.: Inherited taste deficiency. Science, 74, 1931, 151–152

The inheritance of taste deficiency in man. Ohio J. Sci., 32, 1932, 436–440 (Zit. nach Fuller u. Thompson 1960)

STURTEVANT, A. H.: The claret mutant type of *Drosophila simulans*: A study of chromosome elimination and of cell-lineage. Z. wiss. Zool., 135, 1929, 323–356

THOMSON, W.: The inheritance of behavior; behavioral differences in fifteen mouse strains. Canad. J. Psychol., 7, 1953, 145–153

The inheritance of behavior: activity differences in five inbred mouse strains. J. Hered., 47, 1956, 147–148

TRYON, R. C.: Genetic differences in maze-learning ability in rats 39th Yearbook Nat. Soc. Stud. Educ. (Part 1) Bloomington, Ill. Public School Pub. Com., 1940, 111–119 (Zit. nach Fuller u. Thomson 1960)

ZERBIN-RÜDIN, E.: Vererbung der Intelligenz. Verh. Dtsch. Zool. Ges., 1975, 29–39

DIE JUGENDENTWICKLUNG VON VERHALTEN

von Jaap P. Kruijt

EINLEITUNG

Es ist das Verdienst von Lorenz, gezeigt zu haben, daß Verhaltensweisen artspezifisch gekennzeichnet werden können. Das trifft auf der sensorischen (Wahrnehmung, z. B. angeborener Auslösemechanismus) wie auch auf der motorischen Seite (Handeln, z. B. Erbkoordination) zu. Wie entwickelt sich artspezifisches Verhalten während eines individuellen Lebens? Manche dieser Verhaltensweisen sind schon bei der Geburt vorhanden, andere erscheinen erst später. Welchen Faktoren unterliegt die Formung dieses Verhaltens während der pränatalen Periode und welchen der Ausbau des Verhaltensrepertoires nach der Geburt? Neben artspezifischem Verhalten gibt es auch Verhalten, das nicht jedes Individuum der Art zeigt. Wie entwickelt sich solches Verhalten, das man oft »erlerntes Verhalten« nennt? Unterscheiden sich während der individuellen Entwicklung die Prozesse voneinander, mit denen erlerntes und artspezifisches Verhalten erworben wird?

Bekanntlich hat Lorenz immer die These verteidigt, daß es zum Verständnis dieser Fragen notwendig ist, angeborenes und erlerntes Verhalten zu unterscheiden. Eibl-Eibesfeldt hat sich dieser Auffassung angeschlossen und den Natur-Dressur-Streit ausführlich besprochen (s. die Beiträge von I. Eibl-Eibesfeldt über »Konrad Lorenz« und »Stammesgeschichtliche und kulturelle Anpassungen im menschlichen Verhalten« in diesem Band). In der Nachfolge von Lorenz befindet sich aber auch eine wachsende Gruppe von Verhaltensforschern, die – jedenfalls für ontogenetische Probleme – die Angeboren-Erworben-Dichotomie ablehnt. Sie bedienen sich hierbei mehrerer Argumente, wovon ich hier ein einziges nenne, weil es mich selbst sehr anspricht.

»Angeboren« in Lorenz' Definition (1965) heißt: Angepaßtheit, während der Evolution erworben und sich ontogenetisch im Individuum entwickelnd ohne Einfluß »relevanter« Umgebungsfaktoren. Damit deutet er Faktoren an, hinsichtlich deren das Verhalten sich phylogenetisch angepaßt hat. Festzustellen, was in dieser Weise im Genom gespeichert ist, nennt er erste Aufgabe ontogenetischer Forschung. Zweite Aufgabe wäre die Untersuchung der kausalen Ketten, welche vom Genom her während der Entwicklung zu funktionsfähigen angepaßten Strukturen führen. Er meint, daß Verhaltensforscher sich darauf beschränken können zu untersuchen, ob Lernprozesse für diese kausalen Ketten eine Rolle spielen. Im übrigen können wir seiner Ansicht nach die kausalen Ketten vorläufig den Entwicklungsphysiologen überlassen. Fragt man, wie »angeborenes« artspezifisches Verhalten sich entwickelt, dann ist Lorenz' Antwort (1965): »Weil wir keine Physiologen sind, sondern Verhaltensforscher, fangen wir unsere Untersuchungen nicht beim Anfang des Wachstums an, sondern beim Anfang des Funktionierens dieser angeborenen Mechanismen«. Das heißt, daß Lorenz solche Fragen vorerst für unwichtig hält; sie existieren sozusagen seiner Ansicht nach für Verhaltensforscher nicht. Viele Verhaltensforscher halten aber solche Fragen für einen Hauptbestandteil ontogenetischer Forschung und meinen, daß sie keineswegs nur für Entwicklungsphysiologen von Interesse sind.

Oft scheint das dichotomische Denken einer Weiterführung der ontogenetischen Analyse im Wege zu stehen. So hat z. B. Lorenz (1965, 40) beobachtet, daß junge männliche Gänse versuchten, sich mit ihm zu begatten, wenn er mit ihnen im See schwamm. Er hat daraus gefolgert, daß die Gänse einen angeborenen Auslösemechanismus besitzen, der sie sexuelle Bereitschaft bei Weibchen erkennen läßt. Eine ähnliche Beobachtung habe ich bei Bankivahühnern (*Gallus gallus*) gemacht (Kruijt 1964). Die ersten Begattungsversuche von ein oder zwei Monate alten Hähnen werden, wenn die Tiere in Gruppen aufwachsen, nur von sitzenden Artgenossen ausgelöst. Wie bei den Gänsen reagieren auch völlig unerfahrene Hähne bei ihren Paarungsversuchen bereits selektiv auf gerade die Haltung, mit der später das Weibchen sexuelle Bereitschaft zeigt. Nach Lorenz kann die »Information«, die zu dieser Angepaßtheit führt, nur vom Genom herstammen, und das nennt er »angeboren«.

Ich würde der Folgerung auf das Genom beipflichten, aber dadurch wird mir der ontogenetische Prozeß, der zu dieser Angepaßtheit geführt hat, um kein Haar verständlicher. Die Auffassung von Lorenz, wir könnten die Frage nach der Entschlüsselung dieses Anpassungsprozesses vorläufig den Entwicklungsphysiologen überlassen, verschließt die Tür zum Verständnis ebenfalls. Mir scheint es fruchtbarer zu fragen, ob wir schon alle Möglichkeiten zur Entschlüsselung des Einflusses der Erfahrung auf die Verhaltensentwicklung eines Tieres ausgeschöpft haben. Für Bankivahähne ist das nicht der Fall. Agonistisches Verhalten (Angriff und Flucht) hat sich nämlich schon weitgehend entwickelt, bevor die Hähne erste sexuelle Verhaltensweisen ausführen; und agonistisches Verhalten tritt normalerweise nur auf, wenn die Tiere *stehen*, nicht wenn sie *sitzen*. Es gibt Hinweise dafür, daß die Aktivierung agonistischer Neigungen in diesem Stadium das Ausführen sexuellen Verhaltens hemmt. Die Tatsache, daß nur sitzende Tiere sexuelles Verhalten auslösen, könnte darum eine Folge des Umstandes sein, daß dies die einzige Haltung ist, die keine konkurrierende agonistische Neigung auslöst. Es könnte also sein, daß die spezifisch angepaßte sexuelle Reaktion der Hähne sekundär entsteht, nachdem sie primär gelernt haben, agonistisches Verhalten nur mit stehender Haltung der Altersgenossen zu assoziieren. Es fragt sich dann auch, ob man die Entwicklung dieser speziellen Angepaßtheit verhindern kann, indem man den Hähnen die Möglichkeit der Assoziation agonistischen Verhaltens mit der hierbei auftretenden stehenden Haltung der Altersgenossen nimmt. Ob diese Möglichkeit sinnvoll ist oder nicht, wäre zu untersuchen. Jedenfalls zeigt dieses Beispiel, daß anregende Forschungsfragen gestellt werden können, die offenbar jenen ganz verschlossen bleiben, die zufrieden sind mit der Feststellung, daß die spezifische Angepaßtheit genetisch bedingt ist.

Ein ähnliches Beispiel bezieht sich auf sexuelle Prägung bei Enten. Schutz (1965) hat gezeigt, daß die Mehrzahl der Stockerpel (*Anas platyrhynchos*), die von einer Mutter anderer Art aufgezogen wurden, sich später als Erwachsene bemühen, Geschlechtspartner der gleichen »verkehrten« Art zu bekommen. Offensichtlich hatten die Erfahrungen dieser Stockerpel mit ihrer Mutter die spätere Partnerwahl bestimmt. Andererseits hat Schutz auch gezeigt, daß Weibchen sich anders benehmen. Auch wenn Stockentenweibchen bei einer fremden Art aufwachsen, paaren sie sich später immer oder fast immer mit einem Erpel der eigenen Art. Schutz hat daraus den Schluß gezogen, daß die Wahl des Partners bei Weibchen angeboren ist, und zwar verfüge das Weibchen über ein angeborenes Schema, womit es imstande ist, auf die Auslöser des männlichen Prachtkleides zu reagieren.

Dem ist folgendes entgegenzuhalten: Das Verhalten der Weibchen, genauso wie das der Männchen, muß natürlich in irgendeiner Weise so organisiert sein, daß sie in der natürlichen Situation als Erwachsene eine große Chance haben, sich mit einem Artgenossen zu verpaaren. Das Männchen ist offenbar so angelegt, daß es sich einen Geschlechtspartner wählt, der seiner Mutter ähnelt. Das Weibchen könnte so nicht vorgehen, weil es sonst an gleichgeschlechtliche Partner geriete. Das Weibchen ist also auf eine andere Weise organisiert. Nun möchte man, genauso wie beim Männchen, wissen, welche ontogenetischen Prozesse dazu führen, daß das Weibchen den richtigen Partner wählt. Zu antworten, das Weibchen verhalte sich angeborenermaßen so, löst dieses Problem nicht; das wäre eher eine Aussage, die die Lösung des Problems vorwegnimmt.

Weitere Bedenken betreffen weniger den theoretischen Rahmen als eine logische Notwendigkeit. Schutz hat gefolgert, daß das Weibchen auf das *Prachtkleid* des Männchens reagiert. Das ist durchaus möglich, aber wie steht es mit dem Reagieren auf das *Verhalten* des Männchens? Schutz' Experimente enthalten beide Variablen: Aussehen und Verhalten der Stockerpel sind leider miteinander verknüpft. Die bei anderen Arten aufgewachsenen Tiere wurden im Alter von ein, zwei oder drei Monaten auf einem See freigelassen. Dort »standen den geprägten Tieren im allgemeinen etwa doppelt so viele, häufig mehr, mindestens aber gleich viele normale, d. h. mit Artgenossen aufgewachsene und nur an solchen interessierte Artgenossen gegenüber« (Schutz 1965, 55). Das heißt aber, daß Schutz' anders geprägte Stockentenweibchen fast nur, oder jedenfalls überwiegend, von Stockerpeln angebalzt wurden. Der Schluß, daß die Weibchen auf das Prachtkleid reagierten, ist darum nicht zwingend; es wäre durchaus möglich, daß sie zumindest *auch* auf das Balzverhalten von Stockerpeln reagierten. Man müßte eigentlich erwarten, daß es für das Weibchen einen hohen Selektionswert hat, auf Verhalten des Männchens zu reagieren. Das Weibchen kann seinen Fortpflanzungserfolg erhöhen, indem es ein Männchen bester Qualität wählt, und die Qualität drückt sich nicht nur im Aussehen aus, sondern ebensogut im Verhalten.

In einigen nicht veröffentlichten Experimenten haben Kruijt und Bossema die Wichtigkeit des männlichen Werbungsverhaltens für die Paarbildung bestätigen können (s. unter anderem Aspekt den Abschnitt über weibliche Fortpflanzungsstrategien in J. Alcocks Beitrag zu diesem Band). Hierzu wurden zwei Stockentenweibchen (ein wildes und ein weißes domestiziertes) mit zwei Erpeln (ebenfalls einem wilden und einem weißen domestizierten) zusammengesetzt. Die Weibchen waren mit Geschwistern desselben Typus und Geschlechts aufgezogen worden, beide Erpel hingegen entweder mit einem erwachsenen Weibchen ihres eigenen Typus oder mit einem des anderen Typus. Die ersteren nennen wir »gerade-geprägt«, die zweiten »kreuz-geprägt«. Es zeigt sich nun, daß die Weibchen sich immer mit einem auf ihren eigenen Typus geprägten Erpel verpaarten, d. h. mit einem Erpel des eigenen Typus, wenn beide Erpel »gerade-geprägt« waren, und mit einem Erpel des anderen Typus, wenn beide Erpel »kreuz-geprägt« waren. Diese Ergebnisse weisen darauf hin, daß unter diesen Umständen Weibchen dazu neigen, dem Druck aktiven Balzens und Führens seitens eines Männchens nachzugeben, ohne die Gefiederfarbe zu beachten.

Diese Ergebnisse besagen nicht, daß das Verhalten des Männchens das einzige oder wichtigste Kriterium der weiblichen Partnerwahl ist, denn unter diesen Umständen wird die Wahl dem Weibchen wegen der Aufdringlichkeit der Männchen und der Unmöglichkeit auszuweichen fast aufgezwungen. Wir haben darum weitere Experimente durchgeführt, bei denen ein Weibchen wählen konnte zwischen zwei kreuz-geprägten Erpeln – einem wildfarbenen und einem weißen –, die durch ein Drahtgitter von ihr getrennt waren. Unter solchen Umständen entscheiden sich Weibchen, die mit einer wildfarbenen Mutter aufgewachsen sind, oft für ein wildfarbenes Männchen, auch wenn das weiße Männchen, weil es kreuz-geprägt ist, viel eifriger balzt. Wenn aber umgekehrt Weibchen, die von einer weißen Mutter aufgezogen wurden, zwischen zwei gerade-geprägten Erpeln, einem wildfarbenen und einem weißen, wählen dürfen, haben wir schon einige Fälle beobachtet, in denen das weiße Männchen gewählt wird, obwohl das wildfarbene aktiver war. Diese Ergebnisse einer noch nicht abgeschlossenen Versuchsreihe weisen darauf hin, daß Weibchen auch das Aussehen des Erpels mit in ihre Wahl einbeziehen und daß Weibchen, die eine wildfarbene Mutter hatten, ein anderes Aussehen bevorzugen als solche, die eine weiße hatten. Für das wildfarbene Weibchen würde das vielleicht bedeuten, daß es irgendwie über das Aussehen der Mutter hinaus extrapolieren kann zum Aussehen eines Wilderpels, obwohl es einen solchen noch niemals gesehen hat. Jedenfalls scheint mir dieser Fall deutlich zu demonstrieren, daß man eine ontogenetische Verhaltensanalyse weiterführen kann, wenn man die Aussage »es ist angeboren« als eine Lösung des Problems ablehnt.

Die Frage, wie bestimmte artspezifische Verhaltensweisen sich ontogenetisch entwickeln, wird bei dichotomischer Denkweise beantwortet mit der Aussage: durch Evolution. Die Gegner können mit Recht sagen, daß damit die Frage nicht beantwortet sei. Daß natürliche Selektion Anpassungen im Genom speichert, ist jetzt allgemein anerkannt. Aber wie wird diese »enkodierte Information« im Leben des Individuums entschlüsselt? Müssen wir diese Frage wirklich den Entwicklungsphysiologen überlassen? Wenn man sich die Frage stellt, wieweit Verhalten genetisch bedingt ist und wieweit umweltbedingt, und sich dabei auf ein einziges Individuum beschränkt, fragt man damit eigentlich nach der Lösung einer Gleichung mit zwei Unbekannten – mit anderen Worten: Man fragt das Unmögliche. In der Mathematik kann man derartige Probleme lösen, wenn mindestens eine andere Gleichung mit denselben beiden Unbekannten zur Verfügung steht. Dem biologischen Problem, vor dem wir uns hier befinden, können wir uns auf ähnliche Weise nähern, indem wir nämlich mehrere Vergleiche anstellen, in denen unsere beiden Unbekannten vorkommen: einerseits die genetische Anlage und andererseits die Umwelteinflüsse.

Zuerst befassen wir uns mit dem Einfluß genetischer Variation auf die Entwicklung des Verhaltens, indem wir die Umgebungsfaktoren so gleichartig wie möglich halten: Zieht man zwei Tiere in identischen Umgebungen auf, dann muß man Verhaltensunterschiede, die sich im Laufe der Entwicklung zwischen beiden Tieren offenbaren, bereits zuvor angelegten Unterschieden zuschreiben, also genetischen Unterschieden. Man muß sich dabei aber immer im klaren darüber sein, daß niemals gefolgert werden darf, ein bestimmtes Verhalten sei *ausschließlich* genetisch bedingt, denn Umgebungseinflüsse sind für die Entwicklung jeden Verhaltens wichtig. Diese Methode, die man auch Verhaltensgenetik nennen kann, ist weiter ausbaubar mit Kreuzungsanalysen und Ausleseexperimenten (s. den Beitrag von J. Parzefall in diesem Band).

Bei der zweiten Methode wendet man das umgekehrte Verfahren an: Tiere mit annähernd identischer genetischer Anlage werden in voneinander unterschiedlichen Umgebungen aufgezogen. Entstehen Verhaltensunterschiede, dann muß man folgern, daß diese letzten Endes umweltbedingt sind. Im folgenden werde ich mich mit dieser Methode ontogenetischer Forschung ausführlich befassen.

EMBRYOLOGIE DES VERHALTENS

Schon für embryonale Stadien läßt sich die Frage stellen, welche Faktoren die Entwicklung des Verhaltens beeinflussen. Vor allem bei Vögeln hat man die allerersten Bewegungen des Embryos untersucht, dabei aufbauend auf ausführlichen Beobachtungen von Kuo in den dreißiger Jahren (Kuo 1932, 1967). Man kann den Embryo beobachten, indem man ein Loch in die Eischale schneidet. Auf diese Weise und mit einigen weiteren Kunstgriffen hat Kuo die Entwicklung der Bewegungen des Hühnerembryos verfolgt und beschrieben. Für das erste Entstehen von Bewegungen und ihre allmähliche Veränderung stellte er eine Hypothese auf. Er meinte, daß die Entwicklung verursacht wird durch eine fortwährende gegenseitige Reizung der Embryoteile untereinander. In bestimmten Stadien wird der Kopf des Embryos durch das Klopfen des Herzens passiv angehoben, und Kuo schlug vor, die Entwicklung erster aktiver Kopfbewegungen des Embryos als Folge der vorangehenden taktilen Reizung zu betrachten. Der Embryo wird umhüllt durch das Amnion, das glatte Muskeln enthält, die nicht mit dem Nervensystem des Embryos verbunden sind. In bestimmten Stadien kontrahiert sich das Amnion fortwährend, und das verursacht schaukelnde Bewegungen des Embryos. Auch dieser Reizung hat Kuo einen Einfluß auf die Entwicklung zugesprochen. Kuos Methode war aber noch ziemlich grob, und außerdem hat er nur Korrelationen beobachtet. Seine Folgerung auf eine Kausalverbindung zwischen Selbstreizung und Differenzierung des embryonalen Verhaltens war rein spekulativ.

Experimentelle Untersuchungen der letzten Zeit, vor allem durchgeführt von Hamburger (1963) und Oppenheim (1970), haben gezeigt, daß die Sachlage im Grunde viel komplizierter ist und daß die wesentlichen Fragen eigentlich noch nicht gelöst sind. Erstens hat man herausgefunden, daß ein Embryo sich schon zu einer Zeit aktiv bewegt, zu der die Reflexbogen zwischen taktilen Sinnesorganen und Muskeln noch nicht völlig ausgewachsen sind. Weil in dieser Phase also noch keine Nachrichten von den Sinnesorganen zu den Muskeln weitergegeben werden können, erscheint es unmöglich, den Sinnesorganen in irgendeiner Hinsicht eine Rolle beim Zustandekommen der zu dieser Zeit bereits auftretenden aktiven Bewegungen zuzusprechen. Mehrere Experimente zeigen außerdem, daß sogar nachdem die Reflexbogen geschlossen sind und infolgedessen der Embryo prinzipiell auf Reizung mit Muskelkontraktion reagieren könnte, trotzdem keine Verbindung zwischen einer Reizung der Sinnesorgane und den bis jetzt gemessenen Aspekten der embryonalen Bewegungen besteht. Bisher hat man sich darauf beschränkt, die Rhythmik und Frequenz der allgemeinen Bewegungen des Embryos zu messen. Experimentell hat man auf verschiedene Weise in die normale Entwicklung eingegriffen. So hat man das Amnion oder den Dottersack weggenommen, oder man hat bestimmte Teile des Embryos gefühllos gemacht. In allen diesen Fällen blieben Rhythmik und Frequenz der allgemeinen Bewegungen des Embryos unverändert. Ebenfalls ist der Versuch gescheitert, das allgemeine Bewegungsmuster abzuändern, indem man von außen her zusätzliche Reize durch ein Glasstäbchen verabreicht hat.

Hamburger folgerte aus diesen Experimenten, die Bewegungen des Embryos würden »spontan« oder »endogen« verursacht. Das beinhaltet, daß die Motorik durch unbekannte Prozesse innerhalb des Nerven-Muskel-Systems verursacht wird, unabhängig von bekannten Reizen, die von außen her auf die Sinnesorgane einwirken. Außerdem verfüge der Embryo über ein reflektorisches Reaktionssystem als Antwort auf Reizung der Sinnesorgane. Dieses System bleibe aber während des größten Teils der embryonalen Entwicklung latent und funktioniere erste wenige Tage, bevor das Küken schlüpft. In noch unbekannter Weise würde sich dieses System dann mit dem »endogenen« motorischen System integrieren.

Diesem Bild ist wohl einschränkend anzumerken, daß es auf Untersuchungen der Einflüsse von Sinnesreizen auf allgemeine rhythmische Bewegungen des Embryos basiert. Obwohl hier keine direkte ursächliche Verbindung gefunden wurde, besteht noch immer die Möglichkeit, daß es einen Einfluß gibt auf die Reihenfolge, in der die Bewegungen sich entwickeln, oder auf ihre Amplitude. Außerdem ging es bei den genannten Untersuchungen um *direkte* Beziehungen, und auch wenn solche fehlen, ist doch nicht auszuschließen, daß eine Reizung in früheren Phasen die Entwicklung der Motorik in späteren Phasen beeinflußt.

Im Vorangegangenen haben wir uns beschränkt auf Ergebnisse hinsichtlich der Entwicklung der Motorik des Verhaltens. In letzter Zeit wurde aber auch über die Entwicklung der Selektionsfähigkeit gerade geschlüpfter Jungvögel bezüglich äußerer Reize experimentiert. Gottlieb (1971) hat gezeigt, daß gerade geschlüpfte Küken der Pekingente (einer domestizierten Form der Stockente) bereits selektiv auf den Lockruf der Mutter reagieren, auch wenn sie diesen Ruf das erste Mal hören. Wenn dieser Lockruf durch unsichtbare Lautsprecher zugleich mit den Lockrufen von Brautente (*Aix sponsa*), Spießente (*Anas acuta*) und Huhn von vier verschiedenen Seiten her dargeboten wurde, zeigten die Küken ihre Bevorzugung, indem sie sich nur dem Lockruf der eigenen Art näherten. Diese selektive, angepaßte Diskrimination entwickelt sich also ohne Erfahrung im Anhören des mütterlichen Lockrufes.

Das frisch geschlüpfte Küken ist freilich nicht völlig unerfahren im Anhören von Lauten. Bevor es schlüpft, hört es jedenfalls die eigene Stimme. Man könnte sich vorstellen, daß diese Erfahrung eine Rolle spielt beim Zustandekommen der sofortigen Lautselektion nach dem Schlüpfen.

Diesen Einfluß hat nun Gottlieb beseitigt, indem er die Membranen der Syrinx[1] mit Kollodium überzog, was die Embryos stimmlos machte. Er führte diesen Eingriff vier Tage vor dem Schlüpftermin durch, in einer Phase also, in der die Embryos noch keine Laute produzieren können. Nachdem die behandelten Küken geschlüpft waren, konnte man ihre Selektionsfähigkeit untersuchen und mit scheinoperierten Kontrollgruppen vergleichen. Es zeigte sich nun, daß das Unterscheidungsvermögen für die Lockrufe von Pekingente und Huhn bei stimmlos gemachten Küken verlorengegangen war, jedoch nicht bei den nur scheinoperierten Tieren.

Mit diesem Versuchsergebnis schien bewiesen, daß das Anhören der eigenen Stimme während des späten Embryonalstadiums einen wesentlichen Einfluß auf die Entwicklung des selektiven auditiven Reagierens der geschlüpften Küken hat. Weitere Experimente haben jedoch gezeigt, daß es so einfach nun auch wieder nicht ist. Gottlieb hat nämlich das Diskriminationsvermögen von Embryos während noch früherer Entwicklungsstadien untersucht, indem er Lockrufe von verschiedenen Arten für die Embryos abspielte. Auf bestimmte Laute reagierten diese dann mit einer Abnahme von spontanen Schnabelbewegungen, die gezählt werden konnten. Es stellte sich heraus, daß Embryos, die isoliert und in schalldichten Brutschränken ausgebrütet wurden, schon fünf Tage vor dem Schlüpftermin selektiv reagierten, also noch vor dem Alter, in dem im vorangegangenen Experiment die Operation durchgeführt worden war. Das Abspielen von Lockrufen der eigenen Art verursachte in diesem Stadium eine Abnahme der Frequenz der Schnabelbewegungen, während andere Rufe wirkungslos blieben.

Damit haben wir das merkwürdige Ergebnis, daß Selektionsvermögen in einem frühen Stadium und auf unbekannte Weise entsteht, aber dann später wieder degeneriert, wenn man das Küken stimmlos macht, bevor es selbst Laute produzieren kann. Das Anhören der eigenen Stimme hat also einen Einfluß; die Selektivität entsteht aber vor dieser Zeit und kann nicht durch diese Art von Selbstreizung erklärt werden. Welche Prozesse dafür verantwortlich sind, ist bis jetzt unbekannt.

Obwohl embryologische Verhaltensuntersuchungen insgesamt noch nicht weit vorangeschritten sind, kann man wohl sagen, daß die Ergebnisse bis jetzt nicht gut zu dem anfangs dargestellten behavioristischen Bild von Kuo passen. Es scheint, daß sich die Verhaltensentwicklung embryonaler Stadien zum größten Teil »endogen« abspielt und wenig durch Reize aus der Umgebung zu beeinflussen ist. Für den Entwicklungsphysiologen wird das Anlaß geben, mit seinen Untersuchungen in noch frühere Stadien vorzurücken.

DIE GESANGSENTWICKLUNG BEI VÖGELN

Nach der Geburt nimmt der Einfluß von Umgebungsreizen auf die Verhaltensentwicklung stark zu, jedenfalls bei Vertebraten. Dies läßt sich gut mit der Gesangsentwicklung bei Vögeln illustrieren. Mit dem Klangspektrographen kann man die präzise Form des Gesanges heute sehr genau untersuchen. Dieses Gerät ist imstande, den Gesang physikalisch zu analysieren und eine graphische Darstellung von Dauer, Frequenz und Amplitude des Gesangs zu produzieren. Ich beschränke mich jetzt auf die Gesangsentwicklung beim Buchfinken (*Fringilla coelebs*), die genau untersucht worden ist von Thorpe (1961).

Junge Buchfinkenmännchen, die kurz nach dem Schlüpfen aus dem Nest genommen wurden und dann weiter in einer Umgebung aufwuchsen, in der sie keinen Buchfinkengesang hören konnten, entwickelten einen ganz anormalen Gesang. Der normale Gesang, dessen Tonhöhe zwischen zwei und sechs kHz variiert, besteht aus drei Phrasen und einem Schnörkel am Ende. Der Gesang eines isoliert aufgezogenen Buchfinken zeigte eine normale Länge, nur fehlten die Dreiteilung und der Endschnörkel.

Wenn man derartig isolierten Tieren während des ersten Herbsts und Winters den normalen Buchfinkengesang vom Tonband vorspielt, entwickeln sie im nächsten Frühjahr einen normalen Gesang. Das Vorbild des normalen Buchfinkengesangs ist also notwendig für eine normale Entwicklung und wird durch Tradition weitergegeben.

Ein zweiter Erfahrungsfaktor, der die Entwicklung beeinflußt, zeigte sich, wenn isolierte Tiere in kleinen Gruppen zusammen aufgezogen wurden. Diese Tiere konnten sich zwar untereinander hören, mußten aber ebenfalls das Anhören des normalen Gesangs entbehren. Der spätere Gesang dieser Tiere wies die Unterteilung in Phrasen auf, im übrigen aber war der Gesang anormal. Der Gesang variierte geringfügig zwischen Tieren aus ein und derselben Gruppe, aber stark zwischen den Gruppen. Man hat daraus geschlossen, daß die Tiere sich während des Zusammenlebens gegenseitig durch Improvisation und Imitation beeinflußt haben.

Noch ein dritter Erfahrungsfaktor spielt eine Rolle, wie das folgende Experiment zeigt. Thorpe nahm an, daß die einfache Gesangsstruktur isoliert aufgezogener Buchfinken als angeborenes Muster angesehen werden könne, für das die Information im Genom festgelegt ist. Die Willkürlichkeit dieser These zeigte sich aber, nachdem Nottebohm (1967) die Rolle des Anhörens der eigenen Stimme bei isoliert aufgezogenen Buchfinken untersucht hatte: Junge Buchfinken, die taub gemacht worden waren, verfügten später über einen noch viel weniger strukturierten Gesang. Oft konnten jetzt überhaupt keine besonderen Töne mehr unterschieden werden, und Nottebohm beschrieb den Gesang eines seiner Tiere als ein durchgehendes Kreischen.

Man hat gefolgert, daß Buchfinkenmännchen in der normalen Entwicklung ein Modell des angehörten Gesangs im Gedächtnis behalten und später im Leben reproduzieren. Dabei entwickelt sich ihr Gesang, indem das im Gedächtnis behaltene Modell verglichen wird mit der eigenen Stimme. Hindert man das Tier am Hören der eigenen Stimme, so kann dieser Vergleich natürlich nicht stattfinden.

Man kann sich fragen, wieso der Buchfink auf diesem Wege überhaupt jemals den normalen artspezifischen Gesang entwickeln kann, da das frei aufwachsende Tier doch ständig vielen anderen Lauten außer dem Buchfinkengesang ausgesetzt ist. Mehrere Experimente haben aber gezeigt, daß es gewisse Hemmungen gegen eine andere als die arteigene Gesangsentwicklung gibt:

Zunächst beginnt der Entwicklungsprozeß durch eine schon sehr frühe Speicherung im Gedächtnis, nämlich zu der Zeit, in der der Jungvogel den Gesang seines sich in der Nähe des Nestes befindlichen Vaters hört. Diese sensible Phase ist von beschränkter Dauer. Nachdem das Gesangsmuster sich im Alter von einem Jahr voll ausgebildet hat, ist es irreversibel festgelegt und nicht mehr zu ändern.

Noch deutlicher wird die Entwicklung zum artspezifischen Gesang durch einen anderen Mechanismus gelenkt. Thorpe hat vergebens versucht, einem isolierten Buchfinkenmännchen den normalen Gesang beizubringen, indem er ihm dessen Melodie in sauberen Tönen auf einer Flöte vorspielte. Ebensowenig gelang es, einem Buchfinken den Gesang eines Kanarienvogels beizubringen. Im Gegensatz dazu lernt der Buchfink arteigenen Gesang auch in verkehrter Reihenfolge, wenn man den Gesang von hinten nach vorn auf ein Tonband montierte und als Vorbild darbot. Der Gesang anderer Arten wird aber nur dann gelernt, wenn seine Struktur dem normalen Buchfinkengesang ähnelt, wie es beim Gesang des Baumpiepers (*Anthus trivialis*) der Fall ist.

Es ist also ziemlich genau festgelegt, welchen Gesang ein Buchfink nachahmen kann, und die Reihe der Möglichkeiten ist beschränkt. Diese Beschränkung entsteht jedenfalls nicht dadurch, daß der Buchfink etwa die artfremden Laute nicht hört oder nicht fähig wäre, sie selbst zu produzieren; denn im sogenannten »Subsong«, dem Geplapper, das dem vollentwickelten Gesang vorausgeht, kann Imitation von Kanarienlauten sehr wohl auftreten. In der späteren Entwicklung werden solche artfremden Laute dann offensichtlich wieder ausgesondert.

Die Gesangsentwicklung beim Buchfinken illustriert sehr schön, daß Verhaltensentwicklung einerseits sehr von äußeren Reizen abhängig sein kann, andererseits aber stark gesteuert wird durch innere, wahrscheinlich genetisch festgelegte Lerndispositionen (s. hierzu auch den Beitrag von Ch. Buchholtz in diesem Band). In anderen Worten: Der Gesang muß gelernt werden, aber was gelernt werden soll, scheint ziemlich genau festgelegt. »Angeboren« und »erlernt« sind bloße Wörter, die uns solche ontogenetischen Prozesse nicht verständlicher machen. Es erscheint durchaus aufregender, weiter zu analysieren, wie das Zusammenspiel dieser inneren und äußeren Faktoren die Entwicklung beeinflußt.

DIE ENTWICKLUNG DER SEXUELLEN PARTNERWAHL

Die Gesangsentwicklung bei Vögeln diente als Beispiel für den Einfluß äußerer Reize auf die motorische Seite des Verhaltens. Auf der sensorischen Seite ist die Beeinflussung der Entwicklung durch äußere Umstände noch viel verbreiteter. Als Beispiel wähle ich die Entwicklung der Paarbildung bei Zebrafinken (Immelmann 1970). Hier zeigen sich mehrere, wahrscheinlich für die Entwicklung von Verhalten allgemeingültige Prinzipien.

Immelmanns Vorgehen begann mit dem Verlegen der Eier von Zebrafinken (*Taeniopygia guttata*) in Nester von Pflegeeltern einer verwandten Art, des domestizierten Japanischen Mövchens. Die Pflegeeltern zogen die jungen Zebrafinken groß, welche dann von anderen Vögeln isoliert wurden, bis sie erwachsen waren. In Wahlsituationen wurde dann später untersucht, gegen welche Art die Zebrafinken ihr sexuelles Verhalten richteten. Vor allem bei Männchen waren die Ergebnisse eindeutig: sie bevorzugten die Pflegeelternart sehr deutlich.

Weitere Erkenntnisse erhielt Immelmann, indem er junge Zebrafinken während einer kurzen Zeitspanne durch Eltern der eigenen Art aufziehen und sie anschließend durch Japanische Mövchen weiterversorgen ließ. Der Versuch wurde auch in umgekehrter Reihenfolge durchgeführt.

Es zeigte sich, daß die Zebrafinken, die die ersten zwanzig Tage bei Eltern der eigenen Art aufgewachsen waren und dann durch Stiefeltern der anderen Art weitergepflegt wurden, später die eigene Art sexuell bevorzugten. Wurden die Zebrafinken aber zuerst von der Stiefart aufgezogen und dann zur eigenen Art versetzt, dann trat eine Bevorzugung der Stiefart erst auf, wenn die Versetzung nicht vor dem 43. Lebenstag stattgefunden hatte. Früher versetzte Tiere zeigten trotz der vorherigen Erfahrung mit der Stiefart eine sexuelle Bevorzugung der eigenen Art. Es zeigte sich also, daß die Prägung bei der eigenen Art zweimal so schnell stattfand wie bei der Stiefart.

Weitere Experimente weisen darauf hin, daß die Prägung auf die Eltern erfolgt, denn die Anwesenheit von Jungen der anderen Art im Nest hatte keinen Einfluß. Eine Bindung an die Eltern scheint für die Prägung notwendig zu sein, denn die Anwesenheit anderer Arten in direkter Umgebung des Nestes hatte ebenfalls keinen Einfluß. Schließlich zeigte sich auch, daß junge Zebrafinken, die durch ein aus beiden Arten gemischtes Elternpaar aufgezogen worden waren, sich später meist auf die eigene Art geprägt zeigten.

Wie bei der Entwicklung des Gesangs sehen wir also das Auftreten einer sensiblen Phase[2] und in ihr eine spezifische Empfindlichkeit für Reize, die von der eigenen Art ausgehen. Die Entwicklung ist nicht in jedem Stadium und nicht willkürlich in jede Richtung beeinflußbar.

DIE ENTWICKLUNG KOMPLEXEN SOZIALEN VERHALTENS

Bis jetzt habe ich einfache Verhaltensbeispiele gewählt. Dabei haben wir gesehen, daß in pränatalen Stadien äußere Reize fast oder überhaupt keinen Einfluß auf die Verhaltensentwicklung haben, während nach der Geburt erworbene Erfahrungen bei der Ausbildung der motorischen und auch sensorischen Seite des Verhaltens eine Rolle spielen. Im allgemeinen kann man sagen, daß Umwelteinflüsse auf der sensorischen Seite viel häufiger wirksam sind als auf der motorischen. Die Struktur der Motorik bei Tieren ist in den weitaus meisten Fällen sehr resistent gegen Änderungen unter Einfluß von Erfahrung. Der Vogelgesang und die Sprache des Menschen sind hierbei eigentlich die wichtigsten gut bekannten Ausnahmen. Dieses Prinzip hat sich auch gezeigt bei Untersuchungen über den Einfluß sozialer Erfahrung auf das ganze soziale Verhaltensrepertoire. Ich beschränke mich im folgenden auf zwei relativ gut untersuchte Arten, das Bankivahuhn (Kruijt 1964, 1971) und den Rhesusaffen (Harlow 1959, 1962 a, 1962 b).

Entwicklung des sozialen Verhaltens beim Bankivahuhn (*Gallus gallus*)

Küken, die gleich nach dem Schlüpfen in kleinen Gruppen zusammen gehalten werden, entwickeln zueinander unmittelbar ein starkes soziales Band, das sich darin äußert, daß sie sich eng zusammenschließen. Nach einigen Tagen entwickelt sich ein Vorläufer von Aggression, das sogenannte Hüpfen – eine Fortbewegungsart, die nur in der Jugendphase vorkommt. Es besteht aus einer Serie von kleinen Sprüngen, wobei das Küken mit beiden Füßen zugleich abhebt. Aus diesem Verhalten entwickelt sich allmählich Kampfverhalten. Zuerst wird das Hüpfen nicht von anderen Küken ausgelöst oder auf andere gerichtet, sondern ist ein spontaner Bestandteil der normalen Fortbewegung. Erst wenn die Küken eine Woche alt sind, fangen sie an, sich während des Hüpfens gegeneinanderzuwenden. Wenn sie sich dann begegnen, hüpfen sie, einander gegenüber, noch einige Sekunden auf der Stelle weiter, was schon dem späteren Kampfverhalten ähnelt. Später werden noch Picken und Fußschlagen hinzugefügt.

Die Entwicklung der Aggression hat zur Folge, daß sich ein zweiter Komplex sozialen Verhaltens entwickelt, nämlich das Fluchtverhalten – oft ausgelöst durch vorangegangenes Kampfverhalten. Zuerst sieht man, daß ausgelöstes Fluchtverhalten den Kampfablauf sofort hemmt, aber in einem späteren Stadium wechseln Intentionsbewegungen von Angriff und Flucht rasch miteinander ab. Das heißt also, daß das Küken jetzt während des Kämpfens ambivalent motiviert ist und sich in einem Konflikt befindet. Zu gleicher Zeit treten neue Verhaltenselemente auf, die offenbar durch die gleichzeitig aktivierte Motivation zu Angriff und Flucht verursacht werden. Diese neuen agonistischen Verhaltensweisen entwickeln sich in zwei Phasen, wobei ihre Komplexität zunimmt.

In der ersten Phase, wenn die Küken drei bis sieben Wochen alt sind, ist die gleichzeitige Motivation zu Angriff und Flucht nur während des eigentlichen Kampfgeschehens abzulesen und verschwindet unmittelbar, nachdem die kämpfenden Tiere sich getrennt haben. Einerseits ist das kämpfende Küken dazu motiviert, seinen Gegner zu picken, andererseits wird es durch seine Fluchtneigung gehemmt. Dieser Konflikt hat zur Folge, daß eines oder beide Küken den Kampf unterbrechen und Bodenpicken, Kopfschütteln oder Sichputzen zeigen. Jede dieser Bewegungen scheint verbunden mit einem zu ihr gehörenden Ausgleich von Angriff und Flucht.

In der zweiten Phase, im Alter von sieben bis zwölf Wochen, werden die Kämpfe heftiger und dauern länger an. Zugleich offenbart sich, daß Angriffs- und Fluchtmotivation jetzt auch schon während des dem eigentlichen Kampf vorausgehenden und nachfolgenden Hin- und Herlaufens aktiviert sind. Das äußert sich u. a. darin, daß die Tiere einander vorsichtig umkreisen. Diese Ausbreitung des agonistischen Konfliktes geht einher mit einer weiteren Ausgestaltung ambivalenter und anderer »irrelevanter« Bewegungen; so entwikkeln sich in diesem Stadium das seitliche Imponieren und der »Kratzfuß«. Bei ersterem stellt sich das Tier schräg seitlich vor seinen Gegner und hält den Rücken schief; beim Kratzfuß senkt das Tier die Schwungfedern des, vom Gegner aus gesehen, abseitigen Flügels und kratzt mit dem Fuß dieser Seite durch den gesenkten Flügel, wodurch ein kratzender Laut produziert wird. Beide Bewegungen können aufgefaßt werden als Mischungen von Angriff und Flucht. In diesem Stadium verliert sich auch mehr und mehr der zu Beginn bestehende Zusammenhang mit dem vorangehenden Hüpfen. Die Rangordnung beginnt sich zu entwickeln, und das Kämpfen wird immer häufiger durch Reize von Artgenossen ausgelöst.

Bis zur zweiten Phase verläuft die Entwicklung für männliche und weibliche Küken gleich, obwohl weibliche das agonistische Verhalten weniger häufig zeigen als männliche, was auch zur Folge hat, daß die weiblichen sich in der Rangordnung niedriger befinden. In der zweiten Phase beginnt eine unterschiedliche Entwicklung beider Geschlechter: die männlichen Küken zeigen schon sexuelles Verhalten, was bei weiblichen Küken erst viel später auftritt. In folgendem beschränke ich mich auf die Beschreibung des männlichen Sexualverhaltens.

Sexuelles Verhalten bei Hähnchen äußert sich zuerst dadurch, daß sie Intentionsbewegungen der Begattung machen. Dabei steigt ein Hähnchen (ein oder zwei Monate alt) von hinten auf den Rücken eines anderen sitzenden Kükens (männlich oder weiblich) und führt einige Begattungsbewegungen aus.

Weitere Untersuchungen haben ergeben, daß sexuelles Verhalten zuerst vor allem in Ruhesituationen auftritt, wenn also kein anderes Verhalten aktiviert ist. Das heißt auch, daß es nicht mit Angriffs- oder Fluchtverhalten gemischt ist. Seitliches Imponieren und der Kratzfuß, die bei erwachsenen Hähnen als Einleitung zur Begattung auftreten, kommen also in dieser Phase schon vor, aber nicht zusammen mit sexuellem Verhalten. Sie werden vielmehr ausschließlich in Situationen gezeigt, in denen die Hähnchen miteinander kämpfen. Man kann das damit erklären, daß man annimmt, die Neigung zum Ausführen sexuellen Verhaltens sei am Anfang der Entwicklung schwach und werde häufig gehemmt durch aktivierte Neigungen zum Ausführen anderen Verhaltens, wie Kämpfen, Fliehen, Fressen usw.

Während der weiteren Entwicklung steigert sich die Neigung der Hähnchen zum Ausführen sexueller Verhaltensweisen, teils unter Einfluß hormonaler Faktoren. Infolgedessen läßt sich die sexuelle Neigung nicht mehr durch andere unterdrücken, anders ausgedrückt: Auch in Situationen, in denen die Hähnchen beispielsweise zu Kämpfen und Fliehen geneigt sind, äußern sie nun sexuelles Verhalten. Weil das Ausführen von Begattungsbewegungen nicht zu vereinbaren ist mit Angriff und Flucht, entstehen in dieser Phase, d. h. vom Alter von ungefähr zwölf Wochen ab, neue Konflikte, wobei sich beobachten läßt, daß sexuelles Verhalten sowie auch Angriff und Flucht oft zu gleicher Zeit aktiviert sind. Allmählich beginnen jetzt die Hähne, ihre sexuellen Verhaltensweisen nur weiblichen Altersgenossen gegenüber zu äußern, während das soziale Verhalten gegenüber Hähnen von nun an auf Angriff und Flucht beschränkt bleibt.

Eine Henne aber löst beim Hahn neben sexuellem Verhalten weiterhin immer auch Angriff und Flucht aus. Das laterale Imponieren und der Kratzfuß, welche in früheren Stadien Äußerungen eines agonistischen Konflikts waren, beginnen daher in dieser Phase das sexuelle Verhalten von Hähnen gegenüber Hennen zu begleiten. Auch die letzten Unterarten des Balzverhaltens von Hähnen entwickeln sich jetzt, u. a. das Locken mit Futter, begleitet von rhythmischen Rufen.

Hinsichtlich des allmählichen Aufbaus des Sozialverhaltens während der Entwicklung eines Individuums sind mehrere mögliche Ursachen denkbar. Erstens läßt sich an zum Teil vielleicht von der Erfahrung unabhängige Reifungsprozesse denken, etwa ein allmähliches Wachstum von Mechanismen im Zentralnervensystem (s. hierzu den Beitrag von A. H. Riesen in diesem Band). Zweitens spielen hormonale Faktoren eine Rolle, vor allem von den sich entwickelnden Keimdrüsen ausgehende Einflüsse (s. hierzu den Beitrag von C. W. Malsbury in diesem Band). Im folgenden werde ich mich aber nur mit dem möglichen Einfluß sozialer Erfahrung befassen und mich dabei weiter beschränken auf Hähne, weil diese ein reicheres Verhaltensrepertoire haben und sich dadurch besser zur Untersuchung dieses Problems eignen als Hennen.

Man kann den Einfluß sozialer Erfahrung auf die Entwicklung des Sozialverhaltens untersuchen, indem man dem Tier während bestimmter Entwicklungsstadien oder gleich von Geburt an die Möglichkeit nimmt, mit Artgenossen Kontakt zu haben. Ich konnte einen Einfluß von sozialer Erfahrung feststellen, wenn ich Hähne von Geburt an isoliert aufzog, so, daß sie einander zwar hören, aber nicht sehen konnten. Solche Tiere zeigten als Erwachsene mehrere Verhaltensabnormitäten.

Zuerst muß ich aber betonen, daß auch von isoliert aufgezogenen Hähnen viele soziale Verhaltenselemente gezeigt werden. Man ist tatsächlich erstaunt, daß sich noch so viele soziale Verhaltensweisen bei einem isolierten Tier entwickeln, trotz des Fehlens von Erfahrung mit Artgenossen. Außerdem führen diese Hähne oft soziale Signalhandlungen während der Isolation aus, d. h. in Abwesenheit von Artgenossen. Immer zeigt sich aber, daß die Verhaltensweisen zwar die artspezifische Form haben, aber in der Orientierung abweichen; sie werden z. B. oft Menschen gegenüber geäußert, die das Tier während des Aufwachsens versorgten, oder auf leblose Gegenstände gerichtet.

Sehr auffällig ist das Phänomen, daß soziale Verhaltensweisen, wie Angriff und Flucht, bei isolierten Hähnen durch den eigenen Körper ausgelöst werden und sich auf ihn richten. Vor allem der Schwanz ist dabei wichtig: Fast alle isolierten Hähne kämpfen, oft um die eigene Achse herumtollend, gegen den eigenen Schwanz. Sie können sich dabei, weil sie Schwanzfedern herausziehen, verstümmeln. Abwechselnd damit zeigen sie oft ein Verhalten das den Eindruck erweckt, als wollten sie ihrem eigenen Schwanz durch Fluchtverhalten entkommen. Man kann darum nicht sagen, daß sich soziales Verhalten bei isolierten Hähnen in einem Vakuum entwickelt hätte oder daß es »im Leerlauf« gezeigt wird. Eher vermutet man, daß bei Abwesenheit von Artgenossen andere Reize aus der lebendigen oder leblosen Umgebung des isolierten Tieres auf die Entwicklung des Sozialverhaltens Einfluß nehmen. Dieses wird dann ausgelöst durch und gerichtet auf für normale Tiere ungewöhnliche Reize.

Vidal (1975) hat gezeigt, daß isoliert aufgewachsene Hähne ihre Begattungshandlung bevorzugt in umgekehrter Stellung durchführen, wenn sie mit ausgestopften Attrappen konfrontiert werden. Man kann das als Folge der sozialen Bindung erklären, die diese Hähne während ihrer Isolation zum eigenen Schwanz entwickelt haben.

Die Beobachtungen lassen durchaus die Möglichkeit zu, daß diese ungewöhnlichen Reize bei isolierten Tieren auch Konflikte erregen können, und so ist es wahrscheinlich, daß ihr Sozialverhalten oft auf ähnliche Weise motiviert ist wie bei normalen Tieren, obwohl ausgelöst durch abnorme Reize. Hierbei gibt es aber gewisse Grenzen, denn die isolierten Hähne machen oft einen sehr unausgeglichenen Eindruck: übermäßiges Fluchtverhalten kann abwechseln mit übermäßiger Aggression. Überdies treten bestimmte Signalhandlungen, wie Futterlocken, bei isolierten Tieren viel seltener auf. Das komplizierte Gleichgewicht von gleichzeitig aktivierten, einander hemmenden Neigungen kommt offenbar nur selten zustande.

Wenn isoliert aufgezogene Hähne als Erwachsene mit Hennen zusammengebracht werden, können sie erstaunlicherweise manchmal erfolgreiche Begattungen ausführen. Dem bisher Gesagten zufolge wird aber deutlich, daß solche Begegnungen viele Abnormitäten zeigen. Die Kommunikation mittels der normalen Signalhandlungen entfällt oft ganz, so daß die Begattung eher einem Überfall ähnelt. Oft orientiert der Hahn sich z. B. so schlecht, daß er verkehrt aufsteigt und die Begattungsbewegungen auf den Kopf der Henne richtet, wobei er den Schwanz der Henne festhält, als wäre er der Kopf. Abwechselnd damit kann der Hahn die Henne heftig angreifen, vor ihr flüchten oder einen Kampf mit seinem eigenen Schwanz ausführen.

Noch stärker sind die Verhaltensabweichungen bei Hähnen, die von der Geburt an besonders lange isoliert waren. Dauerte die Isolation bis zum Alter von neun Monaten oder mehr, dann ist oft die Begattungsfähigkeit völlig verlorengegangen, und das soziale Verhalten besteht nur noch aus einer Mischung von Angriff und Flucht. Soziale Kontakte über längere Zeit können die Störungen manchmal wieder aufheben. Hat die Isolation aber noch länger gedauert, bis zum Alter von einem Jahr oder mehr, dann zeigten die Hähne sich in den bisherigen Untersuchungen irreversibel gestört; die Fähigkeit, sexuelles Verhalten zu zeigen, scheint endgültig abhanden gekommen zu sein. Solche Tiere haben normal funktionierende, Sperma produzierende Keimdrüsen, also scheint es sich um Veränderungen im Zentralnervensystem zu handeln.

Weitere Untersuchungen haben ergeben, daß die Fähigkeit, sexuelles Verhalten zu zeigen, dann nicht verlorengeht, wenn ein Hahn bis zum Alter von zehn Wochen mit Altersgenossen aufwächst und erst anschließend über längere Zeit isoliert wird. Offensichtlich sind bestimmte soziale Erfahrungen in diesem Lebensabschnitt für einen Hahn notwendig, um die Fähigkeit, sexuelles Verhalten ausführen zu können, über längere Isolationsperioden beizubehalten. Um welche Erfahrung es dabei geht, ist noch nicht klar; aber weil Hähnchen von sechs bis zehn Wochen schon die ersten Anfänge sexuellen Verhaltens zeigen, geht es möglicherweise um Erfahrungen, die sie hierbei machen.

Therapeutische Versuche an gestörten Hähnen, in denen diese während einiger Monate mit anderen Hähnen oder Hennen zusammenleben durften (eine Situation, die also während der Jugendphase eine Bedingung für das Entstehen von normalem sozialem und sexuellem Verhalten ist), hatten keinen Erfolg. Dies weist darauf hin, daß soziale Erfahrung die Entwicklung nur dann wirksam beeinflußt, wenn sie in einer sensiblen Phase ermöglicht wird. Ist das Verhalten erst einmal gestört, dann können die gleichen Bedingungen keine Wiederherstellung des normalen Verhaltens mehr bewirken.

Wir können zusammenfassend feststellen, daß sexuelles Verhalten bei Hähnen, die von Geburt an sehr langfristig isoliert werden, verlorengeht. Aus kürzerer Isolation während der Jugendzeit resultieren Abweichungen, die zumindest zwei Klassen zugeordnet werden können. Erstens, obwohl die einzelnen Verhaltenselemente sich normal entwickeln, treten Störungen im Gleichgewicht der aktivierten Motivationen auf. Die Integration von einzelnen Komponenten zu einem funktionierenden Ganzen scheint oft gestört. Hyperaggression oder Hyperflucht gehören in diese Kategorie. Zweitens, vielleicht zum Teil hiermit zusammenhängend, wird das sich entwickelnde Verhalten durch inadäquate Reize ausgelöst und gerichtet. Das Kämpfen mit dem Schwanz fällt in diese Kategorie.

Diese Ergebnisse zeigen, daß die Entwicklung sozialen Verhaltens durch Lernprozesse stark beeinflußt werden kann, wobei soziale Erfahrung mit Artgenossen eine wichtige Rolle spielt. Fehlen Artgenossen, dann sammelt das isolierte Tier Erfahrung mit anderen Reizen, die vom eigenen Körper oder von der leblosen Umgebung ausgehen. Diese Lernprozesse aber steuern die Entwicklung offenbar in abweichende Richtungen, wodurch vor allem kompliziertes Verhalten, welches sich aus mehreren Motivationen zusammensetzt, starke Störungen zeigt.

Entwicklung des sozialen Verhaltens bei Rhesusaffen (*Macaca mulatta*)

Während beim Bankivahuhn versucht wurde, mehrere soziale Verhaltenssysteme wie Angriff, Flucht und sexuelles Verhalten zu unterscheiden, hat Harlow (1959, 1962 a, 1962 b) bei seinen Untersuchungen an Rhesusaffen sogenannte affektive Systeme unterschieden. Damit deutet er die funktionell unterscheidbaren Sozialbeziehungen an, die das Tier in der natürlichen Situation bildet, wie die von Mutter zu Kind und umgekehrt, von jugendlichen Altersgenossen zueinander oder die heterosexuellen Beziehungen geschlechtsreifer Tiere. Es zeigt sich, daß die Entwicklung aller dieser sozialen Beziehungen untereinander zusammenhängen, wie im folgenden kurz dargestellt wird. Für die Entwicklung des Sozialverhaltens im Jugendalter unterscheidet Harlow verschiedene Stadien. Das Neugeborene befindet sich zuerst im »Reflexstadium«, in dem es nur über einige Reflexe wie Greifen und Saugen verfügt, welche es befähigen, sich am Fell der Mutter festzuhalten und zu trinken. Das zweite Stadium (»Bindung«) beginnt, wenn das Kind einige Wochen alt ist; es sucht dann aktiv Kontakt mit der Mutter. Harlow fragte sich, welcher Faktor für das Entstehen der Bindung des Kindes an die Mutter am wichtigsten ist, daß die Mutter Gelegenheit zum Saugen bietet oder die Kontaktmöglichkeit mit ihrem Fell (»Kontaktkomfort«). Dazu wurden Neugeborene einzeln zu je zwei Ersatzmüttern gesetzt, eine bestand aus einem Gestell aus unbedecktem Eisendraht, und die andere wurde von einem frotteebezogenen Gestell dargestellt. Bei einem Teil der Äffchen war die Eisendrahtmutter mit einer Saugflasche versehen, bot also Gelegenheit zum Trinken, bei einer anderen Gruppe tat dies die Frotteemutter. Es zeigte sich, daß die Äffchen immer viel mehr Zeit der Frotteemutter widmeten, unabhängig davon, ob diese nun Milch gab oder nicht. Der »Kontaktkomfort« war also wichtiger als die Milchgabe.

An und für sich kann man von diesem Ergebnis noch nicht ableiten, daß die Bindung des Kindes an die Frotteemutter stärker ist als die an die Eisendrahtmutter, da beide nebeneinanderstanden, das Kind also schnell die Position wechseln konnte. Mehrere weitere Experimente bewiesen aber, daß die Bindung an die Frotteemutter viel solider war. Bei Darbietung von Schreckreizen flüchtete das Affenkind immer auf die Frotteemutter. Wenn beide Ersatzmütter weggenommen wurden und das Kind die Gelegenheit bekam, ein Fensterchen zu öffnen, so daß es für kurze Zeit eine der beiden Figuren im benachbarten Raum ansehen konnte, benützte es diese Gelegenheit viel häufiger, wenn die Frotteemutter sich dort befand. Die Eisendrahtmutter war ebensowenig interessant für das Kind wie ein leerer Raum.

Wenn die Affenkinder etwas älter werden, verlassen sie die Mutter häufiger und untersuchen die Umgebung. Wenn Harlow nun ein Affenkind mit seiner Ersatzmutter in eine fremde Umgebung mit unbekannten Gegenständen brachte, verhielt es sich ganz verschieden, je nachdem ob es sich in Gesellschaft der Frotteemutter oder der Eisendrahtmutter befand. Im ersteren Fall trat bald Entspannung auf, und das Kind benützte die Mutter als eine Art Stützpunkt, von wo aus es immer wieder kleine Ausflüge in die Umgebung unternahm. Ohne Frotteemutter, und sogar in Anwesenheit der Eisendrahtmutter, entspannte das Kind sich aber nicht; es rannte schreiend umher, verbarg den Kopf in den Händen und machte stereotype Schaukelbewegungen. Dieses Experiment bestätigt, daß starke soziale Bindung an die Mutter hauptsächlich durch Kontaktkomfort entsteht, und zeigt weiterhin, daß die Anwesenheit der Mutter für das Auftreten von Umwelt-Exploration notwendig ist.

Die Entwicklung des sozialen Verhaltens der Affenkinder untereinander wurde von Harlow in einer Situation untersucht, in der die Kinder ohne Anwesenheit der Mutter beieinander waren. Wieder unterteilte Harlow die Entwicklung in verschiedene Stadien. Im ersten Stadium explorieren die Affenkinder viel: Altersgenossen wie auch leblose Gegenstände werden visuell, aber auch taktil (sowohl mit dem Mund als auch mit den Händen) flüchtig untersucht. Im zweiten Stadium (von einem Alter von zwei Monaten an) geht das Explorieren in Spiel über. Dieses besteht zuerst aus individuellen Bewegungsspielen wie Herumrennen und -springen oder intensivem und rhythmischem Hantieren mit Spielzeug. Allmählich richten sich diese Aktivitäten auf Altersgenossen, und es entsteht ein wechselseitiges Spiel. Aggressive und Fluchtbewegungen kommen in diesem Spiel vor: abwechselndes Sich-Annähern und -Zurückziehen, Stoßen, Ziehen, Beißen und Ringen. Auch tritt hierbei sexuelles Verhalten auf, sowohl männliches (Besteigen) als auch weibliches (starre Präsentation). Und schließlich gibt es auch Drohverhalten (Anstarren, Anlegen von Haaren, Zurückziehen der Lippen und Zähnezeigen), welches gefolgt werden kann von einem Angriff, wenn der Altersgenosse sich nicht zurückzieht.

Von Anfang an zeichnet sich eine gewisse geschlechtsspezifische Differenzierung ab: Männliches sexuelles Verhalten, Drohen und die Initiative zu aggressivem Kontaktspiel tritt häufiger bei männlichen Affenkindern auf, während sexuelles Präsentieren und Sich-Zurückziehen von den weiblichen ausgeführt werden. Im Laufe der Entwicklung verstärken sich diese Unterschiede zwischen den Geschlechtern.

Die Untersuchungen von Harlow zeigen Parallelen zu den vorher besprochenen Hühnern. Hier wie dort scheinen sich Verhaltenselemente zuerst oft absonderlich zu entwickeln und werden dann allmählich in ein funktionierendes System eingegliedert. So zeigen männliche Affenkinder schon kurz nach der Geburt Erektionen, und später treten diese einerseits und das Besteigen andererseits in voneinander getrennten Situationen auf. Das Besteigen kann sowohl gegenüber der Mutter wie auch bei Altersgenossen erfolgen und ist zuerst schlecht orientiert; die richtige dorsoventrale Orientierung entwickelt sich erst allmählich, zum Teil im Spiel mit Altersgenossen.

Wie beim Bankivahuhn haben Experimente gezeigt, daß jugendliche Sozialkontakte für die Entfaltung des normalen adulten Verhaltens sehr wichtig sind. Fehlen sie, kann es zu starken Störungen des Sozialverhaltens kommen. Einige Aspekte, vor allem solche bezüglich des sexuellen Verhaltens, werde ich kurz besprechen.

Harlows Affenkinder, die mit einer Ersatzmutter aufgezogen wurden (1962 a), entwikkelten sich zu asozialen Individuen, die außerstande waren zu normalem Sozial- und Sexualverhalten. Gegenüber Artgenossen zeigten sie sich entweder gleichgültig oder auch aggressiv und ängstlich. Einzelne Komponenten des sexuellen Verhaltens traten manchmal auf. So hatte ein mit einer Ersatzmutter aufgewachsener männlicher Affe Erektionen und versuchte, ein Weibchen zu besteigen. Es kam aber nicht zu einem richtig orientierten Verhaltensablauf; außerdem richtete er zwischendurch sexuelles Verhalten auf den eigenen Körper: als Antwort auf die Präsentation des Weibchens masturbierte er. Der Grad der Störung hing vom Alter und der Dauer des erlittenen Erfahrungsentzugs ab. Affen, die ein ganzes Jahr mit einer Ersatzmutter gelebt hatten, zeigten überhaupt kein sexuelles Verhalten. Beließ man sie nur für drei Monate bei der Ersatzmutter und lebten sie daraufhin mit Artgenossen, dann entwickelte sich sexuelles Verhalten, wenn auch verzögert. Affen, die für ein Jahr ohne soziale Kontakte gelebt hatten und dann für längere Zeit mit Artgenossen zusammengesetzt wurden, blieben aber gestört, so daß man auch hier wieder eine sensible Periode erkennen kann, während der soziale Erfahrungen Auswirkungen auf die Verhaltensentwicklung haben.

Harlow verglich die Auswirkung sozialer Kontakte zur Mutter mit der sozialer Kontakte zu Altersgenossen: Affen, die mit einer echten Mutter aufwuchsen, aber ohne Kontakt mit

Altersgenossen, zeigten sich später genauso gestört wie Affen, die allein oder mit einer Ersatzmutter aufwuchsen. Das weist darauf hin, daß Erfahrung mit einer Mutter für eine normale Entwicklung nicht genügt.

Demgegenüber entwickelten sich Äffchen, die in Vierergruppen zusammen aufwuchsen, ziemlich normal. Das war auch der Fall mit Äffchen, die einzeln mit einer Ersatzmutter in benachbarten Käfigen aufwuchsen und jeden Tag zwanzig Minuten Gelegenheit zu gemeinsamem Kontakt bekamen. Diese Ergebnisse scheinen darauf hinzuweisen, daß Kontakt mit der Mutter allein nicht genügt, für eine normale Entwicklung aber auch nicht notwendig ist. Aus Harlows Ergebnissen könnte man folgern, daß die Spielerfahrung mit Altersgenossen der wichtigste Faktor für eine normale Entwicklung ist. Wahrscheinlich ist dieses Bild aber zu einfach. Erstens muß man sich vergegenwärtigen, daß der Sozialkontakt mit der Mutter und der mit Altersgenossen qualitativ nicht ganz und gar verschieden sind: bis zu einem gewissen Maße ersetzen sie einander. Affenkinder, die ohne Mutter mit Altersgenossen aufwachsen, klammern sich oft aneinander fest; mit anderen Worten, den Kontaktkomfort, den normalerweise die Mutter bietet, können sie auch untereinander finden. Andererseits zeigt das Affenkind, welches keinen Kontakt mit Altersgenossen hat, oft Spielverhalten gegenüber der Mutter. Zweitens ist zu bedenken, daß gerade Faktoren, die die Entwicklung von Verhalten beeinflussen, oft mit anderen Faktoren interagieren. In Harlows Experimenten befanden sich die heranwachsenden Affen in einfachen, wenig strukturierten Käfigen. Die Tiere hatten keine Gelegenheit zum Explorieren und zum Spiel mit Gegenständen. Wie wir sahen, entwickelten Affenkinder sich in einer derartigen Umgebung ganz abnorm, auch wenn sie mit ihrer Mutter zusammen waren. Demgegenüber haben Jensen u. Bobbitt (1968) gezeigt, daß die Abnormitäten viel geringer sind, wenn das Affenkind sich mit seiner Mutter in einer abwechslungsreichen Umgebung befindet, die viel mehr Gelegenheit zum Explorieren und zum Spielen mit Gegenständen bietet. Der Einfluß der Mutter auf die Entwicklung variiert also je nach der Lage der übrigen Bedingungen.

Andere Experimente in natürlichen Verhältnissen (Hinde, Spencer-Booth 1967; s. auch den Beitrag von R. A. Hinde in diesem Band) haben dann auch bewiesen, daß die Mutter während der Entwicklung eine wichtige Rolle spielt, indem sie die Unabhängigkeit des Kindes fördert und das Ausmaß der Interaktion ihres Kindes mit Altersgenossen reguliert. Goy u. Goldfoot (1973) fanden Ähnliches: Affenkinder, die ohne Mutter mit Altersgenossen aufwuchsen, zeigten eine verzögerte Entwicklung, verglichen mit solchen, die überdies noch eine Mutter hatten.

Man darf den Einfluß der Mutter auf die Entwicklung des Kindes also nicht unterschätzen. Bei den Rhesusaffen jedenfalls ist sowohl das Entstehen einer echten Mutterbindung als auch die Gelegenheit zum Spiel mit Altersgenossen und zur Exploration einer reichen Umgebung wichtig; und all diese Faktoren zusammen üben großen Einfluß auf die normale Entwicklung des Verhaltens aus.

Letztlich muß man bedenken, daß viele der genannten Experimente noch immer ziemlich grob sind; der Einfluß von sozialer Erfahrung wurde untersucht durch Einschaltung krasser Unterschiede, wie An- oder Abwesenheit der Mutter oder der Altersgenossen. Verfeinerte Techniken sind erst in allerletzter Zeit angewandt worden. So haben Hinde u. a. den Einfluß kurzfristiger Trennungen von Mutter und Kind untersucht, die über einige Tage oder Wochen dauerten (Hinde 1974). Solche Trennungen, ausgeführt, wenn die Kinder sechs Monate alt waren, hatten Auswirkungen, die noch einige Jahre später nachweisbar waren. Das äußerte sich u. a. in einem niedrigeren sozialen Rang der getrennten Kinder. Demgegenüber entwickelten sich Kinder, die während des ersten halben Lebensjahres alle zwei Wochen eine andere Mutter bekamen, zu hochrangigen Tieren, die allerdings auch starke soziale Störungen aufwiesen. Solche Ergebnisse unterstreichen den nachhaltigen Einfluß von Jugenderfahrungen und zugleich die Komplexität solcher Einflüsse.

SCHLUSS

Untersuchungen über den Einfluß von Umweltfaktoren auf die Entwicklung von Verhalten zeigen, daß diese nicht diffus und willkürlich zu modifizieren ist, wie die früheren Behavioristen glaubten. Im Gegenteil, immer wieder ergibt sich, daß die Entwicklung wie durch vorgeordnete Kanäle verläuft. Die besprochenen Ergebnisse embryologischer Untersuchungen weisen deutlich in diese Richtung: Sowohl auf der motorischen wie auch auf der sensorischen Seite entstehen Muster, die bis jetzt nicht durch Reizung verändert werden konnten. Aber auch in späteren Phasen ist die Entwicklung, obwohl nun stärker durch Umgebungsfaktoren beeinflußbar, kanalisiert und die Beeinflussungsmöglichkeit beschränkt. Das äußert sich auf zweierlei Weise.

Erstens reagiert das in der Entwicklung befindliche Tier oft selektiv auf Umgebungsreize. In den besprochenen Beispielen ergab sich immer wieder, daß Reize, die von Artgenossen ausgehen, oft viel wirksamer sind als andere. Zweitens ist die Reaktionsbereitschaft oft in bestimmten Entwicklungsphasen am größten. Ist diese sensible Phase vorbei, dann verschwindet die Reaktionsbereitschaft, und das Verhalten ist oft nicht mehr abzuändern.

Dieses Ergebnis ähnelt dem Bild, welches man auf Grund von Untersuchungen über die embryologische Organentwicklung gewonnen hat. Immer wieder stößt man, sowohl bei der Erforschung der Organentwicklung als auch hinsichtlich der Verhaltensentwicklung auf eine von »innen« kommende Ordnung, die vorschreibt, wann und auf welche Weise die Umweltfaktoren die Entwicklung beeinflussen können. Die Entwicklung erscheint wie umgeben von Sollwerten, die den Prozeß kanalisieren. Man muß wohl annehmen, daß diese Kanalisierung letzten Endes im Genom vorgeschrieben ist.

Dieses Bild steht nicht im Widerspruch zu dem von Lorenz zur Verhaltensentwicklung entworfenen Konzept: auch er hat immer betont, daß Verhalten nicht willkürlich modifizierbar ist. Doch muß ich hervorheben, daß in anderer Hinsicht tiefgreifende Meinungsunterschiede über die Art der ontogenetischen Fragestellung, die Methodik und die benutzten Begriffe bestehen bleiben. Lorenz ist vor allem interessiert an phylogenetischen Fragen, auch im Bereich ontogenetischer Untersuchungen. Für ihn ist davon die wichtigste, welche schon während der Phylogenese entstandene Ordnung das sich entwickelnde Tier in sich trägt. Logisch ergibt sich hieraus seine Empfehlung festzustellen, welche Fähigkeiten ohne relevante Erfahrung ausgeübt werden. Die einzige Methode, die er dabei vorschlägt, ist das Experiment der Aufzucht unter relevantem Erfahrungsentzug.

Viele Verhaltensforscher verwerfen diese Methode zwar nicht, betrachten sie aber nur als einen ersten Schritt, der nur zu beschränktem Verständnis der Zusammenhänge führen kann. Wie ich gezeigt zu haben hoffe, sind nämlich andere Fragen für das Verständnis ebenso wichtig: Wie entsteht diese Ordnung im sich entwickelnden Tier? Welche unmittelbar wirkenden Ursachen und Prozesse spielen dabei eine Rolle? Dieses Problemgebiet brauchen wir nicht den Entwicklungsphysiologen zu überlassen, sondern es ist eine wichtige Aufgabe der Verhaltensforschung.

ANMERKUNGEN

1

Syrinx: lauterzeugendes Organ der Vögel an der Gabelung der Luftröhre in die Bronchien.

2

Über die sensible Periode vgl. auch Hess 1973, dt. Ausg. 83–89.

LITERATUR

GOTTLIEB, G.: Development of species identification in birds. Chicago: University of Chicago Pr. 1971

GOY, R. W., GOLDFOOT, D. A.: Experiential and hormonal factors influencing development of sexual behaviour in the male rhesus monkey. In: Neurosciences, Third Study Program. Cambridge, Mass.: M. I. T. Press 1973

HAMBURGER, V.: Some aspects of the embryology of behavior. Quart. Rev. Biol., 38, 1963, 342–365

HARLOW, H. F.: Love in infant monkeys. Scient. Amer., 200, No. 6, June, 1959, 68–72

Social deprivation in monkeys. Scient. Amer., 207, No. 5, November, 1962 a, 136–146

The heterosexual affectional system in monkeys. Amer. Psychol., 16, 1962b, 1–9

HESS, E. H.: Imprinting. Early experience and the developmental psychobiology of attachment. New York 1973. Deutsch: Prägung. Die frühkindliche Entwicklung von Verhaltensmustern bei Tier und Mensch. München: Kindler 1975

HINDE, R. A.: Biological bases of human social behaviour. New York: McGraw-Hill 1974

HINDE, R. A., SPENCER-BOOTH, Y.: The behaviour of socially living rhesus monkeys in their first two and a half years. Anim. Behav., 15, 1967, 169–196

IMMELMANN, K.: The influence of early experience upon the development of social behavior in estrildine finches. Proc. XVth Int. Ornithol. Congr. Den Haag 1970, 316–338

JENSEN, G. D., BOBBITT, R. A.: Implications of primate research for understanding infant development. In: J. H. Masserman (Ed.): Animal and Human. London: Grune & Stratton 1968

KRUIJT, J. P. Ontogeny of social behaviour in Burmese red junglefowl. Behaviour Suppl., 12, 1964

Early experience and the development of social behaviour in junglefowl. Folia Psychiat. Neurol. Neurochir. Neerl., 74, 1971, 7–20

KUO, Z. Y.: Ontogeny of embryonic behavior in Aves, IV: The influence of embryonic movements upon the behavior after hatching. J. comp. Psychol., 14, 1932, 109–122

The dynamics of behaviour development. New York: Random House 1967

LORENZ, K.: Evolution and the modification of behavior. Chicago: Univ. of Chicago Press 1965. Deutsch teilweise in: Z. f. Tierpsych., 18, 1961, 139–187

NOTTEBOHM, F.: The role of sensory feedback in the development of avian vocalizations. Proc. 14th Int. Ornith. Congr. Oxford. Oxford: Blackwell 1967, 265–280

OPPENHEIM, R.: Embryology of behavior of birds. A critical review of the role of sensory stimulation in embryonic development. Proc. XVth Int. Ornith. Congr. Den Haag 1970, 265–280

SCHUTZ, F.: Sexuelle Prägung bei Anatiden. Z. Tierpsychol. 22, 1965, 50–103

THORPE, W. H.: Bird-song. Cambridge: University of Cambridge Pr. 1961

VIDAL, J. M.: Influence de la privation sociale et de l'autoperception sur le comportement sexuel du coq domestique. Behaviour, 52, 1975, 57–83

LERNEN

von Christiane Buchholtz

Die Entwicklung eines jeden Lebewesens basiert auf dem Informationsgehalt seines Erbguts. Auf dieser Grundlage vollziehen sich ökologische und soziale Anpassungen im Rahmen der Umwelt. Das genetisch vorgegebene Programm bestimmt im Zusammenhang mit dem Informationsangebot der Umwelt die Kindheits- und Jugendentwicklung und damit das Stadium des Erwachsenen. Dieser Prozeß führt über eine Artspezifität hinaus, nämlich zur Individualspezifität. Das gilt jedenfalls für alle stammesgeschichtlich höher entwickelten Tiere und für den Menschen.

Den erforderlichen Anpassungsleistungen gegenüber einer mannigfaltigen Umwelt liegen unterschiedliche Mechanismen zugrunde. Lorenz (1961) befaßte sich in einer entscheidenden Arbeit mit der phylogenetischen Anpassung und adaptiven Modifikation des Verhaltens. Unter dem Gesichtspunkt individueller Anpassungsmöglichkeiten nennt er sechs kennzeichnende Vorgänge:

1. Reizspezifischer Schwund der Reaktion (Habituation, Gewöhnung);
2. Zunahme der Selektivität phylogenetisch angepaßter reizspezifischer Reaktionen (u. a. Prägung);
3. Eichung von Zielmechanismen, »Einstellung« von Verrechnungsapparaten und »Uhrenstellung« endogener Rhythmen;
4. Lernen von Anwendungsweisen von Instinktbewegungen;
5. Lernen von Wegen;
6. Motorisches Lernen.

Wenn auch diese Gegenüberstellung von Kategorien nach unseren heutigen Kenntnissen nicht befriedigend ausfällt, geht die Berücksichtigung informationsverwertender Prozesse deutlich hervor. Dazu gehören auch Lernvorgänge.

Dennoch hat sich die klassische Ethologie kaum mit den Grundlagen unterschiedlichen erfahrungsbedingten Verhaltens auseinandergesetzt. Infolgedessen lassen lerntheoretische Diskussionen, die ursprünglich vorzugsweise von Denkrichtungen der Mechanisten, besonders der Reflexologen und Behavioristen beeinflußt worden sind, Stellungnahmen von ethologischer Seite vermissen. Jedenfalls erscheinen die Beiträge im Vergleich zu humanpsychologischen Bemühungen äußerst gering. Die Ursache hierfür mag vorwiegend historisch begründet sein. Aufgrund des Gegensatzes zu mechanistischen Vorstellungen, die das Reiz-Reaktions-Prinzip betonten, stellte die klassische Ethologie angeborene Verhaltensphänomene in den Mittelpunkt des Interesses. Allein Lernformen der Prägung wurden ausführlich berücksichtigt. Dieses erscheint verständlich, da sich Prägungsvorgänge in einem genetisch vorprogrammierten Zeitintervall vollziehen.

Nach der Betonung angeborener Komponenten, die von ethologischer Seite im sensorischen und im motorischen Bereich vielfältig untersucht worden sind, erweist es sich in den letzten Jahren in zunehmendem Maße als sinnvoll, erfahrungsbedingtes Verhalten zu berücksichtigen. Die Entwicklung der Ethologie bzw. Verhaltensphysiologie hat, auf der Grundlage eines neuartigen theoretischen Grundkonzepts, zu experimentellen Verfahrensweisen geführt, deren Anwendung in der Lernforschung Erfolge verspricht (u. a. Lorenz 1965; Marler, Hamilton 1966; Tinbergen 1952). Infolgedessen sollte diese Forschungsdisziplin auf mögliche Beiträge zu lerntheoretischen Auseinandersetzungen anderer Fachrichtungen nicht verzichten.

Zweifellos erhöht sich mit zunehmendem Umfang unseres Wissens die Schwierigkeit einer allgemein gültigen Definition des Lernbegriffs. Betrachtet man allein das Verhaltensphänomen, darf man sagen, daß, wenn nach wiederholtem neuartigen Reizangebot eine Verhaltensänderung auftritt, es sich möglicherweise um einen Lernvorgang handeln kann. Für die zugrundeliegende physiologische Ebene muß man zunächst eine Aufnahme von Umweltdaten über Sinnesorgane voraussetzen. Anschließend wird eine kurz- bzw. langfristige Speicherung im Zentralnervensystem erfolgen. Hinzu kommt die Verwendung, das Abrufen gespeicherter Informationsgehalte zu einem bestimmten Zeitpunkt. Diesen erforderlichen Leistungen werden jeweils äußerst komplexe physiologische Prozesse entsprechen.

Die Entwicklung der dem Lernen zugrundeliegenden Systeme basiert auf genetischen Grundlagen. Diese bestimmen die morphologischen und damit die funktionellen Möglichkeiten für eine Informationsverwertung. Durch eine *genetisch bedingte Lerndisposition* sind jeder Art und darüber hinaus jedem Individuum von vornherein eindeutige Lerngrenzen gesetzt (s. den Beitrag »Vererbung und Verhalten« von J. Parzefall in diesem Band). Zweifellos werden zusätzlich die von den Vorfahren übermittelten potentiellen Lernmöglichkeiten im Verlauf der Individualentwicklung eingeschränkt. Dieses geschieht infolge funktioneller Differenzierung durch Einflüsse der Umwelt. Das betrifft vor allem die Kindheit und Jugend (s. den Beitrag von J. P. Kruijt in diesem Band). Es kann nicht genug betont werden, daß die Programmierung des Verhaltens sowohl durch genetische Anlagen als auch durch Umweltfaktoren bestimmt wird.

Auseinandersetzungen über die Bedeutung ererbter und erworbener Informationsgehalte bleiben dann von vornherein ergebnislos, wenn extreme Standpunkte eingenommen werden. Das Verhalten eines Lebewesens ist weder ausschließlich das Ergebnis seiner Erbanlagen noch allein das Produkt seiner Umwelt. Nur Einzelanalysen im Rahmen unterschiedlicher Funktionskreise können zu einer sinnvollen Abschätzung über das Ausmaß der Beteiligung der beiden gegenübergestellten Komponenten führen.

Allerdings kann die Unterscheidung zwischen Ererbtem und Erlerntem im Einzelfall außerordentliche Schwierigkeiten bereiten. In diesem Zusammenhang stehen Auseinandersetzungen über die Verwendung der Begriffe »angeboren« und »erworben«. Lorenz (1965) machte wiederholt deutlich, daß eine solche Gegenüberstellung zumindest arbeitshypothetisch sinnvoll erscheint. Andererseits haben kritische Stellungnahmen auf die Fragwürdigkeit einer entsprechenden Differenzierung hingewiesen (u. a. Lehrmann 1953, Schneirla 1956, Hinde 1966). Zweifellos bereitet die Unterscheidung zwischen Angeborenem und Erworbenem dann unüberwindliche experimentelle Schwierigkeiten, wenn das einem Verhaltensablauf zugrundeliegende System funktionell eine komplexe Integration beider Komponenten beinhaltet. Auch wird in vielen Fällen die genetisch vorgegebene Möglichkeit, etwas Bestimmtes zu lernen, derart eng vorprogrammiert sein, daß experimentelle Versuche zu einer Differenzierung ergebnislos bleiben müssen. In solchen Fällen ist jeder lernanalytische Versuch von vornherein zum Scheitern verurteilt.

In diesem Zusammenhang sind Untersuchungen zur Frage nach einer genetisch fixierten

Lerndisposition von besonderem Interesse. Ein hervorragender Nachweis gelang bei unterschiedlichen Bienenrassen (Lauer, Lindauer 1971, Hoefer, Lindauer 1975). Aufbauend auf den Dressuren an der Honigbiene von K. v. Frisch (s. den Beitrag von M. Lindauer über K. v. Frisch in diesem Band) untersuchten die Autoren die Lernfähigkeiten beim Auffinden des Futterplatzes von *Apis mellifica carnica* und *Apis mellifica ligustica.* Bei der Orientierung verwenden Bienen den Himmelskompaß, die relative Lage des Futterplatzes zu umgebenden optischen Zeichen und direkte Merkmale des Futterplatzes. Beide Rassen lernen vom Futterziel fern liegende Geländemarken gleich gut (Hoefer, Lindauer 1975). Sie lernen auch gleich gut, wenn es in der Nähe des Futterplatzes keine besonderen optischen Zeichen gibt (Lauer, Lindauer 1971). Befindet sich hingegen nahe des Futters eine prägnante Struktur, wie z. B. ein Turm oder ein Baum, lernen Carnica-Bienen schneller und besser als Ligustica-Bienen. Die Lernfähigkeit in einer solchen Situation erweist sich also als unterschiedlich. Das spricht für eine jeweils rassenspezifische genetische Lerndisposition.

Es wäre wünschenswert, wenn die in Jahrzehnten erarbeiteten ethologischen Verfahrensweisen im Rahmen der erörterten Fragestellung in zunehmendem Maße eingesetzt würden, um mehr über das Wechselspiel zwischen Angeborenem und Erworbenem zu erfahren.

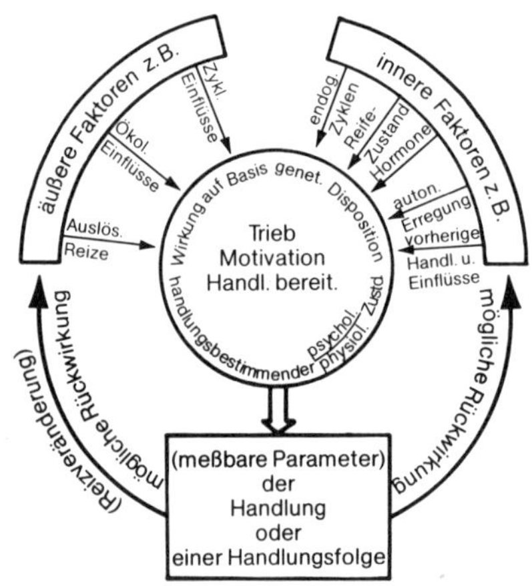

Abb. 1 Schema zur Handlungsbereitschaft. Innere und äußere Faktoren bestimmen den physiologischen Zustand des Organismus, der durch Parameter des Verhaltens gekennzeichnet werden kann (aus: Becker-Carus u. a. 1972).

Stellt man die Frage nach Möglichkeiten der *Unterscheidung von Lernformen,* bereitet eine Klassifizierung bis heute Schwierigkeiten. Ausgehend von einem verhaltensphysiologischen Gesamtkonzept kann man grundsätzlich im sensorischen oder motorischen Bereich durch Lernen Veränderungen des Verhaltens bewirken. Man stellt fest, daß wahrgenommene Reize der Umwelt eine Bedeutung gewinnen und Verhaltensmuster umstrukturiert werden können. Hinzu kommt der Einfluß informationsverwertender Prozesse auf das Handlungsbereitschaftssystem. Nach einer Vielzahl ethologischer Befunde müssen wir annehmen, daß die Handlungsbereitschaft (Trieb, Motivation) einen entscheidenden Motor für die Form und Intensität von Verhaltensweisen darstellt (Abb. 1). Das gesamte Handlungsbereitschaftssystem unterliegt einer ständigen Dynamik, einem ständigen Wechsel von Erregungswerten, die von mannigfaltigen äußeren und inneren Faktoren abhängig sind. Sie bestimmen die jeweilige Bereitschaft, auf spezifische Umweltmerkmale in bestimmter Weise zu reagieren. Außerdem können hohe Erregungswerte Aktionen innerhalb unterschiedlicher Funktionskreise in Gang setzen. Dieser Wirkungsmechanismus wird wahrscheinlich eine größere Bedeutung im Rahmen von Lernvorgängen beinhalten, als man es zur Zeit zu beweisen vermag.

Versucht man verschiedene Lernformen an Hand von Verhaltenskriterien miteinander zu vergleichen, bieten sich zur Zeit voneinander abweichende Begriffssysteme an (u. a. Thorpe 1963, Foppa 1968, Hassenstein 1969, Buchholtz 1973).

Unter Berücksichtigung zugrundeliegender verhaltensphysiologischer Mechanismen werden hier folgende Lernvorgänge gegenübergestellt:

1. Prägung und prägungsähnliche Lernformen;
2. klassische Konditionierung: Ausbildung einer bedingten Reaktion auf der Grundlage eines unbedingten Reflexes, einer Sekretionsleistung oder einer Erbkoordination;
3. operante Konditionierung: Ausbildung einer bedingten Aktion;
4. Gewöhnung;
5. Nachahmung;
6. primär neukombiniertes Verhalten (»Einsicht«).

Jeder Lernprozeß läßt, unabhängig von der Lernform, prinzipiell drei Phasen erkennen; nämlich die O-Phase, Lernphase und Kannphase. Dabei kennzeichnet die O-Phase die Ausgangssituation, die Lernphase den zunehmend informationsverwertenden Anteil und die Kannphase den schließlich erzielten Lernerfolg.

Die von Tieren bekannten Lernprinzipien gelten zweifellos auch für eine Vielzahl von Verhaltensänderungen beim Menschen. Selbstverständlich verfügt der Mensch außerdem über weitaus differenziertere Lernmöglichkeiten (s. auch Band VII dieser Enzyklopädie).

PRÄGUNG

Bei der Prägung und prägungsähnlichen Vorgängen handelt es sich um die von Seiten der Ethologie am besten untersuchte Lernform (s. z.B. Hess 1973). Gegenüber allen anderen zeichnet sich die Prägung durch eine entwicklungsbedingte sensible Phase und eine besonders hohe Stabilität des Gedächtnisses aus. Danach erfährt ein Organismus vor allem während seiner Kindheit und Jugend eine Reihe zeitlich unterschiedlich begrenzter sensibler Phasen (s. den Beitrag von J. P. Kruijt in diesem Band), in denen er Informationen für verschiedene Funktionskreise zu speichern vermag. Diese Zeitintervalle müssen spezifischen physiologischen Zuständen und damit bestimmten Handlungsbereitschaftswerten (Abb. 1) entsprechen.

Auch Leistungen anderer Lernformen werden entscheidend von der zum Zeitpunkt des Lernens vorliegenden Handlungsbereitschaft beeinflußt. Das gilt jedenfalls bis auf wenige Ausnahmen innerhalb klassischer Konditionierungen.

KLASSISCHE KONDITIONIERUNG

Das Erfassen wesentlicher Gesetzmäßigkeiten dieser Lernform verdanken wir Pawlow und seinen Schülern (s. Band IV dieser Enzyklopädie). Eine Vielzahl untersuchter bedingter Reaktionen basiert auf der Grundlage von unbedingten Reflexen bzw. Sekretionsleistungen. Ergänzende Befunde von ethologischer Seite liegen bisher nur vereinzelt vor. Von besonderem Interesse sollten Möglichkeiten der Ausbildung bedingter Reaktionen auf der Grundlage komplexer Verhaltensmuster sein. Zahlreiche Beobachtungen machen deutlich, daß im Tierreich klassische Konditionierungen von Erbkoordinationen (»Erbkoordinationen« im Sinne von Lorenz 1961, 1965) eine wesentliche Rolle einnehmen können.

Messmer u. Messmer (1956) befaßten sich mit der Entwicklung von Verhaltensweisen bei Amseln *(Turdus merula merula)*. Bei einzeln isoliert aufgezogenen Tieren registrierten sie Bettelbewegungen auf akustische und optische Reize, die vor der regelmäßigen Fütterung auftraten. Die Nestlinge sperrten z. B. beim Öffnen einer Kammertür, beim Betreten der Kammer oder bei einem Pinzettengeräusch in der Futterschale. Derartige Reize lösen angeborenermaßen keine Bettelbewegungen aus. Entsprechende Beobachtungen kennen wir aus dem Freiland. So können Jungvögel bereits sperren, sobald sie das Fluggeräusch der Elterntiere wahrnehmen. In solchen Fällen gewinnen primär indifferente Reize als »Vorsignale« für zeitlich folgende lebensnotwendige Ereignisse nach dem Prinzip einer klassischen Konditionierung Bedeutung. Eine derartige Lernfähigkeit erscheint im natürlichen Lebensraum oftmals biologisch sinnvoll, da der Organismus auf eine ganz bestimmte Situation vorbereitet wird. Andererseits müßte man annehmen, daß diese Konditionierungsform auch Gefahren enthält. So kann das Rascheln von Blättern, hervorgerufen durch die Nahrungssuche von Eltern, für Vogelnestlinge die Wirksamkeit eines Vorsignals gewinnen; wird ein entsprechendes Geräusch durch Feinde verursacht, resultiert hieraus ein Nachteil.

Genaue Untersuchungen über den Verlauf der Ausbildung bedingter Erbkoordinationen bzw. komplexer Verhaltensmuster wären wünschenswert, um weitere Kriterien für den Lern- und Kannphasenverlauf dieses Konditionierungstyps zu gewinnen.

Ein Ansatz hierzu stammt von Farris (1967), der das Balzverhalten von Männchen Japanischer Wachteln *(Coturnix coturnix japonica)* konditionierte. Dabei wurden optisch und akustisch einzeln isolierte Männchen folgender Reizkombination ausgesetzt. Sie hörten einen Summton, und kurz danach erschien ein Weibchen. Nach wiederholter Darbietung gewann der Summton in zunehmendem Maße die Bedeutung eines Vorsignals und ersetzte schließlich vollkommen das Erscheinen eines Weibchens. Die Männchen balzten nämlich dann allein nach dem Einsetzen des Summtons. Von besonderem Interesse ist hierbei das Auftreten einzelner Balzelemente während des Lernverlaufs.

Das normale Balzmuster enthält fünf aufeinanderfolgende Verhaltenselemente:

1. erhöhte Spannung des gesamten Körpers,
2. Schritte mit Versteifung der Beine,
3. Heben auf die Zehenspitzen: Zehenspitzengang,
4. Balzrufe,
5. Aufplustern des Gefieders.

Dieser Ablauf entspricht gleichzeitig dem zeitlichen Verlauf des Auftretens in der Jugendentwicklung. Während der Konditionierung auf den Summton zeigte sich, daß die Balzelemente ebenfalls in der Reihenfolge 1.–5. auftraten. Am längsten dauerte die Lernphase in bezug auf die Balzrufe und das Aufplustern.

In anschließenden Gedächtnistests erfolgte das Ausbleiben der Verhaltenskomponenten in umgekehrter Reihenfolge.

Die Befunde von Farris scheinen besonders ermutigend, um bedingte Reaktionsformen komplexer Art mit ethologischen Verfahrensweisen zu untersuchen und um dadurch entsprechende Theorienbildungen zu ergänzen.

OPERANTE KONDITIONIERUNG

Stellt sich der Anteil ethologischer Beiträge über die Lernform des klassischen Konditionierungstyps als äußerst gering dar, gilt dieses in ähnlicher Weise leider auch für die operante Konditionierung. Jedenfalls stammen wesentliche Kenntnisse aus Untersuchungen anderer Arbeitsdisziplinen, wie z. B. der Humanpsychologie, obgleich eine Vielzahl von Befunden auf Tierexperimenten basiert. Methodisch bevorzugt wurden Labyrinthe, Musterwahlanlagen und die Lernapparatur nach Skinner (s. den Beitrag »Skinner und das operante Konditionieren« von A. Werner und W. H. L. Butollo in Band IV dieser Enzyklopädie sowie den Beitrag von K. E. Grossmann in diesem Band).

Es stellt sich die Frage, inwieweit auf der Grundlage des bis heute entwickelten verhaltensphysiologischen Gesamtkonzepts Beiträge zur Erforschung operanter Konditionierungsprozesse geleistet werden können. In diesem Zusammenhang sei auf entsprechende Ansätze theoretischer und praktischer Art der letzten Jahre verwiesen (Lindauer 1970; Lauer, Lindauer 1971; Hassenstein 1969, 1972, 1973; Rensch 1973; Buchholtz 1973).

Systemanalyse

Durch die Wiedergabe einer Systemanalyse soll versucht werden, Befunde nach einem abgewandelten Skinner-Verfahren zu einer ethologischen Modellvorstellung zu integrieren:

Versuchstiere sind handzahme weibliche Mäuse eines Inzuchtstammes. Die Aufzucht erfolgt im Sozialverband, um Verhaltensstörungen durch den Entzug von Partnern auszuschließen. Ein kontrolliertes Nahrungsangebot gewährleistet eine gleich hohe Handlungsbereitschaft zur täglichen Dressurzeit. Die Versuche finden täglich zur gleichen Uhrzeit statt und dauern dreißig Minuten. Die klassische Lernapparatur nach Skinner einschließlich der Protokollierverfahren wird in mehrfacher Weise verändert. Neben elektronischen Registriermöglichkeiten findet eine Protokollierung des Verhaltens über Handschreiber statt. Sie kann mit Hilfe einer Filmkamera, die an einen Monitor angeschlossen ist, erleichtert werden. Hierdurch sind sämtliche Verhaltensweisen in ihrem zeitlichen Verlauf zu erfassen. Die Betätigung eines Hebels wird dadurch erschwert, daß er bis auf einen schmalen Schlitz durch eine Plexiglaseinfassung umbaut ist. Infolgedessen kann das Hinunterdrükken des Hebels nur mit Hilfe bestimmter Koordinationsmuster erfolgen.

Im vorliegenden Beispiel lernt das Versuchstier nach dem Prinzip der operanten Konditionierung folgendes Programm: Drücken eines senkrecht angebrachten Stabes – Aufleuchten einer Lampe über einem Hebel, der rechtsseitig von einem Futterbehälter angebracht ist – Hebeldrücken – Belohnung durch eine kleine Preßfutterkugel. Eine Futterbelohnung erfolgt immer dann, wenn das Versuchstier die entsprechende Reihenfolge der Stab- und Hebelbetätigung durchführt. Sie wird innerhalb des Lernprozesses als primäre, das Aufleuchten der Lampe über dem Hebel als sekundäre Verstärkung der Aktion wirksam. Zweifellos gibt es innerhalb der Lernbox vom ehtologischen Aspekt her gesehen eine Reihe anderer Verstärkermechanismen, die den Konditionierungsverlauf beeinflussen.

Die Verfahrensweise ermöglicht das Erkennen einzelner Verhaltensänderungen im Lernverlauf. Sie können als Lernparameter aufgefaßt werden, wenn sie zur Beschreibung von Lernschritten beitragen. Die Methode führt zu einem Einblick in das lernstrategische Verhalten eines Versuchstieres.

In diesem Zusammenhang erweist es sich als sinnvoll, Individualsysteme zu analysieren und miteinander zu vergleichen. Da sich bei der Verwendung von Inzuchtmäusen bei Wurfgeschwistern eine prinzipielle Übereinstimmung der Lernstrategie ergibt, soll der Ansatz einer Verfahrensweise bei einem Versuchstier gekennzeichnet werden.

Dabei erscheint es zweckmäßig, zunächst von der klassischen Darstellungsform einer Lernkurve auszugehen (Abb. 2a). Sie umfaßt die Häufigkeit des als Lernziel geforderten sukzessiven Verhaltens. Es beginnt mit dem richtigen Stabdrücken, welches das Einschalten der Lampe über dem Hebel zur Folge hat. Dieses ist die Voraussetzung dafür, daß ein vollständiges Hinunterdrücken des Hebels zu einer Futterbelohnung führt. Bereits ab dem zwölften Versuchstag zeichnet sich der Beginn einer Kannphase ab. Danach stellt sich bis zum sechzehnten Tag ein Sättigungsniveau der Lernleistung ein. Zweifellos beschreibt eine solche Darstellungsweise den zu einem jeweils bestimmten Zeitpunkt erbrachten Lernerfolg in bezug auf das angestrebte Lernziel.

Andererseits stellt sich die Frage nach einzelnen Lernschritten, die in der Gesamtkurve nicht zum Ausdruck kommen. In diesem Zusammenhang ist die Zeit vom 1.–7. Tag von besonderem Interesse; denn man muß annehmen, daß in diesem Teil der Lernphase bereits informationsverwertende Prozesse in Gang gesetzt werden. Infolgedessen gilt es Verhaltenskriterien zu finden, mit deren Hilfe man jeweilige Lernschritte umschreiben kann. Hierfür bietet sich die ethologische Methode der Sequenzanalyse an.

Sequenzanalyse

Um ein entsprechendes Verfahren stark vereinfacht wiederzugeben, werden im folgenden sieben Verhaltensparameter verwendet und deren Werte pro tägliche Dressur jeweils zusammengefaßt. Der jeweilige Verlauf eines Parameters ist durch eine Lernphase und Kannphase charakterisiert.

Lernparameter 1: Durchdrücken des Hebels

Die Kannphase beginnt ab dem sechsten Versuchstag. Von diesem Zeitpunkt an wird der Hebel stets bis zum Kontaktschluß durchgedrückt. Nur eine derartige Hebelbetätigung führt im Rahmen der gestellten Gesamtaufgabe zu einer Belohnung.

Lernparameter 2: Hebeldrücken ohne Erfolg

Hierzu gehören alle diejenigen Hebelbetätigungen, die bei nicht eingeschalteter Lampe erfolgen. Die Aktion erreicht vom 7.–9. Tag ein Maximum, welches für diesen Verhaltensparameter als Kannphase bezeichnet wird; die absolute Anzahl beträgt mehr als Hundert (Abb. 2a), obgleich hierbei eine Futterbelohnung nicht erfolgt. Die hohe Häufigkeit der Ausbildung dieses Verhaltens und ihr Abbau sind unbedingt für das Erreichen des Lernziels notwendig. In dem Sinne läßt sich die Kannphase auch als erforderliches »falsches« Lernen auffassen.

Lernparameter 3: Häufigkeit des Stabdrückens bei eingeschalteter Lampe

Der Parameter kennzeichnet ein erfolgreiches Stabdrücken insofern, als der Kontakt durch eine hinreichende Auslenkung des Stabes geschlossen wird. Bei eingeschaltetem Licht reduziert sich die Aktion deutlich ab dem siebten Versuchstag, wodurch in bezug auf dieses Signal die Kannphase beginnt (Abb. 2b). Bei einer Vielzahl von Stabbetätigungen im ersten Abschnitt des Lernverlaufs handelt es sich um Erkundungs- und Spielaktivität. Hierfür sprechen beobachtete Koordinationsmuster.

Lernparameter 4: Zeit zwischen Stab- und Hebelbetätigung

Nachdem dieses Zeitintervall am dritten Versuchstag sein Maximum erreicht, wird es zunehmend verkürzt und führt ab dem siebten Tag zu einem Wert von weniger als zehn Sekunden. Dadurch ist die entsprechende Kannphase hinsichtlich der Beziehung der Elemente Stab und Hebel gekennzeichnet (Abb. 2c).

Lernparameter 5: Ausbildung eines dominanten Koordinationsmusters bei der Betätigung des Hebels

Die Form der Ausbildung eines effektiven Koordinationsmusters bei der Hebelbetätigung hängt von der zugeordneten Position des Futterbehälters ab. Im vorliegenden Fall liegt dieser links vom Hebel. Das Versuchstier bevorzugt ab dem elften Tag ein Koordinationsmuster, indem es den Hebel mit der rechten Vorderpfote zu mehr als sechzig Prozent gegenüber sämtlichen anderen Koordinationsmustern verwendet (Abb. 2d). Diese »Übung« entspricht den Grundprinzipien einer operanten Konditionierung (Buchholtz 1973). Eine erhöhte Effektivität beim Einsatz der rechten Vorderextremität ist insofern verständlich, als die Maus dadurch möglichst schnell den Futterbehälter erreicht.

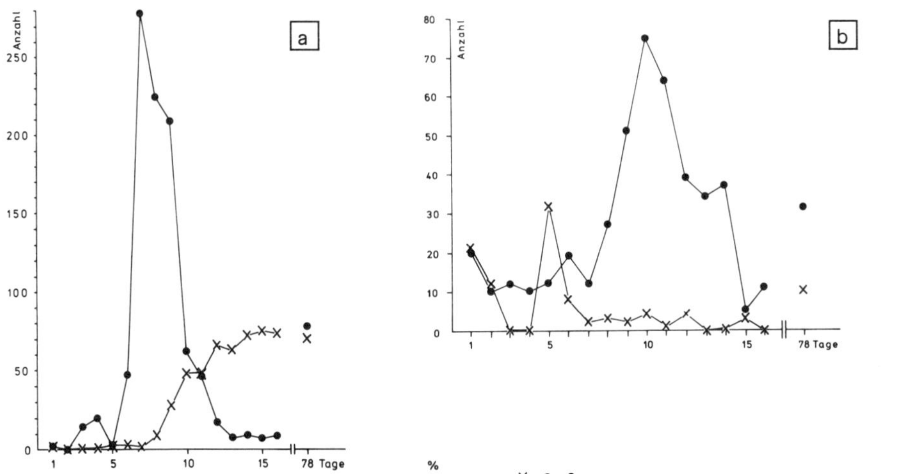

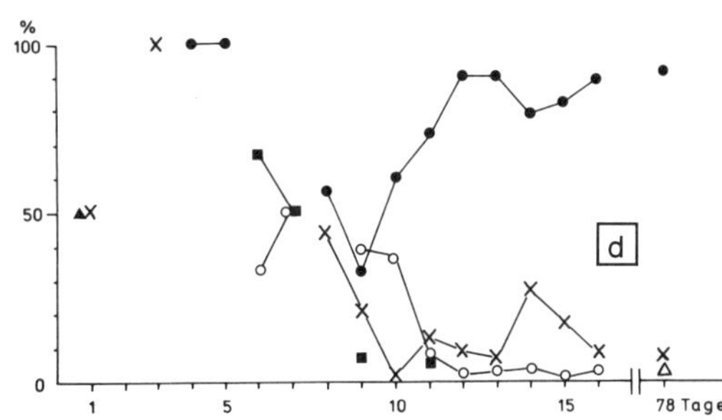

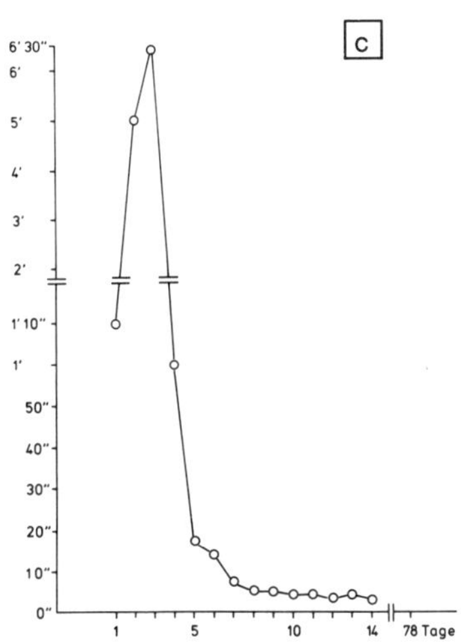

Abb. 2 Verlauf von Verhaltensparametern bei einer operanten Konditionierung in einer Skinnerbox. 78. Tag = Gedächtnistests.

a. × = klassische Häufigkeitskurve. ● = Hebeldrücken ohne Erfolg,

b. × = Häufigkeit des Stabdrückens bei eingeschalteter Lampe. ● = erfolgloses Stabdrücken.

c. Zeit zwischen Stab- und Hebelbetätigung.

d. Ausbildung eines dominanten Koordinationsmusters bei der Betätigung des Hebels. Ordinate: prozentuale Häufigkeit des Verhaltens. ● = rechte Vorderextremität. ▲ = linke Vorderextremität und linke Hinterextremität. × = beide Vorderextremitäten. ■ = beide Vorderextremitäten und Schnauze. ○ = rechte Vorderextremität und Schnauze. △ = linke Vorderextremität.

Lernparameter 6: Erfolgloses Stabdrücken

Die bei der Betätigung des Stabes eingesetzten Koordinationsmuster basieren ebenfalls auf einem Übungsvorgang. Ab dem zwölften Versuchstag reduzieren sich erfolglose Aktionen auf weniger als vierzig (Abb. 2 b). Dadurch zeichnet sich der Beginn einer Kannphase ab.

Lernparameter 7: Richtige Folge der gestellten Gesamtaufgabe

Die richtige Folge des Verhaltens entsprechend dem gesamten Lernprogramm erzielt das Versuchstier in Form einer Kannphase ab dem zwölften Tag (Abb. 2a).
Schließlich stellt sich die Frage nach der Stabilität der jeweils gespeicherten Informationen. Ein Gedächtnistest am 78. Tag, d. h. 62 Tage nach Dressurende, weist in allen Fällen auf einen rückläufigen Verlauf hin (Abb. 2a bis d).

Funktionsmodell

Aufgrund des erörterten Verfahrens kann man versuchen, die Befunde in einem arbeitshypothetischen Funktionsmodell zusammenzufassen. Die Abb. 3 enthält im Vergleich zu der Abb. 2 a–d die entsprechend gewonnenen Werte für ein Wurfgeschwister. Man erkennt eine weitgehende Übereinstimmung. Für die Reihenfolge einzelner Lernschritte, die an Hand der Verhaltensänderungen sichtbar wird, sind entsprechende informationsverwertende Instanzen im Zentralnervensystem zu fordern.

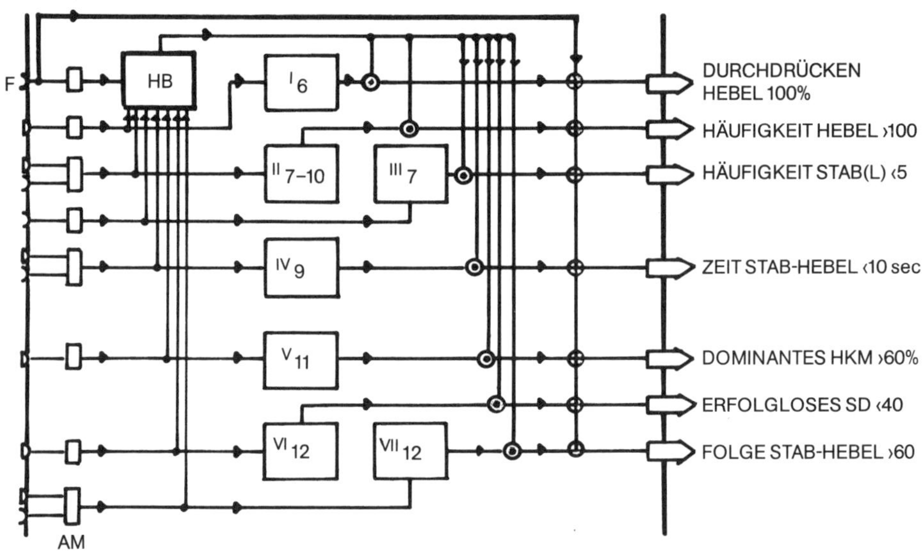

Abb. 3 Arbeitshypothetisches Funktionsmodell. Die beiden dicken senkrechten Striche geben die Begrenzung des Organismus an. Auf der linken Seite erfolgt die Aufnahme von Information durch unterschiedliche Rezeptoren (⊃ D) F = Futter. Auf der rechten Seite stehen einzelne Verhaltensparameter, die sich beim Lernen verändern. AM = Auslösemechanismus; HB = Handlungsbereitschaftssystem; I-VII = Lernspeicher; die arabischen Zahlen bezeichnen im Speicher II die Dauer, in den anderen Speichern den Beginn der Kannphase. ⊙ = Koinzidenzelement. ⊕ = einfaches Verknüpfungselement. Weitere Erklärungen im Text.

Die Funktionen der informationsverwertenden Instanzen müssen in einer bestimmten zeitlichen Beziehung zueinander stehen. Auf der Grundlage des von der Verhaltensphysiologie erarbeiteten Gesamtkonzepts wird vorausgesetzt, daß das afferente datenverarbeitende System (Rezeptoren und Auslösemechanismen) zu bestimmten Zeiten des Lernvorgangs eine jeweils unterschiedliche Selektivität gegenüber dem gesamten Reizangebot beinhaltet. Die hieraus resultierende Filterwirkung gegenüber der Umwelt steht in Beziehung zur Reihenfolge der einzelnen Lernschritte. Die Reihenfolge ergibt die Form der sukzessiven Informationsverwertung und kennzeichnet damit die Lernstrategie. Außerdem muß man aufgrund zahlreicher ethologischer Befunde einen Einfluß der Datenverarbeitung auf das Handlungsbereitschaftssystem fordern (u. a. Grüsser, Grüsser 1969). Zusätzlich wird die Wahrscheinlichkeit, mit der die jeweiligen aufeinanderfolgenden Lernleistungen auftreten, von unterschiedlichen Zuständen des Handlungsbereitschaftssystems abhängig sein. Auf die Vielzahl beeinflussender Faktoren wurde bereits verwiesen (Abb. 1). Werte aus dem Handlungsbereitschaftssystem könnten mit solchen aus den Speicherinstanzen I-VII (Abb. 3) auf der efferenten Seite verrechnet werden (Koinzidenzelemente). Nach dieser Verrechnung könnte man zusätzlich eine Verknüpfung des Einflusses der Futterbelohnung annehmen.

Das wiedergegebene Modell enthält lediglich eine arbeitshypothetische Vorstellung. Durch zunehmend detailliertere Analysen des Lernverhaltens sollte es der ethologischen Forschung möglich sein, einen Beitrag zur Frage nach den Mechanismen operanter Konditionierungen zu leisten.

GEWÖHNUNG

Ein andersartiges Lernprinzip kommt bei Gewöhnungsvorgängen zum Ausdruck. Bedauerlicherweise sind die Begriffe Gewöhnung und Habituation im deutschen und englischen Sprachgebrauch inhaltlich in einer verwirrenden Vielfalt verwendet worden. Grundsätzlich ist ein Gewöhnungsprozeß dann in Betracht zu ziehen, wenn eine wiederholte gleiche Reizsituation zu einem Abbau eines bestimmten Verhaltens führt (Lorenz 1961, Thorpe 1963). Eine präzise Definition dieser Lernform bereitet bis heute Schwierigkeiten, insofern nämlich, als auch bei Ermüdungs- bzw. Adaptationsvorgängen der Abbau eines Verhaltens zu beobachten ist. Gegenüber solchen Phänomenen läßt sich die Gewöhnung zunächst nur durch eine relative Langfristigkeit charakterisieren. Dieses Kriterium allein ist allerdings für eine Definition unbefriedigend.

Einige Autoren machten auf eine hohe Reizspezifität bei Gewöhnungsprozessen aufmerksam (u. a. Thompson, Spencer 1966; Russell 1967; Glaser 1968; Peeke 1969; Peeke, Peeke 1970). Die entsprechenden Befunde machen deutlich, daß sehr spezifische Reize gelernt werden, d. h. Reizveränderungen verursachen eine Wiederkehr vorangegangener Reaktionsausmaße. Dieses Phänomen ist bei der Gewöhnung auch als »Weckfunktion« interpretiert worden (u. a. Glaser 1968). Gewöhnt sich der Mensch an Kältereize durch Eintauchen einer Hand in kaltes Wasser von vier Grad Celsius, machen sich Abweichungen von ± einem Grad Celsius bereits durch einen erhöhten Reaktionsanstieg bemerkbar (Karl Ludwig Damm, persönl. Mitteilung 1975). Hierbei handelt es sich um eine Veränderung des spezifischen Testreizes. Entsprechendes gilt für neu hinzutretende Reize in der Versuchsumgebung. Glaser (1968) gewöhnte einen Studenten an das Eintauchen einer Hand in kaltes und heißes Wasser. Anschließend erfolgte eine Demonstration der Versuchsperson im Rahmen einer wissenschaftlichen Tagung. Infolge der neuen Umgebung zeigte sich eine Wiederkehr des ursprünglichen Reaktionsausmaßes. Aus diesem Befund und anderen geht hervor, daß Untersuchungen zu dieser Lernform unter sehr genau kontrollierten Bedingungen stattfinden müssen.

In manchen Fällen verursacht die Darbietung einer hohen Reizintensität eine Verlängerung der Lernphase. Peeke u. Peeke (1970) machten deutlich, daß Droh- und Beißverhalten bei Kampffischen *(Betta splendens)* bei kurzer Reizdarbietung schneller abgebaut werden als bei längerer.

Außerdem kann bei Gewöhnungsprozessen zu Beginn der Lernphase vielfach eine vorübergehende Reaktionszunahme beobachtet werden, die als »Warming-up-Periode« bezeichnet wird (u. a. Clayton, Hinde 1968; Bürger 1972).

Bürger (1972) untersuchte bei Zwergbuntbarschen (*Nannacara anomala*) eine allen Aquarianern bekannte Erscheinung. Dabei handelt es sich um eine Gewöhnung an fluchtauslösende Reize. Schreckreize werden mit Flucht- oder Tarnverhalten beantwortet; Tarnen ist als Fluchtunterdrückung zu deuten. Hohe Handlungsbereitschaft gegenüber einem Schreckreiz kann den Schwellenwert derart senken, daß die Fische reaktionslos bleiben.

Das Aquarium einzeln isoliert gehaltener Zwergbuntbarsche wurde täglich dreimal durch den Beschuß eines mittels Spielzeugpistole abgeschossenen Gummipfeils erschüttert. Dieser Schreckreiz führte im Verlauf von siebzehn Versuchstagen zu einem totalen Abbau des Fluchtverhaltens. Das Verhalten bestand aus unterschiedlichen Phasen, einem Wechsel von Flüchten und Tarnen. Während der Gewöhnung reduzierten sich die Reaktionsdauer, die Phasenzahl und die Phasenzeit. Dabei umfaßt jede Phase die Dauer zwischen zwei Tarnungseinsätzen. An Hand dieser Parameter lassen sich vier Lernabschnitte voneinander unterscheiden, die eine jeweils unterschiedliche Verminderung der Reaktion deutlich machen. Der Befund bietet für den vorliegenden Fall ein weiteres Kriterium bei einem Gewöhnungsprozeß.

Groß (1974) führte Lernversuche mit Libellenlarven *(Aeschna cyanea)* im Funktionskreis des Nahrungserwerbs durch. Die Tiere wurden ebenfalls einzeln isoliert gehalten. Vor Lernbeginn erfolgte eine kontrollierte Einstellung des Handlungsbereitschaftsniveaus zum Nahrungserwerb. Dieses konnte entweder durch unterschiedliche Sättigung der Larven oder aber durch häufiges bzw. seltenes Auslösen von Fangschlägen verändert werden. Einen entsprechenden Einfluß während der Vorbereitungszeit erreicht man durch das Anbieten unterschiedlicher Futtermengen und unterschiedlich großer Futterportionen.

Ab Dressurbeginn erhielten die Larven kein Futter mehr. Es wurde ihnen jetzt täglich eine Beuteattrappe in Form einer Kugel angeboten. Die mögliche Anzahl der hierdurch auslösbaren Fangschläge verringert sich kontinuierlich. Nach zirka fünfzehn Tagen wird ein Nullwert erreicht, d. h. die Tiere lernen, auf eine für sie bedeutungslose Reizsituation nicht mehr zu reagieren.

Wir wissen, aufgrund einer Vielzahl von Attrappenversuchen, daß bei der Auslösung des Beutefangschlags der Aeschna-Larve unterschiedliche Reizparameter wirksam sind. Dazu gehören z. B. die Form, die Größe, der Helligkeitskontrast gegenüber dem Hintergrund und die Bewegungsweise eines Objekts. Groß stellte fest, daß nach dem Erreichen der Kannphase einer Gewöhnung durch Veränderung eines einzelnen Parameters wiederum eine relative Zunahme der Fangschlagzahl zu beobachten ist. Die Zunahme richtet sich nach der jeweils unterschiedlichen Parameteränderung. Die Befunde sprechen dafür, daß bei diesem informationsverwertenden Prozeß die Reizsituation nicht als Ganzes gelernt wird. Verschiedene Reizparameter werden getrennt voneinander erlernt. Infolgedessen kann man entsprechende unterschiedliche Speicherinstanzen fordern. Es stellt sich für zukünftige Untersuchungen die Frage, in welcher funktionellen Beziehung diese untereinander stehen.

Ebenfalls als Lernform der Gewöhnung müssen Versuchsergebnisse von Zucchi (1975) aufgefaßt werden. Dabei geht es um Reaktionsverminderungen gegenüber arteigenen Alarmrufen bei Buchfinken *(Fringilla coelebs)*. Den optisch und akustisch weitgehend isoliert gehaltenen Einzeltieren wurden zweimal täglich konstante Alarmrufmuster (zehn je dreisilbige Alarmrufe) vorgespielt. Das hiernach beobachtete Verhalten variierte. Durchschnittlich zwölf Darbietungen führten zu einem Reaktionsabbau. Die Reduktion hält über längere Zeit an. Veränderungen einzelner Parameter der Klangattrappe führten nach Erreichen der Kannphase in den meisten Fällen zu einer erneuten Beantwortung. In keinem Fall allerdings wird das ursprüngliche Intensitätsniveau erreicht. Danach entsprechen diese Ergebnisse prinzipiell denjenigen von Groß bei Aeschna-Larven.

NACHAHMUNG

Eine von ethologischer Seite zunehmend beachtete Lernform ist die Nachahmung. Wir wissen, daß Nachahmungsvorgänge beim Menschen weit verbreitet sind (s. den Beitrag von T. L. Rosenthal in Band IV dieser Enzyklopädie). Danach müßte man annehmen, daß solchen Leistungen zumindest bei höher entwickelten soziallebenden Säugetieren ebenfalls eine Bedeutung zukommt.

Grundsätzlich wird bei dieser Lernform ein meist optisch oder akustisch wahrgenommenes Verhaltensmuster eines anderen Individuums zu kopieren versucht. Nachahmung sollte allerdings nicht mit dem Phänomen der Stimmungsübertragung verwechselt werden. Bei der Stimmungsübertragung werden bereits gekonnte Verhaltensweisen, die bei Sozialpartnern wahrgenommen werden, in Gang gesetzt. Nimmt ein Sperling ein Sandbad, beobachtet man oftmals eine rasche Ansammlung weiterer Artgenossen, die dann das Gleiche tun. Oder Putzkoordinationen eines Flamingos in einer Kolonie führen häufig zum Gefiederputzen sämtlicher Mitglieder.

Bei der Lernform der Nachahmung muß das Vorbild nicht immer ein Artgenosse sein. Bei Singvögeln, den sogenannten »Spöttern«, werden auch Gesangmuster Artfremder imitiert (u. a. Tretzel 1965). Ähnliches gilt für manche Haustiere. Irene Würdinger (persönl. Mitteilung 1973) beobachtete eine handaufgezogene Schwanengans *(Anser cygnoides)*, die beim Abpflücken verwelkter Rosenblätter zugesehen hatte. Danach stand die Gans auf den äußersten Zehengliedern am Rosenstock, schlängelte den Hals vorsichtig durch die Dornen hindurch und zupfte von Rosenknospen die Blütenblätter ab. Besonders zahlreiche zwischenartliche Nachahmungsvorgänge sind von Affen bekannt. Rensch (1973) berichtet von einer Schimpansin, die eines Tages in der Futterküche ein Verhalten ihrer Pflegerin imitierte. Sie ergriff den leeren Scheuereimer, trug ihn auf den Spülstein, stellte ihn unter den Wasserhahn, legte einen Scheuerlappen hinein und drehte dann den Wasserhahn auf.

Von ganz besonderem Interesse sind allerdings innerartliche Nachahmungen, die im Rahmen einer Sozietät zur Ausbildung von Traditionen führen können. Leider wissen wir hierüber bis heute wenig. Detaillierte Analysen bei Säugetieren könnten gerade im Zusammenhang mit der Mannigfaltigkeit tradierten Verhaltens beim Menschen von besonderer Bedeutung sein.

O. A. Rasa (persönl. Mitteilung 1975) verglich einzeln und paarweise isoliert aufgezogene Zwergmungos *(Helogale undulata rufula)* mit solchen, die in einer Kolonie aufgewachsen waren. Die Befunde weisen auf eine Reihe von Nachahmungsvorgängen hin, die für die funktionelle Aufrechterhaltung einer Sozietät unbedingt erforderlich sind. Es gibt lebenswichtige Verhaltensweisen, für die wohl eine angeborene Grundlage vorhanden ist, zu deren kompletter Ausbildung allerdings nach dem Vorbild von Partnern gelernt werden muß. Hierzu gehören Verhaltensweisen unterschiedlicher Funktionskreise, wie das Wachehalten, Aufreiten (Paarungsversuch) und Eizerschmettern (Eiöffnen, um den Inhalt zu fressen). Z. B. das Wachehalten wird in der Regel von Mitgliedern der nächstjüngeren Generation gelernt. Diese Generation ist innerhalb der hierarchischen Gesamtstruktur die nächstuntergeordnete (Rasa 1972). Sicherlich handelt es sich hierbei um einen besonderen Prozeß tradierten Verhaltens.

Aus dem Freiland stammen einschlägige Arbeiten zur Ausbildung und Verbreitung von Traditionen von japanischen Forschern (Itani 1958, Miyadi 1959, Kawamura 1964, Kawai 1965). Dabei geht es um Untersuchungen an Rotgesichtsmakaken *(Macaca fuscata)*, die seit 1950 durchgeführt werden. Sie betreffen vorzugweise den Nahrungserwerb. Verschiedene Sozietäten haben sich auf unterschiedliches Futter spezialisiert. Bereits einjährige Makaken verfügen oftmals schon über das in ihrem Verband tradierte Verhalten bei der Nahrungsaufnahme. In einem Experiment wurden einem Affentrupp auf der japanischen Insel Koshima als Nahrung Kartoffeln angeboten, die sie vorher nicht kannten. Durch reichliches Angebot gelang es, Wanderungen zu reduzieren und dadurch die Beobachtungsmöglichkeiten zu verbessern. Erstmals 1953 wusch ein eineinhalbjähriges Makakenmädchen eine schmutzige Kartoffel in einem Bach und verzehrte sie. Dieses Ereignis führte zur Ausbildung einer *Tradition.* Spielgefährten, die Mutter des betreffenden Mädchens und anschließend andere Mütter ahmten das Kartoffelwaschen nach. Eine weitere Verbreitung erfolgte wiederum durch die Babies dieser Mütter. Schlecht lernten demgegenüber adulte Männchen, deren Kontakt zu Jungtieren und Müttern, infolge ihrer Wächterfunktion an der Peripherie des Trupps, gering ist. Zehn Jahre später wuschen bis auf die ranghohen Männchen sämtliche Verbandsangehörige die Kartoffeln. Jetzt wurden diese allerdings nicht mehr ins Bachwasser, sondern ins Meer getaucht. Es mag sein, daß der salzige Geschmack dieses Verhalten förderte. Auf der Grundlage des entwickelten Lernprozesses im Rahmen jener Sozietät schwimmen und tauchen diese Makaken heute. Diese und andere langfristige Untersuchungen der japanischen Arbeitsgruppe sind für das Verständnis der Ausbildung tradierten menschlichen Verhaltens von besonderem Interesse. In diesem Sinne wären humanethologische Bemühungen in Zusammenarbeit mit der Kulturanthropologie außerordentlich wünschenswert.

Einen beispielhaften Ansatz hierzu zeigte Koenig (1970, s. auch seinen Beitrag in diesem Band). Auf der Grundlage eines umfangreichen historischen Dokumentationsmaterials befaßte er sich mit der Ausbildung und Veränderung von Trachten und Uniformen. Lokale Umstrukturierungen traditionell trachtenfester Gebiete können durch Kriege, Fremdenverkehr oder Industrialisierungseinflüsse in Gang gesetzt werden. Sie unterliegen, in Abhängigkeit von der Sozialstruktur, jeweils regelhaften Schritten. Werden fremde Vorbilder anerkannt, gibt oftmals erst die männliche Jugend ihre Tracht auf. Anschließend verändern Erwachsene ihre Kleidung, alte Männer jedoch nur teilweise, und am längsten erhält sich die Frauentracht. Entsprechendes gilt z. B. für Bereiche des Balkans und teilweise für Österreich. In Dubrovnik (Jugoslawien) kleiden sich die Männer türkisch, die Frauen mittelalterlich italienisch. D. h., die Männer ahmten die Kleidung der überlegenen Widersacher nach, während sich die Frauen als resistent erwiesen. Ebenfalls mittelalterlichen Ursprungs ist das Dirndl in Österreich. Der Steireranzug läßt sich demgegenüber auf das 18. und 19. Jahrhundert zurückführen. Er kann Merkmale ungarischer Husaren oder russischer Kosaken tragen. Genauere Analysen in bezug auf die Anerkennung bzw. Ablehnung fremder Einflüsse weisen auf die große Bedeutung der jeweils spezifischen Handlungsbereitschaft für Nachahmungsprozesse und damit für die Entwicklung von Traditionen hin.

Als Form der Nachahmung können außerdem sogenannte »kinästhetische« Lernvorgänge aufgefaßt werden. Dies spielt teilweise eine Rolle bei Dressuren im Zoo und im Zirkus (Hediger 1961). Dabei versucht man, Tieren das Lernen besonderer Bewegungsmuster beizubringen. Soll ein Elefant z. B. einen Handstand oder Kopfstand vorführen, setzt die Dressur voraus, daß das Tier in kleinen Einzelschritten langsam eine Veränderung von Koordinationsmustern erlernt.

Hierbei werden durch menschliches Handanlegen bzw. auch mit Hilfe von Hebekränen jeweilige Positionen zunächst erzwungen und danach belohnt. Für die Aufnahme der Information sind bei diesem Lerntyp vorzugsweise Rezeptoren in der Muskulatur verantwortlich zu machen. Derartige Dressuren dauern lange und setzen viel Geduld beim Dompteur voraus.

Entsprechende Lernprozesse kennen wir vom Menschen aus der Turnstunde oder dem Ballettunterricht. So werden beim Erlernen von Tänzen komplizierte fremde Bewegungsmuster oftmals zunächst passiv erfahren. Der Lehrer führt den Schüler durch manuelle Führung in die angestrebten Stellungen.

PRIMÄR NEUKOMBINIERTES VERHALTEN

Schließlich gibt es bei Tieren *höchste Lernleistungen,* deren Analyse besondere Schwierigkeiten bereitet. W. Köhler machte nach Untersuchungen von Schimpansen auf Teneriffa erstmals 1917 auf »einsichtiges Handeln« aufmerksam (1921). Da der Begriff »Einsicht« von humanpsychologischer Seite her vorbelastet ist und weitergehende Denkleistungen einschließt, wurde er in neuerer Literatur durch andere Formulierungen ersetzt. Hassenstein (1973) spricht vom »zielbedingt neukombinierten Verhalten«, Buchholtz (1973) vom »primär neukombinierten Verhalten« und Rensch (1973) kennzeichnet diese Lernform als das »Erfassen kausaler und logischer Zusammenhänge«. Grundsätzlich gemeint ist folgender Prozeß: Wird ein Tier vor eine bisher noch nicht erlebte Situation gestellt, kann es möglicherweise angeborene Fähigkeiten und gespeicherte Erfahrungswerte in einen neuen Zusammenhang stellen. Die Ausbildung einer Neukombination des Verhaltens vollzieht sich gegenüber allen anderen beschriebenen Lernformen rein endogen, d. h. die Lernphase ist durch eine weitgehende Inaktivität gekennzeichnet. Als Verhaltensphänomen sichtbar wird lediglich eine bestimmte Mimik, in der Regel mit Blickwendungen verbunden. Offenbar muß diese Phase eine intensive Beschäftigung mit der Lösung einer Aufgabe und damit eine Planung zukünftiger Handlungen beinhalten. Hierfür spricht, daß die darauf folgenden Aktionen sofort, also primär erfolgreich ausfallen. Jedenfalls dann, wenn die vorweggenommene Planung in bezug auf die Problemstellung richtig war. Für den Menschen sichtbar wird allein die Lösung der Aufgabe, die wir als Kannphase bezeichnen.

Um in Einzelfällen eine solche komplexe Lernform beurteilen zu können, muß die Vorgeschichte eines Tieres bekannt sein. Infolgedessen sind zahlreiche in der Literatur als primäre Aufgabenlösung interpretierte Befunde sehr kritisch zu betrachten. Hierzu gehören vor allem Freilandbeobachtungen, die die Kenntnis über Vorerfahrungen der betreffenden Tiere von vornherein ausschließen.

Eindrucksvolle Untersuchungen über primär neukombinierte Verhaltensabläufe wurden unter experimentellen Bedingungen durchgeführt. Dabei handelt es sich um besonders komplexe Aufgabenstellungen, deren Lösung mit Hilfe von Zwischenzielen erreicht wird.

Döhl (1968, 1969, 1970) arbeitete in Münster mit der Schimpansin »Julia«, die zunächst lernte, kleine Holzkästen mit aufklappbaren Plastikdeckeln zu öffnen. Dazu mußte sie jeden Kasten in anderer Weise entriegeln. Als Instrumente dienten z. B. ein mit einem Holzgriff versehener Schlüssel, der zu einem Vorhängeschloß paßte, eine Drahtschere, ein Meißel, ein T-Eisen als Schraubenzieher usw. Manchmal auch waren allein bestimmte Manipulationen notwendig (Abb. 4).

Nach diesem ersten Lernschritt ging es darum, mehrere Kästen hintereinander zu öffnen. In jedem Kasten lag jeweils das Werkzeug zu einem anderen; der letzte enthielt eine Futterbelohnung. Die Versuchsreihe wurde nach und nach durch weitere Kästen ergänzt, schließlich bis zu einer Folge von vierzehn Kästen. Auch bei wechselnder Reihenfolge hatte Julia kaum Schwierigkeiten bei der Lösung der Aufgabe.

Daher stellte sich in einem nächsten Lernschritt die Frage, in wieweit es der Schimpansin gelingt, selbständige Planungen beim Öffnen der Kästen zu vollziehen. Auf einem erhöhten Sitzbrett befand sich ein Wahlkasten, der in zwei Fächer geteilt war, in die man von oben her einsehen konnte. Jedes Fach enthielt ein Werkzeug zum Öffnen eines der bekannten Kästen, die auf dem Käfigboden standen. In einem dieser Kästen lag wiederum Futter. Julia mußte das richtige Fach der Wahlkiste aufmachen, um dadurch das richtige Werkzeug zu erlangen. Denn dieses mußte zum ersten Kasten passen, der der Reihenfolge einer erfolgreichen sukzessiven Öffnung von Kästen entsprach. Auf dem Käfigboden standen nämlich zehn Kästen zur Verfügung, wobei das Nacheinanderöffnen von fünf Kästen zur Belohnung führte. Die anderen fünf bildeten auch eine Öffnungsfolge, jedoch war im letzten Kasten kein Futter. Die Art der Anordnung wechselte in jedem Versuch. Die Lösung der Aufgabe erforderte also unbedingt eine Vorplanung der Handlung. Die Zeit hierfür dauerte bei Julia gegen Abschluß der Versuche dreißig Sekunden. Dabei saß sie aufmerksam auf dem erhöhten Sitzbrett vor dem Wahlkasten und schaute abwechselnd auf die am Boden stehenden Kästen und in die Wahlfächer. Es gelang ihr, in sechzig Einzelversuchen 54mal eine richtige Neukombination zu treffen. Zweifellos handelt es sich hierbei um ein primär neukombiniertes Verhalten.

Abb. 4 Die Schimpansin »Julia« öffnet Kästen mit Hilfe bestimmter Werkzeuge (aus: Döhl 1970).

In anderen Untersuchungen wurde ein variables Labyrinth verwendet. Es bestand aus einer weißen Schaumstoffplatte, auf der rechteckige graue Klötze in einfachen oder komplexen Mustern angeordnet werden konnten. Zwischen den Klötzen blieben fünf Millimeter hohe Gänge frei. Darüber lag eine Plexiglasscheibe. Mit Hilfe eines Magneten über der Scheibe ließ sich in den Labyrinthgängen ein Eisenring bewegen. Versuchstier war wieder die Schimpansin Julia. Sie hatte vor dem eigentlichen Versuchsbeginn gelernt, beim Versuchsleiter den Eisenring gegen Futter einzutauschen. Danach galt es, den Eisenring von einem Startpunkt aus richtig durch das jeweils aufgebaute Gangsystem zu befördern. Am Ende konnte er herausgeholt und gegen Futter eingetauscht werden. Vor Beginn der Aktion, also in der Phase der Vorplanung, sah sich Julia das Labyrinth genau an. Ihre Blickwendungen waren besonders häufig auf schwierige Stellen gerichtet, an denen mehrfach gewinkelte oder gegabelte Sackgassen an der richtigen Bahn ansetzten. Manchmal betrachtete die Schimpansin das System vom Start, manchmal vom Ziel her. Bei komplexen Aufgaben betrug die Zeit des Planens 75 Sekunden, die Handhabung selbst bis zu 61 Sekunden. Sechs Studenten, die dieselben Versuche durchführen mußten, brauchten im Durchschnitt weniger als die Hälfte der Vorplanungszeit von Julia.

Bei manchen Formen primär neukombinierten Verhaltens werden Sozialpartner zur Unterstützung einer Handlung herangezogen. Crawford (1937) beobachtete, daß ein Schimpanse sich vergeblich bemühte, eine Futterkiste an das Käfiggitter heranzuziehen. Die Kiste war mit zwei Stricken versehen, die der Affe erreichen konnte. Danach forderte er einen Partner auf, ihm zu helfen. Sie zogen jeder an einem Strick und erreichten so das Futter.

Lernleistungen besonderer Art kommen im Tierreich außerdem beim *Generalisieren* zum Ausdruck (Rensch 1973). In diesem Zusammenhang werden auch die Begriffe »Abstrahieren« und »Klassifizieren« verwendet. Im Rahmen der natürlichen Umwelt nimmt ein Tier Reize, die es erlernt hat, nicht wiederholt in derselben Anordnung wahr. Optische Merkmale einer bestimmten Beute z. B. variieren in der Größe, der Helligkeit, der Form und der Lage. Allein in Abhängigkeit von der Entfernung und Blickrichtung wird eine Beute unterschiedlich aussehen. Um also erlernte Reize bei einem Objekt wiederzuerkennen, muß ein Tier befähigt sein, sich ganz bestimmte Reizgrößen zu merken, die möglichst situationsmäßig unabhängig sind. Zu dieser Frage nach einer solchen Invariantenbildung gibt es innerhalb der Lernforschung eine Vielzahl von Untersuchungen (vgl. Band IV dieser Enzyklopädie).

Eine ganz spezielle Form von Transfer beim Lernen beschrieb bereits O. Koehler (1941, 1943, 1949, 1952, 1955a, 1955b) nach ethologischen Untersuchungen an Vögeln. Dabei geht es um das *Erfassen von Anzahlen* und die Möglichkeiten der Verwendung des Transfers.

Tauben lernen zunächst auf der Grundlage einer operanten Konditionierung verschiedene Anzahlen von Körnern zu unterscheiden. Bietet man ihnen gleichzeitig auf einem Futterbrett eine Gruppe aus zwei und eine aus drei Körnern an, kann man sie auf die Zweiergruppe leicht dressieren. Bei Richtigwahl dürfen die Körner gefressen werden. Wenden sich die Tiere zur Dreiergruppe, scheucht man sie fort. Diese Verfahrensweise führt, auch bei wechselnder Anordnung der Körner, zu einer eindeutigen Bevorzugung der Zweiergruppe. Wählt man höhere Anzahlen, gelingt Tauben noch eine Unterscheidung zwischen fünf und vier Körnern.

In einem nächsten Lernschritt liegen die Körner in verdeckelten Kästchen. Auf den Deckeln ist die jeweilige Anzahl durch Punkte markiert. Die Tiere sollen also die gesehene Anzahl von Punkten auf dem Deckel auf die Belohnung übertragen. Wird der richtige Deckel abgeworfen, darf das Futter gefressen werden. Durch Figurenhilfe in der Anordnung der Punkte kann man zunächst den Lernschritt erleichtern; drei Punkte können z. B. zu einem Dreieck, vier Punkte zu einem Quadrat angeordnet sein. Später wird die Verteilung beliebig gewählt. Tauben und Wellensittiche brauchen anfangs eine Figurenhilfe, Dohlen hingegen nicht. Außerdem gibt es individuelle Unterschiede. Ein Kolkrabe *(Corvus corax),* der bei diesem Lernschritt anfangs größere Schwierigkeiten hatte, konnte nachher 3, 4, 5, 6 und 7 Punkte ohne Figurenhilfe voneinander unterscheiden. In einem weiteren Lernschritt war er sogar fähig, nach einem bestimmten Punktmuster, welches vor der Reihe der verdeckelten Kästchen lag, das entsprechende richtige Kästchen auszuwählen. Der Erfolg war dabei unabhängig von der Anordnung der Punkte, die ständig variierte.

Nach diesen und entsprechenden simultanen Wahlentscheidungen führte Koehler Versuche zur Frage nach einem sukzessiven Abhandeln von Anzahlen durch. Er ging wieder von dem Grundversuch aus. Tauben lernten zunächst zwei Körner und ein Korn simultan zu unterscheiden. Dabei lagen die Körner in einer Reihe. Schob man in anschließenden Versuchen nach und nach das innere Korn der Zweiergruppe zu dem einzelnen Korn, lagen die insgesamt drei Körner zuletzt gleich weit voneinander entfernt. Jetzt fraßen die Versuchstiere jeweils zwei Körner und ließen das dritte Korn liegen. Die Auswahl der zwei Körner war dabei beliebig. Mit diesem Lernschritt wurde die Simultanwahl in eine Sukzessivwahl transponiert. Aufgrund dieser Verfahrensweise lernten Tauben eine Anzahl von sechs abzuhandeln. Besonders eindrucksvoll sieht das Dressurergebnis dann aus, wenn Vögel von einem angebotenen Körnerhaufen z. B. nur zwei Körner herauspicken und die vielen anderen liegen lassen. Bei dieser Dressur ist auszuschließen, daß es sich um das Erlernen von bestimmten Pick-Rhythmen handelt. Immer wieder nämlich picken die Versuchstiere auch einmal an einem Korn vorbei und wiederholen danach das Verhalten.

Nach dem simultanen und sukzessiven Auswahlverfahren lernten Tauben eine Höchstzahl von 8, Wellensittiche und Dohlen 6-7, Elster, Kolkrabe und Eichhörnchen 6 und ein Graupapagei 5-6. Vergleichsweise erreicht der Mensch, ohne daß er bei dem Verfahren zählt bzw. Zahlwörter benutzt, Werte von 7-8.

Stellt man schließlich die Frage nach potentiellen *Kommunikationsfähigkeiten bei Tieren, die der menschlichen Sprache ähnlich sind*, ergeben sich bis heute Schwierigkeiten in der Beurteilung. Im Zusammenhang mit dieser besonderen Problematik bieten sich Schimpansen als Versuchstiere an. Allerdings sind sie aufgrund anatomischer Ausbildungen nicht fähig, Worte nachzubilden, also verbal zu lernen. Infolgedessen dachten sich die Ehepaare Gardner (1969) und Premack (1972) indirekte Verfahrensweisen aus.

Abb. 5 Die Schimpansin »Sarah« liest auf einer Tafel »Sarah insert apple pail banana dish« und vollzieht entsprechende Aktionen. Sie legt den Apfel in den Eimer und die Banane in die Schüssel. Die angebrachten Plastikkörper sind unterschiedlich gefärbt (aus: Premack, Premack 1972).

Die Gardners beschäftigten sich mit der wildgefangenen einjährigen Schimpansin »Washoe«. Dabei versuchten sie, ihr eine amerikanische Taubstummensprache beizubringen; spezifische Bewegungsweisen bedeuten ein bestimmtes Wort. So entspricht z. B. die Berührung der Nasenlöcher mit zwei Fingern dem Wort »Blume«, wiederholtes Schlagen auf einen Schenkel dem Wort »Hund«. Nach 22 Trainingsmonaten lernte Washoe 34 Zeichen sinngemäß zu verstehen und anzuwenden. Sie verwendete die Zeichen spontan und beantwortete solche ihrer Trainer. Dabei stellt sie selbsttätig satzmäßige Neukombinationen zusammen. Meint Washoe »Kühlschrank öffnen«, reiht sie die Zeichen für »Öffnen Essen Trinken« aneinander. Das entspricht einer Wendung der Handflächen nach unten und dann nach oben, einem Heranführen der Finger an den Mund und danach einer Berührung des Mundes durch den Daumen einer Faust. Infolgedessen war es den Trainern möglich, aufgrund sprachlicher Konzepte mit der Schimpansin in Kommunikation zu treten.

A. J. und D. Premack wählten eine andere Methode. Sie arbeiteten mit der Schimpansin »Sarah«. In täglichen Trainingsstunden lernte Sarah mit Hilfe verschieden geformter und gefärbter Plastikkörper Lesen und Schreiben in einfachster Form. Die Plastikkörper, welche jeweils verschiedenen Wörtern entsprechen, können durch einen Magneten an einer Metalltafel befestigt werden (Abb. 5). Sie bezeichnen Objekte, Tätigkeiten oder Eigenschaften. Eine senkrecht angeordnete Folge bedeutet einen Satz. Mit etwa 130 »Wörtern« bildet sie Neukombinationen von Sätzen. Allerdings ist ein partnerschaftliches Verhältnis und die Anwesenheit eines Trainers Voraussetzung für derartige Leistungen. Befunde von Einzelanalysen weisen darauf hin, daß zumindest einfachste Kriterien menschlicher Sprache bei Schimpansen entwickelt werden können (s. den Beitrag von H. G. Furth in Bd. VII dieser Enzyklopädie). Sarah nimmt Bezug auf ein Objekt. Es wird ein Handelnder benannt, seine Tätigkeit und das Objekt, mit dem er handelt. Es kann außerdem eine Beschreibung von Objektbeziehungen erfolgen, die unabhängig von der Schimpansin selbst und von dem Versuchsleiter ist. Diese und andere gefundenen Fähigkeiten sind im Rahmen tierischen Verhaltens ganz besonders bemerkenswert.

Es bleibt abzuwarten, inwieweit Untersuchungen unterschiedlicher komplexer Lernleistungen bei Tieren einen bedeutungsvollen Beitrag zum Verständnis von Grundprinzipien menschlichen Verhaltens leisten können.

LITERATUR

BECKER-CARUS, Ch., BUCHHOLTZ, Ch., ETIENNE, A., FRANCK, D., MEDIONI, J., SCHÖNE, H., SEVENSTER, P., STAMM, R. A., TSCHANZ, B.: Motivation, Handlungsbereitschaft, Trieb. Z. Tierpsychol., 30, 1972, 321–326

BUCHHOLTZ, Ch.: Das Lernen bei Tieren. Stuttgart: Gustav Fischer 1973

BÜRGER, M.: Gewöhnung an fluchtauslösende Reize bei *Nannacara anomala* L., Cichlidae. Staatsexamensarbeit, eingereicht beim wiss. Prüfungsamt für das Lehramt an Gymnasien Marburg/Lahn, 1972, 1–52

CLAYTON, F. L., HINDE, R. A.: Habituation and recovery of aggressive display in *Betta splendens*. Behaviour, 30, 1968, 96–106

CRAWFORD, M. P.: The cooperative solving of problems by young chimpanzees. Psychol. Monogr. 14, 1937, 1–88

DÖHL, J.: Über die Fähigkeit einer Schimpansin, Umwege mit selbständigen Zwischenzielen zu überblicken. Z. Tierpsychol., 25, 1968, 89–103

Versuche mit einer Schimpansin über Abkürzungen bei Umwegen mit selbständigen Zwischenzielen. Z. Tierpsychol., 26, 1969, 200–207

Zielorientiertes Verhalten beim Schimpansen. n + m, 7, Nr. 34, 1970, 43–57

FARRIS, H. E.: Classical conditioning of courting behavior in the japanese quail *Coturnix coturnix japonica*. J. Exp. Analysis Behav., 10, 1967, 213–217

FOPPA, K.: Lernen, Gedächtnis, Verhalten. Ergebnisse und Probleme der Lernpsychologie. Köln: Kiepenheuer & Witsch 1968

GARDNER, R. A., GARDNER, B. T.: Teaching sign language to a chimpanzee. Science, 165, 1969, 664–672

GLASER, E. M.: Die physiologischen Grundlagen der Gewöhnung. Stuttgart: Thieme Verlag 1968

GROSS, H.: Lernprozeß beim Beutefang der Larve von *Aeschna cyanea* Müll. (Odonata) in ihrer Abhängigkeit von exogenen und endogenen Faktoren. Diplom-Arbeit Marburg/Lahn 1974

GRÜSSER, O. J., GRÜSSER, U.: Neurophysiologie des Bewegungssehens. Ergeb. Physiol., 61, 1969, 178–265

HASSENSTEIN, B.: Biologie des Lernens. Der Lernprozeß. Freiburg, Basel, Wien: Herder Verlag 1969, 107–136

Bedingungen für Lernprozesse – teleonomisch gesehen. Nova Acta Leopoldina, 37, 1972, 289–320

Verhaltensbiologie des Kindes. München, Zürich: Piper & Co Verlag 1973

HEDIGER, H.: Tierpsychologie im Zoo und im Zirkus. Basel: Reinhardt 1961

HESS, E. H.: Imprinting. Early experience and the developmental psychobiology of attachment. New York: Van Nostrand Reinhold Comp. 1973. Deutsch: Prägung. Die frühkindliche Entwicklung von Verhaltensmustern bei Tier und Mensch. München: Kindler 1975

HINDE, R. A.: Animal behaviour, a synthesis of ethology and comparative psychology. New York: McGraw-Hill 1966

HOEFER, I., LINDAUER, M.: Das Lernverhalten zweier Bienenrassen unter veränderten Orientierungsbedingungen. J. comp. Physiol., 99, 1975, 119–138

ITANI, J.: On the acquisition and propagation of a new food habit in the troop of Japanese monkeys at Takasakiyama. Primates, 1, 1958, 84–98

KAWAI, M.: Newly acquired precultural behavior of the natural troop of Japanese monkeys on Koshima Island. Primates, 6, 1965, 1–10

KAWAMURA, S.: The process of sub-cultural behavior among Japanese macaques. In: Ch. H. Southwick (Ed.): Primate Social Behavior. Princeton, N. J. 1963, 82–90

KOEHLER, O.: Vom Erlernen unbenannter Anzahlen bei Vögeln. Naturwiss. 29, 1941, 201–218

»Zähl«-Versuche an einem Kolkraben und Vergleichsversuche an Menschen. Z. Tierpsychol. 5, 1943, 575–712

»Zählende« Vögel und vorsprachliches Denken. Verhdl. D. Zool. Ges. 1949, Zool. Anz. Suppl., 13, 1949, 1950, 219–238

Vom unbenannten Denken. Verhdl. D. Zool. Ges. 1952, Zool. Anz. Suppl. 17, 1953, 202–211

Vorbedingungen und Vorstufen unserer Sprache bei Tieren. Verhdl. D. Zool. Ges. 1954, Zool. Anz. Suppl., 18, 1955a, 327–341

Zählende Vögel und vergleichende Verhaltensforschung. Acta XI Congr. Ornithol. Basel 1954, 1955b, 588–598

KÖHLER, W.: Intelligenzprüfungen an Menschenaffen. Berlin: J. Springer 1921

KOENIG, O.: Kultur und Verhaltensforschung. München: dtv 1970

LAUER, J., LINDAUER, M.: Genetisch fixierte Lerndispositionen bei der Honigbiene. Abh. Akad. d. Wissensch. u. d. Liter. Mainz. Inf. Org. 1, 1971, 1–87

LEHRMAN, D. S.: A critic of Konrad Lorenz's theory of instinctive behavior. Quart. Rev. Biol., 28, 1953, 337–363

LINDAUER, M.: Lernen und Gedächtnis-Versuche an der Honigbiene. Naturwiss., 57, 1970, 463–467

LORENZ, K.: Phylogenetische Anpassung und adaptive Modifikation des Verhaltens. Z. Tierpsychol., 18, 1961, 139–187

Über tierisches und menschliches Verhalten, I, II. München: Piper Verlag 1965

MARLER, P. R., HAMILTON, W. J.: Mechanisms of animal behavior. New York: John Wiley & Sons 1966

MESSMER, E., MESSMER, I.: Die Entwicklung der Lautäußerungen und einiger Verhaltensweisen der Amsel *(Turdus merula merula L.)* unter natürlichen Bedingungen und nach Einzelaufzucht in schalldichten Räumen. Z. Tierpsychol., 13, 1956, 341–441

MIYADI, D.: On some new habits and their propagation in Japanese monkey bands. Proceedings, 12, 1959, 857–860. Intern. Congr. Zool. London 1958

PEEKE, H. V. S.: Habituation of conspecific aggression in the threespined stickleback *(Gasterosteus aculeatus)*. Behaviour, 35, 1969, 137–156

PEEKE, H. V. S., PEEKE, S. C.: Habituation of nonspecific aggressive responses in the siamese fighting fish *(Betta splendens)*. Behaviour, 36, 1970, 232–245

PREMACK, A. J., PREMACK, D.: Teaching language to an ape. Sci. Amer., 227, 1972, 92–99

RASA, O. A.: Aspects of social organization in captive Dwarf mongooses. J. Mammal., 53, 1972, 181–185

RENSCH, B.: Gedächtnis, Begriffsbildung und Planhandlungen bei Tieren. Berlin, Hamburg: Paul Parey 1973

RUSSELL, E. M.: Changes in the behavior of *Lebistes reticulatus* upon repeated shadow stimulus. Anim. Behav., 15, 1967, 574–585

SCHNEIRLA, T. C.: Interrelationships of the »innate« and the »acquired« in instinctive behavior. In: P. Grassé (Ed.): L'instinct dans le comportement des animaux. Paris 1956, 387–452

THOMPSON, R. F., SPENCER, W. A.: Habituation: a model phenomenon for the study of neuronal substrates of behavior. Psychol. Rev., 73, 1966, 16–43

THORPE, W. H.: Learning and instinct in animals. London. Methuen 1963

TINBERGEN, N.: The study of instinct. Oxford 1951. Deutsch: Instinktlehre. Berlin, Hamburg: Parey 1952

TRETZEL, E.: Über das Spotten der Singvögel, insbesondere ihre Fähigkeit zu spontaner Nachahmung. Verhdl. D. Zool. Ges. Kiel 1964, Zool. Anz. Suppl., 28, 1965, 556–565

ZUCCHI, H.: Gewöhnung an arteigene Alarmrufe beim Buchfinken *Fringilla coelebs* L. (Aves, Passeriformes, Fringillidae). Diplom-Arbeit. Marburg/Lahn 1975

DIE EVOLUTION DES VERHALTENS

von John Alcock

DIE GENETISCHE BETRACHTUNGSWEISE[1]

Während der letzten Jahre hat sich in den biologischen Vorstellungen über die entwicklungsgeschichtlichen Grundlagen des tierischen Verhaltens eine Revolution vollzogen. Sie gründet auf einer strengen Anwendung des Begriffs der natürlichen Zuchtwahl (Selektion) auf das Verständnis der Evolution des Verhaltens. Dieser Zugangsweg kann »genetische Betrachtungsweise« genannt werden und bedeutet die Betrachtung des Verhaltens in seinen genetischen Auswirkungen. Viele Biologen[2] glauben heute, daß, wenn ein Verhaltensmerkmal das Ergebnis der stammesgeschichtlichen Entwicklung ist, seine Funktion letztlich[3] darin besteht, dem Individuum bei der Weitergabe seiner Gene an die nachfolgenden Generationen zu helfen. Mit anderen Worten: In der Perspektive der Evolutionsforschung besteht der springende Punkt des Verhaltens darin, die eigenen Gene weiterzugeben. Diejenigen Leser, die sich für die Einzelheiten dieser Auffassung interessieren, verweisen wir auf die meisterhafte Darstellung von E. O. Wilson (1975) oder das unterhaltsam geschriebene Buch von Richard Dawkins (1976). Der vorliegende Beitrag möchte den Grundgedankengang und einige der zahlreichen Anwendungsmöglichkeiten der genetischen Betrachtungsweise skizzieren.

Evolution findet statt, weil Gene unterschiedlich erfolgreich sind, sich selbst zu kopieren und so von Generation zu Generation zu überleben. Eine der wichtigsten Aufgaben der Gene von Tieren besteht darin, die Entwicklung des Verhaltens des Einzelwesens zu steuern, indem sie die Entwicklung des Nervensystems beeinflussen. Ein Gen kann eine Information enthalten, die zur Entwicklung eines Individuums beiträgt, dessen Verhalten dann jenem Gen zu überleben hilft; andererseits kann das Gen aber auch ein Individuum hervorbringen, dessen Verhalten das Überleben des Gens nicht fördert. Mit der Zeit werden unvermeidlich jene Allele[4] in den Populationen überwiegen, die im Überleben geschickter sind, und deshalb werden sich die einzelnen Lebewesen auf eine Art und Weise verhalten, die mit dem Überleben der in ihnen befindlichen Gene in Einklang steht.

Selbstverständlich hängt die »genetische Betrachtungsweise« ganz und gar von einer bestimmten Auffassung der Beziehungen zwischen Genen und Verhalten ab (vgl. den Beitrag von J. Parzefall in diesem Band). Dieser Auffassung zufolge können die Gene einen starken Einfluß auf die Verhaltenseigenschaften und -neigungen der Individuen ausüben. Für Nichtbiologen und sogar auch für manche Biologen ist dies zuweilen schwer zu akzeptieren. Wir werden nur auf zwei der vielen dafür bestehenden Gründe näher eingehen. Erstens ist unbestreitbar, daß der zwischen einem Gen und einer bestimmten Verhaltensweise bestehende Zusammenhang nicht unmittelbar zu erkennen ist. Viele geheimnisvolle Vorgänge liegen zwischen der Anwendung einer genetischen Information zur Herstellung eines Enzyms in einer Körperzelle und dem Balzgesang eines Gimpels (*Pyrrhula pyrrhula*) oder der Drohbewegung eines Löwen (*Panthera leo*). Trotzdem steht es außer Frage, daß Gene von grundlegender Bedeutung für den Entwicklungsprozeß sind, und ohne Entwicklung gäbe es kein Nervensystem, keine Muskeln, keinerlei Möglichkeit zu irgendeinem Verhalten. Somit gibt es eine *irgendwie geartete* genetische Grundlage für alle Verhaltensaktivitäten. Wenn das Verhalten einen genügend starken positiven oder negativen Beitrag zum Fortpflanzungserfolg eines Individuums liefert, dann wird die Selektion auch die Häufigkeit der Gene beeinflussen, die irgendwie zur Entwicklung des Verhaltens beitragen. Es sei nochmals darauf hingewiesen, daß in den hier in groben Zügen vorgetragenen Argumenten nur verlangt wird, daß zwischen verschiedenen Allelen eines Gens und alternativen Verhaltenstendenzen ein gewisser Zusammenhang besteht. Wenn er existiert, dann kann es natürlich auch Unterschiede in der Überlebensfähigkeit der miteinander konkurrierenden Allele geben, Unterschiede, die zur Evolution des Verhaltens führen, d. h. zur Ersetzung gewisser Tendenzen oder Verhaltensmuster durch andere.

Eine andere Quelle des Widerstands gegen eine sich auf die Evolutionstheorie stützende Betrachtung des tierischen Verhaltens kommt von jenen Leuten, die meinen, daß eine solche Auffassung zu gefährlichen ethischen und moralischen Folgerungen für den Menschen führt (Allen u. a. 1976). Nach Ansicht dieser Kritiker bedeutet die »genetische Betrachtungsweise«, daß das menschliche Verhalten von unseren Genen programmiert sei und der biologischen Anpassung unterliege – und somit nicht verändert werden *könne* und nicht verändert werden *sollte*. Da es bekanntlich im menschlichen Verhalten manches gibt, was viele von uns gerne geändert sehen möchten, kann man gut verstehen, warum die Kritiker verstimmt sind und sich weigern, etwas anzuerkennen, was sie als Hindernis für soziale Verbesserungen ansehen. Diese Abneigung dürfte jedoch auf einem Mißverständnis beruhen. Erstens bedeutet die Überzeugung, daß Gene sehr viel mit der Entwicklung des Verhaltens zu tun haben, nämlich nicht, daß die sich so ergebenden Verhaltensweisen starr und unveränderlich sein müssen. Denn die Gene können das Individuum, in dem sie wirken, ja mit einem Nervensystem ausstatten, das die Grundlage für ein überaus flexibles Verhalten bildet. Die Fähigkeit zu lernen und sein Verhalten den sich ändernden Verhältnissen anzupassen, ist genauso ein Produkt seines Genoms (s. den Beitrag von Ch. Buchholtz in diesem Band) wie die Fähigkeit, auf bestimmte Umweltreize angeborenermaßen zu reagieren. Zweitens verlangt eine auf der Evolutionstheorie basierende Philosophie des Verhaltens ja gar nicht, daß eine Eigenschaft deshalb über eine etwaige Alternative moralisch erhaben sei, weil sie in biologischer Hinsicht angepaßt ist. Die »genetische Betrachtungsweise« ist ein begriffliches Hilfsmittel, um zu *erklären*, warum Tiere sich so verhalten, wie sie es tun, aber nicht, um gewisse menschliche Handlungen, wie etwa Aggression oder wirtschaftlichen Egoismus, zu rechtfertigen oder zu verteidigen.

PRÜFUNG DER GENETISCHEN HYPOTHESE ÜBER DIE EVOLUTION DES VERHALTENS

Die Stärke der auf der Evolutionshypothese fußenden Betrachtungsweise besteht darin, daß sie prüfbare allgemeine und besondere Voraussagen über das Verhalten ermöglicht. Die grundlegende das Verhalten betreffende Voraussage besagt, daß alles, was ein Tier tut, mit dem Überleben der Gene dieses Individuums in Beziehung steht. Dies ist eine direkte Weiterentwicklung des Gedankens, daß die Selektion zur Entwicklung von Anpassungen führt, weil diese Eigenschaften in der Vergangenheit in enger Beziehung zum Überleben bestimmter Gene gestanden haben (Williams 1966). Es erübrigt sich, hier darauf hinzuweisen, daß es oft schwierig oder gar unmöglich ist, die Evolutionshypothese einem direkten

Test zu unterziehen, indem man z. B. zu messen versucht, bis zu welchem Grad ein bestimmtes Verhalten zum Überleben oder Untergang verschiedener Gene führt. Es ist eine schwierige und zeitraubende Aufgabe, die genetischen Grundlagen von Verhaltensmustern festzustellen und zu zeigen, daß Gene, die eines der alternativen Verhaltensmuster oder -tendenzen bewirken, jenen überlegen sind, die mit einer anderen Verhaltensweise verkettet sind. Zum Glück stehen uns einige indirekte Methoden zur Verfügung, um den genetischen Wert eines Verhaltensmerkmals zu analysieren. Eine der gebräuchlichsten Techniken besteht darin, die Abhängigkeit eines bestimmten Verhaltensmusters einer Tierart von einer bestimmten Eigenart der Umwelt, in der die Tierart lebt, zu zeigen. Wenn eine Beziehung nachgewiesen werden kann, darf mit Sicherheit darauf geschlossen werden, daß die Verhaltensweise sich als Antwort auf den mit diesem Umweltfaktor verbundenen Selektionsdruck entwickelt hat.

DIE ENTSPRECHUNG VON VERHALTENSWEISEN UND UMWELTEIGENSCHAFTEN

Immer wieder sind die Forscher von der offensichtlichen Angepaßtheit des Verhaltens, das sie beobachteten, beeindruckt und fasziniert gewesen; es ist ihnen dabei ähnlich ergangen wie den Anatomen und Physiologen, die in den Bau- und Funktionsplänen der Tiere den deutlichen Stempel der natürlichen Selektion erkannten. Die Nützlichkeit eines Verhaltensmusters in der natürlichen Umwelt der betreffenden Tierart ist oft ziemlich augenscheinlich; besonders dann, wenn das Verhalten zur Erlangung eines für das Individuum wichtigen Gutes führt. Ein großer Teil der von den Biologen betriebenen Verhaltensforschung hat bisher darin bestanden, das Verhalten verschiedener Tierarten zu beschreiben und zu beweisen, daß das Verhalten den Tieren ermöglicht, die ihnen aus ihrer Umwelt erwachsenden Schwierigkeiten zu überwinden, zum Beispiel Nahrung und Wasser zu finden, sich einen Wohnraum zu sichern, Raubfeinde zu vermeiden, einen Geschlechtspartner zu finden und Nachkommen zu zeugen. Die hochspezialisierte Art vieler Verhaltensweisen, die zum Erwerb solcher Hilfsquellen führen, macht es einleuchtend, daß sie als Antwort auf spezifische Umweltdrucke entwickelt worden sind. Um nur ein einziges Beispiel herauszugreifen: Man betrachte das Verhalten, das einige südwestafrikanische Arten von Dunkelkäfern (Tenebrionidae) der Gattung *Lepidochora* im Zusammenhang mit ihrem Trinkbedürfnis entwickelt haben. Das Küstengebiet in jenem Teil Afrikas ist eine der trokkensten Wüsten der Erde; doch viele der genannten Käferarten haben keinerlei Schwierigkeit, in dieser Umwelt zu leben und sich zu vermehren. Obgleich es fast nie regnet, wälzen sich nach Mitternacht oft dichte Nebelschwaden über die Wüste. Unmittelbar vor oder während des Auftretens solcher Nebel verfertigen einige dieser Käferarten einen bis zu einem Meter langen umwallten Graben, der gewöhnlich etwa im rechten Winkel zu dem über die Sanddünen streichenden Wind verläuft. Wenn die mit Feuchtigkeit gesättigte Luft auf den erhöhten Wall trifft, fängt dessen Sand einen Teil der Feuchtigkeit auf. Während des Nebels kann der Sand der Böschung des Walls zwei- bis sechsmal soviel Wasser enthalten als der Sand der Umgebung. Jeder Käfer patrouilliert in seinem Graben und trinkt das aufgefangene Wasser; dies wurde durch Messung des Wassergehalts des Sandes vor und nach dem Besuch des Käfers ermittelt. Somit dürfte die Nützlichkeit des Grabenbaus dieser Käfer zweifelsfrei erwiesen sein (Seely, Hamilton 1976).

Der Nachweis, daß eine bestimmte Verhaltensweise eine gewisse Nützlichkeit besitzt, besagt jedoch nicht, daß damit auch der Nachweis erbracht worden wäre, daß erstens diese Verhaltensweise einer etwa möglichen anderen Aktion von ungefähr gleicher Grundfunktion überlegen sei oder daß zweitens Individuen, die sich auf eine bestimmte Weise verhalten, besser fähig wären, zu überleben und ihre Gene weiter zu vererben, als Individuen, die sich nicht gleich verhalten. So wäre es denkbar, daß die Käfer auch Detritus[5] verzehren könnten, der sich in den Dünen findet und nach einem Nebel ebenfalls mit Wasser gesättigt ist, so daß er als gute Wasserversorgungsquelle dienen könnte. Dies tun die Käfer aber nicht, obwohl andere die Wüste bewohnende Tiere es so machen. Wir verfügen über experimentelle Techniken und Beobachtungsverfahren, um die Frage zu untersuchen, ob ein Verhaltensmuster X einem anderen zur Wahl stehenden Verhaltensmuster Y überlegen ist, wenngleich diese Techniken bislang noch nicht auf den Fall der Tenebrionidae angewendet worden sind.

EXPERIMENTELLE UND VERGLEICHENDE PRÜFUNG DER VERHALTENSFUNKTIONEN

Untersuchungen über das Verhalten von Möwen hatten einen außerordentlich großen Einfluß auf die Entwicklung des Verständnisses für die Zusammenhänge zwischen Umwelt und Verhalten. Auf diesem Gebiet arbeitende Forscher haben nützliche Verfahren entwikkelt, um die Hypothesen von der Überlegenheit bestimmter Verhaltensmuster über mindestens einige der möglichen Alternativen zu überprüfen.

Die meisten Möwenarten nisten in Kolonien am Boden einsamer Inseln oder an den Stränden abgelegener Küsten. Die Nester sind für eine Vielzahl von Raubfeinden zugänglich. Zu diesen Feinden gehören einige der größeren Möwenarten, Krähen, Füchse und andere. Die am Boden nistenden Möwen zeigen ein breites Spektrum von Verhaltensweisen, die unter nur geringem Widerspruch als in Beantwortung des Feinddruckes evoluiert gedeutet worden sind. Die nistenden Vögel sind wachsam und reagieren auf die ferne Annäherung eines Raubfeindes mit Alarmrufen, die andere Mitglieder der Brutkolonie veranlassen, nach dem Feind Ausschau zu halten. Wenn dieser sich nähert, starten die Möwen einen gemeinsamen Angriff, wobei sie sich auf den Eindringling herabstürzen und ihn mit Füßen und Schnabel schlagen. Durch das gemeinschaftliche »Hassen« wird ein potentieller Räuber häufig zum Rückzug veranlaßt – ein überzeugender Beweis dafür, daß diese Aktionen die Funktion haben, die Eier und jungen Küken vor Tieren zu schützen, die sie verzehren wollen. Aber die am Boden nistenden Möwen entfernen auch die Eischalen vom Nest, kurz nachdem ein Küken ausgeschlüpft ist (s. Abb. 1). Ist dies ebenfalls eine gegen Raubfeinde gerichtete Anpassung? Weil der Altvogel das Nest verlassen muß, um die Eischale wegzuschaffen, bleibt seine gerade erst geschlüpfte Nachkommenschaft eine Zeitlang ungeschützt den Nachstellungen der Feinde ausgesetzt – ein offensichtlicher Nachteil des Eischalen-Wegtragens. Der mit dem Nobelpreis ausgezeichnete Ethologe Niko Tinbergen (s. den Beitrag von C. G. Beer über N. Tinbergen in diesem Band) hat die Hypothese aufgestellt, daß die weiße Innenseite der Schale als unbeabsichtigtes Signal dafür dienen könnte, daß sich in der Nähe ein Nest befindet, wodurch sich die Wahrscheinlichkeit vergrößert, daß das Nest und sein Inhalt von einem Raubfeind entdeckt werden. (Obgleich die Nester in einer Kolonie von auf dem Boden brütenden Möwen nur einen oder zwei Meter voneinander entfernt sein können, sind sie gewöhnlich unauffällig, da sie aus einem niederen Hügel trockener Gräser bestehen und möglichst gut im Pflanzenwuchs versteckt sind.)

Mit der ihm eigenen Erfindungsgabe ersann Tinbergen (1963) ein Experiment, um die Hypothese zu prüfen, daß das Wegtragen der Eischalen eine bessere Strategie sei als die Alternative, sie einfach im Nest liegen zu lassen. Er und seine Mitarbeiter sammelten Eier einer Kolonie von Lachmöwen (*Larus ridibundus*; s. auch den Beitrag über Lachmöwen von R. A. Stamm in diesem Band) und verteilten sie auf einem in der Nähe liegenden Gebiet, wo Rabenkrähen (*Corvus corone*) regelmäßig nach Futter suchten. Neben einige der Eier legten sie jeweils eine Schale; andere Eier wurden allein ausgelegt. Als dann die Krähen erschienen, um Futter zu suchen, brauchten sie nicht lange, die Eischalen zu finden und zu inspizieren. Dabei fanden sie oft ein ungeöffnetes Ei, welches sie dann fraßen. Während eines bestimmten Zeitabschnittes fanden die Krähen 65 Prozent der Eier, bei denen eine leere Schale lag, aber nur 22 Prozent der allein ausgelegten Eier. Ferner zeigte Tinbergen in einem weiteren Versuch, daß die Wahrscheinlichkeit, daß ein Ei gefunden und gefressen wird, um so geringer ist, je weiter von ihm entfernt sich die leere Schale befindet.

Tinbergens Experiment liefert eine beweiskräftige Unterstützung der Hypothese, daß das Wegschaffen leerer Eischalen für die Lachmöwen eine bessere Strategie ist, als es jene wäre, die Schalen einfach neben dem Nest liegen zu lassen.

Abb. 1 Eine Lachmöwe (*Larus ridibundus*) beim Wegtragen einer Eischale vom Nest (Zeichnung nach einer Fotografie von R. A. Stamm).

Es gibt jedoch Situationen, in denen ein experimenteller Nachweis der adaptiven Bedeutung eines Verhaltensmusters nicht zu erbringen ist. In solchen Fällen ist es immerhin möglich, starke Beweisgründe für eine Hypothese zu finden, indem man das Verhalten von miteinander verwandten Arten vergleicht, die unterschiedliche Verhaltensstrategien zeigen. Eine klassische ethologische Untersuchung, bei der diese Technik zur Anwendung kam, wurde von Esther Cullen (1957), einer Schülerin Tinbergens, durchgeführt. Sie verglich das Verhalten der Dreizehenmöwe (*Larus tridactylus*), die auf Klippen brütet, mit dem Verhalten der auf dem Boden brütenden Arten. Die Dreizehenmöwen haben Verhaltensweisen entwickelt, die in vieler Hinsicht von denen anderer Möwenarten abweichen. Wenn sie an ihrem Nistplatz weilen (ihre Nester haben sie auf den felsigen Gesimsen von Meeresklippen gebaut), scheinen sie überhaupt nicht wachsam zu sein. Sie bilden keine Abwehrschwärme, wenn sich beutegreifende Vögel der Brutkolonie nähern. Ihre Nester sind deutlich sichtbar. Sie tragen die Eischalen nie fort, sondern lassen sie auf dem Nest liegen, obwohl sie sie leicht loswerden könnten, indem sie sie ein paar Fuß weit hinausschnippen würden, und schon würden die Schalen in das tief unten liegende Meer fallen. Der Gegensatz zwischen dem Verhalten der klippenbrütenden Dreizehenmöwe und dem von anderen, »typischeren« Möwenarten ist sehr auffallend, vielleicht besonders deshalb, weil in bezug auf die Umwelt, in der die beiden Typen leben, ein beträchtlicher Unterschied besteht. Die Dreizehenmöwen sind, weil sie auf Klippen nisten, von räuberischen Angriffen auf ihre Nistkolonie weitgehend verschont. Denn räuberischen Säugetieren ist es unmöglich, die steilen und tückischen Klippen zu erklettern; größeren Möwen und Krähen gelingt es nur sehr schwer, an den windumfegten Felsgesimsen, auf denen sich die Nistplätze befinden, sicher entlangzumanövrieren. Das Nachlassen des Feinddruckes bedeutete eine Verminderung des funktionellen Werts der von den am Boden brütenden Möwenarten zur Abwehr von Raubfeinden entwickelten Verhaltensmuster; somit sind diese aus dem Verhaltensrepertoire der Dreizehenmöwe verschwunden. Andererseits aber ist in der Umwelt, wie sie die Klippen darstellen, eine völlig neue Serie von Gefahren entstanden; als Reaktion darauf haben die Dreizehenmöwen ausgeklügelte und komplizierte Verhaltensformen entwickelt, so die Herstellung eines festen Nestes aus Gras, Schlick, Moos und Tang, das tief ausgemuldet ist, wodurch sich das Risiko verringert, daß die Eier über den Rand der Klippe rollen, eines Nestes also, das ganz und gar nicht dem nachlässig zusammengeworfenen Haufen von Pflanzenstengeln ähnelt, aus dem das Nest anderer Möwen besteht. Durch ihren Vergleich lieferte Esther Cullen eine der klarsten Demonstrationen für den Zusammenhang zwischen besonderen Verhaltensmustern und speziellen Eigenschaften der Umwelt einer Tierart.

DIE EVOLUTION DES FORTPFLANZUNGSVERHALTENS

Eine Analyse der Evolution des Verhaltens verfolgt letzten Endes das Ziel, festzustellen, ob ein Verhalten dazu beiträgt, die Weitergabe der Gene eines Individuums auf die nächste Generation so wahrscheinlich wie möglich zu machen. Bei der Untersuchung der mit Nahrungsaufnahme, Trinken oder Abwehr von Raubfeinden zusammenhängenden Verhaltensweisen muß man – auch wenn der Nachweis gelingt, daß ein Verhalten zweckdienlicher ist als denkbare Alternativen – dennoch die zwischen Verhalten und genetischem Erfolg bestehende Beziehung nachweisen. Es ist eine einleuchtende Vermutung, daß eine wirkungsvolle Methode des Trinkens oder das geschickte Vermeiden von Raubfeinden zu einem relativen genetischen Erfolg führen. Die Untersuchung des Fortpflanzungsverhaltens jedoch ermöglicht eine viel direktere Prüfung der Wirksamkeit der Verhaltenseigentümlichkeiten des Individuums für das Überleben und die Weitergabe seiner Gene. Der Stempel der natürlichen Selektion sollte wohl am deutlichsten am Fortpflanzungsverhalten zu erkennen sein. Es überrascht nicht, daß die meisten der neueren Fortschritte in der sich an der Evolution orientierenden Betrachtung des tierischen Verhaltens durch Untersuchungen des Fortpflanzungsverhaltens zustande gekommen sind.

Der Schlüssel zur modernen Analyse des Fortpflanzungsverhaltens ist die Erkenntnis, daß die Individuen miteinander im Wettstreit stehen, um ihre Gene weiterzuverbreiten (Williams 1966, Dawkins 1976). Dies kann zur Entwicklung von Eigenschaften führen, die einige Individuen bei diesem Wettstreit begünstigen, aber für die Art im ganzen nachteilig sind. Diese Feststellung steht allerdings im Widerspruch zu der volkstümlichen Meinung, daß die Evolution zum Nutzen der Art erfolge. Ein Beispiel für ein Verhalten, das das Populationswachstum beschränkt (wodurch die Art möglicherweise geschädigt wird), aber die das Verhalten praktizierenden Individuen begünstigt, ist die Kindstötung bei den Languren (*Presbytis entellus*), einer in Indien vorkommenden Art von Affen. Es war schon seit einiger Zeit bekannt gewesen, daß in manchen Gegenden männliche Languren um den Besitz der Weibchen-Harems miteinander kämpfen und daß, wenn es einem neu aufgetauchten Männchen gelang, einen Haremsbesitzer zu verdrängen, dies mit einer hohen Sterblichkeit der Affenkinder in diesem Trupp zusammentraf. Mehrfach sah man Männchen Kinder angreifen, trotz der Bemühungen der Mütter und anderer Weibchen der Gruppe, sie zu verteidigen. Die Tötung der Kinder scheint weder den Interessen der Art noch denen der Mütter zu dienen, die ja ihre Nachkommen verlieren. Infolgedessen hielt man die Tötung der Affenkinder ursprünglich für eine anormale Verhaltensweise, die durch Übervölkerung oder außergewöhnliche Umweltbedingungen verursacht werde. Auch heute hat diese Auffassung noch viele Anhänger; neuerdings ist sie jedoch durch Sarah Hrdy in Frage gestellt worden, die die Languren im Freiland beobachtet und eine mit dem Konzept der Selektion verträgliche neue Hypothese entwickelt hat (Hrdy 1977).

Hrdy beobachtete in einer vorher noch nicht untersuchten Population mehrmals, wie Harems von neuen Männchen übernommen wurden; dabei stellte sie auch hier fest, daß die Kindersterblichkeit nach der Übernahme rasch anstieg. Somit beschränkt sich die Kindstötung nicht nur auf einige vermutlich außergewöhnliche Populationen dieser Art, sondern scheint ein weitverbreitetes und durchaus normales Phänomen zu sein. Wenn das stimmt, erhebt sich die berechtigte Frage: Warum hat sich diese Verhaltensweise entwickelt? Hrdy (1977) legt dar, daß die Tötung der Affenkinder für den neuen Haremsbesitzer in genetischer Hinsicht von Vorteil ist. Durch die Tötung der Nachkommenschaft eines anderen Männchens merzt der neue Besitzer die Erbträger seines Konkurrenten aus, statt sie während der Zeit zu beschützen, in der er das Rudel führt. Zudem würde ein Weibchen mit einem neugeborenen Kind während mehrerer Jahre, in denen sie ihr Kind säugt, nicht wieder trächtig werden können. Durch die Tötung des Kindes ermöglicht ihr das mörderische Männchen die Wiederaufnahme ihres Ovulationszyklus und zeugt so möglichst bald ein neues Kind. Weil der neue Haremsbesitzer alle empfängnisfähigen Weibchen seines Rudels begattet, werden seine Gene weitervererbt werden, vorausgesetzt, daß er seine Weibchen vor anderen erwachsenen Männchen beschützen kann, die ihrerseits die Herrschaft über das Rudel zu erringen trachten und dann die von ihm gezeugte Nachkommenschaft beseitigen würden. Kindstötung ist also keineswegs anormal, vielmehr ein voll angepaßtes Verhalten. Dabei sei nochmals betont: »angepaßt« bedeutet hier einfach, »daß die Verhaltensweise wahrscheinlich zur Weitervererbung der mit dem betreffenden Wesenszug verbundenen Gene beiträgt«, und sonst gar nichts. Darin ist nicht die Auslegung eingeschlossen, daß Kindstötung beim Menschen, falls sie sich als biologisch adaptiv erweisen sollte, von den die Evolution erforschenden Biologen als moralisch einwandfrei betrachtet werden sollte. Ebensowenig wird damit behauptet, daß die Langurenmännchen in irgendeiner Weise bewußt den Beitrag ihrer Gene für die zukünftigen Populationen möglichst groß zu halten versuchen. Falls Männchen, die – *aus welchem Grunde auch immer* – veranlagt sind, Langurenkinder zu ermorden, einen genetischen Vorteil gegenüber solchen Männchen genießen, die die Nachkommen anderer Männchen annehmen und sich um sie kümmern, so wird sich die genetische Grundlage für die Kindstötung über die ganze Art hin verbreiten und die Verhaltensweise allgemein üblich werden.

Wenn die von Hrdy aufgestellte Hypothese richtig ist, sollte es uns gelingen, auch noch andere Fälle zu finden, in denen männliche Tiere junge Mitglieder ihrer Art töten, die wahrscheinlich keine Nachkommen von ihnen selbst sind. Ein solches Verhalten ist weiter verbreitet als man gewöhnlich annimmt. Bei Löwen zum Beispiel, deren soziale Organisation der der Languren sehr ähnlich ist, besteht eine große Wahrscheinlichkeit, daß Männchen, die eine Gruppe von Weibchen von einem oder mehreren anderen Männchen übernehmen, die von dem verdrängten Löwen gezeugten Jungen töten (Bertram 1975).

MÄNNLICHE FORTPFLANZUNGSSTRATEGIEN

Die in der Evolutionstheorie gründende Betrachtungsweise führt auch zur Entwicklung neuer Hypothesen über die Natur der Beziehung zwischen Männchen und Weibchen einer Art. Die traditionelle Auffassung besagt, daß männliche und weibliche Individuen aufrichtig zusammenwirken, um Nachkommen großzuziehen und die Art zu erhalten. Der Fall der mörderischen Langurenmännchen liefert jedoch ein anschauliches Beispiel dafür, daß die Evolution nicht zur völligen Kooperation zwischen den Geschlechtern zu führen braucht. Es würde höchstwahrscheinlich dem Weibchen zum Vorteil gereichen, wenn seine Nachkommenschaft, die es mit großem physiologischem Aufwand zur Welt brachte und ernährte, von ihrem neuen männlichen Partner geduldet und nicht getötet würde. Da aber die Männchen größer und stärker sind als die Weibchen, können sie ihren Partnerinnen ihren

Willen aufzwingen. Die Weibchen sind jedoch in dieser Angelegenheit nicht ganz wehrlos. Sie schließen vielmehr Bündnisse mit anderen Weibchen des Rudels und versuchen, wie bereits erwähnt wurde, ihre Nachkommenschaft zu beschützen. Noch interessanter aber ist, daß bei einem vom vorherigen Haremsbesitzer gedeckten, noch trächtigen Weibchen nach dem Besitzwechsel ein Scheinöstrus auftreten kann (Hrdy 1977). Indem das Weibchen auf diese Weise empfängnisfähig erscheint und sich mit dem Männchen paart, obwohl es in Wirklichkeit kein befruchtungsfähiges Ei in sich trägt, kann es seinen neuen Herrn täuschen, so daß er das dann geborene Kind als sein eigenes annimmt!

Dieses Bild gelegentlicher Konflikte und Täuschungen, sogar zwischen Mutter und Vater einer Brut, ist ein neuartiges Ergebnis des auf der Evolutionstheorie basierenden Denkens über Fortpflanzungsverhalten. Der Konflikt zwischen den Geschlechtern ist wahrscheinlich wegen der Ungleichartigkeit der Leistungen entstanden, die Männchen und Weibchen in ihre einzelnen Nachkommen investieren. Weibchen sind, ihrer Bestimmung zufolge, jene Mitglieder einer Art, die den begrenzten Energievorrat, der ihnen zur Produktion von Gameten zur Verfügung steht, auf verhältnismäßig wenige große Einheiten – die Eier – verteilen. Demgegenüber sind Männchen Lebewesen, die die für die Gametenbildung bestimmte Energie dazu verwenden, um viele sehr kleine Einheiten – die Spermien – zu erzeugen. Zudem kann der Unterschied zwischen den von Männchen und Weibchen für ihre Nachkommen aufgebrachten Leistungen bedeutend größer sein als die zwischen den ungleichen Aufwendungen zur Gametenbildung. Bei Arten, in denen die Eltern nach der Befruchtung zusätzliche Leistungen an Zeit und Energie erbringen, um ihre Nachkommen großzuziehen, trägt fast immer die Mutter die meiste elterliche Pflege bei; oft leistet sie sie sogar *allein* (Trivers 1972). Brutpflege des Weibchens ohne männliche Hilfe findet sich vor allem bei Arten mit innerer Befruchtung, wozu die meisten Wirbeltiere, aber auch viele Wirbellose, z. B. die Insekten, gehören. Bei diesen Arten hat ein Männchen, dem die Paarung mit einem Weibchen gelingt, keinerlei Gewißheit, daß die Nachkommen, die seine Partnerin gebären wird, auch wirklich seine Gene in sich tragen; denn seine Partnerin kann sich vorher oder nachher mit anderen Männchen gepaart haben. Wenn die Möglichkeit besteht, daß seinen Samenfäden die eines anderen vorangingen oder nachfolgten, läuft das Männchen Gefahr, den von einem Konkurrenten gezeugten Sprößlingen zu helfen, wenn es dem von seiner Gefährtin zur Welt gebrachten Nachwuchs ein guter Vater ist. Falls er wirklich der Vater ist, wird er fünfzig Prozent seiner Gene mit jedem der Kinder gemeinsam haben; ist er es aber nicht, werden die Nachkommen keines seiner Gene mitbekommen haben. Hier würde das Verhalten als »guter Vater« zur Erhöhung des genetischen Erfolgs eines anderen Männchens beitragen und ihm selber keinen genetischen Nutzen bringen. Wenn die Gewißheit der Vaterschaft nicht sehr groß ist, kann es somit vorteilhaft sein, einer potentiellen Nachkommenschaft möglichst geringe väterliche Sorge zuzuwenden und statt dessen Zeit und Energie in andere, im genetischen Sinn produktivere Tätigkeiten zu investieren.

Unterstützung findet diese Hypothese durch die Beobachtung von Fischen, die die äußere Besamung praktizieren, wobei die Männchen darauf bestehen, daß die Weibchen nur in einer Situation ablaichen, bei der sichergestellt ist, daß nur ein einziges Männchen die abgelegten Eier besamen wird. Ein männlicher Dreistachliger Stichling (*Gasterosteus aculeatus*; s. den Beitrag von P. Sevenster in diesem Band), der seinen Samen über den Eiern ausstößt, die in das von ihm im Zentrum seines Territoriums gebaute Nest gelegt wurden, kann fast sicher sein, daß die so entstandene Nachkommenschaft seine eigenen Gene und nicht die eines anderen Männchens tragen wird. Bei dieser Art übernimmt das Männchen die Brutpflege.

Auf jeden Fall ist es eine Tatsache, daß bei vielen Tieren die Weibchen mehr tun, als nur große Keimzellen zu produzieren; sie kümmern sich allein, ohne männliche Hilfe, um den

Nachwuchs. Die Weibchen dieser Arten sind für die Männchen ein nur sehr beschränkt verfügbares und daher wertvolles Gut, denn sie können nur einige wenige Junge hervorbringen, die aber mit verhältnismäßig hoher Wahrscheinlichkeit überleben, bis sie sich fortpflanzen. Unter den Männchen herrscht infolgedessen ein scharfer Wettbewerb um Zugang zu empfängnisbereiten Weibchen sowie Kontrolle derselben, wie es das Beispiel der Languren gezeigt hat. Auch bei einer Reihe anderer Arten von Primaten gibt es eine starke Konkurrenz unter den Männchen, was zur Bildung einer *sozialen Rangordnung* führt, in der einige Männchen andere zu beherrschen scheinen, so daß ihnen meist freier und ungehinderter Zugang zu nützlichen Gütern, wie Nahrung, Raum und Weibchen, gewährt wird. Während der letzten Jahre haben jedoch Primatologen die Frage aufgeworfen, ob es den Männchen, die sich an der Spitze der Rangordnung befinden, tatsächlich gelingt, ihre Gene in stärkerem Maße weiterzugeben, als es den Männchen niederer Rangstufen möglich ist. Die Beobachtungen begannen sich zu häufen, aus denen hervorging, daß im Gegensatz zu früheren Berichten sich auch Tiere niederer Rangstufe recht häufig paaren.

Glen Hausfater (1975) führte in einem Trupp von Gelben Babuins (*Papio cynocephalus*) eine langdauernde und besonders gründliche Untersuchung durch, um den Anpassungswert des Verhaltens dominanter Männchen zu testen. Auch er stellte fest, daß rangniedere Männchen regelmäßig kopulieren. Er ersann jedoch ein Verfahren, um den wahrscheinlichen Zeitpunkt der Ovulation zu ermitteln, und so gelang es ihm nachzuweisen, daß weibliche Babuins in der Zeit, in der sie gedeckt werden konnten, bedeutend häufiger von ranghohen als von rangtiefen Männchen begattet werden. Die dominanten Männchen erlauben den rangniederen den Geschlechtsverkehr zwar am Anfang und Ende der Östrusphase, während der es unwahrscheinlich ist, daß es zu einer Befruchtung kommt. In der für die Zeugung von Nachkommen optimalen Zeit nehmen die dominanten Männchen die Weibchen ausschließlich für sich selbst in Anspruch. Somit scheinen die zum Erwerb einer hohen Rangstufe aufgewendete Zeit und Energie funktionell zu sein und auf genetischen Erfolg abzuzielen, zumindest bei der untersuchten Population von Babuins.

WEIBLICHE FORTPFLANZUNGSSTRATEGIEN

Konkurrenz unter Männchen um möglichst häufige Paarungen mit befruchtungsfähigen Weibchen ist die verbreitetste männliche Fortpflanzungsstrategie (Trivers 1972). Wie wir bereits dargelegt haben, wird der Fortpflanzungserfolg eines Weibchens durch die Zahl der Eier begrenzt, die es erzeugen kann, bei einigen Arten auch durch die Zahl der Jungen, die es erfolgreich aufziehen kann. Deshalb ist der genetische Erfolg des Weibchens kaum eine Funktion der Zahl seiner Begattungen. Bei manchen Arten mit geringer Nachkommenzahl ist es in der Tat so, daß die Weibchen bei einer Paarung genügend Sperma aufnehmen, alle ihre Eier zu befruchten, und dann nicht mehr empfängnisfähig sind. Theoretisch gesehen sollte die *Qualität* des Geschlechtspartners, nicht die Zahl der Paarungen, der maßgebende Faktor für den genetischen Erfolg des Weibchens sein. Männchen können ihren Geschlechtspartnern oder deren Jungen zwei Dinge anbieten, die den genetischen Erfolg der Weibchen beeinflussen könnten: ihre mit den Spermien übertragenen Gene und die Güter (Nahrung, Raum usw.), über die sie verfügen. Welches sind die Beweise dafür, daß eine Hauptaufgabe des weiblichen Fortpflanzungsverhaltens darin besteht, potentielle Geschlechtspartner auf der Basis dieser Kriterien zu bewerten?

Als erster dieser Beweise sei hier die große Seltenheit von Paarungen zwischen Vertretern verschiedener Arten genannt. Obwohl die Männchen mancher Arten Weibchen anderer Arten anbalzen oder sich mit ihnen zu paaren suchen, sind solche Paarungen äußerst selten. Es ist kein Vorteil für ein Weibchen, die Gene artfremder Männchen aufzunehmen; denn dadurch würde das Weibchen seine Fortpflanzungsfähigkeit verausgaben, um Mischlinge zu zeugen, die selten so überlebens- und fortpflanzungsfähig sind wie reinartliche Nachkommen. Männchen sind weniger wählerisch, weil sie nur wenig zu verlieren haben, wenn eine Paarung nicht zu erfolgreicher Nachkommenschaft führt. Weibchen haben bedeutend mehr zu verlieren und sind dementsprechend wählerischer (Orians 1969).

Aber Weibchen meiden nicht nur die Männchen anderer Arten; sie verweigern auch manchen Artgenossen die Begattung und akzeptieren Geschlechtspartner häufig nur nach längerem Paarungsvorspiel. Obschon Paarungsvorspiele dem Arterkennen dienen können, können sie auch dem Weibchen helfen, die genetische Qualität eines Männchens abzuschätzen (Trivers 1972). In manchen Arten können die Männchen ihrem Geschlechtspartner keine nützlichen Güter anbieten, und ihr einziger Beitrag werden ihre Gene sein. Zum Beispiel ist für die meisten Pflanzenfresser die Nahrung weit verstreut und von relativ geringem Nährwert. Die Männchen können also nicht genügend große Mengen der pflanzlichen Nahrung sammeln und den Weibchen anbieten, um sie zur Paarung zu verlocken[6]. Sie unterscheiden sich jedoch in ihrem genetischen Wert, wie er gemessen wird durch ihre Fähigkeit zu überleben und andere Männchen im kämpferischen Wettstreit auszuschalten. Falls es einem Weibchen gelingt, diese Eigenschaften auf ihre männlichen Nachkommen zu vererben, so werden ihre eigenen Gene bei diesen Nachkommen mit Nutzen ziehen. Somit ist die Annahme der ranghohen Männchen als Geschlechtspartner zur Zeit der Ovulation bei Languren und Pavianen nahezu sicher eine Anpassung. Ranghohe Männchen haben ihre Fähigkeit bewiesen, eine relativ lange Zeit zu überleben und mit anderen Männchen in der Konkurrenz um die soziale Rangordnung erfolgreich zu sein.

Weibliche Languren und Paviane schließen sich Männchen an, weil diese sie und ihre Jungen bis zu einem gewissen Grad vor Raubfeinden und anderen Männchen der Art schützen können. Bei einigen Tieren können die Männchen den Weibchen weder Schutz noch Hilfsgüter anbieten. Bei diesen Arten versammeln sich die Männchen oft zu Gruppen, um seltsame turnierähnliche Rituale aufzuführen (Arenabalz). Birkhähne (*Lyrurus tetrix*), Kampfläufer (*Philomachus pugnax*), Präriehühner (*Tympanuchus* spec.) und Uganda-Kob (Moor- oder Grasantilope, *Kobus kob*) sind berühmt für ihre Gruppenbalz.

Dem allgemeinen Publikum weniger bekannt, aber ebenso ungewöhnlich in ihrem Verhalten sind einige fruchtfressende tropische Vögel. In den Tropen wachsen Früchte tragende Bäume weit verstreut und bringen ihre Früchte nur während kurzer Zeit und ganz unregelmäßig hervor. Infolgedessen können die männlichen Vögel nicht beliebig über diese Nahrungsquelle verfügen, um sich den Weibchen wertvoll zu machen. Also scheint die von den Weibchen getroffene Wahl ausschließlich auf der genetischen Qualität zu beruhen, wie sie von den einzelnen Männchen bei der ritualisierten Gemeinschaftsbalz kundgetan wird (Snow 1976). Wie aus den Forschungen am Weißsäbelpipra (oder Mönchsschnurrvogel, *Manacus manacus*) hervorgeht, sind die Weibchen bei der Wahl ihrer Geschlechtspartner sehr wählerisch. Bei dieser Art treffen sich Männchen das ganze Jahr über in Gruppen an den traditionellen Balzplätzen (Lill 1974). Dort streiten sie sich um den Besitz von Sitzplätzen auf jungen Bäumen, von denen aus sie ihre bemerkenswerten Schaustellungen vorführen (s. Abb. 2): Die Schäfte der Handschwingen sind an der Spitze verdickt, und die Vögel bringen laut schallende Geräusche hervor, indem sie die Flügelspitzen gegeneinanderschlagen. Dadurch werden Weibchen an den Balzplatz gelockt, wo sie dann sitzen und den balzenden Männchen zuschauen.

Bei seiner vorzüglichen Studie über diese Vogelart fing Alan Lill an mehreren Balzplätzen Männchen und Weibchen und befestigte verschiedenfarbige Ringe an ihren Füßen (1974). Weil er so die Individuen unterscheiden konnte, vermochte er über mehrere Balzperioden genau Buch zu führen, wer sich mit wem paarte. Er fand bei einer Arena mit zehn Männchen, daß ein bestimmtes Tier 73 Prozent der 438 beobachteten Begattungen ausführte. Die Partnerwahl erfolgt also beim Weißsäbelpipra offensichtlich nicht auf gut Glück.

Die Grundlage für die Wahl scheint der Ort des Sitzplatzes zu sein. Männchen, die einen bestimmten Platz erobern konnten, werden immer und immer wieder gewählt. Nur bei relativ alten Männchen ist es wahrscheinlich, daß sie einen bevorzugten Sitzplatz innehaben. Überhaupt schließen sich Männchen einer Balzgruppe nicht eher an, als bis sie mehrere Jahre alt sind, und auch dann müssen sie noch eine Reihe von Jahren als Besitzer peripherer

Abb. 2 Eine kleine Balzarena des Weißsäbelpipras (*Manacus manacus*). Die Männchen haben Laub und Zweige unterhalb ihrer Sitzplätze weggeräumt und so Balzplätze geschaffen. Das Männchen im Hintergrund beginnt seinen Balzflug, bei dem es auf seinen Balzplatz hinab und dann zurück auf den Sitzplatz fliegen wird.

Sitzplätze überleben, bevor sie eine Chance haben, nach dem Tod oder Niedergang eines ehemals dominierenden Männchens auf einen der Hauptsitzplätze zu gelangen. So wird ein langes Leben und die Fähigkeit zum erfolgreichen Wettstreit schließlich vielleicht von Weibchen belohnt, die dann ihre Nachkommen mit diesen hervorragenden Eigenschaften ausstatten.

DIE AUSWAHL EINES HELFENDEN PARTNERS ALS WEIBLICHE FORTPFLANZUNGSSTRATEGIE

Wenn bei einer Tierart die Männchen den Weibchen nützliche Dienste erweisen können, ist zu erwarten, daß sich die Weibchen hilfreiche Männchen als Partner wählen. Bei Raubtieren können die Männchen leicht helfen, entweder durch direkte Nahrungsbeschaffung (ein Insekt oder Fleischhappen kann leicht transportiert und dem Weibchen oder ihren Jungen angeboten werden) oder durch die Verteidigung eines Nahrungsterritoriums für die Weibchen (Orians 1969). Die Beute der Carnivoren pflegt knapp, aber proteinreich und deshalb wertvoll zu sein. Ein Weibchen, das sich seinen Gefährten wegen der Geschicklichkeit erwählt, ihm bei der Beschaffung dieser Nahrungsmittel zu helfen, gewinnt nicht nur unmittelbaren Nutzen aus der Versorgung mit diesen Gütern, sondern auch einen Partner von höherer genetischer Qualität, gemessen an seiner Fähigkeit zum Nahrungserwerb oder zur Territoriumsverteidigung.

Vögel liefern die bekanntesten Beispiele für mithelfende Männchen. Bei vielen Arten ist die Zeit der Paarbildung von längerer Dauer; in dieser Zeit kommt es unter anderem zu wiederholter Partnerfütterung, wobei das Männchen dem umworbenen Weibchen Futter (das häufig aufgewürgt wird) anbietet. Diese Fütterungen scheinen eine notwendige Bedingung für die Annahme des Männchens durch das Weibchen zu sein. Solche Geschenke könnten es dem Weibchen ermöglichen, sowohl die Befähigung des Männchens zur Nahrungsbeschaffung als auch seine Hilfsbereitschaft abzuschätzen. Bei Vögeln ist es auch üblich, daß die Männchen ein Territorium verteidigen, in dem das Weibchen Nahrung für die Jungen sammeln wird. Beobachtungen deuten darauf hin, daß die Weibchen die Güte eines Territoriums genau beurteilen, bevor sie einen Partner als Gatten akzeptieren. Zahlreiche Beobachtungen zeigen, daß Männchen, die nur über ein Randgebiet verfügen, keine Weibchen anlocken konnten. Noch bedeutsamer sind die Untersuchungen solcher Arten, deren Weibchen einen Geschlechtspartner mit hervorragendem Territorium wählen, selbst wenn dieser bereits eine oder mehrere Gattinnen besitzt (Orians 1969). Ein Weibchen, das Mitglied eines Harems wird, muß zwar die Brutfürsorge des Männchens mit anderen Weibchen teilen, aber dieser Nachteil dürfte mehr als ausgeglichen werden durch die Menge an Insektennahrung in dem ausgezeichneten Gebiet.

Brutfürsorge durch das Männchen findet sich nicht nur bei Vögeln. Sogar Insekten zeigen dieses Verhalten. Man hat die Ansicht geäußert, daß männliche Gottesanbeterinnen (Mantidae) ihren Geschlechtspartnern erlauben, sie während und nach der Paarung zu verspeisen, weil dies eine – wenn auch indirekte – Förderung seiner, seine Gene tragenden Nachkommen bedeutet (Thornhill 1976 a). Die Männchen anderer fleischfressender Insekten bringen weniger auffällige Opfer, um die Weibchen zur Paarung zu veranlassen. Die Männchen der Mückenhafte *Bittacus apicalis*, einem Netzflügler, fangen ein Insekt und warten dann darauf, daß ein Weibchen des Weges kommt. Wenn sich eines nähert, überläßt ihm das Männchen die Beute; wird diese angenommen, folgt die Begattung. Aber die Weibchen nehmen sich das Recht, die Kopulation jederzeit abzubrechen. Gewöhnlich dauert sie etwas mehr als zwanzig Minuten; während dieser Zeit kann das Männchen ein vollständiges Quantum Sperma auf das Weibchen übertragen. Wenn aber dem Weibchen eine Beute übergeben worden ist, die in weniger als zwanzig Minuten verzehrt werden kann, so beendet es die Paarung sofort nach dem Verzehr der Beute und entfernt sich. Da aber in diesem Fall das Männchen kein volles Quantum Sperma übertragen hat, bleibt das Weibchen weiter paarungsfähig, und das Männchen hat weniger Eier befruchten können, als wenn es eine normale Beute übergeben hätte (Thornhill 1976 b).

Während es leicht zu verstehen ist, daß ein Weibchen einer Raubinsektenart es angepaßt findet, wenn ihr als Vorbedingung für eine vollständige Paarung eine entsprechende Beute überreicht wird, verhält es sich anders bei den Weibchen der Tanzfliege *Hilara sartor* (Empididae), die vor der Paarung einen leeren Seidenballon als Geschenk verlangen (Kessel 1955). Die Ballonfliegen ernähren sich von Blütennektar; ihre Weibchen verzehren die Seide des Ballons nicht, noch brauchen sie ihn auf andere Weise; sie halten ihn während der Paarung einfach nur fest. Der Anpassungswert dieses Tuns ist deshalb gar nicht leicht zu erkennen. Glücklicherweise ist es zuweilen möglich, die historische Entwicklung eines Verhaltensmusters zu verfolgen, indem man das Verhalten verwandter Arten untersucht. Den Schlüssel dazu bildet die Annahme, daß von irgendwelchen lebenden Verwandten Verhaltensmuster gezeigt werden, die den Vorläufern des fraglichen Verhaltens ähnlich sein können. Ballonfliegen gehören zu einer Gattung mit zahlreichen Arten, die eine große Vielfalt von Formen des Paarungsverhaltens zeigen. Tanzfliegen sind in der Regel räuberisch. Bei einigen Arten überreicht das Männchen vor der Paarung ein Geschenk, bei anderen geschieht das nicht. Die Männchen wieder anderer Arten heften ein paar Seidenfäden an ihr Opfer, vermutlich um es wehrlos zu machen, bevor sie es ihrem Partner anbieten. Andere Arten gehen noch weiter, indem sie das zum Geschenk bestimmte Insekt völlig einspinnen. Einige, wie die Ballonfliegen, ernähren sich nicht mehr von Insekten, sondern nur noch von Blütennektar. Dazu gehören solche Tanzfliegen, bei denen das Männchen ein vertrocknetes Bruchstück eines Insekts sucht und umspinnt. Schließlich dann die Ballonfliegen, die völlig auf das Insekt verzichten und bloß einen Ballon herstellen und dem Geschlechtspartner übergeben.

In dieser Reihenfolge könnte sich die stammesgeschichtliche Entwicklung des bei den Ballonfliegen üblichen Verfahrens abgespielt haben (Kessel 1955). Es liegen aber keinerlei Anzeichen dafür vor, daß einige der heute lebenden Arten etwa weniger gut angepaßt oder evolutiv weniger entwickelt wären als die Ballonfliegen. Die Folge zeigt nur, daß die Ballonfliege eine andere Entwicklungsgeschichte durchgemacht hat als die anderen Arten von Tanzfliegen. Das Beispiel zeigt, wie man den Artenvergleich benützen kann, um einen zumindest möglichen Ablauf für die Stammesgeschichte eines sehr ungewöhnlichen Verhaltensmusters zu entwerfen.

DIE EVOLUTION VON ALTRUISMUS IN DER FORTPFLANZUNG

Vom Standpunkt der Evolutionstheorie aus betrachtet, ist das rätselhafteste Verhalten jene Selbstlosigkeit in der Fortpflanzung, bei der ein Individuum seine eigene Chance, Nachkommen zu haben, vermindert, um einem anderen Individuum die Fortpflanzung zu erleichtern. Derartiges Verhalten existiert wirklich, ungeachtet der Tatsache, daß es die Überlebenswahrscheinlichkeit der mit ihm verknüpften Gene zu verkleinern scheint. Dieses offensichtliche Paradoxon hat während der letzten Jahre sehr viel Beachtung gefunden. W. D. Hamilton (1964) und andere die Evolution erforschende Biologen haben das Geheimnis teilweise aufgeklärt, indem sie wiederum die genetische Betrachtungsweise anwendeten (Wilson 1975; s. auch den Beitrag »Evolution von Gehirn, Verhalten und Gesellschaft« von H. Zeier in diesem Band).

Ein in einem Individuum vorhandenes Gen kann überleben, wenn sich das Individuum fortpflanzt und Kopien des Gens an seine Nachkommen vererbt. Weil die eigene Fortpflanzung der übliche Weg ist, um seinen Genen das Überleben zu sichern, denken wir manchmal, es sei der einzige. Dies stimmt aber nicht. Ein Gen, das in irgendeiner Weise ein Individuum dazu befähigt, die Fortpflanzung *verwandter* Individuen zu unterstützen, kann überleben, weil diese Verwandten einige der gleichen Gene besitzen. Erhöhe eines Verwandten Fortpflanzungserfolg, und du erhöhst in einem gewissen Maße deinen eigenen Fortpflanzungserfolg! Fortpflanzungs-Altruismus gegenüber Verwandten ist ein indirektes Verfahren zur Ausbreitung und Erhaltung eines Gens in der Population. Eine entscheidende Voraussage aufgrund der genetischen Betrachtungsweise ist, daß ein Individuum, das weniger Nachkommen produziert als ihm möglich wäre, indem es anderen bei der Fortpflanzung hilft, fast mit Sicherheit seine Hilfe Verwandten gewährt.

Offensichtlicher Fortpflanzungs-Altruismus ist unter den Wirbeltieren ziemlich weit verbreitet, besonders bei Vögeln und Säugern, wo er sich gewöhnlich als Hilfe zeigt, die den eigenen Eltern bei der Brutpflege geleistet wird. Wie man jetzt weiß, gibt es bei manchen Vogelarten sogenannte »Bruthelfer«, das sind Vögel, die zwar nicht selbst Eltern einer Brut junger Vögel sind, aber trotzdem den Nestlingen Nahrung bringen (Brown 1972, Woolfenden 1975). Man hat einige Langzeitstudien an farbig beringten Populationen unternommen, um den Verwandtschaftsgrad zwischen Helfern und Unterstützten herauszufinden. Gewöhnlich ist der Altruist ein ein oder zwei Jahre alter Vogel, der den Versuch, sich selber fortzupflanzen, aufschiebt, um in der Zwischenzeit seine Eltern bei der Aufzucht weiterer

Brüder und Schwestern zu unterstützen. Diese Untersuchungen bestätigen somit die auf der Evolutionstheorie fußende Voraussage, daß Helfer nur ihren Verwandten helfen.

Die extremste Form des Fortpflanzungs-Altruismus findet sich bei einigen soziallebenden Insekten (Ameisen, Termiten und manche Bienen und Wespen), bei denen sich eine sterile Kaste von Helfern oder Arbeitern entwickelt hat (Wilson 1971). Anders als die Helfer bei den Wirbeltieren, die die Fortpflanzungsfähigkeit behalten, sind die Arbeiter mancher dieser Insektenarten unter allen Umständen unfähig, sich fortzupflanzen. Statt dessen befassen sie sich ihr ganzes Leben mit Aufgaben wie Aufzucht der Larven, Sammeln von Nahrung und Wasser, Ausbau des Nestes und Verteidigung der Kolonie gegen Feinde. In welch hohem Maße diese Arbeiter sich für andere aufopfern, kann man an ihrer Bereitwilligkeit erkennen, bei der Verteidigung ihrer Gruppe zu sterben. Wenn etwa eine Arbeiterin der Honigbiene (*Apis mellifera*) ein feindliches Säugetier sticht, wird der Stechapparat aus ihrem Körper gerissen und sie dabei getötet. Weil aber der Stachel nebst der anhängenden Giftdrüse in der Haut des Feindes steckenbleibt, erhält der Nesträuber die größtmögliche Dosis an Gift. Ein weniger bekanntes, aber ebenso erstaunliches Beispiel selbstmörderischer Verteidigung liefern die Arbeiter der Ameise *Camponotus saunderi*, deren Hinterleib fast ganz von einer Drüse ausgefüllt ist, die eine klebrige Flüssigkeit erzeugt (Maschwitz, Maschwitz 1974). Wenn ihre Kolonie von anderen Ameisen bedroht wird, stürzen sich die Arbeiter auf die Eindringlinge und bringen durch die Kontraktion bestimmter Muskeln ihren Hinterleib zum Platzen, so daß die klebrige Flüssigkeit frei wird und die Angreifer bewegungsunfähig macht. Dies ist jedenfalls der Gipfel des Fortpflanzungs-Altruismus.

Obwohl es noch eine beträchtliche Diskussion über die Ursprünge dieser extremen Selbstlosigkeit gibt, wie sie von sterilen Insektenarbeitern an den Tag gelegt wird, gibt es kaum Meinungsverschiedenheiten darüber, daß sie ihren Verwandten dient, ihrem Vater und ihrer Mutter (den Koloniegründern) und ihren fortpflanzungsfähigen Geschwistern (den zukünftigen Königen und Königinnen neuer Kolonien). Somit können die altruistischen Handlungen gesellig lebender Insekten ebenso wie die gesellig lebender Wirbeltiere die Häufigkeit der Gene vergrößern, mit denen diese Handlungsweise verbunden ist, wenngleich die Altruisten sich nicht selbst fortpflanzen. Das ungewöhnliche System der Geschlechtsbestimmung bei den Ameisen, Bienen und Wespen – alle Mitglieder einer Kolonie sind Kinder einer einzigen Mutter und eines oder ganz weniger Väter, da die Königin nur auf ihrem einzigen Hochzeitsflug Spermien empfängt – führt dazu, daß die Arbeiterinnen einander genetisch außergewöhnlich ähnlich sind. Dies könnte die Entstehung des Altruismus begünstigt haben, da der genetische Nutzen für den Helfer groß ist. Viele Biologen meinen, daß es kein Zufall sein kann, daß sich komplexe Sozialsysteme nahezu ausschließlich (eine Ausnahme bilden nur die Termiten) bei den Hautflüglern (Hymenoptera) entwikkelt haben, also jener Ordnung der Insekten, bei denen Geschwister einander genetisch außergewöhnlich ähnlich sind.

SCHLUSSBEMERKUNG

Im vorliegenden Abriß der genetisch orientierten Betrachtungsweise haben wir dargelegt, wie diese Art der Betrachtung so unterschiedliche Phänomene wie die Kindstötung bei Languren, die Arenabalz bei Schnurrvögeln und den Fortpflanzungs-Altruismus der Arbeiterinnen der Honigbiene erklären kann. Daß die genetische Betrachtungsweise zum Verständnis so verschiedenartiger Verhaltenserscheinungen beitragen konnte, hat in den letzten Jahren den Biologen diesen Zugangsweg, der für die Zukunft noch weitere Einsichten in die Geheimnisse des Tierverhaltens verspricht, so attraktiv gemacht.

Aus dem Amerikanischen übertragen von Alfred Heil und Roger A. Stamm

ANMERKUNGEN

1

Im amerikanischen Original: »genetic thinking«. Im folgenden meist mit »genetische Betrachtungsweise« oder »auf der Evolutionstheorie beruhende Betrachtungsweise« übersetzt.

2

»Evolutionary biologist«; diese Bezeichnung wird vom Verfasser häufig benutzt. Die Übersetzer konnten sich nicht entschließen, die bis jetzt noch kaum übliche Übersetzung »Evolutionsbiologe« zu verwenden. Der Begriff wurde mit »Evolutionsforscher« oder mit einer Umschreibung übersetzt.

3

»Ultimate function«; Gegenbegriff zu »proximate function«; in der Literatur häufiger als »proximate factor« (»unmittelbarer Selektionsfaktor«) und »ultimate factor«. Eine gebräuchliche deutsche Übersetzung existiert noch nicht. Vorschlag von Prof. Günther Osche (persönliche Mitteilung an den Hg.): »historisch bedingter Faktor« (bzw. Funktion). Gemeint ist in der Regel ein unterschiedlicher Zeitfaktor. So wäre etwa in der Diskussion des Fortpflanzungs-Altruismus (s. den Abschnitt »Die Evolution von Altruismus in der Fortpflanzung« dieses Beitrags) der Verzicht auf die eigene Fortpflanzung ein in seiner unmittelbaren Funktion nachteiliges Verhalten, in seiner »ultimate function«, die darum auch das Überleben der verantwortlichen Gene ermöglichte, trotzdem ein dem Überleben dienliches Verhalten.

4

Das amerikanische Original verwendet ausschließlich den Begriff »gene«. Gemeint ist hier und an zahlreichen weiteren Stellen, wo dies in der Übersetzung nicht mehr besonders hervorgehoben wird, die »jeweils besondere Variante eines Gens«, eben das Allel. Einblick in die genetische Terminologie bietet der Beitrag G. Strubes in Band V dieser Enzyklopädie, an den sich auch eine Übersicht einschlägiger Literatur anschließt.

5

Detritus: fein zerteilte organische Abfälle.

6

Paarfüttern oder Balzfüttern ist eine besonders innerhalb der Vögel weitverbreitete Paarbindungshandlung, Bestandteil der Balz; s. hierzu insbesondere den Abschnitt »Die Auswahl eines helfenden Partners als weibliche Fortpflanzungsstrategie« dieses Beitrags und den Beitrag von R. A. Stamm über »Aufgaben des Verhaltens« in diesem Band.

LITERATUR

Allen, L. u. a.: Sociobiology – Another biological determinism. Bio-Science, 26, 1976, 182–186

Bertram, B. C. R.: The social system of lions. Scientific American (May), 233, 1975, 54–65

Brown, J. L.: Communal feeding of nestlings in the Mexican jay (*Aphelocoma ultramarina*): interflock comparisons. Animal Behaviour, 20, 1972, 395–403

Cullen, E.: Adaptations in the kittiwake to cliff nesting. Ibis, 99, 1957, 275–302

Dawkins, R.: The Selfish Gene, New York: Oxford University Press 1976

Hamilton, W. D.: The evolution of social behavior. Journal of Theoretical Biology, 7, 1964, 1–52

Hausfater, G.: Dominance and reproduction in baboons (*Papio cynocephalus*). A quantitative analysis. Contributions to Primatology, 7, 1975, 1–150

Hrdy, S. B.: Infanticide as a primate reproductive strategy. American Scientist, 65, 1977, 40–49

Kessel, E. L.: Mating activities of balloon flies. Systematic Zoology, 4, 1955, 97–104

Lill, A.: Sexual behavior of the lek-forming white-bearded manakin (*Manacus manacus trinitatis* Hartert). Zeitschrift für Tierpsychologie, 36, 1974, 1–36

Maschwitz, U., Maschwitz, E.: Platzende Arbeiterinnen: Eine neue Art der Feindabwehr bei sozialen Hautflüglern. Oecologia, 14, 1974, 289–294

Orians, G. H.: On the evolution of mating systems in birds and mammals. American Naturalist, 103, 1969, 589–603

Seely, M. K., Hamilton, W. J.: Fog catchment sand trenches constructed by tenebrionid beetles, *Lepidochora*, from the Namib desert. Science, 193, 1976, 484–486

Snow, D. W.: The Web of Adaptation: Bird Studies in the American Tropics. New York: Demeter Press 1976

Thornhill, R.: Sexual selection and paternal investment in insects. American Naturalist, 110, 1976 a, 153–163

Sexual selection and nuptial feeding behavior in *Bittacus apicalis* (Insecta, Mecoptera). American Naturalist, 110, 1976 b, 529–548

Tinbergen, N.: The shell menace. Natural History (August), 72, 1963, 28–35

Trivers, R. L.: Parental investment and sexual selection. In: B. Campbell (Ed.): Sexual Selection and the Descent of Man, 1871–1971. Chicago: Aldine 1972, 136–179

Williams, G. C.: Adaptation and Natural Selection. Princeton, N. J.: Princeton University Press 1966

Wilson, E. O.: The Insect Societies. Cambridge, Mass.: Harvard University Press 1971

Sociobiology. Cambridge, Mass.: Harvard Univ. Press 1975

Woolfenden, G. E.: Florida scrub jay helpers at the nest. Auk, 92, 1975, 1–15

ZUR FRAGE DES SELBSTBEWUSSTSEINS BEIM TIER

von Heini Hediger

Während vieler Jahrzehnte, bis in die jüngste Zeit, ist die Frage nach dem tierlichen Bewußtsein nicht nur zwiespältig, sondern ausgesprochen gegensätzlich beantwortet worden, zumeist absolut negativ. So schreibt H. Autrum noch 1975 (1975, 111) ausdrücklich: »Über subjektive Vorgänge bei Tieren können wir prinzipiell nichts erfahren. Bewußtsein und Persönlichkeit sind uns bei Tieren absolut unzugängliche Erscheinungen.«

Darf eine derart negative Haltung, ein solcher A-priori-Verzicht, überhaupt als wissenschaftlich gelten? Darf die Wissenschaft zum vornherein auf die Erforschung irgendeines Gebietes verzichten, ohne auch nur einen Versuch zu unternehmen? Die Geschichte der Wissenschaft weist eine enorme Zahl von Beispielen auf, wo ein weiteres Vordringen zunächst als völlig unmöglich erschien, wo aber später doch überraschende Wege sich zeigten. Man denke nur an die jüngsten Fortschritte der Genetik oder der Nuklearphysik.

Der von Autrum in bezug auf die Bewußtseinsfrage zum Ausdruck gebrachte, sozusagen endgültige Pessimismus wurde u. a. vertreten durch G. Bohn (1912, 175). Er hat dringend empfohlen, die Frage nach dem tierlichen Bewußtsein ganz beiseite zu lassen, »da ihre Beantwortung außerhalb der Möglichkeit wissenschaftlicher Forschung liegt«.

Gleich pessimistisch äußerte sich merkwürdigerweise auch J. A. Bierens de Haan (1929, 30): »... wir wissen, daß wir niemals exakte Kenntnis des Bewußtseins anderer Lebewesen besitzen werden«. E. Frauchiger, von Haus aus Arzt, betont, daß der Begriff des Bewußtseins auf das Tier nicht anwendbar sei (1945, 38): »Wir zweifeln nicht daran, daß das Tier empfindet, fühlt, wahrnimmt ..., daß es Gefühle, Affekte, Strebungen hat, daß es träumt und wiedererkennt; nur daran zweifeln wir und müssen wir zweifeln, daß es Bewußtsein seiner selbst besitzt.«

Sonst sind es gerade die Tierärzte gewesen, welche ganz selbstverständlich und unbekümmert vom Bewußtsein des Tieres redeten und es ausgiebig manipulierten. Sie sprachen angesichts ihrer Patienten bei der Narkose vom Schwinden des Bewußtseins und von seinem allmählichen Wiederkehren, wenn die Narkosewirkungen sich nach beendetem Eingriff wieder verflüchtigten und der Patient neuerdings anfing, auf äußere Reize zu reagieren. 1961 habe ich ausdrücklich und anhand von Beispielen auf diesen eigentümlichen Tatbestand hingewiesen (Hediger 1961, 168).

Seither sind viele Veterinäre in dieser Hinsicht wesentlich zurückhaltender geworden. So fehlt z. B. in dem 1976 von H. G. Klös u. E. Lang herausgegebenen Werk über Zootier-Krankheiten jede Erwähnung von Narkose oder Bewußtsein; es ist stets nur noch von »medikamenteller Ruhigstellung« die Rede.

Dagegen gab bereits 1920 der Psychiater S. J. Szymanski, der sich auch sehr viel mit Tieren aller Art beschäftigt hat, der Überzeugung Ausdruck, daß die Streitfrage über das Vorkommen eines außermenschlichen Bewußtseins eines Tages »zugunsten der Verteidiger des tierlichen Bewußtseins entschieden werden wird«. – Die heutige Situation scheint Szymanski recht zu geben.

Verschiedene Forscher scheinen endlich die wissenschaftlich ohnehin unhaltbare Einstellung aufzugeben und sich nicht länger gegen die Tür zu stemmen, die zum Bewußtsein der Tiere führt. Ich habe bereits 1947 der festen Meinung Ausdruck gegeben, daß jedenfalls das Wissen vom eigenen Körper beim Tier der Erforschung durchaus zugänglich sei, und ich habe diese Überzeugung 1961 aufgrund weiterer Einsichten erneut zum Ausdruck gebracht mit dem Hinweis auf neue experimentelle Möglichkeiten (Hediger 1947, 1961).

ARTEN VON BEWUSSTSEIN

In diesem Zusammenhang habe ich angedeutet, daß es nicht nur *eine* Art von Bewußtsein gibt – das menschliche –, sondern daß es auch hier gewisse Vorformen davon geben muß. Eine der einfachsten, vielleicht die einfachste dieser Vorformen ist das Wissen um seinen eigenen Körper und seiner Anhänge bzw. Fortsätze, die unter Umständen sehr stark wechseln können (z. B. Geweih). Ich sprach daher von einem »Körperbewußtsein« als einer Grundform des Selbstbewußtseins, das sich wohl auch der Mensch in seiner Ontogenese erwerben muß.

Ferner muß das Tier auf relativ früher Stufe über ein Wissen um einen besonders veränderlichen, sogar ablösbaren »Körperanhang« verfügen, nämlich über ein Wissen um seinen eigenen Schatten. Das gab Anlaß, von »Schattenbewußtsein« in Ergänzung des eigentlichen Körperbewußtseins zu sprechen.

Ein »Spiegelbewußtsein« im Sinne eines Wissens um sein eigenes Spiegelbild konnte ich damals (1961) noch nicht als gesichert hinstellen, doch sind seither gerade auf diesem Gebiet in letzter Zeit überraschende Tatsachen bekannt geworden, ebenso auf dem Gebiete der Imitation.

Seither habe ich eine weitere Möglichkeit als experimentellen Zugang zum tierlichen Selbstbewußtsein aufzeigen können, nämlich den aufgrund der im Tierreich weit verbreiteten Eigennamen (Hediger 1976).

In seinem gehaltreichen Werk über »Animal Nature and Human Nature« macht W. H. Thorpe (1974, 24) auf die grundsätzliche Schwierigkeit aufmerksam, die jedem begegnet, der ein gewisses Bewußtsein im Tierreich nicht von vornherein ablehnt. Er kommt zum Schluß, daß die Annahme eines Bewußtseins im Tierreich um so fragwürdiger wird, je tiefer wir im zoologischen System absteigen, und er stellt die heikle Frage, ob wir nicht schon von Viren und Bakterien an aufwärts Keime von einer Art Selbstbewußtsein annehmen müßten.

Darauf ist zu antworten, um es auf eine extrem einfache Formel zu bringen, daß zwar alle Lebewesen miteinander Gemeinsames haben, nämlich das Leben, daß aber andere Besonderheiten (wie z. B. das menschliche Skelett) bei Säugetieren und anderen Vertebraten an Ähnlichkeit und Vergleichbarkeit immer mehr einbüßen, je weiter wir uns vom Menschen entfernen. Wäre es nicht denkbar, daß nicht nur auf körperlichem Gebiet, sondern auch auf dem des Verhaltens, des Psychischen, sich eine entsprechend schwächer werdende Ähnlichkeit findet?

Dabei ist zu berücksichtigen, daß das zoologische, d. h. nach rein körperlichen Merkmalen ausgerichtete System sich keineswegs deckt mit dem System des Verhaltens, des psychischen Niveaus. Intelligenz, Werkzeuggebrauch, Gedächtnisleistung, Orientierung, Kommunikationsfähigkeit und viele andere Fähigkeiten sind keineswegs parallel dem herkömmlichen zoologischen System ausgebildet, sondern treten nach ganz anderen Gesetzmäßigkeiten oder Umständen auf.

Im Prinzip nimmt Thorpe ein im Laufe der Evolution sich stets höher steigerndes Bewußtsein an, das über verschiedene Vorstufen im Menschen schließlich eine distinkte Höhe und Vollkommenheit erreicht hat. – Das führt uns eigentlich – wie in so vielen entsprechenden Fällen – an die Schwierigkeit der Definition. Wenn wir unter »Bewußtsein« nur die dem Menschen zukommende Qualität verstehen, dann finden wir im Tierreich nichts absolut Gleichartiges.

Einigt man sich aber auf eine weiter gefaßte Definition, wie z. B. Bewußtsein im Sinne eines Wissens um die Ausdehnungen, den Schatten, das Spiegelbild des eigenen Körpers oder ähnlich, dann wird uns ein Bewußtsein in vielen Vorformen auch im Tierreich begegnen, und solche Vorformen versuchen wir hier aufzuspüren.

Verschiedene Autoren sind der Überzeugung, daß wir sozusagen zwischen primärem und sekundärem Bewußtsein unterscheiden sollten und daß dieses sekundäre Bewußtsein, d. h. die Fähigkeit der Bearbeitung des primären Wissens, nur dem Menschen zukommt, wo es den Charakter der Reflexion aufweist. Um es anders auszudrücken: Das Tier weiß um seinen Körper und seine Empfindungen, aber es weiß nicht, daß es das weiß.

R. Oeser hat diesen Tatbestand bereits 1929 klar formuliert: »Das Tier weiß, wie groß es ist. Aber es weiß nicht, daß es das weiß.« Völlig unabhängig davon kam auch W. Betz (1927, 184) zu dieser Annahme: »Bei den Tieren wird Selbstbeobachtung noch kaum vorkommen. Der Hund, der tolle Freudensprünge macht, weil er mit spazierengehen darf, ist froh, aber er weiß vermutlich nicht, daß er froh ist ... Da er zwischen sich und fremden Hunden unterscheidet und freundlich oder feindlich ist, hat er ein Selbstbewußtsein und Selbstgefühl, aber er weiß schwerlich, daß er es hat.«

W. H. Thorpe (1974, 363) ist der Meinung, daß niemand, der während langer Zeit mit höheren Tieren, wie Menschenaffen, Affen, Hunden und Katzen, gearbeitet hat, wird behaupten können, daß diese Tiere eines Bewußtseins völlig entbehren. Gleichzeitig bestätigt er, daß kein Tier über sich selbst reflektieren kann. Dieser Auffassung kann ich ganz zustimmen.

Ich sehe meine Aufgabe darin, aus der unmittelbaren Beobachtung und Erfahrung mit Tieren das an Tatsachen beizusteuern, was zu einer Klärung der heiklen Frage des tierlichen Bewußtseins vielleicht beitragen kann.

KÖRPERBEWUSSTSEIN

Es sollen zuerst einige Gedanken wiederholt werden, die sich mir in meiner langen Tiergartenpraxis aufgedrängt haben: Die Frage, ob ein Tier weiß, wie groß es ist und welche Ausdehnung seine festen Körperanhänge haben, ist im Zoo zuweilen von technischer Bedeutung, z. B. bei der Wahl von Maschenweiten eines Drahtgeflechtes, beim Bestimmen des Abstandes von Eisenstäben, bei der Dimensionierung von Türen, Durchlässen, Absperrungen usw.

Besonders anschaulich greift die Bewußtseinsfrage unmittelbar in die Zoo-Praxis ein bei der sogenannten selektiven Unterteilung, die zuweilen bei Hirschgehegen zur Anwendung kommt. Sie besteht darin, daß ein Hirschgehege so unterteilt wird, daß die weiblichen Tiere sich völlig frei darin bewegen können, während die großen männlichen Hirsche mit ihrem ausladenden Geweih in der Brunftzeit nur einen Teil des Geheges bewohnen können, weil sie nicht in der Lage sind, sich durch die knapp abgemessenen Öffnungen des Unterteilungszauns zu zwängen. Den Weibchen und Jungen bleibt so immer ein Rückzugsgebiet offen; sie können flink durch die Öffnungen schlüpfen, wenn sie von den aufgeregten männlichen Hirschen verfolgt werden. Die Dimensionierung dieser Durchschlupfe ist oft recht schwierig; denn die Geweihträger sind zuweilen wahre Künstler im Ausprobieren von allen möglichen Drehungen und Verrenkungen, die zum Ziel haben, die enge Öffnung zu passieren.

Oft gelingt es männlichen Hirschen, durch äußerst geschicktes Manövrieren, geradezu unwahrscheinlich kleine Öffnungen zu passieren, wobei die einzelnen Bewegungen deutlich verraten, daß die Ausdehnung des Geweihs erstaunlich fein einkalkuliert wird. Der Hirsch weiß jederzeit Bescheid über die jeweilige Ausdehnung seines Stirnaufsatzes, die ja nicht nur von Jahr zu Jahr, sondern – wegen des jährlichen Abwurfes – auch innerhalb eines Jahres von Null bis zum Maximum wechselt.

Als zusätzliche Komplikation erweist sich der Umstand, daß das jedes Jahr neu gebildete Geweih während seines Wachstums äußerst empfindlich ist, weil in der es überziehenden Haut nicht nur alle Blutgefäße, sondern auch die Nerven verlaufen. Das verlangt größte Vorsicht und Schonung. In dieser Phase darf damit weder herumgehebelt noch dreingeschlagen werden, es sei denn auf Kosten von Schmerzen und nicht wieder gutzumachenden Schäden, d. h. Mißbildungen (Pendelstangen usw.) mit allen funktionellen und psychologischen Folgen. Das Geweih dient ja u. a. auch als soziales, als »Status-Symbol«.

In diesen Beziehungen nehmen die Geweihträger eine ganz besondere Stellung ein, die viel delikater ist als die anderer Träger von Stirnaufsätzen, etwa der Antilopen, weil bei diesen das Gehörn während des ganzen Lebens beibehalten wird und von Jahr zu Jahr nur verhältnismäßig wenig größer wird.

Das Körperbewußtsein, d. h. das Wissen um die jeweilige Ausdehnung der Körperanhänge (Stirnaufsätze) braucht also bei den Boviden (Rinderartigen) nicht so hoch entwickelt zu sein wie bei den Cerviden (Hirschen). Abgesehen von einer während des ganzen Lebens relativ langsam zunehmenden Größe kommt es zu keinen Änderungen, vor allem zu keinem abrupten Verlust (wie beim Abwurf des Geweihs) oder zu einer jährlichen Neubildung.

Nur unter ungünstigen Gefangenschaftsbedingungen kann z. B. eine Oryx-Antilope durch ein Trauma die langen säbelförmigen Hörner abbrechen.

Beobachtungen haben gezeigt, daß der Einsatz des gekürzten Gehörns zeitlebens immer so erfolgt, als ob es noch die ganze Länge aufweisen würde. Im Gegensatz zu den natürlicherweise periodisch wechselnden Ausdehnungen der Stirnaufsätze der Hirsche sind also die Hornträger offensichtlich nicht imstande, eine traumatisch bedingte Verkürzung ihrer Stirnaufsätze in ihr Körperbewußtsein aufzunehmen und sich entsprechend zu verhalten.

Über ihr intaktes Gehörn, und sei es noch so lang, wissen jedoch ihre Träger sehr genau Bescheid. Das wurde mir z. B. klar bei der Geburt eines etwas schwächlichen Kalbes durch eine Watussi-Kuh. Diese afrikanischen Hausrinder sind wegen ihrer extrem langen Hörner bekannt und gesucht.

Ich notierte damals (Hediger 1961, 172), wie die erfahrene Mutter ihr Kalb auf die Beine zu bringen versuchte: Sie massierte es zunächst in der üblichen Weise mit ihrer rauhen Zunge, so daß es zwar Aufstehversuche unternahm, sich aber nicht zu erheben vermochte. Dann stieß sie es mit der Schnauze von hinten kräftig an und wollte es so zum Aufstützen auf die Vorderbeine bringen. Aber alle Bemühungen blieben ohne Erfolg. Schließlich versuchte es die Watussi-Mutter mit sorgfältig dosierter Klopfmassage des Rückens ihres schwächlichen Kalbes. Zu diesem Zweck mußte sie sich von dem zwischendurch immer wieder geleckten Jungen ein wenig entfernen und bewegte ihren Kopf so, daß die Spitze ihres langen linken Hornes genau und sachte die Rückenmitte des Kälbchens traf, das denn auch am Leben geblieben ist.

Die Präzision, mit der die Kuh ihr weit ausladendes Horn manipulierte, war außerordentlich beeindruckend, weil sie auffällig ein präzises Wissen um diesen Körperanhang verriet.

Es gibt eine weitere Kategorie tierlichen Verhaltens, deren Beobachtung uns behilflich sein könnte, Aussagen über das Wissen um den eigenen Körper zu machen: das Putzverhalten, das bisher noch recht wenig bearbeitet worden ist.

Nicht alle Tiere sind einer starken Verschmutzung ausgesetzt. Das hängt wesentlich von ihrem Biotop ab. So sind z. B. Landtiere mit grabender Lebensweise besonders exponiert oder Wassertiere, die in einem ständigen Detritus-Regen leben. Überall, wo es nötig ist, finden wir nicht nur entsprechende Putzorgane, sondern auch entsprechendes Putzverhalten.

Man darf die Kenntnis des eigenen Körpers im Zusammenhang mit dem Putzverhalten nicht als etwas völlig Selbstverständliches hinnehmen; denn unter gewissen Umständen gibt es sogar beim Menschen allerlei sonderbare und unerwartete Abweichungen vom Normalen. Bekannt sind z. B. die Phantomschmerzen, d. h. schmerzhafte Empfindungen an amputierten, also nicht mehr vorhandenen Extremitäten. Weniger bekannt sind solche Fälle, bei denen infolge einer Hirnverletzung der Patient die eine Hälfte seines Körpers als nicht zu ihm gehörend empfindet, und zwar in so entschiedener Weise, daß er nach dem Bad nur die für ihn vorhandene Seite abtrocknet (Thorpe 1974, 323).

Schwierig ist es, die Grenze des »Bewußtseins« zu finden. Diese Grenze verläuft nicht im Einklang mit systematischen Einheiten; aber es spricht manches dafür, daß wir ein Körperbewußtsein außerhalb der Wirbeltiere nicht allgemein annehmen dürfen. Und selbst innerhalb der Wirbeltiere ist dieses nicht entsprechend der zoologischen Systematik verteilt.

So ist allgemein bekannt, daß Schlangen über die Dimension ihres Körpers so schlecht orientiert sind, daß sie in Gittermaschen steckenbleiben. Dasselbe gilt sogar für gewisse Säugetiere (z. B. die Hausmaus), wie ich früher dargestellt habe (Hediger 1947, 1961).

NACHAHMEN VON VERHALTEN

A. Portmann (1953, 351) schließt aufgrund von Nachahmungsleistungen gewisser Vögel auf ein Bewußtsein. Wenn der australische Leierschwanz (*Menura*) einen fremden Vogelgesang, ein technisches Geräusch oder menschliche Redensarten aufs vollkommenste nachahmt, dann zeugt das zunächst von bewußtem Hören und vollem Gewahrsein. Aber es geschieht noch mehr, fährt Portmann fort: »Es gelingt diesem Vogel, durch den besonderen Bau seiner nervösen Verbindungen seine Stimmorgane so zu lenken, daß sie Lautfolgen erzeugen, deren Ablauf nicht durch ererbte Koordination im Nervensystem gesichert ist ...«

In der Tat führt uns alle lautliche Imitation im Tierreich zum Problem des Ich bzw. des Selbstbewußtseins; denn alle Imitation gründet auf der Unterscheidung des Vorbildes und des Selbst, mit anderen Worten des Nicht-Ich und des Ich.

Diese Unterscheidung wäre unmöglich, wenn kein Wissen um den eigenen Körper und seine Leistungen ausgebildet wäre.

In seinem Werk über Lernen und Instinkt bei Tieren stellt Thorpe (1956, 115 ff) fest, daß echte Imitation ohne Selbstbewußtsein nicht denkbar ist.

AUFFORDERUNG ZUR MITWIRKUNG ANDERER

Auf ganz andere Weise, nämlich durch direkte Beobachtung, gelangte Konrad Lorenz zur Überzeugung, daß höhere Tiere ein Bewußtsein haben. Um Unklarheiten zu vermeiden, sei die betreffende Stelle wörtlich zitiert: »Dem Menschen gegenüber finden höhere Tiere, vor allem Hunde, ganz sicher einen völlig bewußten Ausdruck für ihre Gefühle und Wünsche. Der Hund, der mich mit der Nase anstößt, zum Wasserhahn läuft, die Pfoten auf den Spülstein legt, sich nach mir umsieht und winselt, will mir verständlich machen, daß ihn dürstet, und der Ausdruck, den er für seinen Wunsch findet, ist frei erfunden und nicht ererbte Instinktbewegung ...

Die Frage ist aber, ob in der freien Natur wilde Tiere gleicher Organisationsstufe jemals zueinander in ähnlich bewußter Weise sprechen wie der Hund in obigem Beispiel zu seinem Herrn« (Lorenz 1953, 13).

Obwohl der Mensch ein starker Katalysator tierlichen Verhaltens ist (Hediger 1961, 180), darf wohl kaum angenommen werden, daß nur der Hund zu bewußtem Handeln fähig ist. Im Zoo und im Zirkus gehören derartige Erfahrungen mit Wildtieren sozusagen zur Tagesordnung, nur besteht der Brauch, daß derartige Berichte bequemerweise ohne weitere Prüfung in den Bereich der Märchen verwiesen werden.

Wenig hat gefehlt, daß auch das in der Tat märchenhaft anmutende Verhalten zwischen dem afrikanischen Honiganzeiger (*Indicator*) und dem Honigdachs (*Mellivora*) endgültig als Märchen abgetan worden wäre. Zum Glück hat es H. Friedmann (1955) noch rechtzeitig übernommen, in dem schon stark geschrumpften Vorkommensgebiet hinreichendes Tatsachenmaterial sicherzustellen.

Es handelt sich darum, daß der etwa starengroße Vogel (*Indicator*) sehr erpicht ist auf das Wachs und die Larven wilder Bienenstöcke. Diese vermag er zwar in der Höhe der Bäume aufzufinden, aber nicht, sie zu öffnen, um an das begehrte Futter zu gelangen.

Hat er einen Bienenstock entdeckt, dann sucht er sich einen geeigneten Partner, den normalerweise an den Boden gebundenen Honigdachs, der seinerseits sehr auf Honig erpicht ist. Dieser versteht das eigenartige Zeremoniell des Honiganzeigers und läßt sich von ihm zum Bienennest führen, das er mit seinen kräftigen Krallen öffnet und so zum Honig gelangt, während sich sein Symbiose-Partner über Wachs und Bienenbrut hermacht.

Man kann sich schwerlich vorstellen, daß der Vogel sich seines Verhaltens in keiner Weise bewußt sei. Vielmehr ist es offenkundig seine Absicht, sein Wille, den Dachs an den Ort gemeinsamen Interesses zu führen. Die Situation ist weitgehend entsprechend derjenigen des von Lorenz geschilderten Hundes, der zum Wasser gelangen möchte. Aber hier handelt es sich um die bewußte Auseinandersetzung unter freilebenden Wildtieren – nicht zwischen einem hochdomestizierten Tier und einem Menschen.

Indessen kann der Honiganzeiger sein wahrhaft eigentümliches Verhalten auch auf den Menschen als Symbiose-Partner übertragen, nämlich dann, wenn kein Dachs aufzutreiben ist. Wie der Dachs (*Mellivora*), so vermögen auch die Eingeborenen Zentralafrikas die Aufforderungen des Vogels zu interpretieren. Außerdem haben sie mit dem Dachs das Interesse am Honig gemeinsam. Friedmann hat sich über zwanzig Mal von Honiganzeigern an Bienenstöcke führen lassen. Am Bewußtsein dieser Aufforderung kann kaum gezweifelt werden.

Wir verstehen jetzt W. H. Thorpe (1966, 62 f), wenn er – völlig unabhängig von solchen Tatbeständen, aber aufgrund vieler anderer Tatsachen – zu der Feststellung gelangt, daß etwas wie Bewußtsein im Laufe des Evolutionsgeschehens mehrmals entstanden ist.

Er hält die zahlreichen Beweise dafür, daß gewisse Formen von Bewußtsein im Tierreich auftreten, für überwältigend. Er nimmt auch an, daß ein gewisses Bewußtsein im Tierreich einen Selektionsvorteil darstellt gegenüber rein mechanischen Reaktionen.

Neuerdings hat die Frage nach dem tierlichen Bewußtsein viel Aufmerksamkeit erfahren von einer eher überraschenden Seite, nämlich vom Sozialverhalten der Primaten her. Chance u. Larsen (1976) heben in der Einleitung zu dem von ihnen herausgegebenen Werk die Bedeutung des Blickes, des gegenseitigen Anschauens, hervor. M. R. A. Chance (S. 18) kommt aufgrund dieses neuentdeckten Tatbestandes zu einer ganz neuen Definition der sozialen Rangordnung bzw. der Dominanz. Das dominierende Individuum eines Affenrudels, das Alpha-Tier, ist dasjenige, welches am meisten Aufmerksamkeit auf sich zieht. Im deutschen Sprachgebrauch wird man hier erinnert an das Wort »Ansehen«, das nicht nur Anschauen bedeutet, sondern bezeichnenderweise auch einen hohen sozialen Status, gesellschaftliche Anerkennung (s. auch Shafton 1976).

So hat das Angesehenwerden unmittelbar mit sozialem Bewußtsein zu tun. Das Selbstbewußtsein ist aufs engste verknüpft mit der Alpha-Stellung. Das überlegene Tier muß um seine überlegene Stellung im sozialen System wissen, ähnlich oder entsprechend wie es um seinen Körper und um seinen Schatten weiß.

Es ist eigentlich logisch – und biologisch –, daß sich an das Wissen um die Dimensionen des eigenen Körpers und des Schattens ein Wissen um die eigene soziale Stellung anschließt. Wo dieses Wissen nicht eindeutig gesichert ist, muß es zu sozialen Auseinandersetzungen kommen, die allen beteiligten Partnern dieses Wissen um die soziale Stellung vermittelt.

AUFGABEN FÜR DIE WEITERE ERFORSCHUNG DES TIERLICHEN BEWUSSTSEINS

Wenn ich heute die Situation überdenke, wie sie sich seit meiner ersten Studie über das tierliche Bewußtsein im Jahre 1947 darstellt, so zeichnet sie sich aus durch eine erstaunliche, damals ungeahnte Fülle von Zugängen zum tierlichen Bewußtseinsproblem, und zwar Zugänge mit experimentellen Grundlagen. Es handelt sich bei diesen Vorformen des menschlichen Bewußtseins vor allem um ein Wissen

1. vom eigenen Körper (seiner Dimensionen, auch seiner Anhänge);
2. vom eigenen Schatten;
3. vom individuellen Eigennamen;
4. vom eigenen Duft;
5. von der eigenen sozialen Stellung;
6. vom eigenen Spiegelbild;
7. von der Übereinstimmung der eigenen Erscheinung mit der Umgebung (mimetische Ähnlichkeit);
8. vom eigenen Heim im Sinne der Körperumhüllung.

Sicher werden sich in den nächsten Jahren noch viele weitere Möglichkeiten ergeben. Jedenfalls liegen heute schon mehr als genug Gründe dafür vor, das tierliche Bewußtsein nicht länger als ein Tabu zu bezeichnen, als wissenschaftlich unerforschbar.

Was zunächst das Wissen um seine eigenen Körperdimensionen anbetrifft, wurden bereits hinreichend Beispiele angeführt. Ein riesiges Feld experimenteller ergänzender Forschungen zu diesem Thema harrt noch der Bearbeitungen.

Dasselbe gilt für die Beziehung des Tieres zu seinem Schatten, ein Thema, das seit 1947 merkwürdigerweise kaum weitere Beachtung gefunden hat, obgleich es wahrhaftig nahe liegt. Das Schattenbild liegt biologisch weit näher als das Spiegelbild, dem in letzter Zeit bedeutendes Interesse zugewendet wurde, wie gleich zu erwähnen sein wird.

Abb. 1 Chapman-Zebrahengst betrachtet seinen Schatten an der hellen Mauer des Stalles. Als neue Grant-Zebras in das gleiche Gehege gebracht wurden, erschrak ein Hengst anfänglich beim Anblick seines Schattens auf der noch ungewohnten Projektionsfläche (aus: Hediger 1947).

Bei künftigen Schatten-Experimenten kommt, wie bereits 1947 angedeutet, nicht nur den Lichtquellen, sondern auch den Projektionsflächen besondere Bedeutung zu. Das wurde mir im September 1977 während einer langen Wartestunde auf einem saudiarabischen Flugplatz neuerdings klar: Der riesige Raum, der an ein gotisches Kirchengewölbe erinnerte, wies an den Deckenbögen einige Leisten auf, die von Sperlingen als Nachtlager benützt wurden.

Die Beleuchtung kam vom Boden her. Wenn die aufgeschreckten Sperlinge ihre Schlafplätze wieder aufsuchten, kollidierten sie sozusagen mit ihrem an die Decke projizierten Schatten, was in der Natur niemals vorkommen dürfte, ebensowenig wie senkrechte, plane, helle Projektionsflächen (s. Hediger 1947). – Diese zufällige Beobachtung – zusammen mit vielen anderen – zeigt, daß das Schattenbild, wie das Spiegelbild, unter Umständen erlernt werden muß und nicht einfach angeboren sein kann. Gerade darin liegen verlockende, experimentelle Möglichkeiten für Tiere der verschiedensten systematischen Stellung.

Was nun das Wissen um den eigenen Namen anbetrifft, so habe ich 1976 eine hinreichende Darstellung gegeben, um darzutun, daß das Vorkommen und die Kenntnis von Eigennamen im Tierreich nicht nur weit verbreitet ist, sondern eine Unterscheidung vom Ich und Nicht-Ich zur Voraussetzung hat und damit auch ein Wissen um sich selber, eine Art Selbstbewußtsein. Damit hängt aufs engste zusammen ein Wissen um seinen eigenen Duft. Tierliche Namen können, wie dort ausgeführt, nicht nur akustischer, ultrasonischer, optischer, taktiler, elektrischer usw., sondern auch geruchlicher Natur sein.

Kürzlich haben G. Preti, A. B. Smith und G. K. Beauchamp (in: Müller-Schwarze, Mozell 1977) in Tabellenform zahlreiche Beispiele von Pheromonen verschiedener Tiere gegeben, die dem individuellen Erkennen dienen, also der geruchlichen Identifikation, auch der Selbstidentifikation. Schließlich sind körpereigene Düfte in gewissem Sinne auch Anhänge des eigenen Körpers und stehen daher in unmittelbarem Zusammenhang mit dem Wissen um den eigenen Körper.

Von hier bis zur Detachierung dieses duftenden Körperteils im Sinne einer Eigentumsmarkierung ist es nur ein kleiner Schritt. Bei gewissen Netzspinnen stellt das Netz – ein Drüsensekret – gewissermaßen die Projektion des eigenen Körpers in den beanspruchten Raum dar. Das Netz von Markierungsstellen (und der diese verbindenden Wechsel) bei Säugetieren gehört ebenfalls zum Individuum und zu seinem Wissen ums Territorium. Der Singvogel erfüllt sein Territorium mit seinem individuellen Gesang und empfindet es als den zu ihm gehörenden Raum, gewissermaßen ebenfalls als ein Stück von ihm selbst, gegen dessen Verletzung er sehr empfindlich ist.

Abgesehen vom Territorium bzw. vom Heim als mit (geruchlichen oder akustischen) »Körperteilen« erfülltem Raum werden auch besondere Objekte, vor allem nicht gefressene, d. h. nicht »einverleibte« Beute als zu sich gehörend behandelt.

So nimmt z. B. Henry (1977) vom Rotfuchs (*Vulpes vulpes*) an, daß er eine Art »Buchführung« habe: »Füchse markieren alle ungenießbaren Futterreste wie etwa Knochen, Vogelflügel und ausgetrocknete Haut mit Harn. Wenn ein Fuchs auf ein so markiertes Überbleibsel stößt, signalisiert der Harn ›nicht eßbar‹. Der Fuchs hält sich dann nicht länger an dieser Stelle auf. Die Harnmarke erhöht also die Erfolgsaussichten der Futtersuche. In anderen Worten: Der Fuchs findet mehr eßbare Objekte je Suchstunde.«

Henrys Beobachtungen illustrieren den Tatbestand, daß auch nicht fest zum Territorium gehörende Objekte, wie z. B. Beutereste, in einem weiteren Sinne zum Wissen um den eigenen Körper, um das, was zu ihm gehört, aufzufassen sind.

Es sei nur die grundsätzliche Bemerkung gestattet, daß Untersuchungen über den tierlichen Besitz, d. h. über das, was sozusagen zum Körper gehört, eng an unsere Frage an das Wissen um den eigenen Körper anschließt, als ein Teil des Komplexes um das tierliche Bewußtsein. Hier kann nur auf die Arbeit von M. Meyer-Holzapfel (1952) über die Bedeutung des Besitzes bei Tier und Mensch hingewiesen werden sowie auf diejenige von M. Torii (1975). Torii kommt zum Schluß, daß das Besitzen von Objekten Ausdruck von Selbstwahrnehmung im Sinne von Selbstbewußtsein darstellt.

Was nun Punkt 5 unserer vorher gegebenen Aufstellung anbetrifft, das Wissen um die eigene soziale Stellung, so wurden die Untersuchungen von Chance u. Shafton (1976) bereits zitiert. Es gilt jetzt noch auf die neueren Arbeiten von Gallup (1977) und Lethmate u. Dücker (1973) einzugehen, weil sie direkt und auf originelle Weise mit dem tierlichen Bewußtsein sich beschäftigen aufgrund von Spiegel-Versuchen.

Gallup (1977) hat spiegelgewohnte Schimpansen kurz narkotisiert und dann an solchen Stellen ihres Gesichts Farbflecke angebracht, wo sie ohne Spiegel nicht wahrgenommen werden konnten. Die so behandelten Schimpansen haben sofort auf die Farbflecke reagiert, indem sie dieselben mit den Fingern berührten und untersuchten. Eine Selbstidentifikation, also ein Wissen um seinen eigenen Körper einschließlich seiner äußeren Einzelheiten ist damit nachgewiesen.

Das geht auch aus entsprechenden Versuchen mit Orang-Utans von Lethmate u. Dücker (1973) hervor. Merkwürdig ist der Befund, daß nur Menschenaffen (Pongiden) zu dieser Leistung befähigt sein sollen. Entscheidender als die Stellung im zoologischen System ist da möglicherweise die Erfahrung bzw. Gelegenheit zum Lernen der entsprechenden Primaten.

Die folgende Beobachtung bezieht sich auf den Menschen. Während einer Expedition nach Melanesien, die ich 1929–31 als Assistent mitmachte, gehörte auch das Fotografieren, z. B. anthropologische Aufnahmen von Eingeborenen, zu meinen Aufgaben. Gelegentlich stellte ich Abzüge von den Platten her, um den Modellen eine Freude zu bereiten. Das führte zu Enttäuschungen; denn diese vermochten sich meistens nicht zu erkennen. Oft hielten sie ihr Bild von 13 mal 18 cm verkehrt und wußten gar nichts damit anzufangen, bis ich ihnen erklärte, daß das ihre Füße, ihr Lendentuch, ihr Kopfschmuck usw. in verkleinertem Maßstab seien. Erst aufgrund solcher Ausführungen waren sie dann imstande, ihre eigene Fotografie zu erkennen. – Entsprechende Erfahrungen wurden (früher) auch mit anderen »Naturvölkern« in Afrika usw. gemacht.

Das zeigt uns, wie sehr das Erkennen des eigenen Bildes von Lernprozessen, von Erfahrung abhängig sein kann, vielleicht mehr als von der systematischen Stellung. Noch größere Vorsicht ist am Platze bei der Beurteilung der Frage nach dem Wissen um die mimetische Übereinstimmung mit der Umgebung (Punkt 7). Es ist kaum anzunehmen – solange nicht präzise experimentelle Untersuchungen vorliegen –, daß z. B. eine Raupe oder eine Stabheuschrecke »weiß«, daß sie einem Zweig oder dergleichen ähnlich sieht und daher eine bestimmte Stellung an einer bestimmten Stelle einzunehmen hat.

Etwas anders kann es sich verhalten, wenn wir es mit Wirbeltieren zu tun haben.

Weiß z. B. eine Scholle (Pisces, Pleuronectinae), wenn sie sich auf einer schachbrettartig gemusterten Unterlage aufhält, daß ihr Körper weitgehend dieses Muster angenommen hat, oder erfolgt diese Übereinstimmung aufgrund rein physiologischer Prozesse? Wir werden bei der Zuteilung von Mimikry-Vorgängen, d. h. hier der Nachahmung der Umgebung oder anderer Tiere zu Bewußtseinsvorgängen, also zu einem Wissen vom eigenen Aussehen, sehr vorsichtig sein müssen und vor allem auch die Besonderheiten des Zentralnervensystems von Wirbellosen und Wirbeltieren im Auge zu behalten haben. – Das wird Gegenstand anderer, künftiger Arbeiten sein. Grundsätzlich stellt sich aber im Zusammenhang mit solchen Nachahmungen und anderen Täuschungen die Frage, wie weit diese bewußt sind.

Bei warmblütigen Wirbeltieren, z. B. bei dem den Ziegenmelkern verwandten Schwalm *Nyctibius*, der sich auf Aststümpfe setzt und gewissermaßen deren Fortsetzung darstellt, oder beim Feldhasen (*Lepus europaeus*), der sich in sein Lager duckt und optisch weitgehend Teil seiner Umgebung wird, wird die Entscheidung, ob ein Wissen um diese weitgehende Übereinstimmung mit der Umgebung vorliegt, unausweichlich.

H. G. Cott (1957) hat eine gewaltige Fülle von Anpassung in Form, Farbe und Verhalten behandelt. Auch die erstaunlichsten Verhaltensweisen werden als »instinktiv« bezeichnet.

Mit dieser Charakterisierung gibt sich die objektive Verhaltensforschung in der Regel zufrieden, doch ist damit in Wirklichkeit nichts geklärt, da wir immer noch nicht wissen, was »Instinkt« genau bedeutet.

Cott erwähnt aber in seinem umfassenden Werk zahlreiche Beispiele von verhaltensmäßiger Anpassung an die Umgebung, die sich kaum anders als durch ein Wissen um das eigene Aussehen deuten lassen. So zitiert er (1957, 18) z. B. die Beobachtung von Doflein, welche dieser auf Martinique an drei verschiedenen *Anolis*-Arten gemacht hat, von denen je eine braun, grün und grau gefärbt war. Alle drei lebten in derselben Umgebung und jagten im gleichen Raum nach Insekten. Wurden sie jedoch gestört und zur Flucht veranlaßt, dann eilte jede Art in eine Deckung, die ihrer speziellen Färbung entsprach.

Abb. 2 Grauer Tagschläfer (*Nyctibius griseus*) auf dem Nest. Ein Beispiel für hervorragende Färbungsanpassung und tarnende Körperhaltung (aus: Cott 1957).

Viele Mimikry-Phänomene sind im Zusammenhang mit der Bewußtseinsfrage zweifellos neu zu überprüfen.

Ein Wissen um das eigene Heim als dem zentralen Teil des Territoriums, als Umhüllung des Körpers, muß in vielen Fällen, besonders bei höheren Tieren, als sicher angenommen werden – erst recht, wenn dieses Zentrum (Nest im Bau) mit Jungen belegt ist. Denn daß z. B. bei Säugetieren die Jungen als zum eigenen Ich gerechnet werden, kann es wohl keinen Zweifel geben. Deswegen ist u. a. das Unterschieben fremder Jungen in der Zoo-Praxis oft eine heikle Angelegenheit. Geruchsreize spielen dabei zuweilen eine bedeutende Rolle.

Spezialfälle hinsichtlich des zum Körper gehörenden Heimes stellen z. B. die Einsiedlerkrebse (Paguridae) dar, die leider bis heute trotz der Arbeiten von F. Brock (1927), J. J. von Uexküll u. Kriszat (1970) noch völlig ungenügend untersucht sind – trotz dem aufregenden, nahezu einzigartigen Tatbestand, daß der Krebs seiner ganzen körperlichen Struktur nach auf Schneckenhäuser zur Bergung seines spiralig angepaßten, weichen, extremen Beute-Charakter tragenden Abdomens angewiesen ist.

Bei jedem Wachstumsschub ist der Einsiedler darauf angewiesen, ein größeres Schneckenhaus zu finden und nach eingehender Prüfung möglichst rasch umzusteigen.

Man muß sich fragen, ob das Schneckenhaus eher als Körperbedeckung (Integument) zu betrachten sei oder als Heim im Sinne eines Wohnzentrums. Das Schneckenhaus von lebenden Gehäuseschnecken ist eindeutig als Integument zu identifizieren; es ist ein Drüsenprodukt der Schnecke, d. h. ein Teil ihres Körpers. Für den Einsiedlerkrebs aber ist das Schneckenhaus eindeutig ein Fremdkörper, wenn auch ein lebenswichtiger, der selbst unter lebensbedrohendem Zwang nicht verlassen wird.

Dieser Tatbestand hat F. Hempelmann (1926, 225) – wohl etwas voreilig – zu folgender Feststellung veranlaßt: »Dieses Verhalten ist zugleich ein Beweis dafür, daß das Tier unter keinen Umständen ein Bewußtsein von dem Zweck seiner Handlungsweise, nicht einmal von der räumlichen Beschaffenheit seines Leibes und der bergenden Hülle und deren Beziehungen zueinander haben kann. Das normalerweise zweckentsprechende Verhalten ist bei dem Experiment ins Sinnlose verkehrt.«

Das von Hempelmann als Beweis angeführte Experiment bestand darin, »daß man ihren Hinterleib durch eine in die Wand des Schneckenhauses angelegte Öffnung mechanisch oder chemisch aufs stärkste reizen kann, ohne daß sie den so unfreundlichen Ort verlassen.

Im Gegenteil haben sie keine andere Antwort auf den Reiz, als ihren Körper nur immer fester in die ihnen normalerweise ja tatsächlich auch vortrefflichen Schutz bietende Schale zu pressen« (a. a. O., 224).

An sich ist dieses uns unsinnig anmutende Verhalten sicher kein Beweis für das Fehlen eines Körperbewußtseins im Sinne eines Wissens um den eigenen Körper samt seiner extrakorporellen Umhüllung, die sich als Heim auffassen läßt. Es gibt auch viele höhere Tiere, Vertebraten, vielleicht sogar bis zum Menschen hinauf, die in bestimmten lebensbedrohenden Situationen es vorziehen, in Deckung bzw. in ihrem Heim zu bleiben, als sich außerhalb davon zu exponieren.

Besonders in Erdbauen (Heimen) wohnende Amphibien und Reptilien lassen sich selbst durch lebensbedrohende Reize oft nicht aus ihren Behausungen herausbringen. Versucht man das durch mechanischen Zug bei Einsiedlerkrebsen, so läßt sich das Tier eher zweiteilen durch einen Riß zwischen Abdomen und Cephalothorax. Eidechsen mit fragilen Schwänzen, die man aus ihren Erdhöhlen herausziehen will, lassen durch Autotomie den gefaßten Schwanzteil los usw.

Eine früher auf der Dachsjagd übliche, grausame Methode bestand darin, den im Bau verharrenden Dachs mit der durch die Erde hindurchgedrehten »Dachsschraube« – eine Art riesiger Korkenzieher – zu durchbohren. Diese Situation ist derjenigen des Einsiedlers mit der Gehäuse-Perforation sehr ähnlich.

Angesichts der Untersuchungen von Brock, v. Uexküll u. Kriszat und anderen über die sorgfältige Prüfung der Schneckenhäuser vor deren Bezug durch Einsiedlerkrebse, scheint eine Ablehnung jedes Körperbewußtseins bei diesen hochentwickelten Krebstieren keineswegs sicher begründet. – Wir müssen uns dabei aufs neue vor Augen halten, daß das »psychologische System« mit dem herkömmlichen zoologischen System keineswegs kongruent ist.

So finden sich z. B. Formen des Werkzeuggebrauchs, des Gedächtnisses usw. im System weit und unabhängig zerstreut. Ähnlich verhält es sich offenbar mit den verschiedenen Formen des Selbstbewußtseins.

Es werden sich zweifellos noch viele weitere Wege zur Erforschung des tierlichen Bewußtseins finden, wenn endlich einmal das Dogma aufgehoben wird, es sei grundsätzlich unerforschbar, an dem allzulange festgehalten worden ist.

Es ist im Gegenteil höchste Zeit, sich genau mit diesem Thema zu beschäftigen und die im Zusammenhang damit sich bietenden Möglichkeiten auszuschöpfen.

Diese Meinung wird neuerdings von D. R. Griffin energisch vertreten. Er möchte aufräumen mit der heute unter Biologen noch weit verbreiteten Tendenz, Bewußtseinsvorgänge außerhalb unserer eigenen Art rundweg abzulehnen und ihre Erforschbarkeit als unmöglich hinzustellen (Griffin 1976, 56). Allerdings vertritt Griffin im Gegensatz zur Tierpsychologie bzw. zur Vergleichenden Psychologie und zu zahlreichen Psychiatern und Gehirnphysiologen die Meinung, daß Bewußtsein nicht unbedingt an lebende Organismen gebunden sein müsse (S. 6). Ohne auf diese entscheidende Frage näher einzugehen, erinnert er an solche Forscher, welche auch dem Computer ein Bewußtsein zubilligen möchten. – Dagegen lehrte Eugen Bleuler schon 1930 in seinem grundlegenden Lehrbuch der Psychiatrie: »niemals werden wir einem von uns konstruierten Apparate Bewußtsein zuschreiben« (Bleuler 1930, 1). – Diese Aussage ist wörtlich in die 1966 erschienene zehnte Auflage (S. 20) übernommen worden, die der Sohn des Autors, Manfred Bleuler, neu bearbeitet hat. Ihr kommt auch im Computer-Zeitalter die volle Bedeutung zu.

LITERATUR

Autrum, H.: Biologie – Entdeckung einer Ordnung. München: dtv 1975

Betz, W.: Zur Psychologie der Tiere und Menschen. Leipzig: J. A. Barth 1927

Bierens de Haan, J. A.: Animal Psychology for Biologists. London: University Press 1929

Bleuler, E.: Lehrbuch der Psychiatrie (1930). Umgearbeitete Fassung von M. Bleuler. Berlin, New York: Springer 1966

Bohn, G.: Die Neue Tierpsychologie. Leipzig: Veit 1912

Brock, F.: Das Verhalten des Einsiedlerkrebses *Pagurus arrosor* im Herbst während des Aufsuchens, Ablösens und Aufpflanzens seiner Seerose *Sagartia parasitica* Gorse. Arch. Entwicklungsmech. Abt. D. 112. Roux 1927

Chance, M. R. A., Larsen, R. R. (Eds.): The Sozial Structure of Attention. London, New York: John Wiley & Sons 1976

Cott, H. B.: Adaptive Coloration in Animals. London: Methuen & Co Ltd. 1957

Eccles, J. C.: Brain, Speech and Consciousness. Die Naturwiss. 60, 4, 1973, 167–176

Frauchiger, E.: Seelische Erkrankungen bei Mensch und Tier. Bern: Hans Huber 1945

Friedmann, H.: The Honey-Guides. U. S. Nat. Mus. Bull. 208. Washington, D. C.: Smithsonian Institution 1955

Gallup, G. G.: Self-Recognition in Primates. A Comparative Approach to the Bidirectional Properties of Consciousness. Amer. Psychologist, 32, 1977, 5

Griffin, D. R.: The Question of Animal Awareness. New York: The Rockefeller Univ. Press 1976

Häberlin, P.: Der Leib und die Seele. Basel: Kober 1923

Der Geist und die Triebe. Basel: Kober 1924

Hediger, H.: Beitrag zur Herpetologie und Zoogeographie Neu-Britanniens. Zool. Jahrb. Abt. Syst., Ökol. u. Geogr. Tiere, 65, 1934, 389–582

Ist das tierliche Bewußtsein unerforschbar? Behaviour, 1, 1947, 130–137

Tierpsychologie im Zoo und im Zirkus. Basel: Fr. Reinhardt 1961

Proper Names in the Animal Kingdom. Experientia, 32, 1976, 1357–1364

Hempelmann, F.: Tierpsychologie vom Standpunkte des Biologen. Leipzig: Akad. Verlagsges. 1926

Henry, J. D.: The Use of Urine Marking in the Scavenging Behavior of the Red Fox (*Vulpes vulpes*). Behaviour, LXI, 1977, 82–106

Jaspers, K.: Allgemeine Psychopathologie. Berlin, New York: Springer 1965

Jordan, H. J.: Allgemeine vergleichende Physiologie der Tiere. Berlin, Leipzig 1929

Klös, H.-G., Lang, E. M. (Hg.): Zootier-Krankheiten. Berlin, Hamburg: Paul Parey 1976

Lethmate, J., Dücker, G.: Untersuchungen zum Selbsterkennen im Spiegel bei Orang-Utans und einigen anderen Affenarten. Z. Tierpsychol., 33, 1973, 248–269

Lorenz, K.: Verständigung unter Tieren. Zürich: Fontana 1953

Meyer-Holzapfel, M.: Die Bedeutung des Besitzes bei Tier und Mensch. Biel: Inst. f. Psycho-Hygiene 1952

Müller-Schwarze, D., Mozell, M. M. (Eds.): Chemical Signals in Vertebrates. New York, London: Plenum Press 1977

Oeser, R.: Individuum und Gemeinschaft im Tierreich. Zs. Individualpsychol., 7, 1, 1929, 15–22

Portmann, A.: Das Tier als soziales Wesen. Zürich: Rhein-Verlag 1953

Shafton, A.: Conditions of Awareness. Portland, Oregon: Riverstone Press 1976

Szymanski, J. S.: Gibt es ein außermenschliches Bewußtsein? Biol. Zentralbl., 40, 1920, 562–566

Thorpe, W. H.: Learning and Instinct in Animals. London: Methuen 1956

Science, Man and Morals. Ithaca: Cornell University Press 1966

Animal Nature and Human Nature. London: Methuen 1974

Thürkauf, M.: Wissenschaft und moralische Verantwortung. Schaffhausen: Novalis 1977

Torii, M.: Possession by Non-Human Primates. In: Contemporary Primatology. Basel: Karger 1975

Uexküll, J. J. von, Kriszat, G.: Streifzüge durch die Umwelten von Tieren und Menschen. Frankfurt/M.: S. Fischer 1970

Wickler, W.: Nachahmung, Tarnung und Täuschung. In: J. Illies, W. Klausewitz (Hg.): Unsere Umwelt als Lebensraum. Grzimeks Buch der Ökologie. Zürich: Kindler 1973

BEOBACHTUNG UND BESCHREIBUNG IN DER VERGLEICHENDEN VERHALTENSFORSCHUNG

von Colin G. Beer

»Es ist ein unumstößliches Gesetz der induktiven Naturwissenschaft, daß sie *anzufangen* hat mit reiner Beobachtung, frei von jeder vorgefaßten Theorie, ja selbst von Arbeitshypothesen« (Lorenz 1950, 232[1]). Naturwissenschaftliche Untersuchungen beginnen im allgemeinen mit der Beschreibung von Beobachtungen bestimmter Tatbestände, und die Kritik an der naturwissenschaftlichen Arbeit setzt häufig schon an diesem Punkt ein, indem sie zeigt, daß die Beobachtungen nicht angemessen, treffend, genau oder nicht allgemeingültig sind – so wie auch Lorenz mit dem zitierten Satz einige Schulen der Tierpsychologie kritisierte. Der alte Lehrsatz, daß sich alles Wissen letzten Endes aus der Erfahrung herleitet *(nihil est in intellectu quod non prius fuerit in sensu)*, erscheint gerade Naturwissenschaftlern als so selbstverständlich, daß es als Tautologie angesehen werden könnte, Naturforschung empirisch zu nennen.

Trotzdem wird dieses »unumstößliche Gesetz« zu Beginn jeder naturwissenschaftlichen Untersuchung notwendigerweise verletzt, sowohl aus logischen als auch aus praktischen Gründen. Die logischen können wir durch eine Betrachtung des Wesens der Beschreibung kurz skizzieren. Einen Gegenstand oder ein Ereignis beschreiben, bedeutet Merkmale herauszugreifen, in denen der Gegenstand oder das Ereignis anderen ähnlich ist oder sich von ihnen unterscheidet – Merkmale, die wir benennen können, weil sie wiederkehren und als kennzeichnend angesehen werden, oder die wiederkehren und als kennzeichnend angesehen werden, weil wir sie benennen können. Anders betrachtet, bedeutet Beschreiben in gewissem Sinne Ordnen; denn indem wir bestimmte Worte verwenden, setzen wir die Gegenstände oder Ereignisse mit allem gleich, was eben diese durch die Worte bezeichneten Eigenschaften oder Beziehungen hat, z. B. als Elemente einer Gruppe von Dingen, die rot sind, oder einer Gruppe von Ereignissen, die unerwartet auftreten. Man kann jedoch jeden Gegenstand oder jedes Ereignis unter einem Gesichtspunkt jedem beliebigen anderen als ähnlich, unter einem anderen Gesichtspunkt als dazu verschieden ansehen. Deshalb würde sich eine Ordnung aufgrund der Kriterien »Übereinstimmung« oder »Unterschied« höchstwahrscheinlich von einer Ordnung aufgrund anderer Kriterien unterscheiden. So lassen sich Klaviere mit Hörnern zusammenstellen, wenn man von Musik spricht, aber mit Schreibmaschinen, wenn von Tastaturen die Rede ist.

Aber selbst die Gegenstände und Ereignisse sind nicht *ab initio* gegeben. Was wir als Gegenstände oder Ereignisse unterscheiden, hängt davon ab, wo unsere Aufmerksamkeit und die benützten Begriffe Grenzen ziehen. Man kann z. B. ein Gemälde als Landschaft oder als Oberfläche mit Farbklecksen ansehen. Im einen Fall erkennt man Bildinhalte aufgrund der Bedingungen des dreidimensionalen Raumes, in dem sich Gegenstände hinter anderen, die sie teilweise verdecken, fortsetzen können. Im anderen Fall schließt man eine Überlappung aus, indem man einen zweidimensionalen Raum annimmt; allenfalls sieht man einzelne Flächen vor anderen stehend, wo die Farbflecken übereinandergesetzt sind; aber in keinem dieser Fälle wird sich der Interessenbereich völlig mit dem eines Menschen decken, der in dem Gemälde eine Landschaft dargestellt sieht. Eine Rede in unbekannter Sprache faßt man meist als ununterbrochenen Schwall von Geräuschen auf; wahrgenommene Pausen sind nicht die, die für den Kenner das Sprachgefüge gliedern.

Weil man beim Beschreiben auswählen muß – und zugleich die Freiheit der Wahl hat, ist die Forderung nach einer vollständigen Beschreibung in gewissem Sinne ein Widerspruch in sich. Jede Beschreibung ist nur eine von unendlich vielen möglichen, und ihre Wahl schließt die meisten anderen aus: Die Trennungslinien ziehen quer durch die, die andere Beschreibungen setzen würden, und ordnen Dinge einander zu, die die anderen trennen würden. Beschreiben heißt notwendigerweise das meiste weglassen, was auch gesagt werden könnte. Eine Beschreibung kann nur innerhalb eines bestimmten Bezugssystems vollständig sein. Zum Beispiel kann ein Schachspieler eine Partie in der Fachsprache der Schachspieler vollständig beschreiben, etwa unter Benützung der konventionellen Signaturen für die Züge in ihrer Abfolge, die Strategien benennen und die Spielzüge als gut oder schlecht bewerten. Ein anderer Schachenthusiast würde eine solche Darstellung sicherlich als vollständig akzeptieren. Aber für jemanden, der eine Schilderung von allgemein menschlichem Interesse, etwa für das Feuilleton einer Zeitung, schreiben will, würde der Bericht des Spielers nahezu alles Wesentliche vermissen lassen, und ein Künstler, der das Spiel skizziert, würde wenig von dem bemerken, was nach der Schilderung des Spielers vor sich geht, und noch weniger in seine Zeichnung aufnehmen. Und doch könnten der Schachspieler, der Feuilletonist und der Künstler zu Darstellungen gelangen, die ein unparteiischer Richter als getreue Abbildungen des Spiels bewerten würde.

Zu den unterschiedlichen Merkmalen, die man bei »ein und derselben Sache« herausgreifen kann, kommt die unterschiedliche Feinheit berücksichtigter Einzelheiten. » ... für das Geschäft, immer genauere Einteilungen und Unterscheidungen vorzunehmen, wird es nie ein Ende geben ... zum Teil, weil das, was für bestimmte Zwecke genau (genug) ist, für andere viel zu ungenau und grob sein wird. Zum Beispiel kann eine Beschreibung genau so wenig absolut endgültig und bis aufs äußerste *genau* sein, wie sie absolut *vollständig* sein kann« (Austin 1962, 127 f.). Was und wie wir bei einer bestimmten Gelegenheit beschreiben, wird davon abhängen, wo der Schwerpunkt unseres Interesses liegt und welchem Zweck die Beschreibung dient.

Dieses Ergebnis folgt auch aus den praktischen Gründen, aus denen man gegen das »unumstößliche Gesetz« verstoßen muß. Gesetzt den Fall, die Wirklichkeit wäre von Natur aus und unzweideutig zusammengesetzt aus Wesenheiten, Eigenschaften, Beziehungen, Ursachen, Wirkungen usw., so würde man mit einer einmal begonnenen Beobachtung nie zu einem Ende kommen, wenn sie nicht durch vorgefaßte Theorien oder Arbeitshypothesen eingeschränkt würde. Von allem, das wir als Ausgangspunkt nehmen könnten, können wir Beziehungen zu jedem beliebigen anderen herstellen. Wenn also unsere Beobachtung wirklich »rein« bleiben soll, müßten wir sie ungehindert zu den äußersten und innersten Grenzen von Raum und Zeit vorstoßen lassen. Natürlich wollen und tun wir das nicht. Wir gehen notwendigerweise aus von bestimmten Erwägungen darüber, was der Beachtung wert ist und was nicht, was wir zum Messen und was zum Wiegen auswählen sollen, und wir müssen bestimmte Erwartungen darüber haben, was wir finden werden und wie es zu unseren übrigen Kenntnissen passen wird.

Die Erwartungen bestätigen sich oft nicht. Hinterher erkennt man oft, daß man das Falsche gemessen und wichtige Fakten unberücksichtigt gelassen hat. Aber ohne das Wagnis, einen solchen Irrtum zu begehen, besteht kaum Hoffnung, sich dem Maß von Wahrheit zu nähern, das die Naturwissenschaft erreichen kann. Francis Bacon und John Stuart Mill entwickelten Verfahren des induktiven Folgerns, von denen man annahm, sie würden naturwissenschaftliches Entdecken zur Routine machen und aus der Abhängigkeit von der »Schärfe und Stärke des menschlichen Intellektes« befreien. Aber außer der Tatsache, daß man damit dem geistlosen Sammeln wertloser »Fakten« auch noch eingebildete Werte hinzugefügt hat, haben sich diese Verfahren als nutzlos erwiesen, sofern sie nicht durch vorher festgesetzte Auswahlkriterien oder durch eine Vermutung, deren Widerlegung sie ermöglichen sollten, mit Sinn erfüllt worden waren (Popper 1935, 1963).

Die Standpunkte und Vermutungen, die vorgefaßten Theorien und Arbeitshypothesen, von denen selbst die induktive Naturforschung auszugehen hat, werden nicht zufällig oder willkürlich aufgestellt, sondern ergeben sich aus Einflüssen wie der Tradition, aus der sich eine Wissenschaft herleitet, den theoretischen Fragen, die die Diskussion beherrschen, den gebräuchlichen Begriffen und Methoden, den Neigungen und der Wißbegier des Forschers. Einen nicht zu unterschätzenden Faktor stellt das Erklärungsmodell dar, in dem sich das Verständnis eines Faches verwirklicht und das deshalb die Fragestellungen und die Richtung der Forschung bestimmt. So kann z. B. etwas ein Säugetier und zugleich ein Mitglied der Klasse der Werktätigen sein; aber die Untersuchungen darüber werden verschieden ausfallen, je nachdem welchen der beiden Teilaspekte die Beschreibung erfassen soll. Ähnlich können Fragen, die man auf einer Differenzierungsstufe stellen kann, auf eine andere nicht passen: Es ist etwa sinnvoll, nach der Temperatur eines Körpers zu fragen, nicht aber nach der eines Moleküls; wir können nach dem Durchschnittsalter einer Population fragen, aber nicht nach dem eines Individuums. Wenn etwas in den Bereich anerkannter Erklärungsmodelle zu fallen scheint, diese aber nur teilweise oder ungenau darauf zutreffen, dann haben wir es mit einem in der Naturwissenschaft wohlbekannten Problem zu tun. Tatbestände oder Erscheinungen sind nicht an sich fragwürdig. Es ist unsere Art und Weise, Tatbestände festzustellen oder Erscheinungen zu beschreiben, so daß sie anderen Feststellungen und Beschreibungen widersprechen oder sich nicht mit ihnen decken, die Probleme auftauchen läßt. Sie lösen sich, zumindest für den Augenblick, wenn es gelingt, die Widersprüche in Einklang zu bringen und die Beschreibungen zu integrieren (Alexander 1963).

Zur Veranschaulichung möge ein Beispiel aus der Ethologie dienen. Moynihan berichtete 1953 über ein Verhalten bei Lachmöwen (*Larus ridibundus*), das er als »Übersprungnisten« bezeichnete. Er hatte festgestellt, daß sich brütende Möwen, aus deren Nest er Eier entfernt hatte, unruhig auf dem Nest bewegten und immer wieder die Bewegung des »Seitwärts-Bauens« ausführten. Die Ruhelosigkeit und die Anzahl dieser Nistbewegungen waren um so größer, je mehr Eier er weggenommen hatte. Dieses Nestbauverhalten wurde als anormal angesehen, denn es schien nichts zu dem beizutragen, womit der Vogel eigentlich beschäftigt war, nämlich dem Brüten, und es schien auch nicht der ursprünglichen Funktion, dem Nestbau, zu dienen; denn das Nest war bereits gebaut, und zwar schon vor der Eiablage. Solch anormales oder »irrelevantes« Verhalten war schon früher bemerkt worden; es war Herbert Spencer und Charles Darwin, Julian Huxley und Edmond Selous bekannt. F. B. Kirkman (1937) sprach von »substitute activities«, G. F. Makkink (1936) von »sparking-over«, A. Kortlandt (1940) von »Übersprungbewegungen« und E. A. Armstrong (1947) von »displacement activities«. Tinbergen (1939, 1940, 1951, 1952) hat sich eingehend mit diesem Thema beschäftigt und es dann in seine Theorie des hierarchischen Aufbaus der Instinkte aufgenommen. Danach werden Übersprunghandlungen durch Umlenkung der Instinktenergie aus den Bahnen des Instinktsystems, in dem sie erregt worden war, auf die eines anderen Instinktsystems verursacht, und zwar als Folge einer »Abflußhemmung« in der Bahn des ursprünglich erregten Systems. Die Hemmung konnte bewirkt werden durch das Ausbleiben eines adäquaten Signalreizes oder durch den Widerstreit mit einem anderen, gleich stark aktivierten, aber mit dem ersten unvereinbaren Instinkt. Handlungen, die von einem Instinkt verursacht wurden, dem sie nicht angehören, nennt man »allochthon« motiviert, die von dem ihnen eigentümlichen Instinkt verursachten »autochthon« motiviert (Kortlandt 1940). Der Begriff der Übersprunghandlung war demnach Beschreibung und Erklärung in einem. Er zeigte an, daß die betreffende Handlung von ihrem richtigen Einsatz abgelenkt und in eine Situation gebracht wurde, in der sie »aus dem Rahmen fällt«. Er wies zugleich auf die mutmaßliche Ursache hin, die »übergesprungene« bzw. umgelenkte Instinktenergie.

Nun kann man etwas nur im Hinblick auf das, was als üblich betrachtet wird oder im Einklang mit erwarteten Verhaltensmustern steht, als anormal ansehen. Etwas als »irrelevant« zu beurteilen, bedingt eine Antwort auf die Frage: Irrelevant wozu? Etwas als »aus dem Rahmen fallend« zu beschreiben, setzt voraus, daß man weiß, was »im richtigen Rahmen erscheinend« heißt. Im Fall der Übersprungbewegung sind die Sinnzusammenhänge, bezüglich derer das Verhalten als anormal erscheint, die Funktionsziele der biologischen Funktionskreise. Das spiegelt sich in den Bezeichnungen für das Verhalten wider: Übersprungputzen, Übersprungfressen oder -trinken, Übersprungnisten. Derartiges Verhalten stellte für den Ethologen ein Problem dar, weil es nicht in die Situation oder zu den anderen Verhaltensweisen, mit denen es auftritt, paßt. Den Grund für diese sinnwidrigen Beziehungen sah man darin, daß der zugrundeliegende kausale Mechanismus nicht normal funktionierte. Im Fall des Übersprungnistens der Möwen glaubte man, daß die anormale Verhaltensweise dadurch ausgelöst wurde, daß der Bruttrieb seinen unmittelbaren Zweck nicht erreichte, da die Eier aus dem Nest genommen worden waren.

Diese Annahme setzte voraus, daß zwischen der Einteilung des Verhaltens nach Funktionen und seiner kausalen Struktur ein Isomorphismus besteht (Baggerman u. a. 1956). Dies bedeutet, genauer gesagt, daß alle Bewegungen, die mit dem Brüten zu tun haben, zu einem Kausalsystem gehören, und alle Nestbaubewegungen zu einem anderen. Die zwischen verschiedenen Bewegungen zutage tretenden *kausalen* Affinitäten sollten sie den beiden *funktionalen* Klassen zuzuweisen erlauben. Diese Schlußfolgerung aus der Übersprungthese ließ sich jedoch nicht bestätigen. Es erwies sich, daß einige Nestbaubewegungen in engerer kausaler Beziehung mit Bewegungen des Brütens stehen als mit anderen Nestbaubewegungen – die Anzeichen der kausalen Affinität durchkreuzten die Ordnung der funktionalen Kategorisierung (Beer 1963). Darüber hinaus wurde deutlich, daß es auch um die Frage ging, was man als verschiedene Bewegungen betrachten soll. Moynihan (1953) unterschied zwei Arten, sich im Nest niederzulegen: »Scharren«, das als Nestbaubewegung eingeordnet wurde, da es dazu dient, die Nestgrube zu formen; und »Sichniederlassen«, das dem Brutverhalten zugeordnet wurde, da durch diese Bewegung die Eier zum Brüten unter die Brutflecken geschoben werden (s. die ausführliche Darstellung im Beitrag »Die Lachmöwe« [*Larus ridibundus*] von R. A. Stamm in diesem Band). Eines der Argumente Moynihans, die Nestbaubewegungen während des Brütens als Übersprunghandlungen zu deuten, war, daß sie nicht von Scharren begleitet waren wie in der Abfolge des eigentlichen Nestbaus. Aber ein näherer Blick auf die Form der Bewegung des Sichniederlassens zeigte, daß auf dieser Grundlage keine strenge Unterscheidung getroffen werden konnte. Es zeigte sich, daß der gleiche Bewegungsablauf vor der Eiablage dem Nestbau und nach der Eiablage dem Brüten zugeordnet worden war. Der Grad der zeitlichen Verknüpfung zwischen Sichniederlassen und Seitwärtsbauen war vor und nach der Eiablage der gleiche, so daß sich ein Teil der Begründung für die Übersprungthese als Kunstprodukt des Klassifizierens erwies.

Man kann wieder feststellen, daß Verhalten auf verschiedene Weise beschrieben werden kann, je nach vorgefaßter Meinung, Erwartung oder Standpunkt. Die Kategorien der Beschreibung können von Kriterien der Form, Funktion, Kausalität, Ontogenese, des evolutiven Ursprunges oder anderen Möglichkeiten abhängen. Es gibt weder eine logische noch eine praktische Notwendigkeit oder Garantie dafür, daß die Einteilung nach einem dieser Kriterien der nach anderen entsprechen muß.

Die Kriterien, von denen die Beschreibung abhängt, haben natürlich auch Einfluß auf die Beobachtung, da für das Beobachten genau wie für das Beschreiben erforderlich ist, eine Auswahl zu treffen und nach irgendeinem Muster oder Interessenschwerpunkt zu gruppieren. Zumindest in gewissem Maße drückt die Beschreibung das aus, was die Beobachtung erzwingt. Demzufolge werden Beobachter eines sich verhaltenden Tieres unter Umständen zu keiner Verständigung darüber gelangen, was es tat – sie schauen auf das Gleiche, sehen aber Verschiedenes, genauso wie ein Gegenstand von einer Person als Gebrauchsgegenstand, von einer anderen als Kunstwerk betrachtet werden kann. Die Möglichkeit, über Fakten nicht übereinzustimmen und Bezugssysteme zu vermengen, nimmt zu, sobald sich die Diskussion vom unteren Niveau von Beobachtung und Beschreibung zu höheren Niveaus der Abstraktion und Deutung bewegt. Die höheren Ebenen werfen aber auch ihre Schatten auf die unteren und verdunkeln, was sie nicht im Lichte lassen.

Die Beobachtung wird außerdem dadurch behindert, daß sie auf das Erfaßbare beschränkt ist. Die menschlichen Sinne sind in ihren Modalitäten, der Reichweite und Unterscheidungsfähigkeit begrenzt, und zwar auf andere Weise als die Sinne von Tieren. Wie von Uexküll (z. B. 1934) und andere gezeigt haben, ist die Welt, die eine Maus oder eine Milbe wahrnehmen, in gewissem Sinne eine andere als die, die ein Mensch wahrnimmt. Es kann also Eigenschaften der Welt geben, die für den Beobachtungsgegenstand bedeutsam sind, besonders wenn die Beobachtung mit dem zu tun hat, was Tiere einander in der sozialen Kommunikation übermitteln, was aber unbemerkt bleibt, weil es außerhalb der Reichweite und des Auflösungsvermögens unserer Wahrnehmung liegt. Gewiß, unsere Wahrnehmungsfähigkeit wurde in vielen Beziehungen durch den technischen Fortschritt erweitert: Stark vergrößernde Objektive, empfindliche Mikrophone, tragbare Tonbandgeräte, Photographie, Fernsehen, Radar, Telemetrie, Klangspektrographie, die Möglichkeit zum Nachweis geringster Mengen chemischer Stoffe, die zur Verständigung dienen, usw. Aber während der technische Fortschritt der Verhaltensbeobachtung neue Dimensionen von Tatbeständen zugänglich macht, zwingt er uns auch zur Erkenntnis, daß vieles Wichtige noch verborgen sein mag, genau wie das vorher im Dunkeln lag, was heute aufgehellt werden konnte. Auch noch so verfeinerte und ausgeklügelte Hilfsmittel lassen uns die Wirklichkeit immer nur wie durch ein gefärbtes Glas sehen, nie von Angesicht zu Angesicht.

Marler (1969) stellte dar, wie die Technik die Kenntnis über die beim Verhalten der Tiere ablaufenden Vorgänge verfeinern kann. Der Klangspektrograph (Sonagraph) ermöglicht es, Töne graphisch aufzuzeichnen. Am häufigsten wird damit das Frequenzspektrum von Lauten als Funktion der Zeit aufgezeichnet, wobei die Dauer der Lautabschnitte als Strekken gemessen und die Muster der Frequenzmodulation als Umrisse von Kurven gesehen werden können. Solche Sonagramme können nebeneinandergelegt und so leichter und genauer verglichen werden, als die Abfolge der Laute, die man in Erinnerung behalten muß. Jedoch bieten Sonagramme, wie alle Abbildungen, nur Teilansichten. Der Sonagraph wird gewöhnlich mit zwei Sätzen von Frequenzfiltern eingesetzt: der eine ergibt eine relativ feine Auflösung des Tonhöhenspektrums (Bandbreite z. B. 45 Hz), aber eine relativ grobe Wiedergabe des Zeitablaufes (z. B. mit einem Auflösungsvermögen von etwa 25 Millisek.); der andere ergibt eine gröbere Auflösung der Tonhöhe (z. B. mit einer Bandbreite von 300 Hz), dafür aber eine genauere Darstellung der Zeit (mit einer Auflösung von etwa 3 Millisek.). Marler wies darauf hin, daß wenn zwei verschieden hohe Töne rascher alternierend wiederholt werden, als es dem Auflösungsvermögen des Schmalbandfilters entspricht, dann wird das damit hergestellte Sonagramm die Tonfolge durch zwei parallele Linien darstellen, also als Obertöne. Fallen die beiden Töne in das Auflösungsvermögen des Breitbandfilters, dann werden sie von ihm mit gesonderten Marken für jeden Ton festgehalten und richtig als Vibrato zwischen zwei Tonhöhen wiedergegeben. Viele Lautäußerungen von Vögeln, die aus Obertönen zu bestehen scheinen, wenn man sie durch ein Schmalbandfilter analysiert, erweisen sich als Vibratos, wenn sie durch das Breitbandfilter abgebildet sind. Dieser Unterschied, so folgerte Marler, entspricht möglicherweise dem Unterschied zwischen der Wahrnehmung dieser Lautäußerungen durch den Menschen und ihrer Wahrnehmung durch die Vögel selber. Das menschliche Ohr hat ein zeitliches Auflösungsvermögen, das bekanntlich etwa zehn Prozent schlechter ist als das des Gehörs der Vögel; so kann das, was wir als Akkord hören, für einen Vogel durchaus als Vibrato klingen. (Dies ist in der Tat das akustische Analogon zur optischen Flimmerfrequenz, die für Vögel ebenfalls höher ist als für den Menschen.)

Dieses Beispiel von Marler zeigt aber auch, daß die größere Genauigkeit der Wiedergabe in einer Dimension ein Opfer an Genauigkeit in einer anderen mit sich bringen kann. Hier galt: je feiner die Aufteilung des Klanges in seine Tonhöhenbestandteile, desto gröber die zeitliche Auflösung und umgekehrt. Von der Ebene der Heisenbergschen »Unbestimmtheitsrelation« zur vergleichenden Erforschung der Funktion der Sinnesorgane bei Tieren wird erkennbar, was man als das »allgemeine Prinzip der Komplementarität« bezeichnen könnte. Zumindest kann man sagen, daß die Verwendung von Instrumenten als Hilfsmittel bei der Beobachtung ebenfalls die Regel bestätigt, daß Beobachten immer selektiv ist. Die Instrumente wirken als Filter oder Sonden; sie heben bestimmte Einzelheiten deutlich gegen das ab, was sie notwendigerweise im Dunkeln zurücklassen.

Der technische Fortschritt hat auch manchmal Geschwindigkeit und Richtung des Fortschrittes in der Verhaltensforschung beeinflußt. Bis vor kurzem wurde z. B. die Tatsache des individuellen Kennens bei Untersuchungen des Sozialverhaltens der Tiere entweder übersehen oder für selbstverständlich gehalten. Zum Teil beruhte das auf der vorrangigen Beschäftigung mit dem Instinktproblem, und so befaßte man sich eher mit dem, was artspezifisch ist, als mit den Besonderheiten von Individuen. Bevor jedoch die individuellen Eigenschaften richtig und genau beschrieben und aufgezeichnet werden konnten, konnte man über sie höchstens Vermutungen anstellen; genauer Untersuchung waren sie unzugänglich. Untersuchungen über die individuellen Merkmale der Stimme und das individuelle Kennen mit Hilfe des Gehörs wurden mit dem Aufkommen der tragbaren Tonaufzeichnungsgeräte und der Erfindung des Sonagraphen möglich. Vorspielversuche haben gezeigt, daß das individuelle Kennen mit Hilfe des Gehörs weitverbreitet ist, zumindest bei den Vögeln (Beer 1970). Und das so geweckte Interesse für das Individuum hat zu neuen Entwicklungen bei der Untersuchung des Sozialverhaltens der Tiere ganz allgemein geführt. Ein entsprechender Fortschritt wurde aber beim optischen Erkennen nicht erreicht. Es bestehen kaum Zweifel, daß bei einigen Arten das visuelle Erkennen von Individuen mindestens ebenso wichtig ist wie das akustische; aber die Technik muß die Mittel noch entwikkeln, mit denen wir die Merkmale für das visuelle individuelle Kennen feststellen und für experimentelle Zwecke reproduzieren können. Darum hinken Untersuchungen über das individuelle Kennen mit Hilfe des Auges weit hinter denen über das mit Hilfe des Gehörs zurück.

Ein anderes Problem, mit dem sich der Beobachter oft auseinanderzusetzen hat, ist die Möglichkeit, daß das Beobachten das beobachtete Objekt beeinflußt (s. auch den Beitrag von R. Koeck und G. Strube in Band V dieser Enzyklopädie). Die Auswirkungen dieses Problems erwiesen sich in der vergleichenden Verhaltensforschung als nicht so gravierend wie in der Physik. Der Verhaltensforscher hat häufig die Möglichkeit, die Reaktionen auf seine Person auszuschalten oder zumindest zu verringern und bei der Beurteilung der Beobachtung zu berücksichtigen. Vogelbeobachter bauen sich z. B. Verstecke und haben große Geschicklichkeit darin entwickelt, die beobachteten Vögel möglichst wenig zu stören.

Wenn experimentelle Verfahren herangezogen werden, nimmt man geeignete Kontrollgruppen in das Programm der Untersuchung auf; sie ermöglichen es dem Forscher, die unbeabsichtigten Auswirkungen der Versuchsanordnung zu berücksichtigen. Trotzdem könnte immer noch jemand einwenden, es sei unmöglich sicherzugehen, daß sich beobachtete Tiere genauso verhalten wie unbeobachtete; denn dazu müßte man etwas beobachten, was man eben nicht beobachtet. Der Ethologe wird diese Rätsel gerne dem Philosophen überlassen, wie auch Fragen darüber, ob z. B. Explosionen in einer leeren Wüste irgendein Geräusch verursachen oder ob ein Tisch aufhört zu existieren, wenn man ihm den Rücken zuwendet. Es gibt aber Situationen, in denen sich der Ethologe ernsthaft fragen muß, inwieweit das Verhalten seiner Tiere, wie er es wahrnimmt, mit dem zu vergleichen ist, das sie zeigen, wenn und wo er sie nicht sieht. Der natürliche Lebensraum eines Tieres kann beispielsweise so unzugänglich sein, daß die einzige Möglichkeit, das Tier zu beobachten, darin besteht, es ins Labor zu bringen und in einem künstlich nachgeahmten Lebensraum zu betrachten. So wurden die meisten Untersuchungen über das Verhalten von Fischen durchgeführt. Nur in seltenen Fällen (z. B. Myrberg 1972) konnte man das im Aquarium beobachtete Verhalten mit dem im Freiland vorkommenden vergleichen. Laboruntersuchungen von nachtaktiven Säugetieren wurden üblicherweise mit Hilfe von Rotlicht durchgeführt, von dem man annahm, daß es die Tiere nicht sehen können. Um die Annahme, daß das Rotlicht oder ein anderes Hilfsmittel, die Tiere sichtbar zu machen, keinen Einfluß auf das Verhalten der Tiere hat, zu prüfen, müßte man in völliger Dunkelheit sehen können. Es ist jedoch nicht ganz abwegig, die Möglichkeit zu erwägen, daß die Annahme falsch sein könnte.

Wo Freiland- und Laboruntersuchungen möglich sind, kann eine Methode die andere stützen. Untersuchungen von Fragen oder Hypothesen, die durch Beobachtung im Freiland angeregt worden sind, können ein solches Ausmaß an Kontrolle oder Genauigkeit erfordern, wie es nur in der Laborsituation möglich ist. Es kann erforderlich sein, die Laborergebnisse auf die natürliche Situation zurückzubeziehen, um sie völlig in das Verständnis der Lebensweise der Art zu integrieren. Ohne immer erneuerten Kontakt mit Beobachtungen der Freilandbiologie einer Art, ist die Forschung im Laboratorium ständig in Gefahr, auf Fragen abzugleiten, die durch die Untersuchungsmethoden aufgeworfen werden und die von der Biologie weg zur Technologie führen, wie es in gewissem Maße auf dem Gebiet der Prägung und bei Labyrinthversuchen mit Ratten geschehen ist. Die Ergebnisse der Laborarbeit können aber die Freilandbeobachter auf Merkmale ihres Untersuchungsgegenstandes hinweisen, die man vorher übersehen hatte.

Das Wechselspiel zwischen Feldstudie und Laborversuch wird anschaulich in einer Arbeit über die Antworten der Küken der Aztekenmöwe (*Larus atricilla*) auf die Rufe der Altvögel (Beer 1973). Aufgrund der Freilandbeobachtungen und von Annahmen, die man aus der ethologischen Theorie ableitete, war man zu Vermutungen darüber gekommen, wie die Möweneltern bestimmte Rufe benutzen, um das Verhalten ihrer Jungen zu leiten. Das Vorspielen der Laute im Laboratorium bestätigte diese Vermutungen jedoch nicht. Das führte zur Entdeckung, daß die Antworten der Möwenküken auf die betreffenden Altvogelrufe vom Alter der Küken und der Situation, in der die Rufe geäußert werden, abhängt. Bei Küken, die älter als etwa sechs Tage sind, müssen die Rufe zusammen mit anderen Rufen auftreten, die den Rufer als einen der Eltern des Kükens ausweisen, um die erwarteten Antworten des Jungen auszulösen. Weitere Untersuchungen ergaben, daß einer der das Individuum kennzeichnenden Rufe der »Lange Ruf« ist, eine komplexe Lautäußerung, die die Altvögel in einer Reihe von Situationen benutzen und die sie in verschiedener Hinsicht variieren können. Dies führte zu der Entdeckung, daß der Elternvogel eine der Varianten des Langen Rufes für die Verständigung mit seinen Küken reserviert und daß diese nur auf diese eine Variante positiv reagieren. Es stellte sich heraus, daß der Unterschied zwischen der für die Küken bestimmten Variante und den anderen im Muster der Modulation der Lautstärke des ersten Teiles des Rufes liegt (Beer 1975). Dieser Unterschied war vor diesen Versuchsergebnissen nicht festgestellt worden; dann allerdings war er im Feld auch von bloßem Ohr deutlich zu erkennen. Mit jedem Schritt dieser Untersuchung eröffneten die Laborversuche der Freilandbeobachtung Fakten, die in deren Blickfeld gelegen hatten, aber nicht bemerkt worden waren. Gleichzeitig ermöglichten die Freilandbeobachtungen eine Deutung der Testergebnisse mit Bezug auf das natürliche Sozialverhalten der Art und lenkten damit das Programm für weitere Versuche. Die zugrundegelegten Annahmen, die die Erwartungen und Fragestellungen bestimmten, mußten als Folge der Rückwirkung der Ergebnisse von Versuchen, die sie angeregt hatten, laufend verändert werden.

Eine weitere Erkenntnis, die man aus dieser Untersuchung gewann, war, daß es soziale Signale gibt, deren richtiges Verständnis erfordert, daß man beides in Rechnung stellt, sowohl individuelles Erkennen, als auch eine syntaktische Flexibilität im Dienste der semantischen Vielseitigkeit. Im Fall des Langen Rufes der Aztekenmöwe wären Untersuchungen darüber, ob er individuelle Kennzeichen übermittelt, gescheitert, hätte man übersehen, daß es funktionell verschiedene Versionen dieses Rufes gibt. Die erwartete Antwort bei den Vorspielversuchen hätte ja aus zwei Gründen ausbleiben können: Erstens, weil der Ruf das Individuum nicht auswies, für das einzig die Antwort reserviert war, oder zweitens, weil die benutzte Variante des Rufes nicht die war, die unter gegebenen Umständen eine Antwort erfordert hätte. Auf der anderen Seite – wäre die Aufmerksamkeit auf die Verständigungsfunktion beschränkt gewesen und die Möglichkeit der Beteiligung von individuellem Erkennen vernachlässigt worden, hätte dies zu einer falschen Deutung führen können. Die allgemeine Lehre ist wiederum, daß Auswählen bei der Beobachtung eine wesentliche Rolle spielt – Auswählen aufgrund vorher getroffener Entscheidungen darüber, was man unterscheiden und was man zusammenfassen will.

Dies trifft selbstverständlich auch für Messungen und für den Gebrauch der Statistik beim Sammeln von Daten zu. Soll man als Zeiteinheit eine Zehntelsekunde oder eine halbe Stunde, einen Tag oder eine Woche wählen? Soll man einfach die Zahl der Tiere, die in jedem der Zeitintervalle ein Ziel erreichen, addieren, oder soll man getrennt den Fortschritt jedes einzelnen registrieren? Sollen Unterschiede in Alter und Geschlecht, Ort und Umständen, Jahreszeit und Wetter, Namen und Datum berücksichtigt oder vernachlässigt werden, wenn man beispielsweise entscheiden soll, ob etwas geeignet ist, in eine Matrix zur stochastischen Analyse aufgenommen zu werden? Was man wählt, wird zum Teil davon abhängen, worauf der Schwerpunkt der Fragen liegt; die getroffene Entscheidung wirkt aber wieder auf die Fragestellung zurück und engt die Richtung für weitere Forschung und die Art der möglichen Antworten ein. Die Entscheidungen werden aber oft ohne lange Überlegungen getroffen: sie werden durch das allgemein Übliche oder durch das, was als die richtige Handlungsweise angesehen wird, oder auch einfach durch das, was das Naheliegendste zu sein scheint, bestimmt. Es wäre wohl weise, an diesem entscheidenden Punkt des Beobachtens sorgfältig zu überlegen; doch in vielen Fällen gibt es sicher wenig oder gar keine Hinweise darauf, wie man sich angesichts der Fakten möglichst klug verhält. Der einzige Ausweg ist in solchen Fällen, wie in der naturwissenschaftlichen Forschung überhaupt, das Verfahren nach »Versuch und Irrtum«. Im Verlauf der Arbeit erweist es sich vielleicht als notwendig, immer wieder zur untersten Ebene von Beobachtung und Beschreibung zurückzukehren, um die begrifflichen Grenzen, die Einheiten, Maßstäbe und Dimensionen der Einteilung neu zu überprüfen, und dann wieder aufzusteigen auf dem Pfad der Analyse, Versuche anstellen usw., der zu den höheren Stufen von Verstehen und Wissen führt.

Damit sind wir wieder an dem Punkt angelangt, daß in bestimmter Hinsicht Beobachtung und Beschreibung tatsächlich den Ausgangspunkt jeder naturwissenschaftlichen Untersuchung bilden, wie Lorenz in dem zu Beginn zitierten Satz behauptet hatte. Sie bilden die

Basis, auf der Verallgemeinerung und Theorie aufbauen. Aber ihre Stellung wird auch von den Verallgemeinerungen und Theorien, die von ihnen gestützt werden, bestimmt. Aus den zahlreichen hier angeführten Gründen können Beobachtung und Beschreibung nie in dem Sinne rein sein, wie Lorenz dies gefordert hatte. Es folgt hieraus, daß jede Beobachtung und Beschreibung relativ ist und damit ihr Anspruch, an der Basis naturwissenschaftlicher Forschung zu stehen, einer ständigen Überprüfung offen bleiben muß.

Man kann die Tatsache nicht umgehen, daß induktive Naturwissenschaft mit auswählender Beobachtung, die ihre Maßstäbe von vorgefaßten Theorien und Arbeitshypothesen bezieht, zu beginnen hat.

Aus dem Englischen übertragen von Delia Boettler und Roger A. Stamm

ANMERKUNG

1

»It is an inviolable law of inductive natural science that it has to *begin* with pure observation, totally devoid of any preconceived theory and even working hypothesis.«

LITERATUR

ALEXANDER, P.: Sensationalism and scientific explanation. London: Routledge & Kegan Paul 1963

ARMSTRONG, E. A.: Bird display and behaviour. Cambridge: Cambridge University Press 1947

AUSTIN, J. L.: Sense and sensibilia. Oxford: The Clarendon Press 1962

BAGGERMAN, B., BAERENDS, G. P., HEIKENS, H. S., MOOK, J. H.: Observations on the breeding behaviour of the Black Tern, *Chlidonias n. niger* (L.), in the breeding area. Ardea, 44, 1956, 1–71

BEER, C. G.: Incubation and nest building behaviour of Black-headed Gulls, IV: nest building in the incubation and laying periods. Behaviour, 21, 1963, 155–176

Individual recognition of voice in the social behavior of birds. Advances in the Study of Behavior, 3, 1970, 27–74

A view of birds. Minnesota Symposia on Child Psychology, 7, 1973, 47–86

Multiple functions and gull displays. In: G. P. Baerends, C. G. Beer, A. Manning (Eds.): Function and Evolution in Behaviour – Essays in Honour of Professor N. Tinbergen. Oxford: The Clarendon Press 1975

KIRKMAN, F. B.: Bird Behaviour. London, Edinburgh: Nelson 1937

KORTLANDT, A.: Eine Übersicht der angeborenen Verhaltensweisen des mitteleuropäischen Kormorans (*Phalacrocorax carbo sinensis* [Shaw und Nodder]), ihre Funktion, ontogenetische Entwicklung und phylogenetische Herkunft. Arch. néerl. Zool., 4, 1940, 401–442

LORENZ, K.: The comparative method in studying innate behaviour patterns. Symp. Soc. exp. Biol., 4, 1950, 221–268

MAKKINK, G. F.: An attempt at an ethogram of the European Avocet *(Recurvirostra avosetta* L.) with ethological and psychological remarks. Ardea, 25, 1936, 1–60

MARLER, P.: Tonal quality of bird sounds. In: R. A. Hinde (Ed.): Bird vocalization. Cambridge: Cambridge University Press 1969

MOYNIHAN, M.: Some displacement activities of the Black-headed Gull. Behaviour, 5, 1953, 58–80

MYRBERG, A. A.: Ethology of the Bicolor Damselfish, *Eupomacentrus partitus* (Pisces:Pomacentridae): a comparative analysis of laboratory and field behaviour. Animal Behaviour Monographs, 5, 1972, 197–283

POPPER, K. R.: Logik der Forschung. Wien 1935

Conjectures and refutations. London: Routledge & Kegan Paul 1963

TINBERGEN, N.: On the analysis of social organization among vertebrates, with special reference to birds. Am. Midl. Nat., 21, 1939, 210–234

Die Übersprungbewegung. Z. Tierpsychol., 4, 1940, 1–40

The study of instinct. Oxford: The Clarendon Press 1951

»Derived« activities; their causation, biological significance, origin, and emancipation during evolution. Quart. Rev. Biol., 27, 1952, 1–32

UEXKÜLL, J. VON: Streifzüge durch die Umwelten von Tieren und Menschen. Berlin: Springer 1934

DIE EXPERIMENTELLE UNTERSUCHUNG VON URSACHEN DES VERHALTENS

von Paul Ingold und Otto Sieber

Mit Hilfe der nichtexperimentellen Forschung lassen sich Verhaltensweisen eines Tieres, ihre Veränderungen in der Zeit (ontogenetische, tages- und jahreszeitliche) sowie deren Bezüge zur Umgebung (Artgenossen, artfremde Tiere, Objekte, Licht usw.) beschreiben. Man möchte nun wissen, wodurch das Auftreten solcher Verhaltensweisen und Beziehungen bestimmt wird, d. h., wie in jeder naturwissenschaftlichen Disziplin versucht man auch in der Ethologie, beobachtete und beschriebene Vorgänge kausal zu erklären. Man sucht also nach den Ursachen des Verhaltens und seiner Beziehungen.

URSACHEN DES VERHALTENS

Zustände oder Vorgänge, welche das Verhalten beeinflussen, nennt man Ursachen des Verhaltens oder seine bestimmenden Faktoren. Auf Zustände oder Vorgänge als Ursachen oder bestimmende Faktoren des Verhaltens kann man schließen, wenn sie in einer unmittelbaren Beziehung zum Verhalten stehen. Diese Beziehung äußert sich darin, daß die betreffenden Zustände oder Vorgänge gesetzmäßig vor einem Verhalten auftreten oder sich mit ihm ändern.

Was versteht man in unserem Zusammenhang unter Zuständen und Vorgängen? Unter dem Begriff Zustand fassen wir qualitative und quantitative Eigenschaften von Tieren, Objekten und abiotischen Faktoren zusammen, als Vorgänge bezeichnen wir Wechsel von einem Zustand zum anderen. So kann mit Zustand ein Helligkeitswert, eine bestimmte Temperatur, ein bestimmter Hormonspiegel, eine Stellung (z. B. Männchenmachen), ein morphologisches Merkmal eines Tieres (z. B. roter Bauch) oder ein Artgenosse gemeint sein u. a. m. Vorgänge sind etwa Temperatur- und Helligkeitswechsel, Hormonausschüttungen, Nervenerregungen, Farbänderungen oder Bewegungen. Solche Zustände oder Vorgänge weisen höchst unterschiedliche Komplexitätsgrade auf. Eine bestimmte Helligkeit ist *ein* Wert einer Qualität; ein Artgenosse hingegen hat verschiedene morphologische Merkmale, zeigt eine Vielzahl von Bewegungsmustern, äußert Laute und gibt u. U. Duftstoffe ab. Ob wir einfache oder komplexe Vorgänge oder Zustände als Ursachen bezeichnen, hängt von der Fragestellung ab. Diese wiederum richtet sich nach der mehr oder weniger fortgeschrittenen Kenntnis über ein bestimmtes Teilgebiet, wobei in der Regel die Analyse vom höheren zum niedrigeren Komplexitätsgrad der untersuchten Faktoren fortschreitet. Schubert 1971 wies beispielsweise beim Fitis *(Phylloscopus trochilus)* zuerst nach, daß der Gesang des ♂ bei anderen revierbesitzenden ♂♂ Aggressionen auslöst und anschließend, daß dafür die Strophenfolge, die Länge der Phrasen, der Frequenzverlauf u. a. verantwortlich sind.

»Bestimmen«, »Verantwortlichsein«, »Beeinflussen« oder andere, entsprechende Begriffe drücken in allgemeiner Form die Wirkungsweise eines Faktors aus. Im einzelnen können Faktoren auslösen oder hemmen, steigern oder vermindern, orientieren (richten) oder desorientieren, das Tier für ein bestimmtes Verhalten sensibilisieren oder desensibilisieren (Tab. 1). Ursachenanalysen beschäftigen sich demnach nicht nur mit der Frage, welche Faktoren ein Verhalten verursachen, sondern auch, in welcher Weise sie es tun. Große Gegenstände oder Wasserbewegungen lösen bei den Jungen des maulbrütenden Fisches *Tilapia mossambica* Fluchtverhalten aus; Reize, wie sie von einer ♀-Attrappe ausgehen (dunkle Flecken und Vertiefungen, Unterseite eines Gegenstandes), richten es (Baerends 1957). Oft steht fest, in welcher Weise Faktoren wirken, und es wird untersucht, welche es im einzelnen sind. Man will z. B. wissen, an welchen Merkmalen sich Mehlschwalben *(Delichon urbica)* bei der Rückkehr zum Nest orientieren (welche Faktoren das Verhalten richten) und stellt fest, daß sie u. a. die Form und das Aussehen des Nestes, die Form des Nesteinganges und Merkmale der weiteren Umgebung (z. B. Stallkante) beachten (Böhringer 1960).

Zwei Faktoren können summativ oder in einer anderen Weise zusammenwirken. Also gilt es auch zu untersuchen, welche Wirkung Faktoren einzeln und miteinander kombiniert ausüben. Beim Kaisermantel *(Argynnis paphia)*, einem Schmetterling, wird der Anflug der ♂♂ zur Paarung durch verschiedene optische Reize gerichtet (Magnus 1958). Optimal wirkt eine möglichst große Fläche von ähnlichem Gelb wie die Grundfarbe der ♀♀-Flügel, welche abwechselnd auftaucht und wieder verschwindet (was dem Flügelschlag der ♀♀ entspricht). Dabei ergänzen sich die Einzelfaktoren Fläche und Anzahl von Reizwechseln pro Zeiteinheit. Auf eine Attrappe mit kleinerer Fläche, aber größerer Anzahl von Verschwinden und Wiederauftauchen reagierten die ♂♂ gleich wie auf eine Attrappe mit größerer Fläche und geringerer Zahl von Reizwechseln.

Wie stößt man nun auf möglicherweise wirksame Faktoren? Oft geschieht dies beim Beobachten des Verhaltens und seiner Umweltbedingungen (a), indem man die Überzeugung gewinnt, bestimmte Faktoren seien für ein Verhalten verantwortlich. Beispielsweise kann auffallen, daß sich junge Kampfläufer *(Philomachus pugnax)* drücken, wenn der Altvogel warnt. Es liegt nahe anzunehmen, daß die Rufe des Elters dieses Verhalten auslösen. Sicher ist man allerdings nicht, weil der Vogel gleichzeitig vom Boden abhebt und dem Eindringling (z. B. Mensch) entgegenfliegt. Also könnte auch das Wegfliegen das Verhalten auslösen oder Wegfliegen verbunden mit Warnrufen. Auf bestimmende Faktoren kann man auch durch Ableitungen von bestehenden Gesetzen und Theorien stoßen (b): Das Finden der Geschlechter beruht bei vielen Wirbeltieren und Wirbellosen auf chemischer Information, insbesondere bei Höhlentieren, welche dauernd im Dunkeln leben. Bilden solche Tiere keine Schwärme und bewegen sie sich überdies nur langsam fort wie der Grottenolm *(Proteus anguineus)*, müssen Spuren am Substrat das Auffinden der Geschlechter zur Kopulation ermöglichen (Parzefall 1976). In beiden Fällen (a, b) kann auf dieser Stufe der Untersuchung keine eindeutige Aussage gemacht werden, denn es könnte durchaus ein anderer als der von uns betrachtete, ohne Zusammenhang mit diesem oder mit ihm gekoppelt auftretender Faktor Ursache sein. Die beim Beobachten und bei der Auseinandersetzung mit Theorien hergestellten Beziehungen zwischen Umweltbedingungen oder inneren Bedingungen und dem Verhalten sind also lediglich Vermutungen oder *Hypothesen* über mögliche Ursachen. Hypothesen sind Sätze, die sich auf bisher nicht ermittelte Fakten beziehen und die im Lichte neuer Erkenntnis korrigierbar sind (Bunge 1967). Sie müssen, werden sie nicht weiter untersucht, in einem Text als solche kenntlich gemacht werden. Ihre Bestätigung oder Verwerfung ist nur unter kontrollierten Bedingungen möglich. Diese müssen in der Regel geschaffen werden, was man als »Experimentieren« bezeichnet (s. auch den Beitrag von S. Preiser in Bd. V dieser Enzyklopädie).

DAS EXPERIMENT ALS MITTEL ZUR UNTERSUCHUNG VON URSACHEN DES VERHALTENS

Ein Experiment ist die Art wissenschaftlicher Erfahrung, zu deren Zweck eine Veränderung geplant hervorgerufen, was daraus resultiert beobachtet, festgehalten und mit einer kognitiven Absicht interpretiert wird (Bunge 1967). Experimentieren beinhaltet also eine Reihe von Teilschritten:

1. Hypothesenbildung
2. Voraussage und Problemstellung[1]
3. Planung (Ausarbeiten einer Methode)
4. Durchführung
5. Auswertung und Darstellung der Ergebnisse
6. Deutung der Ergebnisse

Hypothesenbildung

Hypothesen können grundsätzlich aus einem beliebigen zu überprüfenden Satz bestehen (nach Hempel 1974, verändert), z. B.:

Zunahme der Wassertemperatur steigert die Kriechgeschwindigkeit von Strudelwürmern *(Turbellaria)*.

Warnrufe des adulten Kampfläufers lösen Sich-drücken der Jungen aus.

Das Freßverhalten von Rennmäusen *(Gerbillinae)* wird durch Artgenossen beeinflußt.

Hunger erhöht die Beutefangbereitschaft von Libellenlarven *(Odonata)*.

Hypothesen über Ursachen des Verhaltens können, wie nach dem oben gesagten zu erwarten ist, eine relativ allgemeine (beeinflussen) oder spezifische (steigern, auslösen, Bereitschaft erhöhen = sensibilisieren) Aussage über einen möglicherweise bestimmenden Faktorenkomplex (Artgenosse, Hunger) oder einzelne Faktoren (Warnrufe, Zunahme der Wassertemperatur) enthalten. Ob die Hypothese allgemein oder spezifisch gehalten und der bestimmende Faktor als Komplex oder Einzelkomponente angegeben ist, hängt nicht nur vom Sachverhalt und von der bisherigen Kenntnis ab. Die Bildung von Hypothesen ist in hohem Maß abhängig von der Fähigkeit des Beobachters, Fakten zu kombinieren, von seiner Phantasie, der Intuition, von seinem theoretischen Hintergrund und ganz allgemein von seiner Erfahrung. Hypothesenbildung ist demnach eine der Phasen wissenschaftlicher Arbeit mit geringem Anteil systematischen Vorgehens, in der der geniale Einfall (Hempel 1974) zentrale Bedeutung hat.

Voraussage und Problemstellung

Im folgenden berichten wir von einer eigenen Untersuchung am Strudelwurm *Crenobia alpina* (Sieber, Ingold 1977) und greifen in späteren Abschnitten darauf zurück.

Die größeren Bachplanarien, zu denen auch *Crenobia alpina* gehört, leben versteckt unter Steinen, Holzstücken oder Laub, wobei man erstaunlicherweise sehr oft mehrere Tiere dicht beisammen findet, obschon diese Objekte in der Regel sehr viel mehr Platz bieten würden. Dies läßt vermuten, Artgenossen zögen einander an, was eine entsprechende Untersuchung bestätigt hat. Daraus und aus der Kenntnis über die Sinnesorgane dieser Würmer kann man die Hypothese ableiten, wonach chemische, taktile und/oder optische Merkmale der Tiere für das Zustandekommen der Ansammlungen verantwortlich sind. In dieser Hypothese ist zunächst einmal der Begriff »Ansammlung« zu klären: Wenn zwei oder mehr Planarien in einem Abstand von höchstens 4 mm beieinander mit zusammengezogenem Körper an Ort bleiben (= ruhen), bezeichnen wir dies als Ansammlung. Überlegt man sich nun, wie die genannte Hypothese zu prüfen sei, gelangt man zur Voraussage, daß chemische, taktile und/oder optische Faktoren dann für die Bildung von Ansammlungen verantwortlich sind, wenn Planarien Stellen mit diesen Faktoren solchen ohne sie vorziehen. Also müßte untersucht werden, wie viele Tiere an Stellen mit chemischen, taktilen und optischen Faktoren und wie viele an Stellen ohne sie ruhen. Mit dieser Problemstellung haben wir die Untersuchung unserer Hypothese im wesentlichen angelegt.

Nach der Formulierung der Hypothese sind also zunächst einmal die verwendeten Begriffe zu klären. Darauf ist an Hand der für wirksam gehaltenen Faktoren und des durch sie beeinflußten Verhaltens vorauszusagen, welches Ereignis zur Bestätigung der Hypothese im Experiment eintreten müßte. Danach richtet sich dann die Formulierung der Problemstellung, welche zusätzlich Angaben über die zu messenden Größen (Häufigkeit, Dauer usw.) enthält. Die in beschreibenden Begriffen abgefaßte Problemstellung ist somit das entscheidende, vermittelnde Glied zwischen Hypothese und konkreter Versuchsplanung (Methode).

Planung

Die Versuchsplanung enthält die Angaben, wie die zu untersuchenden, möglicherweise bestimmenden Faktoren und wie das von ihnen abhängige Verhalten zu behandeln sind. Die für wirksam gehaltenen und zu untersuchenden Faktoren nennt man »unabhängige Variablen«, das von ihnen für abhängig erachtete Verhalten die »abhängige Variable«. Wir schildern zunächst, wie die Planarienuntersuchung geplant wurde und greifen dazu den chemischen als einen der drei möglicherweise wirksamen Faktoren heraus.

Versuchsanlage: Zwei Tiere werden in einen Tülltrichter gesetzt, welcher in einer Schale mit Bachwasser steht. Nun wird sorgfältig ein zweiter Trichter auf den ersten gelegt. Der Abstand zwischen den beiden Trichtern ist so gering, daß die auf dem unteren nach einiger Zeit ruhenden Tiere (= Reizobjekt) möglichst nahe am oberen liegen, diesen aber nicht oder höchstens mit einem kleinen Teil des Rückens berühren können (Abb. 1). Ein in den oberen Trichter gesetztes Versuchstier wird dann von den Tieren zwischen den Trichtern abgegebene Stoffe wahrnehmen, sie aber nicht berühren und von ihnen auch sonst keine mechanischen Reize feststellen können (z. B. feine Wasserbewegungen). Damit die Versuchstiere auch keine optischen Reize wahrzunehmen vermögen, wird der Versuch im Dunkeln durchgeführt.

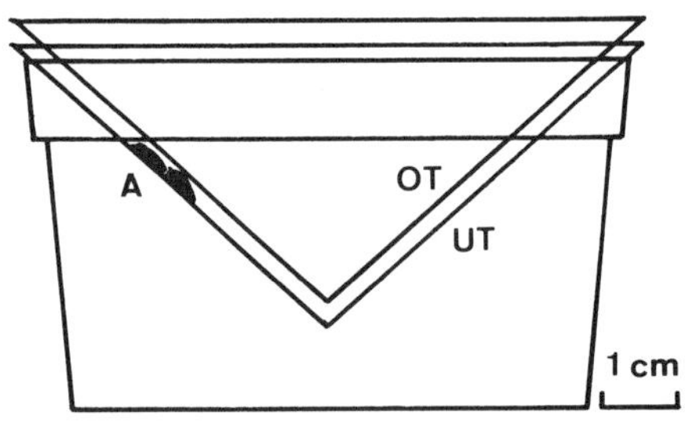

Abb. 1 Ansammlung (A) zweier Planarien zwischen dem oberen (OT) und dem unteren (UT) Tülltrichter im Querschnitt.

Nun haben wir also festgelegt, wie die unabhängige Variable dargeboten werden soll. Ob der chemische Faktor eine Wirkung ausübt, können wir nur dann feststellen, wenn die Tiere in einer zweiten Situation geprüft werden, in welcher der Faktor nicht vorhanden ist.

Eine solche Anordnung kann also aus zwei Trichtern bestehen, zwischen denen statt der Tiere ein Tüllstück von der Größe des Reizobjekts die Stelle kennzeichnet.

Die in den Versuchstrichter eingesetzten Tiere können beim Umherkriechen den zu prüfenden Faktor mehrmals berühren und manchmal auch dort verweilen, weiterkriechen, an irgendeiner Stelle im Trichter anhalten und erneut kriechen, ehe sie sich schließlich beim Reizobjekt oder sonst irgendwo im Trichter zusammenziehen, verbreitern und an Ort bleiben (ruhen). Gemäß Problemstellung muß die Anzahl der beim betreffenden Faktor oder an der entsprechenden Stelle ruhenden Planarien als abhängige Variable ermittelt werden. Protokolliert wird also, wo jedes Versuchstier ruht. Wenn nun beim Reizobjekt mehr Tiere ruhen als an der entsprechenden Stelle im Trichter ohne Reizobjekt, kann auf die Wirksamkeit des betrachteten Faktors geschlossen werden, allerdings unter der ganz wichtigen Bedingung, daß auszuschließen ist, daß andere Faktoren den nachgewiesenen Unterschied hervorgerufen haben. Die Versuchstiere könnten nämlich nicht oder nicht nur wegen des Reizobjekts selbst bei ihm ruhen, sondern auch, weil dort günstige Bedingungen herrschen. Sie bevorzugen z. B. Schatten gegenüber Licht, tiefe ($< 10°$ C) vor hohen ($> 15°$ C) Temperaturen, rauhe gegenüber glatten Unterlagen. Zwischen den Tülltrichtern könnten sich also Ansammlungen an solch günstigen Stellen bilden, und das eingesetzte Versuchstier könnte möglicherweise auch wegen abiotischer Faktoren dort ruhen. Das Vorhandensein unterschiedlich günstiger Stellen läßt sich verhindern, wenn Dunkelheit und überall im Trichter dieselbe Temperatur herrscht. Letztes wird erreicht, indem die Versuchsschalen mit den Trichtern dauernd von gekühltem Wasser umspült werden. Unterschiede in der Oberflächenbeschaffenheit sind durch die Verwendung von Tüll ausgeschlossen.

Faktoren, welche nebst den unabhängigen Variablen das Ergebnis beeinflussen könnten, nennt man *Störfaktoren.* »Störend« wirken sie nur bezüglich der zu prüfenden Hypothese. In der Untersuchung einer anderen Hypothese können sie selbstverständlich ihrerseits als unabhängige Variablen benannt werden. Störfaktoren sind das dritte, wichtige Element eines Experiments.

Wenn wir außer den unabhängigen Variablen und den abhängigen Variablen auch die Störfaktoren unter Kontrolle haben, kann mit der Durchführung der Versuche begonnen werden. Bevor wir dies am Planarienversuch zeigen, wollen wir jedoch die drei Elemente eines Experiments noch etwas genauer betrachten. Über die im Text erwähnten Beispiele hinaus finden sich weitere, nach den besprochenen Gesichtspunkten aufgeschlüsselte Untersuchungen in Tab. 1.

Die unabhängige Variable

Wir sind nun in der Lage anzugeben, unter welchen Bedingungen allgemein auf die Wirkung unabhängiger Variablen geschlossen werden kann: Eine Aussage über die Wirkung der unabhängigen Variablen können wir dann machen, wenn wir die abhängigen Variablen mehrfach in mindestens zwei Situationen messen und vergleichen, die sich bezüglich der unabhängigen Variablen voneinander unterscheiden, im übrigen aber gleiche Bedingungen aufweisen. Von einem möglicherweise regelhaften Unterschied zwischen den abhängigen Variablen verschiedener Situationen schließen wir auf die Wirkung der unabhängigen. Man vergleicht nun entweder eine durch Manipulation der unabhängigen Variablen veränderte Situation mit einer unveränderten oder zwei oder mehrere veränderte Situationen miteinander. Im ersten Fall wird die veränderte Situation als Versuch, die unveränderte als Kontrolle bezeichnet, im zweiten Fall kann jeder Versuch gleichzeitig Kontrolle für die anderen Versuche sein. Unabhängige Variablen können in einem Experiment auf drei Arten kontrolliert werden:

Das Einsetzen unabhängiger Variablen: Bei diesem Experimenttyp bietet man die unab-

Tiere	Unabhängige Variable	Wirkung der unabh. Variable	Abhängige Variable	Versuch	Kontrolle	Berücksichtigte Störfaktoren	Behandlung der Störfaktoren	Literatur
Schmetterling Kaisermantel *(Argynnis paphia)* ♂♂	Gelbe Farbe	richtet	Flug	verschiedenfarbige Attrappen ausgelegt Veränderungsexperiment		Bewegung Form, Größe Ortsbevorzugung	ausgeschlossen konstantgehalten ausgeschlossen durch Vertauschen (Variation)	Magnus 1958 399 f
Mücke *Chironomus plumosus* ♂♂	Flugtonhöhe der ♀♀	richtet	Flug	Vorspielen von verschieden hohen Tönen Veränderungsexperiment		übrige ♀-Merkmale übrige Tonkomponenten Temperatur	ausgeschlossen konstantgehalten variiert	Römer und Rosin 1969 734–740
Wespe *Paravespula germanica*	Saugende Artgenossen	richten	Anflüge	Artgenossen an Zuckerwasserschälchen; Eins.-Exp. (a), Veränd.-Exp. (b)	keine (a) oder weniger (b) Artgenossen an Zuckerw.-Schäl.	Ortsdressur Zuckerkonzentration Zuckerwasserspiegel	ausgeschlossen d. Veränderung d. Standorts konstantgehalten	Pflumm 1975 16 f
Pharaoameise *(Monomorium pharaonis)* ♂♂	Sekret der Dufour'schen Drüse von ♀♀	löst aus richtet	Suchläufe Aufreiten	Stäbchen mit Sekret Einsetz-Exp.	Stäbchen ohne Sekret	optische, taktile und übrige chemische Reize der ♀♀	ausgeschlossen	Hölldobler u. Wüst 1973 1–3
Maifisch *(Alosa pseudoharengus)*	Wasser des Heimatbaches	richtet	Aufenthalt	Wasser aus Heimatbach; Einsetz-Exp. Wasser aus fremden Bächen; Veränd.-Exp.	Neutrales Wasser. Wasser aus Heimatbach	Salzgehalt, Gaskonzentration, Wasserströmung, Temperatur, Licht	konstantgehalten	Thunberg 1971 217–225
Moderlieschen *(Leucaspius delineatus*; Karpfenfische)	Optische Merkmale von Hechten	verringern	Individualabstände	Hechte in Glasaquarien zugesetzt Einsetz-Exp.	ohne Hechte	übrige Hechtmerkmale Nahrung Temperatur, Licht	ausgeschlossen konstantgehalten	Rüppell und Gösswein 1972 333–340
Schwertträger *(Xiphophorus helleri*; Fische) ♂♂	Soziale Isolation	steigert	Kampfverhalten	2 ♂♂ nach verschieden langer Isolation zusammengesetzt Veränderungsexperiment		Ranghöhe, Alter, Größe, Temperatur, Futter, Licht Tagesrhythmus	konstantgehalten ausgeschlossen	Wilhelmi 1975 482–496
Seepferdchen *(Hippocampus hippocampus)* ♂♂	Hormone Oxytocin, Isotocin	lösen aus	Geburtsbewegungen	Hormoninjektionen Einsetz-Exp.	♂♂ mit leeren Bruttaschen vor der Injektion	adäquate Reize durch volle Bruttaschen	ausgeschlossen durch Verwendung von ♂♂ mit leeren Bruttaschen	Fiedler 1970 679–686
Buntbarsch *Haplochromis burtoni* ♂♂	Kopfzeichnung einer Attrappe	beeinflußt	Biß-Rate gegen kleine, erblindete Artgenossen	Attrappen mit verschiedenen Zeichnungen dargeboten Veränderungsexperiment		Bewegung, übrige optische Merkmale, chemische, mechan. Reize Einflüsse des Beobachters	ausgeschlossen durch Verwendung von Attrappen ausgeschlossen durch Beob. aus Distanz	Leong 1969 42 f
Buntbarsch *Hemihaplochromis bimaculatus* ♂♂	rote Farbe einer Attrappe	steigert	zittern (werben)	grüne Attrappe dargeboten Veränderungs-Experiment	rote Attrappe dargeboten	Bewegung, chemische Reize Größe, Form	ausgeschaltet konstantgehalten	Rowland 1975 109–112

Tiere	Unabhängige Variable	Wirkung der unabh. Variable	Abhängige Variable	Versuch	Kontrolle	Berücksichtigte Störfaktoren	Behandlung der Störfaktoren	Literatur
Buntbarsch *Hemichromis bimaculatus* ♀♀	chemische Stoffe von Larven der eigenen Brut	richten	Aufenthalt	Wasser von eigenen Larven; Einsetz-Exp. Wasser von fremden Larven; Veränd.-Exp.	Neutrales Wasser Wasser von eigenen Larven	optische, taktile Reize von Larven Bindung an Laichplatz	ausgeschlossen	Kühme 1963 695–698
Buntbarsch *Hemihaplochromis multicolor* Junge	Helligkeit einer Attrappe	löst aus	an-schwimmen	je 2 kreisförmige Attrappen verschiedener Helligkeit zur Wahl geboten Veränderungsexperiment		Farbe, Wasserbewegungen, Seitenstetigkeit Form, Größe Erfahrung mit Mutterfisch	ausgeschlossen konstantgehalten ausgeschl. (unerfahrene Junge)	Kuenzer 1975 508–516
Paradiesfisch (*Macropodus opercularis*) ♂♂	Hormone Gonadotropin und Prolactin	lösen aus	Schaum-nestbau	Hormoninjektionen Einsetz-Exp.	Fische ohne Injektion	Artgenossen, adäquate Reize Temperatur, Beleuchtung	ausgeschlossen konstantgehalten	Machemer u. Fiedler 1965 648 f
Grottenolm (*Proteus anguineus*)	chemische Stoffe von Artgenossen	richten	Aufenthalt	Versteck mit Olmduft Einsetz-Exp.	Versteck ohne Olmduft	übrige Reize von Artgenossen, optische Reize Ortskenntnis	ausgeschlossen (fremde Umgebung)	Parzefall 1976, 33 f
Lachmöwe (*Larus r. ridibundus*)	Brutplatz, Nest, Eier	richten	aufsuchen, brüten	Nest und Eier einzeln und kombiniert am ursprünglichen Ort und versetzt geboten; Veränderungsexperiment		Artgenossen, Vegetationsmerkmale	ausgeschlossen durch Auswahl der Plätze	Tschanz 1972 367–369
Lachmöwe (*Larus r. ridibundus*)	braune Farbe einer Ei-Attrappe	löst aus	einrollen	Je eine Eiattrappe mit brauner und grüner Grundfarbe auf dem Nestrand zur Wahl geboten Veränderungs-Experiment		Muster Seitenstetigkeit	konstantgehalten ausgeschlossen durch Vertauschen	Baerends u. van Rhijn 1975, 6 f
Tordalk (*Alca torda*)	Wasserruf des eigenen Jungen	löst aus	Schritte, Aufsuchen des Lautsprechers	Vorspielen des Wasserrufs eines fremden Jungen; Veränderungs-Exp.	Vorspielen des Wasserrufs des eigenen Jungen	optische Merkmale Bevorzugung eines bestimmten Platzes Standort d. Altvogels Lautstärke, Rufzahl	ausgeschlossen do. durch Aufstellen des Lautsprechers in neutralem Bereich konstantgehalten	Ingold 1973 175–184
Fitis (*Phylloscopus t. trochilus*) ♂♂	Strophenaufbau des arteigenen Gesanges	löst aus richtet	Territorialverhalten wie Annäherung, Gesang	Vorspielen des Gesanges mit künstlich verändertem Strophenaufbau Veränderungs-Experiment	Vorspielen des Originalgesanges	Lautstärke, Abspielort Gewöhnungseffekte	konstantgehalten ausgeschlossen (einmaliges Vorspielen, nur 1 Versuch/♂ und Tag)	Schubert 1971 257–264
Schaf ♀♀	Geruchsreize des eigenen Jungen	lösen aus	Annahme	Schafen mit abgetrenntem Geruchszentrum eigenes und fremdes Junges vorgesetzt Ausschluß-Experiment	Schafen mit intaktem Geruchszentrum eigenes und fremdes Junges vorgesetzt	mögliche Beeinträchtigung durch Operation optische Merkmale, Lautäußerungen	konstantgehalten durch Scheinoperation an Kontrolltieren möglichst konstantgehalten	Bouissou 1968 77–83

Tab. 1 Nach den unabhängigen und abhängigen Variablen, nach Versuch und Kontrolle sowie den Störfaktoren aufgeschlüsselte Untersuchungen. Die Seitenzahlen betreffen nur das jeweils berücksichtigte Experiment.

hängigen Variablen einzeln oder einzeln und miteinander kombiniert und vergleicht mit einer Situation ohne sie (Kontrolle), wie wir es am Planarienbeispiel gezeigt haben. Aus einem Unterschied zwischen der abhängigen Variablen des Versuches und der Kontrolle ist auf die Wirkung der unabhängigen Variablen zu schließen. Tritt kein Unterschied auf, ist sie in der gewählten Versuchssituation als wirkungslos zu bezeichnen. Es gilt dann zu überlegen, ob sich das Ergebnis nicht durch eine angemessenere Versuchsanordnung verbessern ließe. Das Einsetzen unabhängiger Variablen ist ein häufig angewandtes Verfahren.

Das Ausschließen unabhängiger Variablen: Als weiterer Experimenttyp ist das Experimentieren ohne die unabhängige Variable zu bezeichnen. Nehmen wir als Beispiel die Hypothese, wonach die Eier das Verhalten eines brütenden Vogels bestimmen. Um dies zu prüfen, würde man das Verhalten mit Eiern (= Kontrolle) und ohne Eier (= Versuch) ermitteln. Interessieren mehrere Variablen, sind diese einzeln auszuschließen. Auf eine Wirkung der unabhängigen Variablen kann dann geschlossen werden, wenn die abhängige Variable nicht oder verändert auftritt. Erscheint sie in Versuch und Kontrolle gleichartig, ist keine eindeutige Aussage möglich, weil offenbar ein anderer als der betrachtete Faktor das Verhalten ebenfalls erzeugt. Mit dem Ausschluß der unabhängigen Variablen können auch weitere Faktoren ausgeschlossen werden. Diese Gefahr besteht namentlich bei den sogenannten »Kaspar-Hauser-Experimenten«, die dazu dienen sollen, den Einfluß einer Umweltbedingung auf die Entwicklung des Verhaltens zu untersuchen. Tritt das Verhalten nach anfänglichem Entzug dieser Bedingung nicht auf, ist je nach Grad und Dauer der Isolation mehr oder weniger wahrscheinlich, daß der Ausfall auf einer allgemeinen Entwicklungsstörung beruht (bei nestjungen Ratten etwa erzeugt eine mehrwöchige Aufzucht im Dunkeln verschiedene Veränderungen in der Gehirnstruktur; Cragg 1967). Deshalb läßt sich bei solchen Experimenten eine Aussage oft nur dann machen, wenn das Verhalten trotz des Entzuges auftritt. Man schließt in einem solchen Fall, die betrachtete Umweltbedingung sei zur Ausbildung des Verhaltens nicht nötig.

Das Verändern unabhängiger Variablen: Beim dritten Experimenttyp bietet man den Tieren veränderte unabhängige Variablen. Die Kontrolle besteht aus einer Situation mit der unveränderten unabhängigen Variablen; oft werden auch Situationen mit verschiedenen Veränderungen einer unabhängigen Variablen miteinander verglichen. Die Art der Veränderung kann nicht genau erfaßbar oder aber qualitativ oder quantitativ bestimmbar sein. Nicht genau erfaßbar ist sie, wenn zur Überprüfung der Hypothese, wonach Silbermöwen bei der Rückkehr zum Nest sich an der Umgebung orientieren, ein Versuch mit teilweise entfernter Vegetation der Nestumgebung durchgeführt wird (Kontrolle ohne Veränderung der Vegetation; Goethe 1937). Um eine qualitativ bestimmte Veränderung handelt es sich, wenn man in Versuchen mit bemalten Eiern testet, welche Eifarben bei Lachmöwen *(Larus ridibundus)* das Einrollen der Eier auslösen (Baerends, v. Rhijn 1975). Die Veränderung ist schließlich in jenem Fall quantitativ bestimmt, wo die Hypothese, die Flugtonhöhe der ♀♀ richte den Anflug der ♂♂ bei der Mücke *Chironomus plumosus* geprüft wird und dazu Töne mit verschiedenen Frequenzen geboten werden (Römer, Rosin 1969; Römer 1970). Aus einem Unterschied zwischen den abhängigen Variablen des Versuches und der Kontrolle ist auf die Wirkung der unabhängigen Variablen zu schließen. Tritt kein Unterschied auf, kann auf die Wirkungslosigkeit der vorgenommenen Veränderung, nicht aber unbedingt auf die Wirkungslosigkeit der unabhängigen Variablen geschlossen werden. Erzeugt eine Umgebungsveränderung kein verändertes Verhalten, kann möglicherweise eine stärkere Änderung dies bewirken. Also wäre es im ersten Beispiel falsch zu schließen, die Möwen orientierten sich nicht an der Umgebung. Verändern der unabhängigen Variablen ist ebenfalls ein häufig angewandtes Verfahren. Unter diesen Experimenttyp fallen viele Attrappenversuche. Attrappen bieten die Möglichkeit, Faktoren von anderen isoliert zu bieten, die man am Tier selbst nicht trennen kann. An lebenden Tieren können u. a. morphologische Merkmale nicht von Bewegungen oder allgemein optische Merkmale nur schwer von akustischen oder chemischen getrennt werden. Mit Hilfe von Attrappen wurden z. B. die Wirkung von Schnabelmerkmalen beim Auslösen des Pickverhaltens junger Silbermöwen *(Larus argentatus;* Tinbergen, Perdeck 1950) oder die die Haßreaktion auslösenden Reize von Würgern bei Trauerschnäppern (*Ficedula hypolenca;* Curio 1975) untersucht.

Störfaktoren

Wie wir festgestellt haben, kann über die Wirkung der unabhängigen Variablen nur dann eine positive Aussage gemacht werden, wenn keine störenden Bedingungen den Verlauf des Experiments beeinflussen. Störfaktoren können gleichgerichtet wie die unabhängige Variable wirken (abiotische Faktoren wie Schatten und tiefe Temperatur könnten wie chemische Merkmale der Planarien zu Ansammlungen führen) und so das erwartete Resultat begünstigen (Scheinrealisation; Holzkamp 1968). Sie können den unabhängigen Variablen aber auch entgegenwirken und die Abweichung vom erwarteten Ergebnis vergrößern. Um diese Einflüsse von Störfaktoren zu vermindern, gibt es verschiedene Möglichkeiten.

Ausschaltung von Störfaktoren: Sie läßt sich in Fällen praktizieren, in denen die möglichen störenden Bedingungen bekannt sind und von den anderen getrennt werden können. Im Planarienversuch haben wir eine allfällige Wirkung der feinen, durch Cilien der Tiere erzeugten Wasserbewegungen durch das Innehalten eines Minimalabstandes zwischen den Tieren der Ansammlung und dem Versuchstier und Schatten durch Dunkelheit ausgeschaltet.

Nun können aber auch weitere, nicht auszuschließende oder überhaupt nicht feststellbare Bedingungen störend wirken. Insbesondere muß mit der Möglichkeit wechselnder Bedingungen beim Versuchstier selbst gerechnet werden. Planarien zeigen möglicherweise nicht immer die gleiche Bereitschaft, die Nähe von Artgenossen aufzusuchen. Im selben Versuch könnte das gleiche Tier einmal auf den dargebotenen Faktor ansprechen und bei ihm ruhen, ein andermal nicht. Schließlich besteht die Möglichkeit von Lern-, Gewöhnungs- und Ermüdungseffekten, wenn dasselbe Tier in mehr als einem Versuch eingesetzt wird. Man würde dann nicht mehr nur die Wirkung des zu prüfenden Faktors, sondern zusätzlich die Auswirkung der in vorangegangenen Versuchen gemachten Erfahrung oder die augenblickliche Ermüdung messen. So picken Silbermöwenjunge bei der fünften Darbietung einer Schnabelattrappe nicht einmal mehr halb so oft nach ihr wie bei der ersten Darbietung (Tinbergen, Perdeck 1950).

Konstanthaltung von Störfaktoren: Bei einigen der möglichen Störfaktoren läßt sich erreichen, daß sie in Versuch und Kontrolle identisch sind (im Labor z. B. die Temperatur, im Freiland z. B. der Ort der Rufquelle), bei anderen gilt es, Maßnahmen zu treffen, damit sie sich in beiden Situationen möglichst gleich auswirken. Einige dieser Maßnahmen wollen wir im folgenden besprechen.

Versuch und Kontrolle am gleichen Tier: Annähernd identisch können die Bedingungen sein, wenn in Wahlversuchen unabhängige Variablen gleichzeitig geboten werden. So bot man Lachmöwen auf dem Nestrand gleichzeitig zwei verschieden gefärbte Eier, um die Farbbevorzugung zu testen (Baerends, v. Rhijn 1975). Ebenfalls Lachmöwen erhielten gleichzeitig, aber räumlich voneinander getrennt das Gelege, das Nest und den Nestort vorgesetzt, um festzustellen, woran sie sich bei der Rückkehr zum Nest orientieren (Tschanz 1972). Wahlversuche eignen sich allgemein gut, um unterschiedliche Wirkungsweisen der unabhängigen Variablen festzustellen. Kann man diese wirklich gleichwertig präsentieren, darf angenommen werden, das Tier wähle die ihm besser zusagende. Gleichwertiges Präsentieren erfordert allerdings eine sehr sorgfältig geplante Versuchsanlage, weil schon kleine Unterschiede in der Anordnung der unabhängigen Variablen das Verhalten beeinflussen können. So gibt es auf engstem Raum noch Unterschiede in der Ortsbeliebtheit, und manche Tiere wenden sich bevorzugt nach rechts oder links (Seitenstetigkeit). Solchen Eigenheiten des Tieres kann durch Vertauschen der unabhängigen Variablen entgegengewirkt werden.

Sehr ähnliche Bedingungen in Versuch und Kontrolle können vorliegen, wenn sie unmittelbar nacheinander durchgeführt werden. In der Regel wird man das Verhalten eines Tieres zunächst in der unbeeinflußten Situation (= Kontrolle) und anschließend in der veränderten (= Versuch) überprüfen. Beispielsweise wird während 30 Min. das Brutverhalten der Silbermöwe auf ihrem Gelege (drei Eier), anschließend 30 Min. auf einem Gelege mit verminderter Eizahl bestimmt (Baerends u. a. 1970).

Versuch und Kontrolle an verschiedenen Tieren: Aus einer Population werden nach dem Zufallsprinzip verschiedene Gruppen von Tieren als Stichproben ausgewählt und in je einer Situation geprüft (randomisieren). Dieses Vorgehen wird sehr oft gewählt, wenn Lerneffekte und damit eine unerwünschte Beeinflussung der Ergebnisse auftreten könnten oder wenn in Versuch und Kontrolle oder in verschiedenen Versuchen mit unterschiedlichen inneren Voraussetzungen bei den Tieren gerechnet werden muß. Beides könnte für die untersuchten Planarien zutreffen, weshalb wir jedes Tier pro Versuch nur einmal verwenden.[2] Zudem stammen die Tiere aller Versuche und der Kontrolle aus demselben Bach, sie werden im Labor unter denselben Bedingungen gehalten (Licht, Temperatur, Nahrung usw.), bevor sie zur gleichen Tageszeit getestet werden. Ist zu erwarten, daß die Streuung der gemessenen Reaktion zu groß ist, kann sie vermindert werden durch einen paarweisen Vergleich von Tieren, welche sich in allen übrigen (Alter, Geschlecht usw.) außer den Versuchs- und Kontrollbedingungen ähnlich sind (matched samples).

Veränderung der störenden Bedingungen: Der Einfluß von Störfaktoren, welche sich weder ausschließen noch konstanthalten lassen, kann durch Variation ausgeschaltet werden. Beim Nachweis, daß sammelnde Wespen Artgenossen anziehen, mußte Pflumm 1975 verhindern, daß die Tiere zugleich einen bestimmten Ort bevorzugt aufsuchen konnten. Dies wurde erreicht, indem die beiden Zuckerwasserschälchen auf einen Drehtisch gestellt wurden, der sich alle 30 Sek. um 90° drehte. Daß die Wespen Schälchen mit bereits sammelnden Tieren bevorzugten, war also nicht von der Lage der Schälchen abhängig. Allgemein läßt sich auf die Wirkungslosigkeit eines variierten Störfaktors schließen, wenn trotz der Variation kein Unterschied in der abhängigen Variablen auftritt. Weicht sie jedoch bei verschiedenen Varianten des Störfaktors ab (ist dieser also wirksam), braucht dies nicht zu bedeuten, die unabhängige Variable sei wirkungslos. In diesem Fall muß aber der Anteil des Störfaktors auf andere Weise (z. B. durch Ausschließen oder Konstanthalten der unabhängigen Variablen) bestimmt werden.

Die abhängige Variable

Das gemäß der Problemstellung zu erfassende Verhalten muß definiert werden, und darüber hinaus ist zu bestimmen, welche Meßgrößen (Dauer, Häufigkeit, Ort, Richtung usw.) erfaßt werden sollen. Außerordentlich wichtig ist es, in der Planungsphase zu prüfen, ob sämtliche Ereignisse in vorgesehener Weise erfaßt werden können. Man muß sich fragen: Gelingt es überhaupt, z. B. die verschiedenen beabsichtigten Verhaltensweisen und ihre Dauer festzuhalten? Wie viele Tiere können gleichzeitig beobachtet werden? Erhält man Daten, welche in der gewünschten Weise statistisch zu bearbeiten und darzustellen sind? Und was entscheidend und deshalb vor Beginn der zeitaufwendigen Datensammlung keineswegs überflüssig ist: Geben die erhaltenen Daten tatsächlich Auskunft auf die Problemstellung? Antwort auf solche Fragen erhält man nur, indem man die geplante Methode ausprobiert und überarbeitet. Dann wird sich auch zeigen, ob zur Datenaufnahme (Protokollaufnahme) Eintragungen in eine Tabelle ausreichen oder ob Hilfsmittel wie Tonbandgerät, Vielfachschreiber, Film- oder Videokamera einzusetzen sind.

Durchführung

Ist die Planung abgeschlossen, kann mit der Datensammlung begonnen werden, bei der man sich nun genau an die ausgearbeitete Methode zu halten hat, die die herzustellenden Bedingungen zur Kontrolle der unabhängigen Variablen und der Störfaktoren vorschreibt. In unserem Planarienversuch gilt es also, die Versuchsanordnung aufzubauen, dann pro Trichter ein Tier einzusetzen und den Ruheort in eine Trichterskizze einzutragen.

Auswertung und Darstellung der Ergebnisse

Bleiben wir bei der Planarienuntersuchung. Für die Auswertung der Ruheorte unterscheiden wir zwei Möglichkeiten: Entweder ruht das Versuchstier beim Reizobjekt (in Berührung oder im Abstand bis zu 4 mm) oder es ruht entfernt von ihm (in mehr als 4 mm Abstand). Die Anzahl Tiere mit Ruheort beim Reizobjekt wird mit einem Chi-Quadrat-Test (s. Glossar zu Bd. V dieser Enzyklopädie) mit dem Wert des Kontrollversuchs verglichen. Die Daten einer Versuchsserie werden also zusammengefaßt, mit den Daten anderer Serien verglichen und die Unterschiede auf ihre Signifikanz hin statistisch geprüft. Schließlich werden die Daten tabellarisch oder graphisch präsentiert. Aus Abb. 2 ist ersichtlich, daß im Planarienversuch mehr Tiere beim Reizobjekt ruhen als an gleicher Stelle ohne (Kontrolle). Aus solchen graphischen Darstellungen sind die Ergebnisse direkt ablesbar. Bei der Formulierung der Ergebnisse ist darauf zu achten, daß beschreibende Begriffe verwendet werden; in dieser Weise geben sie direkt Antwort auf die Problemstellung. Daran erst schließt sich die Interpretation der Ergebnisse an.

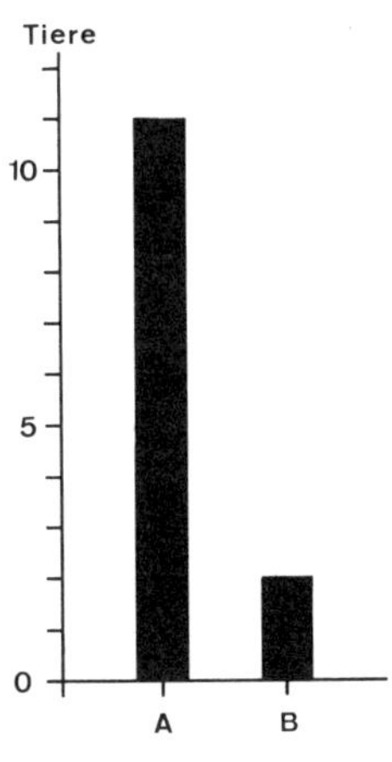

Abb. 2 Anzahl Tiere mit Ruheort beim Reizobjekt (chemischer Faktor; A) und an der entsprechenden Stelle ohne ihn (B).

Deutung der Ergebnisse

Die hier angegebenen Ergebnisse des Planarienversuchs wären etwa wie folgt zu deuten: Planarien bevorzugen Stellen mit dem chemischen Faktor. Dieser trägt also zur Bildung von Ansammlungen bei. Wie er unter natürlichen Bedingungen wirken könnte, kann man sich aufgrund des besprochenen Versuches sowie weiterer Untersuchungen etwa folgendermaßen vorstellen: Ruhebereite, kriechende Planarien setzen sich an einer dunklen, strömungsarmen und strukturierten Stelle fest (von der Strömung abgewandte Steinunterseite, oft in einer kleinen Vertiefung oder Spalte; Christen 1976, Beutler 1977). Umgebungsfaktoren schaffen also Orte mit günstigen Bedingungen, d. h. sie gliedern den verfügbaren Lebensraum. Der bevorzugte Aufenthalt an Stellen mit günstigen Bedingungen erhöht die Wahrscheinlichkeit, daß die Tiere sich begegnen. Dazu tragen sie auch selbst bei, indem sie vor der Ruhephase durch viele Wendungen mit einer relativ großen Unterlagefläche in Berührung kommen. Stoßen sie dabei auf einen Artgenossen, bleiben sie dank der Wahrnehmung chemischer und taktiler Reize bei ihm (Sieber, Ingold 1977). Wenn Tiere aufgrund von Artgenossenreizen beieinander bleiben, spricht man von Inter-Attraktion; die untersuchten Planarien sind nach einem engen Sozialbegriff zu den subsozialen Tieren (Kullmann 1968) zu rechnen.

Wesentlich an der Deutung ist, daß sie zunächst einmal im Sinne der Voraussage geschieht, was die Hypothese entweder bestätigt (verifiziert) oder als falsch nachweist (falsifiziert). In der Regel werden Hypothesen bestätigt, es kann aber durchaus vorkommen, daß sie zu verwerfen sind wie bei einer Untersuchung an der Mücke *Anopheles pharoensis*, wo aufgrund der Untersuchungen an anderen Arten vermutet wurde, CO_2 richte den Anflug der ♀♀, was sich nicht bestätigt hat (Hansell 1969). Danach ist bei einer Untersuchung, welche Phänomene der natürlichen Lebensweise eines Tieres erklären will und deshalb die Experimente auch von ihr ausgehend plant, zu zeigen, wo die erhaltenen Ergebnisse im Leben dieses Tieres einzuordnen sind. Schließlich folgt die Auseinandersetzung mit einer Theorie, welche zum gleichen Gesichtspunkt an verschiedenen Arten gewonnene Ergebnisse zusammenfaßt. Bestätigte Hypothesen sind Gesetze, Gesetze ihrerseits Bestandteile von Theorien. Es ist die Aufgabe des Untersuchers zu zeigen, welchen Theorien die von ihm ermittelten Gesetze zuzuordnen sind und allenfalls, welche Relevanz sie für eine oder verschiedene Theorien haben.

LEISTUNGEN UND GRENZEN DES EXPERIMENTS

Wie wir dargelegt haben, kann aufgrund eines Experiments entschieden werden, ob eine Hypothese bestätigt oder zu verwerfen ist. Ein Experiment kann jedoch keine Auskunft darüber geben, ob eine Hypothese angemessen ist oder nicht. Darüber kann allein die Erfahrung des Experimentators im Umgang mit dem untersuchten Tier entscheiden. Eine umfassende Erfahrungsbasis ist eine unerläßliche Voraussetzung für das erfolgreiche Experimentieren. Nur so kann man dem Tier angemessene Hypothesen bilden und bei der Ausarbeitung der Methode all jene Bedingungen berücksichtigen, welche Scheinergebnisse erzeugen oder das Eintreten klarer Ergebnisse verhindern könnten. Diese Erfahrung hat sich jeder selbst anzueignen. Wer sich dem entzieht und mit ungenügender Kenntnis eines Tieres von ihm losgelöste Hypothesen prüfen will, muß mit dem Scheitern seiner Bemühungen rechnen.

Oft wird zwischen experimenteller und beschreibender Verhaltensforschung unterschieden. Die experimentelle Verhaltensforschung quantifiziert Beobachtungen unter planmäßig veränderten, die beschreibende Verhaltensforschung unter unveränderten Bedingungen. Bei der Untersuchung von Ursachen des Verhaltens werden also im ersten Fall Umweltfaktoren und innere Faktoren mit Verhaltensweisen unter hergestellten (experimentellen), im zweiten unter sonstwie möglichst gut kontrollierten Bedingungen korreliert. Beide Male *schließt* man auf Umweltfaktoren oder innere Faktoren als Ursache eines Verhaltens. Zwischen einem experimentell und einem nicht experimentell begründeten Schluß auf eine Kausalbeziehung besteht jedoch ein Unterschied im Grad der Sicherheit, mit dem die ermittelte Beziehung zutrifft. Allerdings gewährt auch das Experiment keine absolute Sicherheit der Richtigkeit einer nachgewiesenen Beziehung, denn es kann fast nie die nichtbeachtete Existenz störender Bedingungen ausgeschlossen werden.

Zusammenfassend können wir nun angeben, was wir unter einem Experiment als Mittel zur Untersuchung von Ursachen des Verhaltens verstehen: Es ist die geplante Veränderung einer Situation durch Manipulation der vermuteten bestimmenden und störenden Faktoren, wobei das resultierende Verhalten beobachtet und festgehalten, das Ergebnis ermittelt und gedeutet wird.

ANMERKUNG

1

Die hier gemeinte Problemstellung gilt für *ein* Experiment. Sie ist nicht gleichzusetzen mit der meist allgemeineren Problemstellung in der Einleitung einer Publikation.

2

Um die Wirkung der chemischen, taktilen und optischen Merkmale der Tiere zu untersuchen, war eine Reihe von Versuchen nötig.

LITERATUR

BAERENDS, G. P.: The ethological analysis of fish behaviour. In: M. E. Brown (Ed.): The physiology of Fishes. New York: Academic Press 1957

BAERENDS, G. P., DRENT, R., GLAS, P., GROENEWOLD, H.: An ethological analysis of incubation behaviour in the Herring Gull. In: G. P. Baerends, R. H. Drent (Eds.): The Herring Gull and its Egg. Behaviour Suppl. XVII, 1970

BAERENDS, G. P., RHIJN, J. G. VAN: The effect of colour in Egg-Recognition by the Black-headed Gull *(Larus r. ridibundus* L.), I. Koninkl. Nederl. Akad. v. Wetenschappen Amsterdam Proceedings, Series C, 78, No. 1, 1975, 1–20

BEUTLER, M.: Ruheorte von *Crenobia (Planaria) alpina* Dana (Turbellaria) in Abhängigkeit von Strömung und Unterlagenstruktur. Unveröffentl. Diplomarbeit. Bern 1977

BÖHRINGER, R.: Die Nahorientierung der Mehlschwalbe *(Delichon urbica)*. Vergl. Physiol. 42, 1960, 566–594

BOUISSOU, M.-F.: Effet de l'ablation des bulbes olfactifs sur la reconnaissance du jeune par sa mère chez les ovins. Rev. comp. animal 2, 3, 1968, 77–83

BUNGE, M.: Scientific Research I, II. In: M. Bunge (Ed.): Studies in Foundations Methodology and Philosophy of Science, III. Berlin, Heidelberg, New York: Springer 1967

CHRISTEN, V.: Beobachtungen und Experimente zur Wahl des Ruheortes bei *Crenobia (Planaria) alpina* Dana (Turbellaria). Unveröffentl. Diplomarbeit, Bern 1976

CRAGG, B. G.: Changes in visual cortex of first exposure of rats to light. Nature, 215, 1967, 251–253

CURIO, E.: The functional organization of anti-predator behaviour in the Pied Flycatcher: a study of avian visual perception. Anim. Behav., 23, 1975, 1–115

FIEDLER, K.: Hormonale Auslösung der Geburtsbewegungen beim Seepferdchen *(Hippocampus*, Syngnathidae, Teleostei). Tierpsychol., 27, 1970, 679–686

GOETHE, F.: Beobachtungen und Untersuchungen zur Biologie der Silbermöwe auf der Vogelinsel Memmertsand. J. Ornithol., 85, 1937, 1–119

HANSELL, M. H.: A field study on the attraction of female *Anopheles pharoensis* Theobald to carbon dioxide. Rev. comp. animal, 3, 1969, 65–68

HEMPEL, C. G.: Philosophie der Naturwissenschaften. München: dtv Wissenschaftliche Reihe 1974

HÖLLDOBLER, B., WÜST, M.: Ein Sexualpheromon bei der Pharaoameise *Monomorium pharaonis* (L.). Tierpsychol., 32, 1973, 1–9

HOLZKAMP, K.: Wissenschaft als Handlung. Berlin: de Gruyter 1968

INGOLD, P.: Zur lautlichen Beziehung des Elters zu seinem Küken bei Tordalken *(Alca torda)*. Behaviour, XLV, 1973, 154–190

KUENZER, P.: Analyse der auslösenden Reizsituationen für die Anschwimm-, Eindring- und Fluchtreaktion junger *Hemihaplochromis multicolor* (Cichlidae). Tierpsychol. 38, 1975, 505–545

KULLMANN, E.: Soziale Phänomene bei Spinnen. Insects sociaux, 15, 1968, 289–298

LEONG, C.-Y.: The quantitative effect of releasers on the attack readiness of the fish *Haplochromis burtoni* (Cichlidae, Pisces). Vergl. Physiol., 65, 1969, 29–50

MACHEMER, L., FIEDLER, K.: Zur hormonalen Steuerung des Schaumnestbaues beim Paradiesfisch, *Macropodus opercularis* L. (Anabantidae, Teleostei). Naturwissenschaften, 52, 1965, 648 f

MAGNUS, D.: Experimentelle Untersuchungen zur Bionomie und Ethologie des Kaisermantels *Argynnis paphia* L. (Lep. Nymph.), I. Tierpsychol., 15, 1958, 397–426

PARZEFALL, J.: Die Rolle der chemischen Information im Verhalten des Grottenolms *Proteus anguineus* Laur. (Proteidae, Urodela). Tierpsychol., 42, 1976, 29–49

PFLUMM, W.: Einfluß verschiedener Zuckerwasser-Konzentrationen und der Anwesenheit von Artgenossen auf das Sammelverhalten von Wespen (Hymenoptera: Vespidae). Entomologica Germanica, 2, 1975, 7–21

RÖMER, F.: Flugtöne der Weibchen und Locktöne für Männchen von *Chironomus plumosus* L. beim Schwärmen. Rev. Suisse Zool., 77, 1970, 942–959

RÖMER, F., ROSIN, S.: Untersuchungen über die Bedeutung der Flugtöne beim Schwärmen von *Chironomus plumosus* L. Rev. Suisse Zool., 76, 1969, 734–740

ROWLAND, W. J.: The effect of dummy size and color on behavioral interaction in the Jewel cichlid, *Hemichromis bimaculatus* Gill. Behaviour, LIII, 1975, 109–125

RÜPPELL, G., GÖSSWEIN, E.: Die Schwärme von *Leucaspius delineatus* (Cyprinidae, Teleostei) bei Gefahr im Hellen und im Dunkeln. vgl. Physiol., 76, 1972, 333–340

SCHUBERT, M.: Untersuchungen über die reaktionsauslösenden Signalstrukturen des Fitis-Gesanges, *Phylloscopus t. trochilus* (L.) und das Verhalten gegenüber arteigenen Rufen. Behaviour, XXXVIII, 1971, 250–288

SIEBER, O., INGOLD, P.: Beobachtungen und Experimente zur Bildung von Ansammlungen bei *Crenobia (Planaria) alpina* Dana (Turbellaria). Tierpsychol., 44, 1977, 130–147

TINBERGEN, N., PERDECK, A. C.: On the stimulus situation releasing the begging response in the newly hatched Herring Gull chick *(Larus argentatus argentatus* Pont.). Behaviour, III, 1950, 1–39

TSCHANZ, B.: Zur Heimbeziehung bei Lachmöwen. Wiss. Zeitschr. Humboldt-Universität Berlin, Math.-Nat. R. XXI, 1972, 367–369

WILHELMI, U.: Über den Einfluß sozialer Isolation auf die Rangordnungskämpfe männlicher Schwertträger *(Xiphophorus helleri)*. Tierpsychol., 38, 1975, 482–504

MODELLE UND ANALOGIEN ZUR ERKLÄRUNG VON VERHALTEN

von David J. McFarland

Mit Hilfe von Modellen ist es möglich, Vorstellungen über einen Mechanismus so darzustellen, daß sie leichter zu verstehen, zu vergleichen und zu manipulieren sind. Modelle sind im wesentlichen Verständigungshilfen; und ihre Wirkung hängt davon ab, inwieweit sie diese Ziele erreichen.

Die Verwendung von Modellen ist schon seit sehr langer Zeit bekannt. Die alten Ägypter glaubten, die Seele des Menschen sei fähig, sich nach dem Tode noch auf der Erde aufzuhalten, den Nil könne sie jedoch nicht ohne Hilfe überqueren. Unter den Grabbeigaben der Ägypter befand sich deshalb als Symbol für die Reise der Seele ein plastisches Schiffsmodell. Das verkleinerte plastische Modell ist eine heute häufig verwendete Modellform. Modellbauten und -brücken werden beispielsweise in Windtunnels und Modellschiffe in Wassertanks getestet. Anstelle einer direkten körperlichen Wiedergabe können auch Abbildungen als Modell verwendet werden. Sie reichen von Bildern eines Modellsystems, wie in Abb. 2, bis zu abstrakten Darstellungen des Systems oder seines Verhaltens.

Sprachliche Modelle ermöglichen es einem Redner oder Schriftsteller, seinem Publikum ein geistiges Bild zu übermitteln. Der Erfolg dieser Methode beruht auf der Fähigkeit des Vortragenden, seine abstrakten Gedanken in eine präzise Sprache zu übertragen, und auf der des Zuhörers oder Lesers, aus dem sprachlichen Modell die Vorstellung, die der Vortragende vermitteln wollte, zu rekonstruieren. – Das mathematische Modell ist eine Ausweitung des sprachlichen Modells, denn Mathematik ist eine besondere Form von Sprache, mit deren Hilfe abstrakte Vorstellungen übertragen und gestaltet werden können. Die Herstellung mathematischer Modelle hat sich zu einer komplexen und hochdifferenzierten Wissenschaft entwickelt, die als *Systemtheorie* (control systems theory) bezeichnet wird. Sie bedient sich sowohl bildlicher als auch mathematischer Verständigungsmittel.

Die Systemtheorie bildet ein Fachgebiet, das die traditionellen Grenzen zwischen den Bereichen wissenschaftlicher Forschung durchbricht und für elektrische, mechanische, biologische und wirtschaftliche Systeme dieselbe Sprache benützt. Die Anwendung dieser Systemtheorie auf biologische Probleme ergab sich aus der Erkenntnis, daß zwischen dem Verhalten physikalischer und biologischer Systeme Analogien bestehen können. Analogien dienen damit als praktische Einführung in das Wesen der Modellbildung bei Untersuchungen des tierischen Verhaltens.

ANALOGIEN

Analogien zwischen verschiedenen Naturgesetzen waren den Naturforschern früherer Zeiten wohl bekannt. So sah Georg Simon Ohm (1787–1854) den Fluß des elektrischen Stroms in einem Draht als analog dem Fluß von Wärme in einem Wärmeleiter an. Genaugenommen bezeichnet man zwei Systeme dann als analog, wenn ihr durch eine mathematische Gleichung definiertes Verhalten identisch ist. Die zwei in Abb. 1 dargestellten Systeme sind in diesem Sinne analog. In der Biologie ist eine derartige Übereinstimmung jedoch selten; hier verwendet man Analogien wie in der Alltagssprache im Sinne von »Schlüsse aus einander entsprechenden Fällen ziehen«. Um diesen Vorgang sowie andere Aspekte der Modellbildung zu erläutern, wollen wir eine der für die Erklärung tierischen Verhaltens besonders folgenreichen Analogien betrachten.

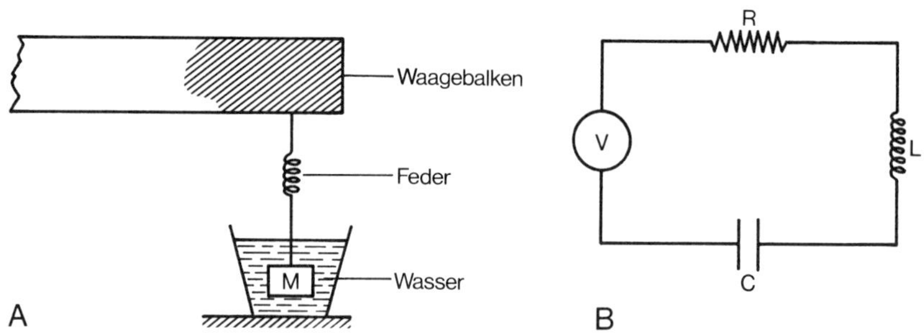

Abb. 1 A) ein einfaches mechanisches System: M = Masse. B) der dazu analoge elektrische Schaltkreis: R = Widerstand; L = Spule; C = Kondensator; V = Spannungsquelle.

Konrad Lorenz hat 1950 zur Erläuterung seiner Gedanken über den Aufstau und die Entladung von Erregungsenergie bei Tieren eine direkte Analogie mit einem einfachen hydromechanischen Modell hergestellt (Abb. 2). Hierbei wird angenommen, daß durch ein federbelastetes Ventil am Boden des Behälters Flüssigkeit ausfließen kann. Das Ventil wird einmal durch den Druck des Behälterinhaltes geöffnet, der von der Höhe des Flüssigkeitsspiegels abhängt, die die Intensität der inneren Motivation zu einem bestimmten Verhalten versinnbildlicht; andererseits wird das Ventil auch durch ein Gewicht auf einer Waagschale geöffnet, das den äußeren Reiz darstellen soll. Wenn Flüssigkeit aus dem Behälter strömt, nimmt der Druck auf das Ventil ab, und das Gewicht auf der Waagschale müßte erhöht werden, um einen konstanten Abfluß zu gewährleisten. Dies stimmt mit der Beobachtung von Lorenz überein, daß bei niederer innerer Motivation ein stärkerer Außenreiz erforderlich ist, um eine Antwort auszulösen. Ist dagegen die Motivation sehr hoch, so glaubte man, daß ein entsprechendes Verhalten auftreten könne, selbst wenn kein auslösender Außenreiz vorhanden ist. Auf das Modell übertragen, würde dies bedeuten, daß auch ohne Gewicht auf der Waagschale eine bestimmte Flüssigkeitsmenge ausfließen kann, wenn der Flüssigkeitsspiegel im Behälter hoch genug ist.

Die Darstellung einer Motivationstheorie mit Hilfe eines hydromechanischen Modells mag es dem Leser erleichtern, das Wesentliche der Theorie zu erfassen. Analogien haben jedoch neben ihren Vorteilen auch ihre Gefahren. Eine ganz große Gefahr besteht in unbemerkten Vorbedingungen. In dem vorliegenden Beispiel verschleiert das hydromechanische Modell bestimmte Voraussetzungen. Das kann zu Mißverständnissen führen. Wir können dies aufdecken, wenn wir das Modell von Abb. 2 auf andere Weise wiedergeben (Abb. 3).

Bei dieser Darstellung, einem Blockdiagramm, bedeuten die Pfeile Ursache-Wirkungs-Beziehungen und die Rechtecke die Situation, auf die eingewirkt wird. Aus der Abbildung wird deutlich, daß Mechanismen zur Bestimmung der Reizintensität von der Triebstärke beeinflußt werden. Dies war aus der Darstellung in Abb. 2 nicht unmittelbar ersichtlich. Also könnte das Lorenzsche Modell so gedeutet werden, als beeinflusse der innere Zustand die Reaktionsbereitschaft auf Reize durch die Veränderung der Empfindlichkeit von Sinnesorganen.

Die Beobachtungen ergeben hierzu keine einheitlichen Ergebnisse. Man hat festgestellt, daß sich der Schwellenwert im Geschmacksempfinden des Menschen für »salzig«, »süß«

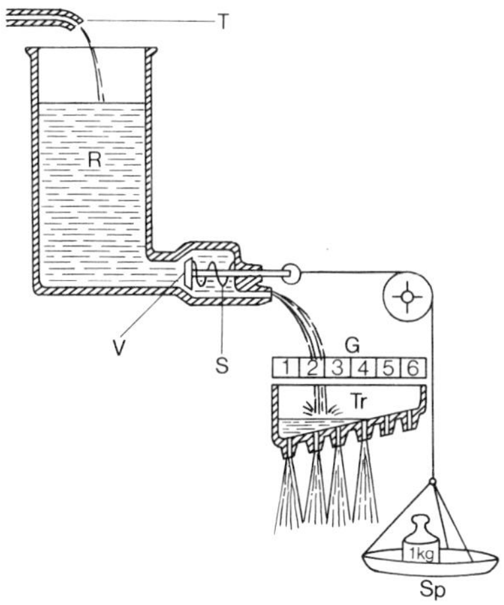

Abb. 2 Hydromechanisches Modell eines Motivationssystems nach Konrad Lorenz (Erklärung im Text): T = Zuflußrohr; R = Behälter; V = Ventil; S = Feder; Sp = Waagschale; G = Maßstab; Tr = Trog (die Abflüsse aus dem Trog entsprechen aufeinanderfolgenden Elementen einer Verhaltenssequenz, die je eine höhere Erregungsschwelle besitzen).

oder »bitter« auch nach 34stündigem Hungern nicht verändert; und ähnliches ergaben elektrophysiologische Untersuchungen an Tieren. Ebenso hat auch die Kastration bei Ratten keinen Einfluß auf ihre Fähigkeit, geschlechtlich bedeutsame Gerüche zu unterscheiden. Dagegen führt Natriummangel bei Ratten zu Salzhunger, und kastrierte Ratten bevorzugen den Duft brünstiger Weibchen nicht mehr, im Gegensatz zu normalen (s. hierzu den

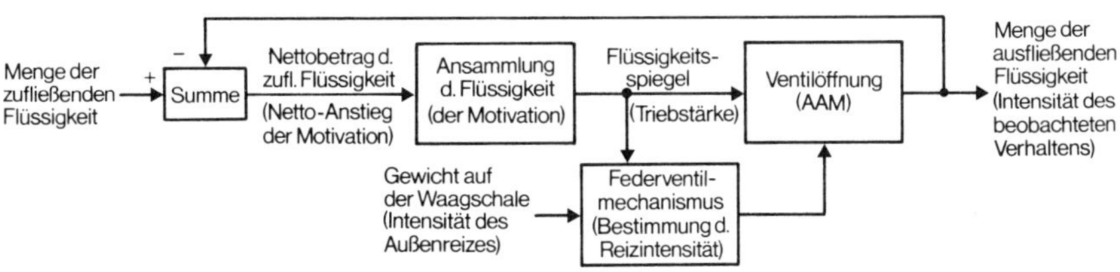

Abb. 3 Blockdiagramm des hydromechanischen Modells von K. Lorenz, näher erläutert im Text.

Beitrag von C. W. Malsbury in diesem Band). Bei Tauben ändert sich die Vorliebe für bestimmte Farben nach Entzug von Nahrung oder Trinkwasser. Im allgemeinen sieht es so aus, als beeinflusse die Handlungsbereitschaft irgendwie die Reiz-Antwort-Relation.

Eine weitere Folgerung aus dem Lorenzschen Modell ist, daß Verhaltensweisen, für die eine hohe innere Motivation besteht, »spontan« auftreten können, auch wenn der angemessene äußere Reiz fehlt. Obwohl gut belegt, wurde die Deutung solcher Leerlaufhandlungen deswegen kritisiert, weil man nie sicher sein kann, ob nicht doch ein adäquater Außenreiz vorhanden war oder ob das Tier nicht, vom Beobachter unbemerkt, Reize generalisierte.

Am Modell von Lorenz wurde auch kritisiert, daß die Flüssigkeit im Behälter beim Ablaufen des Verhaltens »verbraucht« wird, während die meisten Beobachtungen darauf schließen lassen, daß Verhaltensabläufe auf Grund verschiedenartiger Rückmeldungen der Sinnesorgane beendet werden. So ist z. B. beim Männchen des Dreistachligen Stichlings (*Gasterosteus aculeatus*) das Besamen der Eier für das Abklingen des sexuellen Verhaltens nicht nötig; von den Eiern ausgehende Reize genügen hierzu bereits. Eine Rückkoppelung ist im Lorenzschen Modell, wie aus Abb. 3 ersichtlich, durchaus enthalten. Daß sie auf Grund der bildlichen Darstellung der Abb. 2 nicht erkannt worden war, ist wohl für die unnötige Kritik am Lorenzschen Konzept verantwortlich, daß ein Verhalten völlig »erschöpft« sei, sobald der »Behälter« leer ist. Allerdings hält die von Lorenz vertretene Meinung, daß der Ablauf der Endhandlung als solcher das Phänomen der »Erschöpfung« zur Folge hat, neuesten Erkenntnissen nicht stand. Sowohl bei der Darstellung von Lorenz als auch bei den expliziten Feedbackmodellen sind mehrere Auswirkungen des Verhaltensablaufs für das Abnehmen der das Verhalten bewirkenden Motivation verantwortlich.

Die Mißverständnisse, die das Lorenzsche Modell hervorrief, zeigen ganz allgemein, daß es sinnvoller ist, Modelle mit Hilfe standardisierter und allgemein anerkannter Regeln (wie sie für Abb. 3 und 4 verwendet wurden zu formulieren, als sich auf ungefähre Analogien zu verlassen. Die Verständigung unter Naturwissenschaftlern wird gefährdet, wenn wichtige Voraussetzungen unberücksichtigt bleiben, selbst wenn es sich um rein qualitative Modelle und Erklärungen handelt. Ein Vorteil der Systemtheorie ist, daß sie eine genormte und genaue Erläuterung erfordert, die dazu zwingt, schon im Anfangsstadium der Formulierung eines Modells exakt zu definieren, was ausgesagt werden soll.

Man verwendet Modelle nicht nur, um allgemeine qualitative Hypothesen über das Verhalten zu überprüfen, sondern auch, um genaue quantitative Vorhersagen zu machen, die durch direkte Beobachtung und Messung des Verhaltens überprüft werden können. Zur Erklärung dieses Sachverhaltes möge ein einfaches Beispiel dienen. Wenn ein Tier trinkt, wird das Wasser, das durch seinen Mund fließt, registriert. Dies kann das weitere Trinkverhalten des Tieres beeinflussen. Ebenso wird das Wasser geschluckt und die Menge, die in den Darm gelangt, registriert. Das Wasser wird vom Blut aus dem Darm absorbiert und das Blut damit verdünnt, was wiederum vom Gehirn gemessen werden kann. Damit besitzt das Tier drei Informationsquellen beim Trinken: orale, intestinale und postabsorptive. Die oralen Faktoren liefern Informationen über die Geschwindigkeit, mit der das Wasser beim Trinken in den Körper gelangt. Intestinale Faktoren zeigen an, wieviel Wasser im Darm ist, also die Differenz zwischen der Wassermenge, die aufgenommen wurde, und der, die vom Blut absorbiert wurde. Postabsorptive Faktoren zeigen an, wieweit der ursprüngliche Durst durch die Wasseraufnahme gestillt wurde. Will man den Mechanismus, der den Trinkvorgang steuert, detailliert untersuchen, muß man wissen, wie diese drei Faktoren einander beeinflussen. Diese verschiedenen Faktoren können in einem sehr empfindlichen Gleichgewicht stehen, so daß jede Hypothese über ihr Zusammenwirken die quantitative Seite der verschiedenen Einflüsse auf das Trinken berücksichtigen muß. Dazu ist ein Modell zu entwickeln, mit dessen Hilfe sich das quantitative Gleichgewicht berechnen läßt. Solch ein Modell ist im Grunde eine Hypothese, die durch Versuchsergebnisse geprüft werden muß. Die Abb. 4 zeigt ein Beispiel, das David und Jill McFarland (1968) entworfen haben. Die mathematischen Einzelheiten brauchen uns hier nicht zu interessieren. Im großen und ganzen zeigt das Modell, daß die intestinalen Faktoren die Neigung (den Befehl) zum Trinken verringern, und zwar proportional zur Wassermenge im Darm. Die postabsorptiven Faktoren verringern den ursprünglichen Durst (Bedarf) bis zu einem Grad, der vom Salzgehalt des getrunkenen Wassers abhängt. Die oralen Faktoren erhöhen die Neigung zum Trinken und halten den Trinkvorgang gegen konkurrierende Reize, die das Tier

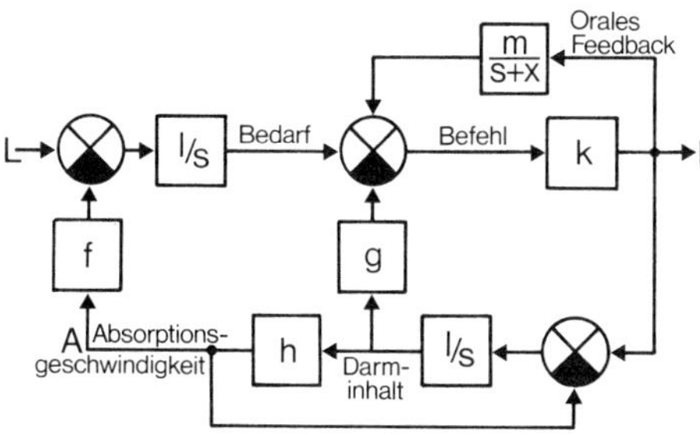

Abb. 4 Blockdiagramm eines mathematischen Modells von D. und J. McFarland zur Kontrolle des Trinkverhaltens.

davon ablenken könnten, aufrecht. Mit anderen Worten, orale Faktoren verstärken das gerade ablaufende Trinken und erhalten es aufrecht, bis die Sättigung erreicht ist. Um das Modell zu testen, wurden Experimente durchgeführt. Man ließ durstige Tauben trinken, wobei der Versuchsleiter die Menge des aufgenommenen Wassers messen und die des zur

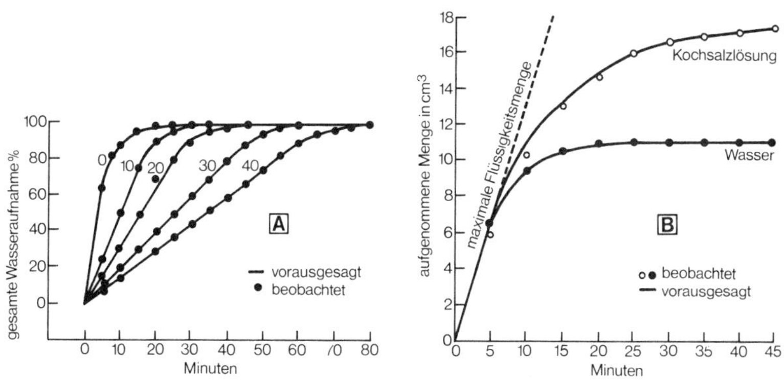

Abb. 5 Vergleich der aufgrund des in Abb. 4 dargestellten Modells aufgestellten Voraussagen mit den Ergebnissen von Versuchen mit Tauben. A) Die Menge des verfügbaren Wassers wurde nach einer Periode des völligen Wasserentzuges beschränkt. Die Tauben waren abgerichtet worden, auf das Picken gegen eine kleine Scheibe als Belohnung Wasser zu erhalten. Die Zahlen an den Kurven geben die Zahl der Sekunden an, während der die Tauben nach Erfüllung der Aufgabe auf die Belohnung warten mußten. B) Vergleich der Aufnahme von Wasser bzw. Kochsalzlösung in einer ähnlichen Aufgabe wie unter A).

Verfügung stehenden Wassers und dessen Salzgehalt verändern konnte. Die Ergebnisse bestätigen, daß mit dem Modell der Ablauf des Trinkens unter verschiedenen Versuchsbedingungen gut vorhergesagt werden kann (Abb. 5).

Aus diesem Beispiel ergeben sich zwei Probleme, die eine genauere Besprechung verdienen. Das erste hat zu tun mit dem Verhältnis zwischen den physiologischen und den sich für das Verhalten ergebenden Konsequenzen des Modells. Das zweite betrifft das Ausmaß, in dem Modelle, die für eine Situation entwickelt worden sind, sich verallgemeinernd auf andere Situationen übertragen lassen.

PHYSIOLOGISCHE FOLGERUNGEN AUS MODELLEN DES VERHALTENS

Die Anwendung der Systemtheorie auf das Verhalten wirft einige philosophische Fragen hinsichtlich des Charakters von Erklärungen in der Verhaltensforschung auf. Eine ist die, ob Verhalten letztlich mit physiologischen Begriffen erklärt werden sollte. Die Systemtheorie bietet eine Art von Erklärung an, die man auf die Untersuchung von Systemen ganz allgemein anwenden kann, seien sie physikalische, biologische oder ökonomische. Eine solche Erklärung ist von der Hardware des betreffenden Systems unabhängig; sie ist eine bloße Erklärung seines Verhaltens. Bezieht man sie auf tierisches Verhalten, ist sie abstrakt, da sie von den besonderen physiologischen Vorgängen, die für das Verhalten verantwortlich sind, unabhängig ist. Das heißt nicht, daß das hardwareunabhängige Vorgehen unbedingt wesentliche Vorteile gegenüber der Untersuchung des Nervensystems hat, oder umgekehrt. Beide Erklärungsweisen sind notwendig, keine allein ausreichend. Setzt man für die Verhaltensanalyse Modelle ein, dann entstehen Probleme, die, wie David McFarland (1971) zeigte, nur durch physikalische oder physiologische Überprüfung gelöst werden können. Es ergeben sich auch für die Untersuchung der Gehirnfunktion Probleme, die man nur durch genauere Kenntnisse des Verhaltens lösen kann. Auf der empirischen Ebene können sich die beiden Weisen des Vorgehens ergänzen. So kann z. B. der Ausfall einer bestimmten Steuerfunktion infolge eines Eingriffes in das Gehirn als Beweis für eine Verhaltenstheorie verwendet werden, selbst wenn die physiologischen Wirkungen der Behandlung nicht bekannt sind. Umgekehrt kann man Unterschiede in der Verhaltenssteuerung als Beweismittel bei der Untersuchung der Gehirnfunktionen verwenden.

Systemtheorie und Modellbildung werden in der Physiologie oft verwendet, und eine Annäherung zwischen der Verhaltensforschung und der Physiologie müßte möglich sein. Das Problem ist, daß Erklärungen des Verhaltens, für die man Modelle verwendet, eine eigenständige Geltung besitzen, und nicht unbedingt in eine physiologische Terminologie gepreßt werden müssen. Tatsächlich sind solche Versuche in der Vergangenheit allgemein gescheitert. Das oben besprochene Modell von Lorenz zum Beispiel beruht auf Fakten des Verhaltens, und die physiologischen Daten wurden erst nachträglich herangezogen. In einer wichtigen kritischen Schrift zeigte Robert Hinde (1960), wie aus dem Lorenzschen Modell unverantwortbare physiologische Folgerungen gezogen worden waren. Die Schwierigkeit liegt darin, daß man den physiologischen Theorien Daten ganz anderer Art zugrunde legt als den Erklärungen des Verhaltens und daß man bei der Übersetzung aus dem einen ins andere Bezugssystem sehr sorgfältig vorgehen muß. Aus Verhaltensmodellen können Folgerungen für die physiologische Arbeit gezogen werden; sie müssen aber durch einen unabhängigen physiologischen Nachweis bestätigt werden. Gleichzeitig sollte ein Verhaltensmodell keine Folgerungen zulassen, die physiologisch unsinnig sind.

MODELLE UND PRINZIPIEN IN DER VERHALTENSFORSCHUNG

In den letzten Jahren setzten Ethologen immer häufiger Modelle als Hilfsmittel bei der Erklärung von Verhalten ein. Modelle erfordern schon von Natur aus einen gewissen Grad von Abstraktion, der durch empirische Bestätigung der Voraussagen, die man aus dem Modell gewinnt, gerechtfertigt sein muß. Verhaltensmodelle sind daher oft an eine beschränkte Gruppe von Vorgängen gebunden und lassen sich nicht ohne weiteres auf andere Aspekte des Verhaltens übertragen.

Strebt man Genauigkeit auf Kosten der Allgemeingültigkeit an, wie es für die Modellbildung charakteristisch ist, ergeben sich eine Reihe von Fragen hinsichtlich der Richtung, in die sich die quantitative Verhaltensforschung entwickeln soll. Es besteht hierbei die Gefahr einer Aufsplitterung in eine Anzahl hochtechnisierter Spezialgebiete. Das Gegenteil von erhöhter Genauigkeit sieht man oft in größerer Allgemeingültigkeit, wobei man aber an begrifflicher Strenge verliere. Dies muß nicht sein. Es ist möglich, allgemeine Grundlagen des Verhaltens zu untersuchen, ohne die theoretische Strenge oder die quantitative empirische Genauigkeit dafür zu opfern.

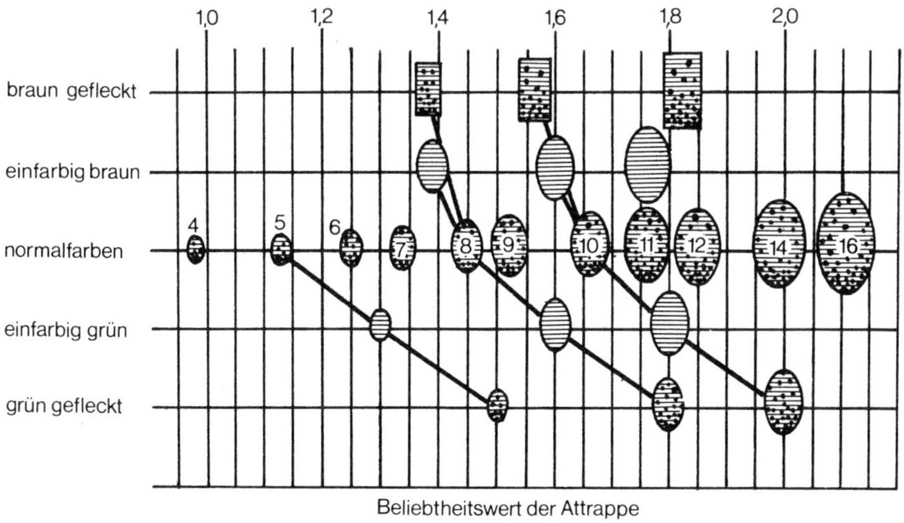

Abb. 6 Die durchschnittliche Beliebtheit verschiedener Eiattrappen im Verhältnis zu einer Bezugsreihe von Eiern verschiedener Größe mit natürlicher Färbung. Gleiche Abstände auf der Abszisse bedeuten gleich große Unterschiede in der Beliebtheit. Wird die Farbe verändert, so bleiben die Abstände zwischen Eiern verschiedener Größe unverändert; das beweist, daß hier die Reizsummenregel gilt.

Verallgemeinerungen aufgrund empirischer Beobachtungen können zur Aufstellung von Gesetzen oder Regeln führen. Wenn wir z. B. feststellen, daß in der Regel die Intensität einer Reaktion von der Summe aller vorhandenen wirksamen Reize abhängt, ist die Aufstellung einer *Reizsummenregel* berechtigt. Seit A. Seitz (1940) diese Regel formulierte, fand sie eine beachtliche empirische Stütze durch eine Vielzahl von Belegen in unterschiedlichen Situationen. Gerard Baerends und seine Mitarbeiter untersuchten z. B. bei brütenden Silbermöwen (*Larus argentatus*), die Eier vom Nestrand ins Nest zurückrollten, welche Eier bevorzugt wurden; dabei fanden sie, daß eine Reihe von Eigenschaften bedeutsam sind. Durch die Benützung von Eiattrappen, deren Aussehen systematisch variiert wurde und die auf eine ausgeklügelte Weise dargeboten wurden, konnten die Forscher die Beliebtheit jeder einzelnen Attrappe und die relative Beliebtheit jedes Merkmals zahlenmäßig erfassen; die Übersicht von Abb. 6 zeigt das Ergebnis. Daraus geht hervor, daß die Möwen große Eier den kleineren vorziehen und daß die Unterschiede in der Bewertung der Eier verschiedener Größe auch erhalten bleiben, wenn andere Merkmale verändert werden. Mit anderen Worten, obwohl der Wert eines Eies einer bestimmten Größe durch Veränderung anderer Merkmale, wie Farbe und Form, beeinflußt wird, wirkt jedes Merkmal quantitativ mit einem Betrag, der von den anderen Merkmalen unabhängig ist. Die Reizsummenregel trifft hier also zu.

Wie Richard und Marion Dawkins (1973) zeigten, erlauben derartige Gesetzmäßigkeiten, die Anzahl der Daten zu verringern, ohne daß zu viel Information verloren geht. Daten, die keine Information liefern, da man sie mit Hilfe anderer Werte vorhersagen kann, nennt man redundant. Kann z. B. ein Beobachter feststellen, daß auf eine Handlung A immer nur eine Handlung B folgt, so kann er seine Beschreibung auf ein Minimum reduzieren. Er nennt die Regel und kann danach auf alle weiteren Aufzeichnungen der Folge A → B verzichten – sie wären redundant. Nach Redundanz suchen ist also das gleiche, als nach Regeln suchen. Richard und Marion Dawkins (1973) ermittelten Redundanzen direkt, indem sie die Unbestimmtheit eines Verhaltensablaufes berechneten.

Eines der Probleme bei der Modellbildung in den Verhaltenswissenschaften liegt darin, daß wir, soviel wir auch über die Verursachung des Verhaltens bei einer Art wissen, offenbar wieder von Null anfangen müssen, wenn wir an die Untersuchung einer anderen Art gehen. Außer dem, was wir über die Untersuchungsmethoden lernen, scheint es wenig zu geben, das wir von einer Situation auf eine andere übertragen können. Sogar im Fall der Reizsummenregel, die in einem weiten Bereich anwendbar erscheint, können wir nie sicher sein, daß sie auch in einer neuen Situation zutrifft. Wir sehen keinen anderen Grund dafür, daß Reize sich addieren sollten, außer daß sie es eben häufig tun.

Man kann einen Satz empirisch festgestellter Verhaltensmuster oder -regeln als Modell darstellen. Die Begrenzung von Beschreibungen auf ein übersichtliches Maß durch das Weglassen redundanter Information erscheint dem Ersetzen der Rohdaten durch Modelle, die die wesentlichen Inhalte der Daten in kurzer Form wiedergeben, gleichwertig. Ein Modell sollte jedoch mehr sein als nur eine übersichtliche Darstellung von Daten. Sie sollte ein Maß an Hypothese enthalten, das zu einer sparsameren Erklärung und überprüfbaren Voraussagen führt.

Modelle sind im wesentlichen Formalisierungen von Beobachtungen und in ihrem Anwendungsbereich relativ beschränkt. Prinzipien andererseits sind fast tautologisch und allgemein anwendbar. Es wird oft behauptet, man könne in der Verhaltensforschung nicht erwarten, allgemeine Prinzipien zu finden, da das Verhalten naturgemäß nicht gesetzmäßig geordnet sei. Dieser Pessimismus hemmt jene Suche nach allgemeinen Verhaltensprinzipien, die jeder gründlichen Analyse von Verhalten zugrunde liegen sollte. Fundamentale Prinzipien werden zu oft mißachtet, vielleicht weil ihre Bedeutung für die tagtäglichen Probleme im Laboratorium schwer zu erkennen ist oder weil der Naturwissenschaftler sich von seiner Begeisterung für eine neue Methode der Datenanalyse hinreißen läßt.

Ein allgemeines Prinzip, das den meisten Biologen vertraut ist, hat Claude Bernard (1878) in seinem Satz ausgedrückt, daß die Stabilität der inneren Umwelt die Bedingung für ein freies und unabhängiges Leben sei. Dieses Prinzip ist sehr allgemein anwendbar und gilt für alle Tierarten. Es ist grundsätzlich tautologisch, denn was als freies und unabhängiges Leben zählt, hat eine stabile Umwelt; und wenn viele Arten keine stabile innere Umwelt besitzen – nach diesem Prinzip haben sie auch kein freies und unabhängiges Leben.

Das Prinzip der Stabilität der inneren Umwelt ist von den Verhaltensforschern nicht voll ausgeschöpft worden, großenteils deshalb, weil sie seine Bedeutung nicht erkannt haben. Es sollte aber beachtet werden, daß jede Handlung die Stabilität der inneren Umwelt beeinflussen muß, da jede Handlung Energie verbraucht und verschiedenartige physiologische Regulationsmechanismen erforderlich macht. Darüber hinaus schiebt der Ablauf einer Handlung den anderer Handlungen auf und verstärkt dadurch jene Bereiche der Instabilität, die einige dieser anderen Handlungen verringern sollten. Der Zwang, die innere Umwelt stabil zu halten, bestimmt die Richtung, in der die natürliche Selektion Motivationssysteme entwickeln kann, mit. Die Berücksichtigung der Stabilität ist besonders wichtig bei der Untersuchung von Interaktionen zwischen Motivationssystemen und im Verhältnis von physiologischer Regulation, Akklimatisation und Verhalten, dreier Wege, auf denen die innere Stabilität aufrechterhalten wird. Sie ist von beträchtlicher Bedeutung in der Untersuchung der Wechselwirkung zwischen raschen und langsamen Vorgängen bei der Kontrolle von Verhalten. Insbesondere ist die Aufrechterhaltung eines stabilen inneren physiologischen Zustandes ein wichtiger Aspekt der Motivation.

So sind Hunger und Nahrungsaufnahme Hilfsmittel zur Erhaltung eines befriedigenden Energiegleichgewichts, und der Wasserhaushalt ist zum Teil gesichert durch den Mechanismus von Durst und Trinken (s. den Beitrag von K. Bättig in diesem Band). Viele Tiere können physiologische Störungen durch entsprechendes Verhalten kompensieren. So können Ratten lernen, Mängel der Verdauungsfunktionen durch Änderung ihres Speisezettels auszugleichen. Die Untersuchung der Mechanismen, durch die physiologische Funktionen das Verhalten kontrollieren und umgekehrt, ist ein wichtiges Forschungsfeld, zu dem Ethologen, Psychologen und Physiologen vereint beitragen können.

Ein anderes wichtiges allgemeines Prinzip ist, daß Tiere »nur eine Sache aufs Mal tun können«. Genauer gesagt, bestimmte Aktivitäten im Repertoire einer Art sind mit anderen Verhaltensweisen unvereinbar. Bei den meisten landlebenden Tieren kann Atmen mit Balzverhalten ausgezeichnet kombiniert werden, nicht aber bei Molchen, die im Wasser balzen. Der Teichmolch (*Triturus vulgaris*), der von Tim Halliday (1975) eingehend untersucht worden ist, balzt auf dem Grund eines Teiches oder Flusses, dem natürlichen Lebensraum dieser Art. Das Männchen muß auf dem Grund bleiben, um zu balzen, aber zur Wasseroberfläche schwimmen, um zu atmen. Atmen und Balzen sind also bei dieser Art unvereinbar. Das Balzverhalten wird durch die Atempausen ziemlich oft unterbrochen. – Das allgemeine Prinzip der Kompatibilität hat bedeutsame Auswirkungen auf die Untersuchung von Konflikt und Entscheidung bei Tieren.

KONFLIKT UND ENTSCHEIDUNG

Der Begriff »Konflikt«, auf Tierverhalten angewendet, bezeichnet einen Zustand der Motivation, bei der Tendenzen zu mehreren Verhaltensweisen gleichzeitig aktiviert sind. (Der Begriff Konflikt wird normalerweise nicht dazu verwendet, Auseinandersetzungen bei Tieren zu bezeichnen.) In der Regel wird das Verhalten eines Tieres von einer einzigen dominierenden Tendenz bewirkt, wie der Tendenz zu fressen oder der zu schlafen. In jedem beliebigen Zeitpunkt sind zwar viele Tendenzen angeregt, aber durch einen Vorgang der »Entscheidungsbildung« wird normalerweise eine davon dominieren. Aber unter bestimmten Umständen können mehrere miteinander konkurrieren, und es kann ein Konflikt entstehen.

Konflikte treten auf, wenn sich einer dominanten Verhaltenstendenz eine zweite entgegenstellt oder wenn zwei Tendenzen um Vorherrschaft streiten. Da die meisten Verhaltensweisen im Repertoire eines Tieres miteinander unvereinbar sind, können sich in Konflikt stehende Tendenzen nicht gleichzeitig in offenem Verhalten äußern, und das Verhalten in einem Konflikt ist darum ganz anders als beim normalen ungehinderten Ablauf. Hält man z. B. einer Ente in einem Park ein Stück Brot hin, so wird sie eine Tendenz zur Annäherung an das Brot zeigen, besonders wenn sie hungrig ist. Sie wird aber auch eine Tendenz zeigen, den Menschen zu vermeiden, der ihr das Brot entgegenhält. Im Ergebnis wird sich die Ente im allgemeinen bis auf eine bestimmte Entfernung nähern und dann zwischen Annäherung und Rückzug abwechseln, oder sie wird an Ort bleiben und ihren Kopf vorstrecken, während ihre Füße gleichzeitig zurückdrängen. Dies ist ein typisches Konfliktverhalten.

So ein Konflikt zwischen Annäherung und Meiden (approach-avoidance conflict; s. hierzu auch Bd. IV dieser Enzyklopädie) entsteht, wenn eine Tendenz auf ein Ziel hin gerichtet ist und eine andere vom Ziel weg. Im Fall der Ente können wir uns vorstellen, daß die Tendenz zur Annäherung steigt, während das Tier näherkommt. Gleichzeitig steigt aber auch die Tendenz zum Meiden des Menschen. Da dieser das Brot hält, kann die Ente das Ziel nur erreichen, wenn an dem Punkt, von dem aus sie das Brot fassen kann, die Tendenz zur Annäherung stärker ist als die des Meidens. Wenn an diesem Punkt die Meidetendenz dominiert, wird sich die Ente von ihrem Ziel entfernen, bis weiter weg ein Gleichgewicht erreicht wird. Bei noch größerer Entfernung wird die Tendenz zur Annäherung wieder überwiegen und die Ente sich wieder auf das Ziel zubewegen. Der Konflikt zwischen Annähern und Meiden führt normalerweise zu einer stabilen Situation: Das Tier strebt gegen einen Gleichgewichtspunkt, wo sich die beiden Tendenzen die Waage halten, wie in Abb. 7 dargestellt. Dieses einfache Modell der Konfliktsituation stammt von Neal Miller; es wurde in Untersuchungen der Motivation bei Tieren und beim Menschen sehr einflußreich.

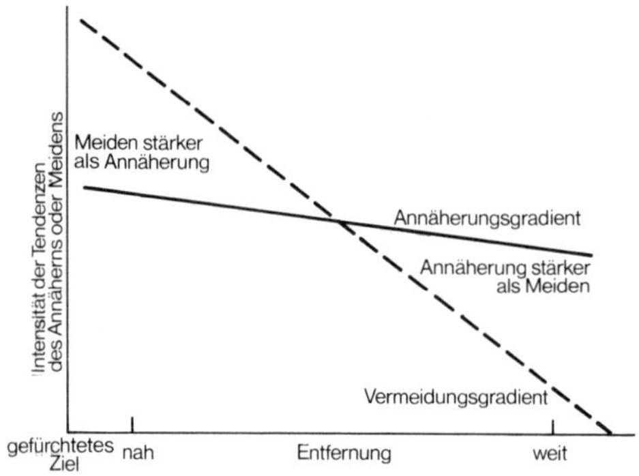

Abb. 7 Das Modell von Neal Miller für einen Konflikt zwischen Annähern und Meiden. Es wird angenommen, daß das Ziel für das Tier gleichzeitig anziehend und abstoßend ist. Die Tendenz zur Annäherung wird stärker, je weiter das Tier vom Ziel entfernt ist; die Tendenz zum Meiden wird stärker, je näher das Tier beim Ziel ist.

Sehen wir ein Tier ein bestimmtes Verhalten ausführen, dann können wir nicht sicher sein, daß es nur zu diesem einen Verhalten motiviert ist. Jedes Tier besitzt das Potential zu einer Vielzahl von Verhaltensweisen. In der Tat trifft das Tier über die auszuführende Tätigkeit eine Entscheidung, die von seinem inneren Zustand und von den äußeren Umständen abhängt. Die einfachste Form der Entscheidung ist dann gegeben, wenn eine besonders bedeutungsvolle Änderung der Umgebung erfolgt. In solchen Fällen wird jede gerade ablaufende Tätigkeit unterbrochen, und das Tier reagiert auf die neue Situation. Das ist allgemein der Fall bei Alarmreaktionen, aber auch bei einer plötzlichen, stärkeren Änderung der Motivation. Entscheidungen, die aus einem solchen Wechsel in den vom Tier gesetzten Prioritäten innerhalb des Potentials von Tätigkeiten folgen, nennt man von einem Wettstreit zwischen Tendenzen verursacht. Die stärkste Tendenz, der stärkste Drang, übernimmt die Steuerung des Verhaltens und verhindert, daß die anderen Tendenzen zum Ausdruck kommen. So können wir uns vorstellen, daß bei der Balz des Teichmolchmännchens die Balztendenz im allgemeinen stark genug ist, die Tendenz zum Emporschwimmen und Atmen zu unterdrücken. Es könnte aber sein, daß der Molch dem Drang zum Atmen nicht widerstehen kann und seine Balz unterbricht, um Luft zu schnappen. Dann würden wir sagen, die Tendenz zum Atmen sei stark genug geworden, die Balztendenz im Wettstreit zu verdrängen.

Man könnte denken, daß jede Tätigkeit, bei der wir das Tier beobachten, unausweichlich die Siegerin in einem Motivationswettstreit ist. Dies ist aber keineswegs so. So steigt das Männchen des Teichmolchs nach jeder abgeschlossenen Balzsequenz unweigerlich zum Atmen auf, was darauf hinweist, daß die vorher unterdrückte Handlungsbereitschaft zum Atmen durch die Beendigung der Balz freigesetzt wird. Versuche haben gezeigt, daß das Männchen gegen Ende der Balzsequenz weniger dazu neigt, zum Atmen aufzusteigen, als in den ersten, weniger wichtigen Phasen des Ablaufs. Zudem atmet das Männchen immer, nachdem das Weibchen entfernt worden ist, und ist auch eher dazu geneigt, wenn die Werbung »schlecht ankommt«. Das heißt, das Männchen atmet häufiger, wenn im Balzablauf eine Lücke, die das Atmen »erlaubt«, entsteht, und weniger oft als Ergebnis des Wettstreits zwischen Tendenzen. Wenn im Experiment die Tendenz zum Atemholen durch Verminderung des Sauerstoffgehaltes des Wassers künstlich verstärkt wird, zeigt sich tatsächlich, daß das Männchen den Ablauf der Balz zu beschleunigen sucht, um ihr Ende zu erreichen, bevor er durch Atemnot zum Auftauchen gezwungen wird. Für eine *Kosten-Nutzen-Rechnung* erscheint es sinnvoll, daß der Molch das Bedürfnis zum Atmen unterdrückt, wenn die Wahrscheinlichkeit, die Werbung erfolgreich abzuschließen, groß ist. Es sieht so aus, wie wenn das Männchen eine Entscheidungsstrategie einsetzt, die die Wahrscheinlichkeit eines Erfolges der Balz maximiert. Eine derartige Strategie ist etwas ganz anderes als ein »Freistil-Wettstreit« zwischen Handlungsbereitschaften. Entscheidungsstrategien dieser Art sind im Tierreich weit verbreitet.

Fast jede Tätigkeit ist mit Kosten und Nutzen verbunden. Blicken wir noch einmal auf die Balz des Teichmolchs. Die Beobachtungen zeigen, daß das Männchen während der Balz weniger oft atmet als normal. Wenn es vom Atemholen zum Grund des Gewässers zurückkehrt, kann es vorkommen, daß es das Weibchen nicht mehr vorfindet. Das Atmen während der Balz hat offensichtlich seinen Preis, und es wundert nicht, daß das Männchen darum weniger oft aufsteigt als üblich. Aber, obgleich Molche, die man am Aufsteigen hindert, dem Wasser genügend gelösten Sauerstoff entnehmen können, um am Leben zu bleiben, zwingt sie der Sauerstoffmangel zur Ruhe, und die Balz wird unmöglich. Also bereitet auch die Verzögerung der Atmung Kosten. Die Balz des Männchens soll das Weibchen veranlassen, die Spermatophore (Samenbehälter) aufzunehmen, die er auf den Grund des Gewässers absetzt. Das Weibchen kann dies nur erfolgreich tun, wenn es dem Männchen dicht folgt. Darum darf die Balz nicht zu rasch ablaufen, und die erfolgreichsten Balzsequenzen dauern besonders lang. Wenngleich also das Atmungsproblem durch Beschleunigung der Balz gelöst werden kann, macht dies eine erfolgreiche Besamung unwahrscheinlicher.

Man kann die Auswirkungen des Verhaltens der Entscheidungsbildung und Wahl von zwei Seiten her betrachten: mit der Kosten-Nutzen-Rechnung oder aufgrund der Antworten des Tieres auf die Auswirkungen. Kosten und Nutzen hängen von der Art und Weise ab, wie die Folgen des Verhaltens der Selektion unterworfen sind. So kann Fressen an einer bestimmten Stelle dazu führen, daß das Tier nicht mehr in einer Deckung steht und von einem Raubfeind leichter entdeckt wird. Dies kann eine Auswirkung des Fressens sein, die das Tier selbst nicht bemerkt und auf die es nicht reagiert. Um auf die Auswirkungen des eigenen Verhaltens reagieren zu können, muß das Tier sie mit Hilfe seiner Sinne bemerken. So kann das fressende Tier auf Geruch, Geschmack oder Aussehen der Nahrung reagieren. Es kann auf Merkmale des Freßortes reagieren, indem es etwa Anzeichen einer Gefahr sieht, hört oder wittert. Alle diese Auswirkungen des Verhaltens von Entscheidung und Auswahl werden vermutlich das zukünftige Verhalten des Tieres beeinflussen. Aus dieser Darlegung folgen zwei allgemeine Bemerkungen. Erstens ergeben sich aus dem allgemeinen Prinzip, daß ein Tier »nur eine Sache aufs Mal tun kann«, Folgerungen, die formalisiert werden können, wie im Fall des Millerschen Konfliktmodells, oder formlos bleiben. Die Frage, bis zu welchem Ausmaß Änderungen im Verhalten von einem Wettstreit zwischen Verhaltenstendenzen verursacht sind, ist z. B. schwer zu formalisieren; sie spielt aber trotzdem eine ähnliche Rolle wie formalisierte Modelle. Man kann sagen, daß in vielen Theorien der Motivation unausgesprochen ein Modell des Wettstreits enthalten ist. Es ist wichtig zu erkennen, daß von der formlosen Theorie zum formalisierten Modell ein kontinuierlicher Übergang besteht. Zweitens muß auf die Unterscheidung zwischen kausalen und funktionalen Modellen eingegangen werden. Diese Unterscheidung ist für die Biologie grundlegend.

FUNKTIONSMODELLE

Funktionsmodelle befassen sich im Wesen mit Problemen des Überlebenswertes von Verhalten. Der Überlebenswert eines Merkmals wird durch die Selektion bestimmt. Das bedeutet, daß in einer natürlichen Population das Ausmaß der Weitergabe eines Merkmals auf die nächste Generation vom Fortpflanzungserfolg der Elterngeneration und von der Hilfe, die das Merkmal im Überleben von natürlichen Gefahren wie Nahrungsmangel, Raubfeinden und Nebenbuhlern leistet, abhängt. Derartige Umweltfaktoren selektionieren diejenigen erblichen Varianten, die das Tier am besten für sein Leben ausstatten und an seine Umwelt anpassen.

Funktionsmodelle beschäftigen sich mit dem Verhalten, das ein Tier in einer bestimmten Situation zeigen sollte, um den Überlebenswert möglichst groß zu halten. Auf der quantitativen Ebene befassen sie sich mit der Art, wie das Tier Raum, Zeit, Energie, seine sozialen Beziehungen usw. nutzt. Wir wollen hierzu ein einfaches Beispiel betrachten.

Tiere müssen fast in jeder Minute ihres Lebens Entscheidungen treffen. Das Tier entscheidet sich, was es in einer gegebenen Situation tun soll, in der viele Handlungsabläufe möglich sind. Die verschiedenen Handlungsweisen unterscheiden sich in ihren Auswirkungen; mit ihnen sind Kosten und Nutzen verbunden. Eine besondere Eigenschaft der von Tieren getroffenen Entscheidungen ist, daß ein großer Teil der Kosten-Nutzen-Analyse durch die natürliche Selektion erfolgte. Niko Tinbergen und seine Mitarbeiter (1962) bewiesen z. B. durch Freilandversuche, daß Nester der Lachmöwe, die zerbrochene Eischalen enthalten, von Raubfeinden leichter gefunden und zerstört werden als Nester ohne Schalen. Während bei einigen Arten die Schalen nach dem Schlüpfen der Jungen sehr rasch entfernt werden, lassen Lachmöwen manchmal einige Stunden vergehen, bevor sie sie wegtragen. Tinbergen folgerte daraus, daß es trotz des klaren Vorteils, den das Wegtragen der Eischalen bringt, einen entgegenwirkenden Nachteil geben muß. Beobachtungen zeigten dann, daß frisch geschlüpfte, noch nasse Küken leicht von anderen, kannibalisierenden Lachmöwen gefressen werden können, Küken mit trockenem, flaumigem Gefieder aber nicht. Durch das Alleinlassen noch nasser Küken entsteht ein größerer Schaden (größere Kosten) als durch das Alleinlassen bereits trockener. Wo also Kannibalismus auftritt, ist der Netto-Vorteil des Wegtragens höher, wenn es erst nach dem Trocknen des Kükens erfolgt; bei Arten ohne Kannibalismus ist dagegen das sofortige Wegtragen günstiger. Die Entscheidung, die Eischalen wegzubringen, hängt demnach von dem empfindlichen Gleichgewicht von Vor- und Nachteilen ab.

Das soll keineswegs heißen, daß das einzelne Tier diese Kosten-Nutzen-Analyse für sich durchführt, obwohl dies bis zu einem gewissen Grad bei »intelligenteren« Tieren vorkommen mag. Das Verhalten des Tieres ist, durch die Wirkung der Selektion, so angelegt, daß es den größtmöglichen Netto-Nutzen bringt. Mit anderen Worten, die Form des Verhaltens ist das Ergebnis eines Konstruktionsentwurfes, der nach dem optimalen Kompromiß zwischen konkurrierenden Selektionsdrücken der Umwelt strebt. Genau wie der Bau des Auges nach Form und Funktion untersucht werden kann, so kann man dies auch beim Mechanismus, der das Verhalten überwacht. Dies ist nicht mehr als eine Wiederholung von Tinbergens alter These, daß Verhalten wie jeder andere Lebensvorgang untersucht werden kann und soll (Tinbergen 1951).

Funktionsmodelle können ähnlich geprüft werden wie Modelle der Verursachung. So kann man auf der Grundlage eines bestimmten Funktionsmodells, das z. B. auf der Kosten-Nutzen-Rechnung beruht, eine Reihe von Voraussagen über das in einer bestimmten Situation zu erwartende Verhalten ableiten. Der vorausgesagte Verhaltensablauf wird mit dem in der entsprechenden Situation wirklich gezeigten verglichen. Wie im Falle der Kausalanalyse können Abweichungen auf Mängeln des Modells, Beobachtungsfehlern usw. beruhen. Wie auch sonst in den Naturwissenschaften führt die Aufeinanderfolge von Hypothese und Überprüfung im allgemeinen zum Versuch, die Untersuchungsmethoden zu verbessern oder die Hypothese zu revidieren.

Man sollte sich darüber klar sein, daß eine erfolgreiche Funktionsanalyse wenig über die wirksamen kausalen Mechanismen aussagt. Es kann z. B. gezeigt werden, daß eine bestimmte Weise, die Straße zu überqueren, die beste ist und von einer Anzahl von Leuten befolgt wird. Einige Personen wenden sie naiverweise an, andere auf Grund kognitiver Strategien. Eine Faustregel wie »Gehe bis zur Mitte der Straße, wenn von rechts (in Großbritannien: von links) kein Verkehr naht« kann durchschnittlich zum gleichen Ergebnis führen wie das kognitive Verfahren, die Geschwindigkeit des sich nähernden Verkehrs zu schätzen und die Wahrscheinlichkeit des gefahrlosen Überquerens auszurechnen. Völlig verschiedene Mechanismen können also zum gleichen Verhalten führen.

Allerdings können Funktionsmodelle die Kausalanalyse des Verhaltens außerordentlich erleichtern. Natürlich ist es einfacher zu verstehen, wie ein Mechanismus funktioniert, wenn man erst einmal weiß, wozu er dient. Funktions- und Kausalanalyse des Verhaltens ergänzen einander. In beiden Fällen sind Hypothesenbildung und Prüfung ein brauchbares Verfahren, und Modelle sind nützlich, um die Hypothesen zu formalisieren. Im Fall der Funktionsanalyse beruhen die Modelle auf den gut begründeten Theorien der Genetik und Evolutionslehre. Solche Modelle neigen dazu, ziemlich abstrakt und mathematisch zu sein. Für die Kausalanalyse gibt es kein Theoriengebäude, auf Grund dessen Modelle entworfen werden können. Demzufolge gibt es eine Vielzahl von Zugangswegen, und die Modelle können von groben Analogien bis zu exakten mathematischen Formulierungen reichen. In den letzten Jahren wurde die Systemtheorie immer häufiger auf verschiedenen Gebieten der Biologie angewendet, obwohl die Zunahme in der Verhaltensforschung etwas langsamer verlief als in anderen Bereichen, etwa der Ökologie und Physiologie. Dies mag daran liegen, daß sich Probleme aus der Verhaltensforschung nur schwer in scharfe Begriffe fassen lassen, was eine notwendige Voraussetzung für eine erfolgreiche systemtheoretische Analyse ist. David McFarland (1971) hat begründet, daß die Systemtheorie in der Verhaltensforschung ihre größte Bedeutung auf dem Gebiet der Motivation hat. Dadurch sollen Lernen, Reifung und ähnliche Phänomene nicht ausgeschlossen, sondern nur die Motivation in den Mittelpunkt gerückt werden, auf welchen dann andere Verhaltenserscheinungen bezogen werden können. Die Motivationsvorgänge nehmen diese zentrale Stelle wegen ihrer natürlichen Umkehrbarkeit ein, die ihnen einen besonderen mathematischen Rang verleiht – ein geeigneter Berührungspunkt zwischen Verhaltenstheorie und Systemtheorie zu sein.

VERHALTENSTHEORIE

Die Systemtheorie beschäftigt sich im wesentlichen mit dem Verhalten als Funktion der Zeit. Dagegen bildet das Verhalten als Funktion der Zeit nur einen Teil der Untersuchung des tierischen Verhaltens, weil sich Verhaltensforscher auch dafür interessieren, wie sich das Verhalten als Funktion der Generationenfolge, der individuellen Reifung und Erfahrung ändert. Änderungen im Verhalten als einer Funktion der Zeit können abhängen von äußerer Reizung, inneren Rhythmen, dem physiologischen Zustand usw. Sie können auch das Ergebnis von Lernen, Reifen oder einer Schädigung sein, aber solche Änderungen sind im allgemeinen nicht umkehrbar.

Änderungen durch Reifung treten auf während der Jugendentwicklung und beruhen nicht auf Erfahrung oder Schädigung. So kann ein Vogel in einem bestimmten Stadium seiner Entwicklung fliegen oder ein Kind gehen, ohne daß Lernen oder Üben nötig gewesen sind. Änderungen durch Schädigung können durch Krankheit oder Verletzung entstanden sein. So kann ein Hund hinken, weil sein Fuß entzündet ist oder weil er in eine Falle geraten ist. Manche Insekten zeigen eine neue Bewegungskoordination, nachdem eines oder zwei Beine amputiert worden sind. Änderungen durch Lernen müssen auf eigener Erfahrung äußerer Ereignisse durch das betreffende Individuum beruhen. Diese äußeren Ereignisse haben oft sofortige Folgen, aber das ist für das Lernen nicht wesentlich. Ein Hund kann z. B. lernen, Feuer zu meiden, weil er sich gebrannt hat, aber er kann auch lernen, ein bestimmtes Futter zu meiden, nachdem er davon gefressen hat und einige Stunden später krank geworden ist. Manche Singvögel lernen den Gesang ihrer Eltern im Jugendalter, obwohl sie nicht selber singen oder auf diesen Gesang irgendwie reagieren, bevor sie viele Wochen später geschlechtsreif werden.

Änderungen des Verhaltens in einer unveränderten Umgebung beruhen oft auf Änderungen des inneren Zustandes des Tieres. Gibt man einem Haushuhn ein Ei, kann es dieses das eine Mal fressen und das andere Mal bebrüten, obwohl die äußeren Umstände die gleichen sind. Wir berücksichtigen diesen Unterschied dadurch, daß wir sagen, das Huhn sei im ersten Fall hungrig und im anderen in Brutstimmung gewesen. Eine Änderung der Motivation wird damit vorausgesetzt; die Begriffe Hunger und Brutstimmung sind praktische Kürzel für die betreffenden Motivationen, deren Natur experimentell erforscht werden muß. Das Kennzeichen der auf Änderungen der Motivation beruhenden Verhaltensänderungen ist, daß die zugrundeliegende Änderung des inneren Zustandes reversibel ist. Ein Tier, das man ohne Futter läßt, wird zunehmend hungriger. Erlaubt man ihm dann zu fressen, kehrt es in seinen ursprünglichen nichthungrigen Zustand zurück. Sofern in der Zwischenzeit weder Reifung, noch Lernen, noch eine Schädigung aufgetreten sind, kann das Tier in genau den ursprünglichen Zustand zurückkehren.

Die Eigenschaft der Umkehrbarkeit ist bei den Vorgängen der Reifung, des Lernens und der Schädigung nicht vorhanden. Reifung ist Teil des Wachstums- und Entwicklungsprozesses, der irreversibel ist. Eine dauerhafte Schädigung führt zu irreversiblen Verhaltensänderungen. Auch Lernen ist ein nicht umkehrbarer Prozeß. Es scheint zwar, als ob Tiere vergäßen oder ein gelerntes Verhalten ausgelöscht würde; aber diese Tiere gleichen nicht mehr denen, die dies Verhalten nie erlernt haben. Die inneren Veränderungen, die der Lernvorgang mit sich brachte, sind permanent und können nur durch weiteres Lernen gelöscht werden. Die Motivation kann also als jene Klasse umkehrbarer innerer Prozesse definiert werden, die für Änderungen des Verhaltens verantwortlich sind. Diese Definition unterscheidet die Motivation von anderen Typen von Vorgängen, die für Verhaltensänderungen verantwortlich sind.

Dieses Vorgehen hat mehrere Vorteile. Es berücksichtigt die gewohnte Nebeneinanderstellung von Motivation, Lernen und Entwicklung. Zur gleichen Zeit paßt es leicht in die Sprechweise der Systemtheorie. So können Motivationsänderungen als umkehrbare Änderungen des Zustandes betrachtet werden, während die Folgen von Lernen und Reifen Änderungen von Parametern sind. Mit anderen Worten, das Tier ist nach dem Lernen oder nach dem Ablauf von Lern- oder Reifungsprozessen insofern ein anderes geworden, als diese Prozesse das Verhaltensrepertoire verändert haben. Jetzt ist der Weg frei für ein allgemeines theoretisches Konzept, das sich auf die Systemtheorie stützt und auf das man die einzelnen Modelle des Lernens, des Gedächtnisses, der Wahrnehmung usw. beziehen kann.

Aus dem Englischen übertragen von Roger A. Stamm und Delia Boettler

LITERATUR

Allgemeine Einführungen

Baerends, G. P., Kruijt, J. P.: Stimulus selection. In: R. A. Hinde, J. Stevenson-Hinde (Eds.): Constraints on Learning. London: Academic Press 1973

Lorenz, K.: The comparative method of studying innate behaviour patterns. Symposia of the Society for Experimental Biology, IV. Cambridge University Press, 1950, 221–268

McFarland, D.: Feedback Mechanisms in Animal Behaviour. London: Academic Press 1971

Tinbergen, N.: The Study of Instinct. Oxford: Clarendon Press 1951. Deutsch: Instinktlehre. Berlin, Hamburg: Parey (1952) [5]1972

Spezielle Literatur

Bernard, C.: La Science Expérimentale. Paris: Baillière 1878

Dawkins, R., Dawkins, M.: Decisions and the Uncertainty of Behaviour. Behaviour, 45, 1973, 83–103

Halliday, T. R.: An observational and experimental study of sexual behaviour in the smooth newt *Triturus vulgaris* (Amphibia: Salamandridae). Animal Behaviour, 23, 1975, 291–322

Hinde, R. A.: Energy Models of Motivation. Symposia of the Society of Experimental Biology, XIV. Cambridge University Press, 1960, 199–213

McFarland, D., McFarland, J.: Dynamic analysis of an avian drinking response. Medical and Biological Engineering, 6, 1968, 659–668

Seitz, A.: Die Paarbildung bei einigen Cichliden. Zeitschrift für Tierpsychologie, 4, 1940, 40–84

Tinbergen, N., Broekhuysen, G. J., Feekes, F., Houghton, J. C. W., Kruuk, H., Szulc, E.: Eggshell removal in the Black-headed Gull *Larus ridibundus* L.: a behaviour component of camouflage. Behaviour, 19, 1962, 74–118

NERVENSYSTEM UND VERHALTEN

Beispiele aus der Welt der Insekten[1]

von Franz Huber

WARUM INSEKTEN?

Etwa eine Million verschiedener Insektenarten sind bis heute beschrieben worden; sie machen allein rund dreiviertel aller bisher benannten Tierarten aus. Die Zahl der Individuen soll nach vorsichtigen Schätzungen den astronomischen Wert einer Trillion erreichen. Darum ist es gar nicht so abwegig, von dem Trillionenvolk der Insekten zu sprechen.

Im Laufe einer fast dreihundert Millionen Jahre zurückreichenden Geschichte haben die Insekten zahlreiche Lebensräume unserer Erde erobert und alle nur erdenklichen Nahrungsquellen erschlossen. Unter ihnen findet man die gefährlichsten Fraßschädlinge für unsere Nahrung und Überträger für zahlreiche Krankheiten bei Mensch, Tier und Kulturpflanze.

Die vorzügliche Einpassung in die Umwelt, unter Nutzung fast aller ökologischen Nischen, ist den Insekten möglich geworden durch eine Fülle raffinierter Erfindungen im Körperbau, im Stoffwechsel und vor allem auch im Verhalten. Dazu einige Beispiele: Viele Insektenarten haben ihren Gesichtssinn in den uns und anderen Wirbeltieren unsichtbaren UV-Bereich erweitert, der ihnen den Besuch bestimmter Blumen erst ermöglicht (v. Frisch 1963, 1965). Andere Arten haben ihren Gehörsinn in die uns verschlossene Welt des Ultraschalls ausgedehnt; sie können z. B. die Schreie nächtlich jagender Fledermäuse wahrnehmen und diesen Feinden geschickt ausweichen (Roeder 1962).

Ein vorzüglicher Geruchssinn erlaubt wieder anderen Arten, die Nahrung oder den Geschlechtspartner oft schon auf weite Entfernung zu lokalisieren (v. Frisch 1965; Schneider 1975). Manche Insektenarten nehmen noch Bodenerschütterungen wahr, deren Schwingungsamplituden 1 Angström (1 Å = 10^{-8} cm) nicht überschreiten (Autrum 1943). Wir treffen unter den Insekten Arten an mit sehr auffälliger und oft abschreckender Färbung und Zeichnung, korreliert mit einem Präsentieren dieser »Warntracht«. Es gibt andere, die sich durch Nachahmen von Färbung und Zeichnung schützen, sich vorzüglich zu tarnen verstehen, indem sie sogar die Gestalt von Pflanzenteilen annehmen (Portmann 1956, Cott 1957). Auf dem Gebiet der Verteidigung gibt es Spezies mit Abwehrwaffen von erstaunlicher Wirksamkeit und Treffsicherheit (Eisner 1971), aber auch solche, die ihre Beutetiere durch Injektion von Drogen über lange Zeit motorisch lähmen und für ihren Nachwuchs als lebende Nahrung konservieren (Rathmayer 1962). In den Tropen machen zahlreiche Käferarten durch Blinkmuster auf sich aufmerksam und geben sich mit Leuchtsignalen den Artgenossen zu erkennen (Harvey 1952). Zikaden, Heuschrecken und Grillen produzieren für das Arterkennen spezifische Laute (Huber 1977). Bienen nutzen bei der Futtersuche und beim Schwärmen die Sonne als Kompaß und in Ermangelung der Sonne das Muster des linear polarisierten Himmelslichts (v. Frisch 1949, Lindauer 1975; s. hierzu insbesondere Abb. 3 des Beitrags von M. Lindauer über K. v. Frisch in diesem Band). Ja, sie können sogar Änderungen des erdmagnetischen Feldes messen (Lindauer, Martin 1968). Es gelingt ihnen, den Winkel, den sie bei ihren Nahrungsflügen zwischen Sonne und Futterquelle einhalten, im Dunkeln des Stockes in das Schwerefeld zu transponieren, wozu sie wiederum entsprechende Sinneseinrichtungen einsetzen (Lindauer, Nedel 1959). Bienen »wissen« um den täglichen Sonnengang und rechnen ihn ein; dies ist nur möglich durch einen Zeitsinn und die dazu gehörende Uhr (v. Frisch 1965). Termiten, Ameisen und Bienen bilden hochorganisierte Insektenverbände mit hochgradiger Arbeitsteilung und erst in den Anfängen der Erforschung stehenden Kommunikationsmitteln (E. O. Wilson 1971, Hölldobler 1973). Vielen Insektenarten erlaubt ein durch Konstruktion und biomechanische Eigenschaften vorzüglich angepaßter Bewegungsapparat geschicktes Operieren in allen drei Raumebenen (Nachtigall 1968). Im Bienentanz liegt schließlich eine Zeichensprache vor, die hinsichtlich ihres Mitteilungsgehalts für den Artgenossen kaum ihresgleichen im Tierreich hat (v. Frisch 1946, 1965). Viele Insektenarten können lernen und Gelerntes speichern; sie besitzen Gedächtnis (Lindauer 1975). Kurzum: Es gibt kaum eine Facette tierischer Leistungen, die in der Evolution nicht auch bei der einen oder anderen Insektengruppe entwickelt worden wäre. Daß die Insekten schon frühzeitig die Neugierde der Naturforscher weckten, ist durch die »Insecten-Belustigung« des August Johann Roesel vom Rosenhof (1705–1759) belegt, und durch die vorzüglichen Verhaltensbeschreibungen des französischen Forschers Jean Henri Fabre (1823–1915; s. den Beitrag von A. Portmann in diesem Band).

MINIATURISIERUNG UND ÖKONOMIE BEI INSEKTEN

Die Insekten gehören bekanntlich zu den kleineren Tieren mit einem Körpergewicht im Milligramm- bis Grammbereich. Die Körperlänge schwankt zwischen 0,2 Millimeter (z. B. Zwergwespen) und etwa 25 Zentimeter (z. B. tropische Stabheuschrecken). Die Körpermaße der Riesenlibellen aus der Steinkohlenzeit mit einer Flügelspannweite von 60 Zentimetern werden von den heute lebenden Arten freilich nicht mehr erreicht.

Man muß sich einmal klarmachen, daß die winzigen parasitisch lebenden Zwergwespen, die sich in den Eiern anderer Insekten entwickeln, nur etwa dreimal größer sind als Nervenzellen in unserem Rückenmark. Ja, sie könnten sogar in gewissen Nervenzellen von Meeresschnecken bequem herumspazieren. In solche Wespen oder z. B. auch in nicht viel größere Ameisen oder Fruchtfliegen hat die Natur vollfunktionsfähige Sinnesorgane, Nervensysteme und Muskelapparate einkonstruiert. Diese bestehen zwar aus kleineren und erheblich weniger Zellen, sind also miniaturisiert, befähigen aber ihre Besitzer als gute Läufer, Springer oder Flieger und oft ausgerüstet mit einem vorzüglichen Orientierungssinn, den Anforderungen in der Umwelt gerecht zu werden.

Mit weniger Nervenzellen (einigen Zehntausend bei kleineren und bis zu einigen Millionen bei größeren Insektenarten) und damit auch mit weniger Verschaltungen zwischen solchen Zellen, konkurrieren die Insekten im Lebenskampf erfolgreich mit anderen Tieren. Diese Zahlen sind in der Tat gering, wenn man sie mit den rund zehn Milliarden Nervenzellen vergleicht, die unsere Hirnrinde aufbauen. Es scheint daher, als habe bei der Evolution des Nervensystems der Insekten und damit auch bei der Evolution des Verhaltens die Ökonomie Pate gestanden.

Systeme mit einer geringen Zahl von Elementen sind sicherlich von Vorteil, wenn es darum geht, die physiologischen und insbesondere die neuralen Grundlagen von Verhaltensweisen zu studieren, denn die bis heute entwickelten Methoden auf dem Gebiet der Neuroethologie erlauben noch keine direkte Analyse vieler Zellen und ihrer Interaktionen (vgl. Roeder 1968; Huber 1974, 1975). Ein besonders instruktives Beispiel für den Einsatz weniger Elemente ist der Gesang der Singzikaden (Pringle 1954), der seit dem Altertum bekanntesten Insektensänger, die vorwiegend subtropische und tropische Buschregionen bewohnen. Die Männchen tragen seitlich, links und rechts in die Wand des ersten Hinterleibsegments eingebaut einen Schalldeckel, der aus einer Chitinplatte besteht, die durch Rippen versteift wird. An jedem Schalldeckel setzt innen über eine Sehne ein kräftiger Muskel an, der Trommelmuskel. Durch die rasche Kontraktion des Trommelmuskels wird der zugehörige Schalldeckel nach Überwindung eines Anfangswiderstands plötzlich nach innen gedellt. Dabei entsteht ein Laut, der sich aus einer Folge von Lautpulsen zusammensetzt. Bei Nachlassen der Muskelspannung kehrt der Schalldeckel infolge seiner Elastizität aus der labilen Eindellung wieder in die stabile Ausgangsposition zurück. Dabei kann bei manchen Arten ebenfalls ein Laut ausgesandt werden. Jeder Trommelmuskel wird nur von einer einzigen motorischen Nervenzelle innerviert, deren Impulse die Kontraktion des Muskels bedingen. Dabei löst jeder motorische Nervenimpuls im Muskel eine Zuckung aus. Diese Beziehung zwischen der Entladung einer motorischen Nervenzelle, der elektrischen Antwort des Muskels und seiner Zuckung gilt für viele Bewegungsweisen.

Bei den Zikaden arbeiten die beiden motorischen Nervenzellen im Gegentakt. Da jede Trommelmuskelzuckung nur einen Laut erzeugt, muß bei alternierendem Einsatz, z. B. nach dem Ausschalten eines Schalldeckels oder dem Stillegen eines Trommelmuskels, die Frequenz der Laute (= Zahl der Laute pro Zeiteinheit) um die Hälfte verringert sein, und genau dies wurde nachgewiesen. Vermutlich werden die beiden motorischen Nervenzellen nur von wenigen, vielleicht sogar nur von einer einzigen vorgeschalteten Nervenzelle angesteuert (Hagiwara, Watanabe 1956). Eine solche Nervenzelle wurde bereits gefunden; sie arbeitet mit der Frequenz der Laute des intakten Tieres. Insgesamt setzt sich also der nervöse Apparat für die Singbewegung der Zikaden aus im Minimum nicht mehr als drei Nervenzellen zusammen, die auslösenden Sinnesstrukturen nicht mit eingerechnet.

Die eben genannten Vorzüge der Insekten sollen aber nicht darüber hinwegtäuschen, daß in der Miniaturisierung und Ökonomie auch Probleme für eine Untersuchung der Verknüpfung zwischen nervöser Tätigkeit und Verhalten stecken. Die geringere Zahl der Nervenzellen, die z. B. für die Verarbeitung von Sinneserregungen, für Filter- und Entscheidungsprozesse angeboten oder die für Kommandos an die Motorik und für die Organisation des Muskeleinsatzes herangezogen werden, läßt vermuten, daß einzelne dieser Zellen sehr komplexe Leistungen an Informationsverarbeitung vollbringen (O'Shea 1975). Da sich diese in einer einzigen Zelle abspielen, sind sie natürlich nicht so leicht getrennt zu erfassen. Viele Muskeln der Insekten werden für verschiedenartige Bewegungen, z. B. für Fliegen, Springen, Laufen und sogar Singen, eingesetzt, mit einer oft sehr raschen Umschaltung von der einen in die andere Bewegungsform und in einer jeweils anderen nervösen Ansteuerung und Interaktion. Muskeln, die z. B. beim Laufen als Gegenspieler (Antagonisten) arbeiten, kontrahieren sich im Flug gleichzeitig und arbeiten als Synergisten (Huber 1975).

ORGANISATION DES INSEKTENNERVENSYSTEMS

Die Insekten gehören zu den gegliederten Tieren. Ihr Körper ist in einen Kopf-, einen Brust- und in einen Hinterleibsabschnitt unterteilt und diese Abschnitte selbst wiederum in Segmente. Auch das Nervensystem nimmt an dieser Gliederung teil. Es ist bei Larven und Imagines als Strickleiternervensystem entwickelt, wobei ein zentraler Strang von perlschnurartig aufgereihten Ganglien (= Ansammlungen von Nervenzellen), verknüpft durch längsverlaufende Konnektive (= Bündel von Nervenfasern), das Zentralnervensystem (ZNS) bildet (Abb. 1). Dieses steht mit den Sinnesorganen in der Peripherie durch afferente (sensorische) und mit den Muskeln durch efferente (motorische) Nerven in Verbindung.

Neben den klassischen, schon im letzten Drittel des vorigen Jahrhunderts praktizierten histologischen Methoden zur Darstellung der Bausteine des Nervensystems, der Nervenzellen oder Neuronen mit ihren Fortsätzen, z. B. durch Vitalfärbung mit Methylenblau (Zawarzin 1924) oder durch Imprägnation mit Schwermetallen (z. B. Silber), die auch heute noch wichtige Verfahren der Insektenneurohistologie sind, wurden gerade im letzten

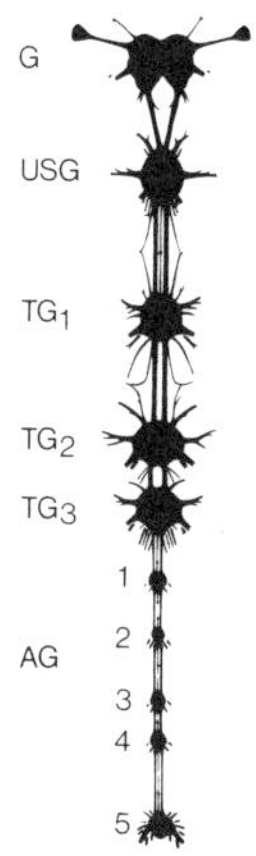

Abb. 1 Strickleiternervensystem (zentrales Nervensystem) einer Grille in der Aufsicht.

G = Gehirn (Oberschlundganglion);
USG = Unterschlundganglion;
TG_{1-3} = 1. bis 3. Brust- oder Thorakalganglion;
AG_{1-5} = 1. bis 5. Hinterleibs- oder Abdominalganglion

(nach: Huber 1970).

Jahrzehnt Techniken entwickelt und ständig verbessert, die der Erforschung der Struktur *und* Funktion des Nervensystems einen zweiten Frühling bescherten. Insekten haben neben Krebstieren bei der Erprobung dieser Verfahren eine entscheidende Rolle gespielt (vgl. Strausfeld 1976). Es gelingt mit gelb, braun oder grün fluoreszierenden organischen Farbstoffen (Stretton, Kravitz 1968) oder durch Ausfällen des schwarzen Kobaltsulfids (Pitman u. a. 1972), einzelne Nervenzellen unter Tausenden selektiv zu markieren und getrennt sichtbar zu machen (Abb. 2). Fluoreszierende Farbstoffe, bzw. Kobaltionen werden mittels einer sehr dünnen Mikrokanüle (mit einem Spitzendurchmesser von kleiner als 0,001 Millimeter), deren Spitze man durch die Zellmembran der Nervenzellen vorschiebt, in das Zellinnere injiziert. Sie verteilen sich in der lebenden Zelle durch Diffusion bis hinein in die feinsten Zellfortsätze. Gleichzeitig, und dies ist der weitere ganz entscheidende Fortschritt, kann man mit der gleichen in die Zelle vorgeschobenen Mikrokanüle elektrische Signale der Zelle, z. B. den uns allen bekannten Nervenimpuls, registrieren. Die neuen Verfahren liefern also beides, einen physiologischen *und* einen morphologischen Steckbrief der betreffenden Nervenzelle, und sie geben auch Hinweise auf Verschaltungseigentümlichkeiten.

Bei den Insekten liegen die Sinnesorgane z. B. die Augen, chemische Sinneshaare, Tasthaare usw. in der Regel in der Peripherie des Körpers, dicht unter oder in Aussparungen der Kutikula, die den Hautpanzer bildet. Viele der Sinneszellen (= Rezeptoren) sind mit Hilfseinrichtungen ausgestattet zur Aufnahme und Weiterleitung jener Reize, auf die diese Zelle spezialisiert ist (Abb. 3). Man findet Sinneszellen aber auch im Körperinneren, z. B. nahe den Gelenken, oder auch in der Darmwand. Diese Sinneszellen arbeiten in der Regel als Meßfühler in Regelkreisen, in dem sie z. B. die von dem Tier durch Eigenbewegung selbst erzeugten Reize signalisieren. Dazu aus der Welt der Fliegen ein Beispiel: Viele Fliegen mit leckend saugenden Mundwerkzeugen, z. B. auch unsere Stubenfliege, tragen um die Spitze des Saugrüssels und auch auf der Unterseite der Endglieder der Beine (Tarsen) Schmeckhaare, die an der Spitze eine Öffnung besitzen. Fliegen testen also den Untergrund, auf dem sie dahineilen, auch hinsichtlich des Geschmacks. Treten die Fußglieder in eine zuckerhaltige Lösung, so hält das Tier im Lauf inne, streckt den Rüssel aus und saugt durch ihn die Lösung ein. Bei Berühren einer salzhaltigen Lösung bleibt der Rüssel eingeklappt, oder ein bereits ausgefahrener wird sofort zurückgezogen. Dethier u. Gelperin

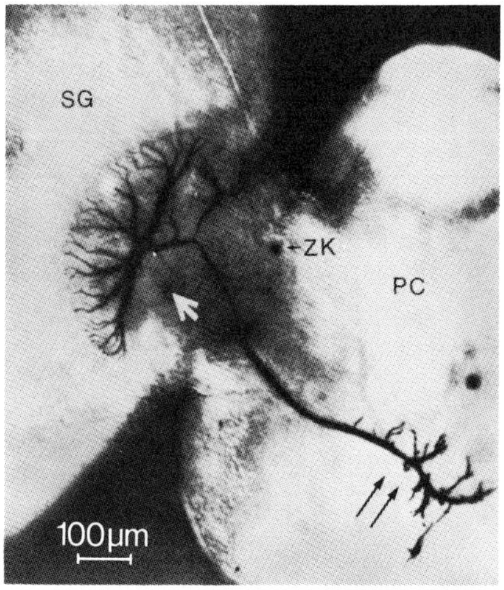

Abb. 2 Durch Injektion von Kobaltchlorid und Fällung des Kobalts als Kobaltsulfid schwarz dargestellte Nervenzelle aus dem Gehirn einer Heuschrecke. SG = Sehganglion; PC = 1. Hirnabschnitt (Protocerebrum); weißer Pfeil zeigt auf eine Dendritenverzweigung im 3. Sehganglion, wo diese Nervenzelle Seherregungen aufnimmt; im Protocerebrum gibt die Zelle Erregung ab an andere Zellen (Doppelpfeil); ZK = Zellkörper (nach: O'Shea, Williams 1974, verändert).

(1967) haben die Kontrolle der Nahrungsaufnahme bei der Fliege *Phormia* eingehender studiert und dabei folgenden interessanten Zusammenhang zwischen Nahrungsaufnahme und Darmfüllung gefunden: Eine Fliege trinkt, ausgelöst durch die Meldung der Schmeckhaare, nur solange Zuckerwasser oder zuckerhaltige Flüssigkeit, bis in der Darmwand

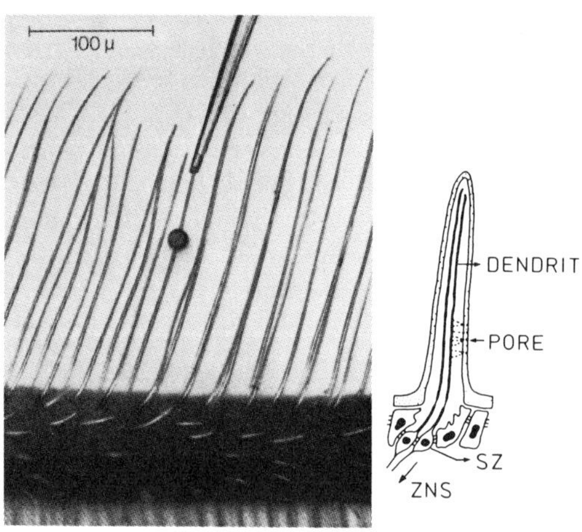

Abb. 3 Lange Riechhaare auf einem Seitenast einer Antenne eines männlichen Nachtpfauenauges. Über eines der Haare ist eine Mikrokanüle gestülpt, um die elektrische Aktivität der Sinneszelle abzuleiten. Das Schema rechts zeigt den Aufbau eines solchen Riechhaares im Längsschnitt mit zwei Sinneszellen (SZ), ihren Dendriten in das Haar und den Poren durch die Kutikulamembran. Der Pfeil gibt die Richtung an, die die Erregung nimmt. ZNS = Zentralnervensystem (nach: Kaissling 1974, verändert).

durch Füllen des Darmes und Dehnen der Wand ein dort eingebauter Meßfühler für Streckung bzw. Dehnung (ein Streckrezeptor) anspricht (Gelperin 1972). Seine Meldung wird im ZNS der Fliege so verrechnet, daß sie gegen die Meldung der Schmeckrezeptoren konkurriert, und zwar mit dem Ergebnis, daß der Rüssel aus der Lösung zurückgezogen und die Nahrungsaufnahme eingestellt wird. Bei diesem Beispiel mit negativer Rückwirkung im Regelkreis arbeitet der Streckrezeptor gegen den Einfluß der Schmeckhaare an. Besonders drastisch äußert sich eine Ausschaltung des Meßfühlers in der Darmwand, denn Fliegen trinken ohne die Rückmeldung unentwegt weiter; es unterbleibt das »Abstellkommando«.

Die sensorischen Fasern der peripher gelegenen Sinneszellen treten in die zugehörigen Segmentganglien ein und enden dort in der Regel mit charakteristischen Verzweigungen in bestimmten Zonen der seitengleichen Ganglienhälfte. Es gibt aber auch sensorische Fasern, die weiterziehen in die Ganglien davor oder dahinter, womit schon anatomisch angedeutet wird, daß die betreffende Sinneserregung nicht unbedingt immer am Ort des Eintritts in das ZNS verarbeitet werden muß.

Motorische Nervenzellen oder auch solche, die Neurosekrete (Neurohormone) produzieren und in die Hämolymphe (= Blut der Insekten) abgeben, sowie die zahlreichen Zwischen- oder Interneuronen haben ihre Zellkörper (Somata) in den peripheren Schichten der Ganglien lokalisiert, oft zu Gruppen geordnet. Sie entsenden zunächst einen Fortsatz in die tieferen Ganglienschichten; dieser zweigt sich dort auf. Bei motorischen Nervenzellen verläßt dann der Neurit das Ganglion in Richtung Muskel; bei den Interneuronen unterscheidet man solche, deren Fortsätze im Inneren des Ganglions verbleiben (= segmentale Interneuronen) von denen, deren Fortsätze das Ganglion verlassen und zu anderen Ganglien ziehen. Erst in den letzten Jahren hat man entdeckt, daß segmentale Interneuronen zur Koordination der Lauf- und Flugbewegung herangezogen werden, indem sie den motorischen Nervenzellen vorgeschaltet sind und ihnen einen bestimmten Entladungsrhythmus vorschreiben (Fourtner 1976, Burrows 1975). Über mehrere Ganglien und damit Körpersegmente sich erstreckende plurisegmentale Interneuronen der Insekten können als »Kommandofasern« oder auch »Synchronisatoren« für bestimmte Verhaltensweisen eingesetzt werden. So fand Bentley (1977) in der Nervenleitung, die Nervenzentren im Kopf mit solchen im Brustabschnitt verbindet (Halskonnektiv), einzelne Fasern, deren Meldungen of-

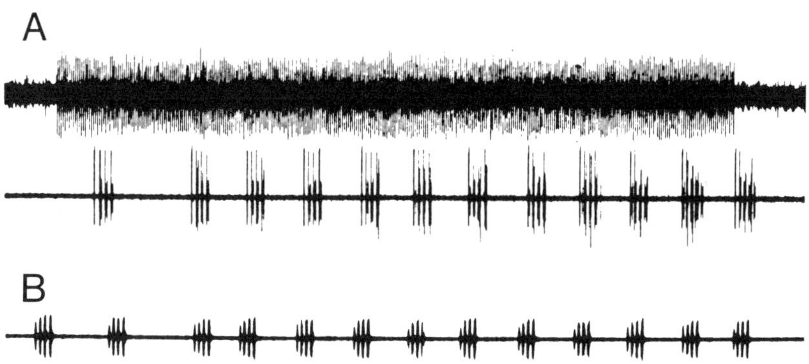

Abb. 4 Elektrische Reizung einer vom Gehirn zu den motorischen Singzentren im Brustabschnitt absteigenden Nervenfaser (A obere Zeile) mit sehr kurzen Strompulsen (senkrecht zur Zeile angeordnete Striche). Diese Reizung löst (A untere Zeile) ein Muster an Muskelimpulsen aus, welches den Versen des Lockgesangs entspricht, der in B dargestellt ist (nach: Bentley 1977).

fenbar dazu genutzt werden, den Grillengesang in Gang zu bringen. Durch elektrische Reizung dieser Fasern ließ sich ein solcher Gesang nämlich künstlich auslösen (Abb. 4).

Ganz entscheidend für die Verarbeitung von Sinneserregungen und die Organisation von motorischen Mustern, vermutlich aber auch für Lernen und Gedächtnis, sind jene Schichten in den Insektenganglien, in denen die Fasern (z. B. Axone, Dendriten, Kollateralen) der einzelnen Neuronen untereinander und mit sensorischen Elementen in Kontakt kommen, also Synapsen bilden (s. auch den Beitrag von D. Felix in diesem Band). Man bezeichnet diese Schichten als Neuropile. Eine für Insektenganglien von dem bedeutenden russischen Neurohistologen Zawarzin (1924, 1925) getroffene Einteilung in drei Kompartimente: dorsales motorisches, mittleres »assoziatives« und ventrales sensorisches Neuropil ist durch neuere Untersuchungen im Prinzip bestätigt worden.

Die Insekten mit ihrem segmental gegliederten Nervensystem können bereits in einzelnen Ganglien Bewegungsabläufe koordinieren (Roeder 1953). Der für das Laufen charakteristische alternierende Einsatz der Beine eines Segments, z. B. der Mittelbeine, bleibt auch erhalten, wenn die Nervenleitungen zu den vorausgehenden oder nachfolgenden Ganglien unterbrochen sind. Ähnliches gilt für den Flug der Heuschrecken, der mit Vorder- und Hinterflügeln noch normal ausgeführt wird, wenn das abdominale Nervensystem entfernt und der Einfluß der im Kopf gelegenen Ganglien ausgeschaltet ist, vorausgesetzt, der Erregungsgrad des verbleibenden thorakalen Nervensystems bleibt hoch genug (D. M. Wilson 1961). Diese Beispiele ließen sich vermehren. Man darf nun aus ihnen keineswegs den Schluß ziehen, die Kopfganglien: Oberschlundganglion (= Gehirn) und Unterschlundganglion seien für die Verhaltenssteuerung und Kontrolle belanglos und würden nicht, wie z. B das Gehirn der Wirbeltiere, als übergeordnete Instanzen fungieren.

Gerade dem Insektengehirn müssen wir besondere Beachtung schenken, zumal es Strukturen und Schaltungen enthält, die zur Steuerung und Koordination komplexer, zeitlich abgestimmter Verhaltenssequenzen unentbehrlich sind (Huber 1955 a, 1955 b, 1960), und solche, die für Lernen und Speicherung von Daten Bedeutung haben (Menzel u. a. 1974). Freilich, die Fähigkeit zur Assoziation und Speicherung von Daten ist nicht ausschließlich an das Gehirn der Insekten gebunden, denn auch Ganglien des Bauchmarks können »lernen«. Schockt man z. B. einer dekapitierten Heuschrecke oder Schabe ein Bein in einer bestimmten Stellung elektrisch, so lernt das Tier, diese Stellung zu meiden (Horridge 1962). Auf neuraler Ebene läßt sich dieses »Lernen« dadurch zeigen, daß in den Neuronen, welche die Befehle für die Meidestellung geben, für eine bestimmte Zeit nach der »Dressur« die Entladungsfolge ansteigt (Hoyle 1965).

Das Gehirn gliedert sich bei allen Insektenarten in drei Abschnitte. Man nennt sie Proto-, Deuto- und Tritocerebrum (Abb. 5). In das Protocerebrum treten seitlich Fasern ein, die bereits erheblich vorverarbeitete Information einspeisen, welche von den seitlich am Kopf sitzenden Komplexaugen und den diesen Augen nachgeschalteten optischen Ganglien stammt. Von dorsal kommen die Nerven von den punktförmigen, zwischen den Komplexaugen angeordneten drei Stirnaugen (= Ozellen), die möglicherweise an der Kontrolle der Erregbarkeit des Nervensystems mitwirken. Kennzeichnend für das Protocerebrum sind aber zwei Gruppierungen von segmentalen Interneuronen: die spiegelbildlich angeordneten pilzhutförmigen Körper (corpora pedunculata) und ein geometrisch höchst geordtes Netzwerk von Neuronen, der Zentralkörperkomplex in der Hirnmitte (Williams 1975). Die Nervenzellen der pilzhutförmigen Körper, jederseits mehrere Tausend bis Zehntausend, sind auf engstem Raum gebündelt und vielfältig verschaltet (Schürmann 1974). Sie wurden – wohl wegen der besonders mächtigen Entfaltung bei sozialen Insekten und hier besonders bei jenen Kasten, welche das komplexeste Verhalten zeigen – schon seit der Mitte des vorigen Jahrhunderts als Zentren der »Intelligenz« gedeutet (vgl. Dujardin 1850, Leydig 1864). In welchem Umfange diese Auffassung durch neuere Untersuchungen gestützt werden kann, sehen wir später. Dem in der Hirnmitte liegenden Zentralkörperkomplex wird – analog etwa zur Formatio reticularis der höheren Wirbeltiere – die Aufgabe zugeschrieben, den Erregbarkeitszustand des Nervensystems zu kontrollieren, jenen Zustand also, der z. B. bei den Wirbeltieren Wach- und Schlafphase bestimmt.

Das Nervensystem beherbergt auch Gruppen von Zellen, die Neurosekrete synthetisieren und sie im Inneren ihrer Fortsätze zu Speicherstellen transportieren, ehe sie von dort in die

Hämolymphe gelangen, um auf dem Blutwege zu den Erfolgsorganen verfrachtet zu werden (Scharrer 1970). Wie wichtig solche Neurosekrete für das Verhalten sein können und wie intim die Wechselbeziehungen zwischen Neurohormon-System und restlichem Nervensystem sind, zeigt das folgende Beispiel: Feldheuschreckenweibchen singen im Zustand der Paarungsbereitschaft, d. h. wenn sie entsprechend motiviert sind, und antworten damit

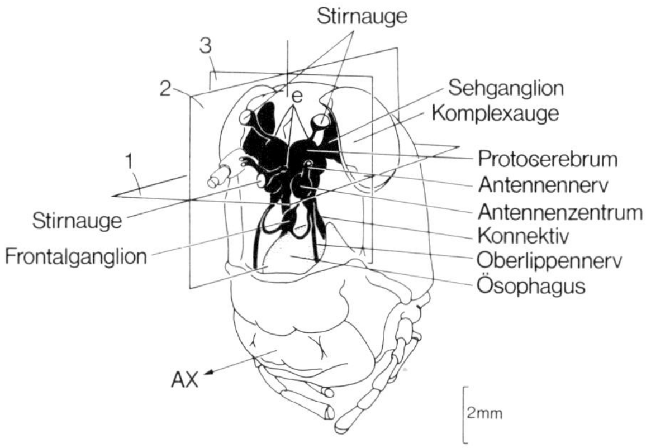

Abb. 5 Kopf einer Heuschrecke in der Ansicht von links vorne. Die Kopfkapsel ist im Bereich des Gehirns geöffnet, so daß dieses (schwarz ausgefüllte Bereiche) für den Betrachter sichtbar wird. 1 Horizontalebene; 2 Transversalebene; 3 Sagittalebene. AX = Längsachse des Tieres; e = Einmündungen der Stirnaugennerven in das Gehirn (nach: Williams 1975, verändert).

in der Regel auf den Gesang der Männchen (Jacobs 1953). Paarungsunwillige Weibchen singen nicht. Zerstört man nun durch Mikrochirurgie die Neurosekrete bildenden Zellen im Gehirn jungfräulicher, paarungsbereiter Weibchen, die vor dem Eingriff fleißig auf den Gesang der Männchen antworteten, so fällt ein Befehl weg, der normalerweise zu den Corpora allata gelangt. In diesen Drüsen mit innerer Sekretion wird die Abgabe von Hormon angeregt, welches in genügender Konzentration im Körper kreisen muß, damit das Weibchen singt. Weibchen mit zerstörten Neurosekretzellen im Gehirn oder solche ohne die Corpora allata bleiben zeitlebens paarungsunwillig und lehnen jeden Begattungsversuch der Männchen ab; sie lassen sich auch durch eine lange Balz des Männchens nicht umstimmen (Loher 1962, 1966; Loher, Huber 1966). Wie bei den Wirbeltieren schaffen Neurosekrete und Hormone auch bei Insekten jene Binnenbedingungen (Tinbergen 1951) oder die physiologischen Grundlagen für Motivationen, die Voraussetzung sind, damit Verhalten überhaupt ablaufen kann (s. auch den Beitrag von E. Endröczi in diesem Band).

KONZEPTE DER ETHOLOGIE UND IHRE ANWENDUNG AUF DAS INSEKTENVERHALTEN

Die Begründer der modernen vergleichenden Verhaltensforschung, Konrad Lorenz und Nikolaas Tinbergen, haben aus ihren Beobachtungen und Experimenten wichtige, allgemeiner geltende Prinzipien für eine Physiologie des Verhaltens abgeleitet, die der Ethologie ein solides wissenschaftliches Fundament verschafften. Es ist reizvoll zu verfolgen, in welchem Umfange diese ethologischen Konzepte auch dem Studium des Insektenverhaltens und seiner physiologischen Grundlagen dienlich waren und sind.

Schlüsselreiz und zugehöriger auslösender Mechanismus (AM)

Die große Zahl der Beobachtungen und der speziell angestellten Attrappenversuche bei verschiedenen Tiergruppen haben gezeigt, daß arterhaltendes Verhalten sehr oft von einer ungewöhnlich einfachen Reizsituation hervorgerufen wird, wobei der betreffende Organismus den Leistungsbereich des oder der eingesetzten Sinnesorgane keineswegs voll auszunutzen scheint (Tinbergen 1951). Diese Tatsache führte zu dem Begriff des »Schlüsselreizes«, womit jeweils die für die Auslösung eines bestimmten Verhaltens notwendige und hinreichende Reizsituation definiert ist (Lorenz 1935). Als Widerpart, gleichsam für die Wahrnehmung und Identifizierung solcher Schlüsselreize, ist zuerst von Lorenz (1935, 1937) eine Einrichtung postuliert worden, die er »Auslösendes Schema« nannte und von dem er forderte, daß es auf den Schlüsselreiz abgestimmt ist. Tinbergen (1951) hat die auf die Schlüsselreiz ansprechenden sensorisch-neuralen Systeme »Auslösende Mechanismen« (AM) genannt. Da überwiegend angeborene Verhaltensweisen untersucht worden sind, haben sich die Begriffe »angeborenes auslösendes Schema« bzw. »angeborener auslösender Mechanismus« (AAM) eingebürgert. Der Neurobiologe versteht unter AM einen sensorischen und/oder nervösen Auswerteapparat für Schlüsselreize, d. h. einen Filter oder eine Kombination von Filtern, die auf den Schlüsselreiz »abgestimmt« sind und somit ein wesentliches Glied in der zuordenbaren Reiz-Reaktions-Beziehung darstellen.

Am Beispiel der Verarbeitung biologisch relevanter Signale bei Insekten soll ein Einblick in die physiologischen Grundlagen des Zusammenhangs zwischen Schlüsselreiz und Auslösendem Mechanismus gewonnen werden.

Lockstoffe und Reaktionen bei Schmetterlingen

Es gibt heute gute Hinweise dafür, daß bereits einzelne Sinneszellen den AM für Schlüsselreize darstellen und artspezifische Entscheidungen treffen. Dazu ein Beispiel aus der Welt der Schmetterlinge.

Von den Weibchen vieler Nachtfalter weiß man seit langer Zeit (Fabre 1851), daß sie ihre männlichen Partner über größere Entfernungen anlocken. Da auch Orte, wo sich Weibchen zunächst niedergelassen haben, eine gewisse Zeit reizwirksam bleiben und von den Männchen angesteuert werden, spricht alles für ein chemisches Signal, in diesem Falle für einen Sexuallockstoff (Schneider 1957, 1975). Gegen Ende der fünfziger Jahre konnte beim Seidenspinner, *Bombyx mori*, der in großen Mengen gezüchtet wird und daher leicht verfügbar ist, aus den am Hinterleib des Weibchens sitzenden Lockstoffdrüsen ein Stoff isoliert und rein dargestellt werden, der den Namen Bombykol erhielt (Butenandt u. a. 1959, 1961). Diesem Stoff, der von den Weibchen in den Luftraum abgegeben wird, ist die anlokkende Wirkung auf die Männchen zuzuschreiben. Es läßt sich ganz einfach demonstrieren. Man bläst über ein Weibchen einen sanften Luftstrom gegen ein ferner sitzendes Männchen. Der Luftstrom trägt die Moleküle des Lockstoffs mit. Das Männchen beginnt mit den Flügeln zu schwirren, dreht sich in den Luftstrom ein und läuft auf die Lockstoffquelle zu. Ein über ein Männchen geleiteter Luftstrom oder ein bloßer Luftstrom bleiben auf das Männchen wirkungslos.

Wahrgenommen wird der weibliche Lockstoff durch zahlreiche Riechhaare vom gleichen Bautyp (s. Abb. 3), die auf den besonders mächtigen männlichen Antennen so angeordnet sind, daß sie gewissermaßen die Duftstoffmoleküle einfangen. Die Kutikula der Riechhaare ist von feinsten Poren durchsetzt, durch die die Duftmoleküle in das Innere des Haarraums gelangen und schließlich die erregbare Dendritenmembran der zugeordneten Riechsinneszelle erreichen (Kaissling 1974). Man hat errechnet, daß ein einziges Lockstoffmolekül in der dafür spezialisierten Riechzelle einen Nervenimpuls auslösen kann. Einige Hundert solcher durch Bombykol hervorgerufener Nervenimpulse sind pro Männchenantenne mit je rund 17 000 Riechzellen für den Lockstoff notwendig, damit das ZNS des Falters aus dem Rauschpegel der »spontanen« Aktivität der Sinneszellen, die allein rund 1500 Impulse/Sek. ausmacht, eine der Lockstoffreizung zuordenbare Verhaltensantwort organisieren kann

(Kaissling 1974). Bei diesen Schmetterlingen wird also durch die Spezifität des chemischen Signals, des vom Seidenspinnerweibchen produzierten Bombykols, *und* durch die hochgradig spezifische Abstimmung der Bombykolriechzellen auf der Antenne des Männchens (= AM) artspezifisches Erkennen und Verhalten gewährleistet.

Lautäußerungen und ihr Erkennen bei Heuschrecken und Grillen

Es gibt aber auch bei Insekten genügend Anhaltspunkte, daß Sinneszellen *zusammen* mit nachgeschalteten Nervenzellen biologisch relevante und arteigene Signale (Schlüsselreize) abbilden und ausfiltern. Ein gutes Beispiel liefert der Hörsinn der Heuschrecken und Grillen.

Heuschreckenweibchen antworten im Zustand der Paarungsbereitschaft auf den Gesang ihrer Männchen (Loher, Huber 1964). Grillenweibchen, die selbst stumm sind, reagieren auf den Lockgesang ihrer Männchen durch gerichteten Anmarsch (Phonotaxis), wie bereits Regen (1913, 1923) überzeugend nachweisen konnte. Antwortgesang bzw. Phonotaxis sind für den Verhaltensphysiologen die Meßbasen, um artspezifisches Lauterkennen, d. h. eine bestimmte Schlüsselreiz-AM-Beziehung testen zu können. Ein besonders gut analysierter Fall ist die Feldheuschrecke *Chorthippus biguttulus* (v. Helversen 1972). Der Gesang des Männchens setzt sich – hier etwas vereinfacht erläutert – aus Silben (= Gruppen von einzelnen Schallimpulsen) zusammen, die zu Versen (= Gruppen von Silben, getrennt durch Pausen) gruppiert werden. Verse bauen Strophen, Strophen bauen Folgen höherer Ordnung auf (Elsner 1974). Paarungsbereite Weibchen antworten auf den artspezifischen Lockgesang, aber ebenso auf ein Lautmodell, das aus Versen besteht, die mit weißem Rauschen angefüllt und durch Pausen getrennt sind. Das »angeborene auslösende Schema« des Weibchens gewichtet dabei die Beziehung zwischen Versdauer und Pausendauer (Abb. 6); diese ist nicht absolut festgelegt und kann sich z. B. mit der Umgebungstemperatur ändern. Verlängert oder verkürzt man die Versdauer um einen bestimmten Betrag, so muß auch die Pausendauer gleichsinnig geändert werden, wenn das Signal seine Reizwirksamkeit behalten soll. Wird der Vers durch eine kurze Pause oder die Pause durch einen Störpuls zerstükkelt, so wird das Signal unwirksam (v. Helversen, v. Helversen 1975). Hör- und Nervensystem dieser Feldheuschreckenart sollten also in irgendeiner Form diese Relation zwischen Lautblock- und Pausendauer abbilden und auswerten. Wie dies gemacht wird, wissen wir z. Zt. noch nicht.

Weibchen der Grillenarten *Gryllus campestris* und *Gryllus bimaculatus* gewichten für die artspezifische Phonotaxis die Dauer der Lockgesangverse (meist aus vier Silben bestehend) *und* die zeitliche Gruppierung der Silben im Vers (Popov, Shuvalov 1977). Allerdings müssen die Laute auch in dem Tonfrequenzbereich emittiert werden, der den natürlichen Gesang des Männchens auszeichnet. Bei den Grillen können wir uns nun über den Beitrag äußern, den Hörsinneszellen und nachgeschaltete Nervenzellen der Hörbahn bei der artspezifischen Lauterkennung leisten.

Die 55 bis 60 Hörsinneszellen in jedem Grillenohr sind in den Vorderbeinen, versteckt hinter zwei Trommelfellen, entlang einer Tracheenwand in Reihe angeordnet. Schall regt Schwingungen der Trommelfelle und solche der angrenzenden Tracheenröhren an, denen die Hörsinneszellen aufsitzen. Durch diese Schwingungen werden sie gereizt und reagieren mit Nervenimpulsen, die bei steigender Lautstärke dichter aufeinanderfolgen, also in der Frequenz zunehmen. Der Hörbereich erstreckt sich bei den meisten Grillenarten von etwa 2000 bis über 25000 Hz; die Sinneszellen reagieren aber besonders empfindlich, d. h. mit geringster Schwelle, auf jene Tonfrequenzen, die auch in den Gesängen enthalten sind (Abb. 7). Sie sind also zumindest in der Tonfrequenzdomäne recht gut auf den Schlüsselreiz abgestimmt.

Die Gesänge nahe verwandter und oft auch den gleichen Lebensraum bewohnender Arten unterscheiden sich vor allem durch das zeitliche Muster der Silben und Verse (Alexander 1961, Popov u. a. 1974). Mißt man mit feinen Meßsonden (Elektroden) die elek-

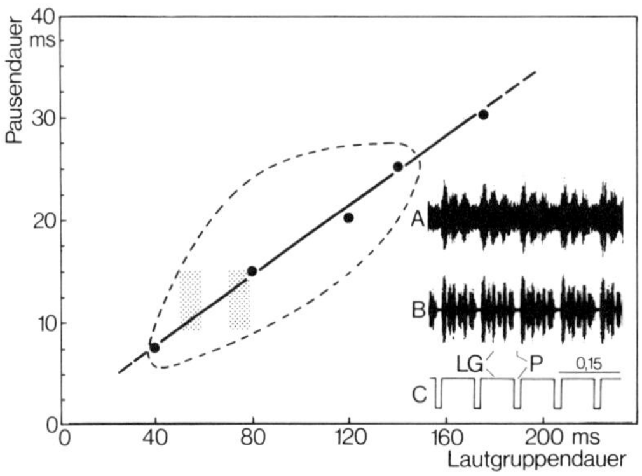

Abb. 6 Graphische Darstellung zur Erläuterung des Lautschemas eines Feldheuschreckenweibchens (Art: *Chorthippus biguttulus*) und im Einschaltbild Ausschnitte aus dem Gesangsmuster des artgleichen Männchens (A des mit beiden Beinen, B des nur mit einem Hinterbein singenden Männchens). C zeigt im Schema die Lautgruppen (= LG) und die Pausen (= P). In der Graphik ist in Beziehung gesetzt die Pausendauer (Ordinate in Millisekunden [ms]) mit der Lautgruppendauer (Abszisse in Millisekunden [ms]). Schwarze Gerade mit ●: Reaktionsmaxima von Meßreihen, bei denen die Lautgruppendauer vorgegeben war und die Pausendauer variiert worden ist. Gestrichelte Linie grenzt eine Fläche ein, die Lautgruppendauer/Pausendauer/Kombinationen enthält, die vom Weibchen mit mindestens 1 Vers/Test beantwortet worden sind. Die punktierten Rechtecke zeigen die Variationsbreite des natürlichen Gesangsmusters bei der gleichen Temperatur (35° C), bei der das Lautschema des Weibchens gewonnen wurde (nach: v. Helversen 1972, verändert).

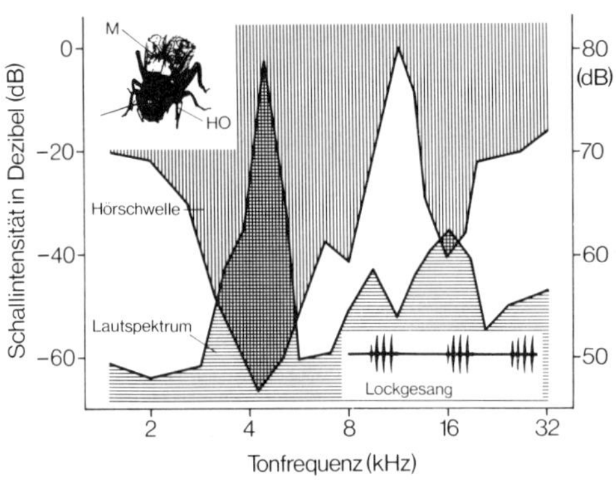

Abb. 7 Schematische Darstellung der Abstimmung des Grillenohrs (Hörschwelle: Kurve, die oberhalb von der senkrecht schraffierten Fläche ausgefüllt ist) auf den Gesang des artgleichen Männchens (Lautspektrum: Kurve, die unterhalb von der waagerecht schraffierten Fläche ausgefüllt ist). Einschaltbilder: Oben links: Singendes Grillenmännchen mit Musikorganen auf den Flügeln (M) und den Ohren in den Vorderbeinen (HO); unten rechts: drei Verse des Lockgesangs. Die Schallenergie des Lautspektrums ist auf der linken Ordinate in Dezibel (dB) in relativen Werten angegeben; der zur Hörschwellenkurve zugehörige Schalldruck in Dezibel ist auf der rechten Ordinate vermerkt (nach: Huber 1977).

trische Tätigkeit des Hörnerven oder jene von einzelnen Hörnervenfasern und reizt das Ohr mit artspezifischen Lauten, mit artfremden Lauten oder mit Lautattrappen anderer zeitlicher Struktur, so zeigen die elektrischen Reaktionen (= Gruppierungen von Nervenimpulsen) keine Bevorzugung oder besondere Abstimmung auf das Muster des artgemäßen Gesangs. Da aber Grillenweibchen der Art A nur auf den Lockgesang von A und solche der

Art B nur auf den Gesang von B mit Phonotaxis antworten, auch dann wenn die Tonfrequenzspektren beider Arten gut übereinstimmen, muß der Unterschied in den Lautmustern der Arten liegen. Da die Hörsinneszellen diese Muster gleich gut abbilden, heißt das, daß man die Analyse in das ZNS hinein ausdehnen und dort nach Nervenzellen suchen muß, die in der Beantwortung der Muster Unterschiede zeigen. Solche Nervenzellen wurden gefunden; sie nehmen im 1. Brustganglion der Grillen die Hörerregungen aus den Vorderbeinen auf und leiten sie dem Gehirn zu (Stout, Huber 1972; Rheinlaender u. a. 1976). Unter

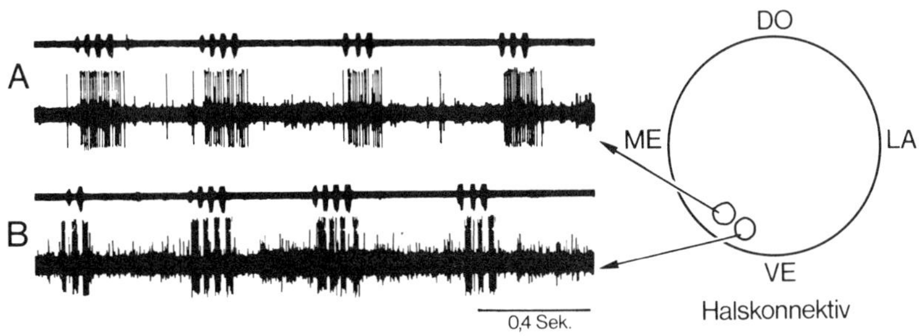

Abb. 8 Rechts: Umriß des rechten Halskonnektivs (Nervenleitung zwischen Unterschlundganglion und erstem Brustganglion) mit zwei Querschnitten von Nervenfasern, deren elektrische Signale auf Schallreize links dargestellt sind. DO = dorsal, ME = median, LA = lateral, VE = ventral. Links A und B obere Zeile: vier Verse eines natürlichen Lockgesangs; A untere Zeile: Entladung (Nervenimpulse) eines den Vers kodierenden aufsteigenden Hörneurons der Grille; B untere Zeile: Entladung (Nervenimpulse) eines anderen, die Silben kodierenden aufsteigenden Hörneurons der Grille (nach: Huber 1977).

ihnen sind solche, welche die zeitliche Gruppierung der Silben und Pausen in allen Details in ihrem Erregungsmuster abbilden, aber auch andere, die die Versdauer ohne Unterteilung in Silben und den Versrhythmus kodieren (Abb. 8). Es gibt inzwischen gute Hinweise, daß auch diese Zellen sich durch Reizung der Ohren mit Lauten nichtartgemäßer zeitlicher Muster erregen lassen. Mit anderen Worten: Unsere Suche nach den artspezifischen Filtern oder Elementen des AM ist noch nicht abgeschlossen (Huber 1977).

Neurale Organisation von Verhaltensweisen

Viele Verhaltensweisen der Insekten, z. B. Putzbewegungen, Beutefanghandlungen, ja selbst Lokomotionsbewegungen und solche mit Signalcharakter, wie etwa die Gesänge, gelten als Musterbeispiele für Erbkoordinationen oder Instinktbewegungen in der Definition von Lorenz (1937) und von Lorenz u. Tinbergen (1938). Das heißt: Es handelt sich bei ihnen um relativ formkonstante, in gleicher oder doch recht ähnlicher Weise ablaufende Bewegungen, die nicht gelernt zu werden brauchen und oft schon beim ersten Auftreten das perfekte Zusammenspiel der Muskeln in Raum und Zeit zeigen. Für solche Verhaltensweisen wurde postuliert, daß sie durch erblich fixierte, vorprogrammierte neurale Schaltungen generiert werden. Einige Beispiele sollen in dieses hochinteressante Gebiet der Neuroethologie einführen.

Postembryonale Entwicklung und Reifung von Verhaltensweisen

Bei den Insekten mit unvollkommener Verwandlung (Hemimetabola), zu denen z. B. Schaben, Grillen, Wanzen gehören, schlüpfen aus den Eiern Erstlarven, die in der äußeren

Körpergestalt – abgesehen von der Größe, dem Fehlen von Flügeln und äußerlich sichtbaren Geschlechtsanhängen – und in ihrem Bewegungsrepertoire schon sehr weitgehend den erwachsenen Tieren gleichen. Die Larven dieses ersten Stadiums laufen wie die Imagines, in dem sie Vorder- und Hinterbein der einen Seite mit dem Mittelbein der Gegenseite gemeinsam oder in einer festen Phasenbeziehung vom Boden abheben und wieder aufsetzen, und dies im Wechsel zu den drei anderen Beinen (v. Holst 1935 a, D. M. Wilson 1966, Graham 1972, Hoyle 1976). Viele Putzbewegungen und Putzfolgen sind in diesem Zusammenhang zu nennen. Grillenlärvchen des ersten Stadiums, von Ameisengröße und Ameisenaussehen, putzen ihre Fühler wie die Erwachsenen. Sie senken sie, holen sie mit dem Vorderbein der gleichen Körperseite zum Munde ein und reinigen die einzelnen Glieder der Fühlergeißel durch alternierende Bewegungen von Maxillen und Unterlippe (Huber 1955 a).

Aufregender sind aber solche Fälle, bei denen Bewegungskoordinationen bereits abrufbar sind, ehe die volle morphologische Struktur zur »sinnvollen« Nutzung der Bewegung ausgebildet ist. In besonders einprägsamer Form läßt sich die Reifung einer Bewegungsweise am Flug der Heuschrecken oder Grillen demonstrieren. Obgleich bei den Larven noch keine zum Fliegen einsetzbaren Flügel vorhanden sind, kann man dennoch die Flughaltung und Flugbewegung auslösen. Man hebt dazu die Larven vom Boden ab (= Wegfall des den Flug hemmenden Tarsenreflexes) und bläst sie von vorne an; dabei werden Sinneshaare gereizt, die für die Auslösung des Flugs bei adulten Tieren sehr wichtig sind. Solche Larven nehmen angehoben und im Windstrom die typische Flughaltung ein, indem sie wie Adulte die Beine an den Körper anziehen bzw. nach hinten strecken und auf diese Weise den Luftwiderstand vermindern (Kutsch 1971). Die Muskeln, die bei den erwachsenen Tieren die Vorder- und Hinterflügel heben und senken, kommen bei Grillen bereits vier Larvenstadien vor der Imaginalhäutung zum Einsatz (Bentley, Hoy 1970), wobei allerdings ihr Koordinationsgrad von Häutung zu Häutung zunimmt. Eine solche fortschreitende Entwicklung des Flugmusters kann man der Grille natürlich nicht von außen ansehen. Man muß dazu, wie schon beim Zikadengesang erläutert, durch Einstechen feinster flexibler Drähtchen in die Muskeln (Hoyle 1964) zu dem Kunstgriff Zuflucht nehmen, die elektrischen Signale der Flugmuskeln hörbar bzw. sichtbar zu machen. Bei den erwachsenen Grillen und Heuschrecken arbeiten Heber und Senker der Flügel im Gegentakt (D. M. Wilson 1964), der sich natürlich auch in der alternierenden elektrischen Entladung dieser Muskeln äußert (Abb. 9). Vergleicht man dieses »Standardmuster« mit dem Flug der Larven der letzten vier Stadien, so ist auf neuromuskulärer Ebene ein erstes Anzeichen für eine Flugbewegung in der relativ regelmäßigen Folge der Entladungen des Hinterflügelsenkers zu erkennen, wobei die Frequenz etwa der halben Flugfrequenz erwachsener Tiere entspricht. Im vorletzten Larvenstadium kommen erstmals auch Vorderflügelmuskeln zum Einsatz bei eben diesem verlangsamten Rhythmus. Erst im letzten Larvenstadium arbeiten Heber und Senker im Gegentakt, d. h. abgesehen von der reduzierten Flugfrequenz hat sich das komplette Bewegungsmuster entwickelt (Bentley, Hoy 1970). Das Flugmuster reift heran, offenbar korreliert mit der strukturellen und funktionellen Ausdifferenzierung des zugeordneten neuromotorischen Systems. Daß auch der »Gebrauch« des nervösen Netzwerks für die Flugbewegung zur Stabilisierung des Musters wichtig ist, zeigt wiederum die Grille. Durch eine besondere Form der Auswertung von Muskelaktionspotentialen, die während des Flugs bzw. der induzierten Flugbewegung der Larven ableitbar sind (Weber 1972), läßt sich demonstrieren, daß die Abstände zwischen aufeinanderfolgenden Potentialen bei den Larven länger sind als bei den Imagines (entsprechend ist die Flugfrequenz geringer) *und* beim ersten Flugversuch erheblich stärker streuen als bei den folgenden, d. h. das Muster durch den Einsatz des Netzwerks an Stabilität gewinnt.

Auch Verhaltensweisen, die zur Aussendung von Signalen Anlaß geben, haben ihre Entwicklung. Einige unserer einheimischen Feldheuschrecken singen bereits als Larven im vorletzten (3.) und letzten (4.) Stadium *stumm* (Weih 1951). Die Singbewegung der Hinterbeine tritt also auf, ehe durch Differenzierung der Deckflügel der Widerpart für das Anstreichen der Hinterschenkel und damit die Voraussetzung für eine effektive Lauterzeugung geschaffen sind. Die Auf- und Abbewegungen jedes Hinterbeins und das Zusammenspiel beider lassen sich durch den Einsatz einer opto-elektronischen Methode registrieren (v. Helversen, Elsner 1977) und zwischen Larven und Imagines vergleichen (Halfmann, Elsner 1978). Abhängig von der Heuschreckenart und wohl auch abhängig vom Komplexheits-

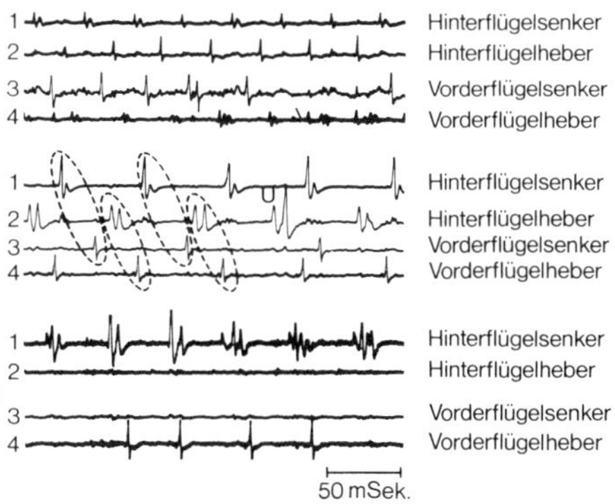

Abb. 9 Entwicklung des Flugmusters einer Grille, wie sie sich durch Registrierung der elektrischen Muskelaktivität darstellt. (a) = Gruppierung der Muskeltätigkeit bei erwachsenem Tier im Flug; (b) beim letzten Larvenstadium; (c) beim vorletzten Larvenstadium. 1 = Muskelimpulse des Hinterflügelsenkers; 2 = des Hinterflügelhebers; 3 = des Vorderflügelsenkers und 4 = des Vorderflügelhebers.
Beim adulten Tier und bei den Flugbewegungen des letzten Larvenstadiums (Aufzeichnung a und b) arbeiten Heber und Senker im Gegentakt (gestrichelt umrandet: Phasenverschiebung zwischen Hinter- und Vorderflügel), bei der Larve mit langsamerer Frequenz. Im vorletzten Larvenstadium (c) arbeiten nur Hinterflügelsenker und Vorderflügelheber und zwar synchron (nach: Bentley 1973, verändert).

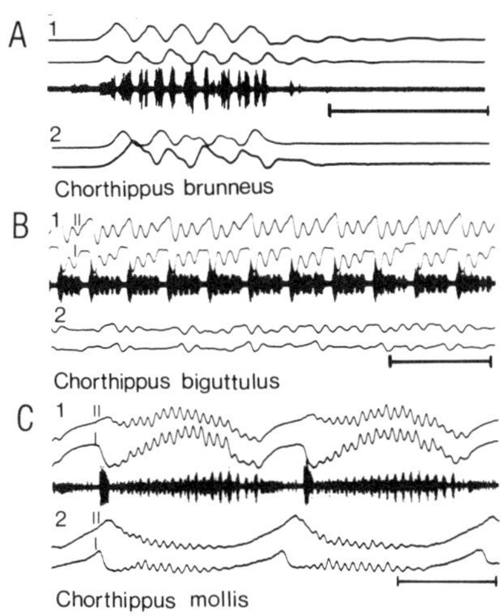

Abb. 10 Gesänge adulter Feldheuschreckenmännchen (jeweils 3. Zeile von A, B, bzw. C). Darüber (jeweils 1 in A, B bzw. C) Bewegungsabläufe beider Hinterbeine des adulten singenden Männchens, und darunter (jeweils 2 in A, B bzw. C) Bewegungsabläufe des stummen Gesanges einer Larve der gleichen Art im 4. Stadium. Obere Zeile der Bewegungsregistrierung gibt das linke, untere Zeile gibt das rechte Hinterbein wieder. II = Singmuster II, I = Singmuster I bei den Arten *Chorthippus biguttulus* und *Chorthippus mollis*. Zeitmarke 0,2 Sek. (nach: Halfmann, Elsner 1978).

grad der Singbewegung findet man Larven, die bereits alle Bewegungsfeinheiten der Imagines aufweisen, aber auch »Vor- und Reifungsstufen«, die auf eine Ausdifferenzierung des Singmusters in der postembryonalen Entwicklung hindeuten (Abb. 10). Die im Erbgut niedergelegten Entwicklungsanweisungen schließen somit auch »Reifungsprozesse« motorischer Muster ein. Da Larven oft als »Antwort« auf den Gesang erwachsener Artgenossen oder sogar auf menschliche, mit dem Munde nachgeahmte Zischlaute reagieren, müssen sie diese wahrnehmen. Das verlangt eine ausgedehnte Studie über die Entwicklung des Gehörsinns und der neuralen Grundlagen des artspezifischen Lauterkennens. Umgekehrt scheint auch der für uns »stumme« Larvengesang für die erwachsenen Männchen der gleichen Spezies nicht »stumm« zu sein, denn es wird berichtet, daß es sogar zu einem regelrechten Wechselsingen (Respondieren) zwischen Larve und Imago kommen kann (Weih 1951).

Hinweise für die Spontaneität des Verhaltens

Die Begründer der modernen Ethologie haben wiederum frühzeitig bei ihren Untersuchungen über den Wirkungsgrad von Sinnesreizen darauf hingewiesen, daß der gleiche Reiz, der soeben die stärkstmögliche Reaktion auslöste, oft zeitlich nur wenig später schwach oder gar nicht wirkt (Tinbergen 1951). Ja, es gibt nicht wenige Anhaltspunkte dafür, daß Verhaltensweisen ohne jeglichen sicht- oder registrierbaren äußeren Reiz »im Leerlauf« losgehen können. Daß hierbei innere Faktoren mitspielen, die letztlich Einfluß nehmen auf das Nervensystem oder sogar dort selbst ihren Ursprung haben, scheint auch für Insekten erwiesen zu sein (Huber 1974). Wie schon erwähnt, antworten nur paarungsbereite Heuschreckenweibchen auf den Gesang der Männchen. Sie durchlaufen einen durch Hormone kontrollierten Verhaltensformenzyklus, der nur für relativ kurze Zeiträume die Voraussetzungen für Gesang schafft (Renner 1952, Loher, Huber 1964). Daß diese Paarungsbereitschaft bei fehlendem Außenreiz die Schwelle für den Weibchengesang senken kann, illustriert die Art *Gomphocerippus rufus.* Kurz nach der Imaginalhäutung spricht das Weibchen überhaupt nicht auf den Lock- bzw. Werbegesang des Männchens an, flieht in der Regel oder wehrt Begattungsversuche vehement ab. Etwa vier bis sieben Tage nach der Imaginalhäutung und korrelierbar mit einem Anstieg des Corpus-allatum-Hormons im Körper (Loher 1966) wird es zunächst passiv paarungsbereit; es läßt eine Begattung ohne Abwehr zu, antwortet aber noch nicht auf den Männchengesang. Schon wenige Stunden später schlägt passive in aktive Paarungsbereitschaft um: Der Gesang wird beantwortet. Bleibt das Weibchen auch weiterhin jungfräulich und der Männchengesang aus, so singt es nach einiger Zeit selbst »spontan«, und als Extrem kann es sogar die sonst nur beim Männchen sichtbare Balz aufführen (Loher, Huber 1964).

Unabhängig von den Befunden der Ethologen haben Neurobiologen zu Beginn der dreißiger Jahre dieses Jahrhunderts durch die damals neu entwickelten Techniken der Elektrophysiologie, aber auch durch genial angelegte Ausschaltversuche (v. Holst 1935 b, 1937) bzw. entwicklungsbiologische Experimente (Weiß 1941) nachgewiesen, daß Teile des von Sinnesorganen isolierten Nervensystems noch spontan aktiv bleiben, d. h. Nervenzellen auch ohne Anstoß von außen, gleichsam aus sich heraus, Erregungen bilden können. Die Bedeutung der spontanen Tägigkeit des Nervensystems für die Organisation des Verhaltens haben K. Lorenz (1937) und E. v. Holst (1935, 1937) etwa gleichzeitig erkannt. Inzwischen gibt es zahlreiche Beispiele aus verschiedenen Tiergruppen dafür, daß die spontane Aktivität des Nervensystems auf sogenannte Schrittmacherneuronen zurückgeht (vgl. Bullock 1961). Bei Insekten hat wohl der erst kürzlich verstorbene Nobelpreisträger Lord Adrian (1931) am Gelbrandkäfer *Dytiscus* erstmals eindeutig gezeigt, daß ein isoliertes Stück Bauchmark elektrisch aktiv bleibt und Nervenimpulse generiert.

Angeregt durch die Ethologie haben sich auch bei Insekten die Befunde gemehrt, die für die Existenz zentralnervöser Programme bei der Genese von Verhaltensweisen sprechen.

Zentrale Organisation von Verhaltensweisen

Auch in der Neuroethologie hat sich in den letzten drei Jahrzehnten ein Wandel in den Vorstellungen über die Beteiligung von sensorischen und zentralnervösen Prozessen bei der Organisation und Koordination von Bewegungsmustern vollzogen. War es zunächst durch das bedeutende Lebenswerk von Sherrington und Pawlow zu einer gewissen Überbetonung und damit zum Primat der Reflexe und Reflexketten als dem neuralen Korrelat des Verhaltens gekommen, so schlug das Pendel unter dem Einfluß der Entdeckung der spontanen nervösen Aktivität und von zentralnervösen Rhythmen – aber auch gestützt auf ethologische Befunde – in der Folgezeit um unter Betonung zentralnervös organisierter und programmierter Vorgänge als der wesentlichen Grundlage des Verhaltens. Erst in jüngster Zeit schwingt das Pendel wieder zurück, wobei durch den Fortschritt der Forschung – nicht zuletzt auch bei Insekten – *beidem*, der zentralnervösen Einflußnahme und der peripheren Kontrolle Rechnung getragen wird. Dieser Wandel wurde auch eingeleitet durch die steigende Bedeutung, welche kybernetischen und regelungsphysiologischen Vorstellungen bei der Deutung nervöser Prozesse zugesprochen werden (z. B. Reafferenzprinzip: v. Holst, Mittelstaedt 1950).

Der experimentelle Befund von D. M. Wilson (1961), daß Heuschrecken auch nach Durchtrennen aller von den Thorakalganglien in die entsprechenden Segmente führenden seitlichen Nerven und nach Durchschneiden der Konnektive zum abdominalen Bauchmark neural noch koordiniert im Luftstrom fliegen, und der weitere Befund von D. M. Wilson u. Wyman (1965), wonach sich neuromuskulär eine koordinierte Flugbewegung der Vorder- und der Hinterflügel auslösen läßt, wenn man absteigende, vermutlich vom Gehirn kommende Bahnen mit elektrischen Reizen stimuliert, die zufallsverteilt angeboten werden, waren wichtige Hinweise dafür, daß der Grundrhythmus der Flugbewegung – Aufund Abbewegung des einzelnen Flügels, synchroner Einsatz der Flügel des gleichen Segments und synchroner bzw. phasenverschobener Einsatz der Vorder- und Hinterflügel – durch ein im ZNS niedergelegtes Programm zustande kommt.

Auch für die Laufbewegungen der Schaben konnte Pearson (1972) nachweisen, daß die Rhythmik des Einzelbeins und wohl auch der alternierende Einsatz des Beinpaares durch zentralnervöse Vorgänge in den entsprechenden Segmentganglien bedingt werden. Selbst die komplexen, aus Versen zusammengesetzten Singbewegungen der Grillen bleiben in ihrem neuralen Muster erhalten, nachdem man die Ganglien, die die motorischen Nervenzellen enthalten, desafferentiert (Bentley 1969). Allerdings sollte man nicht vergessen, daß für das Zustandekommen dieser zentralen Programme für Flug-, Lauf- und Singbewegung ein gewisser Erregungsgrad des Nervensystems notwendig ist, den z. B. Erregungen aus anderen Ganglien sichern (Huber 1960).

Während man nach der Entdeckung der zentralen Programme für die Grundrhythmen der Lokomotion und des Gesangs der Insekten den motorischen Nervenzellen durch die Annahme einer entsprechenden gegenseitigen Verschaltung und Wechselwirkung einen erheblichen Anteil der Koordination zuschrieb (vgl. Wilson 1964), haben gerade die Untersuchungen zur Organisation des Grillen- und Heuschreckengesangs schon frühzeitig die Vermutung aufkommen lassen, daß solche Rhythmen Ergebnis einer Einflußnahme vorgeschalteter Interneuronen sind (Huber 1955, 1960, 1965; Elsner 1968, Bentley 1969). Der exakte Beweis wurde erst in jüngster Zeit erbracht, als es nämlich gelang, für die Laufbewegung der Schaben (Pearson, Fourtner 1975) und für die Flugbewegung der Heuschrecken (Burrows, Siegler 1976) Interneuronen sowohl physiologisch als auch morphologisch zu identifizieren, die rhythmische Veränderungen ihres Erregungsgrads zeigen und Einfluß nehmen auf die Lauf- bzw. Flugmotoneuronen (Abb. 11).

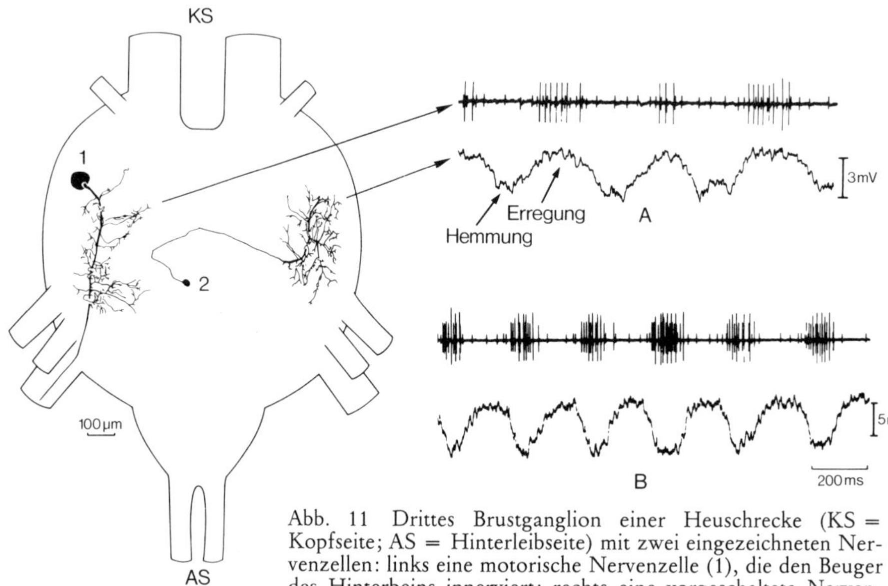

Abb. 11 Drittes Brustganglion einer Heuschrecke (KS = Kopfseite; AS = Hinterleibseite) mit zwei eingezeichneten Nervenzellen: links eine motorische Nervenzelle (1), die den Beuger des Hinterbeins innerviert; rechts eine vorgeschaltete Nervenzelle (Interneuron), die diese motorische Nervenzelle antreibt. Das gezeichnete Interneuron (2) gehört zur *nicht*gezeichneten motorischen Nervenzelle (1) der Gegenseite (nach: Burrows, Siegler 1976). Rechts: Schabe: A obere Zeile: Impulse einer Nervenfaser des Beugernervs eines Beins und untere Zeile ansteuerndes Interneuron, das keine Nervenimpulse produziert. B obere Zeile: Impulse des Beugernervs (wie in A) und untere Zeile eines anderen nicht zur Impulsbildung befähigten Interneurons, das den Gegenspieler (Strekker) antreibt und während der Beugung gehemmt ist (nach: Pearson, Fourtner 1975).

Periphere Kontrolle von Verhaltensweisen

Daß auch Insekten nicht mit dem »nackten Nervensystem« ihr Verhalten bestreiten können, ist wohl jedermann einsichtig. Zu jeder Zeit und insbesondere bei der Fortbewegung auf dem Lande, in der Luft oder im Wasser greifen Kräfte an den Beinen bzw. Flügeln an, die durch die wechselnden Strömungsverhältnisse oder durch sich ändernde Bodenbeschaffenheit bestimmt sind. Solche »Störungen«, die z. B. ein fliegendes Tier von seinem Kurs abbringen könnten, müssen natürlich registriert werden, um eine möglichst gute und schnelle Anpassung zu sichern. Dafür hat die Natur nun zahlreiche Sinnesorgane im unmittelbaren Bereich der Bein- und Flügelgelenke, aber auch im Inneren der Gliedmaßen bereitgestellt (Mill 1976). Störungen, die sich z. B. auf eine Bewegung auswirken, und die Bewegung selbst werden von ihnen registriert, und ihre Meldungen nehmen Einfluß auf das zentrale Flug-, Lauf- oder Singprogramm. Dabei kann die Frequenz des entsprechenden Rhythmus geändert werden, wie beispielsweise durch einen Flügelstreckrezeptor bei der Heuschrecke (Wilson, Gettrup 1963); es kann der Muskelkraftaufwand entsprechend abgestimmt werden (Elsner, Huber 1969), oder solche Meldungen können sogar die Phasenbeziehungen kontrollieren, d. h. im engeren Sinne in die zeitliche Gestaltung des Musters eingreifen. Dafür zwei Beispiele: Wird bei einer Heuschrecke, die auf der Stelle gegen den Wind fliegt, mechanisch ein Flügel durch eine besondere Halterung mit einer geringfügig von der Flugfrequenz abweichenden Frequenz zwangsweise auf- und abbewegt, so werden die Kommandos an die Flugmuskeln der restlichen drei Flügel – wenn auch oft nur kurzfristig – an den Zwangsrhythmus angepaßt, d. h. in der Phase angekoppelt (Wendler 1974). Man kann diesen Befund nur so deuten, daß Rückmeldungen von den Flügelsinnesorganen die

Präzision der Zusammenarbeit der vier Flügel erhöhen. Schaltet man bei einem Grillenmännchen bestimmte Polster enggruppierter Sinneshaare auf den Singflügeln aus, so können sie zwar zirpen, aber sie werden »beidhändig«. Es gibt nämlich Grillenarten, bei denen stets der rechte Flügel oben liegt und beim Zirpen über den linken streicht. Legt man die Flügel um oder passiert dies dem Männchen selbst, so wird die »Fehlhaltung« registriert, und das Tier bringt die Flügel in die alte »Rechtsgeigerstellung« zurück. Nach der Ausschaltung der Sinnesorgane auf den Flügeln kann das Tier die Amplitude der Singbewegung nicht mehr vollständig kontrollieren, die Flügel weichen beim Öffnen zu weit auseinander, so daß es leicht geschieht, daß der rechte beim Schließen unter den linken gerät. Für die Lauterzeugung selbst spielt das keine große Rolle, denn die Natur hat dafür gesorgt, daß die Musikapparate auf beiden Flügeln symmetrisch ausgebildet sind (Möss 1971).

Die Peripherie kann also durch negative (d. h. der Abweichung entgegenarbeitende, stabilisierende) wie auch durch positive (d. h. die Abweichung verstärkende) Rückwirkung eingreifen.

Insektengehirn und Verhalten

Die Ethologen haben mit Nachdruck auf eine Hierarchie in der Organisation komplexen tierischen Verhaltens hingewiesen, und dies durch Untersuchungen z. B. am Stichling (Tinbergen 1942), aber auch an Insekten, Sandwespe (*Ammophila*): Baerends 1941; Grille: Huber 1955 a, Heuschrecke: Elsner 1968, 1975) gut belegt. Dieses Konzept paßte jenen Neurobiologen (z. B. Hess 1954), die sich mit den zentralnervösen Leistungen der verschiedenen Regionen, z. B. Rückenmark, Gehirn, befaßten und die, auch bestärkt durch die besondere Ausgestaltung des Gehirns der Wirbeltiere, unabhängig zu der Vorstellung kamen, zumindest das ZNS der Wirbeltiere sei hinsichtlich des Grades und der Abstufung der Einflußnahme auf das Verhalten hierarchisch gegliedert. Mit anderen Worten: Höhere nervöse Zentren oder Instanzen des Gehirns nehmen auf niedere des Rückenmarks Einfluß. Doch was bedeutet in einem solchen Zusammenhang »höher« oder »nieder«, wo doch schon den Vätern der Physiologie des ZNS nicht verborgen bleiben konnte, daß auch niedere Zentren in der Lage sind, auf höhere zurückzuwirken.

Zu den Insekten gibt es eine umfangreiche Literatur über den Einfluß der im Kopf gelegenen Ganglien auf Fortbewegung und Verhalten (Huber 1974). Dazu ein Beispiel, welches mich selbst als jungen Studenten sehr beeindruckte und das schließlich für mein Interesse an der Erforschung des Insektengehirns mit ausschlaggebend wurde. Wohl ausgehend von älteren Beobachtungen, daß Männchen der Gottesanbeterin, die sich bei der Annäherung an das Weibchen zum Zwecke der Paarung »ungeschickt« verhalten, von diesem ergriffen und vom Kopf her verspeist werden, begann Roeder (1935) systematisch angelegte Experimente. Dieser scheinbar gegen die Erhaltung der Art gerichtete Kannibalismus forderte eine Klärung, mehr aber noch das merkwürdige Verhalten des Männchen mit abgebissenem Kopf. Es bleibt nämlich nicht regungslos sitzen, wie viele andere Insektenarten dies tun, denen man den Kopf abtrennt, sondern es beginnt mit intensiven Krümmungen des Hinterleibs, kombiniert mit seitlich ausgreifenden Bewegungen der Beine, die man bei unbeschädigten Tieren niemals beobachten kann. Diese Bewegungen bringen den Männchenkörper außer Reichweite der weiblichen Mundwerkzeuge und schließlich dazu, daß der Torso sogar auf den Hinterleib des Weibchens aufsteigen und die Begattung vollziehen kann. Es handelt sich hier also um sehr heftige Begattungsbewegungen, die nach Abtrennen des Kopfes spontan in Erscheinung treten. Das Naturexperiment, im Laboratorium wiederholt, brachte nun das Ergebnis, daß dieses Verhalten so lange gehemmt bleibt, als das zweite Kopfganglion (Unterschlundganglion) mit dem Rest des Bauchmarks in Verbindung ist. Durch Abbeißen des Kopfes wird diese Verbindung unterbrochen, die Hemmung beseitigt. Hemmung von komplexem Verhalten, das in dem Zusammenwirken seiner Elemente, z. B. der sechs Beine bei der seitlichen Lokomotion und der Hinterleibssegmente bei den Krümmungen, durch die entsprechenden Bauchmarksganglien organisiert wird, ist eine der Funktionen dieser »höheren Zentren«. Da bei den meisten Insekten ein derart ins Auge stechendes Naturexperiment fehlt, bedarf es geeigneter Methoden, um die Einflußnahme von Gehirn und Unterschlundganglion zu testen. Eine Technik dazu ist die lokalisierte elektrische Reizung von Hirngewebe bei freibeweglichem Insekt, die Huber entwickelt hat (Huber 1960). Sie ist inzwischen bei Grillen (Otto 1971), Heuschrecken (Rowell 1963; Wadepuhl, Huber 1978) und sogar bei Ameisen (Vowles 1964 b) mit Erfolg eingesetzt worden. Da Grillen die ersten Objekte waren, seien sie als Beispiel gewählt. In Narkose oder noch besser beim unterkühlten Tier wird durch ein vorher ausgestanztes Fenster im Chitinpanzer (Abb. 12) des Kopfes, direkt vor dem Gehirn, ein sehr dünner Draht von wenigen Tausendstel Millimeter Durchmesser, der bis knapp zur Spitze lackisoliert ist, unter dem Mikroskop in das sichtbare Hirngewebe eingestochen und durch Wachs verankert. Diese sogenannte heiße Reizelektrode hat Verbindung mit einem dünnen, die Bewegungen des Tieres kaum störenden Zuleitungsdraht. Eine zweite dickere Bezugselektrode steckt in der Regel in dem Hämolymphraum des Thorax. Durch die Reizelektrode werden Strompulse von weniger als einer Millisekunde Dauer, einer Stromstärke von wenigen Mikroampere und einer Folge geboten, die zwischen einem pro Sekunde bis 100 pro Sekunde schwanken kann. Da das Tier freibeweglich ist, z. B. am Boden einer Arena, und nur die feinen Zuleitungsdrähte zu tragen hat, oder gehaltert (Abb. 12) sich auf der Stelle bewegen kann, wobei es einen Korkball in den Beinen hält und diesen beim Laufen in umgekehrter Richtung dreht, sind Voraussetzungen geschaffen, durch Hirnreiz Verhalten sichtbar zu beeinflussen. Neben einfachen Bewegungen, z. B. Heben und Senken der Fühler, Kauen der Mundwerkzeuge, Verzögerung oder Beschleunigung der Atmung, gelang es, reproduzierbar und gezielt Lokomotion in der Form des Laufens, des Springens und des Fliegens künstlich auszulösen (Huber 1960, Otto 1971). Noch interessanter aber waren die Befunde, die für eine Steuerung komplexen Verhaltens durch das Gehirn sprachen, z. B. der Fühlerputzbewegungen oder der Einnahme der für den Lockgesang des Grillenmännchens typischen Position mit etwas aufgestelltem Körper und nach vorne angehobenen Fühlern und dem Lockgesang selbst oder des gesamten Kampfverhaltens ohne entsprechenden natürlichen Auslöser oder anwesenden, den Kampf provozierenden Partner mit Fühlerpeitschen, Aufstellen des Körpers, Schütteln des Körpers, Aufsperren der kräftigen Mandibeln, Rivalengesang, Angriff ins Leere.

Erstmals war auch für Insekten gezeigt, daß bestimmte Hirnstrukturen in die zeitliche und räumliche Organisation komplexer Bewegungssequenzen und Körperpositionen kontrollierend eingreifen. Eine solche übergeordnete Kontrolle muß selektiv erregen und gerade nicht »brauchbares, weil störendes« Verhalten auch selektiv hemmen. Für Lautäußerungen, Lock-, Werbe- und Rivalengesänge des Grillenmännchens mit zugeordnetem Verhalten liegen dabei die wirksamen Reizpunkte im Gebiet der pilzhutförmigen Körper oder in den ihnen unmittelbarer angrenzenden Zonen (Abb. 13), die bereits früher erläutert worden sind. Diesen pilzhutförmigen Körpern, d. h. den Gruppierungen tausender von Interneuronen, die mit visuellen Eingängen, vor allem aber mit antennalen Eingängen in Verbindung stehen, scheint noch eine weitere sehr wichtige Funktion zuzukommen: Lernen und Gedächtnis (Vowles 1964 a, 1967). Die klassischen Dressurexperimente von Karl von Frisch, dem Altmeister der Verhaltensphysiologie, an der Honigbiene zeigten, daß Farben, Düfte, Formen unterschieden werden, daß gelernt wird und das Gelernte gespeichert (s. den Beitrag von M. Lindauer in diesem Band).

Auf der Suche nach nervösen Substraten für Lernen und Gedächtnis haben Menzel, Erber u. Masuhr (1974) Bienen konditioniert. Die einzelne Testbiene war in einem Röhrchen so fixiert, daß nur der Kopf herausragte und sie Fühler und Saugrüssel bewegen konnte. Selbst in dieser »Zwangsjacke« lernt die Biene – meist schon nach einem einmaligen Angebot von Duftstoff *und* Zuckerlösung – den Rüssel auszustrecken. Gelernt bedeutet: Das nächste Mal fährt die Biene den Rüssel bereits aus, wenn nur Duftstoff den Fühler reizt. Selbst eine Biene in der beschriebenen Halterung, der aber noch zusätzlich ein Stück aus

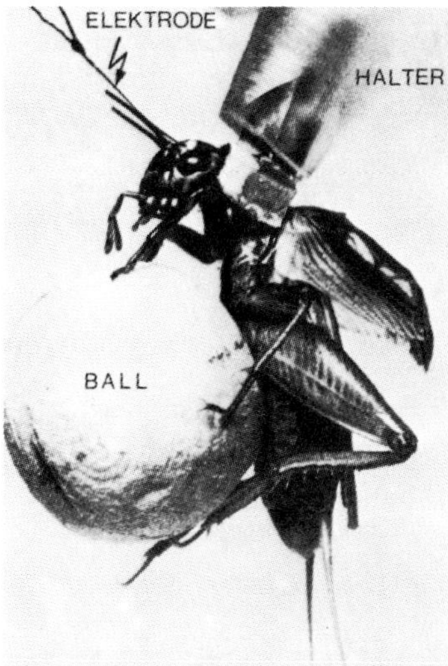

Abb. 12 Grille in der Anordnung zur elektrischen Hirnreizung mit Halter und Korkball, den das Tier beim Laufen entgegen der Laufrichtung dreht und beim Springen oder Fliegen abwirft. Während der Reizung (ϟ) kommt es zu Lockgesang, der durch die aufgestellten Flügel angedeutet ist (nach: Huber 1960).

dem Chitinpanzer der vorderen Kopfkapsel entfernt und das Gehirn freigelegt worden war, konnte erfolgreich dressiert werden. Kühlte man nun über einen Draht (0,5 mm im Durchmesser) den man auf verschiedene Zonen des Gehirns aufsetzen konnte, das Nervengewebe lokal sehr rasch und sehr stark ab, so unterblieb in diesem gekühlten Gebiet die elek-

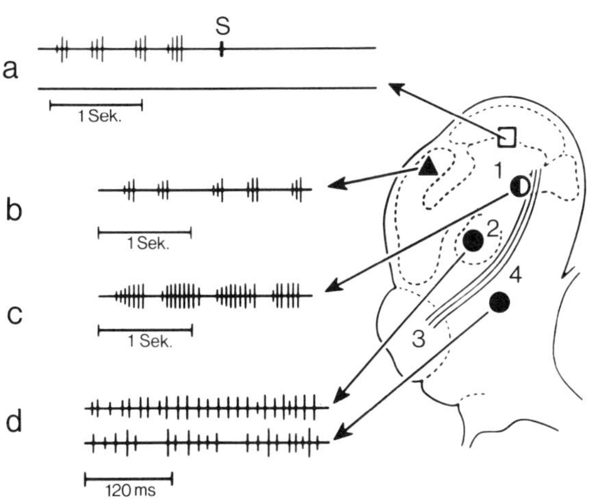

Abb. 13 Rechts: Längsschnitt durch das Grillengehirn. Gestrichelt umrandet: 1 pilzhutförmiger Körper; 2 Zentralkörper; 3 Projektionsgebiet des Fühlernerven; 4 Bahn vom Projektionsgebiet des Fühlernerven zu den pilzhutförmigen Körpern.
□ Hemmung des Gesanges bei der Hirnreizung (a); S = Einsetzen des Reizes.
▲ Auslösung des Lockgesangs (b);
◐ Auslösen des Kampfgesangs (c);
● des atypischen Flügelvibrierens (d).
Die Silben der jeweiligen Gesänge sind links durch senkrechte Striche symbolisiert
(nach: Huber 1970, verändert).

trische Aktivität. Wurde die Kühlung kurz nach einer Duftstoff-Zuckerlösungs-Dressur oder in bestimmten Zeitabständen danach ausgeführt, so ergab sich, daß die Kühlung des Hirngewebes nur in den ersten Minuten nach dem initialen Dressurakt die Einspeicherung blockierte. Schon nach fünf Minuten war kein Ausfall mehr zu beobachten. Die wirksamsten Zonen für die Verhinderung einer Einspeicherung betrafen Abschnitte der pilzhutförmigen Körper. Menzel, Erber u. Masuhr (1974) geben damit einen Hinweis auf die Existenz eines Kurzzeitgedächtnisses für Gerüche, welches durch Kühlung von Pilzkörperstrukturen blockiert werden kann, und sie weisen auf ein Langzeitgedächtnis hin, das von grundsätzlicher anderer Art zu sein scheint. Ihm ist eine biochemische Maschinerie eigen, denn der Übergang von Kurzzeit- auf das Langzeitgedächtnis vollzieht sich nur, wenn in dieser Zeit die Eiweißsynthese im Nervengewebe nicht blockiert ist. Freilich, in der Klärung der Prozesse, die dem Lernen und der Speicherung von Information zugrunde liegen, sind wir noch nicht sehr weit fortgeschritten. Es mag aber durchaus sein, daß auch hier Insekten als Objekte zu einem Durchbruch verhelfen.

ANMERKUNG

Dieser Beitrag ist Herrn Professor Kenneth D. Roeder, dem Altmeister der Neuroethologie der Insekten, in Verehrung und Dankbarkeit gewidmet.

LITERATUR

ADRIAN, E. D.: Potential changes in the isolated nervous system of *Dytiscus marginalis.* J. Physiol., 72, 1931, 132–151

ALEXANDER, R. D.: Aggressiveness, territoriality and sexual behavior in field crickets (Orthoptera, Gryllidae). Behaviour, 17, 1961, 130–223

AUTRUM, H. J.: Über kleinste Reize bei Sinnesorganen. Biol. Zbl., 63, 1943, 209–236

BAERENDS, G. P.: Fortpflanzungsverhalten und Orientierung der Grabwespe *Ammophila campestris* Jur. Tijdschr. Entomol., 84, 1941, 68–275

BENTLEY, D. R.: Intracellular activity in cricket neurons during the generation of song patterns. Z. vergl. Physiol., 62, 1969, 267–283

Postembryonic development of insect motor system. In: D. Young (Ed.): Developmental Neurobiology of Arthropods. Cambridge Univ. Press: 1973, 147–177

Control of cricket song patterns by descending interneurons. J. comp. Physiol., 116, 1977, 19–38

BENTLEY, D. R., HOY, R. R.: Postembryonic development of adult motor patterns in crickets: A neural analysis. Science, 170, 1970, 1409–1411

BULLOCK, T. H.: The origins of patterned nervous discharge. Behaviour, 17, 1961, 48–59

BURROWS, M.: Co-ordinating interneurons of the locust which convey two patterns of motor commands: their connections with flight motorneurons. J. Exp. Biol., 63, 1975, 713–733

BURROWS, M., SIEGLER, M. V. S.: Transmission without spikes between locust interneurons and motoneurons. Nature, 262, 1976, 222–224

BUTENANDT, A., BECKMANN, R., STAMM, D., HECKER, E.: Über den Sexuallockstoff des Seidenspinners *Bombyx mori.* Reindarstellung und Konstitution. Z. Naturforsch., 14 b, 1959, 283–284

BUTENANDT, A., HECKER, E.: Synthese des Bombykols, des Sexuallockstoffes des Seidenspinners, und seiner geometrischen Isomeren. Angew. Chemie, 73, 1961, 349–353

COTT, H. B.: Adaptive Coloration in Animals. London: Methuen & Co., 1957

DETHIER, V. G., GELPERIN, A.: Hyperphagia in the blowfly. J. Exp. Biol., 47, 1967, 191–200

DUJARDIN, F.: Mémoire sur le systeme nerveux des insects. Ann. Sci. Nat. Zool., (3), 14, 1850, 195–206

EISNER, T.: Chemical Ecology: On Anthropods and how they live as Chemists. Verh. d. Deut. Zool. Ges., 65 Jahresversammlung. Stuttgart: G. Fischer 1971, 123–137

ELSNER, N.: Die neuromuskulären Grundlagen des Werbeverhaltens der Roten Keulenheuschrecke *Gomphocerippus rufus* L. Z. vergl. Physiol., 60, 1968, 308–350

Neuroethology of sound production in Gomphocerine grasshoppers (Orthoptera: Acrididae), I: Song patterns and stridulatory movements. J. comp. Physiol., 88, 1974, 67–102

Neuroethology of sound production in Gomphocerine grasshoppers (Orthoptera: Acrididae), II: Neuromuscular activity underlying stridulation. J. comp. Physiol., 97, 1975, 291–322

ELSNER, N., HUBER, F.: Die Organisation des Werbegesangs der Heuschrecke *Gomphocerippus rufus* L. in Abhängigkeit von zentralen und peripheren Bedingungen. Z. vergl. Physiol., 65, 1969, 389–423

FABRE, J. H.: Souvenirs entomologiques. Paris: Librairie Delagrave 1851

FOURTNER, Ch. R.: Central nervous control of cockroach walking. In: R. M. Herman (Ed.): The Neural Control of Locomotion. New York, London: Plenum Press 1976, 401–418

FRISCH, K.v.: Die Tänze der Bienen. Österr. zool. Z., 1, 1946, 1–48

Die Polarisation des Himmelslichtes als orientierender Faktor bei den Tänzen der Bienen. Experientia, 5, 1949, 142–148

Bienen und Blumen. Kosmos, 59, H. 7, 1963, 279–282

Tanzsprache und Orientierung der Bienen. Berlin, Heidelberg, New York: Springer 1965

GELPERIN, A.: Neural control systems underlying insect feeding behaviour. American Zoologist, 12, 1972, 489–496

GRAHAM, D.: A behavioural analysis of the temporal organization of walking movements with the first instar and adult stick insect *Carausius morosus.* J. comp. Physiol., 81, 1972, 23–52

HAGIWARA, S., WATANABE, A.: Discharges in motoneurons of cicada. J. Cell. Comp. Physiol., 47, 1956, 415–428

HALFMANN, K., ELSNER, N.: Postembryonic development of grasshopper stridulation 1978 (in Vorbereitung)

HARVEY, E. N.: Bioluminescence. New York: Academic Press 1952

HELVERSEN, D.v.: Gesang des Männchens und Lautschema des Weibchens bei der Feldheuschrecke *Chorthippus biguttulus* (Orthoptera: Acrididae). J. comp. Physiol., 81, 1972, 381–422

HELVERSEN, D.v., HELVERSEN, O.v.: Zur Funktionsweise des dem Lautschema zugrundeliegenden Filtersystems bei Heuschrekken. Wirkung von Störpulsen und Störpausen. Arbeitsbericht für die DFG, Januar 1975

HELVERSEN, O.v., ELSNER, N.: The stridulatory movements of acridid grasshoppers recorded with an opto-electronic device. J. comp. Physiol., 122, 1977, 53–64

HESS, W. R.: Das Zwischenhirn. Basel: B. Schabe 1954

HÖLLDOBLER, B.: Zur Ethologie der chemischen Verständigung bei Ameisen. Nova Acta Leopoldina (Neue Folge), 208, 1973, 259–292

HOLST, E.v.: Die Koordination der Bewegung bei den Arthropoden in Abhängigkeit von zentralen und peripheren Bedingungen. Biol. Reviews, 10, 1935 a, 234–256

Über den Prozess der zentralnervösen Koordination. Pflügers Archiv, 236, 1935 b, 149–158

Vom Wesen der Ordnung im Zentralnervensystem. Naturwiss., 25, 1937, 625–631; 641–647

HOLST, E.v., MITTELSTAEDT, H.: Das Reafferenzprinzip. Naturwiss., 37, 1950, 464–476

HORRIDGE, A. G.: Learning of leg position by the ventral nerve cord in headless insects. Proc. Roy. Soc. London B, Biol. Sci., 157, 1962, 33–52

HOYLE, G.: Exploration of neuronal mechanisms underlying behaviour in insects. In: R. F. Reiss (Ed.): Neural Theory and Modelling. Standford: Stanford Univers. Press 1964, 346–376

Neurophysiological studies on »Learning« in headless insects. In: J. E. Treherne, J. W. L. Beament (Eds.): The Physiology of the Insect Central Nervous System. New York, London: Academic Press 1965, 203–323

Anthropod Walking. In: R. M. Herman (Ed.): The Neural Control of Locomotion. New York, London: Plenum Press 1976, 137–179

HUBER, F.: Sitz und Bedeutung nervöser Zentren für Instinkthandlungen beim Männchen von *Gryllus campestris* L. Z. Tierpsychol., 12, 1955 a, 12–48

Über die Funktion der Pilzkörper (Corpora pedunculata) beim Gesang der Keulenheuschrecke *Gomphocerus rufus* L. (Acrididae). Naturwiss., 42, 1955 b, 566–567

Untersuchungen über die Funktion des Zentralnervensystems und insbesondere des Gehirns bei der Fortbewegung und der Lauterzeugung der Grillen. Z. vergl. Physiol., 44, 1960, 60–132

Aktuelle Probleme der Physiologie des Nervensystems der Insekten. Naturw. Rundschau, 18, 1965, 143–156

Nervöse Grundlagen der akustischen Kommunikation bei Insekten. Rheinisch-Westfälische Akademie der Wissenschaften, Vorträge N 205, Opladen: Westdeutscher Verlag 1970, 41–91

Neural Integration (Central Nervous System). In: M. Rockstein (Ed.): The Physiology of Insecta, IV. New York, London: Academic Press 1974, 3–100

Principles of motor co-ordination in cyclically recurring behaviour in insects. In: P. N. R. Usherwood, D. R. Newth (Eds.): Simple nervous systems (Kapitel 10). London: E. Arnold 1975, 381–413

Lautäußerungen und Lauterkennen bei Insekten (Grillen). 26. Jahresfeier, Rheinisch Westfälische Akademie der Wissenschaften: N 265. Opladen: Westdeutscher Verlag 1977, 15–66

JACOBS, W.: Verhaltensbiologische Studien an Feldheuschrecken. Beiheft I zur Z. Tierpsychol., 1953, 10

KAISSLING, K. E.: Riechphysiologische Untersuchungen an Insekten. Mitteilungen aus der Max-Planck-Gesellschaft, Heft 6, 1974, 400–423

KUTSCH, W.: The development of the flight pattern in the desert locust, *Schistocerca gregaria*. Z. vergl. Physiol., 74, 1971, 156–168

LEYDIG, F.: Vom Bau des thierischen Körpers. Handb. vergl. Anat., I. Tübingen 1864

LINDAUER, M.: Verständigung im Bienenstaat. Stuttgart: G. Fischer 1975

LINDAUER, M., MARTIN, H.: Die Schwereorientierung der Bienen unter dem Einfluß des Erdmagnetfeldes. Z. vergl. Physiol., 60, 1968, 219–243

LINDAUER, M., NEDEL, J. O.: Ein Schweresinnesorgan der Honigbiene. Z. vergl. Physiol., 42, 1959, 334–364

LOHER, W.: Die Kontrolle des Weibchensgesanges von *Gomphocerus rufus* L. (Acridinae) durch die Corpora allata. Naturwiss., 49, 1962, 406

Die Steuerung sexueller Verhaltensweisen und der Oocytenentwicklung bei *Gomphocerus rufus* L., Z. vergl. Physiol., 53, 1966, 277–316

LOHER, W., HUBER, F.: Experimentelle Untersuchungen über das Sexualverhalten des Weibchens der Heuschrecke *Gomphocerus rufus* L.. J. Insect Physiol., 10, 1964, 13–36

Nervous and endocrine control of sexual behaviour in a grasshopper (*Gomphocerus rufus* L.). Symp. Soc. Exp. Biol., 20, 1966, 381–400

LORENZ, K.: Der Kumpan in der Umwelt des Vogels. J. Ornith., 83, 1935, 137–413

Über die Bildung des Instinktbegriffes. Naturwiss., 25, 1937, 289–300; 307–318; 325–331

LORENZ, K., TINBERGEN, N.: Taxis und Instinktbehandlung in der Eilrollbewegung der Graugans. Z. Tierpsychol., 2, 1938, 1–29

MENZEL, R., ERBER, J., MASUHR, T.: Learning and memory in the honeybee. In: L. B. Browne (Ed.): Experimental Analysis of Insect Behaviour. Berlin, Heidelberg, New York: Springer 1974, 195–317

MILL, P.: Structure and Function of Proprioceptors in the Invertebrates. London: Chapman & Hall 1976

MÖSS, D.: Sinnesorgane im Bereich des Flügels der Feldgrille (*Gryllus campestris* L.) und ihre Bedeutung für die Kontrolle der Singbewegung und die Einstellung der Flügellage. Z. vergl. Physiol., 73, 1971, 53–83

NACHTIGALL, W.: Gläserne Schwingen. München: Heinz Moos 1968

O'SHEA, M.: Two sites of axonal spike initiation in a bimodal interneuron. Brain Research, 96, 1975, 93–98

O'SHEA, M., WILLIAMS, J. L. D.: The anatomy and output connection of a Locust visual interneurone; the lobular giant movement detector (LGMD) neurone. J. comp. Physiol., 1974, 257–266

OTTO, D.: Untersuchungen zur zentralnervösen Kontrolle der Lauterzeugung von Grillen. Z. vergl. Physiol., 74, 1971, 227–271

PEARSON, K. G.: Central programming and reflex control of walking in the cockroach. J. Exp. Biol., 56, 1972, 173–193

PEARSON, K. G., FOURTNER, C. R.: Nonspiking interneurons in the walking system of the cockroach. J. Neurophysiol., 38, 1975, 33–52

PITMAN, R. M., TWEEDLE, C. D., COHEN, M. J.: Branching of central neurons: intracellular cobalt injection for light and electronmicroscopy. Sience, 176, 1972, 412–414

POPOV, A. V., SHUVALOV, V. F.: Phonotactic behaviour of crickets. J. comp. Physiol., 119, 1977, 111–126

POPOV, A. V., SHUVALOV, V. F., SVETLOGORSKAYA, I. D., MARKOVICH, A. M.: Acoustic behaviour and auditory system in insects. In: J. Schwartzkopff (Ed.): Mechanoreception. Rheinisch Westfälische Akad. d. Wiss., Abh., 53, 1974, 281–306

PORTMANN, A.: Tarnung im Tierreich. In: Verständliche Wissenschaft. Band 61. Berlin, Göttingen, Heidelberg: Springer 1956

PRINGLE, J. W. S.: A physiological analysis of cicada song. J. Exp. Biol., 31, 1954, 525–560

RATHMAYER, W.: Das Paralysierungsproblem beim Bienenwolf *Philanthus triangulum* F. (Hym. Sphec.). Z. vergl. Physiol., 45, 1962, 413–462

REGEN, J.: Über die Anlockung des Weibchens von *Gryllus campestris* L. durch die telefonisch übertragenen Stridulationslaute des Männchens. Ein Beitrag zur Frage der Orientierung bei den Insekten. Pflügers Archiv Physiol., 155, 1913, 193–200

Über die Orientierung des Weibchens von *Liogryllus campestris* L. nach dem Stridulationsschall des Männchens. Ein Beitrag zur Physiologie des tympanalen Sinnesorgans. Akad. Wiss. Wien, 132, 1923, 81–88

RENNER, M.: Analyse der Kopulationsbereitschaft des Weibchens der Feldheuschrecke *Euthystira brachyptera* in ihrer Abhängigkeit vom Zustand des Geschlechtsapparates. Z. Tierpsychol., 9, 1952, 122–154

RHEINLAENDER, J., KALMRING, K., POPOV, A. V., REHBEIN, H. G.: Brain projections and information processing of biologically significant sounds by two large ventral-cord neurons of *Gryllus bimaculatus* deGeer (Orthoptera, Gryllidae). J. comp. Physiol., 110, 1976, 251–269

ROEDER, K. D.: An experimental analysis of the sexual behaviour of the praying mantis. Biol. Bull., 69, 1935, 203–220

Insect Physiology. Chapter 18: Reflex activity and ganglion function. 463–487 J. New York: Wiley & Sons 1953

The behaviour of free flying moths in the presence of artificial ultrasonic pulses. Animal Behaviour, 10, 1962, 300–304

Nerve Cells and Insect Behaviour. Harvard Books in Biology No. 4. Cambridge: Harvard Univ. Press 1963. Deutsch: Neurale Grundlagen des Verhaltens. Bern, Stuttgart: H. Huber 1968

ROWELL, C. H. F.: A method for chronically implanting stimulating electrodes into the brains of locusts, and some results of stimulation. J. Exp. Biol., 40, 1963, 271–284

SCHARRER, B.: General principles of neuroendocrine communication. In: F. O. Schmitt (Ed.): The Neurosciences: Second Study Program. The Rockefeller Univ. Press 1970, 519–529

SCHNEIDER, D.: Elektrophysiologische Untersuchungen von Chemo- und Mechanorezeptoren der Antenne des Seidenspinners *Bombyx mori* L.. Z. vergl. Physiol., 40, 1957, 8–41

Kommunikation mit chemischen Signalen. Jahrbuch der Max Planck Gesellschaft, 1975, 19–35

SCHÜRMANN, F. W.: Bemerkungen zur Funktion der Corpora pedunculata im Gehirn der Insekten aus morphologischer Sicht. Exp. Brain Research, 19, 1974, 406–432

STOUT, J. F., HUBER, F.: Response of central auditory neurons of female crickets (*Gryllus campestris* L.) to the calling song of the male. Z. vergl. Physiol., 76, 1972, 302–313

STRAUSFELD, N.: Atlas of an Insect Brain. Berlin, Heidelberg, New York: Springer 1976

STRETTON, A. O. W., KRAVITZ, E. A.: Neuronal geometry: determination with a technique of intracellular dye injection. Science, 162, 1968, 132–134

TINBERGEN, N.: An objectivistic study of the innate behaviour of animals. Biblioth. biotheor., 1, 1942, 39–98

The study of instinct. Oxford 1951. Deutsch: Instinktlehre. Berlin, Hamburg: Parey 1966

VOWLES, D. M.: Olfactory learning and brain lesions in the wood ant (*Formica rufa*). J. comp. Psychol., 58, 1964 a, 105–111

Models and the insect brain. In: R. F. Reiss (Ed.): Neural Theory and Modeling. Stanford: Stanford Univ. Press 1964 b, 377–399

Interocular transfer, brain lesions, and maze learning in the wood ant, *Formica rufa*. In: W. C. Corning, S. C. Ratner (Eds.): Chemistry of Learning, 1967, 425–447

WADEPUHL, M., HUBER, F.: A complex behavioural pattern elicited by punctate brain stimulation: Singing and Courtship in the grasshopper Gomphocerus rufus L. (Acridinae). Nature (im Druck)

WEBER, T.: Stabilisierung des Flugrhythmus durch »Erfahrung« bei der Feldgrille. Naturwiss., 59, 1972, 366

WEIH, S.: Untersuchungen über das Wechselsingen (Anaphonie) und über das angeborene Lautschema einiger Feldheuschrekkenarten. Z. Tierpsychol., 8, 1951, 1–41

WEISS, R.: Antonomous versus reflexogenous activity of the central nervous system. Proc. Amer. Philos. Soc., 84, 1941, 53–64

WENDLER, G.: The influence of proprioceptive feedback on Locust flight co-ordination. J. comp. Physiol., 88, 1974, 173–200

WILLIAMS, J. L. D.: Anatomical studies of the insect central nervous system: A ground plan of the midbrain and an introduction to the central complex in the locust, *Schistocerca gregaria* (Orthoptera). J. Zool., London, 176, 1975, 67–86

WILSON, D. M.: The central nervous control of flight in a locust. J. exp. Biol., 38, 1961, 471–490

The origin of the flight motor command in grasshoppers. In: R. F. Reiss (Ed.): Neural Theory and Modeling. Stanford: Stanford Univ. Press 1964, 331–345

Insect Walking. Ann. Rev. Entomol., 11, 1966, 103–123

WILSON, D. M., GETTRUP, E.: A stretch reflex controlling wing beat frequency in grasshoppers. J. exp. Biol., 40, 1963, 171–185

WILSON, D. M., WYMAN, R. J.: Motor output patterns during random and rhythmic stimulation of locust thoracic ganglia. Biophys. J., 5, 1965, 121–143

WILSON, E. O.: The Insect Societies. Cambridge: Belknap Press of Harvard Univ. Press 1971

ZAWARZIN, A.: Zur Morphologie der Nervenzentren. Das Bauchmark der Insekten. Ein Beitrag zur vergleichenden Histologie. Z. wiss. Zool., 22, 1924, 323–424

Der Parallelismus der Strukturen als ein Ordnungsprinzip der Morphologie. Z. wiss. Zool., 124, 1925, 118–212

VERHALTEN UND MERKMALE IM GEHIRN BEI REPTILIEN

von David G. Senn

Es ist seit langem eines der Ziele der Verhaltensphysiologen und der funktionell interessierten Hirnforscher, die zentralnervöse Masse nach Funktionen zu gliedern. Eine zunächst rein strukturelle Gliederung des Gehirns in unterschiedliche Areale, wie Kernkomplexe, Rinden und Faserzonen, läßt sich durch Funktionszuordnungen ergänzen. Die Lokalisierung von Funktionen im Gehirn ist mit sehr verschiedenen Methoden möglich:

Wenn ein Zentrum, ein zusammenhängendes Hirngebiet, das aus bestimmten Typen von Nervenzellen und Fasern besteht, Endstelle eines großen Faserzugs ist, der in der Netzhaut des Auges seinen Anfang nimmt, so handelt es sich um ein optisches Zentrum. Als Struktur läßt sich in der Netzhaut des Auges beginnend ein Faserzug, den man als Sehnerv bzw. Tractus opticus bezeichnet, verfolgen, der in den Boden des Zwischenhirns eintritt und seitlich am Zwischenhirn der Oberfläche entlangzieht, um in einigen zusammenhängenden Gebieten des Zwischen- und Mittelhirns zu enden (s. den Beitrag von H. Zeier »Grundzüge der Neuroanatomie« in diesem Band). Diese Endstellen sind Gebiete, wo Nervenzellen und Faserfortsätze sowohl Nuclei (kernförmige Konzentrationen) als auch Rinden (geschichtete Systeme) bilden. Diese Zentren sind im Sinne einer anatomischen Schlußfolgerung optischer Natur.

Der Befund läßt sich mit der Degenerationsmethode erhärten. Dabei wird dem Tier ein Auge herausoperiert, womit die Ursprungszellen der optischen Bahn zerstört werden (die Ursprungszellen liegen in der Netzhaut). Die optische Bahn beginnt graduell in Richtung der Endstelle zu degenerieren. Wird nun das Hirn fixiert, in mikroskopische Schnitte zerlegt und einer Färbung unterzogen, welche selektiv alle degenerierenden Fasern anfärbt, hingegen die normalen blaß läßt, kann man die Endstelle als optisches Zentrum exakt beschreiben. Die Degenerationsmethode erlaubt verfeinerte Strukturbeschreibungen im Rahmen der Anatomie.

Anders geht die Elektrophysiologie vor: Einem narkotisierten Tier wird der Schädel geöffnet und eine Elektrode ins vermutete optische Zentrum eingepflanzt. Die Elektrode wird anschließend über einen Verstärker mit einem Gerät, das die Hirnströme aufzeichnet, verbunden. Läßt man nun vor dem Tier Blitzlichter aufleuchten, registriert das Gerät die Aktionspotentiale, falls die Elektrode in einem optischen Zentrum sitzt.

Dieses Beispiel zeigt, wie ein topographisch definierbarer Bezirk im Gehirn zunächst durch eine anatomische Untersuchung, nämlich durch das Verfolgen von Fasern, in seiner Funktion umschrieben wird. Das Experiment vertieft die Kenntnis über die Impulswege. Die anatomische wie auch die experimentelle Untersuchung ließe sich detaillierter betreiben, indem man z. B. durch eine verfeinerte Elektrodenplazierung verschiedene Netzhautfelder im Gehirn zu unterscheiden versucht (für eine ausführliche Darstellung s. Ewert 1976).

Nicht nur sensorische Ereignisse, also Wahrnehmungen optischer, akustischer, olfaktorischer, geschmacklicher, tastbarer und anderer Phänomene können in dieser Art untersucht werden, sondern auch motorische Funktionen. Aus der Vielfalt dieser Funktionen sind etwa die Steuerung der Muskelbewegung, der Atemfrequenz, der Pupillengröße, des Blutdrucks usw. zu nennen.

Klassisch sind die Untersuchungen von W. R. Hess am Zwischenhirn der Hauskatze (z. B. Hess 1949). Der basale Teil des Zwischenhirnes aller Wirbeltiere wird als Hypothalamus bezeichnet. In der oberen Nachbarschaft des Hypothalamus liegt der Thalamus. Am angrenzenden Zwischenhirnboden mündet vorne in einer Kreuzungsstelle das Paar der Sehnerven, und am hinteren Ende des Hypothalamus befindet sich die wichtigste aller innersekretorischen Drüsen, die Hypophyse.

Bei Säugetieren, einschließlich der Hauskatze, ist der Hypothalamus ein besonders massiges Kerngebiet. Wie unregelmäßige Wolken mit kernartigen Verdichtungen sind verschiedenste Nervenzellen zwischen mannigfache Faserbündel eingestreut. Eine rein anatomische Studie des Hypothalamus vermag lediglich die gröbsten Faserverbindungen aufzuzeigen. So lassen sich größere und kleinere Faserbündel feststellen, die den Hypothalamus mit dem Thalamus verbinden. Ferner wird der Hypothalamus mit Fasern der Großhirnrinde, die höhere Funktionen beherbergt, beschickt. Überdies dürften Impulse auf indirektem Weg, d. h. mit Zwischenschaltung in anderen Zentren von Großhirnrinde, Thalamus und vom hinteren Hirngebiet, herkommen. Der Hypothalamus bildet Bahnen, die in den Seitenstrang des Rückenmarks ziehen, um sich am Grenzstrang des Sympathicus zu beteiligen; ferner ist der Hypothalamus mit parasympathischen Kernen und mit der Hypophyse verbunden. Der Hypothalamus unterhält, wie Faserstudien ergeben, Regelkreise mit dem Kortex (Rinde des Großhirns). Detaillierte hypothalamische Funktionen lassen sich allerdings durch Faserstudien rein anatomisch nicht eruieren.

W. R. Hess hat nun durch das Einpflanzen von Elektroden in den Hypothalamus feststellen können, daß es sich bei diesem Gebiet um ein übergeordnetes, vegetatives Steuerungszentrum handelt. In unzähligen Versuchen wurden bei verschiedenen Katzen Elektroden an unterschiedliche Stellen des Hypothalamus eingepflanzt. Man ließ jeweils die Ansätze der Elektroden mit dem Schädeldurchtritt verheilen und konnte später die ausgeheilte Katze durch Beeinflussung mit leichten künstlichen Aktionsströmen zu verschiedenen Funktionen (Reaktionen) veranlassen. So fand Hess beim Reizen der Katzen je nach der Stelle, wo die Elektrodenspitze lokalisiert war, charakteristische und deutliche Reaktionen: Die Pulsfrequenz stieg, oder sie sank, falls die Elektrode an einer anderen Stelle war. Der Blutdruck ließ sich in einem Fall steigern, in einem anderen senken. Harnabgabe, Drohgebärden oder Speichelfluß ließen sich stimulieren; die Atmung ließ sich erhöhen oder verlangsamen, die Pupillen ließen sich verengen oder erweitern.

Hess versuchte nun die Vielfalt dieser einzeln registrierten Funktionen in Bezug auf das Zwischenhirn topographisch zu kartieren. Von jedem experimentellen Tier wurde nachträglich das Zwischenhirn anatomisch untersucht und die genaue Lage der Elektrode des Experiments lokalisiert. Dabei konnte Hess feststellen, daß einzelne Funktionen, wie z. B. Pupillenerweiterung oder Blutdrucksenkung nicht absolut streng an einem Punkt lokalisiert und sauber voneinander zu trennen sind. Vielmehr ergibt eine Zwischenhirnkarte, in der die Funktionen eingetragen sind, ein leicht verschwommenes Bild. Immerhin lassen sich in einer derartigen Kartierung dennoch grobe Funktionsweisen trennen: z. B. konnte Hess feststellen, daß sich die ergotropen Funktionen, also solche, die mit dem sympathischen Nervensystem zusammenhängen und dem Tier eine aktive Auseinandersetzung mit der äußeren Umwelt ermöglichen, eher im hinteren Hypothalamus lokalisieren lassen. Solche Funktionen sind z. B. Blutdrucksteigerung, Atmungsbeschleunigung und Pupillenerweiterung. Dagegen sind im eher vorderen Hypothalamus Zentren für die trophotropen Effekte gelagert. Diese parasympathischen Funktionen, die im Gesamtrahmen der inneren Körperfunktionen stehen, umfassen Leistungen, wie Pupillenschließen, Harnabgabe, Kotabgabe, Speichelfluß und Verdauung.

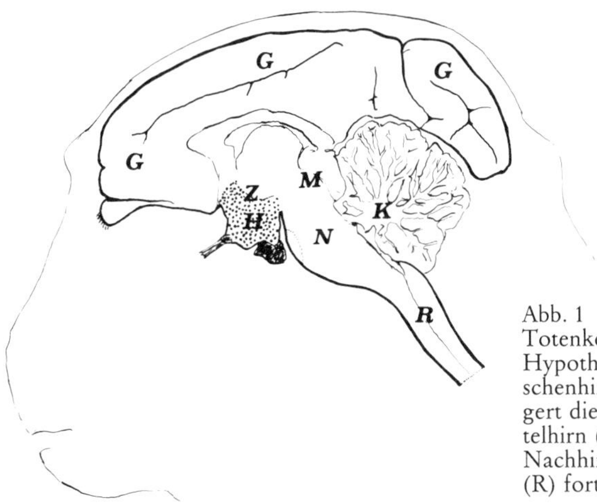

Abb. 1 Längsschnitt durch das Gehirn des Totenkopfäffchens *(Saimiri sciureus)*. Der Hypothalamus (H) ist ein Teil des Zwischenhirns (Z). Das Großhirn (G) überlagert die tiefer gelegenen Teile, so das Mittelhirn (M) und das Kleinhirn (K). Das Nachhirn (N) setzt sich in das Rückenmark (R) fort.

Betrachtet man Hirnstruktur und Verhalten im Zusammenhang, so ist eines der ergiebigsten Betätigungsfelder die Untersuchung derjenigen Hirnzentren, die bestimmte Verhaltensmuster steuern. Wo Verhaltensforschung und Hirnforschung zusammenarbeiten, werden Hirnzentren gesucht und beschrieben, die für die Steuerung bestimmter Verhaltensabläufe oder Verhaltenskomplexe verantwortlich sind.

Die Funktion kann in einer zusammenhängenden Betrachtung über Hirn und Verhalten im Vordergrund stehen. Ein solcher Zusammenhang läßt sich nicht nur von der Funktion her, sondern auch in Bezug auf die Merkmalhaftigkeit betrachten. Diese Charakteristik von Verhalten soll zunächst an einem Beispiel, das Konrad Lorenz gibt, erläutert werden.

In seiner Arbeit »Vergleichende Bewegungsstudien an Anatinen« hat Lorenz 1941 Verhaltensabläufe bei den verschiedenartigsten Entenvögeln untersucht und verglichen. Lorenz geht es darum zu zeigen, daß die verwandtschaftliche Beziehung verschiedener Arten einer Tiergruppe nicht nur durch anatomische Merkmale (wie dies üblicherweise getan wird), sondern auch an Hand angeborener Verhaltensabläufe beschrieben werden kann. Eine Tiergruppe, wie die der Entenvögel, wird auf Grund verschiedenster Merkmale verwandtschaftlich gegliedert. Als Merkmale gelten nicht nur äußere Merkmale, wie Größe, Schnabelform, Gestalt und Farbe des Gefieders, sondern auch Abläufe von Verhaltenssequenzen.

An einem Beispiel an Reptilien soll im folgenden versucht werden, die von Lorenz entwickelte Fragestellung anzuwenden und gleichzeitig angeborenes Verhalten mit Eigenheiten des Gehirns in Verbindung zu bringen. Im Südosten der Vereinigten Staaten ist in feuchten Sumpfwäldern ein kleiner kletternder Leguan, der Rotkehlanolis (*Anolis carolinensis*) zu Hause. Insbesondere im Frühsommer klettern Anolismännchen häufig, etwa einmal in der Stunde, an »ihrem« Baumstamm herunter und wieder hinauf. Das Revier, welches ungefähr einen Baum mit der Krone oder eine Buschgruppe umfaßt, wird durch das

Anolismännchen als sein Territorium signalisiert. Jeweils nach einer Wegstrecke von etwa einem halben Meter hält das Tier inne, schaut aufmerksam in die Umgebung und beginnt mit dem Kopf zu nicken. Weitere Nicksequenzen können am selben Platz erfolgen oder nach einer weiteren Wegstrecke von etwa einem halben Meter.

Zweifellos ist das Kopfnicken des Anolis ein adressiertes Signal; dieses richtet sich an Artgenossen in der näheren Umgebung. Der Kopf wird gleichsam als Signalfläche bewegt; dadurch lenkt das Tier die Aufmerksamkeit anderer Individuen auf sich und markiert auf optische Weise ein Gebiet als sein Territorium. In der komplizierten Struktur eines Sumpfwaldes benötigt der Anolis Hilfsmittel, um sein bewegliches Signal, nämlich den Kopf, besser sichtbar zu machen. An der Kehle besitzt der Anolis eine längs gelagerte Haut, die in Ruhestellung am Hals zusammengefaltet ist. Während des Kopfnickens wird die Kehlhaut wie ein kleines Segel aufgespannt, dabei ist ihre leuchtend orange-rote Färbung nicht zu übersehen. Durch die Kopfnickbewegung wird dieses farbige Signal auf- und abgeschwenkt. Selbst durch das komplizierte Geäst eines Waldes mit all seinen Licht- und Schatteneffekten kann dieses optische Signal von Artgenossen erkannt werden: dabei bedeutet es für andere Männchen die Signalisierung eines Reviers, und Weibchen werden durch dieses Signal auf das Männchen aufmerksam.

Das Kopfnicken von Anolis läßt sich einerseits als Funktion im innerartlichen Verhalten untersuchen. Andererseits ist dieses Kopfnickverhalten als angeborene Leistung ein Merkmal von Anolis, ebenso wie das Tier eine grüne Körperfärbung hat, die unter bestimmten Lichtverhältnissen in eine braune verändert werden kann, oder daß der Kopf spitz zulaufend geformt ist. Mit Merkmalen, seien sie nun anatomischer oder verhaltensmäßiger Natur, lassen sich Tiergruppen charakterisieren.

Auch andere Leguane, das heißt verwandte Tiere, zeigen das Kopfnickverhalten, welches im Rahmen des territorialen und sozialen Verhaltens geäußert wird. Die Meerechse *(Amblyrhynchus cristatus)* lebt an Felsküsten der Galapagosinseln in größeren Kolonien. Wenn die Tiere nicht gerade beim Schwimmen und Algenfressen im Meer sind, halten sie sich in meist dichten Ansammlungen auf den Lavaklippen auf. Sie machen einen eher regungslosen Eindruck. Allerdings geht es unter Meerechsen nicht durchwegs so ruhig zu. Plötzlich öffnet ein Tier den Mund, hebt sich vorne leicht empor und beginnt dann ruckartig mit dem Kopf zu nicken. Vielleicht weicht ein anderes Individuum aus, oder es stimmt in ein Nickduell ein, welches zuweilen auch in ein Duell, bei dem sich die Stirn geboten wird, umschlägt.

Kopfnicken kommt bei Anolis und Meerechse vor; es steht im Funktionskreis von territorialem und sozialem Verhalten. Es handelt sich um ein gemeinsames Merkmal. Allerdings ist dieses Merkmal beim Anolis und bei der Meerechse verschieden differenziert. Zwar sind die Kopfnickbewegungen bei beiden Arten im Grunde dieselben. Durch das Nicken betont ein Individuum seine Anwesenheit; die Anwesenheit in der Funktion als Inhaber eines Reviers oder als Fortpflanzungspartner oder als Rivale. Die Meerechse kann durch bloßes Nikken, wobei gestaltliche Merkmale, wie etwa der imposante Rückenkamm betonende Funktionen haben, ihre Anwesenheit dem in unmittelbarer Nähe sitzenden Artgenossen kundtun. Mit anderen Worten, eine Meerechse adressiert ihr Signal an sich in der Nähe aufhaltende Artgenossen. Etwas verschieden ist die Situation beim Anolis, der in der verzweigten Baumstruktur lebt. Um seine Anwesenheit zu dokumentieren, benötigt er optisch besonders wirksame Strukturen, wie die leuchtend gefärbte Kehlhaut, die, wenn sie bewegt wird, auf größere Distanz wahrzunehmen ist. Um die Chance, gesehen zu werden, zu verbessern, wechselt der Anolis zum Nicken häufig seinen Standort. Das Kopfnicken als Merkmal ist beim Anolis und bei der Meerechse unterschiedlich differenziert, so wie beispielsweise die Schuppen oder die Zehen unterschiedlich gestaltet sind.

Alle Vertreter der Leguanfamilie signalisieren mit Kopfnicken, wobei die Kopfnickbewegung je nach der Lebensweise der Tiere verschiedenartig differenziert ist; zusätzlich verfügen verschiedene Arten über unterschiedliche Hilfsstrukturen (Schuppen, Färbungen, Halsfalten usw.). Der grüne Leguan *(Iguana iguana)*, ein bekanntes Beispiel, lebt auf Bäumen und am Boden verschiedener Gebiete im tropischen Südamerika. Beim Kopfnicken wirken ein Nackenkamm (Abb. 2 B) wie bei der Meerechse sowie eine aufgespannte Kehlhaut wie beim Anolis markierend. Zwar ist die Kehlhaut nicht besonders auffällig gefärbt; sie trägt nicht durch Farbe, sondern durch ihre großflächige Form zu einer wirkungsvollen Kopfgestalt bei, was sich insbesondere im Gegenlicht durch die Silhouettenwirkung bemerkbar macht.

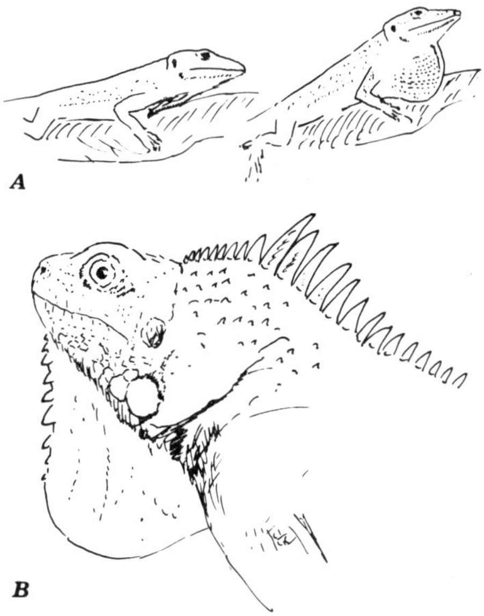

A

B

Abb. 2 Kopfnicken bei leguanartigen Echsen. A: Rotkehlanolis *(Anolis carolinensis)* mit eingezogenem (links) und aufgespanntem Kehlsack (rechts); das letztere Tier bewegt den Kopf als optisches Signal. B: Der grüne Leguan *(Iguana iguana)* beim Kopfnicken. Die Kehlhaut ist aufgespannt; mit dieser und mit dem Nackenkamm sowie der hellen ovalen Schuppe beim Kiefergelenk wirkt der Kopf imposant.

Im südwestlichen Nordamerika und in Mexiko leben Krötenechsen der Gattung *Phrynosoma*. Es handelt sich um kleine, etwa 15 cm große Echsen, die an das Leben im Sand und im Geröll der Wüste angepaßt sind. Die Tiere ernähren sich vorwiegend von Ameisen. Der Körper ist stark abgeplattet; so schmiegen sich die Echsen an den Boden oder graben sich darin ein. Begegnen sich zwei Individuen, wird die Anwesenheit durch kurzes Nicken mit dem Kopf demonstriert, wobei vor allem die Aufwärtsbewegung des Kopfes auffällig ist. Das plötzliche Heben des Vorderkörpers wirkt als vertikale Bewegung im Kontrast zu den sonst horizontal orientierten Linien in der Umgebung der Krötenechsen.

Man darf annehmen, daß vor geraumer Zeit uns unbekannte Vorfahren der Leguanfamilie bereits über die Fähigkeit des Kopfnickens verfügten. Dieses Kopfnicken, das schon damals im Dienst des territorialen und sozialen Verhaltens gestanden haben dürfte, ist im Zuge der sich verzweigenden Entwicklung des Leguanstammbaums unterschiedlich differenziert worden. Dieses Merkmal, ein Verhaltensmuster, ist so variiert worden wie die Form der Zunge, die Form des Schädels, die Hautfärbung und andere Merkmale.

Die amerikanischen Zaunleguane der Gattung *Sceloporus* wurden durch Hunsacker (1962) untersucht. Diese Leguane, die sich verwandtschaftlich gewiß sehr nahestehen, zeichnen sich durch ein äußerst ähnliches Kopfnickmuster aus. Experimente haben gezeigt, daß ein Weibchen fähig ist, aus einer Zusammenstellung von Männchen verschiedenster Arten das arteigene Männchen am Kopfnicken zu erkennen. Jede Spezies hat ein charakteristisches Bewegungsmuster des Kopfes während des Kopfnickens. Es gibt Unterschiede in der Geschwindigkeit des Nickens, in der Ausschlaghöhe des Kopfes und in der Anzahl der Kopfbewegungen pro Nicksequenz. Eine Vorfahrenform von *Sceloporus* muß ein gattungstypisches Kopfnicken gehabt haben, welches später artverschieden modifiziert wurde.

Es muß berücksichtigt werden, daß die Leguane wohl mit dem Kopfnickverhalten speziell sind, jedoch innerhalb der ganzen Echsengruppe mit der betont visuellen Orientierung im Sozialverhalten im allgemeinen Rahmen bleiben. Das heißt, optische Signalgebung, oft im Zusammenhang mit territorialen Aktivitäten, ist bei vielen Echsen verbreitet. Smaragdeidechsen-Männchen fallen während der Fortpflanzungsperiode durch blaue Kehlfärbung auf: Eidechsen hemmen die Aggression eines überlegenen Individuums durch »Treteln« mit den Vorderbeinen; Geckos (z. B. *Ptyodactylus)* können durch willkürliche Betätigung der Pupillen Signale geben, etwa Aggressionshemmung durch Pupillenschließen (Werner 1972). Speziell ist die Leguanfamilie durch die besonders raffinierte Ausdifferenzierung der optischen Signalisierung: durch das mannigfach variierte Kopfnicken.

Es stellt sich nun die Frage, ob ein konstantes Merkmal einschließlich seiner Variationen in einer systematischen Gruppe einen anatomischen Niederschlag im Gehirn findet. Unterscheiden sich die Leguanartigen, die über die Fähigkeit des Kopfnickens verfügen, im Gehirn von generalisierten Echsen, bei denen das Kopfnicken in der beschriebenen Form nicht vorkommt?

Wie erwähnt, gelten die Leguane innerhalb der Echsengruppe, welche zahlreiche Familien (z. B. Eidechsen, Skinke, Schleichen, Geckos) einschließt, als besondere Spezialisten. Leguane können als fortgeschritten oder »hochentwickelt« bezeichnet werden. Sie sind durch das Kopfnicken als sozial bedeutsame Signalgebung besonders differenziert und gekennzeichnet. Es ist nun denkbar, daß im Gehirn von Leguanen Besonderheiten festzustellen sind, die mit der Kopfnicktätigkeit zusammenhängen.

Interessanterweise ist im motorischen Funktionsbereich, der die Steuerung des Kopfnikkens leistet, im Gehirn kaum etwas zu bemerken. Die motorischen Zentren im Hinterhirn (Abb. 3) bei Leguanen unterscheiden sich nicht grundsätzlich von entsprechenden Zentren bei anderen Echsen. Immerhin enthält der ganze Komplex des Kopfnickverhaltens nicht nur eine motorische, sondern in zumindest demselben Maße eine sensorische Komponente. Mit anderen Worten: Die Kopfnickbewegung als Aktion ist nur sinnvoll, wenn bei den Artgenossen auch die entsprechenden Wahrnehmungen möglich sind. So sind bei häufig signalisierenden Tieren große Anforderungen an den Ausbau der Sinneszentren für die optische Wahrnehmung gestellt. Sowohl die Augen wie die dahinterliegenden optischen Zentren im Gehirn müssen besonders differenziert sein. Es bedarf einer gewaltigen Sehschärfe und eines guten Farbsehens, damit ein Anolis den kleinen Artgenossen in der strukturell verflochtenen Umgebung eines subtropischen Sumpfwaldes erkennen kann. Die optischen Zentren im Gehirn sind bei Leguanen im Vergleich zu anderen Echsen bemerkenswert verändert. Der sensorische Bereich scheint hier größeren Variationen unterworfen zu sein als der motorische Apparat.

Zunächst gilt es, das Gehirn von echsenartigen Reptilien im allgemeinen kurz zu beschreiben (Abb. 3). Das Gehirn erstreckt sich, in einem festen Schädel geschützt, über einen großen Teil des Kopfes. Den Hauptsinnesorganen, nämlich Nase, Auge und Ohr, sind deutlich bestimmte Hirnteile zugeordnet. Die gut entwickelte, paarige Nase ist mit paarigen Riechzentren im Riechlappen und den Großhirnhemisphären verbunden (Abb. 3). Ganz hinten steht das Labyrinth jeder Seite durch einen relativ kurzen Nerv mit Gleichgewichts- und Hörzentren im verlängerten Mark des Gehirns in Verbindung. Von den bei den meisten Echsen gut entwickelten Augen zieht je ein optischer Nerv an die Basis des Zwischenhirns (Abb. 3, 4). Beim Eintritt in die Zwischenhirnbasis überkreuzen sich die Nerven des linken und des rechten Auges. Dies bedeutet, daß der Nerv des rechten Auges in die linke Hirnseite zieht und umgekehrt. Im Zwischenhirn zieht nun die optische Bahn an der Oberfläche weiter und gibt in ihrem Verlauf durch das Zwischenhirn und Mittelhirn Fasern an verschiedenartigste optische Zentren ab (Abb. 4).

Einige optische Fasern enden im Nucleus geniculatus (Abb. 4). Etwas weiter hinten enden ein paar Fasern im Praetectum. Der größte Teil der optischen Fasern endet bei Echsen an der Oberflächenregion des paarigen Tectum opticum, also im Mittelhirndach (Abb. 4).

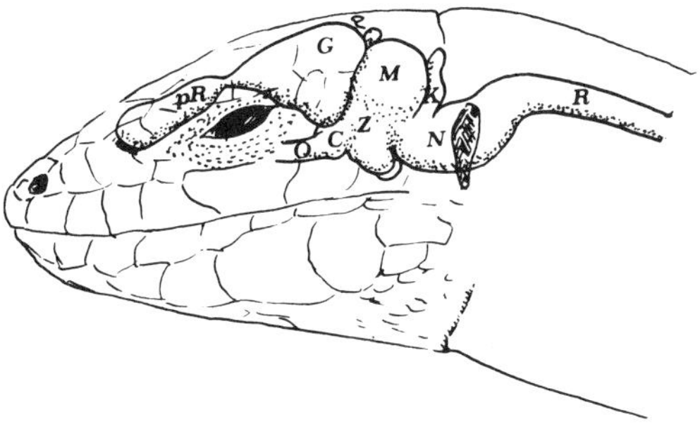

Abb. 3 Lage des Gehirns im Kopfe einer Eidechse *(Lacerta sicula)*. Das primäre Riechzentrum (pR) und das Großhirn (G) sind topographisch der Nase zugeordnet. Der optische Nerv (O) führt vom Auge über die Sehnervenkreuzung (= Chiasma) zum Zwischenhirn (Z) und zum Mittelhirndach (M). Die Zentren für das Innenohr liegen im Nachhirn (N). Am Nachhirn schließen das Kleinhirn (K) und das Rückenmark (R) an.

Dieses optische Zentrum ist im Grunde genommen das primäre optische Zentrum bei Wirbeltieren. Das Tectum opticum ist wiederum vielfältig mit anderen Hirngebieten verbunden. Der linke und der rechte Hügel des Tectum sind z. B. untereinander verbunden, damit das Bild der linken und das der rechten Seite zu einem einheitlichen Bild integriert werden können. Außerdem besteht eine Verbindung, welche Impulse vom Tectum zu den

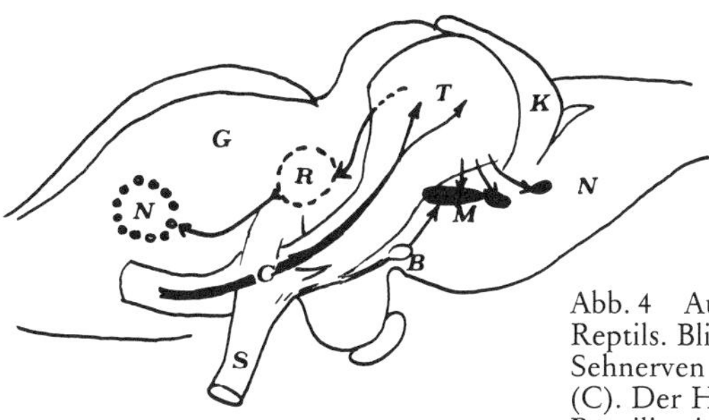

Abb. 4 Aufbau des optischen Systems im Gehirn eines Reptils. Blick von der linken Seite auf das Gehirn. Die Sehnerven S der beiden Augen kreuzen im Chiasma (C). Der Hauptanteil der optischen Fasern gelangt bei Reptilien ins Mittelhirndach oder Tectum opticum (T). Das Tectum liefert Impulse an die Augenmuskelkerne (M), die ihrerseits die Augenbewegungen steuern. Der an den optischen Zug angeschlossene basale optische Kern (B) liefert ebenfalls Impulse an die Augenmuskelkerne. Das Tectum (T) ist nicht einziges Sehzentrum: Optische Impulse werden auch zum runden Kern (R) im Zwischenhirn und von diesem zum Neostriatum (N) im Großhirn (G) weitergeleitet.

Kernen, die die Augenmuskeln steuern, bringen. So wird es möglich, daß die Augen einem sich bewegenden Objekt nachgedreht werden können. Das, was gesehen wird, beeinflußt die neue Augenstellung. Ferner besteht eine Verbindung, die vom Tectum zu den übergeordneten motorischen Zentren führt. Letztere steuern z. B. die ganze Körperbewegung.

Das Tectum opticum ist aber nicht nur mit Hirngebieten, die Bewegungen und andere Reaktionen steuern, verbunden. Von den meisten anderen, also nichtoptischen Sinneszentren leiten verschiedene Bahnen umgeschaltete Impulse ins Tectum. So wird im Tectum auch registriert, welche Impulse die Gleichgewichts- und Hörzentren, die weiter hinten liegen, empfangen. Ferner gelangen Informationen über Schmerz-, Tast- und Temperaturwahrnehmung des Körpers und des Kopfes ins Tectum opticum. Dennoch ist dieser paarige, hügelige Teil des Mittelhirndachs nicht nur optisches Zentrum, sondern vielmehr ein übergeordnetes Sinneszentrum, das die Gestalt einer Rinde hat (Abb. 5), optische und auch qualitativ andere Sinneswahrnehmungen zu einem gesamtheitlichen »Bild« über die Umwelt intergriert. Aus dem, was ein Tier von der Umwelt wahrnimmt, wird eine im biologischen Sinne sinnvolle Reaktion aufgebaut; dann kommen die motorischen Zentren ins Spiel.

Ferner gibt es eine Serie von Zentren, die sekundär optischen Charakter haben. Das Tectum liefert Impulse an weitere Zentren, die teilweise optischer Natur sind. Ein dickes Faserbündel verläßt das Tectum opticum nach vorne, um im dorsalen Thalamus im Runden Kern, im Nucleus rotundus, zu enden. Der Nucleus rotundus seinerseits gibt ein Bündel ab, welches über die Zwischenhirnbasis in die Großhirnbasis läuft und sich in einem Kerngebiet, das als Neostriatum oder als »dorsal ventricular ridge« bezeichnet wird, auffächert. Mit anderen Worten, optische Impulse gelangen über den dorsalen Thalamus umgeschaltet in die vordere Basis der Großhirnhemisphären. Es ist zur Zeit noch nicht bekannt, welches die Funktion dieser optischen Großhirnzentren ist. Es gibt Vermutungen, daß sich hier spezielle Gebiete für das Form- und Farbsehen befinden.

Vergleichen wir nun einen der Leguane mit einer generalisierten Echse (z. B. mit einem Skink oder einer Eidechse), so stellen wir im primären optischen Zentrum, im Tectum opticum, qualitative Unterschiede insbesondere in der oberflächennahen Rinde fest. Beim Le-

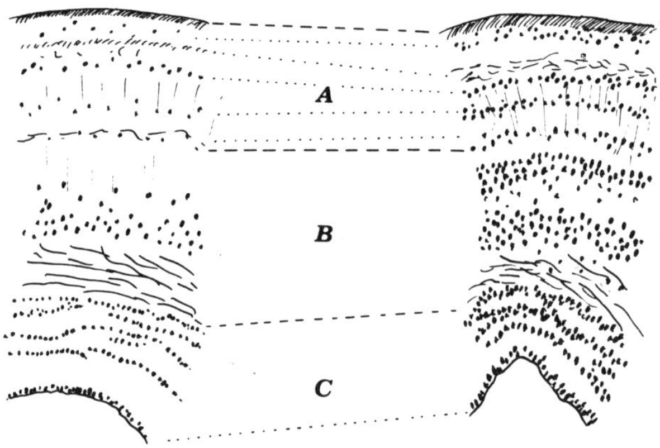

Abb. 5 Rindenprofil im Mittelhirndach bei Echsen. Nervenzellschichten und Faserschichten bauen die Rinde (Kortex) auf. Links ist das Tectum einer Eidechse *(Lacerta)*, rechts eines Anolis, eines Vertreters der Leguane abgebildet. Der äußere Bereich A ist ein Sinneskorrelationszentrum mit Dominanz der optischen Funktion. Ganz an der Peripherie sind die einlaufenden optischen Fasern zu erkennen. Der Bereich A ist bei Anolis feiner ausdifferenziert, als bei der Eidechse. Die Bereiche B (Verbindungen nach anderen Hirnteilen herstellend) und C (tiefliegende Schichten) gehören ebenfalls zur Rinde des Mittelhirndaches. Maßstab: Die Rinde dieser Echsen ist knapp 1 mm dick.

guantyp sind einige Schichten schärfer und anders differenziert als bei anderen Echsen. Parallel dazu sind das Gebiet des Nucleus rotundus im dorsalen Thalamus sowie das Neostriatum im Großhirn besonders massig ausgebildet.

Im Tectum opticum von Leguanen sind einige der zellulären und faserigen Schichten vergleichsweise besonders straff geordnet und fein ausdifferenziert (Abb. 5). Bei manchen Leguanen ist der oberflächliche Schichtkomplex als übergeordnetes Sinneszentrum auch quantitativ gesteigert. Ein weiter innen gelegener Schichtkomplex, die zentralen Schichten (Abb. 5), der die Verbindung mit anderen Regionen herstellt, Impulse sowohl nach den motorischen Zentren im Nachhirn sowie zum dorsalen Thalamus und ins Großhirn schickt, besitzt in der grauen Substanz, also im zellulären Teil, zwei Unterschichten. Es darf angenommen werden, daß diese zusätzliche Gliederung mit einer Leistungssteigerung in der Funktion verbunden ist.

Es geht nun nicht darum, einzelne Komponenten des Kopfnickverhaltens in bezug auf motorische oder sensorische Erscheinungen im Hirn zu lokalisieren. Dies dürfte kaum möglich sein, da sowohl strukturell wie funktionell eine sehr komplexe Erscheinung vorliegt. Vielmehr geht es um die Feststellung, daß ein Verhaltenskomplex mit allem, was dazugehört, einschließlich der notwendigen sensorischen Fähigkeiten, einhergeht mit der Ausbildung veränderter, reichhaltiger differenzierter Hirnstrukturen. Echsen, welche die Fähigkeit zum Kopfnicken haben, zeigen die spezielle Differenzierung des optischen Apparats.

Die Leguanartigen aus der neuen Welt sind nun nicht die einzigen Echsen mit dem ausgeprägten Kopfnickverhalten. Dieselbe Erscheinung wird auch bei den in der alten Welt verbreiteten Agamen beobachtet. Rein äußerlich und in der Körpergrundgestalt sehen sich Agamen und Leguane ohnehin relativ ähnlich. In der Anatomie sind sie beinahe gleich; deshalb gelten Leguane und Agamen als nahe verwandt. So wundert es nicht, daß auch das Merkmal des Kopfnickverhaltens vorkommt. Überdies sind bei Agamen und Leguanen dieselben Teile des optischen Apparats im Gehirn speziell ausdifferenziert.

Die speziell differenzierte Struktur im optischen System bei Leguanen entspricht der Anordnung bei Agamen; der Strukturkomplex ist bei Agamen und Leguanen homolog. In Entsprechung läßt sich das Phänomen des Kopfnickens im Dienst des Sozial- und Territorialverhaltens bei Agamen und Leguanen homologisieren. Es handelt sich um entsprechende Merkmale. Die entsprechenden Merkmale des Kopfnickens und der Hirnstruktur sind in der Gesamtverwandtschaft von Iguanen und Agamen mannigfach variiert worden.

Ist eine Erscheinung des Verhaltens nicht nur im Sinne der jeweiligen Funktion beschreibbar, sondern läßt sich das Verhaltensmuster als Merkmal einer Tiergruppe beschreiben, so ist für Verhaltensleistungen der Homologiebegriff zulässig. Eine Verhaltens-»struktur« wird in einer verwandtschaftlichen Gruppe variiert, genau wie dies auch für anatomische Strukturen zutrifft. Tritt ein Verhaltensmerkmal durchwegs in Kombination mit einer speziellen Differenzierung im Gehirn auf und läßt sich in groben Zügen ein funktioneller Zusammenhang von Verhalten und Hirnstruktur nachweisen, so sind Betrachtungen über die Evolution einer Tiergruppe und verwandtschaftliche Erwägungen zulässig. Die gesteigerten visuellen Fähigkeiten der Leguane und Agamen, die im Rahmen des signalisierenden Kopfnickverhaltens benötigt werden, sind mit Steigerungen der optischen Zentren im Gehirn gekoppelt.

Eine Verhaltensleistung läßt sich einerseits im unmittelbaren Funktionskreis betrachten. Im Zusammenhang kann die Steuerung im Gehirn erforscht und die Wahrnehmungsweise der Signale studiert werden. Dabei läßt sich das Gehirn in funktionelle Zonen und Funktionsfelder gliedern. Andererseits können Gehirne verschiedener Tiere zunächst ungeachtet der Funktion auf ihre Strukturausprägung hin überprüft werden. Tritt nun ein diesbezügliches Merkmal parallel zu einem Verhaltenskomplex auf, und läßt sich auf grund von Faseranatomie und funktionellen Aspekten ein Zusammenhang von Hirnmerkmal und Verhaltensmerkmal aufzeigen, ist der ganze Merkmalskomplex homologisierbar. Eine Tiergruppe läßt sich anhand der Variationen des homologen Merkmalkomplexes in bezug auf Verwandtschaften und Phylogenie untersuchen.

Verhaltensleistungen als Merkmale sind wie alle anatomischen Merkmale für die Betrachtung einer Evolution maßgebend. In dieser Hinsicht kommt der Arbeit über das Verhalten verschiedener Enten von K. Lorenz (1941) besondere Bedeutung zu. An die von ihr angebahnte Fragestellung einer »Vergleichenden Morphologie des Verhaltens« schließt auch die Vergleichende Hirnforschung mit ihren anatomischen und physiologischen Methoden an.

LITERATUR

EIBL-EIBESFELDT, I.: Der Kommentkampf der Meerechse (*Amblyrhynchus cristatus* Bell) nebst einigen Notizen zur Biologie dieser Art. J. Tierpsychol., 12, 1955, 49–62

EWERT, J. P.: Neuro-Ethologie. Berlin, Heidelberg, New York: Springer 1976

HESS, W. R.: Das Zwischenhirn. Basel: Schwabe 1949

HUBER, G. C., CROSBY, E. C.: A phylogenetic consideration of the optic tectum. Proc. Nat. Acad. Sci., 19, 1933, 15–22

HUNSACKER, D.: Ethological isolating mechanisms in the *Sceloporus torquatus* group of lizards. Evolution, 16, 1962, 62–74

KÄSTLE, W.: Zur Ethologie des Grasanolis *(Norops auratus)*. Z. Tierpsychol., 20, 1963, 16–33

Zur Ethologie des Anden-Anolis *Phenacosaurus richteri*. Z. Tierpsychol., 22, 1965, 751–769

LORENZ, K.: Vergleichende Bewegungsstudien an Anatinen. J. Ornithol., 79, 1941

SENN, D. G.: Bau und Ontogenese von Zwischen- und Mittelhirn bei *Lacerta sicula* (Rafinesque). Acta anat. suppl., 55 (1 ad 71) 1968, 1–150

Die Zusammenhänge von Großhirnstriatum, dorsalem Thalamus und Tectum opticum bei Echsen. Verhandl. Naturf. Ges. Basel, 80, 1970, 209–229

WERNER, D.: Beobachtungen an *Ptyodactylus hasselquistii guttatus* (Gekkonidae) Verhandl. Naturf. Ges. Basel, 82, 1972, 54–87

GEHIRNBAU, ÖKOLOGIE UND VERHALTEN BEI VÖGELN

von Werner Stingelin

EINLEITUNG

Wenn im nachfolgenden Beitrag die Resultate der experimentellen Forschung nur am Rande zum Zuge kommen und ihre Bedeutung für das Verständnis der Zusammenhänge von Hirnbau und Verhalten damit vielleicht auch etwas unterbewertet wird, so ist der Grund für diese Haltung vor allem in der Tatsache zu suchen, daß eine Korrelation der Ergebnisse der funktionalen Untersuchungen am Gehirn mit spezifischen Verhaltensweisen bei Vögeln noch nicht aufgezeigt werden kann. Dies wiederum ist darin begründet, daß Untersuchungen zur Ökologie wie auch der Verhaltensweisen fast ausschließlich speziesbezogen sind, während Hirnuntersuchungen physiologischer Art, die über nervöse Mechanismen und deren Substrat Auskunft geben, meist große taxonomische Einheiten betreffen.

In der Einleitung zu »Birds, Brain, and Behaviour« (1974), einer kritischen Übersicht zum Stand der Hirn- und Verhaltensforschung bei Vögeln, betont und kritisiert W. M. Schleidt diese Lücke mit der Aufforderung: »Hirnleute müssen realisieren, daß ihr Versuchstier nicht einfach ein Vogel ist oder, noch schlimmer, *der* Vogel ist, sondern eine bestimmte Spezies, klar verschieden von vielen andern Vögeln.« Es besteht somit eine Kluft zwischen Verhaltensergebnissen und experimentellen Daten wie auch den Ergebnissen der vergleichenden Hirnmorphologie, die zu überbrücken noch kaum gelingen kann. Ein Beispiel aus dem Bereich der Verhaltensphysiologie mag diese Aussage illustrieren:

Es sind sicher Großhirnbereiche, welche bei Vogel wie bei Säuger Gedächtnis und Lernleistung ermöglichen. Wenn nun nachgewiesen wird, daß ein bestimmter Aufgabentyp wie sequentielles Lernen von Tauben mit ähnlichem oder sogar noch besserem Erfolg gelöst wird wie von in gleicher Weise getesteten Säugern (z. B. unbenanntes Zählen bis zur Menge 7 oder gar 8; Koehler 1941), so ist damit eine Fähigkeit nachgewiesen, die ebensogut vom Säuger wie vom Vogel geleistet wird und somit eine spezifische Fähigkeit der höheren Amnioten (Warmblüter) ist. Es kann dieses nicht differenzierbare Versuchsergebnis weder mit der andersartigen Organisation des Vogelhirns im allgemeinen noch mit den sehr markanten Unterschieden zwischen Tauben-, Papageien- und Rabengehirn korreliert werden. Es bleibt einzig und allein die Aussage möglich, daß bei Vögeln (man beachte die allgemeine Formulierung) analoge Funktionen von ganz andersartig organisierten nervösen Strukturen geleistet werden können; eine Aussage über den Zusammenhang von Hirnbau und Leistung ist vom verhaltensphysiologischen Resultat her nur in sehr allgemeiner Weise möglich, etwa so, daß der Vogel mit anderen Mitteln Ähnliches vermag wie manche Säugetiere oder gar der Mensch.

Auch wenn durch Experimente an Vögeln, um beim Beispiel zu bleiben, eine Ortung des auf visuellen Eindrücken basierenden Gedächtnisses oder auch der Lernfähigkeit möglich sein sollte (Versuche zeigen, daß Defizite vor allem beim Ausfall bestimmter, den oberen Pol des Großhirns bildenden Areale auftreten), dann ist damit vorerst nur bestätigt, daß ganz andersartig strukturierte Bereiche, als sie im Neokortex der Säugetiere vorliegen, das Gedächtnis resp. die Lernfähigkeit ermöglichen.

Der in diesem Beitrag angestrebte Vergleich Vogelhirn/Säugerhirn wird ein ungemein vielfältiges Kaleidoskop von Verschiedenheiten bringen. Die Ähnlichkeiten sind, wie gezeigt werden soll, von allgemeinerer Natur, etwa in dem Sinne, daß ein fünfteiliges Gehirn mit ähnlicher Aufgabenverteilung, Verbindungen (Kopfnerven) und Elementen (Zellen) auch im Prinzip ähnliche Leistungen zu erbringen imstande ist.

Die Experimente, die am Vogelhirn durchgeführt wurden, sind denn auch durchwegs so konzipiert, daß sie im Ergebnis gleichartige Leistungen, wie sie vom ganz andersartig konstruierten Säugerhirn erbracht werden, nachzuweisen versuchen. Etwas pointierter ausgedrückt: Der Mensch neigt dazu, im tierlichen Bereich Modelle zur menschlichen Organisation und zum menschlichen Verhalten zu suchen. Es mag dies der Grund sein, daß der Vogel neben der Ratte eine Chance hat, ja diese in gewissen Laboratorien sogar verdrängen konnte. W. M. Schleidt bemerkt zu Recht: »Wir haben den Eindruck, daß der Vogel ein besseres Modell zum Menschen anbietet« (1974, 11), und er gibt auch gleich die Begründung, indem er eine Aufzählung der Ähnlichkeiten folgen läßt: Sehen: Farbensehen; Hören: gleicher Frequenzbereich, reiches akustisches Kommunikationssystem; Riechen: mikrosmatisch; Lokomotion: biped; Verhalten: Territorialität, Pickordnung.

Schleidt betont aber auch, wie sehr der direkte unreflektierte Vergleich wissenschaftlich unhaltbar ist. Die Evolutionsgeschichte von Vögeln und Säugern ist eben eine total andere und ebenso und dementsprechend die involvierten Strukturen und deren Dynamik.

Wenn man bedenkt, daß seit der Abspaltung der Vögel und Säugetiere von der ein ganz eigenes, modernes Reptilienreich gründenden Gruppe der Stammreptilien gegen dreihundert Millionen Jahre vergangen sind, wenn man weiterhin bedenkt, daß in dieser, sogar geologisch gesehen langen Phase in den Warmblütergruppen immer raschere, also progressive Anpassungen möglich und realisiert wurden (Federn, Flug, Eipflege, Brutpflege bis zum extremen Nesthocker einerseits – Ausbau der Riechapparatur, Haarkleid, Viviparität mit Plazentabildung andererseits), so wundert es nicht, daß die Entfernung vom gemeinsamen Ursprung auf beiden Wegen eine beträchtliche werden und die einmal getrennt eingeschlagenen Richtungen zu neuen und anderen Leistungsstrukturen führen mußten.

Daß in den drei eingeschlagenen Linien auch hinsichtlich des Gehirnbaues etwas fast, aber doch nicht ganz Neues und etwas fast, aber doch nicht ganz anderes geschaffen wurde, wird der Vergleich Reptilienhirn/Vogelhirn/Säugerhirn zeigen.

SÄUGERHIRN/REPTILIENHIRN/VOGELHIRN

Ein genereller Vergleich, der sich vorerst nur mit den Hirnteilen befaßt, deren Funktion allerdings nur in sehr allgemeiner Formulierung umschrieben werden kann, soll eine Ausgangsbasis zur Diskussion der Ähnlichkeiten und Unterschiede der Gehirne der drei Klassen abgeben, aber auch das mögliche Vorgehen aufzeigen, welches die Forscher zur Aufdeckung und Darstellung der spezifischen, nur den Vögeln eigenen Hirnstruktur einschlagen konnten.

Es darf erwartet werden, daß die der Trennung vorangegangene lange, gemeinsame Entwicklungsgeschichte in den drei Linien vergleichbar Verschiedenes, also mehr oder weniger Ähnliches hervorgebracht hat, daß aber auch die Anpassungen an die besonderen Möglichkeiten der Vögel, wie Flug, akustische Kommunikation, fast ausschließlich auf

Auge und Ohr basierende Sozialstruktur, zu ganz andersartiger und nur von der Geschichte her zu verstehender Hirnstruktur geführt hat.

Abb. 1 zeigt die Gehirne von je einem Vertreter der drei Klassen in seitlicher Ansicht. Eine Wertung der Unterschiede, wie sie durch diesen groben Vergleich auffällig gemacht werden, ist nun immerhin insofern möglich, als die Zuordnung von Hirnarealen zu peripheren Organen, in erster Linie zu Bewegungs- und Sinnesorganen, in großen Zügen bekannt ist, Beziehungen, die vor allem durch Verfolgen des Nervenverlaufs, der Nervenwurzeln im Gehirn und der hirneigenen Bahnen nachgewiesen werden konnten. Selbstverständlich ist der die Klassengrenzen überspringende Vergleich von der Voraussetzung getragen, daß die zelluläre und architektonische Differenzierung der zu vergleichenden Hirnteile grundsätzlich ähnlich ist.

Abb. 1

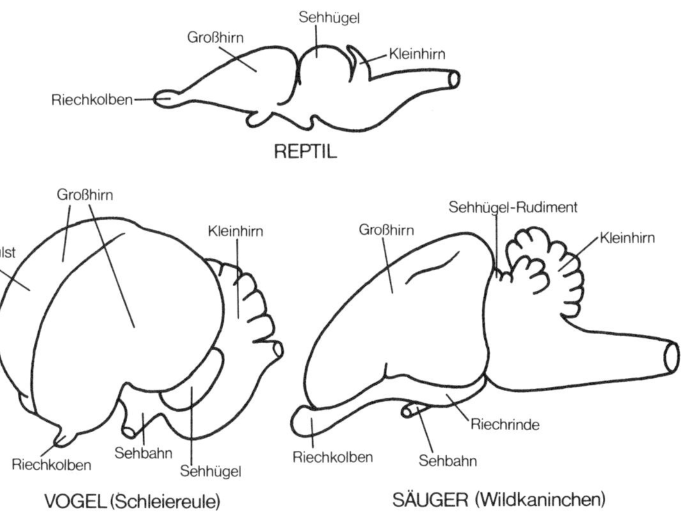

So können den am auffälligsten variierenden Bereichen folgende Leistungen zugewiesen werden:

Riechkolben: Die Größe des Riechkolbens (primäres Riechzentrum, Bulbus olfactorius) läßt sich als Ausdruck der Bedeutung des Riechsinnes annehmen, wobei selbstverständlich über die biologische Bedeutung im Leben des betreffenden Tieres noch nichts ausgesagt werden kann.

Kleinhirn: Das Kleinhirn (Cerebellum) empfängt bei den Landtieren vor allem Bahnen, die über die Position im Raum und über die Spannungszustände der Skelettmuskeln orientieren. Es ist als Raumsinnes- und Lokomotionszentrum zu werten. Seine Größe und Skulptur kann auch als Parallelausdruck zum Ausmaß der Muskeltätigkeit genommen werden.

Sehhügel: Die Reduktion resp. der Ausbau jenes Areals, in dem die Sehfasern aus der Netzhaut enden (Sehhügel, Lobus opticus, Tectum opticum), kann als Hinweis auf die generelle Bedeutung der optischen Eindrücke (des Sehens) im Leben der betreffenden Tierart genommen werden. Beim Säugetier ist dieses primäre Sehzentrum rudimentiert. Der unreflektierte Vergleich würde zu einem Trugschluß führen, denn es ist klar, daß die reiche visuelle Information, die das Säugetierauge dem Gehirn vermittelt, zentral verarbeitet werden muß. Dieses Zentrum findet sich im Großhirn. Die Bahnen, die zum allergrößten Teil beim Vogel ins primäre Sehzentrum ziehen, werden beim Säugetier somit in einen andern Hirnbezirk umgeleitet. Dieses Beispiel mag zeigen, daß morphologische Vergleiche, wenn sie nicht über Homologie Auskunft geben sollen, sondern über Leistung, nur mit großer Vorsicht über Klassengrenzen hinweg vorgenommen werden dürfen.

Großhirn: Nicht nur der Mittelhirnvergleich ist schwierig, auch das Großhirn (Telencephalon, Hemisphärenhirn) stellt den Forscher, der Vergleiche ziehen möchte, vor schier unlösbare Probleme. Die Analyse der Feinstruktur (abgesehen vom Riechlappen) zeigt Unterschiede auf, vor allem beim Vergleich Vogel/Säuger, die so drastisch sind, daß für den Leistungsvergleich nur sehr allgemeine Formulierungen möglich werden. Untersuchungen experimenteller Art haben gezeigt, daß auch beim Vogel das Großhirn als Kommandobrücke zu werten ist, von der aus wichtige, akute Verhaltensleistungen gesteuert werden, Aktivitäten, die auf der Basis von Eindrücken, die mit den höheren Sinnen aufgenommen werden,

Abb. 2

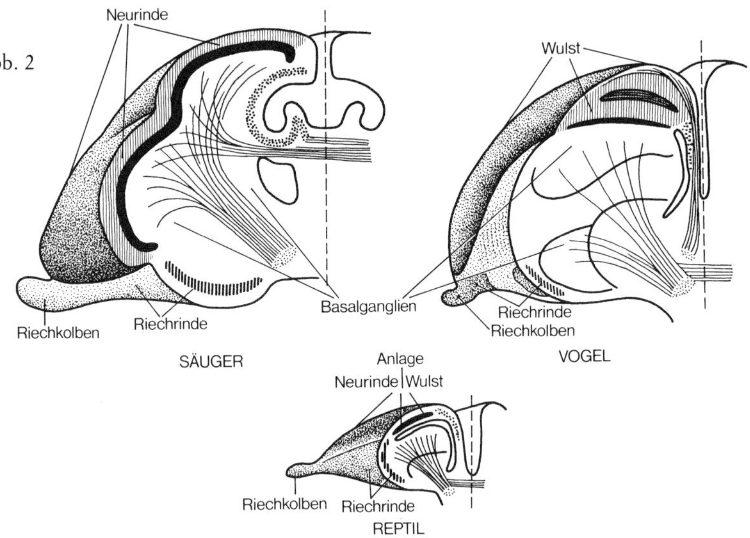

sowie auf der Basis von Gedächtnis- und Lernvorgängen sich vollziehen. Die Vergleichbarkeit der Leistung ist gegeben – für den Forscher ist aber gerade dieses Faktum eine starke Herausforderung, denn wie ist es denkbar, daß ähnliche Leistung wie beispielsweise unbenanntes Zählen bis 7 von so stark verschieden organisierten Hirnteilen, wie sie im Vogel- und Säugergroßhirn vorliegen, erbracht werden kann?

Die Evolution und Adaptation (Anpassung) in der Generationenfolge von Reptil zu Vogel hat offenbar, vor allem was die Konstruktion des Großhirns betrifft, zu einem radikal anders differenzierten Organ geführt. In welcher Richtung und zu welchem Resultat diese Abwandlung tendierte, zeigen die Querschnitte durch das Großhirn der Warmblüter im Vergleich zu Reptilien (Abb. 2). Aus einem Anlagegebiet, das sich offenbar bei den rezenten Reptilien erhalten und nicht weiter differenziert hat, hat sich einerseits beim Säuger die den weitaus größten Teil der Oberfläche des Großhirns ausmachende Neurinde gebildet, beim Vogel das Wulstgebiet, das sich über einem mächtig ausgedehnten und stark gegliederten Basalganglion (Striatum) erhebt.

Zur Beurteilung der evolutiven Distanz wäre es wichtig, die Frage zu beantworten, wann diese so andersartige, vogelspezifische Organisation erreicht wurde, eine Frage, die von den Palaeoneurologen mit einiger Sicherheit beantwortet werden kann. Fest steht, daß die Urvögel (Archaeornithes), wie Rekonstruktionsversuche am Londoner Archaeopteryxexemplar ergaben, noch kein typisches Vogelhirn besaßen. Die Dimensionen des Gehirns sind noch reptilienhaft, d. h. die Zunahme der Nervenzellmasse hatte zur Jurazeit noch nicht eingesetzt. Erst die Kreidevögel, also Formen, die wenigstens 50 Millionen Jahre später auftraten, dürften über ein typisches Vogelhirn verfügt haben. Obwohl dieses Vogelhirn, wie uns die heutigen Formen demonstrieren, ähnliches zu leisten vermag wie das Gehirn der anderen Warmblütergruppe, der Säugetiere, haben nun aber doch die speziellen Anforderungen, die an ein Vogelwesen gestellt werden, zu einer, wie schon dargestellt, ganz andersartigen Konstruktion geführt. Ein Organismus, der fliegen kann, der sein Leben fast ausschließlich auf optischen und akustischen Eindrücken aufbaut, die rasch wirksame Schlüsselreize verfügbar werden lassen, die ihrerseits wieder sehr rasche und damit für den schnellen Vogel wirksame Reizbeantwortung ermöglichen, muß über ein anderes Organ verfügen als das Säugetier. Theoretisch wäre ein Organ verlangt, das – um mit den Worten des großen Vogelkenners Oskar Heinroth zu sprechen – »Gefühlstieren stärksten Grades mit sehr viel angeborenen Trieben und wenig Verstand« zu dienen hätte.

Vögel, so ist ganz generell festzustellen, sind stereotyper in ihrem Verhalten, was sich z. B. darin zeigt, daß bestimmte Reize unter bestimmten Voraussetzungen ein automatisch ablaufendes (reproduzierbares) Verhalten auslösen.

Vögel sind dementsprechend in geringerem Maße auf Lernen angewiesen; ihr Leben ist durch angeborene Verhaltensweisen (Instinkte) in strenge Bahnen gelenkt. Dies ist für diese Lebensform auch besonders günstig, denn Vögel müssen, als besonders schnelle Tiere, auch entsprechend rasch reagieren können, was ein Verarbeiten der Eindrücke im Bewußtseinsbereich (Verknüpfen von Erinnerungen) und entsprechendes, auch nur in geringem Maße verzögertes Handeln vielfach ausschließt.

Diese Betonung des Instinktverhaltens bedeutet aber nicht, daß Vögel nicht auch lernen und auf Grund von Erfahrungen handeln könnten; es gibt unzählige Beispiele für diese Möglichkeit, die biologisch offenbar noch nicht voll ausgenützt ist. Daß zu lernen und nach Maßgabe des Gelernten zu handeln Vögeln möglich ist, läßt sich durch Dressur auf Zahlen nachweisen, eine Dressurfähigkeit, die auf vorsprachliches Denken schließen läßt (Koehler 1941). Auch Anpassung an völlig neue Umweltverhältnisse ist, wie die Kulturfolger beweisen, möglich (z. B. Ausnützen von Vorteilen und Vermeidung von Gefahren an Autobahnen und Flugplätzen).

Abb. 2 zeigt, und dieses intrigierende Faktum ist nicht zu übersehen, daß dieses höchste Leistungsniveau auf zwei ganz verschiedenen Wegen, die zu drastisch verschiedenen Bautypen bei Vögeln und Säugern führten, erreicht werden konnte. Die Darstellung läßt aber auch erahnen, daß der offenbare Ersatz der Neurinde durch den Wulst und der Ausbau der möglicherweise mit dem Basalganglion der Säugetiere vergleichbaren Striatumbezirke etwas mit der besonders starken Instinktbindung bei Vögeln zu tun hat.

DIE VARIANTEN DES GEHIRNS UND DEREN MÖGLICHE BEDEUTUNG FÜR DIE SPEZIELLE LEBENSFORM

Einleitung

Der vorangegangene Vergleich, der sich vor allem mit dem Großhirn befaßte, sollte insbesondere die eindrückliche Deviation von Reptilienhirn einerseits zum Vogelhirn, andererseits zum Säugerhirn zeigen. So wie die Mechanismen zur Einstellung des Auges auf Nähe und Ferne beim Vogel ganz andere sind als beim Säugetier, so wie die Federn ganz andere Hautstrukturen sind als die Haare, so wie Flug und Bipedie ganz andere Fortbewegungsweisen sind als Quadrupedie, so ist auch das Gehirn, in ganz besonderem Maß das Groß-, Mittel- und Kleinhirn, von verschiedenem Bau und damit verschiedener Dynamik.

Der zoologisch orientierte Neurologe weiß, daß Schlüsse vom gut untersuchten Säugerhirn auf das in der Forschung und damit Literatur weit weniger stark beachtete Vogelhirn nur mit äußerster Vorsicht gezogen werden dürfen. Funktionszuordnungen, wie sie die topologischen Karten des Neokortex der Säugetiere anbieten, sind nicht zu erwarten, weil kein entsprechendes Substrat beim Vogel vorkommt, aber auch deshalb, weil die Forschung noch in den Kinderschuhen steckt, indem erst in den letzten Jahren mit geeigneten Mitteln und Methoden Lokalisationsforschung am Vogelhirn getrieben wird. Die Resultate dieser Forschung sind noch sehr spärlich und auch lange nicht so eindrücklich und überzeugend wie jene, die am Säugerhirn gewonnen wurden. Eine der Hauptaufgaben dieser Betrachtung wird es sein zu zeigen, daß vom Morphologen wie vom Experimentator Beiträge geliefert werden können und müssen, wenn das Gehirn, das komplexeste Organ der Vögel, als Apparatur und im Zusammenhang mit der Biologie und dem Verhalten dieser Tiere verstanden werden soll. Es ist vor allem zu erwähnen, daß von einer vergleichenden experimentellen Forschung noch keine Rede ist, daß also die arttypische Hirnstruktur zum speziellen Verhalten und zur Ökologie der Art noch nicht in Bezug gebracht werden kann. Hingegen dürfte es möglich sein, die Angaben der experimentell arbeitenden Forscher, die sich mit wenigen Ausnahmen auf Taube und Huhn beziehen, in einer vorläufigen Weise auszuwerten, um die Ergebnisse der vergleichenden Betrachtung, die manche Hinweise auf die Bedeutung der speziellen Struktur geben kann, zu interpretieren und zu bestätigen.

Zerebralisation

Verschiedene Methoden sind angewendet worden, um die Entwicklungsstufe und die Proportionierung des Gehirns bei Warmblütern quantitativ zu erfassen. Wenn hier nur eine dieser Methoden und deren Resultate vorgestellt werden (Portmann 1946/47), dann deshalb, weil Quantifizierungen nur bedingten Aussagewert haben, und auch deshalb, weil die hier vorgestellte Methode wohl die bestechendste unter den angebotenen ist. Sie basiert einerseits auf dem Faktum, daß die Größenvariation der Basis des Gehirns von weit geringerem Ausmaß ist als jene der Integrationsorte Kleinhirn, Mittelhirndach und Großhirn, zum anderen darauf, daß diese Basis, die als Stammrest dem übrigen Hirn gegenübergestellt wird, innerhalb einer Verwandtschaftsgruppe (Ordnung) in einem ganz bestimmten, rechnerisch und graphisch faßbaren Verhältnis zum Körpergewicht steht. So wird es möglich, auch Formen mit stark verschiedenem Körpergewicht miteinander zu vergleichen; außerdem scheint die Annahme berechtigt, daß mit dem Vergleich Integrationsorte/Stammrest das Verhältnis höhere Funktion zu elementarer Funktion erfaßt wird. Die Indexwerte Portmanns geben das Verhältnis der Massenentwicklung von Hirnteilen mit Integrationsfunktion zum innerhalb der Klasse minimalst entwickelten Hühnerstammrest mit elementarer Funktion an. Diese Werte, die an Vertretern von fast allen Vogelordnungen gewonnen wurden, bieten einen ersten, in seiner Bedeutung allerdings schwer zu ermessenden Ausdruck der Variationsbreite und der Proportionsunterschiede innerhalb der systematischen Gruppe, aber auch von Ordnung zu Ordnung an.

Im folgenden soll versucht werden, einen Überblick über diese Werte zu gewinnen und die Variation, die vor allem durch Beachtung der Extremwerte erfaßt werden kann, festzustellen. Es wird sich allerdings zeigen, daß ohne Kenntnis des inneren Baues, vor allem beim Großhirn, Aussagen zur Bedeutung der Werte nicht oder doch nur in allgemeinster Form möglich sind.

Tab. 1 gibt einige dieser Werte für eine Auswahl von Vogelordnungen und Vogelarten an; es sind vor allem Arten mit Extremwerten sowie innerhalb der Ordnung Arten mit stark verschiedener Körpergröße berücksichtigt worden. Wie die Durchsicht der dritten Kolonne erkennen läßt, erreicht auch die Bezugsgröße, der Stammrest, bei den verschiedenen Formen eine recht unterschiedliche Evolutionsstufe. Der Stammrestwert von *Ara ararauna* ist immerhin fast dreimal höher als jener der Hühnervögel. Wenn schon der Stammrest als basales Gebiet eine derartige Variation aufweist, dann dürfte es nicht wundern, daß die Integrationsgebiete noch viel stärker variieren: So ist das relativ größte Kleinhirn fünfmal, die relativ größten optischen Hügel sechsmal und das relativ größte Großhirn zwölfmal so mächtig wie der am geringsten entwickelte entsprechende Hirnteil.

	ART	Körpergewicht	Basiszahl	Stammrest	Sehhügel	Kleinhirn	Großhirn
HÜHNERVÖGEL	Wachtel (*Coturnix coturnix*)	85	0,17	1	0,705	0,514	2,36
	Pfau (*Pavo cristatus*)	3500	1,16	1	0,63	0,87	3,74
TAUBEN	Taube (*Columba livia*)	300	0,318	1,38	0,85	1,04	4,0
	Krontaube (*Goura coronata*)	1500	0,738	1,14	0,855	1,11	4,05
ENTEN	Pfeifente (*Anas penelope*)	700	0,479	1,34	0,563	0,915	5,33
	Höckerschwan (*Cygnus olor*)	11000	2,10	1,16	0,269	1,03	5,16
REIHER	Zwergdommel (*Ixobrychus minutus*)	136	0,21	1,34	0,753	1,08	4,52
	Weißstorch (*Ciconia ciconia*)	3500	1,16	1,84	0,986	1,92	7,91
	Afrika Marabu (*Leptoptilus crumeniferus*)	6200	1,55	2,16	0,986	2,84	14,22
TAGRAUBVÖGEL	Turmfalk (*Falco tinnunculus*)	230	0,276	1,88	1,51	1,67	8,24
	Mäusebussard (*Buteo buteo*)	900	0,566	1,96	1,59	2,14	9,78
EULEN	Steinkauz (*Athene noctua*)	165	0,234	1,58	1,003	1,28	12,9
	Schleiereule (*Tyto alba*)	290	0,313	2,70	0,687	1,47	14,53
	Waldkauz (*Strix aluco*)	450	0,394	2,48	1,155	1,75	17
PAPAGEIEN	Wellensittich (*Melopsittacus undulatus*)	36,7	0,105	1,285	0,76	1,14	7,4
	Blaustirnamazone (*Amazona versicolor*)	400	0,370	2,39	0,959	1,68	16,1
	Ararauna (*Ara ararauna*)	850	0,549	2,66	0,99	2,38	28,02
SPECHTE	Wendehals (*Jynx torquilla*)	37	0,107	1,21	0,82	0,86	4,63
	Buntspecht (*Dendrocopos major*)	80	0,159	1,85	1,04	1,76	12,35
	Schwarzspecht (*Dryocopus martius*)	300	0,318	2,48	1,26	2,00	19,35
SINGVÖGEL	Wintergoldhähnchen (*Regulus regulus*)	5,4	0,039	1,11	1,19	1,09	5,77
	Star (*Sturnus vulgaris*)	80	0,160	1,37	1,01	1,16	7,63
	Elster (*Pica pica*)	220	0,270	1,82	1,41	1,63	15,81
	Kolkrabe (*Corvus corax*)	1100	0,629	1,53	1,17	1,85	18,70

Tab. 1 Hirnindexwerte (nach: Portmann 1946/47).

Diese Indexwerte sind vorerst nichts anderes als quantitativer Ausdruck der relativen Massenentwicklung und deshalb nicht als Maße für die Komplexität oder, im Falle des Großhirns, der Intelligenz zu nehmen. Sie geben aber doch eine erste objektive Basis für eine bessere Bewertung der Unterschiede und eine erste Möglichkeit, einen allgemeinen Entscheid über die Evolutionsstufe zu fällen, aber auch zu erkennen, ob eine systematische Gruppierung hinsichtlich der Massenentwicklung des Gehirns homogen oder sehr heterogen ist. So zeigen beispielsweise die Werte des Großhirns der Singvögel, daß nur unter den Rabenvögeln mit großer Körpermasse sehr hohe Indexwerte über 10 erreicht werden. Höchste Werte erreichen außer den Spechten und Rabenvögeln die Eulen und Papageien sowie der Marabu und der Pelikan. In allen übrigen Ordnungen bleibt der Massenwert des Großhirns unter 10.

Diese Unterschiede können selbstverständlich schwer gewertet werden. Die Zuordnung zur Sinnesorganisation, zum Verhalten oder gar zur speziellen Ökologie der besonderen Lebensform ist nur in sehr grober Weise möglich. Einleuchtend ist, daß der Mäusebussard als sehr guter Flieger ein größeres Kleinhirn haben muß als die Wachtel. Die Werte bestätigen diese Erwartung: Das Mäusebussardkleinhirn ist fünfmal so groß wie jenes des Hühnervogels. Einleuchtend sind auch Unterschiede, die beim Vergleich von Vögeln mit besonders großen Augen und damit sicher auch gutem Gesichtssinn und solchen, bei welchen der optische Sinn geringere Bedeutung hat, sichtbar werden. So sind die optischen Hügel des Mäusebussards relativ sechsmal so schwer wie jene des Schwans. Auf weitere Zusammenhänge, welche diese Indexwerte aufzeigen, soll in den folgenden Abschnitten, die den einzelnen Hirnteilen gewidmet sind, eingegangen werden.

Auf ein wichtiges Faktum muß allerdings schon an dieser Stelle hingewiesen werden: Die Massenentwicklung des höchsten Integrationsorgans, des Großhirns, scheint nur bei jenen Vögeln eine höchste Stufe erreichen zu können, welche sich brutbiologisch als Nesthocker einstufen lassen. Dies könnte doch bedeuten, daß die Umstellung vom reptilienhaften Nestflüchter zum Nesthocker und zum engverzahnten Eltern/Jungen-Verhältnis Voraussetzung für eine maximale Entwicklung des Großhirns war.

Das Hinterhirn (Medulla oblongata)

Das Hinterhirn macht einen wichtigen Abschnitt dessen aus, was als Stammrest bezeichnet wurde. Die im ganzen geringere Variation in diesem Gehirnteil, von dem die wichtigsten Kopfnerven abgehen, läßt erwarten, daß auch die Unterschiede in Bau und Proportion seiner Unterabschnitte geringer sind als bei den Integrationsorten, und läßt es deshalb angebracht erscheinen, diesen hintersten und basalsten Abschnitt des Gehirns zuerst zu behandeln.

Das Hinterhirn ist einerseits jener Hirnbezirk, durch welchen alle Faserbahnen, welche die Integrationsorte wie auch den vorderen Anteil des Stammrests (Zwischenhirn und Basis des Mittelhirns) auf- oder absteigend mit dem Rückenmark verbinden, hindurchziehen müssen. Außerdem beherbergt dieser Hirnbereich die Zentren der wichtigsten Kopfnerven sowie Schaltstationen, welche eintreffende Meldungen an höhere Zentren weitergeben. Die vom Hinterhirn abgehenden Nerven sind (mit Ausnahme des Nervus abducens, der einen ganz bestimmten Augenmuskel bedient, und des Zungenmuskelnervs) gemischte Nerven, d. h., sie führen sensible wie motorische Fasern und leiten dementsprechend Impulse vom Zentrum zur Peripherie wie auch umgekehrt; entsprechend sind in der Medulla sensible und motorische Nervenzentren zu unterscheiden.

Da im Rahmen dieser Darstellung nicht auf alle Verbindungen und Zentren eingegangen werden kann, sollen zwei Systeme herausgegriffen werden, deren Verbindungen und Zentren vom Sinnesorgan über Schaltzentren bis zu den Endstellen man einigermaßen kennt; insbesondere auch deshalb, weil gerade diese, es handelt sich um das Hör- und Tastsystem, für die betreffende Lebensform eine ganz besonders große Bedeutung haben können. Die Zentren der beiden Systeme, deren Eingang im Falle des Gehörs über den Hörnerven (Nervus cochlearis), im Falle des Tastsinnes über den motorisch-sensiblen Trigeminusnerven erfolgt, sind die morphologisch wie auch physiologisch wohl am besten untersuchten Anteile des Hinterhirns.

Die beiden Systeme spielen im Leben der Vögel eine besonders wichtige Rolle: Die meisten, vor allem aber die extrem sozialen Vögel oder solche, welche das Ohr bei der Nahrungssuche oder zur Ortung in der Dunkelheit benützen, dürften auf einen leistungsfähigen Mechanismus, d. h. auf eine gut funktionierende zentrale Einrichtung angewiesen sein. Das andere System wird durch die Tastkörperchen des Schnabels repräsentiert. Der Schnabel ist bekanntlich eine der am stärksten variierenden Bildungen des Vogelkörpers; als Organ der Nahrungsaufnahme ist er an die verschiedensten vom Biotop wie von der Nahrung selber gestellten Bedingungen angepaßt. So sondiert die Schnepfe mit ihrem Schnabel in Laub und Boden, so können Flamingos und auch Enten Kleintiere aus dem Wasser ausfiltrieren, so tötet und zerreißt der Raubvogelschnabel die Beute, werden Körner zerrieben, Nüsse geknackt; Papageien können gar mit Hilfe des Schnabels klettern und mit zusätzlicher Hilfe der Zunge feinste Manipulationen ausführen.

Da das Ohr der Vögel ohne Cochleabildung (Schneckenbildung) eine eher niedrigere Ausbildungsstufe als das Säugerohr erreicht zu haben scheint, andererseits aber, wie Experimente und Beobachtungen zeigen, ähnliche Leistungen zu erbringen imstande ist, wurde der zentralen Organisation des akustischen Systems besondere Beachtung geschenkt. So haben sich vor allem Schwartzkopff und Winter der Physiologie und Anatomie der akustischen Zentren gewidmet (Winter, Schwartzkopff 1961). Quantitative vergleichende Untersuchungen an Zentren der Medulla sind von Stingelin auf breiter Basis durchgeführt worden (Stingelin 1965); sie zeigen klar, daß insbesondere die taktilen und akustischen Kerne innerhalb der Klasse einer starken Variation unterworfen sind.

Wie allgemein bekannt, ist bei Vögeln die Lautbildung differenzierter als in irgendeiner anderen Wirbeltierklasse (Ausnahmen: Delphine, Mensch) und damit selbstverständlich auch die Aufnahme und Verarbeitung von Hörinformationen von höchster Bedeutung. Eine Fähigkeit, die mit der Hörfähigkeit eng gekoppelt und die ein zweites Mal nur noch beim Menschen und seinen nächsten Verwandten verwirklicht ist, besteht in der Möglichkeit zu imitieren; unter den Vögeln sind es vor allem Vertreter der Papageien und Singvögel, die in höchstem Maße mit diesem Imitationstalent begabt sind.

Die Aufnahme der Laute geschieht über ein, nur bei Eulen im Sinne einer Muschel gestaltetes Außenohr, über ein nur mit einem einzigen Gehörknochen ausgestattetes Mittelohr und von der Basilarmembran über den Hörnerven zu den Zentren im Hinterhirn.

Das äußere, mittlere und innere Ohr sind bei sehr vielen Vogelarten untersucht worden. Auf Unterschiede, die diesen Teil des auditorischen Systems betreffen, kann im Rahmen einer Besprechung des Nervensystems nicht näher eingegangen werden.

Der nukleäre Aufbau der ersten auditorischen Station scheint im Prinzip bei allen Vögeln derselbe zu sein. Wie für das Tastsystem gezeigt werden wird, wie aber auch die Betrachtung der Integrationssysteme zeigen wird, sind qualitative Unterschiede im Hirnbau der Vögel sehr rar. Was Cohen und Karten zum auditorischen System bemerken, gilt im Grunde für das gesamte Vogelhirn: »Wie auch im visuellen und Trigeminussystem äußern sich diese Unterschiede im Ausmaß der Entwicklung einzelner Kerne, über die alle Vogelarten verfügen, nicht aber durch das Auftreten artspezifischer Kerngruppen« (Cohen, Karten 1973, 50).

Gerade aber in diesem Ausmaß der Entwicklung (Zellenzahl, Kernvolumen) ließen sich ganz beträchtliche Unterschiede nachweisen – eine markante Hypertrophie allerdings nur bei den nächtlich jagenden Eulen, also nur bei jenen Eulen, welche die Beute mit dem Ohr orten und auch eine Links-rechts-Asymmetrie des äußeren Ohres aufweisen.

Die Untersuchungen von Schwartzkopff und Winter zeigen klar, daß die zentralen Unterschiede noch auffälliger sein können als die peripheren. Während das Sinnesorgan (Basilarmembran) der Schleiereule nur zweimal größer ist als bei den »Normal-Vögeln«, ist die Zellenzahl der Hörkerne des Hinterhirns fast siebenmal größer. Die Zellenzahl der Hörkerne ist bei der extrem nächtlichen Schleiereule am höchsten, während der Uhu mit dem kleinen Steinkauz und mit den Krähenvögeln gleichzieht.

Die verglichen mit den Eulen und Papageien geringe Ausbildung bei den übrigen Vögeln läßt es schwierig erscheinen, einen Zusammenhang zwischen Lebensform und Hörkernausbildung zu sehen.

Die in Tab. 2 aufgeführten Zahlen zeigen aber noch eine weitere, ins Auge stechende Variation im Nachhirn auf: die ganz erstaunlichen Unterschiede in der Größe des Tastzentrums (sensibler Hauptkern des Trigeminus). Dieser Kern ist mit den Hörkernen zusammen als eines der wenigen Zentren des Nachhirns vergleichend morphologisch genauer untersucht worden; seine Beziehung zu den Tastkörperchen des Schnabels, die eine besonders wichtige Impulsquelle bilden, sowie zu den Propriozeptoren der Kaumuskeln des Schnabels sind experimentell nachgewiesen.

Auf dieses taktile System wird näher eingegangen, weil der Zusammenhang seiner Ausbildung mit der Ausbildung des Schnabels nachgewiesen werden kann und seine Bedeutung im Ernährungsverhalten unzweifelhaft (Zeigler 1974) und auch seine Beziehung zum Großhirn schon lange und eindeutig nachgewiesen ist (Wallenberg 1903/04).

Eine erste Übersicht über die Variation dieses Kerngebiets gibt Tab. 2. Die Werte zeigen, daß die Größe des Kerns insofern in einen allgemeinen Bezug zur Schnabelausbildung zu setzen ist, als die größten Kerne bei Vogelformen erreicht werden, bei welchen die Tastkörperchen des Schnabels besonders dicht gelagert und besonders groß oder in besonders großer Zahl vorhanden sind (Unger 1972).

	sensibler Hauptkern des Trigeminus	motorischer Kern des Trigeminus	Augenmuskelkern VI	Cochleariskerne
Wellensittich	802	318	85	831
Agapornis	2295	410	108	721
Bienenfresser	78	82	108	225
Bekassine	1765	95	43	334
Waldkauz	276	158	64	1922
Rabenkrähe	167	170	115	220
Mandarinente	562	131	46	219
Heiliger Ibis	4044	266	107	348

Tab. 2 Indizierte Volumenwerte einiger Nachhirnkerne (nach: Stingelin 1965).

Daß diese Hypertrophie des medullären sensiblen Trigeminuskerns mit der Biologie der betreffenden Arten in Bezug zu bringen ist, liegt auf der Hand; sie betrifft vor allem Vögel, welche zur Nahrungssuche und -verarbeitung den Tastsinn benützen. In dieser Richtung deuten auch die Meßergebnisse von Schaposchnikow (1953): Diejenigen Vögel, welche zur Nahrungssuche ausschließlich den Tastsinn gebrauchen, besitzen das relativ größte verlängerte Mark. Unter den von ihm untersuchten Vögeln stehen die Schnepfen an erster Stelle.

Die Verfolgung der Projektionsbahnen der beiden besprochenen Systeme, des Hör- und Tastsystems, wird zeigen, daß die Darstellung der Verbindungen wie die Darstellung der Hirngebiete, in welche diese Bahnen eintreten, ebenso wie die Bewertung der proportionalen Verhältnisse in vergleichender Sicht es dem Forscher ermöglichen können, auch die komplexeren Hirnbereiche auf diesem Weg, von Peripherie zum Zentrum, besser zu verstehen.

Wenn auf die übrigen medullären Systeme nicht näher eingegangen wird, dann deshalb, weil vergleichende Untersuchungen an anderen Kernbereichen nur in bescheidenem Maße und ohne augenfällige Resultate zu ergeben durchgeführt worden sind. Daß aber auch in anderen Hinterhirnbereichen Korrelationen aufgezeigt werden können, deutet die Feststellung von Sanders (1929) an, daß ein Kern des Zungennerven (Nervus hypoglossus, Nucleus intermedius) beim Wellensittich mit besonders beweglicher Zunge viel größer ist als z. B. bei Singvögeln.

Das Kleinhirn (Cerebellum)

Das Kleinhirn der Wirbeltiere ist, diese Besonderheit sei vorweggenommen, ein im Prinzip durchwegs ähnlich gebautes Organ. Vor allem ist es bei Amnioten (Reptilien, Vögel, Säuger) in seinem Feinbau identisch, eine Tatsache, die nachdrücklich darauf hinweist, daß dieser Teil des Gehirns bei allen Formen grundsätzlich die gleiche Funktion übernommen haben dürfte.

Was nun allerdings auf der anderen Seite den Eindruck der Gleichartigkeit stört, ist das Faktum, daß dieser Hirnteil, welcher sich lagekonstant über dem vorderen Teil des Hinterhirns erhebt, ganz außerordentliche Unterschiede in Bezug auf Masse wie auch in Bezug auf Skulpturierung aufweist.

Unterschiede im Kleinhirnbau könnten selbstverständlich auf die mehr oder weniger plumpe oder akrobatische Bewegungsform der betreffenden Tiere bezogen werden, denn das Kleinhirn ist bekanntlich ein Korrelationsorgan, welches wie ein Computer in erster Linie Positionszustände der Skelettmuskulatur mit Empfindungen aus dem Gleichgewichtsorgan und auch anderen Sinnesempfindungen in Relation bringt und damit laufend Haltung und Bewegung kontrolliert. Diese allgemeine Aufgabe kann morphologisch aufgezeigt werden, in dem Sinne, als bei Formen, welche nur einfache Bewegungen ausführen und denen beispielsweise die Gliedmaßen fehlen, wie den Schlangen, oder bei denen diese gar nie ausgebildet wurden, wie bei den Rundmäulern, dieses Organ bis auf Rudimente abgebaut ist – oder eben gar nie zur Ausbildung kam.

Vögel haben ein reich gefaltetes und relativ zur Körpergröße mächtiges Kleinhirn; da aber die Unterschiede im Bau bisher wenig überzeugend interpretiert werden konnten, darf und muß auf eine Darstellung der Varianten und deren Bedeutung verzichtet werden.

Mittel- und Zwischenhirn (Mesencephalon und Diencephalon)

Vögel sind extreme Augentiere; aber auch Gehörinformationen spielen vor allem für das Sozialverhalten eine eminente Rolle. Diese Fakten spiegeln sich am augenfälligsten im Aufbau des Mittelhirns, aber auch im Zwischenhirn und Großhirn. Nicht von ungefähr ist gerade diesen beiden Systemen von den Experimentatoren am meisten Beachtung geschenkt worden; man weiß vergleichsweise mehr über die Projektionsbahnen aus der Netzhaut des Auges und der Papilla basilaris des Ohres als über andere in das Gehirn ein- und austretende oder im Gehirn auf- oder absteigende Bahnen.

Der in seiner Größe, allerdings nicht in seinem inneren Aufbau, am stärksten variierende Anteil des Mittelhirns ist das Sehdach (Tectum opticum), jener Abschnitt, in den, wie mit Hilfe verschiedener Experimente festgestellt werden konnte, wohl der größte Teil der Netzhautfasern eintreten. Markante Unterschiede, wie sie schon bei oberflächlicher Betrachtung sichtbar werden, aber auch durch Messung und Relativierung augenfällig gemacht werden können (Index: Flamingo 0,29, Mäusebussard 1,59), sind unbedingt Ausdruck der betonteren Bedeutung des Gesichtssinnes bei der indexhöheren Form. Allgemein darf festgestellt werden, daß dieses Hauptzentrum des optischen Sinnes, gegenüber jenem der Reptilien, die den phylogenetischen Vorläufer demonstrieren dürften, strukturmäßig um fünf Rindenschichten bereichert wurde (Thali 1972). Vergleichende Untersuchungen desselben Autors an 41 Vogelarten aus 17 Ordnungen haben allerdings gezeigt, daß der Schichtaufbau des Organs bei allen Vögeln grundsätzlich derselbe ist und daß außerdem auch innerhalb der systematischen Gruppen Feinunterschiede, die sich nicht auf die Sehleistung beziehen lassen, festgestellt werden müssen. Wenn überhaupt eine Beziehung der Differenzierung zur Sehleistung festgestellt werden könnte, dann höchstens die, daß größere Zelldichte und ausgedehntere synaptische Bereiche (Molekularzonen) auf erhöhte Leistung hindeuten könnten.

Wenn ein Vogel erwähnt werden kann, dessen Hauptsehzentrum von annähernd reptilienhaftem Bau ist, dann der neuseeländische Kiwi; der einzige Vogel auch, von dem sich behaupten läßt, daß der Geruchssinn und vielleicht auch der Schnabeltastsinn wichtiger sind als die Information mit Hilfe der Augen.

Auch wenn vom Sehdach noch andere Informationen verwertet werden als nur visuelle, so zeigt die Zuordnung der Extreme doch, daß die äußeren Schichten der neunzehngliedrigen Rinde im wesentlichen dem optischen System zuzuordnen sind. Aber auch die zentralen Schichten dürften vorwiegend optische Informationen oder aus der Verarbeitung von optischen Informationen resultierende Impulse verarbeiten oder weiterleiten. Bestätigt wird die optische Funktion durch experimentell-anatomische Versuche von Karten u. Revzin (1966). Massive Verbindungen zum im dorsalen Zwischenhirn gelegenen Nucleus rotundus gehen von dieser Rindenschicht aus. Hodos u. Karten (1966) konnten auf Grund von anatomischen und physiologischen Studien schließen, daß dieser Kern eine Schaltstation im aufsteigenden visuellen System ist. Da andere Eingänge in diesen Kern nicht festgestellt werden konnten, bezeichneten die Autoren die Bahnung als Teil der »zentralen Sehbahn« resp. als »tecto fugal pathway«. Daß es sich bei dieser Verbindung um eine eminent wichtige Informationsbahn zum Großhirn handeln dürfte, zeigen weitere Untersuchungen von Hodos u. Karten (1970), indem nachgewiesen werden konnte, daß der runde Kern in ein eng umschriebenes Areal des Großhirns projiziert, in das sogenannte Ectostriatum.

Neben dieser Verbindung besteht eine zweite, welche direkt vom Auge in das dorsolaterale Zwischenhirn führt. Dieser dorsolaterale Kernkomplex projiziert neben dem Ectostriatum vorbei in den sogenannten Wulst des Großhirns. Die Größe und die offenbare Bedeutung dieser Zwischenhirnzone ließ es berechtigt erscheinen, diesen Kernbereich als optischen Hauptkern zu bezeichnen, die in den Wulst ziehende Bahn als thalamo-fugale Bahn.

Die Tatsache, daß der optische Hauptkern bei Eulen gewaltige Ausmaße erreicht, deutet auf einen Zusammenhang des thalamo-fugalen Systems mit der besonderen Lebensform hin. Die Tatsache, daß insbesondere die Schleiereule über einen riesengroßen optischen Hauptkern verfügt, läßt zudem die Annahme berechtigt erscheinen, daß dieses Zentrum für die Dunkelaktivität von Bedeutung ist und seine Hypertrophie als besondere Adaptation an das Sehen im Dunkeln verstanden werden muß.

Abgesehen von den optischen Zentren des Mittelhirns und Zwischenhirns, deren vergleichende Betrachtung gewisse Schlüsse auf deren Bedeutung im Leben der Vögel zuläßt, bieten sich im Bereich des Mittelhirns einer derartige Schlüsse zulassenden vergleichenden Betrachtungsweise nur noch Komponenten des auditorischen Systems an, repräsentiert durch den Nucleus mesencephalicus lateralis pars dorsalis (zentraler Teil des mit dem Torus semicircularis der Reptilien und einem Teil des Colliculus inferior der Säugetiere homologisierbaren Kerngebietes) sowie den Nucleus ovoidalis im Zwischenhirn, der seine Projektionsfasern ins kaudale Neostriatum des Großhirns einziehen läßt.

Daß der dorsale Teil des Nucleus mesencephalicus lateralis eine wichtige Station der Hörbahn darstellt, ist experimentell von Harman u. Phillips (1967), Karten (1966) und Boord (1968) eindeutig nachgewiesen worden. Aber noch bevor die Bedeutung dieses Hirnareals nachgewiesen war, hat Cobb (1964) mit Hilfe von Volumenmessungen an 27 Vogelarten die Größe des auditorischen Mittelhirnkerns mit der Gesamtgröße der optischen Hügel verglichen und glaubte so die Relation von optischem und auditorischem System in Prozentzahlen angeben zu können.

Die Resultate dieser einzigen vergleichenden Untersuchungen am nichtoptischen System des Mittelhirns geben interessante Hinweise vor allem auf die Bedeutung des Gehörs bei nachtaktiven Vögeln. Der höchste Hörkernwert wurde mit 8,7 Prozent beim Fettschwalm auf der linken Seite vorgefunden. Das Faktum der Asymmetrie wie auch die enorme Größe bei einem Vogel, der in Höhlen bis zu 800 m tief einfliegen kann und, wie nachgewiesen, durch »Klick«-Rufe, die auch vom menschlichen Ohr gehört werden können, mit Hilfe von Echolotpeilung sich zurechtfindet, läßt die Hypertrophie dieses Kerns mit der speziellen Höraufgabe in Verbindung bringen. Diese Interpretation wird bestätigt durch die Tatsache, daß die Werte der Eulen auf jene vom Fettschwalm folgen.

Im übrigen ist eine Deutung der Variation von Ordnung zu Ordnung und innerhalb von Ordnungen kaum möglich und wäre auch deshalb nur mit Vorsicht aufzunehmen, weil ja auch der Lobus opticus als Ganzes, wie die Zerebralisationsuntersuchungen zeigen, beträchtlichen Variationen unterworfen ist.

Die verschiedenen anderen Zentren des Mittelhirns und Zwischenhirns, die nicht ausschließlich oder fast ausschließlich visuell oder auditorisch sind, wie beispielsweise die Zentren der Augenmuskeln oder der motorische Hauptkern in der Mittelhirnbasis, von dem aus eine mächtige Endbahn ins Rückenmark zieht, weisen von Vogelart zu Vogelart keine auffälligen Verschiedenheiten auf: Sie sind »vogeltypisch« organisiert und können deshalb in ihrer Ausbildung nicht von der besonderen Lebensform her verstanden werden.

Das Großhirn (Telencephalon)

Wenn versucht werden soll, die Besonderheiten der Lebensweise oder der für diese bis zu einem gewissen Grade repräsentativen Sinnesorgane verschiedener Vögel mit dem Gehirn in Beziehung zu setzen, dann müssen insbesondere die Projektionsbahnen und deren Endregionen beachtet werden. Dies u. a. deshalb, weil mit Hilfe der Degenerationstechnik und von Reizexperimenten an diesen Systemen wohl die eindrücklichsten Resultate erreicht wurden, während z. B. Abtragungen und Zerstörungen, zur Erfassung der Ausfallserscheinungen und damit der Motorik, weniger gut interpretierbare Ergebnisse erbrachten.

Wenn im folgenden nur jenen Teilen des Großhirns Beachtung geschenkt wird, welche nachgewiesenermaßen Sinnesprojektionen empfangen, dann ist der Grund einsichtig: Es sind offenbar auch auf höchster Ebene diese Bereiche, welche quantitativ, teils auch qualitativ die stärkste Variation aufweisen und damit sicher auch maßgebend an der Gesamtmasse, Skulpturierung, aber auch Proportionierung des Großhirns beteiligt sind.

Es wird somit zu untersuchen sein, ob sich die mehr oder weniger große Bedeutung des Schnabels, resp. des Tastsinnes, auch in entsprechenden Bauvarianten des Großhirns niederschlägt, ob jene Regionen, die man als Hörareale ausmachen konnte, bei Formen mit besonders ausgeprägtem oder ausgebildetem Hörsinn ebenfalls eine massivere Entwicklung aufweisen und ob auch das visuelle System seiner vom Verhalten her abschätzbaren Bedeutung entsprechend im Großhirn repräsentiert ist.

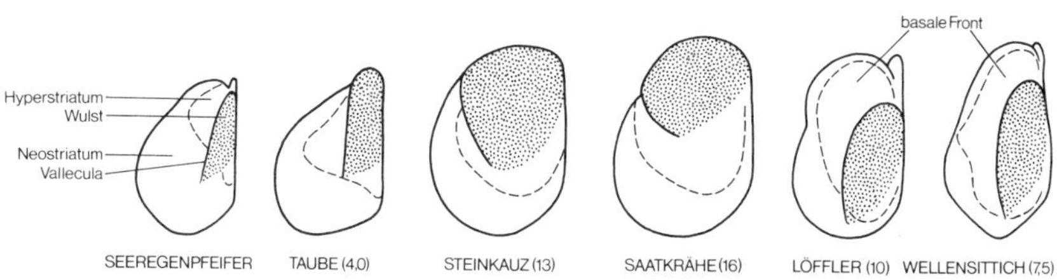

Abb. 3 Großhirntypen.

Während das auditorische, visuelle und taktile System den Weg über eine oder mehrere Schaltstellen ins Telencephalon suchen und dieses von hinten einstrahlend auch erreichen, tritt die Riechleitung von vorne an das Großhirn heran; sie endet in einem eigenen, vorgelagerten und abgehobenen Bezirk, dem primären Riechzentrum (Bulbus olfactorius). Auch dieses, bei Vögeln im Vergleich mit Säugern eher gering entwickelte Riechzentrum wird als Projektionsareal in die vergleichende Betrachtung einbezogen werden und wesentliche Hinweise auf den Zusammenhang Lebensform/Gehirnbau geben.

Die wichtigsten Abschnitte und Verbindungen des Großhirns, die berücksichtigt werden sollen, sind in Abb. 2 dargestellt.

Vorweggenommen sei, daß das Großhirn innerhalb der Klasse in seiner Masse ganz gewaltigen Schwankungen unterworfen ist (s. Tab. 1). Auch in seiner äußeren Form stellt es den am stärksten variierenden Hirnteil dar, was erwarten läßt, daß Zusammenhänge zwischen Gestalt und Lebensform aufgezeigt werden können. Zwei Fragen stehen deshalb im Vordergrund und sind sukzessive zu beantworten. 1. Ist die Form und Proportionierung des Großhirns resp. seiner Teile genetisch fixiert und somit ordnungs- oder familienspezifisch gebaut, oder ist seine Form von der Funktion her zu verstehen? 2. Kann aus Indexwerten bei Berücksichtigung der Proportion sowie festgestellter oder vermuteter Funktion der Teile auf besondere Fähigkeiten oder Anpassungen der betreffenden Vögel geschlossen werden?

Die besondere Form des Großhirns von Vertretern der meisten Vogelgruppen wurde von einer Reihe von Autoren beschrieben, die konsequenteste und breiteste Darstellung, die den Verlauf der einzigen Dorsalfurche, der Vallecula, aber auch die Breiten- und Längenverhältnisse erfaßte, stammt von Küenzi (1918). Aber erst Stingelin (1958) ist es gelungen, die Formvarianten zu interpretieren und als Abwandlungen einer Grundform zu verstehen. Diese Varianten sind offenbar durch unterschiedliche Massenzunahme der Abschnitte, aber auch des Gesamtgroßhirns im Verlaufe der Herausbildung der rezenten Gruppierungen entstanden.

Diese Interpretation ist der Abb. 3 zu entnehmen. Sie gibt eine Darstellung einer Reihe von repräsentativen Gehirnen in dorsaler Ansicht, wobei die Grenzen der histologisch unterscheidbaren Teile gewissermaßen von innen her auf die Oberfläche projiziert sind. Die Unterschiede in Lage und Ausdehnung der verschiedenen Abschnitte sind frappant. Vor allem fällt die unterschiedliche Größe, aber auch Lagebeziehung des Wulstes zum Bulbus olfactorius auf.

Die Tatsache, daß die Extremformen, wie die in Abb. 3 beigegebenen Indexwerte deutlich machen, auch hinsichtlich der Masse weit höhere Werte erreichen als die »einfacher« gestalteten Hemisphären, läßt nicht nur die Unterscheidung von formalen Typen zu, sondern auch von Evolutionsstufen. Es könnte nun vermutet werden, daß Typus wie Stufe einerseits von der Funktion, andererseits von der systematischen Position mitbedingt sind. Daß letztere aber nur in beschränktem Maße für die Gestaltung verantwortlich gemacht werden kann, diese also weitgehend von der funktionalen Beanspruchung her verstanden

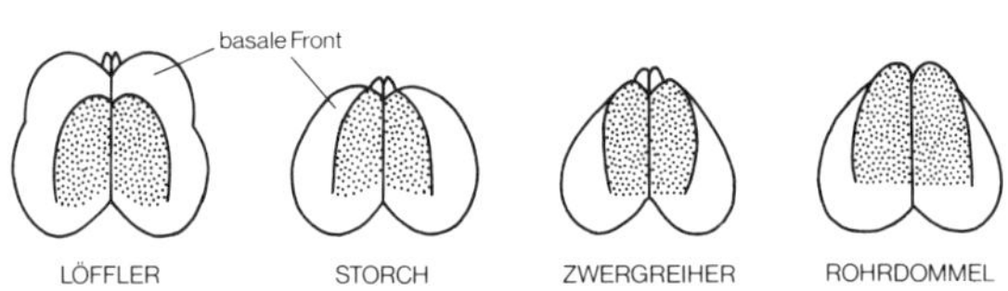

Abb. 4 Variation des Großhirns innerhalb einer Ordnung (Ciconiformes). Dorsalansicht. Wulst punktiert.

werden muß, mag die Tatsache nachweisen, daß innerhalb einer Ordnung das Großhirn sehr starken formalen Variationen unterworfen sein kann (Abb. 4).

Die Interpretation der Formvarianten sollte somit auf alle Fälle von der Funktion her versucht werden. In einer exakten Weise ist dies allerdings nur möglich, wenn die Beziehungen der Teile, welche die Proportion und damit Gesamtform bestimmen, zu funktionalen Systemen aufgezeigt werden können.

Vorweggenommen sei das olfaktorische System mit direktester Beziehung zum Großhirn. Da die Struktur des Riechzentrums (Bulbus olfactorius), in das der Riechnerv direkt von der Riechschleimhaut eintritt, bei allen Formen dieselbe ist, darf die Größe des vorne am Großhirn aufsitzenden Riechkolbens als Indikator für die Bedeutung des Riechens im Leben der Vögel genommen werden. Die Tatsache, daß Rindenzonen bei den meisten Vögeln und verglichen mit den homologen Gebieten beim Säuger in einem offenbar stark rudimentierten Zustand vorliegen, ließ die Meinung aufkommen, die Vögel seien nicht nur mikrosmatisch wie etwa der Mensch, sondern »schlechte« Riecher oder gar anosmatisch. Anosmatisch sind Vögel sicher nicht. Daß sogar solche mit recht bescheidener Entwicklung des Riechzentrums, wie Tauben, Düfte unterscheiden können, ist experimentell nachgewiesen worden (Michaelsen 1959, Calvin 1960); kein Zweifel somit, daß die mächtigen Riechzentren vieler Vögel, ihrer Größe entsprechend, biologische Bedeutung haben.

Untersuchungen, wie sie von Cobb (1960 a, b) durchgeführt wurden, zeigen nun allerdings an, daß der Riechsinn im Leben der Vögel eine recht unterschiedliche Bedeutung haben dürfte, denn der Vergleich der Ausmaße des Bulbus olfactorius, der für den Eingang und als Verteilerstation der Impulse sicher auch für deren Verarbeitung mitverantwortlich ist, läßt eine enorme Variationsbreite demonstrieren.

Während man gewissermaßen seit jeher wußte, daß der Riechkolben erster und wichtigster zentraler Repräsentant des Riechsystems ist, hat es ungemein lange gedauert, bis mit Hilfe moderner Experimentiertechnik andere Areale mit eindeutiger Funktionszuordnung im Großhirn der Vögel bestimmt werden konnten.

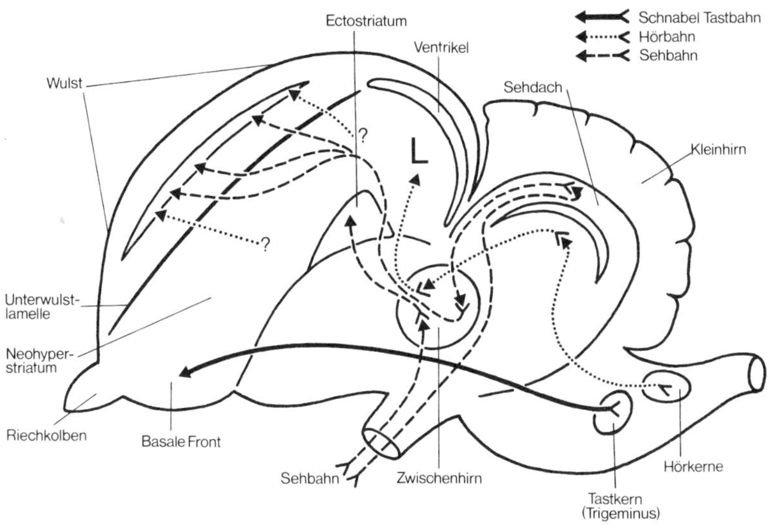

Abb. 5 Längsschnitt durch ein Vogelhirn zur Demonstration der wichtigsten Projektionsbahnen.

Wo im Großhirn sind solche Regionen oder enger umschreibbare Zentren, welche einem bestimmten Sinnesgebiet zugeordnet werden können, nachgewiesen worden? Grob gesagt, nur in jenen Bereichen, die die basalsten Gebiete überlagern, d. h. im Neostriatum, im Hyperstriatum ventrale und dem über diesem aufgebauten Wulst, in einem Bereich somit, der bei Reptilien nur in bescheidener Ausbildung (Neohyperstriatum) oder überhaupt nicht vorhanden (Wulst) ist, bei Säugetieren im besten Fall mit den oberen Partien des Basalganglions verglichen werden könnte.

Abb. 5 demonstriert die wichtigsten, bisher eindeutig festgestellten Bahnen und Projektionsfelder. Eine der Verbindungen ist schon um die Jahrhundertwende dargestellt worden (Wallenberg 1903). Dieser Autor beschrieb eine Bahn, die vom sensiblen Hauptkern des Trigeminus (Tastkern der Schnabelregion im Hinterhirn) ohne Unterbrechung in die basale Front des Großhirns zieht.

Der Bahnverlauf wurde von Karten bestätigt und die Bezeichnung Tractus quinto frontalis beibehalten. Der Faserzug, der offenbar ohne Schaltung vom Hinterhirn zum Großhirn aufsteigt, stellt die Neurologen insofern vor ein Problem, als er die einzige bekannte Verbindung ist, die ins Großhirn aufsteigt, ohne synaptisch unterbrochen zu werden. Auch bei Säugetieren konnte eine derartig direkte Projektion nicht nachgewiesen werden.

Die Verbindung von den Schnabeltastkörperchen über den Trigeminuskern im Hinterhirn zum Nucleus prosencephali trigeminalis ist somit nachgewiesen; es ist zudem zu vermuten, daß auch die umliegenden Bereiche von Neostriatum und Hyperstriatum ventrale mit zum System gerechnet werden können, eine Vermutung, die durch die Resultate der vergleichenden Betrachtung bestätigt zu werden scheint.

Welche allgemeine Funktion darf nun diesem Kerngebiet resp. der gesamten bisher betrachteten Trigeminuseinrichtung zugemutet werden? Schon Edinger (1908) hat den Tractus quinto frontalis mit dem Ernährungsverhalten in Beziehung gebracht. Verschiedene Versuche, insbesondere mit Läsionstechnik, haben klar gezeigt, daß alle bekannten Teile des Systems einen Bezug zum Ernährungsverhalten haben (Zeigler 1974).

Da die Aufgabe gestellt ist festzustellen, ob die besondere Lebensform von Vögeln sich im Hirnbau äußert, liegt es auf der Hand, gerade diesen Bereich, der von der Qualität (Tastkörperchen) und Quantität (Schnabelgröße) in seiner möglichen Variation bestimmt sein dürfte, etwas näher zu betrachten.

Noch bevor die Beziehung des Schnabeltastsinnes zur vorderen Basispartie des Großhirns mit Sicherheit bekannt war, hat Stingelin (1958) durch vergleichende Untersuchungen an einer großen Zahl von Vögeln festgestellt, daß dieser, zwischen Bulbus olfactorius und dem vorderen Palaeostriatum liegende Bezirk besonders starken Variationen unterworfen ist.

Die Zuordnung der relativ größten Trigeminuskerne zu einem entweder sehr großen oder sehr dicht mit Tastkörperchen besetzten Schnabel geht eindeutig aus dem Vergleich hervor. Aber auch die Zuordnung der beiden peripheren Niveaus zur basalen Front liegt auf der Hand.

Die basale Front ist insofern eine auffällige Bildung, als sie sich zwischen Bulbus olfactorius und Wulstvorderende einschiebt und somit je nach Größe die Skulpturierung und Proportion der Hemisphäre stark beeinflußt. Den Vögeln mit starker basaler Front (Löffler, Wellensittich) sind in Abb. 3 zwei Formen gegenübergestellt (Steinkauz, Saatkrähe), bei welchen das Schnabeltastsystem für die Ernährung eine offenbar geringere Rolle spielt; bei ihnen ist die basale Front von dorsal nicht einmal sichtbar, einerseits, weil der Wulst an den Bulbus olfactorius grenzt, andererseits, weil bei den dargestellten Vögeln die entsprechende Region zur basalen Front sehr klein ist und durch den mächtig vergrößerten Wulst auf die Ventralseite gedrängt wurde. Entsprechend sind auch die Indexwerte für den sensiblen Kern bei den beiden Formen niedrig.

Die basale Frontbildung muß eher von der Funktion her verstanden werden als aus der systematischen Position heraus; dies beweist die Tatsache, daß innerhalb einer Ordnung Vögel mit und ohne ausgeprägte Front registriert werden können (vgl. unter den Ciconiformes Löffler und Storch, Abb. 4).

Das Trigeminus-Beispiel hat gezeigt, daß es überhaupt möglich ist, die merkwürdigen und für frühere Autoren intrigierenden Formvarianten eventuell von der Funktion her besser zu verstehen. Leider sind bisher noch sehr wenige Abschnitte des Großhirns systematisch auf ihre Variation hin untersucht und damit einer Beurteilung zugänglich gemacht worden.

Eine Bildung allerdings, welche nicht nur durch histologische Variation, sondern auch durch unterschiedliche Größe und Position auffällt, das Wulstgebiet, hat die Morphologen schon früh auf den Plan gerufen. Diesem Gebiet, das vielfach als Pendant zum Neokortex der Säugetiere aufgefaßt wird, indem beide Bildungen, Wulst wie Neokortex auf das sogenannte Primordium Neopalli der Reptilien (Vorfahren) bezogen werden, ist erst in den letzten Jahren von den experimentell arbeitenden Hirnforschern vermehrt Beachtung geschenkt worden.

Die Tatsache, daß dieses Hirngebiet, das je nach Dimension sich mehr oder weniger stark von den basaleren Striatumfeldern abhebt, insbesondere bei Vögeln mit besonders hohem Großhirnindex gewaltige Ausmaße erreicht (bei den Papageien, Rabenvögeln und Eulen), hat vermuten lassen, daß dieser Bezirk Sitz »höherer« Funktionen ist. Die Vermutung schließt natürlich die Erwartung mit ein, daß auch die »höheren« Sinnesorgane, Auge und Ohr, in diesen Wulst projizieren, ebenso wie erwartet werden könnte, daß vom Wulstgebiet aus, ähnlich wie von den motorischen Rindenfeldern der Säugetiere, Bewegungen ausgelöst und gesteuert werden.

Auf die Versuche, die von verschiedenen Forschern am Wulst (mit verschiedenen Methoden wie Ablation, Stimulation und Potentialableitung) zur Aufklärung der Funktion vorgenommen wurden, kann im einzelnen nicht eingegangen werden; im Sinne einer Übersicht lassen sich die Ergebnisse wie folgt zusammenfassen: Der Wulst der Vögel scheint, im Unterschied zur Neurinde der Säugetiere, die in scharf abgegrenzte sensible und motorische Felder gegliedert ist, über seine ganze Fläche auditorische und visuelle Impulse zu erhalten. Daß der Wulst Projektionsgebiet ist, konnte nicht nur durch Ableitung von Potentialen bei Reizung von Auge und Ohr nachgewiesen werden, sondern auch mit Hilfe der Degenerationsmethodik. Karten u. Nauta (1968) fanden bei Eule wie Taube, daß die thalamo-fugale Projektionsbahn am tecto-fugalen Sehzentrum (dem Ectostriatum) vorbeizieht, um im Wulst zu enden.

Der Wulst ist aber nicht nur Projektionsfeld der höheren Sinne, sondern auch Integrations- und Steuerorgan, das auf Bewegungszentren Einfluß nimmt. Er ist nicht »stumm«, wie frühere Arbeiten glauben machten, sondern es können vom Wulst durch Reizung insbesondere Kopf- und Schnabelbewegungen ausgelöst werden, wobei allerdings eine Zuordnung bestimmter Bewegungen zu bestimmten Teilen des Wulstes kaum möglich ist. Wenn Adamo u. Bennett (1967) feststellten, daß auf Klickgeräusche Ortsbewegungen zur Tonquelle erfolgen, die bei Läsion des Wulstes gestört sind, so deutet dies, wie auch die Tatsache, daß bei Stimulation Kopfbewegungen erfolgen, darauf hin, daß im Wulst ein höheres Hörzentrum oder auch ein effektorisches Zentrum vorliegen könnte, welches auf Grund von auditorischer Information sinnvolle Bewegungen auslöst. Wenn zudem unter anderem von Zeigler (1963) nachgewiesen wurde, daß Tauben nach Ablationen des Wulstes das Lernen von visuellen Aufgaben schwerer fiel, dann deutet dies zudem darauf hin, daß vom Wulst eventuell Lernleistungen erbracht werden, falls durch die Läsion nicht einfach die visuelle Information unterbrochen wurde.

Im ganzen darf angenommen werden, daß der Wulst einerseits Integrationsorgan ist, das insbesondere visuelle und auditorische Eingänge verknüpft, aber auch übergeordnetes Bewegungszentrum, welches vor allem über eine nur den Vögeln eigene Bahn, den Tractus septomesencephalicus, auf tiefere Zentren Einfluß nimmt.

Nach dem Gesagten liegt auf der Hand, daß die Bedeutung des Gehör- und des Gesichtssinnes im Leben der Vögel sich in der Gestaltung des Wulstes, seiner Dicke, Form und zytologischen Differenzierung widerspiegeln dürfte. Ausgesprochene Hörtiere, zu schließen aus stimmlichen Leistungen und der Bedeutung der Laute im Sozialverhalten, sind die Singvögel, bei welchen auch der Gesichtssinn einen hohen Stellenwert hat; die Papageien mit echolalischen Fähigkeiten und die Eulen, die als Hör- und Sehspezialisten eingestuft werden dürften, und schließlich die Ziegenmelker, Spezialisten mit Echolot, wie der Fettschwalm (*Steatornis*), der auch den relativ größten Mittelhirnhörkern besitzt.

Betrachtet man die Wulstbildung bei den erwähnten Vögeln (*Steatornis* muß allerdings durch den europäischen Ziegenmelker ersetzt werden), dann wird auf den ersten Blick sichtbar, daß der Wulst bei allen diesen Formen den Hauptanteil der Großhirnoberfläche ausmacht. Über den relativ mächtigsten Wulst verfügen die Eulen, speziell der Waldkauz und die Schleiereule (letztere erreicht auch die höchste Zellenzahl, die für Hörkerne des Hinterhirns gemessen wurde). Auf die Eulen folgen, mit ebenfalls sehr breitem Wulst, die Rabenvögel. Da bei Eulen und Singvögeln der dorsale Wulst die Front des Großhirns bildet, sind die Gehirne, die diese Gestalt zeigen, als »dorsaler Fronttyp« bezeichnet worden (Stingelin 1958). Aber auch Vögel, die dem basalen Fronttyp zugerechnet werden müssen, können offenbar einen mächtigen Wulst aufbauen, wie z. B. die großen Papageien.

Die Wulstgröße ist somit in Beziehung zu setzen zur Bedeutung von Auge und Ohr im Leben der betreffenden Vögel; sie scheint aber auch Zerebralisationsmerkmal zu sein, indem nur bei Formen, die über ein relativ massiges Großhirn verfügen (hoher Index), ein markanter, durch eine deutliche Vallecula-Furche sich abhebender Wulst gebildet wird. Indexniedrige Vögel, wie Hühner, Tauben, Seeschwalben, um Vertreter von drei verschiedenen Ordnungen zu nennen, zeichnen sich durch geringe Wulstbildung aus.

Die Ausbildung der basalen Front hingegen scheint nicht auf indexhohe Formen beschränkt zu sein (z. B. Bekassine). Die Mächtigkeit der basalen Front als Schnabelzentrum ist Ausdruck der Spezialisation, während die Vergrößerung des Wulstes, der die höheren Sinne vertritt, als Elevationsphänomen (Höherentwicklung) zu werten ist.

RÜCKBLICK

Die Frage nach dem Zusammenhang von Gehirnbau einerseits und Verhalten und Ökologie andererseits hat zu Antworten geführt, die den Verhaltensforscher wie auch den Ornithologen enttäuschen müssen. Nachgewiesen werden konnte, daß sich der Ausbau der Sinnesorgane, die in ihrer Proportion die Möglichkeit im Habitat und des Verhaltens allgemein weitgehend bestimmen, im Gehirnbau auswirkt. Von besonderem Interesse ist für den vergleichenden Morphologen und Systematiker das Faktum, daß solche Unterschiede, mit geringen Ausnahmen, sich fast ausschließlich nur in der Größe der betreffenden Hirnteile manifestieren. Für den Systematiker ist dieses Resultat deshalb interessant, weil es ihm zeigt, daß die Vögel auch in bezug auf Hirnbau eine homogene Gruppe sind (im Unterschied zu den Reptilien, die von Ordnung zu Ordnung weit drastischere Unterschiede im Hirnbau aufweisen; s. den Beitrag von D. G. Senn in diesem Band).

Unsere Betrachtung hat gezeigt, daß sich spezifische, arttypische Verhaltensweisen im Gehirn kaum manifestieren dürften resp. mit den heutigen Kenntnissen nicht nachgewiesen werden können. Hingegen läßt sich in einigen Fällen ein Bezug zwischen Lebensform und Hirnbau feststellen, allerdings nur dann mit Bestimmtheit, wenn es sich um Extremformen handelt oder um sehr allgemeine Bezüge, z. B. daß in der Phylogenese der Vögel zunächst der sekundäre Ontogenesemodus der Nesthocker erreicht werden mußte, bevor die höhere Hirnausbildung einsetzen konnte (Portmann 1946/47), oder – man verzeihe die banale Formulierung – daß die unserem Empfinden nach »gescheitesten« Vögel, wie die Rabenvögel und die großen Papageien, höchste Indexwerte und einen mächtigen Wulst besitzen.

LITERATUR

ADAMO, A. J., BENNETT, T. L.: The effect of hyperstriatal lesions on head orientation to a sound stimulus in chickens. Experimental Neurology, 19, 1967, 166–175

BOORD, R. L.: Ascending projections of the primary cochlear nuclei and nucleus laminaris in the pigeon. J. Comp. Neur., 135, 1968, 523–550

BOORD, R. L., RASMUSSEN, G. L.: Projection of the cochlear nuclei of the pigeon. J. Comp. Neur., 133, 1963, 523–542

CALVIN, A.: Olfactory discrimination. Science, 131, 1960, 1265–1267

COBB, S.: A note on the size of the avian olfactory bulb. Epilepsia, 1, 1960 a, 394–402

Observations on the comparative anatomy of the avian brain. Perspectives Biol. Med., 3, 1960 b, 383–408

A comparison of the size of an auditory nucleus with the size of the optic lobe in 27 species of birds. J. Comp. Neur., 1964, 122, 271–279

COHEN, D. H., KARTEN, H. J.: The structural organisation of avian brain: an overview. In: Birds, Brain, and Behaviour. New York, San Francisco, London: Acad. Press 1974, 29–73

EDINGER, L.: Vorlesungen über den Bau der nervösen Centralorgane der Menschen und der Thiere. Leipzig: F. C. W. Vogel 1908

HARMAN, A. L., PHILLIPS, R. E.: Responses in the avian midbrain, thalamus and forebrain evoked by click stimuli. Experimental Neurology, 18, 1967, 276–286

HODOS, W., KARTEN, H. J.: Brightness and pattern discrimination deficits in the pigeon after lesions of nucleus rotundus. Research, 2, 1966. 151–167

Visual intensity and pattern discrimination after lesions of ectostriatum in pigeons. J. Comp. Neur., 140, 1970, 53–68

KARTEN, H. J., NAUTA, W. J. H.: Organization of retinothalamic projections in the pigeon and owl. Anatomical Record, 160, 1968, 373

KARTEN, H. J., REVZIN, A. M.: The afferent connections of the nucleus rotundus in the pigeon. Brain research, 2, 1966, 368–377

KOEHLER, O.: Vom Erlernen unbenannter Anzahlen bei Vögeln. Die Naturwiss., 29, 1941, 201–218

KÜENZI, W.: Versuch einer systematischen Morphologie des Gehirns der Vögel. Rev. Suisse Zool., 26, 1918, 17–112

MICHAELSEN, W. J.: Procedure for studying olfactory discrimination in pigeons. Science, 130, 1959, 630–631

PORTMANN, A.: Études sur la cérébralisation chez les oiseaux, I, II, III, Alauda, 14, 1946/47, 2–20; 15, 1–15, 161–171

SANDERS, E. B.: A consideration of certain bulbar, midbrain and cerebellan centers and fiber tracts in birds. J. comp. Neur., 49, 1929, 155–222

SCHAPOSCHNIKOW, L. K.: Der Bau des Kopfhirns der Vögel im Zusammenhang mit Besonderheiten der Funktion der Nahrungssuche (russ.). Nachr. Akad. Wiss. UdSSR, 91, 1953, 679–682

SCHLEIDT, W. M.: The comparative study of behaviour. In: Birds, Brain, and Behaviour. New York, San Francisco, London: Acad. Press 1974, 4–13

STINGELIN, W.: Vergleichend-morphologische Untersuchungen am Vorderhirn der Vögel auf cytologischer und cytoarchitektonischer Grundlage. Basel: Helbing & Lichtenhahn 1958, 1–123

Qualitative und quantitative Untersuchungen an Kerngebieten der Medulla oblongata bei Vögeln. Bibliotheca Anatomica, 6, 1965, 1–116

THALI, L.: Vergleichend morphologische und embryologische Untersuchungen am optischen Zentrum im Gehirn der Vögel. Inaug. Diss. Basel 1972

UNGER, H.: Untersuchungen und Vergleich der Topographie und der Strukturverschiedenheiten der Herbstschen Körperchen im Oberschnabel verschiedener Vögel. Inaug. Diss. Basel 1972

WALLENBERG, A.: Der Ursprung des Tractus isthmo-striatus (oder bulbo-striatus) der Taube. Neurologisches Zentralblatt, 22, 1903, 98–101

Neue Untersuchungen am Hirnstamm der Taube. Anatomischer Anzeiger, 24, 1904, 357–369

WINTER, P., SCHWARTZKOPFF, J.: Form und Zellenzahl der akustischen Nervenzentren in der Medulla oblongata von Eulen *(Striges)*. Experentia, 17, 1961, 515–516

ZEIGLER, H. P.: Effects of endbrain lesions upon visual discrimination learning in pigeons. J. Comp. Neur., 120, 1963, 172–175

Feeding behaviour in the pigeon: A neurobehavioural analysis. In: Birds, Brain, and Behaviour. New York, San Francisco, London: Acad. Press 1974, 101–132

ZEIGLER, H. P., WITKOWSKY, P.: The main sensory trigeminal nucleus in the pigeon. A single unit analysis. J. Comp. Neur., 134, 1969, 255–264

ÖKOLOGIE DES MENSCHEN

von Rudolf Schenkel

EINLEITUNG

Von Humanökologie oder Ökologie des Menschen spricht man erst in jüngster Zeit. Ökologie wurde als Naturbetrachtung verstanden und dementsprechend als eine Tieren und Pflanzen angemessene Wissenschaft. Zwischen menschlicher Existenz als einer Existenz in Kultur einerseits und Natur andererseits sah man eine prinzipielle Kluft. Mit der Erforschung des »natürlichen« Lebens hatte sich die Biologie mit Einschluß der Ökologie als Naturwissenschaft zu befassen; alles, was den Menschen betraf, dagegen war Sache der Human- oder Geisteswissenschaften.

Nun gibt es auch im menschlichen Bereich Probleme des »Lebenshaushalts«. Diese hatte aber bisher nicht die Ökologie, sondern die Ökonomie zu bearbeiten. Heute nun sehen wir uns in zunehmendem Maße vor Existenzprobleme gestellt, die sich aus der Interaktion zwischen menschlicher Population und Natur ergeben, insbesondere aus der Begrenztheit der letzteren und dem Risiko ihrer Degradierung und Verwüstung. Diese Probleme lassen sich weder mit den Methoden der biologischen Ökologie noch mit denjenigen der Humanwissenschaften bewältigen, geht es doch um die Interdependenz zwischen der menschlichen Existenzweise und den außermenschlichen Lebenssystemen. Unter Humanökologie verstehen wir die Erforschung dieses Problemfeldes.

Im vorliegenden Beitrag wird zunächst untersucht, welchen Beitrag biologische Ökologie einerseits, Humanwissenschaften andererseits an die Humanökologie zu leisten vermögen. Es zeigt sich, daß eine Integration der beiden Forschungsdisziplinen notwendig ist und sich auch durch Modifikation der Fragestellung auf beiden Seiten erreichen läßt.

Der zweite Teil des Beitrags gilt dem Versuch, die geforderte humanökologische Fragestellung auf drei »Stufen« menschlicher Kultur und Sozialorganisation – Naturvölker, frühe Hochkulturen und moderne Zivilisation – anzuwenden. Es ist selbstverständlich, daß dies nur im Sinne dürftiger Skizzen möglich ist.

Ich kann bestenfalls hoffen, daß diese Skizzen sich als Anregung erweisen.

ANSÄTZE ZU EINER ÖKOLOGIE DES MENSCHEN

In den letzten Jahren wurden mehrere Versuche unternommen, das Problemfeld der Humanökologie abzugrenzen und zu gliedern. Eine Konzeption, welche diese Versuche zu integrieren vermöchte und allseitige Anerkennung fände, wurde aber noch nicht erreicht. Die Integration wird dadurch erschwert, daß die Autoren meist in einer bestimmten Disziplin der Biologie oder der Humanwissenschaften beheimatet sind, sich einer exklusiven Terminologie bedienen und die Humanökologie vorwiegend aus der Sicht ihres engern Faches konzipieren. Damit soll aber in keiner Weise in Abrede gestellt werden, daß für eine Humanökologie schon sehr viel Vorarbeit geleistet worden ist.

Biologische Ökologie

Im wesentlichen auf Darwins Schau des Lebenden aufbauend, wurde Ökologie als umfassende, auf Synthese gerichtete Biologie des Lebenden unter »natürlichen Bedingungen« verstanden. Sie fragt für jeden lebenden Komplex jeder Integrationsstufe nach dem Beitrag an die Sicherung des Überlebens (s. den Beitrag von R. A. Stamm über »Aufgaben des Verhaltens« in diesem Band). Dabei werden als ökologisch bedeutungsvoll vor allem drei Integrationsstufen unterschieden: das Individuum als Vertreter der Art, die Artpopulation und das Ökosystem (die Biozönose; s. Schwertfeger 1963, 1968, 1975).

Autökologie stellt denjenigen als begrenzt faßbaren lebenden Komplex ins Zentrum der Betrachtung, den wir als »Lebewesen« oder bei höheren Tieren als »Individuum« bezeichnen. Sie befaßt sich in erster Linie mit der Auseinandersetzung zwischen dem Individuum als organisierter und sich organisierender Einheit und seinem – ebenfalls organisierten und sich organisierenden – Umfeld. Dieses selbst läßt sich zunächst gliedern in die arteigene lokale Population einerseits, die außerartlichen (biotischen und abiotischen) Komponenten andererseits.

Demökologie befaßt sich in entsprechender Weise mit der Artpopulation. Während das Individuum aller höheren Tiere eine Zeitgestalt darstellt, deren Entwicklung und Auflösung in ihrer Disposition eingeplant ist, sind die Artpopulationen diejenigen Lebenseinheiten, welche die temporären Selbsterhaltungs- und Fortpflanzungsleistungen der Individuen integrieren und als potentiell überdauernde Ganzheiten in Interaktion die Kontinuität des arteigenen Lebens verwirklichen. Demökologie untersucht die Artpopulation sowohl in ihrer internen Organisation wie auch in ihrer Auseinandersetzung mit artfremden und abiotischen Komponenten des umgreifenden ökologischen Systems.

Mit dem Terminus Artpopulation wird hier das umfassendste arteigene Organisationsfeld angesprochen, das sowohl genetisch wie auch ökologisch sich noch als Einheit fassen läßt: Innerhalb der Artpopulation spielen Kombination und Austausch von Erbgutvarianten; sie stellt somit einen zusammenhängenden »Gen-Pool« dar. Dieser genetisch-ökologisch konzipierte Terminus der Artpopulation stimmt mit demjenigen der Art im Sinne der Systematik *nicht* überein. Vor allem durch geographische Isolation kann eine Art in derart getrennte Felder gespalten werden, daß zwischen ihnen jeglicher Genfluß wegfällt. Im Sinne unserer Terminologie sprechen wir dann von selbständigen Artpopulationen derselben Art.

Innerhalb einer Artpopulation können sich Felder intensiveren Zusammenhangs manifestieren. Mit dem Terminus »Teilpopulation« werden solche Felder angesprochen. Für sich allein sagt er allerdings nichts aus über die Art und Dauer des Zusammenhangs oder die Integrationsstufe des »Teils«. Ähnlich vage ist der Terminus »lokale Population«. Man kann so die Gesamtheit der in einem definierbaren geographischen Bereich aktuell vorhandenen Artgenossen ansprechen oder nur diejenigen, die darin dauerhaft integriert sind; auch die Größe des geographischen Gebiets bleibt dabei offen.

Synökologie befaßt sich mit ökologischen Systemen, Lebenssystemen also, die in den abiotischen Bereich eingebettet als autarke Einheiten das Leben erhalten. Das forschende Bemühen gilt der inneren Organisation dieser Systeme, dem abiotischen Umfeld sowie den Interaktionen bzw. der Interdependenz zwischen System und Umfeld.

Die Autarkie eines ökologischen Systems kann mehr oder weniger strikt gefaßt werden. In letzter Konsequenz beeinflussen sich alle lebentragenden Teilbereiche der Erdoberfläche; es kann dementsprechend nur von einem einzigen völlig autarken irdischen Ökosystem gesprochen werden. Dieses Gesamtsystem in seiner Einbettung in den abiotischen Bereich wird meist als Biosphäre bezeichnet. Es darf aber nicht übersehen werden, daß die Biosphäre in mehr oder weniger autarke bzw. mehr oder weniger abgrenzbare Felder gegliedert ist. Es lassen sich Teilbereiche ansprechen, die ihrerseits wieder Gliederung aufweisen usw. Lokale Systeme von betonter Autarkie und mit ebenso betonter Einheitlichkeit des Aufbaus werden meist als »Biozönosen« bezeichnet.

Der Schwerpunkt der Synökologie wird meist auf die innere Organisation der Ökosysteme gelegt, d. h. auf die Interaktions- und Beziehungsnetze zwischen den systemzugehörigen Artpopulationen.

In jüngster Zeit sind zwei neue Zweige der Ökologie entwickelt worden, die hier erwähnt werden müssen: die Sozialökologie und die ökologische Systemanalyse.

Sozialökologie. Innerhalb der Artpopulation jeder höheren Tierart existieren Organisationskomplexe, die eine Mehrzahl an Individuen über kürzere oder längere Zeit integrieren und als integrierte Einheiten besondere lebenserhaltende Funktionen erfüllen. Solche innerartlichen Komplexe werden im allgemeinen als »soziale Organisationskomplexe« oder »soziale Systeme« bezeichnet.

Im Gegensatz zu Individuum und Artpopulation bilden die sozialen Systeme keine einheitliche Integrationsstufe. Individuen, soziale Komplexe und (Art-)Population sind funktionstragende Instanzen innerhalb der Art von ungleicher Stufe der Integration. In welcher Weise und in welchem Ausmaß jede dieser Instanzen mit Funktionen belastet ist, wechselt von Art zu Art und für jede Art auch in der Zeit. Manche dieser Funktionsänderungen stellen sich regelmäßig ein – man denke z. B. an Funktionswandel im Lebensablauf des Individuums oder an jahreszeitlichen Wandel sozialer Komplexe –, andere treten als Reaktion auf Rahmenbedingungen in Erscheinung, die an keinen Rhythmus gebunden sind.

Es ist das Ziel der Sozialökologie, soziale Organisation als Mittel des Überlebens zu erfassen und ihre stammesgeschichtliche Entwicklung als Selektionsvorgang populationsgenetisch zu interpretieren.

Ökologische Systemanalyse. In jüngster Zeit hat sich eine Sparte der biologischen Ökologie entwickelt, die sich darum bemüht, ökologische Dynamik mit den Methoden der »exakten« Naturwissenschaften zu erfassen.

Auf der Stufe der Autökologie werden die Interaktionen des Individuums unter dem Aspekt des Energie-Stoff-Haushalts untersucht. Das Ziel besteht darin, die Interaktionsstrategie auf dem Niveau physikalischer und chemischer Betrachtung nachzuvollziehen und von diesem Niveau her die Selektion des realisierten Modus zu begründen.

Entsprechend soll auf synökologischer Stufe für jede Artpopulation der zugehörige Sektor innerhalb des gesamten Energieflusses und Stoffkreislaufs bestimmt, die Interdependenz und Komplementarität dieser Artsektoren auf physikalischer und chemischer Ebene nachgewiesen und wiederum von dieser Betrachtungsebene her die Selektion des Systems begründet werden. Schließlich liefert diese Systemanalyse auch physikalische und chemische Größen, die das Ökosystem als Ganzheit charakterisieren: 1. Gesamtmenge des in Lebewesen eingebauten, dem Kreislauf zugehörenden Stoffes (Biomasse); 2. Gesamtmenge der in der Biomasse enthaltenen verfüglichen Energie; 3. Fließgrößen von Stoffkreislauf und Energiefluß.

Insofern Systemanalyse das Ziel verfolgt, die Ausrichtung der lebenden Organisation auf das Überleben auch auf physikalischem und chemischem Niveau zu erforschen, leistet sie einen wertvollen Beitrag zur Ökologie. Es darf nur nicht vergessen werden, daß erstens *höhere Niveaus der Organisation* existieren und zweitens mittels chemischer und physikalischer Forschung die realisierte höhere Ordnung sich weder erfassen noch gar erschließen läßt.

Ökologische Systemanalyse setzt die Organisiertheit auf höherer Stufe voraus und führt nun aus, daß und wie die Organisiertheit auf unterer Stufe zu derjenigen auf höherer – und damit zum Überleben – ihren Beitrag leistet.

Es sei hier allgemein noch festgehalten, daß die Reduktion der Erfahrung auf physikalisch und chemisch faßbare und quantifizierbare Aspekte, soweit es sich um Lebendes handelt, immer eine Reduktion der Differenziertheit der Erfahrung bedeutet, insbesondere solcher Differenziertheit, die uns auf höhere Stufen der Organisation schließen läßt. Das ist von großer Bedeutung, wenn lebende Systeme erforscht werden sollen, in denen höhere Tiere und Mensch sowie ihre sozialen Organisationskomplexe eine wesentliche Rolle spielen. Für die Qualität der Modelle hochorganisierter lebender Systeme ist das Wahrnehmen von Anzeichen der Organisiertheit durch möglichst »wache«, differenzierende Beobachtung eine erste entscheidende Voraussetzung.

Die Ökologie der Biosphäre in ihrer Evolution ist der umfassende Zielbereich aller biologischen Ökologie. Dabei handelt es sich letztlich darum, nach den Modi und den Wandlungen der Organisation zu fragen, dank derer sich das irdische Leben als Ganzes und als Komponente der Erdoberfläche durch die Erdzeitalter hindurch erhalten hat.

Humanwissenschaften

Von der »biologischen Ökologie« her beurteilt, sollte eine Ökologie des Menschen seine Autökologie und Demökologie umfassen. Dementsprechend wären einerseits für das Individuum, andererseits für die Population je ein »Innen-« und ein »Außenfeld« in ihrer organisierten Dynamik und in ihrer Interdependenz zu erforschen.

Die Humanwissenschaften sind nun aber keineswegs in diesem Sinne gegliedert und organisiert. Mit der Stufe des Individuums befassen sich *Psychologie* und *Verhaltensforschung* sowie *Humanethologie.* Sie bemühen sich vorwiegend um artspezifische – also kultur-unspezifische – Grunddispositionen des menschlichen Individuums.

Die Großzahl der humanwissenschaftlichen Disziplinen befaßt sich wohl mit Organisationsphänomenen höheren Niveaus, nicht aber, oder kaum, mit Populationen. Vielmehr gilt ihr Interesse den verflochtenen Aspekten des »Sozialen« (hier in erweitertem Sinn als »Intra-« und »Intersoziales« verstanden), des »Kulturellen«, der besonderen menschlichen Kommunikationssysteme (vor allem Riten, Sprache und Schrift) und schließlich des geschichtlichen Wandels, der sich in all diesen Belangen manifestiert. Die Gliederung des Gesamtbereichs der Humanwissenschaften läßt sich kaum als konsequente Arbeitsteilung interpretieren. Immerhin lassen sich Schwerpunkte des forschenden Interesses im allgemeinen formulieren:

Sozialpsychologie befaßt sich mit arttypischen (kultur-unspezifischen) Grunddispositionen und Grundphänomenen auf den Stufen der sozialen Organisationskomplexe. Zusammen mit den kulturspezifischen Aspekten wird auch die historische Dimension weitgehend ausgeklammert.

Soziologie erforscht die soziale Aktualität, heutige soziale Prozesse und Komplexe und aktuell feststellbaren Wandel. Historische und kulturelle Aspekte werden zwar nicht ausgeklammert, aber auch nicht betont.

Ethnologie untersucht vor allem soziale Organisation, Kultur und Kommunikationsformen der Naturvölker. Obwohl Kultur ihr zentrales Forschungsfeld darstellt, spielt in ihr Geschichtlichkeit nur eine Rolle am Rande. Das ist nicht Folge eines Verzichts auf diachrone Untersuchung, sondern der weitgehend »außergeschichtlichen« Existenzweise der Naturvölker.

Volkskunde weist gegenüber der Ethnologie vor allem insofern modifizierte Schwerpunkte auf, als sie sich mit Teilpopulationen, sozialen Komplexen und Kulturen befaßt, die dem geschichtlichen – vor allem europäischen – Raum angehören. Verschiedenheit oder

Gleichheit der Herkunft, divergente Entwicklung infolge geographischer Isolation oder sozialer bzw. soziokultureller Abgrenzung, Grenzen durchbrechende Ereignisse und Strömungen, Vermischung usw., das sind historische Phänomene, die für die Volkskunde von großer Bedeutung sind.

Kultursoziologie, Kulturanthropologie und *Sozialanthropologie* sind Bezeichnungen für humanwissenschaftliche Aktivitätsfelder, die sich in weitem Maße überdecken. Die verflochtenen Aspekte des »Sozialen« und des »Kulturellen« stehen im Zentrum des Interesses und dementsprechend als soziale Systeme vor allem die »Kulturgemeinschaften«. Kultur- und Sozialanthropologie sind in weitem Maße Ethnologie, befassen sie sich doch vor allem mit Naturvölkern. Das dürfte damit zusammenhängen, daß bei letzteren die Chancen für das Zustandebringen haltbarer wissenschaftlicher Modelle vergleichsweise groß sind.

Die historischen Wissenschaften (i. e. S.) befassen sich wohl konsequent, aber vielfach extrem sektoriell, mit der historischen Dimension. Kriegs-, Wirtschafts-, Kultur-, Kunst-, Sprachgeschichte usw. beschränken sich absichtlich auf besondere Sektoren der menschlichen Existenz, oft ohne sich über wichtige Interdependenzen verschiedener Sektoren eine grundsätzliche Vorstellung zu erarbeiten. Aber auch »Allgemeine Geschichte« oder »Weltgeschichte« bemüht sich nicht konsequent um die Integration aller erfahrbaren Aspekte und hat dafür auch keine Methoden erarbeitet. Einzelne Erfahrungen werden nach Wahl des Historikers berücksichtigt oder übergangen. Vor allem aber umfaßt die Interpretation der Ereignisse auch deren Wertung. Sowohl in der Auswahl der integrierten Aspekte wie in der Bewertung wirkt sich offen oder versteckt die Ideologie des Historikers aus.

Probleme der Integration

Humanökologie muß sich mit der historischen Epoche befassen. Diese scheint sich von der allgemeinen Evolution der Biosphäre abzuheben durch die Dominanz interdependenter Prozesse des Organisationswandels, in deren Mittelpunkt der Mensch steht: Wandel der intra- und intersozialen Felder innerhalb der menschlichen Population, der Kultur, der Interaktionen zwischen menschlichen Teilpopulationen und nichtmenschlichen Komponenten der Ökosysteme und schließlich der Organisation dieser Systeme selbst.

Ergibt sich nun Humanökologie aus der Integration von biologischer Ökologie und Humanwissenschaften? Sucht man nach Ansätzen der Integration, so begegnet man dem erstaunlichen Sachverhalt, daß in Europa bis vor wenigen Jahren zwischen den beiden Disziplinen eine Gebietsaufteilung eingehalten wurde, die nicht nur Integration, sondern sogar Berührung ausschloß.

Die biologische Ökologie befaßte sich als »Natur-Wissenschaft« ausschließlich mit der »eigentlichen Natur«, den vom Menschen nicht beeinflußten, »intakten natürlichen« Systemen. Dies sogar, obwohl solche Systeme großräumig kaum mehr existierten – nur in der Theorie gab es sie noch: als »Idee« oder »Idealnorm«. Alle unter menschlichem Einfluß entstandenen, vom Menschen mit Methoden einer höheren Kultur- oder Zivilisationsstufe ausgebeuteten Lebenssysteme wurden ausgeklammert bzw. als Domäne der Humanwissenschaften anerkannt. Somit trug die biologische Ökologie der historischen Dimension keinerlei Rechnung, d. h. der Verwandlung der Lebenssysteme im Verlaufe ihrer »inneren« Auseinandersetzung mit den historischen menschlichen Populationen als ihren Komponenten.

Beschränkt sich die biologische Ökologie auf die Rolle einer »reinen« Naturwissenschaft, so verstanden und verstehen sich andererseits die Humanwissenschaften als »Geistes-Wissenschaften«. Sie befassen sich mit der historischen Dimension. Sie legen großes Gewicht auf die Stufen sozialer Organisation und die mit ihnen gekoppelten kulturellen Ordnungen. Sie schenken dagegen den Teilpopulationen und der Artpopulation des Menschen kaum Beachtung. Sie untersuchen intra- und intersoziale Prozesse, übergehen aber weitgehend die Interaktionen zwischen menschlichen Teilpopulationen und nichtmenschlichen Komponenten der Ökosysteme und fast völlig den Organisationswandel der letzteren.

Die zwischen biologischer Ökologie und Humanwissenschaften getroffene Gebietszuteilung basierte auf dem ideologischen Postulat, daß Natur- und Humanbereich grundverschiedene Realitäten seien. Im europäischen städtischen Denken hat sich die Überzeugung durchgesetzt, die Natur sei eine beliebige Ansammlung von abiotischen Gegebenheiten und Lebewesen, eine Art wilden, chaotischen Substrats. Der historische Mensch erhebe sich kraft seines Geistes über dieses Substrat. Indem er letzterem Teile entreiße und diese seiner Ordnung unterwerfe, schaffe er die geistgeprägte, geordnete Welt, die »Noosphäre«. Diese schöpferische Aktivität garantiere die Höherentwicklung, den Fortschritt, einen Prozeß, dem keine Grenzen gesetzt sind.

Diese Fortschrittseuphorie erfuhr infolge der neuzeitlichen Entwicklung der Technologie sowohl Intensivierung wie auch Ausbreitung. Sie prägte in gleicher Weise bürgerliche Wissenschaften und marxistische Theorie. Nach letzterer verzögern wohl sozialpolitische Fehlentwicklungen temporär den Fortschritt; auf die Dauer aber werde dieser sich durchsetzen.

Ideologie und Praxis des »Fortschritts« traten in den letzten Jahrtausenden schubweise regional auf und erreichten in unserem Jahrhundert die globale Vorherrschaft. Zur Ideologie gehören die theoretische Degradierung der außermenschlichen Lebenssysteme in ihrem Rang, das weitgehende Übersehen oder Mißachten ihrer Organisiertheit und auch Verletzlichkeit und schließlich das Negieren ihres Beitrags ans Überleben schlechthin. Die Praxis brachte das Abbrechen aller Schranken im Handeln gegenüber den außermenschlichen Komponenten der Biosphäre und damit das ungehemmte Verfügen über jede beliebige Komponente jeder beliebigen Stufe der Integration.

Eine Voraussetzung für die Entwicklung der Humanökologie ist die Befreiung der relevanten Forschung von den erwähnten ideologischen Komponenten. Wenn die biologische Ökologie ganz besonders auch die Erforschung der unter menschlichem Einfluß stehenden und entstandenen Ökosysteme an die Hand nimmt und die Humanwissenschaften die Interrelationen zwischen sozialer und kultureller Organisation und Dynamik der menschlichen Population und dem außermenschlichen Umfeld in die Forschung einbeziehen, so erweisen sich diese beiden Forschungsdisziplinen als komplementäre Grundlagen der Humanökologie.

Bisherige Ansätze

Die ersten Schritte in Richtung einer Integration wurden von soziologischer Seite getan, und zwar von etwa 1920 an in den USA. Diese Initiativen leiteten aber keinen wirklichen Durchbruch ein. Sie befaßten sich mit Siedlungskomplexen, die wohl als soziale und ökonomische Felder eine gewisse Geschlossenheit, keineswegs aber Autarkie in ökologischer Hinsicht zeigten. Außerdem bot damals die biologische Ökologie als Modelle nur die »natürlichen Systeme«, aber keinerlei Methoden zur Erforschung von Ökosystemen im Wandel unter menschlicher Einwirkung. Einschlägige Literaturangaben zu dieser Frühphase der Humanökologie finden sich bei Young (1974).

In jüngster Zeit sind es vor allem zwei Erfahrungen, die sich als Anstoß zu humanökologischen Initiativen auswirkten: einerseits das direkte Erlebnis der zunehmenden Verarmung aller Lebenssysteme an natürlichen Komponenten und damit des fortschreitenden Verlustes an Erlebnisfeldern von größter – wenn auch nicht meßbarer – Bedeutung, andererseits die Einsicht, daß die menschliche Artpopulation durch ihre Existenzweise die Lebenssysteme der Biosphäre immer tiefgreifender degradiert, heute schon in einer schweren Umweltkrise steckt und das Risiko um sich greifender Ökokatastrophen fahrlässig heraufbeschwört.

Diese Problematik ist vor allem durch die erste Publikation des »Club of Rome« allgemein ins Bewußtsein gerufen worden (s. Meadows u. a. 1972). Eine ähnlich orientierte Arbeit wurde von Ehrlich u. a. (1973) mit dem Titel »Human Ecology« publiziert. Das ist irreführend. Diese und weitere ähnliche Arbeiten bieten keineswegs eine Darstellung des humanökologischen Gesamtzusammenhangs, sondern eine Art Budget der Lebensgrundlagen für die menschliche Population. Es werden einander gegenübergestellt:

1. Größe und Wachstum der menschlichen Artpopulation sowie Ausmaß und Steigerung ihrer Ansprüche an die Ressourcen der Biosphäre und

2. das Angebot an Ressourcen seitens der Biosphäre unter Berücksichtigung der Veränderungen dieses Angebots, die je nach gewissen Varianten des umweltbezogenen Verhaltens der menschlichen Artpopulation zu erwarten sind.

Angestrebtes Ziel ist die Bewältigung der Umweltkrise bzw. das Bannen des Risikos um sich greifender Ökokatastrophen. Die Frage stellt sich hier, ob es nicht viel gründlicherer humanbiologischer (soziologischer, kulturanthropologischer) Einsicht in die heutige Situation bedarf, um Wege zur Bewältigung der Umweltkrise weisen zu können.

Von seiten der biologischen Ökologie wurde die Umweltproblematik zurückhaltender angegangen. So behandelt in »Grzimeks Tierleben« der Sonderband Ökologie (Illies, Klausewitz 1973) die Umwelt des Menschen und insbesondere die heutige Umweltkrise umsichtiger und ohne voreilige Lösungen der Probleme zu formulieren. F. Schwertfeger (1963, 1968, 1975) behandelt »Mensch und Tiergemeinschaften« nur in einem Anhangkapitel von Band III, Synökologie. Der Verlag Elsevier kündigte eine neue, von D. W. Goodall herausgegebene Serie »Ecosystems of the World« an, die nicht nur natürliche, sondern auch vom Menschen beeinflußte Systeme in ihren Interaktionen mit dem Menschen behandeln will. Bei Illies, Klausewitz (1973) wird der humanwissenschaftliche Aspekt der Umweltkrise wohl gelegentlich beleuchtet, aber nicht systematisch untersucht. Das aber ist unerläßlich, soll die Korrelation zwischen internem und externem Feld der menschlichen Population in historischer Sicht wie auch für die Gegenwart verstanden werden.

Unter den Autoren, die umfassende Synthesen versuchten, sei G. L. Young (1974) erwähnt. Er verarbeitet über 400 meist amerikanische Publikationen aus relevanten Disziplinen und bringt wertvolle, allerdings partielle Überlegungen; aber der zusammenhängende Entwurf einer Synthese kommt ebensowenig zustande wie eine an der Realität entwickelte Organisation der Fragestellung.

Aufbauend auf einer Vorstudie von H. Knötig (1972), die eine Auseinandersetzung mit einer repräsentativen Auswahl einschlägiger Arbeiten enthält, verfaßten F. Freyler u. Mitarbeiter einen »Gliederungsvorschlag für das Gesamtgebiet der Humanökologie« (1972). Dieser entwirft in der Tat ein Gesamtsystem der humanökologischen Fragestellung. Diese hier gründlich zu diskutieren, fehlt es an Raum. Die Ideologie von der Höherentwicklung der Menschheit beherrscht zum Teil offen, zum Teil latent Akzentsetzung und Gedankenführung. Sie wirkt sich in A-priori-Aussagen über den Menschen und in einer ausgeprägten Unterbetonung der Umweltkrise aus. Es fehlt eine gründliche Prüfung der Annahme, daß Umweltgestaltung mittels technischer Maßnahmen den Weg zu kultureller, wirtschaftlicher und hygienischer Höherentwicklung eröffne, desgleichen die Erhellung der heutigen Situation aus der historischen Entwicklung heraus. Die sehr stark betonte Absicht der Autoren, Wege für die Bewältigung unserer Existenzprobleme zu weisen, ist dementsprechend zu sehr auf Ideologie ausgerichtet und kann sich zu wenig auf wissenschaftliche Grundeinsichten abstützen.

Die Fragestellung der Humanökologie

Die heutige Situation des Menschen ist über eine letzte, kurze Phase der Evolution erreicht worden, die sich von langen vorangegangenen Phasen in hohem Maße abhebt: Diese *historische* Phase hat zur ökologischen Dominanz der menschlichen Artpopulation und zugleich zu einem tiefgreifenden Tendenzwandel in der Evolution der Biosphäre überhaupt geführt. Für diese Phase stellt Humanökologie die zentrale Disziplin der Ökologie der Biosphäre überhaupt dar, und es leuchtet ein, daß ohne Erforschung des historischen Wandels in seinen Grundzügen ein Verständnis der Gegenwart unmöglich ist.

Lebende Organisation ist das Resultat von Selektion. Organisationswandel setzt Änderung der Selektionsbedingungen voraus, zugleich aber auch ein derartiges Angebot an Varianten der Organisation, daß ein Wandel in bestimmter Richtung selektioniert werden kann. Es lassen sich vor allem zwei prinzipielle Möglichkeiten der Selektion unterscheiden: 1. Selektion eines bestimmten Modus eines polypotent angelegten Systems, gekoppelt mit Blockierung seiner anderen Modi; 2. Selektion einer System-Variante innerhalb einer System-Population, gekoppelt mit Eliminierung der übrigen Varianten. Der erstgenannte Selektionsprozeß wird oft als aktuelle Anpassung eines Systems an sich ändernde Bedingungen bezeichnet, der zweite als Selektion auf genetischer Grundlage.

In jedem komplexen Lebenssystem sind die Interaktionsfronten zwischen Komponenten auch Selektionsfronten. Das gilt für jede Stufe der Integration. Bleibt ein System als solches erhalten, so bedeutet das, daß ein Kompromiß bzw. eine Integration aller selektiven Prozesse zustande kommt und vom System bewältigt wird.

Es ist völlig ausgeschlossen, daß man für das in der Humanökologie zur Diskussion stehende Lebenssystem – nämlich das System des irdischen Lebens überhaupt – und für seinen Wandel je die Integration aller selektiven Prozesse nachzuvollziehen vermöchte. Es erscheint aber auch nicht unmöglich, ausschlaggebende höher integrierte Komponenten bzw. Fronten der Selektion wenigstens bis zu einem gewissen Grad zu identifizieren.

Aufgrund dieser Überlegungen erscheint es möglich, die *Forschungsaufgaben der Humanökologie* zu umreißen.

1. Sie hat zu beschreiben:

a) das populationsinterne Feld mit den intra- und intersozialen Interaktionsfeldern sowie (mit diesen untrennbar verflochten) dem Feld kultureller Gestaltung oder der »geistigen Sphäre«, b) die Interaktionen zwischen menschlicher Population und außermenschlichem Bereich, c) die Organisation und Dynamik des außermenschlichen Restsystems der Biosphäre, d) diese drei »Felder« in ihrem Wandel im Verlaufe der historischen Epoche unter besonderer Beachtung zeitlicher Korrelationen.

2. Sie hat auf der Grundlage der zeitlichen Korreliertheit der erwähnten drei Felder deren Interdependenz zu erforschen.

3. Sie hat aus dem Wandel-in-Interdependenz Einblick in den Wandel der Selektionsbedingungen an den ausschlaggebenden Interaktionsfronten zu erarbeiten und den heute herrschenden Trend zu bestimmen.

In ihrer Gesamtheit bedeuten diese Forschungsaufgaben nichts anderes als eine Biologie (im eigentlichen Sinn des Wortes) der Biosphäre mit Schwerpunkt auf der menschlichen Population und der historischen Epoche. Geht man von der heute üblichen Sonderung und Benennung der Disziplinen aus, so handelt es sich um interdisziplinäre, Humanwissenschaften und biologische Ökologie integrierende Forschung.

Die oben ausgesprochene Frage der Benennung erinnert an die Wichtigkeit einer verbindlichen Terminologie für interdisziplinäre Arbeit. Aus Raumgründen muß ich leider auf konkrete Vorschläge in diesem Sinne verzichten.

HUMANÖKOLOGISCHE SKIZZEN ZU DREI HAUPTTYPEN MENSCHLICHER EXISTENZ

Naturvölker

Der Terminus »Naturvölker« soll menschliche Populationskomplexe bezeichnen, die als mittragende Komponenten in homöostatisch sich selbst regulierende Ökosysteme eingebettet sind. In solchen Systemen sind alle Komponenten in ihrer Vernischung überlebensfähig, und Systemgrößen wie Biomasse, Stoffumsatz (turn over) und Fließgrößen der Energie schwanken um weitgehend konstant bleibende Mittelwerte. Die ökologische Position solcher menschlicher Populationen setzt eine besondere Organisation voraus, mit sozialen Komplexen als Subsystemen, die ihrerseits das Verhalten der Individuen in besonderer Weise steuern. Eine derartige Existenzweise hat über lange Zeiträume bis in unsere Zeit das Überleben menschlicher Populationen ermöglicht. Die Grundzüge der sozialen und kulturellen Organisation bei Naturvölkern sollen im folgenden humanökologisch, d. h. als Grundlagen des Überlebens in sich selbst regulierenden ökologischen Systemen in großen Linien untersucht werden.

Zum Stoff- und Energiehaushalt. Naturvölker ändern weder den lokalen Stoffkreislauf noch den Energiefluß in schwerwiegender Weise. Sie verfrachten nicht Stoffe in großen Mengen und über weite Distanzen und stellen keine Substanzen her, die nicht abgebaut und erneut in den Stoffkreislauf einbezogen werden. Ihr Energiebedarf ist gering, sie decken ihn vor allem mit der Nahrung, ferner durch Verbrennung organischer, im Umfeld vorhandener Stoffe und durch Auswertung von Wind, Wasserströmung und Sonneneinstrahlung.

Verhaltenskomplex und Dispositionssystem. Die für das Überleben der Population relevanten äußeren Bedingungen sind sehr vielfältig und vielschichtig. Die Nutzung des Umfelds, die Auseinandersetzung mit Gefahren und schadenbringenden Bedingungen, die Fortpflanzung und die zur Begrenzung der eigenen Population führenden Maßnahmen bilden einen hoch organisierten und regulierten Komplex des populationsinternen Verhaltens.

Das Dispositionssystem dieses Leistungskomplexes ist nicht im einzelnen Individuum realisiert und wird nur in sehr rahmenhaftem Sinne durch genetische Information determiniert. Erst die persistierenden sozialen Organisationskomplexe einer lokalen Population, die man als Stämme (tribes) oder Kulturgemeinschaften bezeichnet, bringen als Integral aller ihrer Angehörigen das ganze Spektrum lebentragender Leistungen zustande. Das Dispositionssystem der sozialen Komplexe erhält seine Gestalt einerseits durch Tradierung von Normen, andererseits durch selektiven Einbau von Erfahrungen und Erfindungen einzelner Individuen und Untergruppen in den Traditionskörper.

Die Kulturgemeinschaft als Autoritätsfeld. Daß die Kulturgemeinschaften sich als Einheiten des Interessiertseins und Erlebens, des Entscheidens und Handelns, des Bewertens und Lernens erweisen, daß sie Normen tradieren und modifizieren, ist eng verknüpft mit ihrem internen Autoritätsgefälle. Im Autoritätsfeld der Gemeinschaft ist jedem Erwachsenen eine persönliche Autorität zugeordnet. Diese gründet sich auf eine überpersönliche: Diejenige des Stammes, der Ahnen und derjenigen Instanzen, die nach dem Glauben des Stammes Leben und Ordnungen gestiftet haben und immer noch tragen. Das Individuum erlebt den Stamm als Autoritätsinstanz wie das Kind seine Mutter. Es ist in dessen Normen beheimatet und geborgen und weiß, daß es sich diesen anvertrauen kann.

Kindheit und Reife. Kinder genießen bei den meisten Naturvölkern ein großes Maß an Freiheit. In ihren prospektiven Lernprozessen überwiegen freie Exploration, spontane Imitation und spielerische Aktivität (s. hierzu den Beitrag von B. Hassenstein zur Ethologie der Kindheit in diesem Band; Lehr-Lern-Szenen erscheinen auf das Notwendige beschränkt. Mit der Reife, wenn die prospektiv entfalteten Verhaltenspotenzen und Beziehungen in den Dienst lebentragender Funktionen gestellt werden sollen, erfolgt die Verpflichtung der Jugendlichen auf die *Lebensnormen des Stammes.* Das geschieht in den Reifezeremonien. Diese stellen die Aufnahme der Jugendlichen in das Autoritätsfeld der Gemeinschaft dar und ihre Berufung zur Mitverantwortung für das Einhalten und Weitergeben der das Überleben sichernden Normen. Diese Berufung vollzieht sich in der Sphäre der Weihe und heiligen Bannung. Zugleich wird dem Jugendlichen eine Schau, ein Modell der Existenz und der Überlebensgrundlagen des Stammes vermittelt. Diese Schau läßt den Sinn erleben von Geburt, Fortpflanzung und Erlöschen des Individuums sowie der Normen, die in der Urzeit von den Ahnen gestiftet bzw. von den göttlichen Instanzen, von denen alle lebensnotwendigen Güter dem Menschen zukommen, gesetzt worden sind. Die Gemeinschaft verpflichtet jeden neuen Mitträger sowohl durch die Normen wie mit dem Modell der Existenz auf ein und dasselbe Ziel: das Überleben der Gemeinschaft. Dem entspricht, daß das Individuum unter Normalbedingungen seinen Beitrag ans Überleben der Gemeinschaft als den Sinn seines individuellen Lebens empfindet.

Kulturelle Normen und Überleben der Gemeinschaft. Bei Naturvölkern wirkt sich der im sozialen Feld erlebte »geistige Bereich« – d. h. die Schau der Existenz und die Normen – als steuernde Instanz im praktischen Leben aus.

Tüchtigkeit der Individuen in der Bewältigung praktischer Probleme ist für das Überleben entscheidend wichtig. Aber nicht nur Tüchtigkeit ist verbindlich, sondern auch deren Beschränkung – vor allem, wo es ums Verfügen über das geht, was man als Geschenk außermenschlicher Instanzen empfindet. Nutzung soll in Dankbarkeit und Ehrfurcht erfolgen. Freiheit im Verfügen, Beliebigkeit des Eingreifens werden keinesfalls zugestanden.

Selbstverständlich gibt es ohne Fortpflanzung kein Überleben; aber in dessen Interesse liegen weder beliebige sexuelle Aktivität noch im Vergleich zur biotischen Produktivität des Umfelds zu hohe Populationsdichte. Dementsprechend schafft die Kulturgemeinschaft Ordnungen für Sexualverhalten und Vermehrung und paßt letztere vor allem auch durch Maßnahmen der Beschränkung der ökologischen Situation an.

Überlebenswichtig ist auch die Integriertheit der Gemeinschaft. Sie tradiert die tragenden Grundzüge ihrer Ordnung und damit auch den Rahmen für die intrasoziale Kommunikation (i.w.S.). Durch diese klärt sich für jedes Individuum seine eigene Nische oder Rolle im Gesamtsystem.

Intersoziale Konventionen als Kulturkomponenten und Überleben. Kulturgemeinschaften sind im allgemeinen Komponenten einer regionalen Population. Die Wichtigkeit der intersozialen Beziehungen und Interaktionen für das Überleben ist offenkundig. Tatsächlich wird bei Naturvölkern dieses Interaktionsfeld kulturell übergreifend durch intersoziale Konventionen geregelt. Ähnlich wie die individualisierten Gruppen höherer Säuger zeigen auch menschliche Gemeinschaften eine leicht mobilisierbare *Bereitschaft zur Exklusivität.* In der Gemeinschaft hat jedes Individuum seinen systembezogenen, vertrauten Platz und erlebt Geborgenheit. Ein Fremder paßt in dieses System zunächst nicht hinein. Das gilt im Falle kultureller Fremdheit in ganz besonderem Sinn: Da der Kulturbesitz mit den traditionellen Ordnungen der sozialen Kommunikation eng verknüpft ist, bildet kulturelle Zugehörigkeit eine wichtige Voraussetzung für aktuelle Integration des Verhaltens, Kulturfremdheit andererseits ein Integrationshindernis. Kulturelle und sprachliche Gleichheit bzw. Verschiedenheit erscheinen der persönlichen Beziehung gleichsam vorgeschaltet und vermögen sie in gewissem Sinn zu ersetzen. Allerdings spielen nicht nur kulturelle Manifestationen und Sprache eine entscheidende Rolle in der Begegnung, sondern mehr noch, ob und in welcher Weise man diese Eigenheiten oder Gemeinsamkeiten demonstriert.

Träger einer fremden Kultur und Manifestationen derselben erregen Aufmerksamkeit und lösen sichtbares oder latentes Sich-Beschäftigen mit beiden aus. Dabei lassen sich aufgrund ihres Schwerpunktes zwei Reaktionstypen mehr oder weniger deutlich unterscheiden: Beim einen gilt die Reaktion vor allem dem fremden geistigen Bereich, beim anderen den kulturfremden Artgenossen.

Der fremde geistige Bereich erregt bei erwachsenen Trägern einer Kultur meist Mißtrauen und Abwehr. Man befürchtet, daß das Fremde langfristig negative Folgen zeitigt. Jugendliche neigen eher zu neugierigen, explorativem Verhalten gegenüber Fremdem.

Die Interaktionen, die sich zwischen kulturfremden Artgenossen abspielen können, zeigen mehrere Dimensionen der Variation (s. auch den Beitrag von R. A. Hinde in diesem Band):

1. Der Gegensatz von Abwehr und neugierigem Interesse wurde bereits erwähnt; letzteres kann initiativ oder zurückhaltend und abwartend erscheinen.

2. Es kann die Bereitschaft zu positiver Kontaktnahme überwiegen oder aber zu Feindschaft und Intoleranz.

3. Ein Überlegenheits-Unterlegenheits-Verhältnis kann sich von Anfang an zeigen oder im Verlauf der Interaktionen entwickeln; Unterlegenheit kann mit Freundlichkeit gepaart sein oder sich in verzweifelter Abwehr oder Flucht manifestieren, und Entsprechendes läßt sich für Überlegenheit feststellen.

4. Schließlich ist festzustellen, daß in antagonistischen Interaktionen sich eine Komponente der ausdruckshaften Gestaltung von einer solchen des physischen Zwanges, der Beschädigung und Vernichtung unterscheiden läßt. Beide können in verschiedener Intensität und Proportion auftreten.

In einer menschlichen Population, die Komponente eines sich selbst regulierenden Ökosystems ist, herrscht auch zwischen den einzelnen Kulturgemeinschaften ein dynamisches Gleichgewicht. Dieses kommt nicht zuletzt dadurch zustande, daß intersozialer Antagonismus durch kulturelle Normen und Konventionen zugleich institutionalisiert, dosiert und in Schranken gehalten wird. Es gibt zahlreiche Belege dafür, daß solcher *rituelle Krieg* verstanden und veranstaltet wird als derjenige zum Leben gehörende Prozeß, in dem es sich – vor allem für die jungen Männer – entscheidet, wer zum Überleben und Gedeihen des Stammes durch seinen Tod, wer durch Weiterleben und Fortpflanzung seinen Beitrag leistet. Was nun auch das Schicksal entscheidet, solchem individuellem Tod wie dem individuellen Weiterleben als Träger der Gemeinschaft kommen Würde und Sinn zu: Würde und Sinn des Notwendigen für das Überleben der Gemeinschaft. Dabei ist es allerdings unerläßlich für das Fortbestehen des Gleichgewichts in der Population, daß im rituellen Krieg nicht nur die eine Partei Opfer bringt. Es ist eine für Naturvölker universelle Verpflichtung, dafür zu sorgen, daß die Opfer sich gegenseitig aufwiegen.

Die Konventionen zwischen Kulturgemeinschaften beziehen sich nicht nur auf den rituellen Krieg, sondern z. B. auch auf den Austausch lebenswichtiger Güter, an denen je bei der einen Partei Überfluß, der anderen Mangel herrscht.

Konflikt kann nicht nur intersozial auftreten, sondern auch intrasozial, z. B. zwischen Untergruppen, Familien, Individuen. Auch in diesem Fall fordern kulturelle Normen die Ritualisierung und Begrenzung des Konflikts und einen Ausgleich hinsichtlich der Opfer.

All diese kulturellen Konventionen zielen auf Erhalten eines Gleichgewichts sowohl intra- und intersozial wie auch zwischen der regionalen Population und dem außermenschlichen Umfeld.

Kultur und Bevölkerungsregulation. Ritualisierter innerartlicher Konflikt ist keineswegs die einzige Maßnahme der Bevölkerungsregulation. Zur kulturellen Rolle des jungen Mannes gehört sehr oft das Bestehen von Gefahren außerhalb des Krieges, etwa das Kämpfen mit gefährlichen Wildtieren, das Verbringen einer Phase der Einsamkeit in unbewohnter Wildnis, eine Wanderzeit, die von der eigenen Gemeinschaft wegführt, und anderes mehr.

Andere Regelungen betreffen nicht speziell den jungen Mann. Wie bereits angedeutet, waren bei manchen Naturvölkern Methoden der Empfängnisverhütung und des Schwangerschaftsabbruchs in Gebrauch. Unter gewissen Bedingungen wurden Neugeborene oder Kleinkinder nicht aufgezogen.

Menschenopfer im eigentlichen Sinn wurden oft mit dem Ziel gebracht, den Stamm vor Not zu bewahren und den Fortgang des Lebens sicherzustellen. Zur Funktion der Betagten gehörten nicht nur das Weitergeben von Erfahrung und Einsicht in umfassende Zusammenhänge des Lebenden, das Weisen des Weges in die Zukunft und das Segnen, sondern auch das rechtzeitige Sterben als letzte Hingabe an die Gemeinschaft und ihr Überleben.

Von Extremfällen abgesehen setzt konventionelle regulative Begrenzung des Bestandes nicht bei den Frauen im reproduktionsfähigen Alter an. Hierin steht der Mensch in Gegensatz zu den gruppenbildenden Hundeartigen (Canidae): Wolf, Afrikanischer Wildhund *(Lycaon)* und vermutlich auch dem Rothund *(Cuon).* Während aber ein Canidenweibchen pro Jahr um zehn Junge wirft, bringt bei Naturvölkern eine Frau innerhalb von drei bis vier Jahren ein einziges Kind zur Welt, und dieses wird viel später fortpflanzungsfähig als ein junger Canide. Eine Einbuße an vermehrungsfähigen Frauen würde das Reproduktionspotential schwerwiegend herabsetzen und damit die Regulationsfähigkeit der Gemeinschaft, insbesondere die Fähigkeit, sich nach Rückschlägen zu erholen.

Zwei weitere Aspekte sind in diesem Zusammenhang zu erwähnen: Für das Überleben der Frau bedeutet jede Geburt ohnehin ein beträchtliches Risiko. Das Exponieren der jungen Männer hat nicht nur eine populationsregulierende Funktion. Wie bereits festgestellt, führt es zugleich zur Selektion der künftigen männlichen Träger der Gemeinschaft, ihrer Kultur und ihrer Fortpflanzung. Außerdem werden die Energien der vergleichsweise noch unerfahrenen jungen Männer vom Innenfeld weg auf bestimmte Instanzen des Außenfeldes gerichtet, die zum mindesten zum Teil für die Gemeinschaft eine reale Bedrohung darstellen. Schließlich haben diejenigen Männer, welche diese besondere Phase überstanden und sich in ihr bewährt haben, vielseitige Erfahrungen im Außenfeld und im Durchführen gemeinsamer Aktionen gewonnen und sind ihrer künftigen Rolle nun besser gewachsen.

Zur ökologischen Potenz der Naturvölker. Von den sogenannten Kulturvölkern bis in unsere Zeit wurden Lebensweise und Kultur der Naturvölker als »primitiv«, ja verachtungswürdig beurteilt. Die »Primitiven« seien der Natur ausgeliefert, dem Fortschritt verschlossen, ihr Denken und ihre Religion seien in Aberglauben und Ängsten befangen und ihre Bräuche roh, ja unmenschlich. Diese Auffassung hatte Vorwand und Rechtfertigung zur Ausbeutung, Unterdrückung und Ausrottung dieser menschlichen Gemeinschaften zu liefern. Das ist heute überflüssig: *Naturvölker* – d. h. menschliche Populationen eingebettet in sich selbst regulierende Ökosysteme – *gibt es nicht mehr.*

Was Natur- und sogenannte Kulturvölker wohl am auffälligsten unterscheidet, ist ihre *Lebensstrategie in ökologischer Hinsicht.* Diejenige der Naturvölker hat sich über Jahrhunderttausende bewährt; sie versagte erst in der Konkurrenz mit Hochkulturen. Sie sicherte das Überleben der menschlichen Artpopulation als Komponente sich selbst regulierender ökologischer Systeme. Sie beruhte auf der Erfahrung von Generationen und der Fähigkeit, Modifikationen zu integrieren, die jeweils den aktuellen Gegebenheiten Rechnung trugen. Diese Strategie ergab sich keineswegs von selbst. Sie setzte einen besonderen Typus der Entscheidungsbildung und Führungsorganisation voraus. Umfassende Einsicht in die inneren und äußeren Systembedingungen, gepaart mit Verantwortung für das Überleben von Gemeinschaft, Population und Umfeldsystem, Weisheit, war übergeordnete Entscheidungs- und Führungsinstanz. Der Beitrag ans Überleben galt dem reifen Individuum als der zentrale Sinn seiner Existenz, seines befristeten individuellen Daseins sowohl wie seines Sterbens.

Dieser Strategie dienten besondere kulturelle Führungsmittel: Mythen vermittelten die verbindliche Schau der entscheidenden Zusammenhänge, und rituelle Darstellung sicherte die Aneignung dieser wegweisenden Schau in gemeinsamem intensivem Erleben. Bannende, »heilige« Gebote und Verbote setzten diejenigen Normen mit letzter Verbindlichkeit fest, ohne welche die Strategie sich nicht verwirklichen ließ. Wuchsen die Kinder über das Alter hinaus, in dem sie in prospektiven, freien Lernprozessen ihre Verhaltenspotenzen entwikkelten, so wurden sie durch Initiationsriten zum Mittragen der Strategie verpflichtet.

Frühere Hochkulturkomplexe

Anfänge und Ursachen

Die Entwicklung des Ackerbaus – in Kombination mit der Domestikation von Tieren – stellt eine wichtige Voraussetzung für die Entwicklung von Hochkulturen dar. Dadurch gelang es, in sich eignenden Gebieten die biologische Produktion derart zu beeinflussen, daß der für die menschliche Existenz verfügliche Anteil – auf Kosten anderer Komponenten und auch der Gesamtproduktion – gesteigert wurde. Diese Lenkung der natürlichen Produktion wurde gefördert durch:

a) technologische Errungenschaften, insbesondere die Entwicklung leistungsfähiger Ackerbaugeräte unter Verwendung des Eisens, b) Zucht und Dressur großer Huftiere als Arbeitskräfte, c) Gründung größerer Gemeinschaften und Organisation von Gemeinschaftsarbeit, wie z. B. großräumige Erschließung von Ackerland, Erstellung von Bewässerungsanlagen, Einbringen der Haupternte, Hausbau.

Der Eingriff in die natürlichen Systeme war von *Risiken* begleitet. Zu tiefgreifende Störung des Systemgleichgewichts konnte zu progressiver, irreversibler Einbuße an Produktivität führen. Dieses Risiko betraf vor allem lokale Systeme, die sich von vornherein in prekärem Gleichgewicht befanden. Zur Verarmung der Böden führte das dauernde Abführen der Ernten in mehr oder weniger entfernte Siedlungszentren. Diese Gefahr war gering in Alluvialgebieten, wo die Ablagerung von Feinerde zur Hochwasserzeit eine natürliche Düngung bewirkte. In subtropischen Regionen bildete der Winter kein Problem; die Trokkenzeiten ließen sich mittels Bewässerung überwinden. In solchen günstigen Gebieten erlaubte der Ackerbau die Existenz vergleichsweise dichter seßhafter Populationen. Verglichen mit den Naturvölkern hatte sich ihre ökologische Strategie nicht grundsätzlich gewandelt. Da ihr Überleben auf lange Zeit an dauerhafte Produktivität ihres Umfelds gebunden war, mußten auch sie den Umfeldsystemen gegenüber Respekt und Verantwortlichkeit aufbringen. Gebote und Verbote hatten die Gefahr der Systemschädigung zu bannen, interne Maßnahmen und rituelle Kriege (i.w.S.) die Population zu begrenzen und das Gleichgewicht unter ihren Komponenten zu erhalten.[1]

All dies ist Vorbedingung für die Entstehung von Hochkulturen. Hier stellt sich nun die historische Frage, wie sich aus Kulturgemeinschaften von Ackerbauern Hochkulturkomplexe zu entwickeln vermochten. Diese Entwicklung bedeutete einen radikalen Bruch mit der bewährten, lebenserhaltenden Strategie dauernd regulierten Gleichgewichts auf allen Stufen und an allen Fronten der Lebenssysteme. Während Ackerbauer in den bewährten, systemerhaltenden Traditionen fest verankert sind, bringt Hochkultur tiefgreifende Änderungen vor allem in zwei intraspezifischen Feldzusammenhängen mit sich:

1. Intrasozial entsteht ein mehr oder weniger zentralisierter Bevölkerungskomplex, der nicht an der primären Produktion teilnimmt, aber dieser gegenüber eine dominierende Position innehat.

2. Intersozial ist nicht die Erhaltung eines Gleichgewichts, sondern Dominanz das tragende Ziel.

Wie kam es, daß entscheidende Kräfte oder Gruppen regionaler Populationen diese neue Zielsetzung anstrebten? Folgende Möglichkeiten dürften vor allem in Frage kommen:

Spontane, autochthone Wandlung. Die in günstigen Agrargebieten entscheidend gesteigerte primäre Produktion ernährte mehr Menschen, als für die Produktion benötigt wurden. Teile dieses Populationsüberschusses entwickelten zentrale Dienstleistungsfunktionen, denen ein hoher sozialer Wert zuerkannt wurde: religiöse, medizinische, magische, kultische Funktionen, interne Moderatorfunktionen (wie z. B. Rechtsprechung), Leitung der intersozialen Auseinandersetzungen usw. So könnte sich ein an der primären Produktion nicht mehr aktiv beteiligter Komplex der zentralen Leitung entwickelt haben. Nun lag die Möglichkeit eines Funktionswandels nahe: Die Machtposition bildete immer weniger die Grundlage von Dienstleistungen, dafür immer mehr für die Durchsetzung von Privilegien und somit für die Ausbeutung der primären Produzenten. Der leitende Komplex einer solchen Kulturgemeinschaft wird danach trachten, intrasoziale Spannungen auf die intersoziale Front umzuleiten. Letztere wird somit aktiviert und intensiviert. Wird hierin eine gewisse Grenze überschritten, so weicht das Ziel eines intersozialen Gleichgewichts demjenigen der Dominanz. Damit sichern sich große, zentralgesteuerte, für kriegerischen Einsatz organisierte soziale Komplexe erhöhte Überlebenschancen: Sie können sich in der intersozialen Konkurrenz durchsetzen.

Wandlung unter äußerer Einwirkung. Im Verlauf des Quartärs haben großräumige klimatische Änderungen – Austrocknung und Wüstenbildung, Kälte- und Wärmeperioden verbunden mit Schwankungen des Meeresspiegels – den Wandel der Biotope ganzer Regionen, ja Kontinente bewirkt. Das Aufkommen günstiger Bedingungen erlaubte Neubesiedlung und Bevölkerungswachstum; Verschlechterung der Situation dagegen zwang zur Auswanderung in günstigere Gebiete. Waren diese schon besiedelt, so kam es zu schwerer Störung des populationsinternen Gleichgewichts. Nun ließ sich auch eine Strategie des ökologischen Gleichgewichts nicht mehr realisieren. Auf Überleben in der Konkurrenz kam alles an. Während der großen Wanderphasen in Eurasien wurde der Zwang zur Auswanderung oft von einer Volksgruppe auf die andere übertragen, und manche verlor im Zusammenprall ihre Identität.

Eine besondere Möglichkeit des Überlebens bot sich in günstigen Agrargebieten: Zusammenschluß zu großen, zentralgesteuerten Sozialkomplexen und deren Organisation als Bollwerke gegenüber Eindringlingen. Es konnte die eingesessene Bevölkerung selbst sein, die auf diese Weise eine intersozial dominante Position entwickelte; oder aber Einwanderer etablierten sich als Oberschicht über einer eingesessenen Agrarbevölkerung, und der solcherart amalgamierte Komplex vermochte sich nun erfolgreich zu behaupten.

In Kürze sei hier beigefügt, daß die Entwicklung von Methoden der Überwinterung – insbesondere: Konservierung von Saatgut und von Nahrung für Mensch und Haustiere sowie Verbesserung der Bautechnik – das Entstehen von Hochkulturkomplexen auch in gemäßigten Zonen möglich machte. Hier ist der Anteil landwirtschaftlich intensiv nutzbarer Fläche an der Gesamtfläche (vor allem in Europa, Nordamerika und Ostasien) größer als in wärmeren Klimaten. Düngung ist allerdings Voraussetzung für langfristige Produktivität.

Kulturkomplexe als Zeitgestalten

Historiker verschiedener Richtung haben darauf hingewiesen, daß frühere Hochkulturkomplexe charakteristische Phasen durchliefen. Der Wandel folgte zwar nicht im einzelnen, aber gesamthaft einer rahmenartigen Regel: Es folgen aufeinander Gründungs- und Bewährungsphase, Blüte- und Expansionszeit, eine Phase der überhandnehmenden Zersetzung und schließlich der Zusammenbruch. Gewiß, ein Kulturkomplex konnte in jeder Phase übermächtigem Angriff von außen erliegen. In anderen Fällen folgte einer Phase mit deutlichen Anzeichen innerer Zersetzung eine solche der inneren Konsolidierung und zugleich der Festigung der intersozialen Position. Daß trotzdem eine Regel vorherrscht, deutet auf einen irreversiblen, auf systemimmanenten Bedingungen beruhenden Grundprozeß. Welches ist der Kern des vermuteten irreversiblen Wandels?

Sicher versagt hier die Auffassung, daß die schöpferische Freiheit des Individuums die Geschichte bestimme. Aber auch manche anderen Erklärungsversuche erscheinen unzulänglich, so etwa: es gebe eine Eigengesetzlichkeit des sozio-ökonomischen Wandels, oder außenpolitische Erfolge und sozialer Wohlstand führten notwendigerweise zu sozialer Desintegration oder zum Zerfall von Religion und Sittlichkeit.

Vom Standpunkt der Wissenschaftlichkeit aus erscheint mir Untersuchung in humanökologischer Richtung unerläßlich: Die Interdependenz zwischen der menschlichen Population und dem tragenden Ökosystem in ihrem Wandel ist von zeitlichen Korrelationen ausgehend zu erforschen.

Das soll im folgenden mittels sehr schematischer Skizzen für die vier oben genannten Entwicklungsphasen einer Hochkultur versucht werden.

Skizzen charakteristischer Phasen einer Hochkultur

Etablierungs- und Bewährungsphase. In der intersozialen Konkurrenz vermochten sich nur Einheiten von einer gewissen Größe durchzusetzen. Straffe Organisation war unerläßlich. Dazu gehörte, weil nicht mehr jedes Individuum jedes andere persönlich kennen konnte, eine institutionalisierte Zuweisung der Rollen und Kompetenzen, außerdem die Gliederung der Gemeinschaft in spezialisierte, möglichst leistungsfähige *Funktionsgruppen:*

1. Einer Kampfgruppe oblag die Sicherheit der Gemeinschaft gegen Sozialfeinde (und gefährliche Großtiere).
2. Die primären Produzenten deckten nicht nur ihren Eigenbedarf, sondern denjenigen der gesamten Gemeinschaft.
3. Ein Organisationskomplex der internen Verbindung sorgte für den Fluß der Information und die Verteilung der Güter, vor allem der Nahrung.
4. Eine zentrale Führungsinstanz integrierte die vom Außen- und Innenfeld eingehende Information, faßte Entscheidungen, plante Aktionen und setzte sie in Gang.
5. Weitere Dienstleistungsinstanzen – kultische und künstlerische Funktionsträger, »Heiler« und Handwerker – hatten sich mit der Steuerung der Motivation der Gemeinschaft, mit der psychophysischen Betreuung entsprechend Geschädigter, mit Herstellung und Instandhaltung der technischen Ausrüstung sowie mit der Entwicklung neuer technischer Hilfsmittel zu befassen.

In der gefahrenvollen Bewährungsphase war Funktionalisierung der Organisation lebenswichtig, d. h., jede Untergruppe hatte als Funktionsgruppe im Dienst des Überlebens der ganzen Gemeinschaft zu stehen. Das galt in besonderem Maße für die Führungsinstanz. Technologischem Fortschritt kam auf allen Gebieten erhöhte Bedeutung zu. Besonders zu erwähnen sind Bewaffnung und Kriegführung, Bau- und Befestigungswesen, Transport und Information, Organisation und Verwaltung.

Mit der übergeordneten Strategie der Gemeinschaft änderte sich sowohl ihre letzte, »heiligste« Verpflichtung wie auch der zentrale Sinn der individuellen Existenz und damit auch die Funktion des Religiösen: Der Einsatz für das siegreiche Sich-Durchsetzen gegenüber den Sozialfeinden war nun übergeordnete Pflicht, und dementsprechend galt nun der Kampf der jungen Männer dem Ausschalten feindlicher Gemeinschaften als Machtfaktoren. Kampf und Krieg büßten ihre Konventionalisierung und Ritualisierung weitgehend ein. Der Sinn des Sterbens im Krieg war nicht mehr das Ausscheiden aus dem Leben zugunsten des langfristigen Überlebens der eigenen Gemeinschaft und der Lebenssysteme überhaupt, sondern Vernichtung der Feinde.

Blüte- und Expansionszeit. Auch wenn es einem Kulturkomplex gelingt, sich intersozial zu etablieren, so ist damit doch noch keine umfassende Stabilisierung der Situation erreicht. Eine solche erfordert nicht nur intersoziales, sondern auch ökologisches Gleichgewicht, und damit *Selbstbegrenzung* auf der Basis intersozialer Konvention. Hat die Kultur diese Komponente eingebüßt, so kann auf die Dauer kein Gleichgewicht herrschen. Unweigerlich wird es zu einem wachsenden Mißverhältnis zwischen primärer Produktion und den Ansprüchen der wachsenden Population kommen. In dieser Situation wachsenden ökologischen Drucks entwickelt sich zwischen den primären Produzenten einerseits, der Führungsinstanz und den zentralen Funktionsgruppen andererseits ein Gegensatz der Interessen. Führungsinstanz und zentrale Gruppen werden als sozialer Überbau ihre Macht ausnützen und ihre Ansprüche durchsetzen. Das zeitigt zwei Folgen von großer Tragweite:

1. Die intrasoziale Hierarchie wird zur Privilegienhierarchie, zu einem System des intrasozialen Parasitismus.

2. Da die – im städtischen Zentrum lebende – Spitze des sozialen Überbaus von den Bedingungen primärer Produktion nichts versteht, werden sich ihre Forderungen letzterer gegenüber ökologisch verhängnisvoll auswirken.

Unterdrückung – oft auch Versklavung – der primären Produzenten ist für alle Hochkulturen typisch; aber erstens darf sie nicht zu weit getrieben werden, weil sonst nicht mehr produziert wird, und zweitens ist sie als Maßnahme bei wachsendem ökologischem Druck bestenfalls kurzfristig wirksam. Das gilt auch für die Intensivierung der Nutzung durch neue landwirtschaftliche Methoden (Düngung, Bekämpfung von Ernteschädlingen u. a.).

Als Ausweg blieb nur die Erweiterung des im Verbundsystem ausgebeuteten Gebietes und somit *die imperialistische Expansion.* Mit der Entwicklung der Hochkulturen setzt auch die Epoche der expansiven intersozialen Machtpolitik, der eigentlichen Kriege und Eroberungen ein und damit auch die »Weltgeschichte«.

War imperialistische Politik erfolgreich, so setzte sie tatsächlich für einige Zeit den ökologischen Druck herab:

1. Sie machte die Erschließung und Nutzung neuer Produktionssysteme möglich.

2. Durch Beschaffung von Sklaven als neuer Unterschicht vermochte ein Großteil der Bevölkerung in den sozialen Überbau aufzusteigen.

3. Aggressive Energien im Innern wurden aufs Außenfeld abgeleitet (»Halbstarkenproblem«).

4. Gewaltsamer Tod und Geburtenausfall infolge von Kriegen setzten das Wachstum der Population herab oder hoben es auf.

Hervorstechende kulturelle Charakteristika haben den Hochkulturen zu ihrem euphemistischen Namen verholfen. Die betreffenden Leistungen ergaben sich aus der Verflechtung von erfolgreicher Expansion und ausgeprägter Privilegienhierarchie.

Intrasozial vorrangiges Ziel des Überbaus waren Erreichen und Erhalten der demütigen Unterwerfung der breiten Volksschichten sowie ihrer Bereitschaft, der »Obrigkeit« zu dienen und sich rückhaltlos für die imperialistische Expansion einzusetzen. Ein System von *Institutionen* hatte dieses Ziel sicherzustellen:

1. Gesetze und mit ihnen verknüpft sich als gerecht darstellende Sanktionen, die von Beraubung und physischem Zwang bis zu qualvoller Tötung reichten;

2. Geld als Wertträger, der die primäre Produktion und generell die physisch wirkende Arbeit in ihrem Wert vergleichsweise herabsetzte;

3. Bannung der Motivation durch die Sitte und das »obrigkeitlich« verwaltete Religions- und Kultwesen sowie die Erziehung;

4. Demonstration der Gottnähe oder Göttlichkeit der Spitze der Hierarchie durch Bauten und Kunstwerke, Paraden, Prozessionen und Feiern und durch maßlosen Verschleiß von Realwerten.

5. Verherrlichung der Leistungen zur Ausstattung der Machtspitze als Insignien des Göttlichen: die Verwaltung des himmlischen Segens, die Werke der Baumeister, bildenden Künstler und Musiker, der Dichter und Denker, der Gelehrten und Sternkundigen und schließlich der medizinischen »Zauberer«.

In ihrem Kern beinhalten diese Institutionen eine Umfunktionierung des religiösen Erlebens, insbesondere des Erlebens des Göttlichen und des Sinns der individuellen Existenz. Dabei wurden die tiefwurzelnden Traditionen nicht zerstört, sondern unmerklich, aber wirksam in ihrer Ausrichtung modifiziert.

War das Göttliche bei Naturvölkern die integrale, ehrfürchtig erlebte Schau der natürlichen Instanzen als der Grundbedingungen des Lebens und seiner Fortdauer und bei Kulturkomplexen in der Etablierungsphase die gestaltlich erlebte Verpflichtung zu unbedingter und exklusiver Solidarität, so wurde es bei Hochkulturen in ihrer Blütezeit für das »breite Volk« zum transzendierten Bereich der obersten intrasozialen Autorität und damit zum Motiv demütiger Unterwerfung und Entmündigung.

Bei Naturvölkern erreichten individuelles Leben und Sterben als Beitrag ans Überleben der eigenen Kulturgemeinschaft und des Lebens schlechthin ihren höchsten Sinn und in der Bewährungsphase der Hochkulturen als Hingabe ans siegreiche Bestehen der eigenen Gemeinschaft im intersozialen Konkurrenzkampf; in der Blütezeit dagegen bildeten für die unteren Volksschichten die Erhaltung der Autoritätsordnung, der untertänige Dienst an den Trägern der Macht und die Ausbreitung des »Imperiums« den Sinn des Lebens und Sterbens. In Zeiten außenpolitischen Erfolgs wurde dieser Sinn jeweils vom ganzen Volk mit Stolz anerkannt; in mageren dagegen, wenn der Druck auf der Basisschicht härter lastete, wurde als Sinn und Trost zugleich das ewige Überleben in der Herrlichkeit des »Jenseits« in Aussicht gestellt.

Phase überhandnehmender Zersetzung. Ökologischer Druck kann den Kulturkomplex derart schwächen, daß er zur Expansion unfähig ist. Dann setzen Vorgänge der Desintegration ein. In gewissen Fällen kam es nun zu internen Vernichtungskämpfen und einschneidender Reduktion der Populationsdichte. Man denke an Vernichtung von (oppositionellen, konfessionellen, rassischen usw.) Untergruppen, an Bürgerkrieg und Revolution. Nach solchem Aderlaß konnte es zu sozialer Konsolidierung und erneut zu erfolgreicher Expansion kommen. Revolutionen waren meist mit einer Funktionalisierung der Hierarchie verbunden, wie sie für Etablierungszeiten typisch ist. In den meisten Fällen entwickelte sich wieder eine Privilegienhierarchie, und diese schuf dann auch wieder ihr selbst dienende Institutionen.

Kein früherer Hochkulturkomplex vermochte seine Innen- und Außensituation langfristig zu stabilisieren. Jeder Expansion folgte die Auffüllung durch die wachsende Bevölkerung, mit jeder wurden innere Verbindungen und Außenfront länger und verwundbarer. Dazu kam die Degradation der Systeme primärer Produktion. Nun drängte der Überschuß der ländlichen Population in die Städte und lebte hier im Elend. Drohende allgemeine Verelendung und Zielverfall gehen Hand in Hand.

Zum institutionalisierten Parasitismus kommt nun versteckt und schließlich offen der illegale hinzu: Korruption, Wirtschaftsverbrechen, Mafia-ähnliche Machtgruppen, »condottieri« oder »warlords« usw. Sind Verelendung und Zersetzung weit genug fortgeschritten, so reagiert der Kulturkomplex auch auf äußere Bedrohung nicht mehr mit innerem Zusammenschluß.

Zusammenbruch. Im Bereich eines »reifen« Kulturkomplexes hängt die primäre Produktion von einem großen Aufwand an hochorganisierter Arbeit ab. In der Zerfallsphase wird dieser nicht mehr aufgebracht. Daß nun das Verkehrswesen, die Infrastruktur der Städte zusammenbrechen und ganze Teile der Bevölkerung an Hunger und Elend zugrunde gehen, ist eine unabwendbare Konsequenz. Ein derart zersetzter Kulturkomplex ist Druck von außen nicht mehr gewachsen.

Die Eroberung eines zersetzten Kulturkomplexes hat in den wenigsten Fällen die Errichtung eines über längere Zeit haltbaren neuen Komplexes möglich gemacht. Die früheren städtischen Zentren blieben in weitem Ausmaß Ruinenstädte. Rom z. B., zur Blütezeit eine Zweimillionenstadt, beherbergte im frühen Mittelalter noch rund 20 000 Einwohner. Wichtigstes Hindernis jeder neuen Entfaltung war die Degradation der Produktionsgebiete, ihre Versteppung und Verwüstung. Diese erwies sich jeweils mancherorts als praktisch irreversibel, d. h., der Aufwand einer Rehabilitierung hätte indirekt andere Produktionsgebiete derart belastet, daß der Gesamterfolg ein negativer gewesen wäre.

Das Durchbrechen von Bannungen und Tabus, welche zur Strategie langfristigen Überlebens gehören, machte die Entwicklung von Hochkulturen möglich. Vielfach erzwangen die durch intersoziale Konkurrenz bestimmten Selektionsbedingungen diese Entwicklung. »Bezahlt« wurde sie jeweils mit demographischem Zusammenbruch und vor allem mit tiefgreifender, vielfach irreversibler ökologischer Degradation.

Moderne Zivilisation

Soll die heutige Zivilisation humanökologisch auch nur einigermaßen adäquat skizziert werden, so darf der historische Hintergrund nicht völlig übergangen werden. Dabei ist vor allem die europäische Population zu berücksichtigen. Von ihr gingen entscheidende Impulse aus. Manche der sozioökologisch wichtigen Vorgänge in der europäischen Neuzeit haben wohl Parallelen in früheren Kulturen; in bestimmten Einzelzügen aber und in ihrer Verflechtung stellen sie einen neuartigen Gesamtprozeß dar.

Europas Weg in die Neuzeit. Die europäische Population verfügte zu Beginn der Neuzeit über eine Wissenschaft und Technologie von relativ hohem Stand als Erbe des alten Rom und zum Teil der Araber. Sie erlitt nach dem Einbruch der Türken keine Invasion von außereuropäischen Völkern mehr. Fortschreitende Entwaldung und landwirtschaftliche Erschließung hatten zu einer beträchtlichen Populationsdichte geführt. Adel und Kirche und in steigendem Maße auch die städtischen Bürgerschaften bildeten den sozialen Überbau über der Bauernschaft. An den Produktionsmethoden gemessen war der ökologische Plafond erreicht. Auch Seuchen minderten nur kurzfristig den ökologischen Druck. Es herrschte dauernd eine latente Bereitschaft, sich an Konfliktfronten einzusetzen – insbesondere seitens der jungen Männer.

Meist gesteuert durch Instanzen des Überbaus kam es zur Aktualisierung interner Konfliktfronten von extremer Brutalität. Der Motivierung großer Parteien und Kampfverbände dienten Ideologien. Vernichtung wurde zur Sendung. Die Vernichtungsaktionen gegen konfessionelle Gegner, kulturelle und rassische Minderheiten und die grauenvolle Ausmerzung von Frauen im vermehrungsfähigen Alter als »Hexen« seien als Beispiele erwähnt. Dazu kamen eigentliche Kriege. Sie wurden in beträchtlichem Ausmaß mittels angeworbener Söldner, Tötern von Beruf, geführt.

Bezeichnenderweise empfand das breite Volk all diese Vernichtungsaktionen als Verhängnis, nicht aber als Verschulden der am Kampf direkt beteiligten Individuen oder der die Konflikte steuernden und für ihre eigenen Interessen auswertenden »weltlichen« oder »kirchlichen« Instanzen des Überbaus. Die Vernichtung von Leben wurde gewiß als hart und leidvoll erlebt; aber wie eine erfolgreiche chirurgische Operation führte sie jeweils zu einem letztlich positiv erlebten Resultat, nämlich der Reduktion des ökologischen Drucks innerhalb der Population.

Entwicklungen der Neuzeit Europas. Durch zwei sich gegenseitig fördernde Entwicklungen wurde die europäische Population zum Impulsgeber eines globalen sozioökologischen Wandels: *koloniale Expansion* und *Industrie.*

Europäer invadierten nahezu sämtliche Regionen des Globus. In einigen davon ließen sie sich nieder, rotteten die bisherigen Bewohner aus oder zwangen sie in die Rolle einer sklavenähnlichen Unterschicht. In anderen fingen sie Eingeborene in organisierten Aktionen oder »kauften« sie von korrumpierten einheimischen Machthabern und verhandelten sie als »Arbeitstiere« vor allem an europäische Siedler in Amerika, das nach »Erledigung« der Indianer ein riesiges landwirtschaftlich erschließbares Gebiet darstellte.

Wo man nicht die Kulturgemeinschaften physisch ausrottete, degradierte man ihre Kulturen mit Hilfe von Mission, Alkohol und Gewalt und konnte damit Bannungen beseitigen, die der wirtschaftlichen Ausbeutung der Gebiete im Wege standen. So wurde die Errichtung eines globalen Verbundsystems der Ausbeutung zu Gunsten der europäischen Bevölkerung möglich.

Am Erfolg dieser Welteroberung hatte die Technologie entscheidenden Anteil, insbesondere die Kriegs- und Verkehrstechnologie, außerdem aber auch der völlige Bruch mit kulturellen Bannungen, die zur Erhaltung des Gleichgewichts der Lebenssysteme verpflichten. Der Bann wurde gebrochen, und da nun die ganze Erde der Ausbeutung erschlossen war, galt der Bruch als entscheidender Fortschritt.

Die Entwicklung der Industrie fußt auf grundsätzlich gleichen Grundlagen. In England und Schottland hatte rücksichtslose Übernutzung der Wälder zu weitgehender Entwaldung geführt. Holz war unerläßlich als Baustoff und Energieträger. In dieser Notlage schritt man nun – zum ersten Mal in der Geschichte – zur Ausbeutung eines nicht dem biologischen Kreislauf angehörenden Energieträgers in großem Stil: der Steinkohle. Bisher hatte man gewiß Erze und andere Mineralien abgebaut, aber in relativ kleinem Ausmaß; man schreckte aber davor zurück, gegen die Erde eigentliche »Angriffe« zu richten. Auch hier wurde nun eine Bannung durchbrochen. Die Verwendung des neuen Energieträgers setzte sich durch. Durch Modifikation der Methoden ließen sich bisher bekannte technische Prozesse viel effizienter auch mit Kohle betreiben; damit wurde der Weg zu neuen Entwicklungen gebahnt, insbesondere zur Zusammenarbeit zwischen Technik und exakten Naturwissenschaften. Zu den wichtigen frühen Errungenschaften gehörten die Herstellung von Backsteinen, Kochsalz, Kalkdünger, Glas und vor allem von Stahl. Dann folgten Maschinen, welche die Energie der Steinkohle in mechanische Energie umwandelten ... Auch diese Entwicklung bedeutet einen tiefergreifenden Bruch mit der Strategie des Überlebens auf lange Zeit, als er je zuvor gewagt worden ist. Das Resultat war – zunächst für die wirtschaftliche Oberschicht – eine unvergleichlich positive Erfahrung. Nun setzte sich der Glaube an die Möglichkeit dauernden Wirtschaftswachstums durch, dauernden »Fortschritts« durch das Zusammenwirken von Naturwissenschaften und Technik.

Der Umwelt wurde jeglicher Systemcharakter aberkannt und ebenso jeglicher Anspruch auf Integrität; sie galt nun als die Summe der beliebig verfüglichen »free gifts of nature«. Zur Verfügung standen nicht nur die Umwelt in Europa und allen anderen Kontinenten und die in den letzteren lebenden »Wilden«, sondern für die Exponenten der industriellen Entwicklung auch die Basisschicht der eigenen Völker. Da diese ihre Vermehrung nicht zu regeln vermochte, strömte der Überschuß der Landbevölkerung dauernd in die Städte. Hier wurde er vom Industriellen mit minimalstem finanziellem Aufwand maximal als Wirtschaftsfaktor ausgebeutet.

Aus dieser Situation heraus entwickelte sich die Arbeiterbewegung. Es ist ihr fraglos gelungen, einen gewissen sozialen Ausgleich herbeizuführen. Die Ausbeutung der Umweltsysteme wurde damit nicht im geringsten gemildert. Gesamthaft gesehen ging es der europäischen Arbeiterbewegung nicht um die Schonung der Umweltsysteme oder die Mäßigung des technologischen (und medizinischen) Fortschritts, sondern um möglichst gleiche Teilhabe aller an den »Segnungen des Fortschritts«.

Schließlich muß hier noch festgehalten werden, daß weder Kolonialismus noch Industrie ein Weltsystem geschaffen haben, in dem der ökologische Plafond nicht erreicht worden wäre. In unserem Jahrhundert ist es bereits zu zwei Weltkriegen gekommen, und regional sind Vernichtungsaktionen, Verelendung breiter Volksmassen und schwerste Hungersnöte dauernd im Gang.

Zur heutigen humanökologischen Situation. Die heutige Situation ist gekennzeichnet durch den »Siegeszug« der Technologie und der »technologischen Weltanschauung«. Ihr wichtigster Schrittmacher waren bisher die »exakten« Naturwissenschaften; in den letzten Jahrzehnten lag wachsendes Gewicht auch auf biotechnologischen Entwicklungen.

Größte Anstrengungen gelten der Kriegsbereitschaft. Die bereitgestellten Vernichtungsmittel dürften ausreichen, um das irdische Leben zu erledigen. Für den Krieg entwickelte bahnbrechende Erfindungen haben vielfach auch den »zivilen Sektor« gefördert. Man denke an Energie-, Verkehrs-, Informations- und Steuerungstechnologie und an die sekundäre Produktion der verschiedensten Verbrauchsgüter. Daß all diese Technologie bzw. Produktion indirekt schwerwiegende ökologische Risiken zeitigt, wird heute nicht mehr bestritten.

Von besonderer ökologischer Bedeutung ist die moderne Medizin. Sie trägt entscheidend zur Steigerung des ökologischen Drucks mit all seinen Risiken bei. Für die Großzahl der biotechnologischen Versuche und Unternehmungen zur Steigerung der primären Produktion und damit zur Hebung des ökologischen Plafonds ist die völlige Mißachtung des Systemcharakters der Umwelt typisch. Ziele dieser Anstrengungen sind immer punktuelle »Verbesserungen«. Dazu werden Komponenten lokaler Kreisläufe nach Belieben verfrachtet, Nebenzweige natürlicher Kreisläufe ohne alle Rücksicht auf letztere durch Hineinpumpen systemfremder Stoffe und Energien riesig aufgebläht usw. Auch längst als äußerst schädlich bekannte Maßnahmen wie großräumige Waldzerstörung werden mit moderner Ausrüstung rasant vorangetrieben.

Es kann kein Zweifel darüber bestehen, daß praktisch *sämtliche Ökosysteme der Erde in schwerwiegender Degradierung begriffen* sind. Den industrialisierten Völkern wird diese Tatsache dank zweier Umstände noch nicht in ihrem vollen Gewicht bewußt: 1. Das globale System der Ausbeutung wirkt sich zu Gunsten der Industrienationen und auf Kosten der »Dritten Welt« aus; dort herrscht weitverbreitet Hunger. 2. Die technologisch hochgetriebenen Systeme primärer Produktion sind zur Zeit sehr leistungsfähig; aber sie sind ohne allen Zweifel äußerst instabil und ökologisch gesehen Fehlentwicklungen innerhalb der umfassenden Ökosysteme.

Es kann nicht übersehen werden, daß sich heute eine Bereitschaft zur Umorientierung in verschiedener Hinsicht anzeigt.

Der Kolonialismus wurde aufgegeben. Die Ausbeutung der Dritten Welt gelingt allerdings noch immer durch Korrumpieren der Machtträger in den Entwicklungsländern.

In den Industrienationen wird das breite Volk nicht mehr unter Einsetzen von Gewalt ausgebeutet. Im Gegenteil, die Wirtschaftspolitik baut auf »Verführung« auf. Unablässig werden neue Dienstleistungen angeboten, neuer Komfort, bessere Medikamente, Verkehrs- und Informationsmittel und -dienste. All diese Leistungen werden als faszinierende Fortschritte propagiert. Auch das Korrumpieren von Entscheidungsträgern ist keine Seltenheit.

Bestrebungen des Natur- und Umweltschutzes haben sich zu ernstzunehmenden Kräften entwickelt und werden heute zu politisch relevanten Faktoren. Allerdings darf nicht übersehen werden, daß zur Zeit eine gewisse Unterwanderung dieser Bestrebungen seitens der Wirtschaft im Gange ist: Wirtschaftskreise haben sich als Geldgeber in die Naturschutzbewegung eingeschaltet, werden zu deren »decision makers« und tragen nun Sorge dafür, daß Entscheide ihre Interessen nicht zu sehr tangieren.

Nach L. Brown (1978) ist eine neue Phase der Zivilisation in Entwicklung begriffen: Im Sinne einer Ethik ökologischer »accomodation« würden Bevölkerungsgröße, Bedürfnisse und Sozialordnung den »resources and capacities« der Erde angepaßt. Zu diesem Wandel werde es mit Notwendigkeit kommen; ob er »orderly or convulsive« sein werden, hänge von unserer Voraussicht und unserm Willen ab. Diese Prognose ist relativ optimistisch. Sie rechnet nicht mit nachhaltiger, tiefgreifender Degradation der Ökosysteme, die, einmal ausgelöst, kaum mehr aufzuhalten ist. Solche Auswirkungen der noch immer dominierenden Fortschritts- und Wachstumsethik oder kriegerischer Anstrengungen zur Vernichtung von Leben in größtem Ausmaß lassen sich aber nicht gänzlich ausschließen.

SCHLUSSBEMERKUNG

Es erwies sich als größtes Problem, die Arbeit auf den vom Herausgeber festgesetzten Umfang zu beschränken. Es galt immer wieder zu entscheiden, welche Aspekte aufzunehmen, welche zu streichen waren. Letzterem Schicksal fiel unter anderem ein ganzes Kapitel über die biologischen Grunddispositionen des Menschen zum Opfer. Begreiflicherweise sehe ich auch ohne dieses Kapitel den »roten Faden« der ganzen Arbeit. Ob das auch für den Leser zutrifft, dürfte unter anderem auch von der Großzügigkeit seiner Kritik abhängen.

ANMERKUNG

1

Nach R. V. Short (1976, zit. nach May (1978) hatten bei Menschen früher Kulturstufe (Jäger und Sammler) eine drei- bis vierjährige Laktationszeit und deren Koppelung mit hormonaler Blokkierung der Ovulation bzw. Empfängnis Überlebenswert. Sie erhöhten direkt die Überlebenschance von Mutter und Kind und verhinderten – zusammen mit Unfruchtbarkeit der Mädchen in den ersten Jahren nach der Pubertät – weitgehend zu hohe Populationsdichte und Übernutzung des Biotops. Mit der durch Ackerbau erreichten besseren Ernährungslage wurden kürzere Laktationszeit und raschere Geburtenfolge für Mutter und Kind gesundheitlich tragbar. Der entsprechende genetische Typus, bei dem bereits während der Laktation eine neue Empfängnis möglich ist, vermochte nun weitgehend den früheren zu verdrängen.

LITERATUR

Brown, L.: The Twenty-ninth Day: Accomodating Human Needs and Numbers to the Earth's Resources. Population Reports, Series E, Nr. 5. Dep. of Medical and Public Affairs, The George Washington Medical Center 1978

Ehrlich, P. R., Ehrlich, A. H., Holdren, J. P.: Human Ecology. San Francisco, London: W. H. Freeman & Co. 1973. Deutsch: Humanökologie. Heidelberger Taschenbücher, 168. Berlin, Heidelberg, New York: Springer 1975

Freyler, F., Haider, M., Knötig, H., Panzhauser, E., Reichardt, R.: Gliederungsvorschlag für das Gesamtgebiet der Humanökologie. Humanökologische Blätter (Wien), 4, 1972, 5–24

Goodall, D. W. (Ed.): Ecosystems of the World. Amsterdam: Elsevier (in Vorbereitung)

Illies, J., Klausewitz, W. (Hg.): Unsere Umwelt als Lebensraum. Sonderband »Ökologie« zu Grzimeks Tierleben. Zürich: Kindler 1973

Knötig, H.: Bemerkungen zum Begriff »Humanökologie«. Humanökologische Blätter (Wien), 2/3, 1972, 3–140

May, R. M.: Human Reproduction Reconsidered. Nature, 272, 1978, 491–495

Meadows, D. H., Meadows, D. L., Randers, J., Behrens, W. W.: The Limits to Growth. A Report for the Club of Rome's Project on the Predicament of Mankind. New York: Universe Books 1972. Deutsch: Die Grenzen des Wachstums. Bericht des Club of Rome zur Lage der Menschheit. Stuttgart: Deutsche Verlags-Anstalt 1972

Schwerdtfeger, F.: Ökologie der Tiere. Hamburg, Berlin: Parey. Bd. 1: Autökologie, 1963. Bd. 2: Demökologie, 1968, Bd. 3: Synökologie, 1975

Short, R. V.: The Evolution of Human Reproduction. Proc. Roy. Soc. London, 195, 1976, 3–24

Young, G. I.: Human Ecology as an Interdisciplinary Concept: A Critical Inquiry. In: J. B. Cragg, A. MacFadyen (Eds.): Advances in Ecological Research, VIII. London, New York: Academic 1974, 1–105

Einführungen in die Ökologie

Krebs, Ch. J.: Ecology. The Experimental Analysis of Distribution and Abundance. New York, Evanston, San Francisco, London: Harper & Row 1972

Odum, E. P.: Fundamentals of Ecology. Philadelphia, London, Toronto: Saunders 3/1971

Ricklefs, R. E.: Ecology. London: Nelson 1973

Tischler, W.: Einführung in die Ökologie. Stuttgart, New York: Fischer 1976

STAMMESGESCHICHTLICHE UND KULTURELLE ANPASSUNGEN IM MENSCHLICHEN VERHALTEN

von Irenäus Eibl-Eibesfeldt

FRAGESTELLUNG UND METHODEN DER HUMANETHOLOGIE

Die vergleichende Verhaltensforschung war von Anbeginn darauf angelegt, über tierethologische Untersuchungen eine Basis für eine biologische Verhaltensforschung am Menschen zu legen. Eine solche beginnt sich nunmehr als Humanethologie zu etablieren.

Die Humanethologie ist als Biologie menschlichen Verhaltens zu definieren, und getreu ihrem Ursprung aus der Biologie fächert ihr Interesse in den gleichen Hauptrichtungen auf, nämlich nach Morphologie, Ökologie, Genetik, Entwicklungsbiologie und Physiologie. Fragestellungen und Methoden knüpfen an jene dieser Fächer an, wandeln sie aber dem Menschen gemäß ab. Die Humanethologie basiert auf der Selektionstheorie, die ja nach anfänglichen Widerständen durchaus Eingang in die Wissenschaften vom Menschen fand. Man neigt heute wohl allgemein dazu, morphologische und physiologische Merkmale unserer Art als Anpassungen zu deuten, als Strukturen mithin, die bestimmten Selektionsdrukken ihre spezifische Ausprägung verdanken. Dementsprechend stellen wir bei der Untersuchung von Merkmalen auch die Frage, welche Aufgabe sie erfüllen oder, anders ausgedrückt, in welcher Weise sie zur Gesamteignung (inclusive fitness) beitragen, bezogen auf die Nachkommenzahl des Merkmalsträgers und seiner genetisch nahen Verwandten.

Methodisch beginnt die Arbeit des Humanethologen mit der Beschreibung der von ihm untersuchten Verhaltensweisen. Damit folgt er dem Vorbild der Tierethologen, die ihre Arbeit mit der Erstellung des Ethogramms der untersuchten Arten beginnen. Das setzt natürlich voraus, daß es auch im menschlichen Verhalten wiedererkennbare Einheiten gibt, die man beschreiben und benennen kann. Wir dürfen von dieser Voraussetzung ausgehen und werden Beispiele dafür bringen. Wir wollen allerdings bereits hier darauf hinweisen, daß am Beginn jeder Verhaltensanalyse großer Wert auf Beobachtung im natürlichen Kontext gelegt wird, da wir aus ihr wichtige Aufschlüsse über die Funktion erhalten. Die Beobachtung im natürlichen Kontext sollte der experimentellen Forschung unter natürlichen oder künstlichen Bedingungen vorausgehen. Das wird auch von anderen Disziplinen der Menschenforschung (Soziologie, Sozialanthropologie, Psychologie) durchaus praktiziert.

Bereits in der deskriptiven Phase wird der Beobachter bestimmte regelmäßige Beziehungen zwischen Verhaltensweisen feststellen. Er wird bemerken, daß bestimmte Verhaltensweisen mit bestimmten anderen häufig assoziiert sind, mit bestimmten anderen dagegen selten oder gar nicht. Positive Korrelationen lassen auf gemeinsame zugrundeliegende Mechanismen schließen. Aus dem Auftreten bestimmter Verhaltensweisen in einem bestimmten Kontext bekommt man ferner Hinweise, was sie auslöst. Das regt zu gezielten Experimenten an und bereits auf Grund dieser Daten und der aus den vorgenannten Korrelationsanalysen gewonnenen können wir Wirkungszusammenhänge erkennen, die wir in Schaltbildern als Wirkungsgefüge veranschaulichen können. Sie erlauben als Modelle Voraussagen, die experimentell geprüft werden können (Baerends, Drent 1970). Darüber hinaus erfährt man aus der Beobachtung, was ein Verhalten bewirkt, sei es nun instrumental oder als Signal. Kurz, wir erfahren Grundsätzliches über die Funktion, nach der wir ja unter selektionistischen Gesichtspunkten forschen.

Die beschreibende Erfassung der Phänomene bildet ferner die Grundlage für eine vergleichende Untersuchung menschlichen Verhaltens, nach dem Vorbild der tierischen Verhaltensmorphologie. Sie erlaubt es, unter Zugrundelegung der Homologiekriterien der vergleichenden Morphologie Homologien und Analogien im Kulturenvergleich und im Tier-Mensch-Vergleich aufzudecken. Unter Heranziehung von Zusatzkriterien ist es auch möglich zu entscheiden, ob es sich bei den beim Menschen gefundenen Homologien um phylogenetische oder Traditionshomologien (Wickler 1967) handelt.

Mit dieser letzteren Frage ist unter anderem die Ontogeneseforschung befaßt, die die Entwicklung menschlichen Verhaltens unter den verschiedensten (kulturellen) Umweltbedingungen einerseits, sowie andererseits unter Bedingungen des Erfahrungsentzuges verfolgt, etwa durch Untersuchung blind oder taub und blind Geborener.

Die Humanethologen profitieren bei ihrer Arbeit von der fein ausgefeilten Methode der nichtteilnehmenden Beobachtung, die die Tierethologen ausgearbeitet haben, denen ein verstehendes und verbal befragendes Vorgehen ja grundsätzlich verwehrt ist. (Mit »Beobachtung und Beschreibung in der Untersuchung des Tierverhaltens« befaßt sich C. G. Beer in diesem Band.) Es bedarf eines besonderen Trainings und vor allem der technischen Hilfsmittel des Films, wobei insbesondere die Zeittransformation (Zeitlupe, Zeitraffer) zu objektivieren hilft, da man in ihr Regelmäßigkeiten der Abläufe wahrnimmt, die der unmittelbaren Beobachtung leicht entgehen. Wir lehnen damit die Methode der Befragung (s. den Beitrag von R. Koeck und G. Strube in Band V) als Mittel der Datenerhebung keineswegs grundsätzlich ab. Sie ist unentbehrlich, muß aber durch Beobachtung des ungestellten Verhaltens ergänzt werden, zumal das, was gesagt wird, oft von der beobachteten Wirklichkeit abweicht, sei es, daß man das, was der Fragende hören will, zu wissen glaubt und ihm entgegenkommen will, sei es, daß man ideale Vorstellungen ausdrückt, denen der Alltag nicht gerecht wird. So hat B. Hold (unveröffentlicht) bei den G/wi (Kalahari-Buschleute) beobachtet, wie oft Mütter ihre Kinder ermahnen, beschimpfen und schlagen. Letzteres geschieht nicht allzuoft, aber doch häufig genug. Befragt, ob sie ihre Kinder schlagen würden, erklärten die Mütter, das täten sie nie, denn das sei nicht richtig. Die Kinder erklärten dagegen auf Befragung, ob die Mütter sie schlagen würden, ja, das täten sie sogar oft, was auch nicht der Beobachtung entspricht. Dennoch sind beide Aussagen interessant, da sie auf der einen Seite ein erzieherisches Ideal, auf der anderen Seite ein Ressentiment ausdrücken.

Da gelegentlich angenommen wird, die Humanethologen wären in erster Linie an den primitiven, tierähnlichen Merkmalen menschlichen Verhaltens interessiert, ja dies wäre unsere legitime Domäne (Shafton 1976), während die »höheren Niveaus der Organisation« sich der ethologischen Methode entzögen, sei noch betont, daß wir durchaus auch kulturell bedingtes Verhalten und schließlich auch die höheren kognitiven Leistungen des Menschen in unsere Arbeit miteinbeziehen (s. Lorenz 1973, Charlesworth 1977).

Besonderen Wert legt der Humanethologe nach wie vor auf den Tiervergleich, was ihm gelegentlich zum Vorwurf gemacht wird. Man spricht von »unerlaubten« Schlüssen vom Tier auf den Menschen; fragt man dann aber genauer nach, *was* denn eigentlich unerlaubt sei, dann kommt man schnell darauf, daß die meisten Kritiker nicht zwischen Homologie- und Analogieschlüssen unterscheiden können. Andere, die beides unterscheiden, glauben, das Studium der Analogien würde uns nichts Wichtiges über den Menschen lehren können. Ich möchte daher auf Wicklers darauf bezugnehmende Diskussionen verweisen (Wickler

1967). In diesen zeigt er, daß man aus dem Studium analoger Anpassungen gerade über die unabhängig von jeder Verwandtschaft geltenden Gesetze erfährt, die sich aus der Funktion ergeben und die damit allgemeinere Gültigkeit haben. Man kann durchaus die Gesetzmäßigkeiten erforschen, nach denen Flügel konstruiert werden und dazu Flügel von Insekten, Wirbeltieren und Flugzeugen vergleichen, obgleich alle unabhängig voneinander entwikkelt wurden und auch einen ganz verschiedenen, ontogenetischen Werdegang hinter sich haben. Ebenso kann man Phänomene wie Rangordnung und Monogamie als solche im Artenvergleich auf gemeinsame Gesetzmäßigkeiten hin untersuchen und daraus Arbeitshypothesen entwickeln, deren Voraussagen dann durch gezielte Forschung an anderen Arten, in unserem Falle am Menschen, geprüft werden können.

Die ethologische Vorgehensweise hat sich in den Humanwissenschaften bereits durchaus bewährt. Sie wird von Verhaltensforschern verschiedener Herkunft eingesetzt, wobei sich einige Schwerpunkte bildeten, die man mit den Stichworten Kinderethologie, Kommunikationsforschung und Aggressionsforschung charakterisieren kann. Weitere Schwerpunkte liegen bei der Erforschung der Mechanismen der Gruppenbindung und der Sozialstrukturen.

DER BEGRIFF ANPASSUNG

Wenn wir von »Anpassung« sprechen, dann meinen wir damit, daß die von uns als angepaßt bezeichnete Struktur eine Aufgabe erfüllt und somit zur Erhaltung des Individuums bzw. der Art beiträgt. Anpassung setzt immer eine Interaktion von Organismus und Umwelt voraus und in den resultierenden Anpassungen spiegeln sich Facetten der außersubjektiven Wirklichkeit (Lorenz 1973). »Wäre nicht das Auge sonnenhaft, die Sonne könnte es nie erblicken,« sagte bereits Goethe (und vor ihm Plato), und Lorenz bringt als Beispiel den Pferdehuf, der gewisse Eigenschaften des Steppenbodens abbildet.

Das gilt für jede Anpassung, ob Körperstruktur oder Verhalten. Damit ein Organismus sich überhaupt anpassen kann, muß er in der Lage sein, sich über jene Umweltgegebenheiten zu informieren[1], die als Vorlage von der Anpassung abgebildet werden. Dem Organismus stehen nach unserem Wissensstand zwei Wege des Informationserwerbs zur Verfügung. *Stammesgeschichtliche* Anpassungen ergeben sich im Wechselspiel von Mutation und Selektion, wobei letztere die Richtung der Entwicklung bestimmt. Die gesammelten Erfahrungen werden im Genom der Art gespeichert und im Laufe eines Selbstdifferenzierungsprozesses entschlüsselt. Organismen können darüber hinaus in ihrem *individuellen Leben* Erfahrungen sammeln und speichern. Sofern es sich um Anpassungen im Verhalten[2] handelt, werden die Erfahrungen über Lernprozesse erworben und im Zentralnervensystem gespeichert. Wie gelernt wird, das wechselt. Der Organismus kann die Erfahrungen im aktiven Explorieren sammeln, er kann jedoch auch unterrichtet werden, die Erfahrungen also tradiert bekommen.

Um die Herkunft der Angepaßtheit geht nun der ganze Natur-Dressur-Streit. Zwar glaubt heute kaum ein Behaviorist noch daran, daß Organismen als unbeschriebene Blätter zur Welt kommen (man hört es nur noch gelegentlich, wenn es um den Menschen geht), vielmehr spricht man, wie das die Biologen seit langem tun, von einer Interaktion von Genom und Umwelt, um allerdings sogleich zu betonen, daß es unmöglich sei festzustellen, welchen Beitrag Genom und Umwelt im konkreten Fall leisten. Sie nennen sich Interaktionisten, blockieren aber mit der Feststellung, daß es unmöglich sei, die beiden Anteile voneinander zu trennen, die weitere Forschung. Charlesworth (im Druck) hat sich mit der merkwürdigen Inkonsequenz in der Denkweise dieser Forscher auseinandergesetzt. Wer die Angeboren-Erworben-Dichotomie ablehnt und zugleich als einzige Lösung einen Interaktionismus vertritt, demonstriert eine ganz erhebliche Begriffsverwirrung. Ein Beispiel für eine solche bietet die Untersuchung von Hailman (1967), der die Angeboren-Erworben-Dichotomie ablehnt, aber von einer »kontinuierlichen Interaktion« spricht. Man braucht nur zu fragen, was denn in Wechselwirkung tritt, und schon muß man sich wieder mit dem Problem von Erb- und Umwelteinfluß auseinandersetzen.

Mit der Behauptung, es sei nicht möglich, angeborene und erworbene Anteile im tierischen und menschlichen Verhalten zu unterscheiden, haben sich die Ethologen sehr ausführlich befaßt. Lorenz (1961, 1965) führte aus, daß jene, die so argumentieren, die bemerkenswerte und erklärungsbedürftige Tatsache der Angepaßtheit der fraglichen Verhaltensweisen übersehen.

Nun führten wir bereits aus, daß lebende Systeme nur auf zwei Wegen Informationen sammeln können: Sie können lernen. Darüber hinaus kann die Art außerdem nach dem Mutations-Selektions-Prinzip Erfahrungen sammeln, die Angepaßtheit bewirken.

Die Aufzucht unter Erfahrungsentzug gestattet es uns, einem Tier ganz bestimmte Informationsmuster vorzuenthalten, die die zur Diskussion stehende Passung betreffen. Will jemand wissen, ob einem Vogel der Artgesang angeboren ist oder ob er ihn von einem Vorbild lernen muß, dann genügt es, ihm während seiner Aufzucht das Hören des Artgesanges vorzuenthalten. Singt er als Erwachsener dennoch kopiengetreu den Artgesang, dann gilt das als Beweis, daß die das Gesangsmuster betreffende Information in seinem Genom enkodiert sein muß, unbeschadet der Tatsache, daß bei diesem Experiment nicht alle Umwelteinflüsse ausgeschaltet waren. Das würde im Gegenteil sicherlich zu generellen Schädigungen führen, die nicht allein die zur Frage stehende Passung betreffen. Wer etwa die Reaktion von Stichlingen auf rote Attrappen prüfen will, tut gut daran, diese Fische nicht im Dauerdunkel aufzuziehen, da dies Degenerationserscheinungen in der Retina bewirkt.

Beim Prozeß der Selbstdifferenzierung können selbst Lernprozesse eine Rolle spielen, ohne daß dies das Konzept der stammesgeschichtlichen Angepaßtheit umstoßen würde. Wenn man von einer solchen Angepaßtheit spricht, bezieht man sich ja immer auf ein bestimmtes Niveau. Angenommen, ein Vogel müßte die Atembewegungen, mit denen er später auch singt, lernen, im übrigen aber selbst bei schallisolierter Aufzucht das artspezifische komplizierte Gesangsmuster produzieren, so hieße dies, daß die Informationen, die das Gesangsmuster (Melodie, Rhythmus) betreffen, im Erbgut weitergereicht wurden. Wie eng im einzelnen der Modifikabilitätsbereich angeborenen Verhaltens ist und wie seine Embryonal- oder Jugendentwicklung abläuft, ist für jeden einzelnen Fall festzustellen und Gegenstand eigener Untersuchungen. Als Startpunkt für solche Analysen ist der Nachweis von Bedeutung, daß komplexe Verhaltensmuster eben jene spezifische Komplexität aufgrund genetisch kodierter Information entwickeln, wie das die Aufzucht unter Erfahrungsentzug beweist (s. den Beitrag von J. P. Kruijt in diesem Band).

Gelegentlich wird den biologisch orientierten Verhaltensforschern vorgehalten, sie würden die Bedeutung von Umwelteinflüssen und Selbstreizungsprozessen in der Embryonal- und Jugendentwicklung von Verhaltensweisen nicht sehen. Ganz abgesehen davon, daß diese Fragen von unserer Frage nach der Herkunft von Angepaßtheiten methodisch getrennt werden können, erlaube ich mir den Hinweis, daß die Biologen schon vor der Jahrhundertwende das Fach »Entwicklungsmechanik« kannten (der erste Band vom Roux-Archiv für Entwicklungsmechanik erschien 1894) und es heute als Entwicklungsphysiologie durchaus weiter pflegen. Als Pionier dieses Faches erhielt Spemann 1935 den Nobelpreis.

Von besonderem Interesse sind in diesem Zusammenhang die Untersuchungen Sperrys (1959, 1963, 1971). Er zeigte, daß die Nerven selektiv zu den Erfolgsorganen wachsen wobei die Nervenfasern auf bestimmte Eigenschaften ihrer Endorgane abgestimmt sind. Auf der Basis chemischer Anweisungen und unter genetischer Kontrolle kommt so ein präzises und präfunktionell geordnetes Wachstum der Neuronennetze und Nerven zustande. Verpflanzt man zum Beispiel einem Froschembryo ein Stück Rückenhaut auf den Bauch und kitzelt man den herangewachsenen Frosch später an diesem Hautstück auf dem Bauch, dann kratzt er sich dennoch auf dem Rücken. Die normalerweise das Rückenhautstück innervierenden Nerven haben ihr nunmehr bauchseitig liegendes Hautstück gefunden. Sie melden aber als Rückennerven. Eine Anpassung an die neue künstlich geschaffene Situation findet nicht statt.

STAMMESGESCHICHTLICHE ANPASSUNGEN IM VERHALTEN

Definition und Tierbeispiele

Verhaltensweisen, die in diesem Sinne erfahrungsunabhängig heranreifen, die also ihre spezifische Angepaßtheit stammesgeschichtlichen Entwicklungsprozessen verdanken, bezeichnen wir als stammesgeschichtlich angepaßt oder angeboren. Handelt es sich um Bewegungsweisen, dann heißt das natürlich nicht, daß die Bewegungen als solche angeboren wären, vielmehr wird damit ausgedrückt, daß die den Bewegungen zugrundeliegenden Nervennetze und ihre spezifische Schaltung mit den Endorganen auf Grund der im Erbgut festgelegten Entwicklungsanweisungen in einem Prozeß der Selbstdifferenzierung heranwachsen.

Stammesgeschichtliche Anpassungen gibt es im motorischen Bereich – man bezeichnet sie als Erbkoordinationen. Sie sind oft bei der Geburt oder beim Schlüpfen voll funktionsfähig, das lehrt uns jedes frischgeschlüpfte Entlein. Es kann laufen, schwimmen, sein Gefieder einfetten und mit einer Seihbewegung im Schlamm Nahrung suchen. Und selbst, wenn wir das Entlein von einer Hühnerglucke erbrüten lassen, wird es Entenverhalten zeigen und nicht etwa nach dem Vorbild der Ziehmutter Körnchen aufpicken. Viele Bewegungen gelangen jedoch erst im Laufe der Jugendentwicklung zur Funktionsreife. So entwickeln Eichhörnchen (*Sciurus vulgaris*) auch bei isolierter Aufzucht die arttypische Futterversteckhandlung.

Normalerweise vergraben diese Tiere die gesammelten Nüsse einzeln im Boden, wozu sie zuerst ein Loch scharren, dann die Nuß ablegen, mit schnellen Stößen der Schnauze in den Boden rammen und schließlich mit Erde bedecken, die sie mit den Vorderbeinen darüber schieben. In Käfigen ohne Einstreu isolierte und nur mit breiiger Nahrung aufgezogene Eichhörnchen – die also nie etwas umhertragen und verscharren konnten – versuchen mit der gleichen Bewegungsfolge Nüsse zu verstecken, wenn man ihnen solche anbietet. Sie laufen dann suchend im Raum umher, beginnen schließlich in einer Zimmerecke zu scharren, die Nuß abzulegen, mit Schnauzenstößen festzurammen, und danach machen sie noch die Zuscharr- und Festdrückbewegungen, obgleich sie keinerlei Erdreich aufgegraben haben. Ein vorprogrammierter Verhaltensablauf, der allerdings erst reifen mußte, schnurrt ab, nachdem er einmal ausgelöst wurde.

Neben diesem angeborenen Bewegungskönnen sind Tiere in der Lage, auf bestimmte Reizsituationen bei erster Konfrontation mit gewissen Verhaltensweisen und immer nur mit diesen zu handeln. Sie müssen demnach mit Detektoren ausgerüstet sein, die auf bestimmte Umweltreize abgestimmt sind. Da über diese Reaktionen ausgelöst werden, spricht man auch von angeborenen Auslösemechanismen (AAM). Man kennt ihr Funktionieren mittlerweile recht gut. Ich verweise in diesem Zusammenhang auf die Untersuchungen von Ewert (1972) über den Beutefang der Kröte (s. auch den Beitrag von J. P. Ewert in diesem Band).

Sehr viele soziale Verhaltensweisen werden über angeborene Auslösemechanismen aktiviert, wobei nicht nur eine empfängerseitige Anpassung an die vom Artgenossen ausgehenden Signale stattfand, sondern dieser in wechselseitiger Anpassung besondere Sendeeinrichtungen (akustische, optische und olfaktorische Signale) entwickelte. Man bezeichnet solche eigens im Dienste der Signalsendung entwickelten Einrichtungen als »Auslöser«.

Ein solcher ist z. B. der rote Brustfleck des Rotkehlchens (*Erithacus rubecula*). Er löst beim Rivalen Kampfverhalten aus, und es genügt, ein Büschel roter Federn auf einem Ast im Revier eines Rotkehlchenmännchens zu montieren, um einen Angriff auszulösen. Ein ausgestopfter Rivale, dem man die roten Federn nahm, wird dagegen nicht beachtet, obgleich er viel mehr Rotkehlchenmerkmale zeigt als das Federbüschel, aber auf diese kommt es offenbar nicht an; die roten Federn kennzeichnen den Rivalen (Lack 1943).

Puten erkennen ihre Küken am Kükenruf. Beraubt man sie ihres Gehörs, dann töten sie ihre Küken, da sie diese am Aussehen nicht erkennen. Umgekehrt betreuen Puten, die hören können, einen ausgestopften Iltis, in den man einen Lautsprecher einbaute, der Kükenrufe abstrahlt (Schleidt, Schleidt, Magg 1960). Rhesusaffen (*Macaca mulatta*) erkennen einen Artgenossen vor jeder Sozialerfahrung. Von Geburt an isoliert gehaltende Tiere, die sich auch nie selbst im Spiegelbild sahen, ziehen gegen die Käfigwand projizierte Bilder von Artgenossen anderen Objekten vor. Sie nähern sich mit sozialen Kontaktlauten den Bildern, machen Spielaufforderungen und lernen nach dem Erlöschen schnell, sich diese Bilder durch Hebeldrücken selbst zu projizieren. Welchen Ausdruck der abgebildete Affe zeigt, ist dafür zunächst bedeutungslos. Bilder, die keine Äffchen zeigen, projizieren sie sich weniger oft. Zu den beliebten Bildern gehörte auch das eines drohenden Artgenossen. Im Alter von 2,5 bis 3 Monaten änderte sich jedoch die Reaktion der Äffchen. Sie begannen, sich bei der Projektion des Bildes vom drohenden Affen zu fürchten, wichen zurück, umklammerten sich selbst und äußerten Angstlaute. Die Rate der Selbstdarbietung sank rapide ab. Da die Versuchstiere nie einen Konflikt mit Artgenossen erlebt hatten, muß das Verständnis der Drohmiene und -haltung auf die Reifung eines angeborenen Auslösemechanismus zurückzuführen sein (Sackett 1966). Welche Merkmale es im einzelnen sind, an denen der unerfahrene Affe die Drohmimik erkennt, ist noch nicht untersucht; sicher handelt es sich um Beziehungsmerkmale.

Des weiteren weiß man, daß Tiere nicht passiv auf Ereignisse warten, um dann erst zu reagieren. Sie sind vielmehr so konstruiert, daß sie von sich aus aktiv werden. Nach Arten und Funktionskreisen wechselnde Mechanismen versetzen das Tier in spezifische Bereitschaft. Es sucht dann in einem sogenannten Appetenzverhalten (wie sich experimentell beweisen läßt) nach spezifischen auslösenden Reizsituationen. Die Antriebsmechanismen sind den Tieren im allgemeinen angeboren. Ihre Konstruktion wechselt nach Funktionskreisen und -arten. Innere Sinnesreize, Hormone und zentralnervöse Faktoren spielen dabei eine Rolle. Von besonderem Interesse war die Entdeckung der zentralen Automatie und zentralen Koordination durch v. Holst (1935, 1969; s. auch den Beitrag über ihn von B. Hassenstein in diesem Band): Auch das von zuführenden Reizen (Afferenzen) völlig isolierte Rückenmark seiner Aale produzierte ein geordnetes Impulsmuster, das zu koordinierter Bewegung führte. Demnach gibt es motorische Zellgruppen, die spontan tätig sind und die sich zentral koordinieren. Lorenz (siehe meinen Beitrag über Lorenz in diesem Band) entwickelte auf Grund dieser Befunde seine Theorie der neurogenen Motivation, die mittlerweile durch viele weitere Arbeiten gestützt wird, die zentrale Koordination und Automatie in verschiedenen Tiergruppen nachwiesen (Fentress 1976, dort weitere Literatur). In solchen zentralnervösen »Generatorsystemen« spielen sogenannte Kommandoneuronen eine große Rolle. Sie können mit anderen so geschaltet sein, daß sie von den von ihnen aktivierten Neuronen Rückmeldungen erhalten, die ihrerseits wieder anregend wirken (Davis, Gillette 1978; Gillette, Kovac, Davis 1978).

Schließlich weiß man, daß auch das Lernen als adaptive Modifikation des Verhaltens genetisch determiniert ist (s. die Beiträge von J. Parzefall und Ch. Buchholtz in diesem Band). Tiere lernen nicht alles und zu jeder Zeit gleich gut, sondern vor allem das, was zu ihrer Arterhaltung beiträgt, und oft nur in bestimmten sensiblen Perioden. Ihre Lernbegabung ist artspezifisch differenziert. Kurz, Tiere sind in genau definierten Bereichen ihres Verhaltens durch stammesgeschichtliche Anpassungen vorprogrammiert.

Diese Einsicht hat sich heute weitgehend durchgesetzt. Nur der Mensch soll da nach Ansicht einiger Psychologen und Anthropologen eine Ausnahme machen. Von einigen Reflexen des Neugeborenen abgesehen, würde der Mensch alles lernen, hieß es z. B. bei Montagu noch 1973. Da der Mensch auf eine lange stammesgeschichtliche Entwicklung zurückblickt, wäre es allerdings höchst erstaunlich, wenn er keinerlei stammesgeschichtliche Anpassungen in seinem Verhalten mitbrächte. Es ist daher vernünftig, die Frage zu stellen, ob menschliches Verhalten in ähnlicher Weise wie das tierische durch stammesgeschichtliche Anpassungen in bestimmten Bereichen vorprogrammiert ist. Sie kann heute durchaus bejaht werden. Wir stützen uns dabei auf die Ergebnisse der vergleichenden Primatenforschung, auf kulturenvergleichende Untersuchungen und auf Arbeiten, die sich mit der Entwicklung des Verhaltens gesunder und mit Geburtsschäden behafteter Kinder befassen.

Verhaltensweisen des Säuglings

Eine Reihe von Forschern hat sich mit dem Verhaltensinventar des Säuglings befaßt und festgestellt, daß Säuglinge bereits unmittelbar nach der Geburt einige voll funktionstüchtige Verhaltensweisen besitzen. Säuglinge verfügen über mehrere Lautäußerungen mit spezifischen Funktionen, eine automatische Suchbewegung, über Greifreflexe, sie können saugen und noch manch anderes mehr. Neuere Untersuchungen von Ball, Tronick und Bower belegen ferner, daß bereits vierzehn Tage alte Säuglinge gewisse Umweltdaten von vornherein interpretieren. Schnallt man die Säuglinge aufrecht in einem Stühlchen fest und projiziert man vor ihnen symmetrisch sich ausdehnende dunkle Flecken, dann reagieren die Kinder darauf mit Abwenden des Kopfes, schützendem Armheben und Anstieg der Pulsschlagfrequenz, so als würde ein Objekt in Kollisionskurs auf sie zurasen. Asymmetrisch sich ausdehnende Flecken bewirken das nicht. Das Kind erwartet gewissermaßen, daß sich mit gewissen optischen Eindrücken taktile Konsequenzen verbinden, ohne das erst erfahren zu müssen. Das zeigen auch andere Versuche. Projiziert man z. B. vor einem Säugling die Illusion eines Objektes, dann versucht er bereits mit fünfzehn Tagen – also unerwartet früh – danach zu fassen, allerdings noch schlecht gezielt. Faßt das Kind bei diesen Versuchen ins Leere, dann erhöht sich seine Pulsfrequenz und das Kind zeigt Anzeichen der Beunruhigung, quängelt oder weint. Kann es dagegen ein Objekt, das es sieht, auch erfassen, dann bleibt es ruhig (weitere Beobachtungen und Literaturhinweise bei Bower 1977).

Von besonderem Interesse ist in diesem Zusammenhang eine kürzlich erschienene Arbeit von Meltzoff u. Moore (1977). Sie wiesen nach, daß neugeborene Säuglinge in der Lage sind, vorgemachte Gesichtsbewegungen nachzuahmen, wie Vorstülpen der Lippe zur Schnute, Mundöffnen und Zungezeigen. Diese Fähigkeit können sie nicht gelernt haben. Die Säuglinge müssen vielmehr auf Grund ihnen angeborener Detektoren in der Lage sein, bestimmte Gesichtsbewegungen visuell zu erkennen, und es muß ferner eine Schaltung vorliegen, die es den Säuglingen erlaubt, das gesehene Bewegungsmuster in eigene Bewegungen zu übersetzen; und schließlich muß auch noch die Motivation vorhanden sein, dies zu tun. Ein ziemlich kompliziertes Programm ist demnach angeboren. Ob man hier allerdings ohne Erweiterung des Konzeptes von Auslösern und angeborenen Auslösemechanismen sprechen kann, ohne den Begriff allzusehr zu erweitern, ist fraglich. Meltzoff u. Moore sind der Ansicht, daß es sich bei den vorgeführten Bewegungen ja wahrscheinlich nicht um Erbkoordinationen handelt. Sollte dies zutreffen, dann hätten wir einen auf das Erkennen und Nachahmen beliebiger Gesichtsbewegungen geeichten Mechanismus vor uns, der sicher eine eigene Bezeichnung verdient.

Die Beobachtung des heranwachsenden Säuglings lehrt, daß eine ganze Reihe von Verhaltensmustern nicht nur über Konditionierungsprozesse erworben werden, sondern daß auch Reifungsprozesse dabei eine große Rolle spielen. Die Fremdenfurcht (»Fremdeln«) ist dafür ein gutes Beispiel (s. den Beitrag von M. Morath in diesem Band).

Wollte man dieses Verhalten nach der Lerntheorie erklären, dann müßte man annehmen, daß das Kind irgendwann schlechte Erfahrungen mit Fremden sammelte oder, daß es von seinen Bezugspersonen fremdenfeindlich indoktriniert wurde. Beide Möglichkeiten kann man ausschließen. Auch Kinder, die nachweislich nie Schlechtes von Fremden erfuhren, und die darüber hinaus auch nicht durch ihre Bezugspersonen dazu erzogen wurden, entwickeln sie[3]. Ich selbst habe das mittlerweile an acht Säuglingen der eigenen Familie und des engeren Bekanntenkreises festgestellt, des weiteren an einigen taubblind Geborenen, die geruchlich zwischen bekannt und unbekannt zu unterscheiden vermochten (Eibl-Eibesfeldt 1973), und schließlich fand ich Äußerungen der Fremdenfurcht bei Säuglingen in allen Kulturen, die ich bisher besuchte. In einigen, wie bei den Buschleuten, den Tasaday und den Yanomami fand ich, daß Mütter diese Furcht auch erzieherisch nützen, indem sie dem Kleinen androhen, der Fremde werde ihn entführen, wenn er nicht gehorche. Die Disposition wird so sekundär genützt, ähnlich wie übrigens auch bei uns, sie entwickelt sich allerdings zunächst, ohne das es einer solchen Verstärkung bedarf. Konner (1972) wies unabhängig davon Fremdenfurcht bei !Kung-Säuglingen nach. Rheingold u. Eckermann (1973) kritisierten das Konzept mit dem Hinweis auf die Variabilität dieser Reaktion, doch betont Sroufe (1977; dort weitere Literatur) in einer Erwiderung, daß es sich dennoch um ein gutfundiertes Konzept handle. Wenn sich die Fremdenfurcht auch nicht immer gleich in Flucht äußere, so bleibe eine gewisse Scheu und Reserviertheit doch nachweisbar, und zwar nicht nur unter künstlichen Laborbedingungen, sondern auch bei Untersuchungen im natürlichen Kontext.

Der Mitmensch ist demnach auch Träger von Signalen, die Abwehr und Flucht auslösen. Persönliche Bekanntschaft mildert bis annulliert diese furchteinflößende Wirkung der Signale. Die Fähigkeit, sie wahrzunehmen, reift beim Säugling bis zum Ende des ersten Lebenshalbjahres heran. Unter anderem sind es die Augen, die man am Fremden fürchtet, und wir wissen, daß Anstarren ein aggressiver Akt ist. Augen werden aus diesem Grunde auch oft als Abwehraugen auf Amuletten angebracht (s. den Beitrag von O. Koenig in diesem Band). Selbst einander gut Bekannte müssen bei der Konversation den Augenkontakt immer wieder abbrechen, um eine Eskalation in Starren zu vermeiden. Man muß sich ansehen, um Kontaktbereitschaft zu signalisieren, man darf es nur nicht zu lange tun. Auch die Verhaltensmuster der Verlegenheit und des Flirts bei erster Kontaktaufnahme der zwischenmenschlichen Beziehung belegen im Verhalten die Ambivalenz von Zuwendung und Abkehr. Kontaktbereitschaft wird mit solchen der Abkehr und gelegentlich der Aggression kombiniert. Die Verlegene (s. Abb. 1) lächelt, gewährt Blickkontakt, dann bremst sie ihr Lächeln, indem sie die antagonistischen Muskeln aktiviert, oder sie verbirgt ihr Gesicht hinter der vorgehaltenen Hand, wendet sich ab, senkt den Blick, um sich dann wieder dem Partner zuzuwenden (Eibl-Eibesfeldt 1975, 1977). Das Verhaltensmuster der Verlegenheit und des Flirts findet universell identische Ausprägungen, bis ins Detail.

Es wird wohl niemand bezweifeln, daß es sich bei der Fremdenfurcht um eine sehr elementare menschliche Eigenschaft handelt, die unser Sozialleben in entscheidender Weise beeinflußt. Unsere Neigung, geschlossene Gruppen aus uns gut bekannten Mitmenschen zu bilden und Fremden mit Reserviertheit gegenüberzutreten, beruht auf ihr. Erziehung kann dieser Neigung entgegenwirken, doch gibt es Indizien, daß uns das Zusammenleben mit Fremden in der anonymen Millionengesellschaft durchaus belastet. Es gibt den Stressor »Fremder« (Eibl-Eibesfeldt 1977). Im Alltag unserer Städte kann man denn auch deutlich beobachten, daß Menschen den mitmenschlichen Kontakt mit Fremden meiden. Man braucht nur das Verhalten von Personen in einer Aufzugskabine beobachten. Die meisten starren auf die Anzeigertafel oder auf ihre Zehen. Blickkontakt wird gemieden. Die Fremdenfurcht ist ein gutes Beispiel dafür, wie unser angeborenes Reagieren auf bestimmte einfache Schlüsselreize – ein in unsere Wahrnehmung eingebautes Vorurteil gewissermaßen – unser mitmenschliches Verhalten mitbestimmt.

Das Verhalten taubblind und blind Geborener

Ich selbst habe, um die Frage der Vorprogrammierungen im menschlichen Verhalten zu erforschen, zunächst einmal Kinder untersucht, die unter genau definierten Bedingungen des Erfahrungsentzuges heranwuchsen. Unter anderem verfolgte ich die Entwicklung taubblind Geborener. Obgleich diese Kinder in ewiger Nacht und Stille heranwachsen und daher nie ein soziales Vorbild sehen oder hören können, zeigen sie eine weitgehend normale Mimik. Man kann nun einwenden, sie könnten sich mit Hilfe ihres Tastsinnes orientiert und auf diese Weise Information erworben haben. Daß diese Form des Lernens – die übrigens ganz spezifische Lernbegabungen erfordern würde – keine Rolle spielt, können wir der Tatsache entnehmen, daß selbst taubblind und ohne Arme geborene Kinder in der artspezifischen Weise weinen, lachen, lächeln und den Ausdruck der Verärgerung zeigen. Bleibt noch die Möglichkeit, daß die soziale Umwelt unbeabsichtigt durch Antworten das Verhalten des Kindes bekräftigt und damit formt. Das setzt aber voraus, daß die Verhaltensmuster bereits in erkennbarer Form auftreten. Schließlich können wir darauf hinweisen, daß selbst schwer Lernbehinderte, denen man nicht einmal beibringen kann, wie man einen Löffel zum Munde führt, über die wesentlichen Ausdrucksbewegungen verfügen. Die Annahme, die menschlichen Ausdrucksbewegungen würden zur Gänze gelernt, ist sicher nicht begründet.

Von den Taubblinden erfuhren wir auch, daß Fremdenablehnung und Fremdenfurcht heranreifen, ohne daß es dazu schlechter Erfahrungen mit Fremden bedarf. Taubblind Geborene unterscheiden Fremde von Bekannten am Geruch.

Die Möglichkeiten mit taub *und* blind Geborenen zu experimentieren, sind natürlich begrenzt. Mit Kindern, die nur blind geboren wurden, kommt man weiter, da man über den akustischen Kanal kompliziertere soziale Verhaltensweisen auslösen kann. So kann man durch Komplimente oder anzügliche Fragen Verlegenheit auslösen. Als ich ein zehnjähriges Mädchen für sein Klavierspiel lobte, errötete es; es fixierte mich kurz mit seinen toten Augen, dann senkte es den Blick und wandte den Kopf ab, und schließlich schaute es wieder in meine Richtung. Der unruhige Blindennystagmus ruhte während des Fixierens. Da das Mädchen nicht sehen kann, handelt es sich wohl um einen zentral programmierten Fixiervorgang. Die Ambivalenz von Zu- und Abwendung, in der sich ihre Verlegenheit ausdrückte, können wir in gleicher Ausprägung bei Sehenden beobachten.

Eine häufige Verlegenheitsgebärde ist das Verbergen der Augen und des Gesichtes hinter der Hand. Ich habe angenommen, daß sich diese Verhaltensweise im Laufe der Jugendentwicklung aus einer Versteckhandlung entwickelt. Kinder spielen oft Verstecken hinter ihrer Hand und verbalisieren das auch, indem sie z. B. sagen: »Jetzt siehst du mich nicht!« Da Kinder überall die gleichen Erfahrungen sammeln, wundert es nicht weiter, daß dieses Verhalten universell auftritt.

Zu meiner großen Überraschung konnte ich jedoch in einer experimentellen Situation, in der ich u. a. an die zwischen zehn und zwölf Jahre alten blindgeborenen Jungen die Frage stellte, ob sie eine Freundin hätten, dreimal filmen, wie diese Kinder verlegen ihr Gesicht hinter der Hand verbargen, was nicht ganz zu der von mir ursprünglich vertretenen Lernhypothese paßt (Eibl-Eibesfeldt 1973).

Ergebnisse der Homologieforschung (Tier-Mensch-Vergleich)

Weitere methodische Wege stammesgeschichtlichen Anpassungen nachzuspüren bieten sich im Tier-Mensch-Vergleich und im Kulturenvergleich. Auf den Tier-Mensch-Vergleich können wir hier nur kurz eingehen. Es sei nur darauf hingewiesen, daß wir die Kriterien der Homologie nutzen, die von den Morphologen erarbeitet wurden, um Verwandtschaftsmerkmale aufzuspüren. Hier hat insbesondere die Primatenforschung der letzten zehn Jahre eine Fülle von Homologien zwischen Mensch und Tier nachgewiesen. Das gilt für viele Ausdrucksbewegungen (Beispiele bei Jolly 1972). Dem Lachen entspricht das Spielgesicht einiger nichtmenschlicher Primaten (van Hooff 1971). Schimpansen küssen einander durch Lippenberührung. Dabei übertragen sie oft auch Futter, was darauf hinweist, daß es sich um ein ritualisiertes Brutpflegefüttern handelt. Auch der Menschenkuß leitet sich von einer Brutpflegehandlung ab. Noch heute füttern Mütter ihre Kinder nach dem Abstillen vielerorts von Mund zu Mund, z. B. bei den Kalahari-Buschleuten, den Himba Südwestafrikas, vielen Papua-Gruppen und anderen mehr (s. Eibl-Eibesfeldt 1970).

Eine andere von unseren Primatenahnen überkommene Verhaltensweise ist das phallische Imponieren. Bei vielen in Gruppen lebenden Affen bedrohen die Männchen den Artgenossen, indem sie ihre äußeren Genitalien in besonderer Weise zur Schau stellen (Ploog, Blitz, Ploog 1963; Wickler 1966). Dieses Genitalpräsentieren dient bei einigen Affen auch zur territorialen Abgrenzung. Bei Pavianen und Meerkatzen beobachtet man z. B., daß einige Männchen mit dem Rücken zu ihrer Gruppe sitzen, während diese weidet. Dabei zeigen sie ihre oft sehr auffällig gefärbten Genitalien. Nähert sich ein gruppenfremder Affe, dann bekommen die Wachenden eine Erektion. Dieses Verhalten ist wahrscheinlich eine ritualisierte Aufreitdrohung (Eibl-Eibesfeldt 1974). Aufreiten ist bei sehr vielen Säugern zugleich auch Rangdemonstration. Es gibt, wie übrigens beim Menschen auch, die sogenannte »Wutkopulation«, die aggressiv motiviert ist. Man findet beim Menschen in den verschiedensten Kulturen phallische Statuen, die im allgemeinen als Fruchtbarkeitsdämonen gedeutet werden. Wickler (1966) vermutete meines Wissens als erster, daß diese Figuren der Reviermarkierung und der Bewachung von Feld und Haus dienen. Er wies darauf hin, daß die Hermen in Griechenland an Wegkreuzungen, Feldbegrenzungen und in Hauseingängen standen und große Ähnlichkeiten mit den Hauswächtern vieler Naturvölker zeigen. Wir haben mittlerweile dort, wo solche Figuren noch heute erzeugt werden, nachgeforscht und gefunden, daß dies tatsächlich zutrifft. Auf Bali gibt es dämonenabweisende Haus- und Feldwächter mit Drohgesicht und phallischem Imponieren (Eibl-Eibesfeldt, Wickler 1968). Vor kurzem erwarb ich in Japan Amulette, die gegen Verkehrsunfälle schützen sollen. Sie zeigen die gleichen Elemente wie die dämonenabweisenden Figuren auf Bali, nämlich ein Drohgesicht und einen erigierten Penis, der allerdings in einem kleinen Schrein an der Rückseite des Amulettes verborgen ist. In diesem Falle leitet eine alte ererbte Disposition die Gestaltung der Kunstprodukte. Daß diese Disposition auch im männlichen Verhalten noch gelegentlich ihren Ausdruck findet, zeigt die Bekleidung der mittelalterlichen Landsknechte. Möglicherweise sind manche Formen des Exhibitionismus auf eine pathologische Übersteigerung dieses Imponiertriebes zurückzuführen (Eibl-Eibesfeldt 1970 b). Weitere interessante Beispiele aus der Altertumskunde, die unsere Deutung bestätigen, findet man bei Fehling (1974).

Kulturenvergleich

Vergleicht man Menschen verschiedener Kulturen, dann findet man im Verhalten sowohl Übereinstimmungen (Universalien) als auch Verschiedenheiten. Die Verschiedenheiten sind im allgemeinen kultureller Art. Kulturen grenzen sich voneinander durch Sitten und Bräuche ab, oft in deutlicher Kontrastbetonung, und gehen eigene Entwicklungswege. Erikson (1966) sprach in diesem Zusammenhang von Pseudospeziation. Tatsächlich betrachten die Kulturen Vertreter der anderen Kultur im allgemeinen als andersartig, oft sogar als Nichtmenschen. Die kulturellen Besonderheiten in der Sozialstruktur etwa sind bis heute noch nicht klar verstanden worden, doch nimmt man an, daß sie u. a. auch als Umweltanpassungen zu verstehen sind. Eine Frage, mit der wir uns im Rahmen unserer kulturenvergleichenden Untersuchung durchaus befassen.

Von besonderem Interesse sind für uns die Gemeinsamkeiten im menschlichen Verhalten, die Universalien, denn wenn es stammesgeschichtliche Anpassungen im menschlichen Verhalten gibt, dann ist zu erwarten, daß man sie universell antrifft. Der Schluß darf jedoch nicht in die Aussage verdreht werden, daß Universalien immer als Homologien und stammesgeschichtliche Anpassungen zu deuten seien. Eine universelle Verhaltensweise kann ihre durchgehende Ähnlichkeit auch dem Umstand verdanken, daß universell gleiche Umwelteinflüsse – etwa in der frühen Kindheit – das Verhalten im gleichen Sinne formen. Ferner kann sich die Ähnlichkeit und das universelle Auftreten aus bestimmten, überall notwendigen Funktionen ergeben. Auch ein Archäologe wird nicht ohne weiteres auf einen ehemaligen kulturellen Zusammenhang schließen, wenn er zwei ähnlich geformte Steinklingen findet, denn die Ähnlichkeit erklärt sich ebensogut aus der gleichen Funktion dieser Geräte. Findet der Forscher dagegen bei verschiedenen Kulturen Übereinstimmungen in den Worten wie mater, Mutter, mother, madre usw., dann vermutet er sehr wohl einen ehemaligen Zusammenhang, denn diese Ähnlichkeiten sind nicht funktionell begründet, sondern basieren auf einer Konvention. Ähnliches gilt für viele Ausdrucksbewegungen, deren Bedeutung ebenfalls auf Übereinkunft beruht. Diese »Konventionen« können kulturell begründet sein. Dann allerdings unterliegen sie rasch einem kulturellen Wandel, wie das so viele Rituale zeigen und letztlich auch die Vielfalt der Sprachen belegt. Findet man dagegen, daß gewisse Ausdrucksbewegungen über die Kulturen hinweg bis ins Detail gleich sind, daß sie überdies in der gleichen Situation auftreten, überall auch Ähnliches bewirken und schließlich auch noch in ähnliche Verhaltensabläufe eingebettet sind, dann darf man stammesgeschichtliche Anpassungen vermuten, und das mit um so größerer Wahrscheinlichkeit, in je mehr Details die verglichenen Verhaltensweisen einander gleichen und je komplexer sie sind.

Unsere Universalienforschung basiert auf einem umfangreichen, systematisch betriebenen Dokumentationsprogramm. Wir haben die Film- und Tonaufnahme menschlichen Verhaltens im natürlichen und sozialen Kontext zum Schwerpunktprogramm unserer Forschungsgruppe erhoben und uns dabei auf sich rasch ändernde Kulturen konzentriert. Das ist das sowohl methodisch typische ethologische Verfahren (Erhebung des Ethogramms) als auch unter den gegebenen Umständen der raschen Akkulturation der Naturvölker das Gebotene. Ich wählte als Modellkulturen für Jäger und Sammler die Kalahari-Buschleute (!Ko, G/wi und !Kung), für beginnende Pflanzer die Yanomami des oberen Orinoko, für neusteinzeitliche Pflanzer die Daribi, Biami und neuerdings die Eipo, für ein Hirtenvolk die Himba des Kaokolandes und als Vertreter einer bäuerlichen Kultur die Balinesen[4].

Insgesamt liegen rund 95 km 16 mm-Filme in unserem Archiv.[5] In Zusatzprotokollen zu den Filmen halten wir fest, was dem gefilmten Verhalten[6] voranging und was ihm folgte sowie in welchem Kontext es auftrat, sofern dies nicht aus dem Filmstreifen selbst klar ersichtlich ist. Dies ist für die spätere Auswertung im Kulturenvergleich eine unerläßliche Voraussetzung.

Der Leser wird sich vielleicht fragen, warum wir ein so umfangreiches Dokumentationsprogramm in Angriff nahmen. Der Mensch ist, nachdem man ihn bereits um die Jahrhundertwende zu filmen begann, sicher das am meisten gefilmte Wesen auf unserer Erde, und die Filmarchive der Ethnologen müßten eigentlich von Filmdokumenten überquellen. Das ist in gewissem Sinne auch der Fall. Diese Dokumentationen betreffen jedoch in erster Linie vorgeführte Fertigkeiten. *Ungestellte* Dokumente *sozialer Interaktionen* hat man dagegen nicht systematisch gesammelt, sondern nur mit aufgenommen, wie es der Zufall ergab. Man wird daher vergeblich etwa nach Aufnahmen Sich-Begrüßender aus verschiedenen Kulturen suchen. Auch wie Mütter ihre Kinder herzen oder sie strafen, hat man nicht systematisch dokumentiert, obgleich Anthropologen gerade diesem Verhalten besondere Aufmerksamkeit schenkten. Man denke etwa an M. Meads Angaben zur frühkindlichen Sozialisation bei den Mundugumur, Arapesh, den Samoanern und den Balinesen. Nur zu letzteren legte sie auch eine ausführliche Bilddokumentation vor. Die ersten drei Kulturen dagegen werden nur anekdotisch präsentiert. Dennoch scheut sie nicht vor weitgehenden Schlüssen zurück, und da diese der gängigen Milieutheorie entsprechen, werden sie gerne unkritisch zitiert. Zweifellos wird der Mensch von seiner Umwelt entscheidend geformt, er ist ein Kulturwesen von Natur, wie Gehlen einmal sagte. Aber er ist sicher nicht das »roheste von allen Rohmaterialien«, wie Mead (1939) behauptet, sondern mit einem sehr differenzierten Erbe ausgestattet, das sein Verhalten entscheidend mitbestimmt.

Ich bringe als Beispiel gern den »Augengruß«, ein schnelles Brauenheben, das in allen mir bekannten Kulturen Ausdruck sozialer Kontaktbereitschaft ist. Die Ausdrucksbewegung selbst ist in einen Verhaltensablauf eingebettet, der ebenfalls recht stereotyp in allen Kulturen vorkommt, die ich kenne. Er beginnt mit einem schnellen Anheben des Kopfes, gefolgt vom schnellen Brauenheben und anschließend wird oft genickt. Vor oder mit dem Anheben des Kopfes breitet sich in der Regel ein Lächeln aus, das über die ganze Verhaltenssequenz beibehalten wird. Kulturelle Unterschiede betreffen die Bereitschaft, mit der dieses Signal der Zuwendung unter Erwachsenen gegeben wird. Japaner unterdrücken den Augengruß, er gilt zwischen Erwachsenen als unschicklich. Kindern gegenüber gibt man sich dagegen ungezwungen. In Polynesien grüßt man auch Fremde so, in unserer Kultur gute Bekannte oder Andersgeschlechtliche, mit denen man Kontakt anbahnen will. Das Signal wird übrigens unbewußt reflektorisch gesendet – ein Grund, weshalb der Augengruß der Aufmerksamkeit selbst der Mimikforscher so lange entging.

Auf Grund meiner vergleichenden Untersuchungen komme ich zu dem Schluß, daß es sich beim »Augengruß« um einen ritualisierten Ausdruck freudiger Überraschung handelt. Bei Überraschung wird die Lidspalte, wie generell beim aufmerksamen Sehen, geöffnet. Das Heben der Brauen ist eine Mitbewegung. Es gibt noch einen anderen Ausdruck, der der gleichen Wurzel entspringt. Bei Entrüstung – ärgerlicher Überraschung, wie man sagen könnte – heben wir ebenfalls die Brauen und starren den Partner an. Die Brauen bleiben in diesem Fall gehoben. Das Anstarren wird, wie man auch aus experimentellen Untersuchungen weiß, als bedrohlich empfunden. In Kinderspielgruppen verschiedener Kulturen filmte ich richtige Drohstarrduelle, die in diesem Fall meist damit enden, daß einer aufgibt, Blick und Kopf senkt und zu schmollen beginnt – ein universeller Akt der Submission, der interessanterweise zur Folge hat, daß Gruppenmitglieder sich um Beschwichtigung durch Kontaktaufnahme bemühen (s. Abb. 6 meines Beitrags »Territorialität und Aggressivität der Jäger- und Sammlervölker« in diesem Band).

Der Ausdrucksreichtum menschlicher Mimik ergibt sich aus der Tatsache, daß sich mehrere Ausdrücke, und das noch dazu in verschiedenen Intensitätsstufen, überlagern können. Ich habe schon als Beispiel den Ausdruck der Verlegenheit erwähnt. Er bildet einen wesentlichen Bestandteil des Flirtverhaltens, und es handelt sich hier um die simultane oder sukzessive Kombination von Bewegungen der Abkehr und der Zuwendung (s. Abb. 1). Ein flirtendes Mädchen kann mit den Augen z. B. Kontakt halten, aber ihren Fächer halb vor ihr Gesicht halten, so daß sie nur über den Rand sieht, oder sie kann ihren Oberkörper so abwenden, daß sie zugleich die Schulter weist. Sie kann aber auch zwischen Hin- und Wegsehen pendeln. Um die Sache noch zu komplizieren stehen verschiedene Bewegungen der Abkehr und Abweisung zur Verfügung, die auch mit mehreren der Zuwendung und Zustimmung kombiniert werden können. Lidsenken als cut-off und Brauenheben zum Beispiel. Es kann auch zur simultanen Aktivierung antagonistischer Muskeln kommen. Das Lächeln als freundliches Zeichen kann so unterdrückt zum verlegen gebremsten Lächeln werden. Bei all der scheinbaren Fülle läßt sich das Verhalten auf die Kombination und/oder Überlagerung einiger dem Muster nach Invariabler zurückführen, die zueinander im Verhältnis des Gegensatzes (der Antithese) stehen.

Die Kombination dürfte nach bestimmten Gesetzmäßigkeiten erfolgen, doch sind wir erst am Beginn unserer Auswertung. Wenn z. B. Brauenheben als Zuwendezeichen folgt, dann wird meist das Lid gesenkt und anschließend weggesehen. Verbergen des Gesichts mit Kopfsenken und oft Verstecken hinter der Hand scheint Ausdruck stärkerer Verlegenheit und wird oft von Lachen begleitet (vgl. Abb. 1).

Beim Kulturenvergleich fiel mir ferner auf, daß komplexere Rituale offenbar nach universalen Regeln strukturiert sind. Zum Beispiel kann man feststellen, daß Grußrituale und

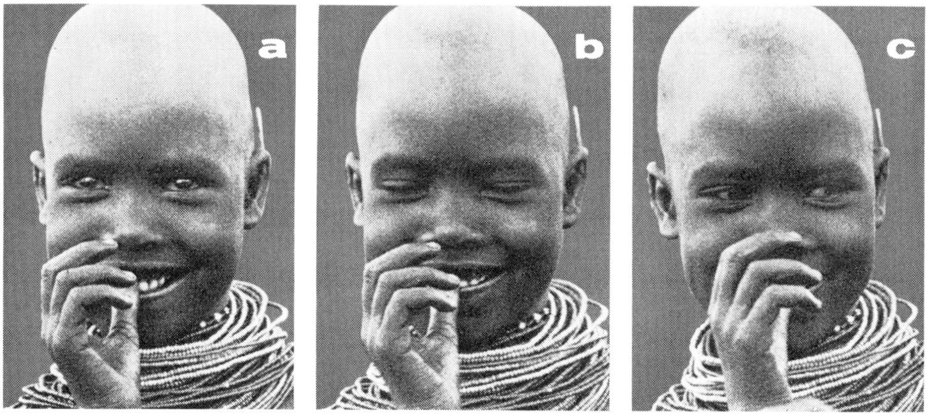

Abb. 1 Verlegenes Samburu-Mädchen als Beispiel des Ausdrucks sukzessiver Ambivalenz: a) Blickkontakt, b) Lidschluß, c) Blickabkehr (aus einem 16 mm-Film des Verfassers).

Feste nach dem gleichen Grundschema aufgebaut sind. Auf eine Phase der Eröffnung, in der im wesentlichen Selbstdarstellung und Sichmessen antithetisch mit Elementen der Beschwichtigung ausgespielt werden, kommt es zu einer Phase intensiver Kommunikation, in der man Verbundenheit und Anteilnahme beteuert. In dieser Phase trauert man z. B. gemeinsam um die Verstorbenen. Man bewirtet die Gäste, man bekundet Interesse aneinander, tauscht Versprechungen aus, kurz, zeigt viele der typischen bandstiftenden und bekräftigenden Verhaltensweisen. Schließlich kommt es vor dem Auseinandergehen zu einem formalisierten Abschied. Formalisierter Geschenketausch ist u. a. dafür typisch, ebenso wie die verbale Versicherung der Freundschaft. Gute Wünsche begleiten die Scheidenden. Man wird diese Elemente immer wieder finden, ob es sich nun um ein Schützenfest oder um ein Palmfruchtfest der Waika-Indianer handelt. Der Aufbau erklärt sich aus der Funktion des Festes und des Grußrituals. Beide stiften und bekräftigen ein Band. Es stellt sich die Frage, ob die universalen Regeln, nach denen Feste gestaltet sind, angeboren sind. Sicher ist, daß Angeborenes mit eingebaut wird und auch in verschiedener Weise den Ablauf im Detail mitbestimmt (Eibl-Eibesfeldt 1973).

Ich bin der Ansicht, daß viele der äußerlich so verschiedenartigen kulturellen Rituale Ausdifferenzierungen von erblich angelegten Interaktionsstrategien sind, die wir als elementare Verhaltensmuster in universell ähnlicher Ausprägung bei Kindern verschiedenster Kulturbereiche finden. So gibt es bereits sehr früh Dialoge des Gebens und Nehmens als Strategie der Kontaktstiftung und Kontaktfestigung. Die oft recht komplizierten kulturell geregelten Rituale des Schenkens und Teilens dürften auf dieser Anlage ausgestaltet worden sein.

Wir beobachteten in verschiedenen Kulturen eine deutliche Bereitschaft der Kinder, abzugeben und zu teilen. Sie hat aber zur Voraussetzung, daß der Partner mit Gesten und Ausdruck förmlich bittet und damit den Besitz respektiert. Direkte Ergreifintention wird mit Ablehnung beantwortet (Abb. 2 und 3). Direktes Fordern ist aggressiv, und man verweigert dementsprechend, es sei denn ein starkes Dominanzgefälle herrscht vor. Man hat zu bitten und das oft nicht direkt. Bereits kleine Kinder verblümen ihre Wünsche. Die elementaren Interaktionsstrategien werden beim Menschen oft verbalisiert, beruhen aber auch in dieser Übersetzung auf einer angeborenen Grundlage (Heeschen, Schiefenhövel, Eibl-Eibesfeldt, im Druck). Gleiches gilt wohl für die Strategien der Selbstdarstellung, bei der es schon dem Kleinkind darauf ankommt, sich in den Brennpunkt der Aufmerksamkeit zu stellen, was wie bei den anderen Primaten den Rang definiert (Chance, Larsen 1976; Hold 1976).

In allen von mir besuchten Kulturen habe ich ferner beobachtet, daß Kinder und oft auch Erwachsene, die in einer Erwartung enttäuscht wurden, den Blickkontakt demonstrativ ablehnen, sich abwenden und schmollen (Abb. 4), was oft intensive Versöhnungsbemühungen einleitet; denn daß man das Band mit einem Mitmenschen kappt, ist für ein soziales Wesen eine starke Drohung. Man kann sie übrigens auch verbal vorbringen: »Mit dir rede ich nicht!«.

Vieles von dem hier Gesagten hat hypothetischen Charakter, gründet sich aber auf Indizien, die es vernünftig erscheinen lassen, in dieser Richtung zu forschen. Die vergleichende Untersuchung menschlichen Ausdrucksverhaltens bietet sicher einen vielversprechenden Ansatz zur Erforschung der stammesgeschichtlichen Anpassungen, doch ist dies – wie gesagt – nur ein Aspekt unserer Fragestellung.

Man vergleicht aber nicht nur Bewegungsabläufe, sondern auch Sozialstrukturen, ethische Normen, Reaktionen auf bestimmte auslösende Reize und anderes mehr. Dabei trifft man ebenfalls auf Universalien, die als gemeinsames Erbe gedeutet werden können, wie etwa die Untersuchung des Inzesttabus von Bischof (1972) ergab. Ekman u. Friesen (1971) prüften das Ausdrucksverständnis im Kulturenvergleich und fanden unter anderem, daß Papuas die vom Videotape abgespielten Gesichtsausdrücke von Japanern durchaus richtig interpretieren. Umgekehrt verstanden Japaner die Ausdrucksbewegungen der Papuas. Das Ausdrucksverständnis ist sicher universell. In ähnlicher Weise wirken gewisse Merkmale des Kleinkindes in den verschiedensten Kulturen gleicherweise betreuungsauslösend, was auf ein universelles Kindchenschema hinweist. Für verbindliche Aussagen mangelt es allerdings noch an experimentellen kulturenvergleichenden Untersuchungen. Gleiches gilt für Motivationsanalysen.

Verbale Klischees

Untersucht man das verbale Verhalten des Menschen, dann stößt man ebenfalls auf bemerkenswerte, bisher wenig beachtete Universalien, die noch der Deutung bedürfen. Ich meine damit nicht jene, auf die Chomsky und Lenneberg hinwiesen, sondern die Tatsache, daß man in den verschiedensten Kulturen zwar mit verschiedenen Worten, aber doch prinzipiell das Gleiche ausdrückt, etwa gute Wünsche beim Gruß als verbalisiertes Geschenk. Man verwendet verbalisierte Kindchenappelle, wenn man Betreuung auslösen will, man belegt den Feind mit Tiernamen und dehumanisiert ihn so, kurz man benützt »verbale Klischees« (Eibl-Eibesfeldt 1975, 1976). Auch hier ist es aufschlußreich, das Repertoire der Propaganda durchzugehen. Die verbalen Appelle scheinen sich an universelle menschliche Motivationsstrukturen zu richten. Man nützt den Appell über die Angst (Bedrohung) ebenso wie den territorialen und ethnozentrischen Appell, verbunden mit der schon erwähnten Dehumanisierung des Gegners (Reid 1976; über verbale Austragung von Streit s. auch meinen Beitrag »Territorialität und Aggressivität der Jäger- und Sammlervölker« in

Abb. 2 Zwei Yanomami-Mädchen (Waika-Indianer) essen blaue Beeren. Eine zeigt der anderen die gefärbte Zunge, dann will sie ihrer Freundin etwas nehmen. Diese entzieht die Früchte dem Zugriff. Sie gibt aber sogleich ab, als ihre Freundin das zudringliche Verhalten aufgibt und ihr damit Respekt erweist. Man läßt sich ungern etwas nehmen, gibt aber bereitwillig ab, wenn nicht gefordert wird (aus einem 16 mm-Film des Verfassers – Bildfolge: erst links, dann rechts, von oben nach unten)

Abb. 3 Ein Eipo-Bub (Neu-Guinea, West-Irian) ißt eine Taro-Scheibe. Seine kleine Halbschwester will ihm etwas nehmen. Der Bub entzieht sich dem Zugriff. Die Mutter kommt; der Bub übergibt ihr freiwillig das Taro-Stück. Die Mutter bricht es in zwei Hälften und reicht es dem Buben zurück, der die Aufforderung, dem Schwesterchen zu geben, ohne weiteres befolgt. Die Kinder sitzen friedlich essend nebeneinander. Solche Sequenzen vom ungestellten menschlichen Verhalten geben Einblick in die menschliche Natur. Man hat leider versäumt, solche Dokumente rechtzeitig zu sammeln.

Abb. 4 Konfliktsteuerung: Die Strategie des Kontaktabbruches. Ein Mädchen (Waika-Indianer) kletterte gerade an einem Pfosten. Ein Bub will sie verdrängen. Das Mädchen lächelt ihn an, um den Angriff abzufangen. Das mißlingt, der Junge schlägt sie. Darauf reagiert sie mit Blickabkehr und Schmollen, was eine weitere Eskalation der Auseinandersetzung verhindert. Die Aggression wird abgeblockt. Oft bemüht sich der Partner in ähnlichen Fällen auch um Versöhnung (aus einem 16 mm-Film des Verfassers – Bildfolge: erst links, dann rechts, von oben nach unten).

diesem Band). Wir wiesen ferner bei der Besprechung elementarer Interaktionsstrategien darauf hin, daß der Mensch diese Strategien auch ins Verbale übersetzen kann. Als Beispiel diente die verbale Kontaktverweigerung, die gegenüber Gruppenmitgliedern ein wichtiges Mittel der Aggressionsabblockung darstellt.

Snow (1977) wies darauf hin, daß Mütter ihre Kinder zu Dialogen herausfordern, lange bevor diese Worte verstehen. Sie interpretieren deren nichtverbale Äußerungen dabei als Antworten. Ihr Bemühen zielt darauf ab, die Konversation im Fluß zu halten, und unterbleiben Signale, die als Antworten interpretiert werden können, dann geben sich die Mütter selbst die Antworten oder wiederholen das Gesagte. Sie setzen Strategien der Konversationsreparatur ein. Die Sprache der Mütter ist durch hohe Tonlage, Redundanz, Imitation und Wiederholung charakterisiert, und es ist bemerkenswert, daß bereits Vierjährige so zu kleineren Kindern sprechen. Snow weist auch darauf hin, daß man in allen bisher studierten Sprachen so zu Kindern spricht, unabhängig von Klasse, Geschlecht und Elternstatus der Sprecher und unabhängig vom Geschlecht des Kindes. Haben wir es hier mit angeborenen Interaktionsstrategien auf der verbalen Ebene zu tun? Wir wissen dazu noch zu wenig, die Möglichkeit scheint aber immerhin gegeben. Schindler (1977) wies kürzlich darauf hin, daß Carijona-Kinder (Kolumbien) ähnlich wie unsere ein Fragealter durchlaufen. Bei Durchsicht der Literatur fiel ihm auf, daß er keine kulturenvergleichende Untersuchungen zu diesem Thema fand. Hier eröffnet sich ein weites Feld möglicher Zusammenarbeit zwischen Humanethologen und linguistisch versierten Anthropologen im Sinne einer »Etholinguistik«.

DIE INTERAKTION VON ANGEBORENEM UND KULTURELL ERWORBENEM

Biologische und kulturelle Verhaltensprogramme sind auf verschiedenen Ebenen ineinander verschränkt. Schon bei der Besprechung des Verlegenheitsverhaltens führten wir aus, daß nach der wohl vorgegebenen Regel der Antithese auch erworbene Verhaltensweisen des Rückzuges (Verbergens) mit solchen der Zuwendung kombiniert werden können. In ähnlicher Weise können in Verhaltensabläufen auch Ausdrucksbewegungen und andere Verhaltensweisen, die angeborene Reizschlüssel darstellen, durch situationsgemäß eingesetzte verbale Schlüssel ersetzt werden. Ja es kann ein ganzer Verhaltensablauf verbalisiert werden, wobei die ihm zugrunde liegende Struktur im wesentlichen gleich bleibt. Das kann man besonders schön am Grußverhalten demonstrieren.

Ein vollständiger Grußablauf zeigt die schon erwähnte Dreigliederung in Eröffnungsphase, Kommunikationsphase und Abschluß (Abschied). Die Eröffnung beginnt mit einem ritualisierten Akt der Zurkenntnisnahme. Erblicken die Partner einander, dann wirft der Grüßende kurz den Kopf hoch und hebt, wenn er sehr freundlich gesinnt ist, die Augenbrauen für etwa ein Sechstel einer Sekunde. Ich habe diese Ausdrucksbewegung als Ausdruck freudiger Überraschung und damit der ritualisierten Zurkenntnisnahme gedeutet (Eibl-Eibesfeldt 1968). In der Eröffnungsphase erfolgt ferner, wenn es sich um Fremde handelt, die Vorstellung, die sehr viel Selbstdarstellung (Imponieren)[7] beinhaltet (fester Händedruck als Mittel der gegenseitigen Einschätzung). Zugleich allerdings beschwichtigt man durch freundliche Signale (angeboren: Lächeln; kulturell: Ablegen der Waffen, Lüften des Hutes, freundliche Floskeln). Die Kommunikationskanäle sind damit eröffnet.

Jede der eben beschriebenen Funktionen (Beeindrucken einerseits, Freundlichstimmen und Beschwichtigen andererseits) kann über mehrere Verhaltensweisen erfüllt werden. Kommt ein Waika-Krieger (Yanomami, Venezuela) zu Besuch in ein fremdes Dorf, dann tanzt er dort zuerst, waffenschwenkend und in Miene und Auftreten imponierend, eine Ehrenrunde. Er kombiniert aber mit dieser Selbstdarstellung einen beschwichtigenden Appell:

Ein kleines Kind, das grüne Blattwedel schwenkt, tanzt zu seiner Seite. In unserem Kulturbereich pflegt man in analoger Weise den Staatsgast durch Salutschüsse und angetretene Ehrenkompanien zu beeindrucken. Man stimmt ihn aber gleichzeitig freundlich, indem man ihm durch ein kleines Mädchen Blumen überreichen läßt. Auf den kräftigen Händedruck, kombiniert mit freundlichem Lächeln und submissivem Nicken, wiesen wir bereits hin. Wir beobachten also, daß in einem vorgegebenen Rahmen verschiedene Verhaltensweisen einander als funktionelle Äquivalente vertreten können. Angeborene und kulturell geprägte Verhaltensweisen, Verbales inbegriffen, können einander dabei ersetzen. Das bewirkt eine Vielfalt von Ausdrucksformen und eine äußerliche Verschiedenheit bei prinzipieller Gleichheit.

Nun folgt eine mehr oder weniger ausgesponnene Phase der Kommunikation. Man kann sich umarmen, betätscheln, streicheln, küssen. Meist aber handelt der Mensch verbal. Er zeigt Anteilnahme, indem er sich nach Wohlbefinden und dergleichen erkundigt, und man bekundet wechselseitig Übereinstimmung meist in einem Bindegespräch. Die dabei gemachten sachlichen Feststellungen sind banal. Einer mag etwa beginnen: »Schöner Tag heute«, und der andere antwortet: »Ja, wirklich ein schöner Tag.« »Aber regnen könnte es wieder einmal, sonst trocknen die Felder aus«, mag dann der andere fortsetzen, und wieder wird ihm der andere im Prinzip zustimmen. Wesentlich an diesen Gesprächen ist die soziale Mitteilung, die Kommunikationsbereitschaft ausdrückt. »Mit dir rede ich nicht mehr,« gilt allgemein als aggressives cut-off. Der ganze Vorgang ist überdies nach noch zu erforschenden Regeln der Alternation strukturiert.

Schließlich gehört es zum glatten Ablauf, daß auch das Ende markiert wird. Das geschieht beim Abschied. Man kann sich dazu beschenken, meist tut man es verbal, indem man Gutes wünscht oder auch durch einen Kuß.

Der Beginn jeder neuen Phase ist in charakteristischer Weise markiert. An diesen Punkten werden die Weichen gestellt. Die Zeichen können dabei optisch oder akustisch gesetzt werden, auf das angeborene Signalrepertoire zurückgreifen oder auf das erlernte Vokabular. Sind die Weichen gestellt, dann laufen Verhaltensketten ab, die mehr oder weniger streng determiniert sind, ein Programm läuft ab.

Am Beginn der Interaktion haben die Akteure noch mehrere Wahlmöglichkeiten. Sie können sich zum Beispiel dafür entscheiden, den Entgegenkommenden zu übersehen. Sind die Weichen gestellt, dann ist diese Freiheit bereits eingeengt.

Sowohl bei der Besprechung einiger elementarer Interaktionsstrategien (Geben und Nehmen, Aggressionsabblockung durch Schmollen und Kontaktverweigerung) als auch im Abschnitt über verbales Verhalten und schließlich hier bei Besprechung des Grußverhaltens hoben wir die Austauschbarkeit von angeborenem und kulturell tradiertem Verhalten, – das verbale inbegriffen – hervor. Diese Verhaltensweisen vertreten einander als funktionelle Äquivalente im Rahmen eines genau vorgegebenen und in allen Kulturen in gleicher Weise zu beobachtenden Ablaufes. Mit dieser Entdeckung wird die Kluft zwischen verbalem und nichtverbalem Verhalten überbrückt, und es eröffnet sich der Weg zur Erforschung einer für beide Bereiche gültigen Grammatik menschlichen Sozialverhaltens (weitere Einzelheiten bei Eibl-Eibesfeldt in Vorbereitung).

VERSCHIEDENHEITEN UND GEMEINSAMKEITEN STAMMESGESCHICHTLICHER UND KULTURELLER EVOLUTION

In Diskussionen über den Wert des Tier-Mensch-Vergleichs hört man oft, daß dieser nur dann von Wert sei, also Einsichten vermittle, wenn die Ähnlichkeit auf gemeinsames Erbe zurückgehe. Handelt es sich dagegen um unabhängig voneinander entwickelte Analogien, dann sei dies nicht besonders interessant. In diesem Zusammenhang wird dann gerne behauptet, daß Lorenz von Enten, Gänsen und Buntbarschen auf den Menschen schließe. Der Vergleich bringe jedoch nichts ein, da es sich um unabhängig voneinander entwickelte Ähnlichkeiten handelt. Diese Argumentationsweise ist grundsätzlich falsch.

Analogien, also verwandtschaftsunabhängige Ähnlichkeiten interessieren uns, weil wir aus ihrem Studium etwas über die für ihr Zustandekommen wirksamen Selektionsdrucke und damit die unterliegenden gemeinsamen Funktionsgesetze erfahren.

Will jemand z. B. erforschen, nach welchen Gesetzen Flügel konstruiert sind, dann ist er gut beraten, wenn er Insektenflügel und Vogelflügel studiert, obgleich diese unabhängig voneinander entwickelt wurden und im einen Fall aus einer Epidermisfalte und im anderen Fall aus einer Wirbeltierextremität gebildet wurden. Ja er kann sogar kulturelle Gebilde wie den Flügel eines Flugzeuges in den Vergleich miteinbeziehen.

Gerade auf dem Gebiet des Verhaltens kann die Analogieforschung wichtige Hinweise zum besseren Verständnis menschlichen Verhaltens bieten, allerdings muß man sich stets vergegenwärtigen, daß man aus dem Studium tierischen Verhaltens immer nur *Arbeitshypothesen* entwickeln kann; ob diese für uns Menschen auch zutreffen, muß die Forschung am Menschen prüfen. Die von der Verhaltensforschung entdeckten funktionsbedingten Ähnlichkeiten etwa in der Sozialstruktur (Rangordnung wurde wiederholt als Umweltanpassung entwickelt, ebenso Monogamie) oder im Bereich des Ausdruckverhaltens sind zahlreich.

Grundsätzlich folgt die kulturelle Evolution dem gleichen Weg wie die stammesgeschichtliche Evolution (s. auch den Beitrag »Evolution von Gehirn, Verhalten und Gesellschaft« von H. Zeier in diesem Band). Sie wiederholt diese gewissermaßen auf einem höheren Niveau der Entwicklungsspirale. Beide Prozesse werden bisher von der Selektion gesteuert, verschieden ist im Grunde nur der Mechanismus des Informationserwerbs. Der schwerfällig arbeitende genetische Mechanismus wurde durch den schnelleren, über das individuelle Gedächtnis als Informationsspeicher arbeitenden Mechanismus ersetzt. Damit verfügt der Mensch über einen neuen Evolutionsmechanismus, der es ihm erlaubt, sich rasch in die verschiedensten ökologischen Nischen einzupassen und in einer kulturellen adaptiven Radiation, die der der stammesgeschichtlichen durchaus vergleichbar ist, die verschiedenen ökologischen Nischen zu füllen. Die Entwicklung der Sprache war sicher die entscheidende Erfindung, die die kulturelle Evolution vorantrieb. Einen weiteren entscheidenden Impuls erhielt sie mit der Erfindung der Schrift.

Die Parallelen zwischen kultureller und biologischer Evolution zeigen sich auch im Wechselspiel konservativer und progressiver Kräfte. Hier wie dort besteht der Fortschritt darin, daß Änderungen nur in kleinen Schritten vollzogen werden und man im übrigen am Schatz des Bewährten festhält. Man spricht von »lieben Gewohnheiten« und hält an ihnen fest, vor allem, wenn man älter ist, während der junge Mensch bereit ist, Neues zu riskieren. Aus dem ausgewogenen Wechselspiel der beharrenden und verändernden Kräfte resultiert der kulturelle Fortschritt.

Das Beharren auf »lieben Gewohnheiten« führt in der kulturellen Evolution gelegentlich zu einem ganz sinnlosen Festhalten an Konstruktionsprinzipien, auch wenn diese gar keine Funktion mehr erfüllen. Ein besonders eindrucksvolles Beispiel beschreibt Otto Koenig (1970) in seiner Kulturethologie. Er untersuchte den Wandel der Befestigungsschnur an den Kopfbedeckungen ungarischer Husaren. Man kann hier verfolgen, wie die Schnur, die ursprünglich zur Befestigung des Hutes am Kopf diente, diese Funktion verliert und zu einer Zierschnur wird, die sich dekorativ um die Mütze schlingt. In dieser neuen Funktion bleibt sie beharrlich auch dann, wenn eine Befestigung wieder gebraucht wird. Die Zierschnur wandelt sich keineswegs wieder in eine Befestigungsschnur zurück – sie bleibt Zierschnur. Ein Befestigungsriemen (Kinnriemen) wird neu entwickelt. Die Hutschnur der Zivilistenhüte ist ebenfalls eine zur Zierschnur umfunktionierte Befestigungsschnur. Nun gibt es Hüte mit beiderseits hochgebogenen Krempen. Als Koenig diese genauer untersuchte, fand er auch hier die »Zierschnur«. Sie war nunmehr allerdings völlig funktionslos unter der hochgebogenen Krempe verborgen. Als echtes Rudiment belegt sie das beharrliche Festhalten am überkommenden Rezept. Zum Hut gehört eben eine Hutschnur.

Auffällig sind die Parallelen zwischen kulturell und stammesgeschichtlich entwickelten Ritualen. Sie dienen als Signale der Kommunikation, und die Anforderungen, die an sie gestellt werden, sind im Prinzip stets die gleichen. Ein Signal soll möglichst einfach und zugleich möglichst unmißverständlich sein. Riff-Fische entwickelten als Arterkennungszeichen plakatartige Farbmuster, mit denen die Flaggenmuster durchaus verglichen werden können. Handelt es sich bei den Signalen um Bewegungen (Ausdrucksbewegungen, Symbolhandlungen), dann werden diese in der Bewegungsamplitude mimisch übertrieben, oft rhythmisch wiederholt und meist mit typischer Intensität ausgeführt. Variable Bewegungsfolgen werden vereinfacht und zusammengefaßt. Das gilt für den Zickzacktanz der Stichlinge und den Putzertanz des Putzerlippfisches ebenso wie für das kulturell entwickelte Werberitual »Tanim Hed« der Hagenbergstämme von Neuguinea (Eibl-Eibesfeldt 1973, 1974).

Auf dem Niveau konkreten Verhaltens gehen die unabhängig entwickelten Übereinstimmungen bis in die Einzelheiten. Das zeigen besonders schön die Rituale der Beschwichtigung, die im Grußverhalten von Tier und Mensch zu beobachten sind. Wie Tinbergen (1959) in einer Untersuchung über die Beschwichtigungsgebärden ausführte, kehren viele Vögel ihre Waffen oder andere aggressionsauslösende Merkmale vom Partner weg, wenn sie freundlichen Kontakt suchen und beschwichtigen wollen. Tölpel (Sulidae) heben den Schnabel steil zum Himmel – aus dieser Stellung können sie nicht zustoßen – Lachmöwen kehren einander das Hinterhaupt zu und vermeiden damit, daß die schwarze aggressionsauslösende Gesichtsmaske gezeigt wird (s. den Beitrag über »Die Lachmöwe« von R. A. Stamm in diesem Band). Und wenn Menschen mit Waffen grüßen, dann verhalten sie sich ähnlich. Man präsentiert das Gewehr, d. h. man bringt es in eine Stellung, die deutlich ausdrückt, daß man die Waffe nicht gebrauchen will. Massaikrieger drücken das gleiche aus, indem sie ihren Speer vor sich in den Boden stoßen. Oft legt man die Waffen ab, wenn man als Besucher Wohnung oder Kral des Gastgebers betritt.

Auch die Verhaltensweisen der Gruppenbindung entwickelten sich unabhängig, aber nach gleichem Muster in den verschiedensten Tiergruppen. Sowohl bei sozialen Insekten als auch bei Vögeln und Säugern dienen Verhaltensweisen, die primär in der Mutter-Kind-Beziehung entwickelt wurden (Fütterung, Körperpflege, infantile Appelle), in oft ritualisierter Form den Erwachsenen als Gruppenkitt (Eibl-Eibesfeldt 1970 a, Wickler 1967).

Das werbende Spechtfinkenweibchen (*Cactospiza pallida*) bettelt z. B. sein Männchen mit den Bewegungen des Nestlings (Flügelzittern, Sperren, Bettelrufe) an und wird dann auch vom Männchen gefüttert, das sich übrigens ebenso verhalten kann, um sein Weibchen zu locken. In analoger Weise appelliert der werbende Menschenmann (oder die Frau) mit kindlichen Verhaltensweisen – auch sprachlich – an (den) die Umworbene(n) und löst damit zärtliche Betreuung aus. Auch Verzweifelte »regredieren« auf eine infantile Stufe. Ich habe das an anderer Stelle durch zahlreiche Beispiele belegt (Eibl-Eibesfeldt 1970 a, 1973).

Bemerkenswert sind schließlich die durch ähnliche Selektionsdrucke bewirkten Parallelen der kulturellen und stammesgeschichtlichen Ritualisierung aggressiven Verhaltens. Bei Tieren ist die innerartliche Aggression im allgemeinen so reguliert, daß sie miteinander kämpfen können, ohne sich zu beschädigen. Die Tiere kämpfen turnierhaft. Die Turnierkämpfe entwickelten sich aus Beschädigungskämpfen. Für den Kampf mit Waffen entwikkelte der Mensch ebenfalls Regeln, die es erlauben zu kämpfen, ohne, daß der Gegner ernsthaft verletzt wird. Im Extremfall der Ritualisierung erleidet der Verlierer überhaupt keinen physischen Schaden. Solche kulturellen Kampfregeln bildeten sich zunächst für den Konflikt zwischen Mitgliedern einer Gruppe aus (Regeln des Zweikampfes). Der Zwischengruppenkonflikt (Krieg) zielt dagegen bis zum heutigen Tag auf die ernste Schädigung, ja oft Destruktion des Gegners ab. Er trägt damit den Charakter eines zwischenartlichen Konflikts, und das rührt wohl daher, daß die Gruppen sich in der schon erwähnten kulturellen Pseudospeziation voneinander scharf absetzen und die anderen nicht als vollwertige Menschen betrachten. Es bahnen sich jedoch auch für den kriegerischen Konflikt ritterliche Umgangsformen an. Man erklärt den Krieg, statt den Gegner unvorbereitet zu überfallen, und man beschränkt den Kampf auf die Krieger. Schließlich kommen todbringende Waffen nicht immer voll zum Einsatz. So entfernen bestimmte Papuastämme vor dem Kampf mit Nachbargruppen die Befiederung der Pfeile, so daß diese weniger gut den Kurs halten und somit das Ziel auch nicht so gut treffen. Bestimmte Waffen setzt man nur im Notfall ein (Beispiele bei Eibl-Eibesfeldt 1975). Diese Entwicklung wird wohl u. a. durch die Tatsache motiviert, daß unsere angeborenen Hemmungen, Mitmenschen zu töten, selbst durch die mit der kulturellen Pseudospeziation einhergehende Abschließung und Indoktrinierung nicht ganz ausgeschaltet wird. Gegen den kulturellen Normenfilter, der lehrt »Du sollst Deine Feinde töten!«, steht der biologische mit »Du sollst nicht töten!« im Normenkonflikt. Ich kann hier nicht auf Einzelheiten eingehen, es sieht jedoch so aus, als würde es zu einer Ritualisierung des Krieges kommen, zur Entwicklung kultureller Kontrollmuster also, die die Auseinandersetzung entschärfen. Ähnliche Selektionsdrucke scheinen dazu zu führen, daß die kulturelle Evolution auf einem höheren Niveau der Entwicklungsspirale die biologische Evolution wiederholt und man daher aus Kenntnis der stammesgeschichtlichen Evolution Prognosen über die mögliche kulturelle Evolution machen kann.

ANMERKUNGEN

1

Informieren im semantischen Sinn (semainein [griech.] = bedeuten).

2

Man kann auch Immunität erwerben.

3

Die individuelle Variabilität der »Fremdel«-Reaktion ist groß und sie wechselt auch bei ein und demselben Kind nach Stimmung. Bei weniger ängstlicher Grundstimmung äußert sich die Fremdenfurcht oft nur in einem flüchtigen Wegsehen.

4

Diese Programme laufen noch weiter, wobei die meisten dieser Völker bereits wiederholt in regelmäßigen Abständen besucht wurden, so daß wir auch die Kindesentwicklung verfolgen konnten. Darüber hinaus machte ich eine umfangreiche Dokumentation bei den Pintubi, Walbiri und Gidjingali (Australien) und noch recht lückenhaft auf Samoa, bei den Tasadays, den ihnen benachbarten Tboli und Blit auf Mindanao, bei den Agta auf Luzon, bei den Quechua im Hochland von Peru, bei den Ayoréo Paraguays und schließlich bei Völkern mit technischer Zivilisation (Europa, Japan, Taiwan).

5

Das Filmmaterial wird nach dem Vorbild der Göttinger Filmenzyklopädie (Editoren: Wolf, Galle) im Rahmen des Humanethologischen Filmarchivs der Max-Planck-Gesellschaft (Editoren: Eibl-Eibesfeldt und Hass) veröffentlicht. Wir gehen dabei von Duplikaten aus. Das Original bleibt unangetastet, damit es später auch von anderen als Dokument ausgewertet werden kann. Die Begleitpublikationen erscheinen in der Zeitschrift »Homo«, und Kopien von allgemeinerem Interesse werden auch als Fremdfilme über das Göttinger Institut für den Wissenschaftlichen Film in den Verleih gegeben. Darüber hinaus streben wir auch in manchen Bereichen eine Gemeinschaftsproduktion an.

6

Da Menschen ihr Verhalten meist ändern, wenn eine Kamera auf sie weist, benützen wir die »Technik der unbemerkten Aufnahme«, wobei sich die von Hans Hass (1968) entwickelten und von uns weiter ausgebauten Spiegelobjektive bewährten (Eibl-Eibesfeldt u. Hass 1966, 1967). (Rituale, die sich in der Öffentlichkeit abspielen, kann man oft auch direkt aufnehmen, ohne daß die Akteure sich beeinträchtigt fühlen.) Die Aufnahmegeschwindigkeit wechselt. Wir nutzen auch die Zeittransformation (Zeitlupe, Zeitraffer), die Regelmäßigkeiten sichtbar macht, welche unserer unmittelbaren Wahrnehmung entgehen. Wenn möglich, nehmen wir tonsynchron auf.

7

Die in der Eröffnungsphase zu beobachtende Selbstdarstellung dient der Selbstbehauptung. Menschen neigen dazu, Dominanzbeziehungen herzustellen und Schwächen des Partners auszunützen. Daher auch unser Bestreben, stets »das Gesicht zu wahren«.

LITERATUR

Baerends, G. P., Drent, R. H.: The Herring Gull's Egg. Behaviour, 17, 1970

Ball, W., Tronick, E.: Infant Responses to Impending Collision: Optical and Real. Science, 171, 1971, 818–820

Bischof, N.: The biological foundations of the incest taboo. Soc. Sci. Inform., 11, 1972, 7–36

Bower, T. G. R.: A Primer of infant development. San Francisco: W. H. Freeman & Co. 1977

Chance, M. R. A., Larsen, R. R.: The social structure of attention. London: John Wiley & Son 1976

Charlesworth, W.: Ethology: Understanding the other half of intelligent behavior. Reimers Symposium: Human Ethology, Claims and Limits of a New Discipline. Bad Homburg, 25.10.–29.10. 1977

Limits to the Application of Ethology to Problems in Human Development. In Vorbereitung

Davis, W. J., Gillette, R.: Neural Correlate of Behavioral Plasticity in Command Neurons of Pleurobranchaea. Science, 199, 1978, 801–803

Eibl-Eibesfeldt, I.: Zur Ethologie des menschlichen Grußverhaltens, 1: Beobachtungen an Balinesen, Papuas und Samoanern nebst vergleichenden Bemerkungen. Z. Tierpsychol., 25, 1968, 727–744

Liebe und Haß. Zur Naturgeschichte elementarer Verhaltensweisen. München: Piper 1970 a

Männliche und weibliche Schutzamulette im modernen Japan. Homo, 21, 1970 b, 175–188

Der vorprogrammierte Mensch. Wien, München: Molden 1973

Grundriß der vergleichenden Verhaltensforschung. München: Piper ⁴1974, ⁵1978

Krieg und Frieden aus der Sicht der Verhaltensforschung. München: Piper 1975

Menschenforschung auf neuen Wegen. München, Wien: Molden 1976

Der Mensch und seine Umwelt – ethologische Perspektiven. In: K. Buchwald, W. Engelhardt (Hg.): Handbuch für Planung, Gestaltung und Schutz der menschlichen Umwelt. München: BLV 1977

Ritual and Ritualisation in Man and Animals. Reimers Symposium: Human Ethology, Claims and Limits of a New Discipline. Bad Homburg 1977. In: J. Aschoff u.a. (Eds.) bei Academic Press in Vorbereitung

Eibl-Eibesfeldt, I., Hass, H.: Zum Projekt einer ethologisch orientierten Untersuchung menschlichen Verhaltens. Mitt. d. Max-Planck-Ges., 6, 1966, 383–396

Neue Wege der Humanethologie. Homo, 18, 1, 1967, 13–23

Humanethologisches Filmarchiv der Max-Planck-Gesellschaft, Forschungsstelle für Humanethologie am Max-Planck-Institut für Verhaltensphysiologie, Seewiesen. Begleitpublikationen erscheinen in »Homo«, Zeitschrift für die vergleichende Forschung am Menschen. Göttingen: Musterschmidt

Eibl-Eibesfeldt I., Wickler, W.: Die ethologische Deutung einiger Wächterfiguren auf Bali. Z. Tierpsychol., 25, 1968, 719–726

Ekman, P., Friesen, W.: Constants across cultures in the face and emotions. J. Person. Soc. Structure, 17, 1971, 124–129

Erikson, E. H.: Ontogeny of ritualisation in man. Phil. Trans. Roy. Soc. London, B. 251, 1966, 337–349

Ewert, J. P.: Zentralnervöse Analyse und Verarbeitung visueller Sinnesreize. Naturwiss. Rundschau, 25, 1972, 1–11

Fehling, D.: Ethologische Überlegungen auf dem Gebiet der Altertumskunde. Zetemata, Monograph. zur Klassischen Altertumswiss. H. 61. München: Beck 1974

Fentress, J. C. (Ed.): Simpler Networks and Behavior. Sunderland, Mass.: Sinauer Associates Inc. 1976

Gehlen, A.: Der Mensch, seine Natur und seine Stellung in der Welt. Berlin 1940. Frankfurt: Athenäum ⁸1966

Gillette, R., Kovac, M. P., Davis, W. J.: Command Neurons in Pleurobranchaea Receive Synaptic Feedback from the Motor Network They Excite. Science, 199, 1978, 798–801

Hailman, J. P.: The ontogeny of an instinct. Behaviour, Suppl. 15, 1967

Hass, H.: Wir Menschen. Wien: Molden 1968

Heeschen, V., Schiefenhövel, W., Eibl-Eibesfeldt, I.: Requesting, giving and taking. The relationship between verbal and nonverbal behavior in the speech community of the Eipo, Irian Jaya (West New Guinea). Im Druck

Hold, B.: Rangordnungsverhalten bei Vorschulkindern. Homo, 25, 1976, 252–267

Holst, E. v.: Über den Prozeß der zentralen Koordination. Pflüg. Arch., 236, 1935, 149–158

Zur Verhaltensphysiologie bei Tieren und Menschen, I, II. München: Piper 1969

Hooff, J. A. R. A. M. van: Aspecten van het sociale gedrag en die communicatie bij humane en hogere niet-humane primaten. Aspects of the Social Behaviour and Communication in Human and Higher Nonhuman Primates. Rotterdam: Bronder Offset 1971

Jolly, A.: The evolution of primate behavior. New York: Macmillan 1972

Koenig, O.: Kultur und Verhaltensforschung. München: dtv 1970

Konner, M. J.: Aspects of the Developmental Ethology of a Foraging People. In: Ethological Studies of Child Behaviour. Cambridge: Univ. Press 1972

Lack, D.: The life of the robin. London: Cambridge University Press 1943

Lehrman, D. S.: Semantic and conceptual issues in the nature-nurture problem. In: L. R. Aronson, W. Tobach, D. S. Lehrman, J. S. Rosenblatt (Eds.): Development and Evolution of Behavior. San Francisco: W. Freeman 1970, 17–52

Lenneberg, E. H.: Biological Foundations of Language. New York, London: John Wiley 1967

LORENZ, K.: Phylogenetische Anpassung und adaptive Modifikation des Verhaltens. Z. Tierpsychol., 18, 1961, 139–187

Über tierisches und menschliches Verhalten, I und II. München: Piper 1965

Die Rückseite des Spiegels. München: Piper 1973

MASTERS, R. D.: Functional approaches to analogical comparison between species. In: M. v. Cranach (Ed.): Methods of inference from animal to human behaviour. Paris: Mouton 1976, 73–102

MEAD, M.: From the South Seas. New York: William Morrow 1939. Deutsch: Leben in der Südsee. München: Szczesny 1965

MELTZOFF, A. N., MOORE, M. K.: Imitation of Facial and Manual Gestures by Human Neonates. Science, 198, 1977, 75–78

MONTAGU, A.: In: W. Hollitscher (Hg.): Aggressionstrieb und Krieg. Stuttgart: DVA 1973

PLOOG, D. W., BLITZ, J., PLOOG, F.: Studies on social and sexual behavior of the squirrel monkey (*Saimiri sciureus*). Folia Primat., 1963, 29–66

REID, R. F.: New England rhetoric and the French War. 1754–1760: A case study in the rhetoric of war. Communication Monographs, 43, 1976, 259–286

RHEINGOLD, H., ECKERMANN, C.: Fear of the Stranger: A Critical Examination. In: H. Reese (Ed.): Advances in Child Development and Behavior, VIII. New York: Academic Press 1973

SACKETT, G. P.: Monkeys reared in isolation with pictures as visual input: evidence for an innate releasing mechanism. Science, 154, 1966, 1468–1473

SCHINDLER, H.: Carijona and Manakini: An opposition in the mythology of a Caribic tribe. In: E. B. Basso (Ed.): Caribic speaking Indians, Culture, Society and Language. Anthropological Papers of the University of Arizona, 28, 1977, 66–74

SCHLEIDT, W. M., SCHLEIDT, M., MAGG, M.: Störungen der Mutter-Kind-Beziehungen bei Truthühnern durch Gehörverlust. Behaviour, 16, 1960, 254–260

SHAFTON, A.: Conditions of Awareness. Subjective Factors in the Social Adaptations of Man and other Primates. Portland, Oregon: Riverston Press 1976

SNOW, C. E.: The development of conversation between mothers and babies. J. Child. Language, 4, 1977, 1–22

SPEMANN, H.: Emryonic Development and Induction. New Haven, Sonn.: Yale Univ. Press 1938

SPERRY, R. W.: The Growth of Nerve Circuits. Scient. Americ., 201, 1959, 68–76

Chemoaffinity in the Orderly Growth of Nerve Fiber Patterns and Conections. Proc. Nat. Acad. Sci. U. S., 50, 1963, 703–710

How a Brain gets wired for Adaptive Function. In: E. Tobach, L. R. Aronson, E. Shaw (Eds.): The Biopsychology of Development. New York: Academic Press 1971, 27–44

SROUFE, L. A.: Wariness of Stranger and the Study of Infant Development. Child Development 48, 1977, 731–746

TINBERGEN, N.: Einige Gedanken über »Beschwichtigungsgebärden«. Z. Tierpsychol., 16, 1959, 651–665

WICKLER, W.: Ursprung und biologische Deutung des Genitalpräsentierens männlicher Primaten. Z. Tierpsychol., 23, 1966, 422–437

Vergleichende Verhaltensforschung und Phylogenetik. In: G. Heberer (Hg.): Die Evolution der Organismen, I. Stuttgart: G. Fischer, 1967, 420–508

DIE ETHOLOGISCHE UNTERSUCHUNG SOZIALER BEZIEHUNGEN

von Robert A. Hinde[1]

Die Untersuchung von sozialen Beziehungen bei Tieren ist von besonderem Interesse, weil die Möglichkeit der wechselseitigen Befruchtung mit der Erforschung sozialer Beziehungen beim Menschen besteht. Obwohl letztere viel länger und intensiver untersucht worden sind, hat ihre Komplexität rasche Fortschritte verhindert. Gerade weil Tiere einfacher sind als der Mensch, weil sie keine Wortsprache und keine sozialen Institutionen (z. B. die Ehe als kulturelle Institution) haben, kann sich ihre Erforschung lohnen. Ihre relative Einfachheit ermöglicht die Erhellung von Problemen und die Klärung von Prinzipien, die in der Komplexität des menschlichen Beispiels untergehen. Aus diesen Gründen befaßt sich dieser Beitrag hauptsächlich mit höheren Säugetieren, insbesondere mit Primaten.

SOZIALE BEZIEHUNGEN

In der Alltagssprache sagt man, eine Beziehung bestehe zwischen zwei Individuen, die einander seit einiger Zeit kennen und die einen Teil ihres Verhaltens in Übereinstimmung mit den individuellen Merkmalen des anderen formen. Der Ausdruck wird auch in einem weiteren Sinn gebraucht, um Kategorien von Individuen zu bezeichnen, so, wenn wir z. B. sagen: »Seine Beziehungen zur Polizei waren nicht gut« oder »Die Armee bemühte sich, gute Beziehungen zur Zivilbevölkerung aufrechtzuerhalten«; wir haben es hier jedoch in erster Linie mit Beziehungen zwischen Individuen zu tun.

Viele, und vielleicht die meisten Tierarten stellen keine sozialen Beziehungen her. Das ist offensichtlich der Fall bei solitären Arten, für die die Paarung eine vorübergehende Angelegenheit ist und bei denen keine Brutpflege stattfindet. Es gilt wahrscheinlich auch für viele gesellige Arten, die sich mit anderen Individuen ihrer Art zusammentun, aber nicht mit *bestimmten* anderen Individuen. Außerdem ist noch nicht klar, wieweit die ausgedehnten Assoziationen[2] von einzelnen wirbellosen Tieren, die beschrieben worden sind, die Bezeichnung Beziehung verdienen. Interindividuelle Beziehungen in dem hier besprochenen Sinn kommen in allen Wirbeltierklassen vor, sind aber am ausgeprägtesten und am besten untersucht bei Vögeln und Säugetieren. Wir werden uns hier nicht mit dem Wesen besonderer Beziehungstypen beschäftigen, wie der Paarbindung bei Vögeln oder der Beziehung zwischen einem Hund und seinem Herrn, sondern mit einigen allgemeinen Ergebnissen, die auf vielerlei Beziehungen anwendbar sind.

Forscher, die das Verhalten von Tieren untersuchen, erkennen an, daß die Untersuchung von Beziehungen besondere Probleme mit sich bringt. Dazu gehören die Fragen, wie man

Beziehungen beschreiben und klassifizieren kann, was wir unter einer stabilen Beziehung verstehen, welche Prozesse an der Entwicklung und Aufrechterhaltung einer Beziehung beteiligt sind und nach welchen Kriterien wir den Verlauf einer Beziehung voraussagen können.

Zu Beziehungen gehört eine Reihe von *Interaktionen* in einem Zeitraum.

INTERAKTIONEN ALS KOMPONENTEN SOZIALER BEZIEHUNGEN

Wenn ein Tier auf eine Reizsituation antwortet, sprechen wir von seiner »Reaktion«. Bei einer sozialen Begegnung kann ein Individuum bei einem anderen eine Reaktion auslösen, die ihrerseits wieder bei dem ersten Individuum eine Reaktion auslöst. Ein derartiger Fall, bei dem jedes Individuum das Verhalten des anderen beeinflußt, kann als eine Interaktion beschrieben werden. Interaktionen können, müssen aber nicht, Grade der Komplexität haben, die bei Reaktionen auf äußere Reize nicht vorhanden sind.

Tinbergens klassische Beschreibung des Balzverhaltens beim Dreistachligen Stichling (*Gasterosteus aculeatus*) hatte unterstellt, jede Reaktion des Männchens sei der Signalreiz für die nächste Reaktion des Weibchens und umgekehrt (Abb. 1; Ter Pelkwijk, Tinbergen 1937). Es wurde jedoch bald deutlich, daß eine solche Beschreibung nur in bezug auf den Fortgang der Reaktionssequenzen zutreffend ist. In Wirklichkeit kann jede Reaktion des Männchens beim Weibchen eine Reihe von Reaktionen auslösen und umgekehrt, mit der Folge, daß die Balzsequenz ein Stück weit abläuft und dann auf ein früheres Stadium zurückfällt, bevor sie weitergeht. Eine derartige Variabilität der Reaktionssequenz läßt sich auf Fluktuationen unbekannten Ursprungs in den Motivationen der Beteiligten zurückführen, und in einfacheren Fällen kann diese Erklärung ausreichend sein. Die Möglichkeit jedoch, daß B *entweder* mit Y *oder* mit einer anderen Reaktion antworten wird, wird wahrscheinlich das anfängliche Verhalten von A beeinflussen: Jede Handlung kann durch die geschätzte Wahrscheinlichkeit der möglichen Reaktionen des Partners mitbestimmt werden. Das bringt sofort einen erheblichen Grad von Komplexität mit sich, und die Interaktion läßt sich nicht mehr einfach als Abfolge von Reaktionen beschreiben.

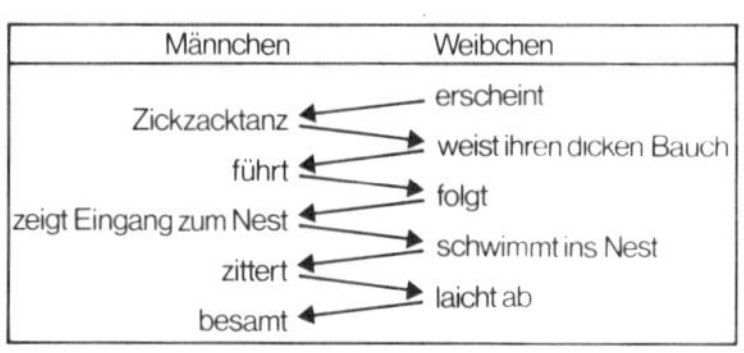

Abb. 1 Schematische Darstellung des Sexualverhaltens beim Dreistachligen Stichling (*Gasterosteus aculeatus*) (nach: Tinbergen 1951, 49).

Eine ähnliche Folgerung ergibt sich, wenn man die *Funktion* betrachtet. Man sagt z. B. oft, die Funktion der Drohbewegungen sei, den physischen Kampf zu vermeiden: Es scheint, daß sie ausgeführt werden, wenn ein Individuum sowohl die Tendenz hat, sich seinem Gegner zu nähern (gewöhnlich, ihn anzugreifen), als auch die, sich von ihm zurückzuziehen. Nun ist, wenn ein Individuum ohnehin angreifen bzw. fliehen will, sein Verhalten am ehesten wirksam, wenn es dies direkt tut, ohne seine Absicht zu signalisieren. Aber wenn es zwischen dem einen oder anderen schwankt und es vom Verhalten des *anderen* Individuums abhängt, was es tun wird, ist *Kommunikation* unerläßlich, um die Wahrscheinlichkeit der verschiedenen Handlungsweisen des Konkurrenten zu beurteilen.

Eine weitere Bestätigung ergibt sich aus der Feststellung, daß einige Signale tatsächlich die Wirkung zu haben scheinen, das wahrscheinliche Verhalten eines anderen Individuums auszutesten. Kampffische (*Betta splendens*) fechten manchmal lange Zweikämpfe aus, in denen jeder Fisch sich dem anderen abwechselnd mit aufgestellten Kiemendeckeln von vorn präsentiert und ihm die Breitseite zuwendet (Abb. 2). Während das Scharmützel weitergeht, nehmen Kiemendeckelspreizen, Schwanzschlagen und Beißen allmählich zu. Zunächst steigern sich die Ausdrucksbewegungen der beiden Fische parallel, wobei jeder den Grad der Aufstellung seiner Kiemendeckel nach dem richtet, den der Partner zeigt. Erst gegen Ende übertrifft der eine den anderen, der bald aufgibt. Es scheint also, als ob in jedem Scharmützel eine allmähliche Eskalation stattfindet, bei der jeder Fisch den anderen auf die Probe stellt, bis einer aufgibt (Simpson 1968).

Hier ist eine gewisse Vorsicht nötig. Zwar verhält sich jeder Fisch so, als stelle er den anderen auf die Probe, aber das Beweismaterial verpflichtet uns nicht, in diesen Fällen ein sehr komplexes Niveau kognitiver Funktionen zu postulieren. Aber am anderen Extrem wissen wir, daß unser eigenes Verhalten in Interaktionen durch unsere bewußte oder unbewußte Einschätzung wahrscheinlicher Reaktionen unseres Partners beeinflußt werden kann und daß wir vielleicht heucheln oder verstohlen handeln, um seine Handlungsweise zu beeinflussen. Daß solche komplexen Vorgänge nicht auf menschliche Interaktionen beschränkt sind, glaubt jeder Hundebesitzer, aber harte Daten sind äußerst knapp. Es gibt jedoch eine wachsende Zahl von Belegen für nichtmenschliche Primaten, die darauf hinweisen, daß sie manchmal Verhalten zeigen, das man nur als absichtliche Täuschung bezeichnen kann.

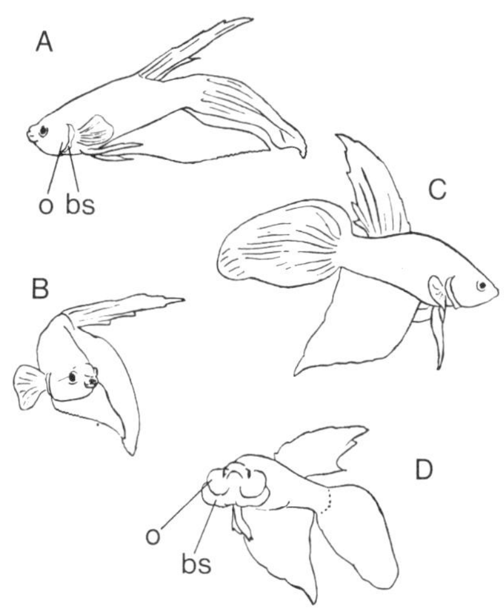

Abb. 2 Der Kampffisch *Betta splendens*: A und B zeigen Tiere ohne Drohgebärde; C und D zeigen Breitseitsimponieren und Frontaldrohen; bs = branchiostegale Membran; o = Operculum (Kiemendeckel) (aus: Simpson 1968, 13).

Während jede Interaktion eine streng begrenzte Zeitspanne in Anspruch nimmt, kann man von *Beziehungen* nur in bezug auf einen viel längeren Zeitraum sprechen. Und zum Teil gerade weil Beziehungen eine zeitliche Ausdehnung haben, bringt ihre Untersuchung noch mehr Komplikationen mit sich als die Untersuchung von Interaktionen. Zum Beispiel kann jede Interaktion durch vorangegangene Interaktionen beeinflußt sein, vielleicht auch durch die Erwartung zukünftiger. Außerdem können Interaktionen eines Typus Interaktionen eines anderen Typus innerhalb der gleichen Beziehung beeinflussen. Tatsächlich können Interaktionen innerhalb einer Beziehung auch durch Interaktionen zwischen einem der Beteiligten und einem Dritten beeinflußt werden. Außerdem kann eine Beziehung Eigenschaften haben, die in den Interaktionen, die sie konstituieren, noch gar nicht vorhanden sind; wir werden auf diesen Punkt später zurückkommen. Trotz dieser Komplexität waren Fortschritte möglich, weil wir heute ziemlich viel über die Prinzipien tierischer Kommunikation und die Steuerung von Interaktionen wissen.

DIE BESCHREIBUNG VON BEZIEHUNGEN

Wie jeder andere Wissenschaftszweig braucht auch die Untersuchung von Beziehungen eine deskriptive Grundlage, bevor man Probleme wie die oben angeführten wirkungsvoll anpacken kann. Bisher gibt es nur einige Hinweise; wir wollen sie in den nächsten Abschnitten in Betracht ziehen.

Da zu einer Beziehung eine Reihe von Interaktionen in der Zeit gehört, muß der erste Schritt in einer Beschreibung der sie konstituierenden Interaktionen bestehen. Dies könnte mit vielen Graden der Genauigkeit geschehen. Für unsere Zwecke ist es zunächst nötig zu spezifizieren, *was* die Beteiligten miteinander tun (d. h. betreiben sie soziale Körperpflege, paaren sie sich, verhalten sie sich aggressiv zueinander, gesellen sie sich zueinander usw.). Doch muß man nicht nur spezifizieren, was sie tun, sondern auch, *wie* sie es tun. Zum Beispiel, betreiben sie beharrlich soziale Körperpflege oder nur flüchtig, streiten sie sich wütend oder zurückhaltend? Solche Aspekte der Interaktion kann man »Qualitäten« nennen, womit natürlich nicht gemeint ist, daß man sie nicht auch quantitativ behandeln könnte. Um eine Beziehung zu beschreiben, müssen wir mindestens einen Schritt weitergehen und nicht nur Inhalt und Qualität ihrer Interaktionen während der festgesetzten Zeitspanne beschreiben, sondern auch die Anordnung dieser Interaktionen – d. h. ihre absolute und relative Häufigkeit und auch den Bezug zwischen Interaktionen eines Typus zu Interaktionen anderer Art.

Wenn sich auch die Untersuchung von Beziehungen unter Tieren auf die Untersuchung von Interaktionen gründen muß, ist es nicht unbedingt so, daß sie nichts anderes sind als die sie konstituierenden Interaktionen. Einmal können sie, wie wir sehen werden, Qualitäten haben, die erst aus jenen Interaktionen entstehen. Außerdem lassen unsere eigenen menschlichen Erfahrungen vermuten, daß interindividuelle Beziehungen Eigenschaften haben können, die dem Verhaltensforscher nicht leicht zugänglich sind. Gewiß kann das, was wir bei unserem Tun empfinden, ebenso wichtig sein wie das, was wir tun. Aber introspektive Beweise sind eben von Tieren nicht zu haben, und wenn auch Gefühle wichtig sein mögen, müssen wir uns in bezug auf ihre Natur auf Verhaltensbeweise stützen.

Die Beschreibung einer Beziehung muß sich also auf Inhalt, Qualität und Anordnung der sie begründenden Interaktionen beziehen. Aber wenn wir Interaktionen beschreiben, haben wir anfangs mit empirischen Daten zu tun. Irgendwie müssen wir von diesen empirischen Daten abstrahieren, um Verallgemeinerungen zu erhalten, die für die Individuen, die Alters- oder Geschlechtskategorien oder die Arten gelten, mit denen wir uns befassen. Es gibt keine allgemeine Übereinkunft über die Verfahren, durch die der Übergang von empirischen Daten zu Verallgemeinerungen zu bewerkstelligen ist, zum Teil deshalb, weil das beste Verfahren je nach dem untersuchten Fall verschieden sein muß. Dieses Problem wird sich wahrscheinlich als wichtig erweisen, je weiter die Untersuchung von Beziehungen fortschreitet.

Wenn wir Beziehungen in bezug auf die sie aufbauenden Interaktionen beschrieben haben, brauchen wir ein Mittel, um die Daten zu ordnen. Wir können uns nun einige Dimensionen ansehen, die voraussichtlich für das Verständnis der Dynamik von interindividuellen Beziehungen wichtig sind.

Inhalt von Interaktionen

Die Beschreibung einer Beziehung geht gewöhnlich vom Inhalt der Interaktionen aus, die sich in ihr ereignen. So gehört bei Affen zu einer Begleiterbeziehung zwischen einem Männchen und einem Weibchen[3] Sexualverhalten, soziale Körperpflege und gegenseitige Nähe, während eine Mutter-Kind-Beziehung Säugen, Körperpflege, Beschützen, Spielen,

Nähe u. a. umfaßt. Diese Dimension läßt sich auch auf feineren Stufen der Analyse verwenden. So kann bei der Unterscheidung zwischen verschiedenen Mutter-Kind-Beziehungen der Umstand, ob gespielt wird, ein wichtiger Hinweis auf die Art der Beziehung sein, und wir könnten sogar noch weiter gehen und Mutter-Kind-Beziehungen mit Spiel danach unterscheiden, ob das Spiel überwiegend im sozialen Kontakt geschah oder nicht.

Vielgestaltigkeit von Interaktionen

Wenn eine Beziehung nur einen Interaktionstypus enthält, kann man sie als »einstrangig« oder uniplex bezeichnen, wenn viele Interaktionstypen in ihr vorkommen, als »mehrstrangig« oder multiplex. Auch hier läßt sich die Dimension auf vielen Ebenen der Analyse anwenden – man könnte eine Mutter-Kind-Beziehung als uniplex bezeichnen, weil sie nur mütterliches bzw. kindliches Verhalten einschließt, oder als multiplex, da sie Nähren, Körperpflege, Spielen usw. enthält. Der wichtige Punkt ist die Vielfalt des beteiligten Verhaltens, nicht die Dichotomie.

Reziprozität gegen Komplementarität

Eine Fragestellung, die sich mit der vorigen überschneidet, betrifft das Maß, in dem die Interaktionen reziprok bzw. komplementär sind. Eine reziproke Interaktion ist dann gegeben, wenn die Beteiligten entweder gleichzeitig oder abwechselnd ein ähnliches Verhalten zeigen, wie im Spiel unter Gleichen. Bei einer komplementären Interaktion unterscheidet sich das Verhalten jedes Individuums von dem des anderen, ergänzt es aber zugleich, wie bei Mutter-Kind-Interaktionen. In einigen Beziehungstypen sind alle Interaktionen reziprok; die Beziehungen unter jungen Affen nähern sich dieser Bedingung, da jeder in jeder Spielfolge gleichwertige, wenn auch abwechselnde Rollen einnimmt. In anderen Beziehungstypen sind alle Interaktionen komplementär. Die klassische Beziehung von Dominanz und Unterordnung (soziale Rangordnung[4]) ist ein solcher Fall: Affe A bedroht den Affen B, beißt B und hat das Vorrecht auf Nahrung und Wasser vor B, während B A aus dem Wege geht und mehr soziale Körperpflege an A vornimmt als A an B. Man darf aber nicht vergessen, daß die Dominanz je nach dem Inhalt der Interaktion verschieden sein kann: Individuum A kann den Vorrang beim Zugang zu Futter haben, nicht aber zu Weibchen. Sie kann auch innerhalb eines Interaktionstyps unterschiedlich sein: Ein Vogel, der ein Territorium besitzt, ist seinen Nachbarn auf seinem eigenen Territorium überlegen, aber auf dem ihren unterlegen. Es sind also die Interaktionen (spezifiziert nach Inhalt und Kontext), die reziprok oder komplementär genannt werden müssen, nicht die Beziehung insgesamt. Wie beständig die verschiedenen Interaktionen innerhalb einer Beziehung in diesem Punkt sind, ist ein weiteres Problem: In vielen Tierbeziehungen ist die Beständigkeit erheblich, und vielleicht nur in den am stärksten verfeinerten menschlichen Beziehungen können die einzelnen Typen von Interaktionen entweder reziprok oder komplementär sein, mit individualspezifischen Mustern des Umschlagens.

Ein wichtiger Aspekt der Komplementarität betrifft die Richtung von Einfluß oder Macht. Bei menschlichen interpersonalen Beziehungen hat man sich diesem Aspekt durch die Konzepte der Austausch-Theorie (exchange theory) genähert. Im allgemeinen ist die Macht von A über B abhängig von den Möglichkeiten von A und der Abhängigkeit von B, die bestimmt ist von Bs Bedürfnis nach dem, was A zu bieten hat, und von den anderen Quellen, die B zur Verfügung stehen. Außerdem ist, in erster Annäherung, die Macht von A über B größer als die von B über A, wenn bei ihren Interaktionen der Gewinn abzüglich der Aufwendungen für A größer ist als für B. Es wird klar, daß Macht oder Einfluß nicht das gleiche ist wie Dominanz. Ein Weibchen mag seinem männlichen Gefährten unterlegen sein, kann aber dessen Verhalten in hohem Maß steuern.

Qualitäten von Interaktionen

Wir haben gesehen, daß wir bei der Beschreibung einer Beziehung nicht nur den Inhalt der Interaktionen beschreiben müssen, sondern auch ihre Qualität. Zum Beispiel kann eine Rhesusaffenmutter (*Macaca mulatta*) ihr Junges grob abweisen, indem sie es schlägt oder wegstößt, oder sanft, indem sie die Arme über den Brustwarzen verschränkt, aber dem Jungen weiterhin zum Ankuscheln zur Verfügung steht.

Die Qualität einer der konstituierenden Interaktionen einer Beziehung braucht bei anderen nicht vorhanden zu sein. Eine Mutter kann z. B. die Trinkwünsche ihres Jungen ablehnen, aber nicht seinen Wunsch nach Körperpflege. Im anderen Extrem können bestimmte Qualitäten bei allen Interaktionen einer Beziehung auftreten. Im allgemeinen können Qualitäten, die bei reziproken Interaktionen vorkommen, entweder auf einen oder auf beide Partner zutreffen. So ist es möglich, daß beide Partner »Sensibilität« (objektiv definiert) zeigen oder daß der eine sich sensibel verhält, der andere aber nicht. Aber wenn Qualitäten bei komplementären Interaktionen zu finden sind, sind sie meistens der Interaktion eigen und nicht jeweils einem Partner; wenn ein Partner steuert, muß der andere gesteuert werden.

Relative Häufigkeit und Anordnung von Interaktionen

Einige von den Urteilen, die wir über Beziehungen abgeben, sind nicht von der Häufigkeit oder der Qualität bestimmter Interaktionstypen abhängig, sondern von der relativen Häufigkeit verschiedener Typen oder von Wechselbeziehungen zwischen ihnen. Wenn also eine Affenmutter die Versuche ihres Jungen, Bauch-zu-Bauch-Kontakt herzustellen, häufig abweist und von sich aus niemals Kontakt aufnimmt, könnten wir sie als ablehnend bezeichnen. Wenn sie das Junge niemals abweist und oft Kontakt aufnimmt, könnten wir sie als possessiv bezeichnen. Aber wenn sie oft beides oder selten eines von beiden tut, könnten wir sagen, sie sei einschränkend bzw. permissiv. Diese letzteren Qualitäten kann man als auf der Stufe der Beziehung neu auftauchende Eigenschaften ansehen – sie sind nicht in den einzelnen Interaktionen vorhanden, sondern entstehen aus dem Verhältnis zwischen ihnen.

Multidimensionale Qualitäten

Im Alltagsleben ist die Bereitschaft, mit der wir einer Beziehung eine Qualitätsbezeichnung verleihen, davon abhängig, daß eine Reihe von Merkmalen zusammenkommen. Das gleiche gilt bei Tieren. Wir könnten z. B. mehr geneigt sein, eine Mutter-Kind-Beziehung bei Affen als innig zu bezeichnen, wenn die Mutter beim Bauch-an-Bauch-Kontakt häufig die Initiative ergreift, den Arm um das Junge legt, wenn sie in Kontakt mit ihm ist, das Junge häufig »laust« und häufig mit ihm spielt.

Es ist wichtig zu erkennen, daß unsere Beurteilung von Beziehungen von multidimensionalen Qualitäten abhängen kann, weil wir, wenn wir die Grundlagen der Urteile verstehen sollen, die wir jeden Tag abgeben, erkennen müssen, daß die beteiligten Dimensionen unabhängig sein können. Wir sind z. B. eher geneigt, eine Beziehung als zärtlich zu bezeichnen, wenn

1. die Beteiligten eine Anzahl verschiedener Dinge miteinander tun, die Beziehung also multiplex ist;

2. zu ihr gewisse spezifische Interaktionstypen gehören – z. B. wenn jeder Partner in Abwesenheit des anderen Verhaltensweisen zeigt, die zur Wiederherstellung der Nähe beitragen, und wenn die Gegenwart des Partners die durch ungewohnte Situationen erzeugte Angst lindert;

3. die Interaktionen bestimmte Qualitäten haben – z. B. wenn das Verhalten jedes Partners im Zusammenhang mit dem aktuellen Verhalten oder den aktuellen Zielen des anderen organisiert wird;

4. Handlungen, die dem Wohl des anderen dienen, mit hoher Wahrscheinlichkeit wiederholt werden.

Der Leser wird bemerkt haben, daß einige dieser Kriterien auch aggressive Beziehungen kennzeichnen können; entscheidend ist also, daß sie zusammen vorkommen. Andererseits wird nicht unterstellt, daß all diese Eigenschaften notwendig seien, bevor man die Bezeichnung »zärtlich« verwenden kann, und auch nicht, daß es keine anderen gebe, die ebenfalls zu einer derartigen Beurteilung beitragen würden. Die oben angeführten lassen sich tatsächlich alle bei der Mutter-Kind-Beziehung der Rhesusaffen feststellen und mit einiger Genauigkeit untersuchen. Jenen, die ins Feld führen, zärtliche Beziehungen schlössen außer diesen beobachtbaren auch noch ungreifbare Qualitäten in sich, kann man erwidern, daß derartige ungreifbare Qualitäten mit den beobachtbaren korreliert sein können und daß wir, falls dies so ist, die beobachtbaren Qualitäten vielleicht benutzen können, um Bedingungen zu erforschen, die zur Bildung zärtlicher Beziehungen führen, und daß sowieso die beobachtbaren Qualitäten alles sind, was wir mit den uns zur Verfügung stehenden Methoden untersuchen können.

Kognitives und moralisches Niveau

Das kognitive und moralische Niveau des einzelnen Menschen ist höchst bedeutsam für die Erforschung menschlicher interpersonaler Beziehungen. Beziehungen, die Interaktionen von Dominanz und Unterordnung oder Pflege und Abhängigkeit enthalten, haben einen ausgesprochen anderen Charakter, wenn einer der beiden Partner auf einem höheren moralischen oder kognitiven Niveau handelt, als wenn beide gleichartig sind. Bei Tieren ist die Frage des moralischen Niveaus kaum anwendbar, und kognitive Fähigkeiten kann man nur grob einschätzen. Die Frage ist jedoch in zwei Zusammenhängen wichtig. Erstens muß man, wie bereits früher in diesem Beitrag angedeutet wurde, beim Vergleichen von Beziehungen über Artgrenzen hinaus die Unterschiede der kognitiven Fähigkeiten der betreffenden Tiere berücksichtigen – ein Punkt, den Schneirla (z. B. 1961) überzeugend betont hat, der aber allzuoft vernachlässigt wird. Zweitens sind in Beziehungen zwischen Eltern und Nachwuchs unweigerlich Unterschiede der kognitiven Fähigkeiten wirksam; dieser Sachverhalt ist von entscheidender Bedeutung für ihr Verständnis, wie weiter unten gezeigt wird.

Durchdringung

Die bisher beschriebenen Dimensionen, möglicherweise mit Ausnahme jener des kognitiven und moralischen Niveaus, sind sowohl auf Beziehungen unter Menschen wie auch auf Beziehungen unter Tieren anwendbar. »Durchdringung« – womit der Intimitätsgrad der Beziehungen bezeichnet wird – ist in höherem Maß spezifisch menschlich. Man kann sich vorstellen, die Persönlichkeit habe zentrale, weniger sichtbare Bereiche, umgeben von zahlreicheren peripheren Bereichen, wobei die Sektoren verschiedenen Interaktionsfeldern entsprechen (Sexualität, Familie usw.). Die Intimität einer Beziehung läßt sich dann durch das Ausmaß darstellen, in welchem die Persönlichkeit jedes Beteiligten die des anderen durchdringt – einerseits wie viele Sektoren durchdrungen werden, andererseits wie tief. Die Anzahl durchdrungener Sektoren wird wahrscheinlich mehr oder weniger von der Anzahl der in der Beziehung vorkommenden Interaktionstypen abhängen.

Natürlich soll diese Aufstellung von Dimensionen nicht erschöpfend oder endgültig sein; sie hat den Zweck, zu betonen, daß nüchterne Beschreibungen ungreifbar scheinender Beziehungen nicht außerhalb des Bereichs des Möglichen liegen.

INTERINDIVIDUELLE BEZIEHUNGEN UND SOZIALE STRUKTUR

Die Eigenschaften einer Beziehung können sich mit der Zeit und mit dem Kontext ändern. Veränderungen im Laufe der Zeit sollen weiter unten betrachtet werden; hier wollen wir uns mit der Frage des sozialen Kontexts beschäftigen.

Bei vielen Affenarten möchten kinderlose erwachsene und heranwachsende Weibchen die Kinder anderer bemuttern. Bei manchen Arten »verleihen« Mütter bereitwillig ihre Babys an andere Weibchen, aber bei anderen Arten nehmen die Mütter die Annäherungsversuche anderer Weibchen übel. In solchen Fällen können rangniedere Weibchen Schwierigkeiten haben, ihre Jungen vor anderen Weibchen zu schützen, und sie können dies nur tun, indem sie possessiver werden und die Bewegungsfreiheit ihrer Kinder stärker einschränken. Deshalb verbringen in der Gefangenschaft die Jungen von in Gruppen lebenden Rhesusaffenmüttern mehr Zeit am Körper ihrer Mütter und weniger Zeit von ihr entfernt als Junge, die in ähnlichen Käfigen allein mit ihren Müttern leben. Die Mutter-Kind-Beziehung wird also durch die Gegenwart sozialer Gefährten beeinflußt.

Das ist jedoch nur der Anfang der Geschichte. Das Ausmaß, in dem eine Mutter anderen Weibchen Zugang zu ihrem Kind gewährt, hängt von ihrer Beziehung zu ihnen ab: Sie wird sich gegenüber einer ihrer erwachsenen Töchter oder gegenüber einer ihrer Kraulkumpanen toleranter verhalten. Die Beziehung des Jungen zu Weibchen, die nicht seine Mutter sind, kann also durch ihre Beziehung zu dieser beeinflußt werden. Bei einigen Arten greifen die Männchen oft in Streitigkeiten ein, und dabei nehmen sie eher Partei für die von ihnen bevorzugten Weibchen. Es kann also von der Beziehung des Männchens zu den beiden Weibchen abhängen, wie sehr die Mutter ein anderes Weibchen durch Drohen abweist. Die Beziehung des Männchens zu einem Weibchen kann also die Beziehung der Mutter zu diesem Weibchen beeinflussen, die wiederum die Beziehung des Weibchens zu dem Jungen beeinflussen kann, und letzten Endes beeinflußt diese vielleicht wieder die Beziehung der Mutter zu ihrem Jungen. Mit anderen Worten, in einem solchen Fall ist jede Beziehung Teil eines Geflechts von Beziehungen, in der jede von vielen anderen beeinflußt werden kann. Abb. 3 veranschaulicht die in einer hypothetischen Gruppe von Affen bestehenden Beziehungen: Die durchgehenden Linien stellen Beziehungen zwischen Individuen dar, wobei ihre Dicke ungefähr die relative Wichtigkeit jener Beziehungen für die betreffenden Indivi-

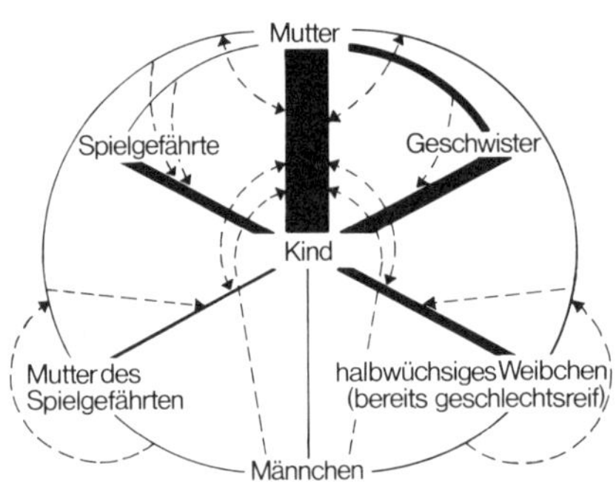

Abb. 3 Hypothetisches Diagramm des Geflechts von Beziehungen zwischen Individuen einer kleinen Gruppe von Rhesusaffen (*Macaca mulatta*) in der Gefangenschaft. Die Linien zeigen Beziehungen zwischen Individuen an; ihre Dicke entspricht ungefähr der Wichtigkeit der Beziehungen. Die gestrichelten Linien zeigen, wie Beziehungen andere Beziehungen beeinflussen können.

duen darstellt; gestrichelte Linien zeigen, wie Beziehungen andere Beziehungen beeinflussen können.

Dies ist ein besonderer Fall dessen, was allgemein für jede Gruppe von Individuen einer Art gelten muß, die fähig sind, Beziehungen des Typus herzustellen, über den wir sprechen, nämlich daß interindividuelle Beziehungen durch das Geflecht von anderen Beziehungen beeinflußt werden, in dem sie liegen. Ein anderes Beispiel wird in Abb. 4 veranschaulicht, in der einige Beobachtungen an männlichen Schimpansen (*Pan troglodytes*) einer freilebenden Gemeinschaft in Tansania zusammengefaßt werden. Daten über verschiedene Typen agonistischer Interaktionen[5] zeigten, daß man die Männchen in einer geradlinigen Rangordnung anordnen könnte, die Art der Hautpflege-Interaktionen war je nach der Stellung in der Rangordnung verschieden: Die Männchen höheren Ranges waren am häufigsten an der sozialen Hautpflege beteiligt, und jedes Männchen hatte die Tendenz, öfter an ranghöheren Partnern Hautpflege auszuführen als an solchen niederen Ranges. Es war auch deutlich, daß Hautpflegekontakte zwischen Individuen mit ausgeprägten Rangunterschieden gewöhnlich vom rangniedrigeren begonnen wurden. Außerdem hatten Individuen mit niederem Rang die Tendenz, die Hautpflegesitzungen länger auszudehnen als solche mit hohem Rang, und jedes Männchen pflegte also einen ranghöheren Partner länger zu »lausen«, als dieser es »lauste«.

Abb. 4

Männchen	Rang	Soziale Hautpflege	Häufigkeit der sozialen Hautpflege	Männchen	Rang	Soziale Hautpflege	Mittlere Dauer der sozialen Hautpflege
A	α	B	********************	A	α	B	******
		C	***************			C	*****
		D	**********			D	****
B	β	A	********************	B	β	A	********
		C	************			C	*******
		D	*********			D	******
C	γ	A	***************	C	γ	A	**********
		B	************			B	*********
		D	********			D	********
D	δ	A	**********	D	δ	A	***************
		B	*********			B	**************
		C	********			C	*************

a) links: Idealisiertes Schema der Beziehungen zwischen Dominanzrang und Häufigkeit der sozialen Hautpflege (grooming) bei wildlebenden Schimpansen (*Pan troglodytes*) (nach: Simpson 1973b, 447).

b) rechts: Idealisiertes Schema der Beziehungen zwischen Dominanzrang und Dauer der sozialen Hautpflege bei wildlebenden männlichen Schimpansen (*Pan troglodytes*) (nach: Simpson 1973b, 492).

Wir können dieses Beispiel mit einer allgemeineren Frage verknüpfen. Genau wie eine Beziehung durch Inhalt, Qualität und Anordnung der Interaktionen bestimmt wird, die ihre Komponenten sind, so wird die Sozialstruktur einer Gruppe durch Inhalt, Qualität und Anordnung der Beziehungen in der Gruppe bestimmt. Wir können hier nun auf einen wichtigen Unterschied zwischen Menschen- und Tiergruppen hinweisen. Nehmen wir einen einfachen Fall: Ein Dutzend Küken, die zusammen in einem Gehege aufgezogen worden sind, bilden eine soziale Rangordnung; ein »*α*«-Individuum[4] wird fähig, alle anderen zu vertreiben und zu hacken, ein »*β*«-Individuum alle außer »*α*« und so fort bis zum »*ω*«-Individuum, das keine anderen verscheuchen oder hacken kann. Diese Sozialstruktur entsteht aus den Verhaltensinteraktionen der Individuen; sie kann sehr widerstandsfähig gegen Veränderungen sein, aber das liegt daran, *daß die interindividuellen Beziehungen stabil sind*, nicht daran, daß die Struktur eine von diesen Beziehungen unabhängige Existenz hat.

In menschlichen Gruppen ist in gewissem Sinne das Gegenteil der Fall, da die Art der Beziehungen zwischen Individuen durch die Struktur der Gruppe bestimmt wird. So können gemeinsame Ansichten, z. B. über Monogamie, das Muster der Beziehungen bestimmen, und ein gewähltes Parlament kann Gesetze beschließen, die die Beziehungen unter Individuen regeln. Dieser Gegensatz zwischen Strukturen, die durch die Beziehungsmuster geschaffen werden, und Strukturen, die die Muster schaffen, ist interessant, weil er für eine aktuelle Kontroverse unter Soziologen und Anthropologen bedeutsam ist: Manche von ihnen unterstreichen die Art und Weise, wie Institutionen und Organisationen dem Verhalten von Individuen Zwang auferlegen, während andere, die ihr Augenmerk auf das Individuum und die soziale Welt richten, die es um sich her erschafft, die Sozialstruktur als Ergebnis der Interaktionen zwischen Individuen auffassen. Beim Menschen sind eindeutig beide Ansätze gültig. Unter Tieren ist die Sozialstruktur als durch das Muster der Beziehungen bewirkte entschieden bedeutsamer als die Struktur als das Muster von Beziehungen bewirkende. Wenn wir uns diesen Unterschied zunutze machen, kann das Studium von Tierverbänden auf den komplexeren Fall des Menschen ein Licht werfen.

STABILITÄT UND VERÄNDERUNG

Wir haben gesehen, daß jede Interaktion innerhalb einer Beziehung durch frühere Interaktionen beeinflußt sein kann. Daraus folgt, daß eine Beziehung selten statisch ist und daß jede Stabilität, die sie besitzt, im Grunde dynamischer Natur sein muß. Tatsächlich ist es nicht leicht, genau zu definieren, was mit der »Stabilität« einer Beziehung gemeint ist, da die meisten Beziehungen im Laufe der Zeit ihre Eigenschaften ändern, entweder fortschreitend oder indem sie von einem zeitweilig stabilen Zustand in einen anderen übergehen oder indem sie lediglich innerhalb gewisser Grenzen schwanken. Um die Stabilität von Beziehungen zu verstehen, müssen wir sowohl damit zurechtkommen, wie Beziehungen angesichts der Veränderungen der Beteiligten und der Anstöße aus der Außenwelt bewahrt werden, als auch damit, wie sie sich fortschreitend verändern und dennoch ihre Integrität bewahren. Beide Aspekte der dynamischen Stabilität sind natürlich voneinander abhängig.

Bei menschlichen Beziehungen ist Stabilität oft zum Teil in bezug auf ein mehr oder weniger bewußt wahrgenommenes Ziel zu verstehen: Die Beteiligten versuchen vielleicht, eine Ehe oder eine Eltern-Kind-Beziehung bestimmter Art aufzubauen. Insofern als derartige Ziele kulturell bestimmt sind, ist es unwahrscheinlich, daß vergleichbare Mechanismen bei Tieren wichtig sind, wenn auch die einzelnen Interaktionen innerhalb einer Beziehung natürlich auf kurzfristigere Ziele gerichtet sein können. Ein weiterer Mechanismus, durch den Stabilität aufrechterhalten wird und der wahrscheinlich bei Tieren wie beim Menschen wirksam ist, betrifft das Vermeiden unerwünschter Zustände, so z. B. wenn Ehepartner vor Zuständen zurückschrecken, die die Möglichkeit einer Scheidung real erscheinen lassen. Dazu braucht kein bewußtes Erkennen des unerwünschten Zustands zu gehören; Affen können so veranlagt sein, daß sie Zustände vermeiden, in denen Aggression unter ihnen wahrscheinlich ist.

Innerhalb jeder Art kann die Natur der jeweiligen Klasse von Individuen Vorhersagen über die Typen von Beziehungen zulassen, die sie herstellen werden. Bei den Makaken z. B. neigen die jungen Männchen dazu, sich zusammenzutun; Weibchen bleiben, selbst wenn sie erwachsen sind, weiterhin bei ihren Müttern, Männchen dagegen nicht, und erwachsene Weibchen können während ihrer Brunst vorübergehende Beziehungen zu Männchen aufnehmen[3]. Natürlich wecken solche Aussagen weitere Fragen, so z. B. ob die Unterschiede zwischen den von Männchen und Weibchen hergestellten Beziehungen direkt von Unterschieden ihres Hormonhaushalts bestimmt werden, durch Unterschiede ihrer früheren Erfahrungen, etwa der Art ihrer Beziehungen zu ihren Müttern, oder ob sie unmittelbarer genetisch bestimmt sind; mit solchen Problemen können wir uns hier nicht befassen. Während Verallgemeinerungen über die Neigungen bestimmter Alters- und Geschlechtsklassen wahrscheinlich spezifisch für bestimmte Tierarten oder Artgruppen sind, lassen sich vergleichbare Verallgemeinerungen in bezug auf einzelne menschliche Kulturen machen.

Sind derartige Verhaltensneigungen vorhanden, erfordert das Verstehen der Dynamik von Beziehungen weitere Prinzipien, die die verschiedenen Mechanismen »erklären«, durch die Interaktionen einander beeinflussen, und die so für das von uns beobachtete Interaktionsmuster verantwortlich sind. Zur Zeit sind wir noch weit davon entfernt, solche Prinzipien aufstellen zu können, aber die folgenden (einander überschneidenden) Kategorien mögen einen Hinweis auf die Natur dieser Prinzipien geben.

Prinzipien bezüglich des Lernens

Drei Typen des Lernens hat man auf die Untersuchung von Beziehungen angewandt:

1. Lernen durch Reizexposition: Ein Individuum wird wiederholt einer Reizsituation ausgesetzt, einschließlich der, die durch ein anderes Individuum dargestellt wird; dadurch wird seine Bindung an den Reiz verstärkt. Verwandt damit (und beim Menschen von besonderer Bedeutung) ist das Nachahmen eines Vorbildes[6], wobei ein Individuum sich mit besonders großer Wahrscheinlichkeit so verhält, wie es ein anderes Individuum, an das es gebunden ist, sich hat verhalten sehen.

2. Klassische Konditionierung (Pawlowsche Konditionierung; s. Band IV dieser Enzyklopädie), wodurch das Paaren eines sogenannten unbedingten Reizes, der bereits eine Reaktion auslöst, mit einem (zukünftigen) bedingten Reiz dazu führt, daß dieser eine ähnliche Reaktion hervorruft, wie der unbedingte auslöst. Wenn z. B. taktile Stimulierung bei einem Säugling Entspannung auslöst, ist es möglich, daß optische und akustische Stimulierung, die mit ihr einhergeht (z. B. die Stimme von Eltern), später das gleiche bewirkt. Die klassische Konditionierung ist sowohl auf emotionale Zustände als auch auf Verhaltensäußerungen angewandt worden.

3. Instrumentelle Konditionierung (Skinnersche Konditionierung; s. Band IV dieser Enzyklopädie). Wenn ein Reizereignis, das durch eine Reaktion bedingt ist, die zukünftige Wahrscheinlichkeit dieser Reaktion steigert, wird der Reiz als Verstärker bezeichnet. Wenn Verstärkung bei Vorhandensein einer bestimmten Reizsituation stattfindet, dann wird diese Situation Gelegenheit für die Wiederholung der Reaktion geben. Man hat die Vermutung geäußert, daß Individuen ihre sozialen Aktivitäten insoweit fortsetzen, als diese ihnen positive Verstärkung oder Werte von anderen einbringen und keinen allzugroßen Aufwand erfordern, und daß viele Aspekte interpersonaler Beziehungen gemäß den »Lerngesetzen« zu verstehen sind, die man in Laboratoriumssituationen ausgearbeitet hat. Es ist zwar augenscheinlich, daß die Folgen unserer sozialen Aktivitäten einen Einfluß auf ihre Wiederholung haben, aber die Anwendung von Prinzipien, die man aus Tierversuchen abgeleitet hat, auf soziale Beziehungen im wirklichen Leben ist mit Schwierigkeiten behaftet (s. den Beitrag von K. E. Grossmann in diesem Band). Es ist insbesondere viel schwieriger, hier vorherzusagen, welche Ereignisse als Verstärker wirken werden (und so zu einer Zunahme der Häufigkeit der vorangehenden Aktivität führen werden) und welche nicht.

Prinzipien bezüglich der Vereinbarkeitsgrade von Interaktionen

Manche Interaktionstypen kommen mit besonders großer Wahrscheinlichkeit zusammen vor, während andere miteinander unvereinbar sind. Beim sozialen Verhalten kann man viele derartige Fälle in bezug auf den »Rangplatz« betrachten; z. B. kann eine aggressive Dominanz von A über B unvereinbar damit sein, daß A von B begattet wird. In vielen Humangesellschaften ist es wahrscheinlich, daß Individuen mit ausgesprochenen Rangunterschieden auf gewisse Weise miteinander interagieren, z. B. durch Gesten der Herablassung bzw. des Gehorsams, auf andere Weise aber nicht. Sie werden z. B. vielleicht nicht am gleichen Tisch essen.

Prinzipien bezüglich der Wirkungen eines Typus von Interaktionen auf die Wahrscheinlichkeit anderer

Das Vorkommen eines Interaktionstypus kann die Wahrscheinlichkeit anderer durch eine große Vielfalt von Mechanismen beeinflussen. Bei vielen Arten erhöhen z. B. Interaktionen der Balz die Wahrscheinlichkeit von Begattungen und vermindern die Wahrscheinlichkeit agonistischer Interaktionen; hierbei können Hormone beteiligt sein oder auch nicht. Ein anderes Beispiel, bei dem keine hormonalen Mechanismen beteiligt zu sein scheinen, betrifft die Bildung sozialer Beziehungen zwischen Dschelada-Pavianen (*Theropithecus gelada*). Dscheladas, die sich kennenlernen, zeigen zuerst Kampfverhalten, dann Präsentieren, dann Aufsteigen, dann soziale Hautpflege, während sie eine Beziehung herstellen. Wenn auch einmal ein Stadium ausgelassen werden kann, scheint die Reihenfolge unveränderlich zu sein, und es scheint so, als sei die Abfolge gewöhnlich notwendig für die Herstellung einer Beziehung. Und um eine Analogie aus dem menschlichen Bereich heranzuziehen: Begrüßungsgesten sind oft ein notwendiges Vorspiel für weiteren gesellschaftlichen Verkehr. In diesem Zusammenhang ist jedoch zu bemerken, daß selbst ganz unbedeutende Gesten bei der Bestimmung des zukünftigen Verlaufs der Interaktionen eine wichtige Rolle spielen können. Dies ist besonders bei höheren Primaten untersucht worden: Bei wildlebenden Schimpansen z. B. können einem Wechsel des dominanten Männchens viele Wochen leichter Veränderungen in den Interaktionsmustern vorangehen.

Prinzipien bezüglich der Wirkungen von positivem und negativem Feedback in Systemen, die sich dynamisch verändern

Man kann sagen, daß in vielen Beziehungen, in denen die Beteiligten aktiv die Gesellschaft des anderen suchen, negatives Feedback wirksam ist: Äußere Belastungen, die ihr Zusammensein stören, können ein aktiveres Streben nach Gemeinschaft auslösen. In anderen Fällen kann positives Feedback eintreten: Wenn der eine Partner nicht bereit ist, auf bestimmte Weise zu interagieren, wird der andere vielleicht durch Frustration induzierte Aggression zeigen, die ihrerseits die unkooperative Haltung des Partners verstärken kann.

Wenn kleine Veränderungen bei einem der Beteiligten eine Beziehung zu stören drohen, können die erforderlichen kompensatorischen Veränderungen beim anderen davon abhängen, ob die betreffenden Interaktionen reziprok oder komplementär sind. Falls sie reziprok sind, muß sich der Partner, wenn die Gemeinschaft fortdauern soll, in der gleichen Richtung verändern, wenn sie aber komplementär sind, muß der Partner sich auf komplementäre Weise ändern. Wenn sich z. B. eines von zwei Rhesusaffenjungen dahingehend ändert, daß es weniger spielt, muß sich das andere in gleicher Weise ändern. Aber nachdem ein Rhesusaffenjunges von seiner Mutter getrennt war, wird es vielleicht sowohl niedergeschlagen als auch fordernder sein, und die Mutter muß auf sein kindlicheres Verhalten reagieren, indem sie »mütterlicher« wird, wenn die Depression behoben werden soll.

Das Vorhandensein negativer Feedbackmechanismen bedeutet, daß ein Fehlen oder ein Übermaß eines sogenannten normalen Verhaltensaspekts nicht *notwendigerweise* auf die Dauer etwas ausmachen muß: beide können auf andere Weise kompensiert werden. Manche Arten von Beziehungen tragen jedoch, obwohl sie scheinbar auf kurze Frist gut gepuffert sind, gerade in der Natur der Komplementarität ihrer Interaktionen schon den Keim ihrer eigenen Zerstörung oder der Verwandlung in eine andere Art von Beziehung in sich. Beziehungen zwischen Eltern und Nachwuchs und zwischen Lehrer und Schüler sind einleuchtende Beispiele.

Institutionalisierung

Beziehungen bei nichtmenschlichen Arten sind weitgehend zu verstehen als Ergebnis der Verhaltensneigungen der Individuen und ihrer wechselseitigen Wirkungen aufeinander. Beim Menschen entsteht durch die Institutionalisierung eine neue Dimension der Komplexität; dies ist schon kurz erwähnt worden.

Soziale Kräfte

Schließlich kann das Interaktionsmuster zwischen zwei Individuen auch noch durch Außenstehende beeinflußt werden. Wenn z. B. ein Mitglied einer Gruppe ein anderes verfolgt, können sich andere Gruppenmitglieder der einen oder der anderen Seite anschließen.

DIE ENTWICKLUNG VON BEZIEHUNGEN

Wie wir schon betont haben, ist die Entwicklung von Beziehungen in gleicher Weise zu verstehen wie ihre Aufrechterhaltung. Wir brauchen hier nur zwei allgemeine Anmerkungen zu machen. Die erste betrifft die Art und Weise, wie interindividuelle Beziehungen bei jungen Tieren zustande kommen. Die Frage ist vielleicht bei der Entwicklung der Beziehung zwischen Eltern und Jungen bei Vögeln am besten untersucht. Ein junges Teichhuhn (*Gallinula chloropus*) bettelt gewöhnlich seine Mutter an, läßt sich von ihr wärmen und folgt ihr, wenn sie umhergeht. Eine Anzahl verschiedener Reaktionen richtet sich also auf die Mutter. Wenn die Eier aber im Brutschrank ausgebrütet werden, lernen die Jungen leicht, eine Pinzette anzubetteln, Wärme von einer Infrarotlampe zu bekommen und einer Holzkiste zu folgen. Vermutlich besitzt jedes dieser Objekte einige Reizmerkmale mit jenen Aspekten der Mutter gemeinsam, welche die betreffenden Reaktionen normalerweise auslösen. Unter natürlichen Bedingungen richten sich die Antworten durch einen Komplex von Lernprozessen auf die Mutter, die man als Prägung zusammenfaßt, die aber nur zu verstehen sind, wenn man alle drei im vorigen Abschnitt genannten Lerntypen verwendet. Da jede Reaktion sich mit Merkmalen der Mutter verknüpft, die noch zu denen hinzukommen, welche die Reaktion anfänglich ausgelöst haben, verknüpfen sich einige Aspekte der Mutter mit mehr als einer Reaktion des Jungen. Die Mutter setzt sich also aus Reizeigenschaften zusammen, die für bestimmte Reaktionen des Jungen spezifisch sind, und aus anderen, die den meisten oder allen Reaktionen gemeinsam sind.

Zunächst läßt sich das Nachfolgen des Kükens durch eine Vielzahl auffallender Gegenstände auslösen, wenn auch einige von ihnen wirksamer sind als andere. Je weiter die Entwicklung fortschreitet, desto mehr rufen fremde Gegenstände Furchtreaktionen hervor, und sie können erst eine Nachfolgereaktion auslösen, nachdem Habituation eingetreten ist. »Fremdheit« setzt jedoch ein vorheriges Lernen des Vertrauten voraus. Das Erlernen der Merkmale der Mutter und das Enwickeln der Furcht vor Fremden sind also nur zwei Seiten der gleichen Medaille. Die Entwicklung einer individuellen Bindung spezifisch an die Mutter ist eine Folge sowohl der Tatsache, daß sie mehrere Arten der Interaktion mit dem Jungen vermittelt, als auch der Tatsache, daß das Junge gleichzeitig lernt, sich vor Fremden zu fürchten. Ähnliche Probleme entstehen bei der Entwicklung von Beziehungen zwischen Säugetierjungen und erwachsenen Säugetieren, einschließlich des Menschen.

Das zweite Problem entsteht hier aus dem ersten. In fast jedem Alter rufen Fremde anfangs Furchtreaktionen hervor. Da Furcht zur Aggression prädisponiert, werden Fremde entweder angegriffen oder aktiv gemieden. Die Herstellung interindividueller Beziehungen macht also oft zunächst die Überwindung von Furchtreaktionen notwendig. Aus diesem Grund ist es wichtig, sich bei anfänglichen Interaktionen mit kleinen Kindern nicht zu »bestimmt« zu verhalten; oft müssen sie sich erst an einen Fremden gewöhnen, bevor sie mit ihm interagieren. Viele menschliche Begrüßungszeremonien sind vielleicht zum Teil ähnlich zu erklären. Besonders drastische Beispiele für die Art und Weise, wie Furcht überwunden werden muß, bevor eine Beziehung hergestellt werden kann, kann man in den Paarbildungszeremonien von Vögeln sehen.

SCHLUSSBEMERKUNG

Zum Abschluß müssen zwei Einschränkungen dieses Überblicks über die Untersuchung sozialer Beziehungen wiederholt werden. Erstens bezog er sich vor allem auf höhere Säugetiere und, in einem geringen Maße, auf Vögel. Es kommen zwar auch bei weniger komplexen Organismen interindividuelle Beziehungen vor, aber sie sind unter dem Gesichtspunkt, um den es in diesem Beitrag ging, noch relativ wenig untersucht. Zweitens konnte man mit der Untersuchung von Beziehungen zwischen Individuen erst anfangen, nachdem ziemlich viel darüber bekannt war, wie sich Tiere gegenüber ihrer physikalischen Umwelt verhalten und wie Individuen bei kurzen Begegnungen interagieren. Die Untersuchung von Beziehungen umfaßt die dabei aufgeworfenen Probleme, aber auch zusätzliche, die aus den Nachwirkungen von Interaktionen oder bei länger dauernden Interaktionen entstehen. Mit den durch diesen dynamischen Aspekt von sozialen Beziehungen aufgeworfenen Problemen hat sich dieser Beitrag in erster Linie beschäftigt.

Aus dem Englischen übertragen von Gudrun Theusner-Stampa und Roger A. Stamm

ANMERKUNGEN

1

Dieser Beitrag erscheint in englischer Sprache unter den Stichworten »Interactions« und »Social Relationships« in »The Oxford Companion to Animal Behaviour« (David J. McFarland, Ed.) im Verlag Oxford University Press in Oxford.

2

Assoziationen sind »zufällige Versammlungen, die lediglich durch äußere Faktoren zusammengeführt werden«. Gegenbegriff: Sozietät (Verband) als »echte Vergesellschaftung, die auf Grund eines besonderen sozialen Instinktes der betreffenden Tiere besteht«. Originaldefinitionen von F. Alverdes (1925).

3

Orig.: consort· relationship. Bei Affen, die in Gruppen von mehreren Männchen und Weibchen leben, beobachtet man während der Brunst eines Weibchens, die jeweils einige Tage dauert, wie ein bestimmtes Männchen dem Weibchen eng folgt, so daß vorübergehend eine engere Gefährtenbindung zwischen diesen Tieren innerhalb der Gruppe zu beobachten ist.

4

Ein Tier, das in der sozialen Rangordnung einem anderen überlegen ist, wird als ihm gegenüber dominant bezeichnet oder als ranghöher. Die Entwicklung und Erhaltung einer sozialen Rangordnung beruht in der Regel auf individuel-

lem Kennen der Gruppenmitglieder. Ein höherer Rangplatz ermöglicht in gewissen Konkurrenzsituationen einen größeren Bewegungsspielraum; oft bedeutet er auch die Übernahme von »Pflichten« (Verteidigung nach außen, Unterdrückung von gruppeninternen Streitigkeiten). Man bezeichnet bei Vorliegen einer linearen Rangordnung das ranghöchste Tier als α-Individuum, das nächste als β-Individuum usf., das rangniederste in jedem Fall als ω-Individuum.
In der älteren tierpsychologischen und ethologischen Literatur, z. T. bis heute, wird Sozialstruktur oder soziale Organisation mit der sozialen Rangordnung gleichgesetzt. Dies ist nach heutiger Kenntnis unzulässig (s. dazu Stamm 1972 und Kummer 1971).

5

Innerhalb des Repertoires an sozialen Verhaltensweisen faßt man die Verhaltenselemente von Angriff, Drohung, Beschwichtigung und Flucht als agonistisches Verhalten zusammen (s. das Begriffsschema auf S. 355 in: Immelmann 1974).

6

Nachahmung (Imitation) ist die Übernahme beobachteter Bewegungen oder auch gehörter Lautäußerungen in das eigene Verhaltensrepertoire. Mit Sicherheit ist Nachahmung erst von einigen hochentwickelten Säugetieren (z. B. Primaten) und auf akustischem Gebiet von verschiedenen Vogelarten (z. B. Singvogelarten und Papageien) bekannt (Immelmann 1975).
In der Lernpsychologie werden für Imitation auch die Begriffe Beobachtungslernen und Modellernen gebraucht, s. hierzu den Beitrag von T. L. Rosenthal in Band IV dieser Enzyklopädie.

LITERATUR

Altman, I., Taylor, D. A.: Social Penetration. The Development of Interpersonal Relationships. New York, London, Sydney, Toronto: Holt, Rinehart & Winston 1973

Alverdes, F.: Tiersoziologie. Leipzig: Hirschfeld 1925

Bateson, P. P. G.: Imprinting. In: H. Moltz (Ed.): Ontogeny of Vertebrate Behavior. New York, London: Academic 1971

Blau, P. H.: Exchange power in social life. London: Wiley 1964

Foa, U. G., Foa, E. B.: Resource exchange: toward a structural theory of interpersonal communication. In: A. W. Siegman, B. Pope (Eds.): Studies in Dyadic Communication 1971

Hinde, R. A.: Biological Bases of Human Social Behaviour. London, New York: McGraw-Hill 1974

On describing relationships. J. Child Psychology and Psychiatry, 17, 1976 a, 1–19

Interactions, relationships and social structure. Man, 11, 1976 b, 1–17

Hinde, R. A., Stevenson-Hinde, J.: Towards understanding relationships: dynamic stability. In: P. P. G. Bateson, R. A. Hinde (Eds.): Growing Points in Ethology. Cambridge University Press 1976, 451–479

Homans, G. C.: Social Behaviour, Its Elementary Forms. London: Routledge & Kegan Paul 1961

Huston, T. L. (Ed.): Foundations of Interpersonal Attraction. New York, London: Academic Press 1974

Immelmann, K. (Hg.): Verhaltensforschung. Sonderband zu Grzimeks Tierleben. Zürich: Kindler 1974

Wörterbuch der Verhaltensforschung. München: Kindler 1975

Kummer, H.: Primate Societies. Chicago: Aldine 1971

Pelkwijk, J. J. ter, Tinbergen, N.: Eine reizbiologische Analyse einiger Verhaltensweisen von *Gasterosteus aculeatus* L. Z. Tierpsych., 1, 1937, 193–204

Schneirla, T. C.: Instinctive behavior, maturation – experience and development. In: B. Kaplan, S. Wapner (Eds.): Perspectives in Psychological Theory. New York: International Universities Press 1961

Sebeok, T. A. (Ed.): Animal Communication. Indiana University Press 1968

Simpson, M. J. A.: The display of the Siamese fighting fish, *Betta splendens*. Animal Behav. Monogr., 1, 1968, 1–73

Social displays and the recognition of individuals. In: P. P. G. Bateson, P. H. Klopfer (Eds.): Perspectives in Ethology. New York, London: Plenum Pr. 1973 a

The social grooming of male chimpanzees. In: R. P. Michael, J. H. Crook (Eds.): Comparative Ecology and Behaviour of Primates. London, New York: Academic Pr. 1973 b

Stamm, R. A.: Soziales Leben und Struktur der Verbände bei Tieren. In: Handbuch der Psychologie, VII/2. Göttingen: Hogrefe 1972, 1891–1954

Swensen, C. H. jr.: Introduction to Interpersonal Relations. Glenview, Ill.: Scott, Foresman & Co. 1973

Thibaut, J. W., Kelly, H. H.: The Social Psychology of Groups. New York: Wiley 1959

Tinbergen, N.: The Study of Instinct. Oxford: Clarendon Press 1951. Deutsch: Instinktlehre. Berlin, Hamburg: Parey 1952, [5]1972

DAS GEMEINSCHAFTSLEBEN DES MENSCHEN

von Werner Schmidt

Ethologie ist *vergleichende* Verhaltensforschung, vergleichend zwischen verschiedenen Tierarten. Bis heute ist es aber umstritten, ob und wie man den Menschen in diese vergleichende Forschung mit einbeziehen kann, vor allem, ob man das menschliche Gemeinschaftsleben vergleichend betrachten kann, in der Hoffnung, das Zusammenleben in der Familie, Krieg und manches andere so besser zu verstehen als durch psychologische und soziologische Fragestellungen.

Der Mensch ist intelligenter als die Tiere, er hat eine Sprache, er ist flexibler in seinem Verhalten und lernbereiter, außerdem kennt er seine Kulturgeschichte, und tradiertes Verhalten spielt bei ihm eine wichtige Rolle. Sind diese und andere menschlichen Fähigkeiten die ausschlaggebenden Ursachen für die Struktur seines Gemeinschaftslebens, oder beeinflussen die Mechanismen, welche die Ethologie im Gemeinschaftsleben der Tiere fand, auch entscheidend das Zustandekommen des menschlichen Sozialverhaltens?

Ohne große Mühe finden wir gravierende Unterschiede zwischen dem Gemeinschaftsleben in unserer abendländischen Zivilisation und dem aller Tierarten, die wir in ihrem natürlichen Lebensraum beobachten. Aber diese Unterschiede sind noch kein Beweis dafür, daß beim Menschen und bei manchen Tierarten nicht vergleichbare Mechanismen auf das Gemeinschaftsleben einwirken. Denn der zivilisierte Mensch lebt nicht in seinem natürlichen Biotop, sondern hat seine Umwelt und seine Lebensumstände in charakteristischer Weise verändert. Wenn man Tiere zwingt, auf engem Raum mit vielen Artgenossen zusammenzuleben, ohne Bedrohung durch Raubtiere, dann verhalten sie sich ebenfalls so, wie wir es bei keiner Art im natürlichen Lebensraum finden. Wenn man solche besonderen Lebensbedingungen berücksichtigt, kann man das Sozialverhalten des Menschen mit dem mancher Tierarten vergleichen und es dadurch besser verstehen, weil man einen Eindruck vom »menschlichen Normalverhalten« erhält, von dem die pathologischen Erscheinungsformen wie der Dauerstreit in Familien u. a. abweichen.

Natürlich kann man nicht jegliches Tierverhalten mit dem menschlichen Verhalten in der Hoffnung auf Übereinstimmungen vergleichen. Ist man daher gezwungen, willkürlich tierisches Verhalten auszuwählen? Wenn das so ist, bietet die Ethologie im besten Fall ein Reservoir an Ideen, *was* man am menschlichen Verhalten vielleicht untersuchen könnte. Keinesfalls trägt sie dann in dem Sinne zum Verständnis des menschlichen Verhaltens bei, daß sie einen Wissenszuwachs liefert. Denn es gibt keinen Grund, warum beim Menschen z. B. die Werbung vor der Ehe gleichen Gesetzmäßigkeiten unterliegen soll wie bei einer willkürlich daraufhin untersuchten anderen Wirbeltierart.

Bevor ich auf die Gesetzmäßigkeiten eingehe, die ein sinnvolles Vergleichen tierischen und menschlichen Verhaltens ermöglichen, will ich gleich klarstellen, daß alles, was ich allgemein vom Menschen sage, zwar für die große Mehrzahl aller Menschen unserer westlichen Zivilisation gültig ist, aber keineswegs für alle und daß man natürlich *am besten etwas über den Menschen erfährt, wenn man am Menschen selbst forscht.* In der Praxis erschweren bei Ontogenieuntersuchungen und bei der Untersuchung von Verhaltensmechanismen wie Bindung und Aggression oft drei Gründe die Verhaltensforschung am Menschen:

1. der große Aufwand, der notwendig ist;
2. die lange Zeit, bis die Ergebnisse sichtbar werden;
3. ethische Beweggründe.

So kann manche Methode, die zu klaren Aussagen führen würde, nicht angewendet werden. Wenn der Ethologe herausbekommen will, ob eine Verhaltensweise angeboren oder individuell erworben ist, benutzt er den Kasper-Hauser-Versuch. Ohne tiefschürfende ethische Überlegungen stimmen wohl die meisten Menschen darin überein, daß diese Methode beim Menschen nicht angewendet werden darf, selbst wenn man sehr gerne wüßte, ob ein bestimmtes Verhalten angeboren oder erworben ist.

Vor den prinzipiell gleichen Problemen wie die Humanethologie steht die medizinische Forschung. Sie löst sie durch den Einsatz von Versuchstieren.

Es ist eine der Aufgaben der Ethologie, Prinzipien zu erarbeiten, nach denen die Humanethologie, die Psychologie und die Soziologie Versuchstiere verwenden können.

Mit diesem Beitrag verfolge ich zwei Ziele:

1. Gibt es Gesetzmäßigkeiten, die, aufbauend auf dem Gedanken der Evolutionslehre, einen Schluß von einer Tierart auf die andere ermöglichen, und ist es daher auch möglich, vom tierischen Verhalten her das menschliche Verhalten besser zu verstehen?
2. Wie wirken sich die dem Ethologen bekannten Mechanismen tierischen Sozialverhaltens unter Bedingungen aus, unter denen der Mensch lebt?

DIE EVOLUTION DER ORGANISMEN ALS THEORETISCHE GRUNDLAGE VERGLEICHENDER VERHALTENSFORSCHUNG

Der Ethologie stehen für vergleichende Untersuchungen zwei von der Begründung her unterschiedliche Möglichkeiten zur Verfügung, die beide ihre Berechtigung aus der Tatsache ziehen, daß die verschiedenen Tierarten das Ergebnis einer Evolution sind.

Der Vergleich homologen Verhaltens

Die Ähnlichkeit und die Vergleichbarkeit homologen Verhaltens hat ihre Wurzel in der Abstammung der beiden zu vergleichenden Tierarten von einem gemeinsamen Vorfahren, der entweder das zu vergleichende Verhalten selbst hatte oder einen stammesgeschichtlichen Vorläufer dieses Verhaltens. Für das Studium der Stammesgeschichte empfiehlt sich dieser Ansatz, da manche Verhaltensmuster sich im Laufe der Stammesgeschichte langsamer als Organe verändern. Der afrikanische Strauß hat seine Flügel zwar zu kleinen Stummeln reduziert, seine Verhaltenskoordinationen des Fliegens sind jedoch erhalten geblieben. Auch im Bereich des Sozialverhaltens ist dieses Prinzip des Vergleichs anwendbar, hat da aber einen gewichtigen Nachteil. Nahe verwandte Tierarten besetzen oft recht unterschiedliche ökologische Nischen. Das Sozialverhalten und die Sozialstruktur passen sich hieran schneller und mit größeren Veränderungen an als die Organe der Tiere, wie man sich an allen möglichen nahe miteinander verwandten Tierarten vergegenwärtigen kann: Die Antilopen vereinigen in ihrem Verwandtschaftskreis stark voneinander abweichende Sozialformen, von den territorialen, monogamen Dikdiks bis hin zu den in Großherden ohne Territorium lebenden Gnus. Unter den Fischen erlangten die Buntbarsche (Cichlidae) Berühmtheit für ihre unterschiedlichen Sozialstrukturen. Daher liefert bei nahe miteinander verwandten Arten die vergleichende Arbeit wohl Hinweise auf die Frage, warum das Drohen, Kämpfen, Begrüßen und andere Verhaltensweisen eine ganz bestimmte Form haben, nicht aber, warum manche Arten monogam und andere polygam sind. Will man darüber etwas erfahren, muß man Tiere miteinander vergleichen, die stammesgeschichtlich unabhängig voneinander ähnliche Sozialstrukturen entwickelt haben.

Der Vergleich analogen Verhaltens

Die Selektion erzeugt nicht nur oft bei wenig verwandten Tierarten in zwei *voneinander unabhängigen Evolutionsabläufen* ausgesprochen ähnliche Organe, wie das Auge des Tintenfisches und das Auge der Wirbeltiere; gleiche Selektion kann ebenfalls erstaunlich ähnliches Verhalten hervorbringen, wie das »Kurzhoch«, ein Balzverhalten, das die Stockente und die Bahamaente unabhängig voneinander entwickelten. Solche Organe und Verhaltensweisen nennt man *analog*.

Der Begriff der biologischen Analogie unterscheidet sich also ganz wesentlich vom sonstigen Sprachgebrauch des Wortes »Analogie«. Wenn ein Philosoph zur Klärung eines Gedankens die Analogie heranzieht, so will er mit dem Bildhaften des Vergleichs den Gedanken einsichtig machen. Um im Sprachgebrauch der Biologen von Analogie sprechen zu dürfen, setzt das die Funktionsgleichheit als Ergebnis von Selektion voraus.

Wenn man bei einer Tierart die Funktion eines bestimmten Verhaltens erforscht und verstanden hat, dann weiß man auch einiges über analoges Verhalten – d. h. das Verhalten mit gleicher Funktion – einer anderen Art, was weit über das hinausgeht, was uns das Bildhafte einer geisteswissenschaftlichen Analogie zu vermitteln vermag.

Das Verhalten zweier Tierarten kann man auf verschiedenen Ebenen untersuchen. Welches Niveau ist für die Analogieforschung geeignet? Wenn man wissen will, welcher Zusammenhang zwischen Umwelt und Typus der Jungenaufzucht besteht, nützt es wenig, wenn man die Typen der Jungenaufzucht nach folgendem Muster nur grob in Sozialstrukturen unterteilt: Aufzucht durch 1. einen der beiden Eltern, 2. beide Eltern, 3. mehrere Erwachsene, 4. gar keine Erwachsenen. Da es auf diesem Betrachtungsniveau nur vier verschiedene Möglichkeiten gibt, muß notgedrungen ein und derselbe Typus für die unterschiedlichsten Umweltbedingungen verwendbar sein.

Es ist also zum Zwecke der Analogieforschung notwendig, Sozialstrukturen so eingehend zu beschreiben, daß sie mit Umweltfaktoren eindeutig in Beziehung gesetzt werden können. Um das zu erreichen, muß man die Sozialstrukturen auf der Beschreibungsebene der Verhaltenssysteme erfassen. Zu einem Verhaltenssystem faßt man jene Verhaltensweisen zusammen, die gemeinsam einen Funktionskreis erfüllen, z. B. das Beutefangverhalten von Katzen (Leyhausen 1967, [4]1975).

Welche Verhaltenssysteme kann man miteinander vergleichen und was vergleicht man zweckmäßigerweise? Wir wollen es am Beispiel des Bindungstriebs, den wir bei Graugans und Mensch als analoge Entwicklung finden, erläutern.

Im Ablauf der einander analogen Verhaltensweisen wird man erhebliche Unterschiede feststellen; kein Mensch wirbt mit Winkelhals und Triumphgeschrei um die Sympathie eines Mädchens, wie es ein Grauganter bei einer weiblichen Gans tut (s. auch meinen Beitrag über die Graugans in diesem Band). Dennoch lassen sich einzelne Verhaltensabläufe des Gesamtsystems einander von der Funktion her gesehen zuordnen: die Bestandteile des Triumphgeschreis, wie Aggressivität gegen Rivalen und Hinwendung sowie Ausdrücken der Zuneigung zum umworbenen Partner sind auch wesentliche Bestandteile menschlichen Liebeswerbens. Wichtig für den Vergleich von Verhaltenssystemen ist also, über welche

Verhaltensmuster ein Tier verfügt und welche Funktionen sie erfüllen. Um das herauszufinden, muß man vor allem berücksichtigen, in welchen Situationen das Verhalten abläuft und wie der Partner darauf reagiert (s. auch den Beitrag von R. A. Stamm über »Aufgaben des Verhaltens« in diesem Band).

Es ist nicht schwer, Arten zu finden, bei denen einzelne Verhaltenssysteme einander analog sind. Die Aggression ist ein Verhaltenssystem, das bei sehr vielen Tierarten auftritt. Daher ist es leicht, für jede Art und Weise, wie sich Aggression in Sozialstrukturen auswirken kann, mehrere Tierarten als Beispiele zu finden, und damit analoge Ausprägungen des aggressiven Verhaltens.

Für den Vergleich des Gemeinschaftslebens des Menschen mit dem verschiedener Tierarten findet man auch Arten, bei denen sich das für das Gemeinschaftsleben notwendige Zusammenspiel einer ganzen Anzahl von Verhaltenssystemen in analoger Weise zum Menschen entwickelte. Als Paradeobjekt des Vergleichs mit dem menschlichen Sozialverhalten ist das Sozialverhalten der Graugans weltberühmt geworden (Lorenz 1963).

Nach dem Gesagten ist es wichtig, daß der Ethologe Kriterien zur Verfügung hat, mit denen er Analogien im Verhalten zweier Tierarten nachweisen kann. Solche Analogiekriterien sind:

1. Das Kriterium der spezifischen Qualität der Verhaltenssysteme:

Wenn zwei Verhaltenssysteme in der Wirkung der Verhaltensabläufe, z. B. der auf die Sozialpartner übereinstimmen, dann sind diese Verhaltenssysteme um so eher analog, je unterschiedlicher die beteiligten Verhaltensmuster sind. Auch homologe Verhaltenssysteme stimmen oft in der Wirkung ihrer Verhaltensabläufe überein, aber stets sind in diesem Fall auch die Verhaltensmuster einander ähnlich.

Allerdings können auch analoge Verhaltensmuster einander sehr ähnlich sein, deshalb benötigt man ein weiteres Kriterium:

2. Das Kriterium der Diskontinuität:

Wenn Verhaltenssysteme zweier Tierarten von gleicher spezifischer Qualität sind, sind sie um so eher analog, je mehr Arten, die verwandtschaftlich zwischen den beiden Arten stehen, diese Verhaltenssysteme nicht besitzen.

Wenn ich hier von Analogie spreche, dann habe ich stets diese beiden Analogiekriterien berücksichtigt.

Auf dieser Grundlage könnte es von Nutzen für ein besseres Verständnis des menschlichen Verhaltens sein, Verhaltenssysteme von Menschen und Tieren zu vergleichen. Wir wollen nun an konkreten Beispielen sehen, ob die vergleichende Betrachtung wirklich einen Wissenszuwachs zu liefern vermag.

AGGRESSION

Mit dem Wort Aggression assoziiert man sogleich die jedem Menschen wohlbekannten Auswirkungen dieses Verhaltens: wie sich die Menschen mit meist unangebrachter Aggressivität gegenseitig das tägliche Leben schwer machen und wie Krieg Menschenleben vernichtet und heute alles Leben auf dieser Erde mit der totalen Ausrottung bedroht.

Wenn K. Lorenz (1963) Aggression aufgrund seiner Forschungen als angeborenes, triebhaftes Verhaltenssystem bei Tieren und Menschen ansieht, dann ist das nicht der Versuch, die destruktiven Auswirkungen der Aggression zu rechtfertigen, sondern es geht darum zu verstehen, warum Aggression beim Menschen so destruktiv ist, und Wege zu zeigen, wie die unmenschlichen Auswirkungen der menschlichen Aggression vermeidbar sind. Es bedarf dieses Ansatzes, damit der Mensch sein aggressives Verhalten beherrschen lernt und damit nicht, wie es bei den meisten Menschen der Fall ist, die Bereitschaft zur Aggression den Menschen beherrscht.

Das Wissen um die verhaltensphysiologischen Gesetzmäßigkeiten der Aggressionsbereitschaft und ihre Auswirkungen unter natürlichen Bedingungen sowie unter Bedingungen der von der Zivilisation geschaffenen Umwelt ermöglicht Teillösungen des Aggressionsproblems, ohne die es nicht gelöst werden kann.

Nahezu jeder Autor verwendet das Wort Aggression in einem etwas anderem Sinn, und daher stelle ich die ethologische Definition von K. Lorenz an den Anfang: Aggression ist das innerartliche Kampfverhalten bei Tier und Mensch.

Die Triebstruktur des aggressiven Verhaltens

Soweit exakte Untersuchungen an Tieren vorliegen, zeigten sie immer wieder (so die von Anne Rasa 1969 und H.-U. Reyer 1975 an dem Fisch *Etroplus maculatus* und die von D. Franck 1976 am Schwertträger, einem kleinen, grünschillernden Fisch durchgeführten Arbeiten), daß das aggressive Verhalten der doppelten Quantifizierung unterliegt und damit als Triebverhalten eingestuft werden muß. Doppelte Quantifizierung bedeutet: das beobachtete Verhalten ist einerseits um so intensiver, je stärker der auslösende Reiz wirkt, andererseits aber ist der Verhaltensablauf von um so höherer Intensität, je mehr Zeit seit dem letzten Ablauf des Verhaltens verstrichen ist. Dieser Satz bedarf allerdings einer gewissen Einschränkung: Genauso wie ein Muskel durch Untätigkeit schwächer und durch Tätigkeit stärker werden kann, kann man auch den Antrieb einer Verhaltensweise trainieren, bzw. atrophieren lassen. Dies ist bereits bei Lorenz' »Das sogenannte Böse« (1963) nachzulesen.

Heiligenberg (1965) fand das an Cichliden auch für den Aggressionstrieb. Bei längerer Isolation eines einzelnen Tieres steigt die Aggressivität nicht mehr an, sondern geht zurück (s. auch den Beitrag von J. P. Huston über »Experimentelle Analyse aggressiven Verhaltens« in diesem Band). Die Ergebnisse von Reyer (1975) deuten darauf hin, daß *Etroplus maculatus* für den Anstieg der Aggressionsbereitschaft den Anblick eines Artgenossen benötigt. Reyers Ergebnisse lassen es allerdings offen, ob die Reize, welche der Artgenosse aussendet, den kumulierenden Effekt der Aggressionsbereitschaft bei dem Tier bewirken oder ob die Artgenossenreize den Mechanismus der Kumulation der Aggressionsbereitschaft in Gang setzen, der dann nach endogenen Gesetzmäßigkeiten und unabhängig von der Stärke und Anzahl der Reize die Aggressionsbereitschaft ansteigen läßt. Bei isolierten Schwertträgern erhöht sich die Aggressionsbereitschaft im Laufe von 28 Tagen völlig unabhängig davon, ob sie in dieser Zeit Artgenossen zu Gesicht bekommen oder nicht (Franck 1976). In der Gemeinschaft von Artgenossen aber wirken sich der von Reyer gefundene Mechanismus des aggressiven Verhaltens bei *Etroplus maculatus* und der von Franck beim Schwertträger gefundene völlig gleich aus. Und das sind bisher die einzigen Unterschiede in der physiologischen Wirkungsweise der Aggression, die die ethologische Forschung bei verschiedenen Tierarten fand!

Nach unserer heutigen Kenntnis zeigen alle sozialen Tiere, die einander individuell erkennen, intraspezifisches Aggressionsverhalten. Der Unterschied zwischen den einzelnen Arten besteht darin, wie häufig es bei den verschiedenen Tierarten auftritt und welche Rolle es im Gemeinschaftsleben spielt.

Die Funktion der Aggression

Aggression bestimmt das Verhältnis zwischen Rivalen. Sie dient dazu, miteinander konkurrierende Tiere auf eine arterhaltende Distanz zueinander zu bringen, damit Rivalen als Nahrungskonkurrenten und Störenfriede bei Paarung und Jungenaufzucht nicht ins Gewicht fallen. So nutzen Individuen einer Art den verfügbaren Lebensraum optimal. Diese für sehr viele Tierarten notwendige Funktion erklärt das weit verbreitete Auftreten des intraspezifischen Kampfverhaltens.

Auch im menschlichen Verhalten kann auf ursprünglichen Kulturstufen die Zwischengruppenaggression durchaus noch von Nutzen für die gesamte Population sein, auch wenn sie für das Individuum häufig tödlich ist. So verteilten sich die Hochlandstämme Neuguineas durch ihre Kleinkriege gleichmäßig über den vorhandenen Raum. Als die Weißen diese Kriegsführung unterbanden, siedelten sich alle Stämme in den klimatisch günstigsten Regionen an, und nach kürzester Zeit waren katastrophale Hungersnöte die Folge. Das heißt allerdings nicht, daß nur Kriege eine solche Entwicklung verhindern können.

Aggressionskontrolle

Innerhalb zusammenlebender Gruppen, z. B. innerhalb von Familien, muß das Kampfverhalten entweder völlig verhindert werden oder es muß zumindest so weit reduziert werden, daß es die Gruppe nicht sprengt. Hierbei spielt – wie S. Kalas (1977) in jüngster Zeit auch an Graugänsen zeigen konnte – vor allem die Rangordnung eine wichtige Rolle. Liegt erst einmal eine Rangordnung fest, verschwinden die aggressiven Verhaltensweisen gegen Gruppenmitglieder weitgehend. Manche Tierarten haben es hierin erstaunlich weit gebracht: obwohl Gänse fremden Artgenossen gegenüber ausgesprochen aggressiv sind und sie im Gemeinschaftsangriff vertreiben und obwohl die Auseinandersetzungen zwischen rivalisierenden Gantern eine erhebliche Intensität annehmen können, tritt innerhalb von Paaren und Familien so gut wie überhaupt kein aggressives Verhalten auf.

Dort, wo aggressives Verhalten innerhalb der Familie eine Aufgabe erfüllt, so z. B. bei der Erziehung von Hundewelpen durch den Vater oder die Mutter, ist das Zubeißen so weit gehemmt, daß es nicht verletzt.

Es gibt zwei prinzipiell unterschiedliche Mechanismen, die Aggression verhindern:

1. Ein Hemm-Mechanismus verhindert, daß überhaupt Aggression gegenüber bestimmten Individuen aktiviert wird. Die Hemmung entsteht, wenn die Tiere einander individuell kennenlernen, meist zwischen Paarpartnern oder zwischen Geschwistern. Daß das Kennenlernen des Gegners in vielen Fällen aggressionsmindernd wirkt, wissen militärische Führer und Demagogen seit jeher. Sie halten daher die Kommunikation zwischen gegnerischen Staaten möglichst gering bzw. verzerren die Information über Nachbarvölker. Zu diesem Zweck sind in Kriegs- und Besatzungszeiten Fraternisierungsverbote notwendig, um die menschliche Neigung zu unterdrücken, sich mit persönlich bekannten Mitmenschen anzufreunden.
2. In Situationen, in denen das Tier bereits aggressiv gegen einen Artgenossen ist, kann eine Hemmung verhindern, daß der Überlegene seinen Rivalen ernstlich verletzt. Diese Hemmung wird durch Körpermerkmale (z. B. Kindchenschema) oder durch Demutsverhalten ausgelöst, also Reize, die artspezifisch sind.

Aggression unter unnatürlichen Lebensbedingungen

Hat ein Tier über längere Zeit keinen Rivalen zu Gesicht bekommen, so beginnt es, einen Gegner zu suchen. Bei verschiedenen Tierarten braucht es unterschiedlich lange Zeit, bis sich die Aggression so weit staut. In der Natur tritt eine solche Stauung der Aggressionsbereitschaft äußerst selten auf, sie spielt jedoch bei vielen Tierarten, z. B. Warzenschweinen, Graugänsen u. a. sofort eine Rolle, wenn sie unter künstlichen Bedingungen, z. B. eines kleinen Geheges, leben.

Für das Wissen vom Gemeinschaftsleben des Menschen ist es von enormer Bedeutung, daß sich bei erfolgloser Suche nach einem Rivalen das innerartliche Kampfverhalten gegen

Gruppenmitglieder richtet und zwar in einer Weise, wie man es im natürlichen Biotop u. U. selbst gegen Rivalen fast nie beobachten kann. Ein Männchen des Buntbarsches *Geophagus* greift dann sein Weibchen so ernsthaft an, daß man es am nächsten Tag tot aus dem Aquarium fischen kann. Diese Aggressivität bricht natürlich besonders in Situationen aus, in denen die sonst vorhandenen Aggressionshemmungen nicht voll wirksam sind: So greifen isolierte *Etroplus*-Männchen ihre Weibchen in der Dämmerungsphase an, wo die artgenossenspezifischen Reize zwar noch gut das Kampfverhalten auslösen können, die individuellen Reize, an denen sich die Tiere erkennen, aber so weit unsichtbar sind, daß sich ihre hemmende Wirkung verringert und die gestaute Aggression losbrechen kann.

In unserer Zivilisation ist im täglichen Leben die körperliche Auseinandersetzung mit fremden Menschen sozial geächtet und daher auf ein Minimum reduziert. Wer öffentlich einen Streit beginnt, kann wegen »Erregung öffentlichen Ärgernisses« bestraft werden. So bleiben – wie beim isolierten Buntbarschpaar – gerade die Artgenossen für die täglichen aggressiven Auseinandersetzungen übrig, die dafür nicht vorgesehen sind: der Ehepartner und die Kinder. Da die Aggressivität den Familienmitgliedern gegenüber oft lange unter Hemmung bleibt, ist sie dann um so explosiver, wenn sie schließlich hervorbricht. Kindesmißhandlungen sind die erschreckende Folge, Ehen brechen auseinander.

Auch im natürlichen Biotop gibt es bei manchen Arten, vor allen Dingen bei den näher untersuchten Primaten, z. B. bei den Pavianen, Aggressivität der Männchen gegen ihre Weibchen durchaus recht häufig. Die Drohungen und Angriffe des männlichen Mantelpavians stärken die Bindung der Weibchen an ihren Haremsbesitzer (vgl. den Beitrag von H. Kummer u. J.-J. Abegglen in diesem Band), was bei Graugänsen, wie erwähnt, nicht der Fall ist. Da die menschliche Aggressivität innerhalb von Ehepaaren deutlich Züge der Aggressivität isolierter Grauganspaare zeigt, z. B. mit einer Verringerung der Bindung einhergeht, sehe ich die Grauganseehe, nicht den Pavian-Harem, als analoge Sozialstruktur zur menschlichen Partnerbindung an.

Die Bedeutung von künstlichen Waffen für das aggressive Verhalten

Aggression entwickelte sich in der Stammesgeschichte des Menschen in dem Augenblick zu einem Existenzproblem der Art *Homo sapiens*, als der Mensch es lernte, andere Waffen als seine eigenen Hände, Füße und Zähne zum Kampf einzusetzen. Für seine künstlichen Waffen hat der Mensch sicherlich keine angeborenen Hemmungen, die ihn hindern, sie gegenüber Artgenossen todbringend einzusetzen. Mit *der* Schnelligkeit, mit der der Mensch künstliche Waffen erfindet und anwenden lernt, können durch Mutation und Selektion Hemm-Mechanismen nicht evoluieren. Es ist daher leicht einsichtig, daß bereits die Erfindung des Faustkeils verheerende Folgen hatte. Primitive Kriegswerkzeuge wie Speer, sowie Pfeil und Bogen ermöglichen Artgenossen-Tötungsarten, wie sie von kaum einer Tierart im natürlichen Biotop bekannt sind: ca. 25 Prozent der Waika-Indianer sterben laut N. A. Chagnon (1968) an den Folgen aggressiver Auseinandersetzungen! (Über die entwickelte Aggressionskontrolle bei Buschleuten s. den Beitrag von I. Eibl-Eibesfeldt über »Territorialität und Aggressivität der Jäger- und Sammlervölker« in diesem Band.)

Aggressionsverhinderung in modernen Massengesellschaften

Die modernen Massengesellschaften haben nicht nur innerhalb der eigenen Gemeinschaft die Aggression weitgehend durch Tabus unter Hemmung gesetzt, die Menschen sind auch bestrebt, die aggressionsauslösenden Reize so weit wie möglich zu verringern. Während ein

Waika-Indianer in prächtigem Kriegsschmuck und mit imponierendem Auftreten wohl Aggressionen bei seinen Stammesgenossen erzeugt, die aber durch die freundschaftlichen Beziehungen wieder unter Hemmung gesetzt werden, vermeiden die Männer westlicher Industriegesellschaften jegliches imponierende Gepräge in ihrer Kleidung. Sie sind buchstäblich mausgrau.

Aggression und Frustration

Es stellt sich die Frage, warum Religionsgründer und Philosophen in der einige Jahrtausende alten Kulturgeschichte der Menschheit so selten den Triebcharakter der Aggression in allen Konsequenzen erkannt haben und warum sich die moderne Humanpsychologie mit Ausnahme der Psychoanalyse ebenfalls bei dieser Erkenntnis sehr schwer tut (s. auch den Beitrag von W. Kalff in diesem Band). Während der vergleichende Verhaltensforscher bei der Untersuchung seiner Tiere, besonders wenn er sie unter unterschiedlichen Lebensbedingungen beobachtet, sehr schnell den Triebmechanismus der Aggression sieht, ist der Beobachter des eigenen und fremden menschlichen Verhaltens immer wieder darauf gekommen, Aggression würde durch Frustration bzw. durch die innere Kumulation frustrierender Reize bewirkt. Dazu wird er durch den subjektiven Eindruck verleitet, Aggression käme nie ohne einen Grund vor. Es stimmt zwar, daß Aggression stets einen äußeren Grund hat, aber in unserer Zivilisation hat man oft große Mühe, mit diesem Grund die Intensität der hervorgebrochenen Aggressivität zu klären. Bei hochgestauter Aggression erscheint dem aggressiven Menschen selbst zwar der nichtigste Anlaß als vollberechtigter Grund für einen Wutausbruch oder für Schlimmeres; ist die Aggression aber erst einmal abgeflaut, so versteht der Mensch sein Handeln oft selbst nicht mehr.

Weil Frustration, vor allem frustrierte Sexualität, zu einer gesteigerten Aggressionsbereitschaft führt, konnte sich die Hypothese, Aggression werde ausschließlich dadurch bewirkt, bis auf den heutigen Tag halten. Wenn auch aufgrund der Betrachtung analoger Erscheinungsformen der Aggression ein autonomer (= eigenständiger) Aggressionstrieb des Menschen die wahrscheinlichste Annahme ist, darf man bei der weiteren Aggressionsforschung die Rolle frustrierter Sexualität keineswegs unberücksichtigt lassen. Das von W. Reich (1949) zusammengetragene Material weist zu eindringlich darauf hin, daß die allgemeine Aggressionsbereitschaft durch Beseitigung dieses Störfaktors erheblich gesenkt werden könnte.

Die Auswirkungen der Aggression auf das Verhältnis zwischen Staaten

Wie wir gesehen haben, bewirken die Umstände, unter denen wir leben müssen – so die Existenz der von Menschen erfundenen Waffen, wie auch die fehlenden Möglichkeiten, die sich aufstauende Aggression immer wieder loszuwerden –, Aggression innerhalb der Gruppen von Artgenossen, wo sie eigentlich nicht auftreten dürfte. Es kommt zu Zänkereien und Streit in Familien sowie zu deren Auseinanderbrechen und zu Haß in Nachbarschaften. Darüber hinaus neigen aggressiv gestimmte Menschen sehr stark dazu, Probleme und Interessenkonflikte auf aggressive Weise zu lösen. Sie ziehen andere Lösungsmöglichkeiten selbst dann nicht mehr in Betracht, wenn sie bedeutend erfolgreicher sind. So kann man Außenpolitik ohne aggressive Komponente in der Geschichte kaum finden. Im Gegensatz zur Aggression innerhalb von Gruppen verfallen zwischenstaatliche Aggressionen keineswegs der gleichen sozialen Ächtung.

Wenn es ein akzeptiertes Ziel der Politik ist, das Leiden der Einzelmenschen so gering wie möglich zu halten, dann muß es eine erklärte Aufgabe der Politik sein, den Mechanismus der Aggression im Gemeinschaftsleben durch weniger leiderzeugende Mechanismen zu ersetzen. Wenn dies bereits für kleine Stämme im Hochland von Neuguinea gilt, so gilt dies erst recht für die hochindustrialisierten Staaten, wo die Massenvernichtungsmittel ein schon nicht mehr vorstellbares Leid erzeugen können.

Eine Teillösung des menschlichen Aggressionsproblems aus ethologischer Sicht

Einem Verhaltensforscher wird bei der Argumentation mit dem Aggressionstrieb oft unterschoben, Aggression trete aufgrund des beschriebenen Mechanismus zwanghaft auf. Es muß hier ausdrücklich betont werden: Wenn vorhandene pathologische Folgen menschlichen Verhaltens aufgrund dieser Analyse erklärt werden können, dann heißt dies noch lange nicht, daß sie unausweichliche Folgen dieser Verhaltensstruktur sind. Es ist an der Zeit, für die Beherrschung der eigenen Triebe durch den Menschen nach wirklich neuen Möglichkeiten zu suchen und nicht, wie die meisten Humanpsychologen, immer wieder das uralte, wirkungslose Konzept der Triebunterdrückung in die Diskussion zu bringen.

Bevor ich auf Lösungsvorschläge komme, die sich aus dem bisher über die Aggression Gesagten ergeben, weise ich ausdrücklich darauf hin, daß noch viele andere Gründe, vor allem ökonomische Interessen, und die menschliche Neigung, Macht so weit wie möglich zu akkumulieren, eine entscheidende Rolle bei Kriegen spielen. Was ich hier zu diesem Thema anführe, ist also nur *ein* Aspekt, aber jener, der den Ethologen angeht: dem Einzelnen die Möglichkeit zu geben, seine Aggressionsbereitschaft zu senken.

An dieser Stelle ist es interessant zu wissen, daß eine Buntbarschart einen individuell erlernten Ausweg aus der Sackgasse sich aufstauender Aggressivität gefunden hat. Wie Michael Herzog (persönliche Mitteilung) entdeckte, beginnen die Paarpartner von *Astronotus* nach längerer Isolation von anderen Artgenossen, täglich zu bestimmten Zeiten erheblich große Steine im Aquarium hin und her zu schleudern, wobei sie mit Konzentration und erheblichem Kraftaufwand bei der Sache sind. Bleibt noch zu erwähnen, daß *Astronotus* eine der größten und biologisch erfolgreichsten, da lernfähigsten Cichlidenarten ist. Diese Fische phänokopierten in der Individualentwicklung, d. h. sie ahmten im Erscheinungsbild nach, was Selektion und Mutation in der Evolution mancher Arten als angeborenes Verhalten hervorbrachten: die Umorientierung aggressiven Verhaltens. Das weist uns vielleicht die einzig mögliche bzw. menschenwürdige Lösung des Aggressionsproblems auf.

Will man in einer industriellen Zivilisation die schädlichen Auswirkungen menschlichen Aggressionsverhaltens in den Griff bekommen, so hat man es mit der Umorientierung natürlich nicht so leicht wie *Astronotus*. Einmal kann der in einem Arbeitsprozeß eingespannte Mensch natürlich nicht jederzeit seine aufkeimende Wut auf ein Ersatzobjekt umorientieren, und außerdem darf dieses Ersatzobjekt nicht zu aufwendig sein. Damit sind zwei wesentliche Randbedingungen gegeben, die für die Umorientierung aggressiven Verhaltens Voraussetzung sind. Die dritte Randbedingung sollte sein, daß mit der Umorientierung der Trieb nicht trainiert werden soll, so daß er sich zwar für den Augenblick verringert, aber die Menschen auf längere Sicht aggressiver macht.

Zumindest eine der Randbedingungen ist leicht zu lösen: man müßte die Aggression periodisch an einem Ersatzobjekt abreagieren, bevor sie jene Höhe erreicht, bei dem sie gegen inadäquate Objekte, z. B. die Ehefrau, losgeht, bzw. nur noch die aggressive Lösung von zwischenstaatlichen Problemen zuläßt. Wir haben in unserem zivilisierten Leben eine ganze Reihe von Tätigkeiten, die wir periodisch ausüben, bevor der Triebwunsch übermächtig wird, z. B. das Essen, das Schlafen usw., warum nicht auch die Aggression?

BINDUNG

Wenn ein Feldmausmännchen in das Revier eines Weibchens kommt, bleibt es nur für einige Zeit, wenn das Weibchen brünstig ist. Was zwei Feldmäuse verschiedenen Geschlechts zueinander treibt, ist also in ganz überwiegendem Maße sexuelle Anziehung. Ebenso spielt beim Menschen in der Ehe Sexualität zweifellos eine sehr große Rolle, aber zumindest zum Zeitpunkt der Eheschließung nicht die entscheidende. Wir werden sehen, daß ein Verhaltenssystem, welches wir als Liebe bezeichnen, ausschlaggebend ist, welche Menschen zusammen eine Ehe eingehen wollen. Im Analogievergleich können wir betrachten, wie dieses Verhaltenssystem funktioniert und welche Rolle es im Gemeinschaftsleben spielt.

Charakteristisch für Tiere mit einem Bindungstrieb – wie z. B. der Graugans (Fischer 1965), dem Papagei *Agapornis personata* (Stamm 1962) und der Garnele *Hymenocera picta* (Wickler, Seibt 1972) – ist, daß man außer dem Sexualverhalten, d. h. einem Verhalten, das vom Sexualtrieb motiviert ist, bei ihnen noch weitere Verhaltensweisen findet, die sie nur dem Partner gegenüber zeigen (partnerbeschränktes Verhalten). Andere Verhaltensweisen, besonders aggressive Verhaltensweisen, treten dem Partner gegenüber selten oder nie auf (partnerbeschränktes Fehlen von Verhaltensweisen; Wickler, Seibt 1972). Außerdem suchen die Tiere bevorzugt die Nähe des Partners. Das Suchen nach einem verlorenen Partner trägt alle Anzeichen, die Lorenz in seinem Triebkonzept dem Appetenzverhalten zuschreibt. Das Triumphgeschrei der Graugans wiederum ist als Endhandlung des Bindungstriebs aufzufassen.

Die Merkmale eines Lebewesens vererben sich nicht in einer bestimmten Ausprägung, sondern in einer Variationsbreite, die artspezifischen Umfang hat, und je nach den Gegebenheiten während der Individualentwicklung entsteht eine ganz bestimmte Ausprägung dieses Merkmals. Zudem ist in einer Population von Tieren die vererbte Variationsbreite eines Merkmals bei den einzelnen Tieren unterschiedlich. Entsprechend diesen Überlegungen variiert z. B. die Größe von Tieren einer Art in einem bestimmten Rahmen. Die Frage war, ob das auch für Partnerbindung bei verschiedenen Paaren einer Art gilt, d. h. ob sie unterschiedlich stark ist. Das Ergebnis dieser Untersuchung ist nicht nur für den Bindungstrieb, sondern für alle möglichen Triebe relevant: Die einzelnen Tiere unterscheiden sich erheblich im Ausmaß ihrer Bindungsstärke. Allgemein gesprochen: Auch für Triebstärken gibt es innerhalb einer Art eine Variationsbreite. Fernald (1973) und Trillmich (1975) haben in der räumlichen Distanz zwischen Paarpartnern unterschiedliche Werte für einzelne Paare gefunden. Bei meinen Hausgänsen schwankten die Durchschnittsdistanzen von Triumphgeschrei-Gemeinschaften von 0,62 bis 1,47, wenn man die mittlere Durchschnittsdistanz gleich 1 setzt. Darüber hinaus konnte ich bei einem Vergleich von Verhaltenssynchronisation und räumlicher Distanz nachweisen, daß zwischen zwei Hausgänsen das Verhalten um so besser synchronisiert ist, je geringer die durchschnittliche Distanz zwischen diesen Tieren am Futterplatz ist. Damit sind die gemessenen Distanzen zwischen zwei Tieren ein gutes Maß für die Stärke ihrer Bindung.

Es muß nicht unbedingt ein Bindungstrieb wie bei Graugans und Garnele das Zusammenleben eines Paares für mehr als eine Brutperiode bewirken. Bei der Cichlidenart *Tilapia mariae* hält eine Aufeinanderfolge ganz unterschiedlicher Verhaltensmechanismen die Paarpartner zusammen. Nach der Paarbildung ist es die sexuelle Attraktion der Paarpartner, nach Eiablage sind beide aufs Gelege fixiert und bleiben daher zusammen; dann zieht der Jungenschwarm sie beide an und verhindert, daß sie sich trennen, und schließlich kommt eine neue Balzphase, wo erneut die sexuelle Attraktion wirksam wird (Lamprecht 1973).

So zeigt ein Vergleich der Paarbildung und Paarbindung zwischen Mensch und dem

Fisch *Tilapia mariae* kaum Analogien, wohl aber ein Vergleich zwischen dem Menschen und der Graugans. Wir finden in der Ausprägung des Verhaltens Funktionsgleichheiten der einzelnen Verhaltensweisen und bei manchen Verhaltensweisen sogar Übereinstimmung in der Form:

In allen menschlichen Kulturen, in denen die zukünftigen Paarpartner einander selbst aussuchen, geht der Heirat eine mehr oder minder lange Werbung voraus. Dies entspricht der zur Paarbildung führenden Balz der Graugänse. Der balzende Grauganter und der werbende Mann führen gerne jegliche Fortbewegung mit unnötig großem Kraftaufwand durch. Das umworbene Gänseweibchen und das Mädchen tun beide in der ersten Phase der Paarbildung so, als ginge sie die ganze Werbung des Ganters bzw. des Mannes nichts an. Dennoch schauen sie verstohlen immer wieder zu dem Werbenden hin.

Der Mensch setzt für die Werbung und für die Aufrechterhaltung der Paarbindung natürlich seine Sprache ein, und es ist bezeichnend, daß er im Stadium des Verliebtseins gerne Verkleinerungsformen verwendet. Bei monogamen Vogelarten, die über ein großes Repertoire an Lauten verfügen, wie z. B. der Dohle und dem Kolkraben, treten in der Balz Jungvogellaute auf, die unseren Verkleinerungen und den dabei verwendeten Tonlagen durchaus analog zu setzen sind.

Den Stimmfühlungslauten der Vögel entspricht unser Bindegespräch, dessen Inhalt meist nichts anderes besagt als: »Ich bin da, ich stimme mit dir überein«.

Wie stark angeborenes Verhalten auf die Paarbildung einwirkt, veranschaulicht folgendes Detail: Junge Graugänse wechseln nicht nur – wie auch junge Menschen – häufig den Partner, bevor sie eine länger dauernde Beziehung eingehen, sie kopulieren auch mit den verschiedenen Kurzzeitpartnern. In Kulturen, in denen Sexualverkehr vor der Ehe nicht erlaubt ist, bedarf es eines starken, sozialen Drucks und drakonischer Strafandrohungen, um das Verbot durchzusetzen.

Die Paarbildung bei Graugänsen und beim Menschen stimmt also in erstaunlicher Weise überein. Dieser Paarbildungstypus weist darauf hin, daß ein Bindungstrieb für die Bindung des Paares sorgt, sowohl bei Graugänsen als auch beim Menschen. Darüber hinaus ist beim Menschen – im Gegensatz zur Graugans – das Sexualverhalten zwischen Paarpartnern sehr wichtig. Solange die sexuelle Anziehung zwischen zwei Partnern vorhanden ist, stärkt sie das Band, wie Reich (1949) und Wickler (1969), also ein Psychoanalytiker und ein Ethologe, übereinstimmend betonen. In der Paarbindung von Graugänsen spielt das Sexualverhalten schon deshalb eine recht untergeordnete Rolle, weil wir es bei alten Paaren nur wenige Tage im Jahr, nämlich kurz vor und während der Eiablage beobachten.

Bei Graugänsen tun daher Komplikationen im sexuellen Bereich der Bindung keinen Abbruch, beim Menschen dagegen schwächen oder zerstören sie die Bindung (Reich 1949). Ist also das Bindungsverhalten der Graugans nicht analog dem menschlichen Bindungsverhalten? Genau genommen nicht. Denn der Mensch unterliegt seit Jahrtausenden nicht mehr voll der natürlichen Selektion. Dies brachte – für jeden leicht nachprüfbar – bei Körpermerkmalen Ausprägungen hervor, wie wir sie nicht von Wildtieren, wohl aber sehr gut von Haustieren kennen: blaue Augen, Bindegewebsschwäche usw. Der Wegfall der natürlichen Selektion, besonders der Gefährdung durch Raubtiere und extreme Witterungseinflüsse, sowie das Wirken einer künstlichen Selektion auf hohe Fortpflanzungsrate und sexuelle Frühreife, bringen nach einigen Generationen Veränderungen im Erbgut zum Vorschein. Den Vorgang nennt man Domestikation. Ein Lebewesen, welches das Produkt der Domestikation ist, bezeichnet man als domestiziert.

Glücklicherweise hat die Menschheit ihr ältestes biologisches Experiment, die Domestikation, auch mit Graugänsen durchgeführt, von denen die mitteleuropäische Hausgans abstammt. Deshalb ist es möglich zu untersuchen, wie sich Domestikation über viele Generationen auf ein so kompliziertes Verhaltenssystem, wie die Bindung zwischen Paarpartnern, auswirkt.

Bekannt war von Hausgänsen, daß die sexuelle Treue gegenüber einem Partner nicht mehr vorhanden ist. Darüber hinaus ist ihr Sexualtrieb so gesteigert, daß sexuelles Verhalten sehr viel häufiger pro Tag auftritt und zu einem viel größeren Teil des Jahres als bei Graugänsen.

Für die sexuelle Untreue der Hausgänse ist keineswegs der Wegfall des Bindungstriebs verantwortlich. Im Gegenteil, Hausganter »verlieben« sich ebenso glühend wie Wildganter und zeigen mindestens so häufig wie diese das Triumphgeschrei, die Endhandlung des Bindungstriebs. Nur wechseln Hausganter eben oft das Objekt ihres Triumphgeschreis und haben oft gleichzeitig verschiedene Sexualpartner; und bei ihnen kommt auch das vor, was uns oben an der Analogie von Graugansbindung und menschlicher Bindung zweifeln ließ. Sexuelle Unstimmigkeiten zwischen zwei Gänsen stören auch die Bindung. Hausganter bilden häufig homosexuelle Paare. Da beide Ganter zur Kopulation sich einander gleichzeitig besteigen wollen, was natürlich nicht möglich ist, fangen sie an, einander nach mehreren erfolglosen Besteigungsversuchen recht heftig zu beißen. Dadurch zerbricht eines Tages das Band zwischen ihnen.

Warum ist aber die Polygamie der Hausgänse ein besseres Analogon zum menschlichen Verhalten als die Polygamie von z. B. Pavianen oder Zebras? Eben weil im menschlichen Verhalten besonders der Vorgang des Sich-Verliebens auf ursprünglich monogames Verhalten hinweist, weil hier eindeutig eine Fixierung auf einen bestimmten und nur diesen Partner stattfindet, die wir bei polygamen Wildarten nicht finden.

Während bei polygamen Wildarten die Jungenaufzucht an die Polygamie angepaßt ist, treten bei der Polygamie der Hausgänse Störungen auf, die die gesamte Familienstruktur disharmonisch werden lassen, was sich manchmal tödlich für die Jungen auswirkt. Ein Beispiel mag das verdeutlichen: Bei einem homosexuellen Ganterpaar kann der eine Ganter gleichzeitig eine Bindung zu einem Gänseweibchen haben, das der andere Ganter stets beißt und verjagt, wenn er es trifft. Die Situation wächst sich dann zur Tragödie aus, wenn das Weibchen eine Schar kleiner Gänschen erbrütet hat. Der eine Ganter will dann das Weibchen mit den Kleinen beschützen; der zweite akzeptiert zwar die Kleinen, vertreibt jedoch immer wieder das Weibchen. Die Gössel bleiben bei den Gantern und erfrieren in kurzer Zeit, da Ganter kleine Gänschen nicht hudern (unter das Bauchgefieder bzw. die abgespreizten Flügel nehmen). Solche Disharmonien im Familienverhalten infolge von domestikationsbedingter Polygamie fallen schnell ins Auge und illustrieren, wie sofort Probleme auftauchen, wenn in einem komplexen Zusammenspiel des Verhaltens mehrerer Tiere sich ein Teil des Verhaltens ändert, ohne daß das übrige Verhalten sich dem anpaßt.

Beim Menschen tritt nach einiger Zeit der Bindung der Wunsch nach einem Partnerwechsel auf, was – ebenso wie bei Hausgänsen – mit einem sexuellen Desinteresse an dem bisherigen Partner gekoppelt sein kann. Wenn bei Hausgänsen der erwünschte neue Partner nicht erreichbar ist, üben sie – wie Menschen – sehr oft lieber sexuelle Abstinenz (W. Schmidt 1975).

Die erste Komplikation besteht darin, daß der Wunsch nach Partnerwechsel nicht bei beiden Ehepartnern synchron auftritt, was zu Eifersucht bei dem noch Gebundenen führt, die sich bei Gänsen in heftigen Attacken gegen den Rivalen äußert.

Die zweite Komplikation sind die Kinder, die die Erziehung durch beide Eltern benötigen und daher auf eine langdauernde Partnerbindung der Eltern angewiesen sind.

Unter den extrem schwierigen Lebensbedingungen in Grönland und im Norden Kanadas, wo ein gut funktionierendes Sozialsystem sicher zum Überleben notwendig ist, haben die Eskimos den Partnertausch entwickelt. Er funktioniert wahrscheinlich deshalb weitgehend ohne Eifersucht, weil er nur den sexuellen Bereich betrifft und nicht heimlich stattfindet, wodurch die Ehe erhalten bleibt (Adler 1977). Dieser Partnertausch trat vor der Christianisierung als Gruppenspiel auf, wenn sich in der Gesellschaft soziale Spannungen aufbauten.

Die Eskimos nennen es das »Spiel der erloschenen Lampen«. Die Männer und Frauen versammelten sich unbekleidet in einem Raum, dann löschte einer die Lampen und alle bewegten sich lautlos im Raum umher, bis sie sich auf ein vereinbartes Zeichen hin einen Partner nahmen. Wenn die Lampen wieder brannten, scherzte man gemeinsam über die gemachten Erfahrungen, nach dem Grundmuster: »Ich habe gleich gewußt, wer es war, weil ... «.

In unserer Kultur sind Ehescheidungen die einzige legale Form des Partnerwechsels.

DAS LEBEN IN DER GEMEINSCHAFT

Während ich bisher die Mechanismen des Verhaltens in den Vordergrund der Betrachtung stellte, soll nun das Hauptgewicht auf der Gruppenstruktur und den Lebensbedingungen liegen.

Während der Evolution zum Menschen vollzog sich der Übergang vom Baumleben zum Leben in der Savanne, wo der Mensch als Jäger und Sammler lebte. Auf dieser Kulturstufe blieben einige Kulturen stehen, und so kann man heute noch bei den Buschleuten, bei den Waika-Indianern, bei den Ureinwohnern Australiens und bei den Eskimos Gemeinschaftsformen von Jägern und Sammlern untersuchen. Diese Völker sind deshalb ein beliebtes Objekt der Ethnologen und seit einigen Jahren auch der Humanethologen.

Bei den Buschmännern, die dank der Untersuchungen von Eibl-Eibesfeld (1972 b; s. auch seinen Beitrag über »Territorialität ... « in diesem Band) besonders gut humanethologisch untersucht sind, bilden mehrere Familien und einige allein lebende Männer und Frauen zusammen eine Horde, mehrere Horden einen Nexus und mehrere solcher Gemeinschaften einen Stamm. Die Territorien der Horden eines Nexus grenzen direkt aneinander. Innerhalb eines Nexus darf sich ein Buschmann im Gebiet der anderen Horde aufhalten und auch dort jagen, wenn er die Erlaubnis des Führers der anderen Horde einholt. Dagegen besteht zwischen zwei Nexi ein Streifen von Niemandsland, der nicht überschritten werden darf.

Die Aufgabe der Männer ist es, durch Jagd den Fleischbedarf der Horde zu decken; die Frauen sorgen durch Sammeln von Früchten und Wurzeln ebenfalls für die Nahrungsbeschaffung und tragen auf diese Weise 80 Prozent der von der Buschmann-Gruppe benötigten Nahrung zusammen, obwohl die Männer sehr fähige und erfolgreiche Jäger sind.

Die menschlichen Gemeinschaftsformen, die wir bei Jägern und Sammlern finden, müssen aber nicht zwangsläufig mit der Gemeinschaftsform übereinstimmen, die sich beim Menschen im Laufe der Evolution entwickelte. Der Mensch kann dank seiner außerordentlichen Fähigkeiten noch unter primitiven Verhältnissen überleben, selbst wenn sein Sozialverhalten ziemlich artschädigend ist. Bereits auf der Stufe der Jäger und Sammler konnten sich daher die Formen des Gemeinschaftslebens von ökologischen Notwendigkeiten teilweise unabhängig machen und je nach Kultur mit Hilfe spezifischer Tradition ihre eigenen Entwicklungsrichtungen einschlagen. Andererseits entwickelten die Menschen, die in ungünstiger Umwelt überleben mußten und ihre eigene Kulturentwicklung bis in die Neuzeit beibehielten, z. B. die Eskimos, ein Sozialverhalten, das sie z. T. deutlich an die extremen Lebensbedingungen in Grönland und im Norden Kanadas anpaßten, wie den Mord von Säuglingen, die sie nicht glaubten ernähren zu können. Auch bei ihrem Sozialverhalten kann man also nicht ohne kritische Betrachtung feststellen, was davon wirklich ursprünglich ist, d. h. was so strukturiert ist, daß es den angeborenen Verhaltenssystemen des Menschen entspricht.

Im allgemeinen ist der Mensch um so unglücklicher, je mehr seine Lebensumstände, d. h. sein Lebensraum, seine soziale Situation und die von der Kultur geforderten Verhaltensmuster, seinen angeborenen Verhaltensmustern und Sozialstrukturen entgegenstehen.

Drei wesentliche Sozialstrukturen für das menschliche Gemeinschaftsleben sind die Rangordnung, die Jagdgemeinschaften und die Spielgruppen.

Rangordnung

Rangstreben und Bereitschaft zur Unterordnung sind zwei in allen Kulturen verbreitete Eigenschaften des menschlichen Verhaltens. Wie die vergleichende Verhaltensforschung fand, wirkt sich die Rangordnung bei verschiedenen Tierarten recht unterschiedlich auf das Gemeinschaftsleben aus. Bei Wölfen reguliert sie die Populationsdichte: nur die α-Wölfe bekommen Junge; Wölfe, die niedriger in der Rangordnung stehen, werden an der Fortpflanzung gehindert. Man kann dies als soziale Kastration bezeichnen. In der Feudalzeit Mitteleuropas gab es dies auch beim Menschen. Erst unter bestimmten Bedingungen war es den Leibeigenen erlaubt, zu heiraten und Kinder zu zeugen. Ein erheblicher Teil bekam diese Erlaubnis entweder sehr spät oder nie, der bevölkerungspolitische Effekt war erheblich.

Auch rangniedere Tiere in einer Gruppe haben ihre Rechte. So wehrt sich ein Wolf – meist mit Erfolg – gegen Übergriffe ranghöherer Rudelmitgleider durch Beißen, was Zimen als Protestverhalten bezeichnete (Zimen 1971). Ein ranghoher Kater, der über eine Türschwelle laufen will, die der angestammte Ruheplatz eines Rangniederen ist, darf dies solange nicht, wie sich dieser dort ausruht (= relative Rangordnung; Leyhausen 1968).

Eine so strikte Unterordnung, wie man sie von Soldaten gegenüber ihren Vorgesetzten verlangt, ist bei Tieren im natürlichen Lebensraum unbekannt und auch in primitiven menschlichen Gesellschaften nicht zu finden. Bei den Eskimos sieht man erst bei sehr genauer Betrachtung, daß einer mehr Ansehen als die anderen hat. Aber auch er kann nicht befehlen, sondern muß die anderen von seinen Anordnungen überzeugen (Adler 1977).

Milgrams Experimente (1963) haben gezeigt, in welchem Ausmaß die meisten Menschen bereit sind, einer Autorität zu gehorchen. Er täuschte seinen Versuchspersonen vor, sie würden an einem Experiment mitwirken, in dem der Einfluß von Strafe auf die Lernfähigkeit getestet würde. Die Versuchspersonen hatten die Strafreize zu setzen, das waren Stromstöße zwischen 15 und 450 Volt. Die jeweils zweite Versuchsperson war ein Mitarbeiter Milgrams, der vorgab, die Stromstöße wirklich zu erhalten, was natürlich nicht der Fall war. Bei jedem Fehler des »Lernenden« (Milgrams Mitarbeiter) mußte die Versuchsperson die Voltstärke des Strafreizes erhöhen. Die Frage war, in welchem Stadium der Quälerei die Versuchsperson das verweigern würde. Das Ergebnis war überraschend. Wenn die Schreie des »Lernenden« bei hohen Stromstößen aus einem Nebenraum zu hören waren, er von der Versuchsperson aber nicht gesehen wurde, gaben 62,5 Prozent der Versuchspersonen Stromstöße bis zu 450 Volt. Konnte die Versuchsperson den »Leidenden« sehen, gingen immerhin noch 40 Prozent der Versuchspersonen bis zu einer Stromstärke von 450 Volt.

Die Folgerungen aus diesen Experimenten:

1. Unerwartet viele der Versuchspersonen waren bereit, entgegen der eigenen moralischen Anschauung den Anordnungen eines Versuchsleiters zu folgen, der kein anderes Druckmittel als seine Autorität hatte. Dies geschah, obwohl das Ideal, auf das die Erziehung in Amerika hinwirkt, ausgesprochen antiautoritär ist.
2. Nicht alle Menschen unterwarfen sich den Anordnungen des Versuchsleiters, und nicht alle taten es in gleichem Maße, wenn von ihnen Handlungen verlangt wurden, bei denen sie ihren moralischen Maßstäben entgegenhandeln mußten.

Jagdgemeinschaften und Spielgruppen

Neben der Jungenaufzucht in höher organisierten Tiersozietäten finden wir kooperatives Verhalten vor allem bei sozialen Raubtieren wie Wölfen, Hyänenhunden, Löwen usw. auch bei der Jagd nach Beute. Im Wolfsrudel schaffen alle Beute für die Jungen des ranghöchsten

Paares heran. Löwinnen treiben einander die fliehende Beute zu, so daß sie gemeinsam viel erfolgreicher sind als allein.

Ob das kooperative Jagdverhalten eingesetzt wird, hängt von der Umwelt ab. Ein Wolf, der in großwildarmer Gegend vorwiegend Mäuse und andere kleine Beutetiere fängt, kann mit Kooperation nichts anfangen, wohl aber einer, der gezwungen ist, sich von Elchkälbern zu ernähren. Wo sich die Wölfe von kleinen Beutetieren ernähren, leben sie paarweise, wo Großwild ihre bevorzugte Beute ist, jagen sie in Rudeln.

Bei den Eskimos darf der bei der gemeinschaftlichen Jagd den ersten Schuß abfeuern, der die Robbe, den Wal oder den Eisbären zuerst gesehen hat. Die Beute gehört dann demjenigen, dessen Schuß zuerst getroffen hat. Aber er muß die Beute mit den anderen teilen und zwar nach genauen Regeln für jede Beutetierart (Adler 1977). Auch bei den Buschleuten gilt es als ungehörig, die Beute nicht zu teilen (Eibl-Eibesfeld 1972 b, 53).

Bei allen Jagdvölkern ist die Jagd eine Angelegenheit der Männer. Erstaunlicherweise scheint die Bildung von Jagdgruppen sich auf ein angeborenes Verhalten zu stützen: In allen Kulturen formen die Männer innerhalb der Sozietäten Gruppen, von denen sie die Frauen ausschließen. Nur wenn die Gruppe auch irgendetwas gemeinsam tut, fühlen sich die Mitglieder in ihr wohl.

Dies spricht dafür, daß Männer das Zusammenwirken in einer Gruppe brauchen, sicher aber nicht nur die Männer. Die Frauen bei den !Ko-Buschmännern nutzen die Gelegenheit zum Spielen, wenn sie im Dorf oder an der Wasserstelle zusammentreffen; z. B. »Eine Gruppe singt und klatscht einen Rhythmus, während eine Frau mit einer Tzama-Melone in der Hand ein paar Tanzschritte macht und dann die Melone nach hinten einer zweiten zuwirft, die ebenfalls herantanzt. Sie muß die Frucht auffangen und auf die gleiche Weise weitergeben. So tanzt man unter viel Gelächter ... Das Spiel währt nicht sehr lange« (Eibl-Eibesfeld 1972 b, 72). Auch die Männer der !Ko-Buschmanngesellschaft haben Tanzformen, die sie gemeinsam ausführen. Darüber hinaus gibt es Tänze für Männer *und* Frauen.

AUSWIRKUNGEN DER ANONYMEN MASSENGESELLSCHAFTEN

Nach der Erfindung künstlicher Waffen folgte eine zweite bedeutende Entwicklungsstufe der kulturellen Evolution des Menschen: der Übergang vom Jäger- und Sammlerdasein zu Ackerbau und Viehzucht. Die Fähigkeit, seine Nahrungsmittel gezielt zu erzeugen, machte den Menschen noch unabhängiger von seiner Umwelt, als es der Jäger – dank seiner geistigen Fähigkeiten und seiner Waffen – bereits war. Diese kulturelle Revolution war eine der entscheidenden Voraussetzungen für die Bildung großer Gemeinschaften. Deren Organisation wiederum ermöglichte das Ausrotten aller natürlichen Freßfeinde des Menschen und die Schaffung einer eigenen Umwelt (Stadt).

Die Größe dieser Gemeinschaften verhindert, daß sich die einzelnen Mitglieder persönlich kennen. Entsprechendes kennen wir auch von Säugetieren, wo drei Arten, die Hausmaus, die Hausratte und die Wanderratte ebenfalls Großgesellschaften entwickelten, bei denen die Individuen einander nicht mehr individuell kennen. Ein gruppenspezifisches Kennzeichen, der Gruppengeruch tritt an die Stelle der persönlichen Bekanntschaft. Jedes Rudel hat seinen spezifischen Geruch, weil sich die Mitgleider gegenseitig immer wieder mit Urin markieren. So friedlich Hausmäuse bzw. Ratten eines Rudels untereinander sind, so aggressiv sind sie gegen Rudelfremde. Der erfolgreichste und erbarmungsloseste Rattentöter ist die Ratte selbst (vgl. den Beitrag von S. A. Barnett in diesem Band).

Einen solchen Sozialtypus nennt man einen anonymen, geschlossenen Verband. Auch die menschlichen Staaten sind geschlossene, anonyme Verbände und haben das Problem, wie man erkennt, ob ein Artgenosse zum eigenen Verband gehört, in Analogie zu den Ratten gelöst, nur eben vorwiegend mit optischen Signalen, weil der Mensch im Gegensatz zu den meisten Säugetieren ein Augentier ist. Flaggen, Trachten und Uniformen kennzeichnen die Zugehörigkeit zu einer bestimmten Großgruppe.

Im persönlichen Kontakt erkennen sich Menschen eines bestimmten anonymen, geschlossenen Verbandes an tradierten Verhaltensmustern, wie Sprache und kulturellen Kontrollmustern von Aggression und Sexualität. Während zwei zusammentreffende Europäer ihre Aggression durch gegenseitiges Anlächeln hemmen, kommt bei den Japanern noch drei- bis sechsmaliges Verbeugen voreinander hinzu. Die Japaner sind auch im Alltagsleben viel erfolgreicher beim Unterdrücken ihrer Aggressionen. Wie Adler (1977) beschreibt, kann man durch Beherrschung der kulturspezifischen Verhaltensweisen in eine Gemeinschaft aufgenommen werden, selbst wenn man durch sein Aussehen deutlich als Angehöriger einer anderen Rasse zu erkennen ist.

Unsere Zivilisation brachte eine Massengesellschaft hervor, die in vieler Hinsicht nicht die optimale, oft nicht einmal die erträgliche soziale Umgebung für den Einzelmenschen ist. Die Mobilität im Berufsleben macht es den Stadtbewohnern schwer, nach mehrfachem Wohnsitzwechsel mit anderen Menschen Gruppen zu bilden, in denen sie gemeinsam handeln können. Auch ist es in der Anonymität der Großstadt gar nicht leicht, an bereits bestehende Gruppen Anschluß zu bekommen. Darüber hinaus verhindert berufliche Überbeanspruchung die Bildung von Gruppen.

Das Zusammenleben von vielen Menschen auf wenig Raum bewirkt Verhaltensänderungen, wie wir sie auch finden, wenn wir Tiere mit Verhaltenssystemen, die menschlichem Verhalten analog sind, zwingen, auf engem Raum zu leben. Das Verhalten von Tieren bei hoher Bevölkerungsdichte ist oft artschädigend und kann meist nicht einmal als Anpassung an die ungewöhnlichen Raumverhältnisse betrachtet werden, da es deren Probleme nicht bewältigt, sondern oft vergrößert. Wenn nämlich zu den Nahrungs- und Hygieneproblemen noch eine gesteigerte Aggressivität hinzukommt, dann kann sich die Population selbst vernichten.

Mit steigender Bevölkerungsdichte hemmen sich die Individuen gegenseitig immer mehr in ihren Aktivitäten, da alles mögliche Verhalten, z. B. ein schlichter Ortswechsel, bereits zur aggressiven Reaktion der anderen Gruppenmitglieder führt.

Katzen, die in einem Dorf leben, bilden untereinander eine relative Rangordnung, in der auch der Rangniedere seine Rechte hat. Demgegenüber haben bei Katzen in einem relativ kleinen Käfig die Rangniederen keinerlei Rechte. Sie haben keinen Platz, wo sie sich ausruhen können. Sie sind ständig auf der Flucht vor dem ranghohen Tyrannen und machen jenen ruhelosen Eindruck, der uns auch bei gestreßten Großstadtmenschen auffällt (Leyhausen 1968).

Natürlich sind die Schwellen, bei denen die Bevölkerungsdichte zu pathologischen Effekten führt, bei verschiedenen Arten unterschiedlich; ebenso haben Männchen, Weibchen und Kinder einen unterschiedlichen Raumanspruch.

Freedman (1975) beobachtete jeweils für einige Stunden in einem kleinen Raum zusammengedrängte Menschen, wo er sie monotone und kreative Aufgaben lösen ließ und ihre Emotionen erfragte. Frauen zeigten unter den Bedingungen hoher Dichte die gleichen Leistungen wie Kontrollgruppen in großen Räumen, die Männer nur wenig schlechtere. Unterschiedlos verstärken sich »positive« wie »negative« Emotionen, wie Sympathie und Antipathie, bei Frauen und Männern in den kleinen Räumen mit vielen Menschen. Freedman schloß aus diesen Ergebnissen, daß Zusammenleben auf engem Raum keine negativen Einflüsse auf das Verhalten des Menschen haben müsse, im Gegenteil, es habe sogar positive Wirkungen, weil es die sozialen Kontakte intensiviert.

Zieht man aber die Schlüsse, indem man zu Freedmans Ergebnissen noch das Wissen über die Verhaltenssysteme Aggression und Bindung heranzieht, dann ergibt sich etwas ganz Anderes. Da hohe Individuendichte alle Emotionen intensiviert, steigert sie natürlich auch die irgendwann aufkommende Aggression. Die von Bindungspartnern ausgehenden Reize können ab einem gewissen Grad des Anstaus die Aggression nicht mehr unterdrükken, die dann zwischen den Bindungspartnern ausbricht, was die Bindung schwächt und damit die Aggressionshemmungen zwischen den Partnern vermindert, was wiederum Aggressivität zwischen ihnen erleichtert. Das ist ein System mit positiver Rückkopplung, und solche Systeme zerstören sich nach einiger Zeit selbst. Man kann also das Zerbrechen von Bindungen bei hoher Bevölkerungsdichte vorhersagen, und genau das kann man auch beobachten.

Unglücklicherweise erzeugt jeder einzelne Mensch in der Großstadt mit Auto und anderen Geräten auch noch mehr Lärm als ein Jäger oder Sammler in der Natur, was die anderen noch mehr stört.

Das Bedürfnis nach Alleinsein und die Unmöglichkeit, die Mitbewohner eines Hochhauses persönlich kennenzulernen, isolieren die Menschen in der Großstadt. Da man in der Regel zur Kontaktaufnahme den anderen in seiner Wohnung aufsuchen muß, kommt man zu häufig gerade in dem Augenblick, wo dieser allein sein möchte. Aus solchen Begegnungen entstehen weder Bekanntschaften noch Freundschaften. Dem kann man abhelfen, wenn man bei der Konstruktion von Hochhäusern für jedes Stockwerk Gemeinschaftsräume vorsieht, in denen die Kinder spielen können, andere Räume, in denen die Erwachsenen zusammen verschiedenen Beschäftigungen nachgehen können und wo es so gemütlich ist, daß man sich gerne dort aufhält. Das verringert die Anonymität in den Hochhäusern der Wohnstädte, jene Anonymität, die die Menschen vereinsamen läßt, die ihre Angst anheizt und die Verbrechen begünstigt (Freedman 1975).

SCHLUSSBEMERKUNG

Will der Ethologe seinen Beitrag zum Verständnis des menschlichen Gemeinschaftslebens leisten, muß er eine ganze Reihe von Einzeldisziplinen heranziehen: Verhaltensphysiologie, Tiersoziologie, Ökologie, Domestikationsforschung und Humanethologie. Mit der Synthese der Ergebnisse dieser Wissenschaften endet die Kompetenz des Ethologen. Für das Verständnis des menschlichen Sozialverhaltens sind aber zweifellos auch die Ergebnisse von Psychologie und Psychoanalyse, von Soziologie und Ethnologie sowie von Ökonomie und Geschichtswissenschaft von größter Wichtigkeit. Ebenso wie nur eine Synthese der biologischen Disziplinen einen Eindruck von der Verhaltensbiologie des Menschen zu geben vermag, ebenso ist eine Synthese der aufgezählten Humanwissenschaften mit der Ethologie notwendig, will man das menschliche Sozialverhalten annähernd befriedigend verstehen. Soweit meine Erfahrungen mit der Psychologie und Psychoanalyse reichen, bin ich davon überzeugt, der erste Schritt einer Zusammenarbeit aller Humanwissenschaften wird sein, daß jede Wissenschaft der anderen Fragen stellt. Manche werden mit dem heutigen Wissensstand nicht zu beantworten sein, aber bereits mit den zur Verfügung stehenden Methoden kann die Forschung viele Antworten geben.

LITERATUR

ADLER, C.: Mechanismen der Gruppenbindung, Aggression und Aggressionskontrolle der Eskimos im Thule-Distrikt. Dissertation Univ. München 1977

CHAGNON, N. A.: Yanomamö. The Pierce People. New York: Holt, Rinehart & Winston 1968 (zit. nach: Eibl-Eibesfeld ³1972 a)

EIBL-EIBESFELDT, I.: Grundriß der vergleichenden Verhaltensforschung. München: Piper ³1972 a

Die !Ko-Buschmanngesellschaft: Aggressionskontrolle und Gruppenbindung. Monographien zur Humanethologie, 1. München: Piper 1972 b

FERNALD, R. D.: A Group of Barbets. Z. f. Tierpsychologie, 33, 1973, 341–351

FISCHER, H.: Das Triumphgeschrei der Graugans (*Anser anser*). Z. Tierpsych., 22, 1965, 247–304

FRANCK, D.: Gibt es wirklich keinen Aggressionstrieb? Umschau, 10, 1976

FREEDMAN, J. L.: Crowding and Behavior. San Francisco: W. H. Freeman & Company 1975

HEILIGENBERG, W.: A Quantitative Analysis of Digging Movements and their Relationship to Aggressive Behaviour in Cichlids. Anim. Beh., 13, 1965, 163–170

KALAS, S.: Ontogenie und Funktion der Rangordnung innerhalb einer Geschwisterschar von Graugänsen (*Anser anser* L.). Z. f. Tierpsychologie, 45, 1977, 174–198

LAMPRECHT, J.: Mechanismen des Paarzusammenhalts beim Cichliden *Tilapia mariae* Boulenger (Cichlidae, Teleostei). Z. f. Tierpsychologie, 32, 1973, 10–61

LEYHAUSEN, P.: Biologie von Ausdruck und Eindruck. Psychologische Forschung, 31, 1967

Soziale Organisation und Dichtetoleranz bei Säugetieren. In: Antriebe tierischen und menschlichen Verhaltens. München: Piper 1968

Verhaltensstudien an Katzen. Beiheft 2, Z. f. Tierpsychologie, ^{4}1975

LORENZ, K.: Das sogenannte Böse. Wien: Borotha-Schoeler 1963

MILGRAM, S.: Behavioral Study of Obedience. J. abnorm. soc. Psychol. 67, 1963, 372–378

RASA, O. A. E.: The Effect of Pair Isolation on Reproductive Success in *Etroplus maculatus* (Cichlidae). Z. f. Tierpsychologie, 26, 1969, 846–852

REICH, W.: Die sexuelle Revolution (1949). Frankfurt/M.: Fischer 1971

REYER, H.-U.: Ursachen und Konsequenzen von Aggressivität bei *Etroplus maculatus* (Cichlidae, Pisces). Z. f. Tierpsychologie, 39, 415–454

SAUER, F.: Die Entwicklung der Lautäußerungen vom Ei ab schalldicht gehaltener Dorngrasmücken (*Sylvia c. communis* Latham). Z. f. Tierpsychologie, 11, 1954, 1–93

SCHMIDT, W.: Qualitative und quantitative Untersuchungen am Verhalten von Haus- und Graugänsen. Dissertation Univ. Düsseldorf 1975

STAMM, R. A.: Aspekte des Paarverhaltens von *Agapornis personata* Reichenow (Aves, Psittacidae). Behaviour, 19, 1962, 1–56

TRILLMICH, F.: Paarzusammenhalt und individuelles Erkennen beim Wellensittich. Dissertation Univ. München 1975

WICKLER, W.: Sind wir Sünder? Naturgesetze der Ehe. München: Droemer 1969

WICKLER, W., SEIBT, U.: Über den Zusammenhang des Paarsitzens mit anderen Verhaltensweisen bei *Hymenocera picta* Dana. Z. f. Tierpsychologie, 31, 1972, 163–170

ZIMEN, E.: Wölfe und Königspudel. Vergleichende Verhaltensbeobachtungen. München: Piper 1971

ETHOLOGIE DER KINDHEIT (1)

Der menschliche Säugling

von Michael Morath

Zur Erforschung des menschlichen Verhaltens hat die Biologie den Vorsprung der Kenntnisse über die Verhaltensweisen vieler Tiere. Die Humanethologie ist jedoch nicht allein auf den Vergleich mit den Tieren angewiesen, um etwas über den Menschen zu erfahren. Biologisch bedingte Verhaltensweisen kommen am ehesten dort zum Vorschein, wo weniger kulturelle Wertvorstellungen einwirken und Verhaltensweisen eher unbewußt ablaufen. Das trifft für große Teile der Mutter-Kind-Interaktion zu. Das Verhalten des Säuglings ist am reinsten von biologischen Bedürfnissen bestimmt und ist einer naturwissenschaftlichen Analyse zugänglich.

Humanethologen erachten es als notwendig, angeborene Bedürfnisse zu befriedigen. Bedürfnisbefriedigung wird als Voraussetzung für eine ungestörte Verhaltensentwicklung des Säuglings angesehen, die ihm eine weitgehend freie Entfaltung seiner Möglichkeiten gewährleistet. Die Erforschung der angeborenen biologischen Bedürfnisse und ihrer Rolle bei der Entwicklung des Säuglings und des Kleinkindes ist dementsprechend ein Hauptanliegen der Verhaltensbiologen. Es gibt triviale Bedürfnisse (wie z. B. das, zu atmen), deren Erfüllung vitale Bedeutung hat. Andere, wie das Bedürfnis nach Nahrungsaufnahme, sind primär für das körperliche Wachstum wichtig. Die geistige Entwicklung schließlich wird von der Befriedigung des Kontaktbedürfnisses ganz entscheidend mitbeeinflußt.

DER BIOLOGISCHE TYPUS DES MENSCHLICHEN SÄUGLINGS

Einen Zugang zu der Frage, mit welchen biologischen Grundbedürfnissen beim menschlichen Säugling gerechnet werden müsse, gestattet den Ethologen dessen Zuordnung zu einem biologischen Typus. Die Typisierung von Tierjungen begann zunächst bei den Vögeln (L. Oken, nach: Hassenstein 1970) aufgrund der unterschiedlichen Verhaltensweisen nach dem Schlüpfen in Nesthocker und Nestflüchter. Später wurde dieses Begriffspaar auch auf die Säugetiere übertragen. Nesthocker kommen meist nackt mit verschlossenen Augen und Gehörgängen zur Welt und sind nahezu unfähig zur Fortbewegung und selbständiger Nahrungssuche (Beispiel: Eichhörnchen). Nestflüchter werden behaart geboren, besitzen gleich nach der Geburt funktionstüchtige Sinnesorgane, und können dem Muttertier folgen (Beispiel: Pferd). Portmann (1944) beschrieb in diesem Rahmen den menschlichen Säugling als »sekundären Nesthocker« und »physiologische Frühgeburt« aufgrund vorwiegend anatomischer ontogenetischer Zusammenhänge. Infolge der Zerebralisation beim Menschen stößt die stärkere Gehirnentwicklung im Uterus auf Grenzen. Nach Portmann wird der Mensch relativ zu den nächst verwandten Arten der Menschenaffen zu früh geboren und ist dadurch wieder sekundär vom Nestflüchter zum Nesthocker geworden. Da diese Einordnung vielen Verhaltensaspekten nicht nur beim Menschenkind, sondern auch vom Tierjungen nicht gerecht wird, wurde ein dritter Typus den beiden zur Seite gestellt. Junge dieses Typs sind gekennzeichnet durch Unfertigkeit bei der Geburt und werden von den Muttertieren herumgetragen (Wickler 1969). Affen und Halbaffen sind seine wesentlichen Vertreter. Hassenstein (1970) prägte dafür den Begriff »Tragling«.

Daß der menschliche Säugling diesem Typus *nahesteht*, läßt sich nach der Verwandtschaft des Menschen mit den Menschenaffen vermuten. Der Klammerreflex, mit dem sich die Affenjungen im Fell des Muttertiers anklammern, verleiht auch dem frühgeborenen menschlichen Säugling die Fähigkeit, sein eigenes Körpergewicht zu tragen (Peiper [3]1961) und deutet auf seine phylogenetische Abstammung hin. Dem normal ausgetragenen Säugling gelingt es nicht mehr, sich selbst zu tragen, denn zum einen baut sich der Klammerreflex im ersten Lebensvierteljahr vollständig ab, was auch durch Übung des Reflexes nicht verhindert werden konnte (Morath 1975), zum anderen ist bereits der Fuß des Säuglings soweit dem späteren aufrechten Gang angepaßt, daß er anatomisch zum Greifen kaum noch geeignet ist. Getragen werden und Körperkontakt ist dem Säugling nicht unangenehm, sondern ein Bedürfnis, dem jede fürsorgliche Mutter entspricht, wenn sie den weinenden Säugling auf den Arm nimmt oder in der Wiege schaukelt. Solkoff ließ Frühgeborene fünf Minuten pro Stunde über zehn Tage hinweg streicheln (Solkoff u. a. 1969). Er beobachtete eine durch diese taktile Stimulation bessere Entwicklung der Frühgeborenen und fand, daß sie aktiver waren und bessere Gewichtszunahme zeigten als die nur routinemäßig behandelten. Hasselmeyer (1964) ließ außer taktil zusätzlich sensorisch und kinästhetisch reizen, um die Bedingungen im Mutterleib zu simulieren. Die Folge davon waren ruhigere im Vergleich zur Gruppe der weniger stimulierten Säuglinge. Hier deckt sich das theoretisch abgeleitete Bedürfnis nach Kontakt mit der praktischen Erfahrung und steht auch in Übereinstimmung mit einer Vielzahl von Deprivationsexperimenten an Affen.

Harlow (1958) isolierte neugeborene Rhesusaffen (*Macaca mulatta*). Eine mit Fell überzogene Mutterattrappe wurde auch dann als Kontaktobjekt und Fluchtstätte benutzt, wenn eine zweite Drahtattrappe als Milchspenderin funktionierte. Das Experiment beweist das Vorhandensein eines selektiven Bedürfnisses nach spezifischer Stimulation.

SENSORISCHE LEISTUNGEN DES NEUGEBORENEN

Bis vor nicht langer Zeit nahm man an, die Leistungen des Neugeborenen würden sich auf eine Anzahl von Reflexen beschränken, die auch Inhalt von neurologischen Neugeborenen-Tests sind. Mit der »Neonatal Behavioural Assessment Scale« machte Brazelton (1974) deutlich, wie bei richtigem Eingehen auf den Zustand des Neugeborenen überraschende Leistungen des Säuglings erhalten werden können: Die einfache Veränderung der Testsituation von waagrechter zu senkrechter Körperlage scheint eine bedeutende Steigerung der Wachsamkeit des Säuglings zu bewirken. Da die Wachsamkeit phasenhaft im Zeitraum von wenigen Minuten wechseln kann, ist es der Geschicklichkeit des Testers überlassen, einen günstigen Verhaltenszustand zu erreichen. Dann ist jedoch schon der Neugeborene in der Lage, seine Augen einem optischen Stimulus zuzuwenden und die Richtung eines akustischen Stimulus auszumachen (Brazelton 1974). Komplexe auditive Reize wirken bereits auf Neugeborene viel stärker als z. B. weißes Rauschen, worin sich eine angeborene erhöhte Sensitivität für bestimmte Aspekte von Sprachstimuli ausdrückt (Eisenberg 1965). Weiterhin sind Neugeborene besonders empfindlich für Frequenzen zwischen 125 bis 280 Hz, was annähernd dem Bereich der Grundfrequenz entspricht, der für die menschliche Sprache typisch ist (Hutt u. a. 1968).

Damit kommt dem menschlichen Säugling gleich von Geburt an die Fähigkeit zu, selektiv auf solche Toncharakteristika zu reagieren, die komplexe Kombinationen von Bandbreite und Frequenz sind. Condon u. Sander (1974) fanden, daß die motorischen Bewegungen des Säuglings von der Sprache des Erwachsenen abhängen können. Die Differenzierung mancher dem Säugling unbekannter geschmacklicher Stimuli ist eindeutig erkennbar an den physiognomischen Reaktionen. Der Geruch der mütterlichen Brust wird bereits eine Woche nach der Geburt bevorzugt (MacFarlane 1975).

WIRKUNG DES SÄUGLINGS AUF DAS MÜTTERLICHE VERHALTEN

Nicht nur die Leistungsmöglichkeiten des Säuglings in der ersten Lebenswoche sind unterschätzt worden, sondern ebenso auch die Bedeutung, welche die erste Lebenswoche des Kindes für die Mutter haben kann, ist vernachlässigt worden. Ethologische Arbeiten an Tieren belegen, welche große Wirkung den ersten Stunden und Tagen nach der Geburt für das mütterliche Verhalten des Muttertieres gegenüber ihrem Jungen zukommt. Trennung eines Schafsjungen vom Muttertier in dieser Zeit führt in der Regel zur Verweigerung dem eigenen Kind gegenüber, zwangsweises Zusammensein, selbst mit einem artfremden, z. B. Ziegen-Jungen, erzwingt dessen Adoption (Hersher, Richmond, Moore 1963).

Das sogenannte »crouching« (Einnehmen der zum Stillen charakteristischen Lage) ist bei Ratten angeboren hormonell bedingt. Nach der Geburt entwickelt sich dieses Verhalten jedoch nur weiter, wenn es zur Interaktion mit den Jungen kommt. Andernfalls verschwindet dies mütterliche Verhalten in kurzer Zeit (Rosenblatt 1975).

Kennell, Trause u. Klaus (1975) verglichen beim Menschen die Verhaltensweisen von Müttern mit unterschiedlichen Erfahrungen ihren Kindern gegenüber. Gegenübergestellt wurde eine Gruppe von Müttern, die ihre Kinder gleich nach der Geburt zum intensiven Kontakt erhielten, und eine Gruppe, die für drei Wochen nach der Geburt außer der täglichen Routine kaum Kontakt zu ihrem Kind bekamen. Spätere Untersuchungen nach einem Monat und einem Jahr ergaben für die Muttergruppe mit frühem Kontakt deutlich mehr Bindungsverhalten. Mütter mit mehr frühem Kontakt unterstützten den Arzt stärker bei einer ärztlichen Untersuchung und trösteten ihr Kind beim Schreien mehr als die Mütter der anderen Gruppe. Unterschiede in der Sprache zum Kind ließen sich sogar bei einer Teilgruppe noch nach zwei Jahren feststellen (Ringler u. a. 1975). Die Untersuchungen belegen zwar nicht, daß es einen speziellen, nur Müttern eigenen Instinkt gibt – dazu müßten entsprechende Daten bei der Versorgung der Säuglinge durch Väter erhoben werden –, sind jedoch ein eindeutiges Plädoyer für das »rooming-in«, die Möglichkeit, Mutter und Kind nach der Entbindung in einem Raum unterzubringen und nicht voneinander zu trennen.

BIOLOGISCHE SIGNALE IN DER MUTTER-KIND-KOMMUNIKATION

Oben wurde bereits erwähnt, welche positiven Folgen die einfache manuelle Stimulation des Säuglings für seine Entwicklung haben kann. Salk (1960) konnte zeigen, daß dem normalen Herzschlag – dem Säugling akustisch dargeboten – ebenfalls eine meßbare Wirkung bezüglich einer besseren Nahrungsverwertung und einer größeren Ruhe zukommt.

Signale der Mutter

Weniger gut meßbar, im Hinblick auf eine Entwicklungsförderung aber nicht weniger wichtig, ist der Blickkontakt der Mutter mit ihrem Kind. Haynes u. a. (1965) fanden, daß Säuglinge im ersten Monat ihre Augen nur auf Objekte in einer Entfernung von zirka 19 cm einstellen. Mütter berücksichtigen dies ganz unbewußt, indem sie bei der Kontaktaufnahme mit ihrem Kind ihr Gesicht in diese Distanz bringen (Schötzau 1976). Ist das Kind in der Blicklinie der Mutter und öffnet die Augen, kann eine Verhaltenssequenz folgen, die von Papousek (1976) als Grußverhalten von Müttern ihren Säuglingen gegenüber beschrieben wurde: Die Mutter hebt den Kopf leicht an, zieht die Augenbrauen hoch, wobei sich die Augen weit öffnen und neigt dann den Kopf in Richtung des Säuglings. Solche, im Sekundenbereich ablaufenden Verhaltensmuster sind erst in den letzten Jahren mit der Videotechnik als Mikroverhaltensanalysen leichter zugänglich geworden. Es zeigte sich, daß die Mutter sich den sensorischen Möglichkeiten des Säuglings in ihrem Verhalten unbewußt anpaßt, indem sie ihre Mimik stark übertreibt und ebenso die Sprache kontrastreicher und redundanter gestaltet (Fernald 1975). Dem Säugling ist es dadurch ermöglicht, neue Kombinationen von Vertrautem und Unvertrautem aufnehmen zu können.

Biologische Signale des Säuglings

Der Säugling ist nicht nur der passive Part in der Mutter-Kind-Interaktion. Er vermag seine Umwelt entsprechend seinen Bedürfnissen zu steuern, wenn die versorgende Person seine Signale annimmt. Die Mutter kann ihren Säugling von anderen Säuglingen am Schreien unterscheiden (Müller, Hollien, Murry 1974). Das Schreien hat also offenbar eine individuelle Charakteristik (Ringel, Kluppel 1964; Prechtl u. a. 1969; Bosma u. a. 1965). Analysiert wurden auch intraindividuelle Schreimuster (Caldwell, Leeper 1974; Wolff 1969; Wasz-Höckert u. a. 1964). Ob diese spezifischen Signalcharakter tragen durch die Zuordnungsmöglichkeit zu bestimmten Bedürfniszuständen, wie Hunger oder Schmerz, ist nicht eindeutig belegt. Außer dem als biologisches Alarmsignal für einen unbefriedigten Bedürfniszustand zu verstehenden Schreien ist es dem Säugling möglich, sich akustisch im ersten Lebenshalbjahr nonverbal durch unterschiedliche Lautmuster (kein Schreien!) mitzuteilen (Morath 1977 a, 1977 b), und die Handlungen der ihn versorgenden Person in einer Interaktion fortlaufend zu kommentieren. Diese Lautmuster als Elemente der Babysprache konnten bei allen untersuchten Säuglingen nachgewiesen werden und sind ihnen angeboren. Jedes Lautmuster kommt nur in speziellen charakterisierbaren Interaktionen vor:

a) Ein kurzer Kontakt von 1/10 Sek. mit Suchverhalten, gruppenweise auftretend nach dem Aufwachen;

b) stakkatoartiger Laut, durchschnittlich drei Einheiten mit der Frequenz 14 Sek., geäußert bei der Mühsal des Abwendens eines vorübergehend unangenehmen Zustandes wie Augenauswischen, Schnullerverlust usw.;

c) gelegentliche Vokalisation im Schlaf von 3/10 Sek. Dauer, in der Bedeutung für die Mutter vergleichbar den Stimmfühlungslauten mancher Tiere;

d) harmonische Vokalisation im Rhythmus des Trinkvorganges, wird nur geäußert bei bedürfnisbefriedigendem Nahrungsfluß;

e) harmonische Vokalisation im Zustand der Bedürfnisbefriedigung nach der Mahlzeit oder bei der Interaktion mit der Mutter.

Die Mütter scheinen diese Vokalisationen unbewußt zu verstehen und reagieren sinnvoll darauf (Morath 1977 a, 1977 b).

Außer der eindeutigen mimischen Abwehrreaktion auf ungewohnte Geschmacksreize zeigt der Säugling der Mutter durch Abweismimik (Lippen zusammengepreßt; s. Sudhaus 1974), wann er genug Nahrung zu sich genommen hat. Ein emotional positives mimisches Signal von ebenfalls angeborenem Charakter ist das Lächeln, das ebenfalls wenige Tage nach der Geburt beobachtet werden kann. Bei taubblind geborenen Kindern entwickelt sich die Mimik und das Lautrepertoire im ersten Lebenshalbjahr in gleicher Weise wie bei den normal geborenen (Eibl-Eibesfeldt 1973; s. auch den entsprechenden Abschnitt seines Beitrags »Stammesgeschichtliche und kulturelle Anpassungen im menschlichen Verhalten« in diesem Band). Signalcharakter hat auch die Hand- und Armstellung des Säuglings. Die Mutter kann daran den Wachheitsgrad ihres Kindes (Papousek, Papousek 1975) und die emotionale Beanspruchung durch einen neuen Umweltreiz erkennen.

STEUERUNG DER NAHRUNGSAUFNAHME

Das Verhalten zur Nahrungsaufnahme erscheint biologisch für den Säugling äußerst relevant. Da er hier ganz auf die Interaktion mit der versorgenden Person angewiesen ist, wurde dieser Bereich besonders stark äußeren Zwängen unterworfen. Die natürliche Steuerungsfähigkeit entsprechend den eigenen physiologischen Bedürfnissen zeigt der Säugling jedoch dann, wenn in der rooming-in-Situation seine Signale augenommen und er durch ein »Füttern nach Bedarf« (self-demand) der Selbstbestimmung in Abstimmung mit der Stillfähigkeit der Mutter überlassen bleibt. Die Zeitpunkte der Nahrungsaufnahme folgen dann einem ultradianen Rhythmus im Vier-Stunden-Bereich, der endogen bedingt ist (Morath 1974). Die bei einer bestimmten Mahlzeit aufgenommene Nahrungsmenge bestimmt nicht die Länge des darauf folgenden Intervalls bis zur nächsten Nahrungsaufnahme, sondern ist davon unabhängig. Die Nachtpause als Indiz der circadianen Periodik entsteht durch Auslassen von erst einer, dann zweier Mahlzeiten von selbst; dazu bedarf es keiner künstlichen Nahrungsvorenthaltung (Morath 1977).

ENTWICKLUNG AKUSTISCHER UND VISUELLER DIFFERENZIERUNG

Bereits dem Neugeborenen gelingt aufgrund seiner sensorischen Leistungen die Bevorzugung bestimmter akustischer Frequenzen. Die weitere Entwicklung der Fähigkeit, verschiedene akustische und visuelle Stimuli unterscheiden zu können, ist die Grundlage für die Entwicklung der Sprache und des Sozialverhaltens. Eimas (Eimas u. a. 1971) zeigte, daß bereits ein bis zwei Monate alte Säuglinge fähig sind, phonetische Unterschiede, wie »ba« und »pa« wahrzunehmen; sechs Wochen alte Säuglinge können bereits zwischen zwei »ba« diskriminieren, die nur im Tonfall verschieden sind (Cutting, Eimas 1973).

Das Erkennen von Gesichtern ist früher von Ahrens (1954) und erneut von Maurer u. Salapatek (1976) untersucht worden. Bereits ab dem zweiten Monat kommt den inneren Gesichtsmerkmalen eine größere Bedeutung zu. Im Alter zwischen drei und fünf Monaten gelingt dann die sichere Unterscheidung verschiedener Personen; zunächst an der Stimme und dann auch am Gesicht.

BIOLOGISCHE RELEVANZ DER KOGNITIVEN PROZESSE

Je mehr die Sinneswahrnehmungen im Verlauf der Entwicklung an Differenzierungsleistung gewinnen, desto wichtiger wird es für den Säugling, die von außen an ihn herangetragenen verschiedenen Reizqualitäten in Beziehung zu setzen. Die Habituation funktioniert bereits bei Neugeborenen und Frühgeborenen auch im Tiefschlaf unter Verwendung verschiedenster Stimulationen (Martinius, Papousek 1970; Miethge 1977). Ihre besondere Bedeutung liegt in der Fähigkeit des Säuglings, einen Reiz unbeantwortet zu lassen, wenn er für den Organismus unbedeutend ist; denn es wäre unökonomisch, jeden Reiz der Umgebung gleichermaßen zu beachten.

Klassisches Konditionieren konnte ebenfalls bei einmonatigen Säuglingen durchgeführt werden (Marquis 1931; Lintz, Fitzgerald, Brackbill 1967). Praktische Bedeutung hat es etwa für die Mutter-Kind-Interaktion: Der Säugling lernt, sich zu beruhigen, wenn er hört oder sieht, daß die Mutter Vorbereitungen zum Füttern trifft. Rheingold u. a. (1959) erreichten mit der Methode des operanten Konditionierens eine Verdopplung der Lautäußerungen drei Monate alter Säuglinge. Sie ließen dazu jeder Vokalisation eine soziale Verstärkung folgen, z. B. Das-Kind-Anlächeln, Zu-ihm-Sprechen, Streicheln (vgl. den Beitrag von J. L. Gewirtz in Bd. IV dieser Enzyklopädie).

Die Konditionierbarkeit der einzelnen Sinnesmodalitäten setzt zeitlich verschieden ein. Nach N. I. Kasatkin (Brackbill 1977, 218) reift zuerst das Vestibulärsystem, dann das auditive, das taktile, olfaktorische, das Geschmacks- und zuletzt das visuelle System zur Konditionierbarkeit heran.

Auf der Basis der differenzierenden Sinnesleistungen und der kognitiven Prozesse lernt der Säugling also schon im frühesten Alter die Gesetzmäßigkeiten seiner Umwelt kennen. So wird das unbewußte, vereinfachte und prägnante kommunikative Verhalten der Mutter ihrem Säugling gegenüber verständlich. Die Mutter ist der natürliche biologische Rahmen, der einerseits dem Kind die notwendige Stimulation bietet und andererseits eine Überforderung vermeidet. Zwar gelingt es dem Säugling ohne Schaden auch allein, übermäßige Stimulation, die er kognitiv nicht verarbeiten kann, zu vermeiden (Papousek, Papousek 1974). Das gilt jedoch nur, wenn ein ständiges Übermaß an inadäquater Stimulation vermieden wird.

INDIVIDUELLE BINDUNG AN EINE BEZUGSPERSON

Mit Hilfe der kognitiven Prozesse gelingt der individuelle Bezug zur sozialen Umwelt, die in der Hauptsache von der Mutter gebildet wird. Die Entstehung dieser Bindung kann an Hand der sogenannten Fremdelreaktion des Säuglings verfolgt werden. In Übereinstimmung mit der Konditionierbarkeit wird zunächst individuell differenziert im Bereich vestibulär-taktiler, dann auditiver (im dritten Monat) und visueller (fünften Monat) Stimuli, wobei stärkste Fremdelreaktionen häufig im achten Monat erscheinen und dann wieder an Intensität abnehmen. Die Fremdelreaktion zeigt klare Unterscheidungsfähigkeit zwischen bekannten und unbekannten Personen an und setzt damit eindeutige Bindungen fest. Die Sicherheit dieser Bindung dient als Grundlage für die weitere Erschließung der objekthaften und sozialen Umwelt durch Erkundungsverhalten, Spielverhalten und Nachahmung (Hassenstein 1973). Kann diese Bindung im Laufe der Entwicklung im ersten Lebensjahr infolge zu unsteter Umwelt nicht erreicht werden, bleibt das Verhalten des Kindes von Angst beherrscht, was die Durchsetzung anderer Verhaltensweisen behindert.

BEZÜGE ZUR EMOTIONALEN ENTWICKLUNG

Nimmt man einen Säugling auf den Arm und wiegt ihn, so hat das eine unmittelbare Wirkung auf sein emotionales Befinden. Das kurz auftretende Lächeln ist als angeborene Verhaltensweise vermutlich schon in diesem Alter eine Bestätigung seiner Bedürfnisbefriedigung. Wieviel die gewohnten Reize dem Säugling bedeuten, zeigt sich, wenn eine Mutter mehrere Wochen voll gestillt hat und nun – vielleicht infolge einer Krankheit – gezwungen ist, auf Flaschennahrung umzustellen. Obwohl die Milch viel leichter aus dem Gummisauger kommen mag, wird dieser mit Ausdauer und offensichtlichem Ärger abgelehnt. Daß der Säugling von ihm abhängige zuverlässige Gesetzmäßigkeiten aus seiner Umwelt selektiv wahrnimmt, läßt sich aus Papousek u. Papousek (1975) schließen: Säuglinge im fünften Lebensmonat schauten mit steigender Tendenz auf das Fernsehbild, welches sie selbst ohne zeitliche Verzögerung wiedergab. Das Interesse am Bild eines Films mit zeitlicher Verzögerung nahm dagegen ab.

Entsprechend der doppelten Quantifizierung hängt eine Verhaltensäußerung – innerhalb des genetisch vorgegebenen Rahmens – von einem inneren Zustand (Bedürfnis) und von äußeren Bedingungen (Reizen) ab (Lorenz 1943). Beide Verhaltenswurzeln wandeln sich im Laufe der Entwicklung, was entweder – bei adäquater Reaktion der Pflegeperson auf die Signale des Säuglings – in harmonischem Aufeinanderabgestimmtsein erfolgt oder – bei gegenseitiger Ignoranz – nebeneinander abläuft, womit die Interaktion dann dem Zufall beziehungsweise fixierten Mustern überlassen bleibt. Paradoxerweise wird auch einer Veränderung der Interaktion zum Positiven hin (etwa durch Wechsel zu einer geeigneteren Pflegeperson) seitens des Säuglings anfänglich Widerstand entgegengesetzt. Eine Umstellung gestaltet sich um so schwieriger, je später sie eintritt. Erklären lassen sich diese Zusammenhänge dahingehend, daß vermutlich am Anfang der Entwicklung diejenigen individuellen Reizmuster am wenigsten eine Änderung vertragen, auf die es für den Aufbau der Persönlichkeitsstruktur am meisten ankommt. Unmittelbar nach der Geburt heißt das: Abhängigkeit des emotionalen Befindens von den Anwesenheitssignalen der Mutter. Später bedeutet es die Individualität der Bezugsperson, die kontinuierlich gewahrt bleiben muß.

Da jedes Mutter-Kind-Interaktionspaar auf seiner Ebene relativ kontinuierlich wirkt, dürfte der emotinale Grundzustand des Säuglings und Kleinkindes dauerhaft entscheidend von der Mutter-Kind-Interaktion mitbestimmt sein.

LITERATUR

AHRENS, R.: Beitrag zur Entwicklung der Physiognomie und Mimikerkennens. Zeitsch. f. exp. und angew. Psychol., 2, 1954, 412–454; 599–633

BOSMA, J. F. u. a.: Studies of neo-natal transition: correlated cineradiographic and visual-acoustic observation. Acta paed. (Uppsala), Suppl. 163, 1965, 83

BRACKBILL, Y. (Ed.): Infancy and early childhood. New York: Free Press 1977, 218

BRAZELTON, T. B.: Neonatal Behavioural Assessment Scale. Clinics in Developmental Medicine No. 50. Spastics Internat. Medical Public. London: Heinemann 1974 (u. Film)

CALDWELL, H., LEEPER, H. A.: Temporal patterns of neonatal vocalizations. A normative investigation. Perceptual and Motor Skills, 38, 3, Part 1, 1974, 911–916

CONDON, W. S., SANDER, L. W.: Neonatal movement is synchronized with adult speech. Science, 183, 1974, 99–101

CUTTING, J. E. and EIMAS, P. D.: Phonetic feature analysers and the processing of speech in infants. Manuskript anläßlich der National Institute of Child Health and Human Development Conference: The role of speech in Language. Colombia, Oct. 1973

EIBL-EIBESFELDT, I.: Der vorprogrammierte Mensch. Wien: Molden 1973

EIMAS, P. u. a.: Speech Perception in infants. Science, 171, 1971, 303–306

EISENBERG, R. B.: Auditory Behavior in the human Neonate. I: Methodic problems and the logical design of research procedures. J. Audit. Res., 4, 1965, 159–77

FERNALD, A.: Die Sprache der Mutter mit dem Neugeborenen. Mittwoch-Morgen-Konferenz, MPI f. Psychiatrie. Dez. 1975

HARLOW, H. F.: The nature of love. Americ. Psychologist, 13, 1958, 673–685

HASSELMEYER, E. G.: The premature neonate's response to handling: American Nurses Assoc., 11, 1964, 15–24

HASSENSTEIN, B.: Tierjunges und Menschenkind. In: W. Behler (Hg.): Das Kind. Freiburg: Herder 1970

Verhaltensbiologie des Kindes. München: Piper 1973

HAYNES, H. u.a.: Visual accomodation in human infants. Science, 148, 1965, 528–530

HERSHER, L., RICHMOND, J. B., MOORE, A. V.: Maternal behavior in sheep and goats. In: H. Rheingold (Ed.): Maternal behavior in Mammals. New York: Wiley 1963

HUTT, S. J. u. a.: Auditory responsivity in the human neonate. Nature (London), 218, 1968, 888–850

KENNELL, J. H., TRAUSE, M. A., KLAUS, M. A.: Evidence for a sensitive period in the human mother. In: CIBA Foundation Symposium 33: Parent-Infant-Interaction. Amsterdam: Elsevier, 1975

LINTZ, L. M., FITZGERALD, H. E., BRACKBILL, Y.: Conditioning the eyeblink response to sound in infants. Psych. Sci., 1967, 405–406

LORENZ, K.: Die angeborenen Formen möglicher Erfahrung. Z. f. Tierpsychol., 5, 1943, 235–409

MACFARLANE, A.: Olfaction in the development of social preferences in the human neonate. In: CIBA Foundation Symposium 33: Parent-Infant-Interaction. Amsterdam: Elsevier 1975, 103–117

MARQUIS, D. P.: Can conditioned response be established in the newborn infant? J. Genetical Psychol., 39, 1931, 479–492

MARTINIUS, J. W., PAPOUSEK, H.: Responses to optic and exteroceptive stimuli in relation to state in the human newborn: habituation of the blink reflex. Neuropädiatrie, 1, 1970, 452–460

MAURER, D. M., SALAPATEK, P.: Developmental changes in the scanning of faces by young infants. Child development, 47, 1976, 523–527

MIETHGE, W.: Habitation bei Frühgeborenen. Mittwoch-Morgen-Konferenz, MPI f. Psychiatrie: Febr. 1977

MORATH, M.: The four hour feeding rhythm of the baby as a free running endogenously regulated rhythm. Intern. J. Cronobiol., 2, 1974, 39–45

Verhaltenssteuerung der Nahrungsaufnahme beim menschlichen Säugling im ersten Lebensvierteljahr. Dissertation Univ. Freiburg 1975

Differences in the noncrying vocalizations of infants in the first four months of life. Neuropädiatrie, Suppl. 8, 1977 a, 543–545

Vokalisationen des Säuglings im ersten Trimenon. Mittwoch-Morgen-Konferenz, MPI f. Psychiatrie: München, Febr. 1977 b

MÜLLER, E., HOLLIEN, H., MURRY, T.: Perceptual responses to infant crying: Identification of cry types J. of Child Language I (1), 1974, 89–95

OKEN, L.: nach Hassenstein (1973)

PAPOUSEK, H.: Gestaltung des Eltern-Kind-Verhältnisses. Vortrag auf der Tagung der evangelischen Akademie. Bad Herrenalb, April 1976

PAPOUSEK, H., PAPOUSEK, M.: Die Mutter-Kind-Beziehung und die kognitive Entwicklung. In: Nissen, Strunk (Hg.): Seelische Fehlentwicklung im Kindesalter und Gesellschaftsstuktur. Berlin: Luchterhand, 1974

Mothering and the cognitive Head Start: Psychobiological considerations. Manuskript anläßlich des Loch-Lomond-Symposiums, Sept. 1975

PEIPER, A.: Die Eigenart der kindlichen Hirntätigkeit. Leipzig: G. Thieme [3]1961

PORTMANN, A.: Biologische Fragmente einer Lehre vom Menschen. Basel: Schwabe 1944, [3]1969

PRECHTL, H. F. R. u. a.: A statistical Analysis of Cry Patterns in normal and abnormal newborn infants. Develp. Med. Child Neurol., 11, 1969, 142–152

RHEINGOLD, H. L. u. a.: Sozial conditioning of vocalisation in the infant. J. Comp. Physiol. Psychol., 52, 1959, 68–73

RINGEL, R. L., KLUPPEL, D. P.: Neonatal crying: a normative study. Folia phoniatrica, 16, 1964, 1–9

RINGLER, H. M. u. a.: Mother to child speech at two years-effects of early postnatal concats. J. Pediatrics, 86, 1975, 141–144

ROSENBLATT: Prepartum and Postpartum regulation of maternal behavior in the rat. In: CIBA Foundation Symposium 33: Parent-infant-Interaction. Amsterdam: Elsevier 1975

SALK, L.: The effects of normal heart beat sound on the behavior of the newborn infant: Implications for mental health. Wld. ment. Hlth., 12, 1960, 168

SCHMALOHR, E.: Frühe Mutterentbehrung bei Mensch und Tier (1968). Reihe »Geist und Psyche«, Bd. 2092. München: Kindler 1972

SCHÖTZAU, A.: Mütterliche Verhaltensformen bei der visuellen Stimulation des Neugeborenen. Mittwoch-Morgen-Konferenz am MPI f. Psychiatrie. München: Nov. 1976

SOLKOFF, N. u. a.: Effects of handling on the subsequent development of premature infants. Developmental Psychology, 1, 1969, 765–768

SUDHAUS, K.: Verhaltensbeobachtungen am Säugling während der ersten drei Monate. Staatsexamensarbeit Univ. Freiburg: Mai 1974

WASZ-HÖCKERT, V. u. a.: The identification of some specific menanings in infant vocalization. Experientia (Basel), 20, 1964, 154

WICKLER, W.: Sind wir Sünder? München 1969

WOLFF, P. H.: The natural history of crying and other vocalizations in early infancy. In: B. M. Foss (Ed.): Determinants of infant behaviour, IV. London: Methuen; New York: Barnes & Noble 1969, 82–85

ETHOLOGIE DER KINDHEIT (2)

Die Entwicklungsphase des Kleinkindes

von Bernhard Hassenstein

Die Säuglingsphase geht nicht schlagartig, sondern fließend in die Kleinkindzeit über. In der Sicht der Verhaltensbiologie ist die Kleinkindphase gekennzeichnet durch *aktiven Erfahrungserwerb* und *Zunahme der Selbständigkeit*, vermittelt durch eine Anzahl von Verhaltensweisen mit gemeinsamer Motivation: Erkunden, Spielen, Nachahmen und kreative Neukombination von Verhaltenselementen. Diese Verhaltensrichtungen treten einzeln schon hin und wieder in der Säuglingszeit zutage (s. den vorangehenden Beitrag von M. Morath), nehmen dann aber allmählich an Häufigkeit und Intensität zu und dominieren – wenn die Umweltsituation dies erlaubt und sofern die Säuglingszeit die inneren Voraussetzungen dazu nicht unterdrückt hat (s. u.) – im zweiten bis (mindestens im) sechsten Lebensjahr.

Abb. 1 deutet an, wie sich die kleinkindliche Verhaltensrichtung in verhaltensbiologischer Sicht zeitlich in die Gesamtentwicklung des menschlichen Verhaltens einordnet. Die Abbil-

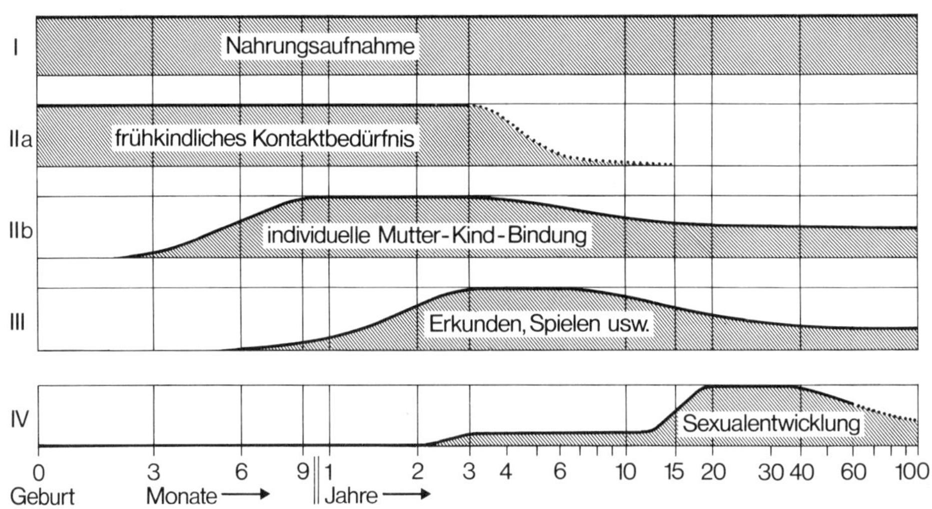

Abb. 1 Entwurf eines Schaubildes für die Entwicklung einiger Bereiche des menschlichen Verhaltens in verhaltensbiologischer Sicht (Erläuterungen im Text).

dung ist ein Schaubild für die Verhaltensentwicklung, dargestellt als fünfzeilige »Partitur«. Die Zeitskala verkürzt sich mit wachsendem Lebensalter logarithmisch fließend von links nach rechts, so daß der Zeitraum von der Geburt bis zum ersten Geburtstag graphisch ebenso lang ausfällt wie der vom 1. bis 10. Lebensjahr (und auch der Zeitraum von dort bis zum 100. Lebensjahr); diese Darstellung trägt der größeren Entwicklungsgeschwindigkeit in den ersten Lebensepochen Rechnung. Die Abbildung soll die Zeiten der vollen Funktionsreife sowie Epochen der Veränderung deutlich werden lassen; dem absoluten Betrag der Amplitude, soweit er zwischen den Extremen 0 und 1 liegt, ist keine definierte Bedeutung zuzumessen.

Wie Abb. 1 darstellt, sind die Bereitschaft zur Nahrungsaufnahme und das frühkindliche Kontaktbedürfnis sofort von Geburt an vorhanden. Dann folgen nacheinander die individuelle Mutter-Kind-Bindung, der hier besprochene Verhaltensbereich des Kleinkindes (Erkunden, Spielen, Nachahmen, »schöpferisches Erfinden«) und die beiden Phasen der Sexualentwicklung.

AKTIVER ERFAHRUNGSERWERB UND ZUNEHMENDE SELBSTÄNDIGKEIT

Die verhaltensbiologische Betrachtungsweise hebt, wie sich an der Abbildung erkennen läßt, für die Lebensepoche des Kleinkindes andere Verhaltenselemente als wichtig hervor, als dies seitens bestimmter Richtungen der Tiefenpsychologie geschieht. Wie beispielsweise der Begriff der »analen Phase« andeutet, betonte Sigmund Freud die entstehende Lernfähigkeit im Hinblick auf die *Beherrschung der eigenen Körperfunktionen*, z. B. im Zusammenhang mit den *Ausscheidungsvorgängen* (s. den Beitrag von P. Heimann in Bd. II dieser Enzyklopädie). Im Rahmen der von H. Schultz-Hencke begründeten tiefenpsychologischen Richtung der *Neopsychoanalyse* (s. Bd. III dieser Enzyklopädie) wird der *Aggressivität* ein besonderes Gewicht in dieser Altersstufe beigemessen: »Das erste keimende Wollen kündet sich beim Kind in dieser Altersstufe an. Ganz offenbar wird das Erlebnis der Wut im Zusammenhang mit den auftauchenden Aggressionen bewußter als vorher und kann unter Umständen in der sogenannten Trotzphase lebhafteste Intensität erreichen. Das Kind will, daß seine ersten Selbständigkeitsimpulse respektiert werden. Es will seinem prüfenden Taten- und Zerstörungsdrang nachgehen können« (Dührssen [10]1974, 40). Diese Vorstellung leitet über zu derjenigen der Verhaltensbiologie: In deren Sicht ist der entscheidende Inhalt der Kleinkindzeit am besten zu kennzeichnen mit den Begriffen: *Aktiver Erfahrungserwerb* und *zunehmende Selbständigkeit.* Im Einzelnen gehören hierher die Verhaltensweisen Erkunden, Spielen, Nachahmen und »Schöpferisches Erfinden«.

Erkunden

Erkunden heißt: Auch wenn gerade keine aktuellen biologischen Bedürfnisse bestehen, bleibt das Kind nicht inaktiv, sondern es sucht alles, was es erreichen kann, mit seinen Sinnen zu erforschen, anfangs nicht nur durch Berühren und Anfassen, sondern auch durch In-den-Mund-Nehmen. So werden Eigenschaften wie hart und weich, glatt und rauh, warm und kalt, trocken und naß usw. kennengelernt. Das Kleinkind erkundet, welches Geräusch ein heruntergeworfener Gegenstand erzeugt, aber auch, was die Eltern tun, wenn das Herunterwerfen häufig wiederholt wird. Wenn Neues, also noch nicht im Gedächtnis Gespeichertes, in den Gesichtskreis gerät, so übt es besondere Anziehungskraft aus. Kann das Kind sprechen, so äußert sich sein Erkundungsdrang auch durch Fragenstellen. Hier läßt sich beispielhaft die neue Rolle der Familienmitglieder deutlich machen: Sie werden dem Reifestadium dieses Lebensalters gerecht, wenn sie das Kind in seinem Wissensdurst unterstützen, es darin ermuntern und loben, seine Fragen beantworten, es auf Neues aufmerksam machen, ihm erzählen und vorlesen, ihm Zusammenhänge erklären und das Anwenden des Erlernten zeigen.

Spielen

Das Spielen ist biologisch als antriebsbedingtes Verhalten zum Erwerb von Können und Erfahrung und zum körperlichen Training zu verstehen. In seiner Wichtigkeit ist es gar nicht zu überschätzen. Bewegungsspiele üben die körperliche Kraft und Geschicklichkeit; Spiele mit Erwachsenen oder anderen Kindern entwickeln die Fähigkeit, Handlungen zu planen, die Spielpartner zu beobachten und sich auf mitmenschliches Verhalten einzustellen; ungestört allein zu spielen fördert die Fähigkeit zur Konzentration.

Zur Verhaltenssteuerung des Spielens gehört ein *Wiederholungsdrang*: Bekanntlich wollen Kleinkinder viele Eindrücke sehr häufig wahrnehmen, und sie wollen eigene Bewegungen unermüdlich wiederholen. Diese Wiederholungstendenz der Kleinkinder steht im Widerspruch zu Verhaltenstendenzen der meisten Schulkinder, für die jedes Wiederholen ein Greuel ist. Wiederholen ist jedoch eine förderliche Bedingung für Lernvorgänge.

Der spielerische Wiederholungsdrang ist vielfach an eine besondere Situation gebunden: Kleine Kinder reagieren, sofern sie in entspannter Situation sind, auf besondere Wahrnehmungen bevorzugt damit, daß sie ihr eigenes gerade vorangegangenes Verhalten sofort wiederholen. Ist ein Kind in eine Pfütze getapst und hat das Wasser spritzen sehen, so wiederholt es sein Verhalten sofort. Dieser motorische Wiederholungsdrang auf wahrgenommenes Umweltecho hin hat einen klar erkennbaren Erfahrungsnutzen: Das Lebewesen lernt die gesetzmäßigen Konsequenzen des eigenen Verhaltens von zufälligem Zusammentreffen zu unterscheiden. Auch jede experimentelle Forschung kann nur dann Ursache-Wirkungszusammenhänge ermitteln, wenn die Versuche wiederholt werden. Hiernach verstehen wir den *Wiederholungsdrang nach Umweltantwort* als eines der verhaltenssteuernden Teilsysteme, die außerhalb von biologischen Ernst-Situationen Lernprozesse ermöglichen und in Gang setzen.

Die Reaktion der Mitwelt auf kindliche Eigenaktivität ist von ungewöhnlicher Erfahrungsträchtigkeit für das Kind. Das Nervensystem des Kindes befindet sich nach jeder Eigenaktivität gleichsam im Erwartungszustand für das Wahrnehmen von Antworten und Reaktionen auf das eigene Handeln und macht danach die wesentlichen Erfahrungen über das Wichtigste, was es gibt: Was kann ich durch eigene Aktivität in der dinglichen und personalen Umwelt bewirken?

Nachahmen

Ein drittes verhaltenssteuerndes Teilsystem ist der Drang, beobachtetes Verhalten anderer Individuen, z. B. von Eltern, Geschwistern, Lehrern, durch Nachahmen in eigenes Können zu verwandeln; die innere Belohnung besteht im Nachahmenkönnen des Vorbilds. So kommt ein Transfer des Verhaltens von Generation zu Generation zustande, eine naturbedingte Weitergabe erworbener Fähigkeiten.

Schon diese wenigen verhaltenssteuernden Mechanismen der Kleinkindzeit machen deutlich, welche geradezu genial konzipierten angeborenen Strategien in dieser Lebensphase dafür sorgen, daß das Kind seine grundlegenden Erfahrungen macht und Erfahrung, Wissen und Können speichert. Man ist verblüfft, wenn man sich vergegenwärtigt, was dies alles eigentlich physiologisch voraussetzt; als Beispiel hierfür diene das eben genannte visuelle Nachahmen: Aus dem zweidimensionalen Abbild des Geschehens auf dem Augenhintergrund, übersetzt in Aktionspotential-Sequenzen in zehntausenden von Nervenfasern, konstruiert das Gehirn automatisch ein Raum-Zeit-Muster aus Kommandos für Dutzende von funktionell unterschiedlichen Muskeln, und zwar so, daß das entstehende Verhaltensmuster das wahrgenommene Bewegungsgeschehen im dreidimensionalen Raum reproduziert. Einen Computer zu bauen, der so etwas kann, wäre äußerst schwierig, geschweige denn, ihn perfekt funktionieren zu lassen. Man sollte meinen, eine solche ratiomorphe Leistung des Gehirns müßte für ein Kleinkind überaus anstrengend sein – aber nein, diese Leistung vollbringt das Kind mit Leichtigkeit und Vergnügen. Das Kleinkind hat seinen besten Lehrer in sich selbst: Es wäre hoffnungslos, seine angeborenen Lernstrategien und die dazugehörigen Motivationen durch von außen aufgeprägte Curricula ersetzen zu wollen; solche können im Kleinkindalter nur stören, indem sie die zur Natur des Kindes gehörigen viel sinnvolleren Lernstrategien verdrängen. *Hier* basiert eine entscheidende wissenschaftliche Argumentation gegen die von der amerikanischen Lerntheorie (s. Bd. IV dieser Enzyklopädie) provozierte Forderung, lernzielorientiertes Lehren und Lernen in die Welt des Vorschulkindes einzuführen (Deutscher Bildungsrat 1970, 45 ff).

Schöpferisches Erfinden

Eine ganze Reihe weiterer Strategien des Lernens aus eigenem Antrieb wird schließlich umfaßt durch den Ausdruck »schöpferisches Erfinden«. Zuvor Erlerntes wird neu kombiniert, in neuartiges Tun umgesetzt, sei es in phantasievolles Erzählen, in konstruktives Bauen, in das Ersinnen von Spielen oder später auch in bildliches Gestalten. Es gibt kaum ein Kind, das uns nicht wenigstens dann und wann durch neue Wortschöpfungen überrascht. Durch schöpferisches Erfinden erweitern die Kinder aus eigenem Antrieb ihren Erfahrungsbereich in vielen Dimensionen.

DIE ROLLE DER ERWACHSENEN

In all den beschriebenen Erfahrungsrichtungen wird das Kind *selbständiger*. Diese Selbständigkeit muß geübt und stetig erweitert werden. Das Kleinkind gewinnt die Fähigkeit, durch eigenes Handeln Ziele zu erreichen. Die Freude über das Gelingen, das Lob der Eltern regen zu neuem Tun an. Das Kind muß auch lernen zu ertragen, daß seine Mühe manchmal erst nach längerer Zeit Erfolg hat, daß seine Wünsche unter Umständen erst später erfüllt werden und daß es manches gar nicht erreichen kann. Auch Mißerfolg muß zeitweilig hingenommen und verarbeitet werden. Diese wichtigen Erfahrungen ermöglichen ihm die Eltern dadurch, daß sie dem Tun des Kindes Aufmerksamkeit schenken, aber nicht mehr als nötig dem Kinde helfen. Sie sollten keinesfalls ungeduldig dem Kind eine Arbeit aus der Hand nehmen und sie selbst tun, damit sie schneller fertig wird oder um dem Kind die Mühe zu ersparen. Bittet das Kind selbst um Hilfe – oder droht ein zu großer Mißerfolg –, so ist elterliche Unterstützung angebracht. Versagungen und Scheitern werden durch elterliches Mitgefühl leichter ertragbar. Erneute Versuche führen dann zum Ziel; hierbei entwickelt sich das Durchhaltevermögen des Kindes.

Um seine Fertigkeiten, seine Kenntnisse, seine Selbständigkeit und sein soziales Verhalten zu entwickeln, braucht das Kind bis zu drei Jahren und darüber hinaus die ausgiebige Partnerschaft derjenigen einzelnen Erwachsenen, an die es innerlich gebunden ist und denen es vertraut. Diesen Erwachsenen fällt es zu – falls sie die Entwicklung des Kindes so gut wie möglich fördern wollen –, auf dessen biologisch reifungsbedingte *individuelle* Initiativen zum Erkunden, Spielen, Nachahmen und schöpferischen Erfinden *individuell* antwortend und weiterführend einzugehen; denn dies ist die Situation, in der das Kind für jede Erfahrung offen ist. Wo eigene Initiativen ohne Antwort bleiben, versiegt die Aktivität. – Auch liegt in diesem Alter eine wichtige Aufgabe für die Eltern darin, sowohl zu Hause wie in den Ferien gemeinsames Spielen von Kindern zu ermöglichen, ganz besonders bei Kindern, die keine Geschwister haben.

Schon in den drei ersten kindlichen Lebensjahren umfaßt also die Eltern-Kind-Beziehung in aufeinanderfolgenden Phasen schwerpunktmäßig ganz unterschiedliche Beziehungsformen. Zeitlicher Schrittmacher ist dabei die biologische kindliche Entwicklung, die man als Reifung von Lernbereitschaften kennzeichnen kann. Die Lerngewinne der aufeinanderfolgenden Phasen bauen aufeinander auf; das Frühere wird zur Basis des Späteren, und frühes Mißlingen untergräbt späteren Erfolg. Die Rolle der Erwachsenen besteht im wesentlichen darin, dem Kinde entsprechend seinen reifenden Lernphasen die angezielten Erfahrungen nicht zu versagen, sondern möglichst reich zu bieten:

Erstens ist die Erfahrung notwendig, von der Geburt an (oder im Fall des Ausfalls der leiblichen Mutter so bald als möglich beginnend) einen bleibenden Hauptbindungspartner zu haben, der durch seine Anwesenheit und sein Betreuungsverhalten vertrauenswürdig ist und den primären Bindungsprozeß ermöglicht.

Zweitens sind – im ersten Lebensjahr beginnend und schwerpunktmäßig dann in den Kleinkindjahren – beide Eltern die Partner, die das Kind in seinem Erkundungsdrang, seinem Wissensdurst, seinem Spielen und seinem schöpferischen Erfinden unterstützen, ihm dazu Stoff, Anerkennung und Anregung geben und für das Kind im individuellen und im sozialen Bereich als Nachahmungsvorbild wirken. Eigentliches soziales Spielen mit anderen Kindern beginnt sich gegen Ende dieser Phase zu entwickeln.

ANGST HEMMT DIE ENTWICKLUNG ZUR SELBSTÄNDIGKEIT

Der gesamte, für das Kleinkindalter kennzeichnende Verhaltenskomplex Erkunden/Spielen/Nachahmen/schöpferisches Erfinden hat nun noch eine bedeutsame biologisch begründete Eigenschaft, die in dem hier besprochenen Beziehungsfeld wichtig ist. Für das Spielen formuliert: »Spielen erfolgt nur im entspannten Feld« (Bally 1945, Meyer-Holzapfel 1956). Allgemein gilt es für alle eben erwähnten Verhaltenstendenzen: Sie sind extrem empfindlich gegen Angst, d. h. sie sind durch Angst leicht zu unterdrücken. Beispielsweise kann etwas Neues, das aus angstfreier Situation heraus Wißbegierde erwecken würde, bei gesteigerter allgemeiner Ängstlichkeit statt dessen Furcht auslösen. Anstatt seiner Wißbegierde zu folgen, versteckt sich das Kind vor dem Neuen hinter seiner Mutter.

Biologisch gesehen ist die leichte Verdrängbarkeit des Erkundens, Spielens usw. durch Angst an sich durchaus sinnvoll. Denn die Angst aktiviert das Verhalten der *Selbsterhaltung in der Gefahr.* Die Verhaltensweisen des »aktiven Erfahrungserwerbs« erweisen ihren Vorteil dagegen erst in der Zukunft; daher ist es sinnvoll, wenn sie jeweils in der Gegenwart nicht in Konkurrenz mit der aktuellen biologischen Notwendigkeit zur Selbsterhaltung treten. Sie füllen gleichsam die freibleibende Zeit aus. Dies wird auf der Ebene der Verhaltenssteuerung dadurch am besten gewährleistet, daß Erkunden, Spielen usw. durch Angst leicht unterdrückt werden.

Diese leichte Unterdrückbarkeit der Tendenz zum Erkunden, Spielen, Nachahmen usw., die an sich, wie gesagt, durchaus sinnvoll ist, verkehrt sich unglücklicherweise beim Menschenkind zu einer besonderen Gefahrenquelle, und zwar wegen der gesteigerten Angst als Folge frühkindlicher Betreuungs- und Bindungsmängel. Hierdurch erklärt es sich, warum frühkindliche Bindungsunsicherheit die spätere geistige Entwicklung und den Gewinn von Lern-, Konzentrationsfähigkeit, Selbständigkeit und sozialer Selbstsicherheit unter Umständen so schwer beeinträchtigen. Das verhängnisvolle Bindeglied ist die Angst. Die Ursache-Wirkungs-Kette ist die folgende:

In der Säuglingszeit bestimmt die langsam entstehende Bindung, in wessen körperlicher Nähe sich das Kind völlig sicher fühlt. Wurde es dem Säugling und Kleinkind durch mehrfachen Verlust von Bezugspersonen oder durch fortdauernde Wechselbetreuung verwehrt, eine feste Vertrauensbindung aufzubauen, so nistet sich allgemeine Unsicherheit und Ängstlichkeit ein. Diese Angst dämpft oder unterdrückt dann den gesamten Verhaltensbereich Erkunden/Spielen/Nachahmen/schöpferisches Erfinden, also das Lernen durch aktiven Erfahrungserwerb und damit den Gewinn von Selbständigkeit und angstfreiem sozialen Verhalten.

Was ist nun für die *spätere* Entwicklung zu fürchten, wenn den Kindern in der Säuglingsphase durch Wechsel der Bezugspersonen oder andere Betreuungsmängel statt Vertrauen Angst eingeflößt wird und sich ihnen darum – und womöglich noch zusätzlich aus äußeren Gründen – in der frühen Kleinkindphase die Umwelt versagt, so daß Erkunden, Spielen, nachahmendes Lernen und schöpferisches Erfinden zu kurz kommen? Ich beschreibe die zu befürchtende Entwicklungsstörung in einer besonders schweren Form: für das überhaupt bindungs*los* aufwachsende Kind. Im Fall von bindungs*schwach* aufwachsenden Kindern können die Störungen irgendwo im Bereich des fließenden Übergangs zwischen dem gut betreuten und dem bindungslosen Kind liegen.

»Das gesamte Lebensgefühl eines kleinen Kindes erhält die Tönung ängstlich-beunruhigender Erregtheit, wenn frühe Eindrücke überwiegend Angst, Unruhe und Mangelerlebnisse mit sich brachten« (A. Dührssen). Dadurch nistet sich dauernde und bleibende Unsicherheit in die Struktur der Persönlichkeit ein und erschwert oder verhindert später alle tieferen, auf Vertrauen gegründeten Gefühlsbeziehungen zu anderen Menschen. Dies verhindert auch die auf solchen Bindungserlebnissen basierende Gefühlsentwicklung. Man spricht von »Gefühlsarmut«. Appelle ans Mitgefühl finden keine Resonanz. Statt dessen dominieren Mißtrauen und Aggressivität.

Erfolgserlebnisse in allen Bereichen, die differenzierte Leistungen, Ausgeglichenheit und Stetigkeit voraussetzen, sind selten; es entwickelt sich keine hinreichende Selbstsicherheit und keine Befriedigung an zielstrebigem Wirken. Da infolge der beschriebenen Grundangst die emotionalen Voraussetzungen für das innere Eingestelltsein auf Lernen und Entdecken vermindert sind und daher viele wichtige Lernprozesse unterbleiben, sind viele dieser Kinder im Einschulungsalter nicht schulreif. Im weiteren Verlauf der Schullaufbahn können dann die größten Schwierigkeiten, Leistungshemmungen und immer erneutes Versagen folgen.

SCHLUSSBEMERKUNG

Zusammenfassend läßt sich feststellen: Das verhaltensbiologische Konzept der *angeborenen Lernstrategien* des Kleinkinds hebt im Vergleich zu den bisher herrschenden tiefenpsychologischen und lerntheoretischen Auffassungen den *aktiven Erfahrungserwerb* und den *Gewinn an Selbständigkeit* als entscheidende Verhaltensrichtungen hervor. Als schwere Gefahr für die Entwicklung in dieser Lebensphase sprudelnder Vitalität wird die Angst angesehen, die aus Bindungsmängeln der Säuglingsphase in diese Lebensepoche hineinwirkt. Es ist verständlich, daß sich aus diesen Konzepten wichtige Folgerungen für die außerhäusliche Betreuung von Kindern ergeben. (Wichtige Beiträge der Entwicklungspsychologie und der pädagogischen Psychologie zu diesem Themenbereich findet der Leser in Bd. VII bzw. Bd. XI dieser Enzyklopädie.)

LITERATUR

BALLY, G.: Vom Spiel der Freiheit. Die Bedeutung des Spiels bei Tier und Mensch. Basel: Schwabe 1945, [2]1966

DEUTSCHER BILDUNGSRAT: Strukturplan für das Bildungswesen. Bonn: Bundesdruckerei 1970

CIBA FOUNDATION (Ed.): Parent-Infant-Interaction. Amsterdam: Elsevier 1975 (mit Aufsätzen von Kennell, Klaus, Papousek u. a.)

DÜHRSSEN, A.: Psychogene Erkrankungen bei Kindern und Jugendlichen. Göttingen: Verlag für medizinische Psychologie 1954, [10]1974

GOLDSTEIN, J., FREUD, A., SOLNIT, A.: Beyond the Best Interest of the Child. New York: The Free Press 1973. Deutsch: Jenseits des Kindeswohls. Frankfurt/Main: Suhrkamp 1974

HASSENSTEIN, B.: Das spezifisch Menschliche nach den Resultaten der Verhaltensforschung. In: H. G. Gadamer, P. Vogler (Hg.): Neue Anthropologie, II. Biologische Anthropologie, zweiter Teil. Stuttgart: Georg Thieme 1972, 60–97

Verhaltensbiologie des Kindes. München: Piper 1973

Faktische Elternschaft: Ein neuer Begriff der Familiendynamik und seine Bedeutung. Familiendynamik 2, 1977, 104–126

HELLBRÜGGE, Th. (Hg.): Kindliche Sozialisation und Sozialentwicklung. München: Urban & Schwarzenberg 1975 (mit Aufsätzen von Papousek, Pechstein, Hellbrügge, Biermann)

MEYER-HOLZAPFEL, M.: Über die Bereitschaft zu Spiel- und Instinkthandlungen. Zeitschr. f. Tierpsychologie, 13, 1956, 442–462

NEIDHARDT, F. (Hg.): Frühkindliche Sozialisation. Stuttgart: Ferdinand Enke 1975

PECHSTEIN, J.: Umweltabhängigkeit der frühkindlichen zentralnervösen Entwicklung. Stuttgart: Thieme 1974

TERRITORIALITÄT UND AGGRESSIVITÄT DER JÄGER- UND SAMMLERVÖLKER

von Irenäus Eibl-Eibesfeldt

Über die längste Zeit seiner Geschichte war der Mensch Jäger und Sammler. Noch vor 10.000 Jahren lebte die gesamte Menschheit auf dieser Kulturstufe, und um Christi Geburt – 8.000 Jahre, nachdem die ersten Pflanzer und Tierzüchter in Erscheinung traten – war immer noch die Hälfte der bewohnbaren Erdoberfläche von Jäger- und Sammlervölkern besiedelt. Zur Zeit der Entdeckung der Neuen Welt waren es noch 15 Prozent (Murdock 1968). Heute sind Jäger und Sammler, wenn man von kleinen, über die Welt verstreuten inselhaften Vorkommen absieht, verschwunden.

Für die Menschenforschung gewinnen diese winzigen, rasch aussterbenden Reste altsteinzeitlicher Kulturen jedoch in zunehmendem Maße an Bedeutung, bieten sich hier doch die allerletzten Möglichkeiten, Modelle archaischer Gesellschaften zu studieren, um daraus etwas über die Natur des Menschen zu erfahren. Wenn der Mensch an eine Lebensweise biologisch angepaßt ist, dann sicher an die, die er die längste Zeit seiner Geschichte führte.

Eine heute viel umstrittene Frage betrifft die ursprüngliche Aggressivität oder Friedfertigkeit des Menschen. Als Neuauflage des Rousseauschen Bildes vom »edlen Wilden« wird heute gerne das Bild von der ursprünglichen Friednatur des Menschen entworfen. Ursprünglich habe der Mensch keine Kriege gekannt. Erst mit dem Ackerbau habe er damit begonnen, Land als Besitz zu erobern und zu verteidigen. Man beruft sich dabei auf die angeblich bemerkenswerte Friedfertigkeit der meisten heutigen Jäger- und Sammlervölker und weist ferner darauf hin, daß auch die uns nahestehenden Schimpansen verträglich in offenen Gruppen leben sollen. All dies würde dafür sprechen, daß auch unsere altsteinzeitlichen Vorfahren friedfertig gelebt hätten (Reynolds 1966; Lee, DeVore 1966). Stimmt das alles? Kann man aus den vorliegenden Daten wirklich diese sehr weitgehenden Schlüsse ziehen?

AGGRESSIVITÄT UND TERRITORIALITÄT DER SCHIMPANSEN

Was zunächst einmal die Aggressivität der Schimpansen betrifft, so müssen wir unsere Vorstellungen auf Grund der neueren Forschungen von Jane van Lawick-Goodall, sowie einiger japanischer Primatenforscher grundsätzlich revidieren (Izawa 1970; Nishida 1968; Sugiyama 1969; Itani, Suzuki 1967). Jane van Lawick-Goodall schreibt dazu (1975, 81):

»Zu Beginn meiner Arbeit gewann ich den Eindruck, daß die Schimpansensozietät weniger strukturiert sei, als sie es in Wirklichkeit ist. Ich dachte, daß die Schimpansen eines Gebietes eine Kette interagierender Einheiten bilden würden, wobei die Möglichkeiten der Interaktion nur durch das Ausmaß der individuellen Wanderlust begrenzt würden. Spätere Beobachtungen ergaben jedoch, daß dies nicht zutrifft« (Übers. d. Ref.).

Um es kurz zu fassen: Schimpansen leben in geschlossenen Gemeinschaften (ausführlicher stellen H. van der Rijt-Plooij und F. X. Plooij das Verhalten der Schimpansen in diesem Band dar). Die Mitglieder einer solchen Gemeinschaft kennen einander. Sie meiden Fremde und greifen sie an, wenn sie in ihr Schweifgebiet eindringen. Die aggressive Bereitschaft der Schimpansen ist groß. Sie äußert sich innerhalb der Gruppe in oft dramatischen Anfällen von Drohimponieren der Männchen. Ein reiches Repertoire beschwichtigender Verhaltensweisen verhindert jedoch, daß Aggressionen zwischen Gruppenmitgliedern ins Destruktive eskalieren. Rangordnungen sind ausgeprägt. Der Katalog aggressiver Verhaltensweisen ist reich und die Verhaltensweisen des Drohens (Abb. 1) erinnern in vielem an entsprechende Verhaltensweisen des Menschen (van Lawick-Goodall 1975, Kortlandt 1972). Bemerkenswert ist die Beobachtung, daß als Folge einer Erkrankung von der Gruppennorm abweichende Gruppenmitglieder, die vorher voll in die Gruppe integriert waren,

Abb. 1 Verhaltensweisen des aggressiven Imponierens beim Schimpansen (aus: van Lawick-Goodall 1975, nach Originalen von David Bygott).

ausgestoßen und Zielscheibe zahlreicher Aggressionen wurden. Neugeborene Junge werden von den Müttern unter beschwichtigenden Verhaltensweisen jedem einzelnen Gruppenmitglied vorgestellt, sonst laufen die Kleinen Gefahr, als Fremde angegriffen zu werden. Demnach bieten die uns nächst verwandten Primaten keinerlei Stütze für die These, daß der Mensch ein ausschließlich friedliches Erbe mitbekam.[1]

ZUR AGGRESSIVITÄT DES VORZEITMENSCHEN

Bereits Dart (1949, 1953) wies darauf hin, daß viele der von ihm gefundenen *Australopithecus*-Schädel Verletzungen aufwiesen, die auf Gewalteinwirkungen schließen lassen. Roper (1969) und Mohr (1971) untersuchten das bisher vorliegende Knochenmaterial von Australopithecinen und umfangreiches Material aus der Alt- bis zur Jungsteinzeit und kamen beim Anlegen kritischer Maßstäbe zum Schluß, daß wirklich ein erheblicher Teil der Verletzungen auf Kampfeinwirkungen zurückzuführen sei. Die Mehrzahl der Schädelverletzungen waren als Steinaxtverletzungen zu deuten. Pfeilspitzenverletzungen zum Teil mit in den Knochen eingewachsenen Steinspitzen waren häufig. Demnach haben die Menschen einander bereits in der Steinzeit getötet und zwar lange, bevor sie Ackerbau entwikkelten.

Das bestätigen auch Felsmalereien aus der Altsteinzeit (Abb. 2). Sie zeigen Menschen in kämpferischer Haltung, einander mit Pfeilen beschießend. Beim Anblick der Malereien in der spanischen Valltorta-Schlucht schreibt Kühn (1958, 105) erschüttert:

»In einer anderen Nische sehe ich das Bild eines Jägers, der von Pfeilen getroffen zu Boden sinkt. Das eine Bein ist vorgestellt, die Hand ist auf das Knie gestützt. Ein Kopfputz, wie eine Krone, fällt vom Kopf, in der rechten Hand hält er noch den Bogen, aber die Pfeile des Gegners haben ihn schon durchbohrt, sein Leben ist zu Ende. Also haben sich die Menschen schon in frühester Vorzeit getötet ... Ist der Krieg, das Kämpfen ihr Sinn? ... Uralte Bilder vor aller Erinnerung, vor allen Sagen, vor allen Märchen – und schon das Töten des Menschen durch den Menschen, schon der Kampf, schon der Krieg.«

Es kann demnach nicht daran gezweifelt werden, daß Menschen schon in grauer Vorzeit einander bekämpften. Das gelegentlich vorgetragene Argument, es hätte doch damals nur

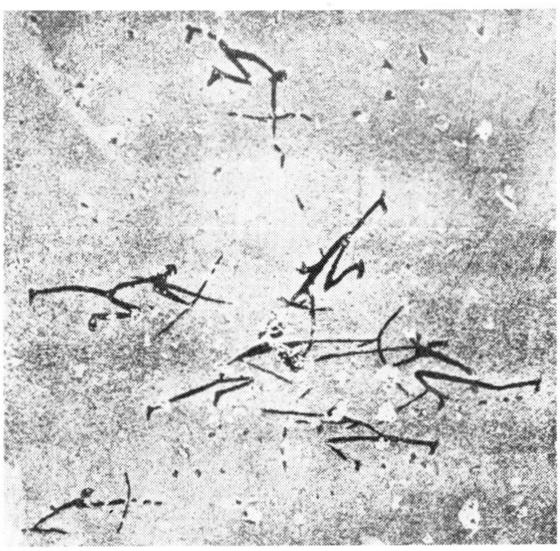

Abb. 2 Kampfszene; altsteinzeitliche Höhlenmalerei bei Morella la Vella, Castile/Spanien (aus: Kühn 1929).

wenig Menschen und genügend Ausweichraum gegeben, ist nicht stichhaltig. Jäger und Sammler brauchen große Jagdreviere und Sammelgebiete, und bereits damals gab es deren bessere und schlechtere. Die Dokumente belegen, daß man schon zu dieser Zeit mit Waffen konkurrierte.

AGGRESSIVITÄT UND TERRITORIALITÄT HEUTIGER JÄGER UND SAMMLER

Mythos von der Friedfertigkeit

Daß die heutigen Jäger und Sammler friedfertig und nichtterritorial sein sollen, hört man u. a. von Helmuth (1967), Lee (1968), Sahlins (1960) und Woodburn (1968). DeVore (1971, 310) faßt diese Ansicht in der Feststellung zusammen:

»Die Buschleute und die Jäger und Sammler ganz allgemein zeigen, was wir im modernen Jargon eine ›Blumenkinder-Lösung‹ nennen könnten. Man nimmt seine Sachen auf den Rücken und geht. Man braucht nicht zu bleiben und irgendein Stück eines Territoriums oder eines fixierten Besitzes zu verteidigen« (Übers. d. Ref.).

Kennt man die übrige völkerkundliche Literatur, dann überrascht diese Aussage, denn es gibt genügend alte und neue Berichte, die diese Ansichten widerlegen. So stellte Service (1962) fest, daß alle Jäger- und Sammlervölker Territorien besitzen, und von den zwölf in Bicchieri (1973) beschriebenen gegenwärtigen Jäger- und Sammlerkulturen sind neun, wie man der Beschreibung entnehmen kann, durchaus territorial. Die Angaben über drei weitere Gruppen sind ungenau, doch wissen wir von einer der drei erwähnten aus anderen Beschreibungen, daß sie Territorien besitzen. Schließlich hat Divale (1972) das Geschlechterverhältnis von 99 Jäger- und Sammlerhorden aus 37 Kulturen untersucht und dabei die kriegerische Aktivität dieser Horden registriert. 68 dieser Horden aus 31 Kulturen praktizieren zur Zeit der Datenerhebung noch Krieg! Zwanzig Horden aus fünf Kulturen hatten das Kriegsführen fünf bis 25 Jahre vor der Datenerhebung eingestellt, die restlichen schon seit längerem. Es gab keine, die nachweislich nie Krieg geführt hätte! Von einer besonderen Friedfertigkeit der Jäger und Sammler kann demnach kaum die Rede sein. Im Gegenteil, viele Jäger und Sammler sind sogar ausgesprochen aggressiv, es sei nur an die Bewohner der Andamanen erinnert. Man muß sich daher fragen, wie die genannten Autoren zur Verbreitung so offensichtlich unrichtiger Aussagen kamen.

Forscht man nach, dann stellt man zunächst einmal fest, daß die Genannten sich im wesentlichen auf vier Volksgruppen beziehen: die Eskimos, die Pygmäen, die Hadzas und die Buschleute der Kalahari. Handelt es sich hier wirklich um ausnahmsweise friedliche Völker? Für die Buschleute der Kalahari kann ich diese Frage aus eigener Erfahrung verneinen, und ich werde die dort herrschenden Verhältnisse in diesem Beitrag genauer schildern. Aber auch die anderen genannten Kulturen entsprechen nicht dem erwähnten Ideal. Die Aussage vom friedlichen Jäger und Sammler entpuppt sich bei genauerem Hinsehen als freundlicher Mythos, der, was geistesgeschichtlich interessant ist, einem Wunsche entspricht und sich dementsprechend hartnäckig hält. Er wird in der unkritischen Sekundärliteratur eifrig kolportiert, wohl in dem Bedürfnis, die These zu stützen, daß erst Besitz böse mache. Aber so einfach liegen die Dinge nun einmal nicht.

Die Eskimos

Von Fridtjof Nansen wurden die Eskimos als friedfertig geschildert, doch wissen wir seit König (1925), daß dies in der Absicht geschah, diese Leute in einem freundlichen Licht darzustellen. Nansen hatte Mitleid mit diesen von den Weißen damals arg bedrängten Menschen. Überdies hat Nansen, wie König betont, kaum ursprüngliche Eskimos kennengelernt (König 1925, 294).

In der übrigen Eskimo-Literatur kann man genügend Belege für Aggression sowohl innerhalb der Gruppe als auch zwischen Gruppen, für Territorialität und sogar für Krieg finden. Bereits Klutschak (1881) erwähnt, daß es falsch sei, die Eskimos als Nomadenvolk hinzustellen, da sie sich ja durch sich seit Generationen tradierende Satzungen an gewisse Gebiete binden würden und die Grenzen dieser Gebiete nur mit Einwilligung ihrer Nachbarn überschreiten dürften. »Nur innerhalb ihrer eigenen Jagdgründe wechseln sie mit den verschiedenen Jahreszeiten und dem damit wechselnden Tierreichtum des Landes ihren Wohnsitz« (Klutschak 1881, 227). Der gleiche Autor beschreibt ferner, daß Kriege manche Stämme dezimiert hätten. Die Ukusiksillik-Eskimos seien z. B. die Überreste eines einst großen Volkes, das noch nicht allzu lange vor Klutschaks Besuch die westliche Küste der Adelaide-Halbinsel bewohnte. Andere Stämme hatten sie durch kriegerische Aktionen von dort verdrängt, und bei Klutschaks Besuch zählte der Stamm nur noch sechzehn Familien.

Auch von den Bering-Eskimos weiß man, daß sie Kriege führten. Sie umstellten heimlich das feindliche Dorf, verrammelten nachts die Eingänge der Häuser und erschossen die Eingeschlossenen durch die Rauchlöcher. Dann plünderten sie die Dörfer. Die Bristol-

Bay-Eskimos nahmen sogar Kopftrophäen. Die Köpfe wurden auf Pfähle gesteckt und Pfeile kreuzweise durch die Nasen gestoßen. Das war nach Nelson (1896) allgemeiner Brauch. Er beschrieb Kriege, bei denen die kämpfenden Parteien einander gegenüberstanden und sich mit Pfeilschauern überschütteten, so daß manche Männer wie Nadelkissen gespickt waren, ehe sie umfielen. Waren die feindlichen Parteien hungrig, dann vereinbarte man einen Waffenstillstand, der von eigens aufgestellten Posten überwacht wurde.

Von den neueren Autoren, die über die Territorialität der Eskimos berichten, ist Petersen (1963) zu nennen. Die Jagdreviere der Westgrönländer (Sukkertoppen-Distrikt) liegen um die Lager der einzelnen Gruppen angeordnet. Wer die Grenzen der Jagdreviere überschreitet, begibt sich in Lebensgefahr. Die Netzstellen für den Robbenfang und die Forellenfischplätze sind Eigentum bestimmter Familien, gleiches gilt für die Gebiete zur Rentierjagd. Petersen berichtet, wie ein Eskimo seinen Sohn unterwies (1963, 278): »Auf keinen Fall darfst Du in östlicher Richtung jagen, denn dort hat Serquilisaq sein Lager. Er hat Deinen älteren Bruder getötet, gerade als er anfing, ein guter Jäger zu werden« (Übers. d. Ref.).

Petersen betont jedoch, daß er in anderen Gebieten Schwierigkeiten hatte, etwas über die territorialen Verhältnisse zu erfahren, weil mit der Akkulturation die alten Territorialrechte aufgegeben und vergessen wurden. Zivilisationskontakt und der in seinem Gefolge eintretende Bevölkerungsschwund hat zu Wanderungen und zum Zerbrechen der alten Gruppenstrukturen geführt. Darüber berichtet bereits Boas (1888). Mit dem Eintreffen der Walfänger in der Baffinbucht hatten viele Familien ihre alten Wohngebiete verlassen, da sie mit den Weißen den Tauschhandel pflegen wollten. Sie handelten sich dabei auch Syphilis, Diphterie und Lungenentzündung ein, und von den 1840 im Cumberland-Sund lebenden 1500 Eskimos lebten siebzehn Jahre später nur noch 300. Daß das nicht ohne Folgen für die territoriale Ordnung bleibt, ist wohl leicht einzusehen. Drastischer Bevölkerungsschwund führt dazu, daß sich die Gruppen zusammentun. Das beschreibt Boas (1888, 424) zum Beispiel für die Oquomiut, die sich früher in vier Unterstämme gliederten nach den jeweiligen Territorien benannten: »Ihre alten Siedlungen sind noch immer bewohnt, aber ihre Stammesidentität ist vergangen, eine Tatsache, die man sowohl auf den Rückgang der Bevölkerungszahl als auch auf den Einfluß der sie besuchenden Walfänger zurückführen kann« (Übers. d. Ref.). Service (1962) hat diese Folge des Zivilisationskontaktes an Hand weiterer Beispiele belegt. Sein Schluß lautet: »Die späteren zusammengesetzten Gruppen der Eskimos, die Nichtverwandte miteinschließen, sind mühelos als Folgen von direkten und indirekten Europäereinflüssen zu erklären, Einflüssen, die man nur als katastrophal bezeichnen kann« (a. a. O., 96; Ubers. d. Ref.).[2]

Eskimos zeigen darüber hinaus noch ein großes Maß von Aggressionen innerhalb der Gruppen, wofür u. a. Rasmussen (1908) eine Reihe von Beispielen liefert. Bemerkenswert sind die in verschiedenen Ritualisierungsstufen vorliegenden Formen des Zweikampfes – vom Ringkampf und Fingerhakeln bis zum Singstreit der West- und Ostgrönländer, mit dem diese sogar ernste Auseinandersetzungen auf unblutige Weise austragen. Ich habe bereits 1970 in meinem Buch »Liebe und Haß« auf diese Tatsachen hingewiesen, um die Unhaltbarkeit der These der so besonders friedfertigen Eskimos zu belegen. In einer Entgegnung schrieb Plack, alle diese Tatsachen unter den Tisch fegend und nur ein Zitat herausgreifend: »Die Eskimo-Männer, die Eibl-Eibesfeldt als gewalttätige, ihre Frauen verprügelnde Primitive uns vorstellt, sind nicht mehr diejenigen, die Nansen zur Zeit ihrer erst beginnenden Christianisierung beschrieben hat: Die entsetzten sich noch darüber, daß die weißen Matrosen sich zankten und prügelten. Eibl stützt sich zwar auf Rasmussen, der eine Rauferei zwischen einem grönländischen Ehepaar geschildert hat; eine vereinzelte Entgleisung in Aggression, wie sie wohl vermutlich nirgends fehlen wird« (Plack 1973, 34). Das Zitat belegt in erschütternder Weise, wie wenig gründlich manch einer liest, denn aus meinem Text ist klar zu entnehmen, daß mir nicht nur dieser eine als Beispiel mitangeführte Fall zum Beleg für die Aggressivität dieser Leute diente.

Bemerkenswert sind die schon erwähnten Ritualisierungen aggressiver Auseinandersetzungen, die wir auch auf anderen Kulturstufen regelmäßig wiederfinden. Vor allem die Tatsache, daß ein Konflikt rein verbal ausgetragen werden kann, verdient Beachtung. Ich habe kürzlich die These vertreten, daß über die Notwendigkeit, Aggressionen und andere soziale Interaktionen (Beschwichtigung, Bandstiftung) zu ritualisieren, die Sprachevolution beim Menschen entscheidend vorangetrieben wurde, ein Faktor, den man meines Wissens bisher kaum beachtete. Mit der Fähigkeit, Worte als Reizschlüssel einzusetzen und in Rede und Widerrede ganze Handlungsfolgen zu verbalisieren, einander etwa zu beschimpfen, anstatt wirklich zu schlagen, haben wir Menschen sicher eine entscheidende Erfindung gemacht, die unsere Fähigkeit in Gruppen zusammenzuleben, ganz erheblich verbesserte. Daß dies bereits auf der Jäger- und Sammlerstufe voll zum Tragen kommt und nicht erst in den Parlamenten der Zivilisationen, belegt die alte Bedeutung des Phänomens.

Bei den Eskimos Westgrönlands werden Zweikämpfe ausschließlich durch Spottgesänge ausgefochten. Dabei stehen die Gegner einander gegenüber. Einer singt und schlägt dazu eine kleine Handtrommel. Sein Gegner muß alles gelassen über sich ergehen lassen, bis er an die Reihe kommt. Der Singende verhöhnt seinen Gegner, er prustet ihm außerdem ins Gesicht und stößt ihn sogar herausfordernd mit der Stirn. Sein Gegner lacht ihn darob höhnisch aus und fängt die Stirnstöße mit seiner Stirn ab.

Rasmussen hat mehrere solcher Eskimogesänge übersetzt. Abschließend wollen wir ein Beispiel wiedergeben (als Zitat aus: König 1925, 315):

»Singstreit zwischen Marratse und Eqerqo (von Agmagsalik): Der alte Kilimé schlug die Trommel mit der Kraft eines Jünglings und sang zuerst Marratses Herausforderung an Eqerqo, ›den Kleinenfinger‹, der Marratse's geschiedene Frau geheiratet hatte; durch diese Ehe war Marratse's alte Liebe und Eifersucht wieder wach geworden, und es hatte mit einem Sängerduell geendet. Das Lied war sehr lang und dauerte mit Tanz und Mimik mindestens eine Stunde. Hier ist etwas daraus:

›Worte will ich spalten, – kleine, scharfe Worte,
Wie Holzsplitter, die ich – mit meiner Axt zerhacke.
Ein Lied aus alten Zeiten, – ein Atemhauch der Ahnen,
Meiner Frau ein Sehnsuchtslied, – ein Lied, das Vergessen bringt.
Ein frecher Schwätzer hat sie geraubt, – hat sie zu erniedrigen versucht,
Ein Elender, der Menschenfleisch liebt, – ein Kannibale aus Hungerszeiten.‹

Darauf antwortete der ›Kleinefinger‹:

›Frechheit, die in Erstaunen setzt! – Wut und Mut zum Lachen:
Ein Spottlied, – das die Schuld mir geben will!
Schreck willst du mir einjagen, – mir, der ich gleichmütig dem Tode trotze.
Hei! – du besingst meine Frau, – die einst war die Deine: damals warst du nicht so liebenswert.
Während allein sie war, – vergaßest du, durch Gesang sie zu preisen, durch herausfordernden Kampfgesang.
Jetzt ist sie mein, – und nimmer sollen sie besuchen singende, falsche Liebhaber,
Frauenverführer – im fremden Zelt.‹ «

Die Pygmäen

Als weiteres Modell einer friedlichen Jäger- und Sammlerkultur werden häufig die Pygmäen zitiert, aber mir ist nicht klar, weshalb. Die Sekundärliteratur beruft sich auf Turnbull (1961, 1965), der die Pygmäen als friedfertig schildert, zugleich aber vorsichtig und einschränkend bemerkt, daß man über die Beziehungen der verschiedenen Horden zueinander wenig weiß. Das Wenige allerdings ist keineswegs dazu angetan, die These besonderer Friedfertigkeit und mangelnder Territorialität zu stützen. Schebesta (1941) berichtet über die Waldreviere der Bambuti, die Gruppeneigentum sind. Die Grenzen dieser Gebiete seien den Bambuti genau bekannt, und nur eine ganz bestimmte Gruppe habe jeweils Anrecht darauf, in einem bestimmten Revier Nahrung zu suchen und zu jagen. »Das Eindringen Fremder zum Zweck der Jagd- und Nahrungsbeuterei ist unstatthaft und führt zu Zwistigkeiten und Kriegen. Befreundeten und verschwägerten Nachbargruppen wird allenfalls das Recht zugestanden, die Grenzen gelegentlich zu überschreiten. Meine Beobachtungen lehrten mich immer wieder, daß die Bambuti fremde Bezirke nur höchst ungern betraten und sich dort nur auf mein Drängen oder das Geheiß des Wirtsherrn hin für kurze Zeit niederließen. Die Pygmäen sind auf fremdem Gebiet doppelt scheu und furchtsam ... In fremden Schweifgebieten angesiedelte Gruppen ... begeben sich zur Jagd stets in ihre Jagdreviere« (Schebesta 1941, 274).

Schebesta wendet sich ferner gegen die Vorstellung, die Pygmäen seien Nomaden, die wahl- und ziellos herumschweifen. Ihr Wandergebiet sei zwar weit, aber durch die Nachbargruppen begrenzt.

Bicchieri (1969) betont dies gleichfalls und sagt, daß die einzelnen Horden nach ihren Revieren benannt würden. Die Pygmäen halten sich sogar für seßhafter als die Negervölker ihrer Nachbarschaft, die wegen ihrer durch den Ackerbau erschöpften Böden immer ganz fortziehen müßten. Kriegerische Auseinandersetzungen zwischen Pygmäengruppen sind ebenfalls bekannt geworden. Mit anderen Worten, die Aussagen über die angebliche Nichtterritorialität und ursprüngliche Friedfertigkeit der Pygmäen hält einer kritischen Überprüfung nicht stand.

Die Hadza

Woodburn (1968) schilderte in den Hadza (Tansania) ein Beispiel einer friedlichen Wildbeuterkultur. Allerdings lernte er diese Gruppe erst spät kennen, nachdem ihr ursprünglich fünftausend Quadratkilometer großes Schweifgebiet durch Umsiedlung auf zweitausend Quadratkilometer eingeengt war. Daß man damit kein ursprüngliches Territorialmuster mehr zu sehen bekommt, liegt auf der Hand. In der Tat zeigen ältere Berichte von Kohl-Larsen (1943, 1958), der die Hadza vor dem Zweiten Weltkrieg studierte, daß diese sehr wohl Jagdreviere besaßen. Er beobachtete, daß jede Horde die Jagdgrenzen zur Nachbarhorde respektierte. Daneben hätten sich die Hadza in früheren Zeiten bekriegt. Man erklärte den Krieg formell, und jede Gruppe wählte einen Mann, der mit zwei Stöcken ausgerüstet wurde. Diese beiden Krieger traten vor die Gruppe und schlugen sich mit den Stökken. Siegte keiner dieser beiden, dann konnte die Auseinandersetzung eskalieren, indem die Gruppen einander mit Pfeilen und Speeren zu bekämpfen begannen. Das währte aber normalerweise nicht lange, denn alte Frauen und Männer bemühten sich um Vermittlung. Sie traten zwischen die Gruppen und ermahnten sie, doch zu rasten. War eine Gruppe besiegt, dann floh sie. Man traf sich dann tags darauf zum Friedensschluß, der mit einem gemeinsamen Mahl der Männer besiegelt wurde. Weitere Angaben über Fehden lieferte Bagshawe (1924). Auch die so oft als Musterbeispiel der Friedfertigkeit zitierten Hadza fallen demnach nicht aus dem Rahmen des Üblichen. Bleiben noch die angeblich friedfertigen Buschleute, die ich auf Grund eigener Untersuchungen bestens kenne und bei denen ich daher ausführlicher verweilen möchte.[3]

ERGEBNISSE ÜBER DIE BUSCHLEUTE DER KALAHARI

Sahlins (1960), Lee (1968) und DeVore (1971) behaupteten, die Buschleute würden oft in offenen Verbänden ohne definierte Territorien leben, und sie heben mit anderen (Marshall 1961, 1965) die friedliche Lebensart hervor. In einer neueren Arbeit allerdings hat Lee (1972, 1973), der bei den !Kung seine Erfahrungen sammelte, diese Ansichten zum größten Teil revidiert. Dennoch zeigt sich in der Sekundärliteratur, wie z. B. in den Arbeiten Schmidbauers (1971, 1973), weiterhin eine Tendenz, die Geschichte vom bemerkenswert aggressionsarmen, nichtterritorialen Buschmann beizubehalten. Die folgenden Ausführungen werden dies widerlegen.

Abb. 3 a Buschmannfelszeichnung, einen Viehraub darstellend. Die Buschleute verteidigen ihren Raub gegen die Bantu-Eigentümer (nach: R. Andree, aus: Weule 1916).

Abb. 3 b Buschmänner, einander bekämpfend. Buschmannfelsmalerei aus Südafrika (aus: Bleek 1930).

Bereits die Zeugnisse, welche uns die mittlerweile ausgestorbenen Buschleute Südafrikas zurückließen, belegen, daß Buschleute durchaus kriegerisch sein konnten. In Bleeks Sammlung der Buschmann-Felsmalereien (Bleek 1930) stellen sich die Buschleute verschiedentlich als Krieger dar und zwar sowohl im Streit mit anderen Buschleuten (Abb. 3 b), als auch im Kampf mit Bantus. Bei den interethnischen Auseinandersetzungen handelt es sich in erster Linie um Rinderraub. Buschleute raubten sehr gerne das Vieh ihrer Nachbarn (Abb. 3 a).

Territorialität

Des weiteren belegen zahlreiche Autoren, daß Buschleute territorial sind (Tobias 1964; Zastrow, Vedder 1930; Vedder 1937; Lebzelter 1934; Brownlee 1943; Wilhelm 1953; Passarge 1907). Passarge (1907) bezeichnet sie sogar als kriegerisch, und Wilhelm (1953) beschreibt die Taktik ihrer Überfälle. Die Autoren berichten übereinstimmend, daß die !Kung-Buschleute ebenso wie andere Stämme nur in ihrem Sippen- oder Hordengebiet sammeln und jagen dürfen und daß Gebietsverletzungen Verteidigung auslösen. Dementsprechend haben Buschleute auf fremdem Gebiet deutlich Angst. Begegneten !Kung-Buschleute früher einem Bewaffneten, dann galt dieser sofort als Feind. »Jeder Bewaffnete, dem sie begegnen, gilt von vorneherein als Feind«, schreibt Lebzelter (1934, 21) und fährt fort: »Fremde Stammesgebiete darf der Buschmann nur unbewaffnet betreten. Selbst am Rande der Farmzone ist das gegenseitige Mißtrauen so groß, daß ein Buschmann, der als Bote auf eine Farm geschickt wird, in deren Bereich eine andere Sippe sitzt, den Fahrweg, der als eine Art neutrale Zone gilt, nicht zu verlassen wagt. Nähern sich zwei fremde, bewaffnete Buschleute, so legen sie zunächst auf Sichtweite die Waffen ab.«

Vedder schildert die Verhältnisse wie folgt (1937, 435): »Jede Buschmannsippe besitzt ein von den Vätern ererbtes Sippengebiet. Manche Sippen besitzen sogar deren zwei – ein Sommerveld und ein Winterveld. Diese Gebiete haben ganz bestimmte Grenzen. Der Buschmann nun, der in einem fremden Sippengebiet der Jagd obliegt oder Feldkost sucht, kann sicher sein, daß ihn eines Tages ein vergifteter Pfeil treffen wird ...« Und in einer späteren Arbeit (1952) bemerkt der gleiche Autor: »Noch heute gibt es unter den Buschmannstämmen verfeindete Sippen, wo niemand wagt, die Sippengrenzen zu überschreiten« (a. a. O., 49).

Das hat sich sicher mit der fortschreitenden Akkulturierung in den letzten Jahrzehnten etwas geändert und mag wohl auch der Grund dafür gewesen sein, weshalb Lee u. DeVore (1968) zunächst den Eindruck einer generellen Offenheit der Buschmanngruppen gewannen. Mittlerweile allerdings hat Lee (1972) festgestellt, daß gewisse Buschleute als Eigentümer bestimmter Wasserlöcher auftreten und die einzelnen Individuen deutliche Bindungen an Heimatörtlichkeiten zeigen. Und Marshall (1959) berichtet von der Furcht, die die !Kung des Nyae-Nyae-Gebietes vor fremden !Kung-Buschleuten[3] zeigen, was so weit geht, daß sie ihr Gebiet fast nie verlassen. Sie können im fremden Gebiet nicht damit rechnen, die Erlaubnis zum Sammeln und Jagen zu erhalten. Das Fremdenfeindbild ist ausgeprägt.

Für die noch sehr ursprünglichen G/wi der zentralen Kalahari stellte Silberbauer (1973 a, b) Territorialität als typisch fest. Will eine Gruppe eine andere in ihrem Gebiet besuchen, dann muß sie sich der Dominanz der anderen Gruppe unterwerfen und anfragen, ob es erlaubt sei, im Lande zu verweilen und das Wasser der Gastgeber zu trinken. Bestimmte Personen werden als Eigentümer des Gebietes bezeichnet.

Unsere eigenen Erhebungen an den !Ko bestätigen und ergänzen das in groben Zügen bereits skizzierte Bild. Heinz (1966, 1972 und im Druck) stellte drei Ebenen der sozialen Organisation fest. *Familienangehörige* wohnen in Hütten beieinander, und wenn ein Jäger alleine jagt, dann erwartet man von ihm, daß er auf der Seite des Hordengebietes jagt, an die seine Hütte grenzt, obwohl ihm auch das andere Hordengebiet frei zugänglich ist. Gleiches erwartet man von den Feldkost und Feuerholz sammelnden Frauen. Nur wenn Buschleute als Gruppe sammeln, sind diese Regeln aufgehoben. Auch trennen sich die verschiedenen Familien einer Horde im Jahreszyklus und wandern in Familiengebiete, die von anderen respektiert werden.

Die *Horde* selbst verfügt über ein Hordenterritorium mit genau festgelegten Grenzen. Und während die einzelnen Familien auf ihre Familiengebiete keinen direkten territorialen

Anspruch haben, gilt ein solcher eindeutig für das von der Gruppe beanspruchte Hordenrevier. Die Kontrolle über dieses Gebiet übt ein Häuptling stellvertretend für die Gruppe aus.

Mehrere Horden sind zu einem übergeordneten *Nexus*-System verbunden, das zugleich die größte politische Einheit der Buschleute darstellt. Die Mitglieder eines Nexus betrachten einander als zugehörig (»unsere Leute«). Die befreundeten Horden besuchen einander zu Trancetänzen, zur Initiation und zu anderen Gelegenheiten, und man tauscht zwischen den Gruppen eines Nexus auch bevorzugt die Heiratspartner aus. In Notzeiten kann auch eine Horde im Gebiet einer anderen Zuflucht suchen und dort jagen und sammeln, allerdings muß die Bitte dazu formell vorgetragen und gewährt werden. Die Hordenreviere sind für Nexus-Mitglieder also nicht völlig geschlossen. Das Nexus-Territorium ist dagegen exklusiv. Mitglieder anderer Nexen erhalten keine Jagd- und Sammelerlaubnis und bitten auch niemals darum. Diese territoriale Ordnung zerbricht erst, wenn viehzüchtende Stämme das Gebiet beanspruchen.

Zugang zu einem Territorium erhält man sowohl durch Geburt, als auch durch Adoption und Heirat. Vermählte haben Zugang zu den Hordenterritorien beider Elternpaare. Diese doppelte Anwartschaft wird dann auch auf die Kinder übertragen. Daß Buschleute territorial sind, kann heute wohl kaum mehr ernsthaft angezweifelt werden.

Innergruppenaggression

Über die Manifestationen aggressiven Verhaltens innerhalb der Gruppe haben wir reiches Beobachtungsmaterial gesammelt, das zum Verständnis der menschlichen Natur wesentlich beitragen kann. Die durch Film (des Verfassers) belegten Beobachtungen beweisen, daß aggressive Verhaltensweisen zwischen Gruppenmitgliedern durchaus an der Tagesordnung sind und daß die bei dieser Gelegenheit auftretenden Verhaltensmuster die gleichen sind, die man auch in anderen Kulturen beobachtet. Das gilt auch für die Situationen, die aggressives Verhalten auslösen.

Säuglinge und Kleinkinder

Bereits Säuglinge streiten um Objekte. Aggressive Verhaltensweisen manifestieren sich sehr früh. Setzt man einen Säugling zu einem anderen, der ein Objekt besitzt, dann kann man mit einer gewissen Wahrscheinlichkeit damit rechnen, daß es zu einer Auseinandersetzung kommt. Einer wird versuchen, den Gegenstand an sich zu reißen. Der andere wird ihn daraufhin verteidigen und oft sogar zum Gegenangriff übergehen. Die Angriffstaktik der Säuglinge besteht im allgemeinen darin, den Partner mit einem von oben herab geführten Schlag der Hand anzugreifen, oder ihn gezielt umzuwerfen und zu kratzen (Abb. 4). Diese aggressiven Auseinandersetzungen entwickeln sich, ohne daß die Erwachsenen dazu ermuntern würden. Im Gegenteil – sie versuchen solche Situationen zu vermeiden und ihre Erziehung zielt, wie wir noch ausführen werden, auf die Ausbildung verträglicher Menschen ab.

Säuglinge und Kleinkinder kämpfen auch um Bezugspersonen. Nimmt eine Mutter, was sie zuweilen tut, einen fremden Säugling an die Brust, dann wird ihr eigener Säugling oft ärgerlich und versucht, den Rivalen wegzuschieben, ihn zu kratzen oder zu schlagen. Ganz besonders ausgeprägt ist die Geschwisterrivalität. Mütter haben mit ihren Kindern in den ersten drei Lebensjahren einen besonders innigen Kontakt. Der Säugling wird bis in dieses Alter gestillt und findet bei der Mutter Geborgenheit. Das ändert sich allerdings abrupt und übergangslos, wenn das nächste Kind geboren wird. Dann nämlich wendet die Mutter diesem ihre volle Aufmerksamkeit zu und überläßt das Ältere weitgehend sich selbst; es soll nun Anschluß an die Kinderspielgruppe finden. Dagegen protestiert das ältere Kind zunächst und versucht, den freundlichen Kontakt mit der Mutter weiterhin aufrecht zu erhalten und den Rivalen wegzudrängen und zu bekämpfen. Dieser seinerseits verteidigt seinen Platz, sobald er dazu in der Lage ist. Es kommt zu richtigen Kämpfen, bei denen der Kleinere den Größeren mit den Füßen wegzustoßen trachtet oder auch nach ihm schlägt oder ihn kratzt, und sein(e) ältere(r) Bruder/Schwester bemüht sich mit ähnlichen Mitteln darum, den Platz bei der Mutter zurückzuerobern. Darüber hinaus versucht das ältere Kind auf recht subtile Weise, dem Kleinen etwas anzutun, etwa indem es ihm sein Spielzeug wegnimmt.

Die Bindung an die Mutter wird vom Kinde wie ein Besitz verteidigt. Sie ist der erste Be-

Abb. 4 Ein etwa zehn Monate alter !Ko-Buschmannsäugling wirft einen weiblichen Säugling um. Das Mädchen hatte versucht, ihm ein Objekt wegzunehmen (aus einem 16 mm-Film des Verfassers).

sitz, den es lernen muß, mit anderen zu teilen. Es muß erfahren, daß die Mutter auch anderen Gruppenmitgliedern (Geschwistern, Vater) Partner ist. Übrigens bleibt das Band zu Mitmenschen für Menschen ein stets verteidigenswerter Besitz: Bindungen an Mitmenschen zu verlieren, würde Isolation bedeuten, die für ein soziales Wesen zum Untergang führt. Wird dieses Band durch andere gefährdet, dann erleben wir Eifersucht als subjektives Korrelat zu unserem Impuls, es zu verteidigen.

Das Verhalten der Erwachsenen gegenüber aggressiven Kleinkindern. Interessant ist das Verhalten der Mutter in diesen sich oft über viele Stunden hinziehenden Konflikten. Mit erstaunlicher Geduld trennt sie die Kämpfenden voneinander, indem sie etwa die Hand zwischen die beiden schiebt und indem sie den Angreifer ablenkt. Hebt z. B. der Kleinere drohend einen Stein gegen den Größeren, dann wird sie die Hand auffordernd aufhalten, damit er ihr den Stein abgibt, was dann auch geschieht. Sie wird dann dem Kleinen irgendein Spiel mit dem Stein vorführen und ihm den Stein zurückreichen, damit er es nachahmt, und darauf geht das Kind dann auch ein. Nie sah ich, daß die Mutter eines der beiden Geschwister für sein ungebührliches Verhalten bestraft hätte.

Durch dieses Verhalten der Muter werden die Weichen für die spätere Entwicklung zum im Grunde friedlichen Buschmann gestellt. Die Mütter strafen selten, und sie ermuntern auch sonst ihre Kleinen nicht, es einem Angreifer heimzuzahlen. Ganz anders ist dagegen der Erziehungsstil der aggressiven Waika-Indianer (Yanomami), die ihre Kinder bei Fehlverhalten durchaus auch körperlich züchtigen und die ihre Kleinen ferner dazu anhalten, sich zu wehren, wenn sie angegriffen werden, und Revanche zu üben. Hier lernt also das Kind, daß aggressive Akte legitim sind, denn es kann sich am sozialen Vorbild der bestrafenden Mutter orientieren und wird sogar zur Aggression in bestimmten Situationen ermuntert. Das Buschmannkind erfährt dagegen schon früh, daß es die ihm zur Verfügung stehenden aggressiven Strategien nur beschränkt einsetzen darf.

Kleinkinder und Säuglinge, die gerade laufen können, schlagen gerne mit Stöcken auf ihre Mitmenschen ein (Abb. 5). Dazu machen sie ein Gesicht, das verblüffend an das Spielgesicht – auch »Mund-Offen-Gesicht« genannt – verschiedener nichtmenschlicher Primaten erinnert, und sie machen dazu auch die leisen Keuchlaute, die als Vorstufen des Lachens zu deuten sind.[4] Die anderen lachen über diesen Eifer der ganz Kleinen (s. Abb. 5), was wohl zunächst die spielerische Aggression ermuntert und das Selbstvertrauen der Klei-

Abb. 5 Spielerische Aggression eines Buschmannsäuglings gegen seinen Vater. Man beachte das Mund-offen-Gesicht und den vergnügten Ausdruck der im Hintergrund sitzenden zuschauenden Mutter (Foto des Verfassers).

nen bestärkt. Das ist aber auch so ziemlich die einzige Ermunterung zur Aggression, die man feststellen kann. Streiten zwei Kinder ernstlich und fügt dabei eines dem anderen ein Leid zu, dann wird man die Kinder voneinander trennen, den Angreifer eventuell bestrafen, nie aber den Gekränkten dazu ermuntern, an seinem Angreifer Rache zu nehmen. Das fällt vor allem auf, wenn man andere Kulturen wie etwa die Waika-Indianer oder die Himba Südwestafrikas kennt, bei denen solche Ermunterung zur Rache die Regel ist.

Ablehnung von Fremden. Buschmannsäuglinge beginnen im Alter von sechs bis sieben Monaten deutliche Fremdenablehnung zu zeigen. Sie äußert sich zunächst als Fremdenfurcht und wird durch fremde Buschleute beiderlei Geschlechts ebenso wie durch Europäer ausgelöst. Die Kinder wenden sich bei Annäherung einer fremden Person von dieser ängstlich ab und suchen Schutz bei der Mutter. Ältere Kinder wehren einen sich nähernden Fremden auch aktiv ab, indem sie nach ihm schlagen. Bei dieser Fremdenablehnung handelt es sich um eine elementare soziale Reaktionsweise, die, soweit wir wissen, bei Kindern aller Kulturen in einem bestimmten Alter auftritt. Sie ist keineswegs von schlechten Erfahrungen mit Fremden abhängig. Auch taub und blind Geborene, die nachweislich keinerlei schlechte Erfahrungen mit Fremden sammelten, unterscheiden, wenn sie etwas älter sind, fremde von bekannten Personen am Geruch und lehnen den Kontakt mit Fremden ab. Das Mißtrauen Fremden gegenüber ist uns offenbar angeboren, und auf dieser Einstellung beruht wohl auch unsere Neigung, geschlossene Gruppen zu bilden und Gruppenfremden mit Mißtrauen gegenüberzutreten – eine Neigung, die für unser Zusammenleben nicht ganz unproblematisch ist (siehe hierzu Eibl-Eibesfeldt 1975). Offenbar ist der Mensch auch Träger von Signalen, die Furcht auslösen und erst durch Bekanntheit neutralisiert werden (s. den

Beitrag von I. Eibl-Eibesfeldt über »Stammesgeschichtliche und kulturelle Anpassungen im menschlichen Verhalten« in diesem Band).

Aggression in Kinderspielgruppen

Ist das Buschmannkind etwa vier Jahre alt, dann hat es Anschluß an die Kinderspielgruppe gefunden. Bis zu seiner Pubertät verbringt es von nun ab viele Stunden des Tages in Gemeinschaft mit anderen Kindern. Bei der Beobachtung dieser Kindergruppen habe ich viel über Aggressionskontrolle gelernt. Aggressive Interaktionen sind nämlich ziemlich oft

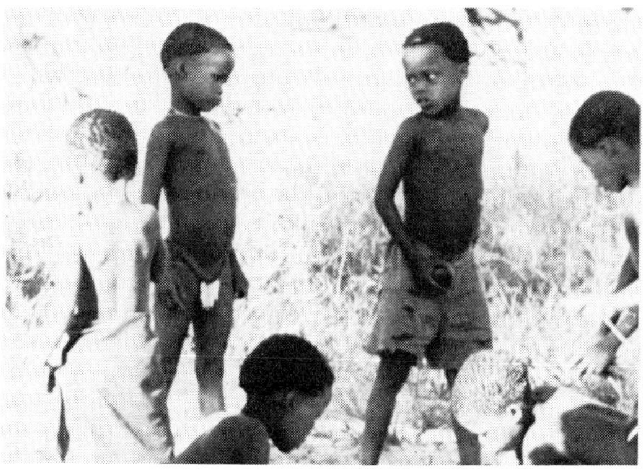

Abb. 6 Drohstarren und Schmollen: Buschmannjunge (rechts) starrt ein Mädchen drohend an. Dieses schmollt, senkt den Kopf und sieht weg (aus einem 16-mm-Film des Verfassers).

zu beobachten, obgleich sie als störend empfunden werden und ältere Kinder darum bemüht sind, Eskalationen zu vermeiden. Meist geht es beim Streit um Objekte. Die Kinder rauben einander Spielzeug, und dann wird geboxt, geschlagen und getreten, genau wie bei unseren Kindern. Man zeigt einander auch die Zunge, spuckt einander an und droht mit der Faust oder einem Stock. Viele Streitereien enden damit, daß einer weint. Bemerkenswert sind ferner die ritualisierten Auseinandersetzungen, die ich *Drohstarrduelle* nenne (s. Abb. 6): Einer fixiert mit starrem Blick seinen Partner, der den Drohblick erwidert. Nach einiger Zeit gibt jedoch einer auf und wendet sich ab, oder er senkt nur den Blick zu Boden, neigt den Kopf zur Seite und schmollt mit vorgestülpten Lippen (s. Abb. 6). Das ist offensichtlich eine Geste der Submission, denn der Sieger stellt daraufhin seine Feindseligkeiten ein, ja er bemüht sich, indem er den Partner berührt oder ihm sogar Geschenke anbietet, um die Wiederaufnahme freundlicher Beziehungen. Darauf geht allerdings der Partner meist nicht sogleich ein; der andere muß sich schon ein Weilchen bemühen. Gelegentlich weint einer im Gefolge einer Auseinandersetzung. Das beendet ebenfalls den Kampf. Offenbar wirkt Weinen stark hemmend, und es löst überdies Beistandsverhalten von bisher Unbeteiligten aus: Dritte mischen sich häufig in Streitereien ein; Freunde ergreifen Partei, ältere Spielgefährten intervenieren als Schlichter.

Sozialisation in der Kindergruppe. Die Intervenierenden bestrafen den Aggressor und trösten den Gekränkten. Die als Spielleiter auftretenden Kinder greifen übrigens gelegentlich andere Kinder ohne ersichtlichen Grund an, wie mir scheint, als reine Rangdemonstration. Wenn morgens das älteste Mädchen einer Spielgruppe zu den anderen Kindern stieß, die bereits spielten, dann schlug sie einem z. B. die Melone mit dem Fuß aus der Hand, dem anderen versetzte sie einen Tritt oder sie boxte ihn. So verschaffte sie sich Respekt, den sie brauchte, um danach als Autorität Streit schlichten zu können. Nach einem solchen Auftritt pflegte sie friedlich mit den anderen zu spielen und deren Tätigkeit zu steuern.

In den Kinderspielgruppen vollzieht sich in ganz entscheidendem Maße die Sozialisation des Buschmannkindes. Unter der Führung der älteren Kinder lernt das kleine Kind seine Aggressionen zu zügeln und die freundlichen Rituale des Teilens, Schenkens und gemeinsamen Spielens. Meine Mitarbeiterin H. Sbrzesny (1975) hat die sozialisierende und gruppenbindende Funktion des Kinderspieles bei Buschleuten genau untersucht. Ich darf hier auf ihre ausgezeichnete Monographie hinweisen.

Man hat in modernen Kindergartenmodellen vielfach das Experiment gemacht, die Kinder sich selbst zu überlassen, in der Meinung, sie würden sich auch ohne Einwirkung der Erwachsenen im freien Spiel der Kräfte sozialisieren. Unsere Feststellung, daß Buschleute dies tun, mag sie in ihren Ansichten bekräftigen, deshalb sei vor allzu raschen Schlüssen gewarnt. In den Kinderspielgruppen der Buschleute findet zwar eine Sozialisation im wesentlichen ohne Einwirkung der Erwachsenen statt, doch enthält eine solche Kindergruppe Kinder sehr unterschiedlicher Altersklassen, auch Kinder, die unmittelbar vor der Pubertät stehen und die als Autorität quasi die Stelle der Erwachsenen vertreten. Sie sind ranghoch und dirigieren, wie gesagt, als Spielleiter die Gruppe, schreiten strafend und belohnend ein, kurz, handeln so, wie es bei uns normalerweise Erzieher tun. Und solche sind in unseren Kindergärten deshalb nötig, weil die Kindergruppen meist nur Kinder einer relativ begrenzten Altersgruppe umfassen. Diese Kinder sind im allgemeinen noch zu unreif, um sich ohne Anleitung zusammenzuraufen. Sie bedürfen einer Führung, die vor allem den Unterlegenen unnötige Entbehrungen erspart. Auch dazu hat Sbrzesny (1975) sich ausführlicher geäußert.

Die meisten der beim Streit der Buschmannkinder beobachteten Verhaltensweisen finden wir bei Kindern anderer Kulturen in fast kopiengetreuer Weise wieder. Wir dürfen daher annehmen, daß Verhaltensweisen wie das Schmollen, Drohstarren, Weinen, Zungezeigen und anderes mehr zu unserem angeborenen Reaktionsrepertoire gehören.

Von den ersten Streitereien muß man die *spielerischen* Balgereien und Verfolgungen unterscheiden. Das geht unschwer, denn Spielerisches wird vom Lachen als Spielsignal begleitet. Ferner kann man hierbei beobachten, daß die Rollen zwischen Verfolger und Verfolgten in bunter Folge frei gewechselt werden, daß die Partner beieinander bleiben und daß es anders als bei echten Konflikten nicht zu einem vorübergehenden Kontaktabbruch zwischen den Partnern kommt.

Erzieherische Maßnahmen von Erwachsenen. Aggressive Auseinandersetzungen zwischen Kindern und Erwachsenen sind relativ selten. Säuglinge fordern von ihren Müttern gelegentlich aggressiv ihre Nahrung. Wenn sie nicht schnell genug an die Brust gelassen werden, dann schlagen sie z. B. die Mutter. Erzieherische Aggressionen beschränken sich im allgemeinen auf Schimpfen. Das wird aber vom Kind nicht immer hingenommen. Ein etwa zehnjähriges Mädchen hatte unachtsam einen Topf umgestoßen und einen Teil des Inhalts verschüttet. Der Vater schimpfte, worauf das Mädchen in Wut geriet, den Topf packte und auf den Boden warf. Der Vater war daraufhin ruhig.

Selten wird ein Kind gezüchtigt. Ein etwa vierjähriges !Ko-Mädchen ging zum Defäkieren hinter einen Busch nahe bei den Hütten. Der einjährige Bruder lief hinterher und stopfte sich den Mund voll, zum großen Entsetzen der Mutter und Großmutter, die schimpfend herbeieilten und den Mund des Kleinen säuberten. Ihr Ärger richtete sich gegen die unachtsame Schwester, der zuerst die Mutter und danach die Großmutter ein paar Ohrfeigen gaben.

In einem anderen Fall wurde ein etwa vierjähriges !Ko-Mädchen, das seine Gunst an zu viele Bewerber der Gruppe verteilte, von Vater und Bruder verprügelt.

Aggressive Verhaltensweisen beobachtet man ferner bei der Knabeninitiation. Die Kandidaten werden u. a. von den Männern geschlagen – das gehört zum Ritual.

Im großen und ganzen sind die Beziehungen zwischen Kindern und Erwachsenen jedoch freundlich, ohne Betonung von Rang. Geschimpft wird viel, aber körperliche Züchtigung ist selten und beschränkt sich meist auf einige Klapse (Eibl-Eibesfeldt 1972).

Streit zwischen Erwachsenen

Aggressionen unter Erwachsenen der gleichen Horde sind wegen des jähen Temperamentes der Buschleute keineswegs selten. Streit führt bei den Buschleuten gelegentlich zum Totschlag. Einen solchen Fall beschrieb Heinz (1966) für die !Ko. Es ging in diesem Fall um ein Musikinstrument, mit dem ein Mann spielte. Ein anderer wollte ebenfalls spielen und forderte ihn auf: »Du hast lange genug gespielt, laß mich nun weiterspielen!« Der Angesprochene reagierte überhaupt nicht. Darüber geriet der Bittsteller schließlich so in Wut, daß er dem anderen mit einem Stock über den Kopf schlug, ihm das Instrument entriß und davonging. Der Beraubte ergriff daraufhin einen vergifteten Pfeil und rammte ihn dem Gegner durch den Arm. Der starb am nächsten Tag. Die Gruppenmitglieder verfolgten den Mörder, konnten ihn aber nicht erwischen. Für die !Kung beschrieb Lee (1973) eine Mordrate, die jene der Vereinigten Staaten übertrifft.

Heinz (1967) beschreibt, daß die !Ko rangniedrigere Gruppenmitglieder mißhandeln und hänseln und auch Morddrohungen gegeneinander aussprechen (»Ich werde dich mit meiner Medizin töten!«). Eifersucht ist Streitgrund zwischen Ehepartnern und auch zwischen Frauen. Auch rivalisieren die Horden eines Nexus gelegentlich miteinander, und als sich zwei Horden des gleichen Nexus bei Bere ums gleiche Wasserloch ansiedelten, kam es zwischen den Gruppen wiederholt zu Raufereien.

Streit und Tätlichkeiten werden jedoch von Buschleuten keineswegs gerne gesehen. Sie versuchen vielmehr, Konflikte beizulegen und streben nach einem Zusammenleben in Frieden.

Schwarze Magie. Buschleute praktizieren ferner Schwarze Magie, um ihren Feinden zu schaden. Es kann sich dabei um ein Gruppenmitglied oder einen Gruppenfremden handeln. Das geschieht bei den !Ko durch Knochenwerfen. Man wirft Knochen so, daß sie in die Richtung des zu Schädigenden weisen. Mit der gleichen Technik wirft man Orakel und liest aus der Lage der Knöchelchen (es handelt sich um Gelenkknöchelchen von Antilopen) in welcher Richtung das Wild zu finden ist (Eibl-Eibesfeldt 1975).

Von den !Kung sind magische Bögen bekannt. Diese winzigen Bögen und Pfeile aus Oryx-Horn trägt man unter dem Lendenschurz verborgen. Man schießt damit in die Richtung des Feindes, um ihm zu schaden, und stößt dabei Verwünschungen aus. Man kann auch jemanden verhexen, indem man seine Spur vergiftet (Wilhelm 1953).

Spotten. Durch Spotten werden Gruppenmitglieder, die von der Gruppennorm abweichen, zur Angleichung an die Gruppennorm gezwungen. Die Verhaltensweisen des Spottens stellen zunächst das beanstandete Verhalten des Gruppenmitgliedes heraus, indem sie es nachmachen (Nachäffen). Es folgen dann verschiedene Verhaltensweisen ritualisierter Ablehnung, z. B. durch Zungezeigen und Gesäßweisen. Ich sah, daß Mädchen dabei oft Sand zwischen die Gesäßbacken klemmten, den sie bei der Verbeugung zum Gesäßweisen gegen den Verspotteten freigaben, wohl eine eindeutige Form ritualisierten Defäkierens.

Von diesen Formen des Spottens sind sexuelle Spottgebärden zu unterscheiden. !Ko-Mädchen spotten, indem sie ihre Schamschürze heben und damit ihre Schamregion entblößen oder indem sie dem Partner ihr Gesäß zukehren und in tiefer Verbeugung auf primatenhafte Art die Scham weisen (Präsentieren) (Eibl-Eibesfeldt 1972).

Eine Reihe von Einrichtungen erlauben es den Buschleuten, Konflikt ohne Streit auszutragen. Ist jemand beleidigt worden, dann kann er abends, wenn er bei seinem Feuer sitzt, verbal seinem Unmut Ausdruck verleihen. Er kann, ohne dabei Namen zu nennen, laut über das ihm zugefügte Unrecht sprechen. Jeder hört das, und in der kleinen Gemeinde weiß auch jeder, *wer* sich danebenbenahm. Der so Angeprangerte tut gut daran, am nächsten Tag die Versöhnung zu suchen, etwa indem er mit einem Geschenk kommt und »freundliche Worte« spricht.

Aggressionen werden ferner in ritualisierter Weise ausgelebt, indem die Buschleute einander beschimpfen. Die beleidigenden Ausdrücke sind interessanterweise nach ganz ähnlichem Vorbild gestaltet, wie hierzulande. Man bezieht sich auf die Sexualorgane, auf Fäkalien, bezeichnet den Partner als Tier und beschimpft ihn, indem man ihm Verstöße gegen das Inzesttabu vorwirft. Frauen schimpfen, indem sie sich z. B. folgendes zurufen: »Du Scheiße! Geh und friß Scheiße! Du bist eine Hyäne! Deine Schamlippen sind so lang, wie die eines Pavians! Du verkehrst geschlechtlich mit Deinem Vater (Bruder)!« (Eibl-Eibesfeldt 1975).

Ventilsitten. Des weiteren gibt es Ventilsitten, über die Aggressionen ausgelebt werden können. Hier sind zunächst die Scherzpartnerschaften zu nennen. Bei den Buschleuten ist es genau festgelegt, wer mit wem scherzen darf. Dem Scherzpartner kann man alles offen sagen. Man kann ihn beschimpfen und necken, und man muß desgleichen auch von ihm erdulden. Scherzpartner sind die Großeltern, aber nicht die Eltern und deren Scherzpartner. Ein Mann kann ferner mit seinem Bruder scherzen, aber nicht mit seiner Schwester. Er ist formell mit den Töchtern der Tanten und Onkeln beider Seiten, nicht aber mit deren Söhnen, die vielmehr Scherzpartner sind.

Von besonderer Bedeutung für ein harmonisches Gruppenleben scheinen die Spiele zu sein. Es gibt eine ganze Reihe von Kampf und Wetteiferspielen, die bemerkenswerterweise fast nur von Männern gespielt werden. Von den fünfzehn in diese Kategorie einzuordnenden Spielen der !Ko werden nach Sbrzesnys (1975) Erhebungen neun ausschließlich von Männern gespielt. Davon sind vier reine Kampfspiele, bei denen die beiden Parteien als Kämpfer gegeneinander auftreten. Sie werden von erwachsenen Männern und von Jungen gespielt. Frauen und Mädchen spielen kein einziges Kampfspiel. Sechs Wetteiferspiele werden von beiden Geschlechtern gespielt und zwar von beiden gemeinsam. Die Jungen dürften die Mädchen dazu anregen.

ZUSAMMENFASSUNG UND DISKUSSION

Entgegen anderslautenden Beobachtungen zeigen die heute lebenden Jäger- und Sammlervölker Territorialität und destruktive Aggressivität. Felsmalereien und Knochenverletzungen belegen dies auch für die vorgeschichtliche Zeit. Die These, daß erst der Ackerbau Seßhaftigkeit und damit Besitz und Territorialität bewirkte, hält einer kritischen Prüfung nicht stand. Des weiteren lehrt das Vorkommen von geschlossenen, territorialen Gruppen bei Schimpansen, daß es sich bei dem entsprechenden Verhaltenszug des Menschen um altes Erbe handeln dürfte. Das gilt auch für viele der aggressiven Verhaltensweisen.

Die vier immer wieder als Musterbeispiele friedlicher Jäger- und Sammlervölker zitierten Gruppen der Eskimos, Pygmäen, Buschleute und Hadza haben wir im Hinblick auf diese Behauptung genau überprüft, und wir können auf Grund unserer Untersuchung nachweisen, daß es sich bei diesen Völkern keineswegs um nichtterritoriale, in offenen Verbänden lebende Menschengruppen handelt. Diese Völker fügen sich durchaus in den Rahmen der übrigen Jäger- und Sammlervölker ein, die entgegen anderslautenden Behauptungen in der Mehrzahl durchaus territorial sind und Kriege kennen.

Gruppenterritorialität beruht sicher auf biologischem Erbe, nicht jedoch die destruktive Aggressions*form* des Krieges, auf die ich in diesem Band mit meinem Beitrag »Stammesgeschichtliche und kulturelle Anpassungen ...« eingehe. Noch besagt die Tatsache, daß menschliches Verhalten vom Erbe mitbestimmt wird, daß man daher nichts gegen eine uns angeborene Neigung unternehmen könne. Auch diese Frage wird uns gesondert beschäftigen. Gefährlich erscheint es jedoch, wenn manche milieutheoretisch ausgerichtete Forscher sich den Tatsachen aus einem Wunschdenken heraus verschließen, denn erst aus Kenntnis der unserem Verhalten zugrunde liegenden Mechanismen, erst aus der Kenntnis der Physiologie und Funktion ist man in der Lage, die Störungen eines Systems zu erkennen und auch zu beheben (siehe dazu Lorenz 1963, Eibl-Eibesfeldt 1975).

ANMERKUNGEN

1

G. Schaller (1963) kam auf Grund mehrmonatiger Freilandstudien zum Schluß, daß Gorillas besonders friedfertig und nicht territorial seien. Auf der Tagung der Deutschen Gesellschaft für Anthropologie in Hamburg im September 1977 berichtete Dian Fossey über ihre seit nunmehr elf Jahren laufenden Freilandbeobachtungen an Gorillas und betonte, daß diese Territorien verteidigen und keineswegs besonders friedfertig sind.

2

Eine Ausnahme bilden die Polareskimos, die keine Gruppen- oder Familienterritorien kennen. Das Gebiet ist allerdings extrem dünn besiedelt und die Eskimos, die erst vor einigen hundert Jahren in ihr heutiges Siedlungsgebiet kamen, und die auch heute nur rund 600 Personen zählen, betrachten sich als zusammengehörig. Jeder Polareskimo darf überall jagen und fischen, was nicht bedeutet, daß Polareskimos niemals streiten oder sonst besonders friedlich sind (Adler 1977).

3

Die Buschmannsprachen zeichnen sich durch das Vorkommen von Klicklauten aus. ! = Retroflexklick. Er wird ausgesprochen, indem man die Zungenoberfläche vom Gaumendach wegreißt, wobei ein harter Knall entsteht, ähnlich wie beim Entkorken einer Sektflasche. / = Dentalklick. Man erzeugt ihn, indem man die Zungenspitze schnell von der Innenseite der Schneidezähne wegzieht. Wir verwenden ihn als Ausdruck indignierten Erstaunens.

4

Seit 1970 leite ich ein umfangreiches Dokumentationsprogramm, das die ethologische Erforschung der Kalahari-Buschleute (!Ko, G/wi und !Kung) zum Ziel hat. Als ethnologische Berater wirken Dr. H. J. Heinz und Dr. P. Wiessner an dem Projekt mit, ferner meine Mitarbeiter Dr. H. Sbrzesny, Dr. B. Hold und D. Heunemann. Aus dieser Arbeit entstanden bisher etwa 100 Filme, die je zur Hälfte im Humanethologischen Filmarchiv der Max-Planck-Gesellschaft und im Institut für den Wissenschaftlichen Film (Enzyklopädia cinematographica) Göttingen veröffentlicht wurden. Weitere Angaben über das Projekt bei Eibl-Eibesfeldt 1971 a, b, 1972).

5

Hier wird die phylogenetische Vorstufe des Lachens in der ontogenetischen Entwicklung gewissermaßen rekapituliert.

LITERATUR

Adler, Ch.: Mechanismen der Gruppenbindung. Aggression und Aggressionskontrolle der Eskimos im Thule Distrikt. Diss. Univ. München 1977

Bagshawe, F. J.: The Peoples of the Happy Valley (East Africa). J. African Soc., 24, 1924/25, 25-33; 117-130; 219-227; 328-347

Bicchieri, M. G.: The Differential Use of Identical Features of Physical Habitat in Connection with Exploitative Settlement and Community Patterns: The Bambuti. Contributions to Anthropology: Band Societies. Proceedings of the Conference on Band Organization Ottawa, Nat. Mus. Canada Bull, 230, 1969, 65-72

Hunters and Gatherers Today. New York: Holt, Rinehart & Winston 1973

Bleek, D. F.: Rock-Paintings in South Africa. London: Methuen 1930

Boas, F.: The Central Eskimo. Annual Report. Bureau of American Ethnology, VI. Washington, D. C., 1888, 409-669

Bourne, G. H., Cohen, M.: The Gentle Giants – The Gorilla Story. New York: G. P. Putnam's Sons. Deutsch: Die sanften Riesen. Gorillas – Legende und Wirklichkeit. Ergebnisse der Verhaltensforschung. München: Kindler 1977

Brownlee, F.: The Social Organization of the !Kung (!Un) Bushmen of the North-Western Kalahari. Africa, 14, 1943, 124-129

Dart, R. A.: The Bone-bludgeon Hunting Technique of *Australopithecus*. South African Sci., 2, 1949, 150-152

The Predatory Transition from Ape to Man. Intern. Anthropolog. and Linguistic Review, 1, 1953, 201-218

DeVore, I.: The Evolution of Human Society. In: J. F. Eisenberg, W. S. Dillon (Eds.): Man and Beast: Comparative Social Behavior. Smithsonian Annual III. Washington, D. C.: Smithsonian Institution 1971, 297-311

Divale, W. T.: System Population Control in the Middle and Upper Palaeolithic: Inferences Based on Contemporary Hunter-Gatherers. World Archaeology, 4, 1972, 222-243

EIBL-EIBESFELDT, I.: Liebe und Haß. Zur Naturgeschichte elementarer Verhaltensweisen. München: Piper 1970

Das Humanethologische Filmarchiv der Max-Planck-Gesellschaft. Homo, 22, 1971 a, 252-256

Allgemeine Vorbemerkungen zu den Buschmannfilmen des Humanethologischen Filmarchivs. Homo, 22, 1971 b, 256-260

Die !Ko-Buschmanngesellschaft. Gruppenbindung und Aggressionskontrolle. München: Piper 1972

!Ko-Buschleute (Kalahari) – Geschwisterrivalität, Mutter-Kind-Interaktionen. Homo, 24, 1974, 252–260

Krieg und Frieden aus der Sicht der Verhaltensforschung. München: Piper 1975

Der vorprogrammierte Mensch. Wien: Molden 1973

Menschenforschung auf neuen Wegen. Wien: Molden 1976

Grundriß der vergleichenden Verhaltensforschung. München: Piper [5]1978

HEINZ, H. J.: The Social Organization of the !Ko-Bushmen. Magisterarbeit. Johannesburg: Univ. of S. Africa 1966

Conflicts, Tensions and Release of Tensions in a Bushman Society. Institute for the Study of Man in Africa. Isma Papers, 23, 1967, 2-21

Territoriality Among the Bushmen in General and the !Ko in Particular. Anthropos, 67, 1972, 405-416

The Nexus System Among the !Ko. Anthropos (im Druck)

HELMUTH, H.: Zum Verhalten des Menschen: Die Aggression. Z. Ethnol., 92, 1967, 265-273

ITANI, J., SUZUKI, A.: The Social Unit of Chimpanzees. Primates, 8, 1967, 355-381

IZAWA, K.: Unit Groups of Chimpanzees and Their Nomadism in the Savanna Woodland. Primates, 11, 1970, 1-46

KLUTSCHAK, H. W.: Als Eskimo unter Eskimos. Wien: Hartleben 1881

KÖNIG, H.: Der Rechtsbruch und sein Ausgleich bei den Eskimos. Anthropos, 20, 1925, 276-315

KOHL-LARSEN, L.: Auf den Spuren des Vormenschen. Deutsche Afrika Expedition 1934–36 und 1937–39. Stuttgart: Strecker & Schröder 1943

Wildbeuter in Ostafrika: die Tindiga, ein Jäger- und Sammlervolk. Berlin: Reimer 1958

KORTLANDT, A.: New Perspectives on Ape and Human Evolution. Amsterdam: Stichting voor Psychobiologie 1972

KÜHN, H.: Kunst und Kultur der Vorzeit. Das Paläolithikum. Berlin: de Gruyter 1929

Auf den Spuren des Eiszeitmenschen. München: List 1958

LAWICK-GOODALL, J. VAN: The Behaviour of the Chimpanzee. In: G. Kurth, I. Eibl-Eibesfeldt (Hg.): Hominisation und Verhalten. Stuttgart: G. Fischer 1975, 74-158

LEBZELTER, V.: Eingeborenenkulturen von Süd- und Südwestafrika. Leipzig: Hiersemann 1934

LEE, R. B.: What Hunters do for a Living. In: R. B. Lee, I. DeVore (Eds.): Man the Hunter. Chicago: Aldine 1968, 30-48

!Kung Spatial Organization: An Ecological and Historical Perspective. Human Ecology, 1, 1972, 125-147

The !Kung Bushmen of Botswana. In: M. G. Bicchieri (Ed.): Hunters and Gatherers Today. New York: Holt, Rinehart & Winston 1973, 327-368

LEE, R. B., DEVORE, I.: Man the Hunter. Chicago: Aldine 1968

LORENZ, K.: Das sogenannte Böse. Wien: Borotha-Schoeler 1963

MARSHALL, L.: Marriage among the !Kung-Bushmen. Africa, 29, 1959, 335-365

Sharing, Talking and Giving. Relief of Social Tensions among !Kung-Bushmen. Africa, 31, 1961, 231-249

The !Kung-Bushmen of the Kalahari Desert. In: J. L. Gibbs (Ed.): Peoples of Africa. New York: Holt, Rinehart & Winston 1965

MOHR, A.: Häufigkeit und Lokalisation von Frakturen und Verletzungen am Skelett vor- und frühgeschichtlicher Menschengruppen. (Zusammenfassung der 1969 veröffentl. Med. Diss. Humboldt-Universität Berlin) Ethnogr.-Archäol. Z., 12, 1971, 139-142

MURDOCK, G. P.: The Current Status of the World's Hunting and Gathering Peoples. In: R. B. Lee, I. DeVore (Eds.): Man the Hunter. Chicago: Aldine 1968, 13–20

NELSON, E. W.: The Eskimo About Bering Strait. Annual Report 18, Bd. I. Washington, D. C.: Bureau of American Ethnology 1896/97

NISHIDA, T.: The Social Group of Wild Chimpanzees of the Mahali Mountains. Primates, 9, 1968, 167-224

PASSARGE, S.: Die Buschmänner der Kalahari. Berlin: Reimer 1907

PETERSEN, R.: Family Ownership and Right of Disposition in Sukkertoppen District, West Greenland. Folk, 5, 1963, 270-281

PLACK, A.: Der Mythos vom Aggressionstrieb. München: List 1973

RASMUSSEN, K.: People of the Polar North. London 1908

REYNOLDS, V.: Open Groups in Human Evolution. Man, 1, 1966, 441-452

ROPER, M. K.: A Survey of Evidence for Intrahuman Killing in the Pleistocene. Current Anthropol., 10, 1969, 427-459

SAHLINS, M. D.: The Origin of Society. Sci. Am., 204, 1960, 76-87

SBRZESNY, H.: Die Spiele der !Ko-Buschleute unter besonderer Berücksichtigung ihrer sozialisierenden und gruppenbindenden Funktion. Diss. Biologie. Universität München 1975

SCHALLER, G.: The Mountain Gorilla. Chicago: Univ. Press 1963

SCHEBESTA, P.: Die Bambuti-Pygmäen vom Ituri, II. Institut Royal Colonial Belge. Bruxelles: Librairie Falk 1941

SCHMIDBAUER, W.: Zur Anthropologie der Aggression. Dynam. Psychiatrie, 4, 1971, 36-50

Territorialität und Aggression bei Jägern und Sammlern. Anthropos, 68, 1973, 548-558

SERVICE, E. R.: Primitive Social Organization and Evolutionary Perspective. New York: Random House 1962

SILBERBAUER, G. B.: Socio-Ecology of the G/wi Bushmen. Theses Dept. Anthropol. and Sociol. Monash University 1973 a

The G/wi Bushmen. In: M. G. Bicchieri (Ed.): Hunters and Gatherers Today. New York: Holt, Rinehart & Winston, 1973 b, 271-326

SUGIYAMA, Y.: Social Behavior of Chimpanzees in the Budongo Forest, Uganda. Primates, 10, 1969, 197-225

TOBIAS, PH. V.: Bushmen, Hunter, Gatherers: A Study in Human Ecology. In: D. H. S. Davis (Ed.): Ecological Studies in Southern Africa. Den Haag: W. Junk 1964. Auch in: Y. A. Cohen (Ed.): Man in Adaption. Chicago: Aldine 1968, 196-208

TURNBULL, C. M.: The Forest People. London: Chatto & Windus 1961

The Mbuti Pygmies: An Ethnographic Survey. Anthropol. Papers. Am. Mus. Nat. Hist., 50, 1965

VEDDER, H.: Die Buschmänner Südwestafrikas und ihre Weltanschauung. South African J. Sci., 24, 1937, 416-436

Über die Vorgeschichte der Völkerschaften von Südwestafrika, I: Die Buschmänner. J. South-West Africa Sci. Soc., 9, 1952/53, 45-56

WEULE, K.: Der Krieg in den Tiefen der Menschheit. Stuttgart: Kosmos 1916

WILHELM, J. H.: Die !Kung-Buschleute. Jahrb. d. Museums f. Völkerkunde, Leipzig, 12, 1953, 91-189

WOODBURN, J.: Stability and Flexibility in Hadza Residential Groupings. In: R. B. Lee, I. DeVore (Eds.): Man the Hunter. Chicago: Aldine 1968, 103-110

ZASTROW, B. V., VEDDER, H.: Die Buschmänner. In: E. Schultz-Ewerth, L. Adam (Hg.): Das Eingeborenenrecht: Togo, Kamerun, Südwestafrika, die Südseekolonien. Stuttgart: Strecker & Schröder 1930

DAS AUGE ALS BIOLOGISCHE WURZEL KULTURELLER PHÄNOMENE

von Otto Koenig

Alle Tiere dieser Welt, vom einfachsten Einzeller hinauf bis zu den höchsten Primaten, sind phylogenetisch miteinander verwandt und weisen daher durch den ganzen Stammbaum verfolgbare Homologien auf. Sie sind Funktionsteile des ganzheitlichen Ökosystems dieser Erde und daher gleichen chemischen und physikalischen Gesetzen unterworfen. Der Mensch bildet hier keine Ausnahme und kann daher nach Konstruktion und Leistung nur aus diesem System heraus erklärt und verstanden werden. Hinsichtlich Anatomie, Morphologie und Physiologie bestehen hier keinerlei Meinungsverschiedenheiten, doch bereits der Versuch, Verhaltensweisen und kulturelle Leistungen des Menschen aus biologischer und speziell ökologischer Perspektive zu erklären, stößt auf ideologischen Widerspruch. Allzugern möchte der Mensch seine eigenen Schöpfungen als Produkte absolut freier Willensäußerung und nicht als artspezifischen Ausdruck biologischer Funktionsgesetzlichkeiten verstehen. An der Fiktion einer hypothetischen Sonderstellung des Menschen scheiden sich Natur- und Geisteswissenschaften bereits traditionell.

Die Aufrechterhaltung dieser im Widerspruch zu allen einschlägigen Forschungsergebnissen stehenden Trennmauer wird besonders heute, wo die gigantische Ausweitung menschlicher Kulturaktivitäten zu globalen, die Weiterexistenz des *Homo sapiens* bereits in Frage stellenden Umweltzerstörungen führt, zur echten Gefahr. Der einzige Weg, um anthropogene Fehlentwicklungen in vollem Ausmaß zu erkennen und Ansatzpunkte für Gegenmaßnahmen zu finden, ist eine möglichst umfassende und objektive Selbsterkenntnis des Menschen, die nur auf dem Weg spartenüberbrückender Wissensintegration erfolgen kann. Den dargelegten Systemvorstellungen folgend, entdeckte die interdisziplinär vorgehende Kulturethologie im Sinnesorgan »Auge« nicht nur ein fundamental wichtiges Ausdrucksmittel, sondern auch einen sehr wesentlichen Schlüsselpunkt auf dem Gebiet menschlicher Objektgestaltung, in dem sich die biologische Bedingtheit kultureller Ausdrucksformen besonders deutlich manifestiert. Gerade an diesem Beispiel konnte im wahrsten Sinn des Wortes »anschaulich« bewiesen werden, daß die menschliche Kultur offensichtlich einen Spezialfall der Biologie darstellt.

Das Auge zählt hinsichtlich seiner Bauweise zu den konservativsten Organen im Wirbeltierreich. Es hat sich seit seinem ersten stammesgeschichtlichen Auftreten kaum verändert und wird daher ontogenetisch schon in frühesten Embryonalstadien funktionstypisch angelegt. Unter allen äußerlich sichtbaren Strukturen ist es das allgemeingültigste und signifikanteste Kennzeichen der höheren Lebewesen. Als Sinnesorgan nimmt es in verschiedener Beziehung eine Sonderstellung ein. Physiologisch vom übrigen Körper zwar abhängig, führt es in der Abgeschlossenheit der Augenhöhle doch gewissermaßen ein Eigenleben. Es blickt wie ein Objektiv aus der Öffnung eines Gehäuses, nicht vergleichbar den anderen sichtbaren, von einheitlicher Hautdecke umgebenen Körperorganen. Immer ist es glatt und glänzend, es unterscheidet sich unmißverständlich von Haut, Haar, Feder oder Schuppe. Speziell das Menschenauge erweckt infolge seiner großen Beweglichkeit, die durch den deutlichen Hell-Dunkel-Kontrast zwischen Sklera und Iris noch unterstrichen wird, den Eindruck eines selbständigen Wesens. Es ist nicht nur Rezeptor für Außenreize, es ist auch wichtigstes mimisches Ausdrucksmittel, also Sender und Empfänger in einem, was für kein anderes Fernsinnesorgan zutrifft. Das Ohr hört nicht das Hören, die Nase riecht nicht das Riechen, wohl aber sieht das Auge das Schauen des Interaktionspartners in direktem reziprokem Fernkontakt. Eine so unmittelbare Wechselwirkung wie zwischen Augenpaaren ist sonst nur im Bereich der Berührungssinne möglich. Etwas »mit dem Blick streifen«, gegenseitiges »Ineinandertauchen« oder »Festhalten« von Blicken sind dementsprechende Redewendungen. Im Zusammenhang mit seiner großen Empfindlichkeit läßt es sich zum Unterschied von den übrigen rezeptorischen Organen durch Schließen der Lider restlos ausschalten. Die Aufzählung der Besonderheiten ließe sich noch lange fortsetzen.

Für uns Menschen ist der Begriff »Auge« stark mit Emotionen belegt. Einem glücklichen Lebewesen sprechen wir »glänzende« oder »leuchtende Augen« zu, »matte Augen« signalisieren Betrübnis oder Krankheit, ein augenloses Geschöpf erscheint uns fremd und freudlos. Für den Tod sind Wendungen wie »das Augenlicht verlischt«, »die Augen brechen« oder »die Augen schließen sich für immer« beliebte Metaphern. Schon Säuglinge stehen mit der betreuenden Person in engem Blickkontakt, Kleinkinder greifen gern nach Augen. Ebenso orientieren sich Affenbabys nach den Augen der Mutter. Junge Maulbrüter schwimmen bei Gefahr zielrichtig in die Mundhöhle des betreuenden Elternteils, dessen frontal gut zu sehendes Augenpaar den Jungfischen als Orientierungshilfe dient. Die Bedeutung der Augenkommunikation ist auch für andere innerartliche Bereiche nachweisbar. Augenbetonende Umrahmung in Form kontrastierender Federn oder nackter Hautpartien sowie grelle Irisfarbe finden wir bei vielen Vögeln im Dienste des Balzverhaltens. Was alles Blicke im zwischenmenschlichen Verkehr bedeuten und bewirken können, weiß jeder aus eigener Erfahrung. Diese Reaktionen wurzeln durchwegs in einem von Lernvorgängen unabhängigen angeborenen Auslösemechanismus (AAM) für die Augengestalt.

Das Auge hat aber auch gefährliche Aspekte. Es ist ein Ortungsgerät von unüberbietbarer Raschheit und Genauigkeit, das gleichzeitig zielt und trifft. Wir sprechen vom »Werfen« und »Treffen« des Blickes und sagen »augenblicklich« zur Charakterisierung eines Zeitablaufes von unmeßbarer Kürze. Somit ist das Auge auch im Bereich der Feind-Beute-Beziehungen von höchster Wichtigkeit. Fast jedes jagende Wirbeltier fixiert sein Opfer vor dem Angriff mit dem Blick. Der Kopf als Träger der Augen ist aber zugleich Träger der beißenden Zähne, des hackenden Schnabels, des stoßenden Gehörns. Jedes Lebewesen, das ein anderes ansieht, wendet ihm gleichzeitig Fang- und Kampfwerkzeuge zu. Somit erhält das Anblicken im zwischenartlichen Verkehr immer auch eine bedrohliche Komponente (s. Abb. 6 im Beitrag »Territorialität und Aggressivität der Jäger- und Sammlervölker« von I. Eibl-Eibesfeldt in diesem Band). Weil Angriffe meist blitzschnell erfolgen, kommt es darauf an, sich nähernde Feinde rechtzeitig zu erkennen, die Situation des Angeschautwerdens rasch zu erfassen. Nun können aber Feinde sehr verschiedengestaltig sein. Ein Zugvogel etwa, der von Nordeuropa nach Südafrika fliegt, kann nicht alles auf dieser langen Strecke auftauchende Raubgetier durch Erfahrung kennenlernen. Zu weit ist die morphologische Spanne, die von großen Eidechsen über unterschiedlichste Vögel bis zu einem Heer mannigfaltiger Säugetiere reicht. Einzig gleichbleibendes Merkmal ist das Auge, auf das folglich absolut sicher und rasch reagiert werden muß, was eben nur mittels angeborenen Ansprechens auf die Augengestalt möglich ist. An einem Rudel Rehe, einem Schwarm futtersuchender Krähen kommt man mit abgewandtem Gesicht ohne weiteres vorüber, ohne die Tiere zu stören, wogegen Zuwenden des Augenpaares zu sofortiger Flucht veranlaßt.

Ebenso wie der Gejagte seinen Angreifer an den ihn anschauenden Augen erkennt, findet der Jäger in den Augen seines Opfers eine wichtige Orientierungshilfe, muß er doch so zupacken, daß er nicht selbst gebissen oder gehackt wird. Bei manchen Tierarten sind die »verräterischen« Augen durch dunkle Zeichnungsmuster vertarnt. Die Dämmerungs- und nachtaktiven Ziegenmelker und Schwalme, die völlig ungedeckt zu ebener Erde, auf Baumstümpfen oder Pfählen brüten, verengen ihre Lider tagsüber zu einem schmalen Spalt, weil die großen, schwarzglänzenden Nachtaugen sie trotz hervorragender Rindenzeichnung des Gefieders als Lebewesen kenntlich machen würden.

Die angeborenen Reaktionsweisen von Tieren werden zumeist nicht durch merkmalsreiche Komplexphänomene, sondern durch relativ einfache Schlüsselreize wie zum Beispiel ein spezifisches Zeichnungsmuster oder Farbsignal ausgelöst. Durch Darbieten vereinfachter Attrappen können diese Schlüsselreize experimentell nachgewiesen werden. So spricht etwa beim Stichling das Weibchen auf die Rotfärbung des Männchens, dieses wiederum auf den silbrig-dicken Bauch des laichreifen Weibchens positiv an. Im Falle der Augengestalt ist der Abstrahierungspielraum besonders groß, und bereits ein Kontrastfleck auf neutralem Untergrund wird als »Auge« wahrgenommen. Es liegt im Interesse des Individuums, lieber öfters irrtümlich vor augenähnlichen Formen zurückzuschrecken, als es nur einmal angesichts eines echten Feindes zu unterlassen. Hier wirkt eine direkte Selektion zugunsten dessen, der grundsätzlich allem Augenhaften mit Aufmerksamkeit begegnet. Durch Hinzukommen weiterer Gestaltkriterien wie Pupillenfleck oder Glanz steigt die Wirksamkeit einer Augenattrappe im Sinne der »Reizsummenregel« an. Von Menschenkindern ist bekannt, daß sie schon sehr früh auf Kreisflächen und Kugeln positiv reagieren und, wenn diese glänzen, sich ihnen noch freudiger zuwenden. Als die amerikanische Automobilindustrie mittels Testreihen nach der für Menschen auffälligsten und wirksamsten Stoplichtform suchte, kam sie auf runde Lichter mit konzentrischem Innenkreis, also eine augenähnliche Form, deren Signalwert durch die Alarmfarbe Rot noch gesteigert wird. Auf der Alarmwirkung augenhafter Strukturen beruhen die im Wilhelminenberger Institut (Wien) erarbeiteten, an Straßenrändern anzubringenden roten »Wildwarnreflektoren«, die im Scheinwerferlicht herankommender Autos augenartig aufleuchten und das Wild vor dem Überwechseln zurückhalten. Auf diese Weise konnten die Wildunfälle bis zu 84 Prozent gesenkt werden.

Das Prinzip der Augenattrappen finden wir in der Natur sowohl in Anlock- wie in Abschreckbereichen sehr weit verbreitet. Wohl am schönsten realisiert es sich bei den Augenflecken der Schmetterlinge. Obwohl diese Insekten selbst Facettenaugen besitzen, die den mit Iris- und Pupillenkreis ausgestatteten feuchtglänzenden Wirbeltieraugen gestaltlich nicht entsprechen, tragen viele Arten sehr eindrucksvolle, dem Wirbeltierauge »nachgemachte« Augenattrappen auf den Flügeln, die der Feindabwehr dienen. Versuche haben gezeigt, daß Vögel vor Schmetterlingen zurückschrecken, die solche Augen präsentieren. Entfernt man im Experiment die Augenflecke, werden dieselben Schmetterlinge vom Vogel erbeutet. Manche Falter wie beispielsweise unser Tagpfauenauge, bieten die Attrappenaugen durch rasches Auseinanderklappen der Flügel dar, wodurch der Feind ganz plötzlich einem verhältnismäßig großen »Gesicht« gegenübersteht, dem er angeborenermaßen mit Vorsicht begegnet. Auf der Seite der Beutetiere vergrößert das Präsentieren drohender Augenflecke die Überlebensaussichten und begünstigt das Herausselektieren immer auffälligerer Augenmuster, die den Jäger erschrecken. Dieser Weg führte bei Schmetterlingen wie auch deren Raupen, bei Gottesanbeterinnen, Zikaden und vielen anderen wirbellosen Tieren, für die Augen als innerartliches Ausdrucksmittel keine Bedeutung besitzen, zur Bildung überaus effektvoller Augenattrappen.

Das geschilderte System durchläuft weite Zweige des Tierreichs und tritt uns in äußerst vielseitiger Form und Wirkung entgegen. Bei Fischen kommt sogenannte »Verkehrtzeichnung« vor: die echten Augen sind mittels gestaltauflösender Farbmuster vertarnt, wohingegen sich an der Schwanzwurzel auffällige Augenzeichnungen befinden. Der Vorteil liegt darin, daß sich der angreifende Feind falsch orientiert, eine Flucht seiner Beute in die entgegengesetzte Richtung erwartet und beim Angriff hinter dem fortschwimmenden Fisch vorbeistößt. Auch von Zikaden und Schmetterlingen kennen wir »Verkehrtgesichter« bei völliger Vertarnung des echten Kopfes. Einige Vogelarten wie etwa der amerikanische Buntfalke und Sperlingskäuze tragen auf dem Hinterkopf Scheinaugen, sogenannte »Okzipitalgesichter«, die den Betrachter verwirren. Andere wiederum zeigen »Schlafgesichter«, die sie während des Schlafes präsentieren, wodurch sich manche Feinde abschrecken lassen. Daß derartige »Tricks« für die Art von Vorteil sind, ist nicht zu bezweifeln. Die Systeme der Blickbindung und Blickableitung im Dienste innerartlicher Verständigung und zwischenartlicher Feind-Beute-Beziehung sind im Tierreich so verbreitet und vielseitig, daß sie hier nicht annähernd aufgezählt werden können.

Die morphologischen Besonderheiten und das seltsame Eigenleben des Auges haben offensichtlich bereits den frühen Menschen, der die Angst vor dem Angeschautwerden und somit Erkanntwerden aus seiner tierischen Vergangenheit mitbrachte, stark beschäftigt. Als talentierter »Werkzeugprimat« fing er an, sich die abwehrenden, ablenkenden, irreführenden Augenmuster selbst zu schaffen. Was Insekten, Fische, Vögel und Säugetiere phylogenetisch in tausendfacher Generationenfolge herausselektierten, begann der Urmensch an die Wand zu malen, sich umzuhängen, vor seiner Wohnung anzubringen. Solcherart setzte er die im Tierstamm bestehende Tendenz zur Augenablenkung in einer neuen, vom phylogenetischen Wandel unabhängigen Weise fort. In seiner Gedankenwelt wurde das glänzende, für den Betrachter so körperunabhängig wirkende Auge zum selbständigen Kobold, der böse und gefährlich werden kann, auch wenn er dem Kreis der eigenen Artgenossen zugehört. Die damit in engstem Zusammenhang stehende Vorstellung vom »bösen Blick« ist in verschiedensten Varianten weltweit verbreitet. Alle visuellen Abwehrmittel gegen diese so gefürchtete Bedrohung erweisen sich in irgendeiner Form als ritualisierte Abwandlungen der Augengestalt.

Allerdings setzt mit der artifiziellen Produktion des Augenmotivs eine ganz spezifische menschliche Gestaltungs- und Veränderungsweise ein. Im gesamten vorhergegangenen Entwicklungsverlauf erfolgt die Bildung von Augenflecken unter einem von realen Feinden ausgeübten Selektionsdruck. Ein Schmetterling wird, wenn sich seine Freßfeinde vor Augen fürchten und durch Darbietung augenartiger Muster täuschen und abschrecken lassen, um so mehr Überlebenschancen haben, je naturalistischer seine Augenflecke wirken. Die Selektion drängt demnach hier in Richtung Darstellungsverbesserung und läßt aus schlichten Kreismustern letztlich sehr auffallende, mitunter »überoptimale« Augenattrappen entstehen. Sowie aber deren Formung und Gestaltung dem in sensomotorischen Kreisprozessen denkend agierenden, experimentierenden Menschen anheimgegeben sind, der den bösen Blick mit vorwiegend irrationalen »magischen« Inhalten verknüpft, ist ein gezielter Selektionsdruck in Richtung Lebensechtheit nicht mehr zwingend vorhanden, da die Reaktion der erdachten feindlichen Kräfte eben nur in der Vorstellungswelt des Magiegläubigen existiert. Dazu kommt, daß die künstlerische Leistungsfähigkeit der Erzeuger recht unterschiedlich ist. Das Auge wird besser oder schlechter nachgebildet, die Eigenheiten des Materials wirken mit, und aus der starken Neigung des Menschen, mit Objekten in Richtung Komplikation sowie Abstraktion spielerisch herumzuprobieren, die individuelle Leistung hervorzuheben, um mit ihr zu imponieren, entsteht eine reiche Fülle von Varianten. Die Vielfalt der Amulettgestaltung wird unüberschaubar groß, ja es resultiert daraus teilweise sogar eine Gegenentwicklung vom lebensechten Auge weg zu einer neuen Formenmannigfaltigkeit, bestimmt durch Können, Möglichkeit und Neigung des Produzenten. Da und dort mögen auch noch absichtliche Verschlüsselungen hinzukommen, die gerade im magischen Bereich eine überaus große Rolle spielen. In Weiterentwicklung der Augengestalt kann aus den konzentrischen Kreisen der Pupille leichtlich eine Blüte, aus dem Oval der Lidöffnung ein Blatt werden. Freilich führen diese sehr unterschiedlichen Wege niemals zu völliger Strukturauflösung, sondern behalten auch dort, wo das Auge bereits völlig zu verschwinden scheint, irgendwelche augenhaften Merkmale bei. Immer wieder aber kehrt der Mensch zum Ausgangspunkt, der unverwechselbaren Augengestalt, zurück, die ihn heute noch genauso anspricht und interessiert wie vor Hunderttausenden von Jahren.

Da weder Geruch noch Gehör als die dem Sehvermögen zur Seite stehenden Fernsinne sich so leicht, schnell und sicher auf ein Ziel einzuorientieren vermögen wie das Auge, das zugleich auch spontanstes Signalisierungsinstrument für innere Stimmungslagen ist, enthält der Blickkontakt zwischen Interaktionspartnern immer etwas Entlarvendes, denn gegenseitiges »Anschauen« wird leicht zum »Durchschauen«. Das zutiefst in der menschlichen Wildbeuternatur verankerte Bestreben, zu sehen und zu erkennen, ohne selbst gesehen und erkannt zu werden, mußte den Menschen als primär optisch orientiertes, taglebendes Wesen sehr früh dazu führen, den Blick des Gegners von sich abzulenken. Nichts ist dafür besser geeignet als möglichst auffallende, fesselnde Augenattrappen, die den Kontakt der Augenpaare zumindest verzögern und erschweren. Bevorzugter Anbringungsort für Amulette ist daher der Kopfbereich. Wir finden Augensymbole sehr häufig als Ohrringe, Stirn- und Halsschmuck. Die an den Hauben holländischer Frauentrachten befestigten »Ohreisen« in Form von Spiegeln oder Metallspiralen sind besonders raffinierte Vorrichtungen, um den Blick von den Augen der Trägerin abzulenken. Im gleichen Sinn verwendeten übrigens manche Filmregisseure im Studio große überoptimale Augenattrappen, die den Blick der Komparserie vom »Objektivauge« der Kameras weglocken sollten.

In Weiterführung des Abwehrgedankens werden auch andere stark gefährdete Stellen des Körpers, vor allem Gelenke und Rücken mit Hilfe von Amuletten geschützt. Der Wunsch des Menschen nach Rückendeckung ist ein sehr elementares Bedürfnis, das schon allein durch sein infolge Vorwärtsorientierung der Augen relativ kleines Blickfeld verständlich wird. Es sei an die ebenfalls beidäugig vorwärtsblickenden Buntfalken und Sperlingskäuze erinnert, bei denen sich am Hinterkopf »Okzipitalgesichter« zur Rückwärtssicherung herausentwickelt haben. Darüber hinaus hängt beim Menschen das Streben nach Rükkendeckung mit der ökologischen Einpassung in locker strukturiertes Gelände und der Tendenz, in Halbhöhlen und Höhlen zu wohnen, aufs engste zusammen. Hier handelt es sich um feste Bestandteile seiner angeborenen Verhaltensausstattung. Dieses Bedürfnis nach Geborgenheit, die zugleich ein Beobachten der Umgebung erlaubt, läßt sich in Kaffee- und Gasthäusern ebenso wie in Eisenbahnabteilen beobachten, wo Eckplätze mit Rükkendeckung am Fenster bevorzugt werden, wogegen man freie Plätze in Raummitte nach Möglichkeit meidet. Gegen den Feind im Rücken richten sich auch schräg rückwärts gerichtete metallene Augenattrappen auf vielen alten Pferdekummets. In der Türkei, wo die Furcht vor dem bösen Blick heute noch in allen Bevölkerungsschichten tief verwurzelt ist, werden Kindern sehr naturalistische Augenperlen zwischen die Schulterblätter auf den Rückenteil ihrer Kleidung genäht. An gleicher Stelle findet man bei älteren türkischen Frauenblusen Rundspiegel mit herumgestickten konzentrischen Kreisen, wie ja überhaupt die meisten Frauen- und Männertrachten speziell auf dem Rücken alle nur möglichen Varianten von Augenmotiven zeigen. Diese fehlen bei Frauenkleidung mitunter in Gebieten, wo Kopftücher getragen werden. Hier prangen die Abwehrmotive auf den hinten herunterhängenden Tuchzipfeln und liegen somit an gleicher Stelle. In Mazedonien, vor allem im Raum um den Ohrid-See, tragen die Frauen an ihren hinten herunterhängenden langen Zöpfen runde blanke Münzen, die analog dem Spiegel Abwehrbedeutung haben. Auch die als »Idol von Kličevac« bekannte bronzezeitliche Skulptur zeigt auf dem Rücken Abwehrzeichen, wie sie heute noch in Jugoslawien verwendet werden.

Eine besondere Form des Augensymbols ist die von alters her in fast allen Kulturgebieten immer wieder auftauchende sogenannte »Fischblase«, im Orient unter »Miribota« oder ähnlichen Bezeichnungen überaus verbreitet. Der genaue Entstehungsweg der Miribota, den ich in meinem Buch »Urmotiv Auge« ausführlich geschildert habe, muß hier aus Platzgründen weggelassen werden. Es sei nur festgestellt, daß diese Form eine der einfachsten und verständlichsten Abwandlungen des Auges ist, wenngleich ihre Variationsbreite vom beinahe naturalistischen Auge bis zur Blütenranke reicht. Die Miribotagestalt ist leicht zu

Abb. 1 Die magisch schützende Miribota (Fischblase), eine Ritualisierungsform der Augengestalt.
A) Abwehrauge am Bug eines jugoslawischen Küstenseglers (Gegenwart); B) Schiffsauge auf einem altgriechischen Vasenbild; C-E) Miribotas auf orientalischen Teppichen; F) verspielte Formen als Stoffmuster; G) »Vierpaß«-Ornament, Kombination aus vier Miribotas; H) durch Herausheben der Trennlinie unter Weglassung des Begrenzungskreises entsteht das Hakenkreuz; I) trojanisches Hakenkreuz; J) normannisches Hakenkreuz mit Augenkreisen an den Enden; K) durch spiegelbildliche Verdoppelung der Miribota entsteht die Herzform (ungarisches Stickornament); L) Miribota-Herz mit zwei Spitzen (indischer Schmuckanhänger); M) einzelne Miribotas und deren Verdoppelung zu Herz- und Tulpenmotiven (bäuerliche Möbelbemalung aus Österreich).

verstehen, wenn man mit ihr die verschiedenen Augenformen auf altgriechischen Vasen und Schiffsabbildungen vergleicht. Heute noch tragen im Adriaraum viele ursprünglich als Segler gebaute Küstenschiffe auf dem Bug zwei Miribotas als Augenpaar. Im gesamten Orient zählt sie zu den verbreitetsten und beliebtesten Amulettformen. Man trägt sie als Schmuckanhänger, befestigt sie gegen den bösen Blick auf Kinderwiegen, verwendet sie als Stickmuster und schützendes Hausornament ebenso wie als Abwehrzeichen auf Gräbern oder bindet in Bulgarien sogar die Grabkränze in ihrer Augengestalt. Die Miribota ziert nicht nur sehr viele orientalische Stoffe, Gefäße, Waffen und sonstige Gegenstände, sie hat auch in unseren Modebereich als »persisches Muster« Eingang gefunden, vorwiegend als

Halstuch- und Krawattendekor immer Gültigkeit besessen und zeitweilig als Kleidermuster einen Höhepunkt an Beliebtheit erreicht. All das zeigt, wie sehr diese Form Unterbewußtes anspricht, wie sehr sie »gefällt«. Ihr häufiges Vorkommen auf orientalischen Teppichen erklärt sich aus deren vielseitiger Verwendung in den Ursprungsländern. Der Teppich ist sowohl Bodenbelag wie Vorhang und spielt im Zeltleben der geisterfürchtigen Nomaden eine sehr große Rolle. In Indien, wo die Miribota gleichfalls hohes Ansehen genießt, schminkt man die Augen in dieser Form. Früher brachte man im Zusammenhang mit der magischen Vorstellung vom »dritten Auge« Miribotas mit einem Schminkstempel auf der Stirn an. Die magische Vorstellung vom dritten Auge und der schützenden Dreiäugigkeit führte zum bekannten Dreisproß, der heute noch in vielen Ländern als Heils- und Abwehrzeichen gegen den bösen Blick Verwendung findet. Dem gleichen Grundgedanken zahlenmäßigen Überimponierens entspringt der Glaube, daß »vieräugige« Hunde, also solche mit hellen Überaugenflecken, Schutz vor Dämonen bieten. Die Kombination von vier Miribotaaugen in Kreuzform beziehungsweise ihre Einzeichnung in einen Kreis hat zu dem bei zahlreichen Völkern als Glücksbringer und Dämonenschutz dienenden Hakenkreuz geführt. Hier wurde die kreuzförmige Trennungslinie der vier Miribotas zum eigenständigen Symbol. Die alte Annahme, das Hakenkreuz symbolisiere das Sonnenrad oder sei überhaupt ein Sonnenzeichen, stimmt sicher nicht. Die Sonne wird in den alten Mythologien als Auge eines Gottes verstanden, und die frühesten Götter waren Augengötter, die aus Augendarstellungen entwickelt wurden.

Ein sehr häufig gebrauchtes Heils-, Glücks- und Abwehrzeichen ist das Herz, das sich bei genauer Analyse als eine spiegelbildliche Verdoppelung der Miribota (Fischblase) herausstellt und somit ebenfalls dem Bereich der Augenvariationen zuzurechnen ist. Das Herzornament findet man überall dort, wo nach magischen Regeln Abwehrzeichen sinnvoll erscheinen, zum Beispiel an ländlichen Fensterläden und Toilettentüren, als ärmelschonenden Lederfleck am Ellenbogen oder als Stickornament auf Trachtenjacken. Die Verwendung als Liebessymbol dankt es sicherlich seiner ursprünglich schützenden, abwehrenden und somit auch glücksbringenden Funktion. Das häufige Vorkommen auf Trachtenrückenteilen stiftet zwanglos die Gedankenverbindung zur Nibelungensage: Siegfried badet im hürnenden Blut des getöteten Drachens. Ein auf seinem Rücken liegendes Lindenblatt (das herzförmig ist) wird ihm jedoch, nachdem es herabfällt und die vom Blut unbenetzte Stelle freigibt, zum Verhängnis. Holländische Frauentrachten – Siegfried stammt ja vom Niederrhein – zeigen heute noch zwischen den Schulterblättern Ornamente, die in das Lindenblattschema gehören. Es handelt sich um Herz- und Tulpenmotive, beide auf spiegelbildliche Verdoppelung der Miribota zurückgehend. Man könnte sich gut vorstellen, daß die Verwundbarkeit, also die Schutzlosigkeit Siegfrieds gegen den Feind im Rücken durch das Fehlen des magischen Lindenblatt-Herzens symbolisiert wird und die Sage ein verschlüsselter Hinweis auf die Notwendigkeit des rückseitigen Abwehrzeichens gegen dämonische und andere Feinde sein soll.

Ebenfalls sehr verbreitet sind Abwehrsymbole an den Gelenken, die besonders bei skythischen Tierfiguren oft mit regulären Augen ausgestattet sind. Auf dem Weg übertreibender Ritualisierung entstanden aus solchen miribotaförmigen Augenmotiven flügelähnliche Gebilde, die letztlich zu großen, naturalistischen Flügeln werden konnten. Im europäischen Volksglauben galten die Gelenkschwielen der Pferde als »Nachtaugen«, in Indonesien nennt man die Knöchel »Augen der Füße«. Mit Abwehraugen versehene Pantoffeln sind noch heute in der Türkei sehr weit verbreitet, ebenso auch kleine Pantoffelnachbildungen in Amulettverwendung. In Rumänien und der Türkei stattet man Riemensandalen gern mit Augensymbolen aus. Beide Länder liegen im alten hellenistisch-römischen Kulturbereich, aus dem uns ein Analogon zur Siegfriedsage überliefert wurde. Es handelt sich um den Mythos von Achilles, den seine Mutter Thetis unverwundbar machte, indem sie ihn nachts dem himmlischen Feuer aussetzte und tagsüber mit Ambrosia heilte. Lediglich die Ferse, an der sie Achilles jeweils ins Feuer hielt, blieb verletzlich und wurde von Apollos tödlichem Pfeilschuß getroffen. Auffallend oft zeigen griechische Menschendarstellungen Abwehrzeichen an Fersen und Knöcheln, mit denen die Flügelschuhe des Hermes zweifellos aufs engste verwandt sind. Es darf nicht erstaunen, wenn gerade die bei leichten Riemensandalen besonders verletzungsanfällige Fußknöchelgegend mit magischen Zeichen versehen wurde. Perseus erhält, als er auszieht, die Medusa zu töten, von den Nymphen ein Paar Flügelschuhe, die ihn offensichtlich schützen sollen. Auf älteren Skulpturen trägt er jedoch statt der Flügel miribotaförmige Gebilde, deren magische Schutzfunktion sehr offenkundig ist. Auf ähnlichem Weg wie Fersenflügel können auch an den Schulterblättern, die ja ebenfalls durch apotropäische Augensymbole geschützt zu werden pflegen, Flügel entstehen. Die Augenherkunft wie auch die gegenseitige Form- und Sinnverwandtschaft von miribotaförmigem Augensymbol und Flügel lassen sich an Hand zahlreicher Beispiele nachweisen.

Abb. 2 Entstehung von Flügeln aus Augensymbolen an den Gelenken. A) miribotaförmiges Gelenkauge eines Löwen (romanisches Relief am Kapellenportal im Schloß Tirol bei Meran); B) Krieger mit Knöchelaugen auf einem bronzenen Votivplättchen (Situlenkultur); C) Löwe und Pferd mit Augen an den Gelenken, das Vorderbeinauge des Löwen als Flügel gestaltet (skythische Goldplatte); D) Fabelwesen, aus dessen Gelenken Miribotas hervorwachsen (Teil eines Ornamentes aus Ur); E) Löwe mit flügelähnlicher Zeichnung an den Schultern (frühkorinthische Vasenmalerei); F) Greif mit miribotaförmigen Flügeln, die aus einem Herzornament (vgl. Abb. 1) hervorwachsen (mittelalterliche Grabplatte, Jugoslawien); G) Griechische Siegesgöttin Nike mit miribotaförmigen Flügeln an Schultern und Fußgelenken.

Die Herstellung wirksamer Augenattrappen basiert auf Verwendung der charakteristischen, biologischen Grundmerkmale der Augengestalt, die beim Menschen spitzoval, von Brauen und Wimpern umrahmt und durch die konzentrischen Kreise von Iris und Pupille wie auch die weiße, besonders bei Dunkelhäutigen stark signalhaft wirkende Sklera gekennzeichnet ist. Dazu kommen Beweglichkeit und Glanz. Eben diese hier aufgezählten Elemente finden wir in unterschiedlichster Ausprägung sowohl einzeln wie in verschiedener Kombination bei der überwiegenden Masse von Abwehramuletten, Heilszeichen und den damit innigst verwandten Schmuckgegenständen. Die spitzovale Form führt zur bekannten

Miribota ebenso wie zum Rhombus und gelegentlich zum Dreieck. Die Kreise finden wir nicht nur in konzentrischer Anordnung, sondern häufig auch zur Spirale abgewandelt vor. Zusätzlich spielen bei Augenwiedergaben die Wimpern eine relativ große Rolle. Meist werden sie, der ursprünglichen Bedeutungswurzel des Wortes Wimper = »Strahl« durchaus entsprechend, als auswärtszeigende Striche oder Auszackungen dargestellt. Hiermit bietet sich ein weiteres, bezüglich Zahl, Länge und Anordnung äußerst variables Gestaltungselement an, das nun den Außenrand des Augensymbols in den Ritualisierungsprozeß einbezieht. Schon damit steigen die Darstellungsmöglichkeiten erheblich an.

Durch Mitwirkung zweier weiterer Komponenten gelangt die Variationsfülle jedoch in unüberschaubare Bereiche, nämlich durch den Anbringungsort und das vorhandene Produktionsmaterial. Ein Abwehrauge auf einem Schiffsbug, über der Tür eines Steinhauses, auf einem Kleidungsstück oder anderen flächenhaften Unterlagen darf selbst flächig sein, da es ja nur in einer Richtung zu funktionieren braucht. Auf der Spitze eines Turmes, im Zentrum eines Raumes oder als baumelndes Amulett montiert, bedarf es aber sofort räumlich-mehrseitiger Wirksamkeit. Der Kreis wird hier zur Kugel, die Miribota zur Zwiebelform, wobei diesem Grundkörper zusätzlich aufgesetzte Augensymbole den Weg der Vervielfachung gehen: Die Kugel erhält mindestens drei Augensymbole, von denen der beliebig stehende Betrachter wenigstens eines, meistens zwei zu sehen bekommt. Die Wimpernstrahlen können zur Stachelkugel und letztlich auch zur Quaste führen, die als verräumlichtes Augensymbol noch immer gut verständlich ist. Damit kommen wir zum Material, das dem Hersteller bestimmte stilistische Realisierungswege aufzwingt. Ein Amulett, das der Bauer aus ihm zugänglichen und seiner Handwerkskunst gehorchenden Materialien wie etwa Stroh oder Holz produziert, wird anders aussehen als jenes, das der Goldschmied aus Metall, der Viehhirte aus Leder, der Tuchweber aus Garn oder der Bildhauer aus Stein zurechtformt.

Zu alldem kommt noch die starke menschliche Tendenz zur Übernahme fremden Kulturgutes, die besonders leicht durch ein Siegervorbild mobilisiert wird. Hier können dann durch Vermischungen neue Formen und Arbeitsmethoden entstehen. Eine von viehzüchtenden Nomaden überrannte Stadtkultur wird sehr bald die vielleicht aus Roß- und Kamelhaar gefertigten Symbole der Sieger mit eigenen Mitteln und Methoden, also etwa in Metall- oder Glastechnik nachahmen. Der Bauer wieder würde versuchen, den Goldschmuck der städtischen Herren aus Strohhalmen nachzuflechten. Diese wechselseitige Beeinflussung, für die es viele Beispiele gibt, kompliziert und variiert die Endprodukte neuerlich, und wer nicht genau analysiert, wird hier nur noch eine verwirrende Fülle, nicht aber den Stammbaum der Verwandtschaft erkennen. Nur unter Beachtung der Grundprinzipien, Regeln, Gesetze und möglichen Fallstricke, wie sie auch im Bereich zoologischer Systematik wirken, gelingt das Herauslösen und Ordnen all jener Formen, die der Mensch seit Anbeginn seiner manuellen Objektproduktion aus den ersten gegenständlichen Darstellungen des menschlichen Auges heraus entwickelt hat. Das Augensymbol ist einem Schriftzeichen vergleichbar, geschrieben in unterschiedlichster Größe, Prägnanz, Stilart und individueller Variation, aber immer und überall »es selbst« und für den »Schriftkundigen« lesbar.

In Anbetracht der konservativen Verhaltensausrüstung, die sich der Mensch anscheinend über viele Jahrzehntausende fast unverändert erhalten hat, dürfen wir uns nicht wundern, wenn er sich heute wie eh und je mit dem Auge, diesem inner- und zwischenartlich gleichermaßen wichtigen, jederzeit hochgradig Interesse und Aufmerksamkeit erregenden Organ intensiv beschäftigt und es in verschiedenster Ausprägung in seinen bildlichen Darstellungen verwendet. Die untrennbare Doppelfunktion der Augenform, nämlich anzulocken und abzuwehren, Interesse zu wecken und dennoch auf Distanz zu halten, führt folgerichtig zur Doppelverwendung gleicher Formen in Abwehrmagie und moderner Werbung. Das sogenannte Reklamewesen verwendet das Augenmotiv in allen möglichen Varianten und Abstrahierungsgraden als wirkungsvollen Blickfang, und die moderne Bildkunst bedient sich seiner neuerdings auffallend oft. Der Psychologe D. Frey weist in seinem Buch »Dämonie des Blickes« (1953) nach, daß der Mensch während Krisenperioden mehr Augen darstellt als in ruhigen Zeiten. Interessant hierzu sind Beobachtungen des Psychiaters L. Navratil an Schizophrenen, die bei entsprechendem Zeichenauftrag zu Beginn und Ende eines Anfalles menschliche Figuren, auf dessen Höhepunkt jedoch nur augenhafte Formen zu Papier brachten. Demnach scheint unter vielen anderen Anzeichen die Häufigkeit und Betonung von Augen und Augenmotiven in der bildenden Kunst ein nahezu graduell meßbares Kriterium für die in unserem Gesellschaftssystem herrschende Verunsicherung zu sein. Die Menschheit hat sich in ihrer Jahrhunderttausende währenden Entwicklung offensichtlich auch in den Bereichen höchster kultureller Leistungen von den biologischen Basisvoraussetzungen nicht losgelöst.

LITERATUR

Bodenheimer, A. R.: Versuch über die Elemente der Beziehung. Basel, Stuttgart 1967

Frey, D.: Dämonie des Blickes. Abh. d. Geistes- u. Sozialwiss. Klasse d. Akad. d. Wiss. u. d. Literatur i. Mainz, 1, 1953, 243–298

Hess, E. H.: The Tell-Tale Eye. New York: Van Nostrand Reinhold Co. 1975. Deutsch: Das sprechende Auge. München: Kindler 1977

Koenig, O.: Verhaltensforschung und Kultur. In: G. Altner (Hg.): Kreatur Mensch. München 1969

Kultur und Verhaltensforschung. München 1970

Urmotiv Auge. Neuentdeckte Grundzüge menschlichen Verhaltens. München 1975

Navratil, L.: Schizophrenie und Kunst. München 1965

Riemschneider, M.: Augengott und heilige Hochzeit. Leipzig 1953

Schurtz, H.: Das Augenornament und verwandte Probleme. Abh. d. Philolog.-hist. Klasse d. Königl. Sächsischen Ges. d. Wiss., 15, 1895, 1–96

Seligmann, K.: Der Böse Blick und Verwandtes. Berlin 1910

Die Zauberkraft des Auges und das Berufen. Hamburg 1922

Die magischen Heil- und Schutzmittel aus der unbelebten Natur mit besonderer Berücksichtigung der Mittel gegen den Bösen Blick. Eine Geschichte des Amulettwesens. Stutgart 1927

DAS TIER ALS MODELL: BIOLOGISCHE UND PSYCHOLOGISCHE VERHALTENSFORSCHUNG[1]

von Klaus E. Grossmann

DIE VERWENDUNG VON TIEREN IN DER PSYCHOLOGIE

Zahlreiche Themen der Psychologie befassen sich naturgemäß ausschließlich mit dem Menschen. Für sie sind oder erscheinen Daten aus der Verhaltensbiologie nicht förderlich, und man verzichtet deshalb darauf. Beispiele sind die Testpsychologie, Sprachpsychologie, Persönlichkeitspsychologie, Militär- und Organisationspsychologie und verschiedene Richtungen der klinischen Psychologie und der Psychoanalyse. Dabei sind Entscheidungen darüber, ob vielleicht Erkenntnisse aus dem verhaltensbiologischen Studium von Tieren nicht doch wichtig für die Fortentwicklung der genannten Wissenschaftsbereiche sein könnten, nicht getroffen worden.

Es gibt eine Reihe weiterer Themen der Psychologie, wo man gelegentlich auf tierpsychologische Erkenntnisse theoretischer und empirischer Art zurückgreift. Man berücksichtigt sie bei Interpretationen humanpsychologischer Untersuchungen. Ein Beispiel dafür ist die Experimentelle Psychologie, die sich bezeichnenderweise nach der Methode und nicht nach dem Gegenstand ihrer Forschung benennt. Ein anderes Beispiel für den gelegentlichen – in letzter Zeit sogar häufigeren – Rückgriff auf verhaltensbiologische Daten ist die Entwicklungspsychologie, besonders die Erforschung der frühen Ontogenese. Daneben greifen auch manche klinische Psychologen auf tierpsychologische Ergebnisse zurück: Zum Beispiel bei Untersuchungen über Auswirkungen verschiedener Drogen und pharmazeutischer Produkte auf das Verhalten unter mehr oder weniger kontrollierten Bedingungen. Auch im Zusammenhang mit Rehabilitationsprogrammen werden an Tieren gewonnene Einsichten über die Lern- und Trainingseffekte unter kontrollierten Bedingungen und Belohnungsabfolgen bei der Konzeption therapeutischer Programme mitverwendet.

Schließlich gibt es einen dritten Bereich in der Psychologie, in dem Untersuchungen an Tieren eine hervorragende Rolle spielen und manchmal sogar dominieren. An erster Stelle sei hier die Physiologische Psychologie (s. den Beitrag »Entwicklung von Physiologischer Psychologie und Psychophysiologie« von H. Zeier in diesem Band) genannt. Ähnlich wie in der Medizin, die in vielen Forschungsjahren grundlegende Erkenntnisse durch sorgfältiges anatomisches, physiologisches und pharmakologisches Arbeiten an Ratten, Meerschweinchen und anderen Tieren gewonnen hat, sind wesentliche Einsichten der Physiologischen Psychologie auf der Grundlage von Tierversuchen zustande gekommen. Dabei haben natürlich die von Physiologen entwickelten Forschungsmethoden und -fragen eine wesentliche Rolle gespielt; die Grenzen zwischen biologischer Physiologie und Physiologischer Psychologie sind deshalb auch fließend. Genannt seien in diesem Zusammenhang: Neurologie, Untersuchungen über Auswirkungen von Hirnläsionen, Hirnstimulierungsversuche, hirn- u. muskelelektrische Untersuchungen, Sinnesphysiologie und -psychologie, Reaktionen verschiedener Organismen auf Stressoren, Bedingungen für das Auftreten von Furcht oder Angst, genetische Einflüsse auf das Auftreten bestimmter Verhaltensmuster und vieles mehr.

An zweiter Stelle sei die Psychologie des Lernens (s. Band IV dieser Enzyklopädie) genannt, in der seit nahezu achtzig Jahren minuziöse Verhaltensuntersuchungen mit Tieren in unübersehbarer Zahl durchgeführt werden. Das Lernen – definiert als jede durch Erfahrung bedingte und sich auf das Verhalten auswirkende Veränderung eines Organismus – ist als Forschungsgebiet kaum noch begrenzbar und überschaubar. Es gibt dennoch im Rahmen der Lernpsychologie Forschungsrichtungen, die sich auf bestimmte Lernparadigmen konzentriert haben, von denen sie glauben, daß sie unabhängig von Artunterschieden gültig sind. Solche Lernparadigmen sind zum großen Teil an Tieren erforscht und auf Menschen übertragen worden. Dazu gehört das Klassische Konditionieren Pawlows (der bedingte Reflex; s. hierzu den Beitrag von Th. Kussmann in Band IV dieser Enzyklopädie), in dem ein neutraler Reiz durch Assoziation mit einem verhaltensauslösenden Reiz Einfluß auf eine ausgelöste Reaktion gewinnt. Dazu gehört auch ein großer Teil des mit dem Namen Skinner verbundenen Operanten Konditionierens (s. hierzu den Beitrag von A. Werner und W. H. L. Butollo in Bd. IV dieser Enzyklopädie), in dem durch die Konsequenz des eigenen Verhaltens die Wahrscheinlichkeit zukünftiger ähnlicher Verhaltensweisen zunimmt, wenn die Konsequenz erfolgreich, d. h. verhaltensverstärkend gewesen ist.

Zum Bereich des Lernens gehören auch Gedächtnisforschung, Denken (Problemlösen), Entscheidungs- und Wahlverhalten, Gewöhnung, Verhaltens- und Wahrnehmungsdifferenzierung, Reiz- und Verhaltensgeneralisierung, Transfer usw.

Während die Ursprünge der Lernpsychologie in Europa sich eher mit dem Memorieren und dem Behalten bzw. Vergessen (Ebbinghaus) beschäftigt haben, hat die amerikanische Lernforschung in der Folge des Physiologen Pawlow, durch die Psychologen Watson und Thorndike sich vorrangig und mit großem Einfluß mit durch Versuchsleiter manipulierten Umweltereignissen und ihren verhaltensverändernden Einflüssen beschäftigt.

Eine Verwendung von Daten und Erkenntnissen aus dem Verhalten von Tieren für Erkenntnisse über das Verhalten des Menschen war im Prinzip nur möglich geworden durch die von Darwin konzipierte Theorie über den Ursprung und die Evolution der Arten. Durch sie wurde die Grundlage eines Denkens gelegt, in dem Verhaltensunterschiede zwischen Tieren und Menschen nur graduell und quantitativ gesehen wurden. Die offensichtlichen Komplexitäten menschlichen Verhaltens wurden als das Ergebnis des gleichzeitigen Zusammentreffens zahlreicher Verhaltensweisen bei einer Art gesehen; bei anderen Arten traten solche Verhaltensweisen nur vereinzelt und in einfacheren Kombinationen auf. Sprache und Denken sind zwar neue menschliche Qualitäten, aber Vorstufen des Denkens sind bei vielen Tierarten durchaus zu erkennen.

In dieser einfachen, und den Komplexitäten z. B. populationsgenetischer Adaptationsvorgänge keineswegs gerechtwerdenden, Denkweise meint z. B. Bitterman (1965), ein einfaches Kontinuum der Intelligenzentwicklung verschiedener Arten auf der Grundlage eines phylogenetischen Kontinuums konstruieren zu können. Darin spiegelt sich eine wissenschaftshistorische Entwicklung, die zu *zwei verschiedenen Verhaltenswissenschaften* geführt hat: einer *psychologischen* und einer *biologischen.* Wenn wir die Rolle des »Tieres als Modell« für die Humanpsychologie erkunden wollen, müssen wir von diesen beiden getrennten Entwicklungen Kenntnis nehmen und die Frage nach der Brauchbarkeit des Tiermodells für die Humanpsychologie zugleich differenzieren und erweitern. Sie muß lauten: In welchem Bereich und für welche Zwecke können für die humanpsychologische Forschung Tiere, oder wissenschaftliche Konzeptionen über Tiere, förderlich sein für die Vertiefung und die Erweiterung des Wissens über menschliches Denken, Erleben und Verhalten?

Bei der Beantwortung der Frage ist es unerläßlich, eine Entscheidungsbasis für die Übertragbarkeit und Verallgemeinerungsfähigkeit von an Tieren gewonnenen Beobachtungs- und Versuchsergebnissen auf den Menschen zu finden. Fast immer handelt es sich nämlich dabei um Analogien, die oftmals nur auf Grund einer gewissen Plausibilität überzeugen. An Tieren gewonnene Aussagen sind zwar als Hypothesen für die humanpsychologische Forschung oft brauchbar und auch hilfreich. Als ungeprüfte Analogieschlüsse sind sie hingegen oft nichtssagend und gelegentlich sogar irreleitend. Um für auch theoretisch fundierte Hypothesen die geeignete Entscheidungsbasis zu erhalten ist es sinnvoll, den verhaltenspsychologischen Ansatz zu referieren und mit verhaltensbiologischen Methoden zu kritisieren. Die Frage nach der Verwendbarkeit verhaltensbiologischer Anregungen durch die Humanforschung wird im Anschluß daran diskutiert: Der Akzent liegt dabei auf beobachtbarem Verhalten des ganzen Organismus, nicht auf sinnesphysiologischen, zentralnervösen, vegetativen und hormonalen Vorgängen, bei denen der zwischenartliche Vergleich schon immer eine vergleichsweise unproblematische, aus ethischen Gründen erforderliche und aus medizinischen Gründen notwendige Rolle gespielt hat.

PSYCHOLOGISCHE VERHALTENSFORSCHUNG AN TIEREN

Ziele und Inhalte der Vergleichenden Verhaltenspsychologie

In der amerikanischen Psychologie hat sich eine in der deutschen Psychologie nur unwesentlich empirisch vertretene Forschungsrichtung entwickelt, die es sich zur Aufgabe gemacht hat, Gesetzmäßigkeiten des Verhaltens an Tieren experimentell zu untersuchen. Nahezu jedes amerikanische Psychologische Institut hat eine Abteilung, in der Ratten, evtl. Tauben, häufig auch Katzen, manchmal Hunde und andere (meistens domestizierte) Tiere gehalten werden. Sie spielen sowohl bei der experimentellen Ausbildung der Studierenden als auch bei der psychologischen Verhaltensforschung eine wichtige Rolle. R. H. Waters, ein bekannter Vergleichender Psychologe in den USA, hat das Gebiet der Vergleichenden Psychologie folgendermaßen definiert: »Vergleichende Psychologie beschäftigt sich mit der Erforschung von Unterschieden und Ähnlichkeiten zwischen Arten«, und weiter: »Die Vergleichende Psychologie ist derjenige Zweig der psychologischen Wissenschaften, der sich mit dem Verhalten beschäftigt, das ein Tier zeigt, wenn es sich an Einwirkungen von innen und von außen anpaßt« (Waters 1960, 3). Folgende Aufgaben und Ziele sieht Waters für die Vergleichende Psychologie:

1. die Analyse des Verhaltensrepertoires einer gegebenen Tierart;
2. den Vergleich verschiedener Tierarten hinsichtlich ihrer Unterschiede und Gemeinsamkeiten;
3. das Registrieren des Auftretens verschiedener Verhaltensmuster im Verlaufe der Individualentwicklung und ihre ontogenetischen Beziehungen zueinander sowie den Vergleich ontogenetischer Unterschiede bei verschiedenen Arten bzw. solche Unterschiede, die bei der gleichen Tierart unter verschiedenen äußeren Entwicklungsbedingungen auftreten;
4. das Erforschen stammesgeschichtlich zu verstehender Verhaltensveränderungen bestimmter Arten während der Phylogenese von einer »phylogenetischen Stufe« zur anderen;
5. die Erfassung sozialer Organisationen und die Beziehungen der individuellen Mitglieder einer sozial lebenden Tiergemeinschaft zueinander, ihre Gesetzmäßigkeiten, Veränderung und Interaktions- bzw. Kommunikationsweisen;
6. die Erforschung spezieller verhaltensverändernder Vorgänge;
7. das Ausmaß und die Ursachen für individuelle Unterschiede zwischen Tieren, die der gleichen Art angehören.

Auf den ersten Blick erweckt diese Zusammenstellung den Anschein, als biete die Vergleichende Psychologie mit diesem Katalog eine fundierte Grundlage für humanpsychologisch umfassend verwendbare tierpsychologische Erkenntnisse. Dies um so mehr, als wir es mit einer langen Geschichte dieser Wissenschaft zu tun haben: Die ersten Lernversuche mit Ratten wurden 1900 von Small veröffentlicht, und Darwin hatte bereits 1872, 13 Jahre nach der Veröffentlichung des für jeden Tier-Mensch-Vergleich entscheidenden Werkes »Über den Ursprung der Arten« eine vergleichende Studie vorgelegt, »The Expression of Emotions in Man and Animal«, die deutsch, von J. Victor Carus übersetzt, bereits 1910 unter dem Titel »Der Ausdruck der Gemütsbewegungen bei dem Menschen und den Tieren« erschienen war. In den vierziger und fünfziger Jahren, also vor nunmehr einer Generation, fanden die heute noch jeder Lernpsychologie zugrundeliegenden Lernversuche mit Laborratten durch Tolman, Guthrie, Hull, Spence, Skinner (der auch Tauben verwendete) und viele andere Forscher statt.

Kritik an der auf Tierexperimenten basierenden Lernpsychologie

Der Eindruck einer mit verhaltensbiologischen Erkenntnissen in Einklang stehenden Vergleichenden Psychologie täuscht allerdings für den einflußreichsten aller Forschungsansätze[2]. In der Vergleichenden Verhaltenspsychologie dominieren Forschungsrichtungen, die verhindert haben, daß sich eine mit der biologischen Sichtweise im Einklang befindliche Vergleichende Psychologie entwickeln konnte. Was von seiten biologischer Forscher an den das Gebiet beherrschenden psychologischen Forschungsakzenten zu bemängeln ist, kann an Hand der oben angeführten sieben Punkte folgendermaßen charakterisiert werden:

1. Eine Analyse des Verhaltensrepertoires einer Tierart hat es im Rahmen der Verhaltenspsychologie praktisch nicht gegeben. Statt dessen wurde sehr häufig eine Art nach unbiologischen Gesichtspunkten ausgewählt und mit Verhaltensweisen experimentiert, die den Vorstellungen des Experimentators entsprachen und nicht einer wie auch immer abgeleiteten Bedeutung im biologischen Kontext der untersuchten Tierart. Das Modell ist damit dem Gebrauch von meistens speziell für das Labor gezüchteten Albinoratten als Versuchstiere durch die medizinische Physiologie näher als einer biologischen Verhaltensforschung (Ethologie).

2. Der Vergleich verschiedener Tierarten hinsichtlich ihrer Unterschiede ist praktisch ausgefallen, da die Intentionen, übergreifende Verhaltensgesetze zu finden, im Gegenteil gerade zu Versuchsanordnungen geführt haben, in denen zwischenartliche Unterschiede ausgeschaltet wurden.

3. Eine vergleichende Ontogenese war ebenfalls nur auf wenige Forscher beschränkt (z. B. Kuo und Gottlieb) und war eher beherrscht von experimentellen Manipulationen, die sich auf lernpsychologische Konzeptionen stützten.

4. Die Phylogenese war nicht der zentrale Gegenstand der Vergleichenden Psychologie, sondern der Ethologie, die sich unabhängig von der psychologischen Verhaltensforschung entwickelte.

5. Die Analyse sozialer Organisationen bei verschiedenen Arten beginnt erst in den letzten Jahren an Einfluß zu gewinnen und das Denken der Humanpsychologen zu beeinflussen. Diese Entwicklung war vor allem durch interdisziplinäre Zusammenarbeit zwischen biologisch und psychologisch geschulten Verhaltensforschern möglich geworden und beginnt erst in neuerer Zeit wieder Einfluß auf die Erforschung der menschlichen Ontogenese zu nehmen (vgl. z. B. Bateson, Hinde 1976; Hinde 1974; Blurton-Jones 1972; Richards 1974).

6. Die Erforschung spezieller verhaltensverändernder Vorgänge hat sich vor allem auf die Erforschung von Lern- und Gewöhnungsvorgängen aller Art konzentriert, ohne daß

der Vorsatz eines zwischenartlichen Vergleichs in breitem Ausmaß verwirklicht worden wäre. Es kann fast als Regel für die Tradition experimenteller Verhaltensmodifikationen an domestizierten Tieren gelten: Die meisten Forscher wählen für ihre Zwecke ohne Rücksicht auf biologische Gesichtspunkte dasjenige Tier aus, das für sie am leichtesten erreichbar und handhabbar ist, also etwa weiße Ratten oder Mäuse. Die von Skinner eingeführten Tauben, die viel schnellere Verhaltenssequenzen durch Schnabelhiebe auf mit Hochleistungsrelais verbundene Scheiben lieferten als Ratten, die ja mit den Vorderpfoten auf Hebel drückten und die praktisch ohne Wach-Schlaf-Zyklus Tag und Nacht »funktionierten«, waren damals so etwas wie ein Fortschritt – allerdings in Richtung auf Datenmaximierung und nicht in Richtung auf einen Artenvergleich. In diesem Punkt besteht naturgemäß auch die größte Diskrepanz zwischen der vor allem amerikanischen Verhaltenspsychologie und der Vergleichenden Verhaltensforschung bzw. Ethologie europäischen Ursprungs.

7. Individuelle Unterschiede wurden meistens als Abweichungen von Kurvenmittelwerten angegeben. Individuelle Besonderheiten, z. B. Verhaltensveränderungen von einem Versuch zum nächsten wurden nivelliert, indem die Ergebnisse vieler Einzeltiere zu den bekannten monotonen Lernkurven zusammengefaßt wurden (»vincentisiert«, um auf diese Weise »glatte« Lernkurven zu erhalten; vgl. dazu Kimble 1961, 114–115). Die Hauptanregungen in diesem Bereich kommen aus der differenziellen Psychologie und durch Verhaltensgenetiker, die den Spielraum der Manifestation genetischer Anlagen erforschen, sowie Forscher, die erfahren wollen, wie erfahrungsabhängig intraspezifische Unterschiede sind.

Positionen der Vergleichenden Verhaltenspsychologie

Das auffällige Ungleichgewicht in den Forschungsanstrengungen der Vergleichenden Verhaltenspsychologie hängt eng mit ihrer theoretischen Position zusammen. Der amerikanische Vergleichende Psychologe R. B. Lockard (1971, 196–170) hat einige der Prämissen zusammengestellt, die während der Blütezeit der Verhaltenspsychologie allgemein anerkannt waren, die aber aus biologischer Sicht und aus der Sicht der meisten heute forschenden vergleichenden Psychologen falsch sind. Lockards Prämissen, die trotz ihrer außerordentlichen Fragwürdigkeit als Entscheidungshintergrund für die Verwendung von an Tieren gewonnenen Forschungsergebnissen auf Menschen zu verstehen sind, sowie unsere Antworten darauf, lauten:

1. »Es gibt eine phylogenetische Skala, eine Art lineare Anordnung von einfach bis zu komplex, von unintelligent zu intelligent, von der Amöbe bis zum Menschen.« – In Wirklichkeit gibt es für jede Tierart ein Gleichgewicht ihrer phylogenetischen Anpassung durch Selektion und populationsgenetische Vorgänge (vgl. z. B. Trivers 1972; Dawkins 1976; Wilson 1975; Wickler, Seibt 1977), die unter bestimmten ökologischen Bedingungen phylogenetisch stabil sind und die nur in dieser Sichtweise verstanden werden können. Das Problem für den mit einzelnen Labortieren arbeitenden Vergleichenden Psychologen ist es herauszufinden, welche Relevanz diese phylogenetische und artspezifische Adaptation für individuelle Anpassungsleistungen einzelner Tiere während der Ontogenese durch Erfahrungen hat.

2. »Bequem zu haltende und im Labor zu verwendende Tiere wie Fische, Hühner, Ratten, Katzen, Hunde und Affen kann man auf dieser Skala einordnen und gemäß ihrer Evolutionshöhe einstufen.« – In dieser Weise werden Leistungen vergleichend erforscht, die für die phylogenetischen Anpassungsleistungen einer Art irrelevant sind und somit, zusätzlich zum unzulässigen Kontinuum, zu falschen Aussagen führen. Intelligenz z. B. – für den Menschen als individuelle Fähigkeit zum Meistern komplexer Aufgaben und zum Erwerb der dazu erforderlichen Voraussetzungen verstanden – ist für eine Katze, die den richtigen

Zeitpunkt zum Ausbilden des Beutefangverhaltens (Leyhausen 1956) verpaßt hat, ein nichtssagendes Konzept.

3. »Die Methode der Vergleichenden Psychologie ist im wesentlichen ein Skalierungsproblem zum Einordnen von Tieren verschiedener Intelligenzhöhe auf dieser phylogenetischen Skala.« – Die daraus abgeleiteten Fragen werden den vielschichtigen artspezifischen Adaptationen in keiner Weise gerecht und verstellen u. U. auch für die Humanforschung den Blick, indem sie die menschliche Intelligenz – wie die »tierische« – auf das Problem der »adäquaten« Informationsverarbeitung reduzieren. In Wirklichkeit handelt es sich jedoch um das Problem der Entwicklung einer individuellen Anpassungsleistung in einer Vielzahl unterschiedlicher Situationen[3], deren wesentliche Wurzeln in der sozialen Ontogenese des Kindes liegen und die mehr oder weniger von einem verhaltensbiologisch zu verstehenden Optimum abweichen können.

4. »Tiere am unteren Ende der Skala sind nicht wesentlicher verschieden, sondern einfacher als solche am oberen Ende. Die weiße Ratte zeigt in einfacher Weise wesentliche Aspekte menschlichen Verhaltens.« – In der Tat sind die empirischen Grundlagen der von Hull (1943) konzipierten Lerntheorie, der von Spence (1956) versuchten Erklärungen auch menschlichen Lernens oder die Spekulationen Skinners (1953) nahezu ausschließlich die Ergebnisse rattischen Verhaltens unter genau konzipierten und kontrollierten Bedingungen. Nur so ist zu verstehen, daß Schwierigkeiten, die beim unangemessenen Übertragen solcher Ergebnisse in den klinischen oder schulischen Bereich (z. B. Correll 1975; Belschner, Hoffmann, Schott, Schulze 1973) auftreten, auf die »Komplexität der Situation« zurückgeführt werden (was sicher in vielen Fällen zutrifft). Es scheint aber viel eher so zu sein, daß häufig Verhalten beeinflussende Manipulationen unter experimentellen Bedingungen der Ausweglosigkeit für das Versuchstier nicht relevant sind für Bedingungen, unter denen sich Menschen und auch Tiere den kontrollierten Manipulationen der Versuchsleiter entziehen können.

5. »Lernen ist der Schlüssel zum Erforschen tierischen Verhaltens, denn das meiste Verhalten ist erworben. Hunger, Durst, sexuelles Verhalten und vielleicht einiges mehr mögen als angeborene Tendenzen vorhanden sein. Solche angeborenen Tendenzen stellen aber lediglich ungelernte Verhaltenstendenzen dar, auf denen sich manifestes Verhalten aufbaut.« – Dieser Kritikpunkt Lockards konzentriert sich auf äußere Einflüsse, die individuelle Verhaltensmodifikationen bewirken. Ein Verständnis darüber, welche Ereignisse und Erfahrungen solche Modifikationen bewirken, und wann und warum, bleibt allerdings unerklärt. Da die meisten Versuche mit außerordentlich hungrigen oder durstigen Tieren durchgeführt werden, um Futter bzw. Wasser als Belohnung verwenden zu können, sind der über diese Grundbedürfnisse des Individuums hinausgehende Zusammenhang, etwa im Sozialbereich, oder die während der Ontogenese wechselnden und sich aufbauenden Bedürfnisstrukturen oder -hierarchien ohnehin ausgeklammert und unerforscht. Aus diesem Grunde sind die Skinnerschen Tauben, sobald die experimentellen Prämissen verlassen werden (Futterentzug bis achtzig Prozent des Normalgewichtes, Vorenthaltung von Verhaltensalternativen durch die Konstruktion der Skinner-Box sowie soziale Isolation während der Laborhaltung der Versuchstiere), für lernende und sich sozial verhaltende Kinder ein gar zu beschränktes Modell. Die Gefahr besteht dabei nicht etwa darin, daß es nicht »funktionieren« könnte, was es unter einer Reihe von Bedingungen sogar tut. Die Gefahr besteht vielmehr darin, daß der Zusammenhang der ontogenetischen und sozialen Bedürfnisse und Verhaltensstrukturen, bedingt durch die konzeptionelle Enge des verhaltenspsychologischen Tiermodells, aus dem Blick gerät und lediglich als Lippenbekenntnis des Verhaltensforschers oder des Therapeuten weiterbesteht.

6. »Weil nur weniges anlagemäßig vorhanden ist und weil so vieles durch Erfahrung während der Ontogenese gelernt wird, sind Genetik und Evolution für die Psychologie ne-

bensächlich.« – In der Tat entsteht beim Studium verhaltenspsychologischer Literatur nicht selten der Eindruck, als könnten es manche Forscher für ideal halten, wenn es für den Zweck tierischer Verhaltensmodifikation als Modell für menschliches Lernen einen Organismus gäbe, der keinerlei (phylo)genetische Verhaltensdispositionen und Lerndispositionen hätte. Die Notwendigkeit, artspezifische Adaptationen bei zwischenartlichen Verallgemeinerungen individuellen Lernens zu berücksichtigen, wäre in diesem Falle nicht gegeben. Vielleicht ist in diesem Sinne die weiße Laborratte ungewollt eine gute Wahl, weil, bedingt durch selektive Züchtung für das Überleben in sterilen Labors, zahlreiche für ein adaptives Wildleben vorteilhafte Verhaltensdisposition ausgefallen zu sein scheinen (vgl. Barnett 1963 und seinen Beitrag in diesem Band). Aus theoretischen Gründen ist allerdings die Annahme einer dadurch bedingten größeren Vergleichbarkeit zwischen Ratte und Mensch naiv. In keinem Falle ist jedoch zu verkennen, daß die Modellvorstellungen über die Ratte und andere Labortiere für Lernversuche dem Lockardschen Satz entspricht, wenn man die Schlußfolgerungen zahlreicher Verhaltenspsychologen Skinnerscher Prägung als Kriterium zugrunde legt (vgl. Skinner 1953, 1971; Correll 1975; Honig 1966).

7. »Die meisten Tiere sind im Grunde einander sehr ähnlich. Artunterschiede sind gering und sind im wesentlichen das Ergebnis sensorischer Unterschiede und unterschiedlicher Erfahrungen.« – Dieser implizite Gesichtspunkt der Lernforschung – nur durch den Druck des selektiven Anspruchs auf eine speziesunabhängige Universalität der Lerngesetze erklärbar – hat Modelltiere unter dieser oft unausgesprochenen Grundannahme ausgewählt. An dieser Grundeinstellung ändern auch Gegen*beispiele* nichts, da sie implizite Schlußfolgerungen für den Menschen nicht beeinflussen. Paradigmatisch für die Einschätzung der Vergleichenden Lernforschung und ihrer Bedeutung für den Menschen sind drei kumulative Kurven geworden. Sie zeigen die Häufigkeit des Hebeldrückens einer Taube, einer Ratte und eines Affen unter bestimmten Belohnungsfolgen in einem Skinnerschen Dressurkasten. Aus ihrer Ähnlichkeit miteinander ist der Schluß gezogen worden, daß das Verhalten der drei verschiedenen Tiere gleich sei. Die Abbildung[4] dieser drei kumulativen Leistungskurven befindet sich als Abb. 3 im Beitrag von A. Werner und W. H. L. Butollo in Band IV dieser Enzyklopädie, S. 201.

Die weitergehende Annahme, die ebenfalls häufig bei der Übertragung des Verhaltens individueller Versuchstiere auf menschliches Verhalten implizit mit eingeht, ist folgende: Die Auswahl der Versuchstiere nach Zweckmäßigkeitsgesichtspunkten sei legitim, da ja doch mit allen anderen dressurfähigen Tieren die gleichen Ergebnisse zustande kämen (vgl. Anm. 4). Diese Behauptung stimmt jedoch zumindest dort nicht, wo die Dressurmethode dem Organismus aufgezwungen wird und oft nur deshalb zu gleichen Ergebnissen bei verschiedenen Lebewesen führt, weil sie alle wichtigen biologischen Freiheitsgrade im Verhaltensrepertoire unterdrückt (Grossmann 1978). Ein erstaunliches Beispiel für die aus biologischer Sicht große Naivität in der Anwendung der an Tieren modellhaft erprobten Verhaltensmodifikationen als Vorläufer einer Welle gleichgearteter Literatur ist das Lehrbuch von Ferster u. Perrott (1968).

8. »Die Gesetze des Verhaltens lassen sich am besten in folgender Weise formulieren: Diese oder jene Behandlung hat diese oder jene Konsequenz«, also in Form von Beziehungen zwischen Reizen und Reaktionen. Diese Psychologie heißt S-R-Psychologie (Stimulus-Response-Psychologie), und das Tier, oder auch der Mensch, auf den ja übertragen wird, wird lediglich durch den Bindestrich charakterisiert, da ja zwischen- und innerartliche Unterschiede im Dienste des erklärten Forschungsziels durch apparative Manipulationen ausgeschaltet werden. Von zwei Seiten kommen gewichtige Argumente, die eine auf diese Weise erreichte Übertragbarkeit nicht gelten lassen. Der erste Einwand kommt aus der biologischen Verhaltensforschung und geht aus von der evolutionstheoretischen Frage, welche Lernfähigkeiten zum Anpassungsmodus einer bestimmten Tierart gehören und

welche Fähigkeiten und Prioritäten dabei während der Ontogenese auftreten (vgl. Seligman, Hager 1972; Hinde, Stevenson-Hinde 1973). Dieser Ansatz, der verhaltenspsychologische und verhaltensbiologische Daten zu integrieren sucht, ist unter der Bezeichnung »Constraints« oder »Boundaries of learning« bekannt geworden.

Ein zweiter Einwand gegen die auf rein empirische Funktionen zwischen Behandlung (Stimulus) und Konsequenz reduzierte Verhaltensforschung kommt aus der nichtbehavioristischen Psychologie. Psychologen, die sich mit komplizierten Vorgängen in der Informationsverarbeitung bei individuellen Adaptationsleistungen beschäftigen, sagen folgendes: Einer der wichtigsten Einflüsse auf menschliches Verhalten ist das Zusammenwirken von sprachlich-symbolischer Information und Plänen. Pläne sind dabei die (denkende) Vorwegnahme von Zielhandlungen. Die Fähigkeit, realistisch zu planen, sich zu entscheiden, den Erfordernissen gemäß angemessen zu handeln, ist eine der wichtigsten Lernleistungen des Menschen aus systemanalytischer Sicht (Miller, Galanter, Pribram 1973), aus entwicklungspsychologischer Sicht (Bruner 1977 sowie Band VII dieser Enzyklopädie) und aus kognitiv-motivationaler Sicht (Heckhausen 1977). Die individuelle Veränderung menschlicher Denk- und Verhaltensstrategien wird natürlich in höchst bemerkenswerter Weise vom Zusammenwirken vor allem sprachlicher Einflüsse bewirkt (Miller 1969). Selbst beim vorsprachlichen Säugling spielen nichtsprachliche Zeichen, die sehr bald spezifische Bedeutung erlangen, eine wesentlich profundere Rolle als Verstärkungen, d. h. (im Sinne von K. Bühler) »Dressuren«, die Bühler ([9]1967) mit empirischem Lernen als zweite Hauptstufe der Entwicklung zwischen Instinkt und Intellekt gleichsetzt. Im deutschen Sprachgebrauch sind Dressuren solche Leistungen, die von außen dem Individuum beigebracht werden und denen eine fremde Zwecksetzung den Bewegungsablauf herbeiführt (Stern [10]1971, 59). In diesem Sinne sind alle verhaltenspsychologischen Manipulationen, in denen eine »intellektuelle« Beteiligung von Schülern, Patienten, Klienten und Versuchspersonen an der Zwecksetzung nicht stattfindet, Dressuren, denen oftmals einfache Tiermodelle zugrunde liegen. Weitsichtige Verhaltenspsychologen haben jedoch frühzeitig damit begonnen, die kognitive Planung ihrer im Verhalten zu modifizierenden Probanden zu berücksichtigen (z. B. Tharp, Wetzel 1969), jedoch nicht selbst zum Gegenstand ihrer Forschung gemacht. Deutliche Hinweise solcher Erweiterungen des auf kognitive Komponenten weitgehend verzichtenden Tiermodells finden sich u. a. bei Thoresen 1973, Kraiker 1974, Kuhlen 1973, Lazarus 1977 (vgl. auch den Beitrag von A. Lazarus in Bd. IV dieser Enzyklopädie). Intellektuelle Adaptationen – Planen – ist eine Angelegenheit der aktiven Erarbeitung neuer Leistungen des Verstehens des von einem anderen Menschen Gemeinten (Hörmann 1976). In diesem spezifisch menschlichen Bereich haben die meisten der an Tieren gewonnenen Erkenntnisse durchaus eine begrenzte Bedeutsamkeit. Eine an Menschen verwendete Verhaltenspsychologie kann sich hier nur noch in sehr beschränktem Maße auf Tiere als Modelle berufen.

9. »Tierverhalten kann am besten im Laboratorium studiert werden. Nur dort lassen sich die erforderlichen Kontrollmaßnahmen in adäquater Weise durchführen. Außerdem erleichtert das Labor die Manipulation der Versuchstiere und die Auswertung der Versuchsergebnisse.« – Wenn man sich der hinter der Lernforschung an Tieren stehenden erkenntnistheoretischen Orientierung anschließt, dann erscheint diese Feststellung Lockards auf den ersten Blick richtig. Die Prinzipien vereinigen physikalisches, philosphisches und psychologisches Denken der dreißiger Jahre. Der wichtigste hier interessierende Aspekt ist Bridgmans (1927 Vorschlag für *Physiker,* wissenschaftliche Konzepte durch die *Operationen* zu definieren, mit Hilfe derer sie beobachtet (und manipuliert) werden. Bridgmans Vorschlag war zahlreichen experimentell arbeitenden Psychologen willkommen. Gelegentlich reduzierten sie allerdings zu weit und behaupteten, daß jedes Konzept nichts weiter sei als eine Menge (set) von Operationen; das Konzept ist *synonym* mit der entsprechenden

Menge von Operationen (Boring 1957, 653). Da der Untersuchungsgegenstand der Psychologie Menschen, der der Vergleichenden Psychologie Tiere als Modelle für Menschen sind, waren natürlich die Forschungsprinzipien der Physik als der Wissenschaft von der Materie nicht anwendbar. Wohl eher hatte der Wunschtraum nach einer Naturwissenschaft Pate gestanden, die durch die Präzision ihrer Experimente und der Mathematisierung ihrer Aussagen bestach. Der Untersuchungsgegenstand, für den das Vorbild der Biologie vielleicht angemessener gewesen wäre, war demgegenüber ins Hintertreffen geraten.[5]

10. »Die besten Variablen, die man im Hinblick auf ihre Auswirkungen auf das Verhalten studieren kann, sind physikalische Reize.« – Nach modernen biologischen Gesichtspunkten sind die individuellen und artspezifischen Anpassungsleistungen mit der Maximierung der Weitergabe des für gegebene Lebensbedingungen geeignetsten genetischen Materials verbunden (Trivers 1972; Dawkins 1976; Wickler, Seibt 1977). In der neueren, auch mit dem Terminus »Sozio-Biologie« (Wilson 1975) belegten Verhaltensforschung ist dies zum theoretischen Ansatzpunkt geworden (s. auch den Beitrag von J. Alcock in diesem Band).

Die Wahl der Physik als einer für lebende Organismen falschen Bezugswissenschaft ist auch in einer anderen Weise für die Verwendung der in Labors mit Hilfe physikalischer Reize bewirkten Verhaltensveränderungen als Modell für menschliches Verhalten problematisch[6]: Durch die Wahl »unbiologischer« Reize und durch die abiologische Interpretation der Verhaltenskonsequenzen ohne Einbeziehung genetischer oder kognitiver Gesichtspunkte wurde eine kaum zu überschauende Fülle von Verhaltensmodifikationen beinahe ad libitum produziert. Der Operationalismus, der eine übergreifende (d. h. biologische) Theorie überflüssig zu machen schien, weil die wissenschaftlichen Konzepte ja hinreichend durch die Definitionen der ihnen zugrundeliegenden Operationen definiert waren, hatte folgende Konsequenzen: Es entwickelte sich in der experimentellen Psychologie ein Subjektivismus ausgerechnet dort, wo absolute Objektivität herrschen sollte. Wenn man die Operationen verschiedener Forscher im gleichen Forschungsbereich, zum Beispiel bei der Erforschung früher Stimulierung auf die weitere Ontogenese, miteinander vergleicht und die von ihnen verwendeten unabhängigen und abhängigen Variablen einander gegenüberstellt, dann findet man selten Übereinstimmungen, die eine ausreichende Grundlage für Verallgemeinerung darstellen (Grossmann, Grossmann 1969). Wenn zum Beispiel »Aggression« in einem Fall der Biß einer Ratte in eine Attrappe, im anderen Fall der Faustschlag eines Kindes auf eine Clownattrappe ist und im ersten Fall als Konsequenz ein schmerzhafter Stromschlag beendet wird, im zweiten dagegen ein lehrendes Vorbild dafür gelobt wird, dann sind die Variablen nicht miteinander vergleichbar, und ein Konzept der Aggression ergibt sich induktiv, im Sinne Bridgmans, sicher nicht aus den vollzogenen Operationen.

Die kommentierte Zusammenstellung von wissenschaftlichen Vorentscheidungen derjenigen Forschungsrichtung im Rahmen der Vergleichenden Psychologie, die es sich explizit als Aufgabe gestellt hat, Lernen bei Tieren unter kontrollierten Laborbedingungen modellartig zu studieren und auf den Menschen zu übertragen, lassen die Formulierung folgender Sätze zu:

1. Die Enge der Modellvorstellungen der naiven Konzepte über »das Tier« und der verhaltenseinschränkenden Versuchsanordnungen ist auf den Menschen vielfach mit übertragen worden.

2. Als Lösung wurde und wird ein reiner Empirizismus, oft mit expliziter Ablehnung eines theoretischen Konzepts, praktiziert. Das bedeutet: Es gibt keine biologische oder psychologische Erklärung dafür, *warum* eine gegebene Verhaltenskonsequenz (Funktionskreis?) für einen Organismus (motivational-kognitiver oder physiologischer Zustand) zu einem gegebenen Zeitpunkt (ontogenetischer Status, circadiane Rhythmizität usw.) wirkt, wie sie wirkt. Es gibt keinen anthropologischen Bezugsrahmen.

3. Die naive Übertragung des Skinnerschen Lernparadigmas hat zu ungezählten analogen Erfolgen geführt. Die gleichzeitig immer deutlicher werdende Desorientiertheit im sozial-kulturellen Bereich hat dagegen lediglich zu dürftig anmutenden »Ethik«-Diskussionen geführt (z. B. Krasner, Krasner 1973, 373; Gage, Berliner 1977, 321; s. auch den Beitrag von E. Ermertz in Band IV dieser Enzyklopädie). Ungelöst, trotz vieler sichtbarer »Erfolge« der Anwendung verhaltenspsychologischer Methoden im Humanbereich, ist die Frage, nach welchen Gesichtspunkten Tiere als Modell für menschliches Verhalten verwendbar sind.

Ansätze zur Überwindung der naiven Verhaltenspsychologie

Aus biologischer Perspektive muß eine Verhaltensforschung ohne Berücksichtigung artspezifischer Adaptation seltsam anmuten. Aus psychologischer Perspektive allerdings ist keineswegs immer offensichtlich, in welcher Weise denn phylogenetische Adaptationsformen bei der Klärung individueller Verhaltensmodifikationen helfen könnten (s. auch den Beitrag von W. Schmidbauer in diesem Band). Diese durchaus noch ungelöste Auseinandersetzung zieht sich sowohl durch die Verhaltenspsychologie, wie die zehn referierten Sätze Lockards beweisen, wie auch durch die Ethologie, wie die Auseinandersetzungen etwa zwischen Lorenz und Lehrman oder Schneirla zeigen (vgl. Lorenz 1961, Schneirla 1966).

Aus der Sicht der Vergleichenden Verhaltensforschung ist es unbefriedigend, wenn die Übertragung von Verhaltensmodifikationen aus Tierdressuren auf den Menschen lediglich analoger Natur sind; einmal gibt es für die vielfachen Stimuli aus dem zwischenmenschlichen Bereich (Lob, Anerkennung, Zuneigung, Zusammenspiel, Frustration usw.) keine Entsprechungen der einzeln gehaltenen und dressierten Tierarten, die meistens auch keine dem Menschen biologisch analoge Sozialformen aufweisen, und weil der Bereich der Bedeutung von Zeichen, der im zwischenmenschlichen Bereich von so fundamentaler Bedeutung ist, ausfällt. Aus dieser wissenschaftlich unbefriedigenden Situation erheben sich folgende Schlußfolgerungen:

1. Die biologischen Voraussetzungen für das Lernen auch beim Menschen müssen sehr viel mehr beachtet werden, um ein wahlloses Kombinieren von Verhaltenselementen und Verstärkungsreizen zu überwinden.

2. Die biologischen Grundlagen des vor allem menschlichen Sozialverhaltens müssen sehr viel stärker bei der Erforschung individueller Verhaltensveränderungen berücksichtigt werden, um das äußerst feinmaschige Ineinandergreifen von Erfahrungen, kognitiver Verarbeitung, sozialen Voraussetzungen und affektiven Komponenten zusammen in den Griff zu bekommen.

3. Die menschliche Ontogenese mit ihren spezifischen biologischen Voraussetzungen muß mehr in den Mittelpunkt der Verhaltensanalysen rücken, damit Aussagen nicht nur gemacht werden, weil in eng konzipierten Experimenten funktionale Zusammenhänge gefunden werden, sondern weil individuelle Adaptationen in artspezifischer Weise auf bestimmte Lebensbedingungen zu bestimmten Zeiten im besonderen Maße ansprechen und somit die Voraussetzungen für die psychologische Anpassung[7] an Normen der Gruppe und der Kultur in mehr oder weniger günstiger Weise gegeben sind (vgl. Grossmann, Immelmann in Vorb.).

Wir wollen uns zunächst den verhaltensbiologischen Antworten auf die von Lockard angesprochenen zehn Kritikpunkte an der Verhaltenspsychologie zuwenden. Dann sollen einige Konsequenzen aus der biologischen Verhaltensforschung (Ethologie) für die Verhaltenspsychologie angesprochen werden, und schließlich wird an Hand von Beispielen aus der Forschung mit Rhesusaffen versucht, den Weg aufzuzeichnen, den die Vergleichende Verhaltensforschung einzuschlagen im Begriffe ist.

VERHALTENSPSYCHOLOGIE AUS VERHALTENSBIOLOGISCHER PERSPEKTIVE

In der Verhaltensbiologie hat sich eine Synthese verschiedener biologischer Teilgebiete vollzogen, die bis dahin nur wenig Beziehung zueinander hatten: z. B. zur Genetik, zur Vergleichenden Morphologie und Embryologie. Dabei griff man auf Grundlagen zurück, die von der Paläontologie und von der Systematik geschaffen worden waren. Das verbindende Glied war die Evolutionstheorie: Sie gab den biologischen Bezugsrahmen für eine bereits früher entstandene Taxonomie (Linné) her; sie erklärte die zum Teil kaum verständlichen Anpassungsvorgänge von Tieren an ihre jeweilige Umwelt und ökologische Nischen (= artspezifische Umwelt; auf den Galapagos-Inseln erkannte z. B. Darwin die Bedeutung der räumlichen Trennung für die Artbildung). Die Evolutionstheorie erklärte die Entwicklungsgeschichte aus Fossilien, sie gab die Grundlage zum Verständnis ökologischer Zusammenhänge. Allerdings war das *Verhalten* aus dieser Synthese zunächst ausgeschlossen. Nach Darwin waren vor allem die Biologen Whitman, Heinroth, Craig und in unseren Tagen Lorenz und Tinbergen damit beschäftigt, das Verhalten nach biologischen Gesichtspunkten zu erforschen. Die Bezeichnung »Ethologie« bezeichnete das Studium tierischen Verhaltens, oft instinktiven Verhaltens, in Beziehung zu wichtigen Aspekten des jeweiligen Habitats. Heute geht die Tendenz dahin, den Begriff »Ethologie« durch »Verhaltensbiologie« zu ersetzen, weil die Grundlagen dieses Forschungszweiges so breit sind wie die Biologie selbst und durchaus Erkenntnisse der Vergleichenden Psychologie berücksichtigt.

Die Auseinandersetzung zwischen der Vergleichenden Psychologie und der Verhaltensbiologie hat ihrerseits eine lange Geschichte (vgl. Lehrman 1971). Für die Vergleichende Psychologie ergeben sich aus dieser Entwicklung Probleme, die sehr sorgfältig zu durchdenken und zu diskutieren sind. Aus den bisherigen Ausführungen dürfte deutlich geworden sein, daß eine unkritische Übernahme verhaltenspsychologischen Denkens durch biologische Verhaltensforscher unmöglich ist und daß andererseits die Psychologie selbst spezielle Fragen hat, die nicht ohne weiteres durch die Übernahme der verhaltensbiologischen Fragestellungen und Forschungsschwerpunkte zu lösen sind.

Die moderne Verhaltensforschung, so wie sie etwa in dem bewundernswerten Lehrbuch von Hinde (dt. Ausg. 1973; s. auch seinen Beitrag in diesem Band) dargestellt wurde, ist durch zwei plausible Gesichtspunkte gekennzeichnet. Jeder der beiden Gesichtspunkte *für sich* hat die beiden Verhaltenswissenschaften Vergleichende Psychologie und Verhaltensbiologie bisher charakterisiert:

1. Verhalten hat eine genetische Basis. Dadurch wird Verhalten vererbbar und Gegenstand der natürlichen Auslese. Wolfgang Wickler hat in seiner Stammesgeschichte (1970) überzeugende theoretische und empirische Belege dafür geliefert. Sie haben inzwischen zu sehr stringenten theoretischen Formulierungen geführt und zu eindrucksvollen empirischen Daten über »genetische Investitionen« (Dawkins 1976; Wickler, Seibt 1977; Trivers 1972).

2. Verschiedene Verhaltensweisen sind bei verschiedenen Arten auf unterschiedliche Weise anpassungsfähig. Aus den diffizilen Beziehungen zu ganz bestimmten Aspekten ihrer Umwelt entstehen häufig Vorteile für die Art, wie etwa die Fähigkeit von wilden Ratten, bei Gefahr verworrene Wege in Windeseile zu durchlaufen.

Diesen beiden Gesichtspunkten soll ein dritter hinzugefügt werden:

3. Die Anpassungsfähigkeit mancher Tiere bringt vielfach Möglichkeiten der Verhaltensveränderung hervor, die über die biologische Anpassung an eine gegebene ökologische Nische hinausgehen. Tembrock (1968) spricht von »fakultativem Lernen«. Gerade für die Humanpsychologie ist fakultatives Lernen von großem Interesse. Verstehen lernen werden wir solche Fähigkeiten in vergleichender Sicht erst dann, wenn wir sie auf der Grundlage der phylogenetischen Anpassung eines Tieres beurteilen können. Das Dilemma der Verhal-

tenspsychologie, nach Tausenden von experimentellen Untersuchungen, besteht u. a. darin, den Eindruck einer vitalen Wissenschaft zu erwecken. Der theoretische Standpunkt, keine Theorie zu haben, und die noch immer weitgehend empirizistisch-funktionale Orientierung werden sicher auch in Zukunft dafür sorgen, daß noch viele nutzlose kumulative Kurven produziert werden.

Vor diesem Hintergrund wollen wir uns noch einmal den von Lockard aufgestellten zehn Überzeugungen der Verhaltenspsychologie zuwenden und versuchen, aus der Sicht einer modernen Verhaltensforschung Antworten zu finden:

1. Aus der jeweiligen Anpassung einer Art an eine spezielle ökologische Nische folgt: Es gibt keine phylogenetische Skala. Versuche zum Beispiel eine Rangordnung von Intelligenz verschiedener Tierarten aufzustellen sind biologisch sinnlos.[8]

2. Der naive Vergleich verschiedener Tiere im Labor ist ohne Erkenntniswert. Der Vergleich auf der Grundlage der Homologie- und Konvergenzkriterien (Wickler 1967) dagegen kann zu verhaltensbiologisch interessanten Aufschlüssen gelangen, wie z. B. bei Entenvögeln (Lorenz), Cichliden (Wickler), Möwen (Tinbergen) u. a.

3. Tierintelligenz ist eine artspezifische Zusammenstellung verschiedener Fähigkeiten in bezug auf die phylogenetische Adaptation auf ein bestimmtes Biotop. Verschiedene Arten haben unterschiedliche Anpassungsbereitschaften entwickelt. Manche können sich eher an unterschiedliche Bedingungen anpassen, wie die Ratte oder die Saatkrähe, und andere können nur in einer bestimmten Umwelt existieren, wie der Biber oder das Eichhörnchen.

4. Die Laborratte wurde als Versuchstier von Medizinern und Physiologen übernommen. Nichts deutet darauf hin, daß sie ein »einfaches« Modell des Menschen sei. Verhaltensforschung an Tieren ohne homologe oder konvergente Beziehungen zum Menschen lassen keine theoretisch überprüfbaren Schlüsse zu.

5. Lernen *allein* ist nicht der Schlüssel zum Verhalten des Tieres, da der Rahmen der Ausbildung von Variationen des Verhaltens potentiell vorgegeben ist. Lernprozesse sind häufig an die Lebensweise der untersuchten Tierart gebunden. Außer der Feststellung, daß Lernen am Erfolg oder durch bedingte Reaktion beim Menschen und bei manchen Tieren in verschiedener Beziehung auftreten, hat die Vergleichende Lernforschung wenig an wissenschaftlichen Erkenntnissen gebracht, dagegen viel an funktional-orientierten Modifikationsprogrammen. Auch Honigbienen lassen sich nach diesem Prinzip dressieren (Grossmann 1973). Was aber ist daraus zu folgern?

6. Genetik und Evolution sind die Grundlage jeder vergleichenden Forschung im Bereich der Lebenswissenschaften. Untersuchungen, in denen die adaptiven Verhaltenstendenzen der Versuchstiere unbekannt sind, können praktisch keine biologisch sinnvollen Interpretationen ihrer Befunde liefern.

7. Artunterschiede sind qualitativ gegeben. Verallgemeinerungen können auf der Grundlage oberflächlicher Gemeinsamkeiten im Verhalten unter rigorosen Versuchsbedingungen und unter extremen Deprivationszuständen[9], die keinerlei Alternativen zulassen, nicht gemacht werden.

8. Einordnungen der Versuchsergebnisse in ein starres, von der Tierart unabhängiges S-R-Schema sind nicht akzeptabel. Sie erleichtern zwar die Verwendung des Tieres als Modell für menschliche Verhaltensveränderungen, bezahlen diesen »Vorteil« jedoch mit Verzicht auf das vorsichtige Wechselspiel von Übertragung und Überprüfung von einer Art auf die andere unter Berücksichtigung ihrer jeweiligen biologischen Besonderheiten.

9. Die phylogenetischen Adaptationsprozesse können im Labor – wenn überhaupt – nur dann simuliert werden, wenn die Feldbedingungen bekannt sind und darauf beruhende Hypothesen erfüllt werden können (s. hierzu den Beitrag von C. G. Beer über »Beobachtung ...« in diesem Band). Die neue Rolle des Labors der Vergleichenden Psychologie ist an eine ständige Überprüfung des natürlichen Lebensbereichs einer untersuchten Tierart

gebunden. Das heutige Interesse wendet sich davon ab, zu untersuchen, *was* man alles mit einem Tier machen kann, und neigt statt dessen mehr der Aufgabe zu, zu erkunden, *wie* es sich unter Bedingungen verhält, die mit seinen ökologischen Adaptationen sinnvoll verglichen werden können.

10. Die Erforschung physikalischer Reize in Hinblick auf das Verhalten muß abgelöst werden durch die Erforschung der biologischen Reize, der Signale, die von Partnern und Jungen ausgehen, von Auslösern und Kommunikationsprozessen im allgemeinen (vgl. Lorenz 1950, Tinbergen 1974).

Zusammenfassend sei bemerkt, daß Tiere aus biologischer Sicht als Modelle für menschliches Verhalten dann brauchbar sind, wenn eine theoretische Grundlage für eine Verallgemeinerung gegeben ist; die Evolutionstheorie mag sich dazu gut eignen.

KONSEQUENZEN AUS DER BIOLOGISCHEN VERHALTENSFORSCHUNG (ETHOLOGIE) FÜR DIE VERHALTENSPSYCHOLOGIE

Aus den bisherigen Ausführungen sind folgende Schlußfolgerungen zu ziehen: Die Entwicklung der Vergleichenden Psychologie und der Verhaltensbiologie (Ethologie) haben getrennte Wege genommen. Es hat scharfe Auseinandersetzungen gegeben. Eine sorgfältige Analyse ergibt, daß die biologisch fundierte Verhaltensforschung für das Verstehen von Zusammenhängen im Verhaltensbereich bessere Argumente und die bessere wissenschaftliche Strategie besitzt. Dem muß die Vergleichende Psychologie Rechnung tragen, wenn sie nicht auf den lebensnotwendigen Kontakt zu ihrer unmittelbaren empirischen Nachbarwissenschaft verzichten möchte. Es ist allerdings nicht möglich, auf die vorgetragene Einschätzung der Situation mit fertigen Rezepten oder Alternativen zu antworten. Die Konsequenzen betreffen Lehre und Ausbildung, die Forschungslabors und die interdisziplinäre Orientierung der Verhaltenspsychologie.

Konsequenzen für die Lehre und Ausbildung

Die kognitive Lernforschung hat die Fesseln der S-R-Forschung bereits seit längerem überwunden. Eine intensive Beschäftigung mit den vielen irregeleiteten Versuchen, zu generellen Aussagen unabhängig von der untersuchten Tierart zu gelangen, darf nicht das traditionelle Übergewicht beibehalten. Es spricht einiges für die Ansicht von Perry London (1972), der, frei übersetzt, folgendes über Verhaltensmodifikation und Verhaltenstherapie schreibt: »Nur ein Genie oder ein Irrer würde alle heute bekannten Techniken unter dem intellektuellen Schirm von Konditionieren, Lernen oder einer anderen simplen psychologischen Theorie zusammenfassen. Nur ein Wirrkopf würde das wollen. In dieser Hinsicht ist das vorrangige Problem, wissenschaftlich sowohl wie auch klinisch, rein pragmatischer Natur: (Welche Methoden werden verwendet?) Funktionieren sie? Bei wem? Wann? Das Wie und Warum kommt später.«[10]

Die Grundlagen der modernen Vergleichenden Psychologie sind ohne Zweifel die Verhaltens- und Populationsgenetik, die Biologie der Entwicklungsprozesse (Vergleichende Verhaltensontogenie), Ökologie, Vergleichende Anthropologie, Biologische Anthropologie und verwandte Bereiche. Von all diesen Forschungsgebieten hat sich die hier beschriebene Verhaltenspsychologie bislang isoliert. Lockard äußert Vermutungen, daß die Verhaltenspsychologie von vielen Biologen als nicht naturwissenschaftlich angesehen und für eine zweifelhafte Beschäftigung gehalten wird.

Neuere vergleichende Forschungsansätze zeigen, daß die selbstgewählte Beschränktheit und Naivität des Skinnerschen Ansatzes immer mehr zu einem historischen Kuriosum wird.

Im Interesse der Vertiefung des Verständnisses über menschliche Entwicklung, menschliches Sozialverhalten, menschliches Lernen und menschliche Motivation kann es nicht länger als wissenschaftlich gelten, wenn erzwungene Analogien funktioneller Art die einzige Basis für Schlußfolgerungen vom Tier zum Menschen darstellen.[11] Sie sind allerdings als bemerkenswerte Tatsachen, die als Grundlagen wissenschaftlicher Erklärungszusammenhänge berücksichtigt werden müssen, nicht von der Hand zu weisen.

Konsequenzen für die Tierlabors

Die Tierhaltung in Einzelkäfigen, die Auswahl nach Bequemlichkeit, nach reduziertem Geruch, nach Lautlosigkeit, nach Höhe der Futterkosten und nach Anspruchslosigkeit in der Pflege oder gar nach bereits vorhandenen Käfigen und Apparaten sind keine wissenschaftlichen Kriterien. Verlegenheitslösungen sind zwar oft unumgänglich, aber sie dürfen nicht zum dominierenden Faktor von Lehre und Forschung werden.

Das traditionelle Labor der Vergleichenden Psychologie wird dort eine Rolle spielen, wo es wegen ganz anderer Fragestellungen gebraucht wird: in der Medizin, der Vergleichenden Physiologie, der Tierphysiologie, der Pharmakologie und der Vergleichenden Anatomie. Zu all diesen Gebieten muß die Vergleichende Psychologie enge Beziehungen aufbauen, aber deren Fragestellungen sind keine spezifisch psychologischen Probleme. Auch hier lassen die neuesten Forschungsarbeiten eine konsequente Abwendung von der laborinduzierten Verhaltensanalogie erkennen und eine starke Hinwendung zur Berücksichtigung artspezifischer Eigenarten und ethologischer (verhaltensbiologischer) Theorien, Hypothesen und Methoden (vgl. Mason, Lott 1976).

Indisziplinarität

Nötige Umorientierung auch der Verhaltenspsychologie von der Physik zur Biologie erfordert eine gemeinsame Sprache. Sie kann sowohl durch die Auseinandersetzung mit verhaltensbiologischen Theorien als auch durch die Zusammenarbeit von Wissenschaftlern aus verschiedenen Disziplinen zustande kommen. Sie kann im Dienste einer fruchtbaren Fortentwicklung der Verhaltensforschung nicht ausbleiben. Wo eine solche Zusammenarbeit stattgefunden hat, sind neue Anregungen aus der Verhaltensforschung mit Tieren für die Verhaltensforschung mit Menschen bisher nicht ausgeblieben. Das betrifft die Verhaltensforschung insgesamt (Hinde 1973) wie auch so verschiedene Gebiete wie das Verhalten von Kindern aus ethologischer Sicht (Blurton-Jones 1972), menschliches Sozialverhalten (Hinde 1974; Bateson, Hinde 1976, 425–536), Eltern-Kind-Beziehungen (CIBA Foundation Symposium 1975), Entwicklung (Richards 1974; Bateson, Hinde 1976, 323–424; Mason 1978), Mutter-Kind-Bindung (Bowlby 1969; Klaus, Kennell 1976), Trennung (Bowlby 1973; Suomi, Harlow 1978).[12]

Die Problematik, aber auch ein gewisser Optimismus im Hinblick auf wünschenswerte Einsichten für die psychologische Verhaltensforschung wird im nächsten Abschnitt am Beispiel der Verhaltensforschung mit Rhesusaffen erläutert.

RHESUSAFFEN ALS MODELL MENSCHLICHEN VERHALTENS?

Keineswegs alle Biologen sind davon überzeugt, daß die Verhaltensforschung mit Tieren für die menschliche Verhaltensforschung brauchbare Ergebnisse liefern könnte. Medawar (1976), ein Wissenschaftstheoretiker, weist zum Beispiel darauf hin, daß die biologische Verhaltensforschung individuelle Unterschiede unberücksichtigt ließe und damit der Psychologie wesentliche Grundlagen vorenthielte. Der wichtigste Unterschied jedoch bestünde dagegen gerade in der menschlichen Fähigkeit, Wissen und Fertigkeiten weiterzuvermitteln, vor allem an die nächste Generation. Darauf basiert die kulturelle Evolution des Menschen, und sie ist, im Gegensatz zur biologischen Evolution der Tiere, durch folgende Besonderheiten gekennzeichnet:

1. Sie ist lamarckistisch: Das Gelernte wird Teil des kulturellen Erbes.
2. Das kulturelle Erbe wird auf nichtgenetische Weise vermittelt,
3. das kulturelle Erbe ist umkehrbar; die Rückkehr zur Steinzeit ist innerhalb einer Generation möglich (Medawar 1976, 502).

Der Biologe wird diese Tatsachen zugeben, aber auch die biologischen Verhaltensdeterminanten nicht vergessen, so wie sie Darwin im Schlußsatz zu seiner »Abstammung des Menschen« bereits im Jahre 1871 gesehen hat:

»Und wir müssen, wie mir scheint, ebenfalls zugeben, daß der Mensch mit all seinen edlen Eigenschaften, mit seiner Sympathie für die Niedrigsten, mit seinem Wohlwollen nicht nur gegenüber anderen Menschen, sondern auch gegenüber dem niedrigsten Lebewesen, mit seinem gottähnlichen Verstand, der ihn die Bewegungen und die Einrichtungen des Sonnensystems erkennen ließ, daß der Mensch mit all diesen Fähigkeiten und Kräften in seinem Körperbau[13] immer noch die unaustilgbaren[13] Zeugnisse seines niedrigen Ursprungs erkennen läßt.« (Darwin 1871, zitiert nach der dt. Ausgabe 1966, 274.)

Indem wir die Gegenüberstellung von menschlicher Kultur und biologischem Verhaltensrepertoire (s. Anm. 13) im Sinn behalten – und eventuell als Zusammenspiel mit mehr oder weniger großen Reibungspunkten verstehen –, wollen wir uns tierischer Verhaltensforschung mit Rhesusaffen zuwenden, die schon seit längerem in fruchtbarer Wechselbeziehung mit der Erforschung der Entwicklung menschlichen Verhaltens steht und die unübersehbare Gemeinsamkeiten und Hypothesen enthält.

Verhaltenontogenie an Rhesusaffen

Berühmt geworden sind die jungen Rhesusäffchen, die Harlow entweder an weich gepolsterte oder an harte Drahtattrappen setzte und die, obwohl sie ihre Nahrung an der Drahtattrappe erhielten, sich an der kuscheligen Stoffattrappe anklammerten (s. auch den Beitrag von J. P. Kruijt in diesem Band). Damit war ein erster wichtiger und in der Folge einflußreicher Beweis für die Ungültigkeit der Behauptung geliefert worden, daß die Tendenz des Jungtieres (und des menschlichen Babys!), sich der bemutternden Figur zuzuwenden, durch eine Assoziation mit der Befriedigung des Hungertriebes zustande käme. Inzwischen liegen die Forschungsergebnisse einer zwanzigjährigen Vergleichenden Forschungsarbeit mit Rhesusaffen aus verschiedenen Labors vor. Suomi u. Harlow (1978 fassen sie folgendermaßen zusammen:

Unter normalen Lebensbedingungen behält die Rhesusmutter ihr Neugeborenes immer bei sich und erlaubt keinem anderen Weibchen, ihr Kind zu berühren. Nach einigen Wochen erlaubt sie ihrem Jungen einige kurze Ausflüge, sie überwachte es dabei und verhindert, daß es in Gefahr gerät. Sie dient dem erkundenden Kind als eine *Quelle der Sicherheit*, zu der es anfangs alle paar Sekunden zurückkehrt und sich an ihrem Bauch anschmiegt. Während der immer länger werdenden *Erkundungen* beginnt das Jungtier mit anderen Tieren der Gruppe, besonders mit seinen Kumpanen (gleichaltrige Jungtiere), Kontakt aufzunehmen. Am Ende des ersten Lebensjahres finden nahezu alle seine sozialen Kontakte mit anderen Tieren der Gruppe statt. Dabei spielen und kämpfen die männlichen Jungtiere mehr als die weiblichen. Und die weiblichen wiederum betreiben mehr Körperpflege (»lausen«) und interessieren sich mehr für Neugeborene. Diese Unterschiede nehmen zu, wenn die Tiere sexuell reif werden. Männchen entfernen sich auch zunehmend von ihren Müttern und bewegen sich am Rande der Gruppen, die Weibchen dagegen bleiben in der Nähe ihrer Mütter und teilen deren Sozialstatus: Sie wiederholen die Lebensweisen ihrer Mütter als Erwachsene, während die Männchen, wenn sie ins Zentrum der Gruppe zurückkehren, sich einer anderen sozialen Untergruppe anschließen.

Unter Laborbedingungen, ohne experimentelle Manipulationen, zeigen sich die gleichen Entwicklungen, die zum Beispiel im Fall der Mutter-Kind-Beziehung schon sehr genau beobachtet werden konnten. Das neugeborene Rhesusjunge saugt und klammert sich sofort an die Mutter an (oder an die Stoffattrappe). Sie zeigen auch eine angeborene Vorliebe für die eigene Art gegenüber nahe verwandten Arten ohne entsprechende Erfahrungen, und sie bevorzugen erwachsene Weibchen gegenüber erwachsenen Männchen. Die Mutter hält ihr Kind anfangs immer fest an sich gepreßt. Neben ihrer Rolle als Sicherheitsbasis für die kurzen Erkundungen ihres Jungen ist sie gleichzeitig während des zweiten und dritten Lebensmonats eine Art *zeitlicher Bezugsnorm*: Beim erkundenden Spiel kehrt das Junge in regelmäßigen Intervallen zurück oder blickt zu ihr hin; während der Standardintervalle werden jeweils Fähigkeiten vervollkommnet (Simpson 1976).

Mit etwa sechzig bis achtzig Tagen stellt sich bei den Rhesusjungen Angst vor neuen sozialen Reizen ein: Sie suchen dann körperlichen Kontakt mit ihrer Mutter. Auch hier ist die Parallele zum menschlichen Kind und seiner Mutter[14] deutlich (Bowlby 1973, Ainsworth 1973; kritisch: Dunn 1977, 85).

Wenn eine Rhesusmutter in der Lage ist, die Furcht ihres Jungen wirkungsvoll zu verringern, dann wird das Junge leicht und ohne zu zögern mit anderen Gruppenmitgliedern in Kontakt treten und auf diese Weise selbst ein aktives Gruppenmitglied werden. Auch hier sind Analogieschlüsse auf das Kind gezogen worden, für deren Richtigkeit viele Belege gesammelt werden konnten, die aber unabhängig von den Rhesusergebnissen art- und kulturspezifisch geprüft werden müssen.

Nach sechs Monaten werden die Jungen immer unabhängiger von ihren Müttern und tun viel mit ihren gleichaltrigen Kumpanen gemeinsam. Dabei spielen Rhesusmutter und Rhesusjunges nur ontogenetisch zu verstehende wechselseitig aufeinander bezogene Rollen: Die häufig werdende Zurückweisung des Jungen durch seine Mutter, die ansteigende Neugier, die Attraktivität der Gruppe usw. sorgen für die Entwicklung der zunehmenden Unabhängigkeit des Jungen von seiner Mutter. Im zweiten Lebensjahr spielen die Jungen meistens mit gleichaltrigen Kumpanen. Weibliche Junge jagen sich, ohne sich dabei zu berühren, männliche dagegen toben miteinander mit häufigen gegenseitigen Berührungen und gehen eher auf die Spielaufforderungen anderer Männchen ein. Sie spielen folglich insgesamt mehr als die weiblichen Jungtiere. Weibchen betreiben dagegen mehr Körperpflege, oder sie hocken dicht mit anderen Tieren zusammen, vor allem mit ihren eigenen Müttern. Das Spiel der männlichen Jungtiere ist dagegen oft wild und aggressiv.

Wenn den Jungtieren die soziale Umwelt während der ersten 6 Lebensmonate vorenthalten wird (Aufzucht in Isolation), dann versuchen sie nach der Befreiung nicht mit anderen Tieren sozialen Kontakt aufzunehmen. Wenn sich ihnen andere Rhesusaffen nähern, dann ziehen sie sich zurück oder erstarren in Bewegungslosigkeit. Sie lutschen an sich selbst, umklammern sich selbst und bewegen sich auf stereotype Weise: Ihnen haben die adäquaten sozialen Reize gefehlt, die in Jahrmillionen der Phylogenese als notwendiger Bestandteil ihrer Ontogenese vorhanden gewesen sind.

Jungtiere, die ohne Mütter zusammen mit gleichaltrigen Kumpanen aufwuchsen, lutschten ebenso wie die total isolierten Jungen stark an sich selbst, hängen fest aneinander, bewegen sich aber nicht stereotyp und ziehen sich vor furchtauslösenden Reizen nicht ganz so panikartig zurück wie die isoliert aufgezogenen Jungtiere. Ihr Rückzug ist allerdings noch wesentlich stärker als der von Jungtieren, die von ihren eigenen Müttern aufgezogen wurden, weil diese die Furcht ihrer Jungen besser mildern können. Die nur mit Spielkumpanen aufgezogenen Rhesusaffen sind in ihrem sozialen Spielverhalten verlangsamt und reagieren auf soziale Annäherungen unangemessen. Im erwachsenen Alter beherrschen die Männchen oft nicht das komplette Paarungsverhalten, während die Weibchen ihr erstes Junges in der Regel mißhandeln; sie zeigen allerdings dabei nicht die Indifferenz der isoliert aufgewachsenen Weibchen gegenüber ihren Jungen, und das zweite Junge ziehen sie dagegen auf akzeptable Weise auf.

Jungtiere, die nur mit ihren Müttern, aber ohne Kumpanen aufwachsen, zeigen Mängel vor allem im sozialen Spielverhalten; sie sind später beim Herstellen normaler sozialer Beziehungen behindert und kontaktscheu. Männchen zeigen später zwar angemessenes Sexualverhalten, sie sind aber sehr aggressiv. Die Weibchen zeigen zwar später ein angemessenes mütterliches Verhalten gegenüber ihrem ersten Jungtier, sie pflegen aber nicht ihre Haut und ihr Fell (grooming).

Rhesusjunge, die von ihren Müttern entweder einmal für längere Zeit oder mehrere Male für wenige Tage getrennt worden sind, reagieren immer und sofort mit wildem Protest, mit Toben und schrillen Schreien. Nach einigen Tagen verändert sich das Bild, und einige Jungtiere sind, wenn überhaupt, kaum noch aktiv. Sie ziehen sich zurück und bleiben neuen Reizen gegenüber unbeteiligt.

Während der Wiedervereinigung zeigen sich, selbst nach kurzer Trennung, noch Monate oder Jahre später meßbare Auswirkungen. Jungtiere, die während der ersten acht Monate für zwei Stunden alle zwei Wochen von ihren Müttern getrennt worden sind, zeigten mit zwei Jahren mehr Furcht, Unterwürfigkeit, soziales Vermeiden, Verhaltensstörungen und Schreien und weniger Drohverhalten als Kontrolltiere (Mitchell, Harlow u. a. 1967). Jungtiere, deren Mütter für sechs Tage entfernt wurden und dann wieder zu ihnen kamen, waren danach weniger aktiv, spielten und erkundeten weniger, und zwar vor allem dann, wenn sie fremde Gegenstände in einer fremden Umgebung vorfanden.

In diesen und anderen vergleichbaren Untersuchungen zeigte sich, daß solche Auswirkungen dann besonders bemerkenswert waren, wenn der Streß der Tiere anstieg. Neue Stimuli oder erneute soziale Trennungen sind Stressoren in diesem Sinne. Ohne Mutter, aber mit Kumpanen aufgewachsene Jungtiere zeigen langfristig noch wesentlich empfindlichere Auswirkungen einer Kumpantrennung: Als sie neun Monate alt waren, hatte sich ihr Verhalten gegenüber dem Entwicklungsstand, den sie bereits mit drei Monaten erreicht hatten (als die Trennungen begannen), in keiner Weise fortentwickelt (Suomi, Harlow, Domek 1970). Während der Wiedervereinigung konnte die mögliche trennungsbedingte Ursache für ihre stagnierende Reifung beobachtet werden: Die Jungen konnten sich von ihren Kumpanen körperlich nicht lösen, sie blieben aneinander geklammert und zeigten kein für die Entwicklung sozialer Wahrnehmungs- und Verhaltensrepertoires unerläßliches Erkundungs- und Spielverhalten.

Schlußfolgerungen für die Humanpsychologie

Die offensichtlichen Parallelen zwischen *manchen* Verhaltensweisen der Rhesusjungen und menschlichen Kindern erlauben nicht eine Gleichsetzung ihrer Ursachen und Bedingungen. Die *Umkehrung* der Harlowschen Analogie, der Rhesusaffen gerade deshalb als Ersatzbabies gewählt hat, um Entwicklungsbedingungen experimentell untersuchen zu können, die Spitz (1945, 1946), Bowlby (1951) und Ainsworth (1962) für Menschen berichtet und analysiert haben, ist ein nicht akzeptables Beispiel. Obwohl der Kontakt bei den neugeborenen Makaken[15] so vorrangig und offensichtlich ist, ist der Schluß auf einen ebensolchen *Stellenwert* beim Menschen *logisch* nicht möglich, *biologisch* allerdings denkbar und plausibel. Es mag sein, daß auch das menschliche Primatenkind den engen Kontakt braucht, um eine gute Entwicklung zu durchlaufen. Aber die Einschränkung etwa auf eine einzige von mehreren Kontaktarten wäre wissenschaftlich unangemessen. Es gibt Untersuchungen, die prägungsartige Wirkungen der Kinder auf ihre Mütter nachgewiesen haben, aber dabei spielen die Berührungs- und Blickreize eine größere Rolle als der Hautkontakt per se (vgl. Klaus, Kennell 1976). Wir würden uns mit solchen Vereinfachungen der gleichen Naivität beim Tier-Mensch-Vergleich schuldig machen wie die Verhaltenspsychologie Skinnerscher Prägung.

Im Vergleich mit Kindern zeigte sich bei der Entwicklung der Rhesusjungen eine Reihe von Gemeinsamkeiten und auch Unterschiede. Die Retardierungen z. B. erinnern an Heimkinder (Spitz 1945, 1946; Meierhofer, Keller 1966; Pechstein 1974 u. v. a.). Die sozial gehemmten Rhesusaffen mögen an überbehütete Kinder erinnern, die Parallelen für Furcht, gehemmte Erkundung und so weiter sind ebenfalls offensichtlich und beruhen wahrscheinlich auf gemeinsamen evolutionären Bedingungen trotz gleichzeitiger großer Unterschiede, die zur Ausbildung einer intensiven Pflege von nur wenigen Jungen geführt hat.[16] Um aber entscheiden zu können, welche Bedingungen bei jeder der miteinander verglichenen Arten zu den beobachteten Analogien führen, muß eine Bedingungsanalyse für jede Art getrennt durchgeführt werden. Da vergleichbare Experimente aus kulturethischen Gründen beim Menschen nicht in Frage kommen, helfen die Hinweise aus vielen Verhaltensbeobachtungen an Primaten und anderen Tieren, plausible (analoge) Hypothesen zu formulieren und zu prüfen, ob und in welcher spezifischen Weise die an Tieren gefundenen Zusammenhänge auch beim Menschen eine Rolle spielen.

Bei der Erforschung der Determinanten kindlicher Entwicklung ist – in verhaltensbiologischer Sicht – besonders die Erforschung der Beziehungsstrukturen zwischen Individuen von großem Interesse. Hinde und Stevenson-Hinde sprechen von »dynamischer Stabilität«. Aus Gründen der Vergleichbarkeit und des wissenschaftlichen Verständnisses unterscheiden die Autoren zwischen

1. Interaktion (*Was* tun die Teilnehmer zusammen = Inhalt; und *wie* tun sie es = Qualität);
2. Beziehungen (die raum-zeitlichen Zusammenhänge von Inhalt und Qualität) und
3. sozialer Struktur (Inhalt, Qualität und Muster (pattering) der bestehenden Beziehungen (Hinde, Stevenson-Hinde 1976, 451).

Die dynamische Beziehung zwischen dem Jungen, seiner Mutter und dem Kumpan interessiert deshalb sehr, weil Isolationseffekte beim Kind inzwischen bekannt und in unserer Kultur, wenigstens institutionell, auch schon weitgehend verhindert werden. Dagegen sind Zusammenhänge, die sich förderlich oder hemmend auf die kindliche Ontogenese auswirken, weniger genau erforscht. Tieranalogien können hier – mit wissenschaftlicher Akribie verwendet – hilfreicher sein als die bisherigen Forschungsstrategien. »Das Ziel der vergleichenden Psychologen sollte nicht sein, die Situation (the case) dés Menschen auf der Grundlage von Daten zu erklären, die von Tieren stammen, sondern Prinzipien zu abstrahieren, deren Anwendung für den Menschen in der Folge festgestellt werden kann« (Hinde, Stevenson-Hinde 1976, 456–457). So ist zum Beispiel die Mutter-Kind-Beziehung oder eine Beziehung zwischen Ehepartnern nicht ohne die kulturellen Wertsetzungen zu verstehen, die das Verhalten der Partner zugleich lenkt, einengt und gutheißt (a. a. O., 459). Zu den hypothetischen Prinzipien gehören – als Bestandteil, nicht als deus ex machina – auch Lernparadigmen: Gewöhnung, Vertrautheit (= Wahrnehmungslernen), Beobachtung (= Lernen am Modell), Pawlowsches Lernen (= bedingte Reaktion), Operantes Lernen, die meist untrennbar miteinander verwoben zusammenwirken; allerdings darf das nicht im Sinne der historischen Verhaltenspsychologie geschehen (wie ich bereits dargelegt habe), sondern die Lernparadigmen müssen flexibel gehandhabt und nicht mit dem Lern*prozeß* selbst verwechselt werden, der für den Menschen meistens die kognitive Wahrnehmung der jeweiligen Situation mit einschließt (Hinde, Stevenson-Hinde 1976, 462/63). Welche sozialen Ereignisse, z. B. welches Verhalten einer Mutter, welches Verhalten ihres Kindes verstärkt und wann ist von der Lerntheorie her *nicht vorhersagbar.*

In diesem Sinne formulieren Suomi u. Harlow (in Vorbereitung) folgende allgemeine Regeln über die soziale Entwicklung: »Wenn ein Organismus nicht die Gelegenheit hat, während (bestimmter) Phasen mit bestimmten Arten von sozialen Stimuli in Beziehung zu treten, dann bleibt seine soziale Reife unvollständig: Beim späteren Kontakt mit ähnlichen Stimuli wird sich unangemessenes Verhalten zeigen.« Kleinkindforscher müssen in jedem Fall solche für *Kinder* wichtige Stimuli finden und ihre Wirkungen messen, wobei die Tierdaten eine unersetzliche Richtschnur sein können.

Die subtilen Probleme der Übertragbarkeit von Verhaltensmustern zwischen verschiedenen Arten haben zu einer Annäherung der psychologischen und der biologischen Verhaltensforscher geführt. Forscher beider Disziplinen sind bemüht, ihre Forschungsmethoden einander vergleichbar zu machen und die Fragen ihrer Nachbardisziplinen kennenzulernen. Ethologen lernen die Zuverlässigkeit ihrer Beobachtungen besser zu kontrollieren, individuelle Unterschiede zu beachten, erfahrungsbedingte Modifikation individuellen Verhaltens zu berücksichtigen und mit ihren Verallgemeinerungen auf den Menschen zurückhaltender zu werden. Psychologen lernen endlich, länger, intensiver und subtiler zu beobachten, ehe sie ihre Variablen und experimentellen Bedingungen definieren; sie lernen, Tierverhalten menschlichem Verhalten nicht einfach für analog zu halten, sondern sich einen Vergleichsmaßstab für ihr methodisches Vorgehen und ihre Theorien- und Hypothesenbildung zu erarbeiten. Beide Disziplinen lernen ihre Fragestellungen zu präzisieren.

Für die Vergleichende Ontogenese treten Interaktionen als Grundlage von Beziehungsstrukturen in den Vordergrund; Methoden zu ihrer Erfassung und Modelle zu ihrer Erklärung werden entwickelt. Die Beobachtung des sozialen Verhaltens von Tieren und ihrer Entwicklung hat sich schon fruchtbar auf die Erforschung der frühen Entwicklung des Menschen ausgewirkt. Die gegenseitigen Anregungen sind unmittelbar verantwortlich für eine eindrucksvolle Neuorientierung in dem Bereich der Frühentwicklung (Grossmann 1977), im Bereich der Sexualentwicklung (Money, Ehrhardt 1975), der Vergleichenden Ontogenese (Mason 1978), bei der Inzestforschung (Bischof 1973), prägungsartigen Bedingungen der Mutter-Kind-Bindung (Klaus, Kennell 1976), von Bindung und Trennung (Ainsworth 1962, 1967, 1973; Bowlby 1951, 1969, 1973; Bischof 1975) sowie feinmaschiger Interaktionsanalysen (Papousek, Papousek 1975; Schaffer 1977; Stern 1977).

Das Tier ist nicht länger *Modell* für den Menschen, sondern Analogien zwischen dem Verhalten bestimmter Tierarten unter bestimmten sozialen, ökologischen und ontogenetischen Bedingungen auf der einen Seite und menschlichem Verhalten und vergleichbaren Bedingungen auf der anderen Seite regen zur Erforschung der vergleichbaren (interspezifischen) und zugleich der unterschiedlichen (intraspezifischen) Bedingungen an. Die vergleichende Verhaltensforschung ist im Begriff, Vorurteile abzubauen, unbewiesene Vorentscheidungen zu überwinden und universelle Erklärungsansprüche als Teilaspekte in einem umfassenderen Zusammenhang zu integrieren. Judy Dunn schließt ihre Ausführungen über Distreß und Wohlbefinden beim Kind mit dem folgenden Satz, der treffender auch die hier gemachten Ausführungen nicht abschließen könnte: »Als Wissenschaftler müssen wir erkennen, wie wenig wir bisher darüber wissen, und wir haben die Pflicht, nicht so zu tun, als wüßten wir mehr als wir tatsächlich wissen. Wissenschaftliche Bescheidenheit ist keine Tugend, sondern eine Schuld. Und wenn unser Thema der Anfang menschlicher Freude und menschlichen Schmerzes ist, dann ist dies eine Verbindlichkeit, die wir ernst nehmen müssen« (Dunn 1977, 115).

ANMERKUNGEN

1

Der vorliegende Beitrag stellt eine Auseinandersetzung des Autors mit seinem verhaltenspsychologischen Studium in den USA (1961–1965) dar. Die erste Version lag als institutionsinternes Theorienpapier bereits 1964 vor (»Science and mythology in comparative psychology«) und führte zu experimentellen Arbeiten, die man heute als biologische Determinanten des Lernens bezeichnen würde (Grossmann 1967). Das Thema wurde nach fünf Jahren wissenschaftlicher Arbeit in der Verhaltensbiologie wieder aufgegriffen, als die Gefahr bestand, daß bei der Einrichtung verhaltenspsychologischer Laboratorien in der Bundesrepublik Deutschland unhaltbarer theoretischer Ballast der in den USA obsolet werdenden S-R-Psychologie mit übernommen werden könnte (Grossmann 1975). Nicht die Fakten der Erforschung und Veränderung verhaltensverändernder Ereignisse sind zu kritisieren, sondern damit zusammenhängende, den Fortschritt des Tier-Mensch-Vergleichs verhindernde theoretische und methodische Vorentscheidungen. Wichtige Daten und Gedanken wären sicher ohne die intensive Arbeit einer Gruppe von Wissenschaftlern zum Thema Vergleichende Verhaltensontogenie im Zentrum für Interdisziplinäre Forschung der Universität Bielefeld nicht verfügbar und somit nicht formulierbar gewesen (vgl. Anm. 12).

2

Es soll nicht der Eindruck entstehen, als gäbe es nicht eine lebendige und fruchtbare Vergleichende Psychologie in anderen, biologisch bedeutungsvollen Bereichen. Das ist natürlich der Fall (vgl. Immelmann 1977; Hinde 1973; Seligman, Hager 1972; Bateson, Hinde 1976). In diesem Bereich allerdings ist der Schluß vom Tier auf den Menschen niemals so unmittelbar und auf der Grundlage so einfacher Paradigmen (vielleicht deshalb?) vollzogen worden wie in der Verhaltenspsychologie Skinnerscher Prägung.

3

Vgl. z. B. die Definitionen von Intelligenz, die je nach ihrem zu Grunde liegenden Konzept unterschiedlich lauten, jedoch meistens die folgenden Komponenten enthalten: anschauliches oder abstraktes Denken in sprachlichen, numerischen und raumzeitlichen Beziehungen, mit Hilfe derer viele komplexe und auch spezifische Aufgaben und Situationen bewältigt werden (Groffmann, Wörterbuch der Pädagogik, Bd. 2, S. 97 sowie »Intelligenz« in den Bänden V und VII dieser Enzyklopädie).

4

Die drei kumulativen Kurven zeigen das Hebeldrücken unter »multiplem Festintervall/Festquoten-Verstärkungsplan«. D. h., die Tiere bekamen in unregelmäßiger Folge entweder nach konstanten Zeitintervallen für ihr Hebeldrücken eine Verstärkung (gebogene Kurvensegmente zwischen je zwei Verstärkungsmarkierungen) oder nach einer konstanten Anzahl von Hebeldrücken (steile Kurvensegmente zwischen je zwei Verstärkungsmarkierungen). Die Erklärung Skinners dazu lautet:
»Die Länge der Intervalle und das Verhältnis von unbelohntem zu belohntem Hebeldruck, die Entbehrungszustände und die Erfahrung mit den Verstärkungsprogrammen waren in den drei Fällen verschieden, aber abgesehen von diesen Details waren die Kurven sehr ähnlich ... Taube, Ratte, Affe, was ist was? Es spielt keine Rolle. Natürlich haben diese drei Arten Verhaltensrepertoires, die so verschieden sind wie ihre Anatomie. Aber wenn erst einmal die Verschiedenartigkeit, in der sie mit der Umwelt in Kontakt treten, und die unterschiedliche Art und Weise, auf die sie auf ihre Umwelt einwirken, berücksichtigt worden sind, dann zeigt, was von ihrem Verhalten übrigbleibt, erstaunlich ähnliche Eigenschaften. Mäuse, Katzen, Hunde und menschliche Kleinkinder könnten der Abbildung noch weitere Kurven hinzugefügt haben, und wenn Organismen, die so unterschiedlich wie diese sind, trotzdem ähnliche Verhaltenseigenschaften zeigen, dann können Unterschiede zwischen Individuen der gleichen Art optimistischer betrachtet werden. Schwierige Probleme der Idiosynkratie oder Individualität werden immer auftreten als Produkte biologischer oder kultureller Prozesse, aber es ist das Ziel [»the very business«] der Experimentellen Verhaltensanalyse, Techniken zu entwickeln, die ihre Auswirkungen reduzieren, es sei denn, sie sind explizit Gegenstand der Forschung« (Skinner 1961, 94–95).

5

Mit dem Aufkommen des Behaviorismus Watsonscher Prägung wurde vieles, was nicht in den Rahmen manipulierbaren und meßbaren Verhaltens hineinpaßte, entweder nicht beachtet oder gar verpönt. Seine Lehre wurde zur Doktrin für die Psychologische Verhaltensforschung, und diese war in der Folge leicht zu etablieren, weil das Studium, wie es in vielen der großen amerikanischen Universitäten stattfand, so wie jetzt leider auch in Deutschland, fast vollständig vorgeschrieben wird. Der unter permanentem Leistungsdruck stehende Studierende hat wenig Zeit, Zusammenhänge eigenständig aufzuspüren. Die Doktrin verselbständigt sich. Verhaltensbiologie wurde den Studierenden der Psychologie in der Folge kaum angeboten, denn deren Instinktkonzepte galten als vorwissenschaftlich und waren verdächtig. In der zweiten Generation verfügten viele verhaltenspsychologisch orientierte Dozenten folglich kaum noch über biologische Grundkenntnisse, und so konnte es nicht ausbleiben, daß die große Mehrheit der amerikanischen Psychologiestudenten der vierziger und fünfziger Jahre, bis in die sechziger Jahre hinein, ebenfalls über mangelhafte biologische Grundkenntnisse verfügte. Aufgrund der strengen und mengenmäßig anspruchsvollen, sehr streßerzeugenden Prüfungen kommen die Studierenden auch heute nur sehr selten dazu, aus den eingefahrenen Studiengängen herauszutreten. Es ist somit nicht verwunderlich, daß die fehlenden Verbindungen zur Nachbarwissenschaft Biologie oft nicht einmal gesehen werden. Dieses Bild bestimmt auch das entwicklungspsychologische Experimentieren (vgl. Sears 1975).

6

Gemeint ist nicht die Tatsache, daß sich lebendige Vorgänge und Substrate (Physiologie und Anatomie) physikalisch nicht beschreiben ließen, was natürlich der Fall ist. Gemeint ist die Eigengesetzlichkeit des Verhaltens von Arten unter empirischen und theoretischen erfaßbaren Entwicklungs- und Lebensbedingungen (Evolution und Ökologie).

7

Der Terminus »Anpassung« bereitet immer wieder Schwierigkeiten. Er bedeutet im psychologischen Sinne die Übernahme und die aktive Auseinandersetzung mit den kulturellen Gegebenheiten, ohne dabei zu destruktiven oder neurotischen Mitteln zu greifen. Diese Form der demokratischen Anpassung ist historisch relativ neu und politisch weniger verbreitet als die Form der Einpassung in eine Rolle, ein Denkschema oder in eine Hierarchie (vgl. Szasz 1976, Kapitel 1). Nach Skinner (1971) sind z. B. »Freiheit« und »Würde« in der Schaffung der mit diesen Begriffen einhergehenden Verstärkungsumwelten begründet. Dadurch wird das verhaltenspsychologische Tiermodell nicht nur bis in die Humanpsychologie, sondern bis in die politische Ethik überstrapaziert. – Zum ethologischen Anpassungsbegriff s. den Beitrag »Stammesgeschichtliche und kulturelle Anpassungen im menschlichen Verhalten« von I. Eibl-Eibesfeldt in diesem Band.

8

Ein methodisch häufiger Fehler ist: Eine Rangordnung ist keine Intervallskala. Gäbe es tatsächlich eine eindimensionale phylogenetische Skala, so wäre noch immer das Intervall zwischen Orang und Homo größer als das zwischen Orang und Rhesus. Die mit höherer Komplexität u. U. völlig veränderten Systemeigenschaften bleiben dabei nämlich unberücksichtigt.

9

Im typischen Skinner-Versuch kommen die bekannten regelmäßigen Verhaltenskurven nur dann zustande, wenn das Tier zirka zwanzig Prozent seines Normalgewichtes verloren hat (bei Futterverstärkung) oder extrem durstig ist (bei Verstärkung mit Wasser).

10

Eine Entgegnung zu den Ausführungen von London betrifft nur den wissenschaftstheoretischen Aspekt, nicht jedoch die Vergleichende Verhaltenspsychologie als Basis für Verallgemeinerungen (s. Dunlap, Liebermann 1973).

11

Eine amüsante Begleiterscheinung dieser Konsequenz ist, nach Lockard, die Umkehrung der wissenschaftlichen Prestige-Hierarchie innerhalb der Psychologie, in der Lernpsychologen, die mit Ratten gearbeitet haben, einen prominenten Platz inne hatten. Sie könnten in Zukunft als irregeleitet und unwissenschaftlich gelten.

12

Ein neunmonatiges Forschungsseminar über Fragen der Vergleichenden Verhaltensontogenie fand vom September 1977 bis Mai 1978 im Zentrum für Interdisziplinäre Forschung an der Universität Bielefeld statt. Ein Bericht ist in Vorbereitung (Hg.: K. Immelmann, G. Barlow, M. Main, L. Petrinovich).

13

Medawar (1976) würde heute »Körperbau« (»bodily frame«) mit »Verhaltensrepertoire« übersetzen und vor dem Begriff »unaustilgbar« (»indelible«) warnen, weil er den Menschen nicht wehrlos seinem biologischen Erbe ausgeliefert sieht (S. 500). Medawar vergißt dabei allerdings, daß gerade die Verhaltensforschung die Erkenntnisse für solche Möglichkeiten menschlichen Planens liefert. Das kulturell Machbare kostet aber seinen Preis, der um so höher zu werden scheint, wie weiter die biologischen Verhaltensdispositionen überstrapaziert werden. Die noch kaum wissenschaftlich verstandene Flexibilität des *Homo sapiens* ist keineswegs identisch mit unbegrenzter Machbarkeit, wie zunehmende psychosoziale Pressionen, Agonismus und somatische Zivilisationsschäden verdeutlichen (vgl. Tinbergen 1976).

14

Man multipliziert das Alter des Rhesusaffen mit vier, um eine ungefähre Schätzung des entsprechenden Menschenalters zu erhalten.

15

Rhesusaffe *Macaca mulatta* (Cercopithecidae, Macacae).

16

Dies ist ein Fall von »K-Selektion« unter jahreszeitlich gleichbleibenden klimatischen Lebensbedingungen und damit unter jahreszeitlich gleichbleibendem Nahrungsangebot mit hohem Konkurrenzdruck, im Vergleich zu vielen Jungen ohne besondere individuelle Bindung und Pflege der »r-Selektion« bei starken jahreszeitlichen Klimaschwankungen und damit starker Reduzierung der Nachkommen (vgl. Pianka 1970; Mason 1978).

LITERATUR

Ainsworth, M. D. S.: The Effects of Maternal Deprivation. Public Health Papers No. 14. Genf: W.H.O. 1962, 97–165

Infancy in Uganda: Infant Care and the Growth of Love. Baltimore: John Hopkins University Press 1967

The Development of Infant-Mother Attachment. In: B. M. Caldwell, H. N. Ricciuti (Eds.): Review of Child Development Research, Ill. Chicago: The University of Chicago Press 1973, 1–94

Ainsworth, M. D. S., Bell, S. M., Stayton, D. J.: Infant-Mother Attachment and Social Development: »Socialization« as a Product of Reciprocal Responsiveness to Signals. In: M. P. M. Richards (Ed.): The Integration of a Child into a Social World. London: Cambridge University Press 1974

Barnett, S. A.: The Rat. A Study in Behavior. London: Methuen 1963

Bateson, P. P. G., Hinde, R. A. (Eds.): Growing Points in Ethology. Cambridge: Cambridge University Press 1976

Belschner, W., Hoffmann, M., Schott, F., Schulze, C.: Verhaltenstherapie in Erziehung und Unterricht. Stuttgart: Kohlhammer 1973

Bischof, N.: Die biologischen Grenzen des Inzesttabus. In: G. Reinert (Hg.): Bericht über den 27. Kongr. DGP. Göttingen: Hogrefe 1970

A Systems Approach Toward the Functional Connections of Attachment and Fear. Child Development, 46, 1975, 801–817

Bitterman, M. E.: The Evolution of Intelligence. Scientific American, 212, 1965, 92–110

Blurton-Jones, N. (Ed.): Ethological Studies of Child Behavior. Cambridge: Cambridge University Press 1972

Boring, E. G.: A History of Experimental Psychology. New York: Appleton-Century-Crofts 1957

Bowlby, J.: Maternal Care and Mental Health. Genf: W. H. O. 1951, 355–534. Deutsch: Mütterliche Zuwendung und geistige Gesundheit. Reihe »Geist und Psyche«, Bd. 2106. München: Kindler 1973

Attachment. London: Hogarth 1969. Deutsch: Bindung. Eine Analyse der Mutter-Kind-Beziehung. München: Kindler 1975

Separation: Anxiety and Anger. London: Hogarth 1973. Deutsch: Trennung. Reihe »Geist und Psyche«, Bd. 2171. München: Kindler 1976

Bridgman, P. W.: The Logic of Modern Physics. New York: Macmillan 1927

Bruner, J. S.: Wie das Kind lernt, sich sprachlich zu verständigen. Zeitschr. für Pädagogik, 23, 1977, 829–845

Bühler, K.: Abriß der geistigen Entwicklung des Kindes. Heidelberg: Quelle & Meyer [9]1967

Ciba Foundation Symposium 33: Parent-Infant Interaction. Amsterdam: Elsevier 1975

Correll, W.: Lernen und Verhalten. Frankfurt/M.: Fischer Taschenbuch-Verlag 1975

Darwin, C.: The Descent of Man, and Selection in Relation to Sex. London 1871. Deutsch: Die Abstammung des Menschen. Alfred Krömer, Stuttgart 1966

The Expression of the Emotions in Man and Animals. London: Murray 1877. Deutsch: Der Ausdruck der Gemütsbewegungen bei den Menschen und den Tieren. Nägele & Dr. Sprösser, Stuttgart 1910

Dawkins, R.: The Selfish Gene. Oxford: Oxford University Press 1976

Dunlap, J. T., Liebermann, L. R.: On the End of Ideology in Behavior Modification. Am. Psychologist, 28, 1973, 936–938

Dunn, J.: Distress and Comfort. The Developing Child. London: Fontana/Open Books 1977

Ferster, C. B., Perrott, M. C.: Behavior Principles. New York: Appleton-Century-Crofts 1968

Gage, N. L., Berliner, D. C.: Educational Psychology. Chicago: Rand McNally 1975. Deutsch: Pädagogische Psychologie. München: Urban & Schwarzenberg 1977

Gottlieb, G.: Conceptions of Prenatal Development: Behavioral Embryology. Psychological Review, 83(3), 1976, 215–234

Groffmann, K. J.: Intelligenz. Wörterbuch der Pädagogik, II. Freiburg: Herder, 97–100

Grossmann, K., Grossmann, K. E.: Frühe Reizung und frühe Erfahrung: Forschung und Kritik. Psychol. Rundschau, 20, 1969, 173–198

Grossmann, K. E.: Behavioral Differences between Rabbits and Cats. J. Genet. Psychol., 111, 1967, 171–182

Psychologie des Verhaltens. Bild der Wissenschaft, 5(12), 1968, 1051–1061

Lernpsychologische Untersuchungen an Bienen: Belohnungsverzögerung, gelegentliche Belohnung und Farbunterscheidung. In: G. Reinert (Hg.): Bericht über den 27. Kongr. DGP 1970. Göttingen: Hogrefe 1973, 449–456

Die Rolle der Vergleichenden Psychologie im Rahmen der Verhaltenswissenschaften. In: Psychologische Rundschau, 26(3), 1975, 163–175

Buchbesprechung: Honig/Staddon, Handbook of Operant Behavior. Zeitschrift f. Tierpsychologie, 1978 (im Druck)

Frühe Einflüsse auf die soziale und intellektuelle Entwicklung des Kleinkinds. Z. f. Pädagogik, 23, 1977, 847–880

Grossmann, K. E., Immelmann, K.: Phasen der kindlichen Entwicklung. In: H. Wendt (Hg.): Der Mensch, III. Zürich: Kindler (im Druck)

Harlow, H. F., Gluck, J. P., Soumi, S. J.: Generalization of Behavioral Data between Nonhuman and Human Animals. Amer. Psychologist, 27, 1972, 709–716

Heckhausen, H.: Motivation: Kognitionpsychologische Aufspaltung eines summarischen Konstrukts. Psychol. Rundschau, 28(3), 1977, 175–189

Hinde, R. A.: Animal Behavior. New York: McGraw-Hill 1966. Deutsch: Das Verhalten der Tiere, I, II. Eine Synthese aus Ethologie und Vergleichender Psychologie. Frankfurt/M.: Suhrkamp 1973

Biological Bases of Human Social Behavior. New York: McGraw-Hill 1974

HINDE, R. A., STEVENSON-HINDE, J. (Eds.): Constraints on Learning: Limitations and Predispositions. New York: Academic Press 1973

Towards Understanding Relationships: Dynamic Stability. In: P. Bateson, R. A. Hinde (Eds.): Growing Points in Ethology. Cambridge: Cambridge University Press 1976

HÖRMANN, H.: Meinen und Verstehen. Grundzüge einer psychologischen Semantik. Frankfurt/M.: Suhrkamp 1976

HONIG, W. K. (Ed.): Operant Behavior: Areas of Research and Application. New York: Appleton-Century-Crofts 1966

HULL, C. L.: Principles of Behavior. New York: Appleton-Century-Crofts 1943

IMMELMANN, K.: Einführung in die Verhaltensforschung. Berlin: P. Parey 1976

KIMBLE, G. A.: Hilgard an Marquis Conditioning and Learning. New York: Appleton-Century-Crofts 1961

KLAUS, M. H., KENNELL, J. H. (Eds.): Maternal Infant Bonding. St. Louis: C. V. Mosby 1976

KRAIKER, C.: Handbuch der Verhaltenstherapie. München: Kindler 1974

KRASNER, L., KRASNER, M.: Token Economies and Other Planned Environments. In: Thoresen (Ed.), 1973

KUHLEN, V.: Verhaltenstherapie im Kindesalter. München: Juventa

KUO, Z. Y.: The Dynamics of Behavior Development. New York: Random House 1967

LEHRMAN, D. S.: Behavioral Science, Engeneering and Poetry. In: The Biopsychology of Development. New York, London: Academic Press 1971

LEYHAUSEN, P.: Verhaltensstudien bei Katzen. Zeitschrift f. Tierpsychologie, Beiheft 2. Berlin: Parey 1956

LOCKARD, R. B.: Reflections on the Fall of Comparative Psychology: Is There a Message for Us All? American Psychologist, 26, 1971, 168–179

LONDON, P.: The End of Ideology in Behavior Modification. Amer. Psychologist, 27, 1972, 913–920

LORENZ, K.: Ganzheit und Teil in der tierischen und menschlichen Gemeinschaft. In: Über tierisches und menschliches Verhalten, II. München: Piper 1965

Phylogenetische Anpassung und adaptive Modifikation des Verhaltens. Z. f. Tierpsychologie, 18, 1961, 139–187

MASON, W. A.: Social Ontogeny. In: J. G. Vandenberg, P. Marler (Eds.): Social Behavior and Communication. New York: Plenum Press 1978

MASON, W. A., LOTT, D. F.: Ethology and Comparative Psychology. Annual Review of Psychology, 27, 1976, 129–154

MEDAWAR, P. B.: Does Ethology Throw Any Light on Human Behavior? In: P. Bateson, R. Hinde 1976, 497–506

MEIERHOFER, M., KELLER, W.: Frustration im frühen Kindesalter. Bern: Huber 1966

MILLER, G. A.: Psychology As a Means of Promoting Human Welfare. American Psychologist, 24, 1969, 1063–1075

MILLER, G. A. GALANTER, E., PRIBRAM, K. H.: Plans and the Structure of Behavior. New York: Holt, Rinehart & Winston 1960. Deutsch: Strategien des Handelns. Stuttgart: Klett

MITCHELL, G. D., HARLOW, H. F., GRIFFIN, G. A., MØLLER, G. W.: Repeated Maternal Separation in the Monkey. Psychonomie Science, 8, 1967, 197–198

MONEY, J., EHRHARDT, A.: Man and Woman. Boy and Girl. Differentiation and Dimorphism of Gender Identity from Conception to Maturity. Baltimore: Hopkins University Press 1972. Deutsch: Männlich – Weiblich. Die Entstehung der Geschlechtsunterschiede. Reinbek: Rowohlt 1975

PAPOUSEK, H., PAPOUSEK, M.: Cognitive Aspects of Preverbal Social Interaction between Human Infants and Adults. In: CIBA Foundation Symp. 33 Parent-Infant Interaction. Amsterdam: Elsevier 1975

PECHSTEIN, J.: Umweltabhängigkeit der frühkindlichen zentralnervösen Entwicklung. Stuttgart: Thieme 1974

PIANKA, E. R.: On r- and K-Selection. American Naturalist, 104, 1970, 592–597

RICHARDS, M. P. M.: The Integration of a Child into a Social World. London: Cambridge University Press 1974

SCHAFFER, R.: Mothering. London: Fontana/Open Books 1977

SCHNEIRLA, T. C.: Behavioural Development and Comparative Psychology, Quart. Rev. Biol., 41, 1966, 283–302

SEARS, R. R.: Your Ancients Revisited: A History of Child Development Research, V. In: E. Mavis Hetherington (Ed.): Review of Child Development Research, V. Chicago: University of Chicago Press 1975, 1–73

SELIGMAN, M. E. P., HAGER, J. L. (Eds.): Biological Boundaries of Learning. New York: Appleton-Century-Crofts 1972

SIMPSON, M. J. A.: The Study of Animal Play. In: P. P. G. Bateson, R. A. Hinde 1976, 385–400

SKINNER, B. F.: Science and Human Behavior. New York: Macmillan 1953. Deutsch: Wissenschaft und menschliches Verhalten. München: Kindler 1973

Cumulative Record. New York: Appleton-Century-Crofts 1961

Beyond Freedom and Dignity. New York: Knopf 1971. Deutsch: Jenseits von Freiheit und Würde. Reinbek: Rowohlt 1973

SMALL, W. S.: An Experimental Study of the Mental Processes of the Rat. Amer. J. Psychol., 11, 1900, 133–165

SPENCE, K. W.: Behavior Theory and Conditioning. New Haven: Yale University Press 1956

SPITZ, R. A. (1945): Hospitalism. Psychoanalytic Study of the ChildI. Internat. University Press, 53–74

SPITZ, R. A. (1946): Hospitalism: a Follow-Up Report. Psychoanalytic Study of the Child II, 113–117

STERN, D. N.: The First Relationship: Infant – Mother. London: Fontana/Open Books 1977

STERN, W.: Psychologie der frühen Kindheit bis zum sechsten Lebensjahr. Heidelberg: Quelle & Meyer [10]1971

SUOMI, S. J., HARLOW, H. F.: Early Separation and Early Maturation. In: A. Oliveiro (Ed.): Genetics, Environment, and Intelligence. Amsterdam: Elsevier (in Vorbereitung)

SUOMI, S. J., HARLOW, H. F., DOMEK, C. J.: Effect of Repetitive Infant-Infant Separation of Young Monkeys. J. of Abnormal Psychology, 76, 1970, 161–172

SZASZ, T. S.: Die Fabrikation des Wahnsinns. Frankfurt/M.: Fischer Taschenbuch-Verl. 1976

TEMBROCK, G.: Grundriß der Verhaltenswissenschaften. Jena: VEB G. Fischer 1968

THARP, R. G., WETZEL, R. J.: Behavior Modification in the Natural Environment. New York: Academic Press

THORESEN, C. E. (Ed.): Behavior Modification in Education. 72nd Yearbook, N. Soc. Study Educat. Chicago: Univ. of Chicago Press 1973

TINBERGEN, E., TINBERGEN, N.: Early Childhood Autism. An Ethological Approach. Berlin, Hamburg: Paul Paray 1972

TINBERGEN, N.: Ethology and Stress Diseases. Science, 185, 1974, 20–27

Ethology in a Changing World. In: P. P. G. Bateson, R. A. Hinde 1976, 197

TRIVERS, R. L.: The Evolution of Reciprocal Altruism. Quart. Review of Biology, 46, 1972, 35–57

WATERS, R. H.: The Nature of Comparative Psychology. In: R. H. Waters, D. A. Rethlingshafer, W. E. Caldwell (Eds.): Principles of Comparative Psychology. New York: McGraw-Hill 1960

WICKLER, W.: Vergleichende Verhaltensforschung und Phylogenetik. In: G. Heberer (Hg.): Die Evolution der Organismen I. Stuttgart: G. Fischer [3]1967, 420–508

Stammesgeschichte und Ritualisierung. Zur Entstehung tierischer und menschlicher Verhaltensmuster. München: Piper 1970

WICKLER, W., SEIBT, U.: Das Prinzip Eigennutz. Hamburg: Hoffmann & Campe 1977

WILSON, D. D.: Sociobiology. The New Synthesis. Cambridge: Harvard University Press 1975

DIE BEDEUTUNG DER ETHOLOGIE FÜR DIE PSYCHOLOGIE

von Wolfgang Schmidbauer

Wissenschaftliche Disziplinen gleichen manchmal eifersüchtigen Frauen oder doch, milder ausgedrückt, konkurrierenden Nationalstaaten, stets geneigt, dem Nachbarn Territorium streitig zu machen oder ihn unlauterer Absichten im Hinblick auf eigene, durch Tradition geheiligte Grenzen zu bezichtigen. Das Machtbedürfnis scheint dabei um so größer, je fühlbarer der Mangel an gesicherten, nachprüfbaren und überzeugenden Erkenntnissen ist. Vielleicht liegt es daran, daß die Beiträge der Ethologie zu psychologischen und soziologischen Fragen in ihrem Wert umstritten sind. Der wissenschaftliche »Eindringling« in ein neues Gebiet tendiert zunächst danach, die bisherige Situation zu ignorieren und mit der Naivität, aber auch Kreativität eines ganz neuen Blickwinkels vorzugehen. So hat K. Lorenz in seinem Werk über »Das sogenannte Böse« die Aggressionsforschung nachhaltig angeregt, obwohl seine humanpsychologische Beweisführung an erheblichen Mängeln krankt und oft kaum über eine Anekdotensammlung hinausreicht (wie beim Beispiel der Wiener Tante mit dem periodischen Dienstmädchen-Krach als Hinweis auf die Stauung spontaner, aggressiver Energie).

Die Unsicherheit des Ethologen, der ein neues und ihm unbekanntes Forschungsgebiet betritt, führt ihn nicht selten dazu, die Übertragbarkeit seiner in der Tierbeobachtung gewonnenen Einsichten zu sehr zu strapazieren. Ein Beleg dafür sind auch Aussagen von K. Lorenz. Er wendet etwa die These, daß eine in einem bestimmten Verhaltensbereich bestehende Instinkthandlung die Ausbildung von Lern- und Verstandesleistungen behindert, auf den Menschen an und sagt: »Man betrachte das Verhalten von hochstehenden und sonst mit guter Fähigkeit zur Selbstkritik begabten Menschen bei der sicher instinktmäßigen Reaktion der Gattenwahl durch das ›Sich-Verlieben‹, und man wird von der Richtigkeit dieser Behauptung überzeugt sein« (Lorenz 1965, 316). Solche und vergleichbare psychologische Aussagen, die andere Gesichtspunkte (in Bezug auf das Sich-Verlieben die psychoanalytischen Konzepte der Übertragung und Identifizierung) einfach übergehen, haben viele Psychologen gegen die ethologische »Exkursion in die Menschenkunde« (Rosenkötter 1966, 8) mißtrauisch gemacht. Dazu kommen die Möglichkeiten, ethologische Aussagen ideologisch zu verwerten, z. B. als »Beweis« für die Unmöglichkeit, hierarchische Gesellschaftsstrukturen abzuschaffen, Aggressionsneigung durch Erziehung zu verändern, ohne Prügel zu erziehen (Leyhausen 1969, 72) oder »angeborene« Besitzinstinkte zu verändern (Frank 1969). Hier wird eine Trennung biologischer Erkenntnis und ihrer ideologischen Verwertung notwendig (Schmidbauer 1973). Doch sollte man über diesen oft polemischen Auseinandersetzungen nicht übersehen, daß die Ethologie bereits einige wichtige Beiträge zur Psychologie geleistet hat.

DIE STAMMESGESCHICHTLICHE DIMENSION DER ETHOLOGIE

Verhalten ist keine Eigentümlichkeit des Menschen, sondern eine Eigenschaft lebender Organismen schlechthin. Es hat sich, wie das Leben auch, aus einfachen Formen zu immer komplexeren Strukturen entwickelt. Dabei ist grundsätzlich eine solche Struktur am besten aus der Kausalanalyse ihrer Entwicklung zu verstehen. Wenn beispielsweise ein aus dem Eimer getränktes Kalb intensiv seine Kette belutscht, und ein aus einem weiten Flaschensauger gefütterter Säugling schreit, obwohl sein Magen gefüllt ist, dann läßt sich als gemeinsames Verhaltensmodell beider Säugetierjungen ein Saugverhalten erschließen, das auf spontan entstehenden, zentralnervösen Erregungen beruht: Der Saugakt erweist sich als von der realen Sättigung teilweise unabhängige Instinkthandlung, was wichtige Konsequenzen für die Säuglingspflege hat (Meves 1971, Hassenstein 1973). Die Ethologie ermöglicht hier unmittelbar ein besseres Verständnis für Umweltfaktoren, welche die »orale Phase« (Freud 1905) bestimmen.

Die Ethologie erweitert somit den Bereich der Human- und der Tierpsychologie um die stammesgeschichtliche Dimension. Sie fügt den sonst vorhandenen Ebenen der psychologischen Kausalanalyse die evolutionstheoretische hinzu: Wie ist ein bestimmtes Verhalten im Verlauf der Evolution entstanden? Was sind seine Funktionen bei anderen Tierarten? Lassen sich in den soziokulturell geprägten Verhaltensweisen des erwachsenen Menschen noch Reste solcher stammesgeschichtlich entstandenen Verhaltensweisen finden? Freilich drohen hier auch methodische Fehler, auf die schon hingewiesen wurde: Der übereilte Schluß vom Tier auf den Menschen, das Ausklammern der Unterschiede über dem Herausstreichen der Gemeinsamkeiten. Einige Hinweise dazu:

1. Der bei Tieren scharf definierte, d. h. auf spontan-endogen bedingte, automatische Verhaltensabläufe bezogene Instinktbegriff kann auf den Menschen nur ganz begrenzt angewendet werden, da dieser an solchen Bewegungsabläufen sehr arm ist. Es ist nun methodisch falsch, bei vielen Menschen spontan auftretende Gefühlsreaktionen, die zu ganz verschiedenen Verhaltensfolgen führen können, ebenfalls »instinktiv« zu nennen, z. B. das Sich-Verlieben.

2. Begriffe, die in der Ethologie durch Verhaltenskategorien definiert sind, dürfen nicht auf den Menschen übertragen, bei ihm aber durch Erlebniskategorien definiert werden. Der AAM (angeborene auslösende Mechanismus) wird z. B in der Tierverhaltensforschung aufgrund von stereotyp ausgelösten Verhaltensweisen bestimmt, während der von Lorenz postulierte »AAM« des Kindchenschemas aufgrund von Erlebniskategorien untersucht wurde (vgl. Schmidbauer 1973).

3. Die Dichotomie von »angeborenen« und »erworbenen« Verhaltensweisen wird von vielen Biologen für veraltet angesehen. Sinnvoller ist die Frage nach den Anteilen von Erbanlagen und Umwelteinflüssen an einem bestimmten Verhalten, sowie die Frage nach (meßbaren) Einheiten des Verhaltens, die einer solchen Fragestellung zugrundegelegt werden können.

4. Gleichförmige Ausbildung eines Verhaltens in verschiedenen Kulturen und nachweisbare stammesgeschichtliche Ähnlichkeiten mit tierischem Verhalten reichen noch nicht aus, um festzustellen, daß es sich um »angeborene« Verhaltensmerkmale handelt. Solche Gemeinsamkeiten können auch durch konvergente Anpassung an gemeinsame soziokulturelle Notwendigkeiten entstanden sein (z. B. der »Besitzinstinkt«, den Frank bei Tieren konstatiert und auf den Menschen überträgt, ohne den tiefgreifenden Unterschied zwischen seßhaften und nichtseßhaften, gemein- und privatwirtschaftlichen Kulturen zu berücksichtigen).

5. Grundsätzlich kann die ethologische Betrachtungsweise bei humanpsychologischen Fragen nur Arbeitshypothesen, keine fertigen Ergebnisse liefern. Diese Hypothesen müssen

dann mit psychologischen Methoden überprüft werden; persönliche Lebenserfahrung reicht als Beweis nicht aus. Sätze wie »jeder gefühlsstarke Mann kennt aus eigener Erfahrung« (Lorenz 1965, II, 166) täuschen über den tatsächlichen Mangel an Beweisen hinweg.

WIRKUNGEN AUF DIE ENTWICKLUNGSPSYCHOLOGIE

Es liegt nahe, daß die Ethologie das der evolutionstheoretischen Betrachtungsweise nächstliegende Gebiet der Psychologie am stärksten beeinflußt hat: die Entwicklungspsychologie. Die menschliche Entwicklung geht von biologisch bestimmten Eigenschaften aus, die sich auch bei anderen Primaten in ganz ähnlicher Weise finden. Weder Nesthocker noch Nestflüchter, ist *Homo sapiens* als »Tragling« (Hassenstein 1973; s. auch seinen Beitrag über die Kindheit in diesem Band) darauf angewiesen, von einem erwachsenen Artgenossen betreut zu werden. Eindrucksvolle ethologische Versuche von H. F. Harlow konnten zeigen, daß bei Rhesusaffen der Kontakt zu Artgenossen für eine normale Verhaltensentwicklung unerläßlich ist und die Bindung zur Mutter weniger durch die Ernährung als durch das Bedürfnis nach Körperkontakt bestimmt wird. Der Beitrag der Ethologie liegt hier vor allem darin, daß ein Affe experimentellen Bedingungen unterworfen werden kann, die sich beim Menschen verbieten (s. auch die Ausführungen über Erfahrungsentzug im Beitrag von J. P. Kruijt in diesem Band). Die Ähnlichkeiten zwischen dem Verhalten sozial verarmt aufgewachsener Menschenkinder (z. B. aus Säuglings- und Kinderheimen mit Massenpflege) und isoliert aufgezogener Affenkinder sind verblüffend. Die ethologische Forschung kann Hinweise liefern, welche Grenzen die genetischen Anlagen einem Versuch setzen, die Entwicklungsbedingungen menschlicher Kinder an Forderungen der technischen Kultur anzupassen. Psychoanalytische (Spitz 1967, 1976) und ethologische Autoren (Hassenstein 1973) stimmen weitgehend darin überein, daß menschliche Kinder unter den Bedingungen der Massenpflege mit einer hygienisch einwandfreien »Fließbandabfertigung« nicht gedeihen können, weil der individuelle »Dialog« mit einem liebevoll zugewandten Erwachsenen fehlt.

Die Frage nach den Grenzen der menschlichen Anpassungsfähigkeit hat so viele soziale und damit auch politische Implikationen, daß eine objektive und umfassende Aufklärung über sie durch ideologisch eingefärbte Wunschvorstellungen behindert wird (s. auch den Abschnitt »Ideologische Aspekte der Diskussionen im Beitrag Die umstrittene Bedeutung genetischer Faktoren« von G. Strube in Band V dieser Enzyklopädie). Dabei ist für die Humanpsychologie davon auszugehen, daß eine Entscheidung über unveränderliche biologisch vorgegebene Grenzen der menschlichen Anpassungsfähigkeiten erst dann möglich wird, wenn überhaupt die Interaktion von Erbanlagen und Umwelteinflüssen geklärt worden ist. Das ist z. B. weder in der Intelligenz- noch in der Aggressionsforschung der Fall, so daß Aussagen über »angeborene« Intelligenzunterschiede zwischen verschiedenen Menschenrassen (s. den Beitrag von H. Skowronek in Band VII) ebenso fragwürdig sind wie Behauptungen über »angeborene« aggressive Neigungen (s. Eibl-Eibesfeldt). Es ist notwendig, hier zu sehen, daß die Erblichkeit eines Verhaltens nur dann wirklich festgestellt werden kann, wenn eindeutig definierbare Merkmale vorliegen, die genetisch tradiert werden. Die in früheren Arbeiten von Ethologen (Lorenz 1965, Eibl-Eibesfeldt 1967) noch gelegentlich aufzufindende Vermutung, »angeborene« Verhaltensweisen des Menschen seien durch Erfahrung nicht oder nur wenig beeinflußbar, wird heute nur noch von wenigen Autoren vertreten.

ALLGEMEINE PSYCHOLOGIE UND PSYCHOPATHOLOGIE

In der allgemeinen Psychologie wird die Ethologie dann bedeutsam, wenn die Vorbedingungen des Verhaltens geklärt werden sollen. Die behavioristischen Lerntheoretiker (s. Band IV dieser Enzyklopädie) haben z. B. übersehen, welches natürliche Verhaltensrepertoire ihr Lieblings-Versuchstier, die Ratte, besitzt. Daraus können sich so verblüffende Resultate ergeben wie jenes, daß Ratten »intelligenter« sind als College-Studenten, weil sie (als Höhlenbewohner) schneller lernen, ein Labyrinth zu durchlaufen. Da die Ethologie ohne Introspektion arbeitet, wird sie in jenen Bereichen der Psychologie zu einer besonders wichtigen Ergänzung, in denen introspektive Methoden nicht oder erschwert angewandt werden können: bei Kindern, geistig Behinderten, mutistischen Geisteskranken.

In der Psychopathologie gewinnt heute die Ethologie deshalb besondere Bedeutung, weil sie es ermöglicht, tierisches Verhalten so differenziert zu untersuchen, daß die Wirkung psychoaktiver Medikamente bereits im Tierversuch geprüft werden kann. Außerdem treten bei Geisteskranken oft Stereotypien des Verhaltens auf, die sich ethologisch erklären lassen (Ploog 1964). Die moderne Neurochirurgie mit ihren genau durch Zielgeräte gesteuerten (»stereotaktischen«) Eingriffen in das Gehirn setzt differenzierte neuroethologische Kenntnisse voraus, wenn die notwendigen Vorstudien an Primaten vorgenommen werden.

Die Bedeutung der Ethologie für die Psychologie wird sicher in Zukunft noch zunehmen, sobald die wechselseitigen Vorurteile einer nüchternen Zusammenarbeit mehr und mehr Platz machen. Das gilt vor allem für die ethologische Primatenforschung, deren differenzierte Konzepte weit mehr als die aus Studien an Vögeln und niedrigen Wirbeltieren (Fischen, Reptilien) gewonnenen Begriffe auch für die Humanpsychologie fruchtbar werden können.

LITERATUR

EIBL-EIBESFELDT, I.: Grundriß der vergleichenden Verhaltensforschung. München: Piper 1967

FRANK, F.: APO und Establishment aus biologischer Sicht. Oldenburg: Stalling 1969

FREUD, S.: Drei Abhandlungen zur Sexualtheorie. Wien 1905. Gesammelte Werke, V.

HARLOW, H. F., HARLOW, M. K.: Social Deprivation in Monkeys. Scientific American, 207, 1962, 137–146

HASSENSTEIN, B.: Verhaltensbiologie des Kindes. München: Piper 1973

LEYHAUSEN, P., LORENZ, K.: Antriebe tierischen und menschlichen Verhaltens. München: Piper 1969

LORENZ, K.: Das sogenannte Böse. Wien: Borotha-Schöler 1963

Über tierisches und menschliches Verhalten. Gesammelte Abhandlungen, I u. II. München: Piper 1965

MEVES, Ch.: Verhaltensstörungen bei Kindern. München: Piper 1971

PLOOG, D.: Verhaltensforschung und Psychiatrie. In: H. W. Gruhle u. a. (Hg.): Psychiatrie der Gegenwart, I/1B. Berlin: Springer 1964

ROSENKÖTTER, L.: Auf Exkursion in die Menschenkunde. Frankfurter Hefte 21, 1966, 8–16

SPITZ, R. A.: The first Year of Life. New York 1966. Deutsch: Vom Säugling zum Kleinkind. Stuttgart: Klett 1967

Vom Dialog. Stuttgart: Klett 1976

SCHMIDBAUER, W.: Biologie und Ideologie. Kritik der Humanethologie. Hamburg: Hoffmann & Campe 1973

(Hg.): Evolutionstheorie und Verhaltensforschung. Hamburg: Hoffmann & Campe 1974

DIE BEDEUTUNG DES TIERVERSUCHS FÜR DIE PSYCHIATRIE

von Raymond Battegay

Es ist naheliegend, daß immer wieder versucht wurde, Tierversuche zur Erhellung menschlichen Verhaltens zu Rate zu ziehen, da Experimenten am Menschen aus moralischen Gründen enge Grenzen gesetzt sind. So haben Tierversuche die ganze Entwicklung der modernen Psychopharmakologie seit 1952 erst ermöglicht und gefördert. Die komplizierten biochemischen Vorgänge, die mit der Applikation von Psychopharmaka im Gehirn verbunden sind, können nicht am Menschen untersucht werden. Wir sind auf die Erfassung der biochemischen Gegebenheiten und vor allem der zentralnervösen Überträgersubstanzen am Tiergehirn angewiesen. Es konnte auch festgestellt werden, daß psychotrope Stoffe anders wirken, je nachdem, ob sie einem Einzeltier oder einer Gruppe von Tieren zugleich appliziert wurden.

Ferner können Beobachtungen an Tiergruppen in bezug auf ihr Territorium dazu dienen, menschliches Verhalten in bezug auf den Raum besser zu verstehen. Obschon direkte Analogieschlüsse vom Tier auf den Menschen nicht statthaft sind, können wir so die Verbundenheit der menschlichen Gruppen mit dem Raum, in dem sie wohnen bzw. ihre Treffen und Sitzungen abhalten, eher erfassen. Wenn wir die Verhältnisse beim Tier kennen, so z. B. die enge Bindung der Vögel (Howard 1920), aber auch der meisten Säugetiere (Hediger 1949, 1967) an bestimmte Territorien, geben uns diese Kenntnisse einen Anhaltspunkt dafür, wie eng diese – ihm größtenteils unbewußte – Verbundenheit des Menschen mit seinem »Boden«, seinem »Lebensraum« ist. Wie bereits Lévy-Bruhl (1927) erkannt hat, ist sie besonders in den archaischen Kulturen festzustellen. »Jede soziale Gruppe, je nachdem sie wandert oder seßhaft ist, lebt auf einem mehr oder weniger ausgedehnten Territorium, dessen Grenzen im allgemeinen deutlich für sie und ihre Nachbarn festgelegt sind. Sie ist darin nicht nur Herrin und besitzt z. B. das ausschließliche Recht, dort zu jagen oder Früchte zu ernten. Der Boden ›gehört‹ ihr im mystischen Sinne des Wortes: Eine geheimnisvolle Beziehung verbindet ihre Lebenden und ihre Toten mit den okkulten Mächten jeder Art, die diese Erde bevölkern, die ihr gestatten, hier zu leben, und die zweifellos die Anwesenheit einer anderen Gruppe nicht dulden würden. Geradeso wie kraft einer geheimen Partizipation die in unmittelbarer und dauernder Berührung mit einem Menschen stehenden Dinge – seine Kleidung, sein Schmuck, seine Waffen, sein Vieh – dieser Mann selbst sind . . ., geradeso ist der Teil der Erde, auf dem eine menschliche Gruppe lebt, diese Gruppe selbst« (Lévy-Bruhl 1927, 352).

Obschon für den modernen Menschen diese Einheit Gruppe – Territorium nicht mehr eine so festgefügte ist, wird, wie wir andernorts dargelegt haben (Battegay 1963) auch heute noch von der »heimatlichen Erde«, vom »Heimatboden«, also von dem einer Gruppe zugehörigen Territorium, gesprochen, wobei immer noch ein mystischer Beiklang mitschwingt.

Wir konnten bei der therapeutischen Erfassung von Patienten in Gruppen, der Gruppenpsychotherapie, die wir seit 1955 an der Basler Psychiatrischen Universitätsklinik und -poliklinik betreiben, immer wieder erkennen, daß eine affektive Bindung der Beteiligten nicht nur an die übrigen Mitglieder, sondern auch an den Raum, in dem die Gruppensitzungen jeweils stattfanden, entstand. Mußte aus irgendeinem Grunde nach einiger Zeit unvermittelt das Zimmer gewechselt werden, so war eine – zumindest temporäre – Abnahme der in der Gruppe stattfindenden Interaktionen und des gegenseitigen Zutrauens festzustellen, auch wenn die Gruppe sonst konstante Verhältnisse aufwies. Wurde z. B. eine Patientin von einer Abteilung von zirka zwanzig Kranken, mit der als gesamter gruppenpsychotherapeutisch gearbeitet wurde und in der eine enge Kohäsion bestand, auf eine andere Station versetzt, so fühlte sie sich in der Regel aus der Gemeinschaft ausgestoßen, auch wenn ihr gestattet wurde, weiterhin an den Gruppensitzungen teilzuhaben. Es gehört offenbar für die Mitglieder der Gruppe auch die Mitteilhabe am Raume dazu, und folglich kann sich eine Patientin, ein Patient nur ganz einer Gruppe zugehörig fühlen, wenn sie oder er mit den übrigen Mitgliedern den Raum teilt.

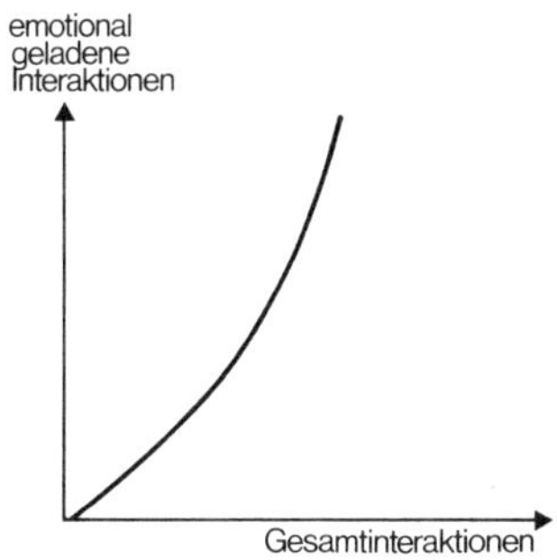

Abb. 1 Relation: emotional geladene Interaktionen zu Gesamtinteraktionen in der Gruppe.

Bei enger werdendem Raum bzw. bei zunehmender Populationsdichte ergibt sich bei Ratten und Mäusen eine anwachsende Intoleranz und Aggressivität zwischen den Tieren (Calhoun 1949, 1962; Charpentier 1969; Barnett 1969). Es ist also im Tierreich eine Zunahme der gegenseitigen Aggression bei enger werdendem Raum bzw. dichter werdenden Interaktionen festzustellen. Christian (1963) hat bei Mäusen beobachtet, daß bei zunehmender Populationsdichte in einem Käfig eine progressive Zunahme der hypophysär-adrenokortikalen Reaktionen und eine Abnahme in den reproduktiven Funktionen bei den männlichen und weiblichen Tieren eintritt. Auch das Wachstum der Mäuse wird bei ansteigender Populationsdichte zunehmend beeinträchtigt. Es zeigte sich ferner, daß die Mäuse bei wachsender Populationsdichte auch eine erhöhte Mortalität, d. h. plötzliche Todesfälle, aufweisen. Dabei wird angenommen, daß der plötzliche Tod dieser Mäuse mit einer Erschöpfung durch ständige Glukosemobilisierung infolge Reizung des Nebennierenmarks zusammenhängt, so daß die Tiere dann an Hypoglykämie sterben. Es kommt also bei Mäusen bei anwachsender Dichte des Zusammenlebens und zunehmenden Interaktionen nicht nur zu einer wachsenden Aggressivität, sondern auch zu einer dauernden Anspannung des endokrin-hormonalen Systems im Sinne des Stresses, also eines Alarmsyndroms, und zu einer Beeinträchtigung der Fortpflanzungsfunktionen, d. h. zu einer Geburtenabnahme.

Mit diesen Feststellungen wird zumindest im Tierversuch gezeigt, wie sehr einerseits wachsende Populationsdichte nicht nur zu einer gesteigerten Aggression zwischen den einzelnen Tieren, sondern sogar zu einer zunehmenden Beeinträchtigung der vegetativen Regulations- und der Fortpflanzungsfunktionen führt.

Auch bei der Gruppenpsychotherapie haben wir beobachtet (Battegay 1976), daß in einer Gruppe die aggressiven und die von Sympathie zeugenden, d. h. die emotional geladenen Interaktionen mit steigender Zahl der Gesamtinteraktionen überproportional zunehmen (s. Abb. 1).

Es frägt sich in diesem Zusammenhang, ob die dem Menschen eigene, ursprünglich der Verteidigung dienende, defensive Aggression (Fromm 1973) deshalb im Verlaufe der Menschheitsgeschichte auch destruktive Qualitäten angenommen hat, weil der Mensch gezwungen war, in wachsender Populationsdichte zu leben. Aus dem Tierversuch können wir gewisse Analogien für das menschliche Verhalten vermuten, wobei wir aber immer wieder auf das tatsächliche menschliche Verhalten zu achten haben und Zuverlässiges nur angeben können, wenn das wirklich Beobachtete und mit Vorteil sogar gemessene menschliche Verhalten das Vermutete bestätigt.

Auch in der Angstforschung wurde auf den Tierversuch zurückgegriffen. Lange ging eine wissenschaftliche Auseinandersetzung um die Frage, ob die Angst einem angeborenen oder aber einem erworbenen Phänomen entspreche. Lorenz und Tinbergen waren zum Ergebnis gekommen, daß Truthühner und Gänse in der Lage seien, Greifvögel, die über ihnen kreisen, von harmlosen Vögeln zu unterscheiden, da sie bereits mit einem besonderen Mechanismus zur Entdeckung des kurzen Greifvogelhalses auf die Welt kämen (s. Tinbergen 1952). Sie hatten sich zur Untersuchung dieses Schlüsselreizes einer Attrappe bedient, die so geformt war, daß sie, in einer Richtung bewegt, den Umrissen eines Greifvogels, in entgegengesetzter Richtung bewegt, jenen einer Gans ähnlich war. Experimente, bei denen diese und ähnliche Attrappen benutzt wurden, ergaben tatsächlich, daß Truthühner und Gänse durch die Greifvogelattrappe stärker alarmiert werden als durch die Gänseattrappe, wenn sie über ihren Köpfen vorübergezogen wird. Schleidt (1961) bewies jedoch, daß die wahre Sachlage komplizierter ist. Die Versuchstiere von Lorenz und Tinbergen waren in natürlicher Umgebung aufgewachsen und hatten Gänse viel öfters als Greifvögel gesehen. Die Neuheit eines Reizes wirkt nun aber tatsächlich angstauslösend. Die »Greifvogelattrappe« hatte also einfach aufgrund ihrer größeren Neuheit angstauslösend gewirkt. Verläßlicher für die Annahme angeborener Angstmechanismen sind die Beobachtungen an Buchfinken, Goldammern und anderen Vögeln beim Zusammentreffen mit Eulen. Auf Eulen, aber auch auf andere Tiere reagieren viele Vögel mit lärmendem Zusammenrotten, das als »Hassen« bezeichnet wird. Der englische Ethologe R. A. Hinde (1954) hat die Ergebnisse eigener und früherer Versuche zusammengefaßt (s. auch Hinde 1970). Anhand von lebenden und ausgestopften Eulen sowie Attrappen hat man erkennen können, daß ein eulenähnlicher Umriß mit großem Kopf, kurzem Hals und kurzem Schwanz, kräftigen Konturen, gemusterter Oberfläche mit Flecken, Strichen und Streifen, braune oder graue Farbe oder die Kombination beider Farben, ein Schnabel und vorn zwei Augen für dieses Verhalten entscheidend waren (s. Marler, Hamilton 1966, 248). Auch künstlich aufgezogene Buchfinken und andere Arten, die die Eulen von Natur aus nicht kannten, reagierten mit Fluchtverhalten bzw. mit diesem Zusammenrotten.

Wir dürfen also annehmen, daß die Angst diesen Tieren zum Teil angeboren ist, zum Teil aber auch durch Erfahrung erworben wird, wobei die relativen Anteile je nach Tierart sehr verschieden sein können (Stamm 1967). W. Angst (1974) hat in seinen Untersuchungen gezeigt, daß die Auslösung und Äußerung aggressiver Handlungen bei den von ihm beobachteten Javaneraffen *(Macaca fascicularis)* wesentlich von den persönlichen Erfahrungen abhängen, die das Tier im Laufe seines bisherigen Lebens mit seinen Kumpanen gesammelt hatte.

Beim Menschen, der, wie Portmann (1970) sagt, durch seine Geschichtlichkeit weit mehr geformt wird als das weitgehend durch sein Genom festgelegte Tier, dürfte, neben dieser genetisch festgelegten Angst, jene Verängstigung wichtig sein, die durch Frustrationen zustande kommt. Unter Frustrationen ist in diesem Zusammenhang nicht nur die Versagung sexueller Wünsche, sondern jeglicher Triebbefriedigung in einer sozialen Umwelt zu verstehen. Doch wird es im Einzelfall beim Menschen schwierig sein, zwischen einer »endogenen« Angst und einer durch exogene Momente bedingten Verängstigung zu unterscheiden. Selbst aber wenn angenommen wird, daß Frustration zu Angst führt, so muß zumindest die Angstbereitschaft dem Menschen von Geburt an innewohnen. Wir kennen ja auch die Achtmonatsangst der Säuglinge, die bei einem bestimmten Grad der Gehirnreifung eintritt, weil das Kind nun zu erkennen vermag, daß die Welt nicht auf das bergende Mutter-Kind-Verhältnis beschränkt ist, sondern noch aus anderen Menschen besteht. Angst bedeutet aber in diesem Falle nicht nur, wie der Volksmund sagt, ein »Fremdeln« vor den anderen Menschen, sondern auch eine Neugier in bezug auf das Ereignis des Neuhinzukommens eines anderen Individuums in die begrenzte Säuglingswelt.

Nach dem Gesagten zu schließen, können wir unter Berücksichtigung des Tierversuches sagen, daß die Angstbereitschaft dem Menschen – wie dem Tier – »endogen« innewohnt und gewisse Konfigurationen, gewisse »Gestalten«, diese Angst bei Tier und Mensch auszulösen vermögen. Tinbergen (1952) spricht in diesem Sinne von »angeborenen auslösenden Mechanismen« (AAM), eine dem Tier ab ovo gegebene Bereitschaft, auf einen Schlüsselreiz mit einer ganz bestimmten Reaktion zu antworten. Diese Auslösung durch eine Gestalt macht sich allerdings in der frühesten Kindheit, in der der heranwachsende Mensch dem Angstauslöser noch keine »geschichtliche« Erfahrung entgegensetzen kann, mehr bemerkbar als im späteren Leben.

Tierversuche, die bei völliger Abschirmung von Sinnesreizen, also bei »sensory deprivation« durchgeführt wurden, ergaben ebenfalls gewisse Hinweise auf menschliches Verhalten. Hunde, die unter strikten Bedingungen von sensory deprivation aufgezogen wurden, hatten beispielsweise bedeutend mehr Schwierigkeiten, Schmerzvermeidungsreaktionen zu entwickeln als Kontrollhunde. Da beide Gruppen bei Schmerzempfindung die gleichen Sensationen zu haben scheinen – beide zuckten beim elektrischen Schlag auf gleiche Weise –, ist es sicher, daß sie beide den Schmerz spürten. In den Spinalreflexen scheint somit keine Differenz zu bestehen. Jedoch kommen die höheren Teile des Zentralnervensystems unter den restriktiven Bedingungen der sensory deprivation offenbar nicht zum Zug (Gellhorn, Loofbourrow 1963).

Es ist beim Menschen bekannt, daß Kinder, die ohne genügend äußere Stimuli aufwachsen, ungenügend reifen und sich mangelhaft entfalten. Deshalb sind nicht nur die direkt frustrierenden Familienatmosphären schädlich, sondern auch verwöhnende Milieus, die die Kinder vor jeglichen belastenden, damit aber auch vor stimulierenden Umweltsanforderungen abschirmen. Wir wissen seit den Beobachtungen von Spitz (1954), daß die äußere Bewegung, die ein Säugling wahrnimmt, entscheidend ist für die In-Gang-Setzung gewisser Gefühle. So kommt es bei Vorhalten einer Gesichtsmaske bei einem drei Monate alten Säugling nur dann zum Lächeln (Dreimonatslächeln), wenn sie bewegt wird. Jede Mutter weiß um die Notwendigkeit, ihren Kopf zu bewegen, wenn sie ihren Säugling zum Lächeln reizen will. Offenbar kann (äußere) Bewegung beim Menschen (innere) Bewegtheit auslösen.

In den Experimenten der beiden Harlows (H. S. und M. K. Harlow 1967; s. auch Benedetti 1964) an Rhesusaffen wuchsen junge Tiere bei einem Muttersurrogat auf, das mit einem synthetischen Fell (Terrycloth) überzogen war und das Milchflaschen statt Brüsten anbot. Sie entwickelten sich weitgehend unauffällig. Affen jedoch, denen nur eine Eisendrahtattrappe mit Milchflaschen als Ersatzmutter zur Verfügung gestellt wurde, vermochten sich nicht ungestört zu entfalten. Die Affen, die durch die Fellersatzmutter ernährt wurden, entwickelten Gefühlsbeziehungen, wie wir sie von jungen Affen zu ihrer leiblichen

Mutter kennen. Sie kletterten an ihr hinauf, klammerten sich an sie und suchten bei ihr Schutz vor Gefahr. Bei den Äffchen, die nur die »Eisendrahtmutter« kannten, kam es zu einer völlig emotionslosen Beziehung, und die Jungen suchten, im Unterschied zu denjenigen, die bei der »Fellmutter« aufwuchsen, keinen Schutz beim Muttersurrogat, wenn sie in Gefahr standen. Auch war, im Gegensatz zu den Affen, die bei der »Fellmutter« groß wurden, die Fortpflanzung der Tiere, die mit dem Eisendrahtgestell aufwuchsen, gestört (s. hierzu auch den Abschnitt über die Entwicklung des sozialen Verhaltens von Rhesusaffen des Beitrags von J. P. Kruijt in diesem Band).

Von G. Benedetti (persönliche Mitteilung 1976) habe ich erfahren, neue, noch unveröffentlichte Versuche – wohl der Harlows – hätten gezeigt, daß die Störung bei Äffchen, die an einem Eisendrahtmuttersurrogat aufwuchsen, bedeutend weniger ausgeprägt gewesen seien, wenn sich das Drahtgestell bewegt habe. Man muß daher annehmen, daß neben dem taktilen Reiz u. a. auch der Bewegung des Objektes eine wesentliche Rolle für eine gedeihliche Entwicklung der Affenjungen zukommt.

Beim Klettern auf die »Pelzersatzmutter« war neben dem Körperkontakt wohl auch eine visuelle Komponente wirksam, die bei der »Eisendrahtmutter« fehlte. Durch einen Glasbehälter wurde die »Fellersatzmutter« nach einiger Zeit von ihren Kindern getrennt, und sie war nur noch den Blicken der Affen zugänglich. Es zeigte sich, daß die bloße Sichtbarkeit der »Pelzmutter« die jungen Tiere in Zuständen der Angst beruhigte. Auch in ruhigen Situationen ließen die Jungen einen positiven Rapport zu der visuell wahrgenommenen »Pelzmutter« erkennen. Dem Zugriff entzogen, rief das Mutterbild allerdings eine besondere Entwicklung der motorischen Aktivität bei den jungen Affen hervor.

Die Harlowschen Experimente haben also darauf hingewiesen, daß die ursprüngliche Mutter-Kind-Beziehung, zumindest bei den Rhesusaffen, nicht nur eine orale, sondern auch eine taktile sowie eine visuelle und eine Bewegungskomponente beinhaltet. Wir wissen nun auch von der Entwicklung des menschlichen Säuglings, daß er sich im ersten Halbjahr nicht selbst warm halten kann, sondern eine äußere Wärmezufuhr benötigt. Die Berührung mit der warmen Haut, aber auch das optische Erkennen der – gefühlsmäßig – »warmen« Mutter scheinen primär zumindest ebenso wichtig wie die orale Erfahrung der Mutterbrust zu sein (s. auch den Beitrag von M. Morath in diesem Band).

Adolf Portmann (1944) hat gezeigt, daß das Menschenkind als »physiologische Frühgeburt« zur Welt kommt. Nachdem es den Mutterleib im Vergleich zu den Primaten und anderen Vertretern des Tierreiches zu früh verläßt, wird es in einen »sozialen Uterus« aufgenommen. Erikson (1950) hat auf das Urvertrauen aufmerksam gemacht, das sich im Kleinkind entwickelt, wenn es im Ursprungsmilieu eine bergende Atmosphäre erfährt. Ob es sich ungestört entwickelt oder nicht, ob es dieses Urvertrauen haben kann oder nicht, hängt wesentlich von den frühkindlichen Lebensumständen ab. Wird dieses mikrosoziale Milieu als »warm« erlebt, so entwickelt sich das Kind ungestört. Erfährt es jedoch die Umgebung in frühester Kindheit als »kalt«, so wird es nie jenes basale Vertrauen in andere, aber auch nie jene Selbstidentität (Kohut 1971, 1973; Battegay 1977) erlangen, die für seine ungestörte Entfaltung nötig sind. Die Annahme, daß dem Hautkontakt zur Umgebung in der frühesten Kindheit eine überragende Bedeutung zukommt, wird auch darauf gestützt, daß der Fötus im Mutterleib in einer Umgebung von Körpertemperatur, also in einem warmen Milieu aufwächst. Die Umweltswahrnehmung während des fötalen Lebens und während der ersten Lebenswochen, sicher bis zum Ende des ersten Halbjahres, geschieht wesentlich durch die Haut.

Aus den Beobachtungen der beiden Harlows (1967) und des menschlichen Verhaltens der frühesten Kindheit können wir sagen, daß wohl der Oralität nicht jene einzigartige Bedeutung zukommt, die ihr Sigmund Freud (1905) beimaß, wenn auch das junge Menschenkind naturgemäß in den ersten Lebenswochen und -monaten eine wesentliche Befriedigung bei der Ernährung erfährt und ein Leben ohne orale Zufuhr nicht denkbar wäre. Die Aufziehversuche von Affen am Pelzgestell bzw. am Eisendrahtgitter wie die Beobachtung am Menschenkind weisen darauf hin, daß die reale und die affektive Umgebungstemperatur, ob ein Kind in »Wärme« oder »Kälte«, in einer warmherzig-bergenden oder aber in einer kärglich-kühlen Umgebung aufwächst, mindestens ebenso wichtige Umstände für die gedeihliche oder aber die gestörte Entwicklung eines Kindes darstellen. Die bereits klassisch gewordene Untersuchung von René Spitz (1965) in einem Findelhaus haben schon längst gezeigt, daß bei ungenügender affektiver Aufmerksamkeit durch eine Mutter oder eine Ersatzperson, selbst bei äußerlich tadellosen Verhältnissen, Symptome des Hospitalismus mit zunehmendem Verfall des Säuglings und begleitender Depressivität (»anaklitische Depression«; s. auch die Bde. II u. III dieser Enzyklopädie) in Erscheinung treten. Ebenso haben die Ehegatten Robertson (1975) die Wichtigkeit der konstanten emotionalen Zuwendung der Eltern oder einer vollwertigen Ersatzperson festgestellt. Selbst Trennungen von den Müttern, die nur zehn Tage dauern, können, wenn sich niemand als Muttterersatz anbietet, über Monate oder gar Jahre sich manifestierende emotionale Störungen zur Folge haben.

Die Bedeutung des Tierversuchs für die Psychiatrie liegt, nach den erwähnten Experimenten zu schließen, nicht darin, daß direkte Schlüsse auf den Menschen gezogen werden dürfen. Doch werden uns Hinweise gegeben, die uns veranlassen, den Menschen in natürlichem wie in experimentellem Rahmen zu beobachten. Naturgemäß sind menschlichen Experimenten enge Schranken gesetzt. Doch können jene Situationen einer exakten und kontrollierten Beobachtung unterzogen werden, in denen der Mensch ohnehin zu seinem Gedeihen der mitmenschlichen Gegenwart bedarf.

LITERATUR

ANGST, W.: Das Ausdrucksverhalten des Javaneraffen *Macaca fascicularis* Raffles. Fortschritte d. Verhaltensforsch., 15. Berlin, Hamburg: Parey 1974

BARNETT, S. A.: Grouping and dispersive behaviour among wild rats. In: S. Garattini, E. B. Sigg (Eds.): Aggressive Behaviour. Amsterdam: Excerpta Medica Foundation 1969, 3

BATTEGAY, R.: Gruppenpsychotherapie und klinische Psychiatrie. Basel, New York: S. Karger 1963

Der Mensch in der Gruppe. Bern, Stuttgart, Wien: Hans Huber [5]1976

Narzißmus und Objektbeziehungen. Über das Selbst zum Objekt. Bern, Stuttgart, Wien: Hans Huber 1977

BENEDETTI, G.: Der psychisch Leidende und seine Welt. Stuttgart: Hippokrates 1964

CALHOUN, J. B.: A method for self-control of population growth among mammals living in the wild. Science, 109, 1949, 333–335

Population density and social pathology. Scient. American, 206 (2), February 1962, 139–148

CHARPENTIER, J.: Analysis and Measurement of Aggressive Behaviour in Mice. In: S. Garattini, E. G. Sigg (Eds.): Aggressive Behaviour. Amsterdam: Excerpta Medica Foundation 1969, 86

CHRISTIAN, J. J.: Endocrine Adaptative Mechanisms and the Physiologic Regulation of Population Growth. In: W. V. Mayer, R. G. von Gelder (Eds.): Physiological Mammalogy, I. New York, London: Academic Press 1963, 189

ERIKSON, E. H.: Childhood and Society. New York: Norton 1950. Deutsch: Kindheit und Gesellschaft. Stuttgart: Klett [2]1965

FREUD, S.: Drei Abhandlungen zur Sexualtheorie (1905). Ges. Werke Bd. V. Frankfurt/M.: S. Fischer [3]1961, 27

FROMM, E.: The Anatomy of Human Destructiveness. New York: Holt, Rinehart & Winston 1973. Deutsch: Anatomie der menschlichen Destruktivität. Stuttgart: DVA 1974

GELLHORN, E., LOOFBOURROW, G. N.: Emotions and Emotional Disorders. New York, Evanston, London: Hoeber Medical Division, Harper & Row 1963

HARLOW, H. S., HARLOW, M. K.: Reifungsfaktoren im sozialen Verhalten. Psyche, 21, 1967, 193

HEDIGER, H.: Säugetier-Territorien und ihre Markierung. Bijdragen tot de Dierkunde, 28, 1949, 172–184

(Hg.): Die Straßen der Tiere. Braunschweig: Vieweg 1967

HESS, W. R.: Das Zwischenhirn. Basel: Benno Schwabe 1954

HINDE, R. A.: Factors governing the changes in strength of a partially inborn response, as shown by the mobbing behaviour of the Caffinch *(Fringilla coelebs)*, I.: The nature of the response, and an examination of its course. Proc. Roy. Soc. B, 142, 1954, 306–311

Animal Behaviour. A synthesis of ethology and comparative psychology (1966). London: McGraw-Hill [2]1970. Deutsch: Das Verhalten der Tiere, I, II. Frankfurt/M.: Suhrkamp 1972

HOWARD, H. E.: Territory in Bird Life. London: Murray 1920

KOHUT, H.: The Analysis of the Self. New York: Intern. University Press 1971. Deutsch: Narzißmus. Frankfurt/M.: Suhrkamp 1973

Überlegungen zum Narzißmus und zur narzißtischen Wut. Psyche, 27, Heft 6, 1973, 513

LÉVY-BRUHL, L.: Die geistige Welt der Primitiven. München: M. F. Bruckmann 1927

LORENZ, K.: Das sogenannte Böse. Wien: Borotha-Schoeler [17]1966

MARLER, P., HAMILTON III., W. J.: Mechanisms of Animal Behavior. New York, London, Sydney: Wiley 1966

PORTMANN, A.: Vom Ursprung des Menschen. Basel: Friedr. Reinhardt 1944

The Task of a Basic Anthropology. Main Currents in Modern Thought, 27, 1, Sept.–Okt. 1970, 3–9

ROBERTSON, J(ames), ROBERTSON, J(oyce): Quality of Substitute Care as an Influence on Separation Responses. J. of Psychosomatic Research, 16, 261, 1972

Reaktionen kleiner Kinder auf kurzfristige Trennung von der Mutter im Lichte neuer Beobachtungen. Psyche, 29, 1975, 626

SCHLEIDT, W. M.: Reaktionen von Truthühnern auf fliegende Raubvögel und Versuche zur Analyse ihrer AAM's. Z. Tierpsych., 18, 1961, 534–560

SPITZ, R. A.: Génèse des premières relations objectales. Paris: P.U.F. 1954. Deutsch: Die Entstehung der ersten Objektbeziehungen. Stuttgart: Klett 1960

The First Year of Life. New York 1965. Deutsch: Vom Säugling zum Kleinkind. Stuttgart: Klett 1967

STAMM, R. A.: Furcht und Angst bei Tieren. In: P. Kielholz (Hg.): Angst. Bern, Stuttgart: Huber 1967, 127–141

TINBERGEN, N.: The Study of Instinct. Oxford: Clarendon 1951. Deutsch: Instinktlehre. Vergleichende Erforschung angeborenen Verhaltens. Berlin, Hamburg: Parey 1952

DIE ETHOLOGISCHE AUFFASSUNG DER MENSCHLICHEN AGGRESSION AUS PSYCHOLOGISCHER SICHT

von Wilhelm Kalff

Die Auseinandersetzung zwischen Psychologie und Ethologie – einschließlich Humanethologie – ist durch viele Mißverständnisse gekennzeichnet. Das zeigt sich nirgendwo deutlicher als in der Interpretation der menschlichen Aggression. Dabei sind zahlreiche grundlegende Sachverhalte von beiden Disziplinen gleichermaßen anerkannt, etwa die Annahme, daß der Mensch wie alle Lebewesen den Evolutionsgesetzen unterliegt, daß also grundsätzlich auch menschliche Verhaltensmerkmale als Homologien – wenn auch mit spezifischen Einschränkungen – zu tierischen Verhaltensmerkmalen gedeutet werden können; oder die Tatsache, daß die Aggression, in welcher Form auch immer, zum Verhaltensrepertoire des Menschen gehört.

In der Kritik der Psychologie an der Übertragung ethologischer Befunde auf den Menschen hat es einerseits an Pauschalierungen nicht gefehlt, wie sie z. B. in der Ablehnung aller »Triebtheorien der Aggression« zum Ausdruck kamen (s. z. B. den Beitrag von J. P. Huston über Aggression in diesem Band), bei der zwei so wenig vergleichbare Deutungen der Aggression wie die psychoanalytische (s. Band II dieser Enzyklopädie) und die ethologische in einem Atemzug genannt wurden; andererseits hat es lange gedauert, bis auch nur Ansätze einer interdisziplinären Kooperation bemerkbar wurden und das Spezifische, die ethologischen Erklärungsmuster Transzendierende der menschlichen Aggression eine angemessene Würdigung fand.

Die Gründe für die schroffe Ablehnung der ethologischen Auffassung über die menschliche Aggression waren insofern psychologische Gründe, als die besondere Lernfähigkeit des Menschen – seit Reflexologie und Behaviorismus eine Domäne der Psychologie – mit der Vorstellung von Erbkoordinationen beim Menschen grundsätzlich unvereinbar schien. Noch wichtiger aber waren nichtpsychologische Motive, vor allem die Befürchtung, daß die Annahme stammesgeschichtlicher Anpassungen beim Menschen dazu führen müßten, daß Repression, Gewalt und Krieg für unausweichlich, d. h. die menschliche Aggression für unausrottbar gehalten würden. Diesem Mißverständnis sind inzwischen namhafte Ethologen entgegengetreten (z. B. Eibl-Eibesfeldt 1975; s. auch seinen Beitrag über »Stammesgeschichtliche und kulturelle Anpassungen im menschlichen Verhalten« in diesem Band).

Sowohl von der Ethologie als auch von der Psychologie her gibt es Vorstöße in die Ethnologie; die Resultate sind insofern interessant, als je nach Standpunkt teils die Beobachtungen des Verhaltens von – meist archaischen – Stämmen und Volksgruppen selbst, teils deren Interpretationen, sich unterscheiden. So weist etwa Eibl-Eibesfeldt immer wieder darauf hin, daß Aggression – vor allem im Zusammenhang mit Territorialität und sozialer

Rangordnung – bei allen bekannten Kulturen, besonders bei den archaischen, nachweisbar ist (s. seinen Beitrag über »Territorialität und Aggressivität der Jäger- und Sammlervölker« in diesem Band), während Psychologen (z. B. Schmidbauer in: Plack 1973; s. auch W. Schmidbauers Beitrag in diesem Band) die Universalität der Aggression und ihre Fundierung in einem stammesgeschichtlichen Anpassungsphänomen bestreiten (wobei jedoch nicht bestritten wird, daß sich seit vorgeschichtlicher Zeit aggressivere Kulturen gegenüber friedlichen stärker durchgesetzt haben).

Die folgende Darstellung versucht eine konstruktive Analyse. Dabei werden zunächst grundlegende Annahmen der Ethologie einschließlich einiger ungelöster Probleme aus psychologischer Sicht dargestellt; sodann wird auf spezifisch menschliche Aspekte der Aggression hingewiesen. Die Vielfalt der Auffassungen macht dabei gewisse Pauschalierungen unvermeidlich. Die interdisziplinäre Zusammenarbeit von Ethologie und Psychologie bleibt nach wie vor ein Desiderat.

Ausführliche Erörterungen des Problems der menschlichen Aggressivität im Zusammenhang mit Kriminalität bringt Band XIV dieser Enzyklopädie.

ETHOLOGISCHE ANNAHMEN ÜBER DIE MENSCHLICHE AGGRESSION

Während in den psychologischen Definitionen die Begriffe »Intention« (Absicht) und »Schädigung« meist für unverzichtbar gehalten werden, muß die ethologische Definition – zumindest für die innerartliche Aggression – auf diese beiden bestimmenden Merkmale aus einleuchtenden Gründen verzichten, weil einerseits Bewußtseinszustände und damit auch Absichten des Tieres nicht erfaßbar sind, und weil es andererseits meist nicht zu einer Schädigung kommt; sie tut dies konsequenterweise auch im Hinblick auf die menschliche Aggression.

Nach Auffassung der vergleichenden Verhaltensforschung liegen dem menschlichen Aggressionsverhalten (wie vielen seiner Verhaltensweisen) zwei Entstehungsmechanismen zugrunde: ein Mechanismus der *stammesgeschichtlichen* und einer der *kulturellen Anpassung*. Zur stammesgeschichtlichen Anpassung kann es auf zwei Wegen kommen: durch »Vererbung« von Verhaltensmerkmalen, die bereits bei niederen Arten ausgeprägt sind (homologe Merkmale), und durch eine spezifische »Anzüchtung« (die selbstverständlich zur Ausbildung und Durchsetzung viele Jahrtausende braucht). Beide Mechanismen zieht die Ethologie zur Erklärung der menschlichen Aggression heran. Das bedeutet: Einerseits ist die Aggression des Menschen ebenso zu verstehen wie die der Schimpansen – dafür sprechen übereinstimmende Verhaltenselemente wie z. B. Droh- und Beschwichtigungsgebärden, aber auch die somatischen Affektäquivalente der Aggression –, anderseits sind in der langen vorgeschichtlichen Epoche der frühen Sammler und Jäger unter Selektionsdruck besondere Verhaltensweisen der inner- und außerartlichen Aggression des Menschen entstanden; nach Auffassung einiger Ethologen (z. B. Lorenz) wurde ihm damals sogar ein besonders hohes Maß an Aggressionsbereitschaft angezüchtet. Probleme hinsichtlich der Haltbarkeit der ethologischen Interpretationen unstreitiger Beobachtungen über die tierische Aggression entstehen allerdings angesichts der Schwierigkeit, Homologien im Verhalten überhaupt eindeutig zu identifizieren. Bei der kulturellen Evolution handelt es sich um die Anpassung des Individuums an kulturell tradierte Verhaltensmuster, also um Lernvorgänge, die gewährleisten, daß mehr oder weniger friedliche bzw. kriegerische Kulturen entstehen und sich ausbreiten können – wobei allerdings kriegerische eine größere Chance zur Durchsetzung haben (kulturelle und stammesgeschichtliche Anpassung gehen also ineinander über).

Wesentlich ist, daß auch die Ethologie die Auffassung vertritt, daß komplexe Verhaltensweisen des Menschen nur durch *Interaktion* von Anlage- und Umweltfaktoren angemessen erklärt werden können. Man täte den meisten Vertretern der vergleichenden Verhaltensforschung unrecht, wollte man sie, wie dies vielfach psychologischerseits geschah, als bloße »Triebtheoretiker« abstempeln.

Zwei Aspekte bilden das Verständnisgerüst für die Diskussion der Aggression in der Ethologie: die *Instrumentalität* des aggressiven Verhaltens und seine *Affektbestimmtheit*. Man könnte sie als richtenden und als energetischen Faktor beschreiben. Instrumentalität bedeutet, daß das aggressive Verhalten stets der Erreichung eines Zieles (Sicherung von Nahrung, Lebensraum, Geschlechtspartner usw.) bzw. der Abwehr von Schmerz und Bedrohung dient; in diesem Sinne kann auch die aggressive Reaktion auf eine Frustration als instrumentell verstanden werden, sofern sie die Realisierung der Bedürfnisbefriedigung zum Ziel hat. Die Instrumentalität der Aggression bedingt zugleich ihre Zweckmäßigkeit, d. h. ihren selektionistischen Wert. Denn was das Tier durch sein aggressives Verhalten individuell erreicht, sichert zugleich den Fortbestand der Art. – Aggressive Reaktionsweisen sind möglicherweise stammesgeschichtlich bedingt; sie können aber auf jeden Fall auch schon bei Tieren durch individuelle Lernerfahrung überformt werden.

Der affektive Aspekt der Aggression ist nach weitgehend übereinstimmender ethologischer Auffassung (so bereits Hess u. Brügger 1943) ein Korrelat der endogenen Produktion aggressiver Impulse und insofern ausschließlich stammesgeschichtlicher Herkunft. Das ständige Fließen der endogenen Reizquelle ist, so glaubt man, ursprünglich durchaus sinnvoll, weil das Individuum sich ständig in innerartlichen Auseinandersetzungen behaupten mußte und dazu eben eine gewisse Energiemenge »auf Vorrat« sich als selektionistisch überlegen erwiesen hat. Mit der Ausführung des Aggressionsverhaltens ist eine Entladung und – zumindest kurzfristig – auch eine Affektabfuhr verbunden.

Daß eine für viele Säugetierarten und auch für den Menschen so gefährliche Aggressionsneigung nicht zur Selbstvernichtung der Art führen muß, liegt nach Auffassung der Ethologen an der parallelen Entwicklung spezifischer Hemmechanismen (z. B. Demutgebärden), die es ermöglichen, daß im allgemeinen bei der intraspezifischen Aggression im Zusammenhang von Territorialität und Rangordnung eine Schädigung nicht auftritt.

Es wird verschiedentlich bestritten, daß die Aggressivität ein »primärer Trieb«, d. h. eine ursprüngliche Verhaltenstendenz ist; man hat auch versucht, sie als Komponente anderer Triebe – Nahrungstrieb, Sexualtrieb u. a. – aufzufassen; dabei geht man davon aus, daß aggressive Verhaltensmuster nur reaktiv, also bei Unterdrückung oder Vereitelung dieser primären Verhaltenstendenzen auftreten. Mit diesem Modell würden sich nicht nur Schwankungen der Aggressionsneigung (z. B. jahreszeitlich oder im Laufe der Entwicklung) erklären lassen, sondern auch die Tatsache, daß die Intensität des Aggressionsverhaltens keineswegs dem angenommenen »Aggressionsstau« entspricht, und daß der Verzicht auf Aggression – im Gegensatz zur Unterdrückung anderer Triebe – psychisch gefahr- und folgenlos sein kann. Die Ethologie räumt ein, daß es keinen zwingenden Beweis für die Annahme eines primären Aggressionstriebes gibt. Gleichwohl hält sie an dieser Annahme fest, nicht zuletzt weil die Organisation des Zentralnervensystems eine Genuinität der Aggressionsimpulse nahezulegen scheint. Daß die sogenannten Aggressionszentren im Gehirn auch bei Zugrundelegung eines Modells der Aggression als Komponente anderer, primärer Motivationen durchaus angemessen erklärt werden könnten, wird von der gegenwärtigen Ethologie noch zu wenig erwogen.

Es könnte sein, so die Kritik namhafter Psychologen (Scherer u. a. 1975), daß daraufhin die Annahmen der Ethologie über die Aggression des Menschen neu diskutiert werden müssen. Das Vorkommen von Aggression sowohl bei Menschenaffen (Pongidae; s. auch den Beitrag über die Schimpansen von H. v. d. Rijt-Plooij und F. X. Plooij in diesem Band) als auch beim Menschen in allen bisher bekannten Kulturen ist wohl unbestreitbar. Sie beweist aber nicht das Vorhandensein eines einheitlichen, »primären« Aggressionstriebes als homologes Phänomen zur Aggression der Pongiden. Erst recht gibt sie keine Rechtfertigung für Annahmen der Humanethologie wie etwa die, daß die destruktive Aggression, also die die Vernichtung des Feindes, als spezifisch menschliche Form der Aggression, Ergebnis einer scheinbaren Artdifferenzierung zwischen verschiedenen menschlichen Kulturen sei, als ob der Mensch, wenn er andere Menschen tötet, sie nicht als Menschen betrachte. Ebensowenig läßt sie den Schluß zu, daß für den Menschen andere Menschen primär feindlich erscheinen und feindselige Impulse auslösen, sofern diese Impulse nicht durch besondere Reize mit Freundlichkeitsvalenz überdeckt, d. h. neutralisiert werden.

Überhaupt ist zu fragen, wieso nicht auch altruistisches und freundliches Verhalten von der Ethologie als ebenso primär angesehen wird wie aggressives. Daß es einen selektionistischen Wert besitzen kann, steht außer Frage. Nach ethologischer Auffassung ist Freundlichkeit aber entweder ritualisierte Beschwichtigung, steht also im Dienst der Aggressionshemmung, oder sie ist Aspekt anderer Verhaltenstendenzen, etwa Paarungsverhalten oder Brutpflege.

SPEZIFISCH MENSCHLICHE ASPEKTE DER AGGRESSION

Zum Problem der Aggression liegen in der Psychologie empirische Untersuchungen und Theorien in fast unübersehbarer Zahl vor. Hinsichtlich Vorannahmen, untersuchten Variablen und Ergebnissen gibt es dabei so große Unterschiede, daß von einer einheitlichen psychologischen Theorie bisher nicht die Rede sein kann.

Hinsichtlich der Aggressionsmotive liegt zunächst die Versuchung nahe, verschiedene Quellen der menschlichen Aggression als nebeneinander existierend aufzufassen. Tatsächlich wird die menschliche Aggression heute in der Sozialpsychologie (s. Band VIII dieser Enzyklopädie) von mehreren Bedingungen abhängig gesehen (Schmidt-Mummendey 1971); die Reduzierung auf *ein* Bedingungsmoment wird als unzulässig abgelehnt.

Nach dieser gewissermaßen additiven Auffassung nimmt man einen »Rest« von endogener, ursprünglich instinktiver Aggression an, die bis zu einem gewissen Grade als der tierischen Aggression homolog angesehen wird. Sie hat ihr anatomisches Substrat in verschiedenen, zum Teil identifizierten Hirngebieten und wird subjektiv als Wut oder Ärger erlebt, Affekten, die ihre körperlichen Äquivalente in charakteristischen (allerdings nicht spezifischen) Veränderungen der vegetativ innervierten Organe haben. Meßgrößen, die in psychologischen Experimenten immer wieder als Indikatoren für die Höhe der Aggressionsbereitschaft verwendet werden, sind vor allem Blutdruck, Herzfrequenz, Atmung und periphere Durchblutung. Eine große Zahl psychologischer Untersuchungen ist der Frage gewidmet, ob und unter welchen Bedingungen es durch manifeste Aggression zu einer Abreaktion, d. h. einer Verminderung der Aggressionsspannung kommt. Es ließ sich nachweisen, daß eine solche Katharsis dann z. B. ausbleibt, wenn das aggressive Verhalten selbst wiederum – aus welchen Gründen immer – beim Individuum Angst auslöst (Geen, Quanty 1977), ein Befund, dem übrigens die Ethologie ohne Schwierigkeit zustimmen kann.

Kontrovers zwischen Ethologie und Psychologie war längere Zeit die Frage, ob es durch Abreaktion aggressiver Impulse zu einer Verminderung der Aggressionsneigung oder im Gegenteil zu einer Erhöhung der Aggressionsrate kommt. Diese Frage scheint inzwischen insoweit geklärt, als manifeste Aggression kurzfristig zu einer Erregungsverminderung führt, langfristig möglicherweise aber zu einer Erhöhung der Aggressionsneigung (Geen, Quanty 1977). Spezielle Probleme wie die der Schwellenerniedrigung und der Wahl von Ersatzobjekten (sofern die Abreaktion am Aggressionauslöser nicht möglich ist) lassen sich in diesem Zusammenhang ebenfalls ohne Schwierigkeit erklären. Was den Menschen von den anderen Primaten unterscheidet, ist die hohe Plastizität, d. h. Überformbarkeit seiner stammesgeschichtlich erworbenen Aggressionsbereitschaft. Die Frage, ob dem Menschen in vorgeschichtlicher Zeit eine besonders hohe Aggressivität »angezüchtet« worden ist, wie manche Ethologen behaupten (Lorenz 1963), scheint, so betrachtet, ihre Relevanz zu verlieren.

Sowohl namhafte Ethologen als auch Vertreter der Neopsychoanalyse (die Freuds Theorie des »Todestriebes« nicht zustimmen; s. Band III dieser Enzyklopädie) sehen in der »natürlichen« Aggressionsneigung des Menschen unter bestimmten Bedingungen vor allem der gegenwärtigen Zivilisation die Gefahr destruktiver Auswirkungen der menschlichen Aggressivität; sie verlangen Ersatzaktivitäten (Sublimierungsmöglichkeiten) und eine Verstärkung der positiven sozialen Bindungen sowie den Abbau von Situationen, die die Aggressivität besonders stimulieren.

Es wurde bereits darauf hingewiesen, daß die Frustrations-Aggressions-Hypothese sich durchaus in das Konzept einer stammesgeschichtlich vorprogrammierten Aggressionstendenz einordnen läßt, weil unter normalen Umweltbedingungen das Individuum immer wieder Aggressionsauslösern gegenübersteht. Die Frustrations-Aggressions-Hypothese wurde in jüngerer Zeit – allerdings ohne die Annahme einer endogenen Reizproduktion – von verschiedenen Richtungen einer gesellschaftskritisch orientierten Sozialpsychologie (z. B. Rattner 1972) in Anspruch genommen. Sie gehen davon aus, daß unter den gegenwärtigen wirtschaftlich-politischen Bedingungen die Frustrationen, denen der Einzelne ausgesetzt ist, sich in verhängnisvoller Weise kumulieren, und daß daraus die besonders hohe gegenwärtige Aggressionsneigung erklärt werden kann. – Im übrigen gehören Untersuchungen mit experimentell induzierter Frustration zu den beliebtesten empirischen Designs der Aggressionsforschung (s. den Beitrag von J. P. Huston über Aggression in diesem Band).

Die Auffassung, daß Aggression gelernt wird, ist nicht nur in der gegenwärtigen Psychologie weit verbreitet, sondern selbstverständlich auch erzieherisch am bedeutsamsten. Das Individuum lernt, in welchen Situationen es aggressiv reagieren kann und in welchen nicht, welche Formen bzw. Techniken der Aggression es dabei anwenden und auf welche Ziele bzw. Ersatzobjekte es seine Aggression richten darf. Auch beim Tier ist die Aggression lernabhängig (wie bei vielen Verhaltensweisen kommt es zur Instinkt-Dressur-Verschränkung); es ließen sich sogar deutliche Ähnlichkeiten zwischen Tier und Mensch hinsichtlich des Lernens von Aggression feststellen (Frederiksen, Peterson 1977). Für die Ethologie ist ebenfalls die menschliche Lernfähigkeit – entsprechend dem Verlust instinktiver Steuerungsmechanismen – unvergleichlich viel größer als etwa bei den Menschenaffen. Qualitative Unterschiede in den Lernvorgängen zwischen Tier und Mensch behauptet sie im allgemeinen jedoch nicht. Die Psychologie hat demgegenüber festgestellt, daß Lernen im Bereich der Aggression nicht nur in Form von Verstärkungs-Lernen (instrumentelle oder operante Konditionierung), sondern auch durch Imitationslernen (Modell-Lernen) vor sich geht (s. Band IV dieser Enzyklopädie, insbesondere die Abschnitte »Nachahmung« und »Aggression« im Beitrag von R. E. Ulrich und K. Mueller), und zwar unter Beteiligung kognitiver Vorgänge, die beim Tier höchstwahrscheinlich fehlen (Vorwegnahme des Ergebnisses des eigenen Verhaltens, Identifikation mit dem Modell u. a.).

Immerhin – bis hierher lassen sich gewisse Parallelen zwischen tierischem und menschlichem Verhalten im Bereich der Aggression feststellen. Die Kritik der Psychologie an der Ethologie bezieht sich eher auf Details bzw. auf die Gewichtung zwischen endogener und Frustrations- bzw. erfahrungsbedingter Aggression.

Eine ganz andere Dimension eröffnet sich, wenn das Problem der Aggression auf der *anthropologischen* Ebene behandelt wird. Ansätze dazu wurden von der Psychologie her (Fromm 1974), aber auch vereinzelt von der Biologie her (Stamm 1969) unternommen. Allerdings liegt das Problem eigentlich schon jenseits der Biologie und zum Teil auch der Psychologie.

Für das anthropologische Phänomen der Aggression ist entscheidend, daß der Mensch – und zwar nicht nur in pathologischen Grenzfällen – offenbar an der Schädigung anderer Mitmenschen eine spezifische Freude haben kann. Sie setzt voraus, daß das Individuum sich in das Opfer hineinversetzen, sich in seine Situation einfühlen kann. Diese Tatsache hat offenbar nichts mehr mit der intraspezifischen Aggression auf stammesgeschichtlicher Grundlage zu tun, sie ist auch nicht als Reaktion auf eine Frustration zu erklären, sie ist vielmehr eine weitgehend noch rätselhafte Neigung, deren Komponenten zwar teilweise entdeckt, deren motivationale Wurzeln jedoch noch weitgehend unbekannt sind. Aggression kann sich beim Menschen in subtilen Formen äußern, etwa in »overprotection« und scheinbar übermäßiger Bemühung um andere, in Vorurteilen oder in bestimmten aggressiven Phantasien, sie kann auch projiziert werden und als Mißtrauen vorkommen, sie kann schließlich autoagressiv in Schuldgefühlen wie in schwerer Selbstschädigung bestehen. Nur ein kleiner Teil dieser oft unbewußten Aggressionen fällt unter gesellschaftliche Verbotsnormen, ein noch geringerer ist mit einer gesetzlichen Strafandrohung versehen.

Es scheint, daß es sich bei Krieg, Folter, Ächtung von Minderheiten und zahlreichen Akten individueller (zum Teil institutionell verbrämter) Gewalt sich nicht, wie zahlreiche Ethologen behaupten, um eine Entartung des stammesgeschichtlich erworbenen Aggressionstriebes handelt, sondern um eine genuin menschliche Verhaltensbereitschaft. Allerdings sind andererseits auch Altruismus und Mitleid beim Menschen vermutlich nicht nur im Zusammenhang von Aggressionshemmung (Beschwichtigungsverhalten) bzw. anderen primären Motiven (Sexualität, Brutpflege) zu sehen, sondern stellen ebenso eine ursprüngliche Möglichkeit des Menschseins dar wie die Aggression im zuvor explizierten, anthropologischen Sinne. Dies wird, wie schon erwähnt, von der Ethologie zu wenig beachtet.

Abschließend soll noch auf die Tatsache hingewiesen werden, daß einige Verhaltensweisen von vergleichender Verhaltensforschung und Psychologie prinzipiell verschieden interpretiert werden. Ein charakteristisches Beispiel dafür ist das Lächeln. Nach ethologischer Auffassung handelt es sich beim Lächeln um eine ritualisierte Drohgebärde zwischen Artgenossen, die die tatsächliche Auseinandersetzung überflüssig macht und insofern schließlich sogar eine »freundliche« Valenz erhält. (Nach anderen Ethologen handelt es sich allerdings um eine angeborene primär freundliche Verhaltensweise, z. B. nach Eibl-Eibesfeldt 1970.) Psychologisch liegt es dagegen nahe, das Lächeln (soweit es nicht eine reflektorische Reaktion ist) oder vielmehr seine Bewertung als Ergebnis eines Lernprozesses zu sehen (Assoziation des Ausdrucks des mütterlichen Lächelns mit Bedürfnisbefriedigung). Schließlich ist auch versucht worden, das Lächeln anthropologisch aus dem innigen Verhältnis zwischen Mutter und Säugling zu deuten, als eine besondere Form vorsprachlicher Verständigung mit spezifischer Gefühlsvalenz. – Das Beispiel soll zeigen, daß menschliches (aber auch schon tierisches) Verhalten verschiedene Deutungen zuläßt, daß also die Auffassungen darüber, was Aggression ist, sowohl innerhalb von Ethologie und Psychologie als auch zwischen diesen beiden Disziplinen divergieren können.

Ob es bei einem »Pluralismus« der Aggressionstheorien bleiben muß, werden erst weitere genaue Beobachtungen und sorgfältige Interpretationen des Verhaltens unter Einbeziehung der kindlichen Entwicklung und ethnologischer Befunde zeigen.

LITERATUR

ALLAND, A.: The Human Imperative (1972). Deutsch: Aggression und Kultur. Frankfurt: S. Fischer 1974

COLLATZ, K.-G.: Zur Information über Theorien der Aggressivität. In: F. Neidhardt u. a.: Aggressivität und Gewalt in unserer Gesellschaft. München: Juventa 1973

DANN, H.-D.: Müssen Aggressionen ausgelebt werden? In: A. Schmidt-Mummendey, H. D. Schmidt (Hg.): Aggressives Verhalten. München: Juventa 1971

DENKER, R.: Angst und Aggression. Stuttgart: Urban 1974

Eibl-Eibesfeldt, I.: Grundriß der Vergleichenden Verhaltensforschung. München: Piper 1967

Liebe und Haß. München: Piper 1970

Krieg und Frieden aus der Sicht der Verhaltensforschung. München: Piper 1975

Feshbach, S.: Aggression. In: P. H. Mussen (Ed.): Carmichael's Manual of Child Psychology, II. New York: John Wiley & Sons [3]1970

Frederiksen, L. W., Peterson, G. L.: Schedule-Induced Aggression in Humans and Animals: A Comparative Parametric Review. In: Aggressive Behavior, 3, 1977, 57–75

Fromm, E.: The Anatomy of Human Destructiveness. New York: Holt, Rinehart & Winston 1973. Deutsch: Anatomie der menschlichen Destruktivität. Stuttgart: DVA 1974

Geen, R. G., Quanty, M. B.: The Catharsis of Aggression: an Evaluation of a Hypothesis. In: L. Berkowitz (Ed.): Advances in Experimental Social Psychology, X. New York: Acad. Press 1977

Hacker, F.: Materialien zum Thema Aggression. Stuttgart: Molden 1972

Hess, W. R., Brügger, M.: Das subcorticale Zentrum der affektiven Abwehrreaktion. Helvetica physiol. et pharm. Acta, I, 1943

Koch, J.-J. (Hg.): Altruismus und Aggression. Weinheim: Beltz 1976

Kofler, L.: Zur Erkenntnistheorie des Aggressionstriebs. In: L. Kofler: Aggression und Gewissen. München: Hanser 1973

Kraak, B.: Probleme und Ergebnisse der Psychologischen Aggressionsforschung. Psychol. Rdsch., 1, 1970

Lischke, G.: Aggression und Aggressionsbewältigung. Freiburg: Alber 1972

Lorenz, K.: Das sogenannte Böse. Wien: Borotha-Schoeler 1963

Analogy as a Source of Knowledge. Science, 185, 1974, 229–234

Mason, W. A., Lott, D. F.: Ethology and Comparative Psychology. In: M. R. Rosenzweig, L. W. Porter (Eds.): Annual Review of Psychology, XXVII, 1976

Merz, F.: Aggression und Aggressionstrieb. In: H. Thomae (Hg.): Motivation. Handbuch der Psychologie, II. Göttingen: Hogrefe 1965

Michaelis, W.: Verhalten ohne Aggression? Köln: Kiepenheuer & Witsch 1976

Moyer, K. E.: Kinds of Aggression and their physiological basis. Commun. Behav. Biol., 2, 1968, 65–87

Experimentelle Grundlagen eines physiologischen Modells aggressiven Verhaltens. In: A. Schmidt-Mummendey, H. D. Schmidt (Hg.): Aggressives Verhalten. München: Juventa 1971

Plack, A. (Hg.): Der Mythos vom Aggressionstrieb. München: List 1973

Rasa, O. A. E.: Aggression: Appetite or aversion? An Ethologist's Viewpoint. Aggressive Behavior, 2, 1976, 213 ff

Rattner, J.: Aggression und menschliche Natur. Frankfurt/M.: Fischer 1972

Redlich, F. C.: Anmerkungen zur Aggressionstheorie von Konrad Lorenz. In: A. Mitscherlich (Hg.): Bis hierher und nicht weiter. München: Piper 1972

Scherer, K. R., Abeles, R. P., Fischer, C. S.: Human Aggression and Conflict – interdisciplinary perspectives. New Jersey: Prentice-Hall 1975

Schmidbauer, W.: Die sogenannte Aggression. Hamburg: Hoffmann & Campe 1972

Schmidt-Mummendey, A.: Vorstellungen und Erklärungsversuche zum aggressiven Verhalten. In: A. Schmidt-Mummendey, H. D. Schmidt (Hg.): Aggressives Verhalten. München: Juventa 1971

Schott, F.: Was ist Aggression? In: H. Selg (Hg.): Zur Aggression verdammt? Stuttgart: Kohlhammer 1972

Stamm, R. A.: Die Aggression im tierlichen und menschlichen Verhalten. In: Studia philosophica, XXVIII, 1969

Whalen, R. E. (Ed.): The Neuropsychology of Aggression. New York: Plenum Press 1974

ETHOLOGIE UND ETHNOLOGIE

von Meinhard Schuster

Die Fragestellungen der auf Tier und Mensch gerichteten Verhaltensforschung, über die dieser Band Auskunft gibt, sind für die Ethnologie (Völkerkunde) in mehrfacher Hinsicht von großer Bedeutung; um die Gründe dafür zu verstehen, ist es notwendig, auch die Fragestellungen der Ethnologie wenigstens in Umrissen zuvor darzulegen.

Die Ethnologie versteht sich als eine Kulturwissenschaft. »Kultur« wird dabei begriffen als die Form, in der eine Gruppe von Menschen lebt – d. h. als ein Ganzes, das sehr unterschiedliches Einzelnes umfaßt: die handwerklichen und künstlerischen Sachgüter (wie Geräte aller Art, Kleidung, Behausungen usw.) sowie die technologischen Prozesse ihrer Herstellung; die Wirtschaftsform (also Produktion, Distribution und Konsumption von Nahrungsmitteln und Gütern einschließlich des Tausch- und Geldverkehrs, der Vorratshaltung usw.); die gesellschaftliche Ordnung (Verwandtschaftsverbände, Sozialschichten, politische Institutionen, berufliche und andere Bünde, Siedlungseinheiten, Enkulturationsprozesse, Rechtsverhältnisse usw.) und die oft als »Religion« oder »geistiges Leben« bezeichnete Gesamtheit aller Vorstellungen bzw. allen Wissens über die sinnlich erfahrbare und die erdachte (Vorzeit und Jenseits mitumfassende) Welt einschließlich der eigenen Anthropologie, also der Deutung des Menschen als Teil dieses Ganzen, das partiell in Mythen und Kulten Gestalt gewinnt, aber auch in ungebundener Form gewußt und tradiert wird. Eine Kultur ist also, wie diese Aufzählung weniger Stichwörter zeigt, in kaum überschaubarer Vielfalt zusammengesetzt; ihre einzelnen Teile (»Elemente«, »Kulturzüge«) stehen jedoch nicht beliebig nebeneinander, sondern sind durch funktionale Verknüpfungen (zu Komplexen) und strukturelle Gesetzmäßigkeiten von unterschiedlicher Art und Stärke einander zugeordnet: Kultur ist nicht eine Summe, sondern ein System – und zwar in jedem einzelnen Falle ein spezifisches, also ein anderes.

Dieses System wird in den Begriffen der jeweiligen Sprache gedacht und ausgedrückt; so wird auf der sprachlichen Ebene die Schwierigkeit, einen Untersuchungsgegenstand in einer fremden Kultur angemessen abzugrenzen, ihn also nicht aus seinem Komplex herauszulösen und willkürlich in die Zusammenhänge der ebenso spezifischen Kultur des Beobachters einzuordnen, durch die Verschiedenheit des begrifflichen Instrumentariums besonders deutlich. Noch drei weitere Bedingungen des ethnologischen Kulturbegriffs sind hier zu nennen.

1. Kultur existiert nicht unabhängig vom Menschen, sondern verwirklicht sich nur in der Lebensform von Menschengruppen (eines »Ethnos«: Volkes, Stammes, Dorfes) und deshalb – in Abhängigkeit von der individuellen Zusammensetzung dieser Gruppe – in jeder

neuen Generation und (innerhalb des Gesamtgebietes) an jedem einzelnen Ort ein wenig anders.

2. Jede Kultur ist auch dadurch in ihrer Autonomie eingeschränkt, daß sie durch die Bedingungen des Raumes (Klima, Fauna, Flora usw.), in dem sie stattfindet, zwar nicht determiniert, aber limitiert wird; und dadurch, daß sie mit benachbarten Kulturen in Wechselwirkung stand oder steht – also in beiden Hinsichten ihrerseits einen Teil eines übergreifenden Systems darstellt.

3. Die Kulturen, mit denen sich die Ethnologie primär beschäftigt, sind die traditionell schriftlosen (also alle außerhalb der ost-, süd- und westasiatischen sowie mediterran-europäischen »Hochkulturen« einschließlich ihrer Filiationen); Schriftlosigkeit bedeutet für unseren Zusammenhang, daß kulturell Gestaltetes nicht durch seine Niederschrift gewissermaßen versteinert in alle Zukunft fortdauert, sofern nur die Lesefähigkeit bewahrt wird, sondern sich kontinuierlich mitzuverwandeln vermag, sofern durch exogene oder endogene Faktoren an einer Stelle des kulturellen Systems ein Wandel einsetzt.

Vor diesem Hintergrund, der die Ergebnisse und Einsichten jahrzehntelanger ethnologischer Forschung mitenthält, verfolgt die heutige Ethnologie im wesentlichen drei Arbeitsrichtungen. Die erste ist der Vertiefung unserer Kenntnis der einzelnen Kultur (idealiter: aller einzelnen Kulturen der Erde) gewidmet; wesentliche Voraussetzungen dazu sind die Kenntnis der jeweiligen (oft extrem schwer zugänglichen) Sprache aus dem vorhin genannten Grund und das nur bei langem Aufenthalt langsam möglich werdende »Hineindenken« in die betreffende fremde Kultur. Die zweite Arbeitsrichtung hat zum Ziel, diese einzelnen Kulturen in ihrem Verhältnis zueinander zu erforschen – also festzustellen, welche Kulturen auf Grund welcher Merkmale einander ähnlich sind oder gar gleichen (so daß also Sorten oder Typen benannt werden können) oder welche Kulturen in welcher Weise miteinander in räumlichem bzw. zeitlichem Zusammenhang gestanden haben oder stehen (so daß Fragen der Kulturgeschichte bzw. Kulturverbreitung, des Kulturwandels bzw. des Akkulturationsprozesses usw. beantwortet werden können). Die dritte Arbeitsrichtung – in der ebenso wie bei der zweiten jeglicher Erfolg von der Qualität der Ergebnisse der ersten abhängt – ist im Gegensatz zur zweiten nicht an Wechselwirkung und Gruppierung der Einzelkulturen interessiert, sondern sucht in allen Kulturen das Gemeinsame, sich Wiederholende zu erkennen, also gewissermaßen durch die Besonderheit jeder einzelnen Kultur hindurchzustoßen auf die gleiche, allgemein-menschliche Basis bzw. solche Universalien durch einen Abstraktionsprozeß zu fassen (s. den Beitrag von J. S. Carlson in Bd. VII dieser Enzyklopädie).

Stellen wir jetzt die Frage nach den Beziehungen zwischen diesen Fragestellungen und den Ansätzen der Verhaltensforschung (wobei ich vor allem an die Einzeluntersuchungen und zusammenfassenden Darstellungen von Eibl-Eibesfeldt denke), so lassen sich Zustimmung, Kritik und Erwartungen vielleicht folgendermaßen formulieren:

1. Innerhalb des Forschungsrahmens der einzelnen Kultur kann das Verdienst der tier- und humanethologischen Forschungen (einschließlich der filmischen Dokumentation) gar nicht hoch genug veranschlagt werden. Die Tierethologie wird hier ausdrücklich erwähnt, weil keine Kultur der Erde an einem Ort ohne Tiere anzutreffen ist und sich jede Kultur mit der Tierwelt ihres Gebietes auseinandersetzt, indem sie sie auf mehreren Ebenen – also auch außerhalb der ökonomischen Nutzung – als Bezugspunkt menschlichen Denkens und Handelns thematisiert. Im allgemeinen findet der Ethnologe bei seiner Feldarbeit bereits Gestaltetes vor, z. B. die sog. »totemistischen« Elemente in Verwandtschaftsorganisation und Seelenvorstellungen oder die Tabu- und andere Verhaltensvorschriften im Jagd-, Viehzucht- und Speisebereich; ebenso allgemein dürfte zutreffen, daß man nur selten – und dann meist im Bereich der Analogievorstellungen – Gründe für die recht spezielle Auswahl erfährt oder anderweitig erkennen kann, weshalb einige Tierarten gegenüber den übrigen

diese Sonderbedeutung erhalten. Schnelle pragmatisch-ökonomische, ästhetische oder hygienische Überlegungen modern-westlichen Stils, etwa der Hinweis auf Seltenheit oder Größe einer Tierart, auf Schmackhaftigkeit oder Haltbarkeit ihres Fleisches usw. greifen bei der Beantwortung dieser Frage im allgemeinen daneben oder zu kurz (z. B. weil die Denkkategorie, die solchem Urteil zugrunde liegt, nach Maßgabe des übrigen Kulturbildes dort kein Gewicht besitzt oder weil uns die gleiche Kultur auch die Gegenbeispiele liefert); chancenreicher dürfte sicher der Versuch sein, die außerordentlich scharfe Beobachtung tierischen Verhaltens seitens einheimischer Gruppen unsererseits nachzuvollziehen und daraus zu Erkenntissen über die kulturell wirksamen Auswahlkriterien zu gelangen. Es sei dabei jedoch nicht verschwiegen, daß dieser Forschungsweg nur für die aktuelle Kultur und die heute in ihr lebenden Menschen Aufschlüsse liefern kann; für die Entstehungsgründe einer kulturellen Institution in der Vergangenheit ist damit noch nichts bewiesen. Eine solche tierethologische Beschreibung einer begrenzten Region in kritischer Überprüfung der dortigen kulturellen Aussagen über Tiere dürfte dennoch für das ethnologische Kulturverständnis eine wesentliche Hilfe sein. In weit höherem Maße noch würden wohl alle Ethnologen ein – soweit möglich – vollständiges humanethologisches Inventar einer Kultur (z. B. eines Dorfes) schätzen, gegliedert und quantifiziert nach Alter, Geschlecht, sozialer Stellung und sonstigen individuellen Merkmalen der beteiligten Personen einerseits, den Situationen in ihrer Vielfalt (entsprechend der eingangs gegebenen Kulturübersicht) und mit ihren Differenzierungen andererseits. Damit würde das (vorwiegend) außersprachliche Verhalten des Menschen seinem sprachlichen Verhalten gesamthaft gegenübergestellt; erst auf der Basis eines solchen systematischen Vorgehens – vor dem Hintergrund einer generellen Erforschung der Kommunikationsformen in einem begrenzten Untersuchungsfeld – ist die Gewichtung und damit die adäquate Beurteilung eines einzelnen Verhaltensphänomens möglich. Selbstverständlich setzt ein solches Programm eine sehr lange Aufenthaltsdauer und den Zugang zur Sprache voraus, ist also wohl nur interdisziplinär und mit erheblichem Aufwand zu verwirklichen.

2. Erstaunlicherweise hat sich in der an zweiter Stelle skizzierten ethnologischen Arbeitsrichtung, der historisch-typologischen, auf seiten der Ethologen und verschiedener Kulturwissenschaftler eine heftige Diskussion abgespielt: nämlich über die Frage nach der Aggressivität von Jäger- und Sammlervölkern, also einer nach dem (grundsätzlich willkürlichen und oft nicht eindeutigen) Kriterium ihrer rezenten Wirtschaftsweise zusammengesehenen Völkergruppe. Dahinter steht die Annahme, man habe bei den im letzten Jahrhundert oder kurz zuvor beobachteten Wildbeutervölkern noch Träger solcher Lebensformen vor sich, wie sie zu Beginn des Menschseins und während einer besonders langen Phase der Menschheitsgeschichte bestanden. Als Ethnologe wird man hier kritisch anmerken müssen, daß die rezenten Kulturbefunde natürlich nicht beweiskräftig sein können für eine längst vergangene Zeitphase – zumal dann, wenn es sich um hochdifferenzierte Fragen handelt (etwa: Aggressivität in sprachlicher oder ritualisierter Form, Häufigkeit aggressiver Handlungen sehr unterschiedlicher Intensität usw.), für die die Bodenfunde beim besten Willen nichts hergeben. Abgesehen von diesem grundsätzlichen Bedenken ist m. E. Eibl-Eibesfeldt darin entschieden recht zu geben, daß wir keine sicheren Anhaltspunkte dafür besitzen, den Angehörigen von Wildbeutervölkern generell ein geringeres Maß individueller Aggressivität jeglicher Form zuzuschreiben als den Angehörigen von Völkern anderer Wirtschaftsweisen (s. auch den Beitrag über »Territorialität und Aggressivität der Jäger- und Sammlervölker« von I. Eibl-Eibesfeldt in diesem Band). Erstaunlich erscheint diese Diskussion aus ethnologischer Sicht auch deshalb, weil hier die – längst der Wissenschaftsgeschichte zugewiesene – Konzeption der »Urvölker« aus der Frühzeit unseres Fachs mit neuem Anspruch wieder auftaucht, einschließlich der Vermutung von deren weitgehender Geschichtslosigkeit (denn Geschichte bedeutet Wandel); und ferner, weil gerade das Element der Aggressi-

vität (unter so vielen Richtungen und Varianten menschlichen Verhaltens) besonderes Gewicht erhält. Dafür mögen einerseits die Nöte unserer Zeit, zum anderen aber auch die verschiedenen sozialen Aspekte der Aggressivität und damit die Vergleichbarkeit mit dem weiteren Sozialverhalten von Mensch und Tier der Grund gewesen sein. Erfolgversprechender jedenfalls als die Weiterführung dieser Diskussion mit ihren globalen Zielsetzungen, für die das Datenmaterial schlechterdings nicht ausreicht, erscheint die genaue Erforschung des gesamten Spektrums menschlichen Konfliktverhaltens, ohne das keine Gesellschaft denkbar ist, mit seinen Varianten und Abstufungen unter den Bedingungen einer gegebenen Kultur bzw. im transkulturellen Vergleich in der eingangs skizzierten Breite der intrakulturellen Zusammenhänge – natürlich unter Einschluß der in jedem kulturellen System, z. B. im jeweiligen Erziehungswesen, eingebauten Mittel bzw. Institutionen zur Regulierung interner und externer Konflikte. Wie weit die humanethologische Forschung einmal – also über die Konfliktforschung weit hinaus – in der Lage sein könnte, etwa in der Art der (nicht befriedigenden) »patterns of culture« ganze Kulturen ethotypologisch zu ordnen, ist schwer zu beurteilen; aber schon die vergleichende Betrachtung hinreichend abgesicherter ethologischer Komplexe zwischen zwei oder mehr verschiedenen Kulturen bzw. zwischen verschiedenen historischen Phasen der gleichen Kultur dürfte wichtige Ergebnisse für die kulturwissenschaftliche Forschung bringen – weil sich, wie eingangs dargelegt, Kultur ja immer nur als Lebensform ethnisch gruppierter menschlicher Individuen verwirklicht.

3. Das Problem des Allgemein-Menschlichen ist naturgemäß dasjenige, bei dem unterschiedliche Ausgangspositionen von Ethnologie und Ethologie besonders deutlich werden, bei dem Widerspruch und Befruchtung also gleichermaßen naheliegen: der Ethnologie, die das jeweils Besondere erforscht und damit die Spannweite der historisch verwirklichten menschlichen Lebensformen, also überhaupt die Möglichkeiten des Menschseins nach dem bisherigen Befund in ihrem Sektor zu erkennen sucht – und der Ethologie, die, von der Zoologie herkommend, den Menschen als eine einzige natürliche Spezies, also unter dem Gesichtspunkt seiner Einheitlichkeit, versteht und damit die Erkenntnis des Gleichartigen in den verschiedenen menschlichen Lebensweisen ins Zentrum ihrer Bemühungen rückt. Nun ist aber einerseits diese Frageweise, wie oben erwähnt, auch in der Ethnologie immer wieder zu Wort gekommen, z. B. beim Universalienproblem; andererseits ist gerade dadurch, daß der Ethnologe primär das Kulturspezifische im Blick hat, immer auch bei ihm schon die Frage nach dem Allgemeineren präsent, von dem sich das Besondere abhebt – dies auch deshalb, weil für ihn als den Angehörigen einer anderen Kultur der Weg zum »Hineindenken« zunächst über dieses Allgemeinere zu laufen scheint. Die Gefahr der Falschinterpretation – nämlich etwas für allgemein-menschlich, ja »selbstverständlich« zu halten, also (auch) nach unseren Normen zu interpretieren und damit seinen kulturspezifischen Charakter zu verkennen – ist dabei naturgemäß immer gegenwärtig und begleitet geradezu den Weg der Ethnologie.

Zu diesem Allgemeineren gehört die Befriedigung primärer biologischer Bedürfnisse des Menschen wie Ernährung und Fortpflanzung, nicht jedoch unbedingt die physische Erhaltung der eigenen Gruppe als abstrahierte Handlungsmaxime. Andererseits ist es wohl auch als Allgemeingut aller bekannten Kulturen anzusehen, daß der Tod eines Menschen ein gravierendes, Nachdenken herausforderndes Ereignis darstellt oder daß irgendeine Form der Eheregelung besteht. Nennen wir schließlich noch die Beobachtung, daß in sehr vielen Kulturen der Übergang vom Kindesalter zum Erwachsenendasein vor allem beim männlichen Geschlecht in Form der »Initiation« besondere Ausgestaltung erfährt, so bemerken wir, daß das Gemeinsame in diesen Fällen auf unterschiedlichen Ebenen liegt: Wir können offenbar unterscheiden zwischen dem, was den Menschen mit der Tierwelt (vor allem den höheren Säugern) verbindet, zweitens demjenigen, das ihm – wie z. B. das Vermögen zur berichtenden Sprache – nur als Mensch artspezifisch zugehört, und schließlich solchem, das sich in besonders vielen Einzelkulturen findet und also dem Menschen offenbar »naheliegt« – allerdings ohne daß wir deshalb von den »vielen« auf »alle« und damit auf Grundsätzliches, Ausnahmsloses schließen könnten.

Gerade im humanethologischen Bereich werden weitere Forschungen noch Verdeutlichungen, ja prinzipielle Abklärungen über die jeweils angemessene Einordnung des anscheinend Allgemein-Menschlichen bringen können – wobei der Weg vielleicht weniger über das enzyklopädische Aufsuchen einzelner Verhaltenselemente bei möglichst vielen Menschengruppen geht (weil Lückenlosigkeit schon angesichts der verschwundenen Kulturen sowieso nicht zu erzielen ist) als vielmehr über die Untersuchung der Wertigkeit des Einzelverhaltens im gesamten sprachlichen und außersprachlichen Kommunikationsrepertoire einer Gruppe und den anschließend auf dieser Ebene weitergezogenen Vergleich; dabei wird die langfristige Beobachtung des Erziehungsprozesses sicher eine wesentliche Rolle spielen. Auf dieser Basis würde sich wohl auch das ethologische Beobachtungsspektrum, das nach meinem Eindruck bislang (und für den grenzüberschreitenden Anfang sicher zu Recht) vom tierethologischen Modell geprägt war (Freund-Feind-Gegensatz, Mutter-Kind-Verhältnis, Kontaktverhalten, Imponiergehabe, Gruppenhierarchie, Territorialverteidigung usw.), zu einem Forschungsansatz erweitern lassen, der stärker an den breiteren Möglichkeiten des Menschen orientiert wäre.[1]

ANMERKUNGEN

1

Zur Diskussion der Kontroversen Eibl-Eibesfeldt/Schmidbauer/Schindler sei auf folgende Fundstellen in der Zeitschrift »Anthropos« verwiesen: 68, 1973, 548–558; 69, 1974, 272–278; 70, 1975, 262–269. Zur ethnopsychologischen Forschung in breiterem Rahmen vgl. Harris 1969, 393–463.

LITERATUR

BENEDICT, R.: Patterns of Culture. Boston: Houghton Mifflin 1934

EIBL-EIBESFELDT, I.: Der vorprogrammierte Mensch. Das Ererbte als bestimmender Faktor im menschlichen Verhalten. Wien, München, Zürich: Molden 1973

Krieg und Frieden aus der Sicht der Verhaltensforschung. München, Zürich: Piper 1975

Menschenforschung auf neuen Wegen. Die naturwissenschaftliche Betrachtung kultureller Verhaltensweisen. Wien, München, Zürich: Molden 1976

EISENBERG, J. F., DILLON, W. S. (Eds.): Man and Beast: Comparative Social Behavior. Washington, D. C.: Smithsonian Institution Press 1971

FRIED, M., HARRIS, M., MURPHY, R. (Eds.): War: The Anthropology of Armed Conflict and Aggression (1967). Deutsch: Der Krieg. Zur Anthropologie der Aggression und des bewaffneten Konflikts. Conditio humana. Frankfurt: S. Fischer 1971

HARRIS, M.: The Rise of Anthropological Theory. London: Routledge & Kegan Paul 1969, 393–463

KOENIG, O.: Kultur und Verhaltensforschung. Einführung in die Kulturethologie. München: Deutscher Taschenbuch Verlag 1970

Urmotiv Auge. Neuentdeckte Grundzüge menschlichen Verhaltens. München, Zürich: Piper 1975

LEE, R. B., DEVORE, I. (Eds.): Man the Hunter. Chicago: Aldine 1968

MEAD, M.: Jugend und Sexualität in primitiven Gesellschaften. 3 Bde. München: Deutscher Taschenbuch Verlag 1970 (Wissenschaftliche Reihe 4032, 4033, 4034; ungekürzte deutsche Ausgaben der Originaltexte von 1928, 1930, 1935, 1939)

ETHOLOGIE ALS BILDUNGSINHALT

Verhaltensforschung im Schulunterricht

von Karl-Adolf Belgardt

PÄDAGOGISCHE FORDERUNGEN AN DEN SCHULUNTERRICHT

Im Biologieunterricht lernen Schüler ihren Körper und wichtige Vorgänge in ihrem Körper in elementarer Form kennen. Grundkenntnisse über ihre Verhaltensweisen werden ihnen nur in seltenen Fällen vermittelt. In Lehrplänen und Schulbüchern allgemeinbildender Schulen fehlen Themen, die die Entwicklung, die Wirkungen, die Veränderbarkeit der eigenen Person als Lerninhalte empfehlen. Von Pädagogen wird die Aufnahme solcher Lerninhalte in den Schulunterricht schon lange gefordert.[1]

Im traditionellen Biologieunterricht standen morphologisch-funktionelle Betrachtungsweisen im Mittelpunkt. In vielen von 1970 bis 1976 erschienenen Veröffentlichungen zur Schulbiologie wird eine »anthropozentrische Biologie« gefordert (Esser 1969, Grupe 1971, Werner 1973, Killermann 1974, Staeck 1975). Lerngegenstände sollen bestimmt werden nach den Bedürfnissen und Interessen der Schüler, nach Anforderungen der Gesellschaft und nach Grundprinzipien des Faches unter Berücksichtigung fachspezifischer Forschungsmethoden und Beurteilungsverfahren.[2] Dieser zeitgemäße Biologieunterricht soll u. a. dazu beitragen, die Sonderstellung des Menschen sichtbar zu machen.

Ökologische, ethologische, anthropologische Sachverhalte werden in ihrer Bedeutsamkeit für den Unterricht immer mehr erkannt. Solange der Schulunterricht aber im Rahmen tradierter Fächer durchgeführt wird und die Fachgrenzen wichtiger sind als Schülerinteressen und gesellschaftliche Bedeutung eines Lerngegenstandes, verliert der Unterricht an Brisanz und Aktualität. Er bleibt einseitig. Biologiedidaktiker und -lehrer, die durch Aufnahme ethologischer Unterrichtsgegenstände in den Lehrplan grundlegende Einsichten über Ursachen und Erscheinungsformen menschlichen Verhaltens vermitteln wollen, müssen Fachgrenzen überschreiten. Die zunehmende Berücksichtigung ethologischer Sachverhalte im Schulunterricht muß Psychologen auf den Plan rufen, die gemeinsam mit Fachdidaktikern und Pädagogen darüber nachdenken, wie evtl. im Rahmen eines erneuerten, in seiner gesellschaftlichen Bedeutung anders gewichteten Biologieunterrichts Schüler auf elementare Weise mit Kenntnissen über den Menschen vertraut gemacht werden können, die von verschiedenen Humanwissenschaften erarbeitet wurden.

VERHALTENSFORSCHUNG IM BIOLOGIEUNTERRICHT

Die Thematik der Ethologie ist fachübergreifend. Gesundheitserziehung, Umwelterziehung, Sozial- oder Gemeinschaftskunde, Sexualerziehung sind Lernfelder, die unmittelbar ethologische Fragestellungen und Kenntnisse mit umfassen, z. B.:

Menschen zeigen ein vielfältiges Sozialverhalten;
der Ehepartner ist Sozial- und Sexualpartner zugleich;
der Mensch ist verantwortlich und muß sich selbst erziehen;
der Mensch lebt in einer teilweise selbstgeschaffenen kulturellen Welt;
die künstliche Umwelt bewirkt Gefahren für den Menschen;
auch Menschen, die in Ballungsräumen leben, benötigen Freiraum;
das Wohlbefinden von Menschen wird durch Streßfaktoren beeinträchtigt.

In einige neuere Schulbücher (s. für die Orientierungsstufe z. B.: Garms 1973; Gerhardt, Dircksen, Höner 1974; Lange, Strauß, Dobers 1975; Kattmann, Palm, Rüther 1975) haben Ergebnisse der Verhaltensforschung vor allem als interessante Bereicherung des traditionellen Biologieunterrichts Einlaß gefunden. Das Interesse der Allgemeinheit ist in erster Linie durch Massenmedien geweckt worden. Der Unterhaltungswert vieler filmischer, aber auch literarischer und bildlicher Darstellungen ethologischer Sachverhalte ist erkannt worden. Viele Menschen erhalten Anregungen zu Tierbeobachtungen in ihrer Freizeit. Sie lernen außerdem, ein angemessenes tiergerechtes Verhalten gegenüber Haus- und Heimtieren zu praktizieren. Auch wird die Hoffnung geschürt, auf dem Hintergrund tierischen Verhaltens eigenes Verhalten als typisch menschliches Verhalten zu verstehen.

Die Ergänzung des bisherigen Biologieunterrichts durch einen geschlossenen Kurs »Einführung in die Verhaltensforschung« ist nicht der richtige Weg, die Möglichkeiten dieses neuen Wissenschaftszweiges der Biologie didaktisch und pädagogisch zu nutzen. Im Rahmen des Bildungsauftrages der allgemeinbildenden Schulen sollen Schüler nicht in Teildisziplinen etablierter Wissenschaften eingewiesen werden, sondern Fachwissenschaftler, Didaktiker und Lehrer haben die Aufgabe, wesentliche Erkenntnisse zu elementarisieren und so in das Gesamtangebot des Schulunterrichts zu integrieren, daß diese Lerninhalte »Hilfen zur rationalen Selbstbehauptung« (von Hentig 1969, 107) sein können.

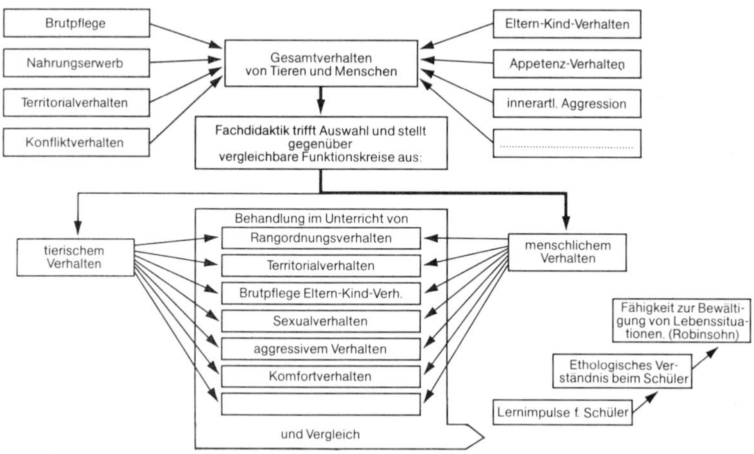

Abb. 1 Ethologische Sachverhalte – didaktisch gefiltert (etwas verändert nach: Hoebel-Mävers 1975 a, 183).

Abb. 1 zeigt eine Gefahr des einseitigen biologischen Fachunterrichts auf: Psychologische und soziologische Aspekte menschlichen Zusammenlebens werden vernachlässigt. Biologistisches Deuten und Erklären menschlichen Verhaltens wird provoziert. »Das allgemeine Erziehungsziel, den einzelnen zur Bewältigung von Lebenssituationen auszustatten« (Robinsohn 1967, 79) wird nicht erreicht.

Der Unterricht über menschliches Verhalten, über elementare Gefühle und Bedürfnisse von Menschen muß fächerübergreifend sein. Der *verhaltensbiologische Anteil* dieses allgemeinbildenden Unterrichts wird darin bestehen, daß Schüler z. B. lernen:

1. Verhalten ist Aktion und Reaktion auf Reize.
2. Es läuft auf Grund angeborener und erlernter Strukturen ab.
3. Angeborenes Verhalten ist bestimmt durch die Stammesgeschichte der Art.
4. Verhalten und Sozialstruktur sind wie andere Merkmale des Organismus an die besondere Lebensweise der Art angepaßt.
5. In einigen Bereichen reagieren Menschen unbewußt auf bestimmte Schlüsselreize (z. B. Kind-, Weib-, Mann-Schema). In der Werbung wird das Ansprechen auf bestimmte Reize geschickt genutzt.
6. Der Mensch als »Lernwesen von Natur« kann seine Verhaltensweisen durch Lernvorgänge und Willensakte verändern und bewußt steuern. Sein Handlungsspielraum ist dadurch erweitert, die Gefahr von Fehlentscheidungen aber erhöht. Der Mensch trägt Verantwortung für sein Tun.

Diese Erkenntnisse werden sich zum Teil durch Vergleich und Unterscheidung von Verhaltensweisen einiger ausgewählter Tierarten mit beobachtbarem Verhalten von Menschen gewinnen lassen. Mit der Erarbeitung von Kriterien zur Deutung der Verhaltenweisen wird den Schülern zugleich der Blick für eigene und fremde Verhaltensweisen geöffnet.

Am Beispiel des Sexualverhaltens soll skizziert werden, wie in allen Schulstufen Themen des herkömmlichen Sach- oder Fachunterrichts ergänzt werden können durch Themen aus der Verhaltensforschung. Obwohl sich eine Unterscheidung der Unterrichtsthemen in biologische, ethologische und psychologisch-soziologische Themen nicht exakt treffen läßt (»Tiere vermehren sich« ist z. B. ein sowohl allgemeinbiologisches als auch ethologisches Thema), wird in Abb. 2 diese Trennung versucht. Dadurch soll die vermittelnde Rolle ethologischer Themen zwischen Biologieunterricht und Sozialkunde verdeutlicht und der fächerübergreifende Charakter der Sexualerziehung betont werden. Eine Sexualerziehung im Rahmen der Fachgrenzen der Biologie muß bei den Schülern zu Mißverständnissen über menschliches Sexualverhalten führen.

MENSCHLICHES SEXUALVERHALTEN ALS LERNINHALT FÜR DEN SCHULUNTERRICHT

Die 6- bis 10-jährigen Schüler der Primarstufe sind an fast allen Erscheinungen und Objekten ihrer Umgebung interessiert. Sich bewegende Tiere und Fahrzeuge erfreuen sich ihrer besonderen Aufmerksamkeit. Die Beobachtung von Zeichen der Zuneigung zwischen Vater und Mutter einerseits und zwischen den Eltern und den Kindern andererseits bedeutet in erster Linie emotionale Sicherheit. Probleme des menschlichen Zusammenlebens erregen häufiger ihr Unverständnis als primäres Interesse. Die Fragen nach der eigenen Herkunft bedeutet lediglich sachliches Informationsbedürfnis.

Da alle Schüler dieses Alters gern mit Streicheltieren umgehen (sofern durch Erziehungsfehler erworbene Ängste nicht schon den Zugang zu Tieren erschweren), und weil viele Grundschüler Heimtiere besitzen, ist es zu empfehlen, zu Beginn der Schulzeit in der Klasse gemeinsam ein geeignetes Tierpärchen zu halten. Der Umgang mit z. B. einem Meerschweinchenpaar wird die in der Themenübersicht von Abb. 2 aufgeführten Sachverhalte im Unterricht zum Gesprächsgegenstand werden lassen. Anthropomorphe Vorstellungen der Schüler werden den Lehrer anregen, auf Unterschiede zwischen diesen Kleinsäugern und den Menschen hinzuweisen. Trotz einiger Gemeinsamkeiten werden die großen Unterschiede im Körperbau zwischen diesen Tieren und den Menschen allen Kindern auffallen. Die emotionalen Unterschiede im Zusammenleben einer menschlichen Familie und der Meerschweinchensippe bedürfen im gleichen Maße der unterrichtlichen Behandlung.

UNTERRICHTSTHEMEN ZUR SEXUALERZIEHUNG

	BIOLOGISCHE THEMEN	ETHOLOGISCHE THEMEN	PSYCHOLOG./SOZIOLOG. THEMEN
Primarstufe	Heimtierhaltung, z.B. Meerschweinchenpaar. Tiere vermehren sich. Säugergeburt. Wir lernen unseren Körper kennen. Samenzellen entstehen in den Hoden. Eizellen reifen in den Eierstöcken. Wir halten unseren Körper sauber.	Tiere brauchen Nahrung. Tiere verständigen sich. Manche Tiere leben einzeln, andere leben gesellig. Manche Tiere kämpfen um Weibchen und Revier. Brunftzeiten. Tiere paaren sich. Brutpflege. Nesthocker und Nestflüchter.	Menschen leben gern gemeinsam. Vater und Mutter sind ein (Ehe-)Paar. Eltern und Kinder sind eine Familie. Babys wachsen im Bauch der Mutter. Vater und Mutter können bestimmen, wann sie ein Kind haben wollen. Geschlechtsverkehr ist auch ein Zeichen von stärkster Zuneigung von Mann und Frau, ebenso wie Küssen, Streicheln und Schmusen.
Orientierungsstufe	Geschlechtliche Fortpflanzung bei Tieren. Befruchtung. Embryonalentwicklung und Geburt. Körperliche Veränderungen während der Pubertät. Hormonale Einflüsse. Menstruation.	Kommentkampf und Beschädigungskampf. Schlüsselreiz. Paarungsverhalten. Revierbesitz. Formen der Brutpflege im Tierreich. Rangordnung.	Pubertätsriten bei anderen Völkern. Psychische Veränderungen während der Pubertät. Verführung und mögliche Folgen. Onanie, Masturbation, Selbstbefriedigung. Geschlechtsakt. Verhütungsmittel. Schwangerschaft und Geburt. Wann kann man Vater oder Mutter werden? Verantwortung.
Sekundarstufe 1	Einfluß der Geschlechtsdrüsen auf Vorgänge im Körper. Geburtenregelung. Geschlechtskrankheiten. Erbkrankheiten. Gesundheit und Eugenik Das hormonale System und seine Wirkungsweise. Die Einheit von Körper und Psyche. Biologische Theorien im »Dritten Reich«.	Angeborene Dispositionen beim Menschen. Sexualität und Partnerbindung. Heterosexualität und Homosexualität. Domestikationserscheinungen. Obligatorisches und fakultatives Lernen. Prägung. Sexualverhalten bei Tier und Mensch: Verhaltensformen, Auslösemechanismen, Ritualisierungen, Konvergenzen, Familien- und Eheformen. Die Problematik des Tier-Mensch-Vergleichs.	Rollenverteilung: Mann – Frau; Kind – Erwachsener; Jugendlicher – Greis; Mädchen – Junge; Junggesell(inn)en. Zwischenmenschliche Beziehungen: Bekanntschaft, Liebschaft, Freundschaft, Liebe. Sexualität als Lusterlebnis und soziale Bindung. Kinderlosigkeit. Uneheliche Kinder. Aufklärung und Sexualerziehung in Familien, Schulen und Kirchen. Beratende und helfende Institutionen. Soziale und rechtliche Grundlagen: Mutterschutz, Jugendschutz. Volljährigkeit, Scheidung.

Abb. 2 Unterrichtsthemen zur Sexualerziehung für Primarstufe, Orientierungsstufe und Sekundarstufe 1.

Die in der Übersicht (s. Abb. 2) getrennt aufgeführten Themen werden im Unterricht je nach Situation und Anlaß gemeinsam und parallel erarbeitet. Vieles werden die Schüler wissen wollen. Nicht alles werden sie ganz verstehen, selbst wenn sie glauben, es verstanden zu haben. Sie lernen vieles »ausstattungsweise«[3]. Vermeidet es der Lehrer, z. B. schon Grundschülern ihre Fragen nach der Geburtenregelung und Empfängnisverhütung zu beantworten, dann können diese falsche Schlüsse ziehen, wie: »Meine Eltern bekommen keine Babys mehr. Sie haben sich nicht mehr lieb«. Allerdings verlangen Kinder dieses Alters im allgemeinen noch keine kausalen Erklärungen und keine physiologischen Einzelheiten. Auch müssen ihnen nicht alle Spielarten tierischen und menschlichen Verhaltens erläutert werden, z. B. daß Sexualverkehr nicht immer Zeichen stärkster Zuneigung ist.

In der Orientierungsstufe lernen die 10- und 11-jährigen Schüler, ihre Beobachtungen und ihr Wissen in größeren Zusammenhängen zu sehen. Die Kenntnisse aus der Primarstufe werden ergänzt und im gewissen Maße systematisiert. Fachspezifische und fachübergreifende Aspekte lösen sich ab. Emotionale Erlebnisse, Empfindungen, Vorstellungen werden versachlicht durch naturwissenschaftliche Erklärungen. Die Freude am exakten Wissen und das Gefühl, teilzuhaben an den Wundern der Welt, verstärkt die positive, realistische und oftmals auch kritische Einstellung dieser Schüler zu ihren Mitmenschen und ihrer Umwelt. Wenn jetzt etwa die Masturbation verteufelt wird, die Menstruation mit einem Schleier des Geheimnisvollen umgeben wird oder alles vom eigenen und gesellschaftlich genormten Verhalten Abweichende als negativ und »anormal« dargestellt wird, können Fehlentwicklungen und -haltungen eingeleitet werden, die diese Menschen ein ganzes Leben lang belasten.

In der Sekundarstufe I, die alle Schüler zwischen dem 12. und 16. Lebensjahr umfaßt[4], gilt es, den Unterricht mehr auf die augenblickliche und zukünftige Situation der Jugendlichen auszurichten. Der Unterricht wird in noch stärkerem Maße »lebenspraktisch«. Nach dem 10. Schuljahr treten die meisten Schüler ins Berufsleben ein.

Während für die Sekundarstufe II ein Grundkurs zur Einführung in die Psychologie durchgeführt werden sollte, etwa wie der von R. Oerter entwickelte[5], scheint es für die Sekundarstufe I vorteilhafter zu sein, auf die Einführung der psychologischen Fachsprache zu verzichten. Durch verstärkte Berücksichtigung des (human-)ethologisch/sozialpsychologischen Anteils im Unterricht können wesentliche Erkenntnisse über Verhaltensweisen von Menschen auch in diesem erweiterten Biologieunterricht vermittelt werden. Das tiefenpsychologische Vorstellungsmodell der Strukturlehre als Lehre von den seelischen Instanzen und die Annahme eines Dualismus »Sexualtrieb versus Aggressionstrieb« scheinen auch aus didaktisch-methodischen Gründen weniger geeignet zu sein, die Schüler auf ihr Leben in der Gemeinschaft vorzubereiten und ihre eigenen Bedürfnisse und Situationen zu verstehen, als die Erklärungen von den angeborenen und erworbenen Verhaltensdispositionen, die die Ethologen erarbeitet haben. Zentrale Verhaltensbereiche der Menschen können für den Schulunterricht erschlossen werden, z. B.:

Egoismus und Rücksicht (Selbsterhaltung);
Hierachien, Ein- und Unterordnung (Rangordnung);
Privat- und Gemeineigentum (Revier- und Besitzverteidigung).
Abhängigkeit und Selbständigkeit (Brutpflege und Erziehung).

Versuche, einige solcher Bereiche für den Biologieunterricht didaktisch aufzubereiten wurden z. B. bereits unternommen von Bunk u. Tausch (1973 a und b), Reinert (1974), Hoebel-Mävers u. Gärtner (1975 a und b), und von Schrooten (1965).

Die Fortpflanzung ist wie die Ernährung eine unbedingte biologische Notwendigkeit. Bei einem so ausgeprägt sozial orientierten Lebewesen wie dem Menschen haben die gemeinsamen Mahlzeiten und Essensrituale soziale Funktionen. Das gilt auch für Verhaltensweisen aus dem sexuellen Bereich. Also muß Sexualerziehung trotz ihrer Nähe zum Biologieunterricht auch Sozial- und Psychologieunterricht sein. Auf die Gefahr sozialdarwinistischer Ideologien bei diesen anthropologischen Themen auf ethologischer Grundlage sollte jeder Biologielehrer hinweisen.

Die stichwortartig aufgeführten Unterrichtsthemen sagen wenig über Form und Inhalt des Unterrichts aus. Sie sind breit interpretierbar und bedürfen pädagogischer Erläuterung und didaktisch-methodischer Bearbeitung. Das soll exemplarisch geschehen für die Unterrichtseinheit »Wir werden erwachsen«. Aus der Themenübersicht für die Orientierungsstufe (vgl. Abb. 2) sollen berücksichtigt werden:

körperliche Veränderungen während der Pubertät (Reifezeit);
Schlüsselreiz;
Pubertätsriten (Initiation) bei anderen Völkern;
Verführung und mögliche Folgen.

Dieser Unterrichtseinheit sollen neben den für den Sachunterricht der Primarstufe vorgesehenen Themen vorausgegangen sein die Einheiten:

»Neues Leben entsteht« (geschlechtliche Fortpflanzung bei Tieren, Komment- und Beschädigungskampf, Paarungsverhalten, Befruchtung, Menstruation, Embryonalentwicklung und Geburt, Geschlechtsakt, Verhütungsmittel) und »Tiere sorgen für ihre Jungen« (Revierbesitz, Rangordnung, Formen der Brutpflege im Tierreich, Schlüsselreiz).

Gegen Ende des 6. Schuljahres folgt als Abschluß die Unterrichtseinheit »Jugendliche denken und handeln anders als Kinder« (psychische Veränderungen während der Pubertät; hormonale Einflüsse; Onanie, Masturbation, Selbstbefriedigung; wann kann man Vater oder Mutter werden? Schwangerschaft und Geburt; Verantwortung).

DIE UNTERRICHTSEINHEIT »WIR WERDEN ERWACHSEN«

Vorüberlegungen

Die Anfang des 6. Schuljahres durchschnittlich zwölfjährigen Schüler und Schülerinnen sind über biologische Sachverhalte der geschlechtlichen Fortpflanzung bei einigen Tierarten und beim Menschen hinreichend unterrichtet. Die Phänomene Wachstum und Entwicklung sind seit der Primarstufe Gegenstand des Unterrichts gewesen. Jetzt oder in nächster Zukunft sind die Schüler und noch deutlicher die Schülerinnen von diesen Vorgängen selber betroffen. In dieser Unterrichtseinheit werden zunächst die körperlichen Veränderungen und deren mögliche Wirkungen auf die Umgebung der Schüler behandelt. Nicht nur Mitmenschen werden auf die in zunehmendem Maße jugendlich wirkenden Schüler anders reagieren als auf Kinder; auch die Schüler selbst verhalten sich anders. – Bei fremden Völkern erleben Heranwachsende viel einschneidender den Übergang ins Erwachsenenleben. Die Form, die einzelne Völker für die Aufnahme und Unterweisung in die Erwachsenenwelt entwickelt haben, kann sehr unterschiedlich sein. – In unserer Gesellschaft ist die Übergangszeit nicht frei von Risiken.

Lernziele

Die Schüler werden in dieser etwa vierstündigen Unterrichtseinheit lernen,

– daß sich die Körperverhältnisse von Jungen und Mädchen mit dem Alter ändern. Die Veränderungen am eigenen Körper werden ihnen bewußt werden. Die sekundären Geschlechtsmerkmale beim Jungen und beim Mädchen können sie nennen. Sie wissen, daß die Entwicklungen nicht bei allen Kindern gleichen Alters zur gleichen Zeit ablaufen, daß mit vorzeitiger oder verspäteter körperlicher Entwicklung keine Benachteiligung oder Wertung verbunden ist;

– daß Menschen auf bestimmte Gesichts- und Körperformen im stärkeren Maße reagieren als auf andere. Kranke Menschen können zwanghaft auf die Gestalt junger Mädchen oder auch Jungen mit sexuellen Vorstellungen oder sogar Handlungen reagieren. Provozierendes Kokettieren mit der jugendlichen Anmut kann unerwünschte Folgen haben;

– daß sie sich in einer Übergangszeit befinden, die in unserer vielfältigen, immer komplizierter werdenden Gesellschaft noch ausgedehnt wird. Diese lange Unterrichtungs- und Reifezeit bewirkt Chancen, aber auch Schwierigkeiten für den Jugendlichen. Die soziale Reife (Unabhängigkeit, Gründung und Versorgung einer eigenen Familie) und die psychische Reife (Verantwortungsbewußtsein, Fähigkeit zur festen ehelichen Partnerschaft ...) hinken der biologischen Reife (volle körperliche Leistungsfähigkeit, Reifung der Ei- und Samenzellen, Möglichkeit der Begattung, Befruchtung und Schwangerschaft) hinterher;

– daß sexuelle Gefühle und Bedürfnisse in verschiedener Form den Menschen ein Leben lang begleiten. Mit zunehmender Reife können diese Bedürfnisse drängender werden, ohne daß es ein Grund zur Beunruhigung wäre. Aber nur Tiere reagieren angeborenermaßen auf sexuelle Triebe und Reize. Das Sexualverhalten des Menschen unterliegt im gleichen Maße der kulturellen Überformung wie etwa das Nahrungsverhalten, wobei die Tischsitten und Eßgewohnheiten der verschiedenen Völker auch wieder sehr unterschiedlich sein können. Entsprechend gibt es Unterschiede im sexuellen Verhalten der Völker.

Verlaufsskizze

In der ersten Stunde soll das Problem der körperlichen Entwicklung und der Veränderung der Körperverhältnisse mit dem Alter im Mittelpunkt der Betrachtung stehen. Sechs Unterrichtsposter[6], die von jedem Geschlecht je ein Kind, eine(n) Jugendliche(n) und eine(n) Erwachsene(n) zeigen, dienen zur Benennung und zum Vergleich der sekundären Geschlechtsmerkmale (Wiederholung). An der Tafel wird anschließend in ein vorbereitetes Schema die Veränderung der Körperverhältnisse mit zunehmendem Alter bei männlichen und bei weiblichen Personen eingetragen.[7] Da die Schüler und Schülerinnen der Klasse sehr unterschiedlich entwickelt sein werden, ergibt sich aus dieser Arbeit an der Tafel abschließend eine Diskussionsrunde, um die Frage nach der »Normalität« und des Durchschnitts zu klären. Eventuell vorhandene Minderwertigkeitsgefühle bei kleinen und wenig entwickelten Schülern können abgebaut werden. – Zur nächsten Stunde bringen die Schüler Werbematerial aus Illustrierten mit.

Diese zweite Stunde beginnt mit einem kleinen Test: Die Schüler werden aufgefordert, aus gegebenen Umrißzeichnungen (s. Abb. 3) die niedlichsten Köpfe herauszufinden.

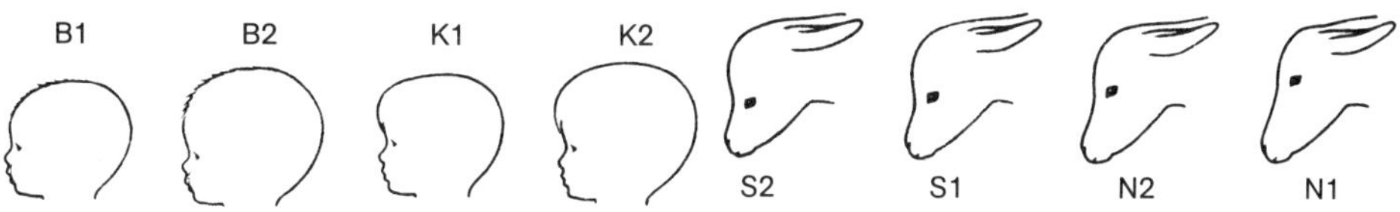

Abb. 3 Kindschema (aus: Wickler 1969, 251).

Es wird damit gerechnet, daß B2, K2, S2 und S1 den übrigen, normalen Verhältnissen entsprechenden Abbildungen vorgezogen werden. – Es folgt die Erarbeitung der Merkmale des Kindschemas und ein Vergleich mit ähnlichen aber starreren Mechanismen in der Tierwelt. Der Lehrer zeichnet mit zwei unvollständigen Strichskizzen Weib- und Mann-Schema an die Tafel. Die Schüler werden sofort die Abbildungsintention erraten. Jetzt wird untersucht, ob in der Werbung diese drei Schemata Verwendung finden.

In der dritten Stunde wird ein ethnologisches Thema angesprochen. Der Lehrer berichtet in enger Anlehnung an Schilderungen von Margaret Mead (1959, 39 ff) von den Riten, durch die Arapesh-Kinder in die Erwachsenenwelt aufgenommen werden. Die Schüler werden diese Erzählung amüsiert, aber auch erstaunt und verwundert aufnehmen. Einige werden von Gebräuchen anderer Völker berichten, die sie aus Fernsehen, Illustrierten oder Literatur kennengelernt haben. Ohne diese Bräuche zu problematisieren oder gar zu werten, regt der Lehrer eine Diskussion zu der Frage an: »Wie werden junge Menschen bei uns erwachsen?« Während der Diskussion entsteht ein Tafelbild, in dem in einer Gegenüberstellung stichwortartig festgehalten wird, was die Schüler in ihrer Situation als negativ oder positiv empfinden.

In der letzten Stunde dieser Einheit kann am Beispiel des Fortpflanzungsverhaltens des Buntbarsches oder Stichlings (Einsatz eines Unterrichtsfilmes) wiederholt werden, durch welche Bedingungen und Faktoren dieses Verhalten ausgelöst wird. In einem zweiten Film wird auf das Verhalten junger Menschen verschiedenen Geschlechts hingewiesen.[8] In einer abschließenden Gesprächsrunde werden die Schüler diskutieren können (unter zurückhaltender Lenkung des Lehrers), wie sie ihr Verhältnis zum anderen Geschlecht gestalten und in Zukunft zu gestalten gedenken. Dabei soll das Ziel verfolgt werden, extreme Standpunkte zu revidieren und bewußt zu machen, daß eigenes Verhalten oftmals unbewußt und unerwünscht ein bestimmtes fremdes Verhalten bedingen kann. Zum Beispiel kann sehr enge, knappe, kurze Kleidung als »schamlos«, als »Sexualsignal« oder auch einfach als hübsch und kleidsam empfunden werden. Moderne Tänze und ungezwungene Tanzbewegungen, die nur sozial und kontaktfördernd gemeint sind und Lebensfreude ausdrücken, werden von anders gestimmten Menschen als »aufreizend« oder »obszön« erlebt. – In diesem Zusammenhang kann der Lehrer darauf hinweisen, daß hier vermutlich, ähnlich wie wir es im Tierreich beobachtet haben, eine Art »Ritualisierung« stattgefunden hat: Verhaltensweisen und Bewegungen aus dem sexuellen Bereich haben soziale Bedeutung erhalten; andererseits haben z. B. Verhaltensweisen aus der Brutpflege eindeutig sexuelle Bedeutung erhalten: das Küssen, das Präsentieren der weiblichen Brust.

ZUSAMMENFASSUNG

Die Sexualerziehung ist nur ein Bereich, in dem allgemein-biologische, ethologische und psychologisch/soziologische Probleme aufgeworfen werden. Für den Erfolg schulischer (Sexual-)Erziehung von der Primarstufe an ist nicht nur die Unterweisung in vorwiegend biologische Sachverhalte entscheidend, die die Entstehung und Geburt des Menschen betreffen. Erziehungsziele und Erprobungsangebote zum Selbständigwerden schaffen die Voraussetzungen für die zweite Phase der Sexualentwicklung bis zur Maturität.

Ziel der Sexualerziehung in der Pubertät ist eine auf Einsicht und Verantwortung beruhende freie Entscheidungsfähigkeit. Jetzt können durch die Erarbeitung ethologischer Forschungsergebnisse entscheidende Einsichten in die Besonderheit menschlichen Sexualverhaltens ermöglicht werden. Die fachübergreifende Unterrichtung trägt dazu bei, daß die Sexualerziehung aus ihrer Isolierung herauskommt. – Um der Gefahr zu begegnen, daß durch Überbetonung der biologischen Aspekte der Mensch in seinem Sexualverhalten vor allem als eine Gattung der Säugetiere angesehen wird, sind die Biologie-Didaktiker auf eine verstärkte Mitarbeit von Psychologen, Erziehungs- und Sozialwissenschaftlern bei der Entwicklung solcher anthropologischen Curricula angewiesen.

Der kritische Realismus der Ethologen, die vergleichend-deskriptive Methode, die ganzheitliche Betrachtungsweise (Einbeziehung der ökologischen und anderer Bedingungen) und die große Zurückhaltung biologisch orientierter Forscher und Lehrer bezüglich Aussagen über die Natur der menschlichen Seele können dazu beitragen, daß die Schüler schließlich zu sachlich objektivierender Betrachtung eigener und fremder Verhaltensweisen und Handlungen befähigt werden. »Die Unbefangenheit der kommenden Generationen wird in ihrem größeren, praktischen Lebenswissen – auch über Sexualität – begründet sein, das trotz vieler Irrtümer rationale Entschlüsse an die Stelle irrationalen Hoffens setzt. Es wird nicht glücklicher machen, denn wissende Verantwortung war stets schwerer als unwissender Romantizismus. Die Last wird manchen geplagten Erzieher bedrücken, wenn er zu aller täglichen Mühe ein scheinbar so kompliziertes Thema in seinen Schulalltag eindringen sieht« (Brocher 1971, 90).[9]

ANMERKUNGEN

1

»Wenn es stimmt, daß Triebe des Menschen nicht in der Kultur aufgehen, daß vor allem die frühen Stadien ihrer Verarbeitung – ihr »Schicksal« – auch des Menschen Schicksal sein können, dann muß dem Individuum diese Möglichkeit der Selbstdeutung und der darin liegenden Selbsthilfe offenstehen. Diese kritische Funktion der Tiefenpsychologie gegenüber dem Bewußtsein ist das notwendige Korrelat zur systemkritischen Funktion der Sozialwissenschaften; sie muß dem Menschen helfen, auszuhalten, daß er – im Guten wie im Schlimmen – ein Individuum ist« (von Hentig 1969, 105).

»... Eine Schule, die nur *hier* Biologie und *da* Sozialpsychologie, *hier* Diätetik und *da* Ethik lehrt und die nicht demonstriert, wie sie zusammenhängen, versagt die Hilfe zur rationalen Selbstbehauptung. Eine besondere Anschauung von dem Zusammenhang zwischen Physis und Psyche gibt die Lehre von den ›Triebschicksalen‹, wie sie nicht nur von der Tiefenpsychologie, sondern auch von der Verhaltensforschung und der psychosomatischen Medizin vertreten wird (von Hentig 1969, 106).«

»... Der Schüler muß eingesehen haben, was Triebschicksal ist und daß eigene oder fremde Zustände und Entwicklungen nicht absoluter Deutung oder Wertung unterliegen, sondern sich mit dem Bewußtsein von ihrer Deutung und Wirkung ändern. Er muß lernen, über seine wahren Empfindungen mit anderen zu sprechen« (von Hentig 1969, 107).

2

Die Grundprinzipien für einen modernen Biologieunterricht sind entnommen dem amerikanischen BSCS-Projekt (Biological Science Curriculum Study) (nach: Schwab ³1968):

1. Evolution – Wandel der Lebewesen im Zeitverlauf;
2. Vielfalt der Formen – Einheit der Grundmuster;
3. Genetische Kontinuität des Lebendigen;
4. Komplementarität von Organismus und Umwelt;
5. Biologische Wurzeln des Verhaltens;
6. Komplementarität von Struktur und Funktion;
7. Regulation und Homöostase;
8. Wissenschaft als Forschungsprozeß;
9. Geschichte biologischer Begriffsbildung.

3

Das Problem des »Vorauslernens« ist ausführlich dargestellt und diskutiert in: Henningsen 1962, 401–411.

4

Die Bezeichnung der Schulstufen erfolgte nach den noch nicht verwirklichten Empfehlungen des Deutschen Bildungsrates (³1971).

5

Das erste Schulbuch für den Psychologieunterricht in der Sekundarstufe II ist das 1975 erschienene von R. Oerter.

6

Unterrichtsposter sind z. B. erschienen zu: Fröhlingsdorf, Grüninger u. Mayer (1973). Weitere Medien für den anthropozentrischen Biologieunterricht müssen noch entwickelt werden.

7

Als Beispiel für ein Tafelbild sei hierzu empfohlen: Garms 1973, 153/I.

8

Viele Unterrichtsfilme, die von Landes-, Kreis- und Stadtbildstellen in der Bundesrepublik Deutschland entliehen werden, sind veraltet und eignen sich nur bedingt für den hier skizzierten Unterricht, z. B.: Vom Jungen zum Mann (1962), Vom Mädchen zur Frau (1962), Der Augenblick (1965), Erste Begegnung (1956), Phoebe (1966). Es ist zu empfehlen, auf Aufzeichnungen aktueller Fernseh-Jugendsendungen zurückzugreifen.

9

Der pädagogisch interessierte Leser sei auch auf Band XI dieser Enzyklopädie hingewiesen, insbesondere auf den Beitrag von L. Hoffmann zur Didaktik der Naturwissenschaften.

LITERATUR

Brocher, T.: Psychosexuelle Grundlagen der Entwicklung. Opladen: Leske 1971

Bunk, B., Tausch, J.: Didaktische Überlegungen zur Bedeutung der Ethologie für das Selbstverständnis des Menschen. Naturw. im Unterricht, 10, 1973 a, 452–459

Sexuelle Schlüsselreize bei Tier und Mensch – Ein Beispiel für gesellschaftsrelevante Behandlung der Ethologie im Unterricht. Praxis der Naturw. – Biologie, 4, 1973 b

Deutscher Bildungsrat: Empfehlungen der Bildungskommission. Strukturplan für das Bildungswesen. Stuttgart: Klett ³1971

DÜRKEN, A.: Verhaltensforschung im 9. Schuljahr der Volksschule. Deutsche Schule, 2, 1968, 121–140

EIBL-EIBESFELDT, I.: Liebe und Haß. Zur Naturgeschichte elementarer Verhaltensweisen. München: Piper 1970

ESSER, H.: Der Biologieunterricht. Hannover: Schroedel 1969

FRÖHLINGSDORF, R., GRÜNINGER, W., MAYER, W. G.: Die beiden Geschlechter. Stuttgart: Klett 1973

GARMS, H.: Lebendige Welt 1. Braunschweig: Westermann 1973

GERHARDT, A., DIRCKSEN, J., HÖNER, P.: Biologie 5/6. München: BSV 1974

GRUPE, H.: Biologie-Didaktik. Köln: Aulis 1971

HENNINGSEN, J.: Unverstandenes in der Schule. Westermann Päd. Beitr. 10, 1962, 401–411

HENTIG, H. VON: Systemzwang und Selbstbestimmung. Über die Bedingungen der Gesamtschule in der Industriegesellschaft. Stuttgart: Klett 1969

HOEBEL-MÄVERS, M., GÄRTNER, H.: Fachdisziplin Ethologie – didaktisch diskutiert. Praxis d. Naturw. Biol., 7, 1975 a, 180–188 und Praxis d. Naturw. Biol., 8, 1975 b, 212–217

KATTMANN, U., PALM, W., RÜTHER, F.: Kennzeichen des Lebendigen 5/6. Braunschweig: Vieweg 1975

KILLERMANN, W.: Biologieunterricht heute. Donauwörth: Auer 1974

LANGE, F., STRAUSS, E., DOBERS, J.: Biologie 5/6. Hannover: Schoedel 1975

MEAD, M.: Sex and Temperament in three Primitive Societies (1935). Deutsch: Geschlecht und Temperament in primitiven Gesellschaften. Hamburg: Rowohlt 1959

OERTER, R.: Psychologie für Grundstudium und Sekundarstufe 2. Band I: Erkennen. Donauwörth: Auer 1975

REINERT, G. B.: Verhaltenslehre. Exemplarisch ausgewählte Themen für einen fächerübergreifenden Unterricht. Köln: Aulis 1974

ROBINSOHN, S.: Bildungsreform als Revision des Curriculum. Neuwied, Berlin 1967

SCHROOTEN, G.: Verhaltensforschung beim Tier und das Verständnis vom Menschen. Der Biologieunterricht, 4, 1965, 72–95

SCHWAB, J.: Biology Teacher's Handbook. New York: Wiley [3]1968

STAECK, L.: Zeitgemäßer Biologieunterricht. Düsseldorf: Pro Schule 1975

WERNER, H.: Biologie in der Curriculumdiskussion. München: Oldenbourg 1973

WICKLER, W.: Sind wir Sünder? Naturgesetze der Ehe. München: Droemer 1969

Antworten der Verhaltensforschung. Reihe »Geist und Psyche«, Bd. 2135. München: Kindler 1974

Anhang

Autorenverzeichnis

Jean-Jacques Abegglen, Dr. phil.
geb. 1945 in Zürich. Daselbst Studium der Zoologie, seit 1970 Forschungsassistent am Zoologischen Institut und Museum der Universität Zürich, Abt. Ethologie und Wildforschung. Verhaltensuntersuchungen am Mantelpavian in Feld und Labor. 1976 Dissertation »On Socialisation in Hamadryas Baboons«. Seit 1977 arbeitet er in der Privatwirtschaft.

John Alcock, Prof. Ph. D.
geb. 1942 in Charlottesville/Virginia (USA). Zoologe und Biologe. Lehrtätigkeit an der University of Washington in Seattle/Washington. Ph. D. 1969 in Biologie an der Harvard University. Heute Associate Professor of Zoology an der Arizona State University in Tempe/Arizona.
Arbeitsgebiet: Fütterungsverhalten bei Vögeln und Fortpflanzungsverhalten von Insekten, insbes. Wettbewerb der Männchen. Zahlreiche Publikationen.

Samuel Anthony Barnett, Prof. M. A.
geb. 1915 in Hampton/Middlesex (England). Zoologiestudium 1934 – 1937 an der Oxford University. 1946 – 1950 Vorstand der Pest Control Research Unit im Landwirtschaftsministerium. 1951 – 1971 Lehrtätigkeit an der University of Glasgow/Schottland. Seit 1971 Professor und Vorstand der zoologischen Abteilung an der Australian National University in Canberra (Australien).
Arbeitsgebiet: »Sozialer Streß« bei wildlebenden Ratten; Erkundungsverhalten; Anpassung kleiner Säugetiere an Kälte. Veröffentlichungen u. a.: »The Human Species« (London, New York [5]1971); »The Rat; A Study of Behavior« (Chicago [2]1975).

Raymond Battegay, Prof. Dr. med.
geb. 1927 in Bern. Medizinisches Staatsexamen und Promotion im Jahre 1952. 1962 Venia docendi, 1969 Ernennung zum a. o. Professor und 1976 zum Ordinarius für Psychiatrie an der Universität Basel. Seit 1965 Leiter der Psychiatrischen Universitätspoliklinik Basel.
Zahlreiche Veröffentlichungen zu den Themen Angst, Sucht, Gruppenpsychotherapie, Neurosenlehre, Narzißmus, Medizinische Psychologie und Sozialpsychiatrie.

Colin Gordon Beer, Prof. Ph. D.
geb. 1933 in Waipukurau (Neuseeland). Studium der Zoologie an der Otago University (B. J. Marples) und Oxford University (Dissertation unter N. Tinbergen). Post-doctoral Fellowship an der Rutgers University (D. S. Lehrmann). Professor für Psychologie der Rutgers University seit 1964.
Arbeitsgebiet: Fortpflanzungs- und Sozialverhalten von Vögeln, insbes. Möwen. Autor und Mitherausgeber von »Function and Evolution in Behaviour – Essays in Honour of Professor N. Tinbergen« (Oxford 1975).

Karl-Adolf Belgardt, Dipl. Päd., Akad. Rat
geb. 1937 in Bremerhaven. 1960 bis 1963 Studium der Fächer Pädagogik, Psychologie, Soziologie und Biologie an der Pädagogischen Hochschule Lüneburg. Lehrerexamen 1963. Danach fünf Jahre Lehrer an Grund- und Hauptschulen. Seit 1968 in der Lehrerbildung tätig; zunächst als Assistent, jetzt als Akademischer Rat. Aufbaustudium (Dipl. Päd. 1974).
Arbeitsgebiet: Didaktik des Biologieunterrichts und des Sachunterrichts der Grundschule. Veröffentlichungen zur Verhaltenslehre im Unterricht, zur Didaktik des biologischen Sachunterrichts, zur Gesundheits- und Sexualerziehung.

Christiane Buchholtz, Prof. Dr. rer. nat.
geb. 1926 in Goldap/Ostpreußen. Studierte in München und Braunschweig Naturwissenschaften und promovierte 1950. Wissenschaftliche Tätigkeit an den Zoologischen Instituten in München und Marburg. 1966 Habilitation für das Fach Zoologie und 1971 die Ernennung zum Professor in Marburg.
Arbeitsgebiet: Ethologische und neurophysiologische Arbeiten an Insekten (1951 – 1961); strahlenbiologische und elektronenoptische Untersuchungen am Gehirn bei Insekten und Säugern (1961 – 1969); Lernanalysen bei Säugern (1969 – 1975).

Gordon M. Burghardt, Prof. Ph. D.
geb. 1941 in Milwaukee/Wisconsin (USA). Studium der Biopsychologie 1959 – 1963 an der University of Chicago. 1963 – 1966 dort Promotion über Biopsychologie im Fach Psychologie. 1968 – 1970 Assistant Professor, 1970 – 1974 Associate Professor. Seit 1973 Forschungsbeauftragter des Knoxville Zoological Park, seit 1974 Psychologieprofessor an der University of Tennessee. Gastprofessor der Rockefeller University 1976 – 1977.

Arbeitsgebiet: Verhalten von Schlangen, Leguanen (Sozialverhalten), Bären sowie Humanethologie.

Irenäus Eibl-Eibesfeldt, Prof. Dr. phil.
geb. 1928 in Wien. Studium der Zoologie an der Universität Wien, Schüler von K. Lorenz und W. v. Marinelli. Seit 1970 Leiter der Forschungsstelle für Humanethologie am Max-Planck-Institut für Verhaltensphysiologie in Seewiesen. Professor an der Universität München. Zahlreiche Forschungsexpeditionen.
Arbeitsgebiet: Er begann mit dem Studium tierischen Verhaltens und wendete sich aufbauend dem Studium menschlichen Verhaltens zu. Der Schwerpunkt seiner Forschungstätigkeit liegt in der kulturvergleichenden Dokumentation sozialer Integrationsstrategien und Rituale in Film und Ton. Veröffentlichungen u. a. »Liebe und Haß« (München 1970); »Der vorprogrammierte Mensch« (Wien 1973); »Krieg und Frieden« (München 1975); »Menschenforschung auf neuen Wegen« (Wien 1976).

Arnold Froese, Ph. D., B. A., M. A.
geb. 1946 in Manitoba (Kanada). Im Jahre 1958 Übersiedlung in die USA. 1968 B. A. im Hauptfach Psychologie am Pacific College in Fresno/Kalifornien und 1971 M. A. für Psychologie an der Fresno State University. Im Jahre 1974 promovierte er an der University of Tennessee in Philosophie. Zur Zeit ist er Inhaber eines Lehrstuhles für experimentelle Psychologie am Sterling College in Kansas (USA).

Klaus E. Grossmann, Prof. Dr. phil., Dipl.-Psych.
geb. 1935 in Leipzig. Studium der Psychologie 1957-1961 in Hamburg. Mehrere Jahre als Stipendiat und Assistent in USA. Graduate Student in Experimental and Behavioral Psychology an der University of Arkansas. Dissertation 1965 über Vergleichende Verhaltensforschung an Kaninchen und Katzen. 1965-1970 Wiss. Assistent und Habilitandenstipendiat der DFG am Biologischen Institut der Universität Freiburg bei Prof. Hassenstein. Habilitation über Lernversuche an Bienen. Seit 1971 o. Prof. für Psychologie. Zunächst Pädagog. Hochschule Westfalen-Lippe, Abtl. Bielefeld, heute Universität Regensburg.
Arbeitsgebiet: Entwicklung der Beziehungsstrukturen beim Neugeborenen. Veröffentlichungen u. a. »Entwicklung der Lernfähigkeit in der sozialen Umwelt« (München 1977); (mit R. Winkel) »Angst und Lernen« (München 1977).

Bernhard Hassenstein, Prof. Dr. rer. nat.
geb. 1922 in Potsdam. Studierte Biologie, promovierte 1950 und habilitierte sich 1957. Ein Jahr später Mitbegründer der Forschungsgruppe Kybernetik am Max-Planck-Institut für Biologie in Tübingen. Seit 1960 Inhaber eines Lehrstuhles für Biologie an der Universität Freiburg/Br.
Arbeitsgebiet: Das Erkennen von Funktionsprinzipien des Nervensystems mit dem Mittel der präzisen Verhaltensbeobachtung; Vorsorge gegen das Entstehen kindlicher Verhaltensstörungen. Veröffentlichungen u. a. »Biologische Kybernetik – eine elementare Einführung« (Heidelberg 1965); »Verhaltensbiologie des Kindes« (München 1973).

Heini Hediger, Prof. Dr. med. vet.
geb. 1908 in Basel. Dort Studium der Zoologie (Botanik, Psychologie, Ethnologie). Promotion 1932, Habilitation 1935, Extraordinariat 1942. Leiter des städtischen Tierparks in Bern 1938-1944. 1944-1953 Direktor des Zoologischen Gartens Basel, 1954-1973 des Zürcher Zoos. Seit 1954 außerdem Leiter der Tierpsychologischen Abteilung der Universität Zürich am Zoologischen Garten als Titular-Prof.
Arbeitsgebiet: Beratung, Planung und Reorganisation von Zoologischen Gärten in allen Kontinenten. Veröffentlichung u. a. »Tierpsychologie im Zoo und im Zirkus« (Basel 1961).

Robert A. Hinde, Prof. Ph. D.
geb. 1923 in Norwich (England). 1946-1948 Student des St. John's College, Cambridge. 1948-1950 Research Assistant an der zoologischen Abteilung des Edward Grey Institute in Oxford. 1948 BA Cantab, B. Sc. London, 1950 Promotion in Oxford. 1950-1964 Kurator der Ornithological Field Station des Department of Zoology in Cambridge (heute Sub-Department of Animal Behaviour). Seit 1963 Royal Society Research Professor; Ehrendoktorate und -mitgliedschaften.
Arbeitsgebiet: Entwicklung des Sozialverhaltens bei menschlichen Kindern und Rhesusaffen. Veröffentlichungen u. a. »Animal Behaviour« (London 1966; dt. Frankfurt/M. 1972); »Biological Bases of Human Social Behaviour« (London 1974).

Franz Huber, Prof. Dr. rer. nat.
geb. 1925 in Nußdorf/Oberbayern. 1947-1953 Studium der Biologie und Chemie an der Universität München. 1953 Promotion, bis 1960 Assistent am Zoophysiologischen Institut der Universität Tübingen, Habilitation für das Fach Zoologie. Forschungsaufenthalt an der University of California in Los Angeles. 1962 Dozent in Tübingen. Anschließend zehn Jahre lang ordentlicher Professor für Zoologie und Tierphysiologie und Direktor am Zoologischen Institut der Universität Köln. Heute arbeitet er am Max-Planck-Institut für Verhaltensforschung in Seewiesen.

Paul Ingold, Dr. phil. nat.
geb. 1939 in Langenthal/BE (Schweiz). Studium in Zoologie (Hauptfach), Botanik, Chemie und Psychologie an der Universität Basel. Zwischen 1960 und 1970 neunmal während des Sommers ethologische Untersuchungen auf der Vogelinsel Vedy (Lofoten, Norwegen). Oberassistent-Lektor an der Abteilung für Verhaltensforschung der Universität Bern.
Veröffentlichungen u. a.: »Zur lautlichen Beziehung des Elters zu seinem Küken bei Tordalken (*Alca torda*)«.

Wilhelm Kalff, Prof. Dr. Phil., Dipl.-Psych.
geb. 1932 in Aachen. Philosophiestudium an der Universität Freiburg/Br., promovierte daselbst 1961. Anschließend Ausbildung zum Diplom-Psychologen an derselben Universität. 1957 bis 1968

Mitarbeiter an wiss. Instituten. Von 1968 bs 1972 Dozent und Professor für Erziehungswissenschaft an der Pädagogischen Hochschule in Lörrach. Seit 1972 ist er ordentlicher Professor für Psychologie an der Pädagogischen Hochschule Niedersachsen, Lüneburg.
Arbeitsgebiet: Entwicklungspsychologie und Pädagogische Psychologie; Interessenschwerpunkte sind die Entwicklung moralischer Einstellungen und abweichendes Verhalten.

Otto Koenig
geb. 1914 in Klosterneuburg bei Wien. Fotografische Ausbildung an der »Graphischen Lehr- und Versuchsanstalt« in Wien. 1932–1939 ornithologische Forschungsarbeit am Neusiedlersee. Seit 1945 Leiter der von ihm gegründeten »Biologischen Station Wilhelminenberg«, die 1967 in das »Institut für Vergleichende Verhaltensforschung der Österreichischen Akademie der Wissenschaften« umgewandelt wurde. Studienreisen. Universitätsstudien auf den Gebieten der Psychologie, Kinderpsychologie, Völkerkunde, Urgeschichte und Anthropologie.
Veröffentlichungen u. a. »Kultur und Verhaltensforschung« (München 1970); »Urmotiv Auge« (München, Zürich 1975).

Jakob Pieter Kruijt, Prof. Dr. phil.
geb. 1928 in Amsterdam. Biologiestudium an den Universitäten Utrecht und Groningen. Promotion 1964 über ein ethologisches Thema. Seit 1966 Lektor und seit 1974 Professor für Zoologie an der Universität Groningen.
Arbeitsgebiet: Ontogenese des Sozialverhaltens bei Vögeln; Sozialorganisationen bei Vögeln als Anpassungen an ökologische Nischen. Veröffentlichungen in div. Fachzeitschriften.

Hans Kummer, Prof. Dr. phil.
geb. 1930 in Zürich. Promovierte 1960 an der Universität Zürich in Zoologie (Physiologie). Forschungsaufenthalte in Äthiopien und am Delta Regional Primate Research Center in Louisiana (USA). 1972 bis 1976 Präsident der International Primatological Society. 1977 Gastprofessur an der University of California, Los Angeles.
Gegenwärtig arbeitet er als a. o. Professor für Ethologie an der Universität Zürich. Veröffentlichungen u. a.; »Social Organization of Hamadryas Baboons« (Chicago 1968); »Soziales Verhalten der Primaten« (Heidelberg 1975).

Martin Lindauer, Prof. Dr.
geb. 1918 in Wäldle bei Garmisch-Partenkirchen. Promotion 1947 als Schüler von Karl v. Frisch. 1948–1954 wiss. Assistent in Graz und in München, 1955 Habilitation. 1954/55 und 1956/57 Forschungsreisen als Fellow der Rockefeller Foundation nach Indien und Brasilien zum Studium der gegenseitigen Verständigung bei den Indischen und den Stachellosen Bienen. Zahlreiche Mitgliedschaften. Derzeit Professor am Zoologischen Institut der Universität Würzburg.
Arbeitsgebiet: Sinnesphysiologie, Verhaltensphysiologie, insbes. Kommunikation und Orientierung der Bienen. Veröffentlichungen u. a. »Communication in Social Bees« (Harvard [2]1967); »Verständigung im Bienenstaat« (Stuttgart 1976).

David J. McFarland, Ph. D.
geb. 1938 in Liverpool/England. Studium an der Universität Liverpool, dort 1961 First Class Honours in Zoologie. Graduate Scholarship am Merton College, Oxford, dort 1965 Promotion in Psychologie. 1964 Dozent für Psychologie an der University of Durham, ab 1966 an der Universität Oxford. Seit 1974 Direktor der Animal Behaviour Research Group an der Abteilung Zoologie in Oxford.
Arbeitsgebiet; Entscheidung bei Tieren, unter besonderer Berücksichtigung des Faktors Zeit in natürlicher Umwelt. Veröffentlichungen u. a. »Feedback Mechanisms in Animal Behaviour« (London 1971).

Monika Meyer-Holzapfel, Prof. Dr. phil. nat.
geb. 1907 in Lausanne. Studierte an der Universität Bern Zoologie, Botanik und Mineralogie-Geologie. 1932 Gymnasiallehrerdiplom, 1933 Dissertation zum Thema »Die nichtoptische Orientierung der Trichterspinne, *Agelena labyrinthica*«. Von 1933 bis 1944 war sie Assistentin am Zoologischen Institut der Universität Bern. Habilitation, 1949 Lehrauftrag, 1954 Honorarprof. für Tierpsychologie, Verhaltensforschung und Biologie der Tiere. Außerdem war sie zwischen 1944 und 1969 Leiterin des städtischen Tierparkes Dählhölzli in Bern. Seit 1973 emeritiert. Sie veröffentlichte zahlreiche wissenschaftliche Publikationen.

Hans Mislin, Prof. Dr. phil.
geb. 1907 in Basel. Hochschulstudium in Basel, Wien, Doktorarbeit 1938 über die Ernährungsbiologie des Rheinlachses (F. Zschokke, A. Portmann). 1939 Assistent am Physiologischen Institut der Universität Bern, 1943 Lehrauftrag f. Vergleichende Physiologie an der Universität Basel. 1953–1972 Ordinarius f. Allgemeine Biologie und Zoologie an der Universität Mainz und Direktor des dortigen Instituts f. Physiologische Zoologie. Dort förderte er die Einrichtung eines Lehrstuhls für Morphologie und eines Lehrstuhls für Genetik.
Arbeitsgebiete u. a.: Vergleichend-physiologische Untersuchungen über die Entstehung von Spontanrhythmen bei Herzorganen; Herzrhythmusstörungen (Vergleichende Angiologie). Veröffentlichungen u. a.; »Der Mensch mit den Tieren« (München 1967); »Die Motorik der Lymphgefäße und die Regulation der Lymphherzen« (Handb. Allg. Pathol., Berlin, Heidelberg, New York 1972).

Michael Morath, Ass.-Prof. Dr. rer. nat.
geb. 1942 in Templin/Uckermark. Von 1964–1971 Studium der Biologie an den Universitäten Hamburg und Freiburg/Br. Promovierte 1975 mit einer Arbeit über die Biokybernetik und Verhaltensphysiologie der Nahrungsaufnahme des menschlichen Säuglings. 1976 wissenschaftlicher Mitarbeiter am Max-Planck-Institut für Psychiatrie in der Arbeitsgruppe Entwicklungspsychobiologie, seit 1977 Assistenz-Professor an der Freien Universität Berlin.
Arbeitsgebiet: Der menschliche Säugling; frühkindliche Entwicklung und Mutter-Kind-Kommunikation.

Jakob Parzefall, Prof. Dr. rer. nat.
geb. 1938 in Straubing/Niederbayern. Studierte in München, Heidelberg und Hamburg Biologie und Chemie und promovierte anschließend in Hamburg. Gegenwärtig Wissenschaftlicher Rat und Professor am Zoologischen Institut und Museum der Universität Hamburg.
Arbeitsgebiet: Genetische Evolutionsforschung, insbes. die Erforschung genetisch bedingter Verhaltensänderungen von Höhlentieren im Vergleich zu ihren oberirdisch lebenden Verwandten. Veröffentlichung u. a.: »Rückbildung aggressiver Verhaltensweisen bei einer Höhlenform von *Poecilia sphenops*« (pisces, poesiliidae). Zeitschrift f. Tierpsychologie, 35, 1974.

Fransiscus Xaverius Plooij
geb. 1946 in Schiedam (Niederlande). Studium der Biologie an den Universitäten Nijmegen und Amsterdam. Freilandforschung an Schimpansen im Gombe-Strom Nationalpark (Tansania), die zur Grundlage seines Dissertationsthemas (Mutter-Kind-Beziehung bei freilebenden Schimpansen) wurde. Gast an der University of Cambridge (England). Leitet an der Universität Nijmegen ein Projekt über die vorsprachliche Kommunikation in der menschlichen Mutter-Kind-Beziehung.

Adolf Portmann, Prof. Dr. phil.
geb. 1897 in Kleinbasel/BS (Schweiz). 1921 Promotion Zoologie in Basel. Anschließend Assistent in Genf, später in Basel. Dort 1926 Privatdozent, 1928 Stellvertr. Institutsleiter, 1931 Extraordinarius und Direktor des Zoologischen Instituts, 1933–1968 Ordinarius. 1938–1964 Präsident der Basler Volkshochschule, 1947 Rektor der Universität Basel. 1948–1953 Präsident der International Association of University Professors. Zahlreiche Mitgliedschaften, Ehrenmitgliedschaften, Ehrendoktortitel und Auszeichnungen. 1962–1969 Präsident der Schweizer Hochschulrektorenkonferenz.
Veröffentlichungen u. a.: »Entläßt die Natur den Menschen?« (München 1970); »Vom Lebendigen. Versuche zu einer Wissenschaft vom Menschen« (Frankfurt 1973); »An den Grenzen des Wissens. Vom Beitrag der Biologie zu einem neuen Weltbild« (Wien, Düsseldorf 1974).

Hedwig Helena Christina van de Rijt-Plooij
geb. 1944 in Geldrop (Niederlande). Studium der Pädagogischen Psychologie und Anthropologie an der Universität Nijmegen. Tätigkeit an einem Institut für geistig behinderte Kinder und für Erziehungsmagazine im Fernsehen. Freilandforschung an Schimpansen im Gombe-Strom Nationalpark (Tansania). Doktorandin an der University of Cambridge (England), Department of Physical Anthropology, zur Mutter-Kind-Beziehung bei freilebenden Schimpansen.

Rudolf Schenkel, Prof. Dr. phil.
geb. 1914 in Basel (Schweiz). Daselbst Studium der Zoologie, 1946 Promotion über »Ausdrucksstudien an Wölfen«. Anschließend Lehrer am Realgymnasium in Basel für Biologie und Mathematik. Habilitierte sich 1956 an der dortigen Universität. 1962 bis 1965 Gastdozent am University College of Nairobi. Zahlreiche Untersuchungen an freilebenden Säugern. Seit 1967 a. o. Professor am Zoologischen Institut der Universität Basel.
Arbeitsgebiete: Ethologie, Soziologie und Ökologie höherer Säugetiere. Zahlreiche Publikationen auf diesen Gebieten.

Ines Scheurmann, Dipl. Biol.
geb. 1950 in Kleba/Krs. Hersfeld. Studium der Biologie 1968–1973 an der Universität Gießen. Seit 1975 Promotion am Max-Planck-Institut für Verhaltensphysiologie in Seeweisen über Dominanz und Sexualverhalten bei dem Cichliden *Simochromis diagramma*.

Wolfgang Schmidbauer, Dr. phil., Dipl.-Psych.
geb. 1941 in München. Psychotherapeut und freier Schriftsteller. 1973 zusammen mit anderen Gründung der »Gesellschaft für analytische Gruppendynamik«. Dozent der Münchner Arbeitsgemeinschaft für Psychoanalyse.
Veröffentlichungen u. a.: »Vom Es zum Ich – Evolution und Psychoanalyse« (München 1975); »Sensitivitätstraining und analytische Gruppendynamik« (München 1973); »Biologie und Ideologie« (Hamburg 1973); »Die hilflosen Helfer« (Hamburg 1977).

Werner Schmidt, Dr. rer. nat.
geb. 1945 in Unterwohlsbach bei Coburg. Promotion 1975 an der Universität Düsseldorf zum Thema »Qualitative und quantitative Untersuchungen am Verhalten von Haus- und Graugänsen». Wissenschaftlicher Mitarbeiter in der Arbeitsgruppe Wuppertal des Max-Planck-Instituts für Verhaltensphysiologie Seewiesen.
Arbeitsgebiet: Vergleichende Verhaltensstudien an Graugänsen und Hausgänsen (Domestikationsforschung) und Untersuchungen über Verhalten bei unterschiedlicher Populationsdichte.

Meinhard Schuster, Prof. Dr. phil.
geb. 1930 in Offenbach/Main. Studium der Ethnologie, Kunstgeschichte und Vorgeschichte in Frankfurt/Main und Bonn. Promotion 1956 in Frankfurt mit einer Diss. über Kopfjagd in Indonesien. 1956–1965 Stipendiat der DFG und Assistent am Frobenius-Institut bzw. Seminar für Völkerkunde der Universität Frankfurt. 1965–1970 Konservator der Südsee-Abteilung des Museums für Völkerkunde in Basel,1968 Habilitation an der dortigen Universität. Seit 1970 ordentlicher Professor für Ethnologie und Vorsteher des Ethnologischen Seminars der Universität Basel.
Veröffentlichungen u. a.: (mit O. Zerries): »Mahekodotedi. Monographie eines Dorfes der Waika-Indianer am oberen Orinoco« (München 1974); »Dekuana. Beiträge zur Ethnologie der Makiritare« (München 1976).

David Gaudenz Senn, Dr. rer. nat.
geb. 1940 in Lausanne. Studium der Zoologie, Philosophie, Botanik, Geologie-Paläontologie und Mikrobiologie an der Universität Basel. Promovierte 1965 über das optische System im Gehirn von Echsen und Schlangen. 1968 arbeitete er an der Universität Gainesville/Florida (USA) im Rahmen eines NASA-Projekts. Seit 1969 lehrt er an der Universität Basel

über Morphologie und Entwicklung der Wirbeltiere.
Arbeitsgebiet: Struktur und Evolution des Wirbeltiergehirns; Studium der Fische in ihrem natürlichen Lebensraum.

Pieter Sevenster, Dr. phil.
geb. 1924 in Terschelling (Niederlande). Biologiestudium an der Reichsuniversität Leiden. Während des Studiums ein Jahr in Oxford als Assistent von Niko Tinbergen. Promotion an der Universität Leiden als wiss. Mitarbeiter unter J. J. A. van Dersel. Seit 1967 a. o. Professor an der Université Libre de Bruxelles in der Fakultät Psychologie und Pädagogik.
Anwendungsgebiet: Lernverhalten, Verhaltensgenetik und zyklische Verhaltensänderungen beim Dreistachligen Stichling.

Otto Sieber, Dipl. Biol.
geb. 1949 in St. Gallen (Schweiz). Studierte Zoologie, Botanik und Psychologie an der Universität Bern. Wiss. Tätigkeit an der Abteilung für Verhaltensforschung. Dort entstand die Untersuchung »Beobachtungen und Experimente zur Bildung von Ansammlungen bei *Crenobia* (Planaria) *alpina Dana* (Turbellaria)« (Z. Tierpsychol., 44, 1977, 130–147). Er arbeitet gegenwärtig an seiner Dissertation über die Wahl des Niströhrenstandortes bei Uferschwalben.

Roger Alfred Stamm, Prof. Dr. phil.
geb. 1935 in Basel. Dort 1954–1960 Studium der Zoologie, Botanik, Psychologie; Schüler von Prof. Portmann und Prof. Jaspers. Ab 1961 Studium der Verhaltensforschung und Ökologie als Schüler Tinbergens in Oxford. 1962/63 Studium der Tierphysiologie und Gastassistent am Zoologischen Institut in Freiburg, dort Schüler von Prof. Hassenstein. Weitere Studien in Göttingen (1969) und Basel. 1962–1966 und 1969/70 Lehrbeauftragter f. Vergleichende Psychologie in Heidelberg. 1966 Habilitation für Zoologie in Basel. Heute Professor f. Biologie und ihre Didaktik an der Pädagogischen Hochschule in Lüneburg.
Arbeitsgebiet: Sozialstruktur und Kommunikationssysteme von Papageien, Ratte, Lachmöwe; Ökologie mariner und landbewohnender Schnecken und von Spinnen. Veröffentlichungen u. a.: »Perspektiven zu einer Vergleichenden Ausdrucksforschung« (Handb. Psychol., Göttingen 1965); »Die Aggression im tierlichen und menschlichen Verhalten« (Basel 1969); »Soziales Leben und Struktur der Verbände bei Tieren« (Handb. Psychol., Göttingen 1972).

Werner Stingelin, Prof. Dr. phil.
geb. 1926 in Basel. Studierte daselbst Zoologie und promovierte 1955 als Schüler Adolf Portmanns.
1957 bis 1967 Erster Assistent am Zoologischen Institut der Universität Basel. 1968 wurde er zum Ordinarius und Vorsteher des Zoologischen Institutes der Universität Basel ernannt mit Lehrauftrag für vergleichende Morphologie und spezielle Zoologie.
Arbeitsgebiet: Gehirn und Sinnesorgane der Wirbeltiere. Veröffentlichungen u. a.: »Vergleichend-morphologische Untersuchungen am Vorderhirn der Vögel auf cytologischer und cytoarchitektonischer Grundlage« (Basel 1958); »Qualitative und quantitative Untersuchungen an Kerngebieten der Medulla oblongata bei Vögeln« (Bibliotheca Anatomica 1965).

Namenregister

Sachregister

Tierregister

1. Lateinische Bezeichnung

2. Deutsche Bezeichnung

Quellenverzeichnis der Abbildungen

S. 30: Jean-Henri Fabre (Ullstein-Bilderdienst, Berlin); J. J. von Uexküll (Thure von Uexküll, Freiburg i. Br.). S. 31: Karl von Frisch (Karl von Frisch, München); Erich von Holst (Gerhart Gronefeld, München). S. 32: Konrad Lorenz (H. Kacher, M. P. I., Seewiesen). S. 33: Konrad Lorenz/Niko Tinbergen (I. Eibl-Eibesfeldt, M. P. I., Seewiesen); Niko Tinbergen (B. Tschanz, Zoolog. Institut der Universität Bern).

Umschlagabbildung:

von Keystone, Hamburg (Konrad Lorenz) und dpa/camera press (Niko Tinbergen).